Inhaltsverzeichnis

Abitur wissen
griffbereit

Deutsch
Literaturgeschichte/Epochen | Frank Becker

Deutsch
Prosa – Drama – Lyrik | Claus Gigl

Englisch
Landeskunde | Sarah Nowotny

Geschichte
1871 bis 1945 | Walter Göbel

Geschichte
Deutschland nach 1945 | Claus Gigl

Mathematik
Analytische Geometrie und Lineare Algebra | Werner Janka

Mathematik
Analysis | Gerhard Palme

Biologie
Jessika Kosmala

Physik
Wolfgang Stainer

Anaconda

Die Deutsche Nationalbibliothek verzeichnet diese Publikation in der Deutschen Nationalbibliografie; detaillierte bibliografische Daten sind im Internet unter http://dnb.d-nb.de abrufbar.

Genehmigte Lizenzausgabe für die Anaconda Verlag GmbH

Umschlaggestaltung: dyadesign, Düsseldorf, www.dya.de
Printed in Czech Republic 2012
ISBN 978-3-86647-727-8
www.anacondaverlag.de
info@anacondaverlag.de

Abi

Deutsch

Literaturgeschichte/Epochen

von Frank Becker

Frank Becker, langjähriger Gymnasiallehrer für die Fächer Deutsch und Philosophie in Nordrhein-Westfalen.

Dieses Werk folgt der reformierten Rechtschreibung und Zeichensetzung.
Ausnahmen bilden Texte, bei denen künstlerische, philologische oder lizenzrechtliche Gründe einer Änderung entgegenstehen.

Inhaltsverzeichnis

Die Anfänge der deutschen Literatur

1 Literarische Kultur im Mittelalter

Die literarische Kultur im frühen Mittelalter war klerikal geprägt. Mündlich überlieferte Dichtung wurde durch Scriptoren („Schreiber") handschriftlich fixiert und gesammelt und war ein Teil des klösterlichen Lebens, ohne dabei ein Publikum außerhalb der Hemisphäre der Klöster zu finden.

Neben der Heldendichtung spielten im frühen Mittelalter vor allem die Zauberdichtung – am bekanntesten sind die Merseburger Zaubersprüche (aufgezeichnet im 10. Jh.) – sowie Bibelübersetzungen und Gebete wie das Wessobrunner Gebet (eine Handschrift um 814) eine wichtige Rolle.

Eines der ältesten Dokumente der deutschen Literatur, das Hildebrandslied (entstanden im 8. Jh., unbekannter Verfasser), beginnt mit den Worten:

Ik gihôrta dat seggen,	Ich hörte das sagen,
dat sih urhêttun	dass sich als Streiter
aenon muotîn,	allein begegneten
Hiltibrant enti Hadubrant	Hildebrand und Hadubrand
untar heriun tuêm.	zwischen zwei Heeren.

Das Hildebrandslied gehört der Gattung der Heldendichtung an. Es beschreibt einen tragischen Vater-Sohn-Konflikt: Während der Waffenmeister Hildebrand seinem Herrn Diterich von Bern in die Verbannung folgt, steigt sein Sohn zum Heerführer auf. Als Hildebrand das Land nach 30 Jahren zurückerobern will,

kommt es zum Kampf mit dem eigenen Sohn, den er nicht von der bestehenden Blutsverwandtschaft überzeugen kann.
Erst die Literatur des Hochmittelalters kennt im engeren Sinne eine literarische Öffentlichkeit. Literatur wurde mündlich tradiert und an Kaiser- und Fürstenhöfen vorgetragen. Träger der Literatur waren nun zunehmend Laien, die sich an den Höfen an ein Publikum richteten, das sich aus Lehnsherrn, Rittern und den Damen des Hofes zusammensetzte.

Die höfische Literaturkultur umfasste epische und lyrische Gattungen. Insbesondere bildeten sich dabei das Heldenepos wie das berühmte *Nibelungenlied* und der höfische Roman wie Wolfram von Eschenbachs *Parzival* oder Gottfried von Straßburgs' *Tristan und Isolde* heraus.

Die deutsche Literatur des Mittelalters umspannt einen Zeitraum von acht Jahrhunderten.

Grob lassen sich dabei drei Hauptperioden voneinander unterscheiden, nämlich die

- Literatur des frühen Mittelalters (ca. 700 – 1050), die
- Literatur des Hochmittelalters (1050 – 1160 / 70) und die
- Literatur des Spätmittelalters (1160 / 70 – 1500)

Im Spätmittelalter gewannen Territorialfürsten, Städte und das Bürgertum an Bedeutung. Die Literatur wird nun durch die Kultur der Stadt und nicht mehr durch die Höfe geprägt. Aus Sängergemeinschaften an Pfarreien entsteht der Meistersang, der literarisch in der Tradition des Hochmittelalters steht. Überaus beliebt waren Satiren wie etwa *Das Narrenschiff* von Sebastian Brant, Fabeldichtungen wie *Reineke Fuchs* (Vorform *Reinke de Vos* um 1498, die hochdeutsche Fassung entstand 1544 und wurde zum Volksbuch) und Schwankdichtungen wie *Till Eulenspiegel*.

2 Das Nibelungenlied

Das Nibelungenlied weist in seinen Wurzeln auf Ereignisse während der Völkerwanderung zurück, nämlich auf die Geschichte des Hunnenkönigs Attila, der das Reich der Burgunden zerstörte, und auf die Geschichte von König Gunther, der mit seinem gesamten Heer unterging.
Dem Epos, das von einem unbekannten Dichter um 1200 verfasst wurde, liegen mehrere Quellen und Stoffkomplexe zu Grunde, insbesondere das *Alte Atlilied* und das *Alte Sigurlied* aus der *Edda*.

Das Alte Atlilied

Hier wird die Geschichte des Hunnenkönigs Attila mit der Geschichte von König Gunther verbunden: Attila hat demnach Kriemhild, die Schwester des Burgunderkönigs Gunther, zur Ehe gezwungen, die daraufhin den Tod ihrer Brüder an Attila rächte.
Einer Variante aus dem 8. Jahrhundert zu Folge habe jedoch Kriemhild ihre Brüder des Nibelungenschatzes wegen umbringen lassen.

Das Alte Sigurlied

Siegfried gewinnt hier im Kampf mit Zwergen die berühmte Tarnkappe und den Unheil bringenden Schatz der Nibelungen. Er kommt zu den Burgunden und begehrt Kriemhild zur Frau, was jedoch an die Bedingung geknüpft ist, Brunhild für Gunther zu gewinnen, was ihm mithilfe der Tarnkappe auch gelingt. Brunhild erfährt in einem Streit mit Kriemhild von diesem Betrug und verpflichtet Hagen zum Rächer ihrer Ehre. Hagen tötet daraufhin Siegfried und versenkt den Schatz der Nibelungen im Rhein. Brunhild stirbt ihm nach und Kriemhild sinnt nun ihrerseits auf Rache gegen Hagen und die mitschuldigen Brüder. Nach Jahren nimmt sie die Werbung des Hunnenkönigs Etzel an, lädt Hagen und die Brüder ein, übergibt sie aber den Schwertern der Hunnen. Hagen weigert sich, den Ort des

Nibelungenschatzes zu verraten und wird von Kriemhild mit Siegfrieds Schwert gerichtet. Kriemhild wird im Gegenzug von Hildebrand getötet.

Die Anfangsstrophe des Epos lautet:

Uns ist in alten maeren   wunders vil geseit
Von helden lobebaeren,   von grôzer arebeit
Von fröuden, hôchgezîten,   von weinen und von klagen,
von küener recken strîten   muget ir nu wunder hoeren sagen.

3 Die mittelalterliche Lyrik

Die Lyrik entwickelte unterschiedliche Formen, den Minnesang, die Spruch-, Kreuzzugs- und Vagantendichtung sowie die Marienlyrik.

Formen der Lyrik im Hochmittelalter		
Minnesang	**Sprich-, Kreuzzugs- und Vagantendichtung**	**Marienlyrik**
Im Vordergrund steht die Verehrung der verheirateten Frau. Der Minnesang diente der höfischen Unterhaltung und folgte feststehenden Konventionen, denen zufolge ein Ritter einer höfischen Dame mittels eines feststehenden literarischen Repertoires huldigte.	Die Spruchdichtung wurde von fahrenden Sängern vorgetragen und nahm politisch Stellung oder hatte moralische Lehren zum Gegenstand. Die Vaganten (= fahrende Studenten) verfassten Trink-, Tanz- und Liebeslieder. Oftmals waren die Verfasser aber eigentlich hohe Geistliche, die diese Dichtung anonym schufen.	In Anlehnung an den Minnesang steht hier die Verehrung der Mutter Gottes im Zentrum.

4 Auf einen Blick

Träger der Literatur

Klerikale Prägung im frühen Mittelalter in der Abgeschlossenheit der Klöster;
Etablierung einer literarischen Öffentlichkeit an den Kaiser- und Fürstenhöfen im Hochmittelalter;
Prägung durch die Kultur der Städte im Spätmittelalter.

Formen der Dichtung

Heldendichtung, Zauberdichtung, Bibelübersetzungen und Gebete im frühen Mittelalter;

Heldenepos, höfischer Roman, Minnesang, Spruch-, Kreuzzugs- und Vagantendichtung sowie Marienlyrik im Hochmittelalter;

Meistersang, Satiren, Volkslieder und Schwankdichtungen im Spätmittelalter.

Autoren und Werke

Frühes Mittelalter: *Hildebrandslied, Merseburger Zaubersprüche, Wessobrunner Gebet*;
Hochmittelalter: *Nibelungenlied*, Wolfram von Eschenbach (um 1170 – um 1220), *Parzival*, Gottfried von Straßburg, *Tristan und Isolde*, Hartmann von Aue (1165 – um 1215), *Iwein*, Walther von der Vogelweide (um 1170 – um 1230);
Spätmittelalter: Meister Eckhart (um 1260 – um 1328), Oswald von Wolkenstein (1377 – 1445), Hans Sachs (1494 – 1576).

Barock

1 Grundgegensätze im Zeitalter des Barock

Das prägende historische Ereignis im Europa des 17. Jahrhunderts war der Dreißigjährige Krieg, dem mehr als ein Drittel der Gesamtbevölkerung zum Opfer fielen. Die Erfahrung von Tod und Verderben war allgegenwärtig und zog unterschiedliche, aber stets extreme Reaktionen nach sich: Einerseits ist eine Hinwendung zum Ewigen und zum Trost im Glauben zu beobachten, andererseits eine leidenschaftliche Gier nach Lebensgenuss und prunkvoller Repräsentation.

Gegenreformation, Glaubenskriege, Hexenverfolgungen, 30-jähriger Krieg, Pest	↔	Bahnbrechende Entdeckungen in Mathematik und den Naturwissenschaften
Prunkvolles Leben an den absolutistischen Höfen	↔	Massenelend und Unbildung in breiten Volksschichten
Gier nach Lebenslust	↔	Hinwendung zur Religion

2 Die Welt ist ein schnöder Schein

Beispielhaft bringt Christian Hofmann von Hofmannswaldau in seinem Gedicht *Die Welt* das barocke Lebensgefühl zur Sprache. Strophe für Strophe werden die Grundelemente der barocken Weltsicht entfaltet.

Christian Hofmann von Hofmannswaldau
Die Welt (1679)

Was ist die Welt/und ihr berühmtes gläntzen? Was ist die Welt
und ihre gantze Pracht?
Ein schnöder Schein in kurtzgefassten Gräntzen/
Ein schneller Blitz bey schartzgewölckter Nacht.

Ein bundtes Feld/da Kummerdisteln gruenen;
Ein schön Spital/so voller Kranckheit steckt.
Ein Sclavenhauß/da alle Menschen dienen/
Ein faules Grab/so Alabaster deckt.

Das ist der Grund/darauff wir Menschen bauen/
Und was das Fleisch für einen Abgott hält.
Komm Seele/komm/und lerne weiter schauen/
Als sich erstreckt der Zirckel dieser Welt.

Streich ab von dir derselben kurtzes Plagen/
Halt ihre Lust vor eine schwere Last.
So wirst du leicht in diesen Port gelangen/
Da Ewigkeit und Schönheit sich umbfast.

Die Deutung des Leidens in *Die Welt* von Christian Hofmann von Hofmannswaldau		
Frage nach der Grundverfassung der Welt und Beantwortung dieser Frage	↔	„Was ist die Welt und ihre gantze Pracht?"; „Ein schnöder Schein"
Erläuterung der Grundverfassung der Welt durch drastische Metaphern	↔	„Ein schön Spital / so voller Kranckheit steckt; „ein faules Grab, so Alabaster deckt"
Schlussfolgerung und Aufforderung	↔	„Das ist der Grund / darauff wir Menschen bauen"; „Komm Seele / komm"
Hinwendung zum Göttlichen als Lösung, Versprechen	↔	„So wirst du leicht in diesen Port gelangen / Da Ewigkeit und Schönheit …"

3 Der barocke Roman

Heute noch überaus lesenswert ist der Roman *Der Abentheuerliche Simplicius Simplicissimus* von Hans Jakob Christoffel von Grimmelshausen (um 1621–1676).

Der Roman erzählt in der Form einer satirischen Autobiographie die turbulente Lebensgeschichte des jungen Simplicissimus, der Soldat wird und sich durch verwegene Raubzüge einen Namen macht, die Abgründe der adeligen Gesellschaft kennen lernt, zum Spießgesellen eines Räubers wird, in die Unterwelt zu den Elementargeistern abtaucht und schließlich wieder im Schwarzwald, dem Ausgangsort seiner Reise, ankommt, um sein Leben als Einsiedler fortzuführen. Simplicissmus hat unter anderem gegen eine weibliche Widersacherin zu bestehen, die Landstörzerin Courage, der Grimmelshausen später einen eigenen Roman widmete und die das literarische Vorbild für Brechts *Mutter Courage* darstellt.

Formen des Romans	
Heroisch-galanter Roman	Fortführung des aus Spanien und Frankreich stammenden Ritterromans. Auf tausenden von Seiten wurden die (Liebes-) Geschichten fürstlicher Persönlichkeiten und Familien geschildert, die kunstvoll ineinander verschachtelt wurden.
Schäferroman	Fortführung der antiken bukolischen Idyllendichtung.
Schelmenroman	Im Mittelpunkt des ursprünglich aus Spanien stammenden Schelmenromans steht der so genannte Picaro, ein Außenseiter, der aus der Perspektive eines Angehörigen eines unteren Standes ein satirisch-unterhaltsames-kritisches Licht auf die gesamte Gesellschaft und insbesondere auf deren Herrschaftsstrukturen wirft.

4 Das barocke Drama

Das Märtyrerdrama *Catharina von Georgien* von Andreas Gryphius beginnt mit der Regieanweisung: „Der Schauplatz liegt voll Leichen, Bilder, Kronen, Szepter, Schwerter. Über dem Schauplatz öffnet sich der Himmel, unter dem Schauplatz die Hölle". Gryphius zeigt in diesem Drama das Schicksal der Königin Catharina, die den Märtyrertod stirbt, weil sie sich weigert, zum Islam überzutreten, um so das Schicksal ihres Volkes zu retten.

Tragödien	Die barocken Tragödien sind durch den Gegensatz zwischen Himmel und Hölle bestimmt. Sie vermitteln die Erkenntnis, „wie nah Höh und Fall beysammen" stehen. Die Helden zeichnet dabei unbedingte Gewissenstreue aus und die Bereitschaft, den Märtyrertod zu sterben.
Lustspiele	Zu nennen sind hier die Lustspiele *Horribilicribrifax* oder *Wählende Liebhaber* und *Absurda Comica* oder *Herr Peter Squentz* von Andreas Gryphius, in denen der Gegensatz von nichtigem Schein und echtem Sein in grotesker Übertreibung gezeigt wird.
Jesuitendrama	Das Jesuitendrama wurde vorrangig an Schulen in lateinischer Sprache und auf eigenen Bühnen in großen Städten wie Köln, München und Wien prunkvoll aufgeführt. Die Bühne arbeitete mit den Mitteln der Oper, mit Ballett und Massenszenen, Musik, Wort und Tanz. Die Stücke dienten der politisch-religiösen Propaganda.

5 Die barocke Lyrik

Die barocke Lyrik basiert auf den Regelwerken der antiken Rhetorik und Poetik. Nach dem barocken Dichtungsverständnis kommt es dabei überhaupt nicht auf das individuelle Lebensgefühl und die individuellen Einfälle und Ideen des einzelnen Dichters an, sondern einzig auf die Illustration der Grundprinzipien der barocken Welt.

Dabei galt nicht derjenige Dichter als besonders kunstvoll, der seine Gedichte möglichst einzigartig und originell gestaltete, sondern derjenige, der eine bereits erprobte lyrische Form innerhalb feststehender rhetorischer Vorgaben besonders perfekt ausgestalten konnte. Aus diesem Grunde sind barocke Gedichte eigentlich leicht zu interpretieren: Da feststehende Themen, Motive und Formen nur variiert werden, kann – von einigen wenigen Ausnahmen abgesehen – die Interpretation schematisch verlaufen.

Das barocke Dichtungsverständnis
Nicht Originalität, sondern bestmögliche
Ausgestaltung eines vorgegebenen Musters

↓

Rhetorische Umsetzung des „Vanitas" (Vergänglichkeit)-Gedankens

↓

Beachtung der drei Wirkabsichten der antiken
Rhetorik: delectare (unterhalten),
docere (belehren), movere (bewegen)

↙ ↘

memento mori (Bedenke den Tod)	carpe diem (Nutze den Tag)

6 Sonett und Epigramm

Als Vorbild für das Sonett diente den Barockdichtern die Form des italienischen Renaissance-Dichters Francesco Petrarca (Reimschema abba / abba / cdc / dcd). Populär war jedoch auch die Reimfolge Ronsards (abba / abba / ccd / eed), die oft von Martin Opitz favorisiert wurde. Als Vers wurde meist der Alexandriner verwandt.

Aufbau der Dispositio des barocken Sonetts

Martin Opitz, Sonnet (1624)

(Auß dem Italienischen Petrarchae)

Ist Liebe lauter nichts / wie daß sie mich entzuendet?
Îst sie dann gleichwol was / wem ist jhr thun bewust?
Ist sie auch recht und gut / wie bringt sie boese Lust?
Ist sie nicht gut / wie daß man Freudt auß jhr empfindet?

Lieb ich gar williglich / wie daß ich Schmertzen trage?
Muß ich es Thun / was hilffts / daß ich solch trawren fuehr?
Thue ich nichts gern / wer ists / der es befihlet mir?
Thue ich es gern / warumb / daß ich mich dann beklage?

Ich wancke / wie das Gras / so von den kühlen Winden
Vmb Versperzeit bald hin geneiget wirdt / bald her.
Ich walle wie ein Schiff / daß in dem wilden Meer

Von Wellen vmbgejagt nicht kann zu rande finden.
Ich weiß nicht was ich will / ich will nicht waß ich weiß /
Im Sommer ist mir kalt / im Winter ist mir heiß.

Neben dem Sonett spielt vor allem das Epigramm im Barock eine herausragende Rolle, zu dessen charakteristischen Eigenschaften die Kürze und die Scharfsinnigkeit gehören. Zahlenmäßig überwiegen dabei Epigramme, die weltliche Sitten- und Verhaltenslehren zum Inhalt haben, aber auch satirische Themen werden behandelt.

Sitten- und Verhaltenslehre	Satire
Das ewige sol man suchen Die Ehre dieser Welt vergeht in kurtzer zeit: Ach suche doch die Ehr der ewgen Seeligkeit! (Scheffler, *Cherubinischer Wandersmann*)	Auff einen übervollen Edelmann Du bist des Weines voll / zwen diener tragen dich Du schreyest / Speyest / Schlägst / ist das nich Adelich? (Georg Greflinger)

Die barocke Epigrammdichtung behandelte auch in satirischer Form politische Themen. Insbesondere Friedrich Freiherr von Logau (1604–1655) widmet sich in seinem 1654 erschienenem Hauptwerk *Salomons von Golaw Deutscher Sinn-Getichte Drey Tausend* – eine Sammlung von genau 3560 Epigrammen – der Herrschaftskritik. Vor dem Hintergrund einer idealisierten Vergangenheit übt er eine fast schon zeitlose Kritik an der zeitgenössischen politischen Kultur.

Friedrich von Logau, Heutige Weltkunst

Anders seyn / vnd anders scheinen:
Anders reden / anders meinen:
Alles loben / alles tragen /
Allen heucheln / stets behagen /
Allem Winde Segel geben:
Bös vnd Guten dienstbar leben:
Alles Thun vnd alles Tichten
Bloß auff eignen Nutzen richten;
Wer sich dessen will befleissen
Kan Politisch heuer heissen.

7 Auf einen Blick

Grundsätze

Prunksucht – Massenelend; Lebenslust – Hinwendung zur Religion als Trost; Schein – Sein

Kerngedanke

Der widersprüchlichen Welt durch die Religion Sinn und Ordnung geben.

Kernbegriffe

Vanitas, carpe diem, memento mori

Dichtungsverständnis

Nicht die Orginalität und Subjektivität des Dichters ist ausschlaggebend, sondern die perfekte Beherrschung vorgegebener Motive und Formen; Rhetorisches Grundverständnis der Dichtung: delectare, docere, movere

Wichtige Gattungsformen

Schelmenroman, Märtyrerdrama, Sonett, Epigramm

Autoren

Andreas Gryphius (1616–1664),
Martin Opitz (1597–1639),
Paul Gerhardt (1607–1676),
Paul Fleming (1609–1640),
Hans Jakob Christoffel von Grimmelshausen (um 1621–1676)

wichtige theoretische Schrift

Martin Opitz, *Buch von der Deutschen Poeterey* (1624)

Aufklärung

1 Sich am und im Denken orientieren

„Sapere aude! Habe Mut, dich deines eigenen Verstandes zu bedienen!" – so lautet der von Immanuel Kant formulierte Wahlspruch der Aufklärung. Durch diese Geisteshaltung unterscheidet sich nach Kant der aufgeklärte vom unmündigen Menschen, der aus Bequemlichkeit, Faulheit und Feigheit die Interpretation und Organisation der Wirklichkeit anderen überlässt:

„Habe ich ein Buch, das für mich Verstand hat, einen Seelsorger, der für mich Gewissen hat, einen Arzt, der für mich die Diät beurteilt, u.s.w.: so brauche ich mich ja nicht selbst zu bemühen."
(Kant, *Was ist Aufklärung*)

Sich am und im Denken zu orientieren, anstatt blind vorgegebenen Autoritäten zu folgen, ist die auf die Emanzipation des Menschen zielende Grundforderung der Aufklärung: Sie bekämpft die unkritische Geisteshaltung und fordert, wie Kant es nennt, eine Revolution der Denkungsart, wonach der Verstand und die Vernunft zum Maßstab der Interpretation und Organisation der Welt zu erheben sind.

Nicht zufällig kommen daher neben dem Drama gerade Gattungen wie der Parabel und der Fabel ein besonderer Stellenwert zu. Beide Gattungen sind auf hervorragende Weise geeignet, auf unterhaltsame Weise zu belehren.

Während im Barock der Sprache die Funktion zufiel, in fast schon unendlichen Variationen mit Hilfe vorgegebener rhetorischer Muster die gottgegebenen Grundgegensätzlichkeiten der barocken Welt aufzuzeigen, sieht der Philosoph Leibniz die Sprache als „Spiegel des Verstandes" an. Als Spiegel des Verstandes animiert die Literatur der Aufklärung ihre Leser zur aktiven und eigenverantwortlichen Interpretation der Welt, statt diese einfach nur wie im Barock nach vorgegebenen Mustern zu illustrieren.

2 Lessings Streben nach Wahrheit

Das geistig-kritische Selbstverständnis der Aufklärung findet ihren unmittelbaren Ausdruck bei Gotthold Ephraim Lessing (1729-1781), dessen Werke dadurch gekennzeichnet sind, dass neben der Forderung nach einem vernunftgemäßen Denken die Forderung nach einem aktiven Handeln und fortgesetztem Streben nach Erkenntnis tritt.

„Nicht die Wahrheit, in deren Besitz irgendein Mensch ist oder zu sein vermeinet, sondern die aufrichtige Mühe, die er angewandt hat, hinter die Wahrheit zu kommen, macht den Wert des Menschen. Denn nicht durch den Besitz, sondern durch die Nachforschung der Wahrheit erweitern sich seine Kräfte, worin allein seine immer wachsende Vollkommenheit besteht. Der Besitz macht ruhig, träge, stolz." (Lessing, *Eine Duplik*)

3 Drama und Fabel als Instrumente der Aufklärung

Die Erziehungsabsicht Lessings findet Eingang bis in die Formulierung der Titel seiner Schriften. Lessings letztes Werk trägt nicht von ungefähr die Überschrift *Die Erziehung des Menschengeschlechts* (1780), eine Schrift, in der Lessing den Grundgedanken vertritt, dass nur durch eine fortschreitende geistige Entwicklung und durch das Streben nach humaner Vollendung dem Menschen die volle Würde verliehen werden kann.

4 Das Dramenkonzept: Shakespeare oder Corneille als Vorbild?

Neben Lessing ist als Hauptrepräsentant der Literatur der Aufklärung Johann Christoph Gottsched (1700–1766) anzusehen. Ganz im Sinne des Erziehungsanspruchs der Aufklärung weist Gottsched in seiner Schrift *Versuch einer kritischen Dichtkunst vor die Deutschen* (1730) der Dichtung eine belehrende Funktion zu: Die Dichtung habe nicht nur zu erfreuen, sondern auch zu nützen, sie habe zu einem guten Geschmack zu erziehen und eine gute Gesinnung zu vermitteln sowie die Natur zu beschreiben.

Lessing, der gemeinsam mit seinen Freunden Nicolai und Mendelssohn die *Briefe, die neueste Literatur betreffend* (1759) herausgab, wendet sich im berühmten 17. Literaturbrief gegen Gottsched, der in seinen Augen ein „französisierendes" Theater geschaffen habe, „ohne zu untersuchen, ob dieses französisierende Theater der deutschen Denkungsart angemessen sei oder nicht". Seine Kritik wendet sich gegen die Orientierung Gottscheds am klassischen französischen Drama, das Gottsched als Vorbild betrachtete und in Deutschland etablieren wollte. Stattdessen empfiehlt Lessing die Orientierung am Drama Shakespeares:

„Auch nach den Mustern der Alten die Sache zu entscheiden, ist Shakespeare ein weit größerer tragischer Dichter als Corneille; obgleich dieser die Alten sehr wohl, und jener fast gar nicht gekannt hat." (Lessing, *17. Literaturbrief*)

Die Verteidigung Shakespeares setzte Lessing in seiner *Hamburgischen Dramaturgie* (1767–1769) fort. Das strenge Regelgefüge des französischen Dramas (Einheit von Ort, Zeit und Handlung, Gebrauch des Alexandriners) hält er für überholt, ja sogar für eine Fehlinterpretation der aristotelischen Poetik. Nach Lessings Auffassung verlangte Aristoteles nicht, dass die Handlung eines Stückes an ein und demselben Ort innerhalb von 24 Stunden abrolle; vielmehr betont er, dass das Eigentliche des Dramas darin bestehe, dass die Einheit der Handlung als Ausdruck der Einheit der dargestellten Charaktere aufzufassen sei. Diesen Grundgedanken sieht Lessing jedoch weniger im französischen, als vielmehr im Drama Shakespeares verwirklicht, das Lessing zufolge den Zuschauer stärker in das dargestellte Geschehen einbezieht und so die Chance bietet, am Kernkonflikt des Helden Anteil zu nehmen, um von diesem lernen zu können.

Lessings Kritik an Gottsched

Gottsched		Lessing
Orientierung am französischen Drama (Corneille)	↔	Orientierung am englischen Drama (Shakespeare)
Betonung der belehrenden Funktion des Dramas: prodesse et delectare (nützen und erfreuen)	↔	Das Streben nach Wahrheit erhält Vorrang vor der Behauptung, die Wahrheit verkünden zu können, die Möglichkeit zur Identifikation mit dem Helden muss gegeben sein.
Strenges Regelgefüge, starres Festhalten an der Einheit von Ort, Zeit und Handlung	↔	Einheit der Handlung als Ausdruck der Einheit der dargestellten Charaktere

5 Lessings Dramen

Die bekanntesten Dramen Lessings sind das Lustspiel *Minna von Barnhelm* (1767) sowie das Trauerspiel *Emilia Galotti* (1772) und das dramatische Gedicht *Nathan der Weise* (1779).

Emilia Galloti (1772) geht auf eine Fabel des römischen Geschichtsschreibers Livius zurück, die Lessing in die Gegenwart verlegt. Im Zentrum dieses Dramas steht das Schicksal einer Tochter, die „von ihrem Vater umgebracht wird, dem ihre Tugend werter ist als ihr Leben".

Der regierende Fürst von Guastalla entführt mit Hilfe seines skrupellosen Kammerherrn Marinelli die Tochter des greisen Odoardo Galotti, Emilia, die mit dem Grafen Appiani verlobt ist, am Tage ihrer Hochzeit auf sein Lustschloss, nachdem Appiani durch seine Häscher ermordert wurde. Odoaro erfährt durch die frühere Geliebte des Fürsten, der Gräfin Orsina, die zu Gunsten Emilias ihren Platz räumen musste, von dieser Hinterlist und Rohheit. Emilia erbittet vom Vater den Tod und stirbt in seinen Armen.

In diesem Trauerspiel bringt Lessing die Empörung des aufgeklärten Bürgertums gegen die Willkür des Absolutismus zum Ausdruck, indem er die Verbrechen der Höflinge und die Ungerechtigkeit der gesellschaftlichen Zustände anprangert. Ganz im Sinne der Hamburgischen Dramaturgie verzichtet Lessing auf die Einheit des Ortes, um zu Gunsten der Verbindung von innerer und äußerer Handlung und durch eine lebendige Dialogtechnik den Zuschauer zu einer eigenen Urteilsbildung über das im Zentrum dieses Trauerspiels stehende Motiv der Tugend zu animieren.

Nathan der Weise (1779), das wohl bekannteste und berühmteste Stück Lessings, gehört zu den erfolgreichsten Stücken auf deutschen Theatern überhaupt. Dieses dramatische Gedicht, wie Lessing es nannte, das nach dem Muster Shakespeares im Blankvers (fünffüßiger ungereimter Jambus) gedichtet ist, stellt sein Glaubensbekenntnis dar, in dem Lessing nicht die Wirklichkeit beschreibt, sondern sein Ideal der Aufklärung, nämlich das Ideal der Humanität und die Utopie einer toleranten Ordnung der Gesellschaft, verkündet.

In *Nathan der Weise* verlegt Lessing anders als in *Emilia Galotti* den Schauplatz der Handlung in die Vergangenheit, nämlich in die Zeit des 3. Kreuzzuges um 1190 in die symbolträchtige Stadt Jerusalem, in der Angehörige der drei großen Weltreligionen inmitten der brutalen Glaubenskriege aufeinander prallen: Der in Jerusalem residierende Sultan Saladin hat mit dem englischen König Richard Löwenherz und dem französischen König Philipp II. einen Waffenstillstand geschlossen, der allerdings von Rittern des Tempelordens gebrochen wurde. Zu dieser Zeit wächst im Hause des reichen Juden Nathan das Mädchen Recha auf, nicht ahnend, dass sie nicht seine Tochter, sondern eine Christin ist, die Nathan an Kindes statt angenommen hat, obwohl er bei einer Judenverfolgung durch die Kreuzritter seine Frau und seine sieben Söhne verloren hat.

Von einer Reise zurückkehrend, erfährt Nathan von Daja, der Gesellschafterin von Recha, dass seine Tochter einer großen Gefahr entgangen ist: Bei einer Feuersbrunst wäre sie fast umgekommen, wenn nicht der Tempelherr Leu von Filnek, der sich in der Gefangenschaft des Sultans befindet, sie gerettet hätte und der, von tiefer Zuneigung ergriffen, bei Nathan um die Hand Rechas anhält. Die folgende Handlung besteht in einer Aufklärung über die Verwandtschaft der handelnden Personen, die alle unterschiedlichen Religionen angehören. Dabei stellt sich heraus, dass Recha die Schwester des Tempelherrn ist. Beide stammen aus der Ehe des jüngeren Bruders des Sultans, Asad, mit einer Christin aus Deutschland. Das Drama endet mit einer Familienzusammenführung der Angehörigen der drei Weltreligionen.

Im Mittelpunkt des Dramas steht die Ringparabel, die Lessing dem *Decamerone* von Boccaccio entnommen und umgearbeitet hat. In der Ringparabel spiegelt sich in der Grundkonstellation der Familie der Grundkonflikt der drei Weltreligionen.

Ein Ring, der die „geheime Kraft“ hat, seinen Träger „vor Gott und Menschen angenehm zu machen“, wurde seit Generationen jeweils vom Vater dem liebsten seiner Söhne vererbt. Da dem letzten Besitzer des Ringes seine drei Söhne gleich lieb waren, ließ er neben dem echten Ring zwei täuschend echte anfertigen, so dass der Vater selbst den eigentlichen Ring nicht mehr erkennen konnte. Der Fall kommt vor einen Richter, der den Söhnen, von denen jeder den Anspruch erhebt, der rechtmäßige Besitzer zu sein, den folgenden Rat gibt:

[…] Hat von
Euch jeder seinen Ring von seinem Vater:
So glaube jeder sicher seinen Ring
Den echten. – Möglich; daß der Vater nun
Die Tyrannei des einen Rings nicht länger
In seinem Hause dulden wollen! – Und gewiß;
Daß er euch alle drei geliebt, und gleich
Geliebt: indem er zwei nicht drücken mögen,
Um einen zu begünstigen. – Wohlan!
Es eifre jeder seiner unbestochnen,
Von Vorurteilen freien Liebe nach!
Es strebe von euch jeder um die Wette,
Die Kraft des Steins in seinem Ring' an Tag
Zu legen! komme dieser Kraft mit Sanftmut,
Mit herzlicher Verträglichkeit, mit Wohltun,
Mit innigster Ergebenheit in Gott
Zu Hilf'! Und wenn sich dann der Steine Kräfte
Bei euern Kindes-Kindeskindern äußern:
So lad ich über tausend tausend Jahre
Sie wiederum vor diesen Stuhl. Da wird
Ein weisrer Mann auf diesem Stuhle sitzen
Als ich: und sprechen. […]
(Lessing, *Nathan der Weise*)

Der Richter zieht hiermit die Konsequenz aus der bisherigen Geschichte der Religionen. Die Selbstbezogenheit der Offenbarungsreligionen wird kritisiert und an ihrer Stelle die Idee der Vernunftreligion verfochten. Der Wettstreit der Religionen kann nicht dogmatisch entschieden werden, sondern nur dadurch, dass die Angehörigen der jeweiligen Religionen der „von Vorurteilen freien Liebe" nacheifern, da Gott „die Tyrannei des einen Rings nicht länger [...] dulden" wolle. Dies hat jedoch zur Folge, dass der Streit der Religionen nicht autoritär entschieden werden kann, sondern nur dadurch, dass sich der Einzelne seiner Verantwortung bewusst wird und im Sinne des Toleranzgedankens dem Andersgläubigen mit „Sanftmut", mit „Verträglichkeit" und „Wohltun" gegenübertritt – also bereits die von Kant kritisierte Bequemlichkeit überwindet und sich im und am Denken orientiert.

6 Die Fabeldichtung der Aufklärung

Insbesondere die Gattung der Fabel war in den Augen der Schriftsteller der Aufklärung geeignet, den Erziehungsanspruch der Aufklärer zu verwirklichen.

Die Textgattung der Fabel (lat.: fabula = Rede, Erzählung) ist eine Untergattung der didaktischen Literatur, die mit einer lehrhaften Tendenz einhergeht. Eine Fabel besteht in ihrer klassischen Form aus zwei Elementen, nämlich einer kleinen Erzählung, zumeist eine Tiergeschichte, und einem sich daran anschließenden Kommentar, der die eigentliche Moral zum Ausdruck bringt. Im Verlauf der Gattungsgeschichte haben sich hierbei bestimmte feststehende Zuordnungen eingebürgert (Lamm = Einfältigkeit; Fuchs = List und Schläue; Rabe = Eitelkeit und Dummheit; Maus = Schnelligkeit und Gewitztheit; Schlange = Hinterhältigkeit).

Dieser Struktur entsprechen vielfach die Fabeln Christian Fürchtegott Gellerts (1715–1769), einem weiteren wichtigen Autoren der Aufklärung, der sein aufklärerisches Gedankengut mit einem pietistisch ausgerichteten Christentum und einer heiteren Lebensklugheit zu verbinden wusste.

7 Auf einen Blick

Autoren

Johann Christoph Gottsched (1700-1766), Gotthold Epharaim Lessing (1729-1781), Christian Fürchtegott Gellert (1715-1769)

Sprach- und Dichtungsverständnis

Die Sprache wird aufgefasst als Spiegel des Verstandes und nicht mehr wie im Barock als Mittel zur Abbildung einer vorgegebenen Ordnung.

Schlüsselbegriffe der Epoche

Sich am und im Denken orientieren, Forderung nach aktivem Handeln und fortgesetztem Streben nach Erkenntnis, Ideal der Humanität, Idee der Toleranz und Vernunftreligion.

Kernsatz

„Sapere aude! Habe Mut, dich deines eigenen Verstandes zu bedienen!" (Kant)

Bevorzugte Gattungen

Drama und Fabel

Merkmale des Dramas

Orientierung am französischen Drama (Gottsched) und am englischen Drama (Lessing).

Werke

Lessing, *Emilia Galotti* (Bürgerliches Trauerspiel), *Minna von Barnhelm* (Lustspiel), *Nathan der Weise* (Dramatisches Gedicht); Gellert, *Fabeln*

Wichtige theoretische Schriften

Gottsched, *Versuch einer kritischen Dichtkunst vor die Deutschen* (1730); Lessing, *Briefe, die neueste Literatur betreffend* (1759–1765), *Hamburgische Dramaturgie* (1769), *Die Erziehung des Menschengeschlechts* (1777); Kant, *Was ist Aufklärung?* (1784)

Sturm und Drang

1 Das Gefühl ist mehr als die Vernunft

„Le sentiment est le plus que la raison" – Das Gefühl ist mehr als die Vernunft: Dieser Satz Jean Jacques Rousseaus (1712–1778) drückt zutreffend das Lebensgefühl der Sturm und Drang-Dichter aus. Diese Epoche verdankt ihren Namen dem Schauspiel *Sturm und Drang* (1777), verfasst von Friedrich Maximilian Klinger (1752–1831), einem Günstling Goethes, der diesem Drama in seiner ursprünglichen Fassung den Titel *Wirrwarr* gab.

Die Dichter des Sturm und Drang eint die Grundüberzeugung, dass der Sinn des Lebens in der freien und unverfälschten Entfaltung der Natürlichkeit des Menschen liegt. Der Realisierung dieses Lebens sind jedoch gesellschaftliche Grenzen gesetzt. Diesen Konflikt zwischen Natur und Kultur drückt Rousseau so aus: „Der Mensch wird frei geboren, aber überall liegt er in Ketten!"

Der Sturm und Drang war eine Protest- und zugleich eine Jugendbewegung. Der Protest richtete sich gegen

- den Absolutismus und den höfischen Adel,
- das bürgerliche Berufsleben, das man für eng und freudlos hielt und
- die überkommene Tradition in Kunst und Literatur.

Die Ursache dafür, dass der Mensch seine Natürlichkeit nicht frei entfalten kann, sehen die Anhänger des Sturm und Drang vornehmlich in der Enge gesellschaftlicher Konventionen begründet, in deren Folge sich vielfach ein geistiges Klima der Untertänigkeit, bürgerlicher Enge und Borniertheit herausbildete. Diese Borniertheit kann in ihren Augen nur durch eine

Rückwendung zur Natur durchbrochen werden, wo sich Herz und Gefühl unverstellt und frei von jeglichen gesellschaftlichen Zwängen zum Ausdruck bringen können.
Dieser Vorrang des Empfindens bedeutet für die Autoren des Sturm und Drang in erster Linie, das eigene Ich von allen gesellschaftlichen Fesseln zu befreien, da in ihren Augen nur so die eigene Identität zur Geltung kommen kann. Aus diesem Grund formuliert Herder, als er die Schriften Rousseaus las, den folgenden, für die Zeit des Sturm und Drang zentralen Gedanken:

„Hat man je etwas Wunderbareres gesehen als ein schlagendes Herz mit seinen unerschöpflichen Reizen? […] Unser Denken hängt ab vom Empfinden“.

2 Der Künstler als Genie

Den Dichtern des Sturm und Drang galt ein Kunstwerk nur dann als ein solches, wenn sich darin die Genialität des Künstlers, seine schöpferische Eigenständigkeit und sein individuelles Lebensgefühl ausdrückte. Entscheidenden Einfluss auf diesen Geniekult des Sturm und Drang hatte dabei Johann Gottfried Herder (1744–1803). Dem als Gängelung empfundenen Erziehungsgedanken der Aufklärung, die den Menschen zu belehren und zu bessern versuchte und den Dichter als Gelehrten versteht, setzte Herder die Auffassung entgegen, dass der Dichter sein Herz, sein Gefühl und seine Empfindungen im Hier und Jetzt unmittelbar zum Ausdruck zu bringen habe.

3 Die Dichter des Sturm und Drang

Die literarische Bewegung des Sturm und Drang erfuhr durch eine Begegnung Goethes mit dem nur fünf Jahre älteren Herder im Jahre 1770/1771 ihren entscheidenden Anstoss. Um Goethe und Herder bildete sich in Straßburg und Frankfurt eine Gruppe junger Dichter, während sich parallel in Schwaben um den jungen Schiller ein weiterer Kreis von Autoren mit ähnlichen Ambitionen herauskristallisierte.

Eine andere Gruppe sammelte sich in Göttingen. Ihr Vorbild war Klopstock (1724–1803), nach dessen Ode *Der Hügel und der Hain* sich diese Gruppe Hainbund nannte, zu deren führenden Mitgliedern Ludwig Hölty (1748–1776) und Johann Heinrich Voß (1751–1826) gehörten. Gottfried August Bürger (1747–1794) und Matthias Claudius (1740–1815) gehörten dem Hainbund zwar nicht an, waren ihm aber freundschaftlich verbunden.

4 Das Drama im Sturm und Drang

Der junge Goethe sammelte eine Gruppe von Dramatikern um sich, die mit Aufsehen erregenden Stücken den neuen Lebensstil entwarfen. Leidenschaftlich traten diese – mit Ausnahme Goethes entstammten sie allesamt niederer Herkunft – für neue ästhetische und politische Freiheiten ein.

Hinsichtlich der Gestaltung des Dramas orientierten sich die Dichter des Sturm und Drang an Shakespeare. Goethe übernahm schon früh die Shakespeare-Begeisterung Herders und erläuterte in seiner Rede *Zum Shakespearetag* seine Vorstellungen über das Theater, das in erster Linie „das Eigentümliche unsres Ichs" und die „Freiheit unsres Wollens" zu zeigen habe. Der Freiheit des Wollens waren jedoch gesellschaftliche Grenzen gesetzt, da die Freiheit des Wollens mit dem „notwendigen Gang des Ganzen zusammenstößt".

Der Konflikt zwischen der Natürlichkeit des Individuums und den gesellschaftlichen Zwängen steht im Zentrum der dramatischen Dichtung. Von herausragender Bedeutung sind Schillers Darstellungen des Ringens um politische Freiheiten in den Dramen *Kabale und Liebe* und *Fiesco*. Den Kampf gegen die Gesellschaft zeigen Goethes *Götz von Berlichingen* und Schillers *Räuber*.

In *Kabale und Liebe*, Schiller nennt es ein bürgerliches Trauerspiel, rückt Schiller den Konflikt zwischen Herrscherwillkür und dem Anspruch einer über alle Standesunterschiede erhabenen Liebe in den Vordergrund. Schiller zeigt in diesem Trauerspiel eine zynische und von Zwängen geprägte Welt, die dem handelnden Menschen kaum eine Chance zur freien Entfaltung lässt. Die Frage, inwieweit sich die Glückserwartungen des Einzelnen realisieren lassen können, ist das beherrschende Grundmotiv. Letztlich wird sie durch den Tod der Protagonisten negativ beantwortet.

Im Zentrum des Stücks steht dabei die Liebe zwischen Ferdinand von Walter, Sohn eines einflussreichen Adligen, und Luise, Tochter des Musikers Miller. Um diese Liebe zu verhindern – es ist geplant, Ferdinand mit Lady Milford zu verheiraten – greifen der Vater von Ferdinand und sein Sekretär Wurm zu einer bösartigen List: Die Eltern Luises geraten wegen einer angeblichen Majestätsbeleidigung in Haft. Wurm zwingt daraufhin Luise, einen (diktierten) Liebesbrief an den Hofmarschall von Kalb zu verfassen, da andernfalls ihre Eltern hingerichtet werden würden. Außerdem muss sie beiden versichern, diesen Brief aus freien Stücken geschrieben zu haben. Der Brief wird Ferdinand zugespielt, der prompt in die Falle tappt und sich, blind vor Wut, an Luise zu rächen gedenkt. Das Stück endet damit, dass Ferdinand Luise und sich selbst vergiftet. Sterbend vergibt sie Ferdinand, der, selbst in den letzten Atemzügen liegend, seinem eigenen Vater vergeben kann.

5 Die Dramen von Jakob Michael Reinhold Lenz

In den Dramen von Lenz (1751–1792), der mit 26 Jahren an Schizophrenie erkrankte, zeigt sich am deutlichsten die sozialkritische Dimension der Dramen des Sturm und Drang.

Das Drama *Der Hofmeister* (1774) – Lenz bezeichnete es doppelsinnig als Komödie – schildert das Schicksal des Hofmeisters Läuffer, der sich selbst durch Kastration straft, weil er die Tochter des Majors von Berg, der ihn als Hauslehrer anstellte, schwängerte.

Als Läuffer seinen Dienst im Hause des Majors antritt, findet er dort ein Klima der Borniertheit, Dummheit und Herrschsucht vor, das den gesamten Fortgang des Dramas bestimmt. Mehr aus Langeweile und Schwärmerei denn aus Liebe kommen sich Läuffer und Gustchen näher. Als sich herausstellt, dass Gustchen schwanger ist, versucht sie sich das Leben zu nehmen, wird aber im letzten Moment gerettet. Läuffer flieht zum Schulmeister Wenzeslaus, wo er sich aus Angst und Reue entmannt. Bezeichnenderweise endet das Drama lapidar: Läuffer heiratet ein unbedarftes Mädchen vom Lande, dem seine fehlende Männlichkeit nichts ausmacht. Gustchen findet Unterschlupf bei Fritz, dem Sohn des Bruders des Majors. Kein Konflikt des Dramas wird gelöst, stets regiert der Zufall, an keiner Stelle beherrschen die Protagonisten die Bedingungen ihrer Existenz. Stattdessen haben stets die Begebenheiten Macht über die Charaktere. Infolgedessen erscheint Läuffer zum Schluss als lächerliches und erbarmungswürdiges Opfer, das absurde gesellschaftliche Normen verinnerlicht hat.

Ähnlich ist die Konstellation im Drama *Die Soldaten* (1776), das wie *Der Hofmeister* auf eine authentische Geschichte zurückgeht. Wie in *Der Hofmeister* verweben sich hier tragische und komische Elemente zu einem Zerrspiegel der bürgerlichen Fassade.

Die Galanteriehändlertochter Maria Wesener lässt sich vom Offizier Desportes verführen, der sie jedoch dann umgehend verlässt. Marie aber hat an der galanten Lebensweise gefallen gefunden und ist trotz dieser Erfahrung für ihren Freund, den Zivilisten Stolzius, verloren. Sie flieht, um ihren verschwundenen Geliebten zu finden. Stolzius seinserseits tritt in den Militärdienst ein und sorgt dafür, dass Maria von seinen Jägern gefangen genommen wird. Stolzius gelingt es im weiteren Fortgang des Stückes, den untreuen Desportes und zugleich sich selbst mit Rattengift zu töten. Der ruinierte Vater Wesener, der für seinen vermutlichen Schwiegersohn eine Kaution hinterlegt hat, sucht seine Tochter und findet sie schließlich als Bettlerin. Sie fallen sich um den Hals und wälzen sich vor Wiedersehensfreude auf der Erde – eine Versöhnung, die animalisch und tieftraurig anmutet.

6 Der Roman des Sturm und Drang: Goethes Werther

Auch wenn der Roman als Gattung insgesamt während der Zeit des Sturm und Drangs eine untergeordnete Rolle spielte, sticht Goethes *Die Leiden des jungen Werther* hervor, ein Roman, der ein gigantischer Bucherfolg war. Die Erstfassung von 1774 erreichte bis 1790 dreißig, die Zweitfassung von 1787 bis zu seinem Tode noch einmal fünfundzwanzig Auflagen, rasch folgten Übersetzungen ins Französische, Englische und Italienische.
Der Erfolg des Romans beruhte darauf, dass Goethe dem Lebensgefühl einer ganzen Generation Ausdruck verliehen hat. Die Identifikation der Leser ging dabei so weit, dass der Roman eine regelrechte Selbstmordwelle auslöste.
Goethe wählte für den Werther die Form des Briefromans. Der junge, wohlhabende Werther verliebt sich in Lotte, die jedoch mit dem nüchternen und arbeitsamen Albert, den sie später heiraten wird, verlobt ist. Als Werther erkennt, dass Lotte für ihn unerreichbar ist, sieht er einzig im Selbstmord die Lösung seiner unglücklichen Liebe. Einen Tag vor Weihnachten erschießt er sich nach einem letzten Besuch bei Lotte.

Thematisch behandelt der Roman alle die für den Sturm und Drang typischen Motive: das Motiv des idyllischen Landlebens und der Verherrlichung der Natur, die den Werten des bürgerlichen (Stadt)-Lebens entgegengesetzt wird, das Motiv der bedingungslosen Liebe, die gegen die bürgerlichen Konventionen rebelliert, das Motiv der Erneuerung von Kunst und Literatur gegenüber der Regelpoetik der Aufklärung und das Motiv der Revolte gegenüber der gesellschaftlichen Ordnung.

Entscheidend für den Erfolg des Werther ist das ausgeklügelte Kompositionsprinzip dieser Dreiecksgeschichte und deren sprachliche Ausgestaltung. Formal ist der Roman in zwei Teile gegliedert, die einander vielfach entsprechen, allerdings unter umgekehrten Vorzeichen: Während der erste Teil Werthers Glück beschreibt, steht im zweiten Teil Werthers Katastrophe im Zentrum. Dieser Wendung, die mit einem gesteigerten Erzähltempo einhergeht, entsprechen eine Fülle von Analogien auf allen Ebenen des Textes.

Kompositionsprinzipien im Werther

Erster Teil	↔	**Zweiter Teil**
Werthers anfängliches Glück	↔	Werthers Schicksal
Entdeckung des Idylls	↔	Zerstörung des Idylls
Werthers Verachtung der bürgerlichen Welt	↔	Werthers Versagen im höfischen Dienst
Werthers Empfindsamkeit (Innenperspektive)	↔	Werthers Krankheit (Außenperspektive: Beurteilung Werthers durch einen fiktiven Herausgeber)

7 Die Lyrik des Sturm und Drang

Auflehnung ist das Grundmotiv des Sturm und Drang, also das Geltendmachen der eigenen Individualität angesichts einer Kultur, die stark von standesrechtlichen Privilegien und Regeln gekennzeichnet ist.

Nirgends wird dies so deutlich wie in der Lyrik des Sturm und Drangs, in dem sich der Dichter, das Genie, über seine Umwelt erhebt und seinem Drang nach Selbstverwirklichung, Lebenslust, nach lebendiger und echter Natur- und Liebeserfahrung Ausdruck verleiht – zumeist in wenig gebändigten Formen und Versmaßen und in einer sehr ausdrucksstarken expressiven Wortwahl. Nicht zuletzt deswegen wurde hierfür der Begriff der Erlebnislyrik geprägt. Die Liebe wird dabei als etwas Totales, Umfassendes verstanden: Sie ist ein persönliches Erlebnis und zugleich eine überpersönliche Macht, sie bildet eine Einheit von Seele, Natur und entkonfessionalisierter Religiösität.

Stilistisch ist diese Lyrik vornehmlich durch einen unruhigen, vorwärtsdrängenden Rhythmus, Ellipsen, einen parataktischen Satzbau und den Gebrauch von Superlativen geprägt. Traditionelle Versformen werden gesprengt, stattdessen sind vielfach freie Rhythmen anzutreffen. Das lyrische Ich bedient sich vorwiegend einer hymnisch-feierlichen Sprache, die in erster Linie dem Ausdruck emotionaler Ergriffenheit und dem Ausdruck der Auflehnung des lyrischen Ichs gegenüber jeglicher Ordnung dient.

Prototypische Bedeutung für dieses lyrische Konzept hat dabei Goethes Gedicht *Prometheus*, es entstand vermutlich 1774. Ohne die Einwilligung Goethes wurde der Text 1785 von Friedrich Heinrich Jacobi veröffentlicht, die erste autorisierte Veröffentlichung stammt aus dem Jahre 1789. Goethe hat dabei die mythologische Figur des Prometheus zum Grundmotiv dieses Gedichtes erhoben. Prometheus, der gegen die Götter revoltierte, indem er den Menschen das Feuer brachte, entthronte die Götter, die damit ihr Machtinstument an die Menschen verloren hatten.

Goethe, Prometheus

Bedecke deinen Himmel, Zeus,
Mit Wolkendunst!
Und übe, Knaben gleich,
Der Diesteln köpft,
An Eichen dich und Bergeshöhn!
Mußt mir meine Erde
Doch lassen stehn,
Und meine Hütte,
Die du nicht gebaut,
Und meinen Herd,
Um dessen Glut
Du mich beneidest.

Ich kenne nichts Ärmer's
Unter der Sonn' als euch Götter.
Ihr nähret kümmerlich
Von Opfersteuern
Und Gebetshauch
Eure Majestät
Und darbtet, wären
Nicht Kinder und Bettler
Hoffnungsvolle Toren.

Da ich ein Kind war,
Nicht wußt', wo aus, wo ein,
Kehrte mein verirrtes Aug'
Zur Sonne, als wenn drüber wär'
Ein Ohr, zu hören meine Klage,
Ein Herz wie meins,
Sich des Bedrängten zu erbarmen.

Wer half mir wider
Der Titanen Übermut?
Wer rettete vom Tode mich,
Von Sklaverei?
Hast du's nicht alles selbst vollendet,
Heilig glühend Herz?
Und glühtest, jung und gut,
Betrogen, Rettungsdank
Dem Schlafenden dadroben?

Ich dich ehren? Wofür?
Hast du die Schmerzen gelindert
Je des Beladenen?
Hast du die Tränen gestillet
Je des Geängsteten?
Hat nicht mich zum Manne geschmiedet
Die allmächtige Zeit
Und das ewige Schicksal,
Meine Herrn und deine?

Wähntest du etwa,
Ich sollte das Leben hassen,
In Wüsten fliehen,
Weil nicht alle Knabenmorgen-
Blütenträume reiften?

Hier sitz' ich, forme Menschen
Nach meinem Bilde,
Ein Geschlecht, das mir gleich sei,
Zu leiden, weinen,
Genießen und zu freuen sich,
Und dein nicht zu achten,
Wie ich.

Interpretation

Das reimlose Gedicht besteht aus 7 Strophen ungleicher Verszahl, die ungleich langen Verse schwanken zwischen zwei und zehn Silben. Es weist kein regelmäßiges Metrum auf. Der Auftakt des Gedichtes ist überaus fulminant (Z. 1–5): Das lyrische Ich wendet sich in Form eines Imperativs an Zeus und pervertiert so die eigentlich erwartete Rollenverteilung: Prometheus, der aufrührerisch-kämpferische Held der altgriechischen Mythologie, wendet sich ironisch an Zeus. Prometheus fordert ihn auf, seine mit Blitz und Donner gerüstete Macht an „Eichen" und „Bergeshöhen" zu erproben, um dann triumphierend zu resümieren, dass er die von Prometheus erschaffene Welt („Hütte", „Herd", „Glut" Z. 8–11) wohl oder übel zu respektieren habe. Diese ironische Diktion steigert sich zusehends und mündet in Spott (Z. 13–17). Sprachlich realisiert sich dieser Spott durch den Gebrauch zahlreicher Imperative („Bedecke"; „Übe") und bissiger rhetorischer Fragen („Ich dich ehren? Wofür?" Z. 38) sowie durch den ebenfalls zahlreichen Gebrauch von Personalpronomia. Die göttliche Sphäre wird deutlich negativ und die Sphäre des lyrischen Ichs deutlich positiv bewertet. Der Grund der Auflehnung gegen die Götter ist begründet in der Erkenntnis ihrer Macht- und folglich auch Bedeutungslosigkeit (Z. 38–42) und der Selbsterkenntnis der eigenen Stärken und Fähigkeiten (Z. 29–37) – zwei Motive, die letztlich empathisch in der Selbstbehauptung der eigenen, genialischen Identität mündet (Z. 52–58).

8 Auf einen Blick

Autoren
Friedrich Gottlieb Klopstock (1724–1803), Johann Wolfgang Goethe (1749–1832), Friedrich Schiller (1759–1805), Jakob Michael Reinhold Lenz (1751–1792), Gottfried August Bürger (1747–1794)

literarische Zentren
Straßburg, Frankfurt, Göttingen

Sprachverständnis
Die Sprache fungiert als Spiegel des Ichs, nicht als Spiegel des Verstandes.

Schlüsselbegriffe der Epoche
„Herz", „Genie", „Empfindung", „Natur"

Kernsatz
„Der Mensch wird frei geboren, aber überall liegt er in Ketten!" (Rousseau)

Bevorzugte Gattungen
Drama und Lyrik, Sonderstellung des Werther

Wichtige theoretische Schriften
Johann Wolfgang Goethe, *Zum Shakespearestag* (Rede 1771)

Klassik

1 Bildung statt Revolution

„Edel sei der Mensch, / Hilfreich und gut!" Diese ersten beiden Verse aus Goethes Gedicht *Das Göttliche* drücken den Wunsch und die Sehnsucht nach einer moralisch und ästhetisch kultivierten Welt aus.
Die von Goethe und Schiller, aber auch von Herder verfochtene Idee der Kultivierung und Ästhetisierung der Wirklichkeit gewinnt ihr Profil in der Auseinandersetzung mit der Französischen Revolution. Die beginnende Frühindustrialisierung, die Französische Revolution und die Krise des europäischen Feudalsystems waren die das Zeitgeschehen beherrschenden Themen. Die Reaktionen auf das aufsehenerregende wie verwirrende Revolutionsgeschehen waren kontrovers. Sie reichten von enthusiastischer Zustimmung bis zu prinzipieller Ablehnung. Insbesondere die Septembermorde des Jahres 1792 und die Hinrichtung des Königs im Jahre 1793 ließ viele zurückschrecken.

Goethe selbst war von der Französischen Revolution fasziniert, aber kein Revolutionsfreund. Als Minister in Weimar vertrat er einen politischen Reformkurs, demgemäß Fürsten und Untertanen, Adel und Bürger gemeinsam in einem Entwicklungsprozess innerhalb des Bestehenden zeitgerechte Reformen verwirklichten sollten.

Diesem realpolitischen Reformkurs entspricht ein ästhetischer Idealismus, ein von Goethe und Schiller gemeinsam in Weimar entwickeltes Programm der Bildung zur Humanität durch Kunst und Dichtung.

Realpolitischer Reformkurs und ästhetischer Idealismus		
Politische Ebene		**Ästhetische Ebene**
Ablehnung der Radikalität der Französischen Revolution; Ablehnung der Idee eines gewaltsamen Umsturzes bestehender Ordnungen	↔	Formulierung der These, dass eine Umwandlung des Staates eine Umwandlung der Gesellschaft voraussetze
↓		↓
Forderung nach einem moderaten politischen Reformkurs		Forderung nach ästhetischer Erziehung und Bildung zur Humanität als Aufgabe der Zeit und als Vorbedingung der Umwandlung der Gesellschaft

2 Der menschliche Idealzustand und das Charakterschöne

Nach Goethe und Schiller ist es die Aufgabe der Kunst, einen menschlichen Idealzustand zu beschreiben und diesen im Kunstgenuss erlebbar zu machen. Die Kunst der Klassik ist ihrem eigenen Verständnis nach zweckfrei, da sie gegenüber der Realität und ihren Zwängen einen eigenen Erfahrungsraum beschreibt, der dem Menschen erst die Begegnung mit dem Wahren, Schönen und Guten ermöglicht.
Diese Trennung von Kunst und Leben sowie die Behauptung der Autonomie der Kunst wird als Befreiung der Kunst empfunden, die nun nicht mehr vordergründig an gesellschaftliche Zwecke gebunden scheint. Der Mensch – so Schiller – ist nur Mensch, „wenn er spielt", also zweckfrei sich selbst in der ästhetischen Erfahrung und im ästhetischen Spiel begegnet.

„Der Nutzen ist das große Idol der Zeit, dem alle Kräfte fronen und alle Talente huldigen sollen. Auf dieser groben Waage hat das geistige Verdienst der Kunst kein Gewicht”
(Schiller, *Über die ästhetische Erziehung des Menschen, 6. Brief*);

„Je mehr das beschränkte Interesse der Gegenwart die Gemüter in Spannung setzt [...] desto dringender wird das Bedürfnis, durch ein allgemeines und höheres Interesse an dem, was rein menschlich und über allen Einfluß der Zeiten erhaben ist [...] unter der Fahne der Wahrheit und Schönheit wieder zu vereinigen“ (Schiller, *Ankündigung der Zeitschrift „Die Horen“, 1794*).

Das Selbstverständnis der Literatur zur Zeit der Aufklärung, des Sturm und Drang und der Klassik

Aufklärung	Sturm und Drang	Klassik
Literarischer Appell an den Verstand des Menschen	Literarische Manifestation der Unbedingtheit des Willens	Entwurf eines harmonischen Gleichgewichtes zwischen Verstand und Gefühl
Literatur als Mittel zur Erziehung und politisch-gesellschaftlichen Emanzipation des Menschen	Literatur als Sprachrohr des Genies, das bedingungslos gegen seine Umwelt revoltiert	Literatur als zweckfreier Raum ästhetischer Erfahrung und Darstellung des Idealischen, ‚Rein-Menschlichen‘

Der rein menschliche Idealzustand ist nach Schiller durch die von ihm so genannte Charakterschönheit ausgezeichnet, unter der Schiller in der Tradition Kants die Idealvorstellung eines Menschen versteht, der das, was die Moral ihm als zwingend zu tun vorgibt, zu seinem eigenen Willen macht.

Charakterschönheit nach Schiller

↓

Identität
der Vernunft – und Naturbestimmung des Menschen;
Identität von Pflicht und Neigung

↓

Harmonie
zwischen den Ausdruckselementen des Verstandes
und des Gefühls und damit Überwindung und Aufhebung
der Ansprüche der Literatur der Aufklärung und des
Sturm und Drang.

3 Die griechische Antike als Muster

Das antike Griechentum diente Goethe und Schiller als Muster für die Entwicklung der Literaturauffassung der Weimarer Klassik. Sowohl der Gedanke der Humanität, also die Vorstellung des Ideals der Harmonie zwischen Vernunft und Natur, als auch das Bemühen um die Darstellung des schönen Menschen in der Kunst sahen Goethe und Schiller in der griechischen Antike angelegt, da diese – so Goethe – das „Bedürfnis von etwas Musterhaftem" zum Ausdruck brachte.

Entscheidenden Anstoß für die Beschäftigung mit der griechischen Antike erfuhr die Klassik durch Johann Joachim Winckelmann (1717–1768), der durch seine *Gedanken über die Nachahmung der griechischen Werke in der Malerei und Bildhauerkunst* (1755) und durch seine *Geschichte der Kunst des Altertums* (1764) ein Griechenlandbild schuf, das bis weit ins 19. Jahrhundert prägend war. Einer der Kernsätze im Werk Winckelmanns lautet: *„Das allgemeine Kennzeichen der griechischen Meister-*

stücke ist eine edle Einfalt und stille Größe – sowohl in der Stellung als im Ausdruck."

Antike und Griechentum waren dabei nicht der Anlass für eine rückwärts gerichtete Beschäftigung, sondern wurden von den Dichtern der deutschen Klassik als Vorbild für das eigene Schaffen betrachtet. Hierzu gehört die Vorstellung, dass das Kunstwerk idealerweise eine organische, in sich selbst ruhende Ganzheit darstellen soll. Die Prinzipien von Maß, Ordnung, Fasslichkeit, Symmetrie und Proportion bilden einen wohlkalkulierten Zusammenhang. Die äußere Form ist dabei als der Zugang zum inneren Wesen des Kunstwerks aufzufassen, das sich immer nur als Ganzes erschließt und als Ganzes für sich selbst spricht.

4 Kulturelle Leistungen zur Zeit der Klassik

Die Zeit der literarischen Klassik zwischen 1775 und 1810 ist geprägt durch eine beispiellose Fülle kultureller Erscheinungen.

Philosophie	Die Philosophie der Neuzeit erfährt eine entscheidende Reform durch Immanuel Kant, der insbesondere auch Schillers Auffassungen nachhaltig prägte. 1781 erscheint die *Kritik der reinen Vernunft*, 1788 die *Kritik der praktischen Vernunft* und 1790 die *Kritik der Urteilskraft*.
Erziehungswissenschaften, Bildende Kunst	Erneuerung des Erziehungswesens durch Pestalozzi (1746–1827), Durchführung einer Bildungsreform durch Wilhelm von Humboldt (1767–1835) und in diesem Zusammenhang Gründung der Berliner Universität. Humboldt stellt das in der Weimarer Klassik entwickelte Ideal einer auf der Antike gründenden harmonischen Humanität in den Mittelpunkt der Bildung.

Bildende Kunst	Es entstehen bedeutende Plastiken nach dem Vorbild der Antike, bei denen das Typische bevorzugt wird, insbesondere durch Thorvaldsen (1768–1844), Canova (1757–1822), Gottfried Schadow (1764–1850).
Architektur, Malerei	Karl Friedrich Schinkel (1781–1841), Jacques-Louis David (1748–1825), Jean-Auguste Dominique Ingres (1780–1867), Johann Heinrich Wilhelm Tischbein (1751–1829)
Musik	Es kommt zur Entwicklung eines neuen Klavierstils. Seit 1770 erscheint die Sonate zumeist viersätzig, wobei dieser Aufbau auch für die Sinfonie, das Streichquartett und andere Formen der Kammermusik maßgeblich wird. In die Zeit der Klassik fällt das Werk Haydns (1732–1809), Mozarts (1756–1791) und Beethovens (1770–1827).

5 Die klassische Lyrik

Der rebellische Ton des Sturm und Drang wird in der Lyrik zu Gunsten der Darstellung des Idealischen aufgegeben. An die Stelle der Manifestation der Unbedingtheit des genialischen Willens tritt der Entwurf des harmonischen Gleichgewichts zwischen Verstand und Gefühl und an die Stelle ungebändigter freier Rhythmen tritt das Bedürfnis nach der Entwicklung einer strengen Form, die von Goethe und Schiller als der Schlüssel zum Zugang der ästhetischen Erfahrung des Wahren, Schönen und Guten verstanden wurde. Schiller bringt dies programmatisch in dem Gedicht *Die Künstler* zum Ausdruck:

Schiller, Die Künstler (Auszug)

[…]
Der Menschheit Würde ist in eure Hand gegeben,
Bewahrtet sie!
Sie sinkt mit euch! Mit euch wird sie sich heben!
Die Dichtung heilige Magie
Dient einem weisen Weltenplane,
Still lenkte sie zum Ozeane
Der großen Harmonie!
[…]

Die lyrische Gestaltung des Ideals der Charakterschönheit findet im lyrischen Werk Schillers ihren Ort vorwiegend in den Ideenballaden *(Der Taucher, Der Handschuh, Die Bürgschaft)*, die den Widerstreit von Freiheit und Notwendigkeit, Wille und Vernunft zum Thema haben. Diese Balladen zeigen dabei ähnlich wie in der klassischen Tragödie an einer dramatischen Handlung die ethische Dimension menschlichen Handelns, das im Sinne Schillers dann als harmonisch zu charakterisieren ist,

[…] „wenn sich das sittliche Gefühl […] endlich bis zu dem Grade versichert hat, daß es dem Affekt die Leitung des Willens ohne Scheu überlassen darf und nie Gefahr läuft, mit den Entscheidungen desselben im Widerspruch zu stehen".
(Friedrich Schiller, *Über Anmut und Würde*)

Da der harmonische Idealzustand aber nicht der tatsächlichen Verfasstheit des Menschen entspricht, bedarf das sittliche Gefühl der Bildung und ästhetischen Erziehung. Schiller und Goethe lösen sich aus diesem Grund von der Programmatik des Sturm und Drang, in dem das Gefühl verabsolutiert wurde. Der Gefühlskult des Sturm und Drang wird in seine Grenzen verwiesen, da dieser nicht die Harmonisierung von Gefühl und Verstand, sondern die bloße Rebellion des Gefühls zu ihrem Inhalt hat. Aus diesem Grund revidiert Goethe die noch im Gedicht *Prometheus* dem Menschen zugedachte Rolle zwischen Natur und Weltordnung.

Sturm und Drang	Klassik
Ich kenne nichts Ärmer's Unter der Sonn' als euch, Götter. Goethe, *Prometheus*, Z. 13 f.	Denn mit Göttern Soll sich nicht messen Irgend ein Mensch. Goethe, *Grenzen der Menschheit*, Z. 11–13
Ich dich ehren? Wofür? Goethe, *Prometheus*, Z. 38	Nach ewigen, ehrnen, Großen Gesetzen Müssen wir alle Unseres Daseins Kreise vollenden. Goethe, *Das Göttliche* Z. 32–36

Wie Schiller geht auch Goethe davon aus, dass der Mensch weder ausschließlich durch seine Natur, noch ausschließlich durch die Vernunft geprägt ist. Da diese beiden Grundbestimmungen des Menschen oftmals einander widerstreiten, bedarf es einer Harmonisierung, das heißt der Verwirklichung des Göttlichen im Menschlichen.

Werkgegenüberstellung
Die Sturm und Drang-Dichtung Goethes und Schillers gegenüber den klassischen Werken

	Sturm und Drang	Klassik
Goethe	Straßburger Lyrik, *Götz von Berlichingen, Werther*	*Iphigenie, Tasso, Wilhelm Meisters Lehrjahre, Hermann und Dorothea, Faust Erster Teil*
Schiller	*Die Räuber, Kabale und Liebe, Don Carlos*	*Wallenstein, Maria Stuart, Die Jungfrau von Orleans, Die Braut von Messina, Wilhelm Tell*

6 Das klassische Drama: Iphigenie auf Tauris

Wie die Lyrik ist auch das Drama zur Zeit der Klassik der Idee der ästhetischen Erziehung verpflichtet. Die Dramatik Schillers und Goethes ist dabei durch die Intention geprägt, den Zuschauer suggestiv in das Bühnengeschehen hineinzuziehen, um Identifikationsmöglichkeiten mit dem inneren Konflikt des Helden zu schaffen. Dem Zuschauer wird Gelegenheit gegeben, mit einem heroischen, exemplarischen Charakter mitzuleiden. Deshalb besteht für ihn die Chance der Katharsis, also der psychischen Reinigung durch das Miterleben eines großen Konfliktes.

Zu den Schlüsseltexten der Klassik gehört Goethes *Iphigenie auf Tauris* (1787), in deren Mittelpunkt das sich wandelnde Verhältnis der Menschen zu den Göttern steht.
Iphigenie, die von ihrem Vater Agamemnon zum Sühneopfer bestimmt wurde, wird von der Göttin Diana, der sie als Priesterin dient, nach Taurien gebracht. Iphigenie gelingt es, König Thoas dazu zu bewegen, die Menschenopfer abzuschaffen. Thoas reagiert über und befiehlt, zwei auf der Insel gelandete Fremdlinge zu opfern. Dabei handelt es sich, ohne dass Iphigenie dies weiß, um ihren Bruder Orest und dessen Freund Pylades. Orest, der Klytämnestra, die Mutter der beiden, erschlagen hatte, weil sie die Schuld am Tode Agammnons trägt, wird von den Rachegöttinnen, den Furien, verfolgt. Unter der Bedingung, dass es Orest gelingt, Iphigenie zurück nach Griechenland zu bringen, versprach ihm der Gott Apollo die Erlösung von seiner Schuld. Orest missversteht jedoch einen entsprechenden Orakelspruch und ist fälschlicherweise der Ansicht, er müsse ein Bildnis der Göttin Diana nach Griechenland bringen. Als Thoas verlangt, dass Iphigenie, die zwischenzeitlich die Identität der beiden Fremden kennt, den Ritualmord an ihrem Bruder vollziehen soll, gerät sie in einen ausweglosen Konflikt, da sie sich durch den Plan von Orest, das Bildnis der Göttin Diana zu rauben und mit Iphigenie nach Griechenland zurückzukehren, in ihrer Integrität verletzt sieht. Zur Lüge unfähig tritt sie vor Thoas und offenbart

ihm die Absicht ihres Bruders. Thoas erweist sich in dieser Situation als humaner Fürst und stimmt der Rückkehr zu.

7 Goethes Faust

Goethe arbeitete bis kurz vor seinem Tode an der dramatischen Umsetzung der Faust-Sage, die seit dem 15. Jahrhundert in Umlauf war und die seit der zweiten Hälfte des 16. Jahrhunderts schriftlich festgehalten wurde.

Das Drama entzieht sich einer eindeutigen Epochenzuordnung. Goethe begann die Arbeit am Faust vermutlich spätestens zwischen 1772/1773, also noch zur Zeit des Sturm und Drang. Er veröffentlichte 1790 eine erste fragmentarische Fassung, bearbeitete den Stoff jedoch weiter und gab 1808 unter dem Titel *Faust, Eine Tragödie* den ersten Teil des Faust-Dramas heraus. Zwischen 1825 und 1831 vollendete Goethe den zweiten Teil des Dramas, veröffentlichte ihn jedoch nicht zu Lebzeiten. Erst nach Goethes Tod erschien der zweite Teil des Dramas im Jahre 1832 unter dem Titel *Faust II* auf Veranlassung der Nachlassverwalter.
Die Faust-Sage geht auf die historisch verbürgte Figur eines Schulmeisters zurück, um die sich schon zu Lebzeiten Legenden bildeten. Dieser Schulmeister, der vermutlich den Namen Georg trug und zwischen 1480 und 1536/39 lebte, galt bei den Zeitgenossen als eine seltsame Gestalt, die ein unstetes Leben führte und sich unter anderem mit astrologischen Fragen, der Erstellung von Horoskopen, aber auch mit Quacksalbereien beschäftigte.
Literarisch bedeutsam ist die Niederschrift *Historia von D. Johann Fausten dem weitbeschreyten Zauberer und Schwartzkünstler*, die 1587 von dem Frankfurter Buchhändler Spiess herausgegeben wurde. Diese Bearbeitung des Faust-Stoffes verbindet Tatsachen aus dem Leben des historischen Faust mit Schwankgeschichten und Spekulationen über Himmel und

Hölle und enthält auch schon eine Schilderung des Paktes zwischen Faust und Mephisto. Um 1590 dramatisierte in England Christopher Marlowe den Stoff, der seit der Aufklärung auf deutschen Wanderbühnen als Puppenspiel aufgeführt wurde. Goethe, der die Puppenspielfassung des Fauststoffes kannte, verbindet im ersten Teil der Tragödie Elemente der dramaturgischen Bearbeitung Marlowes (die bereits schon den berühmten Anfangsmonolog enthält, in dem Faust sich von den Wissenschaften enttäuscht zeigt und sich der Magie zuwendet) mit dem authentischen Fall der Kindsmörderin Susanna Margaretha Brandt, die am 14. Januar 1772 in Frankfurt hingerichtet wurde. Goethe, der Teile der Gerichtsakten kannte, fand hier das Vorbild für die Gretchentragödie.

Der erste Teil umfasst die Gelehrtentragödie, die die Verzweiflung Fausts an den Wissenschaften, seine Hinwendung zur Magie und seinen Pakt mit dem Teufel zum Thema hat, und die in einer Katastrophe endende Gretchentragödie.
Nachdem Faust erkennt, dass die Wissenschaften sein unbedingtes Streben nach Erkenntnis und Wahrheit nicht befriedigen können, verschreibt er sich der Magie und lässt sich auf einen Pakt mit dem Teufel ein, der ihm in der Gestalt Mephistos erscheint. Mephisto versucht Fausts rastlose Gier zu stillen, indem er ihm immer neue Reize zu bieten versucht, da er vermeintlich nur so die von Faust formulierten Bedingungen des Paktes erfüllen kann:

„Werd' ich zum Augenblicke sagen:
Verweile doch! du bist so schön!
Dann magst du mich in Fesseln schlagen,
Dann will ich gern zugrunde gehen!"

Die Tragödie endet in einer Katastrophe: Faust verführt unter Mithilfe Mephistos Gretchen, in der er ein Abbild der Göttin Helena zu sehen glaubt. Beide, Gretchen und Faust, sind jedoch der Situation nicht gewachsen: Das unbedarfte Gretchen wird zur Kindsmörderin, endet im Kerker und verfällt dem Wahnsinn, Faust verzweifelt an seiner Schuld und scheint zu resignieren.

In *Der Tragödie zweiter Teil* verwirkt Faust endgültig sein Leben an Mephisto, wird aber ähnlich wie Gretchen am Ende *Der Tragödie erster Teil*, in dem die Seele Gretchens gerettet wird, weil sie sich vorbehaltlos zu Gott bekennt, durch himmlische Heerscharen gerettet.
Im zweiten Teil der Tragödie rückt die individuelle Tragik der Figur des Faust in den Hintergrund. Im Vordergrund steht vielmehr die Entwicklung einer gewaltigen Bilderwelt, deren faustische Bewältigung zum Grundmotiv eines die wesentlichen Grundphänomene des Lebens umfassenden theatralischen Entwurfes wird: Faust wird zum Sinnbild für den Versuch der Ergründung und Beherrschung der Welt und ihrer realen und metaphysischen Abgründe.

8 Zwischen den Stühlen: Heinrich von Kleist

Neben Goethe und Schiller wirken in dieser Zeit vor allem Friedrich Hölderlin (1770 - 1843), Heinrich von Kleist (1777 - 1811), Jean Paul (1763 - 1825) sowie auch schon die Dichter der Romantik, die sich als geschlossene Gruppe abheben. Autoren wie Hölderlin, Kleist und Jean Paul können auf Grund der inneren Struktur ihrer Dichtungen weder der Klassik noch der Romantik eindeutig zugeordnet werden.

Kleists Werke entziehen sich dem klassischen Streben nach Harmonie. Im Gegensatz zu Schiller zieht er aus der Philosophie Kants den Schluss, dass es keine Möglichkeit zur Erkenntnis der Wahrheit gibt. Kleists Werke enden allesamt in menschlichen Katastrophen. Seine Erzählungen haben die Eigentümlichkeit, dass von diesen Katastrophen vordergründig auf eine fast teilnahmslose Weise berichtet wird. Hinter Kleists überaus kühlem Erzählstil verbirgt sich eine erschreckend rätselhafte und abgründige Welt, die mit Wendungen wie „es schien" und „als ob" ständig in Frage gestellt wird, ein Erzählstil, der wesentlich ein Resultat der Auseinandersetzung Kleists mit Kant ist. In einem Brief an Wilhelmine von Zenge vom 22. März 1801 schreibt Kleist: „Wir können nicht entscheiden, ob das, was wir Wahrheit nennen, wahrhaft Wahrheit ist, oder ob es uns nur so scheint."

Insbesondere zeigt sich das Motiv der Destruktivität der menschlichen Existenz und der Abgründigkeit der Welt in Kleists Erzählung *Das Erdbeben in Chili*.
Die Erzählung beginnt äußerst fulminant: Josephe, die Tochter eines angesehenen Bürgers von St. Jago im Königreich Chili, sinkt als Novizin in einer Nonnenprozessesion in Mutterwehen nieder. Sie wird daraufhin zum Tode verurteilt. Ihr Liebhaber Jeronimo ist verzweifelt darüber und hegt die feste Absicht, sich in seiner Gefängniszelle zu erhängen. Am Tage der Hinrichtung legt jedoch ein Erdbeben alles – die Gebäude der Stadt und die gesellschaftliche Ordnung – in Schutt und Asche. Josephe und Jeronimo gelingt die Flucht. Sie finden sich in einem Tal wieder, das auch anderen Flüchtenden als Heimstätte dient. Dort geben sich die Menschen zunächst wie eine große Familie. Dieses Idyll im Tal der zerstörten Stadt stellt jedoch nur scheinbar eine Vision einer besseren, natürlichen Ordnung des menschlichen Zusammenlebens dar. Anlässlich eines Gottesdienstes in einer Kirche demaskiert sich diese neue Ordnung und die Geschehnisse eskalieren. Im Anschluss an die Rede eines Priesters übt die hiervon aufgestachelte Menschenmenge Lynchjustiz, bei der es zu einer Reihe von Verwechslungen und vielen Toten kommt: Don Fernando wird irrtümlich für Jeronimo gehalten und kann nur der Lynchjustiz entkommen, weil Jeronimo seine Identität preisgibt. Darauf wird Jeronimo getötet und bald darauf auch Josephe. Don Fernando verliert seinen Sohn, weil dieser mit dem kleinem Philipp, dem Sohn Jeronimos und Josephes verwechselt wird. Die Erzählung endet damit, dass der überlebende Don Fernando von nun an das uneheliche Waisenkind an Stelle seines eigenen Kindes großzieht.

9 Auf einen Blick

Autoren
Friedrich Schiller (1759 – 1805), Johann Wolfgang von Goethe (1749 – 1832), Friedrich Hölderlin (1770 – 1843), Heinrich von Kleist (1777 – 1811)

literarisches Zentrum
Weimar

Schlüsselbegriffe der Epoche
Harmonie zwischen Pflicht und Neigung, ästhetische Erziehung, Humanität, Charakterschönheit, Anmut

Kernsatz
„Das Schöne ist eine Manifestation geheimer Naturgesetze, die uns ohne dessen Erscheinung ewig wären verborgen geblieben" (Goethe, *Maximen und Reflexionen* Nr. 719 HA.)

Drama
Goethe, *Iphigenie auf Tauris* (1787), *Faust. Ein Fragment* (1790); Schiller, *Wallenstein* (1798 / 99), *Maria Stuart* (1800), *Wilhelm Tell*(1804)

Roman
Goethe, *Wilhelm Meister* (1795 / 96)

Lyrik
Schillers und Goethes Ideenballaden, Hölderlins Oden

Wichtige theoretische Schriften
Schiller, *Über die ästhetische Erziehung des Menschen, in einer Reihe von Briefen* (1795)

Romantik

1 Die Poetisierung des Lebens

„Kehre deinen Blick von allem, was dich umgibt, ab und in dein Inneres, ist die erste Forderung, welche die Philosophie an ihre Lehrlinge tut. Es ist von nichts, was außer dir ist, die Rede, sondern lediglich von dir selbst". Der Philosoph Johann Gottlieb Fichte (1762–1814) drückt den Kerngedanken der Dichtung der Romantik aus, in deren Zentrum die Sehnsucht nach der Überwindung alltäglicher Begrenzungen und das Verlangen nach unbeschränkter Freiheit steht. Die Romantiker wenden sich der Welt der Phantasie, der Träume und des Unterbewusstseins des Menschen zu, da sie die nicht verwirklichten Möglichkeiten und Sehnsüchte des Menschen zu ergründen suchten. Novalis drückt dies in seinen aphoristischen Fragmenten programmatisch so aus:

[…] „nach innen geht der geheimnisvolle Weg. In uns, oder nirgends ist die Ewigkeit mit ihren Welten – die Vergangenheit und die Zukunft" (Novalis, *Vermischte Bemerkungen 17*).

Die Romantiker arbeiten auf eine Verschmelzung von Leben und Kunst hin; Ihr Ziel war es, alle Lebensbereiche zu poetisieren und damit ein universelles Gesamtkunstwerk zu schaffen, das alle künstlerischen Gattungen und alle wissenschaftlichen Disziplinen miteinbeziehen wollte.

Das romantische Dichtungsverständnis ist subjektiv und universal zugleich und versteht sich einer Formulierung Friedrich Schlegels zu Folge als progressive Universalpoesie: Das Subjekt versucht sich selbst zu ergründen, indem es alle Lebensbereiche vermischt und zu verschmelzen versucht.

Kennzeichen der progressiven Universalpoesie	
Prinzip der Subjektivität	**Prinzip der Universalität**
Ergründung des Ichs	Poetisierung und Romantisierung aller Lebensbereiche
Suche nach dem Geheimnissvollen und Wunderbaren	Verschmelzung von Malerei und Musik, Naturwissenschaften und Medizin, Philosophie und Ästhetik, Religion, Pädagogik, Geschichte und Staatstheorie
„Die romantische Poesie ist eine progressive Universalpoesie. Ihre Bestimmung ist nicht bloß, alle getrennten Gattungen der Poesie wieder zu vereinigen und die Poesie mit der Philosophie und Rhetorik in Berührung zu setzen. Sie will und soll auch Poesie und Prosa, Genialität und Kritik, Kunstpoesie und Naturpoesie bald vermischen, bald verschmelzen". (Friedrich Schlegel, *116. Athenäumsfragment*)	

2 Grundmotive der romantischen Dichtung

Neben dem Versuch, die Welt zu poetisieren und das Ich des Menschen zu ergründen, sind für das Verständnis der Romantik eine neu entstehende Mittelalterbegeisterung, das Motiv der Sehnsucht und die romantische Ironie von entscheidender Bedeutung. Der romantische Weg nach innen nimmt eine Fülle unterschiedlicher Formen an: Die Romantiker weiten den Literaturbegriff aus und schließen die Volkspoesie ausdrücklich mit ein. Die *Kinder- und Hausmärchen* der Gebrüder Grimm werden zur Weltliteratur. Clemens Brentano und Achim von Arnim geben die erste große Sammlung deutscher Volkslieder unter dem Titel *Des Knaben Wunderhorn* (1805–1808) heraus.

Kennzeichen der Dichtung der Romantik sind:

- Der Ausdruck Romantik leitet sich vom Wort Roman ab und bezeichnete zunächst etwas Erdachtes, Unwirkliches.
- Die von den Sinnen wahrgenommene Wirklichkeit ist den Romantikern nur Schein. Die wahre Wirklichkeit liegt hinter den Dingen und erschließt sich nur dem ahnenden Gefühl, der Vision und der Phantasie.
- Die Welt der Phantasie ist den Romantikern die eigentliche Wirklichkeit. Mehr als die Wirklichkeit zählen die Möglichkeiten, das eigene Ich zu entwerfen. Die konkrete Realität des Ichs ist nur eine seiner Möglichkeiten, damit aber eine Beschränkung des Ichs.
- Die Romantiker fordern den Durchbruch ins Grenzenlose und sprengen die Fesseln dichterischer Formen und betonen die spannungsreiche Vielfalt des Lebens.
- Hauptkennzeichen der romantischen Literatur ist die romantische Ironie. Die Ironie erfüllt den Zweck, das Ich aus der Wirklichkeit zu entgrenzen und ihm die Fülle seiner Möglichkeiten aufzuzeigen.
- Die Romantiker treibt die Sehnsucht nach dem Unendlichen und die Frage nach dem Urgrund allen Lebens, nach dem Ziel des Weltgeistes.

3 Die progressive Universalpoesie als Antwort auf die deutsche Klassik

Im Gegensatz zur Klassik geht es den Dichtern der Romantik nicht um die Vervollkommnung oder die Persönlichkeitsbildung des Menschen, sondern um die möglichst unbegrenzte Entfaltung seines Inneren. Die Romantiker lehnen das klassische Bedürfnis nach Gesetz, Maß und Regel ab. Da ihre Sehnsucht nicht ans Ziel kommen kann, muss die romantische Literatur per se unvollendet sein.

Klassik	Romantik
Hinwendung zur Antike	Hinwendung zum Mittelalter
Bedürfnis nach Gesetz, Maß, Regel und Harmonie	Hochschätzung der inneren Natur des Menschen
Das in sich ruhende Kunstwerk	Das nie abgeschlossene, fragmentarische Kunstwerk

4 Die Perioden der Romantik

Frühromantik (1794–1805)	Hochromantik (1806–1815)	Spätromantik (1815–1830)
Auseinandersetzung mit der Französischen Revolution und deutschen Klassik	Auseinandersetzung mit den Befreiungskriegen	Auseinandersetzung mit der Restaurationspolitik Metternichs
Jena	Heidelberg	Berlin
Abwendung von den antiken Mustern; Rückbesinnung auf die mittelalterliche Dichtung, die als „romantisch" bezeichnet wurde.	Sammlung und Herausgabe der Zeugnisse der mittelalterlichen Dichtung und der Volkspoesie	Viele Dichter der Romantik kehrten zum katholischen Glauben zurück oder konvertierten; Negativ-nihilistische Strömungen
August Wilhelm und Friedrich Schlegel, Novalis, Ludwig Tieck, Clemens Brentano	Clemens Brentano, Achim von Arnim, Jacob und Wilhelm Grimm, Ludwig Tieck, Joseph von Eichendorff	Joseph von Eichendorff, E.T.A. Hoffmann

Gelegentlich werden auch die Vertreter der so genannten Schwäbischen Romantik zur Epoche gezählt wie etwa der Balladendichter Ludwig Uhland und der Märchendichter Wilhelm Hauff.

5 Lyrik: Scheinbare Kunstlosigkeit als literarische Technik

Die Lyrik der Romantik beruht auf einer Erneuerung des Volksliedes und bedient sich einer scheinbar einfachen und eingängigen Form. Im Mittelpunkt der Dichtung stehen Volkstypen (wie Fischer, Müller, Student, Spinnerin) und typische Situationen (wie Wandern, Fahrt, Jagd), die jedoch hinsichtlich der romantischen Ideen (das Wunderbare und Geheimnisvolle, Sehnsucht, Doppelbödigkeit von Wirklichkeit und Phantasie) übersteigert werden.

Clemens Brentano: Der Spinnerin Nachtlied

Es sang vor langen Jahren
Wohl auch die Nachtigall,
Das war wohl süßer Schall,
Da wir zusammen waren.

Ich sing' und kann nicht weinen,
Und spinne so allein
Den Faden klar und rein
So lang der Mond wird scheinen.

Als wir zusammen waren,
Da sang die Nachtigall
Nun mahnet mich ihr Schall
Daß du von mir gefahren.

So oft der Mond mag scheinen,
Denk' ich wohl dein allein,
Mein Herz ist klar und rein,
Gott wolle uns vereinen.

Seit du von mir gefahren,
Singt stets die Nachtigall,
Ich denk' bei ihrem Schall,
Wie wir zusammen waren.

Gott wolle uns vereinen
Hier spinn' ich so allein,
Der Mond scheint klar und rein,
Ich sing' und möchte weinen.

Analyse: Clemens Brentano, Der Spinnerin Lied	
Sprachliche Struktur	
Strophenbau	6 gleichmäßig aufgebaute Quartette; durchgehend umarmender Reim (abba / cddc / abba / cddc / abba / cddc).
Reim, Tempus	nur vier Endreime: -aren; -all; -einen; -ein. Tempuswechsel zwischen Präsens (Strophe 2, 4, 6) und Präteritum (Strophe 1, 3, 5)
Inhaltliche Struktur	
Sprechsituation	Rollenrede eines ihren Geliebten beweinenden Mädchens, die am Spinnrad sitzt.
Zeitebenen	Gegenwart des Gesanges; Erinnerungen an die glückliche Vergangenheit mit dem Geliebten; Hoffnung auf die zukünftige Aufhebung des Zustandes der Trennung („Gott wolle uns vereinen")
Sehnsucht	Die Erlösungshoffnung des lyrische Ichs bleibt unerfüllt. Das immerwährende Scheinen des Mondes belegt die Endgültigkeit der Trennung und die Vergeblichkeit der Hoffnung.
Erleben der Gegenwart	Das gegenwärtige Erleben ist qualvoll, selbst das „Weinen" mag nicht mehr gelingen: „Ich sing' und kann nicht weinen" (stilistisch betont durch die Monotonie des Gesangs und des Gleichlaufs des Spinnrads).
Verlorengegangene Harmonie	Die Erinnerung an den Geliebten lässt das gegenwärtige Leben sehnsuchtsvoll erscheinen. Die als harmonisch empfundene Einheit von Natur und Mensch ist unwiderruflich verloren gegangen. Der aktuelle Gesang der Nachtigall vermag keinen Trost zu spenden.
Gesamtdeutung: Die ursprüngliche, aber verloren gegangene Harmonie der Liebenden führt im aktuellen Erleben der Trennung zu einer nicht stillbaren Sehnsucht.	

6 Novelle, Kunstmärchen und Märchendrama

Joeseph von Eichendorffs (1788–1857) Novelle *Aus dem Leben eines Taugenichts* ist das bis heute wohl meist gelesene Werk der Romantik.

Wichtig für das Verständnis dieser Novelle ist, dass nicht die nur lose geknüpfte Handlung im Vordergrund steht, sondern Stimmungsbilder (Traumseligkeit, Wanderlust, Sommernächte, Paläste, Gärten, Glück, Liebe und Gesang), die um das Wunschbild unbeschwerter Daseinsfreude kreisen. Die Handlung ist verblüffend einfach: Mit einer Geige unter dem Arm geht ein Müllersohn auf Wanderschaft. Als Gärtner und Zöllner liebt er eine vermeintliche Schlossdame. Wandernd und fahrend kommt er nach Italien und schließlich nach verwirrenden Abenteuern auf ein Schloss in der Nähe von Wien, wo seine Hochzeit mit einer angeblichen Gräfin, die in Wirklichkeit die Nichte des Pförtners ist, stattfindet.

Das Motiv der poetischen Verzauberung der Welt erfährt in der Spätromantik eine weitere Steigerung.
Das romantische Kunstmärchen *Der Goldene Topf* (1814) von E.T.A. Hoffmann (1776–1822) erzählt die Geschichte des Studenten Anselmus, der die Welt mit den Augen eines Poeten betrachtet und verwandelt, sodass letztlich ungewiss wird, was Wirklichkeit und was Traum ist.
Die Phantasiewelt wird zur eigentlichen Realität. Der Alltag nimmt gespenstische und bestürzende Züge an: Anselmus verliebt sich unter einem Holunderbaum in ein grünes Schlänglein. Im Hause des Archivarius Lindhorst, der in Wahrheit ein Geisterfürst ist, gewinnt er die Tochter Serpentina, die sich als das grüne Schlänglein entpuppt.

Die Frage nach dem Verhältnis von Wirklichkeit und Phantasie spielt auch in dem Märchendrama *Der gestiefelte Kater* von Ludwig Tieck (1773–1853) die entscheidende Rolle.

7 Auf einen Blick

Perioden
Frühromantik, Hochromantik, Spätromantik

Autoren
Ludwig Tieck (1773 – 1853), Novalis (Friedrichvon Hardenberg, 1772 – 1801), Friedrich Schlegel (1772 – 1829), Clemens Brentano (1778 – 1842), Joseph von Eichendorff (1788 – 1857), E. T. A. Hoffmann (1776 – 1822)

Literarische Zentren
Jena, Heidelberg, Berlin

Schlüsselbegriffe der Epoche
Progressive Universalpoesie, Sehnsucht, Ironie

Kerngedanke
Bewusstsein der Unvereinbarkeit von Ideal (Kunst, Reisen) und Wirklichkeit (Arbeit, alltägliche Sorgen). Der durch Arbeit entzauberte Mensch wird durch die Dichtung wieder verzaubert.

Kernsatz
„Nach innen geht der geheimnisvolle Weg. In uns oder nirgends ist die Ewigkeit mit ihren Welten, die Vergangenheit und die Zukunft" (Novalis).

Werke
Novalis, *Hymnen an die Nacht* (1799); Joseph von Eichendorff, *Aus dem Leben eines Taugenichts* (1826); E.T.A. Hoffmann, *Lebensansichten des Kater Murr* (1820 – 1822)

Vormärz und Biedermeier

1 Die Literatur wird parteiisch und politisch

„Friede den Hütten! Krieg den Palästen!" – Die Literatur des Vormärz ist aufsässig, politisch und parteiisch. Die Schriftsteller des Vormärz stehen der Restauration zwischen dem Wiener Kongress (1815) und der Märzrevolution (1848) kritisch gegenüber und üben auf der Basis liberal-demokratischer Ideale eine scharfe Kritik an Staat und Gesellschaft. Diesem Selbstverständnis gemäß schreiben sie nicht nur Romane, Novellen, Dramen und Gedichte, sondern bedienen sich auch journalistischer Formen wie der Berichterstattung oder der Sozialkritik. Die literarisch bedeutsamste Flugschrift dieser Zeit ist *Der Hessische Landbote* von Georg Büchner. Die Flugschrift aus dem Jahre 1834 beginnt mit dem folgenden Vorbericht:
„Dieses Blatt soll dem hessischen Lande die Wahrheit melden, aber wer die Wahrheit sagt, wird gehenkt, ja sogar der, welcher die Wahrheit liest, wird durch meineidige Richter vielleicht gestraft. Darum haben die, welchen dies Blatt zukommt, folgendes zu beobachten:

1. Sie müssen das Blatt sorgfältig außerhalb ihres Hauses vor der Polizei verwahren;
2. sie dürfen es nur an treue Freunde mitteilen;
3. denen, welchen sie nicht trauen, wie sich selbst, dürfen sie es nur heimlich hinlegen;
4. würde das Blatt dennoch bei Einem gefunden, der es gelesen hat, so muß er gestehen, daß er es eben dem Kreisrat habe bringen wollen;
5. wer das Blatt nicht gelesen hat, wenn man es bei ihm findet, der ist natürlich ohne Schuld."

(Georg Büchner, *Der Hessische Landbote*)

2 Die Politisierung der Lyrik

Tonangebend war die Gruppe des Jungen Deutschland um die Schriftsteller Karl Gutzkow, Ludolf Wienbarg, Theodor Mundt, Heinrich Laube und Ludwig Börne. Diese Autoren schlossen sich als Reaktion auf einen Bundestagsbeschluss aus dem Jahre 1835 zusammen, in Folge dessen ihre Schriften gemeinsam mit denen Heinrich Heines verboten wurden. Der Beschluss des Bundestages vom 10. Dezember 1835 enthielt dabei den folgenden Wortlaut:

„Nachdem sich in Deutschland in neuerer Zeit, und zuletzt unter der Benennung „das junge Deutschland" [...] eine literarische Schule gebildet hat, deren Bemühungen unverhohlen dahin gehen [...] für alle Klassen von Lesern zugänglichen Schriften die christliche Religion auf die frechste Weise anzugreifen, die bestehenden sozialen Verhältnisse herabzuwürdigen und alle Zucht und Sittlichkeit zu zerstören: so hat die deutsche Bundesversammlung [...] sich zu nachstehenden Bestimmungen vereinigt: [...] Sämtliche deutschen Regierungen übernehmen die Verpflichtung [...] auch die Verbreitung dieser Schriften [...] mit allen ihnen gesetzlich zu Gebot stehenden Mitteln zu verhindern."

Die Lyriker des Jungen Deutschland nehmen kritisch und appellativ Stellung zu den Themenbereichen Volk, Vaterland und Nation, Meinungsfreiheit, Gesellschaft und Staat und widmen sich der Kritik sozialer Missstände. Aus ihren Texten spricht gleichermaßen die Wut über das Elend der Menschen wie der Wille, dagegen anzugehen. Der Begriff des Jungen Deutschland wurde in der Folgezeit auf alle politischen Lyriker des Vormärz ausgedehnt, insbesondere auch auf Heinrich Heine, Georg Herwegh, Ferdinand Freiligrath und auch auf Georg Büchner, der aufgrund der Veröffentlichung des Hessischen Landboten zur Fahndung ausgeschrieben wurde, sich aber selbst nicht dieser Gruppe zugehörig fühlte, weil er im Gegensatz zum engen Kreis des Jungen Deutschland gesellschaftliche Veränderungen ohne die Anwendung von Gewalt nicht für möglich hielt.

Strukturelemente der Lyrik des Vormärz	
Gegenstand	Politische Sachverhalte, keine Stimmungen
Funktion der stilistischen Mittel	Unterstreichung politischer Mitteilungsabsichten
Formen der politischen Lyrik im Vormärz	
Protestlyrik	**Agitationslyrik**
Aus einer kritischen und engagierten Position heraus werden mit Nachdruck Schwächen und Mängel der politischen Realität benannt, ohne das politische System radikal in Frage zu stellen.	Politische Lyrik, in der sich der Autor mit dem Anspruch, die beste aller möglichen Lösungen politischer Probleme zu kennen, gegen alte oder für neue Herrschaftsverhältnisse einsetzt, mit dem Ziel, den Leser / Hörer mit allen Mitteln von der 'Wahrheit' zu überzeugen und ihn im Sinne dieser Überzeugung zum aktiven, häufig auch gewaltsamen Kampf zu veranlassen.

Ein typisches Beispiel für die engagierte Parteinahme der Dichter des Vormärz stellt *Das Hungerlied* von Georg Weerth dar, das der Agitationslyrik zuzuordnen ist.

Georg Weerth, Das Hungerlied (1843 / 47)

Verehrter Herr und König, Weißt du die schlimme Geschicht? Am Montag aßen wir wenig, Und am Dienstag aßen wir nicht.	Direkte, despektierliche und ironische Anrede des Königs. Konfrontative, parteiische Beantwortung der rhetorischen Frage

Und am Mittwoch mußten wir darben Und am Donnerstag litten wir Not; Und ach, am Freitag starben Wir fast den Hungertod!	Steigerung und Betonung
Drum laß am Samstag backen Das Brot, fein säuberlich – Sonst werden wir sonntags packen Und fressen, o König, dich!	Schlussfolgerung Unverblühmte Drohung als gedanklich-emotionale Quintessenz

3 Georg Büchner: Die Abkehr vom idealistischen Drama

Georg Büchner macht in seinem Drama *Woyzeck* (1836 / 37) zum ersten Mal in der Geschichte des Dramas eine Figur, die über keinerlei Bildung verfügt und sich nur unvollkommen artikulieren kann, zur Hauptfigur.

Auf dokumentarischer Grundlage (das Drama beruht auf einem historisch belegten Eifersuchtsmord: Im Jahre 1821 erstach ein arbeitsloser Perückenmacher gleichen Namens seine treulose Geliebte und wurde trotz ernsthafter Zweifel an seiner geistigen Zurechnungsfähigkeit öffentlich hingerichtet) wird Woyzeck in diesem Fragment gebliebenen Drama zum Sinnbild des wehrlosen und von Herkunft und Milieu abhängigen Menschen, der sein Handeln nicht selbst bestimmen kann und in diesem Sinne determiniert zum Verbrecher wird.

Im Stück ist Woyzeck ein Soldat, der seinen Körper für medizinische Versuche verkaufen muss. Als Woyzecks Geliebte Marie von einem Tambourmajor verführt wird, ersticht Woyzeck Marie in auswegloser Einsamkeit und ertrinkt beim Versuch, das in einen Teich geworfene Mordmesser zu bergen.

Büchner bricht mit diesem ersten bedeutenden sozialen Drama vollständig mit der Tradition des klassischen Dramas und wird damit zu einem ersten Wegbereiter der Moderne.

Klassisches und soziales Drama	
Das klassische **Drama**	**Büchners** soziales **Drama**
Ausklammern der gesellschaftlichen Realität	Die gesellschaftliche Realität wird zum beherrschenden Thema
Freiheit des Willens	Determiniertheit der Protagonisten
Geschichtsphilosophische Entwürfe	Geschichtsfatalismus
Humanistisch-idealistische Perspektive	Materialistisch-pessimistische Perspektive
Harmonisches Zusammenspiel aller Teile des Dramas	Lose Szenenfolge in der Tradition der Sturm und Drang-Periode
„Die Gesellschaft mittelst der Idee, von der gebildeten Klasse aus reformieren? Unmöglich! Unsere Zeit ist rein materiell, wären Sie je direkter politisch zu Werke gegangen, so wären Sie bald auf den Punkt gekommen, wo die Reform von selbst aufgehört hätte. Sie werden nie über den Riß zwischen der gebildeten und ungebildeten Gesellschaft hinauskommen." (Georg Büchner, *Brief an Gutzkow, Juni 1836)*	

4 Biedermeierliche Beschaulichkeit

Die Wirkung der Dichter des Vormärz war im politischen Bewusstsein des Bürgertums im 19. Jahrhundert gering. Am deutlichsten zeigt sich dies bei der Rezeption der Gedichte des mit einem Berufsverbot belegten Breslauer Professors August Heinrich Hoffmann von Fallersleben, dessen Gedicht *Das Lied der Deutschen* später nationalistisch umgedeutet wurde und der den Zeitgenossen fast ausschließlich durch seine Kinderlieder *Alle Vögel sind schon da* und *Ein Männlein steht im Walde* ins Bewusstsein trat.

Während die Vertreter des Jungen Deutschland auf der Basis liberal-demokratischer Ideale ihre literarische Produktion politisch begriffen, arrangierten sich die Autoren, die der zeitgleichen Biedermeierkultur zuzurechnen sind, mit den gesellschaftlich-politischen Zuständen der Reformationszeit. Die Biedermeierzeit verdankt ihren Namen einer parodistischen Textsammlung mit dem Titel *Gedichte des schwäbischen Schulmeisters Gottlieb Biedermeier und seines Freundes Horatius Treuherz* aus dem Jahre 1855. Für den Biedermeier typisch ist die Hochschätzung des familiären Umfeldes und die Autosuggestion einer privaten Idylle sowie die konsequenzenlose Rückwendung zum klassisch-romantischen Dichtungs- und Humanitätsideal.

Romantik	Vormärz	Biedermeier
Poetisierung der Wirklichkeit	Politisierung der Literatur	Unpolitische Orientierung an den klassisch-romantischen Idealen der Kunst und der Humanität

Gelesen wurde vornehmlich Trivialliteratur, die entweder direkt das eigene bescheidene und beschauliche Leben auf besinnliche und anheimelnde Weise bestätigte oder indirekt den Biedermann durch Gespenster-, Schauer und abstruse Abenteuergeschichten in seiner schlichten Weltperspektive bestärkte.
Aus der Masse der beschaulichen Literatur stachen jedoch einige Autoren hervor, insbesondere Annette von Droste-Hülshoff (1797–1848), Eduard Mörike (1804–11875) und Adalbert Stifter (1805–11868), deren Werke zum Teil einen differenzierten Blick auf die Wirklichkeit warfen. Ein typisches Beispiel für die biedermeierliche Beschaulichkeit stellt das Gedicht *Auf eine Lampe* von Eduard Mörike dar. Ein in seinen Augen als schön empfundener Gegenstand war oftmals schon der ausreichende Anlass für ein Gedicht:

Eduard Mörike, Auf eine Lampe

Noch unverrückt, o schöne Lampe, schmückest du,
An leichten Ketten zierlich aufgehangen hier,
Die Decke des nun fast vergeßnen Lustgemachs.
Auf deiner weißen Marmorschale, deren Rand
Der Efeukranz von goldengrünem Erz umficht,
Schlingt fröhlich eine Kinderschar den Ringelreihn.
Wie reizend alles! lachend, und ein sanfter Geist
Des Ernstes doch ergossen um die ganze Form –
Ein Kunstgebild der echten Art. Wer achtet sein?
Was aber schön ist, selig scheint es in ihm selbst.

Literarische Reaktionen auf die Restauration	
Vormärz	**Biedermeier**
Herausbildung eines politischen Bewusstseins; Bereitschaft zu politischer Auseinandersetzung	Hinwendung zu resignierender Verinnerlichung; Abwendung von der Politik; Rückzug ins Private

5 Heinrich Heine: Ein Emigrant zwischen allen Stühlen

Heinrich Heine (1797–1856) spielt eine Sonderrolle. Einerseits sind seine Frühwerke deutlich von der Romantik geprägt, andererseits ist der zeitlebens politisch engagierte Dichter dem Vormärz zuzuordnen.

In seinen ersten Werken steht Heine deutlich in romantischer Tradition. In den Bänden *Gedichte* (1822), *Lyrisches Intermezzo* (1823) und insbesondere im *Buch der Lieder* (1827) ist der romantische Liedton unüberhörbar, obwohl sich Heine in vielen dieser Gedichte ironisch von der Romantik abgrenzt.

Heines Liedton im Gedicht *Leise zieht durch mein Gemüt*	**Heines Ironie im Gedicht** *Das Fräulein stand am Meere*
Leise zieht durch mein Gemüt Liebliches Geläute. Klinge, kleines Frühlingslied, Kling hinaus ins Weite.	Das Fräulein stand am Meere Und seufzte lang und bang, Es rührte sie so sehre Der Sonnenuntergang.
Kling hinaus, bis an das Haus, Wo die Blumen sprießen. Wenn du eine Rose schaust, Sag, ich laß sie grüßen.	Mein Fräulein! sein Sie munter, Das ist ein altes Stück; Hier vorne geht sie unter Und kehrt von hinten zurück.

In Heines späteren Gedichten ist der Einfluss der Dichtung des Vormärz nicht zu übersehen. Im Gegensatz zu vielen Dichtern des Vormärz, denen es weniger um die künstlerische Qualität ihrer Texte als um die zu transportierende Botschaft ging, ist für Heine – bei allem politischen Engagement – letztlich die künstlerische Qualität entscheidend. Das Verhältnis Heines zu den Autoren des Vormärz war daher nicht unproblematisch. Zu Ludwig Börne (1768–1837), dem Wortführer der deutschen Emigranten, hielt sich Heine in kritischer Distanz.

Während Börne in den Augen Heines nur ein politischer Publizist war, betont Heine demgegenüber die Eigenständigkeit der Kunst. Der Dichter ist nach Heine in erster Linie nach ästhetischen und nicht nach politischen Maßstäben zu beurteilen. Ein politischer Dichter ist daher nicht zu verwechseln mit einem dichtenden Politiker.

6 Auf einen Blick

Autoren

Georg Büchner (1813 – 1837), Ludwig Börne (1768 – 1837), Heinrich Heine (1797 – 1856), August Heinrich Hoffmann von Fallersleben (1798 – 1874), Eduard Mörike (1804 – 1875)

Schlüsselbegriffe der Epoche

Vormärz: Politisierung der Literatur, Volk, Vaterland, Nation, Kritik sozialer Missstände, Meinungsfreiheit, Zensur;
Biedermeier: Rückzug ins Private, Wohlbehagen, Gemütlichkeit

Kernsatz

„Friede den Hütten! Krieg den Palästen!" (Georg Büchner);
„Wie reizend alles" (Eduard Mörike)

Gattungen

Politische Lyrik und dokumentarisches, offenes Drama im Vormärz;
beschauliche Lyrik und Novellistik im Biedermeier

Werke

Heinrich Heine, *Buch der Lieder* (1827), *Deutschland. Ein Wintermärchen* (1844); Georg Büchner, *Lenz* (postum 1835), *Woyzeck* (1836 / 37 postum), *Dantons Tod* (1835), Eduard Mörike, *Mozart auf der Reise nach Prag* (1855)

Realismus, Naturalismus, Expressionismus

1 Literatur als verklärtes Abbild der Realität

„Was soll ein Roman? Er soll uns, unter Vermeidung alles Übertriebenen und Hässlichen, eine Geschichte erzählen, an die wir glauben […]; er soll uns eine Welt der Fiktion auf Augenblicke als eine Welt der Wirklichkeit erscheinen lassen […] Das soll ein Roman" – Mit diesen Worten umreißt Theodor Fontane 1875 im Rahmen einer Rezension das Selbstverständnis der Autoren des bürgerlichen Realismus.

Die Schriftsteller des Realismus sind geprägt durch das Scheitern der bürgerlichen Revolution von 1848, die das Selbstverständnis des Bürgertums erschüttert hat: Traditionelle Bindungen und Normen (Religion, Großfamilie und Ständegesellschaft) haben ihre Orientierungskraft eingebüßt. Die großen idealistischen Hoffnungen der Zeit vor der gescheiterten Revolution haben sich zerschlagen. Diese ernüchternde Zeiterfahrung prägt die Literaturproduktion der Epoche des Realismus, die in ihrem Grundton resignativ ist, weil sie der Wirklichkeit kein Gegenkonzept entgegenzustellen mag.

Das Drama – die öffentlichteste Form der Literatur – erfährt mit Ausnahme des dramatischen Werks Friedrich Hebbels (1813–1863) einen Niedergang. Einzig in den Prosagattungen Roman und Novelle gelingt es den Autoren, sich der gesellschaftlichen Realität der eigenen Zeit zu stellen. Diese Stellungnahme beschränkt sich dabei jedoch auf eine poetisch verdichtete Beschreibung gesellschaftlicher Zustände, ohne diesen eine Perspektive oder eine weiterführende Kritik abringen zu können.

Formale Erzählprinzipien der Literatur des Realismus:
Forderung nach der Wahrscheinlichkeit des erzählten Geschehens, der dargestellten Konflikte und ihrer Lösungen.
Forderung der Integration aller erzählerischen Momente (Motive, Figuren, Schauplätze, Zeitabläufe) zu einer geschlossenen Einheit.
Verzicht auf idealistische Deutungen und soziale Wertung.

2 Der resignative Grundton des poetischen Realismus

Die Autoren des Realismus wenden sich der gesellschaftlichen Realität der eigenen Zeit zu. Dabei steht - so Fontane - nicht das „nackte Wiedergeben alltäglichen Lebens, am wenigsten seines Elends und seiner Schattenseiten" im Vordergrund, sondern dessen poetische Verklärung, wie Fontane es nannte.

Für diese poetische Verklärung der Realität waren die beiden Prosagattungen Roman und Novelle besonders geeignet. Der Roman bietet als Großgattung genügend Raum für detailrealistische Milieuschilderungen, ausufernde Landschaftsbeschreibungen und die Wiedergabe auch von längeren Unterhaltungen. Der auktoriale Erzähler fungiert als vermittelnde und alle Konflikte ausgleichende Instanz.
Ähnliche Möglichkeiten der Distanzierung bietet die Novelle durch die ihr eigentümliche Struktur von Binnen- und Rahmenerzählung, die eine Temperierung und Beruhigung der in der Binnenerzählung dargestellten Konflikte ermöglicht.

Die Erzählhaltung ist dadurch gekennzeichnet, dass im realistischen Roman gesellschaftliche Konventionen einerseits konfliktauslösend sind, andererseits aber das Denken und Handeln der Figuren beim Versuch der Lösung dieser Konflikte bestimmen. Die handelnden Figuren und ihre Konflikte sind stets abhängig von den sie bestimmenden gesellschaftlichen Normen, die letztlich immer ihr Schicksal bestimmen.

Die Erzählhaltung ist dabei nicht unkritisch, aber stets resignativ:

- Erklärung des Handelns der Protagonisten durch Zufall und Notwendigkeit.
- Integration aller Erzählmomente zu einem Ganzen, ohne dem Ganzen einen Sinn geben zu können. Der Lauf der Geschichte wird als unabänderlich wahrgenommen.
- Auktorial-ironische Erzählhaltung als Bedingung dafür, die negative Erfahrung der Unabänderlichkeit des Zeitgeschehens und das Scheitern der Romanhelden zur Darstellung bringen zu können.
- Die Frage nach der Handlungsfreiheit des Menschen wird umgangen. Der Mensch wird als in Naturzusammenhänge eingebunden dargestellt. Dies gibt dem Erzähler die Möglichkeit, in der Natur Gesetzesmäßigkeiten zu entdecken, mit deren Hilfe das Unabänderliche des Handlungsverlaufs erklärt werden kann.
- Der Erzähler selbst erhebt sich mit Verständnis, leisem Humor und oftmals auch parodistisch über das Geschehen. Er enthält sich jeder Parteinahme und legt einen nüchternen Erzählstil ohne Pathos und Gefühlsausbrüche an den Tag. Emotionale Vorgänge werden lediglich berichtet und Dialogpassagen sind durch den jeweiligen schichtspezifischen Konversationston geprägt.

Während das Drama und die Lyrik eine nur untergeordnete Rolle spielten, dominierten die Prosagattungen wie der Roman und vor allem auch die Novelle. Der Novellendichter Paul Heyse beschreibt die Vorzüge dieser beiden Gattungen:

„Wenn der Roman ein Cultur- und Gesellschaftsbild im Großen, ein Weltbild im Kleinen entfaltet, bei dem es auf ein gruppen-

weises Ineinandergreifen oder ein concentrisches Sichumschlingen verschiedener Lebenskreise recht angesehen ist, so hat die Novelle in einem einzigen Kreise einen einzigen Conflict, eine sittliche oder Schicksals-Idee oder ein entschieden abgegrenztes Charakterbild darzustellen und die Beziehungen der darin handelnden Menschen zu dem großen Ganzen des Weltlebens nur in andeutender Abbreviatur durchschimmern zu lassen. Die Geschichte, nicht die Zustände, das Ereigniß, nicht die sich in ihm spiegelnde Weltanschauung, sind hier die Hauptsache."
(Paul Heyse, *Einleitung zu Deutscher Novellenschatz*)

Das Drama hingegen bot diese Möglichkeiten nicht. Sowohl die auf den Konflikt zugespitzte Tragödie wie die auf Entlarvung eitlen Verhaltens hin ausgerichtete Komödie konnten dem Literaturverständnis der Realisten nicht entsprechen. Die zeitgenössische Theaterproduktion fand seine hauptsächliche Ausprägung im heute unbedeutenden Unterhaltungs- und Bildungstheater. Einzig den Dramen Friedrich Hebbels (1813–1863) wird heute noch Bedeutung beigemessen. Versuche, die zeitgenössische Dramenproduktion zu beleben scheiterten; schon die Zeitgenossen beklagten das Absinken des Dramas ins Epigonenhafte, Dilletantische und Triviale. Gewissermaßen als Ausweg aus dieser Misere wies Theodor Storm auf die innere Verwandtschaft zwischen Novelle und Drama hin, indem er bemerkte, dass „die heutige Novelle [...] die Schwester des Dramas und die strengste Form der Prosadichtung" sei.

3 Effi Briest: Die Übermacht gesellschaftlicher Konventionen

Mehrfach verfilmt ist *Effi Briest* das wohl populärste Werk des Realismus.
Effi Briest, aus märkischem Landadel stammend, wird als junges Mädchen mit dem wesentlich älteren Baron Geert von Instetten verheiratet, der bereits ihre Mutter umworben hatte. Zunächst verläuft die Ehe ruhig und ereignislos, allerdings ohne Liebe und gegenseitiges Verständnis. In Kessin verliebt sich Effi in einen jungen Offizier, den Major Crampas, vergisst aber die Affäre, nachdem Instetten nach Berlin versetzt wird. Instetten selbst erfährt erst nach Jahren von dieser Affäre durch Zufall und tötet den jungen Offizier im Duell. Daraufhin wird die Ehe geschieden, das einzige Kind der beiden dem Vater zugesprochen. Effi, gesellschaftlich ausgegrenzt, führt von nun an ein vereinsamtes Leben und wird erst kurz vor ihrem Tod von den Eltern wieder aufgenommen.

Der Roman ist durch eine ihm eigentümliche Grundspannung geprägt: Einerseits verstricken sich seine Protagonisten Effi Briest und Geert von Instetten in einem Geflecht moralisch-gesellschaftlicher Konventionen, das sie letztlich alle unglücklich macht, andererseits enthält sich der am Schicksal seiner Helden überaus verständnisvoll zeigende Erzähler jeder zumindest direkten Wertung dieser Lebensverhältnisse. Der Erzähler legt am Ende dem alten Briest hinsichtlich der Frage nach der Schuld des Unglücks seiner Tochter den Satz in den Mund: „Ach, Luise, laß [...] Das ist ein zu weites Feld".

Die Verstrickung der Hauptpersonen in moralisch-gesellschaftlichen Konventionen und eigener Unzulänglichkeit

Geert von Instetten

Obwohl Instetten seiner Frau Effi die Affäre mit Crampas verzeiht und sie weiterhin liebt, fordert er Crampas „ohne jedes tiefere Gefühl von Hass oder gar von Durst nach Rache" zum Duell. Der anwesende Sekundant kommentiert dies mit den Worten „unser Ehrenkultus ist ein Götzendienst, aber wir müssen uns ihm unterwerfen, solange der Götze gilt". Auch die Überlegung, dass Crampas ihm sein Glück genommen habe, kommt für Instetten nicht als Rechtfertigungsgrund des Duells in Frage, sondern einzig die mögliche gesellschaftliche Verachtung, wenn er sich nicht duelliert, um seine Ehre wiederherzustellen. Instetten vereinsamt in der Folgezeit und hält sein Leben für „verpfuscht", erzieht aber das gemeinsame Kind, allerdings so, dass es eine Abneigung gegen die eigene Mutter entwickelt.

Effi Briest

Effi Briest wird zum Opfer einer Verstrickung aus eigener und fremder Schuld, menschlicher Unzulänglichkeiten und erstarrter gesellschaftlicher Traditionen. Für sie überraschend hält Instetten bei einem Besuch bei der Familie Briest um Effis Hand an. Sie wird aus ihrem kindlichen Spiel mit ihren Freundinnen herausgerissen, um diese Nachricht zu erhalten. Der Verlobung folgt kurze Zeit später die Heirat. Während der Hochzeitsreise zeigt sich Instetten Effi gegenüber altväterlich und schulmeisterlich. Sie erlebt Crampas als gebildeten Lebemann und als Kontrastfigur zum prinzipientreuen Instetten, dem gegenüber sie zwar schwach wird, den sie aber eigentlich nicht liebt. In einer Schlüsselstelle des Romans, in der es zu einer Begegnung mit ihrem Kind kommt, das sich aber Effi gegenüber abweisend verhält, bricht es aus ihr heraus: „Ein Streber war er, weiter nichts. [...] Und dann hat er den armen Kerl totgeschossen, den ich nicht einmal liebte [...] Dummheit war alles, und nun Blut und Mord! [...] Mich ekelt, was ich getan; aber was mich noch mehr ekelt, das ist eure Tugend".

4 Der Naturalismus als Gegenbewegung zum poetischen Realismus

Als Gegenbewegung zum poetischen Realismus formiert sich um Gerhart Hauptmann (1862–1946) die Gruppe der Naturalisten, die sich wie die Anhänger des poetischen Realismus gegen jegliche idealistische Überhöhung der Literatur wehren, im Gegensatz zu den Realisten aber das Hässliche ins Zentrum ihrer Literatur rücken.

Poetischer Realismus	Naturalismus
Poetische Verklärung der Realität ↓ Ablehnung der Darstellung des Hässlichen	Wiedergabe der tatsächlichen Verhältnisse ↓ Das Hässliche rückt in den Blickpunkt
Verzicht auf jegliche Parteinahme	Provokation des Publikums

„Unsre Welt ist nicht mehr klassisch, / Unsre Welt ist nicht romantisch, / Unsre Welt ist nur modern" schreibt Arno Holz programmatisch. Produkte der Moderne sind für die Naturalisten die Schattenseiten der Zivilisation wie das Elend in den Großstädten und die Lage der Arbeiter unter den Bedingungen des Industriezeitalters. Aus diesem Grund rücken die Naturalisten Szenen aus der Alltagwelt von Fabrik und Kneipe, Mietskaserne und Hinterhof sowie Elend, Armut und Krankheit in den Mittelpunkt ihrer Werke, die nicht nur den Kaiser, sondern auch das bildungsorientierte Bürgertum zutiefst irritieren und provozieren.

5 Das Programm der Naturalisten: Das Hässliche in der Dichtung sezieren

Das Hässliche ist nach Ansicht der Naturalisten der Grundzug der Moderne. Die Weltanschauung der Naturalisten gründet sich auf die Erkenntnisse der Naturwissenschaft: Sie sehen im Menschen nicht mehr als ein Stück Natur, das nach den Regeln strenger Kausalität von seiner Umwelt und seiner Erbmasse determiniert ist. Die Naturalisten lehnen jede metaphysische Spekulation über die Freiheit des Menschen ab.

Sie fordern für die Literatur, dass diese sich das naturwissenschaftliche Mittel des Experimentes zu eigen machen habe, um auf diese Weise akribisch die Verelendung des Menschen zu dokumentieren. Dabei wird gezeigt, dass seine Verelendung das Resultat der ihn bestimmenden Parameter ist.

Die Naturalisten orientierten sich dabei an den Werken Emile Zolas, der in seinen Schriften mit wissenschaftlicher Exaktheit Fakten und Dokumente sammelte, die die tatsächliche Lebenssituation des Menschen belegten. Die Interpretation dieses Datenmaterials erfolgte in der Literatur der Naturalisten analog der Evolutionstheorie Darwins.

6 Der naturalistische Sekundenstil: Die akribische Beschreibung des Hässlichen

Die Naturalisten waren Anhänger der Milieutheorie, nach der der Mensch durch seine Herkunft, sein soziales Umfeld und die Zeitumstände bestimmt ist. Dies bedeutet nicht, dass die Naturalisten Anhänger eines fatalistischen Geschichtspessimismus gewesen wären. Im Gegenteil: Da sie die einzige Möglichkeit des sozialen Fortschritts in der Veränderung der äußeren Faktoren sahen, traten sie vehement für eine Änderung der sozialen Lebensbedingungen ein, deren gegenwärtige Hässlichkeit sie ganz in der Tradition des Vormärz – die Naturalisten bezeichneten sich auch als das Jüngste Deutschland – zum Hauptthema ihrer Literatur machten.

Das künstlerische Hauptmerkmal war der Sekundenstil, mit dessen Hilfe die Naturalisten versuchten, die Lebensbedingungen ihrer Helden darzustellen. Akribisch genau wurde der Zeitablauf einer Handlung dargestellt und alle Eigenarten einer Figur möglichst präzise nachgebildet. Um eine größtmögliche Nähe zum tatsächlichen Sprachverhalten herzustellen, wurden Dialekt, Redensart, Satzfetzen und Stammeln eingesetzt.

Eine besondere Bedeutung kommt im Drama den Regieanweisungen zu, die die Funktion haben, alle Rahmenbedingungen der Handlung möglichst genau wiederzugeben – ganz im Gegensatz also zum klassischen Drama, in dem der Held einen ihm gesetzten Rahmen gestaltet, wohingegen im naturalistischen Drama der Held von dem ihm gesetzten Rahmen erdrückt wird.

7 Die naturalistische Lyrik: Erzählgedichte mit genauer Milieubeschreibung

Die Grundüberzeugungen der Naturalisten haben ihren Niederschlag auch in der Konzeption ihrer Lyrik gefunden. Der Schwerpunkt der naturalistischen Lyrik liegt in der möglichst akribischen Beschreibung der Lebensbedingungen der modernen Großstädte. Eines der bekanntesten lyrischen Dokumente aus der Zeit des Naturalismus ist der Gedichtzyklus *Phantasus* von Arno Holz. Die Gestalt des Phantasus greift auf eine romantische Tradition zurück und bezeichnet den antiken Gott des Traums und der Verwandlung. Umgeben vom Elend flüchtet sich im Phantasus ein armer Dichter in eine Traumwelt.

Arno Holz, Phantasus (1886) (Auszug)

Ihr Dach stieß fast bis an die Sterne,
vom Hof her stampfte die Fabrik,
es war die richtige Mietskaserne
mit Flur – und Leiermannsmusik!
Im Keller nistete die Ratte,
parterre gabs Branntwein, Grog und Bier,
und bis ins fünfte Stockwerk hatte
das Vorstadtelend sein Quartier.
[…]
Doch pfiff auch dreist die feile Dirne,
die Welt, ihn aus: Er ist verrückt!
ihm hatte leuchtend auf die Stirne
Der Genius seinen Kuß gedrückt.
Und wenn vom holden Wahnsinn trunken
er zitternd Vers an Vers gereiht,
dann schien auf ewig ihm versunken
die Welt und ihre Nüchternheit.
[…]

8 Gerhart Hauptmann: Die Zustandsschilderung als leitendes Motiv

Das Drama erwies sich wie bereits schon im Vormärz als die geeigneteste Form der Darstellung und Anklage sozialen Elends, dessen bedeutendster und nachhaltigster Vertreter Gerhart Hauptmann (1862–1946) war, der in dichter Atmosphäre das Leiden seiner Helden an ihrer eigenen Ohnmacht schilderte.

Hauptmanns größter Erfolg wurde das Drama *Die Weber*. Dem Drama liegen die Ereignisse des Weberaufstandes aus dem Jahre 1844 zugrunde, als hungernde schlesische Weber und Heimarbeiter, die auf ihren Bettellohn warten, in ihrer Not das Haus des Fabrikanten stürmen. Als das Militär anrückt, stirbt von einer verirrten Kugel tödlich getroffen der alte Weber Hilse, der kurz zuvor noch den Aufstand abgelehnt hatte.

Der Aufbau des Dramas Die Weber	
Thematik	Armut, Ausbeutung, Not und Elend
Held	Die tragende Figur ist keine einzelne herausragende Gestalt, sondern das Kollektiv der Weber.
Aufbau	An die Stelle der Pyramidenform des klassischen Dramas tritt eine Zweiteilung: der 1. bis 3. Akt zeigt in Form einer Zustandsbeschreibung das Elend der Weber, das Ende des 3. und der 4. und 5. Akt zeigen die Handlungsdarstellung. Die geschlossene Form wird zu Gunsten analytischer Stimmungsbilder und ausführlicher Regieanweisungen aufgelöst.

Das Stück besticht durch die enorme Sicherheit in der Milieuschilderung sowie der überaus kunstvollen Verwendung der Mundart. Hauptmann traf mit diesem Stück den Nerv der Zeit, indem er die soziale Frage eindringlich aufwarf.

Die Erzählung *Bahnwärter Thiel* ist durch eine genau beobachtende und sozial bestimmte Zustandsschilderung geprägt. Hauptmann erzählt die Geschichte eines pflichtbewussten und schweigsamen Bahnwärters, der in zweiter Ehe mit einer früheren Kuhmagd mit Namen Lene zusammenlebt. Thiel fühlt sich mehr und mehr von Lene abgestoßen, die ein Kind mit in die Ehe einbringt, das sie dem Sohn des Bahnwärters aus erster Ehe, Tobias, der von ihr misshandelt wird, vorzieht. Thiel verkriecht sich in der Folgezeit in sein einsames Stellwärterhäuschen, in dem er zunehmend seine Zeit verbringt. Als durch eine Unachtsamkeit von Lene Tobias von einem Schnellzug überfahren wird, tötet Thiel in seiner Verwirrung Lene und ihr Kind und verfällt dem Wahnsinn.

Hauptmann nannte diese Erzählung eine „novellistische Studie aus dem märkischen Kiefernforst" – Studie deshalb, um mit dieser Charakterisierung auf die Nähe zur wissenschaftlichen Fallstudie hinzuweisen. Hauptmann rückt in der Erzählung den psychischen Krankheitsprozess Thiels in den Vordergrund, in dessen Schilderung auch seine Umwelt einbezogen wird.

9 Weltuntergangsstimmung im Expressionismus

„Die drei Bogenlampen schweben in der Bar. Ihre Strahlen, los gelöst vom inneren Lichtkern, durchbohrten sich wie Stricknadeln. Böhm im Kognak stieg heraus, tanzte hinter den Kristallflacons der farbigen Schnäpse, leise trällernd den Cancan des Chamäleons serpentina alcoholica. Die Monde der Bogenlampen wurden obscön, ihre Strahlen fingerten in der Dekolletage der Damen […]"

Mit diesen Worten beginnt das siebte Kapitel des Romans *Bebuquin* oder die *Dillettanten des Wunders* von Carl Einstein aus dem Jahre 1912.

Schon diese wenigen Sätze machen deutlich, dass die Kunst der Expressionisten sich deutlich von der realistischen Erzählweise wie auch der naturalistischen Darstellungsweise der Realität abgrenzt. Die Expressionisten teilen zwar mit den Naturalisten das Bewusstsein der Entfremdung und Verlorenheit des Menschen, sind im Gegensatz zu diesen aber von Weltuntergangsvisionen geprägt.
Geradezu programmatisch trägt die von Karl Pinthus im Jahre 1920 herausgegebene Anthologie expressionistischer Lyrik

den Titel *Menschheitsdämmerung*. Das Auftaktgedicht dieser Sammlung trägt den Titel *Weltende*. Es stammt von Jakob van Hoddis (1887–1942) und bringt auf groteske Art und Weise das expressionistische Lebensgefühl einer aus allen Fugen geratenen Welt zum Ausdruck.

Jakob van Hoddis, Weltende (1911)

Dem Bürger fliegt vom spitzen Kopf der Hut,
In allen Lüften hallt es wie Geschrei.
Dachdecker stürzen ab und gehn entzwei
Und an den Küsten – liest man – steigt die Flut.

Der Sturm ist da, die wilden Meere hupfen
An Land, um dicke Dämme zu zerdrücken.
Die meisten Menschen haben einen Schnupfen.
Die Eisenbahnen fallen von den Brücken.

Für Expressionisten und Naturalisten stehen die Darstellung des Hässlichen und Entstellten im Vordergrund. Die Expressionisten grenzen sich aber in der Darstellungsweise und Darstellungsabsicht von den Naturalisten ab, da sie nicht ein akribisches und experimentelles Bild der Realität entwerfen, sondern Bilder des inneren Erlebens der Moderne kreieren.

Naturalismus	Expressionismus
Schilderung des Eindrucks der Außenwelt	Schilderung des Ausdrucks der Innenwelt
Versuch der Veränderung der äußeren Bedingungen der menschlichen Existenz	Weltuntergangsstimmung
Sekundenstil	Expressiver Sprachstil: Wortkaskaden, Wortneuschöpfungen, gebrochene Syntax, übersteigerte Metaphorik, ekstatische Ausbrüche

10 Die Modernisierung der Lyrik als Folge erlebter Weltuntergangsstimmung

Am ausdrucksstärksten artikulierte sich der Expressionismus in der Lyrik. Neben die als angstvoll erlebte Katastrophenstimmung tritt als Hauptmotiv der expressionistischen Dichtung das Motiv des Ich-Zerfalls. Der Mensch erfährt sich nicht mehr als das Subjekt seines Handelns, das die Dinge und die Welt beherrscht, sondern umgekehrt beginnen die Dinge den Aufstand und überrollen den Menschen, der jegliche Weltorientierung und letztlich sein Selbst verliert. In dieser Situation suchen die Expressionisten nach neuen Ausdrucksformen. Ivan Goll fordert daher einen Umbau der Lyrik:

„Niemand leugnet mehr, daß von allen Kunstformen die verlassenste und die verkannteste heute die Lyrik ist. Vielleicht nicht einmal ganz zu Unrecht? Vielleicht, weil sie in keiner Weise zu unserer Zeit eine Beziehung hat? Weil sie dem heutigen Menschen keine Nahrung bringt? [...] Wie seit der Entdeckung der Elektrizität und des Telephons sämtliche Produktionsbetriebe umgeformt und umgebaut wurden, so soll es auch die Dichtung. Es ist geradezu ein Nonsens, von einem Menschen mit heutigen Nerven zu verlangen, daß er von regelrecht skandierten und gereimten Versen, die breit und behäbig und schwer hinfließen, irgendeine tiefere Wirkung, ein inneres Beben, ein Staunen verspüre! Sein Ohr hat ein anderes Tempo. Sein Auge eilt unmutig über die Zeilen hin. Und der Singsang des schönen Verses erweckt Langeweile. Langeweile: die schwerste Sünde, die ein Künstler begehen kann!“ (Ivan Goll, *Hai-Kai*)

11 Auf einen Blick

Realismus

Autoren

Friedrich Hebbel (1813 – 1863), Theodor Storm (1817 – 1888), Gottfried Keller (1819 – 1890), Theodor Fontane (1819 – 1898)

Kernbegriffe

Poetische Verklärung der Wirklichkeit

Kernsatz

„Das ist ein zu weites Feld" (Fontane)

Gattungen

Niedergang des Dramas, Aufschwung der Novellendichtung

Werke

Theodor Fontane, *Effi Briest* (1894 / 95); Theodor Storm, *Der Schimmelreiter* (1888); Friedrich Hebbel, *Maria Magdalena* (1844)

Naturalismus

Autoren

Gerhart Hauptmann (1862 – 1946); Arno Holz (1863 – 1929)

Kernbegriffe

Anspruch auf naturwissenschaftliche Objektivität; Das Hässliche rückt in den Blickpunkt; Determinismus und sozialer Veränderungswille; Sekundenstil

Kernsatz

„Unsre Welt ist nicht mehr klassisch, / Unsre Welt ist nicht romantisch, / Unsre Welt ist nur modern" (Arno Holz)

Gattungen
Lyrik als Erzählgedicht und offenes Drama als Lebensausschnitt

Werke
Gerhart Hauptmann, *Bahnwärter Thiel* (1888), *Die Weber* (1893); Arno Holz, *Das Buch der Zeit.*

Expressionismus
Autoren
Gottfried Benn (1886–1956), Georg Trakl (1887–1914), August Stramm (1874–1915), Jakob von Hoddis (1887–1942)

Kernbegriffe
Weltuntergangsstimmung, Zerfall des Ich, Menschheitsdämmerung, Weltende

Gattungen
Expressive Lyrik

Literatur in der Weimarer Republik

1 Verwirrende Vielfalt unterschiedlicher Stile

„Diese Zeit hat etwas durchaus Gespensterhaftes. Die Leute gehen täglich ihren Geschäften nach, machen Verordnungen und durchbrechen sie, halten Feste ab und tanzen, heiraten und lesen Bücher - aber es ist alles nicht wahr" - Mit diesen Worten charakterisiert Kurt Tucholsky die Zeit der Weimarer Republik, eine Zeit - so Tucholsky - in der die „Grundfesten wanken":

[...] Es ist durchaus nicht allen gemeinsam und selbstverständlich, daß das Vaterland das Höchste ist, woran sich anzuschließen Pflicht und Gewinn sei – sondern das ist sehr bestritten. Es ist durchaus nicht allen gemeinsam, daß die Familie der Endpunkt der Entwicklung und etwas Selbstverständliches sei – sondern das ist sehr bestritten. Es ist durchaus nicht selbstverständlich, daß der Kapitalismus notwendig oder gar nutzbringend sei – das ist sehr bestritten. Sie reden verschiedene Sprachen, die babylonischen Menschen, und sie verstehen einander nicht. Sie sprechen aneinander vorbei, und sie haben weniger gemeinsam denn je." [...] „Wohin treiben wir? Wir lenken schon lange nicht mehr, führen nicht, bestimmen nicht. Ein Lügner, wers glaubt. Schemen und Gespenster wanken um uns herum – taste sie nicht an: sie geben nach, zerfallen, sinken um. Es dämmert, und wir wissen nicht, was das ist: eine Abenddämmerung oder eine Morgendämmerung. (Kurt Tucholsky, *Dämmerung*)

Die Autoren der Weimarer Zeit lassen sich nicht programmatisch unter einen festen Epochenbegriff oder eine gemeinsame literarische Grundtendenz fassen. Zu disparat sind bei den bedeutenden Autoren, die vielfach erst später in ihrer Bedeutung erkannt worden sind, die literarischen Reaktionen und Ausdrucksformen auf die erste deutsche Republik, ihre politische Schwäche und das Zeitgeschehen.

Was die Autoren eint, ist ihre Zeitgenossenschaft und die außerordentlich hohe literarische Qualität und Aktualität ihrer Werke in allen bedeutenden Gattungsformen, weswegen die moderne Literaturwissenschaft diese Epoche der deutschen Literatur auch als klassische Moderne bezeichnet. Die Autoren der klassischen Moderne reagieren mit eigenen Schwerpunkten und Ausdrucksformen auf die Fülle und Dichte des Zeitgeschehens, das sich in ihren Werken auf überaus vielschichtige Art und Weise reflektiert.

Literarische Reaktionen in der Weimarer Zeit

Literarisches Motiv	**Autoren**
Verarbeitung des Ersten Weltkrieges	Kurt Tucholsky, Karl Kraus
Entlarvung der Doppelmoral im wilhelminischen Zeitalter und entwickelten Kapitalismus	Heinrich Mann, Bertolt Brecht
Thematisierung des Werte- und Realitätszerfalls	Thomas Mann
Hinwendung zu den sozialen Problemen der modernen Großstadt	Alfred Döblin
Thematisierung der Erfahrung der Bodenlosigkeit der menschlichen Existenz	Franz Kafka

2 Die Entwicklung neuer poetischer Konzepte in Prosa, Drama und Lyrik

Die literarische Moderne setzt in allen Gattungen neue Akzente. Es bilden sich durchweg neue Arten des Schreibens heraus, denen trotz ihrer jeweiligen Vielfältigkeit eines gemeinsam ist, nämlich die Abkehr von traditionellen poetischen Paradigmen.

Traditionelle und moderne poetologische Paradigmen

Epik	
Die Erzählung gibt ein Bild der Wirklichkeit wieder.	In der Erzählung werden Strukturen der Wirklichkeit gezeigt.
Lyrik	
Das lyrische Ich erlebt die Übereinstimmung von Ich und Natur / Welt.	Das lyrische Ich erlebt die Entfremdung, den Widerspruch zwischen Ich und Welt.
Dramatik	
Die gespielte Welt wird handelnd dargestellt.	Die gespielte Welt wird erzählend dargestellt.

3 Alfred Döblin, Berlin Alexanderplatz: Kernelemente modernen Erzählens

Alfred Döblin (1878 – 1957) schuf mit *Berlin Alexanderplatz* (1929) den ersten deutschen Großstadtroman.
Im Mittelpunkt des Romans steht die Geschichte von Franz Biberkopf, der, aus dem Gefängnis entlassen, „anständig werden" will. Nach anfänglichen ersten Erfolgen wird er aber „in einen regelrechten Kampf mit etwas verwickelt […], das von außen

kommt, das unberechenbar ist und wie ein Schicksal aussieht". Biberkopf sinkt von nun an immer tiefer. Seine vermeintlichen Freunde Otto Lüders und Reinhold betrügen ihn und versuchen, ihn für ein geplantes Verbrechen zu gewinnen. Biberkopfs Versuch, sich dem zu entziehen endet mit dem Verlust eines Armes. Auch seine Liebe zu Mieze bleibt ohne Perspektive: Er macht sie zu seiner „Braut", wird ihr Zuhälter und bleibt weiter in dunkle Geschäfte verstrickt. Biberkopf bricht zusammen und kommt in eine Irrenanstalt, als Reinhold Mieze vergewaltigt und anschließend tötet. Der Roman endet lapidar: Biberkopf verlässt den Mordprozess als gebrochener Mann und nimmt eine Stellung als Hilfsportier an.

Der Roman ist ein Lehrstück, das zeigt, wie ein Mensch systematisch zu Grunde gerichtet wird. In formaler Hinsicht ist der Roman mit einer Fülle von Attributen des modernen Romans ausgestattet: Die erzählerische Perspektive wechselt zwischen Reportagen, der Wiedergabe von Eindrücken und Beobachtungen, inneren Monologen, Tatsachenberichten, Statistiken, Inseraten und Schlagertexten hin und her und stellt eine Montage dar.

Kennzeichen des modernen Romans	
Traditionelles Erzählen	**Modernes Erzählen**
Äußere Geschehnisse bestimmen die Handlung.	Seelische Vorgänge stehen im Zentrum und werden im inneren Monolog gezeigt.
Raum und Zeit sind objektive Kategorien.	Raum und Zeit sind subjektive Kategorien.
Die erzählte Welt wird dem Leser als seine eigene gezeigt.	Die erzählte Welt erfährt durch Montagetechniken eine Verfremdung, ihre Erklärung bleibt dem Leser überlassen.

4 Der Übergang vom Kaiserreich zur Republik in den Romanen von Thomas und Heinrich Mann

Das Thema Heinrich Manns (1871–1950), dem älteren Bruder Thomas Manns (1875–1955), ist die Entlarvung der Doppelmoral des Bildungsbürgertums im wilhelminischen Zeitalter und die Bekämpfung des Untertanengeistes sowie die leidenschaftliche Verteidigung der Weimarer Republik. Seine Romane und Erzählungen sind durch einen satirischen und expressiven Stil geprägt, während er in seinen Essays, die seinen Ruf als europäischen Humanisten, politischen Moralisten und ausgewiesenen Gegner des Nationalsozialismus festigen, insbesondere das Verhältnis von Geist und Macht erörtert. Heinrich Manns satirische Kritik an der Doppelmoral des Bildungsbürgertums der wilhelminischen Zeit wird besonders deutlich im 1905 erschienenen und 1930 unter dem Titel „Der blaue Engel" verfilmten Roman *Professor Unrat* oder *Das Ende eines Tyrannen*.

Der Gymnasialprofessor Unrat, Repräsentant der Autorität einer nordddeutschen Kleinstadt, verfällt der Tingel-Tangel-Künstlerin Rosa Fröhlich. Durch diese Liebschaft verfängt er sich in den Netzen der von ihm eigentlich bekämpften Unmoral: Er heiratet Rosa, verliert seine Stellung, verfällt dem Glücksspiel und wird schließlich kriminell.

Heinrich Manns berühmtester Erzähltext ist der satirische Erzähltext *Der Untertan* aus dem Jahre 1914.

Gegenstand der satirischen Entlarvung ist hier der unterwürfige, gesinnungslose und machtlüstern-nationalistische Typ des Bürgertums, im Roman personifiziert durch die Figur des Diederich Heßling. Diederich Heßling zeigt alle Attribute der deutsch-nationalen Gesinnung, die später zu einem der geistigen Stützpfeiler des Nationalsozialismus werden sollte. Heßlings Leben wird in Episoden erzählt: Der Leser lernt zunächst seine Jugend, die Studienjahre des deutsch-nationalen Studenten, später dann den erfolgreichen Papierfabrikanten kennen, der, herrisch seinen Angestellten und seiner Familie gegenüber, skrupellos seinen Geschäften nachgeht und politisch agitiert.

Er wendet sich gegen alles, was seinem deutsch-monarchistischem Weltbild gegenübersteht, nämlich die Idee des liberalen Bürgertums, das Judentum und die Sozialdemokratie. Trotz seiner Rücksichtslosigkeit und Brutalität wird der sehr auf Zucht und Ordnung haltende Heßling der Ironie und dem Spott des Erzählers preisgegeben, wurzelt doch seine monarchistische Deutschtümelei letztlich auf einem infantilen Untertanengeist und einer blinden Kaiserbegeisterung, die vom Erzähler auf virtuose Weise der Lächerlichkeit preisgegeben wird.

Wie bei Heinrich Mann ist Thomas Manns literarisches Schaffen durch die Zeitgenossenschaft politischer Systemwechsel geprägt, die nicht ohne Auswirkungen auf die politische Profilierung Thomas Manns gewesen sind. Während Thomas Mann den Ausbruch des Ersten Weltkrieges feierte und sich noch in den *Betrachtungen eines Unpolitischen* (1918) selbst als antidemokratisch-konservativ bezeichnete, vollzieht er unter dem Eindruck des verlorenen Krieges eine Wandlung. Seit 1922 bekannte er sich zur Demokratie und warnte in Reden und Essays vor dem Nationalsozialismus. Seine zunehmend antifaschistische Publizistik brachte ihn in einen Gegensatz zum rechtskonservativen Bürgertum. 1933 kehrte er nach einer Erholungsreise nicht mehr nach Deutschland zurück und blieb in der Schweiz. Später emigrierte er in die USA, nachdem er von den Nationalsozialisten ausgebürgert wurde. Nach dem Krieg unternahm Thomas Mann Vortragsreisen nach Deutschland, 1954 siedelte er wieder in die Schweiz über.

Der Roman *Buddenbrooks. Verfall einer Familie* steht am Anfang seiner Karriere und machte den damals erst 25-jährigen Dichter, der 1929 für dieses Werk den Nobelpreis erhielt, schlagartig berühmt. Erzählerisch in der Tradition des Realismus angesiedelt, steht im Vordergrund die Schilderung des Niedergangs einer Kaufmannsfamilie über vier Generationen hinweg, die auch deren Werte- und Realitätszerfall miteinschließt.

Während der Senior Johann Buddenbrook noch tatkräftig die Geschäfte der Firma leitete, zeigt sein Sohn aus zweiter Ehe, Johann (Jean) Buddenbrook, bereits erste Anzeichen der Dekadenz und ist als Kaufmann erfolglos, da unter seiner Leitung große Verluste zu verzeichnen sind. Sein ältester Sohn Thomas übernimmt die Geschäftsleitung in dritter Generation, ist aber ebenfalls von Selbstzweifeln geplagt. Er flüchtet in die Kunst und heiratet eine exotische Gesangskünstlerin, kann aber mit viel Selbstdisziplin dem Anspruch der Familie insgesamt noch gerecht werden, während die Geschwister erhebliche Probleme bereiten: Die ältere Schwester Antonie etwa bleibt trotz zweier gescheiterter Ehen eigentlich ein Kind und Clara, die jüngere Schwester, stirbt kurz nach ihrer Heirat an Tuberkolose. Hanno Buddenbrook, der letzte Nachfahre der Familie, der völlig in die Welt der Kunst abtaucht, stirbt lebensuntauglich an Typhus.

Stationen des Niedergangs in den Buddenbrooks	
Die Geschichte von Größe und Abstieg der hanseatischen Kaufmannsfamilie führt durch vier Generationen, die eigentliche Handlung erstreckt sich aber nur auf einen Zeitraum von ca. 40 Jahren (1835–1877)	
Johann Buddenbrook	Gebildet, kühl und selbstsicher; führt die Geschäfte erfolgreich und weiß das Leben zu genießen
Johann (Jean) Buddenbrook	Fromm, geschäftstüchtig, aber erfolglos.
Thomas Buddenbrook	Von Selbstzweifeln geplagt flieht er in die Kunst und kann nur mit viel Selbstdisziplin den Ansprüchen der Familie genügen. Die Geschwister Antonie, Christian und Clara lassen schwerwiegende gesundheitliche und charakterliche Defekte erkennen. Thomas Buddenbrooks Frau Gerda geht nur ihren musikalischen Interessen nach, ihr ist die geschäftliche Tradition gleichgültig.

Hanno Buddenbrook	Übersensibel und kränkelnd, stirbt als Gymnasiast an Typhus.

Einerseits der Erzähltradition des Realismus verpflichtet, wandelt sich im Verlauf des Romans – analog zum Verfall der Familie – auf subtile Weise die Erzählhaltung. Während die Familienmitglieder von Generation zu Generation in immer stärkeren Maße dem biologischen Verfall ausgeliefert zu sein scheinen, steigert sich von Generation zu Generation deren seelische Selbstthematisierung. Der Erzähler trägt dem dadurch Rechnung, dass traditionell realistische Erzählmuster sukzessive abgebaut werden zu Gunsten verinnerlichter und indirekter Formen der Darstellung.

Größe der Familie Buddenbrook	Wendepunkt des Romans	Niedergang der Familie Buddenbrook
Direkte Erzähltechniken stehen entsprechend der nach außen gewandten Lebenshaltung der Protagonisten im Vordergrund.	Thomas Buddenbrooks Begegnung mit der Lehre des Philosophen Arthur Schopenhauer.	Indirekte Erzähltechniken gewinnen zunehmend entsprechend der Zunahme der Empfindsamkeit der Protagonisten an Bedeutung.

Das Motiv des Zwiespalts zwischen Leben und Kunst ist das Grundmotiv im Werk Thomas Manns.
In nahem Zusammenhang mit den Buddenbrooks steht die Novelle *Tonio Kröger* aus dem Jahre 1903. Die Titelfigur lebt in zwei Welten und ist Bürger und Künstler zugleich, was bis in die Namensgebung des Protagonisten hineinwirkt. Tonio Kröger lebt im Zwiespalt: Er sehnt sich nach der Einsamkeit, die die Bedingung für seine künstlerische Existenz ist, von der er aber gleichzeitig gering denkt und die er wegen ihrer Einfachheit verachtet.

5 Franz Kafka: Parabelhafte Darstellungen der Hilflosigkeit des Menschen

Wie keinem anderen Schriftsteller vor und nach ihm ist es Franz Kafka (1823–1924) gelungen, das von Kurt Tucholsky beschriebene „Wanken der Grundfeste" sowie der Erfahrung der Bodenlosigkeit sämtlicher Lebensbezüge und Orientierungsversuche literarische Gestalt zu geben. Hinter der Fassade der realen Welt, die in den Werken Kafkas allenfalls in groben Skizzen eine Rolle spielt, zeigt er eine beklemmende Welt absurd-faszinierender Verhältnisse. Im Stil unprätentiös und sachlich fasst er die Erfahrung der Ohnmacht gegenüber einer völlig undurchschaubaren Welt in der Form parabelhaften Erzählens in Worte.

Ästhetisch sind diese Texte faszinierend, weil der Leser beim Versuch der Interpretation die gleiche Erfahrung macht wie die Helden seiner Romane, Erzählungen und Parabeln – nämlich die Erfahrung, das jeder Versuch, dem erzählten Geschehen einen konsistenten Sinn zu verleihen, zum Scheitern verurteilt ist.

Exemplarisch für Kafkas Fähigkeit, absurde Situationen sprachlich präzise und logisch konsistent darzustellen, dabei aber durch den rätselhaften Charakter seiner Texte den Leser zu verstören, ist die kurze Parabel *Die Bäume*.

Franz Kafka, Die Bäume

Denn wir sind wie Baumstämme im Schnee. Scheinbar liegen sie glatt auf, und mit kleinem Anstoß sollte man sie wegschieben können. Nein, das kann man nicht, denn sie sind fest mit dem Boden verbunden. Aber sieh, sogar das ist nur scheinbar.

Der Widerstreit zwischen der Bild- und der Deutungsebene in Kafkas Erzählstil

Bild- und Deutungsebene

Der Mensch wird mit einem Baum verglichen, der scheinbar wurzellos („scheinbar liegen sie glatt auf") und verpflanzbar zu sein scheint.

Das Bild ist rätselhaft: Die scheinbar glatt aufliegenden Baumstämme erweisen sich bei näherer Betrachtung als „fest mit dem Boden verbunden". der Mensch ist also – entgegen des ersten Eindrucks – offensichtlich nicht verpflanzbar.

Diese Überlegung wird im abschließenden Satz der Parabel revidiert, die Revision des Scheins erscheint ebenfalls als Schein: „Aber sieh, sogar das ist nur scheinbar" .

Konstruktionsprinzip

Bild- und Deutungsebene sind nicht voneinander getrennt: Der Text beginnt mit einer Vergleichsformel („Denn wir sind wie [...]"), doch das nachfolgende Motiv der Bäume wird auf der Deutungsebene zerstört: Der erste optische Eindruck wird energisch zurückgewiesen („Nein, das kann man nicht") und auch die Korrektur des Bildes wird zurückgewiesen („Aber sieh, sogar das ist nur scheinbar").

Interpretation

Bild- und Deutungsebene stehen in einem Verhältnis der Disharmonie: Die Metapher des Baumes lässt offensichtlich keine klare Deutung des menschlichen Wesens zu.

Der Widerstreit zwischen Bild- und Deutungsebene dokumentiert den Rätselcharakter der menschlichen Existenz.

Seine Helden vergleicht Kafka mit „Eisenbahnreisenden, die in einem langen Tunnel verunglückt sind, und zwar an einer Stelle, wo man das Licht des Anfangs nicht mehr sieht, das Licht des Endes aber nur so winzig, daß es der Blick immerfort suchen muß und immerfort verliert, wobei Anfang und Ende nicht einmal sicher sind."

Wie in einem Alptraum scheinen in den Werken Kafkas Ort und Zeit, kausale und psychologische Gesetzmäßigkeiten aufgehoben, aber dennoch ist das Geschehen stets logisch zwingend.

Die Orientierungslosigkeit der Helden Kafkas in ihren absurden Traumwelten zeigt sich dabei besonders in dem Roman *Der Proceß*, in dem der Bankprokurist Josef K. verhaftet wird, sich aber frei bewegen darf, letztlich zum Tode verurteilt und von zwei gut gekleideten Herrn zur Hinrichtung geführt wird.
Welchen Vergehens er sich schuldig gemacht haben soll, weiß er nicht. Seine Bemühungen auf der Suche nach einer zuständigen Gerichtsinstanz schlagen fehl, es gelingt ihm lediglich, Kontakt zu unteren Instanzen aufzunehmen. Wie sich herausstellt, besteht seine Lebensschuld darin, dass er sich für unschuldig hält. Er beginnt zu ahnen, dass er der Frage nach Schuld und Unschuld nicht in der merkwürdigen Welt der unteren Gerichtsinstanzen, sondern bei sich selbst zu suchen gehabt hätte.

6 Bertolt Brechts Erneuerung des Dramas

Bertolt Brecht (1898–1956) galt das Theater als Ort der politischen Aufklärung und, darin an Lenz, Büchner und den Naturalisten anknüpfend, als Ort der Agitation. Brechts episches Theater ist dabei scharf abzugrenzen vom klassisch-aristotelischen Drama, in dessen Mittelpunkt die moralische Erziehung des Zuschauers auf dem Wege des auf der Bühne gezeigten großen tragischen Konflikts stand. Brecht dagegen entwirft ein Theater, das die Veränderung der gesellschaftlichen Wirklichkeit bewirken soll. Dem Zuschauer wird dabei zugemutet, im Bühnengeschehen keine statische, in sich abgeschlossene Welt, sondern eine politisch bedingte Momentaufnahme der Wirklichkeit zu sehen, die seine Beurteilung erfordert und zum politischen Handeln auffordert. Dieser Intention entsprechend entwirft Brecht für das Theater eine neue Ausdrucksform, das epische Theater.

Gegenüberstellung: Klassisch-aristotelisches und episches Theater	
Aristotelisches Theater	**Episches Theater**
Die gespielte Welt wird handelnd dargestellt: Der klassische Held bestimmt durch sein Denken und Handeln das Geschehen.	Die gespielte Welt wird erzählend (episch) dargeboten: Das epische Theater zeigt, wie das Handeln der Helden durch das gesellschaftliche Sein bestimmt ist.
Der Zuschauer wird suggestiv, durch Furcht und Mitleid (eleos und phobos) in den Sog des Geschehens hineingezogen.	Der Zuschauer wird in argumentierender Weise durch Verfremdungen der Handlungen wie kritisch-kommentierende Einschübe, Spruchbänder, Projektionen und Songs mit der Bühnenaktion konfrontiert.
Es wird zwischen Tragödie und Komödie unterschieden.	Die Trennung zwischen Tragödie und Komödie wird aufgehoben. Tragische Elemente werden mit komischen vermischt, um absurde Verhältnisse zu kennzeichnen.
Die Figuren sprechen grundsätzlich in gehobener Stillage.	Die Figuren sprechen schicht- und typspezifisch.
Die Form des Dramas ist geschlossen: pyramidenförmige 3-Akt- oder 5-Aktform (Exposition – steigende Handlung – Höhe- und Wendepunkt – fallende Handlung – Katastrophe); Einheit von Ort, Zeit und Handlung; die Geschehnisse verlaufen linear, Szenen bauen folgerichtig aufeinander auf.	Die Form des Dramas ist offen: jede Szene steht für sich; das Drama besteht aus selbstständigen Szenen, die locker miteinander verbunden sind, Sprengung der Einheit von Ort, Zeit und Handlung; die Geschehnisse verlaufen in Kurven; erst durch die politische Entscheidung des Zuschauers kommt das Stück zu seinem eigentlichen Abschluss.

Als eines der gelungensten Beispiele des epischen Theaters gilt Brechts Parabelstück *Der gute Mensch von Sezuan*.

Dem Stück liegt die Frage zu Grunde, ob der Mensch zugleich gut sein könne und überlebensfähig. Die Parabel kommt durch drei Götter in Gang, die auf der Suche nach einem guten Menschen zur Erde hinabsteigen, um so ihre eigene Existenzberechtigung wie die Ordnung der Welt rechtfertigen zu können. Sie treffen dabei auf die großherzige Prostituierte Shen Te, die als Einzige bereit ist, den Göttern ein Nachtlager zur Verfügung zu stellen. Mit Hilfe der Belohnung, die sie hierfür von den Göttern erhält, gelingt es ihr, eine bürgerliche Existenz aufzubauen. Diese kann sie jedoch nur aufrecht erhalten, indem sie sich in ihren Vetter Shui Ta verwandelt, der skrupellos die Geschäfte Shen Tes zu ordnen versucht, die durch Shen Tes Großzügigkeit, die zudem von ihrer Umwelt schamlos ausgenutzt wird, immer wieder in Gefahr geraten.

7 Auf einen Blick

Autoren

Kurt Tucholsky (1890 – 1935), Alfred Döblin (1878 – 1957), Franz Kafka (1883 – 1924), Heinrich Mann (1871 – 1950), Thomas Mann (1875 – 1955), Bertolt Brecht (1898 – 1956)

Literarische Motive

Verarbeitung des Ersten Weltkrieges (Kurt Tucholsky, Karl Kraus), kritische-besorgte Begleitung der Weimarer Republik (Tucholsky, Brecht), Thematisierung des Werte- und Realitätszerfalls (Thomas Mann), Entlarvung der Doppelmoral im wilhelminischen Zeitalter (Heinrich Mann) und im entwickelten Kapitalismus (Brecht), Thematisierung der Erfahrung der Bodenlosigkeit der menschlichen Existenz (Kafka)

Gattungen

Abkehr von traditionellen poetischen Paradigmen: Entwicklung des epischen Theaters, neue Erzähltechniken (Montagetechnik), Entwicklung des modernen Großstadtromans

Werke

Franz Kafka, *Die Verwandlung* (1915), *Das Urteil* (1916), *Der Proceß* (1925); Heinrich Mann, *Professor Unrat* (1905); Thomas Mann, *Buddenbrooks* (1901), *Der Tod in Vendig* (1911), *Tonio Kröger* (1903); Alfred Döblin, *Berlin Alexanderplatz* (1929)

Drittes Reich und Exil

1 Zur Situation der Literatur im Faschismus

Der größte Teil der etablierten Autoren von Rang begab sich während der Zeit des Dritten Reiches freiwillig oder gezwungenermaßen ins Exil. Mit der nationalsozialistischen Machtergreifung im Jahr 1933 begann die Forderung nach einer spezifisch nationalsozialistischen Kunstproduktion. Die Linke, weite Teile der Liberalen und die Literatur der rassisch verfolgten Autoren verloren ihre Heimstatt. In Deutschland konnte nur die Literatur veröffentlicht werden, die politisch als unbedenklich galt und von Autoren nicht jüdischer Herkunft stammte. Im Wesentlichen handelte es sich dabei um eine politische Zustimmungsliteratur, die nach 1945 wieder von der Bildfläche verschwand. Die von der Literaturpolitik geförderten Autoren entstammten größtenteils dem Lager der Antimoderne und Heimatliteratur.
Das Spektrum der Propagandaliteratur umfasste:

- Historische Romane mit der Zwecksetzung, die angebliche Überlegenheit der arischen Rasse zu demonstrieren,
- Idyllische Bauernromane mit der Zwecksetzung, eine intakte Volksgemeinschaft vorzugaukeln,
- Siedlerromane mit der Zwecksetzung, den nationalsozialistischen Anspruch widerzuspiegeln, den Lebensraum der Nation zu vergrößern,
- Kriegsromane mit der Zwecksetzung, den äußeren Feind durch klischeehafte Hasstiraden zu denunzieren und
- Frauenromane mit der Zwecksetzung, die traditionelle Rolle der Frau als Hausfrau im Sinne der nationalsozialistischen Propaganda festzuschreiben.

Schwieriger zu beurteilen ist die Literatur der Autoren, die während des Faschismus als politisch unbedenklich eingestuft wurden, im Land blieben und auf die ein vergleichsweise geringer Druck ausgeübt wurde. Diese Autoren standen vor dem Problem, nicht mehr an die inhaltlichen und formalen poetologischen Grundsätze anknüpfen zu können, die in der Auseinandersetzung um die künstlerische Gestaltung der Moderne entwickelt wurden.

2 Die Exilliteratur

Die politischen Verhältnisse in Deutschland führten dazu, dass nahezu alle bedeutenden Autoren Deutschland verließen, von denen viele den Freitod wählten.

Autoren, die den Freitod wählten	
Kurt Tucholsky	1935 Selbstmord in Schweden
Ernst Toller	1939 Selbstmord in einem New Yorker Hotelzimmer
Walter Hasenclever, Walter Benjamin, Carl Einstein	1940 Selbstmord nach der Besetzung Frankreichs
Stefan Zweig	1942 Selbstmord im brasilianischen Petropolis
Klaus Mann	1949 Selbstmord in Cannes aus Verzweiflung u.a. über die Situation der Intellektuellen, nachdem er mit der amerikanischen Armee nach Deutschland zurückkehrte

Insgesamt bedeutete dies einen literarischen Kahlschlag, der in der Geschichte der deutschen Literatur ohne Beispiel ist. Betroffen waren dabei die Schriftsteller jüdischer Herkunft, deren Anteil am literarischen Leben seit Jahrzehnten überdurchschnittlich groß war, die Autoren des linken und mit Einschränkungen des liberalen Flügels, aber auch Autoren des bürgerlichen Lagers.

Von den Autoren, die das Kriegsende erlebten, kehrten manche sofort, manche erst nach Jahren und einige gar nicht mehr nach Deutschland zurück.

Autoren, die im Ausland blieben	Thomas Mann
Autoren, die nach Westdeutschland gingen	Annette Kolb
Autoren, die nach Ostdeutschland gingen	Bertolt Brecht, Anna Seghers
Autoren, die enttäuscht Deutschland wieder verließen	Alfred Döblin, Klaus Mann

Aufgrund ihrer Uneinheitlichkeit waren die Emigranten nicht in der Lage, sich zu organisieren. Zwar herrschte Einigkeit in der Ablehnung des faschistischen Regimes, darüber hinaus konnten aber kaum politische Gemeinsamkeiten formuliert werden. Der Versuch Heinrich Manns, eine parteiübergreifende Dachorganisation ins Leben zu rufen, scheiterte.

Die Lyrik der Emigranten ist durch die schmerzliche Erfahrung des Exils gekennzeichnet. Die Ablehnung durch die Bevölkerung des jeweiligen Exillandes machte ihnen zu schaffen, vor allem aber die Tatsache, ohnmächtig nur auf den Zusammenbruch des Regimes warten zu können. Viele fühlten sich kulturell isoliert, nur wenigen gelang es, in der Sprache des jeweiligen Gastlandes heimisch zu werden und in ihr zu veröffentlichen.

In der Lyrik der Exilautoren zeigt sich deren Resignation wie deren politische Aktualität und vielfach auch materielle Not.

Bertolt Brecht,
Hollywood

Bertolt Brecht,
Schlechte Zeiten für Lyrik

3 Auf einen Blick

Formen der Zustimmungsliteratur
Gemeinschaftslied (Marsch- und Kampfgesänge), Kriegs- und Geschichtsdramen, Heimat-, Siedler-, Bauern-, Kriegs- und Frauenroman

Autoren im Exil
Bertolt Brecht, Heinrich Mann, Thomas Mann, Klaus Mann, Rudolf Borchardt, Lion Feuchtwanger, Joseph Roth, Franz Werfel, Stefan Zweig, Alfred Döblin, Kurt Tucholsky, Walter Benjamin

Gegenwartsliteratur

1 Die unmittelbare Nachkriegsliteratur

Heinrich Böll charakterisierte die Literatur der unmittelbaren Nachkriegszeit zutreffend als Trümmerliteratur. Thematisch sind die Nachkriegsjahre geprägt durch die Erfahrung des Krieges, der Not und der Erfahrungen der Kriegsheimkehrer. Viele Schriftsteller sahen sich vor die Aufgabe gestellt, die Sprache von den ideologischen Verformungen des Faschismus zu befreien. In der Literatur der Nachkriegszeit artikuliert sich ein Bedürfnis nach Wahrheit, das mit einem starken moralischen Engagement der Autoren einhergeht, die sich vielfach einer einfachen, klaren und nüchternen Sprache bedienen, in der sie überwiegend Alltagsszenen beschreiben.
Als ein typischer Vertreter der literarischen Konzeption der Trümmerliteratur ist Wolgang Borchert (1921–1947) anzusehen. Sein Drama *Draußen vor der Tür* (1947) war das meistgespielte deutsche Theaterstück der Nachkriegszeit. Es beschreibt die Kriegserfahrungen des Kriegsheimkehrers und Unteroffiziers Beckmann, der nach dem Krieg eine ihm feindlich gegenüberstehende zerstörte Welt vorfindet. Von Schuldgefühlen gepeinigt, dass auch er während des Krieges Soldaten in den Tod geführt hat und von seiner Frau verlassen, stirbt er verzweifelt „draußen vor der Tür".
Die Kurzgeschichten Heinrich Bölls (1917–1985), der 1972 den Nobelpreis für Literatur erhielt, begründeten schon früh die Breitenwirkung dieses Autors, der in seinen Kurzgeschichten *Der Zug war pünktlich* (1949) und *Wanderer kommst du nach Spa* (1950) die Sinnlosigkeit des Krieges, die Heimkehr aus dem Chaos des Krieges, die Trümmerlandschaften und die Realität der Schwarzmärkte beschrieb. Inhaltlich sind diese Kurzge-

schichten stark von den Themen und Stoffen Borcherts beeinflusst, formal orientieren sie sich an der short story nach dem Muster Hemingways.

2 Vergangenheitsbewältigung und Gegenwartskritik

Gegen Ende der 50er Jahre zeichnet sich – nicht zuletzt durch das Erscheinen des Romans *Die Blechtrommel* (1959) von Günter Grass (geb. 1927) – eine Wende in der deutschen Nachkriegsprosa ab. Im Unterschied zur Literatur der unmittelbaren Nachkriegszeit wird nun das Thema der Vergangenheitsbewältigung mit der Gegenwartskritik verknüpft. Die Autoren, insbesondere Günter Grass und Heinrich Böll, wenden sich gegen restaurative Tendenzen der Wohlstandsgesellschaft. Sie warnen vor Anpassungsverhalten und Mitläufertum und verstehen die Literatur – durchaus im Geist der Aufklärung – als Mittel zur Gegenwartskritik und als Mittel zur Entwicklung einer geistigen Perspektive. In den Romanen dieser Autoren werden Außenseiterfiguren zu zentralen Gestalten, die ein entlarvendes Bild der Geschichte und der Gegenwart zeichnen.
Grass erzählt in *Die Blechtrommel* aus der Perspektive des in einer Heilanstalt einsitzenden, sich selbst als Held verstehenden Oskar Matzerath, die Geschichte der ersten Hälfte des 20. Jahrhunderts, insbesondere die Jahre des Zweiten Weltkrieges und der ersten Nachkriegsjahre. Oskar Matzerath ist eine Kunstfigur, er ist bereits während seiner Geburt geistig voll entwickelt. Im Alter von drei Jahren beschließt er, den körperlichen Wachstumsprozess einzustellen. Er verfügt über eine Stimme, mit der er Glas zerspringen lassen kann und mit Hilfe seiner Blechtrommel, die er zu seinem dreijährigen Geburtstag geschenkt bekommt, lebt er ein bizarres Außenseiterdasein voller Protest und erotischer Phantasien. Grass kombiniert in diesem Roman Elemente des klassischen Entwicklungsromans mit Elementen der Satire und des barocken Schelmenromans, in dessen Zen-

trum eine satirisch-ironische Analyse des kleinbürgerlichen Lebens steht.

Ähnlich wie Günter Grass verbindet Heinrich Böll die Aufarbeitung der nationalsozialistischen Vergangenheit mit der Gegenwartsanalyse. Im Zentrum der Romane Bölls steht die Entlarvung der scheinbaren Wohlgeordnetheit eines institutionalisierten Kirchentums sowie eine Analyse der gesellschaftlichen Strukturen im Nachkriegsdeutschland, dem Böll ein gestörtes Verhältnis hinsichtlich der Frage nach einer rückhaltlosen und ehrlichen Aufarbeitung seiner politischen und gesellschaftlichen Vergangenheit attestiert.
In seinem Roman *Ansichten eines Clowns* (1963) erzählt Böll die Lebensgeschichte seines Helden Hans Schnier, der als nichtangepasste Person inmitten einer funktionalen Verwaltungswelt als störender Clown wirkt. Hans Schnier, Sohn eines Industriellen, bricht aus der scheinbaren Ordnung der bürgerlichen Welt aus. Er verzichtet auf seine Karriere und verdingt sich als Pantomime. Er trennt sich von seiner Freundin Marie, als diese von ihm verlangt, ihre Liebe durch einen Ehevertrag regeln zu wollen. Schnier empfindet das Verlangen Maries als heuchlerisch und zieht sich enttäuscht von ihr zurück, um als Pantomine seinen Zeitgenossen einen Zerrspiegel vorzuhalten, in dem sich die moralische Heuchelei in Ehe, Familie, Kirche, Staat und Gesellschaft zeigt.

Die meisten der gesellschaftlich engagierten Autoren waren Mitglied in der Gruppe 47, der neben Günter Grass und Heinrich Böll auch Schriftsteller wie Martin Walser (geb. 1927), Ingeborg Bachmann (1926–1973), und Jurek Becker (1937–1997) angehörten. Die Gruppe 47, benannt nach ihrem Gründungsjahr, übte einen prägenden Einfluss auf die Entwicklung der Literatur bis in die 70er Jahre hinein aus. Die Vertreter der Gruppe 47 verbanden ihre literarische Produktion ausdrücklich mit politischem Engagement, insofern sie einen Beitrag zum Aufbau der demokratischen Kultur in Deutschland leisten wollten. Dichtung war für sie kein Selbstzweck, sondern gemäß den Worten Hans Werner Richters (1908–1993), dem Gründer der Gruppe 47, ein Anstoß für Kritik und Auseinandersetzung.

Die literarische Auseinandersetzung mit der Zeit des Nationalsozialismus bleibt bis in die unmittelbare Gegenwart ein Dauerthema der Gegenwartsliteratur.

So greift etwa Günter Grass in seinem bislang letzten Werk, der Novelle *Im Krebsgang* (2002) eine Nebenhandlung des Romans *Die Blechtrommel* auf. Er spannt in diesem Erzählwerk den Bogen vom Untergang des KdF-Schiffs Wilhelm Gustloff bis hin zu den fremdenfeindlichen Anschlägen der 90er Jahre.

Bernhard Schlink beschreibt in seinem Roman *Der Vorleser* eine äußerst ungleiche Liebesgeschichte zwischen der sechsunddreißigjährigen ehemaligen KZ-Aufseherin Hanna und dem sechzehnjährigen Professorensohn Michael, der die Analphabetin unterhält, in dem er ihr Geschichten vorliest und in deren sexuelle Abhängigkeit er gerät. Dem Vorleser gelingt es auch Jahre nach der Trennung nicht, sich von Hanna gedanklich zu lösen. Ihre Wege kreuzen sich erneut, als Hanna Mitte der 60er Jahre in einem Prozess zur Verantwortung gezogen wird, weil ihr die Mitschuld am Tode von KZ-Gefangenen zur Last gelegt wird. Michael wohnt diesem Prozess zufällig als beobachtender Jura-Student bei, greift aber nicht in die Verhandlung ein, als Hanna auf Grund von falschen Indizien, die er hätte widerlegen können, zu einer lebenslänglichen Freiheitsstrafe verurteilt wird.
Schlink wirft in seinem Roman nicht nur die Frage nach der Schuld Hannas, sondern zugleich auch die Frage nach den Umständen und den Folgen einer stereotypen Vergangenheitsbewältigung auf, die durch die Schilderung der überaus ungleichen und ungewöhnlichen Beziehung zwischen Michael und Hanna durchkreuzt wird. Hannas Hilflosigkeit während des Prozesses

und Michaels wachsende Skepsis gegenüber juristischen Verhaltensritualen führen dazu, dass die stereotype Verteilung der Täter- und Opferrollen angesichts der Vielschichtigkeit und Kompliziertheit der biographischen Voraussetzungen und Lebenswege der Protagonisten als fragwürdig erscheint.

Bei der Auseinandersetzung mit dem Nationalsozialismus sind die Erzählperspektiven überaus vielfältig. Während etwa Bruno Apitz (1900–1979) in seinem Roman *Nackt unter Wölfen* (1958) eindringlich die Situation der Lagerinsassen im Konzentrationslager in Buchenwald und ihren antifaschistischen Widerstand beschreibt, nähert sich Jurek Becker (1937–1997) in seinem Roman *Jakob der Lügner* (1968) mit lakonischer Distanz dem Thema des Widerstands, seiner Vergeblichkeit und trügerischen Hoffnungen.

Jakob der Lügner spielt im Ghetto von Lodz. Die Titelfigur Jakob Heym sieht sich durch äußere Umstände dazu gedrängt, zu behaupten, im Besitz eines im Ghetto natürlich verbotenen Radios zu sein. Heym wird den Bewohnern des Ghettos zum Hoffnungsträger, da er Nachrichten verbreitet, dass das Ghetto kurz vor der Befreiung stünde. Die Verzweiflung der Ghettobewohner verführt ihn, immer neue und hoffnungsvollere Nachrichten weiterzugeben. Heym kann sich in der Folge dieser Lebenslüge nicht mehr entziehen. Seine Lebenslüge verhindert nicht die Liquiderung des Ghettos, spendet seinen Bewohnern aber immerhin Trost: In dem Moment aber, als sich tatsächlich die Front nähert, bedeutet gerade dies für die Gefangenen den Tod, da das Ghetto vor dem Eintreffen der Befreier aufgelöst wird und die Bewohner ins Konzentrationslager transportiert werden. Neben Jakob Heym werden auch das Mädchen Lina und der Ich-Erzähler ins Konzentrationslager gebracht. Dem Ich-Erzähler allerdings gelingt die Flucht, was ihm ermöglicht, die Geschichte Jakob Heyms erzählen zu können.

In seinem Drama *Andorra* (1961) zeigt Max Frisch (1911–1991), dass die Stigmatisierung von Menschen aus ethnischen und ideologischen Gründen eine allgegenwärtige Gefahr ist, die keineswegs als historisch überwunden anzusehen ist.
Ein junger Andorraner mit Namen Andri, der fälschlicher Weise für einen Juden gehalten wird, nimmt schließlich die Rolle an, die das Vorurteil ihm zudiktiert. In zwölf Bildern schildert Frisch den Leidenswegs Andris. Seine Umwelt stempelt ihn zum Juden, obwohl er der uneheliche Sohn Cans ist. Als eines Tages Andris Mutter in Andorra eintrifft, fordert sie Can auf, die Wahrheit zu sagen. Can verlässt jedoch der Mut und als diese Aufgabe der Pater übernehmen will, glaubt Andri ihm nicht: Er hält sich für den Juden, zu dem die Bewohner Andorras ihn gemacht haben. Als Andri zur Hinrichtung geführt wird, enthüllt der Lehrer seine wahre Identität. Die Andorraner ignorieren dies jedoch und schauen und hören weg. Das Stück endet damit, dass der Lehrer sich erhängt und Barblin, um deren Hand Andri vergeblich anhielt, beginnt, die Hinrichtungsstätte zu weißeln, damit Andorra wieder „weiß" wird.

3 Katastrophenbewusstsein und Fortschrittskritik in den Tragikomödien Friedrich Dürrenmatts

Die politischen Konfrontationen der 60er Jahre, insbesondere der Kalte Krieg und die mit ihm einhergehenden apokalyptischen atomaren Weltuntergangsvisionen, führen zu einem Katastrophenbewusstsein und zu einer Kritik der Technisierung der Welt. Das atomare Chaos vor Augen erfährt der Mensch die Welt zunehmend als absurd und grotesk. Die Gefahr scheint zunehmend unkontrollierbar zu werden.

Die Frage, welche sinnvollen Handlungsmöglichkeiten dem Menschen inmitten einer absurd gewordenen Welt noch bleiben, ist die Grundfrage in Friedrich Dürrenmatts (1921–1990) Tragikomödie *Die Physiker* (1962).

Der Ort der Handlung ist ein Nervensanatorium, in das sich der Atomphysiker Johann Wilhelm Möbius geflüchtet hat, um die von ihm entdeckte Weltformel, mit deren Hilfe die Welt vernichtet werden kann, geheim zu halten. Es stellt sich heraus, dass zwei weitere Bewohner des Irrenhauses, Ernst Heinrich Ernesti und Herbert Georg Beutler, ebenfalls Physiker sind, die im Auftrag der Geheimdienste ihrer Länder den Auftrag erhielten, die Weltformel auszuspionieren. Alle drei ermorden die drei Krankenschwestern der Anstalt, von denen sie durchschaut werden. Die drei Physiker erkennen die Gefährlichkeit ihres Wissens und formulieren die groteske Erkenntnis, dass sie im Irrenhaus bleiben müssen, da nur so die Welt vor dem Irrsinn zu bewahren sei. Das unheilvolle Geschehen ist jedoch nicht mehr aufzuhalten, da sich herausstellt, dass die Leiterin der Nervenheilanstalt - die einzig wirklich Verrückte des Stücks - sich die Forschungsergebnisse aneignete und gegenüber den drei Physikern erklärt, dass sie schon längst einen eigenen Rüstungskonzern aufgebaut habe.

Dürrenmatt lehnt nicht die individuelle Verantwortung des Menschen für sein Tun ab - im Gegenteil: Er beklagt den Verlust der Handlungsspielräume des Einzelnen und sieht hierin das Kernproblem der modernen, technokratisch orientierten Gesellschaft. Dürrenmatts Grundhaltung ist dabei in erster Linie eine warnende. Er entwirft keine Lösung des von ihm entfalteten Grundproblems, sondern zeigt die Fragwürdigkeit und Absurdität der vermeintlichen Lösungsansätze.
Die Einsicht in die scheinbare Begrenztheit der menschlichen Handlungsmöglichkeiten kann nach Dürrenmatt dabei nicht mehr mit den Mitteln der klassischen Tragödie adäquat dargestellt werden. Weil die Welt grotesk ist, so Dürrenmatt, muss auch zwangsläufig das Drama grotesk sein. Ausgehend von diesem Grundgedanken entwirft Dürrenmatt ein völlig neues, bislang nicht dagewesenes dramaturgisches Konzept, das Konzept der Tragikomödie.

Dürrenmatts Konzept der Tragikomödie im Unterschied zur klassischen Tragödie	
Klassische Tragödie	**Tragikomödie**
Personale Schuld und Verantwortung	Kollektivschuld
Notwendigkeit als Strukturprinzip der Handlung	Zufall als Strukturprinzip der Handlung
Die Handlungen des Helden haben tragische Konsequenzen	Keine Handlungsspielräume der Helden
Das Tragische dient der Darstellung eines Entscheidungskonfliktes des Helden	Darstellung des Absurden und Grotesken

4 Tendenzen der Lyrik

Die Entwicklung der Lyrik in den ersten 20 Jahren nach dem Zweiten Weltkrieg ist durch zwei gegenläufige weltanschauliche Tendenzen geprägt. Der an der gesellschaftlichen Realität orientierten politischen Dichtung in der Nachfolge Brechts steht die so genannte hermetische Dichtung gegenüber.
Kennzeichnend für die hermetische Dichtung ist die Auffassung der Autoren, dass die natürliche, alltägliche Sprache durch den Nationalsozialismus korrumpiert worden sei und sich in den Dienst der Barbarei begeben habe. Autoren und Autorinnen wie Gottfried Benn, Paul Celan, Nelly Sachs und Ingeborg Bachmann versuchten in ihrer Lyrik ein neues Sprachverständnis zu entwickeln und schufen vielfach eine von der Wirklichkeit losgelöste, in sich ruhende, kaum ausdeutbare Dichtung, die die Erfahrung der Ohnmacht und Isolation des Menschen zu artikulieren versucht.

Auf der anderen Seite wenden sich Schriftsteller wie Hans Magnus Enzensberger in der Tradition Brechts der politischen Lyrik zu und setzen sich in ihren Gedichten mit den politischen Themen der Zeit, also den Notstandsgesetzen, der außerparlamentarischen Opposition und dem Vietnam-Krieg auseinander.

Gegenüberstellung	
Hermetische Lyrik	**Politische Lyrik**
Hermetisches Gedicht als poetische Gegenwelt; Versuch der Gewinnung von Ausdrucksformen jenseits der (korrumpierten) Alltagssprache	Orientierung an der gesellschaftlichen Realität
Textbeispiele	
Paul Celan, Sprich auch du (Auszug)	Hans Magnus Enzensberger, Ins Lesebuch für die Oberstufe (Auszug)
Sprich auch du, sprich als letzter, sag deinen Spruch. Sprich – Doch scheide das Nein nicht vom Ja. Gib deinem Spruch auch den Sinn: gib ihm den Schatten. […]	Lies keine Oden, mein Sohn, lies die Fahrpläne: sie sind genauer. Roll die Seekarten auf, eh es zu spät ist. Sei wachsam, sing nicht. Der Tag kommt, wo sie wieder Listen ans Tor schlagen und malen den Neinsagern auf die Brust Zinken. Lern unerkannt gehen, lern mehr als ich: das Viertel wechseln, den Paß, das Gesicht. […]

Der Tod Pauls Celans im Jahre 1970 wurde von vielen Lyrikern als das Ende einer Epoche innerhalb der Lyrik wahrgenommen, das einher ging mit einer Wiederentdeckung der Alltagssprache und der Aufhebung von Sprach- und Stilgrenzen. Zunehmend finden wieder Motive aus dem Alltagsleben Eingang in die Lyrik, andererseits spielen sprachspielerische Elemente und Gedichte experimentellen Charakters eine immer stärkere Rolle.

5 Postmoderne

In deutlicher Abgrenzung zur Literaturauffassung der Gruppe 47 bildet sich in den 80er Jahren unter der Bezeichnung Postmoderne eine neue literaturtheoretische Programmatik heraus. Die Werke von Autoren wie Christoph Ransmayr (geb. 1954), und Patrick Süskind (geb. 1949) sind dadurch gekennzeichnet, dass sie die Grenzen zwischen der Unterhaltungs- und Trivialliteratur und der ernsthaften Literatur bewusst verwischen. Insbesondere Patrick Süskinds Roman *Das Parfüm* (1985) verbindet Elemente des Schauer- und Kriminalromans mit Elementen des historischen Romans und des klassischen Entwicklungsromans. Über diese Formvielfalt hinaus ist *Das Parfüm* durch die Stilfigur der Pastiche – also dem überaus beziehungsreichen Spiel mit klassischen literarischen Zitaten und Stilanleihen – geprägt.

Süskind erzählt die Geschichte des autistischen und olfaktorischen Charakters Jean-Baptist Grenouille, der im Paris des 18. Jahrhunderts dem Ziel nachjagt, die Essenz der absoluten Schönheit zu erzeugen und, um dieses Ziel verwirklichen zu können, zum Massenmörder wird. Erst beim letzten Mord wird er durch einen Augenzeugen und durch Indizien überführt. Seine Hinrichtung wird jedoch für Grenouille zur Vollendung seines Plans: Bestäubt mit dem Duft seines perfekten Parfüms verfällt die neugierige Menge seinem Duft, von dem sich auch der Vater seines letzten Opfers, der schließlich Grenouille wie einen Sohn liebevoll umarmt, umgarnen lässt. Grenouille gelingt die Flucht, inszeniert aber als Clochard sein Ende, da er sich von den Bettlern wie im Rausch kannibalisch verschlingen lässt.

Das Spiel mit überlieferten Formen und Stilen ist typisch für die postmoderne Literaturauffassung, die in der gegenwärtigen Literaturkritik kontrovers diskutiert wird. Die Diskussion ist dabei durch zwei Standpunkte geprägt, zum einen durch ein berühmt gewordenes Zitat Hans Peter Richters, wonach die postmodernen Autoren zwar hervorragend zu schreiben verstünden, aber eigentlich nichts zu sagen hätten.
Andererseits wenden die Schriftsteller, die sich der Postmoderne programmatisch zurechnen, demgegenüber ein, dass in den Zeiten der Postmoderne – also in der Zeit nach den großen ideologischen Entwürfen und Auseinandersetzungen – der französische Philosoph Lyotard spricht vom Ende der großen Erzählungen – eine Ernüchterung eingetreten sei. In ihren Augen ist es nicht mehr die Aufgabe der Literatur, ein Weltbild zu propagieren oder die Totalität der Welt romanhaft zu bewältigen; vielmehr sei es nun die Aufgabe der Literatur in die Tiefe der Erscheinungen hinabzusteigen, wie es der postmoderne Erzähler Klaus Modick (geb. 1951) einmal formulierte. An die Stelle von Geschlossenheit, historischer Kontinuität und universaler Sinnbezüglichkeit betonen die postmodernen Autoren die Fragmentierung, Diskontinuität und das Ende der Geschlossenheit und Zielhaftigkeit der Geschichte.

6 Auf einen Blick

Autoren

Wolfgang Borchert (1921 - 1947), Heinrich Böll (1917 - 1985), Günter Grass (geb. 1927), Paul Celan (1920 - 1970), Max Frisch (1911 - 1991), Friedrich Dürrenmatt (1921 - 1990), Hans Magnus Enzensberger (geb. 1929), Jurek Becker (1937 - 1997), Patrick Süskind (geb. 1949), Bernhard Schlink (geb. 1944),

Stichworte

Trümmerliteratur, Vergangenheitsbewältigung, Gegenwartskritik, Neugewinnung der Sprache, Absurdität der Welt, Ende der Geschichte und großen Erzählungen, Postmoderne

Gattungen

Tragikkomödie, konkrete Poesie, hermetische Lyrik, gesellschaftskritischer Roman, postmodernes Erzählen

Werke

Wolfgang Borchert, *Draußen vor der Tür* (1947); Heinrich Böll, *Wanderer kommst du nach Spa* (1950), *Ansichten eines Clowns* (1963), *Die verlorene Ehre der Katharina Blum* (1974); Günter Grass, *Die Blechtrommel* (1959), *Katz und Maus* (1961), *Hundejahre* (1963), *Im Krebsgang* (2002); Paul Celan, *Gedichte*; Max Frisch, *Homo Faber* (1957), *Andorra* (1961), *Stiller* (1954); Friedrich Dürrenmatt, *Die Physiker* (1962), *Der Richter und sein Henker* (1952); Jurek Becker, *Jakob der Lügner* (1968); Patrick Süskind, *Das Parfüm* (1985); Bernhard Schlink, *Der Vorleser* (1995).

Register

Abi

Deutsch

Prosa/Drama/Lyrik

von Claus Gigl

Claus Gigl ist Gymnasiallehrer für die Fächer Geschichte und Deutsch in Bayern und in der Aus- und Fortbildung für Lehrer tätig. An der Universität München ist er Zweitprüfer für das Fach Deutsch.

Dieses Werk folgt der reformierten Rechtschreibung und Zeichensetzung.
Ausnahmen bilden Texte, bei denen künstlerische, philologische oder lizenzrechtliche Gründe einer Änderung entgegenstehen.

Inhaltsverzeichnis

Schriftliche Prüfung

Mündliche Prüfung

Anhang

Erzähler und Erzählstandpunkt

1 Autor und Erzählerrolle

Epische Texte stellen keine private Äußerung des **Autors** oder **Schriftstellers** (oder der Autorin oder Schriftstellerin) dar. Darin gleichen sie allen anderen literarischen Texten. Zur Darstellung des Geschehens wird eine **Erzählerfigur** vorgeschoben, die die Gedanken des Autors ausdrücken kann, aber nicht zwangsläufig muss. Oft äußern die Erzählerfiguren das Gegenteil von dem, was der Schriftsteller denkt, oft sind die Erzähler anderen Geschlechts als ihre Schöpfer: Weibliche Autoren erfinden männliche Erzähler (z. B. Judith Hermann in der Erzählung Sonja aus *Sommerhaus, später*), männliche Autoren weibliche (z. B. Christoph Hein in *Der fremde Freund/Drachenblut* die Ärztin Claudia). Selbst ein Ich-Erzähler darf nicht mit dem Autor gleichgesetzt werden. Folgendes Schaubild verdeutlicht die Unterschiede zwischen Autor und Erzähler:

Der Autor	Der Erzähler
• eine real existierende Person • identisch mit dem Verfasser, Schriftsteller • entscheidet sich für eine Geschichte, einen Stoff, den er (oder sie) erzählen will • drückt möglicherweise seine Wertvorstellungen, Gefühle, Vorlieben und Abneigungen in seiner Geschichte aus • Beispiel: Max Frisch als Autor des Romans *Homo faber*	• eine vom Autor erfundene Figur, wird oft namentlich nicht genannt • Bestandteil des Textes, gibt die Geschichte aus seiner Perspektive wieder • seine Wertvorstellungen, Gefühle, Vorlieben und Abneigungen dürfen nicht mit denen des Autors gleichgesetzt werden • Beispiel: Walter Faber, der Ich-Erzähler in Max Frischs Roman *Homo faber*

Im 17., 18. und noch im 19. Jahrhundert existierte ein allgemein gültiger Wertekanon, der gesellschaftlich verbindlich war. Die Erzähler wussten sich also im Einklang oder im Widerspruch mit den allgemein akzeptierten Wertvorstellungen.
Im 20. Jahrhundert ist ein Wandel in der Rolle des Erzählers feststellbar: Da ein gesellschaftlich verbindlicher Wertekanon mehr und mehr obsolet geworden ist, drücken die Erzählerfiguren meist nur noch ihre persönliche Meinung - ohne Anspruch auf Allgemeingültigkeit - aus.
Dieser Wandel ist bedingt durch eine veränderte Selbsteinschätzung der Autoren: Kaum ein Schriftsteller sieht sich in unserer komplexen Welt noch in der Lage, allgemein gültige Werturteile abzugeben. Bildungs- und Entwicklungsromane, die Hauptgattungen epischer Dichtung im 18. und 19. Jahrhundert, kommen im 20. Jahrhundert allenfalls als „Anti-Bildungs-" und „Anti-Entwicklungsromane" vor. Beispiel: Der Roman *Die Blechtrommel* von Günter Grass, in dem die Hauptfigur Oskar Matzerath mit drei Jahren beschließt, sein Wachstum und damit seine körperliche Entwicklung einzustellen und fortan die Welt aus Kinderaugen zu betrachten.

2 Ich-Erzähler und Er / Sie-Erzähler

Jede Erzählung ist aus einer Erzählhaltung geschrieben, für die sich der Autor aus ganz bestimmten Gründen entscheidet. Entweder er setzt einen Erzähler ein, der aus einer Ich-Perspektive schreibt, oder er lässt eine Figur in der dritten Person Singular (er, sie) zu Wort kommen.
Wählt er die **Ich-Perspektive**, lässt er den Leser ganz unmittelbar an den eigenen Erlebnissen des Ich-Erzählers teilhaben. Er schränkt damit aber den Gesichtskreis des Erzählers ein; dieser sieht andere Figuren nur aus einer Außenperspektive, er kann nicht in sie hineinsehen, z. B. ihre Gedanken kennen und wiedergeben.

Möglicherweise setzt der Autor einen **Er/Sie-Erzähler** ein. Dieser ist nicht in die erzählte Welt integriert, er steht außerhalb und beschreibt die Erlebnisse anderer. Er kann oft in die anderen Figuren hineinsehen und auch über deren Gedanken berichten.

Ich-Erzähler	Er / Sie-Erzähler
• 1. Person Singular • eigenständige Figur, die in der Welt der Erzählung greifbar ist • Blickwinkel des Erzählers ist auf den eigenen Gesichtskreis beschränkt • andere Figuren werden aus einer Außenperspektive dargestellt (ihre Gefühle und Gedanken kann das Erzähler-Ich nur erahnen) • „Schon seit Tagen war ich schwach gewesen, so schwach wie noch nie in meinem Leben. Jeder Schritt kostete mich Kraft. Wenn ich zu Hause oder in der Schule Treppen stieg, trugen mich meine Beine kaum. Ich mochte auch nicht essen.“ (Bernhard Schlink, *Der Vorleser*)	• 3. Person Singular • Erzählfigur, die zum Personal des Erzähltextes gehören kann, aber nicht muss • wenn der Erzähler außerhalb des Textes steht, kann er u. U. aus einer „allwissenden“ Perspektive selbst nur Gedachtes berichten (Innenperspektive) • „Im achtzehnten Jahrhundert lebte in Frankreich ein Mann, der zu den genialsten und abscheulichsten Gestalten dieser an genialen und abscheulichen Gestalten nicht armen Epoche gehörte.“ (Patrick Süskind, *Das Parfum*)

3 Auktoriales, personales und neutrales Erzählverhalten

Bei der Beschreibung des Erzählverhaltens geht es nicht um die Beschreibung der Erzählperspektive. Egal, ob ein Ich- oder Er / Sie-Erzähler existiert, kann folgendes Erzählverhalten erkennbar sein:

Erzählverhalten	Beschreibung
auktorial	• ein vom Geschehen unabhängiger Erzähler, der kommentierend und wertend in die Handlung eingreift • „Damit haben wir unseren Mann glücklich nach Berlin gebracht. Er hat seinen Schwur getan, und es ist die Frage, ob wir nicht einfach aufhören sollen." (Alfred Döblin, *Berlin Alexanderplatz*)
personal	• der Erzähler steht scheinbar mitten im Geschehen, er nimmt die Sichtweise einer oder mehrerer Figuren ein • der Leser nimmt das Geschehen aus der Perspektive dieser Figur wahr • „An der Haltestelle Lothringer Straße sind eben eingestiegen in die 4 vier Leute, zwei ältliche Frauen, ein bekümmerter einfacher Mann und ein Junge mit Mütze und Ohrenklappe. Die beiden Frauen gehören zusammen, es ist Frau Plück und Frau Hoppe." (Alfred Döblin, *Berlin Alexanderplatz*)
neutral	• der Erzähler verzichtet auf jede individuelle Sichtweise, scheinbar objektive Wiedergabe der Geschehnisse • „Ein Herr in Hemdsärmeln kommt vom Billardtisch, tippt dem Jungen auf die Schulter: 'Eine Partie?' Der Ältere für ihn: 'Er hat einen Kinnhaken weg.'" (Alfred Döblin, *Berlin Alexanderplatz*)

Der Autor schreibt den Text und steht somit außerhalb. Er setzt den Erzähler ein.

Folgendes Schaubild veranschaulicht die Beziehungen zwischen Erzähler, **Erzählperspektive** und Erzählverhalten:

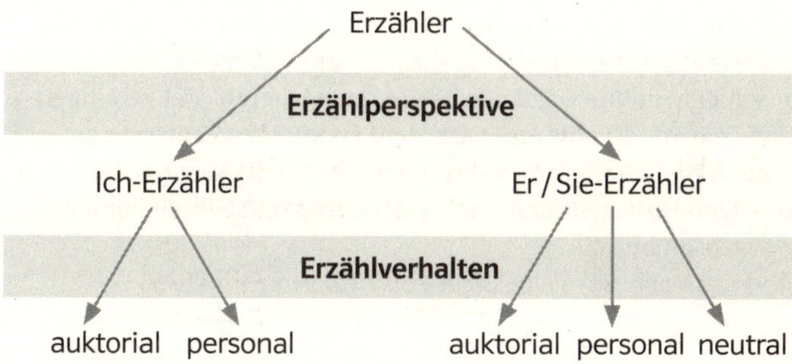

4 Innen- und Außenperspektive

Wird eine Geschichte aus der **Innenperspektive** erzählt, sind Erzähler und Leser am Geschehen so nahe dran, dass möglicherweise jede Distanz zum dargebotenen Stoff fehlt. Gefühle und Empfindungen werden dadurch unmittelbar erfahrbar.

„Ah, da liegen ja die Zeitungen … schon heutige Zeitungen? … Ob schon was drinsteht? … Was denn? – Mir scheint, ich will nachseh'n, ob drinsteht, dass ich mich umgebracht hab'! Haha! – Warum steh' ich denn noch immer? … Setzen wir uns da zum Fenster …“ (Arthur Schnitzler, *Leutnant Gustl*)

Die **Außenperspektive** beschreibt einen Standort, von dem der Leser – gelenkt durch die Erzähler-Figur – auf das Geschehen blickt. Dadurch ergibt sich eine Distanz zum Erzählten, die so groß sein kann, dass von der Geschichte, die erzählt werden soll, kaum noch die Rede ist, sondern z. B. Betrachtungen über das Erzählen und die damit verbundenen Schwierigkeiten angestellt werden.

„Indem ich die Feder ergreife, um in völliger Muße und Zurückgezogenheit – gesund übrigens, wenn auch müde, sehr müde (so daß ich wohl nur in kleinen Etappen und unter häufigem Ausruhen werde vorwärtsschreiten können), indem ich mich also anschicke, meine Geständnisse in der sauberen und gefälligen Handschrift, die mir eigen ist, dem geduldigen Papier anzuvertrauen, beschleicht mich das flüchtige Bedenken, ob ich diesem geistigen Unternehmen nach Vorbildung und Schule denn auch gewachsen bin."
(Thomas Mann, *Bekenntnisse des Hochstaplers Felix Krull*)

5 Erzählerrede und Figurenrede

Beim Lesen eines Dramas ist ganz klar, wer gerade spricht: Die Sprecher sind am Zeilenanfang zu Beginn ihrer Rede genannt. In erzählenden Werken ist die **Sprechsituation** nicht so einfach zu durchschauen, es lässt sich jedoch das, was der Erzähler äußert, unterscheiden von dem, was die Figuren sagen.

Die **Erzählerrede** (oder der Erzählerbericht) umfasst alle Äußerungen des Erzählers, z. B.

- **Bericht** als straffe Handlungswiedergabe:

  „Siebzehn Tage mußte Cotta an Bord der Trivia überstehen. Als er den Schoner an einem Aprilmorgen endlich verließ und sich auf der von Brechern blank gespülten Mole den Mauern von Tomi zuwandte, moosbewachsenen Mauern am Fuß der Steilküste, schwankte er so sehr, daß zwei Seeleute ihn lachend stützten und dann vor der Hafenmeisterei auf einem Haufen zerschlissenen Tauwerks zurückließen."
  (Christoph Ransmayr, *Die letzte Welt*)

- **Szenische Darstellung** zur zeitdeckenden Wiedergabe von Handlung:

  „Es war einfach nicht die Zeit dafür. Fünf Tage mit dem Bus: Venedig, Florenz, Assisi. Für mich klang das alles wie Honolulu. Ich fragte Martin und Pit, wie sie denn darauf gekommen seien und woher überhaupt das Geld stamme und wie sie sich das vorstellten, eine illegale Reise zum zwanzigsten Hochzeitstag." (Ingo Schulze, *Simple Storys*)

- **Kommentar** zu allgemeinen Fragen:

  „Man kann eine Geschichte in der Mitte beginnen und vorwärts wie rückwärts kühn ausschreitend Verwirrung anstiften. Man kann sich modern geben, alle Zeiten, Entfernungen wegstreichen und hinterher verkünden lassen, man habe endlich und in letzter Stunde das Raum-Zeit-Problem gelöst." (Günter Grass, *Die Blechtrommel*)

- **Reflexion** zu allgemeinen Themen, wirkt wie eine Unterbrechung der Erzählung:

  „Zwei junge Männer musterten mich; sie rührten sich nicht, als ich ihnen zunickte. Rückwege sind leichter. Auf einem Balkon krähte ein Hahn." (Adolf Muschg, *Baiyun*)

- **Beschreibung** einer Person, eines Ortes, einer Sache oder einer Situation, während die Handlung scheinbar still steht:

  „Allsonntäglich saß der Bahnwärter Thiel in der Kirche zu Neu-Zittau, ausgenommen die Tage, an denen er Dienst hatte oder krank war und zu Bette lag. Im Verlaufe von zehn Jahren war er zweimal krank gewesen; das eine Mal infolge eines vom Tender einer Maschine während des Vorbeifahrens herabgefallenen Stückes Kohle, welches ihn getroffen und mit zerschmettertem Bein in den Bahngraben geschleudert hatte…". (Gerhart Hauptmann, *Bahnwärter Thiel*)

Die **Figurenrede** umfasst alle Äußerungen und Gedanken der vorkommenden Figuren, z. B.

- **direkte Rede**, die oft durch Redeankündigung, Doppelpunkt und Anführungszeichen angekündigt wird:

  „Eben hatte sich Effi wieder erhoben, um abwechselnd nach links und rechts ihre turnerischen Drehungen zu machen, als die von ihrer Stickerei gerade wieder aufblickende Mama ihr zurief: 'Effi, eigentlich hättest du doch wohl Kunstreiterin werden müssen. Immer am Trapez, immer Tochter der Luft.'"
  (Theodor Fontane, *Effi Briest*)

- **indirekte Rede**, bei der der Erzähler die Äußerungen einer Figur unter Verwendung des Konjunktivs referiert:

  „Dem gemäß beruhigte der Prinz den Kohlhaas über den Verdacht, den man ihm, durch die Umstände notgedrungen, in diesem Verhör habe äußern müssen; versicherte ihm, daß so lange er in Dresden wäre, die ihm erteilte Amnestie auf keine Weise gebrochen werden sollte."
  (Heinrich von Kleist, *Michael Kohlhaas*)

- **erlebte Rede** (3. Person Singular, Präteritum, Indikativ, Hauptsatzwortstellung; grammatikalisch nicht vom Erzählerbericht zu unterscheiden):

  „Sie setzte sich gegen die Kündigung nicht zur Wehr. Die einzigen, mit denen sie hätte sprechen können, waren ihre Genossen in der Redaktion. F. hatte sich nicht gemeldet. Sie wagte sich nicht schon wieder hin. Sie hatte ja begriffen, daß es eine 'geheime Sache' war."
  (Volker Braun, *Unvollendete Geschichte*)

- **innerer Monolog** (1. Person Singular, Präsens, Indikativ):

  „sie sagn, daß es nicht stimmt, daß MICK kommt und die Schdons rocho aber ICH weiß, daß es stimmt rochorepocho ICH hab MICK geschriebn und er kommt rochorepochopipoar" (Ulrich Plenzdorf, *kein runter kein fern*)

- **Bewusstseinsstrom** (die Gedanken, Gefühle und Sinneseindrücke werden so genau wie möglich wiedergegeben. Grammatikalische und syntaktische Fehler werden deshalb beibehalten):

  „Der Schweiß auf seiner Stirn! Die Angst, wieder! Und plötzlich rutscht ihm der Kopf weg. Bumm, Glockenzeichen, Aufstehn, 5 Uhr 30, 6 Uhr Aufschluß, bumm bumm, rasch noch die Jacke bürsten, wenn der Alte revidiert, heute kommt er nicht. Ich wer bald entlassen. Pst du, heut nacht ist eener ausgekniffen, Klose, das Seil hängt noch draußen über die Mauer, sie gehen mit Polizeihunde."
  (Alfred Döblin, *Berlin Alexanderplatz*)

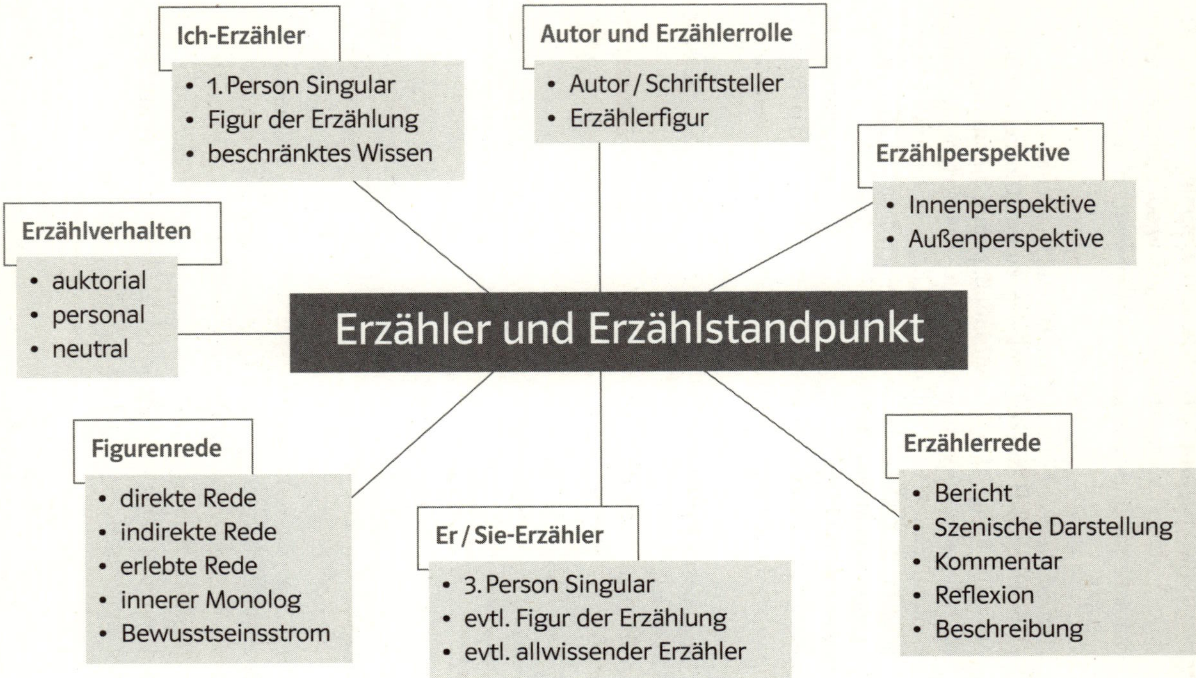
Erzähler und Erzählstandpunkt
Ich-Erzähler
• 1. Person Singular
• Figur der Erzählung
• beschränktes Wissen
Autor und Erzählerrolle
• Autor / Schriftsteller
• Erzählerfigur
Erzählperspektive
• Innenperspektive
• Außenperspektive
Erzählverhalten
• auktorial
• personal
• neutral
Figurenrede
• direkte Rede
• indirekte Rede
• erlebte Rede
• innerer Monolog
• Bewusstseinsstrom
Er / Sie-Erzähler
• 3. Person Singular
• evtl. Figur der Erzählung
• evtl. allwissender Erzähler
Erzählerrede
• Bericht
• Szenische Darstellung
• Kommentar
• Reflexion
• Beschreibung

Komposition epischer Texte

1 Anordnung der Erzählphasen

Nicht alle Handlungsteile sind gleich wichtig. Die Autoren müssen deshalb genau abwägen, welche Episoden sie in den Vordergrund rücken und ausführlich darstellen und welche sie eher nebenbei behandeln.

Die gleichgewichtige, **chronologische** Behandlung aller Erzählphasen führt zu einer linearen Struktur, bei der ein Ereignis (Episode) neben dem anderen steht. Folgendes Schema kann dies verdeutlichen:

Episode 1 → Episode 2 → Episode 3 → Episode 4 → usw.

Denkbar ist auch, dass ein Autor zum Zweck der Spannungssteigerung einzelne Episoden besonders hervorhebt, andere vernachlässigt, z. B.:

Episode 1 → fehlt → Episode 3 → Episode 4 → usw.

Auch ein diskontinuierliches Erzählen mit verdrehter Reihenfolge, also ein Abweichen von der Chronologie der Ereignisse, ist möglich:

Episode 1 → Episode 5 → Episode 3 → Episode 4 → usw.

Damit kann ein Autor ganz besondere Wirkungen erzielen, z. B. Spannungssteigerung, Spannungsverzögerung, Vorwegnahme des Schlusses, Information des Lesers (im Gegensatz zur Information der Hauptfigur, etwa im Kriminalroman) usw. Mittel des diskontinuierlichen Erzählens sind Vorausdeutungen, Rückblenden, Einschübe oder Auslassungen.

2 Handlungsstränge

In längeren Erzählungen und Romanen gibt es verschiedene Handlungsstränge. Diese können parallel nebeneinander herlaufen, sie können aber auch unterschiedliches Gewicht haben und deshalb vom Autor bevorzugt behandelt oder vorübergehend vernachlässigt werden. Wenn dies der Fall ist, spricht man von **Haupt- und Nebenhandlungen**.

Beispiel: Die Haupthandlung in Max Frischs Roman *Homo faber* ist die Liebesbeziehung von Walter Faber zu seiner (ihm unbekannten) Tochter Elisabeth, eine Nebenhandlung ist die Bekanntschaft mit Herbert Henke. Dabei ist die Nebenhandlung nicht unwichtig, zeigt sie doch Fabers Desinteresse an seinen Mitmenschen, die er auf ihre Funktion (bei Herbert Henke das Schachspielen) reduziert.

Für Haupt- und Nebenhandlungen gilt:

- sie stehen meist in einem engen Verhältnis zueinander,
- oft erläutern die Nebenhandlungen die Haupthandlung,
- oft ermöglichen die Nebenhandlungen die Vorgänge der Haupthandlung,
- manchmal dienen Nebenhandlungen der Charakterisierung der Figuren,
- Nebenhandlungen können auch als **Kontrasthandlungen** gestaltet sein.

Zusammengehalten werden die einzelnen Handlungsstränge, Haupt- und Neben- oder Kontrasthandlungen oft durch eine **Rahmenhandlung**, besonders in Novellenzyklen (z.B. Johann Wolfgang von Goethe, *Die Unterhaltungen deutscher Ausgewanderten*).

3 Verknüpfungen

Um die einzelnen Episoden sinnvoll aneinander zu knüpfen, benützen die Autoren verschiedene Techniken. Möglich sind Verknüpfungen über:

- **die Hauptfigur, den Helden**: spielen in allen Handlungssträngen eine zentrale Rolle. Dies ist eine sehr häufige Verknüpfungstechnik (auch im Trivialroman), die oft schon aus dem Titel ersichtlich ist.
  Beispiel: Karl May, *Winnetou 1, Winnetou 2, Winnetou 3*
- ein **Leitmotiv**: Dabei handelt es sich um ein Motiv oder einen Motivkomplex, der in allen Teilen des Erzähltextes eine wichtige Rolle spielt.
  Beispiel: Der Tod in der Novelle *Tod in Venedig* von Thomas Mann.
- ein **Dingsymbol**: Dabei handelt es sich um ein Lebewesen oder eine Sache, die eine symbolische Wirkung besitzt und im Erzähltext immer wieder an zentralen Stellen auftaucht.
  Beispiel: Das Pferd (das für Flucht, Flucht aus dem Alltag, einen neuen Lebensabschnitt usw. steht) in Martin Walsers Novelle *Ein fliehendes Pferd*.
- Auch die **Montage** und **Collage** von Elementen, die die Handlung bestimmen, können als Mittel der Verknüpfung verstanden werden. Besonders im modernen Roman finden sie Verwendung.
  Beispiel: Das Großstadt-Motiv wird durch die Montage von Elementen, die für Großstädte typisch sind, auf immer neue Weise hervorgehoben, z. B. durch Zitate von Zeitungsschlagzeilen, durch Reklametexte, durch Annoncen oder durch Nennung von Straßennamen.

4 Innere und äußere Handlung

Im Roman der Gegenwart schildern die Autoren die Vorgänge in den Figuren (Gedanken, Gefühle, Motivation für ihr Tun usw.), also die innere Handlung. Doch auch die äußere Handlung, das Geschehen, das dem Text Spannung verleiht, ist wichtig.

Bis zum Beginn des 20. Jahrhunderts stand die Darstellung der äußeren Handlung im Vordergrund. Erst unter dem Einfluss der **Psychologie** begannen die Autoren, sich für die Tiefenstruktur eines literarischen Textes, d. h. für die Bewusstseinslage der Figuren, zu interessieren und diese zu beschreiben.

<table>
<tr><th>Äußere Handlung</th><th>Innere Handlung</th></tr>
<tr><td>• Darstellung sichtbarer Vorgänge
• Darstellung der Handlung, des Plots</td><td>• Darstellung der geistigen, seelischen und moralischen Entwicklung einer Figur
• Darstellung des Themas, des Problems</td></tr>
<tr><td colspan="2">• die Höhepunkte der inneren und der äußeren Handlung müssen nicht zusammenfallen
• äußere und innere Handlung können sich ergänzen, gegenseitig erhellen oder im Kontrast zueinander stehen</td></tr>
</table>

Besonders ausgeprägt ist die Darstellung der inneren Handlung z. B. in Arthur Schnitzlers Novelle *Leutnant Gustl* (1900): Nach einem Konzert kommt es zwischen Leutnant Gustl und dem Bäckermeister Habetswallner zu einer kurzen, hitzigen Auseinandersetzung, bei der der Bäckermeister Gustl beleidigt. In seiner Ehre verletzt und ohne die Möglichkeit „Satisfaktion" durch ein Duell zu fordern, sieht der Leutnant seinen Selbstmord als einzige Möglichkeit, nicht in „Schande" leben zu müssen.

Als Gustl von dem plötzlichen Herztod des Bäckers erfährt, empfindet er dies als „Mordsglück", da er weiterleben kann und seine Ehre vor der Gesellschaft unangetastet bleibt.
Schnitzler verwendet zur Darstellung der gedanklich-seelischen Vorgänge des Leutnants - seiner Befürchtungen, seiner Verzweiflung, schließlich seines Glücksgefühls - erstmals in der deutschen Literatur den **inneren Monolog**. Dieser ermöglicht eine vertiefte Innenschau unter Vernachlässigung der äußeren Handlung.

Komposition epischer Texte

Struktur der Handlung
- innere Handlung
- äußere Handlung

Anordnung der Erzählphasen
- chronologisch
- einzelne Episoden hervorhebend
- diskontinuierlich

Verknüpfungen durch
- Hauptfigur, Helden
- Leitmotiv
- Dingsymbol
- Montage bzw. Collage

Handlungsstränge
- Haupthandlungen
- Nebenhandlungen
- Kontrasthandlungen
- Rahmenhandlungen

Figurendarstellung

1 Konzeption der Figuren

Wie ist die Hauptperson, wie sind die Nebenfiguren vom Autor angelegt – das ist die Frage, wenn es um die Konzeption der Personen geht.

- Sind sie als Individuen angelegt, die sich im Verlauf der Handlung verändern? Sind die Figuren lern- und wandlungsfähig? Handelt es sich also um **statische** oder um **dynamische Persönlichkeiten**?
- Sind die Figuren mit vielen individuellen Eigenschaften ausgestattet oder sind sie auf wenige Merkmale reduziert? Handelt es sich um **komplexe Figuren** oder um **Typen**?
- Sind die Verhaltensweisen der Figuren nachvollziehbar oder sind sie für den Leser überraschend? Handelt es sich also um **geschlossene** oder **offene Figuren**?

2 Charakterisierung

Nicht alle Personen, die in einer Erzählung oder in einem Roman auftreten, wirken auf den Leser gleichermaßen sympathisch. Das liegt an den persönlichen Vorlieben des Lesers für bestimmte Verhaltensweisen, eine bestimmte Lebenseinstellung oder das Aussehen von anderen. Es liegt daran, wie uns eine Figur nahe gebracht, wie sie beschrieben, mit welchen Attributen sie ausgestattet, kurz, wie sie charakterisiert wird.
Die Charakterisierung einer Figur kann auf verschiedene Arten erfolgen.

Direkte Charakterisierung

- durch den Erzähler, der sie vorstellt, beschreibt, ihr Verhalten bewertet, ihre Beziehung zu anderen Figuren erläutert, ihre intellektuellen Fähigkeiten und ihre emotionalen Kräfte einschätzt usw.,
- durch andere Figuren, die über sie sprechen, sie loben, kritisieren, mit anderen vergleichen, bewerten, ihre Verhaltensweisen nachahmen, ihre Gefühle respektieren bzw. ignorieren usw.,
- durch Selbstäußerungen – entweder in Worten oder durch Gedankenwiedergabe (z. B. durch inneren Monolog oder Bewusstseinsstrom).

Indirekte Charakterisierung:

- durch die Beschreibung ihres Verhaltens oder
- durch die Darstellung ihres Äußeren (Kleidung, Frisur, Gesamteindruck).

Charakterisierungen von Figuren können sehr detailliert sein. Der Leser kann Einzelheiten erfahren zu

- dem Äußeren der Figur (z. B. Geschlecht, Alter, Aussehen, Körperbau, Größe, Frisur, Haarfarbe, Kleidung),
- sozialen Merkmalen (z. B. soziale Herkunft, Schullaufbahn, Ausbildung, Beruf, soziale Stellung, gesellschaftliche Beziehungen, soziale Integration),
- individuellen Besonderheiten (z. B. Sprechweise, auffällige Gewohnheiten, typische Verhaltensmuster, ungewöhnliche Gestik, Mimik oder Körpersprache).

3 Personenkonstellation

Die Figuren in literarischen Texten stehen nicht isoliert da. Ähnlich wie Menschen im wirklichen Leben befinden sie sich in einem Geflecht von Beziehungen und Abhängigkeiten, sei es durch ihren Beruf oder ihre gesellschaftlichen oder privaten Beziehungen. Doch welche Beziehungen sind das? Das folgende Schaubild soll dies verdeutlichen:

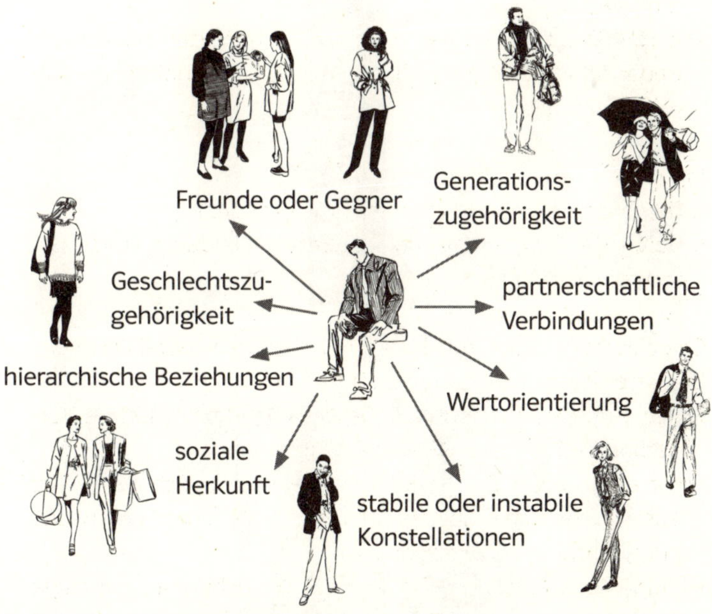

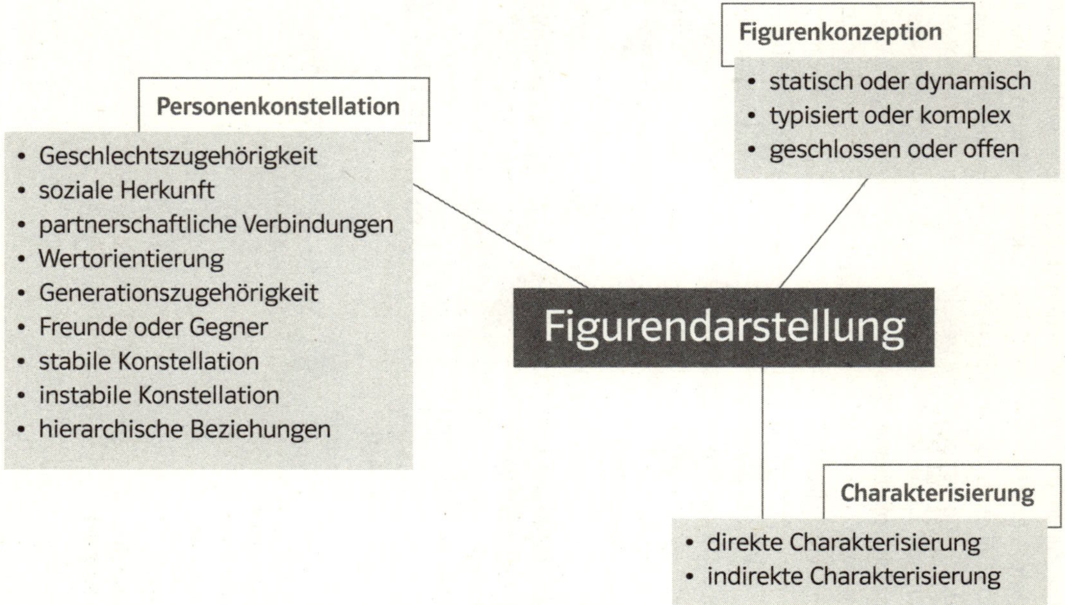
Figurendarstellung
Personenkonstellation
• Geschlechtszugehörigkeit
• soziale Herkunft
• partnerschaftliche Verbindungen
• Wertorientierung
• Generationszugehörigkeit
• Freunde oder Gegner
• stabile Konstellation
• instabile Konstellation
• hierarchische Beziehungen
Figurenkonzeption
• statisch oder dynamisch
• typisiert oder komplex
• geschlossen oder offen
Charakterisierung
• direkte Charakterisierung
• indirekte Charakterisierung

Zeit und Zeitgestaltung

1 Anfang und Schluss

Jeder Text zeigt einen Ausschnitt aus der Wirklichkeit, die entweder real oder zumindest möglich ist. Doch dieser Ausschnitt kann nicht willkürlich gewählt werden, deshalb muss der Autor seine Geschichte konzipieren. Er muss einen passenden Anfang finden, der seinen Intentionen gerecht wird: Soll der Leser gefesselt oder überrascht, mit scheinbar Bekanntem oder mit völlig Neuem konfrontiert werden? Soll er erst langsam an die Handlung herangeführt werden oder soll der Text mitten im Geschehen einsetzen?

Typische Anfangssituationen	
Vorwort	„Dies ist ein aufrichtiges Buch, Leser, es warnt dich schon beim Eintritt, dass ich mir darin kein anderes Ende vorgesetzt habe als ein häusliches und privates …“ (Max Frisch, *Montauk*)
Chronologische Entfaltung des Geschehens von seinem Anfang an	„John Franklin war schon zehn Jahre alt und noch immer so langsam, daß er keinen Ball fangen konnte. Er hielt für die anderen die Schnur.“ (Sten Nadolny, *Die Entdeckung der Langsamkeit*)
Einstieg mitten im Geschehen	„Wir kommen aus der Großen Stadt. Wir sind die ganze Nacht gereist. Unsere Mutter hat rote Augen. Sie trägt einen großen Karton und jeder von uns beiden einen kleinen Koffer mit seinen Kleidern, außerdem das große Wörterbuch unseres Vaters, das wir uns weitergeben, wenn unsere Arme müde sind.“ (Agota Kristof, *Das große Heft*)

Vom Ende der Geschichte her	„Zugegeben: ich bin Insasse einer Heil- und Pflegeanstalt, mein Pfleger beobachtet mich, läßt mich kaum aus dem Auge; denn in der Tür ist ein Guckloch, und meines Pflegers Auge ist von jenem Braun, welches mich, den Blauäugigen, nicht durchschauen kann." (Günter Grass, *Die Blechtrommel*)

Genauso sorgfältig muss der Schluss eines Erzähltextes geplant werden; auf ihn fiebern viele Leser hin, er bleibt oft am längsten in Erinnerung.

Typische Schlusssituationen	
Geschlossenes Ende	„Sie lächelte still und sah mich recht vergnügt und freundlich an, und von fern schallte immerfort die Musik herüber, und Leuchtkugeln flogen vom Schloß durch die stille Nacht über die Gärten, und die Donau rauschte dazwischen herauf – und es war alles, alles gut!" (Joseph von Eichendorff, *Aus dem Leben eines Taugenichts*)
Erwartetes Ende	„Hanna hat schon immer gewußt, daß ihr Kind sie einmal verlassen wird; aber auch Hanna hat nicht ahnen können, daß Sabeth auf dieser Reise gerade ihrem Vater begegnet, der alles zerstört – 08.05 Uhr Sie kommen." (Max Frisch, *Homo faber*)

Überraschendes Ende	(Bertolt Brecht, *Gespräche*)
Offenes Ende	„Es geht mir gut. Heute rief Mutter an, und ich versprach, bald vorbeizukommen. Mir geht es glänzend, sagte ich ihr … Ich habe einen hervorragenden Frauenarzt, schließlich bin ich Kollegin. Und ich würde, gegebenenfalls, in eine ausgezeichnete Klinik, in die beste aller möglichen Heilanstalten eingeliefert werden, ich wäre schließlich auch dann noch Kollegin … Alles was ich erreichen konnte, habe ich erreicht. Ich wüsste nichts, was mir fehlt. Ich habe es geschafft. Mir geht es gut." (Christoph Hein, *Der fremde Freund / Drachenblut*)

2 Erzählzeit und erzählte Zeit

Die **Erzählzeit** ist die Zeitspanne, die benötigt wird, um ein episches Werk zu lesen. Die **erzählte Zeit** umfasst die Dauer des Erzählten.

Nur in Ausnahmefällen sind Erzählzeit und erzählte Zeit identisch; man spricht dann von zeitdeckendem Erzählen:

„Aus dem Haus tritt ein Mann. Er sagt, wer brüllt, kommt rein. Er geht in das Haus zurück. Die Tür fällt hinter ihm zu. Das kleinere Kind schreit. Der Mann erscheint wieder in der Haustür. Er sagt, komm rein. Na wirds bald. Du kommst rein. Nix. Wer brüllt, kommt rein. Komm rein." (Helga M. Novak, *Schlittenfahren*)

Wie das Beispiel zeigt, ist zeitdeckendes Erzählen im Prinzip nur bei wörtlicher Rede möglich und daher in Prosatexten seltener als in dramatischen.

Oft gibt es erhebliche Unterschiede zwischen der Erzählzeit und der erzählten Zeit. Häufig braucht der Rezipient nur wenige Minuten zum Lesen einer Handlung, die mehrere Stunden, Tage, Wochen oder Jahre umfasst:

„Effi konnte nicht weiterlesen; ihre Augen füllten sich mit Tränen, und nachdem sie vergeblich dagegen angekämpft hatte, brach sie zuletzt in heftiges Schluchzen und Weinen aus, darin sich ihr Herz erleichterte. Nach einer halben Stunde klopfte es, und auf Effis 'Herein' erschien die Geheimrätin." (Theodor Fontane, *Effi Briest*)

Dieser Textausschnitt kann in ca. 30 Sekunden gelesen werden; er umfasst die Zeitspanne von über 30 Minuten. Fontane bedient sich dazu des Mittels der **Zeitraffung**, konkret des **Zeitsprungs**.

Anders verhält es sich bei der Beschreibung von Personen, Gegenständen oder Örtlichkeiten. Was optisch auf einen Blick erfasst wird, muss in Texten so beschrieben werden, dass es für die Leser vorstellbar wird. In diesen Fällen spricht man von **Zeitdehnung**, die Erzählzeit ist größer als die erzählte Zeit:

„Beide hatten die Schulmappen über die Schultern gehängt, und beide waren sie gut und warm gekleidet; Hans in eine kurze Seemanns-Überjacke, über welcher auf Schultern und Rücken der breite, blaue Kragen seines Marineanzuges lag, und Tonio in einen grauen Gurtpaletot." (Thomas Mann, *Tonio Kröger*)

Die Untersuchung der Zeitstruktur eines Textes ist hilfreich um zu erkennen, welche Elemente der Handlung dem Autor wichtig waren, welche er nur nebenbei behandelt und welche er ganz ausgelassen hat. Aber Vorsicht: Auslassungen deuten nicht unbedingt auf Unwichtiges hin – sie können ganz im Gegenteil ein Mittel der Spannungserzeugung sein. Dies ist oft in Kriminalromanen so, wenn der Leser nicht allzu schnell erkennen soll, wer der Täter ist.

3 Rückblick und Vorausdeutung

Die Autoren steuern die Lesererwartung auch, indem sie von der chronologischen Erzählstruktur abweichen, etwa wenn sie Rückblenden und Vorausdeutungen als Stilmittel einsetzen.

Vorausdeutungen können
- einen Ausblick auf den weiteren Handlungsverlauf geben,
- die Spannung des Lesers erhöhen oder
- den Blick des Lesers auf eine bestimmte Handlung lenken.

Beispiel für eine Vorausdeutung:

„Am Fuße der Alpen, bei Locarno im oberen Italien, befand sich ein altes, einem Marchese gehöriges Schloss, das man jetzt, wenn man vom St. Gotthard kommt, in Schutt und Trümmern liegen sieht …" (Heinrich von Kleist, *Das Bettelweib von Locarno*)

Aus dem ersten Satz von Kleists Erzählung geht schon hervor, dass das genannte Schloss inzwischen abgebrannt ist. Der Leser wird neugierig und fragt sich:
- Warum ist das Schloss abgebrannt?
- Wodurch ist es abgebrannt?
- Wann ist es abgebrannt? Während der Erzählhandlung oder nachher?

Rückblenden können
- ein früheres Geschehen nachtragen,
- durch gezielte Fokussierung die Handlung erläutern oder
- für das Verständnis des Textes bzw. die Textanalyse hilfreich sein.

Beispiel für eine Rückblende:

„Vergebens schickte sie Leute hinein, den Unglücklichen zu retten; er war auf die elendiglichste Weise bereits umgekommen, und noch jetzt liegen, von den Landleuten zusammengetragen, seine weißen Gebeine in dem Winkel des Zimmers, von welchem er das Bettelweib von Locarno hatte aufstehen heißen."
(Heinrich von Kleist, *Das Bettelweib von Locarno*)

Diese Rückblende hilft die Erzählung zu verstehen: Sie stellt explizit den Zusammenhang zwischen dem Tod des Marchese und seiner Grobheit gegenüber der Alten dar, die er zwang, ihr Nachtlager zu verlassen.

4 Sprachliche Gestaltung von Zeit

Sprachliche Mittel der Zeitgestaltung sind:

adverbiale Bestimmungen	Antworten auf die Fragen wann? bis wann? seit wann? wie lange? wie oft? z. B. nachts, einen Monat, sommers, seit Monaten
temporale Konjunktionen	als, bevor, bis, da, dann, darauf, danach, ehe, eher, indes, nachdem, seit, seitdem, sobald, solange, sooft, unterdessen, vorher, während, (jedesmal) wenn, wie (als Ersatz für „als" beim Präsens), zuvor
die Tempora des Verbs	• Gleichzeitigkeit (z. B. Als er kam, grüßte ich ihn.) • Vorzeitigkeit (z. B. Sobald die Uhr geschlagen hatte, kam er aus dem Haus.) • Nachzeitigkeit (z. B. Bevor du mir das nicht bewiesen hast, glaube ich es nicht.)

Zeit und Zeitgestaltung

erzählte Zeit
- Dauer des Erzählten

sprachliche Gestaltung von Zeit
- adverbiale Bestimmungen
- temporale Konjunktionen
- die Tempora des Verbs

Umgang mit der Zeit
- Zeitdehnung
- Zeitraffung
- Zeitsprung

Erzählzeit
- Zeitspanne, die benötigt wird, um ein Werk zu lesen

Vorausdeutung
- gibt einen Ausblick auf den weiteren Handlungsverlauf

Rückblick
- trägt früheres Geschehen nach

Schluss
- geschlossenes Ende
- erwartetes Ende
- überraschendes Ende
- offenes Ende

Anfang
- Vorwort
- chronologische Entfaltung des Geschehens von Anfang an
- Einstieg mitten im Geschehen
- vom Ende der Geschichte her

Raumgestaltung

1 Raumfunktionen

Räume sind in der Literatur nie Selbstzweck und nur selten von den Autoren ohne tiefere Bedeutung gewählt. Bei der Untersuchung von epischen Texten sollte man immer bedenken, dass es verschiedene Funktionen gibt, die die Örtlichkeiten erfüllen können. Man unterscheidet:

Handlungsraum	Der Raum, der den Bedingungsrahmen für die Handlungen der Personen bildet. Beispiel: Der Handlungsraum in Alfred Anderschs *Sansibar oder der letzte Grund* ist die Hafenstadt Rerik; das Geschehen, das in diesem Roman dargestellt wird, ist unmittelbar an diese Stadt und ihre Lage an der Ostsee gebunden.
Lebensraum	Der Raum, in dem sich die Figuren bewegen. Von ihrem Lebensraum sind die Figuren positiv oder negativ geprägt, möglicherweise sind sie dort aufgewachsen, haben dort Familie, Freunde und ihren Arbeitsplatz. Die Darstellung des Lebensraumes dient oft der Charakterisierung von Figuren. Beispiel: Der Lebensraum der Ärztin Claudia in Christoph Heins Novelle *Der fremde Freund / Drachenblut* ist eine typische, nicht näher benannte mittelgroße Stadt in der DDR, die den Charakter der Hauptperson und ihre Verhaltensweisen prägt.
Gedankenraum	Der Raum, den der Autor oder seine Figuren durch ihre Wünsche, Träume oder Illusionen entstehen lassen. Gedankenräume haben oft

	irreale, fantastische oder märchenhafte Züge. Beispiel: Die Stadt Tomi und ihr Umland in den Fantasien Nasos (Christoph Ransmayr, *Die letzte Welt*).
Stimmungs-raum	Der Raum, an den eine bestimmte die Handlung tragende Stimmung geknüpft ist. Beispiel: Die Nordseeküste in Theodor Storms Novelle *Der Schimmelreiter*.
Kontrast-raum	Ein Raum, der in inhaltlichem und assoziativem Gegensatz zu einem anderen steht. Beispiel: Palenque und New York als Orte der Natur bzw. Zivilisation in Max Frischs Roman *Homo faber*.
Symbol-raum	Ein Raum mit einer symbolischen Bedeutung, die nicht mit seiner wirklichen Bedeutung identisch sein muss. Beispiel: Das Venedig in Thomas Manns Novelle *Tod in Venedig* steht für Krankheit, Verfall und Tod.

2 Raummotive

Räume können als Motive einzelner Texte verwendet werden, die durch ihr mehrmaliges Vorkommen bei den Lesern ganz bestimmte Assoziationen auslösen und ihnen das Verständnis eines Textes erleichtern (Beispiel: Zoë Jenny, *Das Blütenstaubzimmer*).

Andere Raummotive gehören zum Motivvorrat der Literatur und sind in vielen Texten auffindbar. Ihre symbolische Bedeutung ist mehrdeutig und oft widersprüchlich. Häufige Beispiele sind:

Raummotiv	symbolische Bedeutung
Feld	Ort außerhalb der nahen Zivilisation, Rückzugsraum, Ort von Entscheidungen
Fenster	Begrenzung zwischen drinnen und draußen, Beengung und Freiheit, Sehnsucht nach Ferne und Unabhängigkeit
Garten	kultivierter Naturraum, natürlicher Ort in der von den Menschen veränderten Welt
Gebirge	Gewalt der vom Menschen unberührten Natur, Assoziationsraum für Freiheit und Entgrenzung
Haus, Wohnung	Geborgenheit, Enge
Meer	Gewalt der vom Menschen unberührten Natur, Assoziationsraum für Sehnsucht, Freiheit und Ungebundenheit
Schlachtfeld	Ort des Grauens, der Gewalt, der Entscheidung
(Groß-) Stadt	Zivilisation, Naturferne, Einsamkeit in der Menschenmenge, anonyme Bedrohung, Ort des Verbrechens, pulsierendes Leben
Wald	Zivilisationsferne, Einsamkeit, Ort der Bewährung und des Zu-sich-selbst-Findens

Raumgestaltung

Raummotive

- Feld
- Fenster
- Garten
- Gebirge
- Haus
- Wohnung
- Meer
- Schlachtfeld
- (Groß-) Stadt
- Wald

Raumfunktionen

- Handlungsraum
- Lebensraum
- Gedankenraum
- Stimmungsraum
- Kontrastraum
- Symbolraum

Epische Gattungen und Formen

1 Kleinere Formen

Typus	Beschreibung und Beispiel
Anekdote	• Darstellung einer Episode aus dem Leben einer bekannten Persönlichkeit oder kurze Erzählung einer besonderen Begebenheit • erweckt den Anschein, dass sie wahr ist, was nicht immer zutrifft • straff auf den Schluss (die Pointe) hin komponiert • Beispiele: Heinrich von Kleist, *Anekdote aus dem letzten preußischen Kriege*; verschiedene Anekdoten von Johann Peter Hebel
Fabel	• kurze, lehrhafte Erzählung • meist verkörpern Tiere menschliche Charaktereigenschaften • Möglichkeit der verdeckten, trotzdem für jeden Leser offenkundigen (Sozial-) Kritik • Beispiele: Die Fabeln von Äsop; Jean de Lafontaine; Gotthold Ephraim Lessing
Kalendergeschichte	• kürzere, lehrhafte Erzählung zu Themen aus dem Alltag • ursprünglich in Hauskalendern für ein ungebildetes Publikum (Bauern, Handwerker) abgedruckt • entstanden um 1600 • Beispiele: Johann Peter Hebel, *Schatzkästlein des rheinischen Hausfreundes*, *Kalendergeschichten* von Bertolt Brecht

Kurz-geschichte	• entstanden nach 1945 • die amerikanische short story als Vorbild • zeigt einen Ausschnitt aus der Wirklichkeit • Einleitung und Schluss fehlen • Beispiele: Kurzgeschichten von Ernest Hemingway, Heinrich Böll, Wolfgang Borchert, Ilse Aichinger
Legende	• religiöse Darstellung von Heiligen • sollte vorbildlich und lehrreich wirken • historischer Wahrheitsgehalt ist meist zweifelhaft • Beispiele: *Die Legende von St. Martin, Die Legende vom Heiligen Georg*
Märchen	• eine der ältesten literarischen Formen, die ihre Wurzeln in der schriftlosen Zeit hat und ursprünglich mündlich überliefert wurde (Volksmärchen) • zeigt Menschen in abenteuerlichen Bewährungssituationen • positive und negative Figuren sind eindeutig festgelegt • aus dem Gegensatz der handelnden Figuren erwachsen Konflikte • seit der Romantik werden Kunstmärchen verfasst, die die Volksmärchen in der klar strukturierten Thematik und der volksnahen Sprache nachahmen • Beispiele für Volksmärchen: *Rotkäppchen, Dornröschen, Aschenputtel* von den Brüdern Grimm • Beispiele für Kunstmärchen: Ludwig Tieck, *Der gestiefelte Kater*; Wilhelm Hauff, *Kalif Storch*; Hans Christian Andersen, *Des Kaisers neue Kleider* • Beispiele für moderne märchenhafte Erzählungen: Michael Ende, *Momo*; Otfried Preußler, *Krabat*

Parabel	• Gleichniserzählung, deren Inhalt durch einen Vergleich auf einen tatsächlich gemeinten Sachverhalt übertragen werden muss • Ursprünge im Neuen Testament (Gleichnisse Jesu) und in der antiken Dichtung • Darstellung einer verrätselten Welt (besonders in der modernen Literatur) • Beispiele: Bertolt Brecht, *Geschichten vom Herrn Keuner*; die Erzählungen Franz Kafkas
Schwank	• kurze heitere dramatische oder erzählte Szene • Themen entstammen der Volksdichtung, häufig werden Normen des bürgerlichen Alltags karikiert • einfach strukturiert, auf eine Pointe hin komponiert • Mittel der Darstellung: Gegensätze, Übertreibungen, Typisierung der Figuren • Verfasser sind oft unbekannt • Beispiele: *Till Eulenspiegel, Die Schildbürger*; Stücke von Hans Sachs und Johann Nepomuk Nestroy; *Erzählungen des Barons von Münchhausen*

2 Mittlere Formen

Typus	Beschreibung und Beispiel
Erzählung	• Darstellung von Geschehnissen und Handlungen ohne kunstvolle Ausweitung von Zeit, Raum und Personal • in sich geschlossene Handlung mit Einleitung und Schluss (im Gegensatz zur Kurzgeschichte) • kürzer gebaut als der Roman und einsträngig • ohne den Anspruch der Belehrung oder Kritik (wie Fabel und Parabel) • Beispiele: Adalbert Stifter, *Bunte Steine*; Heinrich Böll, *Die verlorene Ehre der Katharina Blum*; Christoph Hein, *Der Tangospieler*

Novelle	• Prosaerzählung, deren Inhalt auf einen zentralen Konflikt (unerhörte Begebenheit, Goethe) hin verdichtet ist • geradlinige Handlungsführung, dem Drama verwandte Architektur (Exposition, Steigerung, Höhe- und Wendepunkt, fallende Handlung, Schluss) • häufige Verwendung von Leitmotiven und Dingsymbolen • oft sind Novellen in Rahmenerzählungen oder Novellenzyklen eingebettet • Beispiele: Johann Wolfgang Goethe, *Unterhaltungen deutscher Ausgewanderten*; Paul Heyse, *L'Arrabiata*; Günter Grass, *Katz und Maus*; Martin Walser, *Ein fliehendes Pferd*
Sage	• eine der ältesten Formen des Erzählens, ursprünglich mündlich überliefert und erst viel später niedergeschrieben • Erzählung über ein lange zurückliegendes Geschehen • meist mit realem Kern • häufig mit tragischem Ausgang • man unterscheidet Sagen nach ihrer Herkunft (griechische, germanische Sagen), nach ihrem Inhalt (Götter- und Helden-, Volks- und Lokalsagen) • Beispiele: *Die Irrfahrten des Odysseus, Die Nibelungen, Dietrich von Bern*

3 Großformen

Typus	Beschreibung und Beispiel
Epos	• ausführliche Erzählung in Versen • Blütezeit in der Antike und im Mittelalter • Beispiele: *Ilias, Odyssee, Äneis, Nibelungenlied*
Roman	• umfangreiche Erzählung mit mehrsträngiger Handlung • Vielzahl von Personen • umfasst eine längere Zeitspanne • angesehene Literaturform seit dem 19. Jahrhundert • Übliche Unterscheidung nach – Bildungs- und Entwicklungsroman (z. B. Johann Wolfgang Goethe, *Wilhelm Meisters Lehrjahre*; Hermann Hesse, *Das Glasperlenspiel*), – Erziehungsroman (z. B. Jean Jacques Rousseau, *Emile*), – Gesellschaftsroman (z. B. Theodor Fontane, *Effi Briest*), – Historischer Roman (z. B. Joseph Roth, *Kapuzinergruft*; Umberto Eco, *Der Name der Rose*), – Kriminalroman (z. B. Friedrich Dürrenmatt, *Der Verdacht*), – Künstlerroman (z. B. Novalis, *Heinrich von Ofterdingen*; Robert Schneider, *Schlafes Bruder*), – Utopischer Roman (z. B. Aldous Huxley, *Schöne neue Welt*; George Orwell, *1984*)

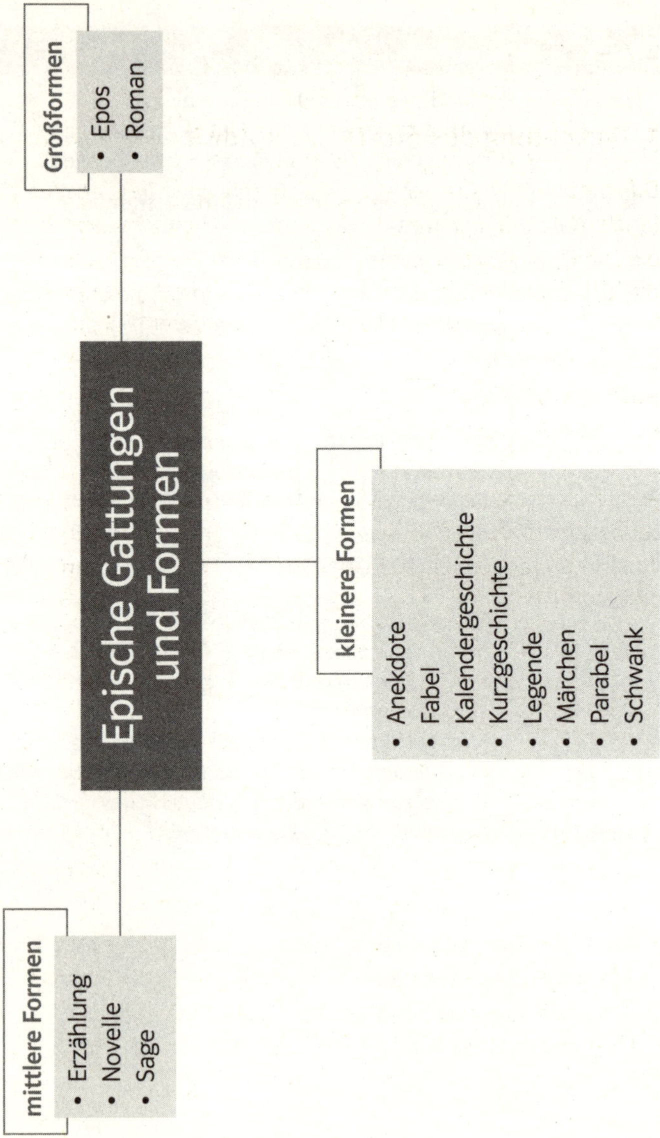
Epische Gattungen und Formen
Großformen
• Epos
• Roman
mittlere Formen
• Erzählung
• Novelle
• Sage
kleinere Formen
• Anekdote
• Fabel
• Kalendergeschichte
• Kurzgeschichte
• Legende
• Märchen
• Parabel
• Schwank

Dramatische Handlung

1 Darbietung des Stoffes im traditionellen Drama

Das traditionelle Drama ist in Akte und Szenen gegliedert. **Akte** (auch Aufzüge genannt) sind größere Handlungsabschnitte, die in sich abgeschlossen sind. Klassische Dramen oder solche, die sich daran orientieren, sind meist in fünf, manchmal auch in drei Akte eingeteilt. Man nennt sie nach ihrer Bauform **geschlossene Dramen**. Die streng symmetrische Bauform, die als Ausdruck eines geschlossenen Weltbildes gilt, geht auf die antike Poetik des Aristoteles zurück.

Ausgehend von Schillers *Maria Stuart* entwickelte der Literaturwissenschaftler und Dichter Gustav Freytag am Ende des 19. Jahrhunderts folgendes Modell, das für viele Dramen des 17. bis 19. Jahrhunderts Gültigkeit besitzt:

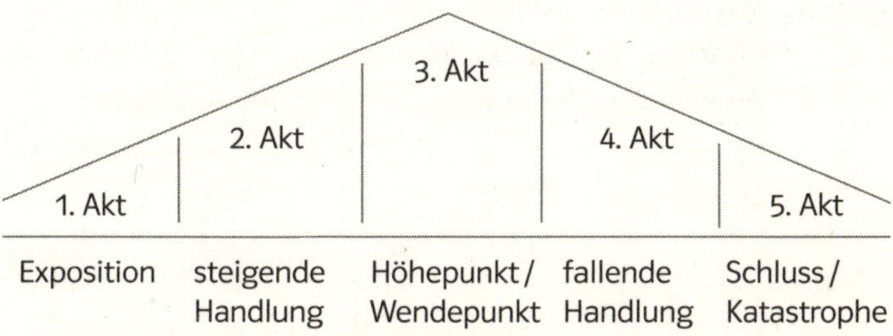

- Die **Exposition** gibt eine Einführung in die Verhältnisse und Zustände, aus denen der dramatische Konflikt entspringt. Sie macht die Zuschauer mit der Vorgeschichte der Bühnenhandlung und mit den Hauptfiguren bekannt.

- In der **steigenden Handlung** entwickelt sich der Konflikt bis zum
- **Höhepunkt**. Hier kommt es zur vollen Entfaltung des Konflikts. Oft ist der Höhepunkt zugleich der **Wendepunkt** (auch **Peripetie** genannt), an dem das Geschehen eine ganz unvorhergesehene Richtung nimmt.
- Die fallende Handlung führt scheinbar unmittelbar zum Schluss hin. Meist wird das schnelle Ende aber durch das so genannte **retardierende Moment** verzögert, was noch einmal Spannung in die Dramenhandlung bringt.
- Der Schluss bringt dann die Lösung der dramatischen Handlung. In der Komödie handelt es sich dabei um ein glückliches Ende, in der Tragödie um die **Katastrophe**.

2 Darbietung des Stoffes im modernen Drama

Jedes Drama, das nicht zu dem Typus des geschlossenen Dramas passt, wird dem **offenen Drama** zugerechnet. Das deutlichste Kennzeichen des offenen Dramas ist die lockere, episodische Anordnung von Einzelszenen.
Folgende Darstellung der aneinander gereihten Einzelszenen oder Bilder verdeutlicht die Bauform des offenen Dramas:

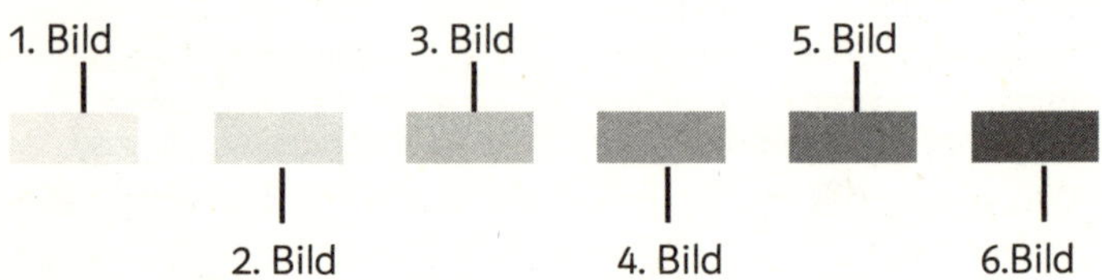

Geschlossenes Drama	Offenes Drama
durchgängige **Haupthandlung**, wobei alle Ereignisse miteinander verknüpft sind und auf ein Ziel hinführen	Mehrsträngigkeit **gleichgewichtiger Handlungen**, lockere Struktur der Einzelszenen, Zusammenhalt über Leitmotive oder Figuren
klarer Anfang durch Eintreten einer Konfliktsituation, eindeutige **Lösung am Schluss**	**plötzlicher Beginn**, meist **offener Schluss**
geringe Zeiterstreckung der Handlung	die Handlung umspannt **große Zeiträume**
wenige Schauplätze	**Vielzahl von Handlungsorten**
wenig Figuren hohen Standes, die in einem klaren Verhältnis zueinander stehen, scheinbar unabhängig von Physis und Milieu, bestimmen den Verlauf der Handlung	**Vielzahl von Figuren**, die die Gesellschaft als Ganzes repräsentieren, abhängig von Milieu und psychischer Befindlichkeit, fehlende Autonomie
autonomer, **mündiger Held**, der das Geschehen durch sein Handeln lenkt	**passiver Held**, Antiheld, der von seinem sozialen Umfeld bestimmt wird
Kunstsprache, oft Verssprache, einheitliche Sprachebene, oft Hypotaxen, Sentenzen, Bilder, Metaphern, Mitteilungsfunktion der Sprache, Dialoge und Rededuelle treiben die Handlung voran	individuelle, **realistische Sprache**, häufig Parataxen, Anakoluth und Ellipse als Stilmittel, Expressionsfunktion der Sprache, Sprachlosigkeit als Ausdruck der Hilflosigkeit der Figuren
klar strukturiertes Weltbild, dessen Idee in seiner ganzen Totalität vermittelt wird	**Komplexität** der Realität ist nicht darstellbar, deshalb: Offenheit, Fragmentcharakter

3 Das epische Theater

Der Begriff episches Theater steht für eine besondere Form des modernen Dramas, die **Bertolt Brecht** im Gegensatz zum klassisch-aristotelischen Drama theoretisch begründet und auf der Bühne erprobt hat.

Ziel des Brecht'schen Dramas ist die Veränderung der Gesellschaft im marxistischen Sinn, wozu Brecht das Mitfühlen und Mitleiden des Zuschauers mit den Bühnenfiguren und ihrem Schicksal durch eine kritische Distanz zur Bühnenhandlung ersetzen will.

Von Brecht verwendete Mittel sind:
- **Verfremdungseffekt (V-Effekt)**: Dem Zuschauer wird Alltägliches wie Fremdes, Unbekanntes präsentiert, wodurch er zu den Figuren und zum Geschehen auf der Bühne eine kritische Distanz einnehmen soll, die ihn die Notwendigkeit zur Veränderung erkennen lassen;
- **Montagetechnik**, also kritisch-kommentierende Einschübe eines Erzählers, Prolog, Epilog, Einfügung von Songs, Kinderliedern und Bibelzitaten, Verwendung von Spruchbändern, Projektionen und Lichteffekten.

Beispiele für das epische Theater:
- Stücke von Bertolt Brecht: z.B. *Dreigroschenoper, Die heilige Johanna der Schlachthöfe, Furcht und Elend des Dritten Reiches, Leben des Galilei, Mutter Courage und ihre Kinder, Der gute Mensch von Sezuan, Der kaukasische Kreidekreis*
- Dramen von Heiner Müller: z.B. *Der Lohndrücker, Germania Tod in Berlin*; Peter Weiss: *Die Verfolgung und Ermordung des Jean Paul Marat ...*

4 Anordnung des Stoffes

Da Dramen eine vielschichtige Handlung zeigen, muss diese untergliedert sein. Üblicherweise teilen die Autoren ihre Stoffe deshalb in Akte, Szenen oder Bilder ein.

Begriff	Bedeutung	Vorkommen
Akt (Aufzug)	ein in sich abgeschlossener, größerer Handlungsabschnitt, der seit dem 17. Jahrhundert durch das Zu- und Aufziehen des Vorhangs markiert wird	im traditionellen Drama
Szene (Auftritt)	1. im mehraktigen, traditionellen Drama Untereinheit des Aktes, die durch das Auf- bzw. Abtreten von Figuren markiert wird; 2. im modernen Drama oft gleichbedeutend mit „Bild" verwendet	im traditionellen und im modernen Drama
Bild	Handlungseinheit	im modernen Drama

5 Handlung, Handlungsschritte, Handlungstempo

Mehr als jedes andere literarische Werk lebt das Drama von der Handlung. Dabei muss zwischen verschiedenen Arten von Handlung unterschieden werden.

äußere Handlung	Aktion, Geschehen auf der Bühne oder auf anderen Handlungsschauplätzen
innere Handlung	Vorgänge in den Figuren, ihre geistige und seelische Entwicklung
offene Handlung	Handlung, die auf der Bühne sichtbar ist. Die Handlung eines Dramas ist meist offene Handlung.
verdeckte Handlung	Handlung, die auf der Bühne nicht sichtbar ist, die dem Zuschauer z. B. durch den Botenbericht oder die Teichoskopie (Mauerschau) vermittelt werden muss. Auch die Exposition informiert über die verdeckte, nämlich zeitlich zurückliegende Handlung.

Ähnlich wie eine Erzählung aus verschiedenen Erzählschritten besteht, lassen sich bei Schauspielen einzelne **Handlungsschritte** feststellen. Sie ergeben sich, indem die Figuren die Ausgangssituation verändern und durch ihr Handeln eine neue Situation herbeiführen, die dann wieder durch das Handeln einer Figur verändert wird usw. Im traditionellen Drama fallen Handlungsschritte und Szenen oft zusammen.

Beispiel: Johann Wolfgang von Goethe, *Iphigenie auf Tauris*:
Nach der Selbstreflexion Iphigenies im ersten Auftritt des ersten Aufzugs (I, 1) rät Arkas, der Vertraute des Königs Thoas, Iphigenie in I, 2 dringend, das Werben des Königs anzunehmen und in eine Heirat einzuwilligen. Am Ende dieser Szene reflektiert Iphigenie ihre Lage und beschließt, Thoas nicht zu heiraten. Damit ist ein Handlungsschritt abgeschlossen und für die Bühnenhandlung in I, 3 gibt es eine neue Ausgangssituation: Iphi-

genie ist sich ihrer Situation bewusst und tritt dem König sehr selbstsicher entgegen.

Nicht in allen Dramen verlaufen die Geschehnisse im selben Tempo; manchmal handeln die Figuren sehr zielgerichtet und führen eine schnelle Änderung der Ausgangssituation herbei, manchmal scheint die Handlung nicht von der Stelle zu kommen (z.B. in Samuel Beckett, *Warten auf Godot*, wo der Erwartete bis zum Ende des Stückes nicht erscheint). Diese Unterschiede beschreibt man mit dem Begriff **Handlungstempo**.

Üblich ist auch die Unterscheidung in **Zieldrama** und **analytisches Drama**:

Zieldrama (bzw. Konflikt- oder Entscheidungsdrama)	Die Bühnenhandlung läuft geradlinig auf die Katastrophe am Ende zu (Friedrich Schiller, *Maria Stuart*).
analytisches Drama (bzw. Entdeckungsdrama)	Auf der Bühne werden nur die letzten Auswirkungen und die Zuspitzung einer Handlung gezeigt, die sich vor dem Einsetzen des Bühnengeschehens ereignet haben und die erst im Lauf des Spiels vollständig enthüllt werden (Heinrich von Kleist, *Der zerbrochne Krug*).

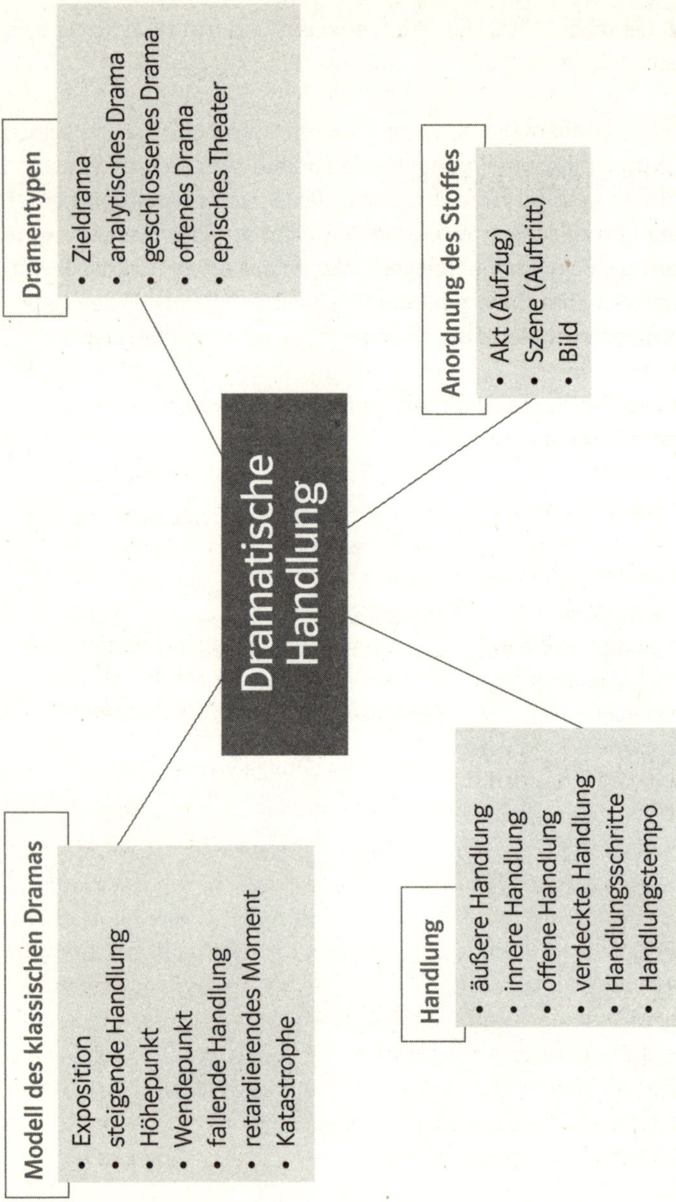
Dramatische Handlung
Dramentypen
• Zieldrama
• analytisches Drama
• geschlossenes Drama
• offenes Drama
• episches Theater
Anordnung des Stoffes
• Akt (Aufzug)
• Szene (Auftritt)
• Bild
Modell des klassischen Dramas
• Exposition
• steigende Handlung
• Höhepunkt
• Wendepunkt
• fallende Handlung
• retardierendes Moment
• Katastrophe
Handlung
• äußere Handlung
• innere Handlung
• offene Handlung
• verdeckte Handlung
• Handlungsschritte
• Handlungstempo

Figuren und Personal

1 Charakter und Typ

Für den Handlungsverlauf in einem Drama sind nicht alle Figuren gleich wichtig. Manche Figuren tragen die Handlung, andere kommen nur am Rande, in bestimmten Situationen vor. Nach dem Grad ihrer Wichtigkeit nennt man sie Haupt- oder Nebenfiguren.
Hauptfiguren treten in vielen Szenen auf und müssen deshalb dem Zuschauer vertraut sein. Dazu sind sie vom Autor mit charakteristischen, individuellen Merkmalen ausgestattet; man nennt sie deshalb **Charaktere**.

Charaktere
- tragen unverwechselbare Namen,
- stehen zur Handlung des Dramas in einer besonderen Beziehung,
- haben eine unverwechselbare Lebensgeschichte, ein individuelles Schicksal,
- sprechen oft eine individuelle Sprache,
- zeigen individuelle Eigenschaften und Eigenheiten,
- sind oft auch äußerlich charakterisiert (Alter, Größe, Haarfarbe, soziale Stellung, Beruf, Auftreten, Kleidung usw.).

Beispiele für Charaktere: Iphigenie (aus Goethes Schauspiel *Iphigenie auf Tauris*), Wilhelm Tell (aus Schillers gleichnamigem Drama), Brechts Galileo Galilei. Wie die Beispiele zeigen, treten Charaktere oft als Titelfiguren von Dramen auf. Hauptfiguren können die Helden eines Dramas **(Protagonisten)** sein, aber auch ihre Gegenspieler **(Antagonisten)**. Beide sind für den Fortgang der Handlung von entscheidender Wichtigkeit.

Nebenfiguren erfüllen nur eine bestimmte Funktion im Stück. Sie sind nicht wegen ihres Charakters wichtig, sondern weil sie in bestimmten Situationen die Handlung vorantreiben, hemmen oder in eine andere Richtung lenken. Sie sind auf diese Funktion reduziert, man nennt sie deshalb funktionale Figuren oder **Typen**. Besonders in Komödien bedienen sich die Autoren der Typen, die oft menschliche Schwächen verkörpern.

Typen
- tragen oft keine, jedenfalls keine aussagekräftigen Namen,
- sie stehen nicht im Zentrum der Handlung, erfüllen nur eine Funktion,
- haben keine erwähnenswerte Lebensgeschichte, kein individuelles Schicksal,
- sprechen keine individuelle Sprache,
- zeigen keine individuellen Eigenschaften und Eigenheiten,
- sind äußerlich nur insoweit charakterisiert, wie es ihrem Typus entspricht (die böse Alte ist alt, der eingebildete Kranke ist unfähig das Haus zu verlassen usw.).

Beispiele für Typen: Der Wirt, eine Dame in Trauer, ein Feldjäger (aus Gotthold Ephraim Lessings Komödie *Minna von Barnhelm*), der Doktor, der Hauptmann, der Tambourmajor (aus Georg Büchners *Woyzeck*) und der Soldat, der Wirt, der Doktor (aus Max Frischs Schauspiel *Andorra*).

2 Charakterisierung der Figuren

Damit die Figuren auf der Bühne (oder im Lesetext) an Leben gewinnen, müssen sie möglichst unverwechselbar, möglichst authentisch dargestellt werden. Die Autoren statten die Figuren deshalb mit einer Reihe von für sie typischen Eigenheiten aus, die den Bereichen
- **äußere Merkmale** (z.B. Geschlecht, Alter, Größe, Körperbau, Haarfarbe, Kleidung),

- **innere Merkmale** (z. B. Denkweise, Einstellung, Werthaltung, Eigenschaften) und
- **soziale Merkmale** (z. B. Zugehörigkeit zu einer Gesellschaftsschicht, einem Stand, einer sozialen Gruppe) zugeordnet werden können.

Figuren werden aber nicht nur durch den Autor charakterisiert. Auch andere Figuren eines Schauspiels und die betreffenden Figuren selbst tragen zur Charakterisierung bei. Man kann dabei unterscheiden zwischen direkter und indirekter Charakterisierung:

direkte Charakterisierung	• Der Autor äußert sich zu einer Figur, z. B. in Rollenanweisungen. • Andere Figuren äußern sich beschreibend und urteilend. • Die Figur gibt eine Beschreibung von sich selbst.
indirekte Charakterisierung	• Eine Figur charakterisiert sich durch ihre Sprache und gibt damit Hinweise auf ihre soziale Herkunft, auf ihren Bildungsgrad, auf ihre Einstellung zu bestimmten Themen. • Eine Figur charakterisiert sich durch ihre Handlungsweise und gibt damit Hinweise auf ihr soziales Verhalten, auf ihre politische Gesinnung, auf ihre materielle Einstellung usw. • Der Autor charakterisiert eine Figur, indem er Kontrastfiguren auftreten lässt. • Der Autor gibt der Figur einen Namen, der auf eine Charaktereigenschaft oder auf eine bestimmte Eigenart schließen lässt (ein so genannter sprechender Name).

3 Figurenkonzeption

Der Autor eines Schauspiels kann die Figuren des Stücks unterschiedlich konzeptionieren. Bei der Untersuchung der Figurenkonzeption geht es darum, wie diese angelegt sind, wie der Autor sie ausgeformt hat, wie klar sie strukturiert sind und welche Entwicklung sie nehmen.

Dabei stellen sich folgende Fragen:

- Ist die Figur **statisch** oder **dynamisch** angelegt? Verändert sie sich oder bleibt sie in ihrem Charakter bzw. in ihrem Verhalten gleich?
- Handelt es sich um eine **komplex** konzipierte Figur oder ist sie eher **eindimensional** angelegt? Ist die Figur mit zahlreichen Merkmalen ausgestattet (gilt sie also als Charakter) oder zeigt sie nur wenig Merkmale (handelt es sich um einen Typus)?
- Handelt es sich um eine **offen** oder um eine **geschlossen** angelegte Figur? Ist ihr Charakter also mehrdeutig und rätselhaft oder ist das Wesen der Figur verständlich und nachvollziehbar?

4 Figurenkonstellation und -konfiguration

Da die Figuren eines Dramas selten allein auf der Bühne stehen (das ist allenfalls in einem Ein-Personen-Stück wie Patrick Süskinds *Der Kontrabaß* der Fall), sollte man untersuchen, in welchem Verhältnis sie zu den anderen Figuren stehen. Die vielfältigen Beziehungen, die sich dabei ergeben, nennt man **Personenkonstellation**. Diese lässt sich quantitativ oder qualitativ bestimmen:

Quantitative Analyse der Personenkonstellation:

- Wie viele Figuren kommen im Drama vor?
- Wie bemisst sich der Gesprächsanteil der einzelnen Figuren im Drama?

Qualitative Analyse der Personenkonstellation:

- Nach welchen Merkmalen sind die Figuren einander zugeordnet? Z. B.
  - Geschlechtszugehörigkeit
  - Generationszugehörigkeit
  - Zugehörigkeit zu einer bestimmten Gesellschaftsschicht
  - Wertorientierungen
- In welcher Beziehung stehen die Figuren zueinander? Z. B.
  - Familienbeziehung
  - Eltern-Kind-Beziehung
  - Liebesbeziehung
  - Geschäftsbeziehung
  - Gemeinsame Interessen

Betrachtet man die Figuren unter dem Gesichtspunkt des gemeinsamen Auftretens auf der Bühne, spricht man von **Personenkonfiguration**.

Ändert sich die Konfiguration, hat man es meist mit einer neuen Szene bzw. im modernen Drama mit einem neuen Bild zu tun. Die Konfiguration sagt viel über die Kommunikation im Drama aus. Figuren, die nie auf der Bühne aufeinander treffen, haben sich entweder nichts zu sagen (z. B. weil es sich um Nebenfiguren handelt, die untereinander nicht in Kommunikation treten sollen) oder sie werden vom Autor bewusst auseinander gehalten. Schiller gelingt es, den Höhepunkt seines Dramas *Maria Stuart* spannend zu gestalten, indem er erst im dritten Akt die erste Begegnung zwischen Maria und Elisabeth arrangiert.

5 Dramatis personae

Als dramatis personae (lat. für: die Personen des Dramas) bezeichnet man die **Gesamtheit der auftretenden Figuren**, wie sie im Personenverzeichnis zu finden sind, das in Buchausgaben häufig vor dem eigentlichen Dramentext abgedruckt ist.
Das Personenverzeichnis sagt viel über die Figuren und die Bauform des Dramas aus. So sind im traditionellen Drama die Figuren durch ihre Standeszugehörigkeit charakterisiert; im modernen Drama treten die Figuren oft nur als Rollenträger (z. B. Wirt, Tischler) auf und nur die Hauptpersonen sind namentlich genannte Individuen (z. B. Andri, Barblin).

Typisches Personenverzeichnis eines klassischen Dramas (aus Friedrich Schiller, *Maria Stuart*):

Elisabeth, Königin von England
Maria Stuart, Königin von Schottland, Gefangene in England
Robert Dudley, Graf von Leicester
Georg Talbot, Graf von Shrewsbury
Wilhelm Cecil, Baron von Burleigh, Großschatzmeister
Graf von Kent
Wilhelm Davison, Staatssekretär
Amias Paulet, Ritter, Hüter der Maria
Mortimer, sein Neffe
Graf Aubespine, französischer Gesandter
Graf Bellievre, außerordentlicher Botschafter von Frankreich
Okelly, Mortimers Freund
Drugeon Drury, zweiter Hüter der Maria
Melvil, ihr Haushofmeister
Burgoyn, ihr Arzt
Hannah Kennedy, ihre Amme
Margareta Kurl, ihre Kammerfrau
Sheriff der Grafschaft
Offizier der Leibwache

Französische und englische Herren, Trabanten, Hofdiener der Königin von England, Diener und Dienerinnen der Königin von Schottland

Typisches Personenverzeichnis eines modernen Dramas (aus Max Frisch, *Andorra*):

Personen	
Andri	Der Soldat
Barblin	Der Wirt
Der Lehrer	Der Tischler
Die Mutter	Der Doktor
Die Senora	Der Geselle
Der Pater	Der Jemand
Stumm	
Ein Idiot	
Die Soldaten in schwarzer Uniform	
Der Judenschauer	
Das andorranische Volk	

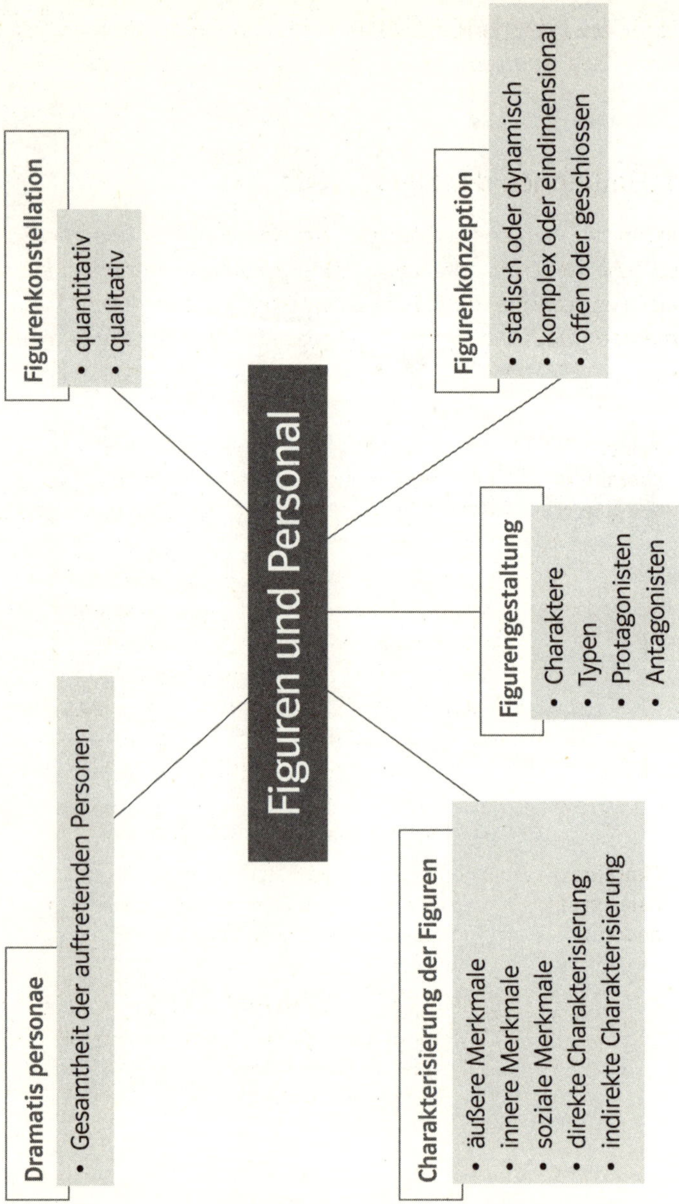
Figuren und Personal
Dramatis personae
• Gesamtheit der auftretenden Personen
Figurenkonstellation
• quantitativ
• qualitativ
Figurenkonzeption
• statisch oder dynamisch
• komplex oder eindimensional
• offen oder geschlossen
Figurengestaltung
• Charaktere
• Typen
• Protagonisten
• Antagonisten
Charakterisierung der Figuren
• äußere Merkmale
• innere Merkmale
• soziale Merkmale
• direkte Charakterisierung
• indirekte Charakterisierung

Sprache und Stil

1 Funktionen der Figurenrede

In einem Drama entwickelt sich die Handlung nur über die Gespräche zwischen den Figuren oder im Selbstgespräch; anders als in epischen Texten fehlen Erzählerfiguren oder Autorenkommentare. Doch die Figurenrede hat auch noch andere Funktionen:

Selbstcharakterisierung	Die Figur charakterisiert sich selbst, gibt bewusst oder unbewusst Auskunft über ihre emotionale Befindlichkeit, über ihre momentane Situation: LICHT: Ei, was zum Henker, sagt, Gevatter Adam!/Was ist mit Euch geschehen? Wie seht ihr aus? ADAM: Ja seht. Zum Straucheln brauchts doch nichts, als Füße./Auf diesem glatten Boden, ist ein Strauch hier?/Gestrauchelt bin ich hier; denn jeder trägt/Den leidgen Stein zum Anstoß in sich selbst. (Heinrich von Kleist, *Der zerbrochne Krug*)
Charakterisierung anderer	Eine Figur charakterisiert oder beschreibt eine andere, erläutert dem Zuschauer deren emotionale Befindlichkeit bzw. ihre momentane Situation: MARIE: Der Mann! So vergeistert. Er hat sein Kind nicht angesehen. Er schnappt noch über mit den Gedanken … (Georg Büchner, *Woyzeck*)

Darstellung des Verhältnisses der Figuren zueinander	Im Gespräch wird deutlich, wie die Figuren zueinander stehen. Das kann explizit ausgedrückt oder unterschwellig deutlich werden: NATHAN: Hm!hm! – wunderlich! – Wie ist/mir denn? – Was will der Sultan? was? – Ich bin/Auf Geld gefaßt; und er will – Wahrheit! (Gotthold Ephraim Lessing, *Nathan der Weise*)
Darstellung des Konflikts	Das Gespräch gibt eine (Konflikt-) Situation wieder. (Bertolt Brecht, *Der Streit der Fischweiber*)
Expositionsfunktion	Das Gespräch informiert über Voraussetzungen der Handlung: PYLADES: Am Tage seiner Ankunft, da der König/Vom Bad erquickt und ruhig, sein Gewand/Aus der Gemahlin Hand verlangend, stieg,/Warf die Verderbliche ein faltenreich/Und künstlich sich verwirrendes Gewebe/Ihm auf die Schultern, um das edle Haupt;/Und da er wie von einem Netze sich/Vergebens zu entwickeln strebte, schlug/ Ägisth ihn, der Verräter, und verhüllt/ Ging zu den Toten dieser große Fürst. (Johann Wolfgang Goethe, *Iphigenie auf Tauris*)

Informationsfunktion	Im Gespräch oder Selbstgespräch wird deutlich, wo und wann sich das Geschehen abspielt: IPHIGENIE: Heraus in eure Schatten, rege Wipfel/Des alten, heil'gen, dicht belaubten Haines,/Wie in der Göttin stilles Heiligtum,/ Tret ich noch jetzt mit schauderndem Gefühl,/Als wenn ich sie zum erstenmal beträte (Johann Wolfgang Goethe, *Iphigenie auf Tauris*)

2 Dialog und Monolog

Spricht eine Figur mit einer oder mehreren anderen, nennt man das Dialog; spricht sie zu sich selbst, nennt man es Monolog. Monolog und Dialog haben identische, aber auch andersartige Funktionen. Gemeinsam ist ihnen, dass sie die für das Verständnis der Handlung wichtigen Informationen transportieren.

Funktionen des **Monologs**:
- Mitteilung von Gefühlen und persönlichen Einstellungen
- Erläuterung von Beziehungen zu anderen Figuren
- Aussagen über das weitere eigene Verhalten und Handeln

Funktionen des **Dialogs**:
- Vorantreiben der Handlung
- Charakterisierung der Figuren
- Darstellung von Beziehungen
- Information über Beweggründe der Figuren
- Veranschaulichung der Figuren, ihrer Sprech- und Denkweise

Dialoge finden zwischen zwei oder mehreren Figuren statt. Die Aussage einer Figur ist deshalb gleichzusetzen mit einer sprachlichen Handlung (auch „Sprechakt" genannt), die die Reaktion einer anderen Figur nach sich zieht.

Typische Monologarten:

lyrischer Monolog	ausdrucksstarkes Selbstgespräch, in dem die Figur ihre Gefühle darstellt oder ihre Situation reflektiert
epischer Monolog	ausführliche Schilderung der Vorgeschichte oder anderer Handlungen, die nicht auf der Bühne dargestellt werden
Reflexions-monolog	Nachdenken über die allgemeine Situation, über ein konkretes Ereignis oder über zukünftige Entscheidungen
Konflikt-monolog	dramatische Steigerung der Reflexion bzw. Erörterung des Für und Wider einer Entscheidung oder einer Handlung

Typische Dialogarten:

Entscheidungs-dialog	sachliches Gespräch über einen Sachverhalt, der entschieden werden soll
Erkundungs-dialog	sachliches Gespräch zum Zweck des Meinungsaustausches
Enthüllungs-dialog	Gespräch zwischen Figuren, die etwas aufdecken bzw. vertuschen wollen
Expositions-dialog	Gespräch, das die Handlungsvoraussetzungen deutlich macht
Auseinander-setzung	Gespräch, in dem ein Konflikt ausgetragen wird
Aneinander-vorbeireden	unechtes Gespräch, da die Gesprächspartner einander nicht verstehen können

Daneben gibt es noch Mischformen. Von einem dialoghaften Monolog spricht man, wenn eine Figur sich an eine andere wendet, die gar nicht anwesend ist (z. B. eine Gottheit, die angerufen wird) oder wenn sie mögliche Einwände eines Kontrahenten argumentativ vorwegnimmt. Um einen monologhaften Dialog handelt es sich, wenn in einem Gespräch eine Figur der anderen nicht zuhört oder eine Figur, ohne die andere zu beachten, ihre Argumente vorbringt.

3 Sprechen zum Publikum

Besonders im 20. Jahrhundert ist es üblich geworden, dass die Figuren ihren Text nicht nur zu ihren Partnern oder Widersachern auf der Bühne sprechen, sondern dass sie sich direkt an das Publikum wenden bzw. ihr Sprechtext nur für dieses bestimmt ist.

Monolog	in älteren Dramen häufig zur Information des Publikums über die Befindlichkeit einer Figur, ihrer Gedanken oder Absichten
Beiseitesprechen	dem Monolog ähnlich, aber im Hinblick auf das Publikum formuliert
Chor(gesang)	Kommentierung des Geschehens oder Erläuterung von Zusammenhängen bzw. Preisgabe von Hintergrundinformation

4 Stilebenen

Im Drama sprechen die Figuren nicht wie im täglichen Leben; ihre Sprache ist stilisiert. Das ist jedoch nicht Selbstzweck, sondern erfüllt eine jeweils ganz genau bestimmte Aufgabe.

Hoher Stil	• im Drama des 18. und 19. Jahrhunderts häufig verwendet • unterscheidet sich von der Alltagssprache durch Verwendung von Versen, rhetorischen Figuren, pathetischer Sprechweise

	• dient der Darstellung von hochgestellten Figuren in der Tragödie • betont den Kunstcharakter von Dichtung • Beispiel: Dramen der Klassik wie Schillers *Maria Stuart* oder Goethes *Iphigenie auf Tauris*
Realis-tischer Stil	• im Drama des 18., 19. und 20. Jahrhunderts verwendet • Verwendung von Alltagssprache • dient der realistischen Darstellung von Figuren aus dem täglichen Umfeld • betont die realistische Darstellung der Verhält-nisse • Beispiel: Dramen des Realismus wie Hebbels *Maria Magdalena* oder des 20. Jahrhunderts wie Frischs *Biedermann und die Brandstifter*
Niederer Stil	• im Drama des 19. und 20. Jahrhunderts häufig verwendet • unterscheidet sich von der Alltagssprache durch Verwendung von Umgangssprache, Dialekt und Soziolekt • Verwendung von Ellipsen, Inversionen, Synkopen und Apokopen, Fäkal- und Slangwörtern • einfache Syntax und beschränkter Wortschatz • dient der Darstellung von sozialen Randexisten-zen • betont die sozialen Ungleichheiten und Unge-rechtigkeiten, sozialkritischer Ansatz • Beispiel: Dramen des Realismus wie Büchners *Woyzeck* oder des 20. Jahrhunderts wie Franz Xaver Kroetz' *Oberösterreich*

5 Haupttext und Nebentext

Bisher war in diesem Kapitel davon die Rede, wie die Figuren eines Dramas miteinander, zu sich oder zum Publikum sprechen. Es hat sich dabei gezeigt, dass der **gesprochene** Text besonders wichtig ist. Man nennt ihn deshalb **Haupttext**.

In der Druckfassung eines Dramas findet sich immer auch Text, der nicht auf der Bühne gesprochen werden soll: Dieser **Nebentext**, auch **Regieanweisungen** genannt, soll Regisseuren und Schauspielern jedoch Hinweise dazu geben, wie der Text gesprochen werden soll, welche Mimik oder Gestik der Autor für bestimmte Spielsituationen vorgesehen oder welche Angaben zur Ausstattung der Bühne und zur Anordnung der Requisiten er gemacht hat:

Das Zimmer ist niedrig; der Fußboden mit guten Teppichen belegt. Moderner Luxus auf bäuerische Dürftigkeit gepfropft.
An der Wand hinter dem Eßtisch ein Gemälde, darstellend einen vierspännigen Frachtwagen, von einem Fuhrknecht in blauer Bluse geleitet.
Miele, die robuste Bauernmagd mit rotem, etwas stumpfsinnigem Gesicht; sie öffnet die Mitteltür und läßt Alfred Loth eintreten. (Gerhart Hauptmann, *Vor Sonnenaufgang*)

Auch der Nebentext kann Auskünfte geben zu den Fragen:
- Wie ist eine Figur charakterisiert?
- Was erfahren wir über das Äußere der Figur, was über ihre innere Befindlichkeit?
- Wie haben wir uns den Spielort vorzustellen?

Beim Lesen eines Dramas liest man den Nebentext mit. Sieht man ein Schauspiel auf der Bühne, ist der Nebentext oft nur optisch erschließbar:

(Es klingelt. Einen Augenblick lang horchen beide. Frau Selicke ist zusammengefahren, Walter starrt, die Stulle in der Hand, mit offenem Munde über die Lampe weg nach der Tür, die ins Entree führt.)

FRAU SELICKE (endlich). Na? Machste nu auf, oder nich? (Walter hat die Stulle liegen lassen und läuft auf die Tür zu. Er klinkt diese auf und verschwindet im Entree.)

(Arno Holz / Johannes Schlaf, *Die Familie Selicke*)

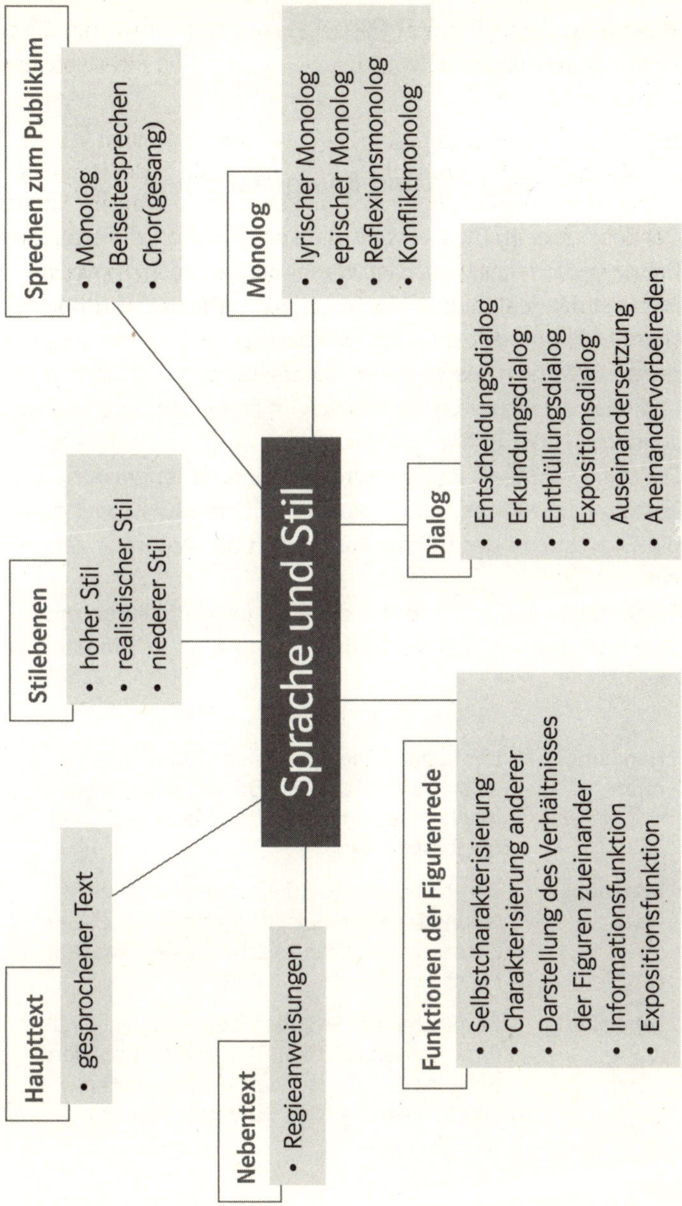
Sprache und Stil
Haupttext
• gesprochener Text
Nebentext
• Regieanweisungen
Stilebenen
• hoher Stil
• realistischer Stil
• niederer Stil
Sprechen zum Publikum
• Monolog
• Beiseitesprechen
• Chor(gesang)
Monolog
• lyrischer Monolog
• epischer Monolog
• Reflexionsmonolog
• Konfliktmonolog
Dialog
• Entscheidungsdialog
• Erkundungsdialog
• Enthüllungsdialog
• Expositionsdialog
• Auseinandersetzung
• Aneinandervorbeireden
Funktionen der Figurenrede
• Selbstcharakterisierung
• Charakterisierung anderer
• Darstellung des Verhältnisses der Figuren zueinander
• Informationsfunktion
• Expositionsfunktion

Raum- und Zeitgestaltung

1 Raumkonzeption und Raumgestaltung

Der Zuschauer im Theater weiß, dass die Situation, die er auf der Bühne vorfindet, künstlich ist: Weder die Zeit noch der Ort stimmen mit der Realität überein. So ist jedem Theaterbesucher, der Goethes Drama *Faust I* sieht, bei der Szene Osterspaziergang genau bewusst, dass es weder Ostersonntag noch Morgen ist, und dass die Figuren nicht wirklich im Freien spazieren gehen, sondern auf der Bühne agieren.
Die Bühne dient als Raum für Imagination, der entweder durch gestalterische Mittel, also **Ausstattung**, **Dekoration**, oder durch die **Figurenrede** der Bühnenkonzeption des Autors angepasst wird.
Folgende **Raumkonzeptionen**, die auch in Kombination miteinander festgestellt werden können, kann man in Dramen finden:

Handlungsraum	Der Raum, in dem die Dramenhandlung abläuft. Beispiel: Dachboden in Herrn Biedermanns Haus (in Max Frisch, *Biedermann und die Brandstifter*)
Stimmungsraum	Der Raum, der die Stimmung der Figuren veranschaulicht. Beispiel: Das hohe, gotische Zimmer in der Szene Nacht aus Goethes Drama *Faust I*
Lebensraum	Der Raum, der die Lebensumstände der Figuren veranschaulicht und diese charakterisiert. Beispiel: Das Zimmer der Selickes in Arno Holz' und Johannes Schlafs Schauspiel *Die Familie Selicke*

Symbolraum	Der Raum, der die Kräfte, die in der Handlung aufeinander treffen, verdeutlicht. Beispiel: Das Wohnzimmer der Familie Krause aus Gerhart Hauptmanns Drama *Vor Sonnenaufgang*, in dem, wie in der Regieanweisung vermerkt, moderner Luxus auf bäuerische Dürftigkeit „gepfropft" ist

2 Zeit und Zeitgestaltung

Das Drama zeigt einen Ausschnitt aus der Wirklichkeit, dessen zeitliche Gestaltung genau konzipiert sein muss. Der Autor legt dabei folgende Einzelheiten fest:

- das Verhältnis von **Spielzeit** (Dauer der Aufführung) und **gespielter Zeit** (Dauer der Handlung),
- Beibehaltung der **Chronologie** der Handlung bzw. Abweichen davon durch **Unterbrechungen** oder **Zeitsprünge** bzw. **Zeitraffungen**,
- **Simultaneität** (gleichzeitige Darstellung von verschiedenen Handlungselementen).

Für die Untersuchung der Zeit im Drama sind außerdem folgende Aspekte wichtig:

Zeitliche Situierung der Handlung:
- Wann spielt die Handlung?
- Welche historische Epoche bildet den Rahmen für das Bühnengeschehen?
- Ist diese Epoche realistisch oder stilisiert dargestellt?

Zeit der Dramenhandlung • Zeit der Aufführung: • In welchem zeitlichen Verhältnis steht das Bühnengeschehen zur Aufführung? • Entstammt die auf der Bühne dargestellte Situation dem Erfahrungsbereich der Zuschauer oder gibt es Verständnisschwierigkeiten? • Kann sich der Zuschauer mit der dargestellten Situation identifizieren oder ist sie ihm fremd?
Bedeutung des Handlungszeitpunkts für die Figuren: • Welche Bedeutung hat der Handlungszeitpunkt für die Figuren? • Befinden sie sich in einer persönlichen Krisensituation? • Stehen sie an einem Wendepunkt ihres Lebens?
Symbolische Bedeutung der Zeit: • Kommt der Zeit der Dramenhandlung symbolische Bedeutung zu? • Spielt das Geschehen an weltlichen oder kirchlichen Festtagen, in mystischen Momenten (z. B. Mitternacht), an Wendepunkten des politischen Lebens oder der Menschheitsgeschichte?

3 Die „drei Einheiten" des Aristoteles

Jahrhundertelang hatte die auf die Poetik des Aristoteles zurückgehende Idee der so genannten drei Einheiten die Konzeption von Dramen beeinflusst. Demnach sollten in jedem Drama

- die **Einheit der Zeit**,
- die **Einheit des Ortes** und
- die **Einheit der Handlung** gewahrt sein.

Diese Regelung ist auf die dramaturgischen Verhältnisse in der Antike zurückzuführen und meint, dass ein Drama eine spielbare Länge haben und dass es an einem Ort, nämlich der Bühne, aufführbar sein müsse. Zudem dürfe es in der Handlungsführung nicht ausschweifend sein, um das Verständnis der Zuschauer nicht zu überfordern.
Von einzelnen Vorläufern abgesehen (z. B. Georg Büchner, *Woyzeck*) begannen die Autoren erst im 20. Jahrhundert, sich von diesen Vorgaben abzuwenden. Als bedeutende Neuerung gilt das epische Theater Bertolt Brechts.

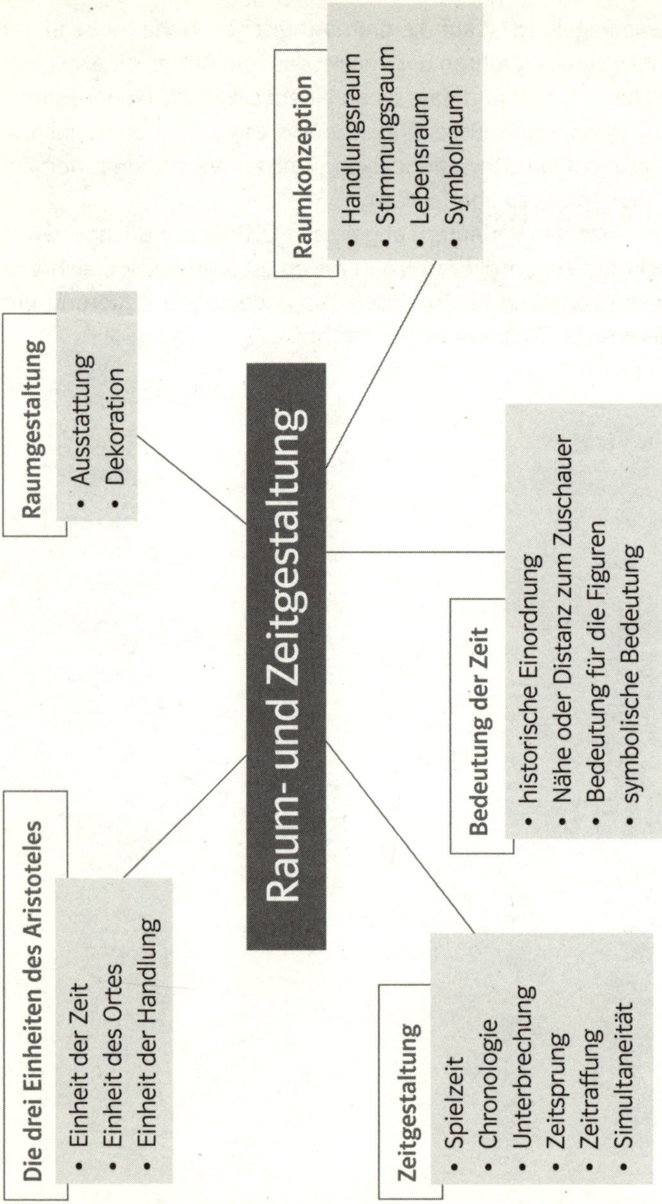
Raum- und Zeitgestaltung
Raumgestaltung
• Ausstattung
• Dekoration
Raumkonzeption
• Handlungsraum
• Stimmungsraum
• Lebensraum
• Symbolraum
Bedeutung der Zeit
• historische Einordnung
• Nähe oder Distanz zum Zuschauer
• Bedeutung für die Figuren
• symbolische Bedeutung
Zeitgestaltung
• Spielzeit
• Chronologie
• Unterbrechung
• Zeitsprung
• Zeitraffung
• Simultaneität
Die drei Einheiten des Aristoteles
• Einheit der Zeit
• Einheit des Ortes
• Einheit der Handlung

Dramatische Gattungen und Formen

1 Hauptgattungen

Typus	Beschreibung und Beispiel
Komödie (Lustspiel)	• Bühnenstück mit komischem, lustigem oder heiterem Inhalt • scheinbar allgemein verbindliche Werte werden als lächerlich dargestellt, menschliche Schwächen bloßgestellt • häufige Themen sind das Missverhältnis von Schein und Sein, veraltete gesellschaftliche Konventionen, Fehlverhalten eines Einzelnen • oft entsteht die Wirkung durch Sprach- oder Situationskomik • Beispiele: Gotthold Ephraim Lessing, *Minna von Barnhelm*; Heinrich von Kleist, *Der zerbrochne Krug*; Gerhart Hauptmann, *Der Biberpelz*; Carl Zuckmayer, *Der Hauptmann von Köpenick*
Tragödie (Trauerspiel)	• Bühnenstück mit tragischem Inhalt • Darstellung eines Konflikts, der mit dem Untergang des Helden eine Lösung findet • häufig muss sich der Held zwischen zwei Wertesystemen entscheiden • oft entsteht die Wirkung durch die tragische Handlung, aber auch durch eine angemessene, pathetische Sprache • Beispiele: Gotthold Ephraim Lessing, *Emilia Galotti*; Friedrich Schiller, *Maria Stuart*; Johann Wolfgang Goethe, *Faust*

Tragi-komödie	• Schauspiel, das tragische und komische Elemente miteinander verbindet • komische Motive und Situationen verstärken die Tragik der Gesamthandlung • Verstärkung des Realitätsgehalts, da das Nebeneinander von tragischen und komischen Elementen menschlichen Erfahrungen entspricht • Beispiele: Gerhart Hauptmann, *Die Ratten*; Friedrich Dürrenmatt, *Der Besuch der alten Dame*

2 Formen des Dramas

Typus	Beschreibung und Beispiel
Absurdes Theater	• im 20. Jahrhundert, Darstellung einer sinnentleerten Welt und der Absurdität der menschlichen Existenz, Verzicht auf Handlung, keine echte Kommunikation zwischen den marionettenhaften Figuren • Beispiele: Samuel Beckett, *Warten auf Godot*; Eugène Ionesco, *Die Nashörner*; Wolfgang Hildesheimer, *Die Uhren*
Bürgerliches Trauerspiel	• im 18. und 19. Jahrhundert, gesteigertes Selbstbewusstsein des Bürgertums, Kritik an der Ständegesellschaft, Darstellung von Standeskonflikten zwischen Bürgertum und Adel, Orientierung an den ethischen Werten und der Lebensführung des Bürgertums • Beispiele: Gotthold Ephraim Lessing, *Miß Sara Sampson*; Friedrich Schiller, *Kabale und Liebe*; Friedrich Hebbel, *Maria Magdalena*

Dokumentar-theater	• nach 1945, möglichst unmittelbare Darstellung historischer Ereignisse, Zurücknahme des Autors als Schöpfer, auf der Grundlage authentischer Dokumente wie Gerichtsakten, Protokolle, Interviews • Beispiele: Peter Weiss, *Die Ermittlung*; Heinar Kipphardt, *In der Sache J. Robert Oppenheimer*; Rolf Hochhuth, *Der Stellvertreter*
Experimentelles Theater	• nach 1945, der Zuschauer soll über die Wirkungsmöglichkeit des Theaters desillusioniert werden, oft keine Handlung, keine fiktiven Figuren, die Schauspieler sprechen das Publikum von der Bühne herab direkt an • Beispiele: Peter Handke, *Publikumsbeschimpfung, Kaspar*
Geschichtsdrama	• tatsachengetreue oder in künstlerischer Freiheit bearbeitete Darstellung von geschichtlichen Ereignissen, Stoffen oder Situationen, Akzeptierung der gestalterischen Möglichkeiten des Individuums, Autonomie des Helden, historische Situation als Möglichkeit für existenzielle Grenzerfahrungen • Beispiele: Johann Wolfgang Goethe, *Götz von Berlichingen*; Heinrich von Kleist, *Prinz Friedrich von Homburg*; Friedrich Schiller, *Wallenstein*; Georg Büchner, *Dantons Tod*; Gerhart Hauptmann, *Die Weber*; Dramen von Peter Hacks und Heiner Müller
Ideendrama	• im 18. Jahrhundert zur Zeit der Klassik, Darstellung einer Grundidee, die in einem Charakter veranschaulicht wird, geschlossenes Weltbild als Voraussetzung • Beispiel: Johann Wolfgang Goethe, *Iphigenie auf Tauris*

kritisches Volksstück	• im 20. Jahrhundert, realistische Darstellung von Figuren aus dem Volk, Thematisierung von Problemen und Missständen, mit denen der Durchschnittsbürger nach 1945 konfrontiert wurde, einfacher Aufbau, klare Handlungsführung, desillusionierte Weltsicht, Verwendung von verfremdeten Elementen des traditionellen Volksstücks, Dialekt als Ausdruck eingeschränkter Wirklichkeitswahrnehmung • Beispiele: Ludwig Thoma, *Magdalena*; Ödön von Horvath, *Geschichten aus dem Wiener Wald*; Marieluise Fleißer, *Pioniere in Ingolstadt*; Martin Sperr, *Jagdzeit in Niederbayern*; Franz Xaver Kroetz, *Stallerhof*

Hauptgattungen

- Komödie (Lustspiel)
- Tragödie (Trauerspiel)
- Tragikomödie

Dramatische Gattungen und Formen

Formen des Dramas

- Absurdes Theater
- Bürgerliches Trauerspiel
- Dokumentartheater
- Experimentelles Drama
- Geschichtsdrama
- Ideendrama
- kritisches Volksstück

Sprecher und Inhalt

1 Kommunikationssituation im Gedicht

Wer spricht in einem lyrischen Text zu wem über welchen Inhalt? Das sind die grundlegenden Fragen, wenn es um die Gedichtanalyse geht.

Nur in ganz seltenen Fällen spricht der Autor von sich selbst. Dies wird deutlich, wenn er im Gedicht seinen eigenen Namen nennt.

- Beispiel: Bertolt Brecht, *Vom armen B.B.* Die erste Strophe lautet:

Auch wenn das Gedicht in der 1. Person Singular verfasst ist, meint der Autor meist nicht sich selbst.

- Beispiel: Eduard Mörikes Gedicht *Das verlassene Mägdlein.* Es beginnt mit den Versen

  Früh, wann die Hähne krähn,
  Eh' die Sternlein verschwinden,
  Muß ich am Herde stehn,
  Muß Feuer zünden.

Diese Schilderung trifft nicht für den Autor Mörike zu, sie wird vielmehr von einer Figur geäußert, der Mörike diese Worte in den Mund legt. Da diese Figur im Gedicht genau benannt wird, also eine Rolle angegeben ist, spricht man von einem **Rollengedicht**.

Oft wird der Gedichtinhalt von einer anonymen Stimme wiedergegeben:

Über allen Gipfeln
Ist Ruh,
In allen Wipfeln
Spürest du
Kaum einen Hauch;
Die Vögelein schweigen im Walde.
Warte nur, balde
Ruhest du auch.
(Johann Wolfgang Goethe, *Ein Gleiches*)

Dieses Gedicht kann sich auf die Situation Goethes beziehen, muss es aber nicht; im Text gibt es keinen Hinweis auf einen solchen Bezug. Man spricht deshalb von einem **neutralen Sprecher**.

2 Das lyrische Ich

Das **lyrische Ich** ist nicht identisch mit dem Autor. Es ist ein von diesem erfundener Sprecher, der sich in der Ich-Form oder einer anderen persönlichen Form äußert.

Äußerungsformen des lyrischen Ichs	
im Singular	**im Plural**
als Personalpronomen: als Sprecher-Ich	wir, uns
als Possessivpronomen: mein, meiner, mir, dein, dich	unser, unsere, unseren
versteckt in der Anrede: du, dich, dir	ihr, euer

Oft ist eine genauere Bestimmung / Charakterisierung des lyrischen Ichs möglich:

- Spricht das Ich von sich selbst und seinen Erlebnissen oder spricht es über die Welt (Gesellschaft, Natur, Religion)?
- Äußert das lyrische Ich Gefühle, Hoffnungen, Ängste, Zweifel?
- Spricht es als Einzelner oder in Übereinstimmung oder stellvertretend für eine Gruppe?
- Will sich das lyrische Ich nur äußern oder will es andere beeinflussen oder zum Handeln aufrufen?
- Äußert sich das lyrische Ich ironisch oder meint es seine Aussage ernst?

3 Thema und Motiv

Die zentrale Frage bei einem Gedicht lautet wie bei jedem Text: Worum geht es? Damit ist nicht nur (vordergründig) der Inhalt des Gedichts gemeint, sondern vor allem die **Thematik**:

- Wird eine Begebenheit dargestellt?
- Werden Menschen oder Dinge beschrieben?
- Drückt ein Ich seine Gedanken und Empfindungen aus?
- Werden philosophische Themen abstrakt behandelt?

Folgende Einteilung der Lyrik ist üblich:

1. Bildhafte Lyrik

In der bildhaften Lyrik werden die Inhalte anschaulich gestaltet. Zu diesem Typus zählt man folgende Formen:

Erlebnislyrik:	Lyrik, in der persönliche Erlebnisse des Dichters verarbeitet werden
Liebeslyrik:	Lyrik, in der der gefühlsträchtige, geistig-seelische Bereich einer Liebesbeziehung thematisiert wird
Naturlyrik:	Lyrik, in der es um Naturerscheinungen und Naturerleben geht
Alltagslyrik:	Lyrik, die Themen und Probleme des Alltags behandelt
Politische Lyrik:	Lyrik, die anschaulich und am konkreten Beispiel politische Zustände benennt oder kritisiert

2. Gedankenlyrik

In der Gedankenlyrik werden philosophische Themen und theoretische Fragen abstrakt behandelt. Zu diesem Typus zählt man:

Philosophische Gedichte:	In ihnen spiegeln sich die grundsätzlichen Fragen der Menschheit wider, z. B. „Was ist der Mensch?“, „Was ist Glück?“, „Was bedeutet der Tod?“.
Politische Gedichte:	Sie behandeln grundsätzliche politische Fragen oder Probleme.
Lehrgedichte:	Sie dienen der Wissensvermittlung; meist werden grundsätzliche Fragen an einem konkreten Beispiel gezeigt.

Oft hilft auch der Titel, ein Gedicht zu verstehen, etwa wenn er einen genauen Hinweis auf Inhalt oder Thematik gibt (z. B. Joseph von Eichendorff, *Weihnachten*). Manchmal ist der Titel nichts sagend (z. B. Goethe, *Ein Gleiches*), manchmal sogar irreführend (z. B. Günter Eich, *Inventur*). Unter einem **Motiv** versteht man typische Grundsituationen, auf denen ein Text aufbaut. Motive werden erkennbar, wenn man die Schlüsselwörter herausarbeitet und nach Themen ordnet. Wichtige Motivgruppen sind:

- **Situationsmotive** (Bewährung, Ehebruch, Einsamkeit, Krieg, Liebe, Tod, Verlassenwerden)
- **Typenmotive** (einsamer Mann, Liebende, verlassenes Mädchen, Wanderer)
- **Zeitmotive** (Abend, Abschied, Alter, Frühling, Jugend, Herbst, Morgen, Nacht, Weihnachten, Winter)
- **Raummotive** (Garten, Meer, Natur, Stadt, Wald)

4 Der gedankliche Aufbau eines Gedichts

Die Verse eines Gedichts folgen immer einer gedanklichen Struktur. Diese kann sein:

- Die **lineare Darlegung** einer Handlung oder eines Gedankens. Dabei sind die Teile (Verse, Strophen, Sinnabschnitte) aneinander gereiht und zeigen eine zeitliche Abfolge oder eine gedankliche Steigerung.
- Eine **argumentative Reihung**: Die einzelnen Teile führen zu Teilergebnissen, am Ende des Gedichts steht oft ein Gesamturteil.
- Eine **antithetische Struktur**: Die Teile des Gedichts drücken Gegensätze aus (z. B. innerhalb eines Verses, wie im barocken Alexandriner).
- Eine **scheinbar sinnlose** oder sinnwidrige **Anordnung** von Buchstaben, Silben oder Wörtern (in der konkreten Poesie).

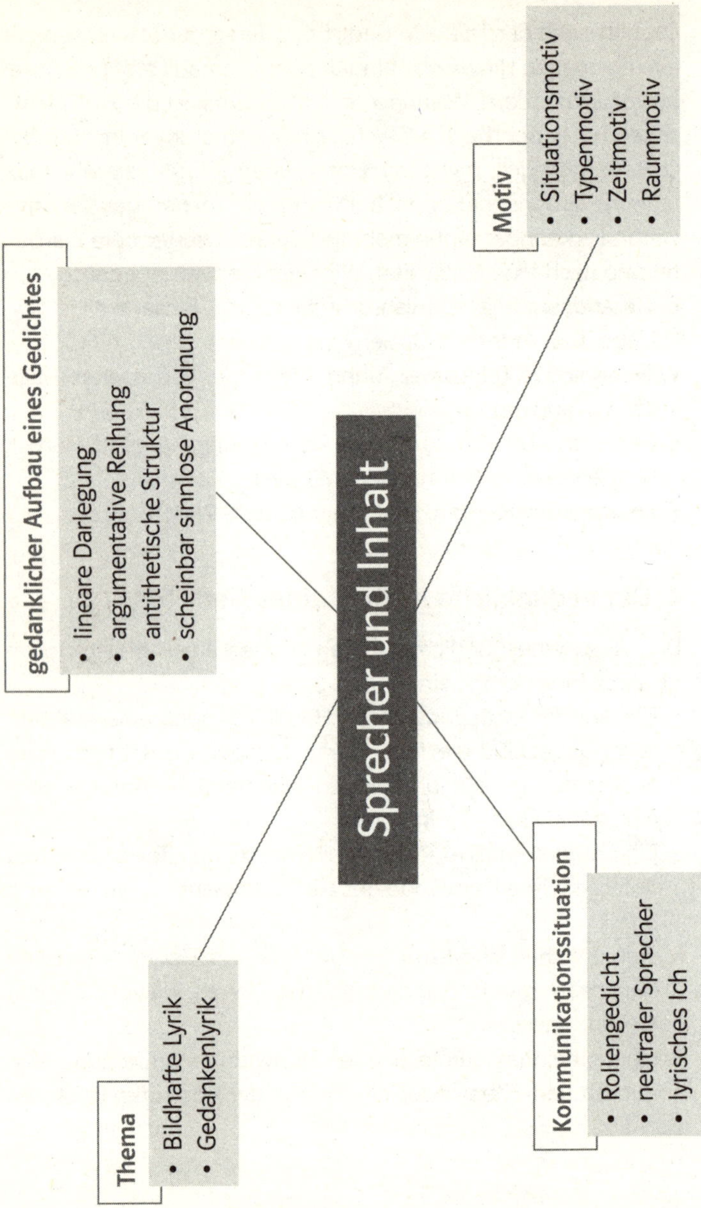
Sprecher und Inhalt
gedanklicher Aufbau eines Gedichtes
• lineare Darlegung
• argumentative Reihung
• antithetische Struktur
• scheinbar sinnlose Anordnung
Motiv
• Situationsmotiv
• Typenmotiv
• Zeitmotiv
• Raummotiv
Thema
• Bildhafte Lyrik
• Gedankenlyrik
Kommunikationssituation
• Rollengedicht
• neutraler Sprecher
• lyrisches Ich

Bauelemente lyrischer Texte

1 Versfuß, Versmaß, Versform, Kadenz

Der Vers stellt ein zentrales Bauelement einer Strophe bzw. eines Gedichts dar. Er ist ein kunstvoll gestaltetes Gebilde, das durch Metrik und Rhythmus bestimmt ist.
Das Versmaß (das Metrum) ergibt sich durch den regelmäßigen Wechsel von Hebungen und Senkungen, also durch den Wechsel von betonten und unbetonten Silben. Die kleinste Einheit ist der Versfuß, auch Takt genannt.

Folgende **Versfüße** (oder Takte) kommen in der deutschen Lyrik häufig vor:

Versfuß, Takt	Schema	Betonung	Beispiel
Jambus	x x́	unbetont betont	wa rúm
Trochäus	x́ x	betont unbetont	Lié be
Daktylus	x́ x x	betont unbetont unbetont	Dák ty lus
Anapäst	x x x́	unbetont unbetont betont	A na pä́st

Jambus und Trochäus sind zweisilbige, Daktylus und Anapäst sind dreisilbige Versfüße. Beim Jambus und Anapäst steigt die Betonung an, sie werden zu den steigenden Versfüßen gerechnet; beim Trochäus und Daktylus fällt die Betonung, sie gehören zu den fallenden Versfüßen.

Je nach Art und Anzahl der Versfüße ergeben sich verschiedene **Versmaße**:
Ein zweihebiger (oder zweifüßiger) Jambus hat das Schema x x́ | x x́, ein dreihebiger Trochäus hat das Schema x́ x | x́ x | x́ x. Ein vierhebiger Anapäst zeigt folgende Verteilung von betonten und unbetonten Silben: x x x́ | x x x́ | x x x́ | x x x́, ein fünfhebiger Daktylus wird so dargestellt: x́ x x | x́ x x | x́ x x | x́ x x | x́ x x. Manche Versformen haben eigene Namensbezeichnungen.

Jambische Versformen:

Knittelvers	• 4-hebiger Jambus mit Endreim (dabei wird das Versmaß nicht immer streng eingehalten; zwei aufeinander folgende unbetonte Silben sind möglich) • x x́ | x x́ | x x́ | x x́ | x Ich grüße die Getreuen, Lieben (Goethe, *Faust II*) • Im 15. und 16. Jahrhundert weit verbreitet, wichtig aber erst seit Goethes „Faust"-Drama.
Blankvers	• 5-hebiger Jambus ohne Endreim • x x́ | x x́ | x x́ | x x́ | x x́ | x Das Land der Griechen mit der Seele suchend (Goethe, *Iphigenie auf Tauris*) • Seit Lessings *Nathan der Weise* (1779) der gebräuchlichste Vers des klassischen deutschen Dramas.
Alexandriner	• 6-hebiger Jambus mit Mittelzäsur • x x́ | x x́ | x x́ || x x́ | x x́ | x x́ | x Du siehst, wohin du siehst, nur Eitelkeit auf Erden (Gryphius, *Es ist alles eitel*) • Wurde im Barock häufig verwendet.

Trochäische bzw. daktylische Versformen:

<table>
<tr><td>Pentameter</td><td>• 5-hebiger Daktylus mit Zäsur
• x́ x x́ x x x́ | x́ x x x́ x x x́
Im Pentameter drauf fällt sie melodisch herab,
(Schiller, Das Distichon)
• Antiker Vers, der seit der Klassik wieder Verwendung findet. Zusammen mit dem vorausgehenden Hexameter bildet er ein Distichon.</td></tr>
<tr><td>Hexameter</td><td>• 6-hebiger Daktylus
• x́ x x́ x x x́ | x x́ x x́ x x x́ x
Im Hexameter steigt des Springquells flüssige Säule. (Schiller, Das Distichon)
• Antiker Vers, der seit der Klassik wieder Verwendung findet. Wird meist zusammen mit dem Pentameter in der Form des Distichons verwendet.</td></tr>
<tr><td>Distichon</td><td>• Verspaar bestehend aus Hexameter und Pentameter
• x́ x x́ x x x́ | x x́ x x́ x x x́ x
x́ x x́ x x x́| x́ x x x́ x x x́
Im Hexameter steigt des Springquells flüssige Säule. Im Pentameter drauf fällt sie melodisch herab (Schiller, Das Distichon)
• Wurde vor allem in der Klassik von Schiller und Goethe (Römische Elegien) verwendet.</td></tr>
</table>

Das Ende einer Verszeile wird als **Kadenz** bezeichnet:

- Endet der Vers mit einer unbetonten Silbe, spricht man von einer **weiblichen** oder **klingenden Kadenz**. Beispiel: Es war, als hätt der Himmel. (Joseph von Eichendorff, *Mondnacht*, Vers 1) Schema: x x́ x x́ x x́ x
- Endet der Vers mit einer betonten Silbe, spricht man von einer **männlichen** oder **stumpfen Kadenz**.

Beispiel: Die Erde still geküßt. (Joseph von Eichendorff, *Mondnacht*, Vers 2)
Schema: x x́ x x́ x x̲́

- Ist die drittletzte Silbe betont, spricht man von der **dreisilbig klingenden Kadenz**.
  Beispiel: Sterblichen
  Schema: x̲́ x x

Jambische Verse enden in der Regel männlich, trochäische weiblich.

2 Rhythmus

Ist vom Rhythmus eines Gedichts die Rede, so meint man damit den Klang des gesamten Gedichts, seine **Sprachmelodie**, die nicht objektiv beschreibbar ist. Der Rhythmus entzieht sich einer exakten wissenschaftlichen Beschreibung, er ergibt sich beim Lesen und ist von verschiedenen Faktoren abhängig.

Der Rhythmus wird beeinflusst durch

- das Versmaß,
- das Zusammenfallen von Satzgrenzen und Versgrenzen,
- die vom Dichter vorgesehene oder vom Leser vorgenommene Betonung,
- nötige oder sinnvolle Pausen,
- das Sprechtempo des Vortragenden und
- den Inhalt des Gedichts.

Allgemein gültige Begriffe und Kriterien existieren nicht. Man behilft sich mit beschreibenden Adjektiven wie

- **regelmäßig – unregelmäßig**
- **fließend – stockend**
- **gestaut – drängend**

Enjambement und Zeilenstil

Der Rhythmus eines Gedichts wird entscheidend durch die Versgestaltung beeinflusst: Fallen Satzende und Versende zusammen, spricht man von **Zeilenstil.** Reicht der Satz über das Versende hinaus, „springt" er sozusagen in die nächste Verszeile, lieg ein Zeilensprung, **Enjambement** genannt, vor. Enjambements lassen Gedichte geschmeidiger, flüssiger und weniger abgehackt klingen.

3 Strophe, Strophenform

Strophen sind regelmäßige Abschnittsgliederungen von Versen oder Verspaaren gleichen Metrums. Dabei können die Strophenenden mit den Sinneinheiten eines Gedichtes zusammenfallen, müssen aber nicht. Eine Strophengliederung ist sowohl in traditionellen wie in modernen Gedichten anzutreffen.

Im 20. Jahrhundert hat die strophische Gliederung eines Gedichts an Bedeutung verloren. Moderne Gedichte sind oft nur in ungleichmäßige Abschnitte oder Versgruppen eingeteilt. Für ihre Zusammenstellung gibt es aber keine formalen Regeln oder Zwänge; man kann deshalb davon ausgehen, dass sie die inhaltliche Gliederung eines Gedichts wiedergeben.

Häufige Strophenformen:

2-zeilige Strophen:

- **Verspaarkette:**
  jeweils zwei aufeinander folgende Verse reimen sich, Schema: aabb, eine der ältesten und einfachsten Strophenformen

Fliegt der erste Morgenstrahl
Durch das stille Nebeltal,
Rauscht erwachend Wald und Hügel:
Wer da fliegen kann, nimmt Flügel!
(Eichendorff)

- **Distichon:**
  bestehend aus einem Hexameter und einem Pentameter:

  Im Hexameter steigt des Springquells flüssige Säule.
  Im Pentameter drauf fällt sie melodisch herab.
  (Schiller)

3-zeilige Strophen:

- **Terzett**:
  Strophe bestehend aus drei Versen, kein festes Reimschema, u.a. im Sonett verwendet

  Doch schweig ich noch von dem, was ärger als der Tod,
  Was grimmer denn die Pest und Glut und Hungersnot
  Dass auch der Seelen Schatz so vielen abgezwungen.
  (Gryphius)

- **Terzine:**
  bestehend aus einem fünffüßigen Jambus, Reimschema aba / bcb / cdc:

  Wie mich geheimnisvoll die Form entzückte!
  Die gottgedachte Spur, die sich erhalten!
  Ein Blick, der mich an jenes Meer entrückte, …
  (Goethe)

4-zeilige Strophen:

- **Quartett:**
  Strophe bestehend aus vier Versen, kein festes Reimschema, u. a. im Sonett verwendet:

  Wann, o lächelndes Bild, welches wie Morgenrot
  Durch die Seele mir strahlt, find ich auf Erden dich?
  Und die einsame Träne
  Bebt mir heißer die Wang herab!

  (Hölty)

- **Volksliedstrophe:**
  einfach gebaut, gleichmäßig, meist vierzeilig (bis zu neun Zeilen), oft regelmäßiger Wechsel von betonten und unbetonten Silben, gereimt:

  Am Brunnen vor dem Tore
  Da stand ein Lindenbaum.
  Ich träumt in seinem Schatten
  So manchen süßen Traum.

Mehrzeilige Strophen

- **Sestine:**
  sechszeilige Strophe, ohne festes Reimschema, kein bestimmtes Metrum:

  Ich lebte ganz: der ew'gen Kräfte Strom
  Zog hin durch mich, durchs Engste, durchs Atom
  Ich wurde aus dem Ring, der mich umengt,
  Ins Unermessliche hinausgedrängt.
  Ich fühlte, was ich sein kann, was ich bin,
  Und gab, wie gern, für jenes dies dahin.

  (Hebbel)

- **Stanze:**
  achtzeilige Strophe, fünffüßiger Jambus, Reimschema: abababcc

  Der Morgen kam; es scheuchten seine Tritte
  Den leisen Schlaf, der mich gelind umfing,
  Daß ich, erwacht, aus meiner stillen Hütte
  Den Berg hinauf mit frischer Seele ging;
  Ich freute mich bei einem jeden Schritte
  Der neuen Blume, die voll Tropfen hing;
  Der junge Tag erhob sich mit Entzücken,
  Und alles war erquickt, mich zu erquicken.
  (Goethe, *Zueignung, Faust I*)

- **Freie Rhythmen:**
  metrisch ungebundene, reimlose Verse ohne feste Strophengliederung:

  Bedecke deinen Himmel, Zeus,
  Mit Wolkendunst!
  Und übe, Knaben gleich,
  Der Disteln köpft,
  An Eichen dich und Bergeshöhn! …
  (Goethe, *Prometheus*)

Bauelemente lyrischer Texte

Strophe, Strophenform

- zweizeilig
  - Verspaarkette
  - Distichon
- dreizeilig
  - Terzett
  - Terzine
- vierzeilig
  - Quartett
  - Volksliedstrophe
- mehrzeilig
  - Sestine
  - Stanze
  - freie Rhythmen

Versfuß

- Jambus
- Trochäus
- Daktylus
- Anapäst

Rhythmus

- regelmäßig oder unregelmäßig
- fließend oder stockend
- gestaut oder drängend

Versformen

- jambische Versformen
  - Knittelvers
  - Blankvers
  - Alexandriner
- trochäische Versformen
  - Pentameter
  - Hexameter
  - Distichon

Kadenz

- weiblich, klingend
- männlich, stumpf
- dreisilbig klingend

Lyrische Sprache

1 Klang

Der Klang ist ein wichtiges Stilmittel des Gedichts. Er kann die Aussage unterstreichen oder im Widerspruch zu ihr stehen. Bei der Untersuchung des Klangs sollte man sich zuerst von seinen subjektiven Empfindungen leiten lassen: Klingt ein Gedicht dumpf, dunkel und hart, entsteht meist eine gedämpfte Stimmung bzw. ein unangenehmer Eindruck. Klingt es hell, freundlich, weich und melodisch, entsteht ein angenehmer Eindruck. Die Klanggestalt eines Gedichts ist besonders durch die betonten Vokale bestimmt. Helle Vokale (e – i – ei – ü) vermitteln eine fröhliche, dunkle Vokale (a – o – ö – u – au) eine gedämpfte Stimmung.

Klangfiguren helfen, das Gedicht zu deuten:

- **Alliteration** (Stabreim) (gleicher Anlaut der betonten Silben bei mehreren Wörtern):

  Er hat sich gewiegt,
  Wo Weinen war
  (Hugo von Hofmannsthal, *Vorfrühling*)
  Wirkung: Steigerung der Eindringlichkeit

- **Anapher** (ein Wort oder eine Wortgruppe werden am Anfang aufeinander folgender Verse, Strophen oder Sätze wiederholt):

  Die alte Frau hat mich behext,
  Ich denke immer an die alte,
  Die alte Frau, die Gott erhalte!
  Die alte Frau hat mich so lieb
  (Heinrich Heine, *Nachtgedanken*)
  Wirkung: Verdeutlichung der Zusammengehörigkeit

- **Assonanz** (Kombination von Wörtern mit gleichen Vokalen bei verschiedenen Konsonanten):

  Töne – Flöhe

  Wirkung: Gleichklang, Harmonie

- **Lautmalerei** (Klangmalerei, Onomatopoesie) (Versuch, mit akustischen Reizen Wirkung zu erzielen):

  Und es wallet und siedet und brauset und zischt,
  Wie wenn Wasser mit Feuer sich mengt,
  Bis zum Himmel spritzet der dampfende Gischt
  (Friedrich Schiller, *Der Taucher*)

  Wirkung: Nachahmung natürlicher Laute, soll die Echtheit unterstreichen.

2 Reim

Auch die Reime zählen zu den Klangelementen der Lyrik; wenn ein Gedicht reimt, klingt es. Von einem Reim spricht man, wenn zwei oder mehr Wörter vom letzten betonten Vokal an gleich klingen.

Es gibt verschiedene **Reimarten**:

Anfangsreim (Anapher): Die ersten Wörter aufeinander folgender Verse reimen sich:

Ein Laub, das grünt und falbt geschwind.
Ein Staub, den leicht vertreibt der Wind.
(Georg Friedrich Harsdörffer, *Das Leben ist*)

Binnenreim: Ein Reim innerhalb eines Verses:

Eine starke, schwarze Barke
segelt trauervoll dahin.
(Heinrich Heine)

Endreime:

- **Reiner Reim**: Gleichklang von Wörtern ab dem letzten betonten Vokal:

  O sähst du, voller Mondenschein,
  Zum letzten Mal auf meine Pein
  (Goethe, *Faust I*)

- **Unreiner Reim**: Unreiner Gleichklang von Wörtern ab dem letzten betonten Vokal:

  Uralte Wasser steigen
  Verjüngt um deine Hüften, Kind!
  Vor deiner Gottheit beugen
  Sich Könige, die deine Wärter sind.
  (Eduard Mörike, *Gesang Weylas*)

- **Rührender Reim**: Gleichklang von Wörtern mit verschiedener Bedeutung:

  Wirt – wird, heute – Häute

- **Epipher**: Wiederholung des Wortes am Versende:

  Graut Liebchen auch vor Toten?
  O weh! Laß ruhn die Toten!
  (Gottfried August Bürger, *Lenore*)

Bei den Endreimen unterscheidet man folgende **Reimfolgen**:

Paarreim: Zwei aufeinander folgende Verse reimen miteinander. Reimschema aabb:

Im Apfelbaume pfeift der Fink a
Sein: pinkepink! a
Ein Laubfrosch klettert mühsam nach b
Bis auf des Baumes Blätterdach b
(Wilhelm Busch, *Fink und Frosch*)

Kreuzreim: Jede zweite Verszeile reimt miteinander. Reimschema abab:

Aufsteigt der Strahl und fallend gießt a
Er voll der Marmorschale Rund, b
Die, sich verschleiernd, überfließt a
In einer zweiten Schale Grund; b

(Conrad Ferdinand Meyer, *Der römische Brunnen*)

Umarmender (umgreifender, umschließender) Reim: Die erste und vierte Verszeile reimen miteinander. Reimschema abba:

Palmström, etwas schon an Jahren, a
wird an einer Straßenbeuge b
und von einem Kraftfahrzeuge b
überfahren. a

(Christian Morgenstern)

Schweifreim: Eignet sich besonders, um sechsversige Strophen zu bilden oder um die Terzette eines barocken Sonetts miteinander zu verbinden. Reimschema aabccb:

Der hohen Taten Ruhm muß wie ein Traum vergehn. a
Soll denn das Spiel der Zeit, der leichte Mensch, bestehn? a
Ach, was ist alles dies, was wir für köstlich achten. b
Als schlechte Nichtigkeit, als Schatten, Staub und Wind, c
Als eine Wiesenblum, die man nicht wieder findt! c
Noch will, was ewig ist, kein einig Mensch betrachten. b

(Andreas Gryphius, *Es ist alles eitel*)

Waise: Ein Vers, der mit keinem anderen reimt und dadurch besonders hervorgehoben ist:

Frühling läßt sein blaues Band a
Wieder flattern durch die Lüfte; b
Süße, wohlbekannte Düfte b
Streifen ahnungsvoll das Land. a
Veilchen träumen schon, c
Wollen balde kommen. d

Horch, von fern ein leiser Harfenton! c
Frühling, ja du bist's! e
Dich hab ich vernommen! d
(Eduard Mörike, *Er ist's*)

3 Bildlichkeit

Häufiger als in anderen Literaturgattungen drücken sich die Autoren im Gedicht bildhaft aus. Manche Sprachbilder sind leicht zu erkennen und zu deuten, bei anderen muss man genauer hinsehen, um sie zu bemerken und zu entschlüsseln. In jedem Fall ist es aber so, dass Bilder nicht eindeutig sind, dass sie dem Leser die Möglichkeit zu eigenen Assoziationen eröffnen.

- Die einfachste Form bildhaften Sprechens ist der **Vergleich**. Mithilfe von Vergleichswörtern werden unterschiedliche Sinnbereiche zusammengebracht, z. B. Ein Mann wie ein Baum. Zwei getrennte Bedeutungszusammenhänge werden durch das Vergleichswort „wie" miteinander verknüpft. Dies ruft beim Leser Assoziationen wie „stark", „mächtig", „verwurzelt", „nicht leicht umzuhauen" usw. hervor. Diese Assoziationen sind viel umfassender, als es eine Beschreibung des Mannes durch den Autor an dieser Stelle sein könnte. Da Dichter gezwungen sind, sich in Gedichten äußerst knapp auszudrücken, verwenden sie oft Bilder. Beispiele für Vergleiche:
  Schwarz wie die Nacht, Stark wie ein Löwe,
  Schlank wie eine Gerte.

- Die **Metapher** ist ein verkürzter Vergleich, sie verbindet zwei unterschiedliche Sinnbereiche, die aber im entscheidenden Punkt vergleichbar sind, ohne Vergleichswort; z. B. Das Licht der Wahrheit. Dabei ist gemeint, dass die Wahrheit so hell leuchtet wie Licht. Beispiele für Metaphern:

Am Fuß des Berges, Flug der Gedanken, Flut der Ereignisse, Kälte des Herzens.

- Schwierig zu entschlüsseln ist die **Chiffre** (absolute Metapher), bei der die Autoren einfache, meist bildhafte Wörter unabhängig von ihrer eigentlichen Bedeutung in einem neuen Sinnzusammenhang, der bei der Deutung berücksichtigt werden muss, verwenden. Beispiel:

  Schwarze Milch der Frühe (Paul Celan, *Todesfuge*).

  Die Chiffre ist besonders in der modernen Literatur zu finden.

- Von **Allegorie** spricht man, wenn ein abstrakter Begriff bildlich dargestellt wird. Dazu wird häufig die Personifikation verwendet. Beispiel: Die Figur der *Justitia* steht für die Gerechtigkeit; sie wird meist als Frau mit verbundenen Augen (Rechtsprechung ohne Ansehen der Person), Waage (Abwägen des Urteils) und Schwert (richterliche Gewalt) dargestellt.

- Das **Symbol** ist ein sichtbares Zeichen, das als Sinnbild für einen abstrakten Sachverhalt verwendet wird. Beispiel:
  Das Kreuz gilt als Symbol für das Christentum.
  Es ist verbunden mit Leiden, Tod, aber auch mit christlicher Hoffnung.

4 Wortwahl

Gedichte sind besonders komprimierte Äußerungen von Autoren; man kann davon ausgehen, dass kein Wort zufällig verwendet wird. Es ist deshalb besonders wichtig, auf Auffälligkeiten bei der Wortwahl zu achten. Folgende Besonderheiten sind denkbar:

1. Verwendung von Wörtern, die nicht zum allgemeinen schriftsprachlichen Wortschatz gehören:

   - **umgangssprachliche Wendungen:**
     z. B. Der ausgeflippte Have / Hier war ein dreister Sklave (Wolf Biermann, *Enfant perdu*)
   - **Begriffe aus Fachsprachen:**
     z. B. Das Tympanum schlag ich mit großem Schall. / Ich hüte die Leichen im Wasserfall. (Hugo Ball, *Intermezzo*)
   - **Dialektwörter:**
     z. B. Jänner, Feber, März, April … (Gerhard Rühm, *Jänner*)
   - **Archaismen (veraltete Begriffe):**
     z. B. Und als er die güldenen Sporen ihm gab (Ludwig Uhland, *Die Rache*)
   - **auffällig gehobene Ausdrücke:**
     z. B. Ob Rosen, ob Schnee, ob Meere, / was alles erblühte, verblich (Gottfried Benn, *Nur zwei Dinge*)
   - **Neologismen (Wortneuschöpfungen):**
     z. B. Ameisenemsig, wie Eidechsen flink (Paul Boldt, *Auf der Terrasse des Café Josty*)
   - **Diminutivformen (Verkleinerungsformen):**
     z. B. Und bis die Sternlein blinken, / Und bis zum Mondenschein … (Clemens Brentano, *Auf dem Rhein*)

2. Auffällige **Häufung von bestimmten Wortarten**, z. B. Verben, Adjektive, Substantive, Artikel, Personalpronomina.

3. Gebrauch von **Interjektionen:**
   Ach, ich merk es! Wehe!wehe! / Hab ich doch das Wort vergessen! / Ach, das Wort, worauf am Ende / Er das wird, was er gewesen. (Johann Wolfgang Goethe, *Der Zauberlehrling*)

5 Satzbau

Der Satzbau in Gedichten unterscheidet sich oft von dem, was man aus dramatischen oder epischen Texten kennt. Das kann das unmittelbare Verständnis erschweren, eröffnet aber auch manche Einsichten in andere Lesarten und Bedeutungsebenen.

Häufig gebrauchte syntaktische Besonderheiten sind:

- Die **Inversion**, die veränderte Wortfolge, die den Blick auf das Wesentliche richtet. Üblicherweise wird im deutschen Aussagesatz das Satzbauschema
  Subjekt – finite Verbform – Objekt(e) / Adverbialen verwendet. Bei der Inversion wird das Satzglied vorgezogen, auf dem die Hauptbedeutung liegt.
- Der **Anakoluth**, der in Gedichten oft nicht auffällt, da Abweichungen von der Alltagssprache häufig vorkommen. Im folgenden Beispiel entsteht durch den Satzbruch ein eigenständiger Fragesatz: Ich weiß nicht, was soll es bedeuten / dass ich so traurig bin (Heinrich Heine) statt grammatikalisch richtig: Ich weiß nicht, was es bedeuten soll, dass ich so traurig bin.
- Die **Ellipse**, die Auslassung eines Satzglieds, das für dessen Vollständigkeit notwendig ist. Ein vollständiger Aussagesatz besteht aus Subjekt und Prädikat; fehlt eines dieser Satzglieder, liegt eine Ellipse vor. Beispiel: Statt Rauchen ist verboten heißt es: Rauchen verboten – das Prädikat fehlt.
- Der **Parallelismus** (gleiche Reihenfolge der Satzglieder in aufeinander folgenden Sätzen), z. B. Heiß ist die Liebe, kalt ist der Schnee.
- Der **Chiasmus** (Überkreuzstellung der Satzglieder in zwei aufeinander folgenden Sätzen), z. B. Die Mühen der Gebirge liegen hinter uns, Vor uns liegen die Mühen der Ebenen. (Bertolt Brecht)

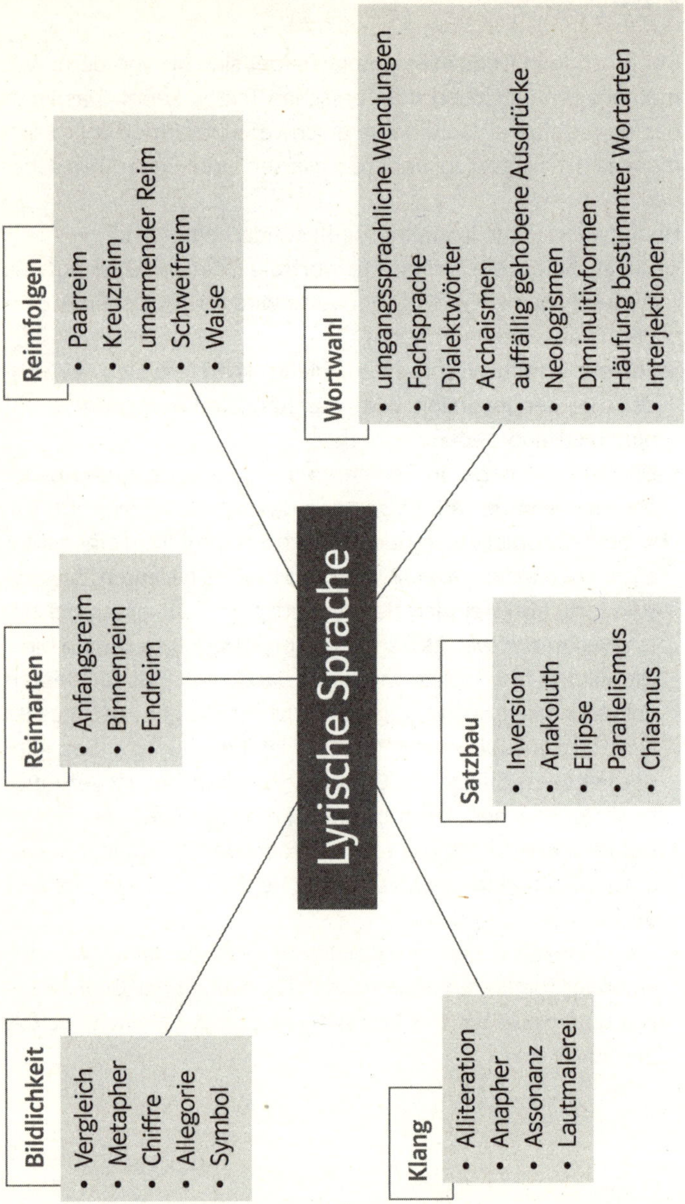
Lyrische Sprache
Reimfolgen
• Paarreim
• Kreuzreim
• umarmender Reim
• Schweifreim
• Waise
Reimarten
• Anfangsreim
• Binnenreim
• Endreim
Bildlichkeit
• Vergleich
• Metapher
• Chiffre
• Allegorie
• Symbol
Wortwahl
• umgangssprachliche Wendungen
• Fachsprache
• Dialektwörter
• Archaismen
• auffällig gehobene Ausdrücke
• Neologismen
• Diminuitivformen
• Häufung bestimmter Wortarten
• Interjektionen
Satzbau
• Inversion
• Anakoluth
• Ellipse
• Parallelismus
• Chiasmus
Klang
• Alliteration
• Anapher
• Assonanz
• Lautmalerei

Lyrische Gattungen und Formen

Typus	Beschreibung
Ballade	• Erzählgedicht; vereint die Grundgattungen der Dichtung: epische Erzählweise, dramatische Gestaltung, lyrische Stimmung • zeigt oft ungewöhnliche Ereignisse aus Mythos und Geschichte • Beispiel: Goethe, *Der Zauberlehrling*
Elegie	• in Distichen verfasst • Inhalt: Klage, Liebe, Satire • Beispiel: Rilke, *Duineser Elegien*
Epigramm	• aus ein oder zwei Distichen bestehend • Sinnspruch, oft mit Pointe
Hymne	• Preisgesang mit religiösem, politischem oder philosophischem Inhalt • oft in freien Rhythmen abgefasst • Beispiel: Novalis, *Hymnen an die Nacht*
Lied	• Gereimtes, in Strophen gegliedertes Gedicht, das sich zum Singen eignet, als Volksgut: Kinderlied, Liebeslied, Wanderlied • in volksnaher Sprache verfasst, als Kunstform vor allem in der Romantik verbreitet
Ode	• meist reimloses Gedicht, in Strophen gegliedert • meist in antiken Versmaßen abgefasst • Beispiel: Klopstock, *Der Messias*
Sonett	• 14 Verse: zwei Quartette, zwei Terzette • dialektischer Aufbau • genau festgelegtes Versmaß: 6-hebiger Jambus (Alexandriner) • wurde vor allem im Barock verwendet • Beispiel: Sonette von Andreas Gryphius

Schriftliche Prüfung

1 Tipps für die schriftliche Prüfung

Wenn Sie einen Interpretationsaufsatz schreiben, stehen Sie vor einem Berg von Schwierigkeiten: Sie müssen den Text richtig verstehen, sich dazu die passenden Gedanken machen und diese auf sinnvolle, nachvollziehbare Art zu Papier bringen. Dies erfordert nicht nur ein hohes Maß an Konzentration, sondern auch einige Kenntnisse über das sinnvolle Vorgehen in schriftlichen Prüfungen.
Was können Sie also tun, um die Ihnen gestellte Aufgabe bestmöglich zu bewältigen?

Tipp 1: Gehen Sie systematisch vor: Wenn Sie sich für eine bestimmte Prüfungsaufgabe entschieden haben, sollten Sie zuerst die **Aufgabenstellung** genau **analysieren** und Unklarheiten klären.

Tipp 2: Lesen Sie nun den zu bearbeitenden **Text** und **markieren** Sie Auffälliges, Unklares und Bezüge innerhalb des Textes mit Farbe. Schreiben Sie Ihre Assoziationen, Verweise auf andere Texte, Fragen oder Erklärungsversuche an den Rand.

Tipp 3: Lassen Sie Ihren Gedanken freien Lauf, legen Sie sich nicht selbst Denkblockaden auf. Halten Sie auch ungewöhnliche **Gedankengänge** auf Ihrem **Konzeptpapier** fest und gehen Sie diesen nach. Wenn Sie in die Irre führen, können Sie sie immer noch verwerfen.

Tipp 4: Halten Sie die **Ergebnisse** jeder Arbeitsphase **schriftlich** – in Stichpunkten oder ganzen Sätzen – fest. Es besteht andernfalls die Gefahr, dass Sie Teilergebnisse übersehen und nicht mehr zu Papier bringen.

Tipp 5: Wenn Sie Ihre Überlegungen niederschreiben wollen, werden Sie feststellen, dass nicht jeder Satz sofort stimmig ist. Lassen Sie sich davon nicht beirren. Schreiben Sie, was Ihnen einfällt – aber schreiben Sie zu Anfang auf ein Nebenblatt. Nach drei oder vier Sätzen haben Sie Ihre anfängliche Schreibblockade vermutlich überwunden, nun sollten Sie die ersten **Sätze in überarbeiteter Form zu Papier bringen** und so, wie es Ihre Gliederung vorsieht, weiterschreiben.

Tipp 6: Teilen Sie sich Ihre Arbeitszeit so ein, dass am Ende noch Zeit bleibt für eine **gründliche Korrektur** der Rechtschreibung und Zeichensetzung.

2 Checkliste

Analyse und Interpretation eines Prosatextes, eines Dramenauszugs oder eines Gedichts

Diese Checkliste erleichtert Ihnen die Arbeit während der schriftlichen Prüfung, da sie Ihnen hilft, wichtige Arbeitsschritte im Blick zu behalten. Da Sie die Checkliste aber weder im Abitur noch in Schulaufgaben verwenden dürfen, sollten Sie sie sich rechtzeitig einprägen, z. B. bei Übungsaufsätzen.

Erste Überlegungen:
- ☐ Worum geht es in diesem Text?
- ☐ Aus welcher Epoche stammt der Text?
- ☐ Was ist typisch für diese Epoche?
- ☐ Wer ist der Autor des Textes?
- ☐ Was weiß ich über ihn?

Zur Aufgabenstellung:

- ☐ Was muss ich bei meiner Interpretation besonders beachten?
- ☐ Welche Einzelaufgaben muss ich bearbeiten?
- ☐ Welche Schwierigkeiten sehe ich auf mich zukommen?

Zur Gliederung:

- ☐ Ergibt sich die Gliederung aus der Fragestellung oder muss ich die Gliederung selbst erstellen?
- ☐ Ist in der Aufgabenstellung gefordert, dass ich eine Einleitung und einen Schluss schreibe?
- ☐ Gibt es Hinweise zu den Inhalten von Einleitung und Schluss?

Zur Ausführung:

1. Analyse:
   - ☐ Was kann ich zu Inhalt und Aufbau feststellen?
   - ☐ Welche sprachlichen Besonderheiten erkenne ich?
   - ☐ Gibt es epochentypische Kennzeichen?
2. Interpretation:
   - ☐ Was fällt mir besonders auf, wo will ich mit meiner Interpretation ansetzen?
   - ☐ Wie kann ich die Analyseergebnisse in meine Darstellung einbeziehen?
   - ☐ Welche Textstellen muss ich als Belegstellen zitieren?
   - ☐ Wofür fehlen mir Textbelege bzw. welche Zusammenhänge sind so komplex, dass ich argumentieren muss?

Zur Niederschrift:

- ☐ Habe ich meine Darstellung noch einmal auf inhaltliche und sprachliche Richtigkeit überprüft?
- ☐ Habe ich eine sachliche, begrifflich angemessene Sprache verwendet?
- ☐ Ist die Arbeit durchgängig im Präsens abgefasst?
- ☐ Sind alle geforderten Untersuchungsaspekte behandelt?
- ☐ Passen die Überleitungen zwischen den einzelnen Absätzen?
- ☐ Stimmt die Gliederung noch mit dem Aufsatz überein?

3 Gliederungsbeispiele

Die hier abgedruckten Gliederungen sind als Modelle gedacht, die im konkreten Fall inhaltlich gefüllt werden müssten; die hier aufgeführten Oberbegriffe ermöglichen eine Orientierung darüber, was in einer Gliederung in welcher Reihenfolge zu finden sein könnte.

Analyse und Interpretation eines Prosatextes / eines Dramenauszugs:

A. Einleitung (z. B. Inhalt, Thema, Personen, Zeit, Schauplatz)
B. Hauptteil: Analyse und Interpretation eines Prosatextes / eines Dramenauszugs
   I. Inhalt des Textes, evtl. Einordnung in den Gesamtzusammenhang des Werkes
   II. Aufbau und Form
   III. Gestaltung:
      1. Erzählperspektive / Darstellungsperspektive
      2. Charakterisierung der Personen und Personenkonstellation
      3. Sprache, Stil, Komposition
      4. Zeitgestaltung
      5. Raumgestaltung

IV. Interpretation:
  1. Thematik
  2. Autorenintention
  3. Einordnung in die Epoche

C. Schluss: Abschließende Betrachtung, eigene Gedanken zum Thema, Vergleich mit einem anderen Werk

Gedichtinterpretation:

A. Einleitung (z. B. Inhalt, Thema, Motivik)

B. Hauptteil: Analyse und Interpretation eines Gedichts
  I. Inhalt
  II. Aufbau und Form
  III. Sprachlich-stilistische Gestaltung:
    1. Wortwahl
    2. Satzgestaltung
  IV. Interpretation:
    1. Thematik
    2. Autorenintention
    3. Einordnung in die Epoche

C. Schluss: Abschließende Betrachtung, eigene Gedanken zum Thema, Vergleich mit einem anderen Werk

Gedichtvergleich:

A. Einleitung (z. B. Inhalt, Thema, Motivik, Autoren)

B. Hauptteil: Gedichtvergleich
  I. Erstes Gedicht
    1. Inhalt
    2. Aufbau und Form
    3. Sprachlich-stilistische Gestaltung
    4. Interpretation

II. Zweites Gedicht
    1. Inhalt
    2. Aufbau und Form
    3. Sprachlich-stilistische Gestaltung
    4. Interpretation
III. Vergleich der Gedichte
    1. Thematik
    2. Autorenintention
    3. Einordnung in die Epoche

C. Schluss: Abschließende Betrachtung, eigene Gedanken zum Thema, Vergleich der Motive

Mündliche Prüfung

1 Tipps für die mündliche Prüfung

Die mündliche Abiturprüfung (Colloquium) ist für die meisten Prüflinge eine ungewohnte, so nie vorher geübte Situation. Sie sollten sich dessen bewusst sein und sich auch auf diese Prüfung gezielt vorbereiten.

Tipp 1: Besprechen Sie vorab mit Ihrem Lehrer, ob Themenbereiche abgesprochen werden können.

Tipp 2: Arbeiten Sie dann gezielt Ihre Unterrichtsmitschriften, Arbeitsblätter und gelesene Lektüren durch.

Tipp 3: Vertiefen Sie Ihre Kenntnisse, indem Sie Schulbücher und Lernhilfen zu den wichtigen Themenbereichen durcharbeiten.

Tipp 4: Seien Sie sich bewusst, dass Sie entweder ein Satzthema (z. B. „Legen Sie dar, welches Frauenbild im Drama der Klassik vorherrscht."), zu dem Sie argumentieren müssen, oder einen Text mit Fragen vorgelegt bekommen, den Sie analysieren sollen.

Tipp 5: Bedenken Sie, dass in der mündlichen Abiturprüfung neben Ihren Fachkenntnissen auch die Qualität Ihres Vortrags und Ihre Gesprächsfähigkeit beurteilt werden.

Tipp 6: Nützen Sie die Vorbereitungszeit vor der Prüfung (meist 20 oder 30 Minuten) zur Auseinandersetzung mit Ihrem Text oder Thema. Notieren Sie Ihre Gedanken nur in Stichpunkten, keinesfalls in ganzen Sätzen – dazu ist die Zeit zu knapp. Es besteht zudem die Gefahr, dass Sie in der Prüfung vom Konzeptblatt ablesen, anstatt – wie verlangt – frei zu sprechen.

Anhang

Sprachlich-stilistische Mittel

Folgende wichtige sprachlich-stilistische Mittel, die dem Schmuck oder der Hervorhebung des Inhalts dienen, können Sie in lyrischen, epischen und dramatischen Texten, aber auch in vielen Sach- und Redetexten finden:

Begriff	Erklärung und Beispiel
Akkumulation	Aufzählung von Begriffen: *„Es sind Kaufleute, Richter, Ärzte, Funktionäre, Kleinbürger, Handwerker, Literaten und Frauen aller Art, jeden Alters, jeden Standes."* (Jakob Wassermann)
Allegorie	Bildliche Darstellung eines abstrakten Begriffs: *Justitia* als Allegorie für Gerechtigkeit als Frau mit verbundenen Augen (Rechtsprechung ohne Ansehen der Person), *Waage* (Abwägen des Urteils) und *Schwert* (richterliche Gewalt).
Alliteration	Gleicher Anlaut mehrerer bedeutungstragender Wörter (Stabreim): *Mann und Maus.*
Anapher	Wiederholung eines Wortes oder einer Wortgruppe zu Beginn aufeinander folgender Verse, Strophen oder Sätze: *Er kam, er sah, er siegte.*
Antithese	Gegenüberstellung logisch entgegengesetzter Begriffe: *Jung und alt.*
Aposiopese	Verschweigen des Wichtigen: *„Ich könnte es sagen, aber …"* (Gerhart Hauptmann).
Archaismus	Veralteter sprachlicher Ausdruck: *obsiegen* (für siegen).

Asyndeton	Gleichrangige Fügung von Wörtern oder Sätzen: *Straßen, Häuser, Menschen.*
Chiasmus	Überkreuzstellung zweier Wortgruppen oder Sätze: *Die Kunst ist lang und kurz ist unser Leben.*
Chiffre	Schwer zu entschlüsselndes Bild: *Schwarze Milch der Frühe* (Paul Celan).
Correctio	Verbesserung (zur Verdeutlichung der Aussage): *Eindringlich, ja beschwörend sprach sie …*
Ellipse	Auslassung von Satzgliedern, die für das Verständnis unwichtig sind: *Ende gut, alles gut.*
Emphase	Phonetische Hervorhebung eines Wortes: *Das hast du damit gemeint!*
Epipher	Wiederholung eines Wortes oder einer Wortgruppe am Ende von aufeinander folgenden Versen, Strophen oder Sätzen (Umkehr der Anapher).
Euphemismus	Beschönigende Umschreibung: *entschlafen* (für sterben).
Exemplum	Beispiel: *Viele Tiere, Ameisen, Mäuse und Elefanten, konnte man bewundern.*
Figura etymologica	Verbindung eines Verbs mit einem stammverwandten Nomen: *Lernen lernen.*
Hyperbel	Übertreibung: *Ich warte schon eine Ewigkeit.*
Hypotaxe	Satzgefüge aus Haupt- und Nebensätzen. Gegenteil von Parataxe.
Inversion	Veränderung der üblichen Wortstellung: *Allein kommt ein Unglück selten.*
Ironie	Das Gegenteil von dem, was gesagt wird, ist gemeint: *Du bist mir ja ein schöner Freund!*

Katachrese	Vermischung von nicht zusammenpassenden Bildern: *Wenn alle Stricke reißen, hänge ich mich auf.*
Klimax	Steigernde Anordnung von Wörtern oder Wortgruppen: *dumm – dümmer – am dümmsten.*
Litotes	Ausdruck eines Sachverhaltes durch sein Gegenteil: *nicht unattraktiv* (für sehr schön).
Metapher	Übertragung eines Wortes in einen anderen Sinnbereich, um diesen zu veranschaulichen: *Ein Meer von Plagen.*
Metonymie	Ersetzung eines sinntragenden Wortes durch ein anderes, wobei das Verständnis nicht gestört wird: *Ich lese gerade Goethe* (für ein Werk von Goethe).
Neologismus	Wortneuschöpfung: *Tagleuchter* (für Fenster).
Onomatopoesie	Lautmalerei; schallnachahmende Wortbildung: *Kikeriki.*
Oxymoron	Kombination von sich ausschließenden Begriffen: *Finster wars, der Mond schien helle* … (Erich Kästner)
Parallelismus	Gleiche Satzstellung in aufeinander folgenden Sätzen: *Heiß ist die Liebe, kalt ist der Schnee.*
Parataxe	Nebeneinanderstellung gleichberechtigter Hauptsätze: *Tanja ging in die Schule und Simon blieb im Bett.*
Parenthese	Einschub: *Das ist – kurz gefasst – meine Meinung.*
Periphrase	Umschreibung eines Begriffs durch mehrere Wörter: *der Allmächtige* (für Gott).

Personifikation	Darstellung abstrakter Begriffe oder lebloser Dinge als Person oder belebte Wesen: *Väterchen Frost.*
Pleonasmus	Verbindung zweier Begriffe, von denen einer im anderen enthalten ist: *weißer Schimmel.*
Rhetorische Frage	Nur scheinbare Frage, deren Antwort bereits feststeht: *Wer möchte nicht in Frieden leben?*
Symbol	Bildhaftes, über die eigentliche Wortbedeutung hinausweisendes Zeichen: *Kreuz* (für Christentum).
Synästhesie	Metaphorischer Ausdruck, bei dem zwei oder mehr Sinnesbereiche gemischt sind: *Golden wehn die Töne nieder.* (Brentano)
Tautologie	Bereits Gesagtes wird durch ein sinnverwandtes Wort wiederholt: *voll und ganz.*
Vergleich	Herstellung einer Gemeinsamkeit zwischen zwei Bereichen: *weiß wie der Schnee.*
Wiederholung	Mittel der Intensivierung: *Es war still, ganz still.*
Wortspiel	Gewollte Verbindung von Klangähnlichkeit und unterschiedlicher Bedeutung: *Lerche – Lärche.*
Zeugma	Verbindung mehrerer Nomina durch ein Verb, das nur zu einem Nomen passt: *Er hatte Mut und ein Schwert bei sich.*

Register

Abi

Englisch

Landeskunde

von Sarah Nowotny

Sarah Nowotny kommt aus London und hat langjährige Erfahrung als Lehrerin für Englisch als Fremdsprache. Sie ist als freie Übersetzerin und Autorin tätig.

Content

Political System

1 British Political System

The British system of government

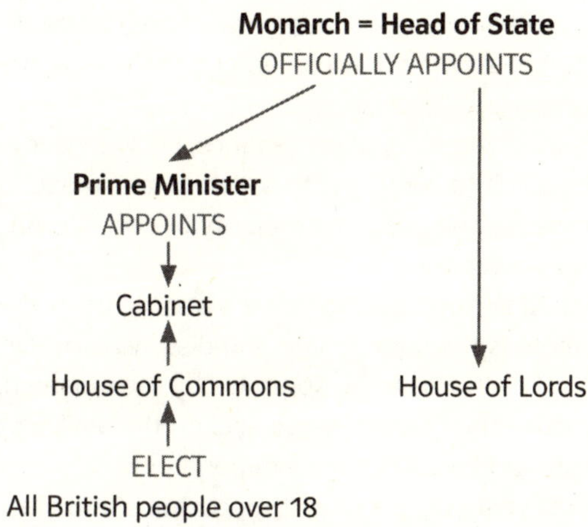

The British Constitution

The British constitution does not consist of one written document as in the USA, but is something that has evolved throughout the centuries and continues to evolve today as new laws are passed. Some of its documents go back to the Middle Ages. The most important documents are:

- the Magna Carta (1215)
- the Petition of Rights (1628)
- the Bill of Rights (1689)
- the First, Second and Third Reform Acts (1832, 1867 and 1884)
- the Equal Franchise Act (1928).

The first three developed the country's parliamentary system, the Reform Bills introduced the right to vote for the various social classes, and the last enabled men and women aged 21 and over to vote.

Constitutional law in Britain has four elements: statute law, common law, the royal prerogative and constitutional convention.

- **Statute law** means laws that have been formally approved and written down, and can be used in court. In Britain these laws are made in Parliament. All laws passed are constitutional laws and can be amended by Parliament. In this way, the constitution continues to evolve.
- **Common law** is founded on legal precedence, i.e. when judging cases, a judge has to comply with the decisions made in other, similar cases in the past. The majority of civil liberties cases fall into this category.
- **The royal prerogative** refers to the powers and rights of the Queen. An example is the summoning and dissolving of Parliament, which officially has to be approved by the monarch. However, in practice the Queen always acts on the advice of the Prime Minister and does not act independently.
- **Constitutional conventions** are unwritten customs and practices which have developed over the centuries. One example is that the monarch sends for the leader of the largest political party in Parliament after a general election and asks him/her to form a government. These conventions can also be changed by an Act of Parliament, but are not enforced in the law courts.

Other important points regarding the constitution

- Parliamentary sovereignty, which means that only Parliament can make laws for Britain. These laws cannot be overruled by any other authority.
- **rule of law**, which is made up of three parts:
  (a) every person is innocent until proved guilty and cannot be punished unless convicted by a court

(b) everyone is equal in the eyes of the law
(c) the general principles of the constitution are all based on decisions made in individual cases, not decided by a ruler.

The role of the Monarch

Although Britain is still a monarchy, the British Crown has lost most of its real political power, and today has a mainly symbolic or ceremonial function. The Queen's main duties are:

Representative role

- Head of State in the United Kingdom
- Ceremonial Head of the Commonwealth countries
- Head of the Church of England
- Commander-in-Chief of the British Armed Forces

Symbolic / ceremonial functions

- makes state visits overseas
- entertains foreign Heads of State when they visit Britain
- supports various charities and good causes
- performs various ceremonial duties during national celebrations
- visits parts of Britain, especially after disasters or tragedies
- confers peerages, knighthoods and other honours on people recommended by the Prime Minister

Political functions

- summons and dissolves Parliament
- makes a speech (written by the Prime Minister) at the opening of Parliament each year
- signs bills passed by Parliament
- meets with the Prime Minister regularly to talk and give advice about current events
- officially appoints the Prime Minister and the Cabinet
- appoints judges, bishops and governors

Attitudes to the monarchy today

The Royal Family is generally still popular in Britain today, despite a number of scandals during the 1990s such as those surrounding the marriage and divorce of Prince Charles and Princess Diana. Although there have been many discussions in Britain about abolishing the monarchy, there are currently no serious plans to do so, and the popularity of figures such as Prince Charles has slowly increased again.

A brief history of the British Parliament

13th century: The name 'Parliament' was first given to meetings of the King's Council when Henry III met with church leaders and rich landowners to discuss political matters.

1265: 2 commoners from each town joined the council.

1295: Model Parliament of Edward I, consisting of bishops, abbots, peers, 2 knights from each shire and 2 representatives of each town.

14th century: Parliament met at fixed times and had 2 houses: the House of Lords (the aristocracy and church leaders) and the House of Commons (rich country gentlemen). Parliament gained control over statutes and taxation.

Up to 1625: Parliament was controlled by the monarch.

1625–1649: Struggle for power between Charles I and Parliament.

1642–1648: Civil war between the Roundheads (Parliamentarians) and Cavaliers (supporters of the King), ending in the execution of Charles I (1649)

1688–1689: 'Glorious Revolution' led to the country being governed by Parliament rather than the monarch.

Until 1832: Parliament had supreme authority.

19th century:	various Acts of Parliament gave the vote to more and more citizens and introduced equal electoral districts, making Parliament democratic.
1874–1970s:	development of cabinet government rather than parliamentary government.
1919:	vote for all men over 21 and women over 30.
1928:	vote for women over 21.
1969:	voting age dropped to 18.

Parliament today

The British Parliament consists of two chambers: the House of Commons and the House of Lords.

The House of Commons

This currently has 659 Members of Parliament (MPs) who are elected by the adult population of Britain. Each MP represents one constituency. The borders and number of constituencies are changed from time to time if the population of an area changes to ensure fair representation in all parts of the country. In the 2001 General Election there were 529 constituencies in England, 40 in Wales, 72 in Scotland and 18 in Northern Ireland.

Main functions

- to pass laws
- to control government policy and administration
- to debate current political issues

Seating arrangements

The Prime Minister and the Cabinet sit on the front bench facing the Leader of the Opposition and his Shadow Cabinet. The MPs who are not Cabinet members sit behind them (the **'backbenchers'**).

The House of Lords

This consists of

- the Lords Spiritual, i.e. the Archbishops of Canterbury, York, Durham and Winchester and 21 other senior Church of England Bishops and
- the Lords Temporal, who are hereditary peers, life peers and Law Lords (Lords of Appeal).

There are about 1200 members. In January 1999 Labour government legislation removed the right of hereditary peers to sit and vote in the House of Lords. This was later amended and 92 hereditary peers were allowed to remain in the House of Lords until a reform can be agreed on.

The power of the House of Lords was greatly reduced in the Parliament Acts of 1911 and 1949. Before then, it was able to reject any legislation put forward by the House of Commons; now it is only able to delay the passing of new laws.
The House of Lords is also the highest and final Court of Appeal for the British Law Courts, except for criminal cases in Scotland.

Devolution

Since the end of the 1990s Scotland, Wales and Northern Ireland have had their own parliaments in addition to the central one in London.

- The Scottish Parliament was elected in May 1999 and controls education, health, local government, the environment, economic development and the arts.
- The National Assembly of Wales was elected in May 1999. It makes decisions in the fields of economic development, the environment, education, local government, health services, housing, transportation, the arts and language.
- The Northern Ireland Assembly was elected in June 1998 and given authority over issues including agriculture and health.

However, the Assembly was suspended on 14th October 2002 due to conflicts among the political parties and the breakdown of peace talks between Catholics and Protestants.

Making laws

1. A new law is suggested by politicians, government departments, special interest groups or individuals.
2. The Cabinet agrees on the text of a law, which is called a bill.
3. The bill is debated in the House of Commons. A vote is taken on whether the bill should become law.
4. The bill is discussed in the House of Lords. The Lords can make changes, but cannot stop it from becoming law.
5. A final vote on the bill is taken in the Commons.
6. The Queen signs the bill and it becomes law.

Proceedings in both Houses normally take place in public. The minutes and the speeches are published daily, and proceedings are also recorded for radio and television. Some cable and digital TV channels televise live parliamantary debates.

British electoral system

The current British electoral system is referred to as 'first past the post', i.e. the candidate with the largest number of votes in each constituency wins, no matter how small the majority. This system has obvious disadvantages for smaller parties, as well as not necessarily reflecting the votes cast in a particular constituency. For example, if a winning candidate receives 40% of the votes in a constituency, it means that 60% of the people, i.e. the majority, voted for other candidates. There have been proposals to change this system, and the Labour government has promised to hold a referendum on the subject. However, this has not yet taken place. According to law, the maximum duration of a parliament is 5 years, but it may be dissolved and a general election called at any time during those 5 years.

British political parties

The three main political parties in Britain are Labour (leader Tony Blair since 1994), the Conservatives (leader Michael Howard since 2003) and the Liberal Democrats (leader Charles Kennedy since 1999). The Labour Party is currently in its second consecutive term of government since winning the 1997 general election with a landslide victory, ending the Conservatives' 18 years in power.

Some other, smaller parties, such as the Green Party, also exist in Britain but do not currently hold any seats in Parliament.

The government

The government is led by the Prime Minister and his/her Cabinet. They are responsible for running and managing the country's political affairs.

The Prime Minister's powers and duties

- with the Cabinet, makes all the important decisions for governing the country
- appoints and dismisses Cabinet members
- controls Cabinet agenda meetings and committees
- leads and influences his/her own political party
- can choose when to hold a general election
- informs Parliament of government activities
- informs the Queen of government policies
- advises the Queen about public appointments

Overview of the 2 main parties	
Conservatives	**Labour**
Colour blue	red
Symbol flaming torch	red rose
Regions of support strongholds in the South of England	Midlands, North of England, Scotland
Votes upper and middle classes, land-owners, business people	working class, trade unions, 'New Labour' under Tony Blair also attracts the middle class vote
Economic policy • low taxation (especially for high incomes) • low inflation • control of public spending • promotion of free enterprise	• mixed economy • low inflation • strict planning and government intervention in the economy • full employment
Educational policy • privatisation • more parental choice • diversity in types of school • raising standards • teaching basic skills to every child	• egalitarian education system • more training programmes for the unemployed
Social welfare • more emphasis on individuals taking care of themselves rather than relying on welfare	• improvement of social welfare • improving NHS, e.g. reduction of waiting lists
Attitude to Europe • emphasis on British interests • extension of British influence • decentralisation • against single currency • fear of loss of sovereignty	• more sympathetic towards united Europe • protection of British interests • do not reject idea of single currency

The role of the Cabinet

The Cabinet consists of about 20 senior MPs, called Ministers or Secretaries of State, all of which are head of a government department. The number varies and is decided by the Prime Minister. The most senior government ministers, e.g. the Chancellor of the Exchequer, the Foreign Secretary and the Home Secretary are always members; others, such as the Transport Minister, may or may not be a Cabinet member, depending how important the Prime Minister considers this post to be. This group of ministers is responsible for making important government decisions, with the Prime Minister as Chairperson.

2 Cheat Sheet: British Political System

Constitution	No written constitution, but a constantly evolving process as new laws are made.
The Monarch	Ceremonial and representative role as Head of State, but no real political power.
Parliament **House of Commons** **House of Lords**	Passes laws; debates current political issues. Debate laws before they can be passed; highest Court of Appeal.
Devolution	Scotland, Ireland and Wales now have their own national parliaments; can deal with some issues without reference to London.
Making Laws	Proposed laws (bills) debated and voted on in both Houses; final decision made by House of Commons; signed by the Queen before becoming law.
Electoral system	'First past the post' system.
Main political parties	Labour, Conservatives, Liberal Democrats.
Prime Minister	The leader of the majority party in Parliament; makes important decisions for governing the country (with the Cabinet); controls many government appointments.
Cabinet	Responsible for policy-making in the various state departments.

3 US Political System

The American system of government

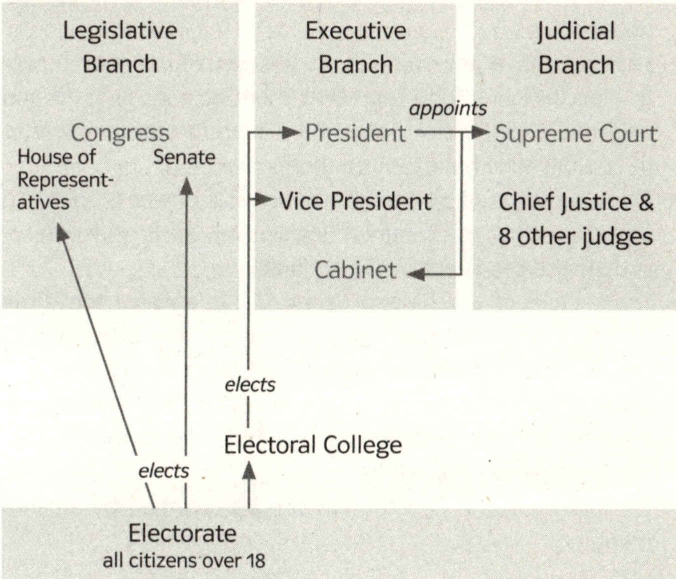

The American Constitution

The Constitution of the United States, the basis of American government, is one of the most important documents of western civilization. It was drawn up in summer 1787 at the Constitutional Convention in Philadelphia and ratified in 1788. It replaced the 'Articles of Confederation' drawn up in 1781 between the 13 original states which had become independent from Britain in 1776. Under these 'Articles of Confederation' the central government had very little authority, making it difficult to resolve arguments between the separate states, control trade and so on. More power for the central government seemed essential if America was to become a united country.

Main ideas of the Constitution

- Government must have the agreement of the governed, i.e. the USA is ruled by all of its citizens, not a monarch or a group of politicians.
- Representative government, i.e. the people use their power to elect officials, who represent them at a local, state and national level. Political leaders are therefore answerable to the people who have elected them.
- The **separation of powers**. Governmental power is split into three branches: the Congress (legislative), the President (executive) and the Supreme Court (judicial).
- The **system of checks and balances**, i.e. each of the three branches of power has some control over the other two to prevent one of them from becoming too powerful.
- **Federalism**, i.e. authority is split between the national government and the separate states, which means that neither can become too powerful.
- Flexibility, i.e. the Constitution can be changed by amendment.

The Bill of Rights

This is the name given to the first 10 amendments to the Constitution, added in 1791. It specifies basic civil rights of individual people that the government cannot infringe. These civil rights include: freedom of speech, freedom of the press, freedom of religion, freedom of assembly (holding peaceful meetings), the right to a fair trial if accused of a crime, the right to demand action or a change in policy from the government, the right to be secure in one's home and the right to own and carry weapons for protection.

There are currently 27 amendments, concerning matters such as the rights of blacks (Amendment 15) and the vote for women (Amendment 19). A change to the Constitution can be proposed either by Congress (needing a two-thirds vote from both houses) or by two-thirds of the states. It must then be ratified by three-quarters of the states. However, up to now all amendments have come from Congress. The President has no legal right to change the Constitution.

The President (Executive Branch)

The President of the United States is the most powerful politician in his country and one of the most powerful people in the world. To become President, a candidate must be a native-born American citizen, at least 35 years old and have lived in the USA for at least 14 years. To date, all American presidents have been white males.

The President is elected every four years and cannot serve more than two terms of office. He and the Vice President are elected through the Electoral College (see below) and are the only government officials elected by and representing the whole nation. Unlike in Britain, they are not necessarily members of the party which holds the majority in Congress.

The role of the President

The functions of the American President are a combination of a ceremonial role as head of state and a political role similar to that of a Prime Minister. His main functions are:

- Head of State, a representative role similar to that of the Queen
- Chief Executive Officer (head) of the federal government:
  - proposes legislation to Congress
  - has the power to veto laws
  - appoints federal judges (including those of the Supreme Court) with the Senate's approval
  - has a considerable influence on the economics of the country through tax and budget proposals
  - has a considerable influence on foreign policy as the highest US diplomat

- can appoint Cabinet members, heads of independent federal agencies, many federal employees and diplomats. These appointments need to be confirmed by a majority of the Senate.

- Commander-in-Chief of the US armed forces, which gives him the authority to control military strategy and action. He is also responsible for the security of the country.
- Leader of his own political party.

Congress (Legislative Branch)

This is the law-making branch of the United States government. It consists of two chambers: the Senate and the House of Representatives, both of which have equal power.

Senate

- 100 senators, 2 from each state
- one-third of the Senate is elected every two years for six years

House of Representatives

- 435 representatives, 1 for about 500,000 people. The number of Representatives per state depends on the population of that state
- representatives serve 2-year terms

Powers of Congress

- to declare war and make peace
- to maintain armed forces
- to control trade among the states and between the US and foreign countries
- to control federal taxes and spending
- to make laws
- to investigate and oversee the executive branch and its agencies (e.g. Department of Defense)
- to impeach
- to print money

The Judicial Branch

This is made up of (a) a federal court system dealing with cases concerning the nation as a whole, and (b) a state court system, which deals with civil cases between private individuals, or between citizens and local or state governments.

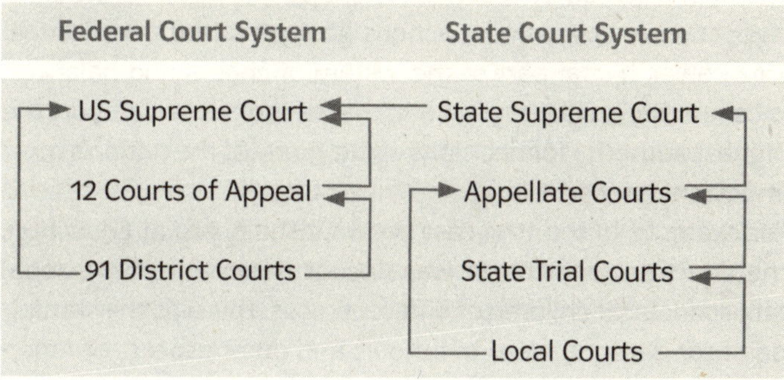

The Supreme Court

The Supreme Court is the highest court in the United States. It has nine judges: the Chief Justice of the United States and eight associate justices, all of whom are appointed for life. Decisions made by the court need only be majority decisions.

Functions of the Supreme Court

- Has the final word on most important constitutional and legal matters.
- Creates precedents which serve as guidelines for lower courts.
- As the final appeal court in the country, it hears appeals of cases from the **Courts of Appeal** and **State Supreme Courts**. More than 5000 cases are appealed to the Supreme Court every year, but no more than 150 are heard there. The Supreme Court has the power to choose which cases to hear.
- Has complete authority over federal courts, all of which must follow the Supreme Court's rulings on federal laws and the

Constitution. However, it has only limited power over state courts as it is not allowed to rule on state law or any matters concerning state constitutions.

Judicial Review

The Supreme Court's most important duty is deciding whether legislation or government actions go against the Constitution. This power, a vital part of the system of checks and balances, is called the judicial review, and makes the Supreme Court the highest authority for decisions about many of the nation's most important issues.

For example, in the 1954 case Brown v The Board of Education, the Court decided that it was unconstitutional to have separate schools for children of different races. This was the starting point for desegregation of schools and other aspects of American society.

Making laws

1. A member of Congress introduces a bill to the Senate or the House of Representatives.
2. The bill is given to a committee which discusses it in detail and decides if there is a need for this law.
3. The committee approves or changes the bill and then passes it back to either the House or the Senate. If the committee decides against the bill, it dies (no further action is taken).
4. The bill is debated and amended in one of the two chambers of Congress and a vote is taken. If the majority is in favour, the bill is sent to the other chamber where it undergoes a similar procedure.
5. Once the bill has passed both chambers, it has to be signed by the President, who can, however, also veto it.
6. A bill becomes law if the President signs it. If he vetoes it, it can still become law if both chambers of Congress pass it again with a two-thirds majority.

The American electoral system

Presidential elections take place every four years, although campaigning may start as much as two years before the actual election. In addition to this there are state elections and elections for the two houses of Congress, which means that election campaigning in the US can seem virtually non-stop. The campaigns themselves are expensive and colourful, relying heavily on media coverage and often appear to have more to do with show business than with politics.

There are two different ways in which a person may be elected presidential candidate for his/her party. Some states have **primary elections**, where voters can select candidates to run in a general election. Other states have **party conventions**, which are meetings of party representatives to choose delegates for their party's National Convention. This is where the presidential candidate is nominated.

The Electoral College

This rather complicated, indirect system of electing the President was initiated by the authors of the Constitution. In the nation's early years, when both infrastructure and communications were poor, most people did not know much about the individual candidates. Therefore, local people with responsible positions were chosen as 'electors' to represent the presidential candidates in the area where they lived. The ordinary citizens would vote for one of the electors who would then give these votes to the candidate of their choice. Another reason for this system was that average citizens were not initially believed to be capable of making a good choice of President.

How the system works

- Each state has a number of presidential electors, the same number as the state's total of Senators and Representatives in Congress.

- Citizens vote for the presidential candidate of their choice, but candidates do not receive these votes directly.
- Instead, the candidate with the most votes in each state is given all of the electors' votes for that state, a majority or 'winner-takes-all' system.
- To win, a presidential candidate needs a majority of 270 out of 538 electoral votes.

This system has often been criticized as it is outdated and does not necessarily reflect the popular vote, i.e. more people in the country as a whole may vote for one of the candidates, but the other may win more electoral votes. The 2000 presidential election clearly showed the disadvantages of this system. The two candidates, AL Gore (Dem) and George W. Bush (Rep) were very close in the popular vote, and the winner of the electoral vote depended on the results in Florida. However, the margin there was so narrow that the votes had to be recounted; it was also claimed that thousands of votes were not counted at all. Five weeks after election Gore conceded defeat and Bush became the 43th president.

Political parties

The United States has always had a two-party system. The two major parties today are the Democrats and the Republicans.

Overview of the 2 major parties	
Republicans	**Democrats**
Emblem The elephant	The donkey
Regions of support rural Northeast areas, Midwest, Rocky Mountain states, suburbs	big cities, the South

Votes middle class, the wealthy, rich farmers, WASPs (White Anglo-Saxon Protestants), big business, religious right. Now also target the votes of minorities	the poor, working-class people, immigrants, minorities, African-Americans, Jews, small farmers, labour unions, intellectuals. Now also target middle-class votes
Defence policy • support strategic weapons and nuclear strength • treaties to be made only if the US is in a strong position • strong military	• more supportive of conventional forces and reduction of nuclear weapons • treaties through diplomacy and mutual understanding
Foreign policy • support sending troops abroad • absolutely against communism	• usually more cautious about international political interference • not as hard-line about communism
Economy • support big business, sometimes offering tax breaks which benefit the rich • minimal state interference in business	• traditionally support the poor and tax the rich heavily • in recent years have been more supportive of big business
Crime and social issues • against gun control • generally support death penalty • anti-abortion • cut-backs in some social welfare programmes (Medicare), and stress on the responsibility of the individual: more reliance on church and charity • favour prayer in schools • less public spending	• stricter gun control • oppose death penalty • more liberal attitudes to abortion • approve of more social welfare programmes • expansion of civil rights laws for minority groups • more liberal policies for fighting crime and drugs
Environment • have cut back on spending for national parks and environmental protection • sometimes not very strict about pollution standards (connected with big business)	• increase spending for parks and environmental protection • tougher on big business with regard to the environment

nach Abiturwissen Landeskunde S. 33

4 Cheat Sheet: US Political System

Constitution	All areas of American government are based on this written document (1787). Establishes that the US should have a representative government, a separation of government power and a system of checks and balances so that no one branch of government can become too powerful.
Bill of Rights	First 10 amendments to Constitution (1791). Specifies several basic civil rights for American citizens, e.g. freedom of speech, freedom of religion.
President (Executive Branch)	Head of State and Chief Executive of the government. Wide range of powers, e.g. proposing and vetoing laws, appointing judges and other state employees (with Senate approval), controlling military action.
Congress (Legislative Branch) Senate House of Representatives	100 senators, 2 from each state, serving 6-year-terms. 435 members, serving 2-year terms. Both chambers have equal authority and functions including making laws, declaring war, controlling federal taxes and controlling trade.
Judicial Branch	Consists of a federal court system and a state court system.
Supreme Court	Highest court in the US, with 9 judges. Establishes precedents which all other federal courts must follow.
Judicial Review	Most important function of the Supreme Court: decides whether laws or government actions are unconstitutional.
Making laws	Laws are proposed, debated and passed in Congress. They also have to be signed by the President, who can veto them.
Electing a President	Indirect vote through the Electoral College. 'Winner takes all' system.
Main political parties	Republicans and Democrats.

Social Structure

1 Social Structure in Britain

General facts

- Britain has an increasingly ageing population: 1 in 3 people are over 50; by 2021, 5 % of the population will be aged 80 and over.
- Additionally, the birth-rate is dropping: therefore, in the next few decades, there will be many job vacancies to fill.

Families

- The nuclear family, consisting of a married couple (where the man goes out to work and the woman stays at home) and two children, is no longer an accurate reflection of life in Britain for many people.
- One quarter of all households are now one-person households.
- The divorce rate is one of the highest in Europe, a factor which has added to the number of single-parent families.
- There are many couples who have remarried and live with step-children as well as their own.
- The majority of couples, especially in their 20s and early 30s, now live together before marriage, if they marry at all.
- A paper published by the government in 1998 called 'Supporting Families' set out proposals for strengthening family life. It included a suggested programme to give families from poor areas better access to childcare, healthcare and early education opportunities.

Britain as a class society

In the past, British society was characterised by a marked division of social classes. To what extent is this still true today? Although the boundaries of the middle classes in particular are much more fluid nowadays, an upper and lower class based on financial situation and position in society can certainly still be seen. Surveys suggest that the idea of a class system also still exists inside people's heads, the lower class having a sense of 'us' and 'them', for example with regards to their employers.

Some distinctions between the classes	Upper / Middle Classes	Working Classes
Accent	'BBC' English: a neutral, south-eastern accent gives the impression of a good education.	Regional accents, especially those of large cities, seem uneducated.
Houses	Large, detached or semi-detached homes with large gardens	Terraced houses, council flats, rented accommodation
Newspapers	'Quality' papers	'Tabloid' papers
Entertainment	Theatre, cinema, restaurants	Pubs

It should be noted, however, that these distinctions are generalised, and, in some cases, blurred (see below).

The upper class

This can be divided into the 'traditional' upper class, whose members are part of the aristocracy and inherit their wealth and position through titles and property, and the so-called 'business elite', who are separated from the middle class by property, wealth, power and connections.

Characteristics

- This top 1% of the wealth holders in Britain own about 33% of the country's wealth.
- The wealth is passed on from generation to generation, so they remain in control of the country.
- They hold key positions in public life and areas of the national economy e.g. as directors of the top British companies and banks. They therefore play an influential role in society.
- Their children go to public schools and usually Oxford or Cambridge University. There they form the networks that will help them both in their jobs and in their social lives.
- The exclusivity of family background is more important than new wealth, i.e. working- or middle-class entrepreneurs who have become millionaires are not accepted as members of this class: money alone is not enough.

The middle class

This covers the widest spectrum of people in Britain, and is the one within which there is the most mobility.

Four main groups can be distinguished within the middle-class spectrum:

(a) **The higher professionals:** doctors, judges, lawyers, architects, accountants and business executives. These professionals have university degrees, usually including post-graduate degrees or professional qualifications. The benefits of their jobs include large pensions, long holidays, an expense account and generous sick pay. Since they have a high regard for education and qualifications, it is not unusual for children to follow their parents into the same professional fields.

(b) **The salaried professionals:** university lecturers, school teachers, local government officials, civil servants and social workers. They have also attended university and, often, obtained post-graduate degrees. They are generally not in a position to negotiate their salaries to the extent that the first group are, and normally earn less.

(c) The 'white collar workers' make up the third and largest group. These are people with desk jobs, and include a large percentage of women, mostly doing routine, clerical work. The pay for this 'lower middle class' is generally modest, but they are still able to afford consumer goods and holidays abroad.

(d) The self-employed. This group comprises people who run their own small businesses, shopkeepers and so on. Many of these people do not earn very much, but have to work long hours and pay for their own pension schemes. Many small businesses also went bankrupt during the recession in the early 90s.

Today much of Britain's heavy industry has disappeared, and has been replaced by an increase in jobs in the service industries (such as hotels or banks), which provide more middle-class jobs. This has resulted in people from working-class backgrounds taking on these 'middle-class' jobs, and thereby achieving middle-class status.

The working class

- The traditional working-class stereotype was of a manual worker who voted Labour, was a member of his trade union and whose social life revolved around the local pub. His wife stayed at home and did the housework.
- Such generalisations are no longer appropriate today. This can be seen in the growing lack of interest in politics (trade union membership has dropped) and the embracing of the consumer society. For example, a large proportion of working-class people own, or aim to own, their own homes, many having bought the council houses which they had previously rented.
- More than 50% of the working-class workforce are now women or are from ethnic minorities.

The poor

There is a wide gap between those in work and the unemployed, although those living below the poverty line also often include old people, the disabled, single-parent families and those in very low paid jobs (often members of ethnic minorities). While the rest of the population enjoys an increasingly higher standard of living, these people are forced to live off social security benefits and some of them even become homeless. Areas with high unemployment become breeding grounds for social problems such as violent crime and drug abuse, and the numbers of beggars on the streets and people sleeping rough are a daily reminder of those whom society has failed.

Accent

- As mentioned above, accent is a marker of social status in Britain. Those in positions of power tend to speak in a more neutral, southeast England accent associated with BBC newsreaders. Many people associate a strong regional accent, especially one from a big city such as London (Cockney) or Liverpool (Scouse) with a lack of education and social skills: people who talk like this are therefore unlikely get high-powered jobs, especially not in public life. The exception is politicians, some of whom retain their regional accents.
- Conversely, there is a trend amongst certain groups of young people, particularly those in the entertainment business, to adopt a more working-class accent despite their wealthy, middle-class backgrounds. This is referred to as 'estuary English', or sometimes as 'Mockney' (mock Cockney). These people perhaps have the feeling of appealing more to the 'man in the street' by speaking in this way.

The role of women

- As in most western societies today, fewer women are full-time housewives than in the past.
- Many women have obtained professional qualifications and want to have a career before starting a family, while others are forced to work for financial reasons.
- In the 1990s, 72% of British women had a full-time or part-time job.
- Those doing non-professional work generally had low-paid jobs, or were only able to get a part-time position.
- Even women with good careers usually find it impossible to get the top jobs in their chosen profession, e.g. there are large numbers of women doctors, but very few surgeons who are women. About 18% of MPs are now women, an improvement on the situation in the last few decades, but still not a percentage that reflects the proportion of women in the country.
- There are still many areas of work which are considered 'typically male' or 'typically female'. Female jobs tend to be in areas such as administration, health and education, whereas male jobs are in areas of technology and industry.
- On average, women earn about 80% of what men in equivalent jobs earn. This is partly due to the fact that wages for 'typically female' jobs are lower.
- There is little provision of childcare for women wishing to return to work after having children, and it is often difficult for women returning to work to pick up their careers exactly where they left off.
- Surveys show that men are still reluctant to do their fair share of household chores, which means that working women additionally have to spend their evenings and weekends doing housework.
- The ageing population will make it necessary in the coming years to look for new sources of workers: women who wish to go back to work after having children are a natural solu-

tion to this problem. However, working conditions will have to be made more amenable to women with children if more women are to be encouraged to work.

The ethnic minorities

Britain is a multi-racial society. The following table shows the resident population of Britain by ethnic group, 1997:

	Number of people (thousands)	%
White	52,936	93.6
All non-white ethnic minority groups of which:	3,599	6.4
Black Caribbean	526	0.9
Black African	352	0.6
Black Other (non-mixed)	132	0.2
Black Mixed	175	0.3
Indian	931	1.7
Pakistani	591	1.1
Bangladeshi	209	0.4
Chinese	157	0.3
Other groups	536	0.9
All groups	**56,550**	**100.0**

(Source: Office for National Statistics)

Immigration

People from all over the world emigrate to Britain for a variety of reasons:

- to escape political or religious persecution
- to have better economic opportunities
- because of traditional connections to Britain (e.g. members of Commonwealth countries such as Australia, New Zealand or Canada).

The number of people allowed to settle permanently in the UK, 2002 and 2003:

	2002	**2003**
Europe of which:	19,223	18,647
European Economic Area	1,201	1,243
Other Europe	18,022	17,404
Americas	8,410	9,945
Africa	37,245	38,537
Asia of which:	42,051	43,511
Indian subcontinent	26,432	29,836
Rest of Asia	15,619	13,675
Oceania	1,201	3,730
Other nationalities	12,015	9,945
All nationalities	**120,145**	**124,315**

(Source: Home Office)

Patterns of immigration

- In the 18th and 19th centuries there were already black immigrants in Britain from the days of slave trading.
- 19th century: there was an influx of Irish immigrants.
- First half of the 20th century: Jewish and other Eastern European refugees.
- Large scale immigration began because of labour shortages in the 1950s, which saw the arrival of many West Indians (especially from Jamaica).
- 1960s and 1970s: immigrants from India, Pakistan and Bangladesh. These groups and the West Indians represent the largest percentage of immigrants living in the UK today.
- From the late 1980s: an influx of asylum seekers from troubled areas around the world, such as from former Yugoslavia and Somalia.

Distribution

A large number of the people who emigrated to Britain from the 1950s – 1970s have settled in certain areas of the country:

London: 60 % of all Black ethnic groups, 40% of all Indians, 20 % of all Pakistanis

Leicester, Wolverhampton, Slough: Indians

Lancashire, Greater Manchester, West Yorkshire: Pakistanis

Problems faced by ethnic minorities

Right from the beginning, members of ethnic minorities in Britain were the victims of discrimination and hostility, both from their white neighbours and from the authorities.

- They were given the worst paid jobs and poor housing.
- The white residents of their neighbourhoods mistrusted them and made integration difficult.
- Today problems include the fact that young black men are far more likely to be stopped in the street by a police officer than white people and are much more likely to be arrested.
- White people are far more likely to obtain a job than their black counterparts.
- Afro-Caribbeans and Asians are often verbally abused or even physically attacked.
- Many members of ethnic communities live in run-down inner city areas, where their children seldom have the opportunity to attend a good school and therefore do not get the qualifications which would help them to improve their social and economic status.
- The ethnic minorities are underrepresented in the police and armed forces; many of those who have joined these forces have complained of colleagues' racist attitudes.
- They are also underrepresented in the trade unions.

Reducing racial disadvantage

- The **Race Relations Act** (1976) makes it illegal to discriminate on the grounds of colour, race, nationality or ethnic origin in the areas of provision of goods, facilities and services, and in employment, housing and education.
- The Crime and Disorder Act (1998) includes new offences of racial harassment and racially motivated violence.
- In addition to this, equal opportunities are promoted through training programmes, including extra training for adults who need English as a second language. Specialist teachers are provided at some schools to help immigrant children with their English.

Acceptance and integration

Although the situation today is far from perfect, there have been improvements towards equality and integration:

- There are now some Black and Asian MPs.
- The ethnic minorities have wider representation in local government.
- Several Asian entrepreneurs have become millionaires, enabling them to move up into a more middle-class society.
- Success in sports (e.g. football, athletics) and in the music world has contributed to greater acceptance.
- People from ethnic minorities have a higher profile on television than in the past.
- The Indian restaurant and Pakistani newsagency or corner shop have become integral parts of British life.
- The annual **Notting Hill Carnival**, held in August, attracts 2 million visitors each year. It began as a local celebration of West Indian culture, and in the past it was the scene of fights between the black community, organised racists and the police. Nowadays, however, it is a peaceful event.

Although all of these factors are steps towards racial equality, there is still a long way to go, and racial tension, or even violence, are still a fact of life for many ethnic minorities, as the race riots organised by far-right extremists in Bradford and Oldham in 2001 show. Clearly a lot more work is needed to promote understanding between the races.

2 Cheat Sheet: Social Structure in Britain

Family life	The nuclear family is no longer the norm: divorce and cohabitation have become common.
Upper class	• Characterised by hereditary wealth, social position and property. • They hold many positions of power in public life and in business. • They form contacts at public school and Oxford/Cambridge. • They are exclusive: only those with the right background are acceptable.
Middle class	• Covers a wide range of professions from doctors and lawyers to clerical workers. • Those in the top professions are well-off, but do not have the same power as the upper class. • There is a lot of mobility within this class, e.g. the child of a clerical worker can qualify as a doctor. • They can afford to buy consumer goods.
Working class	• Manual workers prefer today to work towards owning their own home and buying consumer goods than be trade union members trying to bring about social change. • There is a wide gap between the employed and the unemployed, many of whom are destitute and without hope.
Women	Now form a large part of the workforce, but are generally still disadvantaged with regard to pay and conditions.

Ethnic minorities	• Multi-racial society: large numbers of immigrants from the West Indies, India and Pakistan. • They suffer discrimination in jobs and housing and, often, abuse and harassment. • Laws have been passed to prevent discrimination and racial attacks → not always put into force. • Equal opportunities programmes and rise of some black stars (e.g. in football) → steps towards integration and acceptance.

3 Social Structure in the USA

Immigration

The social structure of the United States has been formed over the centuries by the many diverse groups of immigrants who chose to make America their home. Additionally, there are the people who were already there when the first immigrants arrived (i.e. the Native Americans) and those whose presence in the country was not voluntary (i.e. the Black Africans who were shipped in to work as slaves). In the 21st century America is still a popular destination for immigrants who dream of a better life, although they generally come from quite different countries to the immigrants of 100 years ago. It is only against this complex background that the social structure of the USA can be understood.

The 'melting pot'

This term has often been used to describe the assimilation of immigrants into American life. Its literal meaning is a chemical one: several different elements are melted together to form a new product. The idea was that immigrants would fuse together with the 'old' Americans, giving up their old lifestyles and cultures to form one American nation. The motto 'e pluribus unum' (from many to one), which still appears on American coins today, has been used since 1782, reflecting how even the early Americans saw their country.

Did it work?

- The assimilation of mid-19th century immigrants was easier, as they tended to be white, northern European Protestants who shared the idea of the Puritan work ethic and were similar in mentality to the 'old' Americans.

Overview of main waves of immigrants	Nationality	Reasons for immigration
1607–1776	English Scots-Irish Germans	• To escape religious persecution. • To escape bad economic conditions.
1820–1900	Germans Irish Italians British Austrians Scandinavians Russians Chinese (during gold rush)	• The Industrial Revolution in Europe led to wide-ranging social and economic changes. Many agricultural workers had lost their livelihoods and wanted to make a new start. • The Potato Famine in Ireland in the 1830s and 1840s, plus the fact that many owners of small farms there lost their land when it was incorporated into large estates, caused hundreds of thousands of Irish to leave. • Political instability in some parts of Europe. • To prospect for gold (First Gold Rush: 1849 in California)
End of 19th century – first part of 20th century	Southern and eastern Europeans	• To escape poor economic conditions. • To live the 'American Dream'.

Mid 20th century	All nationalities, although those from northern Europe were preferred	• Many came as refugees to escape political persecution. • 'War Brides': foreign wives of US soldiers
From 1960s	Mostly Asians and Hispanics	• To have better economic conditions.

- A sense of unity is created by the fact that most Americans share a common language, feeling of national identity and a certain lifestyle that can be characterised as 'typically American'.
- Starting with the second wave of large-scale immigration, i.e. from southern and eastern Europe, assimilation became more difficult due to differences in mentality.
- There has been little intermarriage between the main racial groups.
- There has been no religious melting pot (which would in any case be unconstitutional).

New theories

- Today a relatively small number of people tend to regard themselves as pure American. They prefer to define themselves by their racial or linguistic origins or by their national heritage.
- This is defined as the **'salad bowl'** or **'mosaic' theory**, the idea being that many separate parts make up a whole, while still keeping their individuality.

Important immigration policies

For most of the 19th century, when the United States was a relatively new and empty country, immigration was unlimited. People were encouraged (by cheap ship passages and the promise of a prosperous new life) to come and settle; this had the added bonus of consolidating the country's position as a nation in its own right after it gained independence from Britain. However, from the end of the 19th century immigration laws were revised, often in order to exclude certain racial groups.

Overview

1882 Chinese Exclusion Act: its main purpose was to ban Chinese labourers

1917 Literacy test introduced for all immigrants

1921 Quota system introduced to reduce immigration

1924 Immigration Act: designed to limit immigration even further, especially from southern and eastern Europe. Total immigration was to be only 2% of the 1890 census.

1948 Restrictions were relaxed to allow refugees and displaced persons (people forced to leave their country after a war) to enter.

1965 Quota system abolished after criticism that it was a form of racial discrimination. A limit of 170,000 visas a year was set for the eastern hemisphere, and 120,000 for the western hemisphere. They were allotted on a first come, first served basis.

1990 The Visa Lottery Program began. This excluded refugees, who were given temporary protected status. It allowed for 700,000 immigrants for the first three years, and 650,000 a year after that. It also established separate categories for families of US citizens and applicants with job skills needed in the States.

1996 The Illegal Immigration Reform and Immigrant Responsibility Act makes it easier to deport illegal immigrants and has introduced an income test for anyone trying to bring their family to the US.

These regulations have been successful in reducing immigration: in 1994, 8.7% of the population were foreign-born, as compared to 13.6% in 1900.

The American Dream

Why has the USA always been such a popular destination for immigrants? The 'Dream' plays an important role. This is the idea that, in America:

- every person is free and equal in all matters of race, politics, religious belief and social status
- every person can better themselves economically and have a secure future
- every person can fulfil their personal potential and have the opportunity to escape poverty and attain wealth (become a self-made man or woman) if they work hard enough.

The reality is somewhat different:

- many minority groups were not given the opportunity to live free and equal lives
- society is not classless with regard to wealth: there is a huge gap between rich and poor
- for many, the concept of personal fulfilment has become more and more an obsession with material wealth, leading to the creation of a highly competitive consumer society for whom material success is the only goal.

Population structure

Since America has, over the centuries, been settled by immigrants, every citizen has their origin in another country, even if their families have lived in the States for generations. As discussed above, most of the white population can trace their roots back to Europe. Whites make up 75% of today's population; up until the 1960s, the majority of the country's inhabitants were white, but the dramatic increase in Asian and Hispanic immigrants has changed this balance. However, the positions of power and influence in the US are still predominantly held by white people, while other ethnic groups suffer from a higher proportion of social problems.

Native Americans

The country that was to become the USA was inhabited long before the first Europeans arrived by various 'Indian', or Native American, tribes. Each tribe had its own language and culture, but shared the idea that nature (e.g. land, resources of food) was not the personal property of an individual. Native Indians saw themselves as part of a natural balance of animals, plants and soil. From the very beginning there was tension between the Native Americans and European settlers, even though initially many tribes were friendly towards the newcomers: the Pilgrims, for example, would certainly have perished if they had not been befriended by a local tribe who taught them how to sow corn and hunt.

Reasons for tension

- The Europeans showed little respect for the Native American customs and religious beliefs.
- The settlers seemed to pay no attention to the spirit and rhythms of nature, but instead to regard it as an obstacle. Nature was also something to be used to their own ends, e.g. to obtain raw materials, rather than respected.
- Some considered it their duty to convert the indigenous people to Christianity; others used them as cheap workers.
- While the Europeans built permanent houses, the Native tribes moved around to take advantage of the best seasonal hunting opportunities. This made it easy for the settlers to claim Native land as their own.
- The discovery of gold and the desire to push back the western frontier meant the occupation of yet more Native American land.

Effects of European occupation

- Many Native Americans were killed by European diseases, e.g. smallpox.
- The tribes were driven away from their natural territories to

live on reservations, where the soil was generally poor and there was little opportunity for hunting and fishing. They were not allowed to leave the reservations without permission.

- Many more were killed in wars with the white settlers (e.g. in 1890 in the massacre at **Wounded Knee**, which saw the end of Indian resistance)
- A feeling of depression about their new situation resulted in many suicides and a falling birth-rate.

Government policy

19th century	The federal government made several land ownership treaties with the Native Americans, but then broke them if, for example, they wished to build a railway through the land.
1824	Foundation of the Bureau of Indian Affairs (BIA). This was initially set up to help assimilate the Native Americans into white society, and was run by whites.
1887	Dawes Act. Gave each head of a family an 'allotment' of 160 acres of their reservation, which they were to learn to farm, becoming 'civilized' in the process. The rest of the reservation was sold by the government – although it belonged to the Indians – to white settlers. The long-term aim was to break up the reservations and completely assimilate the people living there into American society. More and more land was sold in the course of the years with the argument that since the Indians were not 'using' the land for farming, they did not need it. By 1933 the Native Americans had lost 60% of their land.
1924	Native Americans were granted full US citizenship.

1934	The "New Deal" allowed self-government on the reservations and the preservation of Indian culture and traditions.
1950s / 1960s	The termination period, which put an end to federal trust protection of Native American tribes. The idea was to abolish tribal traditions and reservations, and treat the Native Americans in the same way as all other citizens. The main result was that many of them became so poor that they were forced to live off welfare. This policy was dropped in 1970.
Since the 1970s	The government has aided and encouraged self-determination for the tribes.

Native American resistance

In the 1960s and 1970s some Native Americans fought to get back what belonged to them and to draw attention to their situation:

1960s	As a result of several cases taken to the Supreme Court, the federal government was made to compensate tribes for lands taken from them in the 19th century.
1969–1971	Militant Native Americans occupied Alcatraz Island.
1972	Occupation of the BIA in Washington, D.C.
1973	A 71-day armed siege at Wounded Knee.

Native Americans today

- There are almost 2 million Native Americans living in the United States, many of whom suffer from poor health and education, high unemployment and low income.
- The BIA now has agency offices on the reservations, employing about 14,500 people, mostly Native Americans, to implement programmes for education, technical assistance, economic development and trust protection.

- There has been an increase in pride in the Native American heritage and preservation of their culture.

African Americans

In contrast to the situation with the Native Americans, the African Americans fought for integration into American society. Their efforts met with widespread opposition.

Slavery and abolition in the USA

1619–1808	Africans transported to the US to be sold as slaves. Most lived in Virginia, Maryland and South Carolina and worked on large plantations (e.g. cotton).
1833	National Anti-Slavery Society ('Abolitionist' movement) founded. Its supporters were chiefly from the North.
1865	As a result of the Civil War (1861–1865) slavery was finally abolished.
1868	Black Americans became citizens under the 14th Amendment of the Constitution.
1870	All male Americans were given the vote, regardless of race.

After the Civil War

During the period following the Civil War, many blacks were elected to political office, both in the North and in the South, and education was improved. However, the southern white population did not accept this, and fought back.

- They used intimidation to prevent black people from voting.
- They did their best to make blacks financially dependent on whites.
- Racist groups such as the Ku Klux Klan attacked black people and their supporters. Hundreds of blacks were killed for attempting to vote, protesting against segregation, organising workers or even attending school.

- 1880s: The passing of "Jim Crow laws" led to the segregation of black people from whites in every area of life, from public transport to schools.
- 1896: The Supreme Court ruled that this segregation was not illegal.
- As a result, large numbers of African Americans left the South for the new territories in the West or for the North. However, although many northerners had wanted to abolish slavery, they did not go as far as to support the idea of equal status for black people, who therefore also had to suffer a great deal of discrimination in the North.

The Civil Rights Movement

Several groups fought to end discrimination towards black people:

- The National Association for the Advancement of Colored People (NAACP), founded in 1909, fought segregation in the law courts. They won the historic case in the Supreme Court in 1954, "Brown v the Board of Education of Topeka", where it was ruled that segregation in schools is unconstitutional.
- The Congress of Racial Equality (CORE), founded in 1942, staged peaceful sit-ins and demonstrations to challenge segregation.
- The Southern Christian Leadership Conference was founded in 1957 by black Protestant ministers under the leadership of Martin Luther King, Jr. They worked towards black integration by means of boycotts and peaceful demonstrations.
- The "Black Muslims", or Nation of Islam wanted a separate black nation within the United States rather than integration. Their most famous member, Malcolm X, was assassinated in 1965.
- The Black Panther Party (founded 1966) was a militant group which promoted the use of "violence against violence".

Significant events

1955	Blacks boycotted the buses in Montgomery, Alabama, to protest about segregation.
1961	Freedom Rides: bus trips through the South in an attempt to desegregate public transport.
1962	Mississippi Summer Project: volunteers helped blacks register to vote.
1963	March on Washington, D.C.: more than 200,000 people from the whole country protested peacefully for civil rights. Martin Luther King made his famous "I have a dream" speech.
1965	Voting Rights Act made voting registration easier.
1968	Assassination of Martin Luther King.
1970–1976	"Bussing" of white children to schools in black areas and vice versa to encourage desegregation.
1972	Equal Opportunity Act meant 'positive discrimination' with regard to employment of people from minority groups.
1984 & 1988	Jesse L. Jackson, a black minister, campaigned for the Democratic presidential nomination. With his encouragement, many more people from ethnic minorities registered to vote and took an active interest in politics.

The situation today

Positive aspects:

- The general situation of African Americans has improved, with more of them completing high school, graduating from college and becoming well-paid professionals.
- African Americans hold positions of power in government and public life.
- There are many role-models for young black Americans in the form of film stars, sports people and musicians.

Negative aspects:

- There are still too many African American children who drop out of high school.
- Many black Americans still live in deprived inner city areas where they have to deal with the problems of unemployment, violent crime and drug abuse.
- Discrimination still exists in many areas of life.

Hispanics

There are approximately 25 million Hispanics, or Latinos, living in the United States (including 2 to 3 million illegal immigrants), and their numbers are on the increase.

Mexican Americans

- The largest group, most of whom live in the South-West.
- Some families have been in the country since 1848, when the Mexican government ceded land to the United States after the Mexican War. They have US citizenship.
- More recent immigrants left Mexico in the hope of improving their economic situation. They are often regarded as a source of cheap labour and have badly paid jobs. 40% of their children do not complete high school and lack qualifications.

Puerto Ricans

- Puerto Rico is a US commonwealth, and so its nationals have US citizenship.
- Most live in New York or New Jersey.
- Although they have access to more benefits than other groups, many still live below the poverty line and suffer discrimination with regard to employment and education.

Cubans

- These were political refugees who fled Cuba after the 1959 Cuban Revolution.
- They settled in Florida.

- Most of them were well-educated, middle-class citizens who have adapted well to life in the USA. Most are financially well-off and have political influence, especially with regard to US foreign policy for Cuba.

Other points

- The main problem for Hispanics is lack of assimilation and, in the case of the children, lack of a good education. The fact that many of these immigrants speak only Spanish has led to the debate about bilingual teaching in schools (see 'Education').
- Illegal Hispanic immigrants are seen by some as a threat to national security.
- Hispanics have a lot of influence on American life: Spanish is the second most widely spoken language in the country, and the Hispanic influence on food and culture is growing.

Asians

People from Asia make up a small but growing proportion of immigrants.

- They mainly come from China, the Philippines, Japan, India, Korea and Vietnam.
- It is noticeable that many young Asians do well academically, get good jobs and enjoy high incomes.

Social class

The concept that all people are equal, and have equal opportunities, forms the backbone of American society. Certainly there is no hereditary aristocracy, as in Britain; instead the social divisions that exist are based on money, profession and race.

The social divisions of American society can be classed as follows:

The upper class

- multi-millionaires, financiers and top politicians, with both financial and political power.
- some 'old' families who have lived in the States since colonial times, and enjoy a high social status.
- millionaire stars of the entertainment world

The upper middle class

- professionals, e.g. doctors, lawyers
- business executives, top managers and technologists

The middle class

- teachers, social workers, small business people
- white-collar workers
- blue-collar workers

The working class

- semi-skilled workers, e.g. truck drivers, shop assistants, assembly-line factory workers

The lower class

- the unemployed, casual labourers
- those living below the poverty line

4 Cheat Sheet: Social Structure in the USA

Immigration	US population → various groups of immigrants from the last 4 centuries, Native Americans, and descendants of former slaves.
Main groups of immigrants	(a) British (colonists); other white Northern Europeans (b) southern and eastern Europeans (c) Hispanics (d) Asians
Melting pot theory	All new immigrants were to 'melt' into American society, becoming one nation with shared identity and culture. However, immigrants like to maintain a sense of their own cultural identity. New theories to express this → salad bowl or mosaic.
American Dream	America as the land of freedom and equality → everyone has a chance to be successful. Lack of opportunities for those at the lower end of the social scale contradicts this.
Native Americans	Driven away from their lands by European settlers. Forced to live on reservations → large parts were taken from them. Numbers fell due to European diseases, war and social deprivation. Won the right to govern their own reservations and maintain their culture after many years of treaties, court cases and open resistance.
African Americans	Descendants of slaves. Given freedom after the Civil War → met with a lot of resistance (Southern states). Suffered many decades of segregation, discrimination and violence before equal rights became a reality. Civil Rights movement (1960s) pressurised government into making changes. Today: many blacks enjoy a middle-class status; others still live below the poverty line.
Hispanics	Largest immigrant group. Often seen as cheap labour and live in deprived conditions (especially Mexicans). Many find assimilation difficult.
Asians	Fastest growing group → reach high academic standards and get good jobs.

Social Welfare

1 Social Welfare in Britain

Historical background

- Until the early 20th century it was generally not considered the responsibility of the state to provide help for those in need: help was given by churches and other charitable organisations.
- 1906 – 1914: the Liberal Government introduced programmes to provide old-age pensions, national insurance, employment and medicine which later formed the basis of the welfare state.
- 1942: The **Beveridge Report**: Sir William Beveridge analysed existing schemes and recommended the introduction of social security and free health care, most of which was to be paid for by national insurance contributions made by workers.
- Legislation was introduced, e.g. Family Allowances Act (1945) and National Health Service Act (1946)
- 1948: The National Health Service (NHS) began operating. This service, which provided the whole of the population with free medical care, was the first of its kind in the world.

The welfare system today consists of 3 parts:

- The NHS
- Social security
- Social services

The National Health Service

- Provides free health care for all residents of the UK.
- It is one of the largest employers in the world, with over 1-million employees.

- It is funded by taxes and by national insurance contributions paid by all employees and employers.

Medical care

- Each person registers with the local general practitioner (GP, or 'family doctor') of their choice. They go to this doctor for all kinds of consultations: the doctor will refer them to a specialist, usually at a local hospital, if necessary. This treatment is free, but most working adults have to pay for prescriptions.
- Private medical insurance schemes also exist, but only in addition to, not instead of, national insurance.

Problems

- The system is extremely expensive to run.
- Waiting lists for routine operations are very long.
- There are staff shortages as many former NHS employees go over to the private sector, attracted by better pay and working conditions.
- Lack of equipment in some hospitals.
- The ageing population will put more pressure on the system's resources in the years to come.

Changes

Governments past and present have introduced changes to improve the NHS and make the system more cost-effective:

- 1990: National Health Service and Community Care Act put pressure on the NHS to save money and to become more efficient rather than providing unlimited services.
- GPs are now paid on the basis of health screening targets rather than by the number of patients on their list, as previously. They also perform minor operations to take some of the pressure off the hospitals.

- Some services (e.g. dental treatment and eye tests) now have to be paid for (children, old people and those on social security or with disabilities are exempt). The same goes for prescriptions.
- Patient's Charter: sets down the patients' rights and the standards of care they can expect from the NHS, including waiting times for treatment and a complaints procedure.

Social security

This system includes:

- unemployment benefit
- benefits for the sick and disabled
- pensions
- family allowances
- income support

The benefits are financed in the same way as the NHS. There has been a decrease in all benefits in recent years to save money and to try to target only the most needy. For example, 16–18-year-old school leavers without a job are no longer eligible for unemployment benefit, but instead have to take part in a youth training scheme or programme of further education.

Social services

These include the provision of care for the elderly and disabled (both in institutions and in their own homes), as well as for children and young people, the mentally ill, and families.

They are run both by professional and voluntary groups, and charities. The services provided range widely from 'meals on wheels' (bringing food to elderly people unable to leave their homes) to self-help groups.

The social services system would not be possible without the many volunteer groups, especially as government-funded services have often suffered from cut-backs. For example, in the 1980s the government introduced several 'care in the community' schemes in which mentally ill people were to be cared for in their own homes rather than in institutions. One result was that many of these people ended up living on the streets.

2 Social Welfare in the USA

Unlike in Britain, there is no free health insurance available to American citizens. The reasons for this lie in the American mentality, i.e. belief in the Protestant work ethic (see 'Religion'), and the concept that everyone is responsible for him- or herself. Although some welfare programmes existed, even in the 19th century, many people were against the idea of cash relief for those who were physically able to work: instead, these people were to be instilled with a work ethic and learn to play a useful role in society.

However, during the Great Depression of the 1930s, unemployment became so widespread that poverty could no longer be seen simply as a result of laziness. As part of President Roosevelt's 'New Deal', the Social Security Act was passed in 1935 which included programmes for old-age insurance and unemployment benefits.

The welfare system today

Support for the needy is available in the USA, but eligibility for certain programmes and the amount of help given varies from state to state. Charities play an important role in helping the poor.

Health care

- It is not obligatory to have health insurance in the US, although health care is extremely expensive.
- The costs are partly due to high salaries for doctors, but there are other factors such as an increase in court cases where people have sued doctors or hospitals after treatment which went wrong.
- Most working people and their families have private health insurance policies, some of which are covered in part or in whole by their employers.
- There are two federal health programmes: Medicare for the elderly and some disabled people, and Medicaid for the poor. However, neither of these systems cover all costs, and not everyone is eligible. As a result, many poor families have no medical cover at all.

Social security

- Workers pay a compulsory tax to fund this system.
- Everyone is paid a small pension when they retire, whatever their financial situation.
- Those who can afford it pay into additional insurance policies or make other investments to support them in their old age.
- Six months unemployment benefits are also financed by workers' taxes. However, the amounts paid out are low (half the previous salary or less).
- Social security benefits are available for disabled people and victims of industrial accidents or illnesses caused by working conditions. If, however, the victim sues the company involved, a fairly common practice in the US, they can receive damages high enough to make social security unnecessary.

Welfare programmes

- Today over $300 billion are spent each year on welfare programmes.
- These include: public housing and subsidised rents, healthcare and childcare programmes, food stamps (vouchers to buy food more cheaply) and free school meals.
- Some of these programmes are 'means-tested', i.e. they are targeted at people with very low incomes. Problem: if the recipients of this support become able to earn more money, their benefits can fall and their taxes rise, making them worse off financially than before. This might make them less eager to look for a job.

Welfare reform

- There has been pressure on the government to reform the welfare system, both from those who consider that welfare discourages people from looking for work and those who say that the current system is inadequate and does nothing to relieve poverty.

  Changes made under the Clinton administration included making some assistance only temporary, with an increase in programmes that actively encourage and help people to find work. The individual states have to finance job training, and subsidise employment and childcare.
- Although many changes made met with criticism, Clinton did try to bring about social reform. As a Republican, George Bush is likely to cut spending on welfare programmes, supporting instead the idea of individuals being responsible for themselves.

3 Cheat Sheet: Social Welfare

Britain:	• Early 20th century → first real welfare programmes. • 1942: Beveridge Report → foundation of the National Health Service (1948) and other social welfare programmes.
• NHS	Free healthcare for all residents, financed by taxes and workers' contributions.
• Problems	Expensive; long waiting lists; staff shortages; pressure due to ageing population.
• Social security	Benefits for the unemployed, sick and disabled, child support, income support and pensions.
• Social services	Care for the elderly and disabled; support for children and families.
USA:	• First real welfare programmes → during the Great Depression as part of the 'New Deal'. • 1935: Social Security Act → basis of many future welfare programmes.
• Health care	• No one form of insurance for the whole country. • Most workers have private health insurance policies. • Medicare and Medicaid → support for the elderly and very poor. • Many people on low incomes have no insurance.
• Social security	• Financed by workers' taxes. • Everyone receives a pension. • 6 months unemployment benefit, but often at a low rate.
• Welfare	• Variety of support for the needy, e.g. for housing or food • Targeted at only the very poor: others with low income may not be eligible for help. • The idea of welfare support contradicts the concept of free enterprise and individual responsibility: some believe the poor should do more to help themselves, whereas others do not think welfare programmes do enough to tackle the roots of poverty itself.

Economy

1 British Economy

Reasons for Britain's economic growth

- 19th century: Britain's colonial empire was growing, and with it an international network of trading partners through which the country could sell its manufactured goods.
- Cheap raw materials from the colonies could be used to produce goods for export.
- Britain itself had a plentiful supply of raw materials and energy sources (e.g. coal, iron, water); coal production made an important contribution to the economic boom.
- The Industrial Revolution meant the development of new, faster manufacturing techniques which increased productivity.
- The governments encouraged free trade and the increase of exports.
- Businessmen who had made money through foreign trade invested it in new industries and innovative technology.
- Large numbers of factories were built and the infrastructure for transporting goods (e.g. railways) was improved.

These factors contributed to industrial expansion and increased production. By the mid-19th century Britain had become the top industrial nation in the world.

Reasons for economic decline

Britain was already losing its leading position among the world economies by the beginning of the 20th century, by which time it had been overtaken by both Germany and the USA. The decline has been most noticeable since 1945. The reasons for Britain's present economic position are many and complex:

- two world wars which drained both financial resources and manpower
- the loss of the Empire and therefore of some foreign markets
- international recessions, e.g. due to high oil prices in the 1970s
- global competition from countries which can produce goods more cheaply and efficiently (e.g. eastern Asia)
- high inflation in the 1970s → people buy fewer goods if they are more expensive
- structural changes in the economy → a decline in traditional industries such as coal mining
- weak balance of payments →Britain was not able to export as much as it had to import
- bad industrial relations with the trade unions, which led to several strikes in the 1960s and 1970s and proved very damaging to the economy
- a failure to modernise Britain's industries and make them more competitive in the world market
- a lack of engineers, too little technical training and a poorly qualified workforce → too many 16–18-year-olds leave school without any qualifications.

Some cultural reasons for the decline can also be identified, connected to the class system:

- The upper classes show little interest in careers in industry, and in public schools the emphasis is more on careers in government, the civil service or finance.
- In the 19th century the top earners of the middle class were the big manufacturers; today they are more likely to be doctors, lawyers or bankers.
- The working class often still has a feeling of 'them and us' with regard to their employers, which can cause conflict in the workplace. It can be difficult for people without the right background to move up to managerial positions.

Structural changes in the economy

- Many traditional heavy industries such as coal mining, steel, ship-building and textiles have declined. Unemployment in the areas in which they were based (South Wales, the Midlands, Merseyside, northeast England and Scotland) has risen steeply.
- New light and high-tech industries have replaced them. These include the manufacture of consumer goods (e.g. household appliances), computers, communications equipment, chemicals and pharmaceuticals. These new industries have brought jobs to a few of the deprived areas (e.g. in the so-called 'Silicon Glen' in Scotland, the site of several computer companies), but many of these jobs were created in the South East, increasing the North-South economic divide in Britain.
- 1970s: Oil and gas were discovered in the North Sea. The revenue from these reduced the effects of the recession at that time, although it was felt that more of this revenue could have been used to modernise the old industries.
- There has been a large increase in service industries (e.g. catering, retailing, tourism, education), which employed almost three quarters of the workforce by the mid 1990s. This has contributed greatly to the rise in white-collar workers and fall in manual workers.
- London continues to play an important role in the world as a centre of finance.

The situation in the 1980s

A new era began in Britain in 1979 when the Conservatives came to power under the leadership of Margaret Thatcher. Her wide-ranging programme of social and economic reforms and policies became known as **'Thatcherism'**; the effects of some of these can still be felt today. The intention was to encourage free enterprise and make Britain a more efficient and competitive place.

Some of the changes

- Tax reductions, especially for higher income groups, to encourage an increase in productivity.
- Severe restriction of trade union power.
- Privatisation of many previously state-controlled industries, such as British Airways and British Telecom.
- Reductions in public spending, especially on welfare.

Results

- Less government intervention in the economy and more emphasis on the role of the individual.
- Growth of small businesses.
- A sharp rise in unemployment as many companies streamlined their workforce, or closed down altogether if they were unprofitable.
- Strikes by trade union members (1985: miners and 1986: printers) which ended in victory for the government and greatly diminished trade union influence.
- British society had previously been characterised by a strong sense of community. During the Thatcher years, there was a change of emphasis as her policies encouraged competition and personal gain, i.e. the importance of the individual.
- There was economic growth and a reduction in unemployment and interest rates in the mid 1980s.
- Dramatic increase in house prices and inflation followed by a stockmarket crash in 1987 led to financial ruin for many people.
- Increased gap between the rich and the poor.

Mrs Thatcher resigned in 1990 after pressure from her own party, reflecting the dissatisfaction felt by the British public. However, it was not until 1997 that a new Labour government came to power in Britain under Tony Blair.

Post-Thatcher Britain

- The economy grew throughout the 1990s as people spent more on consumer goods and the government invested in industry. Manufacturing remained an important contributor to the GDP (gross domestic product), making up about 20% of the total.
- The Conservatives continued to privatise certain nationalised industries, such as the railways; none of these are due to be re-nationalised by the current government.
- Unemployment has fluctuated since the 1980s: after a peak of 3.3 million unemployed in 1986, the rate fell to under 2 million by 1989, rose again to nearly 3 million by 1992 and was at a rate of 1.3 million in 2004.
- Inflation was reduced to 3.5% in 2005, compared to 20.8% in 1980.
- The gap between the North and the South in Britain is still wide: prosperity is more wide-spread in the South while unemployment continues to be a major problem in the North. However, the South was also affected by the recession in the early 1990s, and efforts are being made to encourage business investment in these more deprived areas.
- More money is being spent on training programmes for young people and the unemployed, and the establishment of technological colleges shows that the country is starting to take the importance of competitiveness in the world market more seriously.

2 Cheat Sheet: British Economy

Economic supremacy	Due to availability of cheap materials and natural resources, plus technological superiority during the Industrial Revolution.
Economic decline	Due to: • international recessions and global competition • high inflation • decline in heavy industry • fall in exports • strikes and discontent among the workers • a failure to modernise industries • lack of engineers and trained workers • low status of careers in industry.
Structural changes	• Decline of traditional industries and resulting regional unemployment. • Increase in light, high-tech and service industries. • Discovery of North Sea oil and gas resources.
Thatcherism and its consequences	• Promotion of free enterprise and individual competitiveness. • Reductions in tax to promote business. • Reductions in public spending: individuals to have more responsibility for themselves. • Privatisation of many nationalised industries. • Trade union restrictions and ultimate loss of power. • Rise in unemployment. • Financial ruin for some people due to an economic boom followed by a market crash. • Gaps between rich and poor, and north and south, widened.
1990s – today	• Some economic growth, despite world recessions in the 1990s. • Industries privatised by Conservatives remain so. • Reduction in inflation. • Increased spending on training and investment in industry.

3 US Economy

The USA rose to **economic power** at the end of the 19th century, and has maintained its position as the world's economic leader up to the present. There are various reasons why the US has been able to become so powerful:

- an abundance of natural resources (e.g. coal, iron, oil, gas)
- it is the world's largest agricultural nation
- the age of invention: from the mid-19th century vast numbers of new products were developed to make life more convenient and their manufacturers wealthy. The desire for consumer goods led to methods of mass-production such as the assembly line
- free enterprise: limited government intervention in the economy
- the concept of wealth through hard work was part of the American mentality (Protestant work ethic, American Dream)
- 'frontier spirit' → the need for the settlers of the western frontier to be inventive and self-reliant became a characteristic that spread throughout the rest of the population
- immigrants: supply of cheap labour
- geographical, social and economic mobility: Americans are more willing to move home to get a good job; a higher salary can result in a higher social position

Sources of revenue

- In the 19th century most of the country's wealth was generated by industry in the northeast (the 'manufacturing belt') and agriculture in the south: cotton and tobacco plantations. Large quantities of gold were also found (e.g. in California).
- Today agriculture is still an important factor: the USA is a leading producer and exporter of wheat, corn, soya beans, vegetable oil and tobacco.
- The USA is able to exploit its own natural resources, although today it consumes so much energy that some now has to be imported (e.g. mineral oil).

- The industries today meet the needs of the world market: the emphasis is on production of chemicals, industrial machinery, electrical equipment, processed foods, computers and communications technology.

The role of the government

It is generally believed in America that the government should play only a limited role in running the economy. Up to the end of the 19th century the country had a **laissez-faire economy**, i.e. businesses were allowed to do as they pleased and made all their decisions based on the needs of the market. However, after growing concern about the deprivation this caused some members of society, especially during the Great Depression, the government realised that a certain level of intervention was necessary:

- welfare programmes were introduced
- laws were passed to control monopolies, to encourage competition and control prices
- public services such as police, schools and roads are provided
- laws protect workers and lay down standards of business practice

Governments today decide on the level of intervention according to their own policies: the Clinton administration, for example, was more actively involved in the economy than the current Bush administration. On the whole, the spirit of **free enterprise** is the one which best suits the American mentality. Lack of government interference in business can be seen, for example, in its reluctance to pass strict laws about industrial pollution, leaving it up to the individual companies whether to follow official guidelines, or not.

Labour relations

Although trade unions exist in the USA, they have never been as militant and left-wing as in Britain, and industrial relations have not caused as many problems. The main focus tends to be financial: the workers should have a share in the company profits and receive benefits such as pensions and health insurance. This is referred to as 'bread and butter unionism'.

The decline of heavy industries has meant a reduction in manual workers, and therefore a drop in union membership and influence.

Big business

The 19th century was the age of the business tycoon. Since business practises were not regulated, it was possible for individuals to build up huge enterprises, often by buying out or intimidating the competition.

The government introduced laws to break up these monopolies, as it saw that healthy competition was necessary to reduce prices and improve quality. Although attempts are still made today to break up monopolies (e.g. the recent bid to spilt up Microsoft), the large corporations have a huge influence on the economic well-being of the nation: a few hundred companies generate about 80% of the country's revenue.

Structural changes in the economy

- There has been a decline in the traditional heavy industries.
- After 1945 America experienced a boom both in population and wealth. People had money to spend on consumer goods (such as household appliances) and on services (e.g. eating out). This led to increased production of these goods and the growth of the service industry. Today consumer spending in America remains the highest in the world.
- Geographical changes: there has been a move away from the 'manufacturing belt' of the northeast to the 'sunbelt' of

the south and southwest, where lower taxes and costs have encouraged new industries to establish themselves in these areas (e.g. Silicon Valley for computer technology).
- A large number of jobs have been created in the computer and communications industries, where the Americans are world leaders in the fields of production of personal computers and research into new technology. The developments in this field in the last 3 decades have revolutionised business throughout the world and made the computer an essential part of everyday life.

Unemployment

The unemployment rate in April 2000 of 3.9% was the lowest in 30 years. However, the rate for black people and Hispanics remained higher than the rate for whites: for blacks it was twice as high. This indicates that problems concerning equality of job opportunities and training still need to be tackled.

Changes in agriculture

- New, mechanical methods of farming increased production and efficiency
- Many small farms (homesteads) were replaced by huge monoculture farms, producing only one type of crop or foodstuff (e.g. wheat or dairy farms): this is referred to as 'agri-business'

Problems

- Monoculture caused soil erosion → crop rotation has been introduced in many areas to reduce this.
- There is concern about the use of chemical fertilisers → damage to the environment.
- Over-production by the big farms keeps the prices of crops like corn low. Many small farms go out of business as they cannot compete

Foreign trade

Up to the 1960s the USA was a very self-sufficient country, with a low percentage of both imports and exports, and was always able to export more than it had to import. However, since the 1970s the trade deficit has grown, due to the high dollar exchange rate and cheap goods from Asian countries. In 1992 the USA signed the **NAFTA** (North American Free Trade Agreement) which allows unrestricted exchange of goods, services and investments between the USA, Canada and Mexico. Some fear that this may lead to higher unemployment as American companies take advantage of cheaper labour costs in Mexico. All three countries have benefited from the agreement, Canada and Mexico more so than the USA as international trade makes up a larger part of their economies.

4 Cheat Sheet: US Economy

Rise to economic power due to	Natural resources; agriculture; useful inventions; automated manufacturing procedures (assembly line); work ethic; belief in free enterprise; cheap workforce.
Economy today	Based on agriculture; minerals; production of e.g. chemicals, processed foods, computers and communications technology.
Government intervention	Belief that businesses should be run with a minimum of government interference (free enterprise). Social deprivation led to establishment of welfare programmes and laws to protect workers and control monopolies.
Trade unions	Emphasis on financial benefits for members.
Big businesses	US economy based on a few hundred large corporations → very influential.
Structural changes	Decline of traditional industries and increase in service industries. Impact of computer and communications technology industries.
Agriculture	Rise of 'agri-business': large, mechanically efficient farms produce large amounts of single products. Has led to soil erosion (therefore need for crop rotation); overproduction has put smaller farms out of business.
Foreign trade	Growth of trade deficit as US is forced to import more. NAFTA → free trade and investment between USA, Canada and Mexico.

Education

1 Education in Britain

The British educational system

age	State system	Private system	Examinations
5			
8	Primary schools	Preparatory schools	
11	Specialised Technical school		
13			
16	Grammar schools		GCSE / GNVQ
18	Comprehensive schools	Public or independent schools	A-levels
	University degree (BA od BSc) or further education courses leading to various professional and academic qualifications		
	Master's degree (MA or MSc)		
	Doctorate (PhD)		

State Education

Primary Schools (ages 5–11)

ages 5–7	general topics; basics of reading, writing and maths
ages 7–11	individual subjects e.g. maths, science, English

Secondary schools

Comprehensive schools

- The most common kind of secondary school, developed during the 1960s as a combination of the old grammar and secondary modern schools.
- Under the previous system all pupils took the 11-plus examination in their last year at primary school. Those who did well were able to attend grammar school, where the chances of going on to university and having a good career were better. Pupils who did less well had to go to a secondary modern school, which were felt by many to be second-rate. The job prospects tended to be in the fields of manual, skilled and clerical work.
- Comprehensive schools are mixed ability, one idea being that the stronger pupils would help the weaker ones. However, since most comprehensive schools stream their pupils (divide them into different groups according to ability), the implication is that this does not really work in practice.
- The curriculum is not purely academic: there are also some vocational courses.

Grammar schools

- A small number still exist.
- Pupils have to pass an entrance exam.
- The emphasis is on academic rather than vocational subjects, and the pupils often go on to university.

Voluntary maintained schools

- These are Anglican, Catholic or Jewish-run primary and secondary schools.
- Money for buildings and equipment is provided by the state, and the running expenses are paid for by the churches.
- It has been a controversial issue in recent years that Hindu or Islamic schools do not receive the same financial support from the state.

'Specialist' schools

- These are state secondary schools which, in addition to teaching the National Curriculum, specialise in technology, science and maths, modern foreign languages, sport, or the arts.
- Private businesses support them financially.
- These schools are growing in number: by 2003 almost one in four of all secondary schools was a specialist school.

The National Curriculum (introduced in 1989)
The following applies to state school pupils aged from 5 to 16:

All ages	**All ages**	**Ages 14–16**
Core subjects	**Compulsory subjects**	**Optional subjects**
English maths science technology physical education religious education	history geography art music modern language (from age 11)	history geography art music

- Subjects such as drama and classical languages (e.g. Latin) may be taught if the school has the resources, but are not compulsory.

- The National Curriculum contains general requirements and programmes of study for each subject. The standards expected of the students at ages 7, 11, 14 and 16 are laid down.

Examinations

At 16:
- GCSEs (General Certificate of Secondary Education) are separate examinations in different subjects.
- Most pupils take between 6 and 9 subjects.
- No subjects are compulsory, although most pupils take English, maths and a modern language.
- Assessment is both through coursework done during the school year and the final examination.
- GNVQs (General National Vocational Qualification) are a practical, vocational alternative to GCSEs.
- Continuous assessment is an important feature.
- Emphasis on practical work and problem-solving.

At 18:
- GCE A-levels (General Certificate of Education, Advanced Level) are a higher level of GCSE.
- Most pupils take three subjects, and thus study a much narrower range of subjects than in other countries.
- Any combination of subjects is theoretically possible, but most students tend to take either arts or science subjects.
- From September 2000: changes are being introduced to encourage students to study a broader range of subjects, e.g. a new GNVQ at advanced level.

Other relevant points

- School is compulsory for ages 5–16.
- The normal school day is from 9 a.m. to 3.30 or 4 p.m.
- A large number of schools still have a uniform.
- The school day often begins with assembly. In many cases prayers are said and a hymn is sung; this is followed by announcements by the Head Teacher.

- Extra-curricular activities are an important feature of school life. They may include drama, music or clubs, and take place during the lunch break or after school.
- Emphasis is also placed on developing social skills and a sense of community, reflected in the fact that many schools have community schemes, e.g. visiting old people.

Private education

- About 8% of British pupils attend fee-paying schools.
- These have a reputation for high academic standards. They can afford incentives to attract the best teachers and the classes are smaller than at state schools.
- Increasing numbers of middle-class families are sending their children to private school because they are concerned about falling standards, lack of resources and the aggressive atmosphere of some state schools.
- Since private schools are expensive, the system divides society into those who can afford the best education and those who are 'stuck with' whatever they can get in their local area.

Preparatory schools

Some children aged between 7 and 13 attend these 'prep' schools, where the programme of teaching prepares them for the Common Entrance Examination, taken by all pupils wishing to attend public school.

Public schools

- These are private schools for children between the ages of 13 and 18. They are often boarding schools.
- The most famous of these are very old, e.g. Winchester (founded in 1382), Eton (1440) or Harrow (1571).
- Pupils of these schools traditionally formed part of the British elite, something which, broadly speaking, has not changed:

many former public school boys go on to hold high office in government or other areas of public life.
- The elitist nature of these schools has attracted much criticism: the so-called 'Old Boys' Network' means that former pupils of a particular school are more likely to do favours (e.g. getting jobs) for fellow ex-pupils than for others.

Independent schools
- About 2,500 exist in Britain.
- They were previously grammar schools which chose to leave the state system rather than become comprehensive schools, and are now fee-paying.
- They are not obliged to follow the National Curriculum.
- Their existence is controversial. The Conservative Party upholds the right of parents to choose the best schooling for their children, whereas the Labour Party claims that this freedom of choice is only possible for those who can afford it. However, it is noticeable and ironic that the children of many Labour MPs attend private schools.

Further education

There are a number of colleges for pupils who leave school at 16, e.g. technical or art colleges, where they can study for A-levels or other qualifications.

Higher education

Universities
- About 14% of school leavers go on to attend one of Britain's approximately 200 universities.
- 3 A-level passes are normally required for university entrance. The universities select the candidates they want on the basis of expected A-level grades and (often) an interview.
- The oldest and most renowned are still Oxford and Cambridge.

- The popular "Redbrick" universities, founded in the 19th century, are mostly situated in large cities such as Birmingham.
- The former polytechnics, institutions that focused more on vocational programmes, have now either taken on university status or merged with universities in their local area.
- Undergraduates (students studying for their first degree) study for 3 or 4 years and receive either a BA (Bachelor of Arts) or BSc (Bachelor of Science).
- Graduates (people with a degree) can go on to take a master's degree, and then do a doctorate (PhD).

Other institutes

There is a variety of other colleges and institutes of higher education where adults can get certificates, diplomas and qualifications, both as full-time and part-time students.

The Open University

An institute open to everyone, study is done by correspondence course backed up by the internet, by television and radio programmes. Students can get a BA (Open) and higher degrees.

Financial aspect

In the past, university tuition in Britain was free. However, since 1998 – 99 most full-time students on first degree and similar courses are asked to pay up to £1,000 (depending on their financial situation) towards tuition. The rest, as before, is paid by their Local Education Authority. Living costs are covered by student loans (the amount again depending on income), but of at least £1,000.

2 Cheat Sheet: Education in Britain

State Education Primary schools Secondary Schools	Teach the basics. • Comprehensives: Mixed ability. Follow the National Curriculum. Vocational subjects are also taught. • Grammar schools: Focus is on academic subjects. Many pupils go on to higher education. • Specialist schools: Focus on specific areas, e.g. science and technology or languages while still following the National Curriculum. Some financial support from the private sector. • Voluntary maintained schools: run and partially financed by churches.
National Curriculum	Programme of teaching laid down by the government for state school pupils aged 5–16. The range of subjects and expected standards are defined.
Exams at 16 **Exams at 18**	• GCSEs: may be taken in any of the subjects studied at school. • GNVQs: Equivalent to GCSEs, but with emphasis on practical work. • A-levels: Normally 3 subjects → entry requirement for university.
Private education Prep. schools Public schools Independent schools	Prepare children for public school.Reputation for high academic standards. Elitist.Not obliged to follow the National Curriculum.
Higher education Universities Other institutes	Undergraduate degree (BA or BSc) in 3–4 years. Graduates can then go on to for study master's degrees or doctorates. A range of colleges with degree and diploma programmes.

3 Education in the USA

Public education

- This is the American equivalent to British state education.
- 90% of American children are educated at free public schools.
- The idea that these schools are open to everyone is fundamental to the US education system.
- There is no central body which controls education: instead, the individual states are responsible for their own education policies.
- School is compulsory for children aged 5/6–16.

6–3–3 plan	Elementary school Junior high school Senior high school	Grades 1–6 Grades 7–9 Grades 10–12
8–4 plan	Elementary school High school	Grades 1–8 Grades 9–12
6–6 plan	Elementary school High school	Grades 1–6 Grades 7–12

Elementary schools

- The subjects taught are reading, writing, spelling, mathematics, social studies, science, art, music, physical education and handicrafts.
- It is considered important that immigrant children are integrated into American society through elementary school.

High schools

- These are 'comprehensive' schools in that children of all abilities and social backgrounds are admitted.
- There is the chance for every pupil to graduate from high school with a high school diploma. Three quarters of them do so.

- As well as academic subjects, there are commercial classes (e.g. typing, book-keeping) and vocational courses (e.g. car mechanics, homemaking) which prepare the pupils for a broad range of careers.
- The high schools aim to:
  - provide a general education
  - teach the pupils how to be good citizens
  - teach practical skills necessary for working life
  - prepare children for college
  - encourage the pupils to play an active part in their community through various extra-curricular activities

Private education

- The small percentage of private schools are mostly run by church groups, e.g. the Catholic Church.
- The organisation and curricula are generally the same as for public schools.
- Unlike public schools, private schools are often single-sex.

Examinations

- There are no national school examinations. Instead, each local school district lays down the standards required and sets exams.
- Pupils who wish to go on to college take the Scholastic Aptitude Test (SAT), a nationally recognised standard for college entrance.

Important issues

Equal opportunities

- Although, in theory, every child has an equal right to the best education, in certain areas this does not work in practice. Inner-city schools in particular tend to be badly funded, have fewer resources and have pupils from poorer backgrounds and often bigger social problems. As a result of such conditions, these schools rarely attract the best teachers. They are often dangerous places, where violence, directed towards both teachers and pupils, is common. Some schools even employ security guards. The pupils of these schools often only get poor grades and seldom go on to college or to get a good job. Therefore it is difficult for them to improve their status in life.

- In the 60s and 70s, attempts were made to provide a more equal racial mix in schools by means of 'bussing'. This was the practice of bringing white children to schools in predominantly black areas and vice versa. Nowadays, however, this is no longer done, and racial segregation continues, as white families tend to live in the suburbs and African-American or Hispanic families in the inner cities.

Religious issues

- Many parents, particularly in the southern states, have campaigned for several years for the introduction of Christian prayer in schools. However, according to the Constitution, the US does not have a state religion, and this practice would therefore not reflect the diverse religions represented in the country.
- In some southern states, e.g. Alabama, it is illegal to teach evolution as a scientific fact. Teachers must explain that it is an 'unproven belief' and give equal weight to the teaching of Creationism.

Bilingual teaching

- Some areas with large numbers of South American immigrants (in the South and Southwest) have schools where the pupils are taught in both Spanish and English.
- For: It is hoped by some that this may reduce the number of Hispanic pupils who drop out of school.
- Against: This system does not encourage integration or improve the students' grades.

Higher education

At least 50% of high school graduates go on to higher education, of which there are different forms:

Universities

- These normally consist of a college for undergraduates (those working towards a bachelor's degree) and one or more graduate or professional schools (e.g. a law school or medical school). The students of these can get a master's or doctoral degree.
- Ivy League Universities (e.g. Harvard, Yale or Princeton) are some of the oldest in the country and have a reputation both of high academic standards and exclusivity. A high percentage of their graduates (normally white, Protestant males) go on to hold high positions in public life.
- Besides the public universities there are many small, private universities.

Technical colleges

- These offer 2-year vocational programmes.

Junior / community colleges

- 2-year programmes.
- Some of these are technical or professional; others enable students to go on to university or liberal arts college.

Liberal arts college

- For undergraduates, who follow a 4-year programme leading to a bachelor's degree.

Financial aspect

- A college education is very expensive in the US, both for public and private institutions. Tuition fees range from about $4,000 – $20,000, although some private colleges charge as much as $30,000. In addition to this, students have to pay for accommodation and other living costs.
- Students can get financial help in the form of scholarships and low-interest student loans, but the fact remains that a large proportion of students tend to be from well-off, middle-class families. This does not promote the concept of 'education for everyone'.

Admission

- Admission can be very competitive, especially for the more prestigious colleges and those with good facilities and teachers.
- Admission is based on:
  - high school records
  - recommendations from teachers
  - SAT scores
  - a personal interview

4 Cheat Sheet: Education in the USA

Public education	Free education for 90 % of American children, controlled by local education districts rather than a central authority.
Elementary school	First 6 to 8 years of schooling.
High school	Split into Junior and Senior High school in some areas. Both academic subjects and practical skills are taught.
Private schools	Normally run by churches. They generally follow the same patterns as public schools.
Examinations	No national exams. SATs → nationally recognised tests necessary for college entrance.
Equal opportunities	Good schools are seldom found in deprived inner-city areas → children from poor backgrounds have fewer opportunities to get a good education.
Religion	In some southern states: • lobby for introduction of school prayer • it is illegal to teach evolution as a scientific fact
Bilingual teaching	In some areas, teaching is both in English and Spanish.
Higher education	
Universities	Undergraduate colleges (bachelor's degrees) and graduate schools (e.g. law school) for master's or doctoral degrees. The most prestigious are the Ivy League Schools.
Technical colleges	2-year programmes.
Junior/Community colleges	2-year technical or professional programmes; the opportunity to continue studying at university.
Liberal arts colleges	4-year Bachelor degree programmes.
Fees	Both private and public colleges charge high tuition fees making college attendance difficult for people from poorer backgrounds. However, scholarships and student loans are available.
Admission	Very competitive, based on SAT results, teachers' recommendations and an interview.

Religion

1 Religion in Britain

A wide variety of religions are practised in Britain. This diversity owes a lot to the large number of immigrants in the country.

Church membership in Britain (1999)	
Anglican	18.1 million
Roman Catholic	5.7 million
Presbyterian	1.24 million
Methodist	308,000
Baptist	147,000
Other free churches	206,000
Muslims	1.5 million
Sikhs	500,000
Hindus	450,000
Jews	330,000
Others	80,000

The Church of England

- Also called the Anglican Church, this is England's official or Established church. Its role is both spiritual and political.
- 1534: Act of Supremacy declared Henry VIII "Supreme Head of the Church of England". He had broken away from the Roman Catholic Church after the Pope refused to allow him to divorce his first wife.

The Church and the State

- The monarch, as Head of the Church, appoints the archbishops of Canterbury and York and 42 bishops on the Prime Minister's advice.

- Senior bishops sit in the House of Lords, and thus take an active part in political life.
- All Anglican clergy must swear allegiance to the Crown.
- Until recently, the Church of England was often referred to as 'the Tory party at prayer' because of its historical role as part of the Conservative Establishment. However, since the 1980s it has often taken a more critical position, especially with regard to government social policies.

Spiritual aspect

There are two main groups within the Church of England:

- High Church, or Anglo-Catholics → close similarity to Catholic church services; church ritual and the authority of the clergy play a significant role
- Low Church, or Evangelicals → more emphasis on the Bible and preaching; prefer simple services

There is often tension between these two groups, although many churchgoers feel most comfortable somewhere in the middle.

The General Synod

The Church's governing body, which debates spiritual, educational, social and administrative questions.

Women priests

After long years of heated discussion, the first women priests were ordained in 1994. There were about 1,900 of them by 1998, although they are still not permitted to become bishops. Some Anglican clergy left the Church of England as a result of this ruling.

Church attendance

As in the case of most other religions, attendance of services has dropped dramatically in recent years. However, there is still a large number of people who describe themselves as 'Anglicans', even if they do not normally attend church. For these people the Church is part of their cultural identity rather than something spiritual: an aspect of being English.

The Church of Scotland ('Kirk')

- Scotland's official national church since the 1707 Treaty of Union. Previously, during the Scottish Reformation, Scotland had taken on Protestantism as its state religion.
- It is a Presbyterian church, which means it is democratically governed by church courts or councils made up of ministers, elders (= presbyters) and deacons, but not bishops.
- It has an annual General Assembly, which elects a Moderator to be head of the 'Kirk' for one year.
- Lay people have the same status as ministers, and both men and women may be ordained.
- It is completely independent of the state.
- The main emphasis is on preaching, and the churches are simple buildings, with a table instead of an altar.

The Church in Wales

- Wales does not have its own established church.
- The largest of the Free Churches in Wales is the Presbyterian (or Calvinistic Methodist) Church of Wales, where some services are held in Welsh.
- Other nonconformist churches also have a large membership, e.g. the Union of Welsh Independents.

Religion in Northern Ireland

- There is great division between Catholics and Protestants in Northern Ireland, which is, however, political rather than spiritual.
- The Nationalists want Northern Ireland to be part of the Republic of Ireland, a Catholic country, whereas the Unionists wish to remain part of the Protestant United Kingdom.

- Church membership here is much higher than in other parts of the UK - over 80% of the population in the 1990s as compared to about 10% in England. It is important for the people to show solidarity to their community: church attendance is one clear way of doing so.

The Free Churches (Dissenters or Nonconformists)

- These are Protestant churches which did not conform with the English Reformation or disagreed with certain points of ritual and doctrine in the Church of England.
- The main groups are the Methodists, Baptists, Presbyterians, United Reformed Church, the Quakers and the Salvation Army.
- Although there are doctrinal and administrative differences between the Free Churches, their similarities include:
  - the Bible is their authority, rather than church leaders
  - they do not have bishops, and are therefore not as hierarchical as the Anglican Church
  - both men and women can be ministers
  - their services and chapels are simple.

The Roman Catholic Church

- 1850: the Catholic Church returned to Britain after its suppression during the Reformation years.
- There are now 7 Roman Catholic provinces in Britain, plus 30 dioceses with about 3,300 parish churches.
- The head of the Catholic Church in Britain is the Archbishop of Westminster.
- Its membership has risen in the last 150 years, helped by immigrants from Catholic countries, e.g. Ireland.
- It is estimated that, of over 5 million members, about 1.9 million are practising Catholics, which makes it the largest Christian Church in Britain from the point of view of active membership.

Other religions

- Mainly due to immigration, there are now large communities in Britain representing non-Christian religions.
- The largest group are the Muslims. There are over 600 mosques and many community centres for Muslims throughout the UK.
- Other large groups include Jews, Sikhs and Hindus.
- Some religious groups from the USA, e.g. the Mormons, Jehovah's Witnesses and Christian Scientists can also be found in Britain.

2 Cheat Sheet: Religion in Britain

State religion	Church of England. Monarch is Head of the Church.
Church and state	Senior bishops sit in House of Lords; clergy must swear allegiance to the Crown; Prime Minister appoints bishops.
Spiritual aspect:	2 main groups:
•High Church	similar to Catholic services; importance of ritual and authority of the clergy
•-Low Church	'Evangelicals': simple services; importance of the Bible and preaching
Women priests	Permitted since 1994 → controversial issue.
Church attendance	Although many Britons consider themselves officially members of the Anglican Church, few attend regularly.
Church of Scotland ('Kirk')	Presbyterian church: democratically governed by church councils. Independent of the state. Simple services, emphasis on preaching.
Wales	No established church. Nonconformist churches are popular, especially the Presbyterian Church of Wales.
Northern Ireland	Political division between Catholics and Protestants → church membership as sign of solidarity.

Free Churches	Split from the Church of England after disagreements about ritual and doctrine. Include Methodists and Baptists. Rely on the authority of the Bible and simplicity of worship.
Catholic Church	Largest Christian church in Britain with regard to active membership. Many immigrant members (e.g. Irish).
Other religions	Muslims, Jews, Sikhs and Hindus → largest groups represented.

3 Religion in the USA

Historical background

1620 The **Pilgrims** established the Plymouth Colony. These were a group of supporters of John Calvin who had disagreed with the direction the Anglican Church was taking after the Reformation. Their demands for further reforms led to their persecution in England and ultimately to their sailing to the New World to set up a religious colony where they could practise religion in the way they wished.

1629 The **Puritans** settled in Massachusetts and spread across northeast America. They did not, however, allow others the same religious freedom that they had left England to find. Only Puritan churches were permitted, which were funded by taxes, and only church members had political rights. People with other beliefs, or who disagreed with them, were punished.

1635 Roger Williams, a Puritan clergyman who had disagreed with the colonial government, was one of those who broke away and founded a new colony, in his case Rhode Island. His principles included the separation of church and state, religious toleration for all and religious freedom. These ideas were taken up again when the Constitution was written.

17th century Other colonies became home to different religious groups, e.g. Maryland for Catholics and Pennsylvania for Quakers. Both of these colonies also encouraged freedom of religious expression.

1740s **First Great Awakening**, a revivalist movement that claimed everyone could be saved if they had faith, and that anyone could preach. Both slaves and free people were converted, and an atmosphere of social equality was created as people from all backgrounds were able to lead prayer groups.

1791 First Amendment to the Constitution which ensured the free practice of religion and the complete separation of church and state.

1800s **Second Great Awakening**, characterised by large-scale meetings in tents with charismatic preachers and large audiences. The followers of this movement believed that America needed to be morally reawakened by committed Christians. They advocated a series of reforms e.g. women's rights, temperance and the abolition of slavery.

Other relevant facts

- The churches in America are not subsidised by the government, but rely on donations from their members and other fund-raising activities.
- Since church and state are separate, there are no religious public holidays.
- Churches are often the meeting place and social centre in their local communities. Many people are members of organised church groups such as choirs, or take part in other events run by the church.
- As religion is not officially taught in schools, many children go to Sunday School for religious instruction.

The 10 largest religious bodies in the USA	
Catholic Church	62,3910,484
Southern Baptist Convention	15,851,756
United Methodist Church	8,367,631
Church of God in Christ	5,499,875
Church of Jesus Christ of Latter-Day Saints	5,208,827
Evangelical Lutheran Church in America	5,149,668
Presbyterian Church (USA)	3,561,184
National Baptist Convention of America	3,500,000
Lutheran Church – Missouri Synod	2,582,440
Assemblies of God	2,574,531

The largest non-Christian organised religions in the USA	
Jews:	5.6 million
Muslims:	4.1 million
Buddhists:	2.4 million
Hindus:	1 million

Religious groups in the United States

A large number of different religions are represented in the USA. Even if Protestants are no longer a numerical majority (see the table above), the various Protestant churches are still the most influencial. America is largely a Protestant country.

Christian sects which originated in the USA

- 1830: Foundation of The Church of Jesus Christ of Latter-Day Saints (the Mormons) by Joseph Smith. This is the biggest religious group which comes from the US. They were exiled to Utah.
- Mid 19th century: Foundation of Seven-Day Adventists
- 1872: Foundation of Jehovah's Witnesses
- early 20th century: Spread of the Pentecostal movement, a fundamentalist faith which grew out of the Methodist and Baptist Churches.

Influence of different religions

(a) The Puritan Heritage

- The Puritan settlers saw themselves as a 'chosen people' who had come to live in the 'promised land. Americans today still regard their country as being especially blessed by God.
- Thanks to the founders of the country, there is a close connection between religion and patriotism. The country's national motto is 'In God We Trust'.
- **WASPs** (White Anglo-Saxon Protestants) are still extremely influential in American society and public opinion.
- The importance of having money in the USA comes from the Calvinist belief that affluence is a sign of God's blessing for the individual.
- **The Protestant work ethic**, i.e. working hard, not wasting money and being self-disciplined in order to become wealthy, is an important aspect of American life. It is a driving force behind business life in the US.
- Charity work also plays a significant role, as Calvinists believed material wealth was to be used to help those in need.

(b) Black churches

- The first of these, e.g. the African Methodist Episcopal Church, were formed in the 19th century when blacks felt the racial prejudice prevalent in other churches.
- After the abolition of slavery in the 1860s, churches became the first institutions run by former slaves.
- 1960s: black churches were a vital part of the Civil Rights Movement, led by the Reverend Martin Luther King. They supported his demands for social reform and equality for all.

(c) Fundamentalism or the religious right

- This is a conservative Protestant movement based on a literal interpretation of the Bible, which has enjoyed a revival since the 1970s.

- It is a reaction to the more liberal trends in religion of the 1960s, which focussed, among other things, on social and racial equality and the separation of church and state (i.e. no religious instruction in schools).
- Fundamentalists:
  - advocate prayer in schools
  - are against teaching about evolution, wanting it to be replaced by Creationism (the idea that the world was created in 6 days as stated in the Bible)
  - want a return to traditional family life
  - are against communism, abortion, sex outside marriage, feminism and homosexuality
- 1989: formation of the **Christian Coalition**, the voice of the religious right in politics. It encourages Christian conservatives to support only those political candidates and organisations that share their opinions.
- The religious right has found a partner in the right wing of the Republican Party, to which it also gives a good deal of financial support. Several of their principles can be seen in the policies of President George W. Bush.
- The "**electronic church**", i.e. the use of radio and television to spread the fundamentalist message, has also become influential in recent years.

4 Cheat Sheet: Religion in the USA

History	• USA's eastern colonies founded by dissenting Protestants from England who wished for religious freedom in the New World. • Puritans → intolerant of other religious beliefs. • New colonies were founded, based on separation of church and state and religious freedom → included in First Amendment to the Constitution (1791).
American churches	• Funded by donations rather than government subsidies. • Central position in local community. • A wide range of world religions are practised in the USA, but it still remains largely a Protestant country. • Christian sects originating there include Mormons and Jehovah's Witnesses.
Puritan Heritage	• Puritans' belief that they had come to the 'promised land': Americans see their country as being blessed by God. • WASPs are still influential. • Protestant work ethic and belief that wealth was a sign of God's blessing are reflected in American attitudes towards work and money. • Importance of charity.
Black churches	Significant role in Civil Rights Movement.
Fundamentalism	• Extremely conservative reaction to liberal religious trends of 1960s. • For: return to family life, school prayer, teaching of evolution as an 'unproven theory'. • Against: communism, abortion, sex outside marriage, homosexuality, feminism. • Christian Coalition: political voice for the religious right. Affiliation with Republican Party. • Influential through TV evangelism.

International Relations

1 Britain and Europe

Great Britain has an ambivalent attitude towards continental Europe. Its geographical position as an island has meant physical separation from the rest of Europe and, due to its colonial past, it has developed close relations with countries elsewhere in the world. Britain also feels that it has a 'special relationship' with the USA, based on a common language and Anglo-Saxon culture. The cooperation between the two countries began with Churchill and Roosevelt during the Second World War, was continued in the 1980s by Thatcher and Reagan, and can still be seen today in Tony Blair's willingness to back American foreign policy, even to the extent of direct military assistance. This relationship is important for maintaining Britain's position in the world. Since the 1980s, however, it has become clear to Britain that its future lies more with the European Union, at least economically.

Post-war Britain

World War II changed Britain's global position, resulting in a loss of economic, political and military power.

- The country was deeply in debt and had to rely on financial aid from the USA and Canada.
- There were severe shortages of everything from housing to food and basic commodities.
- Many of its dependencies demanded their independence, which eventually meant the end of the British Empire.
- The USA and the USSR had become the new world powers.

Post-war Europe

The war also brought irreversible changes to Europe: the continent that had led the world politically, economically, scientifically and culturally had been destroyed and divided. The countries that had taken part in the war had to be rebuilt, both economically and ideologically. The accomplishment of this caused further division as the western countries were supported by the USA, while the USSR formed the communist eastern bloc behind the 'Iron Curtain'.

In the years after the end of the war, some western European countries began to consider closer cooperation.

Reasons for European unity

- Political: it was believed that a united Europe would make war between its countries less likely.
- Europe could regain the influence it had lost by speaking as one unit.
- Economic: larger markets would lead to more competition, which would increase productivity and create a higher standard of living.
- Economic strength could be used as a basis for future political integration.

At this stage, Britain's interests in Europe were economic rather than political: politically it felt more closely bound to the USA (e.g. it joined NATO in 1949).

Britain and the European Community: important dates

1957 Foundation of the **European Economic Community** (EEC) by France, Italy, West Germany and the Benelux countries. It established free trade between the member countries and was to form the basis of a political union at a later stage. Because Britain did not agree with the idea of political union, it did not join.

1960s	French President de Gaulle blocked Britain's attempts to join the EEC because he felt that with its close American connections British was not committed enough to Europe.
1973	Britain joined the European Community (EC), as it was now called, despite opposition from many people.
1975	Referendum held in Britain on membership: two-thirds of the population voted to remain in the EC.
1980s	Britain clashed with the rest of the EC about the Common Agricultural Policy and because they felt that they had to pay more into the EC than they got out of it.
1991	Signing of the Maastricht Treaty led to the single European market. John Major gave Britain the right to opt out of the single currency (which it later did) and refused to sign the Social Charter guaranteeing minimum employment conditions throughout the EC.
1993	The European Union (EU) was launched.
2002	Britain was one of 3 EU states not to change its currency to the EURO.
from 2003	Tension arises between Britain and other EU members, especially Germany and France, due to the UK's support of and involvement in the USA's war in Iraq.

British arguments for and against EC membership

Initially Britain's motivation for joining the EC was mainly to promote its own economic interests, particularly after the loss of foreign trade brought about by the decline of the empire. There was not much collaboration with other EC states over political issues, and the concepts of a federal Europe or a single currency were rejected. Within the country itself, EC membership caused controversy, splitting the nation into two groups who argued as follows:

Pro-marketeers

- Britain's economic future lies within the EC: isolation will only be damaging in the long run.
- The significance of the Commonwealth is decreasing.
- The increased competition of the single market will boost British industry.
- Britain can benefit from EC grants and subsidies.
- Membership will allow Britain to play an active role in decision-making in Brussels.
- No possibility of war among member states.

Anti-marketeers

- Britain's financial contributions to the EC are too high.
- Britain should not have to support the inefficient agricultural policy, which created large food surpluses.
- Brussels imposes ridiculous laws on the member states, e.g. the standardisation of traditional British products such as sausages or crisps to bring them in line with the rest of the EC. (This 'interference' with British traditions causes resentment).
- There is a **loss of sovereignty** and national heritage.

It was this fear of loss of sovereignty that split the Conservative government in the late 1980s over the question of Europe and played a large part in Mrs Thatcher's resignation. While many of her ministers believed in working towards European unity, Mrs Thatcher uncompromisingly resisted it. She rejected the idea of a stronger political union that included reunified Germany, causing British isolation within the EC. The governments since 1990 have, however, been more open towards a united Europe.

Britain and the EU today

The British people no longer seem to regard themselves as being completely separate from Europe. The opening of the Channel Tunnel in 1994, for example, has removed the country's physical isolation from the continent. Polls have indicated that more people would be in favour of joining the single currency now that it is a reality in other countries. However, the fear of loss of national identity remains an issue.

Signs of integration

- Almost all government departments in the UK are involved in EU business.
- Britain has 87 seats in the European Parliament, whose members are elected by a proportional voting system.
- More and more Britons take advantage of the opportunities to live and work in other EU countries.

Political attitudes

- The present Labour government is definitely more pro-Europe than previous governments, making use of the subsidies available and playing an active role in European policy-making. Tony Blair has also promised to hold a referendum on the Euro in the next few years.
- The Conservative Party contains more 'Euro-sceptics'. The former leader William Hague made the 'dangers' of closer cooperation with Europe one of the main issues in his campaign for the 2001 general election. Surveys proved, however, that closer unity with Europe is not a major concern for most British people and that the issue is no longer as emotive as in the past.

2 Cheat Sheet: Britain and Europe

Post-war Britain	• Loss of economic, military and political power. • Debts and shortages. • End of British empire: loss of overseas trade.
Post-war Europe	• No longer a world power: USA and USSR now had this status. • Desire for unity: reduce the risk of war. • Need to become strong again economically and politically.
Britain and the EU	• 1957: foundation of EEC; Britain not a member. • 1973: Britain joined EEC. • 1980s: doubts about membership: conflicts within Europe over e.g. agricultural policy. • 1991: Maastricht Treaty: Britain reserved the right to opt out of single currency. • 2002: Britain not one of the 12 countries to use the single currency.
Pro-marketeers	• Economic future lies within EU, not Commonwealth. • Benefits through single market, grants and subsidies. • Reduced danger of war.
Anti-marketeers	• Financial contributions too high. • Britain forced to support inefficient policies. • Loss of sovereignty and national heritage.
Situation today	• More acceptance of united Europe among the British. • Greater involvement and integration by government: economically, politically and legally. • Loss of sovereignty still a fear. • Present Labour government: pro-Europe, but not unconditionally; referendum on the Euro promised. • Conservatives: still emphasise importance of national sovereignty rather than European unity. • Tension due to Britain's support of the USA during the Iraq war.

3 America and the World

Isolationism

From its independence to the beginning of the 20th century, America generally maintained a policy of political isolation from the rest of the world. The main reasons were:

- the need concentrate on developing the new nation and expanding its western territories before becoming involved in any European affairs
- the fear that involvement in foreign affairs might jeopardise the values of freedom and equality on which the United States had been founded
- economically, the country was more or less self-sufficient in this period.

Monroe Doctrine

In the early 19th century it seemed likely that France and Spain would make new attempts to reclaim former colonies, now independent states, in Latin America. In 1823 President Monroe announced to Congress that:

- the US would not interfere in any European affairs or conflicts
- there was to be no further colonisation of the American continents by Europeans
- any attempts to colonise the western hemisphere would be regarded as hostility towards the United States
- America therefore pledged to remain neutral, to protect the new South American states, and to uphold democracy over imperialism.

American imperialism

From the end of the 19th century the Americans began to make their influence felt throughout the rest of the world. This manifested itself in:

- Economic imperialism: the US invested a huge amount of capital abroad, first in the Caribbean and South America. The

USA was thereby able to influence these countries both economically and politically. This so-called **'dollar diplomacy'** has often been practised by the US since then, e.g. the Marshall Plan (see below).

- Intervention policy: the **Roosevelt Corollary** (1904), an extension to the Monroe Doctrine, stated that the US had the right to intervene in Latin American conflicts to prevent cases of 'chronic wrongdoing' → an early example of the US' self-appointed role as the 'world's policeman'.
- Overseas expansion: in the 1860s, when the US had consolidated its position within its own geographical boundaries, the desire for overseas territories, or at least foreign spheres of influence, grew.

1898	Annexation of Hawaii; Puerto Rico ceded by Spain; Philippines bought
1899	Open door policy' with China to safeguard US trading interests
1901	Cuba effectively became an US-protectorate
1903	America supported Panama's fight for independence from Colombia. When this succeeded, the Americans were allowed to build the Panama Canal, (a link between their eastern ports and East Asia), and to control the Canal Zone
1913	US marines sent to Nicaragua to ensure that the President backed by America remained in power
1915/16	US troops occupied Haiti and the Dominican Republic
1917	Virgin Islands purchased from Denmark

These and many other treaties and conquests contributed to the USA becoming a world power, but their presence in world affairs was not always welcome. Many Latin American countries resented their interference, and there was an uprising in China against the imposition of western values on their culture, to name two examples.

Some Americans agreed, believing that they should not rule over other countries when they considered themselves the 'land of the free'. Others, however, saw it as part of America's 'manifest destiny' to expand throughout the world, i.e. it was their God-given right to spread American civilisation.

World War I

1914 The USA declared their neutrality but offered to act as a mediator.

1915 114 Americans drowned when the Germans illegally bombed and sank the British passenger ship Lusitania. President Wilson demanded an apology and compensation.

1917 Declaration of war after Germany attempted to persuade Mexico to enter the war on their side.

1918 Wilson's 'Fourteen Points' peace plan included freedom of the seas, arms reductions, the rights of self-determination of nations and the establishment of a 'League of Nations' to arbitrate in conflicts between nations and guarantee peace.

1919 Some of Wilson's ideas were incorporated into the Treaty of Versailles, although he was forced to accept many compromises. A League of Nations was established, but the US Senate voted against membership, feeling that the country should return to the policy of isolationism. President Wilson therefore was never able to realise his aims of spreading peace and democracy throughout the world.

World War II

The Second World War changed the USA's attitude towards isolationism. It came to realise that its political and economic security depended on having allies.

1941 Japanese attack on **Pearl Harbor** → the US entered the war.

1942–1945	The USA fought on the side of the Allies, ultimately bringing about the surrender of Germany and Japan.
1945	The first atomic bombs were dropped on Japan, beginning a new era not only of warfare but also of world politics. The USA's position as a military world power was firmly established.

The post-war period

- The USA and USSR were now the 2 major powers and rivals in the world.
- The US felt threatened by the spread of communism throughout the world and aimed to destroy it.
- A 4-decade battle for military supremacy started between the USA and the Soviets.
- The war had ended the Great Depression and brought about an economic upswing which consolidated America's leading position in the west. It would take many years for other western nations to catch up.

Truman Doctrine (1947)

A programme of aid set up to help anti-communists in Greece and Turkey; it was later expanded to enable the US to support any countries that they considered to be threatened by communism during the Cold War.

Marshall Plan (1947)

Another name for the European Recovery Program, this was a programme of financial aid to help rebuild Europe after the war. It was motivated both by the desire to keep Europe as a market for American goods, and to prevent western Europe from rebuilding itself using communist methods. The USSR rejected the conditions laid down and established their own sphere of influence in eastern Europe. As a result, the **Iron Curtain** divided the continent economically and ideologically until the 1990s.

Post-war treaties:

America's post-war foreign policy was referred to as '**containment policy**', meaning that its main aim was to prevent the spread of communism. To this end, some important post-war treaties were signed:

1949 NATO, a defence alliance. Members are under obligation to help each other when under threat of military attack.

1952 ANZUS, a treaty between the USA, Australia and New Zealand for mutual defence and support in the Pacific.

1954 SEATO (South East Asian Treaty Organization), an alliance of defence and economic cooperation between nations in southeast Asia and the South Pacific. It was disbanded in 1977 after the US withdrawal from Vietnam and communist victories throughout Indochina.

Military action

After the Second World War, America was confirmed in its role as the 'world's police', and took military action in several world conflicts:

- In some cases the motivation was to suppress communism (Korean War 1950 – 1953, Vietnam War 1959 – 1973, Cuban Missile Crisis 1961).
- Others were connected to the protection of oil interests (Gulf War 1990 – 1991).
- The first stage of the US's "war against terrorism" was fought in Afghanistan (2001 – 2002).
- This was followed by the war on Iraq (2003 – 2005).

Effects of Vietnam War:

As well as suffering a humiliating military defeat and the loss of thousands of soldiers, the government had to deal with civil unrest at home in the form of anti-war protests. Since then, US military action overseas has never had the support of all US citizens.

The Arms Race and détente

During the Cold War there was a constant battle between the two superpowers for military superiority and nuclear armament. However, the fear of nuclear war prompted talks from the 1970s onwards to improve the relationship between the two countries:

1972 The Strategic Arms Limitation Talks (SALT) brought about some positive results such as limiting the deployment of anti-ballistic missiles and a freeze on arms developments.

1987 US-Soviet treaty to eliminate intermediate range nuclear forces (INF).

1989 Gorbachev announced Soviet military cuts and the removal of 500 short-range nuclear missiles from Eastern Europe. This contributed greatly to the fall of the Iron Curtain.

1993 Disarmament talks continued with START (Strategic Arms Reduction Treaty), and the withdrawal of troops from Europe on both sides was agreed.

USA and terrorism

The terrorist attacks of 11 September 2001 shook the Americans to the core, forcing them to face the fact that they were not invulnerable to terrorism.

Consequences

- A war against international terrorism (e.g. the war in Iraq to "free" the country from Saddam Hussein).
- Increased national security.
- More focus of attention on the Middle East, including countries such as Iran and Syria, due to perceived threats to the US from terrorist groups and general strong anti-American feeling.

- New international allies (e.g. Russia) and the increased importance of those allies → the idea that any country which does not support the US is against it.

USA and Europe

- In the post-war period, America was a symbol of freedom and equality for the Europeans. It had helped them rebuild their economies, re-establish democracy, and had given them a sense of security (e.g. through the military support of NATO).
- From the 1960s the Europeans have been more critical, for example with regard to:
  - racial discrimination (support for the Civil Rights Movement)
  - involvement in various international conflicts e.g. Vietnam, the wars in Afghanistan and Iraq
  - deployment of US missiles in Europe
  - the Americanisation of their culture
  - the effects of globalisation
  - environmental issues
- The Americans, in their turn, felt that Western Europeans were not concerned enough about the defence of western civilisation and were too neutral in world affairs.
- The end of the Cold War removed the threat of military attack from the USSR, and therefore removed the necessity of US troops being stationed in Europe.
- The establishment of the European Union has meant that Europe has become more self-sufficient in economic, political and military matters.
- The rift between the US and Europe over the Iraq war has not been fully healed.

USA and Britain

Points in common

- language
- Anglo-Saxon culture
- colonial history
- parliamentary democracy

Military affairs

- American support for Britain during two world wars and other conflicts such as Falklands War
- British support for the US in Korean and Vietnam wars
- military cooperation in the 1991 Gulf War and the wars in Afghanistan and Iraq

Points of division

- criticism by Britain of some US overseas activities, e.g. military action in Libya
- Britain's growing ties to the EU
- growing cultural gap as both countries become more multicultural.

However, the fight against international terrorism has helped to strengthen the ties between the two nations.

4 Cheat Sheet: America and the World

Isolationism	Until early 20th century, America distanced itself from conflicts abroad.
Monroe Doctrine	Pledge not to interfere in European affairs; forbade further colonisation of American continents.
Imperialism	• Capital investment abroad spread American influence → 'dollar diplomacy'. • Roosevelt Corollary: US gave itself the right to intervene in Latin American conflicts: first instances of US as 'world police'. • Overseas expansion: US took control of many foreign territories → became a world power.
World War I	Position of neutrality; only directly entered the war in 1917 Fourteen Points': Wilson's programme for world peace and democracy. Formation of League of Nations → US did not join.
World War II	US entry after bombing of Pearl Harbor. Dropping of atomic bombs on Japan ended war and started a new era.
Post-war period	• US and USSR → rival world powers. • US measures to stop spread of communism (e.g. Truman Doctrine). • Marshall Plan: financial help to rebuild Western Europe under democratic, capitalist system → Iron Curtain in Europe. • Founding of defence alliances: NATO, ANZUS, SEATO.
Vietnam War	First military defeat for US → civil unrest and calling into question of legitimacy of foreign military action.
Disarmament	From 1970s US and USSR negotiated reduction of nuclear weapons and military presence → end of Cold War.
US and Europe	Became more critical of each other; EU → economic and military independence from US; resistance to 'Americanisation'.
US and Britain	Relationship still close, especially since September 11th attacks.

Appendix

Use of the Tenses: An Overview

The present

Use of the present simple

(a) permanent situations:
- John works in a bank.

(b) routine or regular, repeated actions:
- I get up at 7 a.m every day.

(c) for scientific facts or natural laws:
- Apples grow on trees.

(d) for state verbs which are not usually used in the continuous form (e.g. be, believe, belong, consist, contain, depend, feel, hate, know, like, love, mean, need, prefer, realise, remember, seem, smell, taste, want:
- This cake tastes delicious.

(e) for the future in timetables:
- What time does his flight arrive?

Use of the present continuous

(a) temporary situations:
- Helen is studying in Paris for three months.

(b) actions happening now or over a period of time around now:
- I'm reading a really interesting book at the moment.

(c) changing or developing situations:
- The hole in the ozone layer is getting bigger.
- My English slowly improving.

(d) future arrangements and appointments:
- I'm flying to London next week.

(e) annoying habits:
- Andy is always forgetting his keys!

Be careful!
What does he do? = What is his job?
What is he doing? = What is his present activity?

The past

Use of the past simple

(a) permanent or long-term situations in the past:
- I lived in Manchester until I was eighteen.

(b) repeated actions or events in the past:
- We went swimming every Saturday morning.

(c) completed situations with past time expressions (yesterday, last week, last month, last year, ... ago):
- I last saw Martin 5 years ago.

(d) for state verbs (see above):
- My grandfather loved talking about his childhood.

Use of the past continuous

(a) for actions in progress at a definite time in the past:
- At this time last week I was sitting on a beach in the South of France.

(b) for temporary situations in the past:
- I was working in Paris at the time of the festival.

Contrast of past simple and continuous

(a) Use the past simple and continuous together to describe something that happened in the middle of another situation or event:
- The phone rang while I was cooking the dinner.

(b) Use the past simple to describe two actions that follow one another. The second action can be the result of the first:
- When the phone rang, I answered it.

(c) Use the past continuous to describe two actions that happened at the same time:
- Maria was listening to the radio while she was washing the car.

The same idea can be expressed with the simple past:
- Maria listened to the radio while she washed (or was washing) the car.

Perfect tenses

Use of the present perfect simple

(a) with time expressions which indicate unfinished time (today, this week, this month, this year):
- I haven't seen Julia at all this week. I wonder where she is.

Be careful!

When talking about 'today' it is important to think about what time it is when speaking:
- I've received 5 messages this morning. [It is now 10.30 a.m.]
- I received 5 messages this morning. [It is now 3 p.m.]

The simple past is used for a short, completed action, even if the time expression refers to unfinished time:

WRONG: ~~I've got up at 6 o'clock this morning.~~

RIGHT: I got up at 6 o'clock this morning.

(b) for situations when the result of a past action can be seen in the present:
- Someone has stolen my bike!

(c) to talk about experiences that have happened at some time in one's life:
- Joe has been to Australia.

(d) to describe situations that started in the past and have continued until now:
- They have lived in that house for three years.

(e) to describe repeated actions that started in the past and have continued until now, often with the idea that they might happen again (using the expressions "so far" or "up to now"):
- I've watched every episode of this soap opera so far – I love it!

(f) to describe recent events, but without saying exactly when they took place:
- Joan has just phoned. She told me the good news.

(g) with state verbs:
- I've never believed that hitting children is a good idea.

Contrast of the present perfect simple and the present perfect continuous

(a) The present perfect continuous puts the emphasis on an activity, whereas the simple form emphasizes the result:
- I'm really tired. I've been tidying the living room all afternoon.
- I've tidied the living room. It looks much better now.
- Why is Mark all sweaty?' 'He's been running.'
- Mark has run 10 kilometres today. He's really fit.

(b) The continuous form shows us that an activity is not yet completed.
- I've been reading a really exciting book. I wonder how it will end.

- I've just read a good book. It was really exciting.
- They've been working on that project for weeks now.
- They've finished the project at last.

(c) The continuous form is used to describe how long an activity has been going on while the simple form is used to say how often something has happened or to answer the question "how many ... ?":
- How long have you been learning English?
- How many times have you visited England?
- He's been planning the party for 3 weeks.
- He's invited 30 people to the party.

(d) The continuous form shows that a situation or activity is temporary, and the simple form can be used to describe permanent or long-lasting situations:
- He's been studying in Rome for the last three months.
- He's lived in Rome for 10 years.
- Alison's been driving a rental car this week because hers is being repaired.
- I've always driven a German car.

Contrast of the simple past and the present perfect

(a) The simple past is used to describe events and situations that finished at a specific time in the past. The present perfect is used for events and situations that took place in the time up to the present:
- She bought a lot of clothes when she lived in Milan.
- She has bought a lot of clothes for her new job.
- They met a lot of interesting people on their last holiday.
- Since starting this job, I've met a lot of interesting people.

Be careful!

The present perfect cannot be used with past time expressions (see above):

WRONG: I have ~~seen Jackie last week~~.

RIGHT: I saw Jackie last week.

WRONG: She has ~~been there 3 years ago~~.

RIGHT: She went there 3 years ago.

(b) The present perfect is used to give new information, and the simple past is used to continue talking about the situation or event:

- Oh no! I've lost my purse! I took it out of my bag at the supermarket and forgot to pick it up again.
- The rock star Johnny Dexter has died at the age of 77. He last went on tour in 1995. His wife and two daughters were at his bedside in his Beverly Hills villa when he died.

(c) Both the simple past and the present perfect are used to talk about repeated actions. Use the present perfect if there is the possibility of further repetition of the action, and the simple past if the action took place for the last time:

- Patricia has made a lot of money in her career as a model, and has just won a multi-million dollar contract with a well-known perfume manufacturer.
- Patricia made a lot of money in her career as a model, but now she enjoys just being a housewife and spending time with her children.
- Chris has changed jobs seven times in the last ten years. He finds it boring to stay with one company for too long.
- Chris changed jobs seven times in ten years, but at last he is doing a job he really enjoys.

Use of the past perfect simple

(a) to talk about something that happened before another event in the past:
- We had already finished eating by the time George arrived.

(b) Compare the use of the past perfect and the simple past in the following examples:
- When Jim arrived at the meeting, Susie left.
- When Jim arrived at the meeting, Susie had left.

In the first case, Susie left the meeting after Jim arrived, and in the second case she left before he arrived.

Use of the past perfect continuous

(a) to talk about something that happened before a particular time in the past, when the result could be seen later:
- The roads were very slippery because it had been snowing the night before.

(b) to talk about a situation that continued over a period of time up to a particular point in the past:
- He had been waiting for his exam results for weeks when they finally came.

(c) to talk about how long something happened:
- I'd been looking for a pair of shoes to wear to the wedding for ages.

Future forms

Use of will and won't

(a) to talk about the future, but not plans or arrangements:
- When will they let you know if you've got the job?

(b) to make predictions about the future:
- Many people think that the Labour Party will win the next election.

(c) to talk about spontaneous decisions or offers:
- Wait a minute! I'll help you carry those boxes!

Use of present continuous with future meaning

The present continuous is used to talk about future arrangements:

- I'm meeting my sister for lunch tomorrow.

Use of going to

(a) to talk about plans or intentions:
  - I'm going to sign up for a French course this summer.

(b) to make predictions (based on present evidence)
  - It's very cold. It's going to snow later.

Use of the future continuous

(a) to talk about actions or situations that will be in progress at a specific time in the future:
  - Don't phone between 6 and 7 p.m. We'll be having our dinner then.

(b) to talk about future arrangements:
  - I'll be seeing Jerry on Saturday, so I can give him your message then.

Use of the future perfect

This form is used to talk about actions that will be complete by a certain time in the future:

- We'll have been married for six years next July.

Conditionals

Use of the zero conditional

= Present simple in both the main clause and the subordinate clause.

It is used to talk about what always happens:

- If you press this button, a light comes on.

Use of the first conditional

= A future form in the main clause and the present simple in the subordinate clause.

It is used to talk about things that may happen or are quite likely to happen:

- If I see Jack, I'll tell him what you said!
- Laura will move to New York if she gets the job.

It is possible to use other linking words in conditional sentences apart from if, e.g. when, until, unless, even if, no matter how / who / what / where / when, provided (that):

- Catherine will be coming to the party unless she has to work.
- I won't tell you, no matter how many times you ask.

Use of the second conditional

= 'Would' in the main clause and the past simple or continuous in the subordinate clause.

It is used to talk about situations that are either unlikely or impossible:

- If I were the President of the USA, I would do more to help the poor.
- If I won the competition, I'd spend the prize money on a new car.

Be careful!

WRONG: If I ~~would have a lot~~ of money, I would buy a big house.

RIGHT: If I had a lot of money, I would buy a big house.

Use of the third conditional

= 'Would have' and past participle in the main clause and past perfect in the subordinate clause.

It is used to talk about unreal situations in the past, i.e. things that should have happened, but did not, or things that should not have happened, but did:

- Harry would have passed the exam if he'd done more work.
- If we'd left home five minutes earlier, we wouldn't have missed the train.

Mixed conditional forms

It is possible to combine different tenses in conditional sentences:

If Matt wanted to come with us,	• he would tell us. • he would have told us by now.
If I hadn't told her the secret,	• she wouldn't have told everyone else. • no-one else would know about it.

Modal verbs in conditional sentences

Modal verbs, e.g. can, could, may, might, should can be used in conditional sentences:

- I might come to the party if I'm not too tired.
- He could easily pass the test if he worked hard enough.
- If you had wanted me to help, you should have asked.

Use of 'wish'

'Wish' can be used to express imaginary or possible situations in a similar way to conditional sentences:

(a) with a present or future meaning:
  - I wish I didn't have so much work.

(b) with a past meaning:
  - I wish I had never agreed to work on the project. It's been nothing but trouble.

(c) to complain about a situation (with would):
  - I wish you would stop talking while I'm trying to explain this.

(d) to talk about actions and changes (with would):
  - I wish you would tell me what's wrong.

Abi

Geschichte

1871 bis 1945

von Walter Göbel

Dr. Walter Göbel ist Gymnasiallehrer für die Fächer Geschichte und Englisch in Bayern. Als Referent an der Akademie in Dillingen a. d. Donau und bei der Konrad-Adenauer Stiftung ist er in der Lehrerfortbildung tätig. An der Universität Würzburg ist er Zweitprüfer für das Staatsexamensfach „Didaktik der Geschichte".

Inhaltsverzeichnis

Preußen 1862 – 1866

1 Der Verfassungskonflikt in Preußen

Die Jahrzehnte nach den napoleonischen Befreiungskriegen waren bestimmt vom **Dualismus** zwischen Preußen und Österreich, die beide die **Hegemonie** (Vorherrschaft) in Deutschland anstrebten. Deshalb plante Wilhelm I. 1860 eine umfassende Heeresreform (Vergrößerung des Heeres, Umwandlung des Offizierskorps, Reduzierung der bürgerlichen Landwehr). Dies hätte eine Vermehrung des adligen Offizierskorps und eine geringere Zahl bürgerlicher Offiziere bedeutet. Das mehrheitlich bürgerliche Abgeordnetenhaus, das das Budgetrecht (Festlegung des Staatshaushalts) besaß, befürchtete zudem, der König wolle das „monarchische Prinzip“ (der Soldat ist Untertan) zu stark gegenüber dem „liberalen Prinzip“ (der Soldat ist Staatsbürger in des Königs Rock) betonen. Es stellte deshalb Forderungen (u.a. Verkürzung der Militärdienstzeit auf 2 Jahre, Stärkung seines Budgetrechts), die für Wilhelm I. unannehmbar waren. Bald spitzte sich der Streit zu und wurde prinzipiell. Wilhelm I. löste das Abgeordnetenhaus im März 1862 auf. Als die Neuwahl eine noch größere Mehrheit der Liberalen brachte, wollte der König abdanken. In dieser kritischen Lage schlug der Kriegsminister von Roon Bismarck als Ministerpräsidenten vor. Dieser überging das Budgetrecht mit Hilfe der **Lückentheorie**: Der Konflikt zwischen dem Abgeordnetenhaus und dem Monarchen führte zu einer Unregierbarkeit Preußens, die in der Verfassung nicht geregelt sei. Da diese aber kein Vertrag zwischen König und Volk sei, falle die Kompetenz an den König als Verfassungsgeber.

2 Die Grundprinzipien der Bismarck'schen Politik

Bismarcks Politik basierte auf folgenden Grundprinzipien:

- Erhaltung der monarchisch-konservativen Staatsordnung
- Staatsegoismus (oberste Maxime: Nutzen des Staates)
- Konvenienzprinzip: Keine starre ideologisch-politische Festlegung bei der Wahl von Bündnispartnern
- dennoch grundsätzliches Festhalten an den entscheidenden innenpolitisch-ideologischen Grundlagen (monarchisch, antiliberal, antidemokratisch, antisozialistisch)
- Konfliktverschärfung: durch Schaffung von „Reichsfeinden"
- die „deutsche Frage": Die nationale Einheit ist Mittel zur Erreichung der preußischen Vorherrschaft
- Kabinetts- und Geheimdiplomatie
- Krieg als politisches Mittel
- Erreichen der Hegemonie in Deutschland und der Vormachtstellung in Mitteleuropa.

3 Der Deutsch-Dänische und der Deutsche Krieg

1863 versuchte der dänische König Christian IV. Schleswig seinem Königreich widerrechtlich einzuverleiben. Auf Initiative des Deutschen Bundes marschierten deshalb preußische und österreichische Truppen 1864 in Jütland ein und besiegten Dänemark bei den Düppeler Schanzen. Das dänische Königshaus verlor seine beiden deutschen Herzogtümer (Schleswig, Holstein). Der **Vertrag von Gastein** (1865) unterstellte Schleswig der preußischen, Holstein der österreichischen Verwaltung.

Inzwischen war bei beiden deutschen Großmächten die Bereitschaft gewachsen, den Dualismus mit militärischen Mitteln zu lösen. Nachdem Bismarck die Neutralität Italiens, Frankreichs und Russlands erreicht hatte, verschärfte er den Konflikt, der den Deutschen Krieg zwischen Preußen (unterstützt von 18 norddeutschen Klein- und Mittelstaaten) und Österreich (unterstützt von 13 süddeutschen Staaten) auslöste. Preußens bessere Bewaffnung und bessere Taktik führten im Sommer 1866 rasch zum Sieg (entscheidende Schlacht bei **Königgrätz**) und zum Frieden von **Nikolsburg**. Da Bismarck sich gegen den König und die Militärs durchsetzte und Preußen keine Gebietsabtretungen verlangte, intervenierten Frankreich und Russland nicht.

Ergebnisse und Folgen des Krieges waren:

- Annexion norddeutscher Staaten und Gründung des **Norddeutschen Bundes** (1866) durch Preußen.
- Grundlage wird die von Bismarck konzipierte Verfassung von 1867, die die Hegemonie Preußens im Norddeutschen Bund festschreibt (s. S. 11).
- Wesentliche Elemente der Verfassung: (Erblicher) Präsident (= König von Preußen), Kanzler (preußischer Ministerpräsident), Bundesrat (Vertreter der Bundesstaaten, föderalistisches Element), Reichstag (Volksvertretung, allgemeine, gleiche, direkte Wahl, liberales Element).
- Österreich, das Venetien an Italien abgeben muss, scheidet aus der deutschen Politik aus, konzentriert sich auf seine inneren Probleme (Vielvölkerstaat).
- Die kleindeutsche Lösung setzt sich durch.
- Als Gegenpol zum Norddeutschen Bund entsteht ein unabhängiger Südbund.
- Die deutsche Einheit wird durch Kabinettskriege, nicht durch die nationale Bewegung (des Volkes) gefördert.
- Preußen ist eine europäische Großmacht.
- Der Erfolg rechtfertigt Bismarcks Vorgehen von 1862. Das preußische Abgeordnetenhaus spricht ihm nachträglich Straffreiheit zu (**Indemnität**).

Die Reichsgründung

1 Die Emser Depesche

Den Sieg Preußens 1866 und dessen Hegemonie in Deutschland sah Frankreich als Schwächung der eigenen Position an. Die Spannungen zwischen beiden Staaten verschärften sich. 1869 wurde Leopold von Hohenzollern-Sigmaringen die spanische Königskrone angeboten. Bismarck unterstützte aus politisch-strategischen Gründen die Thronkandidatur. Als sie 1870 bekannt wurde, verzichtete das Haus Hohenzollern-Sigmaringen in Abstimmung mit Preußen. Trotzdem forderte Frankreich eine Garantie Wilhelms I. für den Verzicht des Hauses Hohenzollern auf die spanische Krone für alle Zeiten. Der französische Botschafter Graf Benedetti bedrängte in dieser Frage Wilhelm I. wiederholt in Bad Ems. Die telegrafische Mitteilung dieser Vorgänge ließ Bismarck stark verkürzt (und dadurch verschärft) veröffentlichen (**Emser Depesche**). Damit erreichte er die Bloßstellung und Isolierung Frankreichs sowie die nationale Geschlossenheit aller Deutschen. Als Frankreich Preußen den Krieg erklärte (19.7.1870), traten die Schutzbündnisse von 1866 in Kraft und der Krieg weitete sich zum Deutsch-Französischen Krieg aus.

2 Der Deutsch-Französische Krieg und die Reichsgründung

Die deutschen Truppen drangen rasch vor und gewannen die ersten Schlachten. Nach der Niederlage bei **Sedan** kapitulierte Frankreich am 2.9.1870. Napoleon III. wurde gefangen genommen und in Kassel inhaftiert. Ein erneutes Aufflackern des Krieges nach der Ausrufung der Republik in Frankreich endete mit der Einnahme von Paris (Januar 1871). Der **Friede von Frankfurt**

(10.5.1871) legte die französischen Reparationszahlungen und die Abtretung von Elsass-Lothringen fest.
Noch während des Krieges verhandelte Bismarck, den patriotischen Überschwang der Deutschen ausnützend, mit den süddeutschen Staaten über deren Beitritt zum Norddeutschen Bund. Die entscheidenden Staaten Bayern und Württemberg konnte er durch zahlreiche **Reservatrechte** (z.B. Militärhoheit im Frieden) gewinnen, so dass schließlich der bayerische König **Ludwig II.** dem preußischen König anbot, die Kaiserkrone aus der Hand der Fürsten zu empfangen. Bismarck überzeugte den zögernden Wilhelm I., dem der Titel „Deutscher Kaiser" zu nichtssagend war, die Kaiserkrone im Interesse Preußens anzunehmen. Die **Kaiserproklamation** fand am 18.1.1871 im Spiegelsaal zu **Versailles** statt. Durch den Beitritt der südddeutschen Staaten zum Norddeutschen Bund entstand das (zweite) **Deutsche Reich**. Entscheidend war hierbei, dass die Reichsgründung nicht vom Volk, sondern von den Fürsten ausging. Dadurch erhielt das Deutsche Reich seinen spezifischen Charakter. Der Deutsch-Französische Krieg brachte eine Reihe von grundlegenden und langfristig wirkenden Entscheidungen:

- Die nationale Einheit der Deutschen wurde durch die Gründung des Deutschen Reichs erreicht.
- Die Machtstrukturen in Europa veränderten sich mit der neuen Großmacht.
- Die Reichsgründung erzeugte Misstrauen gegenüber dem Deutschen Reich, das seine Einheit in sehr kurzer Zeit und militärisch überzeugend errungen hatte.
- Deshalb bestimmte die Reichsgründung Bismarcks Außenpolitik maßgeblich (vgl. S.9).
- Die deutsch-französische „Erbfeindschaft" vertiefte sich.
- Bismarck wurde von der überwiegenden Mehrheit der Deutschen gefeiert, seine Position war unumstritten.

3 Zusammenfassung: Krieg als kalkuliertes Mittel der Bismarck'schen Politik

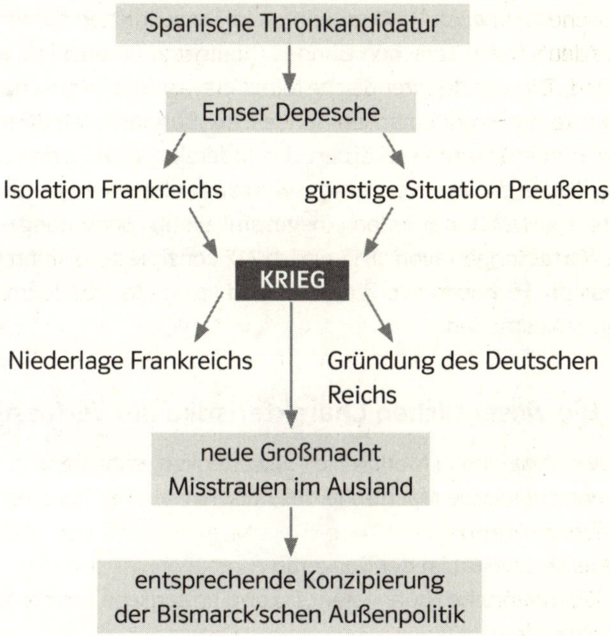

Die Reichsverfassung

Die Verfassung von 1871 entsprach im Wesentlichen der Verfassung des Norddeutschen Bundes (König von Preußen als erblicher Präsident; der preußische Ministerpräsident ist gleichzeitig Kanzler des Norddeutschen Bundes; der Bundesrat als Vertreter der Bundesstaaten verkörpert das föderalistische Element; der Reichstag, die Volksvertretung, wird zwar allgemein, gleich und direkt gewählt, hat jedoch insgesamt wenig Bedeutung). Beide Verfassungen (von 1867 und 1871), konzipierte Bismarck so, dass die Führungsrolle Preußens und seine Machtfülle im Mittelpunkt standen.

1 Die wesentlichen Charakteristika der Verfassung

- Konstitutionelle Monarchie (Gewaltenkonzentration)
- entscheidende Machtfülle des Kaisers
- Erbkaisertum
- der Bundesrat ist der Souverän
- föderalistische (Bundestaaten) und unitarische Elemente (Reichstag)
- die Regierung ist nur dem Kaiser gegenüber verantwortlich
- geringe Mitwirkung des Volkes (über Reichstag)
- liberales Wahlrecht
- auf Bismarck zugeschnitten (preußischer Ministerpräsident, Kanzler, Vorsitzender des Bundesrats)
- Problem: Verfassung funktioniert nur bei starkem Kanzler bzw. Kaiser.

2 Die Verfassung des Deutschen Reiches 1871

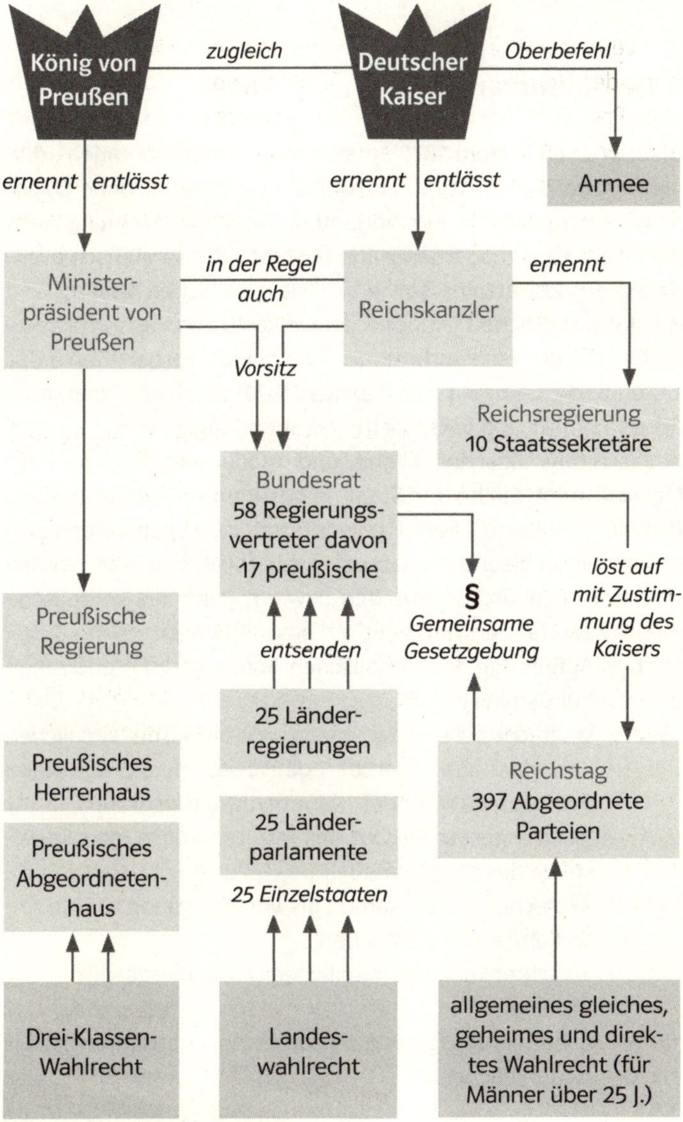

Die Innenpolitik Bismarcks

1 Der Kulturkampf

Bismarck sah in dem 1870 entstandenen „ultramontanen", d.h. von Rom aus gelenkten **Zentrum** die parlamentarische Opposition schlechthin. In ihm vereinten sich seiner Meinung nach die Gegner des modernen Nationalstaats, des (preußisch-evangelischen) Kaisertums sowie der kleindeutschen Lösung und die antipreußischen Gruppen des Volkes (besonders im katholischen Süddeutschland und im Rheinland). Ferner führte das **Unfehlbarkeitsdogma** des Papstes (1870) zu einem innerkirchlichen Konflikt und verschärfte die Spannungen zwischen hierarchisch-dogmatischer Kirche und modernem Nationalstaat (Trennung von Kirche und Staat) in bestimmten Bereichen (Ehe, Familie, Schule etc.). Ferner gab es erhebliche Spannungen zwischen der Kirche und den Liberalen. Mit folgenden Maßnahmen versuchte Bismarck in Preußen bzw. im Reich die katholische Kirche bzw. das Zentrum politisch auszuschalten:

1871
- Aufhebung der katholischen Abteilung im preußischen Kultusministerium

1872
- staatliche Schulaufsicht statt, wie bisher, der kirchlichen
- Kanzelparagraf (Verbot politischer, „den öffentlichen Frieden gefährdender" Kommentare Geistlicher)
- Jesuitengesetz (Verbot des Jesuitenordens, der „Speerspitze des Papsttums")

1873
- deutsches Kulturexamen als Voraussetzung für die Anstellung eines Geistlichen
- Einschränkung der kirchlichen Disziplinargewalt
- Zivilehe

1874
- Expatriierungsgesetz (Ausweisung politisch engagierter Geistlicher)

1875 • Brotkorbgesetz (keine staatlichen Zuwendungen an die katholische Kirche)
• Klostergesetz (Verbot der Orden mit Ausnahme der Pflegeorden).

Auf dem Höhepunkt des Kulturkampfes waren alle Bischofssitze in Preußen und ein Viertel aller (katholischen) Pfarreien vakant. Trotz seiner harten Maßnahmen konnte sich Bismarck nicht durchsetzen: Sein rigoroses Vorgehen stieß auf Ablehnung, es kam zum „Schulterschluss“ der Katholiken. Bei der Reichstagswahl von 1874 konnte das Zentrum seine Sitze mehr als verdoppeln und Bismarck musste erkennen, dass er eine schwere Niederlage erlitten hatte. Seit 1876 lenkte er zunehmend ein, da er die Katholiken für seinen Kampf gegen die Liberalen und die Sozialdemokraten brauchte. Von den Kulturkampfgesetzen blieben nur die Zivilehe, die staatliche Schulaufsicht, der Kanzelparagraf (bis 1953) und das Jesuitengesetz (bis 1917) bestehen. Die Beendigung des Kulturkampfes änderte nichts daran, dass er das Volk gespalten und die innenpolitische Atmosphäre vergiftet hatte.

2 Das Sozialistengesetz

Für das Sozialistengesetz gab es zwei wesentliche Ursachen: Die Entstehung und Entwicklung der Sozialdemokratischen Arbeiterpartei seit 1863, die durch die Gründerkrise (Beginn 1873) großen Zulauf erhielt sowie die antisozialdemokratische Einstellung Bismarcks. Er sah die SPD aufgrund ihres marxistischen Gedankenguts als Teil einer internationalen Umsturzbewegung (**cauchemars des révolutions**). Ihre großen Stimmgewinne bei den Reichstagswahlen von 1874 und 1877 beunruhigten das bürgerliche Lager und Bismarck, für den die Anhänger der SPD Revolutionäre und „vaterlandslose Gesellen“ waren.
Das Sozialistengesetz wurde 1878 durch zwei Attentate auf Wilhelm I. ausgelöst. Obwohl es keinen Zusammenhang zwischen

den Attentätern und der SPD gab, geißelte Bismarck die SPD als geistigen Wegbereiter und konnte so im Reichstag weitreichende Maßnahmen gegen die SPD durchsetzen. Noch im selben Jahr verabschiedete der Reichstag das **„Gesetz wider die gemeingefährlichen Bestrebungen der Sozialdemokratie"**, das die SPD und ihre Parteiorganisationen zerschlagen sollte:

- Verbot sozialdemokratischer und sozialistischer Vereine und Versammlungen
- Verbot sozialdemokratischer und sozialistischer Druckerzeugnisse
- Ausweisungsmöglichkeit bzw. Inhaftierung missliebiger SPD-Funktionäre
- Ausrufung des Belagerungszustandes
- Verlängerung des Gesetzes alle 2 1/2 Jahre (bis 1890).

Wie im Kulturkampf konnte sich Bismarck auch gegen die Sozialdemokratie nicht durchsetzen. Die SPD führte ihre politische Arbeit mit Hilfe von „Freizeitvereinen" weiter und die Solidarität innerhalb der Arbeiterschaft ließ ihre Reichstagsmandate zwischen 1878 und 1890 von 9 auf 35 anwachsen. 1912 bildete sie die größte Fraktion im Reichstag. Wie im Kulturkampf hatte Bismarck auch diesmal das Volk gespalten und die innenpolitische Atmosphäre wesentlich verschlechtert.

3 Die staatliche Sozialgesetzgebung

In den 80er Jahren erließ Bismarck eine moderne Sozialgesetzgebung. Gründe hierfür waren seine christlich-pietistische Haltung sowie die Einsicht, dass der Staat verpflichtet sei, die miserable Lage der Arbeiter zu verbessern. Das entscheidende Motiv bestand jedoch darin, der Arbeiterschaft das zu geben, was sie am dringlichsten forderte und so der SPD „den Wind aus den Segeln zu nehmen".

Dies versuchte er mit folgenden Gesetzen zu erreichen:

- Krankenversicherung: Arbeitnehmer bezahlen 2/3 und Arbeitgeber 1/3 der Kosten.
- Unfallversicherung: Die Kosten tragen die Arbeitgeber.
- Invaliditäts- und Altersversicherung (ab 70 Jahre): Arbeitnehmer und Arbeitgeber tragen zur Hälfte die Kosten.

Obwohl die Sozialgesetzgebung in Europa vorbildlich war, verringerte sie die Spannungen zwischen dem monarchisch-autoritären Staat und der Arbeiterschaft nicht, zumal die Gesetze ohne Beteiligung der Betroffenen zustande kamen und das Sozialistengesetz weiterhin bestand.

4 Bismarck und die Liberalen

Nach der Reichsgründung hatten die Liberalen zunächst Bismarck mehrheitlich unterstützt. Sein antidemokratischer Kurs spaltete sie jedoch zunehmend. Als Bismarck auf Druck der Großgrundbesitzer und der Industrie die Gründerkrise mit Schutzzöllen bekämpfte (1878) und damit eine „konservative Wende" hin zum wirtschaftlichen Protektionismus einleitete, kam es zum endgültigen Bruch mit den Liberalen, gegen die er sich – wie gegen die SPD – neue Mitkämpfer suchte (z. B. das Zentrum).

Die Außenpolitik des Deutschen Reichs 1871–1890

1 Bismarcks außenpolitisches Konzept

Die „Einigungskriege" von 1866 und 1870/71 bestimmten das außenpolitische Konzept Bismarcks maßgeblich, der von folgenden Voraussetzungen ausging:

- Die Schaffung des Deutschen Reichs hat das Mächtegleichgewicht in Europa verschoben.
- Die Stabilisierung des jungen Reichs ist vorrangig und muss durch die Konzentration auf die innere Entwicklung erreicht werden.
- Das Misstrauen des Auslands muss abgebaut werden.
- Strategisch ungünstige geografische Mittellage.
- „Erzfeindschaft" mit Frankreich.
- Gegnerschaft von Russland und Österreich-Ungarn auf dem Balkan.
- Gute Beziehungen zu Russland (Preußen unterstützte den polnischen Aufstand gegen Russland 1863 nicht) und zu England (Verwandtschaft der Herrscherhäuser).

Auf dieser Grundlage konzipierte Bismarck 1877 im so genannten **Kissinger Diktat** seine Außenpolitik. Deren Elemente waren:

- Demonstration der Saturiertheit durch Verzicht auf territoriale Ansprüche und Kolonien.
- Sicherheit für das junge Deutsche Reich durch Beteiligung an allen bedeutenden europäischen Bündnissen.
- Stabilisierung des europäischen Mächtegleichgewichts.

- Förderung von Konflikten unter den anderen Mächten, damit Deutschland als gesuchter Partner eine Vermittlerstellung inne hat und Einfluss auf die europäische Politik nehmen kann.
- Vermeidung von europäischen Konflikten oder Kriegen bzw. deren Abdrängung an die Peripherie Europas (z. B. Balkan) oder nach Übersee (Kolonien).
- Dadurch Stabilisierung des „labilen Gleichgewichts" in Europa und Isolierung Frankreichs.

2 Das Bismarck'sche Bündnissystem

Der **Berliner Kongress** (1878), in dem Bismarck als „ehrlicher Makler" für Europa auftrat und im Interesse des europäischen Friedens das Vordringen Russlands nach Südosteuropa verhinderte, und der Zweibund von 1879 gelten als entscheidende Wende der Bismarck'schen Außenpolitik. Von nun an bestimmte er das europäische Mächtesystem durch ein kompliziertes System von teilweise geheimen Defensivbündnissen (s. S. 34). Dazu gehörten:

1879 (–1918) Der **Zweibund** mit Österreich-Ungarn. Er ergab sich aus der Verschlechterung des deutsch-russischen Verhältnisses als Folge des Berliner Kongresses und verpflichtete die Bündnispartner zum Beistand im Falle eines russischen Angriffs.

1881 (–1887) Der (geheime) **Dreikaiservertrag** zwischen dem Deutschen Reich, Österreich-Ungarn und Russland erneuerte das **Dreikaiserabkommen** von 1873. Er verhinderte ein mögliches russisch-französisches Zusammengehen. Die Bündnispartner sicherten sich wohlwollende Neutralität zu, falls ein Land angegriffen würde.

1882 (–1914) Der geheime **Dreibund** zwischen dem Deutschen Reich, Österreich-Ungarn und Italien verpflichtete die Teilnehmer zum Beistand im Falle eines fran-

	zösischen Angriffs und zur wohlwollenden Neutralität beim Angriff einer anderen Macht.
1887 (–1890)	Der (geheime) **Rückversicherungsvertrag** mit Russland verhinderte ein russisch-französisches Bündnis. Die Vertragspartner vereinbarten die wohlwollende Neutralität im Kriegsfall (Ausnahmen: Angriff Russlands gegen Österreich bzw. des Deutschen Reichs gegen Frankreich).
1887	Auf Betreiben Bismarcks wurde das **Mittelmeer-Abkommen** zwischen England, Österreich-Ungarn und Italien geschlossen. Er sollte die Machtverhältnisse im Mittelmeerraum stabilisieren und eine Stärkung Österreichs gegen Russland bewirken. Gleichzeitig erreichte Bismarck dadurch die völlige Isolierung Frankreichs.

3 Die Problematik der Außenpolitik Bismarcks

Die Bismarck'sche Bündnispolitik war nicht nur sehr kompliziert, sondern aus zwei wesentlichen Gründen auch äußerst problematisch: Die gesamte deutsche Außenpolitik war völlig an die Person Bismarcks gebunden, hing also ausschließlich von den Fähigkeiten eines außenpolitisch klugen und weitsichtigen Mannes ab.
Zahlreiche politische Belastungen machten Bismarcks Außenpolitik äußerst schwierig. Hierzu gehörten z. B. die enge Bindung an Österreich-Ungarn (mit all seinen Problemen), der Balkankonflikt, der nicht am Rande Europas isoliert werden konnte, sowie die entscheidende Rolle des expansiven, panslawistischen Zarenreichs für die Verhinderung eines Zweifrontenkriegs.

4 Die Beurteilung Bismarcks

Bismarck wurde und wird auch heute noch kontrovers beurteilt. Das jeweilige Urteil ist abhängig von der historischen Nähe oder Distanz und dem politisch-ideologischen Standort des Beurteilenden. Grundsätzlich muss unterschieden werden zwischen dem weitsichtigen und fähigen Außenpolitiker und dem Innenpolitiker, der wenig Gespür für die neuen, unabwendbaren Entwicklungen des 19. Jahrhunderts besaß (Liberalismus, Demokratie, Parteien, Arbeiterschaft etc.) und deshalb mit seiner Innenpolitik keinen Erfolg hatte.

Zwischen 1866 und 1945 wird Bismarck vorwiegend als Außenpolitiker, als „genialer Schöpfer des Deutschen Reichs", als „eiserner Kanzler" gesehen und aus nationalistischen Gründen verherrlicht. Seit 1945 ist die Beurteilung Bismarcks ausgewogener und berücksichtigt seine innen- und außenpolitischen Gewinne, Niederlagen und Methoden sowie die Auswirkungen seiner Politik z. B. auf das Dritte Reich (Machtstaatsgedanke, Obrigkeitsstaat, Untertanengeist, „Blut- und Eisen"-Militarismus). Deshalb steht die moderne Geschichtsschreibung Bismarck distanzierter gegenüber, da sowohl seine Innen- als auch seine Außenpolitik von namhaften Historikern (z. B. Golo Mann) als Beginn des „Weges zu Hitler" gesehen wird.

Industrielle Revolution und soziale Frage

1 Industrielle Revolution und Industrialisierung

Der Begriff **Industrielle Revolution** bezieht sich auf die ersten Jahrzehnte der raschen industriellen Entwicklung eines Landes. Dieser Zeitraum ist geprägt von folgenden Bedingungsfaktoren:

- Maschinelle Massenproduktion in Fabriken
- Fabriksystem mit arbeitsteiliger Produktion
- sprunghafter Anstieg der Produktion
- erstmalige Nutzung von Eisen und Kohle in großen Mengen
- freie Lohnarbeit als Erwerbsform der Arbeiterschaft
- Landflucht und Urbanisierung.

Die Industrielle Revolution bezeichnet also:

- die sich in wenigen Jahrzehnten vollziehende sozio-ökonomische Umformung eines Landes, die eine umfassende und tief greifende wirtschaftliche, technische, gesellschaftliche und politische Veränderung bewirkt;
- den zeitlich und geografisch fixierten Modellfall England;
- einen sich konstant wiederholenden Prozess (heute in den Entwicklungs- bzw. Schwellenländern).

Der Begriff **Industrialisierung** dagegen meint einen langen, vielschichtigen und evolutionären wirtschaftlichen und gesellschaftspolitischen Gesamtentwicklungsprozess eines Landes, dessen rasanter Beginn die Industrielle Revolution ist. Oft werden beide Begriffe nebeneinander als Synonyme verwendet. Entscheidend ist, dass die Industrielle Revolution die tiefste Zäsur in der Geschichte der Menschheit ist und in ihrer Bedeutung nur noch verglichen werden kann mit der neolithischen Revolution (Jungsteinzeit; Sesshaftwerdung, Nutzung von Metallen, Entstehung einer differenzierten Gesellschaft). Ihr Ergebnis ist die moderne Industriegesellschaft, die moderne Welt.

2 Der Beginn der Industriellen Revolution in Deutschland

In England setzte die Industrielle Revolution bereits in den 80er Jahren des 18. Jahrhunderts ein, da dort die politischen, sozialen, wirtschaftlichen und geografischen Voraussetzungen wesentlich besser waren. Im Vergleich zu England war Deutschland rückständig, weshalb die Industrielle Revolution ca. 70 Jahre später einsetzte. Für diese wirtschaftliche Rückständigkeit gab es eine Reihe von Ursachen:

- Partikularismus: Territoriale Klein- und Kleinststaaterei, kleine Märkte, Handelsbeschränkungen.
- Absolutismus: Obrigkeitsstaatliches Denken, kein selbstständiges Bürgertum, geringes Interesse an technischen und wirtschaftlichen Verbesserungen.
- Merkantilismus: Zölle, Ein- und Ausfuhrbeschränkungen, Verbote, gehemmte Initiative.
- Gesellschaft: Starre Klassengesellschaft, ungünstige Besitzverteilung, konservative Einstellung des Adels und des Besitzbürgertums, schwache Stellung des Bauerntums, Zünfte.
- Technische Fähigkeiten: Geringes Know-how, mangelhaftes Bildungssystem.
- Kapital- und Rohstoffmangel: Keine Kolonien, kein Überseehandel, teure Rohstoffe.
- Schwach entwickelte Infrastruktur (sehr dünnes Verkehrsnetz, wenige befestigte Straßen, wenige Kanäle).

3 Der Verlauf der Industriellen Revolution

Die Niederlage gegen Napoleon bei Jena und Auerstedt (1806) zeigte die katastrophale militärische, wirtschaftliche und finanzielle Schwäche Preußens. Diese Misere sowie die schnell wachsende Bevölkerung, der Druck des immer stärker werdenden Bürgertums, die Ideen der Aufklärung und der Vergleich mit England und Frankreich zwangen das absolutistische Preußen (und auch die anderen deutschen Fürstentümer) zur „Revolution von oben".

Der Beginn der Industriellen Revolution in Deutschland ist umstritten. Er wird entweder auf das Jahr 1835 (Deutscher Zollverein, erste Eisenbahnstrecke Nürnberg-Fürth) oder 1850 datiert (erste Massenproduktionen). Die Industrielle Revolution lässt sich in vier Entwicklungsphasen einteilen:

Die **Aufbruchsphase** (ca. 1800–1835/50) ist bestimmt durch die „Revolution von oben", die in den jeweiligen Staaten unterschiedlich schnell und intensiv ablief. Sie begann in Preußen mit den Stein-Hardenberg'schen Reformen (Bauernbefreiung, Gewerbefreiheit, Aufhebung der Binnenzölle), mit dem Abbau von Standes- und Berufsbindungen (z.B. Lösung von herrschaftlichen Bindungen, Abschaffung der Zünfte, freie Wahl des Wohnorts), mit wirtschaftlichen Verbesserungen (Aufhebung der Binnenzölle, Handelsfreiheit) und mit ersten Ansätzen für eine wirtschaftliche Einigung Deutschlands (Entstehung von drei großen Zollvereinen 1828 bzw. des Deutschen Zollvereins 1834).

Charakteristika der **Durchbruchsphase** (1835/50–1873):

- Neue, verbesserte Produktionsverfahren, neue Arbeits- und Betriebsmittel
- industrielle statt gewerbliche Produktion
- Übergang von Hand- zur Maschinenarbeit
- Schwerindustrie als Schlüsselindustrie
- neue Transportmittel (Eisenbahn als Initialzündung)
- erhöhte landwirtschaftliche Produktion

- Ausbau der Verkehrswege
- verstärkte Kapitalinvestitionen
- verbesserte Verfahren zur Gewinnung von Stahl
- technische Entwicklungen (Schnellpresse, Elektromotor, Dynamomaschine).

Die Durchbruchsphase wurde von der **Gründerkrise** (1873 – 1885) abrupt beendet. Die Euphorie des gegen Frankreich gewonnenen Krieges und der Reichsgründung sowie die französischen Reparationen bewirkten zu Beginn der 70er Jahre die Gründung zahlreicher Unternehmen und eine risikoreiche Spekulation mit Aktien. 1873 entstand der „Große Krach" an der Wiener Börse und wirkte sich rasch auf Europa und die USA aus. Die Gründerkrise hatte ihren Höhepunkt 1878 / 79 und flaute danach ab. Sie zeigte folgende Auswirkungen:
- Wirtschaftlicher Rückgang
- Abkehr vom Wirtschaftsliberalismus, Hinwendung zum Neomerkantilismus (Schutzzölle)
- Gesundschrumpfung im Aktien- und Börsenbereich
- Rückgang der Preise für gewerbliche Produkte.

Aufgrund der Gründerkrise stagnierte die gewerbliche Wirtschaft bis 1880, das wirtschaftliche Wachstum war bis 1885 niedriger als das von 1873.

In der **Ausbauphase** (1885 – 1914) erlebte die Wirtschaft bis zum Ausbruch des Ersten Weltkriegs eine erneute Hochkonjunktur. Um die Jahrhundertwende war das Deutsche Reich die stärkste europäische Wirtschaftsmacht. Hierfür waren eine Reihe von Gründen verantwortlich:
- Das starke Bevölkerungswachstum
- das einheitliche Wirtschaftsgebiet
- die Vereinheitlichung der Geld- und Maßsysteme
- ein niedriges Lebenshaltungsniveau und entsprechend günstige Produktionsbedingungen

- reiche Kohle- und genügend Erzvorkommen (Ruhrgebiet, Saarland, Elsass-Lothringen, Schlesien)
- Verbesserung der schulischen und beruflichen Ausbildung
- Entstehung von Industriebanken und Aktiengesellschaften.

Die Industrielle Revolution wies in Deutschland eine Reihe von Besonderheiten auf:
- Ab 1850 sprunghaftes Ansteigen der Massenproduktion
- Schrittmacher der industriellen Entwicklung war die Eisen- und Stahlindustrie (England: Tuchindustrie)
- Entstehung von Ballungsräumen (Berlin, Ruhrgebiet, Rhein-Main-Gebiet)
- starke Binnenwanderung (von Ost nach West)
- die chemische und die Elektroindustrie gelten als „deutsche" Industriezweige (Justus von Liebig, Badische Anilin-und Soda-Fabrik = BASF, Siemens)
- starke Verflechtung von Industrie und Bankkapital
- vermehrte Proletarisierung der Arbeiterschicht.

4 Gesellschaftliche Folgen

Die Industrielle Revolution veränderte die Gesellschaft nachhaltig: Weite Teile der Arbeiterschaft wurden proletarisiert und sozial abgewertet, was eine Auseinandersetzung zwischen Arbeiterschaft und Staat zur Folge hatte und die Entwicklung der Arbeiterbewegung (Parteien, Gewerkschaften) beschleunigte. Die wirtschaftlich und politisch bestimmende Schicht wurde das Besitzbürgertum, was sich im **Dreiklassenwahlrecht** (Gewichtung der Stimmen je nach zu entrichtenden Steuern) dokumentierte. Der Adel verlor an Bedeutung, obwohl er sich in bestimmten gesellschaftlichen Bereichen bis 1933 halten konnte (Militär, Diplomatie, hohe Verwaltungsbeamte).
Die **soziale Frage** (Sammelbegriff für die miserablen Lebens- und Arbeitsbedingungen sowie die schlechte gesellschaftspolitische Situation der Arbeiterschaft) hatte zahlreiche Ursachen:

Niedrige Einkommen, ein Überangebot an Arbeitskräften, das kapitalistische Wirtschaftssystem, in das der Staat zunächst nicht eingriff.

Die **Arbeitsbedingungen** waren gekennzeichnet durch inhumane Arbeit, überlange Arbeitszeiten, Frauen- und Kinderarbeit, niedrigen Lohn, sehr strenge Disziplinarbestimmungen, fehlende Sicherheitsvorkehrungen und zu große handwerkliche Konkurrenz.

Zu den schlechten **Lebensbedingungen** trugen Armut, Hunger, ein Leben am Existenzminimum, gesundheitliche Schäden, Auflösung bzw. Verwahrlosung von Familien, Wohnungselend, fehlende soziale Sicherheit und die allgemeine Verelendung in industriellen Zentren bei.

Die **gesellschaftspolitische Situation** war geprägt von starker politischer Benachteiligung (Dreiklassenwahlrecht), Streik- und Koalitionsverbot sowie von gesellschaftlicher und politischer Deklassierung durch die Oberschicht.

5 Lösungsversuche

Folgende Gruppen versuchten die Situation der Arbeiterschaft zu verbessern:

- **Privatunternehmer** (Krupp, Stumm, Harkort, Abbe): Leistungen: Betriebskrankenkasssen, betriebliche Altersversorgung, Unterstützung in Notlagen, Werkswohnungen, Werkskantinen.
- **Kathedersozialisten** (bürgerliche Wissenschaftler, „Verein für soziale Politik"): Sie fordern Tarifverträge, Arbeitslosenversicherung, Anerkennung der Gewerkschaften, staatliche Sozialpolitik.
- **Kirchen**: Sozialpolitik ging erst gegen Ende des Jahrhunderts von den Kirchen aus. Vorher beschränkten sich kirchliche Lösungsversuche auf einzelne Geistliche. Katholische Geistliche: Adolf Kolping (Gesellenvereine und Gesellenhäuser), Bischof Freiherr von Ketteler (publizistische Tätigkeit, fordert

aktive Sozialpolitik durch den Staat). Erst 1891 wendet sich die katholische Kirche offiziell der Lösung der sozialen Frage zu (Papst Leo XIII. durch seine Sozial-Enzyklika „Rerum Novarum").

Evangelische Geistliche: Johann Hinrich Wichern (soziale Einrichtungen für Jugendliche, Innere Mission), Friedrich Bodelschwingh (soziale Einrichtungen für Arbeitslose, Epileptiker, Geisteskranke).

- **Christliche Parteien** (Zentrumspartei, Christlich-Soziale Arbeiterpartei) fordern den Schutz der Arbeiter, staatliche Reformen, staatliche Sozialpolitik.
- **Staatliche Gesetzgebung**: (s. S. 14f.)
- **Arbeiterparteien** (ADAV = Allgemeiner Deutscher Arbeiterverein, SPD): Politische Gleichstellung, verbessertes Wahlrecht, Koalitionsrecht, Sozialgesetzgebung.
- **Gewerkschaften**: Bessere Lohn- und Arbeitsbedingungen, gemeinsame Aktionen, Selbsthilfe durch Solidarität.
- **Marxismus**: Veränderung per Revolution, Abschaffung des Privateigentums, Verstaatlichung der Produktionsmittel, klassenlose Gesellschaft.

Die Wilhelminische Ära

1 Das „persönliche Regiment" Wilhelms II.

Im **Dreikaiserjahr** 1888 folgte auf Wilhelm I. praktisch dessen Enkel **Wilhelm II.**, da der schwerkranke **Friedrich III.** nach nur wenigen Wochen im Amt starb. Rasch ergaben sich wachsende Spannungen zwischen dem jungen, ungestümen Wilhelm II. und dem alten, überlegten Bismarck, die 1890 zu dessen Entlassung führten.
Obwohl Wilhelm II. die Entlassung Bismarcks mit dem Versprechen kommentierte, dass der Kurs der alte bleibe, brachte sein neuer Kurs grundlegende Veränderungen in den Bereichen Politik, Militär und insbesondere in der Außenpolitik.

Politische Charakteristika des neuen Kurses:

- Wilhelms II. Regierungsstil war autoritär, sein Auftreten oft lautstark und ungeschickt.
- Dieser Regierungsstil und sein fehlender Weitblick schufen immer wieder innen- und außenpolitische Probleme.
- Innen- und außenpolitische Entscheidungen wurden oft ohne die verfassungsmäßigen Organe getroffen.
- Wilhelm II. schuf Nebenregierungen („Schattenkabinette"), die mit Vertrauten besetzt waren. Diese bestimmten zusammen mit dem Kaiser die gesamte Politik.
- Die Bismarck'sche Bündnispolitik wurde aufgegeben.
- Das Deutsche Reich band sich stark an Österreich.
- Die militärische Drohung wurde Mittel der Diplomatie.

Militärische Besonderheiten:

- Der gesellschaftliche und politische Führungsanspruch des Militärs verstärkte sich.

- Der Militarismus im Deutschen Reich wurde überzogen.
- Propagierung steter Kampf- und Kriegsbereitschaft.
- Wesentlicher Beitrag zu einem europäischen Rüstungswettlauf (vor allem wegen des Flottenbaus).

Außenpolitische Charakteristika:

- Wilhelm II. forderte lautstark die Weltmachtstellung des Deutschen Reichs. Parolen dieser Zeit waren: „Kolonien, Kolonien!", „Ein Platz an der Sonne" und „Deutschlands Zukunft liegt auf dem Wasser!"
- Mit seiner militaristischen, aggressiven, „säbelrasselnden" Außen- und Kolonialpolitik schuf er neue Konflikte oder verstärkte bereits bestehende Spannungen. Ergebnis seiner Außenpolitik, die in krassem Gegensatz zu der Bismarcks stand, waren schließlich Bündnisse zwischen England, Frankreich und Russland (s. S. 34).

2 Wilhelminische Außenpolitik

Wilhelms Außenpolitik ist durch folgende wesentliche Maßnahmen bzw. Ereignisse gekennzeichnet:

- Er erneuerte den Rückversicherungsvertrag mit Russland 1890 nicht. Die Folge war ein russisch-französisches Bündnis (1894).
- Der Erwerb von Kolonien sollte dem Deutschen Reich einen „Platz an der Sonne" bescheren.
- Der Bau der **Bagdadbahn** verwickelte das Deutsche Reich noch tiefer in die Balkanrivalitäten.
- Als die Buren die Engländer 1896 in Transvaal abwehrten, gratulierte Wilhelm II. dem Burenpräsidenten Krüger (**Krügerdepesche**). Diese ungeschickte Maßnahme verschlechterte das deutsch-englische Verhältnis nachhaltig.
- 1900 schickte Wilhelm ein Expeditionskorps nach China zur Niederschlagung des „Boxeraufstands" mit der Aufforderung,

gegen die Chinesen grausam und rücksichtslos „wie die Hunnen" vorzugehen („**Hunnenrede**").

- In einem Interview, das er 1908 der englischen Zeitung Daily Telegraph gab, kommentierte er die britische Politik in sehr herablassender und arroganter Art und brachte das deutsch-britische Verhältnis auf einen Tiefstpunkt.
- Die Flottenpolitik, die die Grundlage der deutschen Weltmachtstellung schaffen sollte, wurde in Großbritannien als Bedrohung angesehen. Nach der 2. Marokko-Krise (s. S. 35) lehnten der Kaiser und der Chef des Reichsmarineamtes Admiral von Tirpitz ein Angebot des britischen Marineministers Haldane ab, den Flottenbau vertraglich zu regeln (**Haldane-Mission**). Dadurch wurde die Verbesserung des deutsch-britischen Verhältnisses verhindert.
- Wilhelms Außenpolitik im Vorfeld des Ersten Weltkriegs (s. S. 34 f.) verstärkte die Isolierung Deutschlands.

Insgesamt lässt sich die Außenpolitik Wilhelms in 3 Phasen einteilen:

1. Aufgabe der Bismarck'schen Außenpolitik (1890 – 1900).
2. Wachsende Isolierung in Europa (1900 – 1906).
3. Wachsende Konfrontation mit den Westmächten und Russland (1906 – 1914).

3 Die preußische Gesellschaft

Die **Arbeiterschaft** wurde in den 60er und 70er Jahren zur größten Gruppe des Gesellschaft. Ihre Ziele bestanden in der Erhöhung des Lebensstandards, der Verbesserung der Arbeitsbedingungen und einer stärkeren politischen Mitsprache. Obwohl sie den Staat als den „natürlichen" Gegner sahen, war die Mehrheit nicht revolutionär, sondern evolutionär gesonnen.
Die **Angestellten** bildeten die neue Mittelschicht. Ihre Lebens- und Arbeitsbedingungen waren deutlich besser (geringere Arbeitszeit, bezahlter Urlaub, Pension). Ihr Hauptziel bestand im

gesellschaftlichen Aufstieg ins Bürgertum. Sie waren staatsbejahend und monarchisch.

Das **Bürgertum** (Besitz- und Bildungsbürgertum) übernahm zusammen mit dem Adel die gesellschaftliche und politische Führung. Es ahmte den adligen Lebensstil nach, war monarchisch, konservativ und national.

Der **Adel** war der bevorzugte Stand und stellte die hohen Beamten und Offiziere. Schlüsselstellen blieben für ihn reserviert. Sein Ziel bestand in der Erhaltung des gesellschaftspolitischen Status quo, weshalb er mit der Kirche das „Bündnis von Thron und Altar" einging. Er war extrem monarchisch, aristokratisch, erzkonservativ und sehr patriotisch.

Adel und **Bürgertum** wurden zu Trägern und Vermittlern bestimmender, die Gesellschaft prägender Werte (monarchische Grundeinstellung, Treue, Gehorsam, Tapferkeit, Patriotismus). Dadurch schufen sie eine spezifische politische Ethik („preußische" bzw. „deutsche Kardinaltugenden").

Die **Parteien** und **Verbände** waren im Kaiserreich von großen gesellschaftlichen und politischen Spannungen und Konflikten geprägt, die sich aus dem Gegensatz zwischen moderner Wirtschaftsordnung und konservativem politischen System ergaben. Die konservativen und liberalen Parteien waren staatstragend. Mitglieder der konservativen Parteien waren Adelige, Großgrundbesitzer und Unternehmer. Ihr vorrangiges Ziel bestand in der Erhaltung der Monarchie und ihrer gesellschaftlichen Vorrangstellung. Die liberalen Parteien waren die Interessenvertretung des liberalen Besitz- und Bildungsbürgertums. Ihre Ziele waren ein starkes Reich, eine machtvolle Außenpolitik und mehr politische Mitwirkung. Im Gegensatz zu diesen staatstragenden Parteien standen die katholische Zentrumspartei, regionale Parteien (z.B. die Welfenpartei, die Bayerische Patriotenpartei) oder die sozialistischen Parteien, die sich 1890 zur Sozialdemokratischen Partei Deutschlands zusammenschlossen. Die SPD strebte als Regierungssystem mehrheitlich eine parlamentarische Demokratie an und als Staatsform die

Republik. Linksaußen standen die linksradikalen Gruppen und Parteien, die sich schließlich in der KPD zusammenfanden. Ihr Ziel war die Räterepublik bzw. die Diktatur des Proletariats. Sie waren internationalistisch orientiert und lehnten den Staat als Instrument der Besitzenden ab. Insgesamt wurden die Parteien, deren politische Möglichkeiten innerhalb des politischen Systems gering waren, von ihren regionalen, wirtschaftlichen, gesellschaftlichen und konfessionellen Interessen bestimmt.

Neben den Parteien entstanden zahlreiche und mitunter sehr einflussreiche **Interessenverbände**. In christlichen und sozialistischen Gewerkschaften kämpften ca. 3 Millionen Arbeiter für die Verbesserung ihrer wirtschaftlichen Lage. Die Interessen der Industriellen vertrat der „Centralverband deutscher Industrieller" (CdI), der z. B. den Schutz der einheimischen Industrie (u. a durch Schutzzölle) forderte. Der „Bund der Industriellen" (BdI) dagegen setzte sich für den freien Handel ein. Der konservative „Bund der Landwirte" (BdL) bekämpfte die liberale Agrarpolitik. Der Deutsche Flottenverein (mit 1 Mio. Mitgliedern) forderte eine machtvolle Außenpolitik und wurde dabei von dem sehr einflussreichen Alldeutschen Verband unterstützt. Dieser entstand 1890/91, war sozialdarwinistisch, radikal-chauvinistisch und antisemitisch. Er forderte eine aggressive Kolonialpolitik und die Weltmachtstellung Deutschlands mit Hilfe einer starken Flotte.

Imperialismus

Definition: Imperialismus ist die Politik einer Nation, die ihre Macht durch den Erwerb und die Ausbeutung von Kolonien weltweit ausweitet. Diese Politik, die verstärkt in den letzten Jahrzehnten des 19. Jahrhunderts und bis zum Ersten Weltkrieg betrieben wurde, ist meistens mit einem ausgeprägten Sendungsbewusstsein (kulturelle, politische, ethnische Überlegenheit) verbunden. Der Imperialismus ist im Gegensatz zum Kolonialismus geprägt von einem zielgerichteten, hohen staatlichen und gesellschaftlichen Engagement.
Für die imperialistische Politik gab es eine Reihe von **Ursachen und Bestimmungsfaktoren**. Dazu gehörten:

- Erschließung neuer Absatzmärkte
- Versorgung mit billigen bzw. kostenlosen Rohstoffen
- Ablenken von inneren Spannungen
- außenpolitischer Prestigegewinn
- strategische Überlegungen
- Sendungsbewusstsein und pseudowissenschaftliche Thesen (z. B. Sozialdarwinismus)
- Populationsventil: Das Problem der rasch steigenden Bevölkerung eines Landes konnte durch die Entsendung von Soldaten, Verwaltungsbeamten und durch die Schaffung privater, aber staatlich geförderter Handelsunternehmen verringert werden.

Imperialistische Politik betrieben mit Ausnahme von Österreich-Ungarn alle europäischen Großmächte:

- Großbritannien ebenso wie Frankreich vorwiegend in Afrika und Asien
- Russland in Sibirien und Nordchina
- Deutschland in Afrika und Asien (Deutsch-Südwest-, Deutsch-Ostafrika, Togo, Kamerun, ein Teil Neuguineas, die Marshall-Inseln sowie weitere Inseln im Südpazifik) und in China

(Kiautschou). Träger der deutschen imperialistischen Politik waren vor allem die Deutsche Kolonialgesellschaft, der Alldeutsche Verband und der Flottenverein.

- Italien in Nordafrika (Abessinien, Tripolis)
- Belgien in Afrika (Kongo)

Auch außereuropäische Nationen betrieben imperialistische Politik: Die USA in Mittel- und Südamerika, im Pazifik und in China sowie Japan im Fernen Osten.

Großbritannien nutzte seine staatliche und privatunternehmerische imperialistische Politik sehr zielgerichtet, um seine Macht weltweit auszubauen („Greater Britain"). Wichtige Stationen waren z. B. Indien, der Bau des Suez-Kanals (1869), der systematische Ausbau der Vorherrschaft in Afrika und Asien (Motto: Von Kapstadt bis Kairo; von Kairo bis Kalkutta), die Kontrolle des Mittelmeeres (Gibraltar, Malta, Zypern) und die Errichtung von militärischen Stützpunkten rund um die Welt.

Auswirkungen des Imperialismus:
Der Imperialismus prägte die Zeit zwischen 1870/80 und 1914 maßgeblich und trug auch durch folgende Auswirkungen wesentlich zum Ausbruch des Ersten Weltkriegs bei:

- Der Wettlauf um Kolonien führte zu Aufrüstung, Konkurrenz (z. B. Faschoda-Krise 1898 zwischen Großbritannien und Frankreich) und politischen Spannungen.
- Der Imperialismus prägte die internationale Politik.
- Verstärkter Nationalismus und Chauvinismus.
- Er schuf die Atmosphäre für den Ersten Weltkrieg.
- Er bestimmte die Art der Kriegsführung („Kreuzzugscharakter") und beeinflusste den Frieden (Pariser Verträge).

Der Erste Weltkrieg

1 Die Entstehung neuer Bündniskonstellationen

Die Außen- und Flottenpolitik Wilhelms II. isolierte das Deutsche Reich und führte dazu, dass sich die Bismarck'sche Bündnispolitik ins Gegenteil verkehrte: Großbritannien und Frankreich näherten sich an und schlossen 1904 ein Bündnis, die **Entente cordiale**. Die enge Bindung des Deutschen Reichs an Österreich und Wilhelms ungeschickte Außenpolitik bewirkten 1907 ein britisch-französisch-russisches Bündnis, die **Triple Entente**. Den „Mittelmächten" (Deutsches Reich, Österreich-Ungarn und Italien) standen die „Ententemächte" (Großbritannien, Frankreich und Russland) gegenüber. In Deutschland sah man diese Entwicklung als „böswillige Einkreisung" an.

Europäische Bündnissysteme

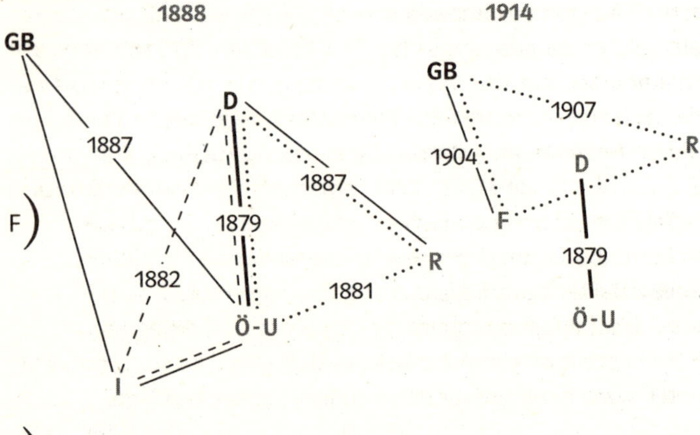

F) = Frankreich isoliert

nach Abiturwissen – Zeitalter des Imperialismus S. 54

2 Krisen im Vorfeld

Die Rivalität der Großmächte, ausgelöst durch den Wettlauf um Kolonien, ein ausgeprägtes Konkurrenzdenken, Aufrüstung, Prestigepolitik und Chauvinismus verschärften die machtpolitischen Gegensätze. Zahlreiche Krisen und Konflikte schufen die feindselige Atmosphäre des Ersten Weltkriegs:

Die 1. Marokkokrise: 1905 wandten sich Reichskanzler von Bülow und Wilhelm II. gegen den wachsenden Einfluss Frankreichs in Marokko. Der Kaiser reiste nach Tanger, betonte dort die Unabhängigkeit Marokkos von Frankreich und löste eine internationale Krise aus. Wilhelms II. ungeschicktes Auftreten isolierte Deutschland und die Konferenz von Algeciras bestätigte den französischen Einfluss.

Die 1. Balkankrise: 1908/09 annektierte Österreich-Ungarn das unter türkischer Oberhoheit stehende Bosnien-Herzegowina. Das Deutsche Reich unterstützte Österreich-Ungarn, Russland rückte noch näher an Großbritannien und Frankreich.

Die 2. Marokkokrise: 1911 schlug Frankreich einen marokkanischen Aufstand nieder. Wilhelm II. löste die 2. Marokkokrise aus, als er das Kanonenboot „Panther" nach Agadir schickte („Panthersprung nach Agadir"). Diese Drohgebärde veränderte nichts, verschärfte aber die bereits bestehenden Konflikte und die Großmächte rüsteten hektisch auf.

Die 2. Balkankrise: 1912 verbündeten sich Bulgarien, Serbien, Montenegro und Griechenland und eroberten die europäischen Gebiete der Türkei. Streitigkeiten unter den Siegern führten zu dem 2. Balkankrieg. Der Balkan wurde immer mehr zum „Pulverfass", da slawische Nationalbewegungen sowie die gegensätzlichen Interessen der konkurrierenden Großmächte Russland und Österreich-Ungarn die Situation zuspitzten.

Der Mord von Sarajewo: Am 28.6.1914 wurden der österreichische Thronfolger Franz Ferdinand und seine Frau in Sarajewo offensichtlich mit Duldung der serbischen Regierung von einem Mitglied einer serbischen Untergrundorganisation ermordet.

Trotz eines österreichischen Ultimatums an Serbien, das dieses weitgehend annahm, erklärte Österreich Serbien am 28. Juli den Krieg. Da nun auch Russland und das Deutsche Reich mobil machten, war der Krieg unvermeidbar.

3 Die Kriegsschuldfrage

Nach dem Attentat von Sarajewo waren Kaiser Franz Joseph I. und die Mehrheit der österreichischen Politiker im Gegensatz zu den Generälen gegen ein militärisches Vorgehen gegen Serbien, da die Beteiligung des serbischen Staates am Attentat nicht nachzuweisen war und man befürchtete, dass sich eine militärische Auseinandersetzung zu einem europäischen Krieg ausweiten könnte. Wilhelm II. bestärkte jedoch die Militärs durch seinen **„Blankoscheck"** (5. Juli), in dem er Österreich-Ungarn seine bedingungslose Bündnistreue auch für den Fall eines Krieges gegen Serbien erklärte. In den folgenden Tagen übte er stärkeren Druck aus, indem er u.a. Franz Joseph mitteilen ließ, dass „mit einer Aktion gegen Serbien" aufgrund der günstigen Situation nicht mehr gewartet werden solle; Russland sei nicht kriegsbereit und zu schwach, um für Serbien in den Krieg zu ziehen. Deshalb würde er es nicht verstehen, wenn Österreich-Ungarn „die gegebene Situation" vorübergehen ließe, „ohne einen Schlag zu führen". Das mit ihm abgesprochene und als unannehmbar angesehene Ultimatum Österreichs an Serbien (23. Juli) sollte den Krieg auslösen. Obwohl Serbien das Ultimatum weitgehend annahm und Wilhelm nun keinen Kriegsgrund mehr sah, übte er keinen Druck auf seinen Bündnispartner aus, die Mobilmachung rückgängig zu machen und von einer Kriegserklärung an Serbien abzusehen. Da auch England und Frankreich nicht energisch genug auf Österreich-Ungarn und Russland einwirkten, haben alle Großmächte eine Teilschuld unterschiedlichen Ausmaßes. Die Frage der Kriegsschuld wurde nach dem Ersten Weltkrieg politisch und fachwissenschaftlich kontrovers diskutiert.

4 Der Kriegsverlauf

1914: Große nationale Begeisterung auf allen Seiten; rasches Vordringen der Deutschen Truppen durch Belgien (**„Schlieffen-Plan"**) bis zur Marne; der Bewegungskrieg wird zum Stellungskrieg; entscheidender Sieg im Osten bei Tannenberg.
1915: Materialschlachten, der massive Einsatz von Soldaten und neuen Waffen (Artillerie, Gas, Maschinengewehre, Panzer, Flugzeuge, U-Boote) bestimmen von jetzt an den Krieg und bringen riesige Verluste auf beiden Seiten (Verdun, Somme, Douaumont).
1916: Die Desillusionierung im Deutschen Reich wächst; der Krieg und Missernten führen zu Hungersnöten und staatlicher Zwangswirtschaft.
1917: U-Boot-Krieg. SPD, Zentrum, die Liberalen und die Nationalliberalen fordern einen „Verständigungsfrieden". Durch den Kriegseintritt der USA wird aus dem europäischen Krieg ein Weltkrieg. Es kommt zur entscheidenden militärischen Wende. Nach der russischen Oktoberrevolution übernehmen die Bolschewiken unter Lenin und Trotzki die Macht.
1918: „Diktatfriede" von Brest-Litowsk zwischen dem Deutschen Reich und Russland; der Abfall der Verbündeten und die Sommeroffensive der Westmächte erzwingen die bedingungslose Kapitulation des Deutschen Reichs (Compiègne, 11.11.1918).

5 Folgen des Weltkriegs für das Deutsche Reich

- Große Zerstörungen (Lothringen, Elsass), bisher noch nie dagewesene Menschen- und Materialverluste.
- Die Kriegswirtschaft verschlechtert die wirtschaftliche Situation und trägt zur Inflation von 1923 bei.
- Entstehung rechter bzw. rechtsradikaler Gruppen, Parteien und Verbände.
- Die emotionalisierende **Dolchstoßlegende** und der problematische **Versailler Vertrag** belasten die Weimarer Republik.

- Der Zerfall Österreich-Ungarns und der Türkei sowie die Entstehung neuer Staaten in Mittel- und Südosteuropa schaffen zahlreiche neue territoriale und nationale Probleme.

Für die internationale Politik, besonders für die europäische, waren der Aufstieg der USA zur (entscheidenden) Weltmacht und die Entstehung der kommunistischen UdSSR langfristig von größter Bedeutung.

Die Entstehungsbedingungen der Weimarer Republik

1 Die innenpolitische Situation 1916 – 1918

Die katastrophale Situation der Jahre 1916 – 1918 führte nicht zu einer nennenswerten Opposition. Gründe:

- Der Verwaltungs- und Beamtenstaat der wilhelminischen Monarchie funktionierte gut.
- Sicherung der bürgerlichen Rechte.
- Die meisten Deutschen identifizierten sich mit den typisch deutschen Eigenschaften Ordnungssinn, Pflichterfüllung, Patriotismus.
- Der Reichstag hatte durch den **Burgfrieden** bei Kriegsbeginn (Beschluss aller Parteien, im nationalen Interesse auf parteipolitische Auseinandersetzungen zu verzichten) seine ohnehin geringen Oppositionsmöglichkeiten aufgegeben.
- Die Arbeiterschaft sah am Ausland, dass eine andere Staats- bzw. Herrschaftsform nicht automatisch eine Verbesserung ihrer Verhältnisse erzeugen würde.

Innerhalb von zwei Jahren änderte sich die politische Machtstruktur des Deutschen Reichs wesentlich. Entscheidend war jedoch, dass sich diese Veränderungen praktisch hinter den Kulissen ereigneten und die damit einhergehende Parlamentarisierung und Demokratisierung nicht ins Bewusstsein der Bevölkerung drang.
Der ausbleibende Kriegserfolg und die lange Kriegsdauer führten im August 1916 dazu, dass von Hindenburg und sein Stratege von Ludendorff den militärischen Oberbefehl gegen den Willen des Kaisers erhielten. Obwohl sich verfassungsmäßig nichts änderte, bedeutete dies de facto die Entmachtung des Kaisers. Die dritte Oberste Heeresleitung (OHL) unter Hindenburg und

Ludendorff bestimmte nun auch die Innen- und Außenpolitik. Das Deutsche Reich war de jure immer noch eine **konstitutionelle Monarchie**, de facto jedoch eine **Militärdiktatur**.

Hindenburg und Ludendorff wollten Ende September 1918 einen sofortigen Waffenstillstand, da sie die Aussichtslosigkeit der Lage erkannten. Die USA verlangten als Voraussetzung dafür jedoch eine deutsche Regierung auf demokratischer Grundlage. Deshalb wurden die Parteien „zur Machtübernahme befohlen" und bildeten unter dem parteilosen Prinz Max von Baden eine vom Parlament getragene Regierung. Das deutsche Reich war nun eine **parlamentarische Monarchie**. Für das Volk hatte sich wiederum nichts Entscheidendes geändert: Auf einen Grafen als Kanzler war ein Prinz gefolgt.

Die neue Regierung (3.10.–9.11.1918) hatte zwei wesentliche Ziele: Einen raschen und günstigen Waffenstillstand und eine neue Verfassung, die den veränderten politischen Strukturen Rechnung tragen sollte. Die Verfassung vom 28. Oktober hatte folgende wesentliche Bestimmungen:

- Abhängigkeit der Regierung vom Parlament.
- Einführung des allgemeinen, gleichen, geheimen und direkten Wahlrechts in Preußen.
- Ausübung der Kommandogewalt durch einen dem Parlament verantwortlichen Minister.

Dies bedeutete, dass der Kaiser nur noch eine repräsentative Funktion hatte. Mit dieser Entwicklung gaben sich das liberale Bürgertum und die SPD zufrieden. Die Abschaffung der Monarchie wollte außer den Linksradikalen niemand.

2 Das Kriegsende

Trotz der sich deutlich abzeichnenden Niederlage herrschte in weiten Teilen der Bevölkerung eine verhängnisvolle Fehleinschätzung vor. Gründe hierfür waren der Sieg im Osten, die Tatsache, dass die deutschen Truppen noch im Ausland standen, die übertriebene Hoffnung auf einen milden Wilson-Frieden (vgl. Wilsons 14 Punkte vom Januar 1918) sowie die fehlende Bereitschaft der national Denkenden, die Niederlage zu akzeptieren.

Ende Oktober änderte die Oberste Heeresleitung (OHL) ihre Haltung radikal und propagierte nun den heroischen, wenngleich sinnlosen Widerstand bis zum Untergang. Als Max von Baden diesen Kurswechsel nicht mittrug, traten Hindenburg und Ludendorff zurück. Da die Regierung die Verantwortung des Kaisers und der OHL nicht deutlich machte, wurde sie völlig zu Unrecht mit dem Odium des verlorenen Krieges belastet. Die Demokratie musste „die Suppe auslöffeln", die Kaiser und Militärs dem deutschen Volk eingebrockt hatten. Der Krieg wurde am 11. November durch die bedingungslose Kapitulation des Deutschen Reichs im Wald von Compiègne beendet.

3 Verlauf der Novemberrevolution 1918

28.10.: Erste Aufstände angesichts der militärischen Situation und wegen des sinnlosen Befehls an die Marine, gegen England auszulaufen.

29.10.: Erste Meutereien, Rückkehr der Flotte nach Wilhelmshaven.

31.10.: Die Meuterei greift auf Kiel über. Max von Baden bittet Wilhelm II. abzudanken.

01.11.: Die Matrosen fordern die Freilassung der Meuterer und disziplinäre Verbesserungen. Der Kaiser lehnt eine Abdankung ab.

03.11.: Erstes Blutvergießen bei einer Auseinandersetzung zwischen meuternden Matrosen und Militär in Kiel. Danach rasche Ausweitung der Revolution.

04.11.: Erstmals werden politische Forderungen gestellt: Sofortiger Waffenstillstand, Bildung von Räten, Rücktritt des Kaisers. Damit war die Revolution politisch geworden.

05.11.: Die Revolution erfasst Lübeck und Hamburg.

07.11.: Der bayerische König Ludwig III. tritt zurück, der Sozialist Kurt Eisner ruft in München die Räterepublik aus. Weitere Fürsten treten zurück. Ultimatum der SPD an Wilhelm II. binnen 24 Stunden abzudanken.

09.11.: Nach der Weigerung Wilhelms II. und dem Austritt der SPD aus der Regierung lässt Max von Baden über das Radio die Abdankung des Kaisers verkünden und überträgt das Amt an Friedrich Ebert (SPD). Um die Mittagszeit verkündet Philipp Scheidemann (SPD) in Berlin ohne Absprache mit seiner Partei die deutsche Republik, also die Abschaffung der Monarchie, um Karl Liebknecht (USPD) zuvorzukommen, der wenig später die „freie sozialistische Republik Deutschland" ausruft. Seine Parole lautet: „Alle Macht den Arbeiter- und Soldatenräten." Wilhelm II. dankt als Kaiser und preußischer König ab.

Problematisch war, dass aus der Sicht der meisten Deutschen im November 1918 eine Staatsform, die konstitutionelle Monarchie, praktisch von einer konträren, der **parlamentarischen Republik** abgelöst wurde. Die neue Staatsform und die neue Herrschaftsform (Demokratie) waren deshalb vielen suspekt, galten in weiten Kreisen der Bevölkerung als „undeutsch" und stießen auf wenig Gegenliebe.

4 Die Bewertung der Revolution

Bis heute wird diskutiert, ob es sich bei der Novemberrevolution um eine wirkliche Revolution gehandelt hat. Vergleicht man sie mit den beiden klassischen Revolutionen, der Französischen (1789) und der russischen Oktoberrevolution (1917), so hat es sich aus folgenden Gründen nicht um eine Revolution im strengen Sinne gehandelt, obwohl sich der Begriff „Novemberrevolution" eingebürgert hat:

- Es gibt keine Ideologie als geistig-politisches Ziel.
- Die Revolution geht nicht vom Volk aus.
- Erhebliche soziale und politische Spannungen spielen als Anlass keine Rolle.
- Die Revolution ist ein Zufallsprodukt.
- Es wird zwar (erstmalig am 04. November) die Abdankung des Kaisers gefordert, eine tief greifende Veränderung des gesellschaftspolitischen Systems jedoch nur von einer kleinen Gruppe (USPD, Spartakus, KPD).
- Die Säulen der Monarchie (Militär, Verwaltung, Justiz) können ihre wichtige Funktion auch in der Weimarer Republik erhalten.
- Die Inhaber der politischen Macht in der Anfangszeit der Weimarer Republik, in erster Linie die SPD, führen die Revolution nicht bis zu ihrem möglichen Ende fort (vgl. den „Pakt mit den alten Mächten", s. S. 44 f).

Die Etablierung der Republik

1 Der Rat der Volksbeauftragten

Am 10.11.1918 wählten die Berliner **Arbeiter- und Soldatenräte** die neue republikanische Regierung, den **Rat der Volksbeauftragten**. Er bestand aus je drei Mitgliedern der SPD und der USPD (Unabhängige Sozialdemokratische Partei Deutschlands). Die neue Regierung und ihr Kontrollorgan, der Vollzugsrat, funktionierten von Anfang an nicht, da die Ziele der beiden Parteien zu unterschiedlich waren. Die SPD wollte Ruhe, Ordnung, Demokratie und dafür als Grundlage eine neue Verfassung, die USPD sah ihre Hauptziele in der Fortführung der Revolution und der Errichtung einer Räterepublik. Mitte Dezember 1918 übertrug die Reichskonferenz der Arbeiter- und Soldatenräte in Berlin dem Rat der Volksbeauftragten die exekutive und legislative Macht bis zur Wahl einer verfassunggebenden Volksversammlung am 19.1.1919. Damit war die Entscheidung für die Demokratie und gegen ein Rätesystem gefallen. Da die USPD-Mitglieder aus Protest aus dem Rat der Volksbeauftragten austraten, lag die gesamte Macht nun bei der SPD.

2 Der „Pakt mit den alten Mächten"

Am 10.11.1918 schlossen Friedrich Ebert und General Groener ein zeitlich begrenztes Zweckbündnis zwischen SPD und Militär. Beide Seiten verfolgten damit ihre eigenen Ziele: Das Militär wollte seine Macht im neuen Staat sichern, der SPD ging es darum, mit Hilfe des Militärs, der Verwaltung und der Justiz die Linksradikalen auszuschalten und die junge Republik zu stabilisieren. Wie problematisch dieses Zweckbündnis war, zeigen zahlreiche Ereignisse:

- Dezember 1918: Blutige Zusammenstöße verschiedener politischer Gruppen in Berlin, in die das Militär eingreift. Als Folge kritisieren Linksradikale und viele SPD-Mitglieder den Pakt zwischen Ebert und Groener massiv.

- 23./24. Dezember 1918: Der **Matrosenputsch** in Berlin wird vom Militär niedergeschlagen. Die USPD tritt aus Protest aus dem Rat der Volksbeauftragten aus.
- Ende Dezember 1918 initiierte der linksradikale Spartakusbund einen Aufstand in Berlin (**Spartakusaufstand**). Militär und Freikorps schlugen ihn brutal nieder und „säuberten" Berlin. Dabei wurden die führenden Sozialisten **Rosa Luxemburg** und **Karl Liebknecht** ermordet. Daraufhin entstanden in zahlreichen Städten Spartakusaufstände, die das Militär rigoros beendete.

Dieser Pakt mit den „alten", kaiserlichen Mächten hatte große langfristige Auswirkungen und brachte folgende Ergebnisse:

- Die SPD erhielt die Voraussetzungen, ihre politischen Ziele (gegen die Linksradikalen) durchzusetzen.
- Die Spannungen zwischen den Arbeiterparteien wurden unüberbrückbar.
- Die USPD wurde nach links abgedrängt und ging schließlich in der KPD auf.
- Die SPD verlor den Rückhalt an der Parteibasis.

Dieser Pakt wird teilweise als wesentlich für den Untergang Weimars angesehen. Angesichts der Alternative Räterepublik oder Demokratie und angesichts der zahlreichen Probleme, die die neue Regierung zu bewältigen hatte (Rückführung der Truppen, Wiedereingliederung der Soldaten, Umstellung von Kriegs- auf Friedenswirtschaft, Versorgung der Bevölkerung, Eindämmung des Radikalismus) war ein anderer Weg für die SPD jedoch nicht gegeben.

3 Die Weimarer Reichsverfassung

In den Wahlen vom 19.1.1919 setzten sich die staatstragenden Parteien SPD, Zentrum und DDP (**Weimarer Koalition**) mit ca. 75% der Stimmen durch. Dieses Ergebnis täuscht, da viele antidemokratisch Gesinnte aus Angst vor „russischen Verhältnissen" zunächst diejenigen Parteien wählten, von denen sie stabilere Verhältnisse erwarteten. 1920 erreichten diese Parteien nur noch ca. 43%.

Anfang Februar begann die **Nationalversammlung** ihre Arbeit in Weimar, an der Wirkungsstätte von Goethe und Schiller, vor allem aber, weil es dort im Vergleich zum brodelnden Berlin provinziell-ruhig zuging.
Am 11. Februar wurde Ebert zum Reichspräsidenten gewählt und noch am selben Tag berief er Philipp Scheidemann (SPD) zum Kanzler. Ebert führte sein Amt trotz seines großen Einflusses mit parteipolitischer Distanz.

Die Erarbeitung der Verfassung war kompliziert, da zahlreiche Probleme zu berücksichtigen waren:
- Der Ausfall der monarchischen Spitze.
- Die Neuverteilung der Macht.
- Das Volk war an Demokratie nicht gewöhnt, viele waren ausgesprochen antidemokratisch.
- Aktuelle Probleme (neues Wahlrecht, Rolle der Parteien, Verhältnis Länder-Reich).

Die Weimarer Reichsverfassung, die als die liberalste Verfassung ihrer Zeit galt, war in zwei Hauptteile gegliedert:
Art. 1-108: Aufbau und Aufgaben des Reichs, Art. 109-165: Grundrechte und Grundpflichten.
Sie hatte folgende wesentliche Elemente:
- Das Volk: Inhaber der Souveränität, wählt Reichstag, Reichsrat und den Reichspräsidenten, Mitwirkung an der Legislative durch Volksentscheide. Insgesamt große Bedeutung.

- Reich und Länder: Aus Staaten wurden Länder (= Souveränitätsverlust), Reichsrecht bricht Landesrecht, Interessenvertretung der Länder ist der Reichsrat.
- Der Reichspräsident: Höchster Repräsentant des Staates, an Gesetzgebung per Art. 48 (Notverordnung) beteiligt, ernennt und entlässt die Regierung, militärischer Oberbefehlshaber, Diktator auf Zeit, Recht der Reichsexekution (Vorgehen gegen ein Land mit militärischer Gewalt), Amtszeit 7 Jahre, beliebig oft wieder wählbar. Insgesamt: Höchste Machtfülle („Ersatzkaiser").
- Parteien, Wahlrecht: Parteien sind in der Verfassung nicht verankert. Allgemeine, gleiche, geheime, direkte Wahl, reines Verhältniswahlrecht ohne Sperrklauseln.
- Der Reichstag: Zentrales Organ, hat die Gesetzesinitiative, kontrolliert die Regierung (Misstrauensvotum), entscheidet über Krieg und Frieden. Insgesamt starke Stellung.
- Der Reichsrat: Schwache Mitwirkung an der Legislative (suspensives Veto). Geringe Bedeutung.
- Die Reichsregierung: Schwache Position da doppelt abhängig von Reichspräsident und Reichstag.
- Die Grundrechte sind schwächer als heute, da sie nicht vorstaatlich sind. In Weimar gilt: Grundrechte nach Maßgabe der Gesetze. (Heute: Gesetze nach Maßgabe der Grundrechte).

Die Weimarer Reichsverfassung wird häufig als eine wesentliche Ursache des Scheiterns der ersten deutschen Demokratie angesehen, da sie für Krisenzeiten nicht stabil genug war. Entscheidend war jedoch, dass die Mehrheit der Deutschen demokratieunwillig war. Unabhängig davon sind strukturelle Schwächen unübersehbar, die dazu führten, dass der Ausnahmefall zum Normalfall wurde.

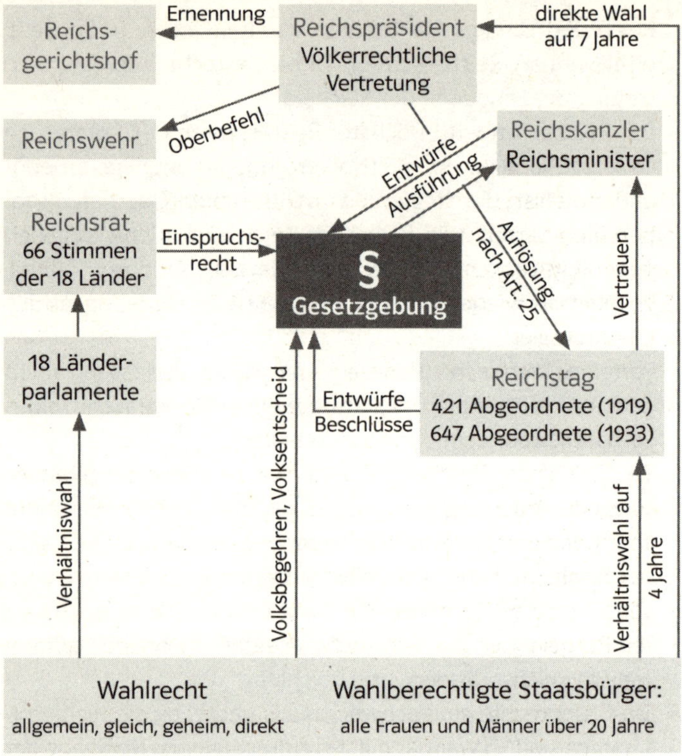

Nachteile und Schwächen der Weimarer Reichsverfassung

- Spaltung der Legislative (Reichspräsident, Reichstag, Reichsrat, Volk)
- Reichspräsident ist „Ersatzkaiser"
- Reichstag zu stark gegenüber der Regierung
- Regierung doppelt abhängig
- Parteien nicht verankert
- reines Verhältniswahlrecht
- kein Verfassungsschutz

beeinflussen die Weimarer Republik in Krisenzeiten

Parteien, Reichswehr, paramilitärische Organisationen

Die Parteienlandschaft der Weimarer Republik war aufgrund des reinen Verhältniswahlrechts und fehlender Sperrklauseln sehr groß. 1930 gab es im Reichstag zehn Parteien mit mehr als 5 %. Die wichtigsten **Parteien** zwischen 1919 und 1933 waren:

- Die **Kommunistische Partei Deutschlands** (KPD): Reine Klassenpartei, völlig von Moskau abhängig; Ziele: Weltrevolution, Diktatur des Proletariats, Räterepublik; staatsfeindlich; außer in Krisenzeiten keine unmittelbare Gefahr für Weimar.
- Die **Sozialdemokratische Partei Deutschlands** (SPD): Überwiegend Arbeiterpartei; Ziele: Demokratische Republik, Reformpolitik statt Revolution; staatstragend; stärkster Machtfaktor der Weimarer Republik.
- Die **Deutsche Demokratische Partei** (DDP): Partei des liberalen Bürgertums; Verfassungspartei, staatsbejahend; kontinuierlicher Wählerverlust.
- Das **Zentrum** (Z): Politische Interessenvertretung des Katholizismus; Wähler aus allen Schichten; staatstragend; stabilste Partei Weimars, an allen Regierungen beteiligt zwischen 1919 und 1932.
- Die **Bayerische Volkspartei** (BVP): Katholische Landespartei; betont Eigenständigkeit Bayerns, ist antigewerkschaftlich und antipreußisch; Ablehnung der Republik.
- Die **Deutsche Volkspartei** (DVP): Partei des Besitzbürgertums; Ziele: machtvoller Staat, starke nationale Außenpolitik, Betonung der Volksgemeinschaft; unter ihrem Vorsitzenden Stresemann (bis 1929) überwiegend staatstragend, dann rascher Zerfall.
- Die **Deutschnationale Volkspartei** (DNVP): Sammlungspartei rechtsstehender Gruppierungen; bestimmend: Ostdeutsche Großagrarier, westdeutsche Industrielle, nationalistisch ein-

gestellte Mittelschicht; Ziele: Rigorose Bekämpfung der Republik und der Demokratie; monarchisch, preußisch; fordert Großmachtpolitik; meist strikt staatsablehnend.

- Die **Nationalsozialistische Deutsche Arbeiterpartei** (NSDAP): Mitglieder kommen aus allen Schichten des Volkes, jedoch meist aus dem Mittel- und Kleinbürgertum; Ziele: Totale Umstrukturierung des Staats nach Übernahme der Macht, Schaffung des Dritten Reichs; extrem staatsablehnend; bis 1929 relativ unbedeutend.
- Die **Reichswehr** ging am 10.11.1918 ein Bündnis mit der neuen Staatsautorität ein, um ihre Bedeutung zu erhalten. Sie betonte ihren unpolitischen Charakter, zeigte Staat und Regierung gegenüber jedoch nur eine geringschätzige Loyalität. (s. Kapp-Putsch, S. 55). In der Endphase Weimars versuchte die Reichswehrführung zur Stabilisierung beizutragen. Die Truppen verstanden diesen Kurs nicht, sahen ihn als Verrat an der „nationalen Sendung" an und trugen ihn nur widerwillig mit, Insgesamt blieb die Reichswehr, von 1918/19 abgesehen, für alle Regierungen ein Unsicherheitsfaktor, ein in Krisenzeiten eher destabilisierendes Element.

Neben den Parteien entwickelten sich **paramilitärische Organisationen**, die das gesellschaftspolitische Leben wesentlich mitbestimmten. Die wichtigsten waren:

- Der **Rote Frontkämpferbund**: Linksradikal, Kampftruppe der KPD.
- Das **Reichsbanner Schwarz-Rot-Gold**: Offiziell überparteilich; staatsbejahend, deshalb Kampforganisation der staatstragenden Parteien.
- Der **Stahlhelm** („Bund der unbesiegt heimgekehrten Frontsoldaten"): Offiziell überparteilich, jedoch der DNVP nahe stehend; Sammelbecken des militanten Nationalismus der bürgerlich Rechtsparteien.
- Die **Sturmabteilung** (SA): Rechtsradikale, gewaltbereite Kampftruppe der NSDAP.

Der Vertrag von Versailles

1 Das Problem des Friedenschließens

Vier Kernbereiche mit zahlreichen politischen, territorialen und ideologischen Problemen erschwerten den Friedensschluss und führten dazu, dass der Versailler Vertrag zwischen den Siegern und dem Deutschen Reich von allen Beteiligten als unbefriedigend angesehen wurde:
Der **Weltkrieg** hatte ungeheure Verluste gebracht. Es gab keine neutrale, mäßigende Nation als Schiedsinstanz. Alle Staatsmänner standen gegenüber ihren Völkern unter einem ungeheuren Erfolgszwang. Zusätzlich machten Nationalismus, Chauvinismus und der Kreuzzugscharakter des Krieges sachliche Entscheidungen sehr schwierig bzw. unmöglich. Der Weltkrieg musste durch einen komplizierten **Weltfrieden** beendet werden, wobei Wichtigkeit und Bedeutung einzelner Probleme umstritten waren. Interessensphären überschnitten sich und die Schaffung neuer, unabhängiger Staaten in Ost- und Südosteuropa löste die territorialen und ethnischen Probleme (z. B. des Balkans) nicht, sondern schuf neue. Das **Friedensprogramm** war bestimmt von dem starken Gegensatz zwischen Machtpolitik alter Prägung (z. B. möglichst große territoriale Gewinne, weitestgehende Schwächung des Besiegten) und neuer Ideologie (z. B. Wilsons 14 Punkte). Auch die Zerstrittenheit der **Siegerkoalition** trug zur Problematik der Pariser Vorortverträge (Siegermächte mit dem Deutschen Reich zu Versailles; mit Österreich zu St. Germain-en-Laye; mit Ungarn zu Trianon; mit der Türkei zu Sèvres) bei.

2 Die wesentlichen Inhalte

Die deutsche Regierung lehnte den Friedensvertrag zunächst entschieden ab. Nach einem Ultimatum der Sieger (Annahme oder sofortige Besetzung Deutschlands) und nach erbitterten Debatten im Reichstag setzte sich die Ansicht durch, man müsse den Vertrag wohl oder übel akzeptieren, um Schlimmeres von Deutschland abzuwenden. Der am 28.6.1919 unterzeichnete Versailler Vertrag enthielt folgende wesentliche Bestimmungen:

- Militärische Bestimmungen: Entwaffnung und Abrüstung des Heeres auf 100 000 Mann, der Marine auf 15 000; Entmilitarisierung des Rheinlands und dessen Besetzung.
- Reparationen (Festlegung bis 1921).
- Die Artikel 228 und 231: Art. 228 bezeichnete den Kaiser als Kriegsverbrecher und verlangte dessen Auslieferung. Art. 231 konstatierte die alleinige Kriegsschuld Deutschlands und seiner Verbündeten (als juristische Grundlage der Reparationsforderungen).
- Gebietsverluste:
  - Eupen-Malmedy an Belgien
  - Saargebiet: 15 Jahre unter Völkerbundsverwaltung und französischer Besatzung
  - Elsass-Lothringen an Frankreich
  - Hultschiner Ländchen an Tschechoslowakei
  - Oberschlesien, Posen und Westpreußen an Polen
  - Memelland an Litauen
  - Danzig wird als „Freie Stadt" aus dem Reichsverbund gelöst und wirtschaftlich eng mit Polen verbunden
  - Nordschleswig an Dänemark.

3 Belastende Bestimmungen

Die einzelnen Bestimmungen des Versailler Vertrags wurden in Deutschland sehr unterschiedlich aufgenommen. Unproblematisch war der Verlust von Eupen-Malmedy (überwiegend belgische Bevölkerung), des nördlichen Schleswig (überwiegend dänische Bevölkerung), des Hultschiner Ländchens (geringe Größe) und von Elsass-Lothringen (erwartete Abtretung an Frankreich). Andere Bestimmungen erwiesen sich als langfristige Probleme und Belastungen für Weimar:

- Westpreußen, Oberschlesien und Danzig galten als „urdeutsch". Zudem wurde die Entstehung des polnischen Korridors als völlig inakzeptabel angesehen.
- Das östliche Oberschlesien wurde 1921 trotz einer vom Völkerbund festgelegten Volksabstimmung, die einen Verbleib beim Deutschen Reich ergeben hatte, an Polen abgetreten.
- Für alle national Denkenden und für die rechten Parteien und Gruppierungen war die Abrüstung des Heeres auf 100 000 Mann eine Schmach und unvereinbar mit der Größe des Reichs.
- Der Kriegsverbrecherparagraf (228) und der Kriegsschuldparagraf (231) wurden als Beleidigung des ganzen Volkes und als „moralische Ächtung" angesehen, da die Deutschen immer noch von der „Einkreisung" durch neidische Mächte ausgingen.
- Die **Dolchstoßlegende**, die sich zwar nicht aus dem Vertrag ergab, aber immer im Zusammenhang mit ihm genannt wurde, überlagerte die Ablehnung des Versailler Vertrags. Sie besagte (laut Hindenburg) sinngemäß, dass das „im Felde unbesiegte" deutsche Heer feige von „hinten", d. h. von kriegsunwilligen, pazifistischen Verrätern in der Heimat „erdolcht" worden sei. Diese Schuldzuweisung richtete sich gegen die linken Parteien, die eine Beendigung des Krieges gefordert hatten (vgl. S. 37) und wurde bald verallgemeinert und auf alle staatstragenden Parteien bzw. auf die Demokratie bezogen.
- Die Reparationen, die 1921 erstmalig konkretisiert wurden, waren zunächst völlig überzogen, wurden zudem (bis Mitte der 20er Jahre) von Frankreich politisch missbraucht und

verschärften die Spannungen zwischen Frankreich und dem Deutschen Reich immer wieder.

4 Die Beurteilung des Versailler Vertrags

Der Versailler Vertrag wurde in der Weimarer Republik von allen Parteien und von der Bevölkerung allgemein als ungerecht, überhart und fehlerhaft angesehen. Er galt als „Schmachfriede", als „Karthagofriede", als „Diktatfriede". Seine ungeheure emotionalisierende Wirkung verhinderte eine sachliche Auseinandersetzung mit seinen Bestimmungen und eine halbwegs objektive Einschätzung. Er wurde deshalb zu dem entscheidenden propagandistischen Kampfmittel der Rechten gegen den Staat, gegen das „demokratische System".
Seit 1945 ist die Beurteilung distanzierter und gemäßigter. Hierbei spielt nicht nur die zeitliche Distanz, sondern vor allem der Vergleich mit dem Ende des Zweiten Weltkriegs die entscheidende Rolle. Der Versailler Vertrag hatte – gemessen an dem Ausmaß des Ersten Weltkriegs – vergleichsweise geringe territoriale Verluste gebracht, nicht zur Besetzung geführt und Deutschland die Chance gelassen, auf lange Sicht Großmacht zu bleiben.

5 Innenpolitische Belastungen der Anfangsjahre

Die Münchner Räterepublik: Am 7.11.1918 rief Kurt Eisner (USPD) in München eine Räterepublik, den „Freien Volksstaat Bayern", aus. Er strebte jedoch keine wirkliche Räterepublik, sondern eine parlamentarische Regierungsform an. Als er die Landtagswahl verlor, trat er zurück, wurde aber am selben Tag (21.2.1919) von dem rechtsradikalen Leutnant Graf Arco-Valley ermordet. Dies löste eine Revolutionswelle in Bayern aus, die neu gewählte Regierung Hoffmann (SPD) verlegte ihren Amtssitz ins ruhige Bamberg. Am 7. April riefen Erich Mühsam und Gustav Landauer eine Räterepublik aus, die jedoch keinerlei Bedeutung erlangte. Am 13.4.1919 entstand eine zweite Räterepublik nach kommunistischem Vorbild, die von Regierungstruppen zweieinhalb Wochen später beseitigt wurde.

Der Kapp-Putsch: Im Osten Deutschlands hielten sich **Freikorps** (ehemalige Berufssoldaten mit nationalistischer, rechtsradikaler Einstellung) und sahen sich als politische Ordnungsmacht. Am 13.3.1920 besetzte die Marinebrigade Ehrhardt unter General von Lüttwitz Berlin. Der reaktionäre Politiker Kapp (DNVP) erklärte die Regierung für abgesetzt und berief sich zum neuen Kanzler. Unterstützung erhielt er von den Großgrundbesitzern östlich der Elbe. Die SPD rief zu einem Generalstreik in Berlin auf und der Putsch scheiterte nach vier Tagen, da er schlecht vorbereitet und dilettantisch durchgeführt worden war und weil sich die Reichswehr neutral verhielt (General von Seeckt: „Truppe schießt nicht auf Truppe.") Der Kapp-Putsch war in vielerlei Hinsicht symptomatisch:

- Er zeigte die Unzufriedenheit weiter Kreise mit den politischen Verhältnissen,
- dokumentierte die von nun an permanente Bedrohung des Staats von rechts sowie die Unzuverlässigkeit der Reichswehr und
- verstärkte das Selbstbewusstsein der Rechtskreise.
- Die sehr milde Ahndung der im Zusammenhang mit dem Kapp-Putsch begangenen Verbrechen zeigte die Problematik des „Pakts mit den alten Mächten".

Kommunistische Aufstände: Als Reaktion auf den Kapp-Putsch bildete sich im Ruhrgebiet eine kommunistische Rote Armee, die einige Großstädte besetzte. Zwischen ihr und der Reichswehr kam es zu heftigen Kämpfen. Auch im sächsisch-thüringischen Grenzgebiet bekämpften sich bewaffnete kommunistische Gruppen und die Reichswehr erbittert. In zahlreichen Großstädten brachen kommunistische Aufstände aus, die zu bürgerkriegsähnlichen Zuständen führten. Sie wurden ausnahmslos von der Reichswehr mit Waffengewalt niedergeschlagen.

Mord als politisches Mittel: Politische Morde wurden von Soldaten, vor allem von ehemaligen Freikorpssoldaten verübt. Sie waren beruflich und gesellschaftlich in einer schlechten Situation, lehnten den neuen Staat ab bzw. bekämpften das „System" mit allen Mitteln, auch mit dem des politischen Mordes. Sie ermordeten z. B. Rosa Luxemburg und Karl Liebknecht, Kurt Eisner, Mathias Erzberger und Walter Rathenau. Gedeckt und finanziert wurden sie oft von Vertretern des Großkapitals und von Großgrundbesitzern. Rechtslastige Richter verurteilten sie milde bzw. sprachen sie nicht selten frei.

Das Krisenjahr 1923

1 Der Ruhrkampf

Die hohen Reparationsforderungen (s. S. 61 f.) verschärften die Spannungen zwischen Deutschland und Frankreich. Kanzler Cuno leitete eine Abkehr von der „Erfüllungspolitik" ein, der französische Ministerpräsident Poincaré drohte, produktive Pfänder (Bergwerke, Industrieanlagen etc.) zu nehmen. Im Januar 1923 besetzten französische und belgische Truppen das Ruhrgebiet. Cuno stellte alle Reparationsleistungen ein und propagierte den passiven Widerstand. Poincaré reagierte mit harten Maßnahmen (Beschlagnahmung von öffentlichen Kassen und Reichsbankfilialen, Zollgrenze zum restlichen Deutschland). Die Gewalt eskalierte, „nationale" Kreise begannen einen Sabotagekrieg, die französischen Truppen griffen rigoros durch. Im Sommer 1923 wurde die Aussichtslosigkeit des Ruhrkampfes deutlich, die Regierung Cuno stürzte und Gustav Stresemann beendete als Kanzler einer großen Koalition (SPD, DDP, Z, DVP) den wirtschaftlich ruinösen Ruhrkampf.

2 Die Inflation

Die Inflation hatte zahlreiche Ursachen im Ersten Weltkrieg und im Versailler Vertrag. Entscheidend war jedoch der ruinöse Ruhrkampf.

Im Sommer 1923 begann die Inflation zu galoppieren und eine Flucht in Sachwerte setzte ein. Die Versorgung der Bevölkerung mit Lebensmitteln wurde immer problematischer. In dieser Situation bekämpfte Stresemann die Inflation zielgerichtet mit folgenden Maßnahmen:

- Einsetzung eines Reichswährungskommissars.
- Schaffung einer neuen Währung (Rentenmark).

- Fiktive Deckung dieser Währung durch eine staatliche Grundschuld auf Handel, Industrie, Banken etc. Entscheidend war, dass Stresemanns Anti-Inflationsprogramm so viel Vertrauen einflößte, dass die Bevölkerung die Rentenmark annahm.

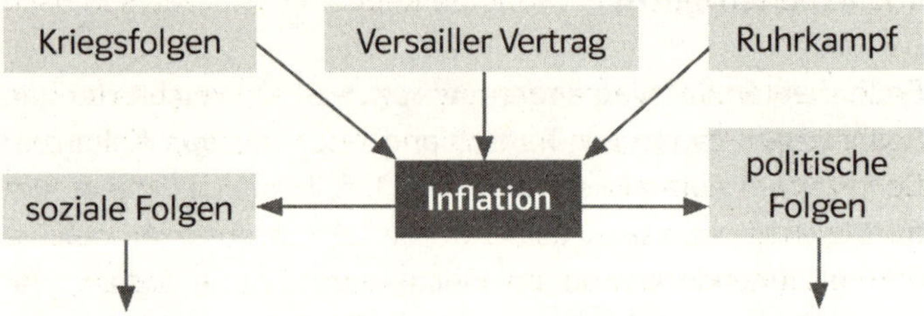

- steigende Arbeitslosigkeit
- Geld- und Besitzverluste (Bürgertum)
- Proletarisierung (Teile des Mittelstands)
- wirtschaftliche Not
- Verschlechterung der inneren Verhältnisse

- Radikalisierung des öffentlichen und politischen Lebens
- Verkleinerung der demokratischen Basis
- Ruf nach dem „starken Mann"

3 Der Separatismus

Ruhrkampf und Inflation verstärkten separatistische Bestrebungen in der Pfalz und im Rheinland, die von Frankreich gefördert wurden. In diesen Gebieten entstanden separatistische Bünde und Parteien, die die Einheit des Reichs gefährdeten. Das Spektrum der Separatisten war sehr breit gefächert. Es reichte von den untersten Schichten bis zu angesehenen Bürgern.
Im Oktober, auf dem Höhepunkt der Inflation, entstanden, von Frankreich protegiert, die Rheinische Republik und die Autonome Pfalz. Beide existierten nicht lange, da die Überwindung der Inflation ihnen die Grundlage entzog. **Die Rheinische Republik** endete im November 1923, die **Autonome Pfalz** ging im Februar 1924 endgültig unter.

4 Der Hitler-Putsch

Bayern war das Zentrum der antidemokratischen, rechtslastigen und rechtsradikalen Gruppierungen, Bewegungen und Parteien. Diese sahen Bayern als „Ordnungszelle des Reichs" an und forderten den „Sturm auf die Republik", den „Marsch nach Berlin".

Ende September verhängte die bayerische Regierung den Ausnahmezustand über Bayern und ernannte von Kahr zum Generalstaatskommissar. Stresemann verhängte daraufhin den Ausnahmezustand über ganz Deutschland und übertrug die vollziehende Gewalt an Reichswehrminister Gessler, der sie wiederum an die Wehrkreisbefehlshaber der Reichswehr übertrug. Damit wurde die Reichswehr (wie beim Kapp-Putsch) zum entscheidenden Faktor. Da der Reichsausnahmezustand in Bayern nicht anerkannt wurde, verhängte Ebert die Reichsexekution gegen Bayern. Von Seeckt lehnte diese allerdings ab, da sie in Bayern nicht durchführbar sei. Stattdessen wollte er von Ebert die Übertragung der Diktaturgewalt, was dieser jedoch ablehnte. Als das Gerücht aufkam, dass in Thüringen und Sachsen SPD / KPD-Regierungen entstünden, sah **Hitler** eine günstige Gelegenheit. In der Nacht vom 8. auf den 9. November zwang er im Münchner Bürgerbräukeller den Chef der bayerischen Polizei, Seisser, und den Kommandeur der Reichswehr in Bayern, von Lossow, seinen Putsch zu unterstützen. Er erklärte die Reichsregierung für abgesetzt und proklamierte eine neue **provisorische deutsche Nationalregierung**, der außer ihm, Seisser und Lossow auch noch von Ludendorff angehörte. Als er Seisser und Lossow freiließ, distanzierten sich diese sofort von ihm. Hitler sah seine letzte Chance darin, die Münchner Bevölkerung durch einen Marsch zur Feldherrnhalle hinter sich zu bringen. Der Marsch wurde von Seissers Polizei mit Waffengewalt gestoppt und Hitler wegen Hochverrats angeklagt. Er erhielt die Mindeststrafe von 5 Jahren, von denen er nur neun Monate in Landsberg am Lech verbüßte.

5 Zusammenfassung: Das Krisenjahr 1923

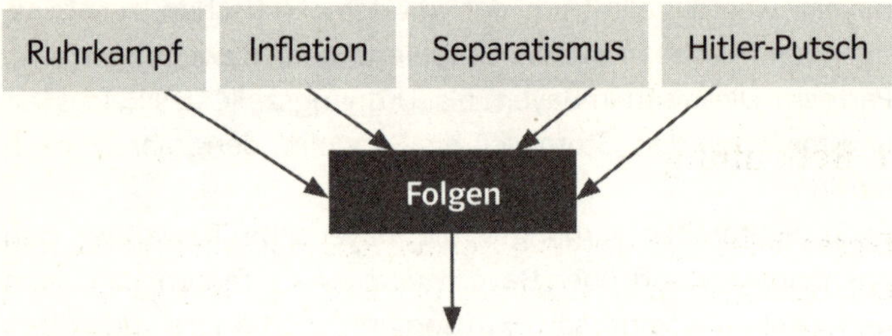

- Destabilisierung der inneren Situation Weimars
- Zulauf für die radikalen Parteien
- Schwächung der demokratischen Basis
- die Instabilität und die Anfälligkeit der jungen Republik werden deutlich

Das Problem der Reparationen

1 Bedeutung

Dieser Teilbereich des Versailler Vertrags war zwischen Siegern und Besiegten, aber auch unter den Siegern selbst, von Anfang an heftig umstritten. Hierfür gab es zahlreiche Ursachen: Die Höhe der Reparationen wurde von den am Krieg beteiligten Nationen als ein Gradmesser für Sieg bzw. Niederlage angesehen und war deshalb sehr prestigebelastet. Frankreich war es gelungen, die Reparationen in unerfüllbare Höhen zu schrauben, womit es sich eine rechtliche Grundlage geschaffen hatte, jederzeit gegen Deutschland vorzugehen (vgl. Ruhrkampf). Aus diesen Gründen wurden die Reparationen in Deutschland generell abgelehnt und dienten den Rechten als wirksames Propaganda- und Agitationsmittel.

2 Konferenzen, Pläne, Beschlüsse

1919	Spa	Reparationen (in %): Frankreich 52, Großbritannien 22, Italien 10, Belgien 8, restliche Gewinner 8.
1920	Boulogne	Großbritannien und Frankreich einigen sich auf die unrealistische Reparationssumme von 269 Mrd Goldmark.
1921	Paris	Reduzierung der von Deutschland zu zahlenden Gesamtsumme auf 226 Mrd.
1921	London	Ablehnung der Forderungen durch die deutsche Delegation. Folge: Besetzung von Düsseldorf, Duisburg und Ruhrort. Reduzierung der Forderung auf 132 Mrd.

1924	Dawes-Plan	Erstmals behandeln Sachverständige das Reparationsproblem. Inhalte: Wiederherstellung der deutschen Wirtschaft mit Hilfe eines US-Kredits (800 Mio Goldmark), Sanktionen können nicht mehr von einer Nation allein verhängt werden. Zahlungsmodalitäten, die endgültige Höhe der Reparationen und der Zahlungszeitraum werden nicht festgelegt.
1928	Young-Plan	Zahlungszeitraum 59 Jahre, steigende Annuitätsraten; Gesamtsumme 116 Mrd; Räumung des Rheinlands binnen 1 Jahres. Trotz deutlicher Verbesserungen für Deutschland drastische Verschlechterung des innenpolitischen Klimas wegen der maßlosen Agitation der Rechtskreise. Hitler scheitert mit einem Volksbegehren gegen den Young-Plan.
1931	Hoover-Moratorium	Wegen der Weltwirtschaftskrise setzt der US-Präsident Hoover einen einjährigen Zahlungsaufschub (Moratorium) für Deutschland durch.
1932	Lausanne	Festlegung der restlichen Reparationen auf 3 Mrd Rentenmark.
1934		Endgültiger Verzicht auf weitere Reparationen.

Die Gesamtreparationsleistungen wurden unterschiedlich berechnet: Deutschland bezifferte sie mit 53 Mrd Mark, die Alliierten mit 20 Mrd.

Die Außenpolitik der Weimarer Republik

1 Bedingungsfaktoren

Auffallend ist die erstaunliche Kontinuität der Weimarer Außenpolitik zwischen 1919 und 1933. Ihre übergeordneten Ziele, die von allen Regierungen angestrebt wurden, waren die Gleichberechtigung Deutschlands und die Revision des Versailler Vertrags (Art. 228 und 231, Rückgewinnung der Ostgebiete, Räumung des Rheinlands, Streichung der Reparationen). Hierfür gab es zwei grundlegende Voraussetzungen: Bündnispartner mussten gefunden werden, um die außenpolitische Isolation zu durchbrechen, und eine Aussöhnung mit Großbritannien und Frankreich musste erreicht werden, um das Misstrauen der Alliierten zu verringern und ihr teilweise großes Sicherheitsbedürfnis (Frankreich) zu befriedigen.

2 Verträge und Abkommen

Der Rapallo-Vertrag: 1921 schlug der britische Premierminister Lloyd George ein internationales Wirtschaftskonsortium vor, das den wirtschaftlichen Neuaufbau Mittel- und Osteuropas beschleunigen sollte. Hinter diesem Vorschlag stand die Absicht, die Wirtschaftshilfe für die UdSSR von politischen Zugeständnissen abhängig zu machen, um so Einfluss auf den kommunistischen Staat nehmen zu können. Über die Modalitäten des Lloyd-Plans sollte eine internationale Konferenz zu Genua entscheiden. Im Vorfeld der Konferenz kam es zu einer Verständigung zwischen der UdSSR und Deutschland, die beide außenpolitisch isoliert waren. Sie torpedierten die geplante Konferenz, indem sie vor ihrer Eröffnung zu Rapallo (Vorort von Genua) einen Vertrag bekannt gaben, der folgende Inhalte hatte:

- Die Vertragspartner verzichten auf alle Forderungen, die sich aus dem Krieg ergeben,
- sie intensivieren ihre Handelsbeziehungen,
- sie nehmen diplomatische Beziehungen auf und
- sie erteilen dem Lloyd-Plan bzw. ähnlichen Plänen eine diplomatisch formulierte, aber klare Absage.

Der Rapallo-Vertrag hatte für beide Vertragspartner eine große Bedeutung: Sie waren nun außenpolitisch nicht mehr isoliert, die UdSSR versprach sich wirtschaftliche Vorteile, Deutschland günstigere Voraussetzungen für die Rückgewinnung der Ostgebiete.

Der Locarno-Vertrag: Auch bei Gustav Stresemann (Außenminister von 1924–1929) dominierten nationale bzw. nationalistische Absichten. Allerdings versuchte er sie nicht gegen die Westalliierten, sondern mit ihnen zu erreichen. Er bot Frankreich, Belgien, Großbritannien und Italien die Garantie der deutsch-französischen Grenze an. Dieses Angebot wurde im Ausland als „Quadratur des Kreises" angesehen, da es ein europäisches Kernproblem entschärfte und den Frieden stabilisierte. De facto bedeutete das Angebot Stresemanns jedoch zunächst einmal die Anerkennung des Versailler Vertrags, was erhebliche innenpolitische Probleme auslösen musste. Der Locarno-Vertrag setzte sich aus folgenden Verträgen bzw. Abkommen zusammen:

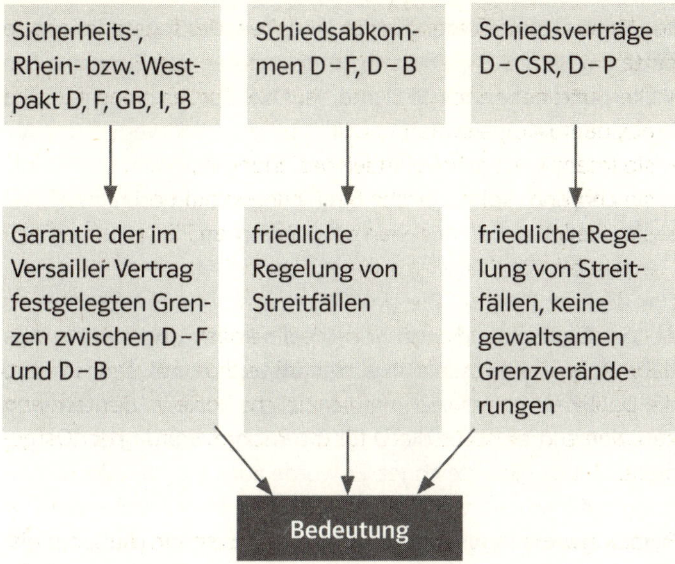

- Anerkennung des territorialen Status quo im Westen.
- Revision der Ostgrenzen wird durch den zeitlichen Vorbehalt offen gehalten (Schiedsverträge beziehen sich nicht auf Streitfragen, die vor der Unterzeichnung entstanden sind).
- Grenzen unterschiedlicher Qualität im Westen (Frankreich, Belgien) und Osten (Tschechoslowakei, Polen).
- Gleichberechtigung Deutschlands und Aufnahme in den Völkerbund (1926).
- Unterschiedliche Aufnahme der Verträge im Ausland (Stresemann erhält den Friedensnobelpreis) und im Inland (überwiegend Unverständnis, Verbitterung, Hass).

Die im Westpakt vereinbarte Aufnahme Deutschlands in den **Völkerbund** stieß im Inland auf heftige Ablehnung, obwohl Deutschland einen ständigen Sitz erhielt und damit den anderen Großmächten gleichgestellt wurde. Der Völkerbund war den meisten Deutschen verhasst und galt immer noch als Knebelungsinstrument der Sieger (vgl. die Volksabstimmung in Oberschlesien, S. 53). Deshalb befürworteten den Eintritt in den Völkerbund neben der SPD und der DDP nur noch pazifistische Kreise. Selbst Stresemanns DVP spaltete sich wegen der Außenpolitik ihres Parteivorsitzenden. Großbritannien und Frankreich dagegen sahen in der Mitgliedschaft Deutschlands eine zusätzliche Garantie für den Locarno-Vertrag.

Der Berliner Vertrag: Die UdSSR betrachtete den Westpakt als Abkehr Deutschlands von der Rapallo-Politik und strebte deshalb einen militärischen Neutralitätsvertrag mit Deutschland an. Da Stresemanns vorrangiges Ziel die Revision der Ostgrenzen war und er dafür die UdSSR brauchte, wurde der Vertrag am 24.4.1926 unterzeichnet. Er wurde auch von den Rechtsparteien befürwortet, weil nun eine britisch-französisch-russische Allianz gegen Deutschland nicht mehr möglich war und weil man ihn als Grundlage der Revision der Ostgrenzen ansah.

3 Die Beurteilung Stresemanns

Stresemann verbesserte das deutsch-französische Verhältnis wesentlich, übernahm im Völkerbund in Anlehnung an Bismarcks Politik die Rolle des ehrlichen Maklers, verschaffte Deutschland ein neues Image und machte es zu einem angesehenen und gleichberechtigten Mitglied im Völkerbund. Dafür erhielt er 1926 den Friedensnobelpreis. Trotzdem erreichte er weder eine Revision des Versailler Vertrags noch die vorzeitige Räumung des Rheinlands. Deshalb setzte sich bei den national Denkenden in Deutschland die Ansicht durch, dass man die „Ketten von Versailles" gewaltsam sprengen müsse.
Die Beurteilung Stresemanns war und ist deshalb sehr gegensätzlich. Die Rechten verfolgten ihn mit leidenschaftlichem Hass („Stresemann verwese man!") und selbst in der SPD und der DVP war seine Politik umstritten. Heute wird Stresemann oft als „Vertreter des europäischen Gedankens", als „Vorkämpfer

einer überstaatlichen Ordnung", als „Friedenspolitiker" und als „deutscher Staatsmann europäischen Formats" bezeichnet. Dieses Bild entspricht jedoch nicht der Realität. Stresemann war im Grunde seines Herzens immer ein nationaler Revisionspolitiker und ein Monarchist, er war nie Demokrat oder Europapolitiker aus Überzeugung. Was ihn von seinen Vorgängern und Nachfolgern unterschied, waren die politischen Mittel und Methoden zur Erreichung seiner revisionistischen Ziele und der klare Blick für das Machbare.

Die ruhigen Jahre Weimars (1924–1929)

Aufgrund des Untergangs der Weimarer Republik und ihrer Abwertung durch die NS-Propaganda könnte der unzutreffende Eindruck entstehen, als seien alle Bereiche des öffentlichen Lebens grau, trist und wenig kreativ gewesen. Dieser Schein trügt.

- Die Wirtschaft entwickelte sich nach Beendigung der Inflation und des Ruhrkampfs positiv. Moderne Industriezweige (Flugzeug-, Auto-, Rundfunkindustrie) prosperierten. Allerdings lebte die deutsche Wirtschaft weitgehend von (teilweise kurzfristigen) Auslandskrediten und war deshalb nicht stabil.
- Die Sozialpolitik, die z.T. noch auf den Rat der Volksbeauftragten zurückging, war zwar immer noch vorbildlich in Europa, doch stagnierte sie aufgrund der Inflation und wurde sogar rückläufig. Die Arbeitgeber konnten deshalb Errungenschaften wie den 8-Stunden-Tag oder die Mitbestimmung der Betriebsräte wieder einschränken.
- Technik und Wissenschaft entwickelten sich rasch und gewannen internationale Anerkennung. Dies verdeutlichen zahlreiche höchste Auszeichnungen, die an deutsche Wissenschaftler vergeben wurden.
- Die Künste (Malerei, Musik, Literatur, Theater und Film, Bildende Kunst, Architektur) entfalteten sich in einer Art und Weise, die im Deutschland des 20. Jahrhunderts einen Höhepunkt darstellte.
- Mit dem wirtschaftlichen Aufschwung und der Verbesserung des Lebensstandards stabilisierten sich auch die innenpolitischen Verhältnisse. Der Radikalismus nahm ab, die extremen

Parteien verloren Wähler und sogar die rechtsstehende DNVP beteiligte sich an der Regierung.

Allerdings gab es auch problematische Entwicklungen, die die Endphase Weimars (1929–33) wesentlich beeinflussten:

- Die bürgerlichen Parteien (DDP, DVP, Z, BVP) verloren Wählerstimmen, der Parlamentarismus wurde schwächer, Regierungskoalitionen dementsprechend schwieriger. Dies führte zu instabilen Regierungen, politischen Kompromissen und häufiger Auflösung des Reichstags, der damit seine verfassungsmäßige Rolle nur unvollständig wahrnehmen konnte.
- Die Reichspräsidentenwahl von 1925 verdeutlicht diese Entwicklung. Die staatstragenden Parteien konnten sich nicht durchsetzen und den zweiten Wahlgang gewann mit Hindenburg der Kandidat der rechten Parteien. Damit war die entscheidende Position mit einem Manne besetzt, dem der neue Staat, dem die Demokratie wesensfremd war und blieb.

1. Wahlgang am 29.3.1925
Abgegebene gültige Stimmen
26,87 Mio

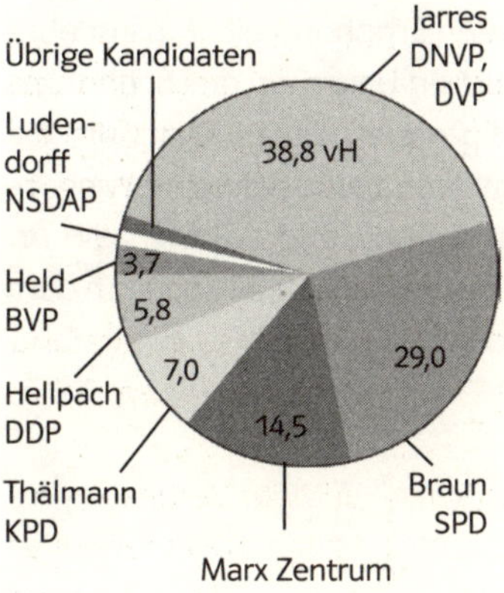

2. Wahlgang am 26.4.1925
Abgegebene gültige Stimmen
30,35 Mio

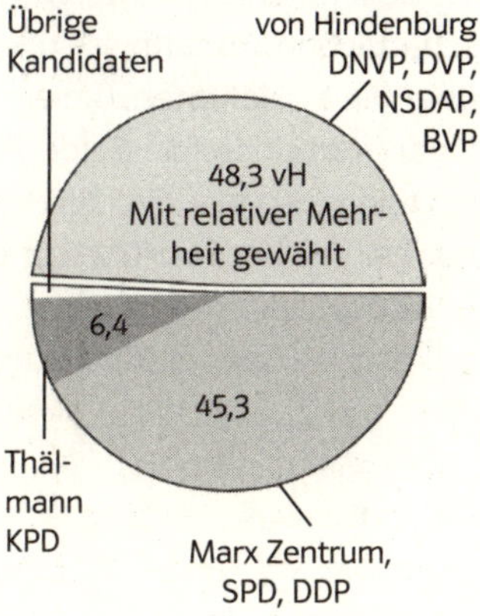

Der Untergang Weimars

1 Das Scheitern der Großen Koalition

Das Ergebnis der Reichstagswahl von 1928 erzwang eine SPD-geführte Große Koalition, die aus SPD, Z, BVP, DDP und DVP bestand. Sie war aus einer Reihe von Gründen von Anfang an labil und anfällig. Hierzu gehören:

- Der innenpolitisch heftig umstrittene Young-Plan.
- Wachsende Auseinandersetzungen zwischen Arbeitnehmern und Arbeitgebern.
- Der damit vorprogrammierte wachsende Konflikt zwischen SPD und DVP.
- Stresemann hatte sowohl seine Partei als auch die Koalition zusammengehalten. Sein Tod (3.10.1929) trug wesentlich zum Zerfall der DVP und der Großen Koalition bei.

Im Frühjahr 1930 trat die DVP aus der Regierung aus, womit die Große Koalition scheiterte. Anlass war die Arbeitslosenversicherung. Alle Parteien waren sich zwar aufgrund der wirtschaftlichen Verhältnisse über deren Erhöhung einig, nicht aber über die Modalitäten. Die eigentlichen Ursachen des Scheiterns lagen jedoch tiefer: Beide Flügelparteien dieser Koalition, die SPD genauso wie die DVP, befürchteten eine Abwanderung ihrer Wähler bei Fortführung der Koalition und nahmen die Arbeitslosenversicherung nur als Anlass, die Koalition mit dem politischen Gegner aufzukündigen.

2 Die Weltwirtschaftskrise

Die im Oktober 1929 in den USA ausbrechende **Weltwirtschaftskrise** zeigte rasch, dass die Stabilität der deutschen Wirtschaft trügerisch war und auf amerikanischen Krediten beruhte. Problematisch war, dass deutsche Banken im Vertrauen auf eine weitere positive Entwicklung einen Teil der kurzfristigen US-Kredite als mittelfristige weitergegeben hatten. Als die USA nun ihre kurzfristigen Kredite zurückforderten und ihre Wirtschaft mit protektionistischen Maßnahmen schützten, brach auch die deutsche Wirtschaft zusammen. Folgen waren die Schließung von Banken, ein drastischer Produktionsrückgang infolge schwindender Kaufkraft, Verringerung der Staatseinnahmen bei gleichzeitig rapid steigenden staatlichen Soziallasten sowie Not und Existenzangst für große Teile der Bevölkerung. Im politischen Bereich bewirkten diese Verhältnisse eine parlamentarische Krise und den Sturz der Großen Koalition.

3 Das Kabinett Brüning (30. 3. 1930 – 30. 5. 1932)

Drei Tage nach dem Scheitern der Großen Koalition ernannte Hindenburg Heinrich Brüning (Z) zum Kanzler, der sein Amt ohne parlamentarische Bindung führen und und nur vom Vertrauen des Reichspräsidenten gestützt sein sollte. Ferner sollte das **Hindenburg-Kabinett** antiparlamentarisch und antimarxistisch regieren, die SPD als politischen Faktor ausschalten und die Verhältnisse im Kernland Preußen im Sinne des „alten Herrn" verbessern. Für Brüning war trotz der wirtschaftlichen Situation die Außenpolitik vorrangig. Daraus ergaben sich folgende Ziele:

- Demonstrierung der Zahlungsunfähigkeit Deutschlands
- Streichung der Reparationen
- völlige Gleichberechtigung (auch militärisch)
- machtpolitischer Wiederaufstieg Deutschlands.

Maßnahmen: Die wirtschaftlichen Probleme glaubte Brüning durch die Gesundung des Staatshaushaltes und durch die Vermeidung einer Inflation lösen zu können. Da der Reichstag seine Politik nicht mittrug, ließ Brüning ihn auflösen. Das Ergebnis der Reichstagswahl vom September 1930 war katastrophal, da die radikalen Parteien große Stimmengewinne verzeichneten und das Parlament dadurch funktionsunfähig wurde. Der Parlamentarismus bzw. die Demokratie waren damit am Ende. Diese Entwicklung führte zu einer rapiden Verschlechterung der wirtschaftlichen Situation, die Brüning erfolglos bekämpfte (s. S. 73).
Im März 1931 bildete Brüning sein Kabinett um, das nun keinerlei parteimäßige Bindung mehr hatte, sondern ausschließlich von Hindenburg getragen wurde. Er regierte vorwiegend mit Notverordnungen nach Art. 48. Damit begannen die **Präsidialkabinette** und der Ausnahmezustand wurde zum Normalfall. Brüning dachte sogar an die Einbeziehung der NSDAP in die Regierung, um die inzwischen zweitgrößte Partei zu „zähmen" bzw. „abzunutzen". Die Folge waren bürgerkriegsähnliche Zustände. Diese Verhältnisse zwangen die staatstragenden Parteien bei der Reichspräsidentenwahl 1932 den ungeliebten Hindenburg zu unterstützen, um das größere Übel (Hitler) zu verhindern. Als Brüning beabsichtigte, nicht sanierungsfähige ostelbische Güter zwangsweise aufzuteilen (bei voller Entschädigung der Besitzer), entließ ihn Hindenburg wegen seines „Agrar-" bzw. „Siedlungsbolschewismus".
Die Beurteilung Brünings in der Wissenschaft ist unterschiedlich: Einheitlich wird seine Gleichgültigkeit gegenüber der Not von Millionen und die Reduzierung der Demokratie sowie seine verfehlte Wirtschaftspolitik kritisiert. Eine gewisse Tragik wird darin gesehen, dass Erfolge, die Brüning erreichte (militärische Gleichberechtigung, Begrenzung bzw. Streichung der Reparationen, Räumung des Rheinlands), seinen Nachfolgern unverdient in den Schoß fielen.

4 Die Weltwirtschaftskrise und ihre Auswirkungen auf Deutschland

Ausbruch der Weltwirtschaftskrise (1929)
Übergreifen auf Deutschland (1930)

↓

Auswirkungen

- Illiquidität von Banken
- Produktionsrückgang
- Konkursanstieg

- Arbeitslosigkeit
- geringere Steuereinnahmen
- höhere Soziallasten

Maßnahmen

- Scharfer Deflationskurs
- drastische Kürzung von Staatsausgaben und Kreditbeschränkungen
- Senkung von Löhnen und Gehältern
- neue Steuern
- keine Aufträge der öffentlichen Hand

Folgen

- Radikalisierung
- Schwächung der Demokratie bzw. des Parlamentarismus
- riesige Wahlerfolge für die radikalen Parteien
- NSDAP wird stärkste Partei
- Ruf nach dem „starken Mann", der Ausnahmefall wird zum Normalfall

5 Das Kabinett von Papen (1.6.–2.12.1932)

Zum Nachfolger Brünings machte Hindenburg Franz von Papen, der ohne jegliche parlamentarische Bindung das **Kabinett der Barone** bildete. Er ließ sofort den Reichstag auflösen und hob das SA- und SS-Verbot seines Vorgängers auf. Die Folge waren blutige Straßenkämpfe, die Papen wiederum als Rechtfertigung für seinen **Preußenschlag** nutzte. Im Juli 1932 setzte er per Art. 48 die preußische Regierung Braun (SPD) ab und übernahm als Reichskommissar die Regierung. Der von Braun angerufene Staatsgerichtshof in Leipzig entschied zwar, dass die Absetzung nicht rechtens gewesen sei, dass die Regierung jedoch das Recht habe zur Aufrechterhaltung der öffentlichen Sicherheit, Länderkompetenzen an sich zu ziehen. Damit blieb die Macht in den Händen Papens.

Die **Reichstagswahl** vom **Juli 1932** brachte ein deprimierendes Ergebnis für die staatstragenden Parteien und riesige Gewinne für die antidemokratischen Parteien, die zusammen nahezu 60% aller Stimmen erhielten. Allein die NSDAP vergrößerte die Anzahl ihrer Parlamentssitze von 107 auf 230. Hitler forderte jetzt kategorisch die Kanzlerschaft. Da Papen den Reichstag auflösen ließ, war eine erneute **Reichstagswahl** im **November 1932** nötig. Die Wahlbeteiligung war gering, die NSDAP verlor aufgrund ihres radikalen Auftretens und des Straßenterrors der SA 2 Mio. Wähler bzw. 34 Sitze, die KPD gewann knapp 700 000 Stimmen (=11 Sitze) und wurde mit 16,9% drittgrößte Partei.

Das Ergebnis der Reichstagswahl bestätigte von Papen in seinem Vorhaben, einen reaktionären Staat zu schaffen. Dieser sollte die Verhältnisse wieder herstellen, wie sie vor 1918 geherrscht hatten. Konkret sah Papens „neuer Staat" Folgendes vor:

- Der Reichspräsident ist gleichzeitig preußischer Ministerpräsident.
- Die Reichsregierung ist nur ihm verantwortlich.

- Die Rechte des Reichstags werden noch geringer als die zu Kaiser Wilhelms II. Zeiten sein.
- Wahlen: Öffentlich, ungleich und indirekt.

Derartige Maßnahmen ließen sich nur durch einen Staatsstreich von oben erreichen, für den die Reichswehr nötig war. General von Schleicher, der führende Mann der Reichswehr und ein enger Vertrauter Hindenburgs, lehnte dieses Vorgehen ab, da es Papen zu viel Macht gebracht hätte. Dies führte zur Entlassung Papens.

6 Das Kabinett von Schleicher (2.12.1932–28.1.1933)

Um Hitler als Kanzler zu vermeiden, musste Hindenburgs „graue Eminenz" Schleicher das Regierungsamt übernehmen. Er wollte ein „sozialer General" sein. Seine vorrangigen Ziele sah er in der Verbesserung der wirtschaftlichen Lage und der sozialen Situation. Innenpolitisch erreichte er jedoch weder eine Zusammenarbeit mit der SPD bzw. den Mittelparteien, noch gelang es ihm, die NSDAP zu spalten. Das Festhalten an seinem stark sozialpolitisch bestimmten Programm führte dazu, dass seine bisherigen Partner (DNVP, Industrie, der agrarische „Reichslandbund") sich von ihm abwandten und nach einem „starken Mann" suchten, den sie in Hitler fanden.
Als der Druck auf Hindenburg immer größer wurde, entließ er schließlich von Schleicher und ernannte widerwillig Hitler, den er abschätzig den „böhmischen Gefreiten" nannte, zum Reichskanzler.

7 Die Ursachen für das Scheitern Weimars

Schwäche der demokratischen Tradition, Stärke der obrigkeitsstaatlichen Einstellungen:
keine kontinuierliche demokratische Entwicklung, neue Staatsform von außen erzwungen, Übergang von Monarchie zur Republik zu schnell, Volk bleibt monarchisch, ist überwiegend antidemokratisch, antidemokratische Mentalität von Verwaltung, Justiz, Militär, Wissenschaft

Rolle der Parteien und Interessenvertretungen:
destruktives Verhalten der staatsfeindlichen Parteien, Spaltung der Arbeiterschaft

Versagen bzw. Rolle einzelner Politiker:
Hindenburg, Brüning, Papen, Hitler

Strukturelle Fehler der Weimarer Reichsverfassung:
(s. S. 48)

Weimarer Republik

Wirtschaftliche Belastungen:
Weltwirtschaftskrise, Brüning'sche Wirtschaftspolitik, Reparationen

Außenpolitische Belastungen als Folgen des Ersten Weltkriegs:
Artikel 228 und 231, Gebietsverluste im Osten, polnischer Korridor, Selbstmitleid der Deutschen, mangelnde Bereitschaft, einen Modus vivendi zu finden

Die „Machtergreifung"

1 Die Ernennung Hitlers

Obwohl die NSDAP seit 1928 riesige Wahlgewinne verzeichnet hatte, befand sie sich Ende 1932 in einer schlechten Lage: Die Parteikassen waren leer, das brutale Auftreten der SA schreckte immer mehr Bürger ab, eine leichte wirtschaftliche Verbesserung war erkennbar und die endgültige Lösung des Reparationsproblems zeichnete sich ab. Die Attraktivität der Partei nahm ab, bei der Reichstagswahl vom November 1932 verlor sie den Nimbus der unbesiegbaren, unaufhaltsamen Partei. Innerhalb der NSDAP entstand eine Opposition gegen Hitlers Alles-oder-nichts-Standpunkt. Die Ernennung Hitlers durch Hindenburg auf Drängen von Papens erschien der NSDAP-Führung (so Goebbels) wie ein Wunder. Papen glaubte als starker Mann in einem Kabinett Hitler diesen mit Leuten seines Vertrauens „einrahmen" und „zähmen" zu können. Hitler bildete die **Regierung der nationalen Erhebung**, in der sich außer ihm nur noch zwei NSDAP-Minister befanden (Innenminister Frick und Göring als Minister ohne besonderen Geschäftsbereich). Papens Plan schien zunächst aufzugehen.
Hitlers Ernennung war nach dem Buchstaben der Verfassung (Art. 53 WRV: Ernennung des Kanzlers durch den Reichspräsidenten) legal. Beurteilt man den 30.1.1933 jedoch nach dem Geist einer demokratischen Verfassung, dann war die Übergabe der politischen Macht an einen erklärten Antidemokraten, dessen vorrangiges Ziel die Abschaffung der Demokratie war, illegal. Die NSDAP feierte den 30.1.1933 als „dynamischen Akt der Machtergreifung", als Beginn der „größten germanischen Rassenrevolution der Weltgeschichte". Da Hitler jedoch in Übereinstimmung mit den Buchstaben der Verfassung ernannt wurde, ist der Begriff „Machtüberlassung" treffender. KPD und

SPD bewerteten Hitlers Amtsantritt in seltener Einmütigkeit als „Bündnis zwischen Adel und Pöbel". Im Ausland erhoffte und erwartete man entweder ein schnelles Scheitern der Regierung Hitler oder sah im „Sieg des Nationalsozialismus" die Bestätigung der eigenen Ideologie.

2 Warum kam es zum Dritten Reich?

Für die viel gestellte Frage, warum „ein großes Kulturvolk mit hochentwickelter Zivilisation scheinbar aus eigenem Willen sich der zerstörerischen Gewaltherrschaft einer Gruppe machthungriger Fanatiker ausgeliefert hat" (so der Historiker K. D. Bracher) gibt es keine monokausale Erklärung. Zahlreiche Ursachen und Bedingungsfaktoren wirkten zusammen und ermöglichten das Dritte Reich. Hierzu gehören neben den Ursachen für den Untergang Weimars (s. S. 76) die folgenden Faktoren:

- Einzelne Mitglieder der Oberschicht (Großindustrielle, Bankiers) förderten Hitler, weil sie den demokratischen Staat rigoros bekämpften oder weil sie sich wirtschaftlichen Profit von Hitler versprachen.
- Viele Deutsche, aber keineswegs *die* Deutschen, wählten Hitler aus Überzeugung oder weil sie der Meinung waren, dass angesichts der schwierigen politischen und wirtschaftlichen Verhältnisse nur ein „starker Mann" den „Karren aus dem Dreck" würde ziehen können.
- Die breit gefächerte Ideologie der NSDAP und eine effiziente Propaganda ermöglichten vielen die Identifizierung mit den Nationalsozialisten.

Der Ausbau der NS-Herrschaft zum totalitären Staat

1 Erste Maßnahmen und Ereignisse

Unmittelbar nach seinem Amtsantritt (1933) begann Hitler, seine Macht systematisch auszubauen und zu stabilisieren:

31.01.: Auflösung des Reichstags.

01.02.: In seiner Reichstagsrede zeichnete Hitler ein düsteres Bild der politischen Verhältnisse in Deutschland, die er als tatkräftiger Politiker jedoch zielgerichtet bekämpfen werde. Außenpolitisch versprach er die Erfüllung des Versailler Vertrags und einen Beitrag zum Frieden in Europa. Er erweckte geschickt den Eindruck, dass für den Kanzler Hitler nun das nicht mehr galt, was er als Oppositionspolitiker so vehement gefordert hatte und gab sich dadurch ein staatsmännisches Image.

04.02.: Einschränkung von Grundrechten (Meinungs-, Presse- und Versammlungsfreiheit) zur Unterdrückung politischer Gegner.

27./28.02.: Die **Reichstagsbrandverordnung**: In dieser Nacht ging der Reichstag in Flammen auf. Bereits am Morgen des 28. Februar legte Hitler dem Reichstag die **„Verordnung des Reichspräsidenten zum Schutz von Volk und Staat“** (allgemein: Reichstagsbrandverordnung) zur „Abwehr kommunistischer staatsgefährdender Gewaltakte“ vor und erreichte deren Annahme. Sie setzte „bis auf Weiteres“ (konkret: bis 1945) die Grundrechte außer Kraft. Obwohl keine Verbindung zwischen dem von der NSDAP präsentierten Täter Marinus van der Lubbe und der KPD nachgewiesen werden konnte, wertete die NSDAP den

Reichstagsbrand als „Fanal" eines kommunistischen Aufstandes. Damit rechtfertigte sie ihr brutales Vorgehen gegen die KPD bzw. gegen die „marxistische Gefahr", was auch die SPD einschloss. Die Täterschaft des Reichstagsbrandes ist auch heute noch nicht geklärt. Jedenfalls nützte die Reichstagsbrandverordnung der NSDAP in mehrfacher Hinsicht: Sie bildete zusammen mit dem Ermächtigungsgesetz die wichtigste Grundlage des NS-Terrors; sie war die juristische Grundlage eines pseudolegalen Terrors, schuf den permanenten Ausnahmezustand, ermöglichte die Zerschlagung der KPD und die Ausschaltung linksorientierter bzw. demokratischer Kräfte und trug so wesentlich zur Stabilisierung der Macht Hitlers bei.

05.03.: Die Reichstagswahl. Obwohl SA und SS das Klima der Rechtsunsicherheit zum offenen Terror gegenüber dem politischen Gegner nützten, brachte die Wahl ein für die NSDAP enttäuschendes Ergebnis. Trotz der für sie günstigen Verhältnisse verfehlte sie mit 43,9% ihr Ziel der Alleinherrschaft und musste mit der DNVP (8,1%) eine Koalition eingehen. Hitler strebte daraufhin die völlige und dauerhafte Ausschaltung des Parlaments an.

21.03.: Der **Tag von Potsdam**. Die Eröffnung des neugewählten Reichstags feierte die NSDAP-Propaganda an historischer Stätte in Potsdam (Friedrich II.) als „symbolische Erneuerung des neuen Deutschlands mit dem alten Preußen." Die Anwesenheit Hindenburgs und Hitlers staatsmännisches Auftreten brachten die angestrebte Seriosität und machten sowohl im Inland wie im Ausland großen Eindruck.

2 Das Ermächtigungsgesetz

Für die dauerhafte Ausschaltung des Parlaments benötigte Hitler eine Zwei-Drittel-Mehrheit, wofür er die Mittelparteien brauchte. In seiner Reichstagsrede vom 23. März begründete er sein Vorhaben damit, dass die Durchführung „lebenswichtiger Maßnahmen" ohne dieses Gesetz nicht möglich sei. Tatsächlich erreichte Hitler die Zustimmung der bürgerlichen Parteien. Hierfür gibt es folgende Gründe:

- Der Terror der SA und rechter Gruppierungen vor und in der Kroll-Oper (provisorischer Reichstag) erzeugte eine Atmosphäre der Angst und der Bedrohung.
- Resignation vieler Abgeordneten, die davon ausgingen, dass Hitler seine Maßnahmen auch ohne dieses Gesetz durchführen werde.
- Hoffnung, Hitler durch Zugeständnisse von einer völligen Willkürherrschaft abhalten zu können.

Am 24.3.1933 trat das **„Gesetz zur Behebung der Not von Volk und Reich"** (allgemein: **Ermächtigungsgesetz**, verabschiedet mit 444 zu 94 Stimmen) in Kraft. Da die KPD nicht mehr im Reichstag vertreten war, hatte allein die SPD dagegen gestimmt. Bestimmungen:

- Reichsgesetze können auch von der Regierung beschlossen werden.
- Sie können von der Verfassung abweichen.
- Sie dürfen sich nicht gegen Reichstag, Reichsrat und Reichspräsidenten richten.
- Die Geltungsdauer des Gesetzes beträgt 4 Jahre oder endet mit der Ablösung der Regierung.

Das Ermächtigungsgesetz hatte eine große Bedeutung:

- Hitler hielt damit die Exekutive und die Legislative in einer Hand.
- Er hatte nun die „legale" Möglichkeit, die Verfassung zu umgehen bzw. auszuhöhlen.

- Der Reichstag hatte sich als Kontrollorgan aufgegeben und war von der Willkür Hitlers abhängig. Damit war die Demokratie endgültig zerbrochen.
- Das Ermächtigungsgesetz bildete zusammen mit der Reichstagsbrandverordnung die Grundlage der NS-Diktatur, da es den **Doppelstaat** ermöglichte. Er bestand aus dem Normenstaat, der die vorhandenen Gesetze respektierte (sofern sie ihm nicht hinderlich waren) und aus dem Maßnahmenstaat, der die gesellschaftspolitischen Verhältnisse per Gesetz nach seinem Gutdünken veränderte.

3 Erwerb und Sicherung der Macht durch Ausschaltung

Nach der Annahme des Ermächtigungsgesetzes ging die NSDAP zielstrebig gegen ihre politischen Gegner vor. Dabei wandte sie als grundlegende Mittel die Ausschaltung und die Gleichschaltung sowie die Überwachung und Beeinflussung der gesamten Bevölkerung an.

Die Ausschaltung umfasste folgende Maßnahmen, die mit Ausnahme des „Röhm-Putsches" in den ersten Monaten nach dem Amtsantritt Hitlers 1933 durchgeführt wurden:
- 5.3.: Verbot der KPD und Einziehung ihres Vermögens.
- 2.5.: Zerschlagung der Gewerkschaften, nachdem Hitler den 1. Mai zum „Tag der nationalen Arbeit" erklärt hatte. Die massive Bedrohung bzw. die Verhaftung von Funktionären sowie die Beschlagnahmung des Gewerkschaftsvermögens wurden mit der „marxisischen Gefahr" begründet, die von den Gewerkschaften ausgehe. An deren Stelle trat die von der NSDAP gelenkte **Deutsche Arbeitsfront** (DAF), die Arbeitgeber und Arbeitnehmer zwangsweise vereinigte. Ihre Aufgabe bestand darin, die NS-Wirtschaftspolitik propagandistisch und praktisch umzusetzen.

- 22.6. Verbot der SPD: Ausschluss der SPD-Mandatsträger aus den Volksvertretungen, Verhaftungen (offiziell: „Schutzhaft"), Verbot von Versammlungen und Veröffentlichungen, Beschlagnahmung des Parteivermögens.
- 27.6.–5.7. „Freiwillige" Selbstauflösung der restlichen Parteien. Gründe hierfür waren Angst, Resignation und die Überzeugung, dass die Demokratie abgewirtschaftet habe und die NSDAP ohnehin nicht mehr aufzuhalten sei.
- 14.7.: Das **„Gesetz gegen die Neubildung von Parteien"** schloss die Ausschaltung der Parteien ab. Es erklärte die NSDAP zur einzigen legalen Partei und verbot die Neugründung von Parteien. Damit war das Deutsche Reich (wie Italien und die UdSSR) ein Einparteienstaat.
- 30.6.–3.7.1934: Der **Röhm-Putsch**. Die SA, die nach eigener Ansicht „die Knochen hingehalten hatte" für den Aufstieg Hitlers, fühlte sich nicht entsprechend honoriert und forderte soziale Verbesserungen für ihre Mitglieder. Außerdem strebte ihr Stabschef Ernst Röhm die Verschmelzung der Reichswehr mit der SA unter seiner Führung an, was Hitler als Bedrohung seiner Position ansah, obwohl Röhm keinerlei politische Ambitionen hatte. Am 30. Juni ließ er ihn und die SA-Führungsspitze in Bad Wiessee (Tegernsee) sowie hohe SA-Funktionäre im ganzen Reich verhaften bzw. ohne Gerichtsverfahren sofort ermorden. Auch politische Gegner (z. B. von Schleicher, von Kahr etc.) ließ Hitler bei dieser Gelegenheit ermorden. Die SA verlor ihre Bedeutung und war von nun an nur noch eine bedeutungslose Massenorganisation. Davon profitierte die SS, die maßgeblich an der Ausschaltung Röhms bzw. der SA beteiligt war. Sie wurde Hitler direkt unterstellt und aufgrund weit reichender Kompetenzen zum entscheidenden Machtinstrument des NS-Staates.

  In zahlreichen Reden rechtfertigten die NSDAP-Größen die Ausschaltung der SA und die dabei angewandten Methoden. Ein Gesetz vom 3.7.1934 erklärte nachträglich die Niederschlagung des „Röhm-Putsches" als Staatsnotwehr rechtens. Hitler sei in dieser gefährlichen Situation des Deutschen Volkes oberster Richter geworden. Damit eignete sich Hitler die Judikative widerrechtlich an und hatte nun alle drei Gewalten in seiner Hand. Der Übergang von der Demokratie zur Diktatur war abgeschlossen, die Willkür des Diktators war von jetzt an Gesetz.

4 Erwerb und Ausbau der Macht durch Gleichschaltung

Parallel zur Ausschaltung vollzog die NSDAP die Gleichschaltung in folgenden Bereichen:

- Die **Gleichschaltung der Länder**: Sie begann im März 1933, als das Wahlergebnis der Reichstagswahl (vom 5.3.) auf alle Länder und Kommunen übertragen wurde, so dass NSDAP und DNVP in allen Volksvertretungen die alleinige Mehrheit hatten. Im April übernahmen von der NSDAP eingesetzte „Reichsstatthalter" die Führung der Länder. Am 30.1.1934 beschloss der Reichstag einstimmig, die Hoheitsrechte der Länder an das Reich zu übertragen; Landtage und der Reichsrat wurden im Februar 1934 aufgelöst, womit Hitler eklatant gegen das Ermächtigungsgesetz verstieß.
- Die Beamtenschaft wurde durch das **„Gesetz zur Wiederherstellung des Berufsbeamtentums"** (7.4.1933) von Nichtariern und „unzuverlässigen" Beamten „gesäubert". Von nun an mussten alle Beamten Parteimitglieder sein oder sich zumindest mit der NSDAP identifizieren.
- **„Säuberung" der Justiz**. Entscheidend war hier eine tief greifende Veränderung der Rechtsgrundlagen durch Sondererlasse und Sondergerichte, die parteigebunden waren. Die Justiz wurde damit zum Werkzeug des Führers und übte unter dem Deckmantel der Pseudorechtlichkeit eine politische Funktion in justizförmiger Prozedur aus.

- Gleichschaltung der Polizei. Die bisherigen Institutionen mussten in wichtigen Belangen Kompetenzen an neue Parteieinrichtungen abgeben, z. B. an die **Geheime Staatspolizei** (Gestapo) und an den **Sicherheitsdienst** (SD). Beide waren direkt Hitler unterstellt und nicht an die normalen Vorschriften gebunden.
- Die **Vereidigung der Reichswehr** auf Hitler (seit 1934), und nicht mehr – wie bisher – auf die Verfassung, band diese unabhängig von ihrer distanzierten Haltung an den Führer.
- Auch die Berufsverbände wurden durch neue Parteiorganisationen (z. B. NS-Ärztebund, NS-Rechtswahrerbund etc.) gleichgeschaltet.
- Die Gleichschaltung von Rundfunk, Presse, Erziehung und Kultur wurde durch die Goebbels unterstellte **Reichskulturkammer** erreicht. Sie kontrollierte das „gesunde Volksempfinden", grenzte „undeutsche Elemente" aus und organisierte die Erziehung der Jugend im NS-Sinne.

5 Das Ende der nationalen Revolution

Einen Tag vor Hindenburgs Tod vereinigte Hitler per Gesetz vom 1. August 1934 das Amt des Reichspräsidenten mit dem des Reichskanzlers. Damit wurde er automatisch Oberbefehlshaber. Er führte von nun an den Titel **Führer und Reichskanzler**, der deutlich machen sollte, dass er nicht nur aufgrund staatlicher Amtsgewalt handelte (Reichskanzler), sondern aufgrund einer nationalen Sendung (Führer). Mit der Vereinigung der beiden Ämter erklärte Hitler die „nationale Revolution" für beendet.

Von der Machtüberlassung zur Diktatur

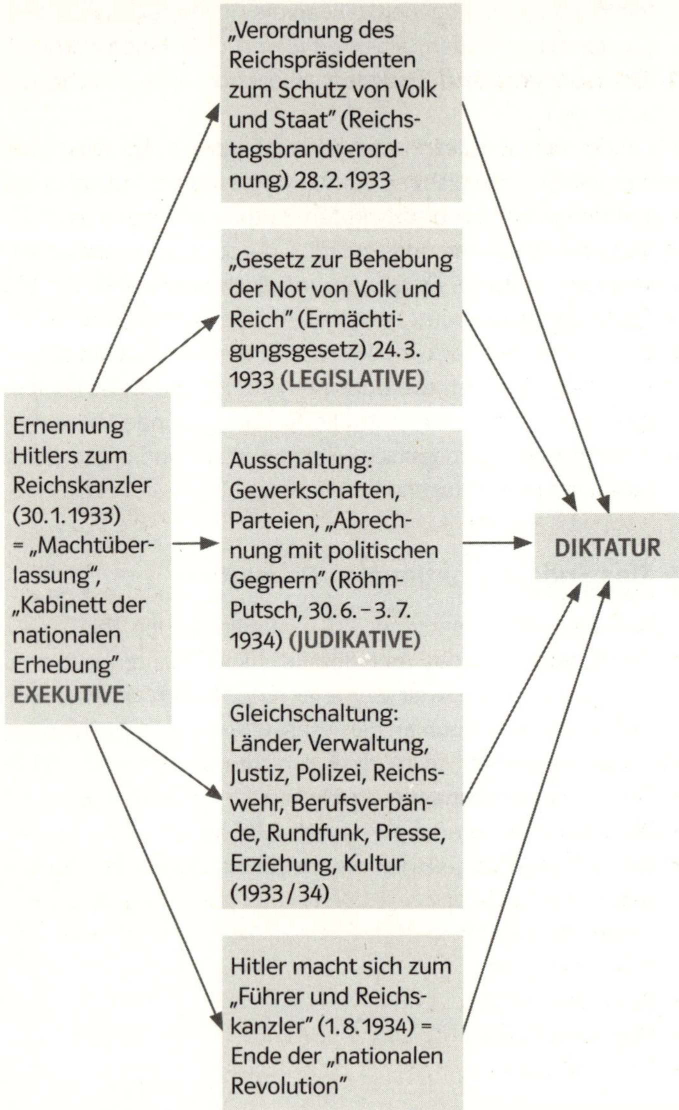

Die nationalsozialistische Ideologie

1 Grundlagen und Elemente

Als Hitler an die Macht kam, hatte er eine in sich (und aus seiner Sicht) schlüssige Ideologie. Damit war ein ganz klares Programm innen- und außenpolitischer Vorstellungen und Ziele verbunden. Zwar passte er seine Mittel und Methoden der jeweiligen politischen Lage an, doch bedeutete dies nie die Aufgabe seiner weltanschaulichen Grundlagen (Rassenlehre, Rassenkampf, Lebensraumpolitik) und der damit verbundenen langfristigen Ziele. Folgende Elemente bestimmten die NS-Ideologie:

Der Sozial- oder Geschichtsdarwinismus

- Ausgangspunkt ist die Lehre von Charles Darwin über die Selektion (Auslese) in der Tierwelt, in der sich nur die Stärksten durchsetzen („survival of the fittest").
- Übertragung der Darwin'schen Erkenntnisse auf den menschlichen Bereich.
- Damit bewusste Verfälschung der Lehre Darwins, da für diesen nicht der stärkste Mensch, sondern der sittlich höherstehende die entscheidende Bedeutung hat.

Hitlers Rassenlehre

- Einteilung der Menschen in höhere und niedere Rassen.
- Die arische Rasse ist allein kulturbegründend.
- Die äußeren Merkmale der nordischen Rasse (als Teil der arischen) sind Schönheit, hoher Wuchs, blaue Augen, blonde Haare; innere Merkmale: Tapferkeit, heldische und opferbereite Gesinnung.
- Das Judentum besitzt nur eine Scheinkultur.
- Höchste Aufgabe des Staates ist die Reinerhaltung der Rasse.
- Permanenter Kampf zwischen den Rassen.

- Unterwerfung und Vernichtung minderwertiger Rassen durch höherwertige sind „natürlich".

Grundlagen	Auswirkungen
die arische Rasse ist die wertvollste Menschenrasse	Erziehung zum Herrenvolk, Elitedenken
der Jude ist Parasit ohne menschliche Eigenschaften	Rassengesetze, Ausrottung der Juden
höchstes Ziel ist die Erhaltung der Blutreinheit	Schaffung des „neuen" Menschen
Ausmerzung „faulen" Erbguts	Vernichtung von „lebensunwertem" Leben

Rassismus
Antisemitismus

Der Antisemitismus

- Verengung und Zuspitzung der Rassenlehre Hitlers.
- Da das Judentum die „Reinheit des Blutes" permanent bedroht, ist seine Vernichtung eine „natürliche" Maßnahme.
- Das „Judentum" wird zum Synonym für alles Negative (Demokratie, Pazifismus, Bolschewismus, Sozialdemokratie, USA, Prostitution etc.).
- Dieses Feindbild wird als Mittel der Solidarisierung angewandt.

Das Elitedenken

- Das deutsche Volk, das an der Spitze der Arier steht, ist ein Herrenvolk.

- Unterteilung in „Mensch" (= Arier) und „Untermensch" (= Nichtarier).
- Untermauerung des Elitedenkens durch verzerrte und einseitig interpretierte philosophische Begriffe, meist von Friedrich Nietzsche („Übermensch", „Herrenmoral", „Wille zur Macht " etc.).
- Dieses Denken fördert ein elitäres Zusammengehörigkeitsgefühl der Deutschen, das vor allem die Unterschicht anspricht.

Das Gewaltprinzip

- Das Darwin'sche Prinzip der Selektion gilt als „ehernes Naturgesetz".
- Damit wird das Recht des Stärkeren als „natürliches" Mittel der Selektion propagiert.
- Der dauernde Kampf ums Dasein, um die Macht, bestimmt das Leben der Völker.
- Krieg ist ein normaler Vorgang, ein „natürliches" Mittel der Selektion auf höherer Ebene.

Der Nationalismus

- Rückgriff auf wilhelminische Traditionen.
- Zentrale Begriffe sind „Volksgemeinschaft", „Lebens- und Schicksalgemeinschaft". Sie sollen eine „verschworene Gemeinschaft" erzeugen.
- Mit dem „Germanischen Reich Deutscher Nation" werde das Dritte Reich die deutsche Nation zu ihrer (vorherbestimmten) Vollendung führen.

Der Imperialismus

- Erhaltung und Ausbau der Macht durch Eroberung und Unterwerfung sind für eine große Nation „legal".
- Außenpolitik ist (nach Hitler) die „Kunst, einem Volk den jeweils notwendigen Lebensraum in Größe und Güte zu sichern".
- Die konkreten Ziele des Imperialismus sind: beherrschen, verwalten, ausbeuten.

Der Militarismus

- Zwangsläufige Folge der bisherigen Elemente.
- Blinder soldatischer Gehorsam ist die Grundlage des Militarismus im Dritten Reich.

Der Sozialismus

- Er zielt (im Gegensatz zum Sozialismus marxistischer Prägung) nicht auf Klassenkampf ab, sondern hat nationale, „völkische" Ziele (z. B. die homogene Volksgemeinschaft).

2 Hitlers Weltbild

Fasst man die Grundprinzipien der Hitler'schen Weltanschauung zusammen, so ergibt sich folgendes Weltbild:

- Der Lebenskampf, das „Ringen um das tägliche Brot" ist ein ewiger Kampf.
- Da der Lebensraum der Völker bemessen, ihr Lebenswille dagegen unermesslich ist, herrscht ein ewiger Kampf um Lebensraum.
- Krieg ist ein Naturzustand.
- Das grundlegende Naturgesetz ist deshalb: Sieg oder Untergang.
- Oberstes staatliches Ziel ist die Vorbereitung und erfolgreiche Durchführung des Lebenskampfes. Diesem Ziel haben sich Innen-, Außen- und Wirtschaftspolitik unterzuordnen.
- Der Staat hat keinen Eigenwert, er ist lediglich Mittel zum Zweck in der Hand der politischen Führung.
- Der Erfolg (im „Lebenskampf") rechtfertigt alle Mittel.
- NS-Moral bedeutet ausschließlich Bindung an diese Ziele und Prinzipien.

Die politische Organisation des Dritten Reichs

1 Monokratie oder Polykratie

Auf den ersten Blick erweckt das Dritte Reich den Eindruck, es sei monokratisch gewesen, da Hitler allein alle Macht gehabt habe. In Wirklichkeit gab es eine von Hitler gewollte und bewusst geschaffene **Kompetenzvielfalt** miteinander konkurrierender Staats- und Parteiämter. Deshalb hatte das Dritte Reich monokratische Elemente (Führerstaat) und (auf allen Ebenen unterhalb des Führers) polykratische. Dieses System betonte die überragende Stellung Hitlers als Führer und Integrationsfigur sowie seine (angebliche) Allmacht und Unersetzlichkeit.

Im Bereich des Beamtentums, der Verwaltung und der Wirtschaft wurden neue Parteiinstitutionen und Zentralorganisationen geschaffen, die in Konkurrenz zu den bisherigen Ämtern standen. Da sie ausschließlich mit NSDAP-Funktionären besetzt waren, hatten sie die eigentliche Entscheidungsgewalt. Vor allem die Sonderbeauftragten, die Hitler direkt unterstellt waren, trugen wesentlich zur polykratischen Struktur des Dritten Reichs bei. Zu ihnen gehörten z. B. der „Generalinspekteur für das deutsche Straßenwesen" (Fritz **Todt**), der „Reichskommissar für den Arbeitsdienst" (Konstantin **Hierl**), der „Reichsjugendführer" (Baldur **von Schirach**) und der „Reichsführer SS und Chef der Deutschen Polizei" (Heinrich **Himmler**). Die vielfältigsten Sonderfunktionen hatte Hermann **Göring** inne, der u. a. „Reichskommissar für die Luftfahrt", „Beauftragter des Vierjahresplans", „Reichsjäger- und Reichsforstmeister" war. Zu dieser Gruppe gehörte auch Martin **Bormann**, der Reichsleiter der NSDAP und Sekretär Hitlers, der offiziell zwar keine große Entscheidungskompetenz hatte, dessen enger persönlicher Kontakt mit Hitler ihn jedoch zur „grauen Eminenz" machte.

2 Führerstaat und Führerkult

Die NS-Propaganda und die Staatsrechtler des Dritten Reichs untermauerten die unumstrittene Stellung Hitlers als Politiker (Reichskanzler) und Programmatiker (der NS-Ideologie) durch immer wiederkehrende, stereotype Parolen wie „Führer befiehl, wir folgen", „der Führer hat immer Recht", „der Führer ist das Recht" und durch das Staatsrecht. Der Wille des Volkes werde nicht in parlamentarischen Wahlen gefunden, sondern verkörpere sich in der Person des Führers, der allein Willensträger sein könne. In der politischen Praxis bedeutete dieses **Führerprinzip** konkret:

- Allein der Wille des Führers gilt.
- Er unterliegt in seinem Handeln keinerlei Bindung an den Staat, der lediglich Werkzeug in seinen Händen ist.
- Auf ihn sind alle staatlichen und parteilichen Institutionen und Organisationen ausgerichtet.
- Funktionäre werden nicht gewählt, sondern von oben bestimmt.
- Es gilt der Grundsatz: Befehlsgewalt nach unten, Verantwortung und Gehorsam nach oben.
- Der Führer ist vom Schicksal auserkoren, das deutsche Volks einer historischen Bedeutung zuzuführen (Sendungsbewusstsein).
- Es gibt deshalb keine Zweifel an ihm, keine Kritik seiner Maßnahmen.

  Der Führerstaat stützte sich im Wesentlichen auf vier Bereiche, die für jeden diktatorischen Staat von ausschlaggebender Bedeutung sind:
- Der **Polizeiapparat** unter Führung der SS wurde zum entscheidenden Element des Führerstaats. Vor allem die Gestapo hatte wesentliche Aufgaben: Sie verfolgte und schaltete

politische Gegner aus, sicherte die Macht, überwachte das Volk, den Staat und die Partei. In ihren Maßnahmen war sie nicht an richterliche Voraussetzungen, sondern ausschließlich an den Führerwillen gebunden. Der Sicherheitsdienst der SS, der alle Bereiche des öffentlichen und privaten Lebens überwachte, schuf durch seine permanente Bespitzelung und Kontrolle die Grundlage für die Tätigkeit der Gestapo.

- Die gleichgeschaltete **Verwaltung** (vgl. S. 84) hatte zwar eine große Bedeutung für das reibungslose Funktionieren des Staates, besaß jedoch keinerlei Entscheidungskompetenz und beschränkte sich ausschließlich auf ihre Verwaltungstätigkeit.
- Die **Justiz** war in erster Linie Werkzeug des Führers, da sie in ihrer Rechtsauffassung und Rechtssprechung ausschließlich an den Führerwillen gebunden war.
- Auch die **Partei** hatte, wie in jeder Diktatur, wichtige Aufgaben: Sie sollte die Erfassung und Beeinflussung des gesamten Volkes ermöglichen, dessen politisch-ideologische Erziehung gewährleisten sowie für die Besetzung wichtiger Stellen in der Regierung und Verwaltung überzeugte Parteimitglieder zur Verfügung stellen.

Ein wesentliches Charakteristikum des Führerstaats ist der **Führerkult**. Er besteht in der maßlosen Überhöhung und Verherrlichung des Führers, spricht ihm mystische Kräfte und übermenschliche Fähigkeiten zu, attestiert ihm Unfehlbarkeit, schließt menschliches Irren aus und macht Kritik an ihm oder gar Widerstand gegen ihn zum „volksschädigenden Verhalten" und quasi zum Sakrileg. Der Führerkult wird so zum Religionsersatz. Dieser pseudoreligiöse Charakter des Führers wurde von der NS-Propaganda permanent betont.

3 Die Erfassung der gesamten Bevölkerung

Die NSDAP erfasste und überwachte die Bevölkerung nahezu lückenlos. Der Weg des gleichgeschalteten Bürgers führte vom Jungvolk bzw. den Jungmädel über **Hitlerjugend** (HJ), **Bund Deutscher Mädel** (BdM), Arbeits- und Wehrdienst zu der Berufsdachorganisation DAF. Hinzu kamen zahlreiche politische Parteiorganisationen auf allen Ebenen bis hinunter zu den Ortsgruppen-, Zellen- und Blockleitern. Damit war es auf Dauer unmöglich, sich der politischen Erfassung und Indoktrination durch die NSDAP zu entziehen. Ferner diente dieses Rastersystem der Überwachung, der permanenten politisch-ideologischen Beeinflussung und der Vereinheitlichung des Volkes.

Der Nationalsozialismus strebte die Schaffung eines „neuen Menschen" an, dessen hervorstechendste Eigenschaften völkisches Bewusstsein, Rassenbewusstsein und das völlige Aufgehen in der NS-Gemeinschaft sein sollten. Eine derart tief greifende Erziehung des Einzelnen zu einem Typus sollte durch die massive Beeinflussung und Indoktrination des gesamten öffentlichen und privaten Lebens erreicht werden. Diesbezügliche Mittel und Methoden waren die Massenorganisationen, die Schulen, die gelenkte Kultur, die Reichskulturkammer, ferner NS-Feiertage, Kundgebungen, Massenveranstaltungen und Reden.

Die nationalsozialistische Wirtschaft

1 Ziele und Maßnahmen

Alle wirtschaftspolitischen Maßnahmen und Programme der NSDAP hatten im Wesentlichen drei Ziele:

- Die rasche Schaffung von Arbeitsplätzen zur Verringerung der Arbeitslosenzahl und zur Beseitigung der finanziellen Not.
- Propagandistischer Gewinn, der sich für politische Ziele ummünzen ließ.
- „Wehrhaftmachung" des Deutschen Reichs als Grundvoraussetzung für Hitlers aggressive Außen- und Lebensraumpolitik.

Diese Ziele versuchten die Nationalsozialisten mit folgenden Maßnahmen zu erreichen:

- Einführung des 6-monatigen Reichsarbeitsdienstes für alle 18- bis 21-Jährigen.
- Einführung der allgemeinen Wehrpflicht.
- Staatsaufträge (Autobahnen, Kasernen, Parteigebäude, „Denkmäler des neuen Reichs").
- Stärkung und Ausbau des Transportwesens und der Autoindustrie.
- Aufhebung der Kfz-Steuer.
- Zuschüsse zum privaten Wohnungsbau.
- Zuschüsse und steuerliche Vergünstigungen für Forschungs- und Entwicklungsprojekte, die Importe ersparen.
- Propagierung der Rolle der deutschen Frau als Mutter und „Sachwalterin des Hauses".

2 Die Erschließung neuer Geldquellen

Das Hauptproblem der NS-Wirtschaft bestand in der Beschaffung von ausreichenden Geldmitteln für den Auf- und Ausbau der Rüstungsindustrie, ohne die Siegermächte misstrauisch zu machen. Dieses Problem löste Hjalmar **Schacht** als Reichsbankpräsident und Reichswirtschaftsminister mit Hilfe der **Mefo-Wechsel**. Die Reichsbank, die Reichswehr und die größten Rüstungskonzerne gründeten eine Scheinfirma, die Metallurgische Forschungs-GmbH (Mefo). Über sie liefen Rüstungsaufträge, die mit Mefo-Wechseln bezahlt wurden. Diese von der Reichsbank garantierten Wechsel sollten allerdings erst nach fünf Jahren eingelöst werden. Auf diese Weise schuf Schacht bis zum Kriegsbeginn eine Nebenwährung von mehr als 14 Mrd Reichsmark, die vor allem in die Schlüsselindustrien Eisen- und Stahlerzeugung, Auto-, Flugzeug- und Maschinenbau investiert wurden.

3 Der Vierjahresplan

Die Wehrhaftmachung sollte mit Hilfe des Vierjahresplans (von 1936) erreicht werden. Konkret bedeutete er, dass sich von nun an alle wirtschaftlichen Bereiche der Rüstungswirtschaft unterzuordnen hatten. Damit verlor die Wirtschaft ihre Eigenständigkeit und wurde zum Mittel der Außen-, konkret: der Lebensraumpolitik. Eine geheime Denkschrift Hitlers zum Vierjahresplan bestimmte als übergeordnete Ziele die Einsatzbereitschaft der Armee und die „Kriegsfähigkeit" der Wirtschaft in vier Jahren. Der Vierjahresplan beinhaltete folgende Bestimmungen:

- Reduzierung von Importen soweit irgend möglich.
- Vorrangiger Ausbau der Brenn- und Treibstoffindustrie.
- Großzügige Förderung von militärisch verwertbaren Forschungsvorhaben.
- Erhöhung der deutschen Erzförderung unabhängig von deren Rentabilität.

- Sicherung notwendiger Rohstoffe „ohne Rücksicht auf Kosten" und
- deren staatliche Zuweisung.
- Preis- und Lohnstopp.
- Gelenkter Einsatz von Arbeitskräften in rüstungswichtigen Bereichen sowie
- völlige Kontrolle der Landwirtschaft (Produkte, Preise, Verkauf).

4 Die Bewertung der NS-Wirtschaftspolitik

Die Bewertung der NS-Wirtschaftspolitik ist aufgrund der unterschiedlichen Beurteilungskriterien uneinheitlich. Betrachtet man den Stand der Wirtschaft bei Kriegsausbruch unter ausschließlich statistischen Gesichtspunkten, dann war die NS-Wirtschaft erfolgreich. Es müssen jedoch zahlreiche andere Gesichtspunkte berücksichtigt werden, die sich selbst im Falle eines gewonnen Krieges als negativ bzw. als schädlich erwiesen hätten. Dazu gehören:

- Die NS-Wirtschaft war nie eigenständig, sie war immer nur Mittel zum Zweck (Lebensraumpolitik, Krieg).
- NS-Wirtschaft bedeutete (mindestens seit 1936) Rüstungswirtschaft mit angegliederten Versorgungsbereichen.
- Der wirtschaftliche Aufschwung kam nur dem Rüstungssektor und den Großindustriellen zugute.
- Die NS-Wirtschaftspolitik plante (außer im Rüstungsbereich) nicht langfristig.
- Eine derartige Volkswirtschaft ist auf längere Zeit gesehen ruinös.

Die NS-Außenpolitik

1 Hitlers außenpolitisches Programm

Für die Zeitgenossen unterschied sich Hitlers Außenpolitik nicht von der seiner Vorgänger. Sie war ebenso revisionistisch wie die Stresemanns, Brünings oder Papens. Aus heutiger Sicht erweist sich diese angebliche Kontinuität sowohl bezüglich ihrer langfristigen Ziele als auch ihrer Mittel und Methoden als falsch. Hitlers Außenpolitik kalkulierte nämlich den Krieg als „unvermeidbares" politisches Mittel von Anfang an ein.

Als Hitler an die Macht kam, hatte er längst ein klares außenpolitisches Programm, das von der Maxime ausging, dass Deutschland entweder eine Weltmachtstellung erlangen oder untergehen werde. Die Weltmachtstellung wollte er mit einem **Vier-Stufen-Plan** erreichen:

1. Erlangung und Stabilisierung der Macht im Inneren als Voraussetzung für eine expansive Außenpolitik.
2. Erreichung der Hegemonie (Vorherrschaft) in Zentraleuropa mit einem starken machtpolitischen und „wehrwirtschaftlichen" Rückhalt im „europäischen Ostraum".
3. Weltmachtstellung nach Gewinnung eines kolonialen „Ergänzungsraums" in Afrika und Aufbau einer starken Flotte.
4. Entscheidungskampf um die alleinige Weltherrschaft zwischen den USA und Deutschland. Hierfür sollte die Neutralität Japans und Großbritanniens erreicht werden.

2 Die erste Phase der NS-Außenpolitik (1933 – 36 / 37)

Die erste Phase der NS-Außenpolitik ist gekennzeichnet von einer Mischung aus Vertragspolitik und Verstößen gegen den Versailler Vertrag („Politik der vollendeten Tatsachen"), die zweite von einer aggressiven Kriegspolitik und der gezielten Vorbereitung des Krieges. Folgende Ereignisse und Maßnahmen bestimmten maßgeblich die ersten Jahre des NS-Herrschaft:

- Hitlers **Reichstagsrede vom 17.5.1933** zeigte seine zweigleisige Außenpolitik. Der deutschen Öffentlichkeit und dem Ausland gegenüber gab er sich staatsmännisch und friedliebend; er versprach sogar, den Versailler Vertrag zu erfüllen. Diese Rede stand im krassen Gegensatz zur Erläuterung seiner Pläne gegenüber der Reichswehrspitze am 3. Februar. Da hatte er im kleinen Kreise von der „Eroberung neuen Lebensraums im Osten" und dessen „rücksichtsloser Germanisierung" gesprochen.
- Der **Konkordat mit dem Vatikan** (20.7.1933). Hitler sicherte der katholischen Kirche die Freiheit der Religionsausübung zu und machte weitere Zugeständnisse. Dafür erklärte sich die Kirche bereit, eine neutrale Haltung gegenüber dem neuen Regime einzunehmen. Dieser Vertrag machte Hitler bzw. die Nationalsozialisten in den Augen vieler Bürger salonfähig.
- Der **Austritt aus dem Völkerbund** (14.10.1933). Hitler provozierte die Ablehnung der militärischen Gleichberechtigung des Deutschen Reichs durch Frankreich und begründete damit den Austritt. Eine propagandistisch sorgfältig vorbereitete Volksabstimmung bestätigte diesen in Deutschland sehr populären Schritt.
- Der **deutsch-polnische Nichtangriffspakt** (26.1.1934). Er beinhaltete zusätzlich die Verpflichtung, Streitfragen nicht mit Gewalt zu lösen und kam deshalb einer Garantie der deutsch-polnischen Grenze gleich. Die Initiative zu diesem auf zehn Jahre befristeten Pakt ging von Hitler aus, der einen Präventivschlag Frankreichs befürchtete und deshalb im Osten kalkulierbare Verhältnisse haben wollte. Dem Vertrag maß er jedoch keine wirkliche Bedeutung bei.

- Die **Abstimmung an der Saar** (13.1.1935). Laut Versailler Vertrag durfte die saarländische Bevölkerung nach 15 Jahren über ihre politische Zugehörigkeit entscheiden. Mehr als 90% votierten für die Angliederung an das Deutsche Reich. Dieses Ergebnis bewertete die NS-Propaganda als ersten Schritt einer erfolgreichen Revisionspolitik.
- Die **Einführung der allgemeinen Wehrpflicht** (16.3.1935), mit der Hitler zum ersten Male gegen den Versailler Vertrag verstieß, hatte für ihn Testcharakter. Die schwache Reaktion der Westmächte (Stresa-Konferenz) bestärkte ihn in seiner aggressiven Außenpolitik. Sein Vorgehen begründete er in einer Friedensrede (21.5.): Deutschland habe nur friedliche Ziele, die allgemeine Wehrpflicht diene der Wiederauferstehung des Abendlandes.
- Das **deutsch-britische Flottenabkommen** (18.6.1935) regelte das Kräfteverhältnis zwischen beiden Staaten: Das Deutsche Reich durfte auf maximal 35% der britischen Kriegsschiffe und 45% der britischen U-Boote aufrüsten. Diese Zahlen waren für Deutschland nicht ungünstig und Hitler hatte mit dem Flottenabkommen die Brüchigkeit der Stresa-Front deutlich gemacht. Die britische **Appeasement-Politik** (Beschwichtigungs-Politik) begann sich abzuzeichnen.
- Der **Besetzung des** (entmilitarisierten) **Rheinlands** (7.3.1936) ging die Kündigung des Locarno-Vertrages mit der Begründung voraus, dass Frankreich die deutschen Friedensangebote nicht angenommen habe. Die Proforma-Reaktionen der Westmächte bestärkten Hitler wiederum in seiner falschen Einschätzung der „schwächlichen" Demokratien.
- Der **Spanische Bürgerkrieg** (1936–1939) gab Hitler die Möglichkeit, durch die Entsendung der „Legion Condor" (Heer und Luftwaffe) nicht nur den Faschisten Franco zu unterstützen, sondern vor allem den Krieg unter „realistischen Verhältnissen" zu proben.
- Die **Achse Berlin-Rom** (1.11.1936), die in Zukunft die Geschicke Europas bestimmen sollte, verdeutlichte die enge poli-

tisch-ideologische Verbundenheit der beiden faschistischen Staaten.

- Der **Antikomintern-Pakt** (25.11.1936) zwischen dem Deutschen Reich und Japan richtete sich gegen die UdSSR. Im November 1937 trat ihm Italien bei.

3 Die zweite Phase der NS-Außenpolitik (1936/37–39)

Die „Politik der vollendeten Tatsachen", die von den Westmächten praktisch toleriert worden war, bestärkte Hitler 1936 in seiner Ansicht, dass nun die „Politik der Überraschungen" zu Ende und der Zeitpunkt für eine zielgerichtete, unverhüllte Lebensraumpolitik gekommen war. Folgende Ereignisse verdeutlichen diese Einstellung:

- Die **geheime Denkschrift Hitlers** vom August 1936, die seine Kriegsabsichten dokumentiert (s. S. 96 f.).
- Das **Hoßbach-Protokoll** (5.11.1937). In einer Besprechung mit der Reichswehrspitze und dem Reichsaußenminister verkündete Hitler seinen „unabänderlichen Beschluss, spätestens 1943/45 die deutsche Raumfrage zu lösen." Hierfür könne es nur „den Weg der Gewalt" geben. Sollten die „Umstände günstig" sein, so werde man schon im nächsten Jahr „losschlagen".
- Der **Anschluss Österreichs** (12.3.1938). Nach einem missglückten Putschversuch der österreichischen nationalsozialistischen Partei (1934) verstärkte Hitler den Druck auf die österreichische Regierung Schuschnigg, die Nationalsozialisten an der Regierung zu beteiligen. Eine geplante Volksabstimmung Schuschniggs, die dies verhindern sollte, nahm Hitler zum Anlass, Österreich am 12. März zu besetzen und „ins Reich heimzuholen". Die Westmächte protestierten gegen diese Verletzung des Versailler Vertrages wiederum nur ohne großen Nachdruck.

- Das **Münchner Abkommen** (29.9.1938). Nach der „Heimholung" Österreichs konzentrierte Hitler sich auf die „Lösung der tschechischen Frage". Die (nationalsozialistische) Sudetendeutsche Partei unter ihrem Vorsitzenden Henlein stellte immer höhere Forderungen an die tschechische Regierung und wurde dabei von der NS-Propaganda massiv unterstützt. Als es im September 1938 zu Kriegsdrohungen auf beiden Seiten kam, initiierte Mussolini die Viermächtekonferenz zu München (29./30. September). Chamberlain, Daladier, Mussolini und Hitler beschlossen (ohne Beteiligung der CSR) die Abtretung des Sudetenlandes an das Deutsche Reich. Mit dem Abkommen, das den Höhepunkt der britischen Appeasement-Politik darstellte, glaubten die Westmächte den Frieden gerettet zu haben, zumal Hitler wiederum seine Friedensabsichten beteuerte.
- Die **„Erledigung der Resttschechei"** (16.3.1939). Bereits im Oktober 1938 wies Hitler die Wehrmacht an, die „Erledigung der Resttschechei" zu planen. Als er im Frühjahr 1939 zu immer deutlicheren (militärischen) Drohungen überging (z.B. Bombardierung Prags), legte der tschechoslowakische Staatspräsident Hacha am 15. März in Berlin „das Schicksal des tschechischen Volkes vertrauensvoll in die Hände Hitlers". Am folgenden Tag besetzten deutsche Truppen die CSR. Böhmen und Mähren wurden als „Protektorat" ans Reich angegliedert, die Slowakei blieb zwar unabhängig, war aber de facto ein Satellitenstaat des Deutschen Reichs.
- Das **Memelland „kehrt heim ins Reich"** (22.3.1939). Da sich Litauen vom Deutschen Reich Sicherheit gegenüber Polen bzw. der UdSSR versprach, gab es freiwillig das durch den Versailler Vertrag erhaltene Memelgebiet zurück.
- Der **Stahl-Pakt** (22.5.1939). Hitler plante den Angriff auf Polen und kündigte am 28. April den Nichtangriffspakt mit Polen und das deutsch-britische Flottenabkommen. Wenig später sicherte Italien dem Deutschen Reich im so genannten Stahlpakt die militärische Unterstützung im Kriegsfalle zu.

- Der **Hitler-Stalin-Pakt** (23.8.1939). Für die „Lösung der polnischen Frage" kam Stalin eine zentrale Rolle zu: Die Westmächte brauchten die UdSSR, um den Bestand Polens garantieren und die expansionistische Politik des Deutschen Reichs eindämmen zu können. Hitler brauchte die UdSSR, um einen Zweifrontenkrieg zu vermeiden. Als er den geplanten Angriff auf Polen gefährdet sah, forcierte er die Verhandlungen, die am 23. August zur Unterzeichnung des deutsch-sowjetischen Nichtangriffspakts führten. Im geheimen Zusatzprotokoll wurden die Interessensphären in Polen und Osteuropa für den Fall einer „territorial-politischen Umgestaltung" festgelegt.
- Die **Entfesselung des Krieges** (1.9.1939). Der angebliche Überfall polnischer Soldaten auf den deutschen Radiosender Gleiwitz lieferte Hitler den Anlass, Polen zu überfallen. Die Westmächte erklärten zwei Tage später dem Deutschen Reich nach dem Ablauf ihres Rückzugsultimatums den Krieg. Aufgrund des zielgerichteten Vorgehens und der Kriegsabsicht Hitlers spricht die Fachliteratur von der „Entfesselung" des Zweiten Weltkriegs.

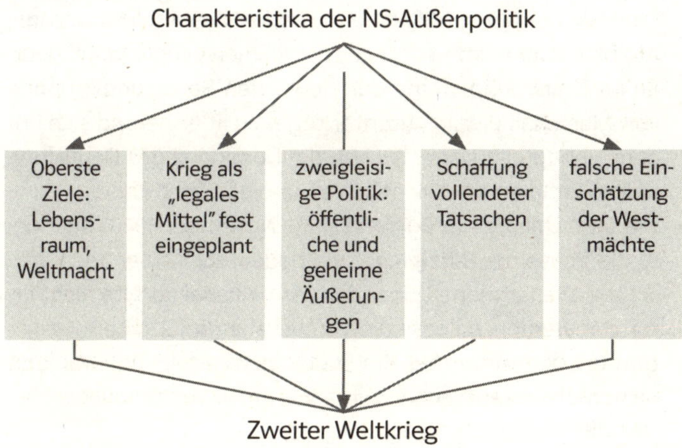

Der Zweite Weltkrieg

1 Die Blitzkriege (1939/1940)

Die erste Phase des Zweiten Weltkriegs war gekennzeichnet durch schnelle Siege der deutschen Truppen, die von der NS-Propaganda als „Blitzkriege" gefeiert wurden. Dazu gehören:

- Der **Krieg gegen Polen** war aufgrund des massiven Einsatzes von Sturzkampfbombern (Stuka) und Panzerverbänden bereits nach wenigen Tagen entschieden. Der westliche Teil Polens (Posen und Westpreußen) wurde ins Deutsche Reich eingegliedert, das Gebiet um Warschau, Radom und Krakau wurde als „Generalgouvernement" zu einer Art kolonialem Nebenland. Ostpolen wurde von der Roten Armee besetzt.
- Die **Besetzung Dänemarks** und **Norwegens** (April 1940) sollte die Erzimporte aus Schweden sichern.
- Der **Westfeldzug** gegen Frankreich begann im Mai 1940 und endete aufgrund der überraschenden „Operation Sichelschnitt" (Umgehen der Maginot-Linie durch Belgien und Holland) bereits am 22. Juni mit der Kapitulation Frankreichs bei Compiègne. Der größere nördliche Teil Frankreichs und die Atlantikküste blieben besetzt, der kleinere, südliche Teil wurde im Einvernehmen mit den deutschen Besatzungstruppen von Marschall Pétain autoritär regiert. Hitler befand sich auf dem Höhepunkt seiner Macht, die Dominanz des Deutschen Reichs auf dem Kontinent schien unerschütterlich.
- Die **Luftschlacht um England** (Juli – November 1940) beendete die Phase der Blitzkriege und bedeutete den ersten Rückschlag. Die Lufthoheit über dem Ärmelkanal konnte nicht errungen werden, so dass die Voraussetzung für eine Invasion Großbritanniens entfiel. Ein Ende des Westfeldzugs war jetzt nicht mehr voraussehbar, zumal Hitlers unverständlicher Hal-

tebefehl Ende Mai 1940 vor Dünkirchen der britischen Armee die Gelegenheit gegeben hatte, sich neu zu formieren.

2 Die Ausweitung des Krieges

- Der **Balkanfeldzug**, der am 6.4.1941 begann, sollte zur „Neuordnung Südosteuropas" führen. Er endete nach erbitterten und verlustreichen Kämpfen am 1.6.1941 mit der Kapitulation Griechenlands und Jugoslawiens.
- Der **Afrikafeldzug** (Beginn Februar 1941) wurde nötig, da sich Mussolinis Truppen in Nordafrika trotz zahlenmäßiger Überlegenheit nicht gegen die britischen Truppen behaupten konnten.
- Am 22.6.1941 löste Hitler mit dem Überfall auf den Bündnispartner UdSSR („Unternehmen Barbarossa") den **Krieg im Osten** aus. Für diese strategisch unverständliche Maßnahme haben eine Reihe von wirtschaftlichen, militärischen und politisch-ideologischen Gründen eine Rolle gespielt: Hitler wollte sich wohl die reichen Rohstoffquellen (z.B. die kaukasischen Erdölfelder) sichern, einem eventuellen sowjetischen Präventivschlag zuvorkommen und den „bolschewistischen Erzfeind" ausmerzen. Damit gedachte er den ersten Schritt seiner Lebensraumpolitik zu verwirklichen. Der rasche Vorstoß der deutschen Truppen wurde im Herbst 1941 aufgrund der klimatischen Bedingungen kurz vor Moskau gestoppt. Der Krieg im Osten unterschied sich von dem im Westen grundlegend. Er war ein Krieg zweier antagonistischer Weltanschauungen, ein rassenideologischer Vernichtungs- und Versklavungskrieg, der auf beiden Seiten erbittert geführt wurde.
- Am 7.12.1941 zerstörten japanische Bomber durch einen Überfall auf Pearl Harbor (Hawaii) einen Teil der US-Flotte. Der japanische Angriff, der wirtschaftliche und territorial-politische Gründe hatte, bedeutete den **Kriegseintritt Japans und der USA**. Am 11. Dezember erklärte das Deutsche Reich ohne

zwingende Notwendigkeit den USA den Krieg. Der Kriegseintritt der USA machte den europäischen Krieg zu einem Weltkrieg und brachte aufgrund der riesigen Wirtschaftskraft, ihres ungeheuren Waffenpotentials und ihrer frischen Streitkräfte die Wende.

3 Rückzug und Niederlage

Im Jahre 1942 verschlechterte sich die Lage des Deutschen Reichs und seiner Verbündeten an den Hauptkriegsschauplätzen (Russland, Nordafrika, Atlantik) zunehmend:

- In **Nordafrika** mussten die deutschen Truppen nach anfänglichen Erfolgen aufgrund großer Nachschubprobleme kapitulieren (15. 5. 1943). Damit war die Südflanke Europas für einen alliierten Angriff auf die „Festung Europa" offen.
- Die Schlacht von **Stalingrad** bedeutete im Russlandfeldzug die entscheidende militärische Wende. Aufgrund der unzureichenden militärisch-logistischen Vorbereitung musste die 6. Armee am 1. 2. 1943 bei Stalingrad kapitulieren. Von den ca. 240 000 deutschen Soldaten überlebten lediglich 6000 die Schlacht bzw. die Kriegsgefangenschaft. Von nun an wurde, wie die NS-Propaganda den Rückzug der deutschen Truppen erklärte, die Front permanent „begradigt".
- Obwohl Goebbels am 18. 2. 1943 den **totalen Krieg** ausrief, war das Ende des Kriegs nur noch eine Frage der Zeit. Der alliierte Bombenkrieg, dem die deutsche Luftwaffe nichts mehr entgegenzusetzen hatte, legte die deutschen Großstädte in Schutt und Asche und zermürbte die Zivilbevölkerung.
- Die **Landung** der britischen und amerikanischen Truppen **in der Normandie** am 6. 6. 1944 leitete das Kriegsende ein. Nachdem Italien im Herbst 1943 ins Lager der Kriegsgegner gewechselt war, kämpften die deutschen Truppen nun an allen Fronten auf verlorenem Posten.
- Die **bedingungslose Kapitulation** des Deutschen Reichs (7. 5. 1945 in Reims gegenüber den Westmächten, 8. 5. 1945 in

Berlin-Karlshorst gegenüber der UdSSR; Gesamtkapitulation tritt am 9.5.1945 in Kraft) beendete den Krieg in Europa.

- Die Zerstörung von **Hiroshima** und **Nagasaki** durch amerikanische Atombomben (6. und 9.8.1945) beendete den Zweiten Weltkrieg, der insgesamt 55 Mio. Menschen das Leben kostete.

Der Unrechtscharakter des Dritten Reichs

1 Die Judenverfolgung

Die Verfolgung der Juden im Deutschen Reich lässt sich in vier Phasen einteilen:

- **Hetze und Terror** (1933–35). In den ersten Jahren des Dritten Reichs gab es vereinzelte Maßnahmen und Aktionen gegen jüdische Kaufhäuser, Geschäfte und Privatpersonen. Sie umfassten neben dem Berufsbeamtengesetz Boykottaufrufe, Drohungen sowie die Diskriminierung und Ausgrenzung jüdischer Künstler und Literaten.
- Die **Nürnberger Gesetze** (15.9.1935) schufen die pseudorechtliche Grundlage der zielgerichteten Judenverfolgung (vor allem 1935–38). Das **Reichsbürgergesetz** bestimmte, dass nur Reichsbürger (= Staatsangehörige deutschen oder artverwandten Blutes) die vollen politischen Rechte besitzen. Das **Gesetz zum Schutz des deutschen Blutes und der deutschen Ehre** verbot die Eheschließung und den Geschlechtsverkehr zwischen Juden und deutschen Staatsbürgern. Derartige bereits bestehende Ehen mussten aufgelöst werden. Der Unrechtscharakter dieser Gesetze ergibt sich neben dem moralischen Aspekt auch daraus, dass sie rückwirkend bestraften.
- Die systematische **Einengung des Lebens- und Freiheitsraums der Juden** vollzog sich zwischen 1938 und 1942 und ist gekennzeichnet durch Berufs-, Besitz-, Aufenthalts- und Nutzungsverbote, durch diskriminierende Maßnahmen (Judenstern, Ausweiskennzeichnungen, nächtliche Ausgangssperre etc.). Einen ersten Höhepunkt der massiven Judenverfolgung bildete die von der SA durchgeführte und von Goebbels initiierte (und zynisch so benannte) „Reichskristallnacht" (9. auf 10.11.1938). Die NS-Propaganda begründete und recht-

fertigte die „spontanen" Ausschreitungen (Zerstörung von Synagogen und Geschäften, Misshandlungen, KZ-Einweisungen und Ermordung jüdischer Bürger) als „berechtigten und gerechten Volkszorn" wegen der Ermordung des deutschen Botschafters in Paris durch einen polnischen Juden. Da die Bevölkerung sehr betroffen auf das brutale Vorgehen der SA reagierte, beendete Goebbels das Pogrom nach einem Tag. Die Juden im Deutschen Reich mussten für die Ermordung des deutschen Botschafters eine „Sühneleistung" in Höhe von 1 Mrd. Mark bezahlen. In der Folgezeit wurde die Gettoisierung und die Einweisung in Konzentrationslager systematisch betrieben. Ein Auswanderungsverbot (1.10.1941) nahm den Juden die Möglichkeit, das Land zu verlassen.

- Die **„Endlösung"** wurde auf der Wannsee-Konferenz (20.1.1942) beschlossen. Sie bedeutete: Erfassung aller europäischer Juden, Abtransport in Vernichtungslager im Osten Europas (Majdanek, Sobibor, Chelmno, Belzec, Treblinka, Auschwitz), „natürliche Verminderung der arbeitsfähigen Juden" durch unmenschliche Arbeits- und Lebensbedingungen, „entsprechende Behandlung" (= Massenvernichtung durch Erschießen oder Vergasen) des „endlich verbleibenden Restbestands".

Die Zahl der in den Konzentrations- oder Vernichtungslagern ermordeten Juden liegt zwischen 4,6 und 6 Mio. Aufgrund dieser ungeheuren Zahl und der unheimlichen Systematik und Sachlichkeit der Vernichtung spricht die Fachliteratur vom **Holocaust** (griech. ‚holocaustos' = völlig verbrannt) bzw. vom **Genozid** (Völkermord).

2 Terror und Massenmord

Mit Beginn des Zweiten Weltkriegs erhöhte sich der Terror in Deutschland spürbar. Er betraf nicht nur Juden, sondern auch politische Gegner sowie ethnische, religiöse und gesellschaftliche Randgruppen (Sinti und Roma, Kriegsgefangene, Sekten,

Homosexuelle, körperlich oder geistig Schwerbehinderte). Im Oktober 1939 wurde aufgrund eines Führererlasses mit der „**Euthanasie**" (griech. ‚eu' = gut, ‚thanatos' = Tod), d.h. mit der planmäßigen Tötung von „lebensunwertem Leben" und „Ballastexistenzen" (Geisteskranke, Missgebildete, unheilbare Pflegefälle) begonnen. Hartnäckige Proteste der beiden Kirchen führten zur (offiziellen) Einstellung des Euthanasie-Programms. Insgesamt wurden ca. 2,2 Mio. Angehörige derartiger Minderheiten zwischen 1933 und 1945 inhaftiert, verurteilt oder ermordet.

1942 begann die NS-Führung mit der „**Neuordnung Europas**", die das „Großgermanische Reich Deutscher Nation" zum Ergebnis haben sollte. Die Behandlung der unterworfenen Völker richtete sich dabei nach ihrer „rassischen Wertigkeit". Die „germanischen" Völker (Holländer, Flamen, Skandinavier, Balten) sollten „blutlich veredelt" und ihre Gebiete ins Deutsche Reich eingegliedert werden. Die slawischen Völker Mittel- und Osteuropas, die als minderwertig galten, sollten dagegen verdrängt, umgesiedelt, versklavt oder vernichtet werden. Im Rahmen dieser Maßnahmen wurde mindestens 1 Mio. Polen und Russen, die der Oberschicht angehörten, ermordet. Die „Sklavenvölker" sollten nur eine geringe Grundbildung erhalten, da der Sinn ihrer Existenz in fleißiger, harter Arbeit für die Besatzungsmacht gesehen wurde. Die eroberten Gebiete sollten (laut Himmler) besetzt, verwaltet und ausgebeutet werden.

Widerstand im Dritten Reich

1 Ursachen des Widerstands

Für die verschiedenen Formen des **Widerstands** (Verweigerung von Befehlen, Sabotage, Flugblätter, Wandparolen, Bildung von oppositionellen Gruppen, Attentatsversuche) gibt es zahlreiche Ursachen und Gründe:

- Beseitigung der Demokratie
- generelle Missachtung menschlicher Freiheit und Würde
- Verfolgung, Ausgrenzung und Vernichtung Andersdenkender sowie ethnischer bzw. gesellschaftlicher Minderheiten
- Anzettelung und Ausweitung des Kriegs
- Chance eines erträglichen Friedens
- Dokumentation gegenüber dem Ausland, dass nicht alle Deutschen Nazis waren.

2 Widerstandsgruppen

Bürgerliche Widerstandsgruppen: Zu ihnen gehörten die **Mittwochsgesellschaft** (Wissenschaftler verschiedener Fachrichtungen), der **Freiburger Kreis** (meist Juristen), der **Solf-Kreis** (Beamte des auswärtigen Dienstes), der **Kreisauer Kreis** (Konservative, Sozialisten, Großgrundbesitzer, Gewerkschafter und religiös Orientierte um Graf James von Moltke) und die Gruppe um den Leipziger Oberbürgermeister Carl Friedrich **Goerdeler**. Allen diesen Gruppen war gemeinsam, dass sie sich mit moralischen, ethischen und staatsrechtlichen Aspekten des Dritten Reichs bzw. mit theoretischen Ansätzen für die Zeit danach beschäftigten. Konkrete Umsturzpläne hatten sie nicht.
Widerstandsgruppen der Arbeiterschaft: In der Gruppe **Roter Stoßtrupp** organisierten sich vorwiegend junge Arbeiter, Angestellte und einige Studenten, die in Berlin gegen das Regime

gerichtetes Material erstellten und verbreiteten. **Neu Beginnen** vereinigte Kommunisten und Sozialdemokraten, die das Regime mit ihrer in Prag hergestellten Zeitschrift gleichen Namens bekämpften. Die **Rote Kapelle** war eine kommunistische Widerstandsgruppe, die die UdSSR mit Spionagematerial versorgte und mit Flugblättern bzw. Zeitschriften (z. B. „Der Vortrupp") Widerstand betrieb.

Kirchlicher Widerstand: Die katholische Kirche arrangierte sich rasch mit dem NS-Regime (vgl. S. 99). Insgesamt war die Haltung der katholischen Geistlichen aber nicht einheitlich, da der Nationalsozialismus bzw. Hitler – vor allem in der Anfangszeit – auch bei Geistlichen durchaus Sympathien genoss. Der Vatikan und der hohe Klerus widersetzten sich dem NS-Regime von Ausnahmen abgesehen (z. B. Bischof von Galen) nur gelegentlich mit verbaler Kritik. Widerstand wurde dagegen von zahlreichen mutigen niederen Geistlichen vor Ort betrieben.

Die evangelische Kirche spaltete sich nach kurzer Zeit. Während die „Deutschen Christen", die sich auch „SA Jesu Christi" nannten, das neue Regime unterstützten, formierte sich die Opposition um Martin Niemöller, Karl Barth und Dietrich Bonhoeffer. Ihre Organisationen waren die **Bekennende Kirche** bzw. der **Pfarrernotbund**.

Die Beurteilung des kirchlichen Widerstands ist nicht eindeutig: Einerseits setzten sich beide Kirchen als Institutionen nicht geschlossen und mit Nachdruck ein; andererseits gab es zahlreiche Beispiele mutigen und engagierten Vorgehens Einzelner gegen das Regime.

Opposition und Widerstand der Jugend: Die geistige Bevormundung und die permanente Gängelung brachten viele Jugendliche in Opposition. Sie verweigerten sich dem Nationalsozialismus und drückten ihren Protest auf vielfältige Weise aus (Kleidung, Lebensweise, Flugblätter, Wandparolen). Zu den bekanntesten Gruppen gehörten die **Swing-Bewegung**, die **Edelweißpiraten** und die **Weiße Rose**. Sie bestand aus Münchner Studenten um die Geschwister Hans und Sophie Scholl und

wandte sich in Flugblättern gegen Hitler bzw. den Nationalsozialismus. Im Februar 1943 wurde die Gruppe zerschlagen, die führenden Mitglieder hingerichtet.
Militärischer Widerstand existierte vor Ausbruch des Kriegs nicht. Der soldatische Eid und die großen Anfangserfolge des Führers verhinderten einen zielgerichteten Widerstand. Er entstand erst im Jahre 1943, als der Krieg für nüchtern denkende Militärs bereits offensichtlich entschieden war. Integrationsfiguren waren Henning von Tresckow und **Claus Schenk von Stauffenberg**, der Hitler am 20.7.1944 während einer Lagebesprechung im ostpreußischen Führerhauptquartier mit einer Zeitbombe zu töten versuchte. Hitler überlebte das Attentat nur leicht verwundet, der militärische Widerstand wurde zerschlagen.
Vereinzelte Attentatsversuche: Insgesamt wurden mehr als vierzig Attentatsversuche Einzelner oder kleiner Gruppen auf Hitler geplant oder durchgeführt. Alle scheiterten aus den unterschiedlichsten Gründen.

3 Warum scheiterte der Widerstand?

Zahlreiche Faktoren erschwerten den Widerstand, reduzierten die Chancen des Gelingens und waren dafür verantwortlich, dass mit Ausnahme der Gruppe um von Stauffenberg der Widerstand insgesamt keine realistische Chance hatte, Hitler bzw. das NS-System zu beseitigen.
- Die Außerkraftsetzung der Grundrechte erschwerte den systematischen Aufbau und die Koordination von Widerstandsgruppen.
- Die nahezu totale Überwachung und Kontrolle der Bevölkerung durch das NS-System.
- Die Zerrissenheit der Arbeiterparteien bzw. ihre fehlende Bereitschaft eines gemeinsamen Widerstands.
- Der Gewissenskonflikt der Militärs.
- Die innen- und außenpolitische Erfolge Hitlers.

- Die teilweise sehr unterschiedlichen politischen Ordnungsvorstellungen für die Zeit nach Hitler.
- Die seit Anfang 1943 von den Alliierten propagierte bedingungslose Kapitulation und die Zermürbung der Zivilbevölkerung durch den Bomberkrieg halfen den Nazis, den Widerstand als „sinnlosen Verrat am deutschen Volk und den deutschen Frontsoldaten" zu brandmarken.

Formen des Widerstands

Bürgerlicher Widerstand
- anfangs Begeisterung
- Kritik des Bildungsbürgertums nach militärischen Niederlagen
- Entwurf und Diskussion von demokratischen Staatsmodellen für die Zeit nach Hitler

Widerstand der Arbeiterschaft
- Widerstand von Anfang an und prinzipiell
- Wandparolen, Flug- und Propagandaschriften
- Widerstand im Untergrund
- Spionage, Sabotage, Attentate

Attentatsversuche Einzelner
- Ablehnung Hitlers als Diktator, des Nationalsozialismus als System
- insgesamt individuelle Beweggründe
- Attentäter aus allen Schichten
- trotz unterdrückter Nachrichten sind über 40 Attentatsversuche Einzelner bekannt

Beseitigung Hitlers bzw. des Nationalsozialismus

Kirchlicher Widerstand
- zunächst Akzeptanz bzw. Zustimmung
- Duldung erster Maßnahmen gegen Juden
- verstärkte Opposition seit der Euthanasie
- insgesamt: Maßnahmen Einzelner (Predigten, Hirtenbriefe, Hilfsaktionen), kein geschlossener Widerstand

Widerstand der Jugend
- Opposition gegen Bevormundung, Gängelung, fehlende Freiheit, geistige Unterdrückung, Ausschaltung politischer Gegner
- Verweigerung und Protestverhalten (Kleidung, Musik, Lebensweise)
- Parolen, Flugschriften
- Sabotage, Attentatsversuche auf NS-Funktionäre

Militärischer Widerstand
- keine prinzipielle Ablehnung des Systems
- vereinzelter Widerstand (gegen militärische Pläne) beginnt spät (seit 1938)
- gezielter Widerstand im größeren Rahmen setzt nach militärischen Niederlagen ein (seit 1943)

Register

Abi

Geschichte

Deutschland nach 1945

von Claus Gigl

Claus Gigl ist Gymnasiallehrer für die Fächer Geschichte und Deutsch in Bayern und in der Aus- und Fortbildung für Lehrer tätig.

Inhaltsverzeichnis

Deutschland nach der Wiedervereinigung

Prüfungsvorbereitung

Von der Anti-Hitler-Koalition zur Gründung der beiden deutschen Staaten

Von der One-World-Politik zur Containment-Politik

Bereits am Ende des Zweiten Weltkriegs arbeiteten die USA und die UdSSR zusammen, um das Hitler-Regime in die Knie zu zwingen. Doch dieses Zweckbündnis zeigte immer mehr Risse, die durch den Systemgegensatz und das tagespolitische Geschehen vertieft wurden. Trotzdem hielten die USA unter Präsident Roosevelt auch nach Kriegsende an der Konzeption der **One-World-Politik** fest, die davon ausging, dass auch künftige Konflikte in Verhandlungen einvernehmlich gelöst werden würden. Die Vereinten Nationen (UN) sollten dafür den institutionellen Rahmen bilden. Noch Roosevelts Nachfolger Truman dachte den USA nur eine Vermittlerrolle in weltpolitischen Krisensituationen zu. Da er den baldigen Abzug der amerikanischen Truppen aus Europa anstrebte, um den Krieg in Asien siegreich beenden zu können, stimmte er auch dem Potsdamer Abkommen mit all seinen ungeklärten Detailfragen zu.

Bald wurde aber deutlich, dass sich eine gemeinsame Politik nach Kriegsende nicht fortsetzen lassen würde, da die UdSSR an einem Ausbau ihrer Machtposition interessiert war. Stalin versuchte den sowjetischen Einflussbereich nach Westen zu verschieben. Er unterstützte

- die Expansion der Sowjetunion nach Westen (z. B. Polen),
- die Errichtung von Satellitenstaaten (Tschechoslowakei, Ungarn, Rumänien und Bulgarien) und
- die Bildung von kommunistischen Marionettenregierungen (z. B. in Polen).

Als sich die **Sowjetisierungspolitik** der UdSSR auch gegen Staaten wie die Türkei und Griechenland richtete, die nicht ihrem traditionellen Einflussbereich zugerechnet wurden, änderten die USA ihre Haltung. Der britische Premierminister Churchill sprach von einem „**Eisernen Vorhang**", der sich auf der Linie Triest-Stettin durch Europa zog. Truman erklärte im Frühjahr 1947 die Unverletzlichkeit der bedrohten Staaten **(Truman-Doktrin)** und sagte ihnen finanzielle Unterstützung, die so genannte **Marshallplan-Hilfe** (benannt nach dem späteren Außenminister der USA), zu. Das war das Ende der One-World-Politik, die USA läuteten mit dem Übergang zur **Containment-Politik** die Eindämmung der sowjetischen Expansion ein.
Die Sowjetunion beantwortete die neue Strategie der USA mit der Bildung des Kommunistischen Informationsbüros **(Kominform)**, das nach außen hin dem Erfahrungsaustausch der kommunistischen Parteien, in Wirklichkeit aber der Durchsetzung des sowjetischen Führungsanspruchs diente. In diesem Zusammenhang proklamierte die UdSSR die **Zwei-Lager-Theorie**, nach der sich Ost und West unversöhnlich gegenüberstehen:

Zwei Lager-Theorie der UdSSR	
Östliches Lager unter der Führung der UdSSR	**Westliches Lager unter der Führung der USA**
– antiimperialistisch	– imperialistisch
– friedliebend	– aggressiv
– demokratisch	– antidemokratisch

Die Nachkriegssituation in Europa

1 Die Potsdamer Konferenz

Schon während des Zweiten Weltkriegs kamen die alliierten Staatschefs in Casablanca, Teheran und Jalta zusammen, um die Nachkriegsordnung und den Umgang mit einem besiegten Deutschland zu diskutieren. Die wichtigste Konferenz der Anti-Hitler-Koalition fand erst nach Kriegsende vom 17.7.–2.8.1945 in Potsdam statt. Anwesend waren Präsident Truman (USA), Premierminister Churchill bzw. Attlee (GB) und Stalin für die UdSSR. Folgende weltpolitischen Themen wurden erörtert:

- Friedenssicherung durch Konferenzen der Alliierten, die späteren Außenministerkonferenzen,
- Gründung der Vereinten Nationen als Schlichterinstanz (in der Nachfolge des Völkerbundes und auf Grundlage der Atlantik-Charta vom August 1941),
- Vorbereitung von Friedensverträgen.

Daneben ging es auch um den Umgang mit Deutschland. Folgende **Vereinbarungen** wurden getroffen:

- Deutschland bleibt eine politische und wirtschaftliche Einheit, der Alliierte Kontrollrat aller vier Besatzungsmächte verwaltet Deutschland gemeinsam (Prinzip: Einstimmigkeit).
- Die Gebiete östlich der Oder-Neiße-Grenze kamen unter polnische, der nördliche Teil Ostpreußens unter sowjetische Verwaltung. Die deutsche Bevölkerung sollte auf humane Art umgesiedelt werden.
- Die deutsche Wirtschaft sollte unter Kontrolle der Alliierten stehen, die Produktion auf landwirtschaftliche Erzeugnisse und Verbrauchsgüter beschränkt sein.

Da aufgrund der Systemkonflikte eine Einigung zwischen der UdSSR und den USA nicht möglich war, verständigten sich die Vertreter der Alliierten lediglich auf Begriffe, die unterschiedlich ausgelegt werden konnten:

Die 5 D's	Bedeutung der Bestimmungen
Demilitarisierung	zur Entmilitarisierung Deutschlands
Dezentralisierung	zum Schutz Europas vor Deutschland
Denazifizierung	zur Verhinderung des Nationalsozialismus
Demokratisierung	zur Errichtung der Demokratie
Demontagen	zum Aufbau der Industrien der Alliierten

2 Flucht, Vertreibung und „displaced persons"

Die Besatzungspolitik der Nationalsozialisten in den osteuropäischen Ländern rief einen allgemeinen Hass hervor, der sich in der Endphase des Zweiten Weltkriegs auf die im Osten ansässige deutsche Bevölkerung entlud. Über 12 Millionen Menschen ergriffen die Flucht nach Westen oder wurden Opfer der Vertreibung, die nach dem Potsdamer Abkommen im Baltikum, in Polen, der Tschechoslowakei, in Ungarn, Jugoslawien und Polen einsetzte. Etwa zwei Millionen Menschen kamen dabei ums Leben.

In den vier Besatzungszonen lebten aber auch etwa 8,5 Millionen Menschen, die keine Deutschen waren. Sie waren meist als Zwangsarbeiter oder KZ-Häftlinge nach Deutschland gebracht worden. Diese „displaced persons" (DPs) wurden bei Kriegsende in ihre Heimatländer oder in andere europäische Staaten umgesiedelt.

3 Die Berlin-Blockade

Die geteilte Stadt Berlin lag als Insel in der **sowjetisch besetzten Zone** (SBZ). Schon 1945 wollten die Sowjets ganz Berlin annektieren. Im Frühsommer 1948 sahen sie dafür eine Chance: Die drei Westmächte (USA, GB, Frankreich) hatten am 20.6.1948 in ihren Zonen eine Währungsreform durchgeführt, der einige Tage später die Währungsreform in der SBZ folgte. Als daraufhin der sowjetische Militärgouverneur dem Berliner Senat befahl, die Ost-Mark in Ganz-Berlin einzuführen und dieser sich weigerte und stattdessen die DM-West als Zahlungsmittel einführte, unterbanden die Sowjets den gesamten Verkehr zu Wasser und zu Lande von und nach Berlin; die geteilte Stadt war damit vom Westen abgeschnitten.

Um den Zugang nach West-Berlin zu sichern, richteten die USA auf Anregung von General Clay ab dem 25.6.1948 die so genannte **Luftbrücke** ein, die die Versorgung der 2,5 Millionen Menschen auf dem Luftweg gewährleistete. Während der elf Monate andauernden Versorgung aus der Luft wurden fast 1,5 Millionen Tonnen Lebensmittel, Brenn- und Baustoffe sowie Medikamente und andere wichtige Güter nach West-Berlin gebracht. Am 12.5.1949 wurde die Blockade Berlins durch die Sowjets schließlich beendet. Diese hatten erkannt, dass sie die Einführung der West-Mark für Ganz-Berlin nicht verhindern konnten und dass eine Fortsetzung der Blockade nur ihr Image ruinieren würde. In Geheimverhandlungen mit den USA einigte man sich schließlich auf den freien Zugang nach West-Berlin.

Folgen der Berlin-Blockade:

- Die Bevölkerung der gesamten westlichen Welt fühlte sich mit den Einwohnern Berlins solidarisch.
- Berlin blieb in der Verantwortung der vier Siegermächte.
- Die UdSSR hatte einen Prestigeverlust erlitten.
- Die innerstädtische Grenze Berlins blieb bis zum Mauerbau 1961 offen.

4 Die Anfänge eines geeinten Europas

Bereits 1946 hatte Churchill die Idee der **„Vereinigten Staaten von Europa"** vertreten; diese sollten westlich-liberal-demokratisch organisiert sein und sich dem entstehenden Ostblock entgegenstellen. Europa würde demnach als dritte große Kraft zwischen den sich entwickelnden Supermächten einen eigenen Platz in der Weltgeschichte einnehmen.

Am 16.4.1948 wurde in Paris von 17 Staaten und den drei westlichen Militärgouverneuren zur Verteilung der Marshallplan-Gelder die Gründung der „Organization for European Economic Cooperation" **(OEEC)** beschlossen.

Am 4.4.1949 wurde in Washington die North Atlantic Treaty Organisation **(NATO)** gegründet. Sie basiert auf einem europäischen Bündnis zwischen Frankreich, Großbritannien und den Benelux-Staaten, das ursprünglich gegen ein wiedererstarktes Deutschland gerichtet war. Die Teilnahme der USA und Kanadas, später auch anderer europäischer Länder, gab ihm eine andere Zielrichtung. Die Expansion der UdSSR im beginnenden Kalten Krieg und die Ablehnung des Marshallplans in Osteuropa ließen ein westliches Verteidigungsbündnis notwendig erscheinen.

Situation in den westlichen Besatzungszonen

1 Die „Stunde Null"

Von Deutschland ist der Zweite Weltkrieg ausgegangen, der etwa 60 Millionen Menschenleben kostete, der Europa in weiten Teilen zerstörte und die Machtverhältnisse auf der Welt völlig veränderte.
Auch Deutschland gab es nach 1945 nur noch als Begriff; „Deutschland" existierte nicht mehr:

- nicht als staatliches Gebilde (durch die Teilung in Besatzungszonen),
- nicht als politisches Gebilde (die Alliierten hatten die Regierungsgewalt übernommen),
- nicht als geografische Einheit (durch die Veränderung der Grenzen).

Kaum noch etwas war wie vorher; man spricht in diesem Zusammenhang oft von der „Trümmerzeit", der „Zusammenbruchgesellschaft" und der „Stunde Null".

Die Stunde Null

ca. 7,3 Millionen Tote

ca. 5 Millionen zerstörte Wohnungen

völlig unzureichende Nahrungsmittelversorgung

Schwarzmarkt

stark beschädigte Infrastruktur

zerstörter Nationalstaat

Herrschaft von Besatzungsmächten

Verlust der Ostgebiete

zerrissene Familien

ca. 12 Millionen Flüchtlinge

Sach- und Geldverluste, Armut

Eingliederung der Flüchtlinge

Belastung der „Trümmerfrauen"

2 Entnazifizierung und Nürnberger Prozess

Die amerikanische Direktive JCS 1067 vom 26.4.1945 besagte: „Deutschland wird nicht besetzt zum Zwecke seiner Befreiung, sondern als ein besiegter Feindstaat". Damit war das vorrangige Ziel der Westalliierten festgeschrieben: Die Verhinderung einer künftig von Deutschland ausgehenden Bedrohung durch Schwächung des in Deutschland vorhandenen Potenzials.

Die **Entnazifizierung Deutschlands** war die logische Folge dieser Sichtweise; sie umfasste:

- Verbot der NSDAP und der ihr nahe stehenden Organisationen,
- Entflechtung von Großindustrie und Großbanken,
- Umerziehung („reeducation") des deutschen Volkes,
- Entfernung von Nationalsozialisten aus führenden Positionen,
- Bestrafung von aktiven Nationalsozialisten.

Die Entnazifizierung in den Westzonen dauerte bis 1950. Ihre Ziele wurden kaum erreicht. Die Klassifizierung der Betroffenen in Hauptschuldige, Belastete, Minderbelastete, Mitläufer und Entlastete sollte durch Fragebögen erreicht werden, was in der Praxis nicht möglich war. Viele Nazis kamen deshalb ungeschoren davon und erhielten oft noch einen so genannten „Persilschein", der sie von allen Vorwürfen entlastete.

Die 24 Hauptverantwortlichen für die Nazi-Verbrechen wurden ab November 1945 in Nürnberg vor ein internationales Gericht gestellt. Die Anklagepunkte im Nürnberger Prozess lauteten:

1. Verbrechen gegen den Frieden
2. Kriegsverbrechen
3. Verbrechen gegen die Menschlichkeit.

Nach einjähriger Verhandlung wurden 12 Angeklagte zum Tod verurteilt, 7 Angeklagte zu langjährigen bzw. lebenslangen Haftstrafen verurteilt, 3 Angeklagte freigesprochen, NSDAP, Gestapo, SS und SD zu verbrecherischen Organisationen erklärt. Die zum Tod verurteilten NS-Funktionäre wurden am 16.10.1946 hingerichtet.

Beurteilung des Nürnberger Prozesses:

- Negative Aspekte:
  - Die Richter stammten aus den Siegerstaaten (Vorwurf der „Siegerjustiz").
  - Der Anklagepunkt „Führen eines Angriffskriegs" war bis zu diesem Zeitpunkt nicht unter Strafe gestellt (Vorwurf, gegen den Rechtsgrundsatz „Keine Strafe ohne Gesetz" verstoßen zu haben).
  - Es wurden nur deutsche, nicht alliierte Kriegsverbrechen abgeurteilt (Vorwurf der Ungleichbehandlung).
- Positive Aspekte:
  - Die NS-Führungsspitze wurde unwiderruflich ausgeschaltet.
  - NS-Verbrechen wurden in einem bisher nicht bekannten Ausmaß enthüllt.
  - Das internationale Recht wurde durch den Prozess weiterentwickelt.

3 Politischer Neuanfang

Der Neuanfang sollte von politisch unbelasteten Deutschen durchgeführt werden. Die Alliierten griffen deshalb bei der Besetzung von Ämtern in Politik und Verwaltung, aber auch bei der Vergabe von wichtigen Positionen in der Wirtschaft vorwiegend auf Gegner des NS-Regimes zurück, die emigriert oder geflohen waren und nun allmählich nach Deutschland zurückkehrten. Besonders in der amerikanisch besetzen Zone wurde auf einen Aufbau der Demokratie von unten nach oben Wert gelegt.

Politischer Neuanfang in der amerikanischen Zone:	
19.09.1945	Konstituierung der Länder Bayern, Württemberg-Baden und Hessen
17.10.1945	Errichtung eines „Länderrats des amerikanischen Besatzungsgebietes" (bestehend aus den Ministerpräsidenten der drei Länder)
15.11.1945	Selbstverwaltungsrecht für Gemeinden und Kreise
26.12.1945	erste freie (Gemeinderats-)Wahlen in Deutschland
1946	Landtagswahlen

Politischer Neuanfang in der britischen und französischen Zone:
In der britischen Zone entstanden die neuen Länder erst später: Nordrhein-Westfalen und Schleswig-Holstein im August 1946, Niedersachsen im November 1946. Diese Länder hatten wesentlich weniger Befugnisse als die in der amerikanischen Zone, ebenso verhielt es sich mit den Ländern der französischen Zone Rheinland-Pfalz, Württemberg-Hohenzollern und Süd-Baden (1946).

Erste Ansätze zur **Gründung bzw. Wiedergründung politischer Parteien**, deren Zulassung schon im Potsdamer Abkommen vorgesehen war, gab es schon unmittelbar nach dem Zusammenbruch im Mai 1945. Vor allem die junge Generation strebte nach neuer geistiger, moralischer und politischer Orientierung. Zudem wollte man versuchen, auf parteipolitischer Ebene Einfluss auf die Besatzungsmächte und die weitere Entwicklung in Deutschland zu nehmen.

Die Amerikaner und Briten standen der Entstehung von Parteien grundsätzlich positiv gegenüber und favorisierten ein Zwei-Parteien-System. Die Franzosen verhielten sich abwartend. Alle

Westalliierten sahen aber in der demokratischen Grundeinstellung die unbedingte Voraussetzung für die Genehmigung einer politischen Tätigkeit von Deutschen.

Ab Herbst 1945 wurden nach und nach folgende politische Parteien in den Westzonen zugelassen:

- **CDU** (christliche Volkspartei, vereinte Katholiken und Protestanten, Durchsetzung einer eher konservativen Richtung unter Konrad Adenauer, Absage an sozialistische Tendenzen, Entscheidung für die soziale Marktwirtschaft, seit 1950 als Bundespartei aktiv)
- **CSU** (christliche Volkspartei, bewusstes Eintreten für den Föderalismus und die Eigenstaatlichkeit Bayerns)
- **SPD** (Partei mit der längsten Tradition, Wandlung der Arbeiterpartei zur Volkspartei unter Kurt Schumacher, Abgrenzung zu den Kommunisten, Entscheidung für einen demokratischen Sozialismus, Bemühen um eine gerechte Wirtschaftsordnung)
- **FDP** (Zusammenschluss liberaler politischer Gruppen, Parteigründung auf dem Heppenheimer Parteitag 1948, Fortführung liberaler Traditionen der Weimarer Republik, zentrale Werte: „Nation", „Freiheit" und „Menschenwürde").

Daneben entstanden kleinere Parteien wie die **KPD**, das **Zentrum**, die **Niedersächsische Landespartei**, die **Bayernpartei**, die **Wirtschaftliche Aufbauvereinigung**, der **Bund der Heimatvertriebenen und Entrechteten**, die **Deutsche Reichspartei** und die **Sozialistische Reichspartei**, die aber im politischen Leben der frühen Bundesrepublik keine nennenswerte Rolle spielten.

4 Wirtschaftspolitische Entscheidungen

Im Potsdamer Abkommen wurde festgelegt, dass Deutschland als wirtschaftliche Einheit behandelt werden sollte; trotzdem wurde es in ein östliches und ein westliches Reparationsgebiet geteilt. Dies stellte einen Widerspruch dar, der bald zu Konflikten führte, da die Besatzungsmächte mit den Reparationen unterschiedlich umgingen. Der UdSSR waren aufgrund ihrer immensen Verluste im Zweiten Weltkrieg Entnahmen aus den Westzonen zugebilligt worden. Als aber die im Gegenzug zu leistenden Lieferungen von Nahrungsmitteln aus der SBZ nach Westen ausblieben, stellten die USA im Mai 1946 die Lieferung von Industrie- und Verkehrsanlagen in die Sowjetunion ein. Diese Maßnahme wurde von der europäischen Öffentlichkeit als Sensation aufgenommen, sie markiert zugleich einen Wendepunkt in den Nachkriegsbeziehungen zwischen USA und UdSSR.

Weitere wirtschaftspolitische Entwicklungen:

- US-Außenminister Byrnes gab in seiner **Stuttgarter Rede** vom 6.9.1946 die Wende der amerikanischen Besatzungspolitik bekannt.
- Errichtung des „Vereinigten Wirtschaftsgebietes" **(Bizone)** im Januar 1947 (Vereinigung der britischen und amerikanischen Zone in wirtschaftlichen Fragen). Ziel: Schaffung eines größeren Wirtschaftsgebietes.
- **Marshallplan-Hilfe** (European Recovery Program, ERP) seit Juni 1947 für Europa. Ziele: Wirtschaftliche Stärkung des Handelspartners Europa, Stabilisierung der demokratisch-pluralistischen Gesellschaftsordnungen in Westeuropa. Von ca. 14 Milliarden Dollar flossen 1,4 Milliarden Dollar nach Westdeutschland. Die UdSSR hatte den Ländern in ihrer Einflusssphäre die Annahme verboten.
- Durchführung einer **Währungsreform** in den drei Westzonen am 20.6.1948: Die D-Mark löste die wertlos gewordene Reichsmark ab. Jeder Deutsche erhielt 40 (später noch einmal

20) Deutsche Mark. Löhne, Gehälter, Pensionen und Mieten wurden im Verhältnis 1:1, Schulden und Sparguthaben im Verhältnis 10:1 umgestellt. Dies bedeutete einen realen Zugewinn für die Besitzer von Sachwerten und Grundbesitz, während die „kleinen Leute", Arbeiter, Angestellte, Beamte und Rentner, ihre Ersparnisse verloren.

- Die Währungsreform belebte die Wirtschaft, da die Menschen in die neue Währung Vertrauen hatten. Die Konjunktur sprang an, die Deutschen machten die Erfahrung, dass sie für Geld wieder bislang entbehrte Waren bekommen konnten. Die Schaufenster und Regale waren über Nacht gefüllt, der Schwarzmarkt verschwunden.
- **Leitsätze-Gesetz:** Gleichzeitig mit der Währungsreform setzte der spätere Wirtschaftsminister Ludwig Erhard die Aufhebung der Zwangswirtschaft durch. Die Entscheidung für die soziale Marktwirtschaft war gegen den Willen der SPD gefallen, die Preissteigerungen und Nachteile für die sozial Schwachen befürchtete.

5 Gründung der Bundesrepublik Deutschland

Noch Anfang Juni 1947 hatte der bayerische Ministerpräsident Hans Ehard seine Amtskollegen aus allen Ländern der Besatzungszonen nach München eingeladen, um wirtschaftliche Probleme zu besprechen. Doch als die Gespräche schon an der Tagesordnung scheiterten und die Ministerpräsidenten der SBZ abreisten, zeigte sich, dass die Auseinanderentwicklung der östlichen und westlichen Besatzungszonen nicht mehr aufzuhalten war. Die USA betrieben nun mit Vehemenz den Ausbau der Bizone zur **Trizone** und damit die Gründung eines westdeutschen Staates. Als Frankreich seinen Widerstand gegen eine Zusammenlegung der drei Westzonen aufgegeben hatte, einigten sich die Westalliierten auf der **Londoner Außenministerkonferenz** im März 1948 auf die Herstellung der westdeutschen Einheit. Die Sowjetunion, die von diesem Schritt nicht unterrichtet worden war, zog ihren Vertreter aus dem Alliierten Kontrollrat ab, die gemeinsame Besatzungspolitik der Alliierten war damit beendet.

Weitere Stationen auf dem Weg zur Gründung der Bundesrepublik Deutschland:

- Übergabe der **Frankfurter Dokumente** (Aufforderung zur Einberufung einer verfassunggebenden Nationalversammlung) an die Ministerpräsidenten der westdeutschen Länder am 1.7.1948.
- **Ablehnung der Frankfurter Dokumente** durch die Ministerpräsidenten, die eine Festschreibung der Spaltung Deutschlands befürchteten.
- Zugeständnis der Alliierten: Verwendung des Begriffs „**Grundgesetz**" (statt „Verfassung"), um dem vorläufigen Charakter Rechnung zu tragen, Annahme durch die Länderparlamente (statt einer Volksabstimmung), da nicht das ganze deutsche Volk abstimmen konnte.
- Einsetzung eines „**Parlamentarischen Rats**" (Präsident: Konrad Adenauer) zur Erarbeitung des Grundgesetzes (ab 1.9.1948).
- Vorlage des **Verfassungsentwurfs** des Parlamentarischen Rats bei den Alliierten und Länderparlamenten (Mai 1949).
- **24. Mai 1949**: Das Grundgesetz der Bundesrepublik Deutschland tritt in Kraft.
- Im August 1949 wurde der erste Bundestag gewählt, die Mehrheit der CDU-, CSU-, FDP- und DP-Abgeordneten stimmten für **Konrad Adenauer (CDU) als Bundeskanzler**; Theodor Heuss (FDP) wurde Bundespräsident.

Schematische Darstellung des Grundgesetzes

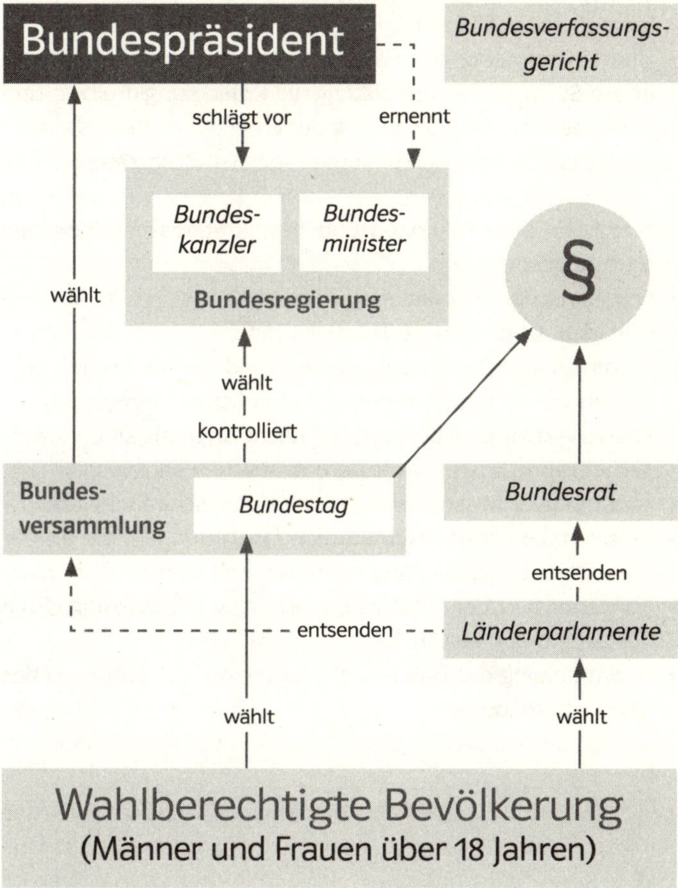

Aspekte der Verfassungsberatungen:

- Vorgabe der Alliierten (außer Großbritannien): Stärkung der Länderhoheit (Föderalismus).
- Übereinstimmung der Parteien: Ausschaltung der Diktatur in jeder Form, Gewährleistung von Handlungsfreiheit und Selbstbestimmung, Sicherung der Freiheitsrechte des einzelnen Bürgers, Bemühen um einen sozialen Rechtsstaat.

Wesentliche Bestimmungen und charakteristische Merkmale des Grundgesetzes:

- provisorischer Charakter,
- Gültigkeit unter alliierten Vorbehalten,
- Vorrang und Unaufhebbarkeit der Grund- und Menschenrechte zum Schutz des Einzelnen vor staatlichen Übergriffen,
- Wiedervereinigung und sozialer Rechtsstaat als Ziel,
- gemeinsame Basis für alle demokratischen Parteien,
- konstruktives Misstrauensvotum für politische Stabilität,
- Parteien als verfassungsrechtliche Institutionen, die an der politischen Willensbildung des Volkes mitwirken,
- Konzentration der staatlichen Macht auf Bundestag, Bundesrat und Bundeskanzler,
- Beschränkung des Bundespräsidenten auf die Aufgaben des Staatsoberhauptes.

Verhältnisse in der östlichen Besatzungszone

1 Die Situation nach dem Zusammenbruch

In der sowjetisch besetzten Zone (SBZ) waren die Verhältnisse nach 1945 kaum anders als im Westen Deutschlands: Städte waren zerbombt, Infrastruktur und Wirtschaft waren zerstört.

Die Sowjetunion bestimmte als Besatzungsmacht die **Ziele der Politik**:
- Entmilitarisierung Deutschlands (zur Gewährleistung der eigenen Sicherheitsinteressen) und
- Reparationen (für den eigenen Wiederaufbau).

Diese Punkte waren durch das Potsdamer Abkommen gedeckt. Unausgesprochen kam hinzu:
- Schwächung Deutschlands (als Voraussetzung für die Ausdehnung des sowjetischen Macht- und Einflussbereiches bis in die Mitte Europas).

2 Sowjetisierung der SBZ

In der SBZ errichtete die „Sowjetische Militäradministration in Deutschland" **(SMAD)** im Juli 1945 mit Billigung des Alliierten Kontrollrates die Länder Mecklenburg-Vorpommern, Sachsen, Thüringen, Brandenburg und Sachsen-Anhalt. Dort wurden zwar viele sozialdemokratische und bürgerliche Politiker eingesetzt, Schlüsselstellungen in den neu eingerichteten Zentralverwaltungen, die den Ländern übergeordnet wurden, behielt die SMAD allerdings sowjetfreundlichen Kommunisten vor. Dabei handelte es sich um Emigranten wie Walter Ulbricht, die aus dem Moskauer Exil zurückgekehrt waren, um in der sowjetisch besetzten Zone einen sozialistischen Staat auf der Grundlage der Ideen von Marx, Engels und Lenin zu errichten (**Gruppe Ulbricht**).

In der SBZ wurden politische Parteien sehr rasch zugelassen. Schon vor der Potsdamer Konferenz schlossen sich die SPD, CDU, LDPD und die anderen Parteien unter der Führung der KPD zum „Block antifaschistisch-demokratischer Parteien" (**Antifa-Block**) zusammen. Die Ost-SPD unter Otto Grotewohl gab dem Druck der Kommunisten nach und stimmte im April 1946 der Vereinigung von SPD und KPD zur „**Sozialistischen Einheitspartei Deutschland**" (SED) zu. Darin hatten die Kommunisten die Führungspositionen inne, die SPD war als Arbeiterpartei ausgeschaltet.

Aus den Kreis- und Landtagswahlen im Herbst 1946 sollte nach den Vorstellungen der sowjetischen Militärregierung die SED als stärkste politische Kraft hervorgehen. Um dies zu erreichen, wurden die bürgerlichen Parteien, CDU und LDPD, massiv behindert. Trotzdem entfielen auf sie mehr als die Hälfte der Stimmen. Die SMAD, die die Vorrangstellung der Kommunisten und der SED gefährdet sah, reagierte wieder mit Druck. Die SED wurde zur **Kaderpartei** umgestaltet, oppositionelle Kräfte innerhalb der Partei ausgeschaltet. Die Einheitsgewerkschaft (**FDGB**) wurde zum Kontrollorgan von Produktionsplänen und Arbeitsnormen.

3 Wirtschaftliche Veränderungen in der SBZ

Die SBZ sollte im Sinn des Marxismus zu einem kommunistischen Staat umgewandelt werden. Das erforderte neben der politischen auch eine weitreichende wirtschaftliche Umgestaltung. Folgende Schritte wurden dazu vollzogen:

- **Verstaatlichung** von Banken und Sparkassen (1945)

- **Bodenreform:** Umverteilung von Grundbesitz nach dem Motto: „Junkerland in Bauernhand!"
- Umwandlung von Großunternehmen in „Sowjetische Aktiengesellschaften" **(SAGs)**, Verstaatlichung der Schwer- und Schlüsselindustrie, Bildung von „Volkseigenen Betrieben" **(VEBs)**.
- Verabschiedung eines ersten **Zwei-Jahres-Plans** 1948.
- **Währungsreform** (23.6.1948) als unmittelbare Reaktion auf die Einführung der DM im Westen, in Wirklichkeit aber schon langfristig geplant. Keine nennenswerte Verbesserung des Lebensstandards, Lebensmittelrationierungen sowie Schwarzmarkt blieben bestehen.
- Einführung der **Planwirtschaft** 1948.

4 Gründung der DDR

Die Gründung der DDR erfolgte einige Monate nach der Gründung der Bundesrepublik Deutschland. Dies sollte den Anschein erwecken, als hätte der Westen das Auseinanderbrechen der deutschen Besatzungszonen zementiert und die SMAD würde nur darauf reagieren. In Wirklichkeit hatte man sich in der SBZ schon seit 1946 Gedanken über eine Verfassung gemacht.

Stationen auf dem Weg zur Gründung der Deutschen Demokratischen Republik:

- Initiierung einer **Volkskongressbewegung** (Dezember 1947), die angeblich die Einheit Deutschlands und den Abschluss eines Friedensvertrages, in Wirklichkeit aber die Gründung eines ostdeutschen Teilstaates vorbereiten sollte.
- Schon im Oktober 1948 legte der „**Deutsche Volksrat**", der aus dem 2. Volkskongress im März hervorgegangen war und den Anspruch erhob, ganz Deutschland zu repräsentieren, einen **Verfassungsentwurf** vor, der auf den Vorstellungen der SED von 1946 basierte.

- Ein nach einer Einheitsliste gewählter 3. Volkskongress bestätigte den Verfassungsentwurf im Mai 1949.
- Am **7.10.1949** wurde diese Verfassung in Kraft gesetzt, damit war die DDR gegründet.
- Der „Deutsche Volksrat" erklärte sich selbst zur „Provisorischen Volkskammer", Otto Grotewohl (SED, früher SPD) wurde Regierungschef, **Wilhelm Pieck** (SED, früher KPD) erster Präsident der DDR.

Wesentliche Bestimmungen und charakteristische Merkmale der Verfassung der DDR von 1949:

- Modell für ganz Deutschland.
- DDR als Volksdemokratie, keine repräsentative Demokratie, kein Parteienpluralismus.
- Volkskammer als höchstes Verfassungsorgan (vereinte Regierungs-, Gesetzgebungs- und Justizfunktion), keine Gewaltenteilung.
- Die Volkskammer besaß das Recht zur Kontrolle der Justiz und zur Ernennung und Absetzung der Richter.
- Verzicht auf Grundrechte und das Streikrecht.
- Der Boykott-Hetze-Artikel 6 eröffnete die Möglichkeit, die Opposition zu unterdrücken und strafrechtlich gegen sie vorzugehen.

Schematische Darstellung der Verfassung der DDR (1949)

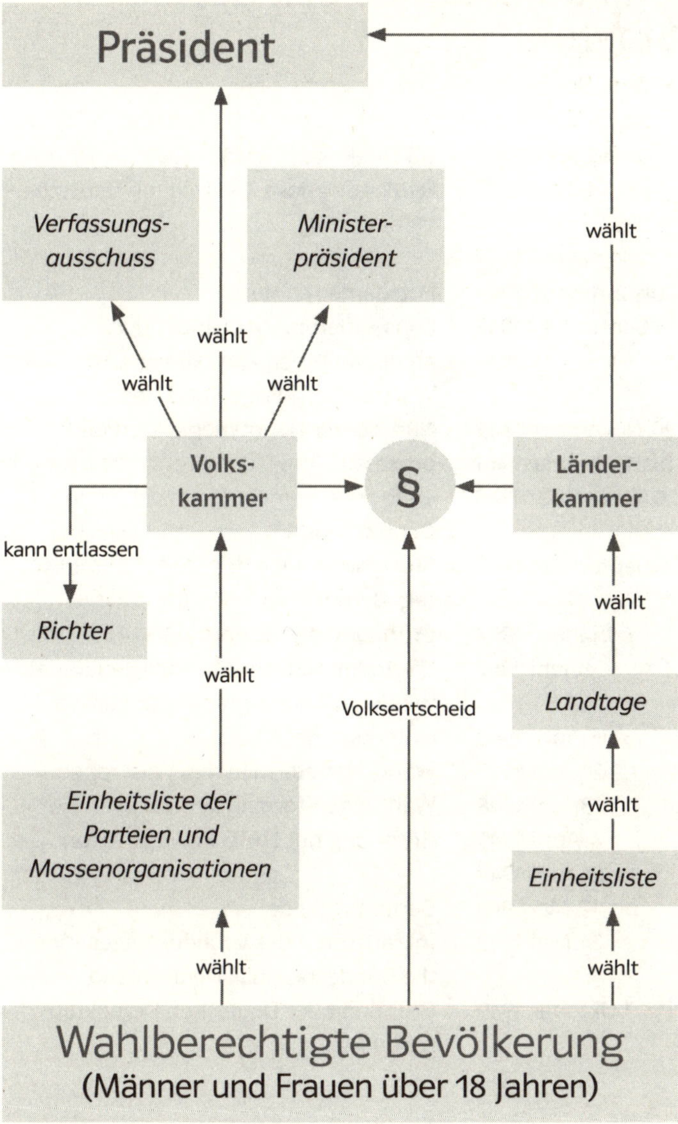

Von der Anti-Hitler-Koalition zur Gründung der beiden deutschen Staaten

26. April 1945	US-Direktive JCS 1067
8. Mai 1945	Bedingungslose Kapitulation Deutschlands
17. Juli 1945 bis 2. August 1945	Potsdamer Konferenz
19. September 1945	Konstituierung der Länder der amerikanischen Zone (Bayern, Württemberg-Baden und Hessen)
20. November 1945 bis 1. Oktober 1946	Nürnberger Hauptkriegsverbrecherprozess
26. Dezember 1945	erste freie Gemeinderatswahlen in Deutschland
6. September 1946	Stuttgarter Rede des US-Außenministers Byrnes
1. Januar 1947	Gründung der Bizone
5. Juni 1947	US-Außenminister Marshall verkündet Wiederaufbauprogramm für Europa
16. April 1948	Gründung der OEEC
20. Juni 1948	Währungsreform in den Westzonen
23. Juni 1948	Währungsreform in der SBZ
4. April 1949	Gründung der NATO in Washington
24. Juni 1948 bis 12. Mai 1949	Berlin-Blockade
24. Mai 1949	Inkrafttreten des Grundgesetzes für die Bundesrepublik Deutschland
7. Oktober 1949	Gründung der Deutschen Demokratischen Republik

Kalter Krieg und Wirtschaftswunder

Der Ost-West-Konflikt

Anfang der 50er-Jahre wurde immer deutlicher, dass die Großmächte USA und UdSSR unterschiedliche Ziele verfolgten. In der UdSSR hatte ein entscheidender Führungswechsel stattgefunden. Stalin war 1953 gestorben, sein Nachfolger Nikita Chruschtschow führte umfassende Reformen durch und übte öffentlich Kritik an seinem Vorgänger. In der Außenpolitik blieb alles beim Alten: Das Ziel war es, den sowjetischen Einflussbereich auszudehnen. Gelegenheit dazu gab es im **Korea-Krieg** (1950–53).

Während des **Ungarn-Aufstandes** 1956 wurde deutlich, dass die Westmächte den Status quo akzeptierten und keinen Krieg, der möglicherweise ein atomarer Krieg geworden wäre, riskieren wollten. Die von US-Außenminister John Foster Dulles 1953 angekündigte **Roll-Back-Politik** war an ihre Grenzen gestoßen, seit die UdSSR über die Wasserstoffbombe verfügte. Als es dann 1957 den Sowjets gelang, den ersten künstlichen Erdsatelliten in die Umlaufbahn zu bringen, war offensichtlich, dass sie auch in der Lage gewesen wären, Langstrecken- und sogar Interkontinentalraketen einzusetzen. Damit hätten sie sogar einen Vorsprung gegenüber den USA gehabt und diese auf ihrem eigenen Territorium angreifen können (**Sputnik-Schock**). Diese Erkenntnis führte in den USA zu einem Umdenken. Das Konzept der **massiven Vergeltung** (sofortiges Überschreiten der Atomschwelle) und die Containment-Politik waren angesichts des atomaren Patts in Frage gestellt, das Konzept der **angemessenen Reaktion** (die USA wollen mit den gleichen Waffen zurückschlagen, mit denen die Sowjets angreifen) war die Folge. Es wurde in den USA von Präsident **John F. Kennedy** vertreten.

Die Erkenntnis, dass die beiden Großmächte einander nicht besiegen, allenfalls sich selbst und die andere Großmacht auslöschen könnten, führte zur Festigung der Einflusssphären. Trotzdem versuchten die beiden Supermächte ihren Einflussbereich auszudehnen. Dies sollte aber nicht in direkter Konfrontation geschehen. Dass die Schauplätze für eine machtpolitische Auseinandersetzung in Länder der Dritten Welt verlegt wurden (so genannte **Stellvertreter-Kriege**), zeigt sich in den folgenden internationalen Krisen:

- **Kuba-Krise** (1962):
  - 1959 hatte der kubanische Kommunistenführer **Fidel Castro** die USA-nahe Regierung des Diktators Batista gestürzt und mit der UdSSR ein Militärabkommen geschlossen.
  - 1961 scheiterte eine von den USA unterstützte Rückeroberung Kubas durch Exilkubaner.
  - Kuba schloss sich nun noch enger an die Sowjetunion an: 1962 errichteten die Sowjets Abschussrampen für Mittelstreckenraketen auf Kuba, die die amerikanischen Großstädte im Süden und Südosten des Landes direkt bedrohten.
  - Diese massive Bedrohung nahm Kennedy nicht hin; er verhängte eine Seeblockade über Kuba und drohte mit einer Invasion, falls die Raketenbasen nicht zerstört und die Raketen nicht abgezogen werden würden.
  - Ende Oktober lenkte Chruschtschow ein: Er stimmte einem militärischen Rückzug zu, Kennedy verzichtete auf eine Invasion und zog Raketen aus der Türkei ab, die eine Bedrohung für die Sowjetunion darstellten.
  - Die Weltöffentlichkeit erkannte, dass im Herbst 1962 ein Atomkrieg nur knapp verhindert worden war. Doch auch bei den führenden Staatsmännern setzte ein Umdenken ein: Auf die Konfrontationspolitik folgte nun eine **Phase der**

Entspannung, die insbesondere von den USA ausging. Die UdSSR setzte weiter auf Aufrüstung.
  - Als Konsequenz der Kubakrise vereinbarten die USA und die Sowjetunion unter dem neuen Staatschef Leonid Breschnew 1963 die Einrichtung eines **heißen Drahts** (ständige Telefonleitung zwischen Moskau und Washington) zur sofortigen Klärung von Spannungen.
- Auch im **Vietnam-Krieg** (1964–73) stießen die beiden Supermächte aufeinander:
  - Nach der Beendigung der französischen Kolonialherrschaft in Indochina 1954 und der Teilung des Landes entlang des 17. Breitengrades etablierte sich im Norden ein kommunistisches Regime unter **Ho Chi Minh**, das von der UdSSR und China unterstützt wurde.
  - Die USA unterstützten ein autoritäres Regime im Süden des Landes gegen eine mögliche Invasion der kommunistischen Vietcong aus dem Norden. Während anfangs nur amerikanische Militärberater ins Land kamen, setzte **Lyndon B. Johnson**, der Nachfolger des ermordeten John F. Kennedy, amerikanische Streitkräfte ein.
  - Der Erfolg für die USA blieb aber aus; trotz Flächenbombardements und Einsatz von chemischen Kampfstoffen gelang es den USA nicht, den Süden gegen eine Machtübernahme durch Ho Chi Minh und seine Truppen stark zu machen. Weltweite Proteste gegen den Krieg führten 1973 zu Waffenstillstandsverhandlungen zwischen Nordvietnam und den USA unter **Richard Nixon**, dem bald der Rückzug der amerikanischen Truppen folgte.
  - Südvietnam war nun der Invasion der Vietcong hilflos ausgeliefert und kapitulierte 1975.

Europa im Aufbruch

1 Der Prager Frühling 1968

Im Osten Europas hatte die Sowjetunion ihre Macht weitgehend stabilisiert; Polen, die CSSR, Ungarn, Rumänien und Bulgarien waren Mitglieder der sozialistischen Wirtschaftsgemeinschaft **COMECON** und des **Warschauer Paktes**, dem von der Sowjetunion gelenkten Militärbündnis, geworden. Jugoslawien hatte unter seinem Staatschef Tito mit Billigung der sowjetischen Führung einen eigenen Weg zum Sozialismus eingeschlagen, der sich an den Vorgaben der UdSSR nur lose orientierte.

Ähnlich wie Jugoslawien hatte sich die Tschechoslowakei nach 1945 bemüht, eine Zwischenstellung zwischen Ost und West einzunehmen. Diese Bestrebungen wurden Mitte der 60er-Jahre wieder aktuell, da aufgrund der Vorrangstellung der Schwerindustrie die Bevölkerung den Mangel an Verbrauchsgütern und den niedrigen Lebensstandard als unerträglich empfand. Der Führer der KPC **Alexander Dubček** wollte einen **„Sozialismus mit menschlichem Antlitz"** schaffen und unterbreitete Reformvorschläge, die in der Bevölkerung große Zustimmung fanden.

Er forderte:

- Meinungs-, Versammlungs- und Reisefreiheit,
- Einschränkung der Macht der kommunistischen Partei und
- die Möglichkeit zu mehr Eigeninitiative in der Wirtschaft.

Am 1.5.1968 fand ein Protestmarsch in Prag statt, dem Hunderttausende Reformwillige folgten. Dies war für die UdSSR das Signal zum Einschreiten: Am 21. August marschierten sowjetische Truppen – unterstützt von Armeeeinheiten aus den anderen sozialistischen „Bruderländern" – in die CSSR ein, um die Reformbewegung niederzuschlagen und Dubček und seine Mitstreiter ihres Amtes zu entheben und zu verhaften. Der **Prager Frühling** fand damit im Herbst 1968 ein jähes Ende.

2 Die Anfänge der Europäischen Gemeinschaft

Während in Osteuropa die UdSSR die politische Richtung vorgab, blieb im Westen relativ offen, auf welchem Weg die von Churchill und anderen angedachte Einigung Europas verwirklicht werden sollte. Eindeutig war, dass Europa nicht länger nur eine Vision bleiben, sondern konkrete Gestalt annehmen sollte. Dies lag im Interesse der USA, die angesichts des aufkommenden Kalten Krieges ein wirtschaftlich und politisch gestärktes Europa befürworteten.

Die sich anbahnende deutsch-französische Freundschaft und das Wissen um die wirtschaftliche Konkurrenzfähigkeit der Vereinigten Staaten von Europa vertieften den Europagedanken. Das Zusammenrücken der europäischen Staaten erfolgte in Etappen und verlief nicht ohne Rückschläge. Dies sind die wichtigsten Stationen:

- **Schuman-Plan:** Schon 1950 unterbreitete der französische Außenminister Robert Schuman den Vorschlag, die französische und deutsche Kohle- und Stahlproduktion einer gemeinsamen Behörde zu unterstellen. Die Gefahr eines Krieges zwischen Deutschland und Frankreich schien damit gebannt. Zudem sollte für die Montanindustrie auf diese Weise ein Absatzmarkt ohne Zollschranken geschaffen werden, was Westeuropa helfen würde, sich im weltweit zunehmenden Konkurrenzkampf zu behaupten.
- Als Ergebnis des Schuman-Planes wurde 1951 die Europäische Gemeinschaft für Kohle und Stahl (**EGKS**, auch **Montanunion** genannt) geschaffen. Mitgliedstaaten: Frankreich, Deutschland, Niederlande, Belgien, Luxemburg und Italien.

- 1952 sollte die Europäische Verteidigungsgemeinschaft **(EVG)** gegründet werden. Damit wäre die Bundesrepublik Deutschland in ein westeuropäisches Verteidigungsbündnis einbezogen worden. Dies hätte zwar durch die damit verbundene Wiederbewaffnung eine weltweite Aufwertung für Westdeutschland bedeutet, es hätte aber auch den europäischen Staaten die Möglichkeit eröffnet, diese Wiederbewaffnung zu kontrollieren. Die EVG scheiterte 1954 an der Ablehnung Frankreichs, woraufhin die Bundesrepublik Deutschland der Westeuropäische Union **(WEU)** beitrat.

Dies wurde durch die
- **Pariser Verträge** (Oktober 1954) festgeschrieben, wonach Westdeutschland auch Mitglied in der NATO (Verzicht auf ABC-Waffen) werden sollte. Die Folge davon waren die Beendigung des Besatzungsregimes und die Souveränität Deutschlands 1955 sowie seine Wiederbewaffnung.
- In den **Römischen Verträgen** (25.3.1957) wurde die Schaffung der Europäischen Wirtschaftsgemeinschaft **(EWG)** und der Europäischen Atomgemeinschaft **(Euratom)** festgeschrieben.
- 1967 wurde durch Zusammenlegung von EWG, EGKS und Euratom die **Europäische Gemeinschaft** (EG) geschaffen, die zuerst in eine Zollunion, später in eine Wirtschafts- und Währungsunion und schließlich in eine politische Union münden sollte.
- Bis 1968 wurde die Zollunion vollendet; damit waren innerhalb der EG alle Binnenzölle abgeschafft.

Die Entwicklung der Bundesrepublik Deutschland

1 Deutschland unter Adenauer

Konrad Adenauer (CDU) war vierzehn Jahre lang Bundeskanzler – vom ersten Bundestag 1949 bis zu seinem Rücktritt 1963. In seiner Regierungszeit nahm die Bundesrepublik Deutschland die politische Gestalt an, die bis in die 80er-Jahre Gültigkeit hatte:

- Das Parteienspektrum ist relativ einheitlich und übersichtlich. Es gibt **nur wenige große Parteien** (CDU / CSU, SPD,FDP), die allesamt Volksparteien (die SPD seit dem Godesberger Programm von 1959) sind, also die Interessen aller Bürger, nicht nur einer kleinen Gruppe vertreten. Das Parteienspektrum wird durch die Fünf-Prozent-Klausel eingegrenzt, die seit 1953 bei Bundestagswahlen gilt.
- Die politischen Parteien üben einen entscheidenden Einfluss auf das politische Geschehen aus.
- Die politische Führungsrolle liegt beim Kanzler (**Kanzlerdemokratie**) und der Regierungsfraktion, das Amt des Bundespräsidenten ist auf repräsentative Aufgaben beschränkt.
- Die Bundesrepublik Deutschland ist dem Gedanken der **sozialen Marktwirtschaft** verpflichtet.

Für Bundeskanzler Adenauer ergaben sich aus der Situation Westdeutschlands zu Beginn der 50er-Jahre zwei Ziele:

- Die Erlangung der inneren Souveränität und
- die Herstellung der deutschen Einheit.

Die innere Souveränität musste den alliierten Besatzern Stück für Stück abgerungen werden, z. B. durch das **Petersberger Abkommen** (Beitritt Westdeutschlands zur Ruhrbehörde, No-

vember 1949), das die Demontagen einschränkte, der Bundesrepublik Deutschland die Möglichkeit eröffnete, Mitglied in internationalen Organisationen zu werden und diplomatische Beziehungen zu anderen Staaten aufzunehmen. Mit der Ratifizierung des **Deutschlandvertrages** 1955 war die Bundesrepublik Deutschland ein souveräner Staat. Es galten jedoch noch alliierte Vorbehalte bezüglich Berlin, Rechte der alliierten Truppen und Fragen, die - bei einer späteren Wiedervereinigung - Deutschland als Ganzes betreffen sollten.
Die Herstellung der Deutschen Einheit war ein Ziel der westdeutschen Politik, das in der Präambel des Grundgesetzes festgeschrieben, aber kurzfristig nicht erreichbar war.

2 Wiederbewaffnung und Westorientierung

Unter dem Eindruck des Korea-Krieges war ein beherrschendes Thema der deutschen Politik zu Beginn der 50er-Jahre die Frage nach der **Wiederbewaffnung Deutschlands**. Großbritannien und die USA waren dafür, Westdeutschland an einer europäischen Armee zu beteiligen, Frankreich lehnte dies ebenso wie den EVG-Plan des französischen Ministerpräsidenten René Pleven ab, worauf die Bundesrepublik Deutschland der WEU und der NATO beitrat.
Im Bewusstsein, dass eine starke Mitte Europas ein Garant für einen dauerhaften Frieden sein würde, setzten sich Adenauer und der französische Staatspräsident Charles de Gaulle für die Aussöhnung der beiden Staaten ein. Diese wurde in folgenden Etappen erreicht:

- Aufnahme der Bundesrepublik Deutschland in den **Europarat** (1951),
- Gründung der **Montanunion** (1951),
- Unterzeichnung des **deutsch-französischen Freundschaftsvertrags** (1963).

Adenauers außenpolitisches Ziel war eine **Anbindung der Bundesrepublik Deutschland an die westliche Welt**, insbesondere an die USA.

Viele Deutsche protestierten aufgrund ihrer Erfahrungen in zwei Weltkriegen gegen den Aufbau der Bundeswehr. Adenauer setzte diesen aber gegen den Widerstand der SPD und der Kirchen durch, weil er der Ansicht war, dass nur durch eine **Politik der Stärke** Verbesserungen im Verhältnis der beiden deutschen Staaten erreicht werden könnten. Der entschiedenen Abgrenzung zur DDR diente auch die **Hallstein-Doktrin**, nach der die Bundesrepublik Deutschland keine diplomatischen Beziehungen zu Ländern unterhält, die die DDR aufwerten, indem sie sie als souveränen Staat anerkennen. Eine Ausnahme bildete die Sowjetunion.

1955 erreichte Adenauer die Aufnahme **diplomatischer Beziehungen** mit der Sowjetunion, die damit die Bundesrepublik und die DDR als gleichrangige Partner anerkannte. Ein sichtbarer Erfolg der Ostpolitik Adenauers war die Freilassung der letzten 10 000 deutschen Kriegsgefangenen aus sowjetischen Lagern (1955).

3 Die Stalin-Noten (1952)

Während die Verhandlungen über einen deutschen Wehrbeitrag und um die Aufnahme der Bundesrepublik Deutschland in das westliche Verteidigungsbündnis im Gang waren, kam aus der Sowjetunion ein **Angebot zur Vereinigung der beiden deutschen Staaten**. In der ersten von insgesamt vier Noten bot Stalin am 10.3.1952 Folgendes an:

- einen Friedensvertrag für Deutschland,
- die Herstellung Deutschlands als einheitlichen Staat,
- eigene nationale Streitkräfte für Deutschland.

Als Konsequenz sah diese Note vor:

- die Neutralität Deutschlands,
- den Abzug aller Besatzungstruppen,
- die Garantie der demokratischen Freiheiten,
- die Anerkennung der Grundrechte,
- ein Verbot aller friedensfeindlicher, antidemokratischer Organisationen,
- die Grenzziehung entsprechend den Beschlüssen des Potsdamer Abkommens.

In einer Folgenote vom 9.4.1952 erklärte sich Stalin mit der Abhaltung von **freien Wahlen** einverstanden; erst sollte jedoch eine gesamtdeutsche Regierung gebildet werden. Zudem sollten die Wahlen **nicht unter Aufsicht der Vereinten Nationen**, lediglich unter der Kontrolle der vier Besatzungsmächte stattfinden. Da für die Alliierten ein Vetorecht vorgesehen war, bestand die Gefahr, dass die UdSSR die Wahlen verzögert bzw. unmöglich gemacht hätte.

Da Adenauer Stalin misstraute und aus den Erfahrungen mit dem Potsdamer Abkommen wusste, dass der **Begriff der Demokratie** nicht eindeutig war, wurde das sowjetische Angebot trotz eines mehrmonatigen Noten-Wechsels zwischen den Westmächten und der Sowjetunion nie ernsthaft geprüft. Adenauer sah die Stalin-Noten als **Störmanöver** an, das die Westbindung der Bundesrepublik verhindern sollte. Das Wiedervereinigungsangebot passte zudem nicht in die Konzeption der amerikanischen Außenpolitik, die den Wechsel von der Containment-Politik zur Roll-Back-Politik (Zurückdrängung des sowjetischen Einflusses) vorbereitete.

4 Wirtschaftswunder unter Ludwig Erhard

Die 50er-Jahre brachten innenpolitische Stabilität. Das lag vor allem an der von Wirtschaftsminister Ludwig Erhard (CDU) gesteuerten Wirtschafts- und Sozialpolitik. Erhards Konzept der **sozialen Marktwirtschaft** versuchte die liberalen Ideen des freien Wettbewerbs und des Privateigentums mit den Prämissen des Sozialstaates zu vereinen. Dies gelang so gut, dass man bald vom deutschen **Wirtschaftswunder** sprach. Die Gründe dafür waren:

- Aufgrund der **guten Ausbildung der Arbeiter** hatten die produzierten Güter eine hohe Qualität.
- Durch den **Zustrom aus der DDR** kamen hochqualifizierte Arbeitnehmer in den Westen.
- Die Löhne blieben bis 1955 auf einem unverändert **niedrigen Lohnniveau**. Deutsche Waren waren damit auf dem Weltmarkt konkurrenzfähig.
- Die deutsche Wirtschaft wurde durch die **Marshallplan-Hilfe** angekurbelt.
- Die **Weltwirtschaft** entwickelte sich günstig.

So kam es, dass im Jahr 1958 **Vollbeschäftigung** herrschte. Die Wahlkampfparole „Wohlstand für alle" war zwar hoch gegriffen,

- doch standen Ende der 50er-Jahre ausreichend Wohnungen zur Verfügung,
- die Menschen konnten ihre Konsumwünsche befriedigen,
- Urlaub und Urlaubsreisen waren üblich geworden,
- die Fünf-Tage- bzw. 40-Stunden-Woche begann sich durchzusetzen.

Zur Stabilisierung der sozialen Verhältnisse trug auch der **Lastenausgleich** bei. Dabei handelte es sich um die schrittweise Umverteilung von Vermögen zwischen den Bevölkerungsgruppen, die durch den Krieg Vermögen verloren hatten (z. B. Flüchtlinge und Vertriebene), und denen, die aufgrund günstiger

Bedingungen (etwa, weil sie in den Westzonen lebten) ihren Besitz behalten konnten.
Die wirtschaftliche Entwicklung in den Jahren nach dem Zweiten Weltkrieg stabilisierte die Herrschaft der CDU, obwohl Adenauer einen energischen, fast autoritären Regierungsstil pflegte. Der Wahlslogan der CDU in der Bundestagswahl von 1957 **„Keine Experimente!"** brachte der Union sogar die absolute Mehrheit.

5 Das Ende der Ära Adenauer

Ende der 50er-Jahre schwand die Autorität der Regierung Adenauer. Die Bundestagswahl von 1961 brachte für die CDU / CSU 45,3 % der Stimmen, so dass sie eine Koalition mit der FDP eingehen musste. Der Koalitionspartner favorisierte den liberaleren Ludwig Erhard als Bundeskanzler und drängte Adenauer, auf das Amt des Kanzlers zu verzichten. Doch erst eine innenpolitische Krise, die **„Spiegel-Affäre"**, ließ Adenauer umschwenken. Als das Nachrichtenmagazin „Der Spiegel" einen kritischen Bericht über ein NATO-Manöver veröffentlichte, ließ der damalige Verteidigungsminister Franz Josef Strauß die Redaktionsräume des „Spiegel" durchsuchen und den Herausgeber Rudolf Augstein sowie mehrere Redakteure wegen Verdachts auf Landesverrat verhaften. Strauß hatte damit seine Befugnisse klar überschritten, doch Adenauer stärkte ihm den Rücken. Der Koalitionspartner FDP, der im Vorgehen von Strauß eine Verletzung der Grundrechte sah, verließ das Kabinett. Um die Krise zu beheben, drängte Adenauer Strauß zum Rücktritt und bildete eine neue Regierung. Im Jahr darauf trat der 87-Jährige nach schweren Niederlagen in Landtagswahlen zurück. Sein Nachfolger wurde Ludwig Erhard.

6 Die Regierungszeit Ludwig Erhards

Ludwig Erhard trat 1963 das Erbe Adenauers an. Als er sich 1965 der Wiederwahl stellte, verfehlte er mit einem Ergebnis von 47,6% nur knapp die absolute Mehrheit.

Erhard sah sich selbst als „Volkskanzler über den Parteiungen", was seinen Ausdruck in der Idee der **„formierten Gesellschaft"** fand. Dies bedeutet nach Erhard eine gesellschaftliche Ordnung, in der der Einzelegoismus gegenüber den Erfordernissen eines in seiner Autorität gestärkten Staates zurücktritt. Kritiker fühlten sich an autoritäre Staatsvorstellungen und NS-Parolen („Volksgemeinschaft") erinnert.
Die Idee der formierten Gesellschaft wurde nicht populär, die Realität entwickelte sich anders: Der Sozialstaat wurde weiter ausgebaut, er wurde zum „Verteilerstaat." Eingeführt bzw. erhöht wurden z.B. Kindergeld, Kriegsopferversorgung, Wohngeld, vermögenswirksame Leistungen und die Studentenförderung.

Mitte der 60er-Jahre fand das Wirtschaftswachstum ein Ende, die Baubranche kam in die Krise, Firmen gingen in Konkurs, Kurzarbeit zwang viele Arbeitnehmerhaushalte zu Sparmaßnahmen, die Zahl der Arbeitslosen stieg erstmals seit dem Krieg. Die Bevölkerung war zwar von der ersten Wirtschaftskrise seit dem Ende des Zweiten Weltkrieges verunsichert, nahm aber die Maßhalteappelle Ludwig Erhards nicht ernst. Als einschneidende Maßnahmen zur Sanierung des Haushaltes unumgänglich wurden, kündigte die FDP 1966 die Koalition. Der Bundestag wählte daraufhin mit der Mehrheit der Stimmen aus CDU / CSU und SPD Kurt Georg Kiesinger (CDU) zum Kanzler der **Großen Koalition**.

Zugleich kam es zu politischer Verunsicherung und zu Protestwahlverhalten in Landtagswahlen. In Hessen, Bremen und Bayern gelang der erst 1964 gegründeten rechten Nationaldemokratischen Partei Deutschlands (NPD) der Einzug in die Länderparlamente.

7 Große Koalition und APO

In demokratischen Staaten ist es üblich, dass eine der großen Parteien – wenn nötig zusammen mit einem kleineren Koalitionspartner – die Regierung bildet. So war es auch in der Bundesrepublik Deutschland bis zum Jahr 1966. Damals waren aber die wirtschaftlichen Probleme so groß, dass nach dem Sturz Erhards die beiden größten Parteien eine **„Große Koalition"** bildeten. Damit verfügte die Regierungskoalition über einen Rückhalt von knapp 87%, die einzige Opposition im Bundestag, die FDP, von 9,5% der Wählerstimmen. Die Große Koalition unter Kanzler Kurt Georg Kiesinger (CDU), Vizekanzler und Außenminister Willy Brandt (SPD), Finanzminister Franz Josef Strauß (CSU) und Wirtschaftsminister Karl Schiller (SPD) sahen als **vordringlichste Aufgaben**:
- die Überwindung der Wirtschaftskrise und
- die Verabschiedung der Notstandsgesetzgebung.

Neue Weichenstellungen in der Wirtschaftspolitik trugen dazu bei, dass die Wirtschaftskrise schon ein Jahr nach Antritt der Großen Koalition behoben war. Statt den Markt dem freien Spiel der Kräfte zu überlassen, plädierte Schiller für eine **staatliche Globalsteuerung** der Wirtschaft. Im Einzelnen bedeutete das:
- die Anwendung des **Stabilitätsgesetzes** (das besagt, dass die Stabilität des Preisniveaus, ein hoher Beschäftigungsgrad, außenwirtschaftliches Gleichgewicht und stetiges, angemessenes Wirtschaftswachstum zugleich erreicht und gehalten werden sollen),
- die Einrichtung des Instruments der **„Konzertierten Aktion"** (Beratungen zwischen Vertretern des Staates, der Tarifpart-

ner und der Wissenschaft zur Realisierung des Stabilitätsgesetzes) sowie
- eine **mittelfristige Finanzplanung**.

Schillers Wirtschaftspolitik war so erfolgreich, dass die Arbeitslosigkeit von 2,1% (1967) auf 0,8% (1969) zurückging (was praktisch Vollbeschäftigung bedeutet). Die Wirtschaftskrise war überwunden und die Zahl der **Gastarbeiter** stieg auf die Rekordhöhe von 1,5 Millionen Menschen. Dieser positive Trend machte sich im Alltag bemerkbar und ließ die Menschen in der Bundesrepublik Deutschland wieder ohne Sorgen in die Zukunft blicken.

Dennoch gab es an der Politik der Großen Koalition ganz entschiedene Kritik. Sie entzündete sich vor allem an dem Vorhaben, Notstandsgesetze zu verabschieden.
Eine **Notstandsgesetzgebung** ist in westlichen Demokratien nichts Ungewöhnliches. Sie soll die Handlungsfähigkeit des Staates im Fall einer inneren oder äußeren Bedrohung gewährleisten. Dazu muss die Möglichkeit gegeben sein, Grundrechte vorübergehend einzuschränken. In der Bundesrepublik Deutschland wurde eine dafür nötige Grundgesetzänderung seit dem Ende der 50er-Jahre diskutiert, doch viele Menschen fürchteten um die demokratischen Grundrechte insgesamt und befürchteten ähnliche Zustände, wie man sie aus der Weimarer Republik kannte. Unter der Regierung Kiesinger konnten die Notstandsgesetze, die die Bundesrepublik Deutschland den Alliierten gegenüber souveräner machten, verwirklicht werden.

Bei der Diskussion um die Notstandsgesetze wurde eine breite öffentliche Protestbewegung gegen die Große Koalition sichtbar. Weil eine effiziente Opposition im Bundestag fehlte, sammelten sich die Kritiker als **Außerparlamentarische Opposition (APO)** auf der Straße.

Vor allem Schüler, Studenten und Professoren fanden sich in der APO zusammen. Sie wurden vom SDS, dem **Sozialistischen Deutschen Studentenbund**, und den Professoren der neomarxistischen **Frankfurter Schule** (Horkheimer, Adorno, Marcuse) unterstützt und protestierten – wie auch die Jugend in den USA und in Frankreich – gegen

- die etablierten Lebensformen,
- Konsum und Notstandsgesetze,
- autoritäre Diktaturen (wie das Schah-Regime in Persien),
- die Springer-Presse (der man Demagogie vorwarf),
- den Vietnam-Krieg (den man als imperialistischen Eroberungskrieg bezeichnete).

Wurden an den **Universitäten** zuerst noch friedliche „sit-ins" veranstaltet und Vorlesungen boykottiert, radikalisierte sich die APO bald. Zu gewaltsamen Ausschreitungen kam es beim Besuch von Schah Reza Pahlewi in Berlin (Juni 1967), wobei der Student **Benno Ohnesorg** erschossen wurde. In der Folge eskalierte die Gewalt, was sich beim Brandanschlag auf das Springer-Verlagshaus in Berlin und beim Mordanschlag auf den Studentenführer **Rudi Dutschke** zeigte.

Zu Beginn der 70er-Jahre zerfiel die APO in verschiedene Richtungen:

- Die meisten der „68er" zogen sich aus der Politik ins (mehr oder weniger unpolitische) Privatleben zurück.
- Andere traten den **„Marsch durch die Institutionen"** an, wollten also das westlich-kapitalistische System von innen heraus aushöhlen.
- Wieder andere versuchten noch in den 70er-Jahren den studentischen Protest gegen Staat und Gesellschaft am Leben zu erhalten.
- Eine kleine Gruppe radikalisierte sich und glitt in die **Kriminalität** ab (Terrorismus der „Baader-Meinhof-Gruppe").

Ergebnisse der Bundestagswahlen 1949 – 1969:

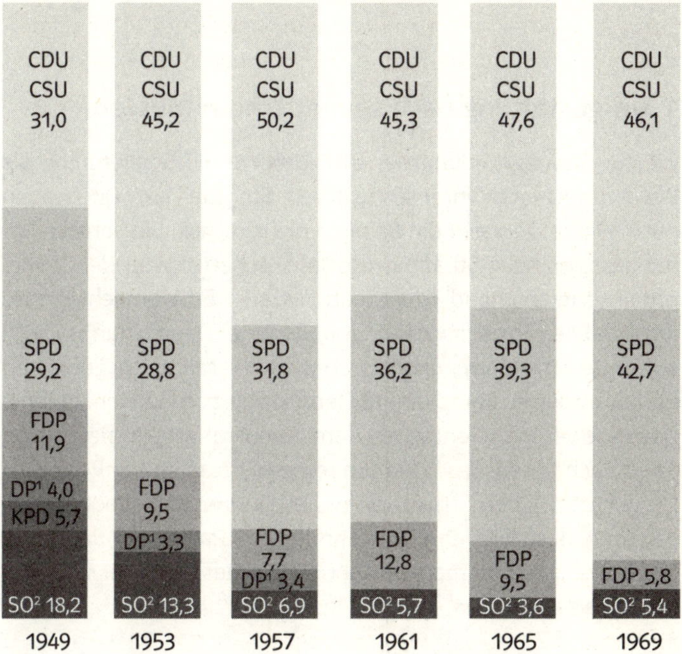

[1] *Deutsche Partei* [2] *Sonstige*

Die Entwicklung der DDR

1 Umgestaltung nach sowjetischem Muster

Bis zur Staatsgründung der DDR drückte die Sowjetunion als Besatzungsmacht ihrer Zone ihren Stempel auf. Doch auch nach 1949 zogen sich die Sowjets nicht zurück. Sie sorgten dafür, dass der neue Staat dem sozialistischen Muster der Sowjetunion entsprechend eingerichtet wurde. Eine entscheidende Rolle fiel der Sozialistischen Einheitspartei Deutschlands **(SED)** zu. Diese wurde umgestaltet zu einer hierarchisch geführten Partei, in der es keine innere Demokratie gab. Entscheidungsprozesse verliefen (entgegen dem demokratischen Prinzip) von oben nach unten, das Politbüro regierte die gesamte Partei.
Die diktatorischen Strukturen in der DDR wurden dadurch unterstützt, dass eine **enge Verzahnung von Partei und Staat** vorlag. Nur so, glaubte man, die Einheit von Gesellschaft und Staat herstellen zu können.

Ziel der Sowjet-Führung war es, die DDR als festes Mitglied in den sozialistischen Ostblock einzubinden. Dies geschah mithilfe von Bündnissen und Verträgen:

- 1950: Aufnahme in den Rat für gegenseitige Wirtschaftshilfe (RGW).
- 1955: Eingliederung in den Warschauer Pakt (Gegenstück zur westlichen NATO).
- Bekräftigung der „sozialistischen Freundschaft“ mit Polen (1950), der Tschechoslowakei und Ungarn durch Abschluss von bilateralen (zweiseitigen) Verträgen.

1955 gewährte die UdSSR der DDR die volle Souveränität, ohne sie aus dem Verband der sozialistischen Staaten zu entlassen. Da die UdSSR der DDR wie auch allen anderen Staaten in ihrer Einflusssphäre die Annahme der Marshallplan-Hilfe verboten und zudem höhere Reparationsleistungen als der Westen gefordert hatte, waren die wirtschaftlichen Ausgangsbedingungen der DDR deutlich schlechter als die der Bundesrepublik Deutschland. 1952 beschloss die SED den **„Aufbau des Sozialismus"**, was die unkritische Übernahme des stalinistischen Wirtschaftssystems bedeutete.

Im Einzelnen waren das:

- die Umstellung auf **sozialistische Planwirtschaft**, also Festsetzung der Produktionsgüter, des Produktionsumfangs und der Preise durch den Staat,
- die Einführung von **Normzahlen** für die Mindestproduktion, wobei erwartet wurde, dass die Arbeiter diese nicht nur erfüllen, sondern überbieten sollten,
- die Auflösung von Privateigentum an Industriebetrieben und deren Überführung in **„Volkseigene Betriebe"** (VEB),
- der Zusammenschluss von kleinen und mittelgroßen Bauern zu **„Landwirtschaftlichen Produktionsgenossenschaften"** (LPG).

Der „Aufbau des Sozialismus" wurde auf staatlicher Ebene unterstützt durch die Errichtung einer zentralen staatlichen Organisation, also

- die Auflösung der fünf Länder Mecklenburg, Brandenburg, Sachsen-Anhalt, Sachsen und Thüringen und
- die darauf folgende Neueinteilung des Landes in 14 Verwaltungsbezirke, die den Zentralministerien und der Regierung direkt unterstellt waren.

2 Das Krisenjahr 1953

Nach dem **Tod Stalins** im März 1953 setzte in der UdSSR unter **Chruschtschow** eine Abkehr vom Stalinismus ein, die mit einer harten Kritik am stalinistischen Zwangssystem einherging. Auch die DDR-Führung schloss sich dieser Linie an und befahl einen neuen Kurs. Dabei sollte das Schwergewicht der Wirtschaft weniger im Bereich der Schwerindustrie liegen. Angestrebt wurde eine erhöhte Produktion von **Konsumgütern**. Man versprach sich davon eine allgemeine Erhöhung des Lebensstandards, mehr Zufriedenheit in der Bevölkerung und einen Rückgang der Flucht von DDR-Bürgern in den Westen.

Um die Steigerung der Produktion von Konsumgütern zu erreichen, erhöhte die SED-Führung die Arbeitsnormen um 10 %, was einem realen Einkommensrückgang gleichkam. Dies wollte die Bevölkerung, die nach Stalins Tod auf eine politische und wirtschaftliche Liberalisierung gehofft hatte, nicht hinnehmen. Am 16. Juni streikten die Bauarbeiter und protestierten gegen die Normerhöhung, am Tag darauf weiteten sich die Protestaktionen, Streiks und Kundgebungen auf ganz Ost-Berlin und auf viele andere Orte in der DDR aus. Dabei wurden auch freie Wahlen und der Rücktritt von Walter Ulbricht gefordert. Da die Volkspolizei (VOPO) den Protestbewegungen nicht Herr wurde, verhängten die sowjetischen Militärs den Ausnahmezustand und setzten gegen die Aufständischen Panzer ein. Viele Menschen wurden getötet, mehr als 10 000 verhaftet. Nach zwei Tagen war der Spuk beendet und Ulbricht versuchte die Bevölkerung durch eine geringfügige Lohnerhöhung zu beschwichtigen; die Normerhöhung wurde zurückgenommen.

Im Gedenken an die Toten und in Erinnerung an die Ziele des Arbeiteraufstandes erklärte die Bundesrepublik Deutschland den 17. Juni zum **Tag der deutschen Einheit**.

3 Fluchtbewegung und Mauerbau

Die Niederschlagung des Aufstandes vom 17.6.1953 hatte gezeigt, dass die Wünsche der Bevölkerung und die Vorstellungen der Herrschenden in der DDR weit auseinander lagen. Es wurde dabei offenkundig, dass unter dem autoritären Regime Walter Ulbrichts keine Liberalisierung in Politik und Gesellschaft zu erwarten war. Die Menschen waren also gezwungen, sich mit dem System zu arrangieren oder das Land zu verlassen. Dies gelang jedoch nur auf dem Weg der Flucht. Die DDR hatte die innerdeutsche Grenze, also den über 1300 Kilometer langen Grenzstreifen zwischen der DDR und der Bundesrepublik Deutschland, mit Sperrzone, Stacheldraht, Wachtürmen und Minenfeldern zu einem unüberwindlichen Hindernis ausgebaut, um den meist jungen, oft hochqualifizierten Arbeitskräften die Ausreise unmöglich zu machen. Wer in den Westen wollte, musste den Weg über Berlin wählen. Zwischen dem Westteil der Stadt und dem Ostsektor gab es eine offene Grenze, die zum Anlaufpunkt für „Republikflüchtlinge" wurde.

Der Flüchtlingsstrom in die Bundesrepublik führte zur **zweiten Berlin-Krise (1958)**. Zuerst versuchte der Generalsekretär der KPDSU Nikita Chruschtschow Berlin zu einer „freien Stadt" zu machen. Er bestritt das Recht der westlichen Alliierten, noch länger in Berlin zu bleiben, und forderte in einem Ultimatum, Berlin als „selbstständige politische Einheit" anzuerkennen. Er drohte mit Schikanen, z. B. gegen alliierte Militärtransporte, und ging im Entwurf zu einem Friedensvertrag von der Existenz von zwei deutschen Staaten und der Freien Stadt Berlin aus. Die Westmächte lehnten die sowjetischen Forderungen entschieden ab.

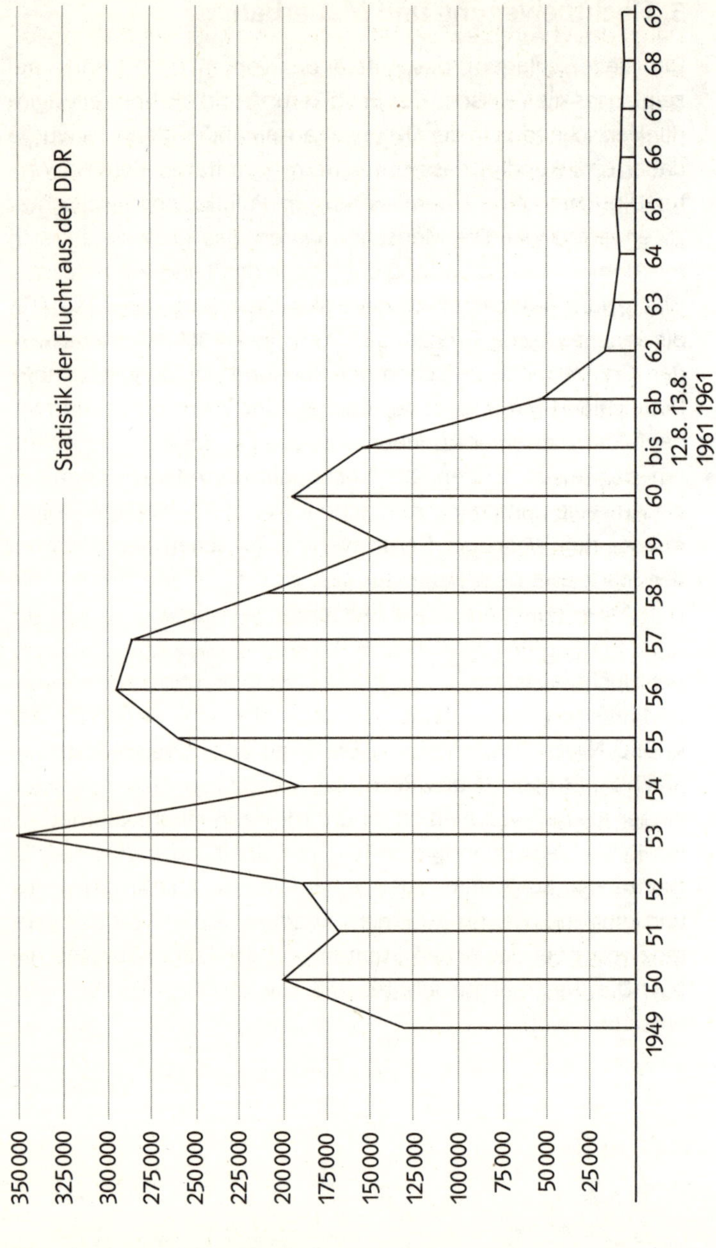
Statistik der Flucht aus der DDR
350 000
325 000
300 000
275 000
250 000
225 000
200 000
175 000
150 000
125 000
100 000
75 000
50 000
25 000
1949
50
51
52
53
54
55
56
57
58
59
60
bis 12.8. 1961
ab 13.8. 1961
62
63
64
65
66
67
68
69

Durch das Chruschtschow-Ultimatum war aber deutlich geworden, dass weder die Sowjet-Führung noch die SED Berlin weiterhin als Schlupfloch in den Westen akzeptieren wollten. Es bildeten sich bald Gerüchte um den Bau einer Mauer zwischen Ost- und West-Berlin. Doch noch am 15.6.1961 antwortete Ulbricht auf die Frage eines Journalisten: „Niemand hat die Absicht, eine Mauer zu errichten!"

Wie brisant die Berlin-Frage war, wird auch darin deutlich, dass der amerikanische Präsident **John F. Kennedy** am 25.7.1961 in einer Fernsehansprache die so genannten **„three essentials"** der amerikanischen Berlinpolitik nannte.

Diese waren:
- Sicherheit und Freiheit für die Bevölkerung in West-Berlin,
- Stationierung westlicher Truppen in den Westsektoren,
- freier Zugang nach West-Berlin.

Diese Schutzgarantie für West-Berlin bedeutete zugleich die Anerkennung des Ost-Teils der Stadt als sowjetisches Einflussgebiet.

Am Morgen des **13.8.1961** war es dann soweit. Bauarbeiter riegelten unter der Aufsicht von Volkspolizei und Nationaler Volksarmee die Grenze ab und begannen mit dem Mauerbau.

Die Bundesregierung musste hilflos zusehen, Proteste der Westalliierten blieben erfolglos. Ein militärisches Eingreifen unterblieb, der Westen hielt sich an die bewährte Politik der Respektierung der Einflusssphären.

4 Wirtschaftliche Stabilisierung

Durch den Mauerbau waren die Menschen in der DDR gezwungen, sich mit den bestehenden Verhältnissen abzufinden. Die SED-Führung versuchte, die Bevölkerung zu mehr Mitarbeit zu gewinnen. Im Juni 1963 wurde das „Neue Ökonomische System der Planung und Leitung der Volkswirtschaft" eingeführt, mit dem folgende Ziele verfolgt wurden:

- Ankurbelung der Wirtschaft,
- Erhöhung des Lebensstandards,
- weitgehende Autarkie von Importen und
- Steigerung der Qualität der Waren.

Folgende Maßnahmen wurden zur Erreichung dieser Ziele ergriffen:

- Lockerung der Planwirtschaft und Stärkung der Selbstverantwortung der Betriebe,
- Einführung eines Prämiensystems als Anreiz für die Erwirtschaftung von Gewinnen,
- Verbleib der Prämien in den jeweiligen Betrieben zur Investition,
- Einführung leistungsbezogener Löhne.

Diese Reformen führten in der DDR bald zu einer **wirtschaftlichen Stabilisierung** und bildeten den Ausgangspunkt für den Aufstieg der DDR zur zweitstärksten Wirtschaftsmacht im Ostblock. Ergebnis dieser Erfolge war ein gestärktes politisches Selbstbewusstsein, das dazu führte, dass die DDR-Regierung 1967 das „Gesetz über die Staatsbürgerschaft der DDR" erließ und sich in der **neuen Verfassung von 1968** als „sozialistischer Staat deutscher Nation" bezeichnete, in dem unter der „Führung der Arbeiterklasse und ihrer marxistisch-leninistischen Partei" der Sozialismus verwirklicht werde.

Kalter Krieg und Wirtschafts-wunder

1950–1953	Korea-Krieg
1950	Schuman-Plan
1950	Aufnahme der DDR in den RGW
18. April 1951	Gründung der EGKS (Montanunion)
10. März 1952	Angebot Stalins zur Wiedervereinigung Deutschlands
17. Juni 1953	Arbeiteraufstand in der DDR
23. Oktober 1954	Pariser Verträge
5. Mai 1955	Der Deutschlandvertrag tritt in Kraft
14. Mai 1955	Aufnahme der DDR in den Warschauer Pakt
23. Oktober 1956	Beginn des Volksaufstandes in Ungarn
25. März 1957	Römische Verträge (Gründung von EWG und Euratom)
27. Oktober 1958	Zweite Berlin-Krise
13. August 1961	Bau der Berliner Mauer
Oktober 1962	Kuba-Krise
1964–1973	Vietnam-Krieg
1. Juli 1967	Gründung der Europäischen Gemeinschaft
21. August 1968	Einmarsch von Truppen des Warschauer Paktes in die CSSR
6. April 1968	Sozialistische Verfassung der DDR

Die Wandlung des Ost-West-Verhältnisses bis zur Maueröffnung

1 Rüstungsbegrenzung der Supermächte

In der **Kuba-Krise (1962)** war den Politikern in Ost und West klar geworden, dass es keiner Seite gelingen würde, ihren eigenen Machtbereich weltweit auszudehnen. Das Ziel konnte also nur sein, den eigenen Machtbereich zu sichern und allenfalls in Krisensituationen darüber hinaus zu greifen. Das Potenzial an Atomwaffen war auf beiden Seiten so riesig, dass eine Vernichtung allen Lebens auf der Erde sowohl für die USA als auch für die UdSSR ohne weiteres möglich gewesen wäre.

Doch erst 1969 kamen Vertreter der beiden Supermächte USA und UdSSR abwechselnd in Wien und in Helsinki zu **Abrüstungsgesprächen** zusammen. Das Ergebnis dieser Gespräche war der SALT-I-Vertrag (Strategic Arms Limitation Talks), zu dessen Unterzeichnung erstmals ein amerikanischer Präsident – **Richard Nixon** – zu seinem sowjetischen Amtskollegen **Leonid Breschnew** nach Moskau gereist war.
In den SALT-I-Verträgen wurden **Rüstungsbegrenzungen** festgelegt – von einer wirklichen Abrüstung war noch nicht die Rede. Beiden Seiten sollte es aber möglich sein, die Gegenseite zu kontrollieren. Auch in den 1979 begonnenen SALT-II-Verhandlungen verständigten sich die Verhandlungspartner nur auf eine Höchstzahl an Interkontinentalraketen. Zudem schränkten sie die Entwicklung neuer Raketensysteme ein. Der Einmarsch sowjetischer Truppen in Afghanistan im Dezember 1979 (Besetzung bis 1989) verhinderte die Ratifizierung des SALT-II-Vertrags in den USA, trotzdem hielten sich die beiden Mächte an die Vereinbarungen.

2 Die KSZE-Verhandlungen

Zwischen 1972 und 1975 verhandelten alle europäischen Staaten (außer Albanien) mit den USA und Kanada über **Sicherheit und Zusammenarbeit in Europa** (KSZE). Sie einigten sich auf folgende Grundregeln, die in der **Schlussakte von Helsinki** festgehalten wurden, ohne dadurch völkerrechtlich verbindlich zu sein:

- Achtung der Grenzen,
- Verzicht auf Gewaltanwendung,
- Anerkennung der Menschenrechte,
- Anerkennung der Grundfreiheiten,
- Ankündigung von Militärmanövern und Zulassung von ausländischen Beobachtern,
- menschliche Kontakte über Grenzen hinweg,
- Schutz von Minderheiten.

In den KSZE-Verhandlungen ging es nicht nur um Rüstungsbegrenzung; vielmehr wurden die Grundlagen für eine zukünftige **Friedensregelung in Europa** festgelegt, nämlich:

- Souveränität und Gleichberechtigung aller Staaten,
- das Selbstbestimmungsrecht der Völker,
- Gewaltverzicht bei Streitigkeiten,
- Nichteinmischung in die Angelegenheiten anderer Völker,
- Achtung der Menschenrechte.

In KSZE-Folgetreffen sollte auf die Einhaltung der Beschlüsse geachtet werden. Beim KSZE-Folgetreffen in Wien (1986–1989) stand die Frage der Menschenrechte im Mittelpunkt. Die Schlussdokumente von Wien schrieben

- das Recht auf Auswanderung,
- die Reisefreiheit und
- den Rechtsschutz bei Verhaftungen fest.

Die Betonung der Menschenrechte beschleunigte in den Ostblock-Staaten den **Demokratisierungsprozess**.

3 Politik der Stärke in Ost und West (1975–1985)

In den Jahren nach 1975 erfuhren die Abrüstungsbemühungen einige Rückschläge. Dies hing mit der schwächer werdenden Stellung der USA zusammen, die ihre Niederlage im Vietnam-Krieg (1975) eingestehen und den Sieg des Kommunismus in Angola (1976) hinnehmen mussten.

Die Sowjetunion unter **Leonid Breschnew** hingegen signalisierte ihren Machtanspruch:

- durch Unterstützung kommunistischer Regime in der Dritten Welt,
- durch provozierte Konflikte (Einmarsch in Afghanistan 1979),
- durch militärische Aufrüstung der Sowjetunion,
- durch die Erneuerung der Interkontinentalraketen und
- durch die Stationierung neuer Mittelstreckenraketen (SS 20) in Europa.

Der amerikanische Präsident **Ronald Reagan** reagierte seinerseits mit einer Politik der Stärke und begann mit dem Aufbau eines **satellitengesteuerten Raketenabwehrprogramms** (SDI), das zwar auch in der westlichen Welt äußerst umstritten war, jedoch die Sowjetunion in eine neue Phase der Hochrüstung zwang, die schließlich nicht mehr finanzierbar war.

4 Gorbatschows Reformprogramm

In den 70er-Jahren war die UdSSR zu einem scheinbar gleichwertigen Partner der USA in der Weltpolitik aufgestiegen. Diese Ebenbürtigkeit bezog sich aber nur auf die militärische Stärke. In Wirklichkeit hatte die UdSSR eine Vielzahl von **Problemen**:

- die Wirtschaft war nicht leistungsfähig, die Produktivität musste gesteigert werden,
- Korruption, Bürokratismus und die Verantwortungslosigkeit von Funktionären schadeten der Volkswirtschaft,

- Nationalitätenkonflikte in den baltischen und in den asiatischen Republiken spitzten sich zu,
- in den islamischen Republiken im Süden der Sowjetunion entstanden Unabhängigkeitsbewegungen,
- die innenpolitische Opposition wuchs angesichts der Nichteinhaltung der von der Verfassung garantierten Grundrechte und der Verfolgung Andersdenkender („Dissidenten").

Mit diesen Problemen sah sich **Michail Gorbatschow** konfrontiert, als er im März 1985 zum Generalsekretär der KPdSU bestimmt wurde. Als Reaktion auf den desolaten Zustand des Landes propagierte er **Glasnost** (Offenheit, Meinungsfreiheit, Demokratie) und **Perestroika** (wirtschaftliche Veränderungen). Sein Ziel war es,

- die Akzeptanz des politischen Systems bei allen Bürgern der Sowjetunion zu erhöhen und
- mit marktwirtschaftlichen Maßnahmen die wirtschaftliche Misere des Landes zu überwinden.

In der Außenpolitik forderte Gorbatschow ein **Neues Denken**, das die Beziehungen der UdSSR zu den USA auf eine neue Basis stellen sollte. Seine Ziele waren:

- friedliche Koexistenz der verschiedenen weltanschaulichen Systeme,
- Entschärfung von internationalen Konfliktherden,
- vertrauensbildende Maßnahmen mit politischen Mitteln,
- Beendigung des volkswirtschaftlich ruinösen Rüstungswettlaufs.

Schon 1985 kam es zu Verhandlungen zwischen Reagan und Gorbatschow über den Abbau atomarer Mittel- und Langstreckenraketen. 1987 wurde schließlich der von Gorbatschow angeregte **INF-Vertrag** (Intermediate Nuclear Forces) unterzeichnet, der festlegte, dass innerhalb von drei Jahren alle amerikanischen und sowjetischen Mittelstreckenraketen beseitigt werden sollten (Null-Lösung). Die Sowjetunion sagte außerdem zu,

- ihre Truppen aus Afghanistan zurückzuziehen,
- sozialistische Regime in der Dritten Welt nicht länger zu unterstützen,
- ihre Armee um 500 000 Mann zu reduzieren,
- sechs Panzerdivisionen aus der DDR, der Tschechoslowakei und aus Ungarn abzuziehen.

Gorbatschow war angetreten, die UdSSR zu reformieren. Ihm war an der Fortexistenz des Sozialismus in der Sowjetunion gelegen – ein Ziel, das er nicht erreichte. Seine außenpolitischen Maßnahmen führten aber zur **Beendigung des Kalten Krieges.**

Europa vor der Einigung

1 Die Europäische Gemeinschaft

Innerhalb der EG fielen in den 70er- und 80er-Jahren eine Reihe von wichtigen Entscheidungen:

- 1973 wurden Dänemark, Irland und Großbritannien in die Gemeinschaft aufgenommen. Großbritannien hatte während der siebziger Jahre schon zweimal die Aufnahme in die Gemeinschaft beantragt, scheiterte aber jedes Mal am Veto des französischen Staatspräsidenten **de Gaulle**.
- 1975 wurde der **ECU** eingeführt. Er war eine rechnerische Währungseinheit, die Europa zu einer stabilen Währungszone machen sollte. Mit der Einführung des **Euro** zum 1.1.2002 verlor der ECU seine Gültigkeit.
- 1979 fand die erste Direktwahl zum **Europäischen Parlament** statt. Das Europaparlament hatte damit eine demokratische Legitimation durch die Bürger Europas.
- 1981 wurde die EG um Griechenland,
- 1986 um Spanien und Portugal erweitert. Diese südeuropäischen Staaten hatten schon seit Mitte der 70er-Jahre ihre Aufnahme in die Gemeinschaft beantragt. Diese wurde aber abgelehnt, da in allen drei Staaten Diktatoren an der Macht waren. Nach den Satzungen der EG war aber nur die Aufnahme von demokratischen Staaten möglich.
- Nach den Wandlungen im Ostblock beschloss der Europäische Rat in Paris im November 1989 die Gründung einer **Europäischen Bank für Wiederaufbau und Entwicklung**, mit deren Hilfe die Reformländer in Mittel- und Osteuropa auf ihrem Weg zur Demokratie unterstützt werden sollten.

2 Aufbruch in Osteuropa

Schon nach Unterzeichnung der KSZE-Schlussakte von Helsinki (1975) organisierte sich in den Ostblockstaaten der Wunsch nach Freiheit und Selbstbestimmung in **Bürgerrechtsbewegungen**. Besonders in Polen war die Unzufriedenheit mit dem sozialistischen Wirtschafts- und Gesellschaftssystem groß. Als der Krakauer Kardinal Karol Wojtyla 1978 zum Papst gewählt wurde, weckte dies in der Bevölkerung die Hoffnung auf eine Beendigung des Sozialismus. Schon 1979 besuchte **Johannes Paul II.** seine polnische Heimat und sprach sich öffentlich für Menschenrechte und die Selbstbestimmung des polnischen Volkes aus.

Wirtschaftliche Schwierigkeiten und Engpässe in der Lebensmittelversorgung brachten die Industriearbeiter der polnischen Küstenstädte auf die Barrikaden. Besonders die Arbeiter der Danziger Leninwerft organisierten sich unter Führung von **Lech Walesa** in der bald landesweit operierenden Gewerkschaft **Solidarność** und hofften auf Aufmerksamkeit und Unterstützung durch das westliche Ausland. Die polnische Führung verbot die Gewerkschaft und verhaftete zahlreiche Mitglieder, konnte aber nicht verhindern, dass sie nach wie vor über viele Sympathisanten in Polen und im Ausland verfügte. 1983 erhielt Lech Walesa den Friedensnobelpreis, der Papst besuchte im gleichen Jahr zum zweiten Mal Polen. Dies alles hatte Signalwirkung, doch der Wandel zu demokratischen Verhältnissen erfolgte erst nach der Liberalisierung in der UdSSR unter Gorbatschow.

Seit 1986 zeichnete sich der **Zerfall des Ostblocks** ab, im August 1989 öffnete Ungarn für die Flüchtlinge, die sich in die Deutsche Botschaft in Budapest gerettet hatten, die Grenze nach Österreich. Der „Eiserne Vorhang" war damit zerrissen, die Menschen im Osten hatten eine Möglichkeit zur Flucht in den Westen gefunden. Auch viele DDR-Bürger nutzten diese Möglichkeit, um in die Freiheit zu gelangen, bevor am 9.11.1989 mit der **Öffnung der Berliner Mauer** die innerdeutsche Grenze passierbar wurde.

Demokratischer Umbruch in Osteuropa

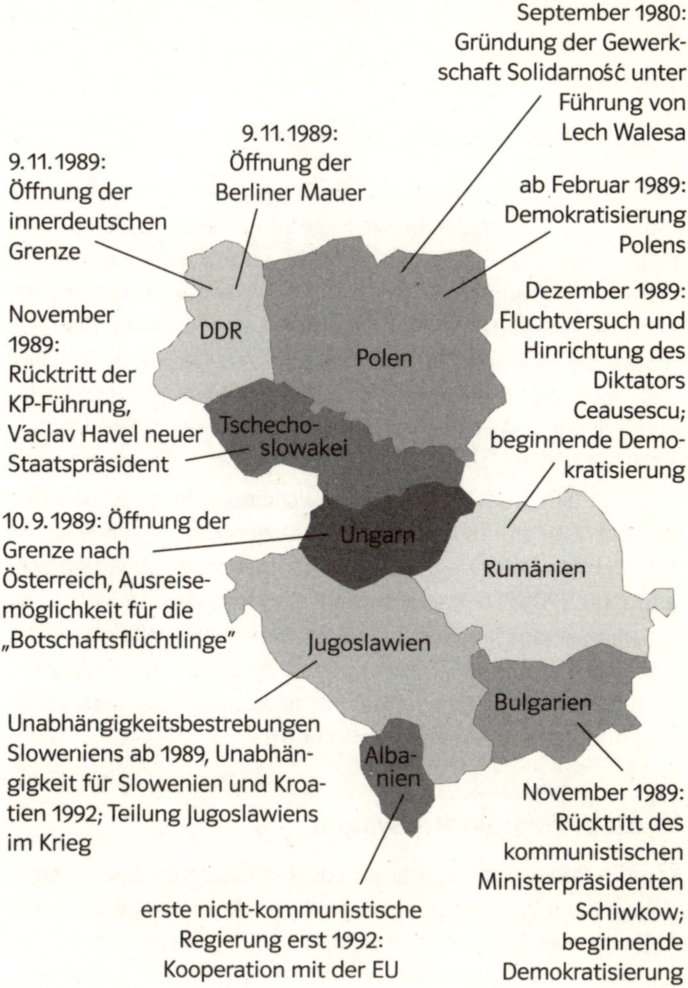

Die Entwicklung in der Bundesrepublik Deutschland

1 Die Regierungszeit Willy Brandts

Die meisten Wähler, aber auch die Abgeordneten von CDU / CSU und SPD hatten in der Großen Koalition nur eine Übergangslösung gesehen. Als im Herbst 1969 neue Bundestagswahlen anstanden, errang die SPD mit 42,7% der Wählerstimmen zwar nicht die absolute Mehrheit, konnte aber mithilfe der FDP (5,8%), die in Fragen der Wirtschafts- und Ostpolitik ähnliche Ziele verfolgte, die Regierung bilden. Der neue Bundeskanzler hieß **Willy Brandt** (SPD), Außenminister wurde **Walter Scheel** (FDP).

Das Jahr 1969 bedeutete für die SPD eine Wende. Zum ersten Mal seit 1930 stellte die SPD den Kanzler, zum ersten Mal seit dem Zweiten Weltkrieg gab es in der Bundesrepublik Deutschland eine SPD / FDP-Regierung auf Bundesebene. Willy Brandt, der neue Bundeskanzler, stand für eine neue Politik, von der sich viele Menschen in Ost und West nach Jahren der Abgrenzung zum Osten mehr **Offenheit**, **innenpolitische Liberalisierung** und **soziale Gerechtigkeit erhofften**.

2 „Mehr Demokratie wagen"

Brandts Regierungsprogramm von 1969 lautete: „Mehr Demokratie wagen". Das war ein Signal vor allem an die jüngeren Wähler, deren Erwartungen erfüllt werden sollten:

- So wurde 1970 das **Wahlalter** von 21 auf 18 Jahre gesenkt.
- Eine **Bildungsreform** sollte es verstärkt Kindern aus Arbeitnehmerhaushalten ermöglichen, Abitur zu machen und ein Studium zu absolvieren.

- Die **Schulen** sollten durch die Einführung der reformierten Oberstufe bzw. die Zulassung von Gesamtschulen demokratischer werden.
- Ein verändertes **Betriebsverfassungsgesetz** wurde als wichtiger Schritt zu mehr betrieblicher Mitbestimmung angesehen.
- Die SPD reformierte das **Ehe- und Familienrecht**: Der Grundsatz der Gleichberechtigung wurde verwirklicht, bei Scheidungen wurde nicht mehr nach der Schuld eines Ehepartners gefragt, es galt das Prinzip der Zerrüttung der Ehe.
- Auch das **Strafrecht** wurde modernisiert. Das Prinzip von Schuld und Sühne wurde durch den Gedanken der Resozialisierung abgelöst. Die Zielsetzungen des Kabinetts Brandt wiesen weit in die Zukunft, doch drängende Probleme verhinderten manches Reformvorhaben:
- Die staatlichen **Sozialausgaben** verdoppelten sich in fünf Jahren.
- Der **Extremistenerlass**, den die Ministerpräsidenten der Länder 1972 beschlossen, sollte den Bestand einer wehrhaften Demokratie sichern: Bewerber für den öffentlichen Dienst wurden einer Routinekontrolle unterzogen, um festzustellen, ob sie einer radikalen Vereinigung (z. B. der RAF) nahe standen (dann wäre ihnen der Weg in den Staatsdienst versperrt geblieben) oder ob sie für die Demokratie eintreten wollten.
- 1973 kam es zu einer **Wirtschaftskrise**; die Drosselung der Erdölförderung durch die OPEC-Staaten und der Anstieg des Ölpreises um 300 % zeigte die Abhängigkeit der deutschen Wirtschaft von internationalen Gegebenheiten und die Grenzen des Machbaren auf.

3 Neue Ostpolitik

Große Verdienste erwarben Brandt und die SPD / FDP-Regierung durch die von ihnen in die Wege geleitete Neuorientierung in der Ostpolitik:

- Schon als Außenminister der Großen Koalition bemühte sich Willy Brandt um eine **Entspannung der deutsch-deutschen Beziehungen**.
- Zudem war die **außenpolitische Lage** günstig. Die USA unter Richard Nixon förderten eine Annäherung der beiden deutschen Staaten im Rahmen einer internationalen Entspannungspolitik.
- Egon Bahr, unter Brandt Staatssekretär im Kanzleramt, hatte schon 1963 für einen **„Wandel durch Annäherung"** plädiert.

In seiner Regierungserklärung von 1969 ging Brandt auf das Ost-West-Verhältnis ein. Ihm ging es primär um **humanitäre Erleichterungen**, von denen die Deutschen diesseits und jenseits der innerdeutschen Grenze profitieren sollten: Reiseerleichterungen, Verbesserungen der Handelsbeziehungen und kultureller Austausch. Brandts Ziel war es, die Beziehungen zum Osten auf eine neue Basis zu stellen. Dabei war er bereit, die Existenz eines zweiten deutschen Staates faktisch (nicht völkerrechtlich, das war durch das Grundgesetz nicht möglich) anzuerkennen. Er unterstrich, dass die beiden deutschen Staaten „in einem besonderen Verhältnis zueinander" stünden und „füreinander nicht Ausland" sein könnten. Durch diese Einschränkungen konnten die Verträge zwischen der Bundesrepublik und der DDR auch die Hürde des Bundesverfassungsgerichts (angerufen durch die CDU / CSU-Opposition, die einen Ausverkauf westdeutscher Interessen befürchtete) passieren. Die Besonderheit der Beziehungen wurde dadurch betont, dass die Bundesrepublik und die DDR keine Botschafter, sondern „ständige Vertreter" austauschten – deren Aufgaben aber identisch mit denjenigen eines Botschafters waren.

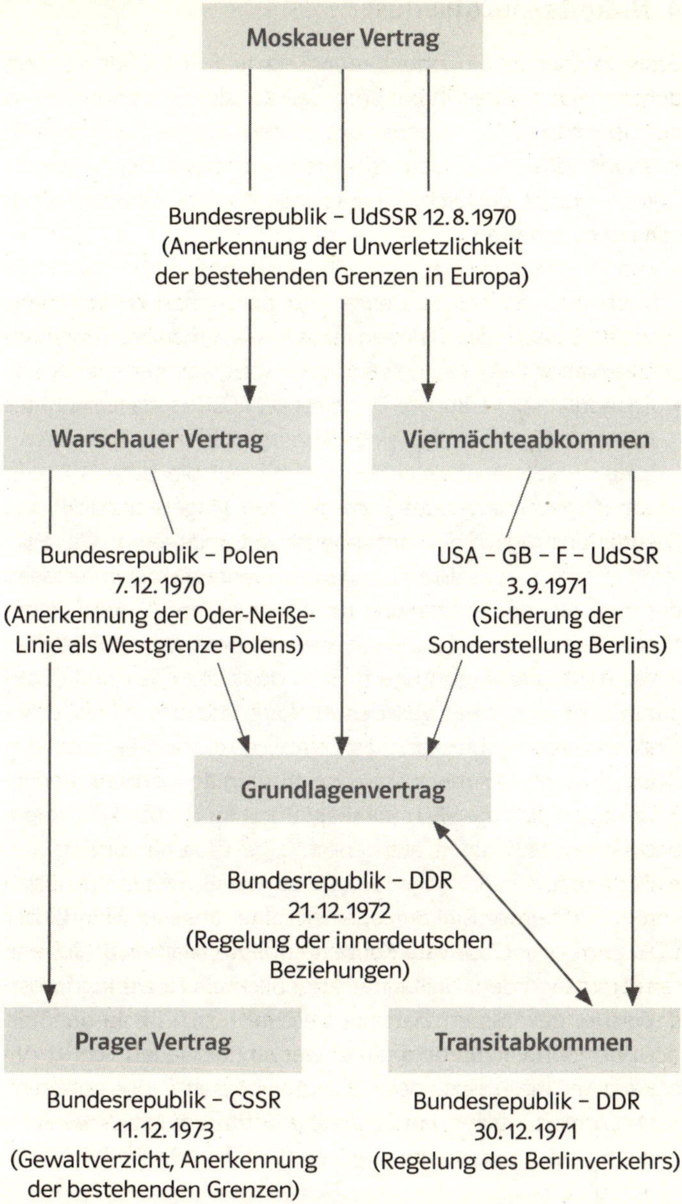
Moskauer Vertrag
Bundesrepublik – UdSSR 12.8.1970
(Anerkennung der Unverletzlichkeit
der bestehenden Grenzen in Europa)
Warschauer Vertrag
Bundesrepublik – Polen
7.12.1970
(Anerkennung der Oder-Neiße-
Linie als Westgrenze Polens)
Viermächteabkommen
USA – GB – F – UdSSR
3.9.1971
(Sicherung der
Sonderstellung Berlins)
Grundlagenvertrag
Bundesrepublik – DDR
21.12.1972
(Regelung der innerdeutschen
Beziehungen)
Prager Vertrag
Bundesrepublik – CSSR
11.12.1973
(Gewaltverzicht, Anerkennung
der bestehenden Grenzen)
Transitabkommen
Bundesrepublik – DDR
30.12.1971
(Regelung des Berlinverkehrs)

4 Brandts Machtverlust

Brandts Stellung innerhalb der SPD war nie unumstritten. Schon nach seiner Übernahme der Kanzlerschaft formierten sich innerparteiliche Gegner um Herbert Wehner und Helmut Schmidt, teils aus persönlichen, teils aus sachlichen Gründen. Doch auch der politische Gegner machte dem Kanzler Brandt schwer zu schaffen.

Brandt hatte für seinen Beitrag zur politischen Entspannung in Europa 1971 den Friedensnobelpreis erhalten. Innerhalb Deutschlands waren seine Verdienste weit weniger anerkannt.

- Im April 1972 versuchte ihn die CDU / CSU-Opposition unter **Rainer Barzel** mithilfe eines **konstruktiven Misstrauensvotums** zu stürzen. Barzel hoffte dabei auf die Unterstützung von Abgeordneten des konservativen Flügels der FDP und Funktionsträgern der Vertriebenenverbände, die in der Politik der Regierung Brandt einen Ausverkauf ihrer Interessen sahen. Bei der Auszählung der Stimmen am 27. April zeigte sich jedoch, dass Barzel die Mehrheit knapp verfehlte. Das erste Misstrauensvotum in der deutschen Nachkriegsgeschichte war damit gescheitert. Aufgrund des knappen Abstimmungsergebnisses, das zeigte, dass die Regierung im Bundestag nicht mehr über eine tragfähige Mehrheit verfügte, stellte sich die SPD / FDP-Regierung im Herbst 1972 **vorgezogenen Neuwahlen**, aus denen sie gestärkt hervorging.
- Doch schon im Frühjahr 1974 geriet Willy Brandt in die nächste Krise. **Günter Guillaume**, einer seiner engsten Mitarbeiter, zu dem er auch private Kontakte pflegte, war als **DDR-Spion** enttarnt worden. Guillaume, angeblich als Flüchtling in den Westen gekommen, hatte es geschafft, sich bis in die Spitze der SPD vorzuarbeiten und war so über jeden Schritt des Kanzlers informiert. Willy Brandt übernahm die politische Verantwortung für den Skandal und trat vom Amt des Bundeskanzlers zurück. Ihm folgte – ohne Neuwahlen – Helmut Schmidt nach.

5 Die Regierungszeit Helmut Schmidts

Die Regierungszeit **Helmut Schmidts (SPD)** ist weniger von gesellschaftspolitischen Visionen als von der Orientierung am politisch Machbaren und volkswirtschaftlich Finanzierbaren geprägt. In der Öffentlichkeit wurde diese pragmatische Haltung durch den Beinamen „der Macher" gewürdigt, dem Schmidt gerecht wurde. In den Bundestagswahlen 1976 und 1980 konnte sich Schmidt gegen Helmut Kohl (CDU) und Franz Josef Strauß (CSU) durchsetzen.

Mit folgenden Problemen waren Helmut Schmidt und sein Vizekanzler **Hans-Dietrich Genscher** (FDP) in den Jahren zwischen 1974 und 1982 befasst:

- **Wirtschaftliche Stabilisierung.** Der sozial-liberalen Koalition gelang es, wirtschaftliche Stabilität zu erreichen, die durch die erste Ölkrise von 1973 und die Kosten innenpolitischer Reformen der Ära Brandt in Frage gestellt war. In der Folge nahm die Zahl der Arbeitslosen zu, deren Versorgung zusammen mit den Programmen der Konjunkturförderung die Staatsverschuldung ansteigen ließen.
- **Abwehr des Terrorismus.** Die radikal gewordenen und in die Illegalität abgewanderten Anhänger der Studentenbewegung bedrohten als Baader-Meinhof-Gruppe, später als Rote-Armee-Fraktion (RAF) oder als Bewegung 2. Juni die freiheitliche Ordnung der Bundesrepublik Deutschland. Sie verübten Banküberfälle (zur Finanzierung ihrer Unternehmungen), überfielen deutsche Einrichtungen im Ausland (z. B. die deutsche Botschaft in Stockholm 1975) und entführten und ermordeten hohe Funktionsträger des Staates (Generalbundesanwalt Siegfried Buback) und der deutschen Wirtschaft (den Vorstandsvorsitzenden der Deutschen Bank Jürgen Ponto sowie den Arbeitgeberpräsidenten Hanns-Martin Schleyer).

  Ihren Höhepunkt erreichte die Terrorwelle im Herbst 1977, als die RAF eine Lufthansa-Maschine nach Mogadischu (Somalia) entführte, um andere Terroristen, die in deutschen Gefängnissen einsaßen, freizupressen. Die Regierung Schmidt blieb hart und gab den Terroristen nicht nach. Dies brachte ihr zwar im In- und Ausland Kritik ein, führte aber auch dazu, dass die Terrorgruppe an Sympathie in der Öffentlichkeit einbüßte und klar wurde, dass ihre Aktionen langfristig erfolglos bleiben mussten. In den 90er-Jahren gab die RAF dann ihre Kapitulation bekannt.

- **Streit um die Nachrüstung.** Die 1976 begonnene Aufstellung sowjetischer SS-20-Mittelstreckenraketen, die gegen Mitteleuropa gerichtet und insbesondere in der Bundesrepublik Deutschland als Bedrohung verstanden wurden, führten zum so genannten **NATO-Doppelbeschluss** (1979). Dieser sah vor, dass auch die NATO-Staaten atomare Mittelstreckenwaffen (amerikanische Pershing II-Raketen) in Europa stationieren (Nachrüstung) und zugleich mit der UdSSR über einen Abbau der Mittelstreckenraketen verhandeln sollten.
  In der Bundesrepublik entstand gegen die Nachrüstung eine breite Volksbewegung, die als **Friedensbewegung** unter dem Motto „Frieden schaffen ohne Waffen" Demonstrationen in vielen Großstädten organisierte. Ihr Ziel war, vor einem Atomkrieg auf deutschem Boden zu warnen und die Nachrüstung zu verhindern.
  Die Regierung Schmidt / Genscher hielt jedoch am NATO-Doppelbeschluss fest, der von der neuen Regierung unter Helmut Kohl im November 1983 ratifiziert wurde.

Der innerparteiliche Streit um die Nachrüstung und die zunehmenden wirtschaftlichen Schwierigkeiten leiteten das Ende der Regierung Schmidt ein. Der **Anstieg der Arbeitslosenzahlen** auf über zwei Millionen und die damit verbundenen Sozialleistungen ließ die FDP-Führung über eine Fortsetzung ihrer Koalition mit der SPD nachdenken. Im Oktober 1982 kam es wegen der zunehmenden **Staatsverschuldung** zum Bruch.

CDU / CSU und FDP stürzten Helmut Schmidt als Bundeskanzler durch ein **konstruktives Misstrauensvotum**. Helmut Kohl (CDU) wurde Bundeskanzler, Hans-Dietrich Genscher (FDP) blieb Vize-Kanzler und Außenminister.

6 Bürgerinitiativen und „Die Grünen"

Schon 1972 warnte der **Club of Rome**, ein Gremium führender Wissenschaftler, vor der Zerstörung der Erde durch ein fortgesetztes ungehemmtes wirtschaftliches Wachstum. Die überall sichtbare **Umweltzerstörung** (Waldsterben, Verunreinigung der Gewässer, Zerstörung der Ozonschicht der Erde) und Umweltkatastrophen wie der Chemieunfall von Seveso (1976) und der Atomunfall von Harrisburg / USA (1979) rüttelten auch die Bevölkerung auf.
Da die etablierten Parteien dem Umweltschutz kaum Beachtung schenkten, schlossen sich Betroffene und interessierte Bürger in **Bürgerinitiativen** zusammen, die sich zum Ziel setzten, Umweltprobleme ihres Ortes oder der Heimatregion zu lösen. Sie engagierten sich gegen den Bau von Straßen und Flughäfen, protestierten gegen umweltverschmutzende Fabriken und versuchten den Bau von Kernkraftwerken oder atomaren Entsorgungsanlagen zu verhindern.

Einige engagierte Umweltschützer und Aktivisten der Friedensbewegung gründeten 1980 auf Bundesebene die Partei der Grünen, die sich vor allem um diese Probleme kümmern wollte. In den folgenden Jahren profilierten sich die **Grünen** als Opposition, die besonders die Wähler der SPD ansprach. Schon Ende 1982 waren die Grünen in den Länderparlamenten von Baden-Württemberg, Berlin, Bremen, Hamburg, Hessen und Niedersachsen vertreten.

7 Die Regierungszeit Helmut Kohls

Helmut Kohl (CDU) trat die Kanzlerschaft im Herbst 1982 unter dem Schlagwort der „geistig-moralischen Wende" an. Viele CDU- und CSU-Wähler erhofften sich davon eine Rückkehr zu traditionellen Werten. Die neue **CDU / CSU / FDP-Regierung**, die in den von Bundespräsident Karl Carstens (CDU) angesetzten vorgezogenen Bundestagswahlen im März 1983 von den Wählern mit 55,8 % der Stimmen bestätigt wurde, versprach außerdem, die Wirtschafts- und Beschäftigungskrise zu überwinden.

Die Wähler, die sich von der neuen Regierung eine radikale Abkehr von der bisherigen Politik erhofft hatten, wurden bald enttäuscht. Bundeskanzler Helmut Kohl und Außenminister Hans-Dietrich Genscher setzten auf Kontinuität in der Außenpolitik, auch die Deutschlandpolitik der sozial-liberalen Koalition wurde fast unverändert fortgeführt. Lediglich in der Wirtschafts- und Sozialpolitik setzte die Regierung Kohl neue Akzente.

Folgende wichtigen Ereignisse fielen in die ersten Jahre der Regierung Kohl:

- Mit den **Grünen** zog bei den Bundestagswahlen 1983 zum ersten Mal seit den 50er-Jahren eine vierte Fraktion in den Bundestag ein.
- 1984 wurde **Richard von Weizsäcker** von der Bundesversammlung zum Bundespräsidenten gewählt. In seiner Rede zum 40. Jahrestag des Kriegsendes setzte er sich für eine Neubewertung des 8. Mai als Tag der Befreiung ein und betonte, dass der 8. Mai in direktem Zusammenhang mit dem 30. 1. 1933, dem Tag der Machtübernahme der Nationalsozialisten, gesehen werden müsse.
- Am 26. 4. 1986 kam es im Kernkraftwerk **Tschernobyl** (Ukraine) zum „größten anzunehmenden Unfall" **(GAU)** in der Geschichte der Nutzung der Kernenergie. Bei der Explosion von Reaktorblock 4 wurde eine Strahlenmenge freigesetzt, die das 30- bis 40fache der Hiroshima-Bombe von 1945 betrug.

Die radioaktive Wolke breitete sich in westlicher Richtung über Polen, Skandinavien und Mitteleuropa bis nach Nordafrika aus. An den Folgen des Unfalls starben in den nächsten Monaten nach sowjetischen Angaben 31 Menschen, mehrere Hundert mussten wegen einer akuten Strahlenkrankheit in Krankenhäusern behandelt werden. Aufgrund der restriktiven sowjetischen Informationspolitik wurden weite Teile der Ukraine, Weißrusslands und Russlands viel zu spät informiert. Auch Evakuierungen setzten zu spät ein.
Bis heute ist das volle Ausmaß der Katastrophe nicht absehbar. Welche Folgeschäden aufgrund genetischer Defekte in den kommenden Generationen auftreten werden, ist ungewiss.
Die Bundesregierung reagierte mit der Einrichtung des „Ministeriums für Umwelt, Naturschutz und Reaktorsicherheit" auf die Katastrophe. In der breiten Öffentlichkeit hatte der Unfall von 1986 ein Umdenken in Gang gesetzt: Viele Bundesbürger sprachen sich in den folgenden Jahren für einen Ausstieg aus der friedlichen Nutzung der Kernenergie und für die Förderung **alternativer Energien** (z. B. Solarenergie und Windkraft) aus.

- **Der Staatsbesuch Erich Honeckers.** Am 7.9.1987 wurde als erster Staatsratsvorsitzender der DDR Erich Honecker in der Bundesrepublik empfangen. Damit hatte die DDR-Führung ein lang angestrebtes Ziel erreicht, vor allem, weil Honecker mit allen protokollarischen Ehren empfangen wurde, die einem Staatsoberhaupt eines souveränen Staates zukommen. Faktisch war damit die DDR vor der Weltöffentlichkeit als gleichberechtigter Partner anerkannt.

8 Kontinuität in der Ostpolitik

Die christlich-liberale Koalition **führte** die von der SPD/FDP-Regierung begonnene **Ostpolitik fort**. Dies verübelten insbesondere die Vertriebenenverbände, die sich nicht mit der Preisgabe der ehemaligen deutschen Ostgebiete abfinden wollten. Doch trotz aller Auseinandersetzungen um die Raketennachrüstung suchte die Regierung Kohl den Dialog mit dem Osten:

- 1984 vermittelte der bayerische Ministerpräsident Franz Josef Strauß einen **Milliardenkredit** an die DDR, die damit ihre Zahlungsunfähigkeit vorübergehend abwenden konnte. Im Gegenzug musste die DDR die Behinderungen an der innerdeutschen Grenze reduzieren.
- 1986 hatte der innerdeutsche Reiseverkehr seinen bisherigen Höchststand erreicht.
- Mehrere innerdeutsche Städtepartnerschaften wurden abgeschlossen, die den Kontakt zwischen Ost- und Westdeutschen intensivieren sollten.
- Im März 1987 konnten zum ersten Mal Offiziere der Bundeswehr als Beobachter an Manövern des Warschauer Paktes teilnehmen.

9 Wirtschafts- und Sozialpolitik

In den ersten Jahren war die Regierung Kohl wirtschaftspolitisch recht erfolgreich.

- Durch Einsparungen bei Sozialausgaben und
- Kürzungen bei der steuerlichen Förderung von Betrieben wurde der Staatshaushalt entlastet. Hinzu kamen
- eine drastische Senkung des Ölpreises auf dem Weltmarkt und
- ein günstiger Dollarkurs.

Darüber hinaus setzte die christlich-liberale Koalition auf Eigeninitiative und Wettbewerb, Steuerentlastungen für Unternehmen und Zurückhaltung bei staatlichen Reglementierungen.
All diese Faktoren zusammen führten zu einem **Wirtschaftsaufschwung**, der die Bundesrepublik Deutschland zu einem der weltweit führenden Exportländer werden ließ.
Die **Arbeitslosigkeit** war jedoch immer noch ein gesellschaftliches Problem. Trotz der Einführung von Arbeitsbeschaffungsmaßnahmen blieben besonders schlecht ausgebildete Arbeitskräfte, Schwerbehinderte und Arbeitssuchende über 55 Jahren ohne Anstellung.
Zugleich wurde der **Abbau sozialer Leistungen** beschlossen, der soziale Wohnungsbau gestrichen, Rentenerhöhungen gekürzt, das Schüler-Bafög gestrichen, das für Studenten auf Darlehen umgestellt.

Die Situation in der DDR

1 Die Ära Honecker

Die Menschen in der DDR, für die eine Flucht nach dem Mauerbau 1961 kaum noch möglich war, fanden sich mit dem politischen Regime ab, das nun auch mehr Freiheiten gewährte. Eine erfolgreiche **Sportpolitik** erleichterte die Identifikation mit ihrem Staat. Die meisten DDR-Bürger richteten sich in ihrem Staat ein, es entstand eine so genannte **Nischengesellschaft**, in der persönliche Freiräume gepflegt wurden, um dem allgegenwärtigen Apparat von SED und Stasi wenigstens zeitweise zu entkommen.

Probleme hatte die politische Führung der DDR zu Beginn der 70er-Jahre auf internationaler Ebene. Walter Ulbricht trat für eine Abgrenzung der DDR gegenüber dem Westen ein, um den Aufbau des Sozialismus ungestört durchführen zu können. Als er sich dann offen gegen die internationale Entspannungspolitik aussprach, die im deutsch-deutschen Verhältnis im Grundlagenvertrag gipfelte, geriet er in Gegnerschaft zum sowjetischen Kurs. Ulbricht musste 1971 zurücktreten, sein Nachfolger wurde der 1912 in Saarbrücken geborene **Erich Honecker**.

Unter Honecker entkrampften sich die deutsch-deutschen Beziehungen. Der **Grundlagenvertrag**, der für fast zwei Jahrzehnte die Reisebedingungen, die diplomatischen und die Wirtschaftsbeziehungen regelte, wurde 1972 unterzeichnet. Die DDR gewann damit an internationalem Ansehen. Sie wurde 1973 – zeitgleich mit der Bundesrepublik Deutschland – in die UNO aufgenommen und war an der Unterzeichnung der KSZE-Schlussakte 1975 in Helsinki beteiligt.

Die DDR-Führung gab das Ziel der Wiedervereinigung auf. In der Verfassung von 1974 definierte sie die DDR als „sozialistischen Staat", der mit der Sowjetunion in Freundschaft verbunden sein sollte.

2 „Real existierender Sozialismus"

Unter Honecker war die politische Führung der DDR bemüht, den **Lebensstandard der Bevölkerung** anzuheben – nicht zuletzt, um den Erfolg des Sozialismus allen sichtbar vor Augen zu führen und die eigene Bevölkerung ruhig zu stellen. Folgende Maßnahmen wurden eingeleitet:

- Förderung des Wohnungsbaus,
- Erhöhung der unteren Einkommen und der Renten,
- Verkürzung der Arbeitszeit und
- Sicherung der Grundversorgung.

Dem gestiegenen Realeinkommen stand aber kein verbessertes Warenangebot gegenüber. Auf so genannte Luxusgüter wie PKW und Fernsehapparat musste man unter Umständen bis zu zehn oder mehr Jahre warten. Manche DDR-Bürger besaßen West-Währung, ihnen war es möglich, in den „Inter-Shop-" oder „Exquisit-Läden" all das zu kaufen, was es für Ost-Mark nicht gab. Die D-Mark war damit neben der Ost-Mark zur zweiten, inoffiziellen Währung geworden.

Das Leben in der DDR war durch folgende Faktoren bestimmt:

- **Erziehung der Jugend** im Geist des Sozialismus. Die Mitgliedschaft in der Freien Deutschen Jugend **(FDJ)** war Pflicht, wenn man sich nicht Karrierechancen verbauen wollte.
- Möglichst vollständige **Eingliederung der Frauen** in das sozialistische System. Das Ideal war die Berufstätigkeit der Frau, die von 52,5 % (im Jahr 1955) auf 73,2 % (im Jahr 1980) gesteigert wurde. Eine wirkliche Gleichberechtigung der Frauen

gab es aber nicht, die Führungspositionen in Wirtschaft, Partei und Staat blieben den Männern vorbehalten.

- **Überwachung und Unterdrückung** durch den **Staatssicherheitsdienst**. Die Stasi bemühte sich um eine möglichst vollständige Kontrolle der Bevölkerung und verfügte zu diesem Zweck Ende der 80er-Jahre über etwa 90 000 offizielle und 180 000 inoffizielle Mitarbeiter.
- **Mangelwirtschaft.** Zwar waren Grundnahrungsmittel, die staatlich bezuschusst wurden, billig, doch alles, was nicht unmittelbar der Grundversorgung diente, war teuer oder nicht erhältlich. Kartoffeln und Brot waren deutlich billiger als in der Bundesrepublik, Bohnenkaffee jedoch wesentlich teurer, Bananen und Zitrusfrüchte fast nicht erhältlich. Die Bürger der DDR bezahlten nur geringe Mieten, doch oft fehlte den Wohnungen jeglicher Komfort.

3 Der „Fall" Biermann

Auffallend war, dass die DDR-Führung zu dem Zeitpunkt, als sich das Verhältnis zur Bundesrepublik Deutschland offiziell verbesserte, zu einem Kurs der Abschottung gegenüber dem Westen überging. Die Sperranlagen an der innerdeutschen Grenze wurden ausgebaut, der Zwangsumtausch erhöht (auch um Devisen ins Land zu bekommen) und die Stasi perfektionierte ihr Spitzelsystem.

Einen Höhepunkt erreichte diese Politik der Abgrenzung mit der **Ausbürgerung** des Dichters und Liedermachers Wolf Biermann im Jahr 1976. Der Hamburger Biermann war aus politischer Überzeugung 1953 in die DDR übergesiedelt, engagierte sich dort für den Sozialismus, kritisierte aber die Staats- und Parteiführung heftig. 1962 wurde er aus der SED ausgeschlossen, 1965 erhielt er in der DDR **Auftrittsverbot** und musste fortan seine Werke im Westen veröffentlichen. 1976 befand er sich auf einer Tournee durch die Bundesrepublik, als er am 17. November von seiner Ausbürgerung aus der DDR erfuhr. Biermann war damit eine Rückkehr in die DDR unmöglich gemacht.

Diese Zwangsmaßnahme der SED löste in der DDR eine Protestwelle aus, die vom Staat durch weitere Ausbürgerungen beantwortet wurde. Für Biermann engagierten sich Künstler wie Jurek Becker, Stefan Heym, Heiner Müller und Christa Wolf, die in Ost und West gleichermaßen angesehen waren. Dennoch wurde die Ausbürgerung aufrechterhalten, Biermann wurde erst Anfang 1989 wieder zu einem Konzert in die DDR eingeladen. Doch Biermann war nur einer von vielen Intellektuellen, die sich kritisch und trotzdem grundsätzlich bejahend mit dem sozialistischen System der DDR auseinander setzten. Auch Rudolf Bahro – er dachte über eine neue Wirtschaftsordnung nach – und Robert Havemann – er wollte den DDR-Sozialismus demokratisieren – gehörten dazu.

4 Wirtschaftlicher Niedergang

Honecker bemühte sich um ein konfliktloses Verhältnis zur Sowjetunion und stützte seine Herrschaft ganz auf die Partei und den **Staatssicherheitsdienst** (Stasi). Der **totalitäre Führungsanspruch der SED** galt nach wie vor, eine Freiheit der Meinungsäußerung gab es nicht, was insbesondere von Intellektuellen und Künstlern kritisiert wurde. Trotzdem galten die Jahre nach 1971, die Zeit Honeckers, für viele als die „goldenen Jahre" der DDR. Doch gerade in diesen Jahren wurde der Grundstein für den wirtschaftlichen Niedergang der DDR gelegt.

Die wirtschaftliche Produktivität war gering, der Lebensstandard der Bevölkerung wurde mit Devisen erkauft, über die die DDR aufgrund der eingeschränkten Handelsbeziehungen mit dem Westen nicht in ausreichendem Maß verfügte. Die DDR verschuldete sich im Westen immer mehr und war zu Beginn der 80er-Jahre quasi zahlungsunfähig. Damals halfen die Milliardenkredite der Bundesregierung, die der CSU-Vorsitzende Franz Josef Strauß vermittelt hatte, über den Staatsbankrott hinweg. Sie konnten ihn aber nicht verhindern, sondern nur bis 1989 verzögern.

5 Friedliche Revolution und Zusammenbruch

Oppositionelle Strömungen und Regimekritiker gab es in der DDR immer, doch Mitte der 80er-Jahre wurde die Opposition lauter und zahlreicher. Viele DDR-Bürger waren mit ihrem Staats- und Gesellschaftssystem unzufrieden. Sie litten unter

- einem niedrigen Lebensstandard,
- persönlicher Unfreiheit (keine Reisefreiheit),
- der existierenden Zweiklassengesellschaft (hier das Volk, dort die Funktionäre) und
- der offensichtlichen Diskrepanz zwischen ideologischer Theorie und gesellschaftspolitischer Praxis.

Der aufgestaute Unmut brach im Frühjahr 1989 offen hervor. Die **Kommunalwahlen** vom Mai waren offensichtlich zugunsten der SED manipuliert worden. Die Parteiführung reagierte jedoch auf Proteste und Forderungen nach demokratischen Entwicklungen, wie sie schon in der UdSSR, in Polen und in Ungarn im Gange waren, mit rigoroser Unterdrückung der Opposition.

Inzwischen taten sich für ausreisewillige DDR-Bürger aber Schlupflöcher auf:

- Im Januar 1989 gelang es einer Gruppe von DDR-Bürgern, die die Ständige Vertretung der Bundesrepublik in Ost-Berlin besetzt hatten, die Zustimmung der DDR-Behörden zu ihrer straffreien Ausreise in den Westen zu erhalten.
- Im August 1989 wurden mehr als 100 DDR-Bürger, die die Botschaft der Bundesrepublik Deutschland in Budapest besetzt hatten, nach Wien ausgeflogen.

Da eine Ausreise aus der DDR in reformorientierte Ostblockländer problemlos möglich war, nutzten viele Menschen diese Gelegenheit und flüchteten nach Warschau, Prag und Budapest in die Botschaften der Bundesrepublik Deutschland, also auf westliches Territorium.

Die Situation blieb unklar und über Wochen angespannt. Niemand wusste so recht, wie die Vorgänge einzuordnen waren und ob nicht doch russische Truppen die Fluchtbewegung stoppen würden. Unter dem Druck der Weltöffentlichkeit musste schließlich die DDR-Führung der Ausreise der **Botschaftsflüchtlinge** zustimmen. Am Abend des 30. September überbrachte Bundesaußenminister Hans-Dietrich Genscher den Flüchtlingen in der Prager Botschaft persönlich die Nachricht von ihrer bevorstehenden Ausreise in die Bundesrepublik.

Im Anschluss an das traditionelle montägliche Friedensgebet am 2.10.1989 begann in Leipzig die „**friedliche Revolution**". Etwa 20 000 Menschen demonstrierten an diesem und den folgenden Tagen in Leipzig, Dresden, Ost-Berlin und anderen Städten der DDR für Demokratie und Freiheit. Währenddessen feierte sich die SED am 7. Oktober, dem 40. Jahrestag der Staatsgründung der DDR, selbst. Die Demonstrationen wurden als Störung der Feierlichkeiten empfunden und brutal niedergeknüppelt.

Der Generalsekretär der KPdSU **Michail Gorbatschow**, der als Staatsgast den Feiern beiwohnen sollte, wurde von den Demonstranten als Hoffungsträger empfangen, die Staatsführung erwartete von ihm militärische Unterstützung gegen die „Randalierer". Sein gegen Honecker gerichteter, berühmt gewordener Satz „Wer zu spät kommt, den bestraft das Leben" machte jedoch klar, dass sich die Sowjetunion nicht in die deutsche Politik hineinziehen lassen würde; ganz im Gegenteil: Gorbatschow bekräftigte das Recht jedes Warschauer-Pakt-Staates, über seine eigenen Angelegenheiten selbst zu entscheiden.

Dieses Signal aufgreifend, nahmen die Demonstrationen gegen die SED zu. Am 9. Oktober zogen 70 000 Menschen durch die Leipziger Innenstadt, eine Woche später waren es bereits 120 000. Sie machten ihrem Unmut mit Rufen wie „Wir bleiben hier!" Luft und forderten einen Verzicht der SED auf ihr Machtmonopol, freie Wahlen, die Auflösung der Stasi und die Verbesserung der Versorgung mit Lebensmitteln und Konsumgütern.

Von einer Auflösung der DDR war noch nicht die Rede, durch grundlegende Reformen sollte das erstarrte System reformiert werden.

Die SED-Führung war am Erhalt ihrer Macht interessiert und gewillt, einigen Forderungen der Demonstranten nachzugeben. Honecker, der sich gegen Veränderungen sperrte, wurde am 18. Oktober als Generalsekretär abgesetzt, einige Tage später verlor er auch die Ämter des Staatsratsvorsitzenden und des Vorsitzenden des Nationalen Verteidigungsrates. Honecker war damit vollständig entmachtet. Die offizielle Sprachregelung lautete, dass er „aus gesundheitlichen Gründen" von allen Ämtern zurückgetreten sei.

Egon Krenz wurde Honeckers Nachfolger als Generalsekretär der SED und als Vorsitzender des Staatsrates. Er zeigte sich nach allen Seiten gesprächsbereit, kündigte Reformen an, versprach Reiseerleichterungen und amnestierte Flüchtlinge und Demonstranten. Doch die SED hatte ihre Glaubwürdigkeit verspielt, die Demonstrationen gingen weiter. Am Abend des **9. November** gab das Politbüromitglied Günter Schabowski vor laufenden Fernsehkameras völlig überraschend und auch eher zufällig die **Öffnung der Grenzen** der DDR zur Bundesrepublik und nach West-Berlin bekannt. Tausende von DDR-Bürgern und Ostberlinern machten sich auf, noch in derselben Nacht die Grenze nach Westen zu passieren, wo sie von jubelnden Westberlinern empfangen wurden.

In den nächsten Tagen kamen etwa vier Millionen Menschen in den Westen, die meisten nur zu Besuch. Jeder DDR-Bürger erhielt ein einmaliges Begrüßungsgeld von 100 DM. Die DDR-Führung setzte inzwischen den Schießbefehl außer Kraft und baute die Grenzanlagen ab.

Am 13. November wurde **Hans Modrow** zum Ministerpräsidenten gewählt und folgte damit Willi Stoph, der zusammen mit dem gesamten Politbüro zurückgetreten war.

Ende November legte Bundeskanzler Helmut Kohl ein **Zehn-Punkte-Programm** vor, das eine Vertragsgemeinschaft mit einer demokratisierten DDR anstrebte. Dieses war für eine Übergangszeit gedacht und sollte die Teilung Deutschlands überwinden helfen, bis aus einem lockeren Staatenbund der deutsche Gesamtstaat entstehen könnte.

Wichtige Punkte im Vorschlagskatalog des Kanzlers waren:
- Soforthilfe für die DDR im humanitären Bereich,
- Vertiefung der bestehenden Zusammenarbeit (z. B. beim Umweltschutz, in Wirtschaft, Forschung und Kultur),
- umfassende Hilfe und Zusammenarbeit,
- Schaffung eines dichten Netzes von Vereinbarungen und von gemeinsamen Einrichtungen und
- die Einbettung des deutschen Vereinigungsprozesses in die gesamteuropäische Entwicklung.

Weitere wichtige Ereignisse auf dem Weg zur deutschen Einheit waren:
- Die SED änderte ihren Namen in „Partei des demokratischen Sozialismus" **(PDS)**. Damit sollte ein Neuanfang signalisiert werden. Die Partei war jedoch bestrebt, ihren Einfluss und ihr Vermögen zu behalten.
- Nachdem die SED das Machtmonopol verloren hatte, berieten Vertreter der Regierung, der Parteien, der Bürgerbewe-

gungen und der Kirchen im Dezember als **Runder Tisch** über die Demokratisierung der DDR. Sie setzten für den 18.3.1990 Neuwahlen an.

- Die Bürger der DDR sprachen sich mehr und mehr für eine Vereinigung der beiden deutschen Staaten aus (wurden die Montagsdemonstrationen von dem Ruf „Wir sind das Volk!" begleitet, hieß es jetzt **„Wir sind ein Volk!"**).

Die deutsche Einigung

allgemeine Unzufriedenheit

↓

Volkskammerwahlen im Mai 1989

↓

Flucht vieler DDR-Bürger in die westdeutschen Botschaften in Ungarn, Polen und der Tschechoslowakei

↓

2. Oktober 1989:
Montagsgottesdienst in Leipzig als Auslöser für Massendemonstrationen

Ablösung Honeckers

↓

9.11.1989:
Öffnung der innerdeutschen Grenzen

Gespräche über die Zukunft Deutschlands („Runder Tisch")

↓

3.10.1990:
Vereinigung Deutschlands

Die Wandlung des Ost-West-Verhältnisses bis zur Maueröffnung

20. Oktober 1969	Willy Brandt wird Bundeskanzler
1969	Beginn der KSZE-Verhandlungen
ab August 1970	Ostverträge
Juni 1971	Erich Honecker löst Walter Ulbricht als Staatschef der DDR ab
3. September 1971	Viermächteabkommen über Berlin
27. April 1972	Misstrauensantrag gegen Brandt
21. Dezember 1972	Grundlagenvertrag tritt in Kraft
1973	1. Ölkrise
6./16. Mai 1974	Rücktritt Brandts, Helmut Schmidt wird Bundeskanzler
7. Oktober 1974	Neue Verfassung der DDR
1975	Ende des Vietnam-Krieges
1. August 1975	KSZE-Schlussakte von Helsinki
1975	Einführung des ECU
November 1976	Ausbürgerung Wolf Biermanns
1978	Karol Wojtyla wird Papst Johannes Paul II.
7.–10. Juni 1979	Erste Direktwahl zum Europäischen Parlament
12. Dezember 1979	NATO-Doppelbeschluss
Dezember 1979	Einmarsch der UdSSR in Afghanistan
1980	Bildung der „Grünen" als Bundespartei
1. Oktober 1982	Helmut Kohl wird Bundeskanzler
11. März 1985	Michail Gorbatschow wird Generalsekretär der KPdSU
26. April 1986	Reaktorunfall von Tschernobyl
8. Dezember 1987	Unterzeichnung des INF-Vertrages
4. Juni 1989	Niederschlagung der Demokratiebewegung in China
9. November 1989	Öffnung der Berliner Mauer

Neue weltpolitische Konstellationen und wiedervereinigtes Deutschland

1 Der Zerfall der UdSSR

Zu Beginn der 90er-Jahre befand sich die UdSSR in einer Übergangsphase. Der Kommunismus bot keine tragfähige Ideologie mehr, das neue **System Gorbatschows** erschien vielen zu wenig durchdacht und als Verrat an den bisherigen Ideen. Bei allem außenpolitischen Ansehen, das Gorbatschow in Deutschland, Europa und der Welt genoss, konnte er mit „Glasnost" und „Perestroika" kaum innenpolitische Erfolge verzeichnen.
Aufgrund der veränderten Lage in Osteuropa zerfiel der Ostblock. Der Warschauer Pakt wurde zum 1.7.1991 aufgelöst. Die am Rand des sowjetischen Imperiums gelegenen Länder Estland, Lettland und Litauen sowie Armenien, Aserbaidschan, Georgien, die Ukraine und Moldawien erstrebten ihre politische Unabhängigkeit.

Gorbatschows unmittelbarer Gegenspieler, der Präsident der Russischen Republik **Boris Jelzin**, forderte noch weitergehendere Reformen. Als Gorbatschow bei einem konservativen Staatsstreich im August 1991 an seinem Urlaubsort auf der Krim seinen politischen Widersachern in die Hände fiel, war es der Entschlusskraft Jelzins zu verdanken, dass der Putsch zusammenbrach und die Putschisten vor Gericht gestellt werden konnten. Damit waren aber auch die Tage Gorbatschows als Staatspräsident gezählt. Jelzin, der die KPdSU verboten hatte, beanspruchte das höchste Staatsamt für sich. Gorbatschow blieb nur der Rücktritt von allen Ämtern (25.12.1991). Die Sowjetunion hörte auf zu bestehen, sie wurde durch die **Gemeinschaft Unabhängiger Staaten (GUS)** ersetzt, der formell der

russische Präsident Jelzin vorstand. Die einstmals so mächtige Sowjetunion war nun in viele Teile zerfallen.
Nach dem Rücktritt von Jelzin wurde **Wladimir Putin** (geb. 1951) im Jahr 2000 russischer Staats- und Regierungschef. Sein Kurs bewegt sich zwischen innenpolitischer Härte und außenpolitischem Selbstbewusstsein; an einer Verständigung mit dem Westen ist Putin gelegen. In der **Irak-Frage** im Frühjahr 2003 stand Putin auf der Seite der Kriegsgegner Deutschland und Frankreich.

2 Schwerpunkte der Außenpolitik der USA

1989 hatte Vizepräsident **George H. Bush** die Präsidentschaftswahlen in den USA gewonnen. Er hielt an den bisherigen außenpolitischen Positionen der USA fest und setzte den Dialog mit der UdSSR fort, unterstützte aber auch die Vereinigung Deutschlands und betonte dessen Zugehörigkeit zum westeuropäischen Bündnis.

Anfang August 1990 besetzte der irakische Diktator **Saddam Hussein** mit seinen Truppen Kuwait, erklärte dieses zu einer irakischen Provinz und schnitt die Erdölreserven Kuwaits von der westlichen Welt ab. Die internationale Staatengemeinschaft verurteilte das Vorgehen des Irak, die USA übernahmen die Führung in der antiirakischen Koalition und überzeugten Saudi-Arabien, amerikanische Soldaten ins Land zu lassen. Mithilfe eines Wirtschaftsembargos gegen den Irak versuchten die Vereinten Nationen die Position Kuwaits zu stärken. Da alle friedlichen Bemühungen zur Lösung des Konflikts ergebnislos geblieben waren, entschlossen sich die USA zum Krieg gegen den Irak, der als „**Golfkrieg**" in die Geschichte eingegangen ist. Mitte Januar 1991 begannen die USA zusammen mit ihren Verbündeten (Großbritannien, Frankreich, Saudi-Arabien, Marokko, Syrien, Ägypten), die militärische Infrastruktur des Irak zu zerstören. Ende Februar 1991 war der Krieg mit der Kapitulation des Irak beendet. Die Truppen Saddam Husseins mussten sich aus Kuwait zurückziehen.

Ein Problemfall für die US-Außenpolitik blieb die Europapolitik. Zwar hatte die Regierung von George H. Bush die Integration europäischer Staaten unterstützt, doch weckten die wirtschaftliche Abschottung und der Versuch einer europäischen Sicherheitspolitik zu Beginn der 90er-Jahre Bedenken vor einer **„Festung Europa"**, in der für die Interessen der USA kein Platz zu sein schien. Erst die Regierung **Clinton** (ab 1993) setzte auf eine selbstständige europäische Sicherheits- und Verteidigungspolitik und auf die Zusammenarbeit mit der Europäischen Union.
Einen tiefgreifenden Einschnitt in das Selbstwertgefühl und das Sicherheitsbedürfnis der Amerikaner bedeuten die Ereignisse vom **11. September 2001**. Islamische Terroristen unter der Führung des El Quaida-Chefs **Osama bin Laden** lenkten zwei entführte Passagierflugzeuge in die Twin-Towers des **World Trade Centers in New York**, die daraufhin vollständig einstürzten. Ein drittes Flugzeug beschädigte fast zeitgleich das amerikanische Verteidigungsministerium in Washington schwer. Die USA unter Präsident **George W. Bush** antworteten darauf mit der Bildung einer **Koalition gegen den internationalen Terrorismus**, der sich fast alle Länder der Welt anschlossen. Im darauf folgenden **Krieg gegen Afghanistan**, der Hochburg von El Quaida, konnte das dort herrschende Taliban-Regime beseitigt und eine demokratisch gewählte Regierung eingesetzt werden. Danach nahm die Regierung Bush den **Irak** ins Visier: Angeblich sollte der dort herrschende Diktator **Saddam Hussein** über Atomwaffen verfügen – eine Behauptung, die von vielen Regierungen (z. B. der deutschen, französischen und russischen) und Institutionen (z. B. der Uno) zu Recht angezweifelt wurde, wie man inzwischen weiß. Die USA begannen im März 2003 einen Krieg gegen den Irak und stürzten Saddam Hussein.

„Neue Unübersichtlichkeit" in Europa

1 Veränderungen in Osteuropa

Die neuen Prämissen der sowjetischen Außenpolitik führten auch in den Ostblockstaaten zu Veränderungen. In allen Ländern wurden die demokratischen Oppositionsbewegungen gestützt. Politiker, die noch einige Jahre vorher als Aufrührer galten und mit Gefängnisstrafen belegt wurden, rückten nun in hohe Staatsämter auf. Beispiele:

- In Polen setzte sich die demokratische Bewegung um die Gewerkschaft Solidarność durch. Ihr führender Kopf, **Lech Walesa**, wurde 1990 Staatspräsident.
- In der Tschechoslowakei wurde der Bürgerrechtler **Václav Havel** zum Präsidenten gewählt und der ehemalige Anführer des „Prager Frühlings" (1968), **Alexander Dubček**, zum Parlamentspräsidenten ernannt. Zusätzlich teilte sich die Tschechoslowakei 1992 friedlich in Tschechien und die Slowakei.
- In Ungarn setzte nach dem Rücktritt des kommunistischen Parteichefs Janós Kádár mit der Bildung neuer Parteien und freier Gewerkschaften die Demokratisierung des Staates ein.
- Auch in Bulgarien, Rumänien und Albanien vertrieben die Bürger die kommunistischen Regime und öffneten sich wieder für die westliche Staatengemeinschaft.

2 Die Europäische Union

Nach 1989 veränderte sich die Europäische Gemeinschaft:

- Im Herbst 1991 vereinigte sie sich mit den EFTA-Staaten Finnland, Island, Norwegen, Schweden und Österreich zu einem gemeinsamen europäischen Wirtschaftsraum (**EWR**). Ziel war es, einen Wirtschaftsraum zu schaffen, der mit den Zusammenschlüssen auf dem amerikanischen oder dem asiatischen Kontinent konkurrieren kann.
- Im **Maastricht-Vertrag** (Dezember 1991) wurde die Schaffung der Europäischen Union festgeschrieben. Seit dem 1. November 1993 lautet der offizielle Name nicht mehr Europäische Gemeinschaft, sondern **Europäische Union** (EU).

Die EU ist kein Zentralstaat, sondern ein Verbund von verschiedenen Staaten, ihre politischen Möglichkeiten sind deshalb gering. Nach dem geltenden **Subsidiaritätsprinzip** greift die EU nur in die Bereiche regelnd ein, die von den untergeordneten Einheiten (z. B. Staaten, Bundesländer, Gemeinden) nicht selbst geregelt werden können.

- Ab 1990 trat das am 14.6.1985 geschlossene **Schengener Abkommen** in Kraft. Anfangs wurden nur die Kontrollen im Warenverkehr reduziert, seit März 1995 wird zwischen den Benelux-Staaten, Deutschland, Frankreich, Portugal und Spanien, seit Oktober 1997 auch zwischen diesen Ländern sowie Italien und Österreich auf Grenzkontrollen im Personenverkehr weitgehend verzichtet.
- Besonders deutlich wurde die Existenz der EU für die Bürger Europas am 1.1.2002 mit der **Einführung des EURO** als einzigem offiziellen Zahlungsmittel.

Die „Verfassungsorgane“ der EU

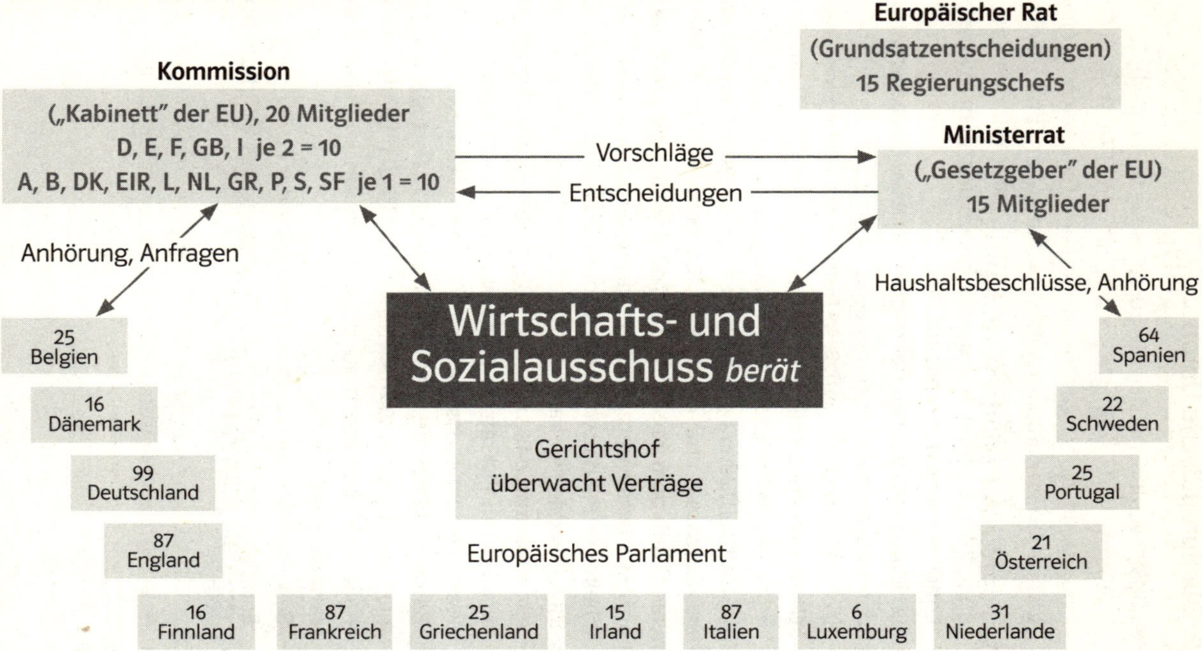

Der deutsche Einigungsprozess 1990

1 Schritte zur Wiedervereinigung

Nach der Öffnung der Grenzen zeigte sich, dass es kein langsames Zusammenwachsen der beiden deutschen Staaten geben konnte:

- Die Regierung **Modrow** wollte eine **„sozialistische Marktwirtschaft"**, an der sich die westdeutsche Wirtschaft beteiligen sollte. Dieses Konzept wurde im Westen nicht angenommen, so dass die DDR-Führung in Bedrängnis kam und bei der Bundesregierung um eine finanzielle Soforthilfe von 15 Milliarden DM nachsuchte. Dieser Wunsch wurde abgelehnt, stattdessen wurde über die Einführung einer Wirtschafts- und Währungsunion nachgedacht.
- Die **DDR-Bürger** waren auf **wirtschaftliche Sicherheit** bedacht; sie forderten die Einführung der D-Mark auch im Osten, andernfalls – so lauteten wiederholte Aussagen – kämen sie in die Bundesrepublik Deutschland.
- Als der sowjetische Präsident **Gorbatschow** im Januar 1990 signalisierte, dass die UdSSR eine **deutsche Wiedervereinigung** nicht behindern würde, steuerte die Regierung Kohl dieses Ziel an.

2 Die Volkskammerwahl vom 18. März 1990

Die Volkskammerwahl war für die Bürger der DDR die **erste freie Wahl** seit 58 Jahren. Sie brachte eine Wahlbeteiligung von 93,2 %, was auf ein enormes Interesse der Wähler schließen lässt.

Der Wahlkampf wurde von den alten Parteien der DDR und Spitzenpolitikern aus der Bundesrepublik Deutschland geprägt. So unterstützte Bundeskanzler Helmut Kohl die „Allianz für Deutschland". Die teilweise erst wenige Monate vor der Wahl gebildeten Oppositionsgruppen wie „Neues Forum" und „Demokratie jetzt" hatten kaum Chancen, im Wahlkampf auf sich aufmerksam zu machen.

Diese Wahl war auch eine **Abstimmung über die weitere Zukunft der DDR**:

- Die „Allianz für Deutschland" (ein Wahlbündnis bestehend aus CDU, DA und DSU) trat wie die CDU / CSU in Westdeutschland für eine rasche Vereinigung der beiden deutschen Staaten ein.
- Die SPD strebte ein allmähliches Zusammenwachsen an.
- Die PDS, die Nachfolgeorganisation der SED, machte sich ebenso wie verschiedene Oppositionsgruppen für die Eigenständigkeit der DDR stark.
- Das Wahlergebnis stellte ein klares Votum für das Konzept der „Allianz für Deutschland" dar:
  CDU: 40,9%, SPD: 21,8%, PDS: 16,3%, DSU: 6,3%, Liberale: 5,3%, Sonstige: 9,4% der Stimmen.

Das Ergebnis der Volkskammerwahl verdeutlichte, dass die Bürger in der DDR nicht an die Reformierbarkeit des Staates glaubten.

3 Währungs-, Wirtschafts- und Sozialunion

Mit der neuen, demokratisch gewählten Regierung unter **Ministerpräsident Lothar de Maizière (CDU)** trat die Bundesregierung sofort in Verhandlungen über die Errichtung einer Währungs-, Wirtschafts- und Sozialunion ein.
Die von der Bundesregierung als Voraussetzung für die Währungsunion genannte **Einführung der sozialen Marktwirtschaft**

in der DDR sagte Lothar de Maizière zu. Nun stellte sich die Frage, auf welchem Weg die wirtschaftliche Einheit erreicht werden sollte:

- Wirtschaftsexperten sprachen sich für die Schaffung eines einheitlichen Wirtschaftsraumes aus, wozu das Produktionsniveau allmählich angeglichen werden sollte.
- Die Mehrheit der Bevölkerung in der DDR forderte aber immer dringender die sofortige Einführung der D-Mark.

Schließlich musste der **schnelle Weg zur wirtschaftlichen Vereinigung** eingeschlagen werden. Gründe dafür waren:

- die Ausreise von täglich etwa 2000 Bürgern, die im Westen ihr Glück versuchen wollten, weil sie den wirtschaftlichen Verhältnissen im Osten misstrauten,
- der rapide Verfall der DDR-Wirtschaft durch den Zusammenbruch des Planungssystems,
- der Wegfall von Handelspartnern, da die traditionellen Abnehmerländer im Ostblock eigene Probleme hatten und als Abnehmer ausfielen,
- die extrem hohe Staatsverschuldung der DDR.

Im Mai 1990 unterzeichneten die Finanzminister der beiden deutschen Staaten den **Staatsvertrag**, der am 1.7.1990 in Kraft trat. Damit bekamen die DDR-Bürger die D-Mark statt der Ostmark. Löhne, Gehälter und Renten wurden in D-Mark ausbezahlt, Sparguthaben bis 6000 Mark im Verhältnis 1:1 umgetauscht.

Die Übernahme des westdeutschen Wirtschaftssystems durch die DDR brachte aber noch mehr Schwierigkeiten. Die meisten Betriebe konnten dem Konkurrenzdruck aus dem Westen nicht standhalten und aufgrund der gestiegenen Preise im Ostblock nichts mehr absetzen. Viele **Firmenpleiten** und eine hohe **Arbeitslosenzahl** waren die Folge.

4 Der Einigungsvertrag

Der Einigungsvertrag regelte die rechtlichen Aspekte der Wiedervereinigung. Er wurde am 31.8.1990 von den Innenministern der Bundesrepublik Deutschland und der DDR, Wolfgang Schäuble und Günther Krause, unterzeichnet und trat am **3.10.1990** in Kraft. Der 3. Oktober ist seitdem als **Tag der deutschen Einheit** der deutsche Nationalfeiertag. Die wesentlichen Bestimmungen des Einigungsvertrags sind:

- Die DDR tritt der Bundesrepublik Deutschland bei.
- Die von der DDR-Regierung aufgelösten und im Juli 1990 wieder gegründeten **Länder** Brandenburg, Mecklenburg-Vorpommern, Sachsen, Sachsen-Anhalt und Thüringen werden deutsche Bundesländer.
- **Berlin** wird die Hauptstadt der Bundesrepublik Deutschland. Über den Sitz von Parlament und Regierung wurde nichts ausgesagt.
- Das **Recht** der Bundesrepublik Deutschland gilt künftig auch auf dem Gebiet der ehemaligen DDR.
- Das **Vermögen** der DDR wird Eigentum der Bundesrepublik Deutschland.
- **Enteignungen** der Jahre 1945 bis 1949 werden nicht mehr rückgängig gemacht.
- Die **Treuhandanstalt** hat als Anstalt des öffentlichen Rechts die Aufgabe, die ehemals volkseigenen Betriebe zu privatisieren.
- Die **Sozialsysteme** der beiden deutschen Staaten werden einander angeglichen.

Durch den Einigungsvertrag wurde das Grundgesetz in einigen Punkten geändert und zudem in der ehemaligen DDR in Kraft gesetzt.

5 Die Vereinigung Deutschlands als internationales Problem

Kaum ein europäischer Politiker war von der Idee eines wiedervereinigten Deutschlands begeistert. Zu frisch waren die Erinnerungen an das deutsche Großmachtstreben zu Beginn und um die Mitte des 20. Jahrhunderts, zu nah das Leid, das von den Deutschen im Ersten und Zweiten Weltkrieg verursacht worden war. Außerdem war nicht klar, was von einem wiedererstarkten und vereinten Deutschland in wirtschaftlicher Hinsicht zu erwarten war.

Folgende Positionen wurden vertreten:

- Die **US-Regierung** sprach sich unter der Voraussetzung, dass Deutschland Mitglied der NATO und der EG bleibt, für eine deutsche Vereinigung aus.
- Die Linie der **UdSSR** war wechselhaft. Vor 1990 wurde eine Vereinigung Deutschlands abgelehnt. Zu Beginn des Jahres 1990 sprach sich Gorbatschow für die Wiedervereinigung aus, allerdings unter der Prämisse, dass Gesamt-Deutschland nicht Mitglied der NATO und neutral sein müsse. Nach dem Kohl-Besuch im Kaukasus (Juli 1990) erklärte sich Gorbatschow mit dem Verbleib des geeinten Deutschland in der NATO einverstanden und versprach – gegen Geld- und Sachleistungen – den Abzug der sowjetischen Truppen aus der DDR bis Ende 1994.
- **Francois Mitterand** äußerte als französischer Präsident aus sicherheitspolitischen Gründen Bedenken gegen die Erstarkung seines östlichen Nachbarn.
- Die britische Premierministerin **Margaret Thatcher** sah die militärische und wirtschaftliche Kraft eines vereinigten Deutschlands als Störfaktor für die europäische Stabilität.

Diese internationalen Bedenken wurden in den Zwei-plus-Vier-Gesprächen erörtert und zur weitgehenden Zufriedenheit aller Beteiligten ausgeräumt.

6 Die Zwei-plus-Vier-Gespräche

Der Einigungsvertrag war nur eine Vereinbarung zwischen den beiden deutschen Staaten. Alle Abmachungen mussten mit den internationalen Rahmenbedingungen im Einklang sein. Deutschland durfte nichts beschließen, was den Vereinbarungen mit den Siegermächten des Zweiten Weltkrieges widersprach.

Für weiterreichende deutsch-deutsche Abmachungen, Beschlüsse Berlin oder einen Friedensvertrag betreffend, musste erst das **Einverständnis der Siegermächte** eingeholt werden. Diese Funktion sollten die Zwei-plus-Vier-Verhandlungen erfüllen. Die Verhandlungen wurden durch die Zusage Gorbatschows vom 16.7.1990 möglich, das wiedervereinigte Deutschland könne in der NATO verbleiben.

An den Gesprächen waren die Außenminister der Siegermächte beteiligt: für die UdSSR Eduard Schewardnadse, für Großbritannien Douglas Hurd, für die USA James Baker und für Frankreich Roland Dumas. Die beiden deutschen Staaten wurden durch Lothar de Maizière (DDR) und Hans-Dietrich Genscher (BRD) vertreten.

Die Zwei-plus-Vier-Verhandlungen (unterzeichnet am 12.9.1990) hatten folgende **Ergebnisse**:
- Bestätigung des Status quo der Grenzen des vereinigten Deutschlands.
- Verzicht des vereinigten Deutschlands auf territoriale Ansprüche.
- Verzicht Deutschlands auf den Besitz von ABC-Waffen.
- Reduzierung der Bundeswehr auf 370 000 Mann.
- volle Souveränität für Deutschland.

Die Zwei-plus-Vier-Gespräche ermöglichten eine **Lösung der „deutschen Frage"**: Die Siegermächte des Zweiten Weltkrieges waren mit der Vereinigung der beiden deutschen Staaten unter klar festgelegten Bedingungen einverstanden. Einer Wiedervereinigung der Bundesrepublik Deutschland und der DDR stand nichts mehr im Weg. Die Zwei-plus-Vier-Verträge gelten als **Friedensvertrag**, die alliierte Oberherrschaft über Deutschland war zu Ende.

7 Vereinigung der beiden deutschen Staaten

Die deutsche Wiedervereinigung wäre auf zwei verschiedenen Wegen erreichbar gewesen. Das Grundgesetz sah folgende Möglichkeiten vor:

- den Beitritt „anderer Teile Deutschlands" zur Bundesrepublik Deutschland (Art. 23 GG) und
- den Zusammenschluss der beiden deutschen Staaten, der die Ausarbeitung einer neuen, gemeinsamen Verfassung bedurft hätte (Art. 146 GG).

Der Bundesregierung und der Mehrheit der Bevölkerung in der DDR lag daran, den schnelleren Weg (nach Art. 23 GG) zu wählen. Somit trat am **3.10.1990** die DDR der Bundesrepublik Deutschland bei.
Um Deutschland und aller Welt zu signalisieren, dass die Wiedervereinigung eine **Zäsur in der deutschen Geschichte** darstellt, dass aber auch die Deutschen in den neuen Bundesländern ernst genommen und keine Deutschen zweiter Klasse sind, beschloss der Deutsche Bundestag am 20.6.1991, den Regierungssitz nach Berlin zu verlegen.

Das vereinigte Deutschland

Deutschland nach der Wiedervereinigung

1 Probleme der deutschen Einheit

Helmut Kohl hatte den Deutschen im Osten bei der Wiedervereinigung angekündigt, die neuen Bundesländer binnen weniger Jahre in „blühende Landschaften" zu verwandeln. Dass dieses Versprechen zu optimistisch war, stellte sich bald heraus.

Folgende Probleme wurden schnell deutlich:

- **Wirtschaftlicher Bankrott der DDR.** Zum Zeitpunkt ihres Beitritts zur Bundesrepublik Deutschland war die DDR bankrott. Die staatseigenen Betriebe wirtschafteten unrentabel und waren der neuen Konkurrenz, die sich durch die Erweiterung des Marktes ergab, nicht gewachsen. Betriebe mussten schließen, Werke wurden stillgelegt, die Menschen verloren ihre Arbeit oder durften nur noch Kurzarbeit leisten.
  Als die **Treuhandanstalt** begann, unrentable staatliche Firmen zu privatisieren, stieg die Zahl der Arbeitslosen noch weiter. Schon 1991 waren über 800 000 Arbeitslose registriert.
- Auch die ökologischen Zustände in der DDR waren katastrophal. Die **Umwelt** wurde ausgebeutet, die Industrie arbeitete billigst – also ohne die im Westen üblichen Vorkehrungen des Umweltschutzes. Braunkohlekraftwerke und Chemiebetriebe waren die größten Umweltverschmutzer, sie arbeiteten meist ohne Filter in den Abluftanlagen.
  Gewässer wurden zur Müllentsorgung verwendet, viele Flüsse und Seen in der DDR waren ökologisch tot, die Trinkwasserversorgung nicht gesichert. Einen immensen Schaden richteten auch die Müllimporte aus dem Westen an, die die DDR gegen Devisen angenommen, aber nicht sachgerecht

entsorgt hatte.

- Große Probleme zeigten sich beim **Wohnungsbau**. Die Innenstädte waren verfallen, die Häuser teilweise noch im Vorkriegszustand.
- Auch die **Infrastruktur** war längst nicht mehr zeitgemäß; Autobahnen, Straßen und das Gleisnetz der Bahn waren sanierungsbedürftig.
- Nach der Wiedervereinigung taten sich immense soziale Probleme auf. Der Verlust der Arbeitsstelle führte bei vielen Menschen zu **wirtschaftlicher Not** und zu sozialer Unsicherheit. Der Übernahme der Westpreise (z. B. für Mieten, Strom, Gas und Lebensmittel) stand kein gleichwertiger Ausgleich z. B. durch Lohnerhöhungen oder Tarifanpassungen gegenüber. Viele ehemalige DDR-Bürger reagierten auf diese unbefriedigende wirtschaftliche Situation mit dem Umzug in den Westen, was der Wirtschaft im Osten ebenfalls schadete.
- Auch die **Vergangenheitsbewältigung** war für viele Menschen aus dem Osten ein Problem. Der Lebensinhalt von vielen wurde nun kritisch hinterfragt, das Regime, dem sie meist widerstandslos die Treue gehalten hatten, hatte sich als korrupt und verbrecherisch erwiesen. Die Enttarnung vermeintlich guter Freunde oder gar Familienangehöriger als inoffizielle Mitarbeiter (IM) der Stasi ließ viele Menschen tief betroffen zurück. Oft hatte auch die eigene Biografie Risse.
- Nach der Wiedervereinigung häuften sich **rechtsradikal motivierte Straftaten** in den neuen Bundesländern. Anschläge auf Asylbewerberheime gab es besonders in den Jahren 1992 bis 1994.

2 Neuorientierung der deutschen Außenpolitik

Dem wiedervereinigten Deutschland kam wieder ein starkes außenpolitisches Gewicht zu. Manche Politiker in Europa sahen dies mit Sorge, alte Ängste kamen hoch. Diese galt es, durch eine verantwortungsvolle Politik zu beruhigen.

Folgende Problemfelder ergaben sich:

- **Deutschland und der Westen.** Der Regierung Kohl lag daran, die Furcht vor einem vergrößerten und wiedererstarkten Deutschland zu beruhigen. In vielen Verhandlungen mit den westlichen Nachbarn wurde deutlich gemacht, dass die Bundesrepublik keine hegemoniale Stellung in Europa beanspruchen würde. Ganz im Gegenteil: Das geeinte Deutschland würde sich in den Rahmen des „europäischen Hauses" einfügen und den Ausbau der Europäischen Union aktiv vorantreiben. Es würde auch Mitglied der NATO bleiben, wodurch seine Waffensysteme und die Struktur der Bundeswehr für die anderen NATO-Staaten überprüfbar sind.
- **Deutschland und der Osten.** Die Öffnung der Grenzen zwischen Ost und West weckte auf beiden Seiten problematische Erinnerungen an die Zeit vor dem Niedergang des „Eisernen Vorhangs": Die Deutschen hatten Polen, die Tschechoslowakei und die Sowjetunion überfallen, große Zerstörungen angerichtet und menschliches Leid verursacht. Die Menschen im Osten hatten mit der Vertreibung der Deutschen geantwortet. Um in dieser Situation einen Neuanfang in den staatlichen Beziehungen zu erreichen, versprach die Regierung Kohl, sich für eine Aufnahme der Staaten Osteuropas in die Europäische Union bzw. in die NATO stark zu machen und sagte wirtschaftliche und finanzielle Hilfe beim Aufbau der Marktwirtschaft und bei der Durchführung demokratischer Reformen zu.
- **Deutschland und die Welt.** Die deutsche Regierung verhielt sich in den Jahren nach 1990 in internationalen Konflikten äußerst zurückhaltend. Die NATO-Partner und vor allem die USA

erwarteten aber ein verstärktes Engagement des vereinigten Deutschlands bei internationalen Krisen. Seit 1992 nahm die Bundeswehr an Blauhelmmissionen (humanitäre und medizinische Hilfe) in Kambodscha, Somalia und im ehemaligen Jugoslawien teil. Das **Out-of-Area-Urteil** des Bundesverfassungsgerichts machte am 12.7.1994 den Weg auch für militärische Einsätze der Bundeswehr außerhalb des NATO-Gebietes im Rahmen einer UNO-Mission frei. Der **Einsatz deutscher Soldaten in Afghanistan** nach dem Attentat vom 11. 9. 2001 auf das World Trade Center basiert auf dieser Grundlage.

3 Der Regierungswechsel 1998

Am 27.9.1998 gewann die SPD mit ihrem Kanzlerkandidaten **Gerhard Schröder** die Bundestagswahl. Es kam zu einer rot-grünen Koalitionsregierung unter Kanzler Schröder, Außenminister wurde Joschka Fischer (Grüne). Wolfgang Schäuble folgte Helmut Kohl als Vorsitzender der CDU nach. Wichtige Themen der Politik während der Kanzlerschaft Gerhard Schröders waren:

- Beginn des **Kosovo-Kriegs** im März 1999. Die NATO bemühte sich um einen Rückzug Serbiens aus dem Kosovo, zugleich sollte der serbische Präsident Milosevic entmachtet werden.
- Der frühere Ministerpräsident von Nordrhein-Westfalen **Johannes Rau** (SPD) folgte im Mai 1999 **Roman Herzog** (CSU) als Bundespräsident nach.
- Im Zuge der CDU-Spendenaffäre trat **Wolfgang Schäuble** im Dezember 1999 als Parteivorsitzender der CDU zurück, **Angela Merkel** rückte in dieses Amt nach.
- Nach dem Anschlag auf das **World Trade Center** am 11.9.2001 beteiligten sich zum ersten Mal nach dem Zweiten Weltkrieg deutsche Soldaten an Kampfhandlungen außerhalb des NATO-Gebiets (Afghanistan).
- In der Bundestagswahl 2002 gewann die rot-grüne Koalition mit einem hauchdünnen Vorsprung vor schwarz-gelb unter

Edmund Stoiber (CSU). Gerhard Schröder wurde wieder zum Bundeskanzler gewählt.

- Am 20. März 2003 begannen die USA den Krieg gegen den Irak (dritter Golfkrieg). Hintergrund waren die amerikanischen Beschuldigungen, der irakische Diktator Saddam Hussein stünde mit den islamischen Terroristen unter Führung Osama bin Ladens, die das Attentat vom 11. September 2001 geplant und durchgeführt hatten, in Verbindung. Man warf ihm außerdem vor, durch Massenvernichtungswaffen, die der Irak besitze, den Weltfrieden zu gefährden. Diese Behauptung konnte jedoch im und nach dem Krieg, der nach wenigen Wochen beendet war, nicht erhärtet werden. Deutschland, Frankreich und Russland beteiligten sich nicht an diesem Krieg, weil sie den von der USA angeführten Kriegsgründen nicht zustimmen konnten.
- Im Mai 2004 wurde **Horst Köhler** als Kandidat von CDU, CSU und FDP zum neuen Bundespräsidenten gewählt.
- Die **Arbeitslosenquote** blieb auf hohem Niveau (ca. 4,8 Millionen), auch die umstrittenen Sozialreformen (Hartz IV) änderten daran nichts. Die öffentliche Kritik an der Politik der Bundesregierung nahm zu, die SPD verlor mehrere Landtagswahlen in Folge. Kanzler Schröder, der für seine Reformpolitik im Bundestag keinen Rückhalt mehr zu haben glaubte, stellte die Vertrauensfrage mit dem Ziel, **vorgezogene Neuwahlen im Herbst 2005** durchführen zu können.

Die **Bundestagswahl 2005** brachte einen knappen Vorsprung für die Unionsparteien von 35,2 %. Die SPD erhielt 34,2 % der abgegebenen Stimmen, die FDP 9,8 %, Bündnis 90/Die Grünen 8,1 %. Die neu gegründete Linkspartei kam auf 8,7 %. Da eine Regierungsbeteiligung der Linkspartei von allen Betroffenen ausgeschlossen wurde, gab es im Deutschen Bundestag keine klaren Mehrheiten. Die Regierung bildete eine Große Koalition aus CDU/CSU und SPD. **Angela Merkel** wurde zur ersten Bundeskanzlerin gewählt.

Neue weltpolitische Konstellationen und wiedervereinigtes Deutschland

1989	George H. Bush wird Präsident der USA
1990	Schengener Abkommen
18. März 1990	erste freie Wahl in der DDR
1. Juli 1990	Währungs-, Wirtschafts- und Sozialunion
August 1990	Überfall auf Kuwait durch den Irak (Golfkrieg: Januar-Februar 1991)
12. September 1990	Unterzeichnung der Zwei-plus-Vier--Verträge
3. Oktober 1990	Vereinigung der beiden deutschen Staaten
1. Juli 1991	Auflösung des Warschauer Paktes
9./10. Dezember 1991	Maastricht-Vertrag
20. Januar 1993	Bill Clinton wird Präsident der USA
1. Januar 1994	Schaffung des Europäischen Wirtschaftsraumes
Juli 1994	Roman Herzog wird Bundespräsident
27. September 1998	Gerhard Schröder wird Bundeskanzler
23. Mai 1999	Johannes Rau wird Bundespräsident
1999	Beginn des Kosovo-Kriegs
2001	George W. Bush wird Präsident der USA
11. September 2001	Anschlag auf das World Trade Center in New York
20. März 2003	Beginn des Krieges der USA gegen den Irak
23. Mai 2004	Horst Köhler wird Bundespräsident
22. November 2005	Angela Merkel wird Bundeskanzlerin der Großen Koalition

Prüfungsvorbereitung

Wenn Sie in Geschichte Abitur machen wollen, können Sie meist zwischen einer mündlichen und einer schriftlichen Prüfung wählen. Für beide Prüfungsarten gelten recht ähnliche Regeln, die Sie beachten sollten.

Es gibt zwei **Aufgabentypen**:

- Möglicherweise wird Ihnen ein **Satzthema** vorgelegt. Das könnte folgendermaßen lauten: „Erläutern Sie die unterschiedliche Rolle der politischen Parteien und Gruppierungen bei der Auflösung der DDR und der Wiedervereinigung." Mit diesem Thema müssten Sie sich auf Grund Ihrer Sachkenntnis **argumentativ** auseinander setzen.
- Üblicher sind aber Themen, die auf einer historischen **Quelle** basieren (z. B. Text, Bild oder Karte). Dazu bekommen Sie Fragen vorgelegt, mit deren Hilfe Sie die Quelle erläutern und Ihre darüber hinausgehenden Kenntnisse zu Ihrem Schwerpunktgebiet darlegen sollen. Beispiel: „Erarbeiten Sie anhand des vorliegenden Auszugs aus seinem Tagebuch, welche Haltung Franz Josef Strauß zu den Ost-Verträgen einnahm. Legen Sie dar, welche Alternativen es zu dieser Handlungsweise gab und wer sie verfolgte. Zeigen Sie abschließend an zwei Beispielen, welche Auswirkungen diese ‚Neue Ostpolitik' auf das Leben der Menschen in Ost und West hatte."

Die Darstellung dieser möglichen Fragen zeigt zweierlei:

1. In der Geschichte sind Quellen überaus wichtig.
2. In den Fragen sind unterschiedliche Anforderungsniveaus erkennbar.

Beiden Aspekten wird nun nachgegangen werden.

1. Was sind geschichtliche Quellen?

Ohne **Quellen** geht in Geschichte nichts. Woher sollten wir etwas aus der schriftlosen Zeit der Vorgeschichte wissen, wenn es nicht Bodenfunde gäbe, die man auswerten kann? Wer könnte uns noch vom Mittelalter berichten, wenn nicht klösterliche Chroniken oder in Auftrag gegebene Herrscherbiografien? In der neueren Geschichte verhält es sich ähnlich. Die Nachwelt wüsste wenig über den Russlandfeldzug Hitlers, wenn es nicht Aufzeichnungen oder mündliche Berichte von Soldaten gäbe, die dabei waren.

Man kann Quellen ordnen in:

Textquellen	Chroniken, Romane, Briefe, Tagebücher, Lebenserinnerungen, Mitschriften von Parlamentsdebatten, Protokolle, Texte von Reden, Verträge, Gesetze, Verordnungen, Verfassungstexte, Urkunden, Parteiprogramme, Zeitungsartikel usw.
Bildquellen	Gemälde, Zeichnungen, Fotografien, Plakate, Mosaike, Postkarten, Briefmarken, Geldscheine, Münzen usw.
Text- / Bild-Quellen	Flugblätter, Karikaturen, Briefmarken, Münzen, historische Karten, wissenschaftliche Karten usw.
gegenständliche Quellen	Bodenfunde, Baudenkmäler, Gegenstände aus dem Alltagsleben usw.
mündliche Quellen, Tonquellen	Zeitzeugenberichte, Interviews, Radiosendungen, Hörbilder usw.
Ton- / Bild-Quellen	Filme, Videomitschnitte usw.

Diese Auflistung ist nicht vollständig. Auch aufgrund der neuen Medien kommen immer wieder neue Quellentypen dazu. Grundsätzlich gilt aber: Alles, was etwas über vergangene Zeiten aussagt, ist eine historische Quelle.

2 Wie geht man mit Quellen um?

Quellen sprudeln oft lang, ehe sie versiegen. So ist es auch mit historische Quellen: Sie haben uns viel zu sagen, wir müssen sie nur richtig befragen. Und auch, wenn sie sich auf den ersten Blick sehr unterscheiden, so gibt es doch eine Menge Gemeinsamkeiten, die für alle Quellentypen gleich oder ähnlich sind. Das ermöglicht es uns, die **Quellen auszuwerten** und Kenntnisse über die Vergangenheit zu erhalten.

Allen Quellen ist gemeinsam, dass sie uns Auskunft geben auf die Fragen:

Wer?	Wer hat die Quelle angefertigt? Wer hat sie geschaffen oder in Auftrag gegeben?
Was?	Was ist der Inhalt der Quelle? Welche Informationen kann man ihr entnehmen? Was sagt sie aus? Worüber erfahren wir etwas?
Wie?	Wie wird der Inhalt dargestellt? Neutral, sachlich, informativ? Emotional gefärbt, als Appell oder polemisch überzeichnet?
Wozu?	Wurde mit dieser Quelle eine Aussage angestrebt oder können wir ihr lediglich eine Aussage entnehmen? Welche Absicht wurde mit dieser Quelle verfolgt? An wen richtete sich diese Aussage?

Dieses Schema lässt sich – leicht abgewandelt – auf alle Quellentypen anwenden:

So können Sie bei einer **Textquelle** fragen:

- ✓ **Wer** hat den Text verfasst? Welche Informationen haben wir über den Verfasser: Name, Geschlecht, Lebensdaten, biografische Einzelheiten, Beruf?
- ✓ **Was** ist der Inhalt der Quelle? Worum geht es in dem Text? Welche Informationen kann man entnehmen?
- ✓ **Wie** wird der Inhalt dargestellt? Sachlich oder polemisch? Übersichtlich oder verschlüsselt? Informativ, argumentierend oder appellativ?
- ✓ **Wozu** wurde der Text angefertigt? Gibt es einen konkreten Anlass? War es eine Auftragsarbeit?

Bei einer **Aussage eines Zeitzeugen** würden Sie fragen:

- ✓ **Wer** hat das gesagt? Welche Informationen haben wir über den Sprecher? In welchem Verhältnis steht er zu dem, was er uns berichtet? Kennt er es aus eigener Anschauung oder vom Hörensagen?
- ✓ **Was** ist der Inhalt der Aussage? Worum geht es? Welche Informationen kann man der Aussage entnehmen?
- ✓ **Wie** wird der Inhalt dargestellt? Sachlich oder aus einer persönlich gefärbten Sicht? Verständlich oder verwirrend?
- ✓ **Wozu** wurde die Aussage gemacht? Was wollte der Sprecher damit erreichen? Will er etwas erklären, vertuschen, beschönigen? Will er sich selbst in den Vordergrund spielen oder hat er etwas zur Sache zu sagen?

Ähnliche Fragen könnte man an einen Gesetzestext, eine Politikerrede, eine Tagebuchaufzeichnung usw. stellen. Schon diese Aufzählung zeigt, dass nicht alle Quellen gleich verlässlich sind. Man muss an Quellen deshalb **kritisch** herangehen und fragen:

- ✓ Wie aussagekräftig ist die Quelle?
- ✓ Wie sicher sind die Ergebnisse?

- ✓ Wer ist der Adressat dieser Quelle, an wen ist sie gerichtet?
- ✓ Von wann stammt die Quelle? Wann wurde sie öffentlich gemacht? Wann erzielte sie eine öffentliche Wirkung?
- ✓ Welche Themen werden nicht angesprochen?
- ✓ Welche Fragen bleiben offen?

Wichtig sind die **weitergehenden Fragen**; z. B.:

- ✓ Warum spricht der Verfasser manche Aspekte seines Themas nicht an? Was möchte er vertuschen?
- ✓ Warum bleiben manche Fragen offen? Sind sie nicht beantwortbar oder will der Verfasser sie nicht beantworten? Warum will er sie nicht beantworten? Will er den Adressaten nicht informieren, sondern überreden oder Propaganda betreiben? Will er bestimmte Ereignisse aus dem öffentlichen Bewusstsein verdrängen oder seine Rolle dabei beschönigen?

3 Der richtige Umgang mit Fragen

Die Beispiele oben zeigen, dass Fragen ganz unterschiedlich gestellt werden können. Auch damit müssen Sie in einer Prüfung umgehen können. Es macht schließlich einen großen Unterschied, ob es heißt:

- „Nennen Sie …" oder „Erläutern Sie …" oder
- „Skizzieren Sie …" oder „Führen Sie aus, warum …".

Nicht alle Fragen fordern die gleiche Intensität der Bearbeitung. Grundsätzlich können Sie drei Anforderungsniveaus unterscheiden:

Anforde-rungsniveau	typische Begriffe	Qualität der Antwort
Reproduktion	nennen	aufzählen
	skizzieren	Zusammenhänge knapp darstellen
	wiedergeben	den Inhalt einer Quelle oder eines historischen Zusammenhangs zusammenfassen
	beschreiben, darstellen, darlegen	den Inhalt einer Quelle oder eines historischen Zusammenhangs genau wiedergeben
Reorganisation	gliedern	eine sinnvolle und logische Reihenfolge herausarbeiten (nur im Zusammenhang mit Textquellen)
	erklären, erläutern	unter Einbeziehung von Hintergrundwissen genau beschreiben
	einordnen	einen Sachverhalt mit komplexeren Zusammenhängen verbinden
	kennzeichnen, charakterisieren	Besonderheiten herausarbeiten und benennen
	analysieren, untersuchen, aufzeigen	den Sachverhalt genau untersuchen und die Ergebnisse darstellen
Transfer	nachweisen	eine Quelle oder einen Sachverhalt auf ein bestimmtes Ziel hin
Transfer (Fortsetzung)		untersuchen und beschreiben

	vergleichen, gegenüberstellen	zwei oder mehr Aspekte einer Sache auf Gemeinsamkeiten und Unterschiede befragen
	bewerten, beurteilen	einen oder mehr Aspekte einer Sache unter Einbeziehung historischer Fakten abwägen
	interpretieren	Zusammenhänge oder Fakten vor dem Hintergrund eines konkreten Sachverhaltes deuten
	überprüfen	einen vorgegebenen Aspekt mit dem historischen Zusammenhang in Beziehung setzen
	Stellung nehmen, diskutieren, erörtern	einen historischen Aspekt abwägend – unter Einbeziehung des eigenen Urteils – darstellen

4 Tipps für die schriftliche Prüfung

Wenn Sie eine Arbeit zu einem geschichtlichen Thema schreiben, stehen Sie vor einem Berg von Schwierigkeiten: Sie müssen die Frage bzw. die Quelle richtig verstehen, sich dazu die passenden Gedanken machen und diese auf sinnvolle, nachvollziehbare Art zu Papier bringen. Dies erfordert nicht nur ein hohes Maß an Konzentration, sondern auch einige Kenntnisse über das sinnvolle Vorgehen in schriftlichen Prüfungen.

Was können Sie also tun, um die Ihnen gestellte Aufgabe bestmöglich zu bewältigen?

Tipp 1: Gehen Sie systematisch vor: Wenn Sie sich für eine bestimmte Prüfungsaufgabe entschieden haben, sollten Sie zuerst die **Aufgabenstellung genau analysieren** und Unklarheiten klären.

Tipp 2: Lesen Sie nun die Frage bzw. die zu bearbeitende Textquelle oder schauen Sie sich die Bildquelle ganz genau an. **Markieren Sie Auffälliges**, Unklares und Bezüge innerhalb des Textes oder der Abbildung mit Farbe. Schreiben Sie Ihre Assoziationen, Verweise auf andere Texte, Fragen oder Erklärungsversuche an den Rand.

Tipp 3: Stellen Sie **Bezüge zu den historischen Ereignissen** her, die Sie spontan mit der Quelle in Verbindung bringen. Überlegen Sie, was Sie zum Thema wissen, halten Sie Ihre Gedanken stichpunktartig auf einem Konzeptpapier fest.

Tipp 4: Sie sollten nun die **Fragestellung** noch einmal genau im Hinblick auf das **überprüfen**, was inhaltlich gefragt ist. Notieren Sie, welche weiteren, bisher vernachlässigten Aspekte Sie in Ihre Darstellung aufnehmen müssen. Beachten Sie dabei das **Anforderungsniveau**!

Tipp 5: Halten Sie die Ergebnisse jeder Arbeitsphase schriftlich – **in Stichpunkten** – fest. Es besteht andernfalls die Gefahr, dass Sie Teilergebnisse übersehen und nicht mehr zu Papier bringen. Erstellen Sie dann eine **Grobgliederung** (oft genügt es auch, die Stichwörter sinnvoll zu nummerieren), damit Sie Ihre Ausführungen zusammenhängend niederschreiben können.

Tipp 6: Wenn Sie Ihre Überlegungen niederschreiben wollen, werden Sie feststellen, dass nicht jeder Satz sofort stimmig ist.

Lassen Sie sich davon nicht beirren. **Schreiben** Sie, was Ihnen einfällt – aber schreiben Sie zu Anfang auf ein Nebenblatt. Nach drei oder vier Sätzen haben Sie Ihre anfängliche Schreibblockade vermutlich überwunden, nun sollten Sie die ersten Sätze in überarbeiteter Form zu Papier bringen und so, wie es Ihre Grobgliederung vorsieht, weiterschreiben.

Tipp 7: Teilen Sie sich Ihre **Arbeitszeit** so ein, dass Sie am Ende Ihre Arbeit noch einmal vollständig durchlesen und kleinere Ergänzungen einfügen können. Sie sollten dabei auch auf Rechtschreibung und Zeichensetzung achten und diese gegebenenfalls verbessern.

5 Checkliste: Bearbeitung einer Aufgabe aus dem Fach Geschichte

Diese Checkliste erleichtert Ihnen die Arbeit während der schriftlichen Prüfung, da sie Ihnen hilft, wichtige Arbeitsschritte im Blick zu behalten. Da Sie die Checkliste im Abitur nicht verwenden dürfen, sollten Sie sich diese rechtzeitig einprägen, z. B. bei Ihrer häuslichen Vorbereitung.

Erste Überlegungen:

- ☐ Um welche geschichtliche Epoche, um welches konkrete Ereignis geht es?
- ☐ Was weiß ich über diese Zeit, dieses Ereignis?
- ☐ Wer war an diesem Ereignis beteiligt?
- ☐ Was war das Ergebnis des Konfliktes? Welche Auswirkungen hatte er auf die Geschichte bzw. Politik?

Zur Aufgabenstellung:

- ☐ Was muss ich bei meiner Darstellung beachten?
- ☐ Welche Einzelaufgaben muss ich bearbeiten?
- ☐ Ist es nötig, die Aufgaben in der vorgegebenen Reihenfolge zu bearbeiten?

- ☐ Welche Schwierigkeiten sehe ich auf mich zukommen?
- ☐ Wie viel Zeit steht mir zur Verfügung?

Zur Gliederung:

- ☐ Ergibt sich die Gliederung aus der Fragestellung oder muss ich die Gliederung selbst erstellen?
- ☐ Auf welche Aspekte will ich das Schwergewicht legen, wo kann ich mich kurz fassen?
- ☐ Muss ich eine Gliederung anfertigen, die bewertet wird, oder schreibe ich die Gliederung nur für mich?

Zur Bearbeitung des Fragenkatalogs:

- ☐ Welche Aspekte gehören zu welcher Frage?
- ☐ Welche Beispiele aus meinen historischen Kenntnissen kann ich als Belege hinzuziehen?
- ☐ Wie vertieft muss ich mein Wissen darlegen (Anforderungsniveau!)?
- ☐ Schreibe ich so, dass meine Ausführungen für den interessierten Laien, der keine vertieften Kenntnisse besitzt, verständlich sind?
- ☐ Schreibe ich sachlich?

Zur Durchsicht der Niederschrift:

- ☐ Habe ich meine Darstellung noch einmal auf inhaltliche und sprachliche Richtigkeit überprüft?
- ☐ Habe ich eine sachliche, begrifflich angemessene Sprache verwendet?
- ☐ Ist die Arbeit durchgängig im Präteritum abgefasst?
- ☐ Habe ich alle Untersuchungsaspekte behandelt?
- ☐ Passen die Antworten zum vorgegebenen Anforderungsniveau?

6 Tipps für die mündliche Prüfung

Die mündliche Abiturprüfung (Colloquium) ist für die meisten Prüflinge eine ungewohnte, so nie vorher geübte Situation. Sie sollten sich dessen bewusst sein und sich auch auf diese Prüfung gezielt vorbereiten.
Wie können Sie sich sinnvoll auf die mündliche Prüfung vorbereiten?

Tipp 1: Besprechen Sie vorab mit Ihrem Lehrer, ob Themenbereiche abgesprochen werden können.

Tipp 2: Erarbeiten Sie sich dann gezielt Ihr Schwerpunktthema mithilfe von Unterrichtsmitschriften und Arbeitsblättern und arbeiten Sie die betreffenden Seiten in Ihrem Geschichtsbuch durch.

Tipp 3: Vertiefen Sie Ihre Kenntnisse, indem Sie andere Lehrbücher (z. B. aus der Bibliothek der Schule) oder auch populärwissenschaftliche Darstellungen (z. B. aus dem Bücherschrank der Eltern oder aus der Stadt- und Gemeindebücherei) zu den wichtigen Themenbereichen durcharbeiten, anlesen und auch nur überfliegen – je nachdem, ob Sie glauben, dass das Buch Ihnen nützen kann oder nicht.

Tipp 4: Seien Sie sich bewusst, dass es **zwei Arten von Aufgabenstellungen** gibt. Möglicherweise wird Ihnen ein Satzthema vorgelegt, mit dem Sie sich argumentativ auseinander setzen müssen. Üblicher sind aber Themen, die auf einer historischen Quelle basieren (z. B. Text, Bild oder Karte). Dazu bekommen Sie Fragen vorgelegt, mit deren Hilfe Sie die Quelle erläutern und Ihre darüber hinausgehenden Kenntnisse zu Ihrem Schwerpunktgebiet darlegen sollen.

Tipp 5: Bedenken Sie, dass in der mündlichen Abiturprüfung neben Ihren **Fachkenntnissen** auch die **Qualität Ihres Vortrags** und Ihre **Gesprächsfähigkeit** beurteilt werden.

Tipp 6: Nützen Sie die Vorbereitungszeit vor der Prüfung (meist 20 oder 30 Minuten) zur Auseinandersetzung mit der gestellten Aufgabe und der beigegebenen Quelle. Notieren Sie Ihre Gedanken nur in **Stichpunkten**, keinesfalls in ganzen Sätzen – dazu ist die Zeit zu knapp. Es besteht zudem die Gefahr, dass Sie in der Prüfung vom Konzeptblatt ablesen, anstatt – wie verlangt – frei zu sprechen.

Register

Abi

Mathematik

Analytische Geometrie und Lineare Algebra

von Werner Janka

Werner Janka ist Gymnasiallehrer für die Fächer Mathematik, Physik und Italienisch in Bayern. Er ist Dozent an der Universität Bozen und hat Lehraufträge im Rahmen der Lehrerausbildung an der Universität Augsburg.

Inhalt

Grundlagen

Geraden und Ebenen

Skalarprodukt

Projektionen und Spiegelungen

Flächen- und Volumenberechnung

Anhang

Vorwort

Liebe Abiturientin, lieber Abiturient!

Wenn Sie dieses Buch in die Hand nehmen, haben Sie die Absicht, Ihr Wissen zur Analytischen Geometrie und Linearen Algebra zu vertiefen und zu festigen. Manches wird Ihnen sehr bekannt und demzufolge auch einfach erscheinen, einiges taucht sicher auch in für Sie ungewohnter Gestalt oder Form auf und bestimmte Teile könnten Ihnen ganz fremd vorkommen.

Es empfiehlt sich jedenfalls – wenn Sie eine gründliche Wiederholung des Abiturstoffs wünschen – die vorliegende Lernhilfe von Anfang an durchzuarbeiten und sich der guten Kenntnis der Grundlagen zu vergewissern.

Andererseits können – wegen des weitgehend modularen Aufbaus – auch einzelne Kapitel für sich studiert werden, wenn in Teilbereichen Verständnisschwierigkeiten bestehen sollten oder Sie das Buch unterrichtsbegleitend einsetzen wollen.

In allen Fällen sind Sie gut beraten, wenn Sie den dargelegten Stoff mit gezücktem Bleistift und bereitliegendem Papier studieren, damit Sie selbst die für das tiefere Verständnis notwendigen Schritte nachvollziehen können. Dauerhafter Wissenserwerb erfolgt nur über ernsthafte gründliche Eigenarbeit. In der Hoffnung, hierzu eine gute Hilfestellung zu bieten, wünsche ich Ihnen viel Erfolg!

Werner Janka

Grundlagen

1 Vektordefinition

Die hier vorgestellte analytische Geometrie müsste genauer »vektorielle analytische Geometrie« heißen, da »Vektoren« ihre Grundelemente darstellen. Mit »Vektor« verbinden sich physikalische, algebraische und geometrische Vorstellungen.

In der Folge stützen wir uns vor allem auf die anschauliche Vorstellung, also auf den Vektor als geometrischen Pfeil, genauer: wir verstehen unter einem Vektor die Gesamtheit aller Pfeile, die in Länge und Richtung, einschließlich der Orientierung übereinstimmen.

Man spricht auch von **parallelgleichen Pfeilen**. Üblicherweise werden Vektoren mit einem Pfeilsymbol überstrichen geschrieben. Jeder einzelne Pfeil des Vektors $\vec{a}$ heißt Repräsentant von $\vec{a}$.

Besonderheit: Unter dem **Nullvektor** $\vec{0}$ versteht man einen Vektor der Länge 0. Der Nullvektor hat keine festgelegte Richtung.

Zu jedem Vektor $\vec{a}$ existiert der Gegenvektor $-\vec{a}$. Dessen Repräsentanten haben die gleiche Länge wie die Repräsentanten von $\vec{a}$, zeigen aber genau in die Gegenrichtung, sind also genau gegenläufig orientiert.

Vektoren $\vec{a}$ und $-\vec{a}$

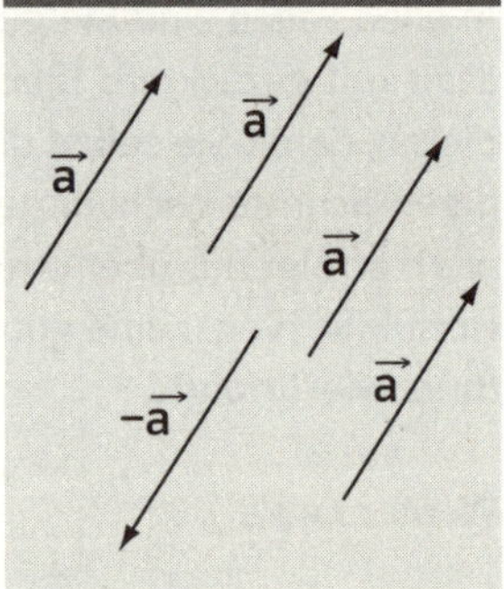

Geometrisch lässt sich jeder Vektor auch als eine Abbildungsvorschrift auffassen, die ein geometrisches Element (Punkt, Strecke, Figur, Vektor, …) in Richtung von $\vec{a}$ um die Länge von $\vec{a}$ verschiebt.

Üblicherweise wird in der Vektorgeometrie von einem Koordinatensystem ausgegangen, vorzugsweise mit senkrecht aufeinander stehenden Achsen. Hierdurch lässt sich ein Vektor beschreiben, indem man angibt, wie groß die Verschiebung in x_1-Richtung und wie groß in x_2-Richtung ist.

Beispiel in $\mathbb{R}^+$

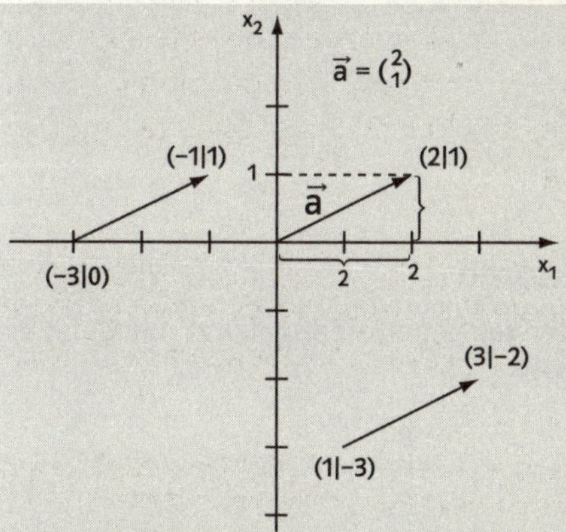

2 heißt die x_1-Koordinate, 1 die x_2-Koordinate von $\vec{a}$

Liegt der Fuß des Vektors $\vec{a} = \begin{pmatrix} a_1 \\ a_2 \end{pmatrix}$ im Ursprung (0 | 0), so liegt seine Spitze im Punkt $P(a_1 \mid a_2)$.

Für den dreidimensionalen Raum unserer Anschauung gilt entsprechend:

Beispiel im $\mathbb{R}^3$

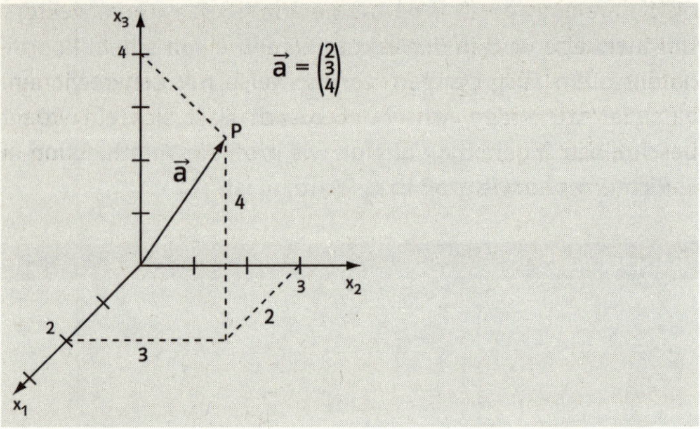

2 Addition von Vektoren

Innerhalb der Menge der Vektoren (oft abgekürzt mit $\mathbb{V}$) ist die Addition wie folgt erklärt:

$$\vec{a} = \begin{pmatrix} a_1 \\ a_2 \\ a_3 \end{pmatrix}, \vec{b} = \begin{pmatrix} b_1 \\ b_2 \\ b_3 \end{pmatrix} \Rightarrow \vec{a} + \vec{b} = \begin{pmatrix} a_1 + b_1 \\ a_2 + b_2 \\ a_3 + b_3 \end{pmatrix}$$

Vektoraddition

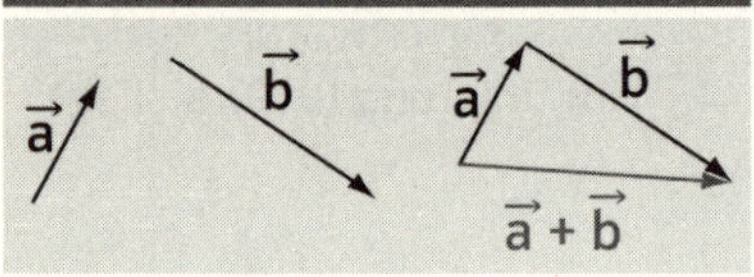

Zeichnerisch ergibt sich der Vektor $\vec{a} + \vec{b}$ daraus, dass man an die Spitze des Vektors $\vec{a}$ (genauer: eines Repräsentanten von $\vec{a}$) den

Fuß des Vektors $\vec{b}$ bzw. eines Repräsentanten von $\vec{b}$ legt. Der Ergebnisvektor $\vec{a} + \vec{b}$ reicht dann vom Fuß des Vektors $\vec{a}$ bis zur Spitze des Vektors $\vec{b}$.

Die Subtraktion $\vec{a} - \vec{b}$ wird auf die Addition des Gegenvektors von $\vec{b}$ zu $\vec{a}$ zurückgeführt, also $\vec{a} - \vec{b} = \vec{a} + (-\vec{b})$.
Natürlich lässt sich der Vektor $\vec{a} - \vec{b}$ auch dadurch gewinnen, dass die Vektorspitzen von $\vec{a}$ und $\vec{b}$ aneinander gelegt werden. Der Fuß des Ergebnisvektors $\vec{a} - \vec{b}$ liegt dann im Fuß von $\vec{a}$ und die Spitze im Fuß von $\vec{b}$.

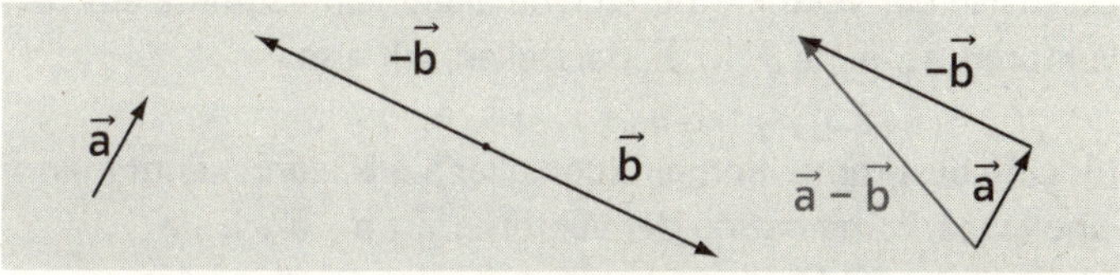

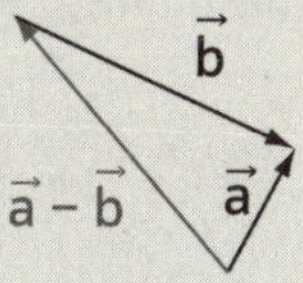

$$a - b = \begin{pmatrix} a_1 \\ a_2 \\ a_3 \end{pmatrix} - \begin{pmatrix} b_1 \\ b_2 \\ b_3 \end{pmatrix} = \begin{pmatrix} a_1 \\ a_2 \\ a_3 \end{pmatrix} + \begin{pmatrix} -b_1 \\ -b_2 \\ -b_3 \end{pmatrix} = \begin{pmatrix} a_1 - b_1 \\ a_2 - b_2 \\ a_3 - b_3 \end{pmatrix}$$

Die Menge der Vektoren lässt sich auch mit der Menge der reellen Zahlen verknüpfen, in Form der Multiplikation mit einem Skalar:
$\vec{a} + \vec{a} + \vec{a} = 3\,\vec{a}$, was geometrisch die dreifache Verschiebung von $\vec{a}$ bedeutet.

Beispiele

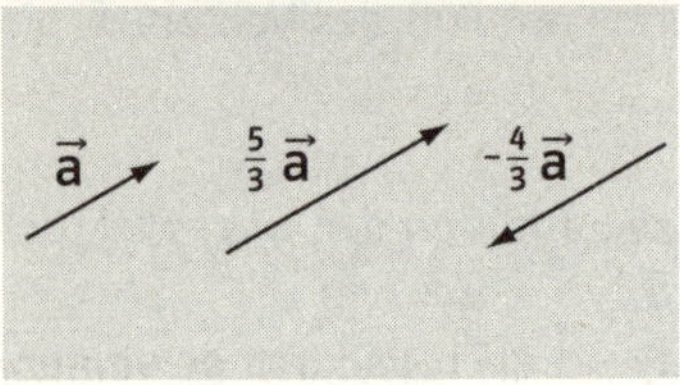

Allgemein: $s \cdot \vec{a} = s\,\vec{a}$ ($s \in R$) ist ein Vektor, dessen Repräsentanten die $|s|$-fache Länge der Repräsentanten von $\vec{a}$ haben, für $s > 0$ sind $s\,\vec{a}$ und $\vec{a}$ gleichsinnig orientiert, für $s < 0$ gegensinnig.

Außerdem gilt: $s\,\vec{a} = s\begin{pmatrix} a_1 \\ a_2 \\ a_3 \end{pmatrix} = \begin{pmatrix} s\,a_1 \\ s\,a_2 \\ s\,a_3 \end{pmatrix}$

Lässt sich der Vektor $\vec{v}$ durch eine allgemeine Summe aus den Vektoren $\vec{a}_1, \vec{a}_2, \vec{a}_3, \ldots, \vec{a}_n$ darstellen, gilt also:

$$\vec{v} = s_1\,\vec{a}_1 + s_2\,\vec{a}_2 + s_3\,\vec{a}_3 + \ldots + s_n\,\vec{a}_n$$

für eine bestimmte Kombination aller $s_i \in \mathbb{R}$, dann nennt man $\vec{v}$ eine Linearkombination der Vektoren $\vec{a}_1, \vec{a}_2, \vec{a}_3, \ldots, \vec{a}_n$.
Ist $\vec{v} = \vec{0}$, so bilden die Vektoren $s_i\,\vec{a}_i$ eine »Nullsumme«.

3 Lineare Abhängigkeit

Gilt für die Vektoren $\vec{a}_1, \vec{a}_2, \ldots, \vec{a}_n$:

$$\vec{0} = s_1\,\vec{a}_1 + s_2\,\vec{a}_2 + \ldots + s_n\,\vec{a}_n,$$

ohne dass sämtliche s_i verschwinden, dann heißen die Vektoren $\vec{a}_i$ (voneinander) linear abhängig. Man spricht dann von einer echten Nullsumme.

Gilt z. B. $s_1\vec{a}_1 + s_2\vec{a}_2 = \vec{0}$ und sind beide s-Faktoren nicht zugleich Null, dann lässt sich die Gleichung umformen zu:

$$\vec{a}_1 = -\frac{s_1}{s_2}\,\vec{a}_2 \quad (s_1 \neq 0)$$

Analog dazu folgt aus: $s_1\vec{a}_1 + s_2\vec{a}_2 + s_3\vec{a}_3 = \vec{0}$

unter den gleichen Voraussetzungen: $\vec{a}_1 = -\frac{s_2}{s_1}\,\vec{a}_2 - \frac{s_3}{s_1}\,\vec{a}_3$

Bei linearer Abhängigkeit von Vektoren lässt sich also immer mindestens einer der Vektoren als Linearkombination der restlichen Vektoren darstellen.

Umgekehrt gilt:
Ist eine Linearkombination $s_1\vec{a}_1 + s_2\vec{a}_2 + \dots s_n\vec{a}_n = \vec{0}$ nur möglich für sämtliche $s_i = 0$, dann sind die Vektoren $\vec{a}_1$, $\vec{a}_2$, … $\vec{a}_n$ (voneinander) linear unabhängig. Gilt für alle $s_i = 0$, dann spricht man auch von einer trivialen Nullsumme.

Geometrische Bedeutung:

a) Sind zwei Vektoren $\vec{a}$ und $\vec{b}$ (voneinander) linear abhängig, so bedeutet dies, dass ihre Repräsentanten zueinander parallel liegen.
$\vec{a}$ und $\vec{b}$ heißen in diesen Fällen zueinander kollinear (sie ließen sich auf eine Linie legen).

$\vec{a} = 2\vec{b}$ $\quad\quad$ $\vec{a} \parallel \vec{b}$ $\quad\quad$ $\vec{a} = -\frac{\vec{b}}{2}$

b) Sind drei Vektoren $\vec{a}$, $\vec{b}$, und $\vec{c}$ (voneinander) linear abhängig, so können mehrere Fälle vorliegen.

1. **Repräsentanten aller drei Vektoren liegen zueinander parallel**

   $\vec{a}$, $\vec{b}$ und $\vec{c}$ sind sogar (zueinander) kollinear.

   $\vec{a} \parallel \vec{b}$; $\vec{a} \parallel \vec{c}$; $\vec{b} \parallel \vec{c}$

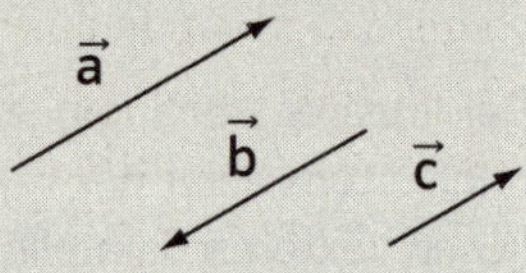

2. **Repräsentanten von zwei der drei Vektoren liegen zueinander parallel**

   Genau ein Paar aus den drei Vektoren wird aus zwei zueinander parallelen Vektoren gebildet.

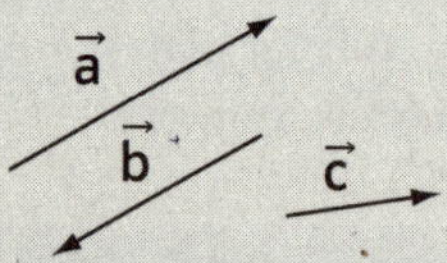

$\vec{a} \parallel \vec{b}$
$\vec{a} \nparallel \vec{c}$
$\vec{b} \nparallel \vec{c}$

3. **Von den drei Vektoren ausgehend lässt sich ein geschlossenes Dreieck aufbauen**

   Im gewohnten $\mathbb{R}^2$ ist dies der Regelfall, wenn nicht 1. oder 2., also mindestens eine Kollinearität, vorliegt.

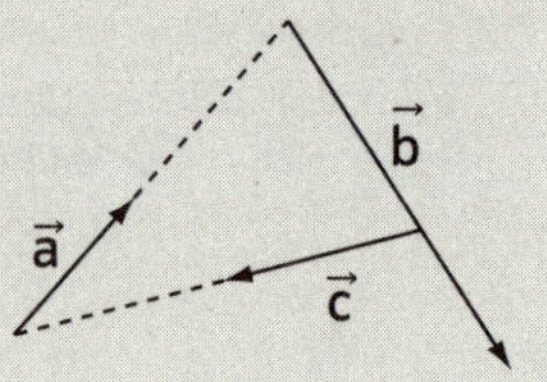

Dies lässt sich auch algebraisch zeigen:

$$s_1\begin{pmatrix}a_1\\a_2\end{pmatrix} + s_2\begin{pmatrix}b_1\\b_2\end{pmatrix} + s_3\begin{pmatrix}c_1\\c_2\end{pmatrix} = \vec{0}$$

s. auch Zeichnungen oben: $s_1\begin{pmatrix}a_1\\a_2\end{pmatrix} + s_2\begin{pmatrix}b_1\\b_2\end{pmatrix} = -s_3\begin{pmatrix}c_1\\c_2\end{pmatrix}$

oder $\begin{pmatrix} c_1 \\ c_2 \end{pmatrix} = -\frac{s_1}{s_3}\begin{pmatrix} a_1 \\ a_2 \end{pmatrix} - \frac{s_2}{s_3}\begin{pmatrix} b_1 \\ b_2 \end{pmatrix}$

bzw. (*) $\vec{c} = \lambda\,\vec{a} + \mu\,\vec{b}$ (mit $\lambda = -\frac{s_1}{s_3}$ und $\mu = -\frac{s_2}{s_3}$)

Mit $s_3 \neq 0$ ist (*) im $\mathbb{R}^2$ eindeutig lösbar, es liegen zwei Gleichungen vor mit den Unbekannten λ und μ.

Man sagt: Zwei nicht-kollineare Vektoren, z.B. $\vec{a}$ und $\vec{b}$ spannen eine Ebene E auf. Jeder weitere Vektor, z.B. $\vec{c}$, dieser Ebene E kann als eine Linearkombination von $\vec{a}$ und $\vec{b}$ dargestellt werden.

Insbesondere gilt das Gesagte für die x_1x_2-Koordinatenebene.

Basis im $\mathbb{R}^2$

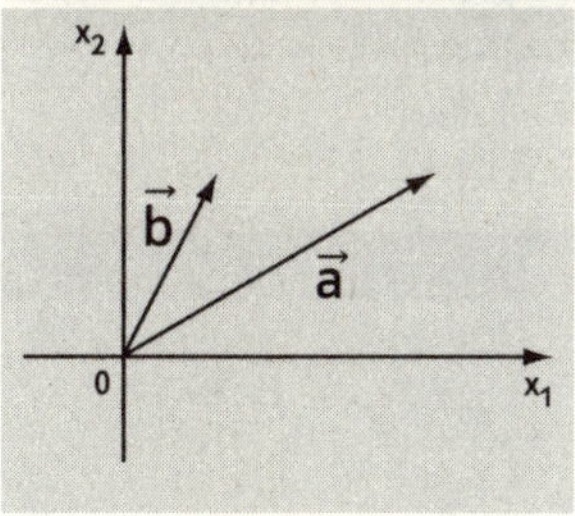

Jeder Vektor $\vec{c}$ in der x_1x_2-Ebene lässt sich mittels $\vec{a}$ und $\vec{b}$ in der Form $\vec{c} = \lambda\,\vec{a} + \mu\,\vec{b}$ ($\lambda, \mu \in \mathbb{R}$) ausdrücken. Man sagt dann:
$\vec{a}$ und $\vec{b}$ bilden eine Basis B des (zweidimensionalen) Vektorraums $\mathbb{V}$ ($\triangleq$ Menge der Vektoren, in der bestimmte Rechenvorschriften gelten).

Jedes andere Paar nicht-kollinearer Vektoren aus $\mathbb{V}$ bildet ebenfalls eine Basis $\mathbb{B}$ von $\mathbb{V}$. Gewöhnlich dienen $\vec{e}_1$ und $\vec{e}_2$ als Basis:

$\mathbb{B} = \{\vec{e}_1;\ \vec{e}_2\}$ mit $\vec{e}_1 = \begin{pmatrix} 1 \\ 0 \end{pmatrix}$ und $\vec{e}_2 = \begin{pmatrix} 0 \\ 1 \end{pmatrix}$

Orthonormalbasis

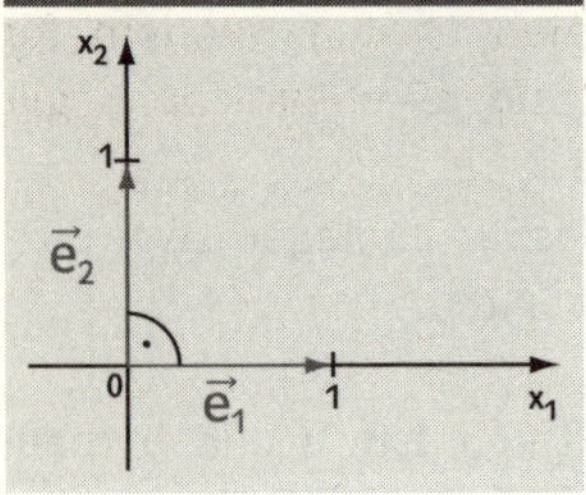

$\vec{e}_1$ und $\vec{e}_2$ haben den Betrag 1, stehen im kartesischen Koordinatensystem aufeinander senkrecht und sind längs der Koordinatenachsen orientiert.

Ein Vektor gibt somit die Richtung einer Geraden vor, zwei (voneinander) linear unabhängige Vektoren legen eine Ebene fest. Ein dritter Vektor liegt entweder in der von den ersten beiden Vektoren festgelegten Ebene oder er tut es nicht.

Liegt der dritte Vektor in der Ebene, so sind die drei Vektoren (voneinander) linear abhängig, sie heißen dann (zueinander) **komplanar**.

3 komplanare Vektoren

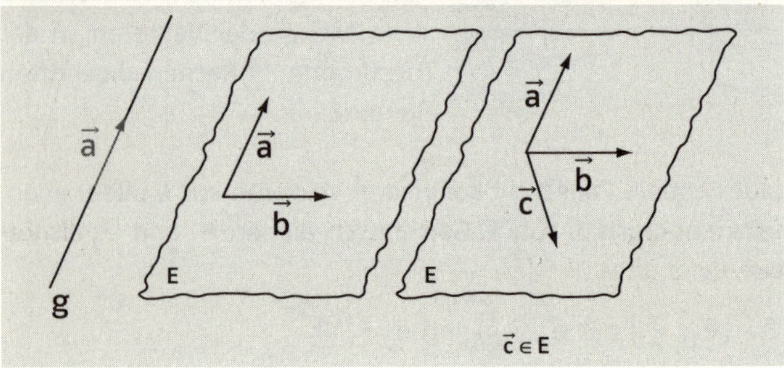

Liegt $\vec{c}\,(\vec{c} \neq \vec{0})$ nicht in E, so sind $\vec{a}$, $\vec{b}$ und $\vec{c}$ (voneinander) linear unabhängig. Man sagt: $\vec{a}$, $\vec{b}$ und $\vec{c}$ spannen einen (dreidimensionalen) Vektorraum $\mathbb{V}$ auf.

$\vec{c} \notin E$

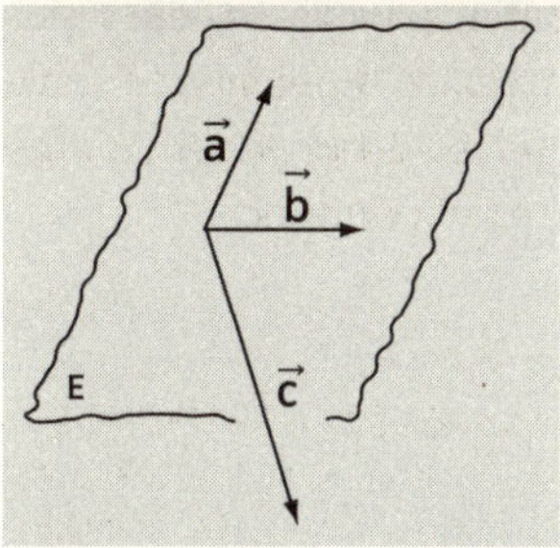

In diesem Fall kann $\vec{c} = \lambda\vec{a} + \mu\vec{b}$ nicht mehr gelten, sondern für alle λ, μ-Kombinationen gilt $\vec{c} \neq \lambda\,\vec{a} + \mu\vec{b}$.

Jeder weitere Vektor $\vec{d}$ dieses Vektorraums $\mathbb{V}$ kann jedoch als Linearkombination der Vektoren $\vec{a}$, $\vec{b}$ und $\vec{c}$ dargestellt werden.

$$\vec{d} = \lambda\vec{a} + \mu\vec{b} + \nu\vec{c}$$

4 Vektoren des dreidimensionalen $\mathbb{V}$ sind demnach immer (voneinander) linear abhängig.

$\vec{d} = \lambda\vec{a} + \mu\vec{b} + \nu\vec{c}$

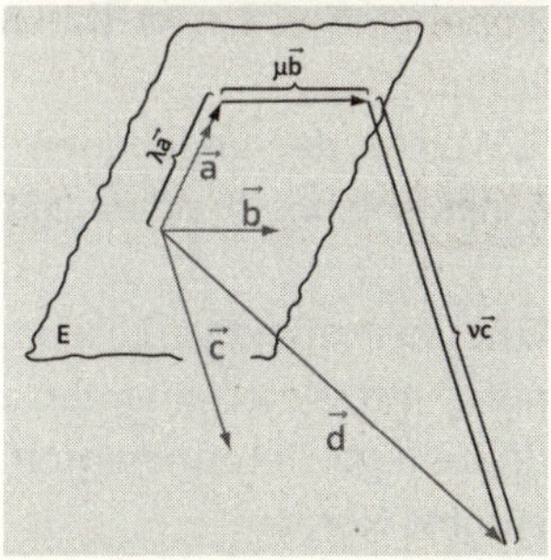

Für den Raum unserer Anschauung verwendet man üblicherweise die **Basis** $\mathbb{B} = \{\vec{e}_1, \vec{e}_2, \vec{e}_3\}$ mit

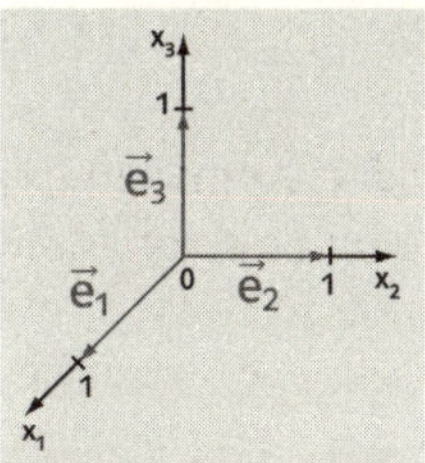

$$\vec{e}_1 = \begin{pmatrix}1\\0\\0\end{pmatrix};\ \vec{e}_2 = \begin{pmatrix}0\\1\\0\end{pmatrix};\ \vec{e}_3 = \begin{pmatrix}0\\0\\1\end{pmatrix}.$$

Doch jede andere Zusammenstellung dreier (voneinander) linear unabhängiger Vektoren bildet ebenfalls eine Basis $\mathbb{B}$ dieses (dreidimensionalen) Vektorraums $\mathbb{V}$.

4 Übungen und Rechnen mit Determinanten

1. Bestimme die fehlenden Koordinaten jeweils so, dass sich lineare Abhängigkeit ergibt.

a) $\vec{a} = \begin{pmatrix} 2 \\ -1 \end{pmatrix}$; $\vec{b} = \begin{pmatrix} 1 \\ b_2 \end{pmatrix}$

b) $\vec{a} = \begin{pmatrix} 2 \\ -1 \end{pmatrix}$; $\vec{b} = \begin{pmatrix} b_1 \\ 1 \end{pmatrix}$

c) $\vec{a} = \begin{pmatrix} 1 \\ -3 \\ 6 \end{pmatrix}$; $\vec{b} = \begin{pmatrix} -2 \\ b_2 \\ b_3 \end{pmatrix}$

d) $\vec{a} = \begin{pmatrix} 1 \\ -3 \\ 6 \end{pmatrix}$; $\vec{b} = \begin{pmatrix} 3 \\ 1 \\ b_3 \end{pmatrix}$; $\vec{c} = \begin{pmatrix} 5 \\ -5 \\ 5 \end{pmatrix}$

Lösungen zu 1. : a) $b_2 = -\frac{1}{2}$; b) $b_1 = -2$;
c) $b_2 = 6$; $b_3 = -12$; d) $b_3 = -7$

2. Welche der gegebenen Vektoren bilden jeweils eine Basis des entsprechenden Vektorraums?

Eine sehr effektive Lösungsmethode stützt sich auf die Rechnung mit Determinanten. Wir unterscheiden hier zwei- und dreireihige Determinanten, deren Werte folgendermaßen bestimmt werden:

a) Zweireihige Determinanten

$$\det(\vec{a}; \vec{b}) = \begin{vmatrix} a_1 b_1 \\ a_2 b_2 \end{vmatrix} = a_1 \cdot b_2 - a_2 b_1;$$

z. B.: $\begin{vmatrix} 2 & 1 \\ -1 & 3 \end{vmatrix} = 2 \cdot 3 - (-1) \cdot 1 = 7$

b) Dreireihige Determinanten

$$\det(\vec{a};\ \vec{b};\ \vec{c}) = \begin{vmatrix} a_1 b_1 c_1 \\ a_2 b_2 c_2 \\ a_3 b_3 c_3 \end{vmatrix}$$

$$= a_1 b_2 c_3 + b_1 c_2 a_3 + c_1 a_2 b_3 - a_3 b_2 c_1 - b_3 c_2 a_1 - c_3 a_2 b_1$$

Zur Erleichterung benutzt man häufig das Schema:

Regel von Sarrus

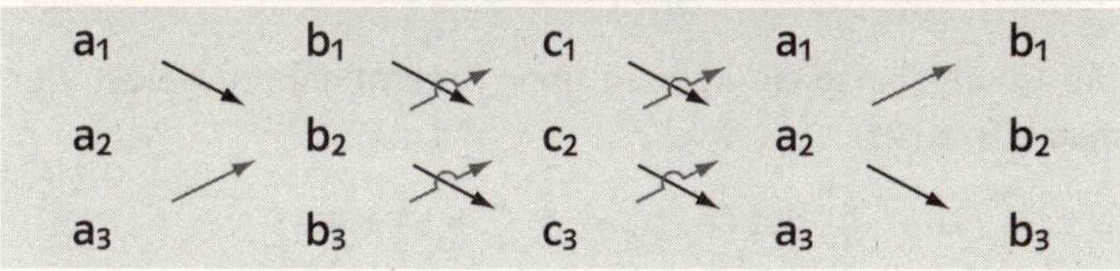

z. B.: $\begin{vmatrix} 1 & 3 & 1 \\ -3 & 1 & -1 \\ 6 & 4 & 2 \end{vmatrix} \begin{matrix} 1 & 3 \\ -3 & 1 \\ 6 & 4 \end{matrix}$

$$= 1 \cdot 1 \cdot 2 + 3 \cdot (-1) \cdot 6 + 1 \cdot (-3) \cdot 4 - 6 \cdot 1 \cdot 1 - 4 \cdot (-1) \cdot 1 - 2 \cdot (-3) \cdot 3$$

$$= 2 - 18 - 12 - 6 + 4 + 18 = -12$$

Haben Determinanten den Wert Null, so sind die sie aufbauenden Vektoren (voneinander) linear abhängig, andernfalls sind sie linear unabhängig.

Beispiel (siehe 1 d)):

$$\begin{vmatrix} 1 & 3 & 5 \\ -3 & 1 & -5 \\ 6 & b_3 & 5 \end{vmatrix} \begin{matrix} 1 & 3 \\ -3 & 1 \\ 6 & b_3 \end{matrix} = 5 - 90 - 15b_3 - 30 + 5b_3 + 45$$

$$= -70 - 10b_3 = 0 \ \Rightarrow\ b_3 = -7.$$

Übungsbeispiele: Welche der gegebenen Vektoren bilden jeweils eine Basis des entsprechenden Vektorraums?

1) $\vec{a} = \begin{pmatrix} 2 \\ -1 \end{pmatrix}$; $\vec{b} = \begin{pmatrix} 4 \\ -2 \end{pmatrix}$;

$\vec{c} = \begin{pmatrix} 2 \\ 1 \end{pmatrix}$; $\vec{d} = \begin{pmatrix} 1 \\ 0 \end{pmatrix}$; $\vec{e} = \begin{pmatrix} 2 \\ 0 \end{pmatrix}$

2) $\vec{a} = \begin{pmatrix} 1 \\ 0 \\ 1 \end{pmatrix}$; $\vec{b} = \begin{pmatrix} 1 \\ 0 \\ 2 \end{pmatrix}$; $\vec{c} = \begin{pmatrix} 2 \\ 1 \\ 2 \end{pmatrix}$;

$\vec{d} = \begin{pmatrix} 0 \\ 1 \\ 2 \end{pmatrix}$; $\vec{e} = \begin{pmatrix} 2 \\ 0 \\ 2 \end{pmatrix}$; $\vec{f} = \begin{pmatrix} 2 \\ 3 \\ 8 \end{pmatrix}$

Die Übungsbeispiele können über Determinanten gelöst werden, z. B. aus 1):

$\vec{a} = \begin{pmatrix} 2 \\ -1 \end{pmatrix}$; $\vec{b} = \begin{pmatrix} 4 \\ -2 \end{pmatrix}$ $\det(\vec{a}; \vec{b}) = \begin{vmatrix} 2 & 4 \\ -1 & -2 \end{vmatrix} = -4 + 4 = 0$

$\Rightarrow$ $\vec{a}$ und $\vec{b}$ sind (zueinander) kollinear, sie können den (zweidimensionalen) Vektorraum nicht aufspannen.

aus 2):

$\vec{a} = \begin{pmatrix} 1 \\ 0 \\ 1 \end{pmatrix}$; $\vec{b} = \begin{pmatrix} 1 \\ 0 \\ 2 \end{pmatrix}$; $\vec{c} = \begin{pmatrix} 2 \\ 1 \\ 2 \end{pmatrix}$

$\det(\vec{a}; \vec{b}; \vec{c}) = \begin{vmatrix} 1 & 1 & 2 \\ 0 & 0 & 1 \\ 1 & 2 & 2 \end{vmatrix} = 0 + 1 + 0 - 0 - 2 - 0 = -1$

$\Rightarrow$ $\vec{a}$, $\vec{b}$, $\vec{c}$ sind linear unabhängig, sie bilden eine Basis des (dreidimensionalen) Vektorraums.

Die vollständigen Lösungen zu allen möglichen Vektorenkombinationen befinden sich im Anhang.

5 Komponenten und Koordinaten

Ein Vektor $\vec{a} = \binom{a_1}{a_2}$ kann angesehen werden als eine Zusammenstellung von zwei (besonderen) Vektoren:

$$\vec{a} = \binom{a_1}{0} + \binom{0}{a_2} = \underbrace{a_1}_{\text{1. Koordinate}}\binom{1}{0} + \underbrace{a_2}_{\text{2. Koordinate}}\binom{0}{1} = \underbrace{a_1 \cdot \vec{e}_1}_{\text{1. Komponente}} + \underbrace{a_2 \cdot \vec{e}_2}_{\text{2. Komponente}}$$

Das Produkt aus a_1 und $\vec{e}_1$ bildet die erste Komponente des Vektors $\vec{a}$. Entsprechend gilt $a_2\,\vec{e}_2$ als die zweite Komponente von $\vec{a}$.

Die alleinige Angabe von Koordinaten für einen Vektor ist demnach nur statthaft, wenn über die Basis, meist $\{\vec{e}_1; \vec{e}_2\}$, Einverständnis besteht.

Für den dreidimensionalen Raum gilt entsprechend:

$$\vec{a} = \begin{pmatrix} a_1 \\ a_2 \\ a_3 \end{pmatrix} = a_1\,\vec{e}_1 + a_2\,\vec{e}_2 + a_3\,\vec{e}_3$$

mit den Vektoren $\vec{e}_1$; $\vec{e}_2$; $\vec{e}_3$ als Basisvektoren; a_1, a_2, a_3 als Koordinaten und den Komponenten $a_1\,\vec{e}_1$, $a_2\,\vec{e}_2$, $a_3\,\vec{e}_3$.

6 Ortsvektoren und Vektorketten

Repräsentanten von Vektoren, deren Fußpunkte im Ursprung des Koordinatensystems liegen, heißen Ortsvektoren.

$\vec{a} = \begin{pmatrix} 1 \\ 2 \\ -1 \end{pmatrix}$; liegt der Fußpunkt von $\vec{a}$ in $O(0|0|0)$, so liegt seine Spitze im Punkt $A(1|2|-1)$, also gilt $\vec{a} = \overrightarrow{OA}$.

Mit Hilfe von Ortsvektoren lassen sich leicht Vektoren ermitteln, die zwei verschiedene Punkte, z. B. $A(1|2|1)$ und $B(3|0|1)$ miteinander verbinden.

Beispiel

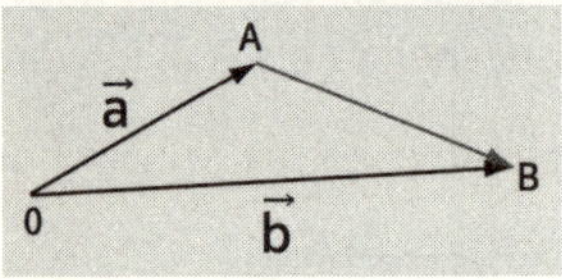

Da gilt: $\overrightarrow{OA} + \overrightarrow{AB} = \overrightarrow{OB}$
folgt $\overrightarrow{AB} = \overrightarrow{OB} - \overrightarrow{OA}$
und damit:

$$\overrightarrow{AB} = \begin{pmatrix} 3 \\ 0 \\ 1 \end{pmatrix} - \begin{pmatrix} 1 \\ 2 \\ -1 \end{pmatrix} = \begin{pmatrix} 3-1 \\ 0-2 \\ 1-(-1) \end{pmatrix} = \begin{pmatrix} 2 \\ -2 \\ 2 \end{pmatrix}$$

Kurzschreibweise: $\overrightarrow{\mathbf{AB}} = \vec{\mathbf{b}} - \vec{\mathbf{a}}$

Übungsbeispiel: Bestimmen Sie aus
$A(3|2|-1)$; $B(-1|2|0)$; $C(2|4|-3)$; $D(0|3|2)$
die Vektoren $\overrightarrow{AB}$; $\overrightarrow{AC}$; $\overrightarrow{AD}$; $\overrightarrow{BC}$; $\overrightarrow{BD}$; $\overrightarrow{CD}$; $\overrightarrow{BA}$; $\overrightarrow{CB}$ und $\overrightarrow{DA}$.

Aus obiger Zeichnung folgt auch:
$\overrightarrow{OB} + \overrightarrow{BA} = \overrightarrow{OA}$, also $\overrightarrow{BA} = \overrightarrow{OA} - \overrightarrow{OB} = -(\overrightarrow{OB} - \overrightarrow{OA}) = -\overrightarrow{AB}$
damit generell: $\overrightarrow{\mathbf{AB}} = -\overrightarrow{\mathbf{BA}}$

Geschlossene Polygonzüge von Vektoren heißen Vektorketten.

Beispiel

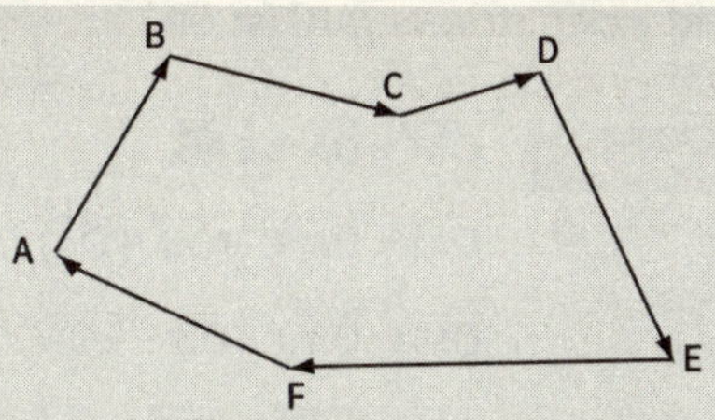

$\overrightarrow{AB} + \overrightarrow{BC} + \overrightarrow{CD} + \overrightarrow{DE} + \overrightarrow{EF} + \overrightarrow{FA} = \vec{0}$

Auch Vektorketten dienen zur Ermittlung der Vektorkoordinaten. Beispiel: Würfel ABCDEFGH

Würfel

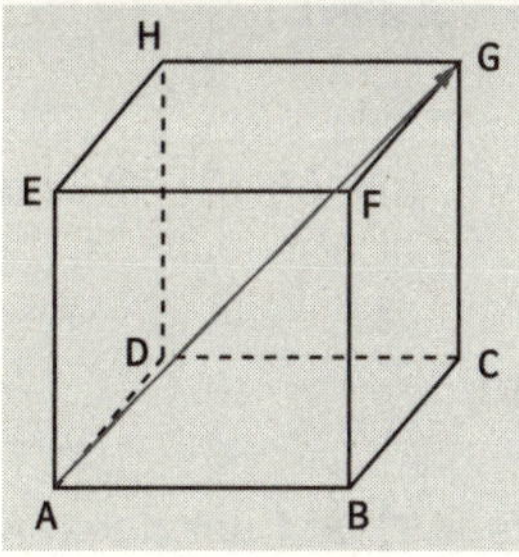

A(3 | 0 | 0); B(3 | 3 | 0); E(3 | 0 | 3); C(0 | 3 | 0) seien gegeben. $\overrightarrow{AG}$ sei zu bestimmen.

$\overrightarrow{AG} + \overrightarrow{GC} + \overrightarrow{CB} + \overrightarrow{BA} = \vec{0}$

$\Rightarrow \overrightarrow{AG} = -\overrightarrow{GC} - \overrightarrow{CB} - \overrightarrow{BA} = \overrightarrow{CG} + \overrightarrow{BC} + \overrightarrow{AB}$

da $\overrightarrow{CG} = \overrightarrow{AE}$: $\overrightarrow{AG} = \overrightarrow{AE} + \overrightarrow{BC} + \overrightarrow{AB}$

$$\overrightarrow{AG} = \begin{pmatrix} 0 \\ 0 \\ 3 \end{pmatrix} + \begin{pmatrix} -3 \\ 0 \\ 0 \end{pmatrix} + \begin{pmatrix} 0 \\ 3 \\ 0 \end{pmatrix} = \begin{pmatrix} -3 \\ 3 \\ 3 \end{pmatrix}$$

Natürlich lassen sich auch zunächst die Koordinaten von G ermitteln, hier G(0 | 3 | 3) und dann $\overrightarrow{AG}$ direkt bilden.

$$\overrightarrow{AG} = \overrightarrow{OG} - \overrightarrow{OA} = \begin{pmatrix} 0 \\ 3 \\ 3 \end{pmatrix} - \begin{pmatrix} 3 \\ 0 \\ 0 \end{pmatrix} = \begin{pmatrix} -3 \\ 3 \\ 3 \end{pmatrix}$$

7 Mittelpunkte und Teilungspunkte

Der Mittelpunkt einer Strecke [AB] ist M:

Streckenmittelpunkt

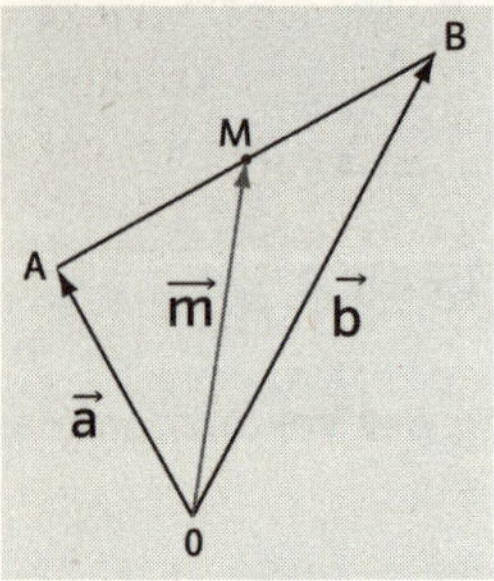

$$\overrightarrow{OM} = \overrightarrow{OA} + \tfrac{1}{2}\overrightarrow{AB}$$

$$\overrightarrow{OM} = \overrightarrow{OA} + \tfrac{1}{2}(\overrightarrow{OB} - \overrightarrow{OA})$$

$$\overrightarrow{OM} = \overrightarrow{OA} + \tfrac{1}{2}\overrightarrow{OB} - \tfrac{1}{2}\overrightarrow{OA}$$

$$\overrightarrow{OM} = \tfrac{1}{2}\overrightarrow{OA} + \tfrac{1}{2}\overrightarrow{OB}$$

$$\overrightarrow{OM} = \tfrac{1}{2}(\overrightarrow{OA} + \overrightarrow{OB}) \quad \text{oder:} \quad \vec{m} = \tfrac{1}{2}(\vec{a} + \vec{b})$$

Beispiel: Gesucht sei die Mitte von [AB], mit A(1|2|−1) und B(3|0|1)

$$\overrightarrow{OM} = \frac{1}{2}\left[\begin{pmatrix}1\\2\\-1\end{pmatrix} + \begin{pmatrix}3\\0\\1\end{pmatrix}\right] = \frac{1}{2}\begin{pmatrix}4\\2\\0\end{pmatrix} = \begin{pmatrix}2\\1\\0\end{pmatrix} \Rightarrow M(2|1|0)$$

M liegt genau in der Mitte der Strecke [AB]. Auf der durch A und B gegebenen Geraden kann jeder beliebige Punkt T als Teilungspunkt der Strecke [AB] gelten. Liegt T innerhalb von [AB], so spricht man von einer inneren Teilung, liegt er außerhalb von einer äußeren Teilung. Das Teilverhältnis σ ist definiert durch die vektorielle Beziehung:

Teilungspunkte von [AB]

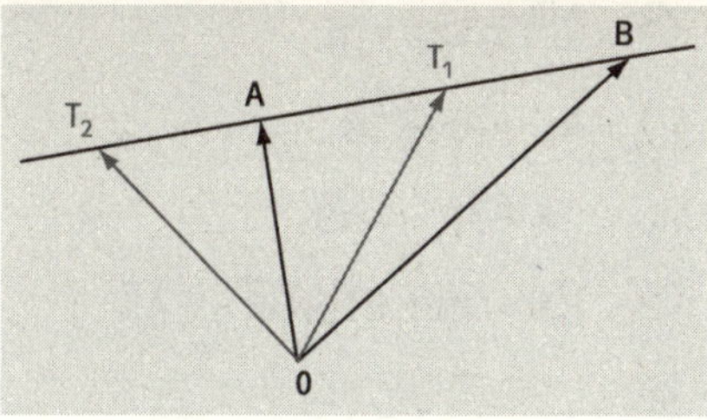

$\overrightarrow{AT} = \sigma\,\overrightarrow{TB}$, liegt T innerhalb von [AB], so ist σ positiv; liegt T außerhalb, so wird σ negativ, wegen der gegensätzlichen Orientierung der Vektoren $\overrightarrow{AT}$ und $\overrightarrow{TB}$.

Es gelte $\sigma = \frac{2}{3}$, also $\overrightarrow{AT} = \frac{2}{3}\overrightarrow{TB}$.

T ist innerer Teilungspunkt der Strecke [AB].

Da auch gilt: $\overline{AT} = \frac{2}{3}\overline{TB}$, folgt $\overline{AB} = \frac{5}{3}\overline{TB}$ bzw. $\overline{TB} = \frac{3}{5}\overline{AB}$ und $\overline{AT} = \frac{2}{5}\overline{AB}$, also auch $\overrightarrow{AT} = \frac{2}{5}\overrightarrow{AB}$.

Mit A(1 | 2 | −1); B(3 | 0 | 1) und $\sigma = \frac{2}{3}$

ergibt sich also: $\overrightarrow{AT} = \frac{2}{5}\begin{pmatrix}2\\-2\\2\end{pmatrix}$ und aus $\overrightarrow{OT} = \overrightarrow{OA} + \overrightarrow{AT}$ folgt

$$\overrightarrow{OT} = \begin{pmatrix}1\\2\\-1\end{pmatrix} + \frac{2}{5}\begin{pmatrix}2\\-2\\2\end{pmatrix} = \begin{pmatrix}1{,}8\\1{,}2\\-0{,}2\end{pmatrix} \Rightarrow T(1{,}8 \,|\, 1{,}2 \,|\, -0{,}2)$$

Für σ gelte jetzt: $\sigma = -\frac{3}{2}$

$\Rightarrow \overrightarrow{AT} = -\frac{3}{2}\overrightarrow{TB}$

$\Rightarrow \overrightarrow{AB} = \frac{1}{2}\overrightarrow{BT} \Rightarrow \overrightarrow{BT} = 2\overrightarrow{AB}$

$\overrightarrow{OT} = \overrightarrow{OB} + \overrightarrow{BT} = \overrightarrow{OB} + 2\overrightarrow{AB}$

$$\overrightarrow{OT} = \begin{pmatrix}3\\0\\1\end{pmatrix} + 2\begin{pmatrix}2\\-2\\2\end{pmatrix} = \begin{pmatrix}7\\-4\\5\end{pmatrix}$$

$\Rightarrow T(7 \,|\, -4 \,|\, 5)$

Äußere Teilung 1

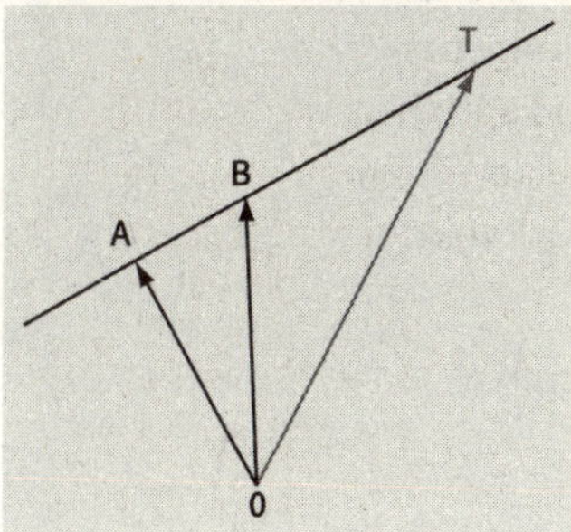

Äußere Teilung 2

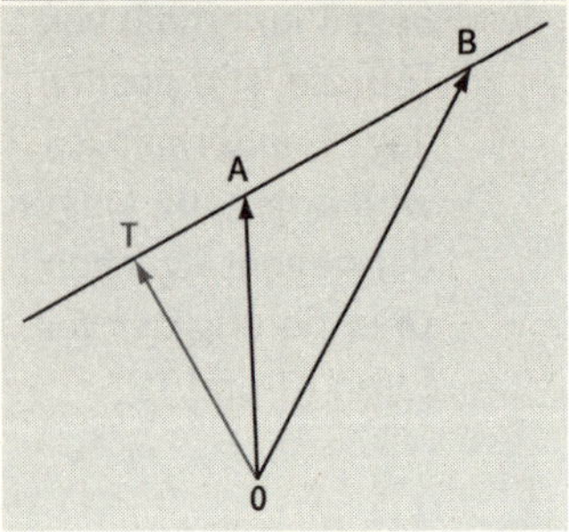

Für σ gelte: $\sigma = -\frac{1}{4}$

$\Rightarrow \overrightarrow{AT} = -\frac{1}{4}\overrightarrow{TB}$

$\Rightarrow \overrightarrow{AB} = \frac{3}{4}\overrightarrow{TB}$

$\Rightarrow \overrightarrow{BT} = -\frac{4}{3}\overrightarrow{AB}$

$\overrightarrow{OT} = \overrightarrow{OB} + \overrightarrow{BT} = \overrightarrow{OB} - \frac{4}{3}\overrightarrow{AB}$

$$\overrightarrow{OT} = \begin{pmatrix}3\\0\\1\end{pmatrix} - \frac{4}{3}\begin{pmatrix}2\\-2\\2\end{pmatrix} = \begin{pmatrix}\frac{1}{3}\\\frac{8}{3}\\-\frac{5}{3}\end{pmatrix} \Rightarrow T\left(\frac{1}{3}\middle|\frac{8}{3}\middle|-\frac{5}{3}\right)$$

8 Schwerpunkt im Dreieck

Bekanntlich teilen sich die Schwerlinien (Seitenhalbierenden) im Schwerpunkt eines Dreiecks gegenseitig im Verhältnis 2 : 1. Im Dreieck ABC mit $A(1|2|-1)$; $B(3|0|1)$ und $C(-1|7|3)$ sei der Schwerpunkt S zu bestimmen.

Schwerpunkt

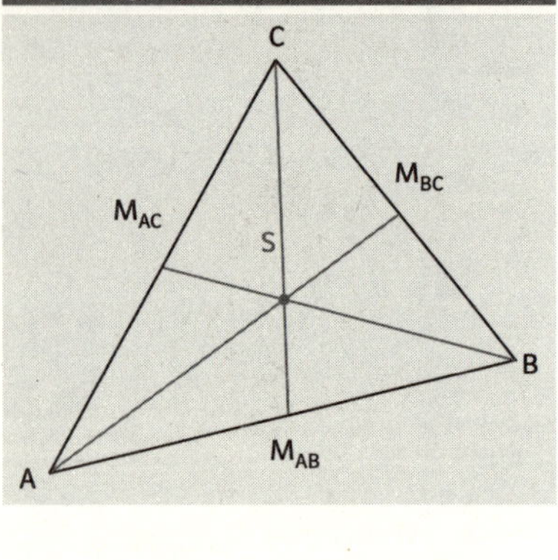

nach der Darstellung auf Seite 22 gilt:
$M_{AB}(2|1|0)$ und
$\overrightarrow{CS} = \frac{2}{3}\overrightarrow{CM}$ wegen der Schwerlinieneigenschaft.

$$\overrightarrow{OS} = \overrightarrow{OC} + \overrightarrow{CS} = \overrightarrow{OC} + \tfrac{2}{3}\,\overrightarrow{CM_{AB}}$$

$$\overrightarrow{OS} = \begin{pmatrix} -1 \\ 7 \\ 3 \end{pmatrix} + \frac{2}{3}\begin{pmatrix} 3 \\ -6 \\ -3 \end{pmatrix} = \begin{pmatrix} 1 \\ 3 \\ 1 \end{pmatrix} \Rightarrow S(1\,|\,3\,|\,1)$$

Probe: $\overrightarrow{AS} = \frac{2}{3}\overrightarrow{AM_{BC}}$ $\qquad M_{BC}\left(1\,\middle|\,\frac{7}{2}\,\middle|\,2\right)$

$$\overrightarrow{OS} = \overrightarrow{OA} + \overrightarrow{AS} = \begin{pmatrix} 1 \\ 2 \\ -1 \end{pmatrix} + \frac{2}{3}\begin{pmatrix} 0 \\ \frac{3}{2} \\ 3 \end{pmatrix} = \begin{pmatrix} 1 \\ 2 \\ -1 \end{pmatrix} + \begin{pmatrix} 0 \\ 1 \\ 2 \end{pmatrix} \Rightarrow S(1\,|\,3\,|\,1)$$

ebenso: $\overrightarrow{BS} = \frac{2}{3}\overrightarrow{BM_{AC}}$ $\qquad M_{AC}\left(0\,\middle|\,\frac{9}{2}\,\middle|\,1\right)$

$$\overrightarrow{OS} = \overrightarrow{OB} + \overrightarrow{BS} = \begin{pmatrix} 3 \\ 0 \\ 1 \end{pmatrix} + \frac{2}{3}\begin{pmatrix} -3 \\ \frac{9}{2} \\ 0 \end{pmatrix} = \begin{pmatrix} 3 \\ 0 \\ 1 \end{pmatrix} + \begin{pmatrix} -2 \\ 3 \\ 0 \end{pmatrix} \Rightarrow S(1\,|\,3\,|\,1)$$

9 Betrag eines Vektors, Einheitsvektor

Unter dem Betrag eines Vektors versteht man die Länge der Strecke vom Fußpunkt zur Spitze der Repräsentanten des Vektors. Überlegung anhand eines Ortsvektors:

Betrag in $\mathbb{R}^2$

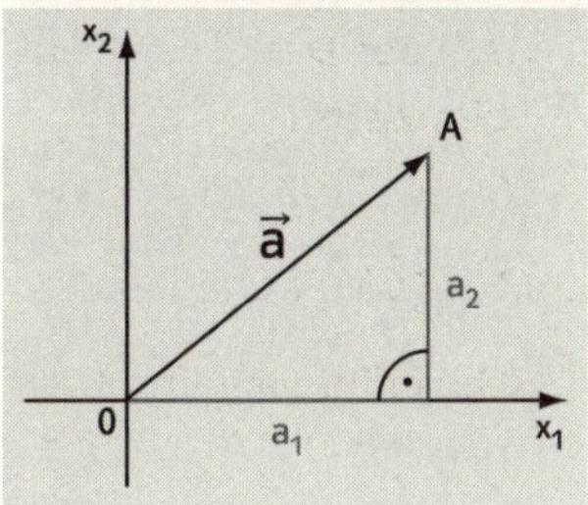

$\overline{OA}^2 = a_1^2 + a_2^2$
(nach Pythagoras)

damit $|\vec{a}\,| = \overline{OA} = \sqrt{a_1^2 + a_2^2}$

Für den $\mathbb{R}^3$ ergibt sich mit A′ als Bild von A in der x_1x_2-Ebene bei senkrechter Projektion:

$\overline{OA'} = \sqrt{a_1^2 + a_2^2}$ Das $\Delta OA'A$ ist bei A′ rechtwinklig, deshalb:

Betrag in $\mathbb{R}^3$

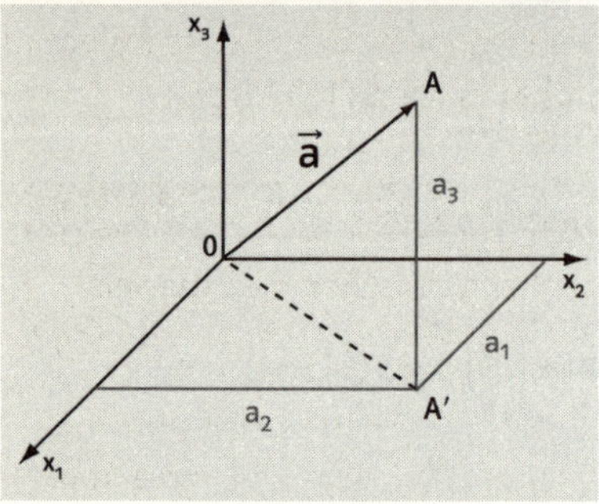

$\overline{OA}^2 = \overline{OA'}^2 + \overline{A'A}^2$

$\Rightarrow \overline{OA}^2 = a_1^2 + a_2^2 + a_3^2$

$\Rightarrow |\vec{a}| = \overline{OA} = \sqrt{a_1^2 + a_2^2 + a_3^2}$

Multipliziert man einen Vektor $\vec{a}$ mit dem Reziprokwert seines Betrags ($|\vec{a}|$), so erhält man einen Vektor der Länge 1 in Richtung von $\vec{a}$, Kurzbezeichnung: $\vec{a}°$.
$\vec{a}°$ heißt Einheitsvektor von $\vec{a}$.

$\frac{1}{|\vec{a}|} \cdot \vec{a} = \vec{a}°$, damit $|\vec{a}°| = 1$

Beispiel:

$\vec{a} = \begin{pmatrix} 2 \\ -1 \\ 2 \end{pmatrix}$

$\Rightarrow |\vec{a}| = \sqrt{2^2 + (-1)^2 + 2^2} = \sqrt{9} = 3$

$\Rightarrow \vec{a}° = \frac{1}{3}\begin{pmatrix} 2 \\ -1 \\ 2 \end{pmatrix} = \begin{pmatrix} \frac{2}{3} \\ -\frac{1}{3} \\ \frac{2}{3} \end{pmatrix}$

10 Vektorielles Beweisen

Gestützt auf die Eigenschaften linear unabhängiger Vektoren lassen sich auch komplizierte Aussagen zu Schnittproblemen der ebenen und räumlichen Geometrie auf überraschend einfache Art und Weise nachweisen.

Die wesentlichen Schritte des vektoriellen Beweisens sollen im Folgenden anhand von Beispielen dargestellt werden.

Beweisgang:

a) Man sucht einen Zusammenhang zwischen den »beweisträchtigen« Stücken.

b) Aus dem in a) gefundenen Zusammenhang wird eine Linearkombination von linear unabhängigen Grundvektoren gewonnen unter Einführung von Parametern.

c) Wegen der linearen Unabhängigkeit kann die in b) gewonnene Gleichung nur die triviale Lösung (Koeffizienten = Null) kennen.

d) Die Nullsetzung der Koeffizienten der Grundvektoren legt die Werte für die in b) eingeführten Parameter fest.

e) Die in d) gewonnenen Parameterwerte werden im Sinne der Aufgabenstellung interpretiert und damit die Behauptung bewiesen.

Beispiel 1:
Beweise, dass sich in einem Parallelogramm die Diagonalen gegenseitig halbieren.

Beweisfigur

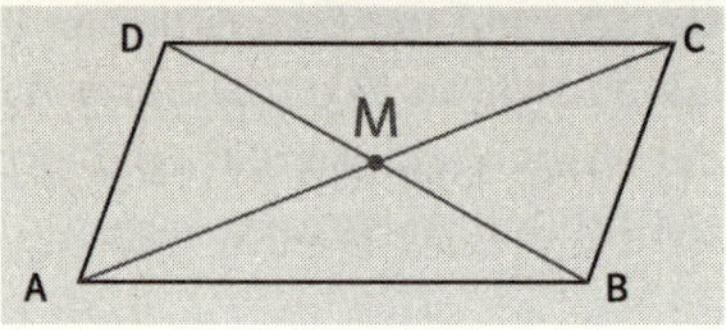

Voraussetzungen:
□ABCD ist ein Parallelogramm
$\Rightarrow \overline{AB} = \overline{DC};\ AB \parallel DC;\ \overline{AD} = \overline{BC};\ AD \parallel BC$
M sei Schnittpunkt der Diagonalen AC und BD

Behauptung: $\overline{AM} = \overline{MC}$ und $\overline{BM} = \overline{MD}$

Übersetzung in die Vektorgeometrie:

$$\left.\begin{array}{l}\overline{AB} = \overline{DC}\\ AB \parallel DC\end{array}\right\} \Rightarrow \overrightarrow{AB} = \overrightarrow{DC} \text{ und } \left.\begin{array}{l}\overline{AD} = \overline{BC}\\ AD \parallel BC\end{array}\right\} \Rightarrow \overrightarrow{AD} = \overrightarrow{BC}$$

Ein Parallelogramm entsteht, wenn die Vektoren $\overrightarrow{AB}$ und $\overrightarrow{BC}$ nicht kollinear sind, also linear unabhängig sind.

zu a) Im Dreieck ABM kommen jeweils Diagonalenstücke vor. ABM lässt sich als ein geschlossener Vektorzug ansehen:
(*) $\overrightarrow{AB} = \overrightarrow{AM} + \overrightarrow{MB}$

zu b) $\overrightarrow{AM}$ und $\overrightarrow{MB}$ sind jeweils Teile der Diagonalvektoren $\overrightarrow{AC}$ und $\overrightarrow{DB}$: $\overrightarrow{AM} = \sigma\overrightarrow{AC}$ und $\overrightarrow{MB} = \tau\overrightarrow{DB}$
σ und τ sind (noch) unbekannte Parameterwerte. Für die Diagonalvektoren gilt: $\overrightarrow{AC} = \overrightarrow{AB} + \overrightarrow{BC}$ und $\overrightarrow{DB} = \overrightarrow{DA} + \overrightarrow{AB}$
Für $\overrightarrow{DA}$ wiederum gilt: $\overrightarrow{DA} = -\overrightarrow{AD} = -\overrightarrow{BC}$

(*) lässt sich damit umschreiben zu:

$\overrightarrow{AB} = \sigma\,\overrightarrow{AC} + \tau\,\overrightarrow{DB}$ oder

$\overrightarrow{AB} = \sigma(\overrightarrow{AB} + \overrightarrow{BC}) + \tau(-\overrightarrow{BC} + \overrightarrow{AB})$

Hier kommen jetzt nur noch die linear unabhängigen Grundvektoren $\overrightarrow{AB}$ und $\overrightarrow{BC}$ vor.

zu c) Die zuletzt in b) gefundene Gleichung wird umgeformt:

$\overrightarrow{AB} = \sigma\,\overrightarrow{AB} + \sigma\,\overrightarrow{BC} - \tau\,\overrightarrow{BC} + \tau\,\overrightarrow{AB}$

bzw. $\overrightarrow{AB}(1 - \sigma - \tau) = \overrightarrow{BC}(\sigma - \tau)$

Diese Gleichung kann nur unter den beiden folgenden Bedingungen richtig sein (wegen der linearen Unabhängigkeit von $\overrightarrow{AB}$ und $\overrightarrow{BC}$):

(1) $1 - \sigma - \tau = 0$

(2) $\sigma - \tau = 0$

zu d) Das aus den Gleichungen **(1)** und **(2)** bestehende System wird gelöst:

Aus **(2)** $\sigma = \tau$, eingesetzt in **(1)** liefert

(1') $1 - \sigma - \sigma = 0 \Rightarrow \sigma = \frac{1}{2} \Rightarrow \tau = \frac{1}{2}$

zu e) Die Werte $\sigma = \tau = \frac{1}{2}$ bedeuten, dass gilt

$\overrightarrow{AM} = \frac{1}{2}\overrightarrow{AC}$ und $\overrightarrow{MB} = \frac{1}{2}\overrightarrow{DB}$ und damit auch

$\overline{AM} = \frac{1}{2}\overline{AC}$ und $\overline{MB} = \frac{1}{2}\overline{DB}$

Der Punkt M teilt also beide Diagonalen genau in der Mitte, woraus die Behauptung unmittelbar folgt.

Beispiel 2:
Beweise: In einem Dreieck schneiden sich die Schwerlinien (Seitenhalbierenden) in einem Punkt.

Beweisfigur

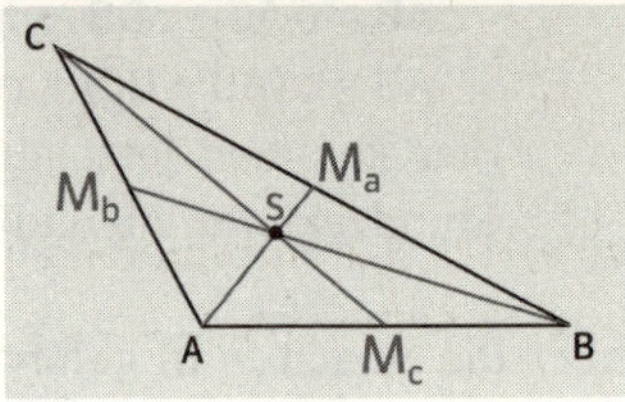

Voraussetzungen: Figur $\triangle ABC$ ist ein Dreieck.
M_a, M_b und M_c sind die Seitenmitten von [BC], [AC] und [AB].

Behauptung: Der Schnitpunkt S von AM_a und BM_b ist identisch mit dem Schnittpunkt von AM_a und CM_c.

Übersetzung in die Vektorgeometrie:
$\overrightarrow{AB} = \overrightarrow{AC} + \overrightarrow{CB}$ (Dreieckseigenschaft)

$\overrightarrow{AM_c} = \frac{1}{2}\overrightarrow{AB}$; $\overrightarrow{AM_b} = \frac{1}{2}\overrightarrow{AC}$; $\overrightarrow{CM_a} = \frac{1}{2}\overrightarrow{CB}$

zu a) Im $\triangle ABS$ gilt: (*) $\overrightarrow{AB} = \overrightarrow{AS} + \overrightarrow{SB}$
(geschlossener Vektorzug)

zu b) $\overrightarrow{AS} = \sigma\overrightarrow{AM_a}$ und $\overrightarrow{SB} = \tau\overrightarrow{M_bB}$
Für $\overrightarrow{AM_a}$ gilt: $\overrightarrow{AM_a} = \overrightarrow{AB} + \frac{1}{2}\overrightarrow{BC} = \overrightarrow{AB} + \frac{1}{2}(-\overrightarrow{AB} + \overrightarrow{AC})$
Für $\overrightarrow{M_bB}$ gilt: $\overrightarrow{M_bB} = \frac{1}{2}\overrightarrow{CA} + \overrightarrow{AB} = -\frac{1}{2}\overrightarrow{AC} + \overrightarrow{AB}$

Setzt man die gewonnenen Ausdrücke in (*) ein,
erhält man: $\overrightarrow{AB} = \sigma[\overrightarrow{AB} - \frac{1}{2}\overrightarrow{AB} + \frac{1}{2}\overrightarrow{AC}] + \tau[-\frac{1}{2}\overrightarrow{AC} + \overrightarrow{AB}]$
bzw. zusammengefasst: $\overrightarrow{AB}\left(1 - \frac{\sigma}{2} - \tau\right) = \overrightarrow{AC}\left(\frac{\sigma}{2} - \frac{\tau}{2}\right)$

zu c) Wegen der linearen Unabhängigkeit der Grundvektoren $\overrightarrow{AB}$ und $\overrightarrow{AC}$ muss gelten:

(1) $1 - \frac{\sigma}{2} - \tau = 0$ und

(2) $\frac{\sigma}{2} - \frac{\tau}{2} = 0$

zu d) aus **(2)** folgt: $\sigma = \tau$, eingesetzt in **(1)**

$$(1') \quad 1 - \frac{\sigma}{2} - \sigma = 0$$

$$1 = \frac{3}{2}\sigma \Rightarrow \sigma = \frac{2}{3} \Rightarrow \tau = \frac{2}{3}$$

zu e) Die Seitenhalbierenden AM_a und BM_b schneiden sich in einem Punkt S, der sie selbst im Verhältnis 2 zu 1 teilt.

Der zweite Teil des Beweises kann analog geführt werden, unter Einbeziehung der Seitenhalbierenden CM_c.

zu a) Im $\triangle CAS$ gilt: $(^{**})\ \overrightarrow{CA} = \overrightarrow{CS} + \overrightarrow{SA}$

zu b) $\overrightarrow{CS} = \sigma\overrightarrow{CM_c} = \sigma\left(\overrightarrow{CA} + \frac{1}{2}\overrightarrow{AB}\right)$

$\overrightarrow{SA} = \tau\overrightarrow{M_aA} = \tau\left(\frac{1}{2}\overrightarrow{BC} + \overrightarrow{CA}\right) = \tau\left[\frac{1}{2}\left(\overrightarrow{BA} + \overrightarrow{AC}\right) + \overrightarrow{CA}\right]$

Eingesetzt in $(^{**})$:

$\overrightarrow{CA} = \sigma\left(\overrightarrow{CA} + \frac{1}{2}\overrightarrow{AB}\right) + \tau\left(-\frac{1}{2}\overrightarrow{AB} + \frac{1}{2}\overrightarrow{CA}\right)$ bzw.

$\overrightarrow{CA}\left(1 - \sigma - \frac{\tau}{2}\right) = \overrightarrow{AB}\left(\frac{\sigma}{2} - \frac{\tau}{2}\right)$

Die weiteren Schritte sind identisch zu den oben angegebenen und haben das identische Ergebnis:
$\sigma = \tau = \frac{2}{3}$. Damit ergibt sich für den Schnittpunkt von AM_a und CM_c der gleiche Punkt wie für den Schnittpunkt von AM_a und BM_b, also schneiden sich alle drei Seitenhalbierenden in einem Punkt.

Das jeweilige Längenverhältnis der Teilstrecken ist als Nebenprodukt des Beweises abgefallen, es beträgt in allen Fällen 2 zu 1.

Beispiel 3:
Beweise, dass sich zwei Raumdiagonalen in einem Parallelflach schneiden. Ein Parallelflach wird aus drei linear unabhängigen Vektoren aufgebaut, jeweils vier Kanten sind zueinander parallel.

Beweisfigur

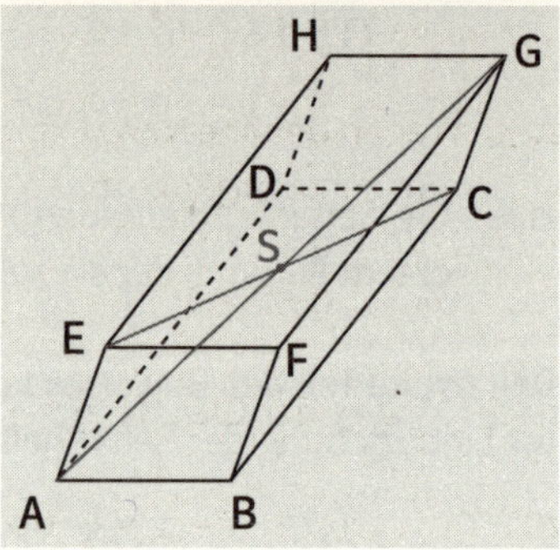

Voraussetzungen:
$\overline{AB} = \overline{EF} = \overline{DC} = \overline{HG}$ und $AB \parallel EF \parallel DC \parallel HG$
$\overline{BC} = \overline{FG} = \overline{EH} = \overline{AD}$ und $BC \parallel FG \parallel EH \parallel AD$
$\overline{AE} = \overline{BF} = \overline{CG} = \overline{DH}$ und $AE \parallel BF \parallel CG \parallel DH$

Behauptung: Es existiert ein Punkt S mit $S \in [AG]$ und $S \in [EC]$.

Übersetzung in die Vektorgeometrie:
$\overrightarrow{AB} = \overrightarrow{EF} = \overrightarrow{DC} = \overrightarrow{HG}$; $\overrightarrow{BC} = \overrightarrow{FG} = \overrightarrow{EH} = \overrightarrow{AD}$; $\overrightarrow{AE} = \overrightarrow{BF} = \overrightarrow{CG} = \overrightarrow{DH}$
$\overrightarrow{AB}$, $\overrightarrow{BC}$ und $\overrightarrow{AE}$ sind linear unabhängig

zu a) Wir betrachten ΔACS, worin gilt:
(*) $\overrightarrow{AC} = \overrightarrow{AS} + \overrightarrow{SC}$

zu b) $\overrightarrow{AC} = \overrightarrow{AB} + \overrightarrow{BC}$
$\overrightarrow{AS} = \sigma\overrightarrow{AG} = \sigma(\overrightarrow{AC} + \overrightarrow{CG}) = \sigma(\overrightarrow{AB} + \overrightarrow{BC} + \overrightarrow{CG})$
$= \sigma(\overrightarrow{AB} + \overrightarrow{BC} + \overrightarrow{AE})$
$\overrightarrow{SC} = \tau\overrightarrow{EC} = \tau(\overrightarrow{EA} + \overrightarrow{AC}) = \tau(-\overrightarrow{AE} + \overrightarrow{AB} + \overrightarrow{BC})$
(*) lässt sich nun mit den Grundvektoren $\overrightarrow{AB}$, $\overrightarrow{BC}$ und $\overrightarrow{AE}$ wie folgt ausdrücken:
$\overrightarrow{AB} + \overrightarrow{BC} = \sigma(\overrightarrow{AB} + \overrightarrow{BC} + \overrightarrow{AE}) + \tau(-\overrightarrow{AE} + \overrightarrow{AB} + \overrightarrow{BC})$

Geordnet nach den drei Grundvektoren erhält man:
$\overrightarrow{AB}(1 - \sigma - \tau) + \overrightarrow{BC}(1 - \sigma - \tau) = \overrightarrow{AE}(\sigma - \tau)$

zu c) Wegen der linearen Unabhängigkeit der drei Grundvektoren (sonst ergäbe sich kein Parallelflach) muss gelten:
(1) $1 - \sigma - \tau = 0$
(2) $\sigma - \tau = 0$

zu d) Lösung der Gleichungen **(1)** und **(2)**: $\sigma = \tau = \frac{1}{2}$

zu e) Die Werte $\sigma = \tau = \frac{1}{2}$ bedeuten zunächst, dass sich ein Dreieck ACS bilden kann, dass also ein Schnittpunkt S der Diagonalen existiert. Damit ist die Behauptung bereits bewiesen.

Darüber hinaus folgt aus dem Wert für σ und τ, dass sich die beiden Raumdiagonalen im Schnittpunkt gegenseitig halbieren.

11 Vektorräume

In den bisherigen Kapiteln wurde gezeigt, wie man mit den Vektoren unserer Anschauung, deutlicher unseres Anschauungsraumes, auch rechnerisch umgehen kann. Die dabei teilweise intuitiv verwendeten Rechengesetze sollen nun genauer betrachtet werden.

Innerhalb der Menge der Vektoren wurde eine Verknüpfung, wir nannten sie »Addition«, erklärt. Für diese Verknüpfung, die nicht aus der Menge herausführte, also eine innere Verknüpfung darstellt, wurde das Rechenzeichen »+« gewählt.

In der nicht-leeren Menge $\mathbb{V}$ mit den Elementen $\vec{v}_i$ ($i \in \mathbb{N}_0$) gelte die Rechenvorschrift »+« (»Addition«) mit den folgenden Gesetzen:

G1 $\mathbb{V}$ ist hinsichtlich der Addition abgeschlossen, bzw.:
Aus $\vec{v}_1 \in \mathbb{V}$, $\vec{v}_2 \in \mathbb{V}$ und $\vec{v} = \vec{v}_1 + \vec{v}_2$ folgt $\vec{v} \in \mathbb{V}$

G2 In $\mathbb{V}$ ist das Assoziativgesetz erfüllt, bzw.:
$(\vec{v}_1 + \vec{v}_2) + \vec{v}_3 = \vec{v}_1 + (\vec{v}_2 + \vec{v}_3)$ für alle $\vec{v}_1, \vec{v}_2, \vec{v}_3 \in \mathbb{V}$

G3 In $\mathbb{V}$ existiert ein Nullelement (»Nullvektor«), bzw.:
Für alle $\vec{v} \in \mathbb{V}$ gilt: $\vec{v} + \vec{0} = \vec{v}$ mit $\vec{0} \in \mathbb{V}$

G4 Zu jedem Element $\vec{v}$ aus $\mathbb{V}$ existiert in $\mathbb{V}$ ein inverses Element $\vec{v}'$ (»Gegenvektor«), bzw.:
$\vec{v} + \vec{v}' = \vec{0}$ mit $\vec{v}, \vec{v}' \in \mathbb{V}$

G5 Das Kommutativgesetz ist erfüllt, bzw.:
$\vec{v}_1 + \vec{v}_2 = \vec{v}_2 + \vec{v}_1$ für alle $\vec{v}_1, \vec{v}_2 \in \mathbb{V}$

Sind die Bedingungen G1 bis G4 innerhalb einer Menge $\mathbb{V}$ hinsichtlich einer Rechenvorschrift R (z. B. Addition) erfüllt, so ist $\mathbb{V}$ hinsichtlich R eine Gruppe.

Ist zusätzlich noch G5 erfüllt, so liegt eine kommutative oder abelsche Gruppe vor.

Folgerung: Die Vektoren unserer Anschauung bilden demnach hinsichtlich der im zweiten Kapitel dargestellten Vektoraddition eine abelsche Gruppe.

Bei den Vektoren unserer Anschauung wurde noch eine weitere Verknüpfung definiert, die Verknüpfung mit der Menge der reellen Zahlen. Diese zweite Rechenvorschrift wurde »Multiplikation« genannt und wie üblich mit oder ohne Punkt notiert.

Aus $\vec{v} \in \mathbb{V}$ und $\lambda \in \mathbb{R}$ folgt $\lambda\vec{v} \in \mathbb{V}$, das heißt, die Multiplikation eines Vektors $\vec{v} \in \mathbb{V}$ mit einem Element (λ) aus einer anderen Menge (hier $\mathbb{R}$) führt wieder zu einem Element von $\mathbb{V}$, führt damit nicht aus $\mathbb{V}$ heraus.

Für diese Art der Verknüpfung von zwei Elementen aus verschiedenen Mengen (z. B. $\mathbb{V}$ und $\mathbb{K}$) gelten folgende Regeln:

K1 Das Assoziativgesetz ist erfüllt, bzw.:
$(\lambda\mu)\,\vec{v} = \lambda(\mu\vec{v})$ für $\lambda, \mu \in \mathbb{K}$ und $\vec{v} \in \mathbb{V}$

K2 Das 1. Distributivgesetz ist erfüllt, bzw.:
$\lambda(\vec{v}_1 + \vec{v}_2) = \lambda\vec{v}_1 + \lambda\vec{v}_2$ für $\lambda \in \mathbb{K}$ und $\vec{v}_1, \vec{v}_2 \in \mathbb{V}$

K3 Das 2. Distributivgesetz ist erfüllt, bzw.:
$(\lambda + \mu)\vec{v} = \lambda\vec{v} + \mu\vec{v}$ für $\lambda, \mu \in \mathbb{K}$ und $\vec{v} \in \mathbb{V}$

K4 In $\mathbb{K}$ existiert ein neutrales Element (»1«), bzw.:
$1 \cdot \vec{v} = \vec{v}$ für alle $\vec{v} \in \mathbb{V}$

Sind die Gesetze G1 bis G5 und K1 bis K4 in einer Menge $\mathbb{V}$ hinsichtlich der beiden Rechenvorschriften erfüllt, so bildet $\mathbb{V}$ einen **Vektorraum** und die Elemente von $\mathbb{V}$ heißen Vektoren. Man nennt G1, …, G5 und K1, …, K4 auch Vektorraumaxiome. Die Bezeichnungen rühren daher, dass die Vektoren unseres Anschauungsraumes offensichtlich exakt den dargestellten Gesetzen genügen. Genau genommen legen aber die obigen Axiome in einer Menge nur eine bestimmte Struktur fest, deren Erfüllung nicht nur mit »unseren« Vektoren möglich ist.

Es soll nun gezeigt werden, dass auch andere mathematische Elemente, die sich gänzlich von den gewohnten, geometrischen Vektoren unterscheiden, als Vektoren im Sinne der vorgestellten Axiome angesehen werden können.

1. Beispiel: Menge $\mathbb{P}$ aller Polynome mit der Variablen x. Der Einfachheit halber beschränken wir uns auf Polynome von höchstens dem Grade 1 und auf reelle Koeffizienten.
$\vec{a} := a_1 x + a_0$; $\vec{b} := b_1 x + b_0$; ...
$\vec{a}, \vec{b}, \ldots$ seien Elemente von $\mathbb{P}$.
Nachprüfung der Gültigkeit der Vektoraxiome:

$$
\begin{aligned}
\text{G1/G5}\quad \vec{a} + \vec{b} &= a_1x + a_0 + b_1x + b_0 = a_1x + b_1x + a_0 + b_0 \\
&= (a_1 + b_1)x + a_0 + b_0 = (b_1 + a_1)x + a_0 + b_0 \\
&= b_1x + a_1x + b_0 + a_0 = b_1x + b_0 + a_1x + a_0 \\
&= \vec{b} + \vec{a}
\end{aligned}
$$

Die (Polynom-)Addition ist damit kommutativ und führt nicht aus $\mathbb{P}$ hinaus, da mit $a_1, b_1, a_0, b_0 \in \mathbb{R}$ auch folgt $(a_1 + b_1) \in \mathbb{R}$ und $(a_0 + b_0) \in \mathbb{R}$. Ansonsten wurden beim Nachweis jeweils die Eigenschaften der reellen Zahlen verwandt.

G2 ist ebenfalls erfüllt, denn wegen der reellen Koeffizienten gilt:

$$
\begin{aligned}
(\vec{a} + \vec{b}) + \vec{c} &= (a_1 + b_1)x + (a_0 + b_0) + c_1x + c_0 \\
&= (a_1 + b_1 + c_1)x + (a_0 + b_0 + c_0) \\
&= a_1x + (b_1 + c_1)x + a_0 + (b_0 + c_0) \\
&= a_1x + a_0 + (b_1 + c_1)x + (b_0 + c_0) \\
&= \vec{a} + (\vec{b} + \vec{c})
\end{aligned}
$$

Zu G3: Als Nullvektor $\vec{o}$ dient:

$$\vec{o} = 0 \cdot x + 0 \text{ und damit}$$

$$\begin{aligned}\vec{a} + \vec{o} &= a_1 x + a_0 + 0 \cdot x + 0 \\ &= (a_1 + 0)x + (a_0 + 0) \\ &= a_1 x + a_0 = \vec{a}\end{aligned}$$

zu G4: Das zu $\vec{p}$ inverse Polynom $\vec{p}'$ lautet:

$$\vec{p}' = -p_1 x - p_0 \text{ mit } \vec{p} = p_1 x + p_0, \text{ denn}$$

$$\begin{aligned}\vec{p} + \vec{p}' &= p_1 x + p_0 + (-p_1 x) + (-p_0) \\ &= (p_1 - p_1)x + (p_0 - p_0) = 0 \cdot x + 0 = \vec{o}\end{aligned}$$

zu K1: $(\lambda\mu)\vec{p} = \lambda\mu p_1 x + \lambda\mu p_0 = \lambda(\mu p_1 x + \mu p_0) = \lambda(\mu\vec{p})$

zu K2:

$$\begin{aligned}\lambda(\vec{p} + \vec{q}) &= \lambda[(p_1 + q_1)x + (p_0 + q_0)] \\ &= \lambda(p_1 + q_1)x + \lambda(p_0 + q_0) \\ &= \lambda p_1 x + \lambda q_1 x + \lambda p_0 + \lambda q_0 \\ &= \lambda p_1 x + \lambda p_0 + \lambda q_1 x + \lambda q_0 \\ &= \lambda(p_1 x + p_0) + \lambda(q_1 x + q_0) \\ &= \lambda\vec{p} + \lambda\vec{q}\end{aligned}$$

zu K3:

$$\begin{aligned}(\lambda + \mu)p &= (\lambda + \mu)(p_1 x + p_0) \\ &= (\lambda + \mu)p_1 x + (\lambda + \mu)p_0 \\ &= \lambda p_1 x + \mu p_1 x + \lambda p_0 + \mu p_0 \\ &= \lambda p_1 x + \lambda p_0 + \mu p_1 x + \mu p_0 \\ &= \lambda(p_1 x + p_0) + \mu(p_1 x + p_0) \\ &= \lambda\vec{p} + \mu\vec{p}\end{aligned}$$

zu K4: Das neutrale Element ist 1:

$$1 \cdot \vec{p} = 1 \cdot (p_1 x + p_0) = p_1 x + p_0 = \vec{p}$$

Somit bilden die Polynome von höchstens dem Grade 1 einen Vektorraum.

Anmerkung: Auch die Polynome von höchstens dem Grade 2 bilden einen Vektorraum für sich. Dieser schließt die Polynome von höchstens dem Grade 1 mit ein. Man sagt, die Polynome von höchstens dem Grade 1 bilden einen Untervektorraum der Polynome von höchstens dem Grade 2. Es gilt sogar die Verallgemeinerung: Alle Polynome von höchstens dem Grade n bilden einen Vektorraum.

2. Beispiel: Magische Quadrate (gleichen Rangs) bilden ebenfalls einen Vektorraum. Das wohl bekannteste magische Quadrat (Rang 4) ist das Albrecht Dürers im Bild Melancholie (1514).

16	3	2	13
5	10	11	8
9	6	7	12
4	15	14	1

In magischen Quadraten sind alle Zeilen- und Spaltensummen gleich, ebenso die Diagonalsummen. Beim Dürerquadrat beträgt diese Summe 34. Im Allgemeinen müssen bei magischen Quadraten nicht alle Zahlen voneinander verschieden sein, sie müssen auch nicht unmittelbar aufeinander folgen. Die kleinste Zahl braucht auch nicht die Eins zu sein.

Betrachten wir der Einfachheit halber 3 x 3 Quadrate. Unter »Addition« wollen wir die herkömmliche Addition entsprechend gleich positionierter Zahlen verstehen.

8	1	6		0	3	0		8	4	6
3	5	7	+	1	1	1	=	4	6	8
4	9	2		2	−1	2		6	8	4

Offensichtlich erhält man wieder ein magisches Quadrat. Aus den magischen Quadraten mit den charakteristischen Summen 15 und 3 wurde ein magisches Quadrat mit der Summe 18. Nachprüfung der Vektorraumaxiome:

Da es sich um die übliche arithmetische Addition handelt, ist G2 sicher erfüllt. Ebenso ist durch die Grundeigenschaften der magischen Quadrate die Abgeschlossenheit bei der Addition garantiert, denn zu jeder Spalte bzw. Zeile oder Diagonale kommt jeweils die gleiche Summe hinzu. Das Nullelement ist gegeben durch:

0	0	0
0	0	0
0	0	0

Das jeweils inverse Element ergibt sich durch die Multiplikation einer jeden Zahl mit −1:

−a	−b	−c
−d	−e	−f
−g	−h	−i

ist invers zu

a	b	c
d	e	f
g	h	i

Die Gültigkeit der K-Axiome erschließt sich ebenfalls aus $\mathbb{K} = \mathbb{R}$, denn man macht sich schnell klar, dass ein magisches Quadrat durch die Multiplikation mit einer reellen Zahl (z. B. λ) nicht seine Magie verliert, wenn jede Zahl multipliziert wird:

$$\lambda \begin{array}{|c|c|c|}\hline a & b & c \\ \hline d & e & f \\ \hline g & h & i \\ \hline\end{array} = \begin{array}{|c|c|c|}\hline \lambda a & \lambda b & \lambda c \\ \hline \lambda d & \lambda e & \lambda f \\ \hline \lambda g & \lambda h & \lambda i \\ \hline\end{array}$$

denn es gilt dann z. B.: $\lambda(a + b + c) = \lambda a + \lambda b + \lambda c$. Analog folgt die Gültigkeit aller K-Axiome. Somit bilden gleichrangige magische Quadrate einen Vektorraum.

Demnach lassen sich neue magische Quadrate auch dadurch gewinnen, dass man magische Quadrate linear kombiniert.

Übung:
Konstruieren Sie aus dem Dürerquadrat und nebenstehenden magischen Quadrat durch Linearkombinationen weitere magische Quadrate!

1	0	1	0
0	0	1	1
1	1	0	0
0	1	0	1

Neben den beiden vorgestellten Beispielen existieren noch viele weitere Vektorräume (komplexe Zahlen, Zahlenfolgen, bestimmte Funktionsmengen, u. a.). Folgerungen und Erkenntnisse, die z. B. in der gewöhnlichen Vektorgeometrie gewonnen werden, haben in anderen, analog strukturierten Mengen ihre Entsprechung und umgekehrt. Darin liegt der Sinn und der Gewinn einer Beschäftigung mit »abstrakten Vektoren«.

Geraden und Ebenen

1 Geraden und Geradengleichungen

Eine Gerade g sei durch die Punkte A und B festgelegt: $g = g(A, B)$.

Gerade

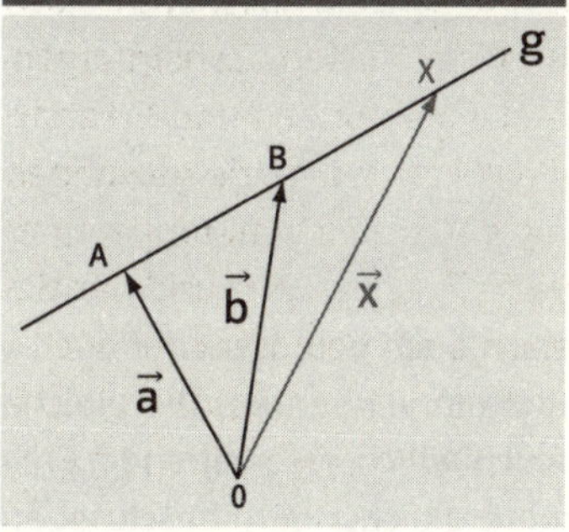

Jeder Punkt X der Geraden g lässt sich durch folgende Vektorgleichung beschreiben:

$\overrightarrow{OX} = \overrightarrow{OA} + \lambda \overrightarrow{AB}$ mit einem bestimmten reellen λ-Wert. Für Punkte X, die von A aus gesehen in der gleichen Richtung wie B liegen, ist $\lambda \in \mathbb{R}^+$, für die Gegenrichtung ist λ negativ.

$\lambda = 1$ ergibt den Punkt B.
Für $\lambda = 0$ fallen X und A zusammen. Diese Festlegung für Geraden ist sowohl in $\mathbb{R}^2$ wie auch in $\mathbb{R}^3$ gültig.

$g : \overrightarrow{OX} = \overrightarrow{OA} + \lambda \overrightarrow{AB}$ bzw. $\vec{x} = \vec{a} + \lambda(\vec{b} - \vec{a}),\ \lambda \in \mathbb{R}$

A heißt auch **Stütz-** oder **Trägerpunkt** der Geraden g. $\overrightarrow{AB}$ heißt **Richtung** oder **Richtungsvektor** von g.

Für die Festlegung einer Geraden genügen also die Angaben eines Trägerpunktes und eines Richtungsvektors, oft abgekürzt mit $\vec{u}$, damit $g : \vec{x} = \vec{a} + \lambda \vec{u};\ \lambda \in \mathbb{R}$. λ heißt **Parameter der Geraden**.

Beispiele

a) Gerade g_1 durch A(2 | 0) und B(1 | 3)

$$\vec{x} = \begin{pmatrix} 2 \\ 0 \end{pmatrix} + \lambda \begin{pmatrix} 1-2 \\ 3-0 \end{pmatrix} \to g_1: x = \begin{pmatrix} 2 \\ 0 \end{pmatrix} + \lambda \begin{pmatrix} -1 \\ 3 \end{pmatrix}$$

b) Gerade g_2 durch A(1 | 2 | −1) und B(3 | 0 | 0)

$$g_2: \vec{x} = \begin{pmatrix} 1 \\ 2 \\ -1 \end{pmatrix} + \lambda \begin{pmatrix} 2 \\ -2 \\ 1 \end{pmatrix}$$

c) Gerade g_3 durch P(2 | 3 | −1) mit der Richtung

$$\vec{u} = \begin{pmatrix} 1 \\ -1 \\ 2 \end{pmatrix}$$

$$g_3: \vec{x} = \begin{pmatrix} 2 \\ 3 \\ -1 \end{pmatrix} + \lambda \begin{pmatrix} 1 \\ -1 \\ 2 \end{pmatrix}$$

Zur Unterscheidung werden vielfach auch μ, σ, τ, ϱ oder auch l, m, n, r, s als Parameterbezeichnungen verwendet. Die gleiche Gerade g kann durch sehr unterschiedlich erscheinende Gleichungen mit Parametern (Parametergleichungen) beschrieben werden:

$$g: \ \vec{x} = \overrightarrow{OP} + \lambda \vec{u}; \ \ \lambda \in \mathbb{R},$$

da für P jeder beliebige Punkt aus g und für den Richtungsvektor jeder zu $\vec{u}$ linear abhängige Vektor gewählt werden können.

Beispiel

$g\colon \vec{x} = \begin{pmatrix} 2 \\ 3 \\ -1 \end{pmatrix} + \lambda \begin{pmatrix} 1 \\ -1 \\ 2 \end{pmatrix}$. Da auch $(3|2|1) \in g$:

$g\colon \vec{x} = \begin{pmatrix} 3 \\ 2 \\ 1 \end{pmatrix} + \lambda \begin{pmatrix} -1 \\ 1 \\ -2 \end{pmatrix}$ oder $g\colon \vec{x} = \begin{pmatrix} 3 \\ 2 \\ 1 \end{pmatrix} + \lambda \begin{pmatrix} 2 \\ -2 \\ 4 \end{pmatrix}$

weil $\begin{pmatrix} -1 \\ 1 \\ -2 \end{pmatrix} = (-1)\begin{pmatrix} 1 \\ -1 \\ 2 \end{pmatrix}$ und $\begin{pmatrix} 2 \\ -2 \\ 4 \end{pmatrix} = 2\begin{pmatrix} 1 \\ -1 \\ 2 \end{pmatrix}$

Üblicherweise wird der Richtungsvektor so angegeben, dass seine Koordinaten keine gemeinsamen Teiler haben.
Ist nachzuprüfen, ob ein Punkt P auf einer Geraden g liegt, so muss geprüft werden, ob die Koordinaten von P die Gleichung von g erfüllen, ob es also einen Parameterwert von λ, nennen wir ihn λ_p, gibt, so dass gilt: $\overrightarrow{OP} = \overrightarrow{OA} + \lambda_p \vec{u}$, falls $g\colon \vec{x} = \overrightarrow{OA} + \lambda \vec{u}$.

Beispiel

Liegt $P(1|4|-3)$ auf g?

$\begin{pmatrix} 1 \\ 4 \\ -3 \end{pmatrix} \stackrel{?}{=} \begin{pmatrix} 2 \\ 3 \\ -1 \end{pmatrix} + \lambda_p \begin{pmatrix} 1 \\ -1 \\ 2 \end{pmatrix}$ In allen 3 Gleichungen muss sich für λ_p der gleiche Wert ergeben.

Dies ist tatsächlich der Fall ($\lambda_p = -1$) $\Rightarrow P \in g$.

2 Lagebeziehungen von Geraden zueinander

g: $\vec{x} = \overrightarrow{OA} + \lambda \vec{u}_g$; h: $\vec{x} = \overrightarrow{OB} + \mu \vec{u}_h$

1. Geraden fallen zusammen

Bedingung: $A \in h$ oder $B \in g$ oder es existiert ein g und h gemeinsamer Punkt S und $\vec{u}_g = \sigma \vec{u}_h$, d. h. die beiden Richtungsvektoren sind kollinear.

Beispiel

$$g: \vec{x} = \begin{pmatrix} 2 \\ 3 \\ -1 \end{pmatrix} + \lambda \begin{pmatrix} 1 \\ -1 \\ 2 \end{pmatrix}; \quad h: \vec{x} = \begin{pmatrix} 4 \\ 1 \\ 3 \end{pmatrix} + \mu \begin{pmatrix} -1 \\ 1 \\ -2 \end{pmatrix}$$

da $\begin{pmatrix} 4 \\ 1 \\ 3 \end{pmatrix} \in g \ (\lambda = 2)$ und $\sigma \begin{pmatrix} 1 \\ -1 \\ 2 \end{pmatrix} = (-1) \begin{pmatrix} -1 \\ 1 \\ -2 \end{pmatrix}$ folgt $g \equiv h$

2. Geraden sind zueinander echt parallel

Bedingung: $\vec{u}_g = \sigma \vec{u}_h$, aber kein Punkt gemeinsam.

Beispiel

$$g: \vec{x} = \begin{pmatrix} 2 \\ 3 \\ -1 \end{pmatrix} + \lambda \begin{pmatrix} 1 \\ -1 \\ 2 \end{pmatrix}; \quad h: \vec{x} = \begin{pmatrix} 0 \\ 1 \\ 3 \end{pmatrix} + \mu \begin{pmatrix} -1 \\ 1 \\ -2 \end{pmatrix}$$

da $\begin{pmatrix} 0 \\ 1 \\ 3 \end{pmatrix} \notin g$ aber $\vec{u}_g = -\vec{u}_h$ folgt $g \parallel h$

Falls $\vec{u}_g = \lambda \vec{u}_h$ erfüllt ist, genügt der Nachweis für einen beliebigen Punkt $P \in h$, dass gilt: $P \notin g$, oder für $Q \in g$ dass gilt: $Q \notin h$.

3. Geraden schneiden sich

Im $\mathbb{R}^2$: Bedingung: $\vec{u}_g \neq \sigma \vec{u}_h$ für alle $\sigma \in \mathbb{R}$. Sobald in $\mathbb{R}^2$ die Richtungskoordinaten zweier Geraden nicht kollinear sind, schneiden sich diese Geraden.

Im $\mathbb{R}^3$: zusätzliche Bedingung zu $\vec{u}_g \neq \sigma \vec{u}_h$: $\overrightarrow{PQ}$, $\vec{u}_g$ und $\vec{u}_h$ sind linear abhängig, mit beliebigem $P \in g$ und beliebigem $Q \in h$.

Schnitt von Geraden

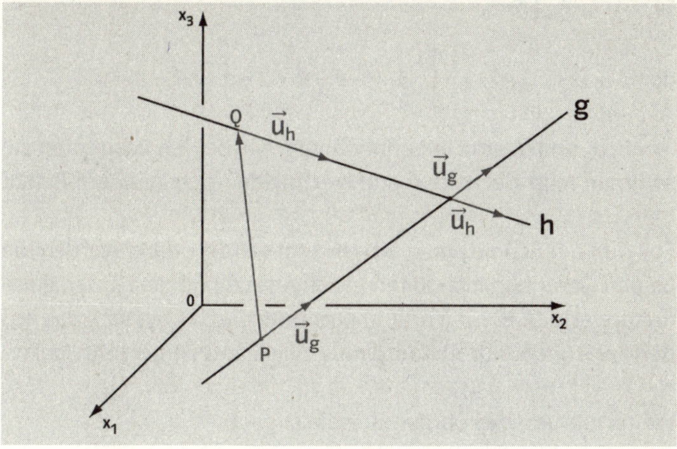

Die zusätzliche Bedingung bedeutet: Die beiden Richtungsvektoren spannen eine Ebene E auf, in der auch jeder Verbindungsvektor zweier Punkte der beiden Geraden liegt.

Beispiel

$$g: \vec{x} = \begin{pmatrix} 2 \\ 3 \\ -1 \end{pmatrix} + \lambda \begin{pmatrix} 1 \\ -1 \\ 2 \end{pmatrix}; \quad h: \vec{x} = \begin{pmatrix} -1 \\ 2 \\ -2 \end{pmatrix} + \mu \begin{pmatrix} 1 \\ 3 \\ -3 \end{pmatrix}$$

Nachprüfung der Schnittbedingungen:

$$\begin{pmatrix}1\\-1\\2\end{pmatrix} = \sigma\begin{pmatrix}1\\3\\-3\end{pmatrix} \quad \begin{matrix}(1)\\(2)\\(3)\end{matrix} \quad \left.\begin{matrix}1 = s\\-1 = 3s\\2 = -3s\end{matrix}\right\}$$ es existiert kein gemeinsames $\sigma \in \mathbb{R}$, das alle drei Gleichungen erfüllt.

$\Rightarrow$ die Richtungsvektoren sind linear unabhängig. Für P und Q werden A und B gewählt:

$$\overrightarrow{PQ} = \overrightarrow{AB} = \begin{pmatrix}-3\\-1\\-1\end{pmatrix};$$

$$\det(\overrightarrow{AB}; \vec{u}_g; \vec{u}_h) = \begin{vmatrix}-3 & 1 & 1\\-1 & -1 & 3\\-1 & 2 & -3\end{vmatrix} = -9 - 3 - 2 - 1 + 18 - 3 = 0$$

$\Rightarrow \overrightarrow{AB}, \vec{u}_g$ und $\vec{u}_h$ sind linear abhängig. Aus beiden Resultaten zusammen folgt deshalb: g und h schneiden sich in einem Punkt.

Soll nun der Schnittpunkt S bestimmt werden, dann werden die beiden Geradengleichungen gleichgesetzt und die beiden Parameterwerte (z. B. für λ und μ) ermittelt, die das System, das aus den zwei (im $\mathbb{R}^3$: drei) Koordinatengleichungen besteht, lösen.

Weiterführung des obigen Beispiels: g = h

$$\begin{array}{llll}(1) & 2 + \lambda = -1 + \mu & \Rightarrow (1) & 3 + \lambda = \mu\\(2) & 3 - \lambda = 2 + 3\mu & \Rightarrow (2) & 1 - \lambda = 3\mu\\(3) & -1 + 2\lambda = -2 - 3\mu & \Rightarrow (3) & 1 + 2\lambda = -3\mu\end{array}$$

$$\left.\begin{array}{lll}(1) + (2){:}\ (4) & 4 = 4\mu & \Rightarrow \mu = 1\\2(2) + (3){:}\ (5) & 3 = 3\mu & \Rightarrow \mu = 1\end{array}\right\} \text{in (1): } 3 + \lambda = 1 \Rightarrow \lambda = -2$$

⇒ gemeinsamer Punkt S von g und h existiert, seine Koordinaten werden ermittelt aus
$\lambda_S = -2$ (für g) oder aus $\mu_S = 1$ (für h):
nach kurzer Rechnung erhält man $S(0|5|-5)$

Natürlich kann man auch, ohne die oben angegebenen Bedingungen vorher zu überprüfen, sofort die Geradengleichungen gleichsetzen und dann sehen, ob sich das System der drei (im $\mathbb{R}^2$ zwei) Gleichungen mit zwei Unbekannten (λ und μ) lösen lässt.

4. Geraden sind zueinander windschief

Geraden heißen zueinander windschief, wenn sie weder zueinander parallel sind noch sich schneiden. Dieser Fall kann nur im $\mathbb{R}^3$ auftreten.

Beispiel

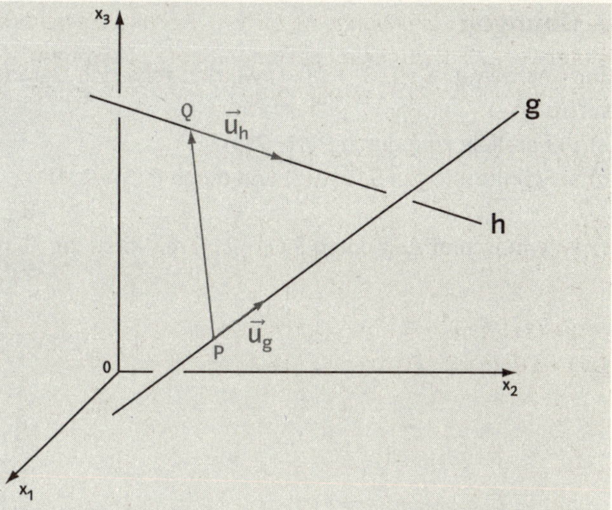

Die Vektoren $\overrightarrow{PQ}$; $\vec{u}_g$; $\vec{u}_h$ liegen nicht in einer gemeinsamen Ebene. Dies hängt auch nicht von einer speziellen Wahl der Punkte $P \in g$ und $Q \in h$ ab.

Das Kriterium für eine windschiefe Lage der Geraden g und h liegt damit fest: die Vektoren $\overrightarrow{PQ}; \vec{u}_g$ und $\vec{u}_h$ sind linear unabhängig, d.h. $\det(\overrightarrow{PQ}; \vec{u}_g; \vec{u}_h) \neq 0$ mit $P \in g$ und $Q \in h$.

Beispiel

$$g: \vec{x} = \begin{pmatrix} 2 \\ 3 \\ -1 \end{pmatrix} + \lambda \begin{pmatrix} 1 \\ -1 \\ 2 \end{pmatrix}; \quad h: \vec{x} = \begin{pmatrix} 1 \\ 2 \\ -3 \end{pmatrix} + \mu \begin{pmatrix} 1 \\ 3 \\ -3 \end{pmatrix}$$

mit den Stützpunkten der Geraden als P und Q:

$$\det(\overrightarrow{PQ}; \vec{u}_g; \vec{u}_h) = \begin{vmatrix} -1 & 1 & 1 \\ -1 & -1 & 1 \\ -2 & 2 & -3 \end{vmatrix}$$

$$= -3 - 6 - 2 - 2 + 6 - 3 = -10 \neq 0$$

$\Rightarrow$ $\overrightarrow{PQ}; \vec{u}_g; \vec{u}_h$ sind linear unabhängig
$\Rightarrow$ g und h liegen zueinander windschief

3 Übungen

Zur Geraden $g: \vec{x} = \begin{pmatrix} 2 \\ 3 \\ -1 \end{pmatrix} + \lambda \begin{pmatrix} 1 \\ -1 \\ 2 \end{pmatrix}$ werden folgende Geraden gesucht:

a) p: Parallele zu g durch P(1 | −2 | 1)

b) s: Schnitt mit g in S (5 | 0 | ?) und durch P (1 | −2 | 1)

c) w: windschief zu g durch P (1 | −2 | 1) mit Richtung $\begin{pmatrix} 3 \\ 1 \\ u_3 \end{pmatrix}$

a) p hat den gleichen Richtungsvektor wie g, also:

$p: \vec{x} = \begin{pmatrix} 1 \\ -2 \\ 1 \end{pmatrix} + \mu \begin{pmatrix} 1 \\ -1 \\ 2 \end{pmatrix}$

b) S ist auch Element von g, damit $\begin{pmatrix} 5 \\ 0 \\ ? \end{pmatrix} = \begin{pmatrix} 2 \\ 3 \\ -1 \end{pmatrix} + \lambda_S \begin{pmatrix} 1 \\ -1 \\ 2 \end{pmatrix}$

woraus sich $\lambda_S = 3$ ergibt und damit: $S(5|0|5)$

$\vec{u}_S = \alpha \overrightarrow{PS} = \alpha \begin{pmatrix} 4 \\ 2 \\ 4 \end{pmatrix}$ mit $\alpha = \frac{1}{2}$ erhält man $\vec{u}_S = \begin{pmatrix} 2 \\ 1 \\ 2 \end{pmatrix}$

(Bemerkung: der Richtungsvektor sollte möglichst »gekürzt« sein)

$\Rightarrow \ s: \vec{x} = \begin{pmatrix} 1 \\ -2 \\ 1 \end{pmatrix} + \sigma \begin{pmatrix} 2 \\ 1 \\ 2 \end{pmatrix}$

c) Bedingung für $\vec{u}_w$: $\det(\overrightarrow{AP}; \vec{u}_g; \vec{u}_w) \neq 0$

da $\overrightarrow{AP} = \begin{pmatrix} -1 \\ -5 \\ 2 \end{pmatrix}$: $\begin{vmatrix} -1 & 1 & 3 \\ -5 & -1 & 1 \\ 2 & 2 & u_3 \end{vmatrix}$

$= u_3 - 30 + 2 + 6 + 2 + 5u_3 \neq 0$

$\Rightarrow 6u_3 \neq 20 \Rightarrow u_3 \neq \frac{10}{3}$; z. B. $u_3 = 3$

$\Rightarrow w: \vec{x} = \begin{pmatrix} 1 \\ -2 \\ 1 \end{pmatrix} + \tau \begin{pmatrix} 3 \\ 1 \\ 3 \end{pmatrix}$

4 Ebenen und Ebenengleichungen

Wie bereits vorher erwähnt, spannen zwei linear unabhängige, d.h. nicht-kollineare Vektoren immer eine Ebene auf. Dies drückt sich auch in der Form aus, wie eine Ebenengleichung aufgebaut werden kann.

Ebene 1

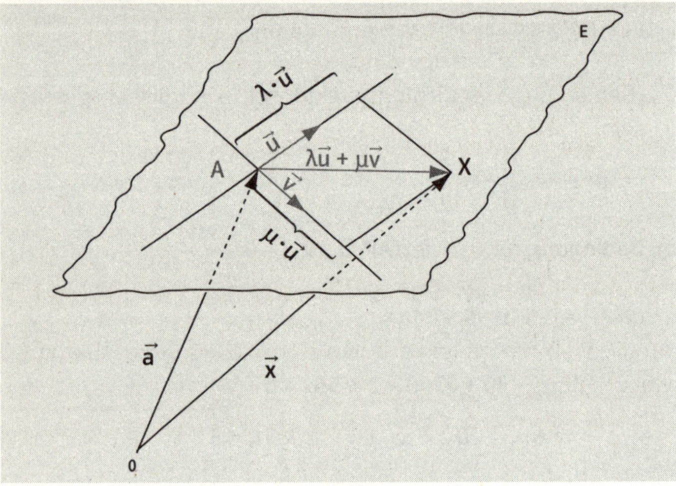

Für den Vektor $\overrightarrow{OX}$ (X beliebiger Punkt der Ebene E, die durch die Vektoren $\vec{u}$ und $\vec{v}$ aufgespannt wird) lässt sich mit $A \in E$ schreiben: $\overrightarrow{OX} = \overrightarrow{OA} + \lambda\vec{u} + \mu\vec{v}$, damit:

$$E: \vec{x} = \vec{a} + \lambda\vec{u} + \mu\vec{v}; \text{ mit } \lambda, \mu \in \mathbb{R}$$

Andererseits kann man sich eine Ebene auch festgelegt denken durch drei Punkte (A, B, C), die nicht alle zusammen auf einer Geraden liegen.

Ebene 2

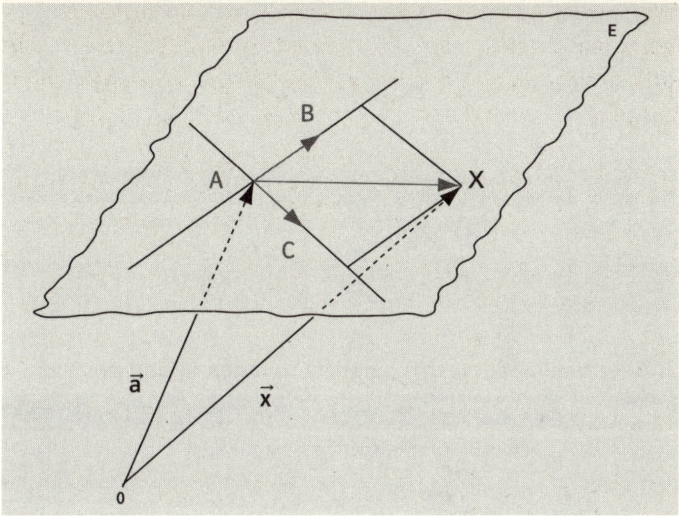

An die Stelle von $\vec{u}$ und $\vec{v}$ treten jetzt die Vektoren $\overrightarrow{AB}$ und $\overrightarrow{AC}$, womit gilt:

$$\overrightarrow{OX} = \overrightarrow{OA} + \lambda\overrightarrow{AB} + \mu\overrightarrow{AC} \quad \text{bzw.:}$$
$$E: \vec{x} = \vec{a} + \lambda\overrightarrow{AB} + \mu\overrightarrow{AC} \quad \text{oder}$$
$$E: \vec{x} = \vec{a} + \lambda(\vec{b} - \vec{a}) + \mu(\vec{c} - \vec{a}); \quad \lambda, \mu \in \mathbb{R}$$

Weitere Möglichkeiten des Aufbaus einer Ebene

1. Punkt P und Gerade g mit $P \notin g$

$g: \vec{x} = \overrightarrow{OA} + \lambda\vec{u}_g$

Für die zweite Richtung nimmt man einen (beliebigen) Vektor, der von einem Geradenpunkt ausgeht und in Richtung P zeigt, z. B. $\overrightarrow{AP}$, damit:

$$E: \vec{x} = \overrightarrow{OA} + \lambda\vec{u}_g + \mu\overrightarrow{AP}; \quad \lambda, \mu \in \mathbb{R}$$

Ebene 3

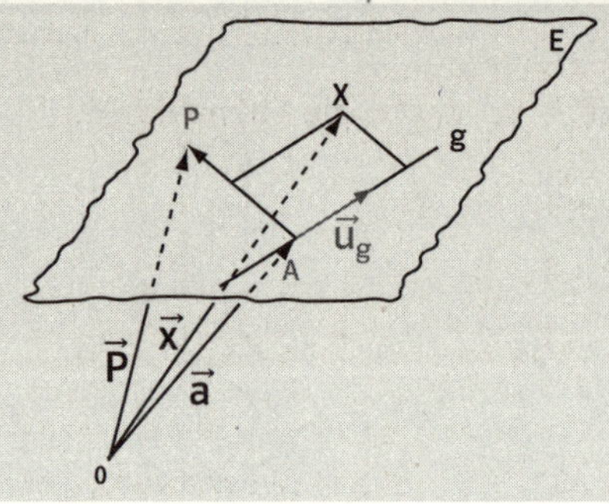

2. Zwei zueinander (echt) parallele Geraden (g und p)

Ebene 4

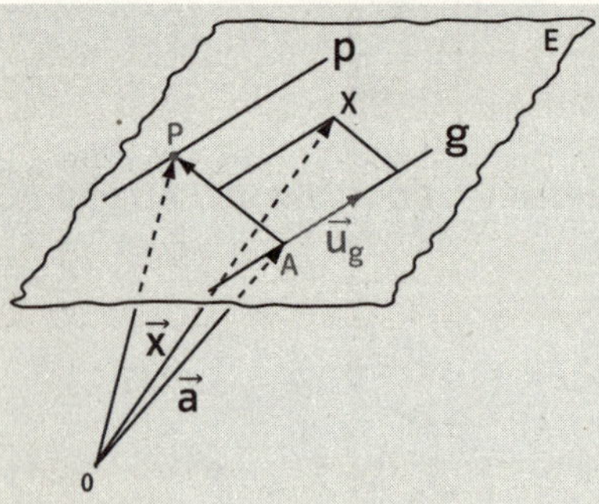

$g: \vec{x} = \overrightarrow{OA} + \lambda \vec{u}_g$
$p: \vec{x} = \overrightarrow{OP} + \mu \vec{u}_g$; $P \notin g$

Wie unmittelbar oben bei 1. kann jeder beliebige Vektor, der von einem g-Punkt ausgeht und in einem p-Punkt endet, als 2. Richtung gewählt werden oder ein hierzu kollinearer Vektor, vorzugsweise wird man $\overrightarrow{AP}$ wählen, da die hierfür benötigten Koordinatenwerte unmittelbar gegeben sind, damit:

$$E: \vec{x} = \overrightarrow{OA} + \lambda \vec{u}_g + \mu \overrightarrow{AP}; \ \lambda, \mu \in \mathbb{R}$$

Alle hier vorgegebenen Formen von Ebenengleichungen nennt man **Parameterformen**.

5 Übungsbeispiele

1. A(1 | 2 | −1); B(3 | 0 | 1); C(−1 | 7 | 3)

Die drei Punkte A, B, C legen die Ebene E fest:

$$E: \vec{x} = \begin{pmatrix} 1 \\ 2 \\ -1 \end{pmatrix} + \lambda \begin{pmatrix} 2 \\ -2 \\ 2 \end{pmatrix} + \mu \begin{pmatrix} -2 \\ 5 \\ 4 \end{pmatrix},$$

wobei als Träger $\overrightarrow{OA} = \begin{pmatrix} 1 \\ 2 \\ -1 \end{pmatrix}$ und als Richtungen

$\overrightarrow{AB} = \begin{pmatrix} 2 \\ -2 \\ 2 \end{pmatrix}$ und $\overrightarrow{AC} = \begin{pmatrix} -2 \\ 5 \\ 4 \end{pmatrix}$ verwendet wurden.

Da als Richtungsvektor statt $\overrightarrow{AB}$ auch jeder dazu kollineare Vektor verwendet werden kann, lässt sich E auch so angeben:

$$E: \vec{x} = \begin{pmatrix} 1 \\ 2 \\ -1 \end{pmatrix} + \lambda \begin{pmatrix} 1 \\ -1 \\ 1 \end{pmatrix} + \mu \begin{pmatrix} -2 \\ 5 \\ 4 \end{pmatrix}.$$

Zur gleichen Darstellung von E gelangt man, wenn die Gerade $g = g(A, B)$ und der Punkt C verwendet werden:

$$g(A, B): \vec{x} = \overrightarrow{OA} + \lambda \overrightarrow{AB} \Rightarrow \vec{x} = \begin{pmatrix} 1 \\ 2 \\ -1 \end{pmatrix} + \lambda \begin{pmatrix} 2 \\ -2 \\ 2 \end{pmatrix}$$

bzw. »gekürzt«: $g(A, B): \vec{x} = \begin{pmatrix} 1 \\ 2 \\ -1 \end{pmatrix} + \lambda \begin{pmatrix} 1 \\ -1 \\ 1 \end{pmatrix}$

Die 2. Richtung wird durch $\overrightarrow{AC} = \begin{pmatrix} -2 \\ 5 \\ 4 \end{pmatrix}$ geliefert, also:

$$E: \vec{x} = \begin{pmatrix} 1 \\ 2 \\ -1 \end{pmatrix} + \lambda \begin{pmatrix} 1 \\ -1 \\ 1 \end{pmatrix} + \mu \begin{pmatrix} -2 \\ 5 \\ 4 \end{pmatrix}$$

2. E soll erstellt werden aus g und p, mit $g \parallel p$

$$g: \vec{x} = \begin{pmatrix} 1 \\ 2 \\ -1 \end{pmatrix} + \lambda \begin{pmatrix} 1 \\ -1 \\ 1 \end{pmatrix}; \quad p: \vec{x} = \begin{pmatrix} 2 \\ 3 \\ 0 \end{pmatrix} + \mu \begin{pmatrix} 1 \\ -1 \\ 1 \end{pmatrix}$$

$$\Rightarrow \quad E: \vec{x} = \begin{pmatrix} 1 \\ 2 \\ -1 \end{pmatrix} + \lambda \begin{pmatrix} 1 \\ -1 \\ 1 \end{pmatrix} + \mu \begin{pmatrix} 1 \\ 1 \\ 1 \end{pmatrix}; \quad \lambda, \mu \in \mathbb{R}$$

$$\text{mit } \begin{pmatrix} 1 \\ 1 \\ 1 \end{pmatrix} \text{ aus } \begin{pmatrix} 2 \\ 3 \\ 0 \end{pmatrix} - \begin{pmatrix} 1 \\ 2 \\ -1 \end{pmatrix}$$

6 Achsenschnittpunkte, Spurpunkte, Spurgeraden

Für Zeichnungen und Skizzen ist es oft nützlich zu wissen, wo Geraden und Ebenen die Koordinatenachsen bzw. die Koordinatenebenen schneiden.

1. Achsenschnittpunkte

a) Schnitt mit der x_1-Achse ($x_2 = 0$ und gf. im $\mathbb{R}^3$ $x_3 = 0$)

$g_1: \vec{x} = \binom{1}{2} + \lambda \binom{1}{-1}$, aus $x_2 = 0$ folgt $2 - \lambda = 0$

$\Rightarrow \lambda = 2$; da $x_1 = 1 + \lambda$ ergibt sich $x_1 = 3$

g_1 schneidet die x_1-Achse im Punkt $(3 | 0)$.

$$E_1: \vec{x} = \begin{pmatrix} 1 \\ 2 \\ -1 \end{pmatrix} + \lambda \begin{pmatrix} 1 \\ -1 \\ 1 \end{pmatrix} + \mu \begin{pmatrix} 1 \\ 1 \\ 1 \end{pmatrix}$$

$$\left.\begin{matrix} x_2 = 0 \Rightarrow 2 - \lambda + \mu = 0 \\ x_3 = 0 \Rightarrow -1 + \lambda + \mu = 0 \end{matrix}\right\} \Rightarrow \mu = -\tfrac{1}{2}; \ \lambda = \tfrac{3}{2}$$

$\Rightarrow$ E_1 schneidet die x_2-Achse im Punkt $(2 | 0 | 0)$

b) Schnitt mit der x_2-Achse ($x_1 = 0$ und – falls im $\mathbb{R}^3$ – $x_3 = 0$)

$g_1: \vec{x} = \binom{1}{2} + \lambda\binom{1}{-1}$; aus $x_1 = 0$ folgt $1 + \lambda = 0$

$\Rightarrow \lambda = -1$; da $x_2 = 2 - \lambda$ ergibt sich $x_2 = 3$.

g_1 schneidet die x_2-Achse im Punkt $(0\,|\,3)$.

$$\left.\begin{array}{l} E_1 \text{ wie oben} \\ x_1 = 0 \Rightarrow 1 + \lambda + \mu = 0 \\ x_3 = 0 \Rightarrow -1 + \lambda + \mu = 0 \end{array}\right\} \begin{array}{l} \Rightarrow 2 = 0, \text{ damit Widerspruch;} \\ \text{d. h. } E_1 \text{ schneidet die } x_2\text{-Achse} \\ \text{nicht.} \end{array}$$

2. Spurpunkte

Geraden im $\mathbb{R}^3$ durchstoßen die Koordinatenebenen in so genannten Spurpunkten.

$$g: \vec{x} = \begin{pmatrix} 1 \\ 2 \\ -1 \end{pmatrix} + \lambda \begin{pmatrix} 1 \\ -1 \\ 1 \end{pmatrix}$$

a) Durchstoßpunkt in der x_1x_2-Ebene ($x_3 = 0$):

$x_3 = 0 \Rightarrow 0 = -1 + \lambda \Rightarrow \lambda = 1$

$\Rightarrow S_{12}\,(2\,|\,1\,|\,0)$

b) Durchstoßpunkt in der x_1x_3-Ebene ($x_2 = 0$):

$x_2 = 0 \Rightarrow 0 = 2 - \lambda \Rightarrow \lambda = 2$

$\Rightarrow S_{13}\,(3\,|\,0\,|\,1)$

3. Spurgeraden

Ebenen schneiden die Koordinatenebenen in so genannten Spurgeraden.

E_1 wie oben

a) Schnitt mit der x_1x_2-Ebene ($x_3 = 0$)

$0 = -1 + \lambda + \mu \Rightarrow \lambda = 1 - \mu$ eingesetzt in E_1

$$\vec{x} = \begin{pmatrix} 1 \\ 2 \\ -1 \end{pmatrix} + (1 - \mu) \begin{pmatrix} 1 \\ -1 \\ 1 \end{pmatrix} + \mu \begin{pmatrix} 1 \\ 1 \\ 1 \end{pmatrix}$$

$$\Rightarrow \vec{x} = \begin{pmatrix} 1+1 \\ 2-1 \\ -1+1 \end{pmatrix} + \mu \begin{pmatrix} -1+1 \\ 1+1 \\ -1+1 \end{pmatrix} \Rightarrow \vec{x} = \begin{pmatrix} 2 \\ 1 \\ 0 \end{pmatrix} + \mu \begin{pmatrix} 0 \\ 2 \\ 0 \end{pmatrix}$$

»gekürzt« ergibt sich für s_{12}: $\vec{x} = \begin{pmatrix} 2 \\ 1 \\ 0 \end{pmatrix} + \mu \begin{pmatrix} 0 \\ 1 \\ 0 \end{pmatrix}$

b) Schnitt mit der x_2x_3-Ebene ($x_1 = 0$)

Das analoge Vorgehen liefert zunächst $\lambda = -1 - \mu$ und schließlich:

s_{23}: $\vec{x} = \begin{pmatrix} 0 \\ 3 \\ -2 \end{pmatrix} + \mu \begin{pmatrix} 0 \\ 1 \\ 0 \end{pmatrix}$

7 Gegenseitige Lage von Ebenen

1. Ebenen liegen zueinander parallel

Parallelebenen

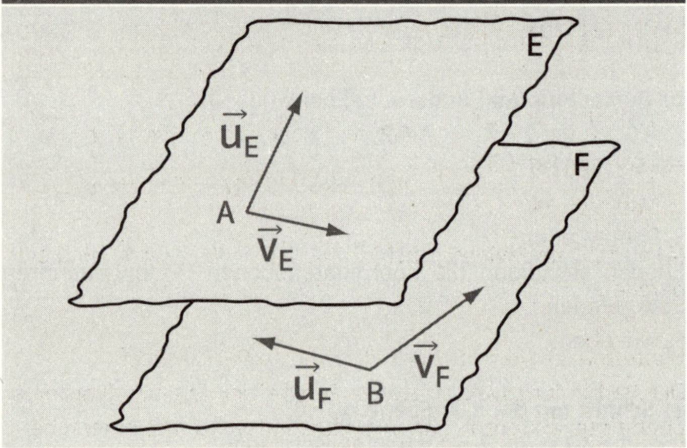

$E \parallel F$ so folgt daraus, dass jeweils drei Vektoren aus der Menge $\{\vec{u}_E; \vec{v}_E; \vec{u}_F; \vec{v}_F\}$ (zueinander) linear abhängig sind.

Beispiel:

$$E: \vec{x} = \begin{pmatrix} 2 \\ 1 \\ -1 \end{pmatrix} + \lambda \begin{pmatrix} 1 \\ -1 \\ 2 \end{pmatrix} + \mu \begin{pmatrix} -1 \\ 2 \\ 1 \end{pmatrix};$$

$$F: \vec{x} = \begin{pmatrix} 3 \\ -1 \\ 2 \end{pmatrix} + \sigma \begin{pmatrix} -1 \\ 3 \\ 4 \end{pmatrix} + \tau \begin{pmatrix} -2 \\ 3 \\ -1 \end{pmatrix}$$

$$\det(\vec{u}_E; \vec{v}_E; \vec{u}_F) = \begin{vmatrix} 1 & -1 & -1 \\ -1 & 2 & 3 \\ 2 & 1 & 4 \end{vmatrix} = 8 - 6 + 1 + 4 - 3 - 4 = 0$$

$$\det(\vec{u}_E; \vec{v}_E; \vec{v}_F) = \begin{vmatrix} 1 & -1 & -2 \\ -1 & 2 & 3 \\ 2 & 1 & -1 \end{vmatrix} = -2 - 6 + 2 + 8 - 3 + 1 = 0$$

$\Rightarrow$ Die Ebenen E und F sind zueinander parallel. Echte Parallelität liegt dann vor, wenn kein Punkt aus E auch in P liegt. Der Nachweis braucht nur für einen Punkt geführt werden. $A(2|1|-1) \in E : A \overset{?}{\in} F$

$$\begin{pmatrix} 2 \\ 1 \\ -1 \end{pmatrix} \overset{?}{=} \begin{pmatrix} 3 \\ -1 \\ 2 \end{pmatrix} + \sigma \begin{pmatrix} -1 \\ 3 \\ 4 \end{pmatrix} + \tau \begin{pmatrix} -2 \\ 3 \\ -1 \end{pmatrix}$$

$$\Rightarrow \left\{ \begin{array}{l} (1)\ -1 = -\sigma - 2\tau \\ (2)\ \ 2 = 3\sigma + 3\tau \\ (3)\ -3 = 4\sigma - \tau \end{array} \right\} \begin{array}{l} 3(1) + (2): (4)\ \ -1 = -3\tau \Rightarrow \tau = \frac{1}{3} \\ 4(2) - 3(3): (5)\ \ 17 = 15\tau \Rightarrow \tau = \frac{17}{15} \end{array}$$

(4) und (5) sind widersprüchlich $\Rightarrow A \notin F \Rightarrow$ E und F sind echt parallel.

Weitere Nachweismöglichkeit für echte Parallelität:

Der Verbindungsvektor zweier Punkte der Ebenen (von einer Ebene zur anderen) und die Richtungsvektoren einer Ebene sind linear unabhängig, d.h. anschaulich, der Verbindungsvektor liegt außerhalb der Ebenen. Vorzugsweise wählt man für die beiden, an sich beliebigen, Ebenenpunkte die Stützpunkte selbst.

$$\overrightarrow{AB} = \begin{pmatrix} 3-2 \\ -1-1 \\ 2+1 \end{pmatrix} = \begin{pmatrix} 1 \\ -2 \\ 3 \end{pmatrix};\ \det(\overrightarrow{AB}; \vec{u}_E; \vec{v}_E)$$

$$= \begin{vmatrix} 1 & 1 & -1 \\ -2 & -1 & 2 \\ 3 & 2 & 1 \end{vmatrix} = -1 + 6 + 4 - 3 - 4 + 2 = 4 \neq 0$$

$\Rightarrow$ echte Parallelität der Ebenen.

2. Ebenen schneiden sich

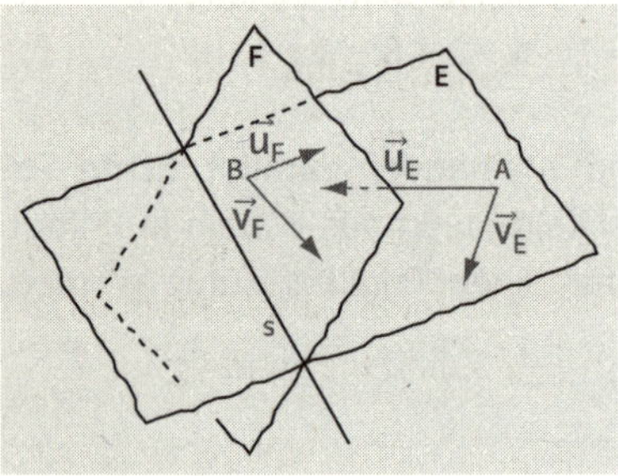

Die Schnittmenge ist eine Gerade, die Schnittgerade s. Die Gleichung von s erhält man durch Gleichsetzung der Ebenengleichungen und anschließende Elimination eines der Parameterpaare der Ebenen.

E wie oben

$$F: \vec{x} = \begin{pmatrix} 3 \\ -1 \\ 2 \end{pmatrix} + \sigma \begin{pmatrix} 1 \\ 3 \\ 2 \end{pmatrix} + \tau \begin{pmatrix} 2 \\ -1 \\ 3 \end{pmatrix}$$

$$E = F: \begin{pmatrix} 2 \\ 1 \\ -1 \end{pmatrix} + \lambda \begin{pmatrix} 1 \\ -1 \\ 2 \end{pmatrix} + \mu \begin{pmatrix} -1 \\ 2 \\ 1 \end{pmatrix} = \begin{pmatrix} 3 \\ -1 \\ 2 \end{pmatrix} + \sigma \begin{pmatrix} 1 \\ 3 \\ 2 \end{pmatrix} + \tau \begin{pmatrix} 2 \\ -1 \\ 3 \end{pmatrix}$$

$$\Rightarrow \begin{cases} (1)\quad \lambda - \mu = 1 + \sigma + 2\tau \\ (2)\quad -\lambda + 2\mu = -2 + 3\sigma - \tau \\ (3)\quad 2\lambda + \mu = 3 + 2\sigma + 3\tau \end{cases} \qquad \begin{array}{l} (1) + (2): (4)\quad \mu = -1 + 4\sigma + \tau \\ 2(2) + (3): (5)\quad 5\mu = -1 + 8\sigma + \tau \end{array}$$

$5(4) - (5)$: $0 = -4 + 12\sigma + 4\tau \Rightarrow \tau = 1 - 3\sigma$, eingesetzt in F

$$\vec{x} = \begin{pmatrix} 3 \\ -1 \\ 2 \end{pmatrix} + \sigma \begin{pmatrix} 1 \\ 3 \\ 2 \end{pmatrix} + (1 - 3\sigma) \begin{pmatrix} 2 \\ -1 \\ 3 \end{pmatrix}$$

$$\Rightarrow \ s : \vec{x} = \begin{pmatrix} 5 \\ -2 \\ 5 \end{pmatrix} + \sigma \begin{pmatrix} -5 \\ 6 \\ -7 \end{pmatrix}$$ Schnittgerade s von E und F

Folgende Rechenproben sind jetzt möglich:
$(5|-2|5) \overset{?}{\in} E$; $(5|-2|5) \overset{?}{\in} F$
$\det(\vec{u}_S; \vec{u}_E; \vec{v}_E) \overset{?}{=} 0$ und $\det(\vec{u}_S; \vec{u}_F; \vec{v}_F) \overset{?}{=} 0$ mit $\vec{u}_S = \begin{pmatrix} -5 \\ 6 \\ -7 \end{pmatrix}$
(Ausführung siehe Anhang)

8 Gegenseitige Lage von Ebene und Gerade

1. Ebene und Gerade liegen zueinander parallel

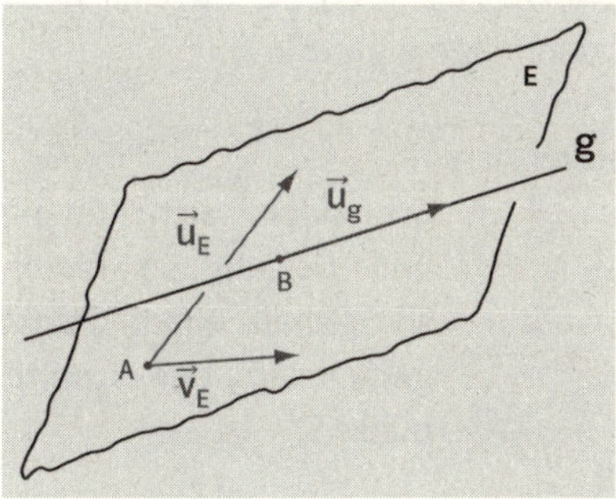

Falls $g \parallel E$, dann folgt $\det(\vec{u}_g; \vec{u}_E; \vec{v}_E) = 0$, d.h. die drei Richtungsvektoren sind (zueinander) linear abhängig.

Echte Parallelität liegt dann vor, wenn (anschaulich) der Verbindungsvektor $\overrightarrow{AB}$ aus der Ebene E herausragt, wenn also gilt: $\det(\overrightarrow{AB}; \vec{u}_E; \vec{v}_E) \neq 0$.

Beispiel:
E wie oben;

$$g: \vec{x} = \begin{pmatrix} 3 \\ -1 \\ 2 \end{pmatrix} + \sigma \begin{pmatrix} -1 \\ 3 \\ 4 \end{pmatrix}$$

$$\det(\vec{u}_g; \vec{u}_E; \vec{v}_E) = \begin{vmatrix} -1 & 1 & -1 \\ 3 & -1 & 2 \\ 4 & 2 & 1 \end{vmatrix} = 1 + 8 - 6 - 4 + 4 - 3 = 0$$

$$\det(\overrightarrow{AB}; \vec{u}_E; \vec{v}_E) = \begin{vmatrix} 1 & 1 & -1 \\ -2 & -1 & 2 \\ 3 & 2 & 1 \end{vmatrix} = -1 + 6 + 4 - 3 - 4 + 2 = 4 \neq 0$$

$\Rightarrow$ g und E liegen echt parallel zueinander.

Hätte sich oben zu $\det(\vec{u}_g; \vec{u}_E; \vec{v}_E) = 0$ auch noch $\det(\overrightarrow{AB}; \vec{u}_E; \vec{v}_E) = 0$ ergeben, dann läge g ganz in E.

2. Ebene und Gerade schneiden sich

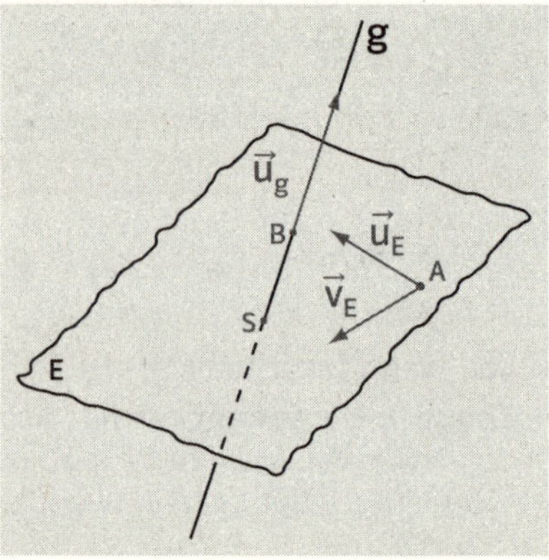

Schneiden sich Ebene und Gerade, so haben sie genau einen Punkt gemeinsam, den Schnittpunkt S.

Voraussetzung für einen Schnitt: $\det(\vec{u}_g; \vec{u}_E; \vec{v}_E) \neq 0$, also lineare Unabhängigkeit der drei Richtungsvektoren.

Beispiel:
E wie oben.

$$g: \vec{x} = \begin{pmatrix} 3 \\ -1 \\ 2 \end{pmatrix} + \sigma \begin{pmatrix} 2 \\ -1 \\ 1 \end{pmatrix}$$

$$\det(\vec{u}_g; \vec{u}_E; \vec{v}_E) = \begin{vmatrix} 2 & 1 & -1 \\ -1 & -1 & 2 \\ 1 & 2 & 1 \end{vmatrix} = -2 + 2 + 2 - 1 - 8 + 1 = -6 \neq 0$$

hieraus folgt bereits: g schneidet E in einem Punkt.
Ermittlung des Schnittpunktes S:

$$\begin{pmatrix} 2 \\ 1 \\ -1 \end{pmatrix} + \lambda \begin{pmatrix} 1 \\ -1 \\ 2 \end{pmatrix} + \mu \begin{pmatrix} -1 \\ 2 \\ 1 \end{pmatrix} = \begin{pmatrix} 3 \\ -1 \\ 2 \end{pmatrix} + \sigma \begin{pmatrix} 2 \\ -1 \\ 1 \end{pmatrix}$$

$$\Rightarrow \left\{ \begin{array}{l} (1)\ -1 + \lambda - \mu = 2\sigma \\ (2)\ \ 2 - \lambda + 2\mu = -\sigma \\ (3)\ -3 + 2\lambda + \mu = \sigma \end{array} \right. \quad \begin{array}{l} (1) + (2): (4)\ 1 + \mu = \sigma \\ 2(2) + (3): (5)\ 1 + 5\mu = -\sigma \end{array}$$

$$\Rightarrow \mathbf{5(4) - (5)}: 4 = 6\sigma \Rightarrow \sigma = \tfrac{2}{3}$$

$$\Rightarrow S\left(3 + \tfrac{4}{3} \,\middle|\, -1 - \tfrac{2}{3} \,\middle|\, 2 + \tfrac{2}{3}\right) \Rightarrow S\left(\tfrac{13}{3} \,\middle|\, -\tfrac{5}{3} \,\middle|\, \tfrac{8}{3}\right)$$

Probe: $S \overset{?}{\in} E$

$$\begin{array}{llll} (1) & \tfrac{13}{3} = 2 + \lambda - \mu \Rightarrow (1) & \tfrac{7}{3} = \lambda - \mu & \\ (2) & -\tfrac{5}{3} = 1 - \lambda + 2\mu \Rightarrow (2) & -\tfrac{8}{3} = -\lambda + 2\mu & (2) \\ (3) & \tfrac{8}{3} = -1 + 2\lambda + \mu \Rightarrow (3) & \tfrac{11}{3} = 2\lambda + \mu & (1) \end{array}$$

(1) $\mu = -\frac{1}{3} \Rightarrow \lambda = 2$

(2) $5\mu - \frac{5}{3} \Rightarrow \mu = -\frac{1}{3}$

$\lambda = 2$ und $\mu = -\frac{1}{3}$ in E eingesetzt ergeben $S\left(\frac{13}{3} \middle| -\frac{5}{3} \middle| \frac{8}{3}\right)$.

9 Lineare Gleichungssysteme

In den vorausgegangenen Kapiteln hatten wir es öfter mit mehreren Gleichungen und mehreren Unbekannten, die nur linear vorkamen, zu tun. Im Folgenden soll die Lösbarkeit von solchen, linear genannten, Gleichungssystemen näher untersucht werden.

In allgemeiner Form lässt sich ein lineares Gleichungssystem mit 2 Gleichungen und 2 Unbekannten (Variablen) so darstellen:

(1) $a_{11}x_1 + a_{12}x_2 = c_1;$ x_1, x_2 heißen Variable
(2) $a_{21}x_1 + a_{22}x_2 = c_2;$ $a_{11}, a_{12}, \ldots, c_1, c_2$ sind reelle Koeffizienten.

Das übliche Verfahren der Auflösung nach den Variablen führt auf folgende Lösungsansätze:

$$x_1 = \frac{-a_{12}c_2 + a_{22}c_1}{a_{11}a_{22} - a_{12}a_{21}}; \quad x_2 = \frac{a_{11}c_2 - a_{21}c_1}{a_{11}a_{22} - a_{12}a_{21}}$$

Definiert man die folgenden Determinanten:

$$D = \begin{vmatrix} a_{11} & a_{12} \\ a_{21} & a_{22} \end{vmatrix} = a_{11}a_{22} - a_{21}a_{12};$$

$$D_1 = \begin{vmatrix} a_{12} & c_1 \\ a_{22} & c_2 \end{vmatrix} = a_{12}c_2 - a_{22}c_1;$$

$$D_2 = \begin{vmatrix} a_{11} & c_1 \\ a_{21} & c_2 \end{vmatrix} = a_{11}c_2 - a_{21}c_1;$$

so lassen sich die Lösungsansätze auch kurz schreiben:

$$x_1 = \frac{-D_1}{D} \text{ und } x_2 = \frac{D_2}{D}$$

Ob damit auch schon Lösungen gegeben sind, hängt von den tatsächlichen Determinantenwerten ab.

1. Keine Lösungen existieren sicherlich, falls $D = 0$ und $D_1 \neq 0$ und $D_2 \neq 0$.
2. Umgekehrt bestehen eindeutige Lösungen für den Fall $D \neq 0$.

In den übrigen Fällen ($D = 0$) existieren entweder unendlich viele Lösungen oder die Lösungsmenge ist leer.

Beispiel 1

(1) $3x_1 - 2x_2 = 6;$
(2) $-x_1 + 2x_2 = 2;$

$$D_1 = \begin{vmatrix} -2 & 6 \\ 2 & 2 \end{vmatrix} = -4 - 12 = -16; \quad D_2 = \begin{vmatrix} 3 & 6 \\ -1 & 2 \end{vmatrix} = 6 + 6 = 12$$

$$D = \begin{vmatrix} 3 & -2 \\ -1 & 2 \end{vmatrix} = 6 - 2 = 4;$$

$$\Rightarrow x_1 = \frac{-(-16)}{4} = 4; \quad x_2 = \frac{12}{4} = 3; \quad \Rightarrow \mathbb{L} = \{4; 3\}$$

Für lineare Gleichungssysteme, die aus 3 Gleichungen mit 3 Variablen aufgebaut sind

(1) $a_{11}x_1 + a_{12}x_2 + a_{13}x_3 = b_1$
(2) $a_{21}x_1 + a_{22}x_2 + a_{23}x_3 = b_2$
(3) $a_{31}x_1 + a_{32}x_2 + a_{33}x_3 = b_3$

lassen sich mit

$$D_1 = \begin{vmatrix} a_{12} & a_{13} & b_1 \\ a_{22} & a_{23} & b_2 \\ a_{32} & a_{33} & b_3 \end{vmatrix}; \quad D_2 = \begin{vmatrix} a_{11} & a_{13} & b_1 \\ a_{21} & a_{23} & b_2 \\ a_{31} & a_{33} & b_3 \end{vmatrix};$$

$$D_3 = \begin{vmatrix} a_{11} & a_{12} & b_1 \\ a_{21} & a_{22} & b_2 \\ a_{31} & a_{32} & b_3 \end{vmatrix}; \quad D = \begin{vmatrix} a_{11} & a_{12} & a_{13} \\ a_{21} & a_{22} & a_{23} \\ a_{31} & a_{32} & a_{33} \end{vmatrix}$$

die Lösungsansätze angeben:

$$x_1 = \frac{D_1}{D}; \quad x_2 = \frac{-D_2}{D}; \quad x_3 = \frac{D_3}{D}$$

Genau eine Lösung ergibt sich nur für $D \neq 0$.

Beispiel 2

(1) $2x_1 - x_2 + x_3 = 6;$
(2) $-x_1 + 3x_2 + 2x_3 = -3;$
(3) $x_1 + 2x_2 - 2x_3 = -2;$

$$x_1 = \frac{\begin{vmatrix} -1 & 1 & 6 \\ 3 & 2 & -3 \\ 2 & -2 & -2 \end{vmatrix}}{\begin{vmatrix} 2 & -1 & 1 \\ -1 & 3 & 2 \\ 1 & 2 & -2 \end{vmatrix}} = \frac{4 - 6 - 36 - 24 + 6 + 6}{-12 - 2 - 2 - 3 - 8 + 2} = \frac{-50}{-25} = 2;$$

$$x_2 = \frac{-\begin{vmatrix} 2 & 1 & 6 \\ -1 & 2 & -3 \\ 1 & -2 & -2 \end{vmatrix}}{-25} = \frac{-(-8 - 3 + 12 - 12 - 12 - 2)}{-25} = \frac{25}{-25} = -1;$$

$$x_3 = \frac{\begin{vmatrix} 2 & -1 & 6 \\ -1 & 3 & -3 \\ 1 & 2 & -2 \end{vmatrix}}{-25} = \frac{-12 + 3 - 12 - 18 + 12 + 2}{-25} = \frac{-25}{-25} = 1;$$

Über eine Probe bestätigt man dann: $\mathbb{L} = \{(2; -1; 1)\}$

Eine besondere Rolle unter den linearen Gleichungssystemen spielen solche Systeme, bei denen die Elemente b_i, also diejenige Elemente, die bei der hier vorgestellten Schreibweise rechts des Gleichheitszeichens stehen, sämtlich verschwinden. Man nennt diese Systeme **homogen**, die anderen **inhomogen**.

Im homogenen Fall sind D_1, D_2 und D_3 sämtlich gleich Null, da sie ja alle mindestens eine verschwindende Spalte aufweisen. Ist dann $D \neq 0$, so stellt (0; 0; 0) die einzige Lösung des homogenen linearen Gleichungssystems dar. Man nennt diese die triviale Lösung. Ist zudem auch $D = 0$, so gibt es neben der trivialen Lösung noch eine unendlich große Lösungsvielfalt für die Tripel $(x_1; x_2; x_3)$.

Lineare Gleichungssysteme, bei denen die Anzahl der Gleichungen größer ist als die Anzahl der Variablen heißen überbestimmt, im umgekehrten Fall unterbestimmt. Solche linearen Gleichungssysteme haben unterschiedliche Lösungsvielfalten, sie reichen von der leeren Lösungsmenge bis zu einer Lösungsmenge, bei der für jede Variable unabhängig unendlich viele Werte gewählt werden können.

Geometrisch drückt sich eine eindeutige Lösung meist in einem Punkt aus. Eine (einfach) unendliche Lösungsmenge kann durch eine Gerade, eine (doppelt) unendliche Lösungsmenge durch eine Ebene visualisiert werden.

Skalarprodukt

1 Definition des Skalarprodukts

Bisher wurde innerhalb der Menge der Vektoren nur die Addition verwendet. Zwei Vektoren können jedoch auch miteinander multipliziert werden und zwar auf unterschiedliche Art. Zunächst soll diejenige Art erklärt werden, die eine Zahl, also einen Skalar als Ergebnis liefert. Man nennt sie die skalare Multiplikation (nicht Multiplikation mit einem Skalar!). Das Ergebnis heißt auch **Skalarprodukt**. Es ist wie folgt definiert:

Definition

(1) $\vec{a} \circ \vec{b} := |\vec{a}| \cdot |\vec{b}| \cdot \cos\varphi$ oder

(2) $\vec{a} \circ \vec{b} := \begin{pmatrix} a_1 \\ a_2 \\ a_3 \end{pmatrix} \circ \begin{pmatrix} b_1 \\ b_2 \\ b_3 \end{pmatrix} = a_1b_1 + a_2b_2 + a_3b_3$

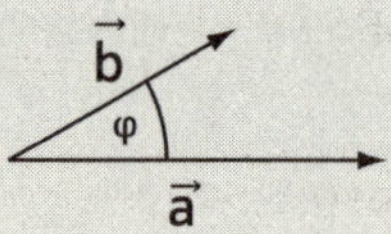

Unter φ versteht man generell den kleineren Winkel zwischen den beiden Vektoren, also $0 \leq \varphi\,(\vec{a}; \vec{b}) \leq \pi$.
Da $\cos 90° = 0$ folgt unmittelbar aus der Definition 1, dass $\vec{a} \circ \vec{b} = 0$ gleichbedeutend ist mit $\vec{a} \perp \vec{b}$.

Beispiel:
Die Richtungsvektoren längs der Achsen eines kartesischen Koordinatensystems stehen aufeinander senkrecht. Nachprüfung:

$\vec{e}_1 = \begin{pmatrix} 1 \\ 0 \\ 0 \end{pmatrix}$; $\vec{e}_2 = \begin{pmatrix} 0 \\ 1 \\ 0 \end{pmatrix}$; $\vec{e}_3 = \begin{pmatrix} 0 \\ 0 \\ 1 \end{pmatrix}$, damit

$$\vec{e}_1 \circ \vec{e}_2 = \begin{pmatrix} 1 \\ 0 \\ 0 \end{pmatrix} \circ \begin{pmatrix} 0 \\ 1 \\ 0 \end{pmatrix} = 0 + 0 + 0 = 0 \Rightarrow \vec{e}_1 \perp \vec{e}_2$$

ebenso:

$$\vec{e}_2 \circ \vec{e}_3 = \begin{pmatrix} 0 \\ 1 \\ 0 \end{pmatrix} \circ \begin{pmatrix} 0 \\ 0 \\ 1 \end{pmatrix} = 0 + 0 + 0 = 0 \Rightarrow \vec{e}_2 \perp \vec{e}_3$$

Aus (1) folgt auch:

$$\cos(\vec{a}; \vec{b}) = \frac{\vec{a} \circ \vec{b}}{|\vec{a}| \cdot |\vec{b}|} \quad \text{bzw.} \quad \cos(\vec{a}; \vec{b}) = \vec{a}^{\circ} \circ \vec{b}^{\circ}$$

Damit lassen sich Winkelgrößen berechnen.

a) Welchen Winkel schließen die Dreiecksseiten [AB] und [AC] miteinander ein, wenn A(1 | 1 | 0), B(3 | 0 | 1) und C(0 | 0 | −2)?

$$\overrightarrow{AC} = \begin{pmatrix} -1 \\ -1 \\ -2 \end{pmatrix}; \overrightarrow{AB} \begin{pmatrix} 2 \\ -1 \\ 1 \end{pmatrix}; |\overrightarrow{AC}| = \sqrt{6}; |\overrightarrow{AB}| = \sqrt{6}$$

$$\overrightarrow{AB} \circ \overrightarrow{AC} = \begin{pmatrix} 2 \\ -1 \\ 1 \end{pmatrix} \circ \begin{pmatrix} -1 \\ -1 \\ -2 \end{pmatrix} = -2 + 1 - 2 = -3; \text{ also}$$

$$\cos(\overrightarrow{AB}; \overrightarrow{AC}) = -\frac{3}{\sqrt{6} \cdot \sqrt{6}} = -\frac{1}{2} \Rightarrow \varphi(\overrightarrow{AB}; \overrightarrow{AC}) = 120°$$

b) Unter welchem Winkel schneiden sich die Geraden g und h?

$$\vec{u}_g = \begin{pmatrix} 1 \\ -1 \\ 2 \end{pmatrix}; \vec{u}_h = \begin{pmatrix} 1 \\ 3 \\ -3 \end{pmatrix}$$

$$\cos \sphericalangle(g; h) = \frac{1 - 3 - 6}{\sqrt{6} \cdot \sqrt{19}}$$

Schnittwinkel

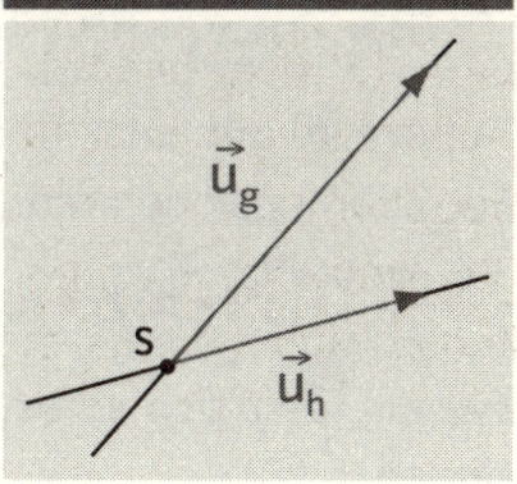

Wegen der meist unbekannten gegenseitigen Orientierung der Richtungsvektoren der Geraden ist es nicht sicher, ob sich bei dieser Methode der kleinere der beiden möglichen Winkel ergibt. Hier folgt aus

$$\cos \sphericalangle (g; h) = -\frac{8}{\sqrt{6}\,\sqrt{19}} \quad \sphericalangle (g; h) \approx 138{,}5°$$

Als Lösung wird man aber den Ergänzungswinkel auf 180° angeben: $\varphi \approx 41{,}5°$.

2 Normalenvektor

Besondere Bedeutung erlangt die Skalarmultiplikation bei der Berechnung des **Normalenvektors** und bei Gleichungen, die den Normalenvektor verwenden. Unter einem Normalenvektor $\vec{n}$ versteht man einen Vektor, der auf einem anderen Vektor oder einer Geraden oder einer Ebene senkrecht steht, für den also gilt: $\vec{n} \perp \vec{v}$, $\vec{n} \perp g$, $\vec{n} \perp E$

Mit $\vec{n} = \begin{pmatrix} n_1 \\ n_2 \\ n_3 \end{pmatrix}$ und $\vec{v} = \begin{pmatrix} v_1 \\ v_2 \\ v_3 \end{pmatrix}$ folgt nach der Definition des Skalarprodukts aus $\vec{n} \perp \vec{v}$: $\vec{n} \circ \vec{v} = 0$, also

$$n_1 v_1 + n_2 v_2 + n_3 v_3 = 0$$

Außerdem gilt auch $\vec{n}° \circ \vec{v}° = 0$.
Für 2 Dimensionen reduziert sich die Forderung von oben auf:

$$\begin{pmatrix} n_1 \\ n_2 \end{pmatrix} \circ \begin{pmatrix} v_1 \\ v_2 \end{pmatrix} = n_1 v_1 + n_2 v_2 = 0.$$

Daraus lässt sich sofort ein möglicher Normalenvektor $\vec{n}$ zu $\vec{v}$ finden:

$\vec{n} = \begin{pmatrix} -v_2 \\ v_1 \end{pmatrix}$, denn dann gilt: $-v_2 \cdot v_1 + v_1 v_2 = 0$.

Ebenso wäre natürlich auch $\vec{n} = \begin{pmatrix} v_2 \\ -v_1 \end{pmatrix}$ als Normalenvektor zu $\vec{v}$ denkbar.

Andere Vektoren $\vec{v}'$ können nur kollineare Vektoren zu den vorgestellten $\vec{n}$ sein, wenn gelten soll: $\vec{v}' \perp \vec{v}$, denn in der Ebene gibt es zu einer vorgegebenen Richtung nur eine dazu senkrechte Richtung (allerdings zwei Orientierungen).

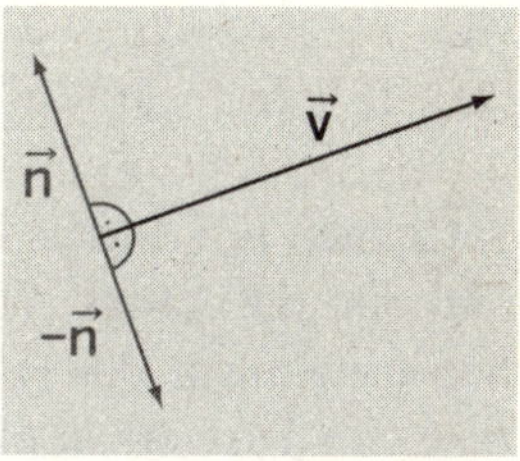

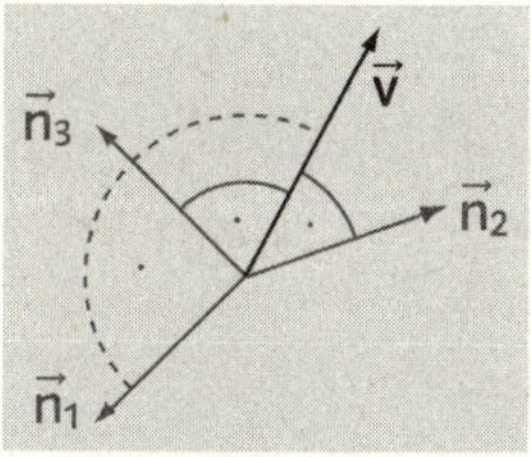

Im $\mathbb{R}^3$ kann die Forderung $\vec{n} \circ \vec{v} = 0$ durch unendlich viele $\vec{n}$ erfüllt werden. Alle möglichen $\vec{n}$ liegen in einer Ebene, auf der $\vec{v}$ senkrecht steht.

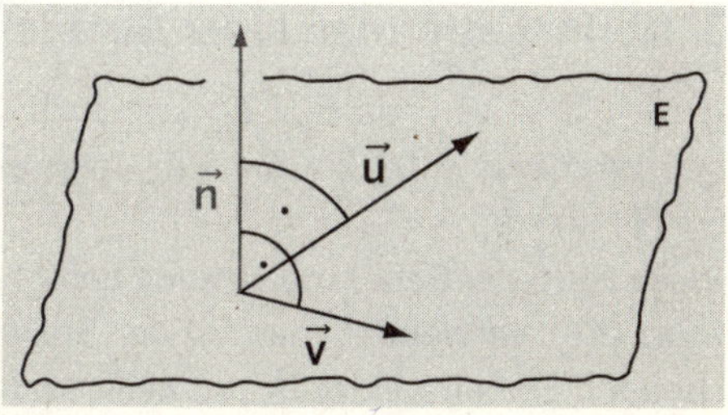

Andererseits gibt es zu zwei nicht-kollinearen Vektoren, z. B. die Richtungsvektoren $\vec{u}$ und $\vec{v}$ einer Ebene E nur eine Richtung (bei zwei Orientierungen), die auf beiden Vektoren senkrecht steht. Man spricht dann vom Normalenvektor $\vec{n}_E$, für den gelten muss:

$$\vec{n}_E = \begin{pmatrix} n_1 \\ n_2 \\ n_3 \end{pmatrix} \text{ mit } \begin{array}{l} (1)\ n_1 u_1 + n_2 u_2 + n_3 u_3 = 0 \\ (2)\ n_1 v_1 + n_2 v_2 + n_3 v_3 = 0 \end{array}$$

Beispiel:
$\vec{u}_E$ und $\vec{v}_E$ seien die Richtungsvektoren der Ebene E:

$$\vec{u}_E = \begin{pmatrix} 1 \\ -1 \\ 2 \end{pmatrix}; \ \vec{v}_E = \begin{pmatrix} -1 \\ 2 \\ 1 \end{pmatrix}$$

$$\left.\begin{array}{ll} \textbf{(1)} & n_1 - n_2 + 2n_3 = 0 \\ \textbf{(2)} & -n_1 + 2n_2 + n_3 = 0 \end{array}\right\} \begin{array}{l} \textbf{(1) + (2): (3)}\ n_2 = -3n_3 \\ \text{eingesetzt in (1)} \Rightarrow n_1 = -5n_3 \end{array}$$

Setzt man $n_3 = 1$ (dies kann ohne Gefahr geschehen, da hiermit nur die Länge von $\vec{n}$ festgelegt wird, nicht die Größenverhältnisse der $\vec{n}$-Koordinaten, also keinesfalls die Richtung von $\vec{n}$), so erhält man:

$$n_1 = -5; \ n_2 = -3, \ \text{also } \vec{n}_E = \begin{pmatrix} -5 \\ -3 \\ 1 \end{pmatrix}.$$

$$\text{Probe: } \begin{pmatrix} -5 \\ -3 \\ 1 \end{pmatrix} \circ \begin{pmatrix} 1 \\ -1 \\ 2 \end{pmatrix} = -5 + 3 + 2 = 0 \Rightarrow \vec{n}_E \perp \vec{u}_E$$

$$\text{und } \begin{pmatrix} -5 \\ -3 \\ 1 \end{pmatrix} \circ \begin{pmatrix} -1 \\ 2 \\ 1 \end{pmatrix} = 5 - 6 + 1 = 0 \Rightarrow \vec{n}_E \perp \vec{v}_E$$

3 Normalenformen einer Geradengleichung im $\mathbb{R}^2$

$g : \vec{x} = \vec{a} + \lambda\vec{u}_g$, da $\vec{n}_g \perp \vec{u}_g$ gilt auch $\vec{n}_g \perp \lambda\vec{u}_g$ für beliebigen Wert von λ. Da $\vec{x} - \vec{a} = \lambda\vec{u}_g$ folgt auch $\vec{n}_g \perp (\vec{x} - \vec{a})$, also $\vec{n}_g \circ (\vec{x} - \vec{a}) = 0$.
Diese Form der Geradengleichung heißt (vektorielle) Normalenform (NF), verwendet man an der Stelle von $\vec{n}_g$ den entsprechenden Einheitsvektor $\vec{n}_g^{\circ}$, so heißt sie (vektorielle)

Hesse'sche Normalenform (HNF).
HNF: $\vec{n}_g^{\circ} \circ (\vec{x} - \vec{a}) = 0$

HNF_g

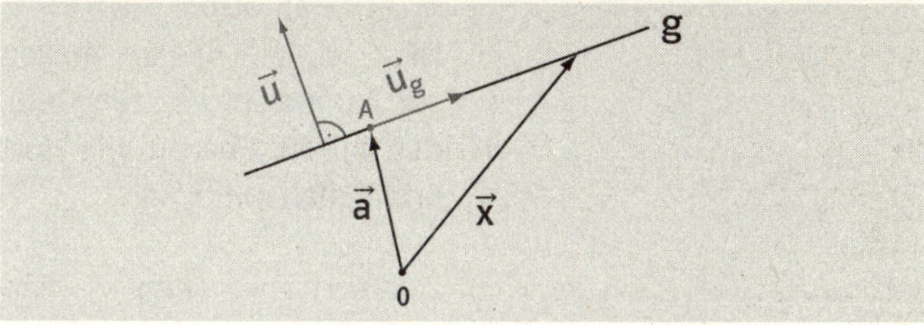

$$g: \vec{x} = \begin{pmatrix} 2 \\ -3 \end{pmatrix} + \lambda \begin{pmatrix} -1 \\ 2 \end{pmatrix} \Rightarrow NF_g: \begin{pmatrix} 2 \\ 1 \end{pmatrix} \circ \left[\vec{x} - \begin{pmatrix} 2 \\ -3 \end{pmatrix} \right] = 0$$

bzw.

$$HNF_g: \frac{1}{\sqrt{5}} \begin{pmatrix} 2 \\ 1 \end{pmatrix} \circ \left[x - \begin{pmatrix} 2 \\ -3 \end{pmatrix} \right] = 0$$

Die obigen, vektoriell geschriebenen Gleichungen lassen sich auch umschreiben

$$\begin{pmatrix} 2 \\ 1 \end{pmatrix} \circ \left[\begin{pmatrix} x_1 \\ x_2 \end{pmatrix} - \begin{pmatrix} 2 \\ -3 \end{pmatrix} \right] = \begin{pmatrix} 2 \\ 1 \end{pmatrix} \circ \begin{pmatrix} x_1 - 2 \\ x_2 + 3 \end{pmatrix} = 2x_1 + x_2 - 1 = 0$$

$\Rightarrow g: 2x_1 + x_2 - 1 = 0$, diese Form wird Normalenform in Koordinatenschreibweise genannt. Aus ihr lassen sich sofort die Koordinaten eines (möglichen) Normalenvektors zu g entnehmen, es sind dies die Faktoren (einschließlich der Vorzeichen) der Variablen x_1 und x_2, im Beispiel: $\vec{n}_g = \begin{pmatrix} 2 \\ 1 \end{pmatrix}$.

4 Normalenformen einer Ebenengleichung im $\mathbb{R}^3$

$E: \vec{x} = \vec{a} + \lambda\vec{u} + \mu\vec{v}$

$\vec{n}_E$ stehe senkrecht auf $\vec{u}$ und $\vec{v}$, den Richtungsvektoren der Ebene E und damit auf jeder (Linear-) Kombination $\lambda\vec{u} + \mu\vec{v}$ ($\lambda, \mu \in \mathbb{R}$) dieser Vektoren.

HNF_E

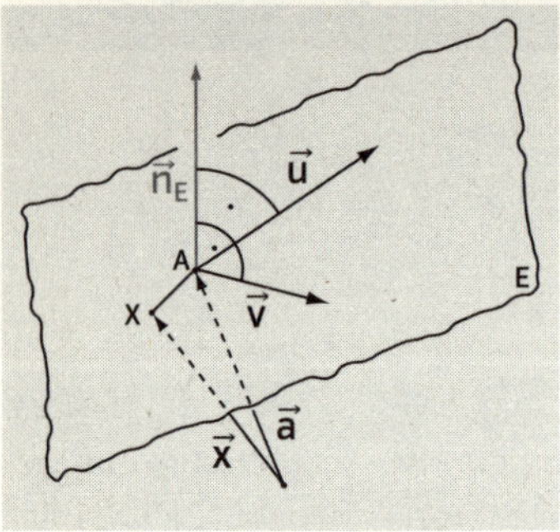

Da gilt $\vec{x} - \vec{a} = \lambda\vec{u} + \mu\vec{v}$ folgt aus $\vec{n}_E \perp (\lambda\vec{u} + \mu\vec{v})$ auch $\vec{n}_E \perp (\vec{x} - \vec{a})$, also:
NF_E: $\vec{n}_E \circ (\vec{x} - \vec{a}) = 0$, analog zur Normalenform für Geraden im $\mathbb{R}^2$. Ebenso wie dort erhält man mit $\vec{n}_E^\circ$ die

Hesse'sche Normalenform: HNF_E: $\vec{n}_E^\circ \circ (\vec{x} - \vec{a}) = 0$

Beispiel:
E sei gegeben durch:

$$E: \vec{x} = \begin{pmatrix} 2 \\ 1 \\ -1 \end{pmatrix} + \lambda \begin{pmatrix} 1 \\ -1 \\ 2 \end{pmatrix} + \mu \begin{pmatrix} -1 \\ 2 \\ 1 \end{pmatrix}$$

nach Seite 70 ermittelt sich für $\vec{n}_E$: $\vec{n}_E = \begin{pmatrix} -5 \\ -3 \\ 1 \end{pmatrix}$,

woraus sich für die Normalenform ergibt:

$$NF_E: \begin{pmatrix} -5 \\ -3 \\ 1 \end{pmatrix} \circ \left[\vec{x} - \begin{pmatrix} 2 \\ 1 \\ -1 \end{pmatrix}\right] = 0$$

und mit

$$|\vec{n}_E| = \sqrt{35}: \; HNF_E: \frac{1}{\sqrt{35}} \begin{pmatrix} -5 \\ -3 \\ 1 \end{pmatrix} \circ \left[\vec{x} - \begin{pmatrix} 2 \\ 1 \\ -1 \end{pmatrix}\right] = 0$$

Analog zum Vorgehen bei den Geradengleichungen im $\mathbb{R}^2$ gewinnt man auch hier aus den Vektorgleichungen die entsprechenden Normalenformen in Koordinatenschreibweise. Es müssen lediglich die Skalarprodukte ausgerechnet werden.

$$\begin{pmatrix}-5\\-3\\1\end{pmatrix} \circ \left[\begin{pmatrix}x_1\\x_2\\x_3\end{pmatrix} - \begin{pmatrix}2\\1\\-1\end{pmatrix}\right] = 0 \Rightarrow \begin{pmatrix}-5\\-3\\1\end{pmatrix} \circ \begin{pmatrix}x_1-2\\x_2-1\\x_3+1\end{pmatrix} = 0$$

$$\Rightarrow \quad -5x_1 - 3x_2 + x_3 + 10 + 3 + 1 = 0$$

$$\Rightarrow NF_E: \quad -5x_1 - 3x_2 + x_3 + 14 = 0$$

bzw. HNF_E: $\dfrac{-5x_1 - 3x_2 + x_3 + 14}{-\sqrt{35}} = 0$

Anmerkung: Üblicherweise erhält der Nenner, d.h. der Betrag des Normalenvektors, in der obigen HNF-Darstellung das gegenteilige Vorzeichen des koordinatenfreien Teils im Zähler (hier »+« bei 14).

Ein Vorteil dieser Koordinatenschreibweisen ist der leichtere algebraische Umgang, da eine lineare Gleichung vorliegt. Eine Rückübersetzung aus einer Normalenform in eine Parameterform ist nur vordergründig schwierig. Oft hilft folgende Setzung:

$x_1 = \lambda$ und $x_2 = \mu$, eingesetzt in NF_E

$\Rightarrow -5\lambda - 3\mu + x_3 + 14 = 0$

$\Rightarrow x_3 = -14 + 5\lambda + 3\mu$

$$\left.\begin{array}{ll}(1) & x_1 = \lambda\\(2) & x_2 = \mu\\(3) & x_3 = -14 + 5\lambda + 3\mu\end{array}\right\} \Rightarrow \left\{\begin{array}{l}x_1 = 0 + 1\cdot\lambda + 0\cdot\mu\\x_2 = 0 + 0\cdot\lambda + 1\cdot\mu\\x_3 = -14 + 5\cdot\lambda + 3\cdot\mu\end{array}\right.$$

daraus:

$$E: \vec{x} = \begin{pmatrix}0\\0\\-14\end{pmatrix} + \lambda\begin{pmatrix}1\\0\\5\end{pmatrix} + \mu\begin{pmatrix}0\\1\\3\end{pmatrix}$$

5 Schnitte von Geraden und Ebenen

Aufgrund der verschiedenen Darstellungsformen von Geraden- und Ebenengleichungen gibt es zu den bisher gezeigten Möglichkeiten weitere, die gegenseitige Lagebeziehungen bzw. die Schnitte (oder Schnittmengen) zu ermitteln.

a) Gerade und Ebene

Für die Ebene ist die Koordinatenschreibweise günstig (vgl. Seite 73):

$E: -5x_1 - 3x_2 + x_3 + 14 = 0$

$g: \vec{x} = \begin{pmatrix} 3 \\ -1 \\ 2 \end{pmatrix} + \sigma \begin{pmatrix} 2 \\ -1 \\ 1 \end{pmatrix}$ werde in E eingesetzt:

$-5(3 + 2\sigma) - 3(-1 - \sigma) + (2 + \sigma) + 14 = 0$

$\Rightarrow -6\sigma = -4 \Rightarrow \sigma = \frac{2}{3} \Rightarrow S\left(\frac{13}{3} \middle| -\frac{5}{3} \middle| \frac{8}{3}\right)$

b) Ebene und Ebene

$E: -5x_1 - 3x_2 + x_3 + 14 = 0$

$F: \vec{x} = \begin{pmatrix} 3 \\ -1 \\ 2 \end{pmatrix} + \sigma \begin{pmatrix} 1 \\ 3 \\ 2 \end{pmatrix} + \tau \begin{pmatrix} 2 \\ -1 \\ 3 \end{pmatrix}$

F wird in E eingesetzt

$x_1 = 3 + \sigma + 2\tau;\ x_2 = -1 + 3\sigma - \tau;\ x_3 = 2 + 2\sigma + 3\tau;$ damit

$-5(3 + \sigma + 2\tau) - 3(-1 + 3\sigma - \tau) + (2 + 2\sigma + 3\tau) + 14 = 0$

$\Rightarrow -12\sigma - 4\tau + 4 = 0$

$\Rightarrow \tau = 1 - 3\sigma$ eingesetzt in F

$\vec{x} = \begin{pmatrix} 3 \\ -1 \\ 2 \end{pmatrix} + \sigma \begin{pmatrix} 1 \\ 3 \\ 2 \end{pmatrix} + (1 - 3\sigma) \begin{pmatrix} 2 \\ -1 \\ 3 \end{pmatrix}$

$\Rightarrow \vec{x} = \begin{pmatrix} 5 \\ -2 \\ 5 \end{pmatrix} + \sigma \begin{pmatrix} -5 \\ 6 \\ -7 \end{pmatrix}$

Damit erhält man eine Parametergleichung mit nur mehr einem Parameter, also eine Geradengleichung. Es ist die (Parameter-) Gleichung der Schnittgeraden der Ebene E und F.

Sind beide Ebenen in Normalenform gegeben, so sollte man eine Ebenengleichung vorher in Parameterform verwandeln, um dann mit dieser Methode fortfahren zu können. Trotzdem sei gezeigt, wie man auch mit zwei Normalformen zum Ziel kommt.

$E: -5x_1 - 3x_2 + x_3 + 14 = 0$ und

$F: 11x_1 + x_2 - 7x_3 - 18 = 0$

x_1 sei λ': **(1)** $-5\lambda' - 3x_2 + x_3 + 14 = 0$ (aus E)

(2) $11\lambda' + x_2 - 7x_3 - 18 = 0$ (aus F)

(1) + 3(2): **(4)** $28\lambda' - 20x_3 - 40 = 0$

$\Rightarrow$ **(4)** $x_3 = \frac{7}{5}\lambda' - 2$

7(1) + (2): **(5)** $-24\lambda' - 20x_2 + 80 = 0$

$\Rightarrow$ **(5)** $x_2 = -\frac{6}{5}\lambda' + 4$

Die Parametergleichung für die Schnittgerade s braucht jetzt nur noch aus $x_1 = \lambda'$, **(4)** und **(5)** zusammengebaut werden:

$$s: \vec{x} = \begin{pmatrix} 0 \\ 4 \\ -2 \end{pmatrix} + \lambda' \begin{pmatrix} 1 \\ -\frac{6}{5} \\ \frac{7}{5} \end{pmatrix} \text{ bzw.}$$

$$s: \vec{x} = \begin{pmatrix} 0 \\ 4 \\ -2 \end{pmatrix} + \lambda \begin{pmatrix} 5 \\ -6 \\ 7 \end{pmatrix}$$

6 Lotgeraden

a) Lotgerade l auf eine Ebene E durch einen Punkt P

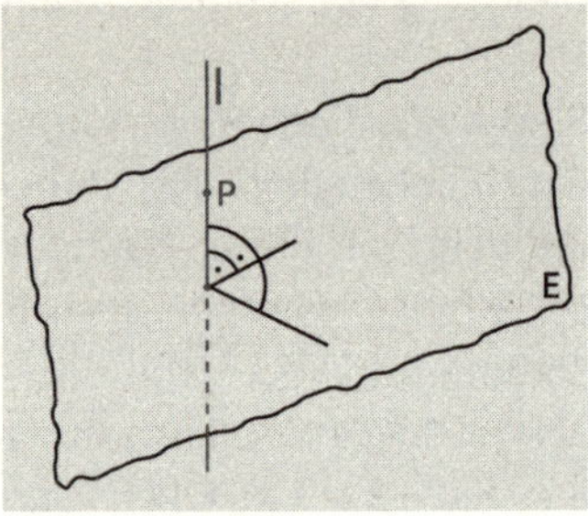

Da $\vec{u}_l = \sigma \vec{n}_E$ gilt für $\sigma = 1$:
$l: \vec{x} = \overrightarrow{OP} + \lambda \vec{n}_E$
(liegt $\vec{n}_E$ bereits »gekürzt« vor, ist $\sigma = 1$ die beste Wahl)
$E: -5x_1 - 3x_2 + x_3 + 14 = 0$
$P(9|12|-3)$

$$\Rightarrow l: \vec{x} = \begin{pmatrix} 9 \\ 12 \\ -3 \end{pmatrix} + \lambda \begin{pmatrix} -5 \\ -3 \\ 1 \end{pmatrix}; \lambda \in \mathbb{R}$$

Hierbei ist es unwesentlich, ob $P \in E$ oder $P \notin E$.

b) Lotgerade l auf eine Gerade g im $\mathbb{R}^3$

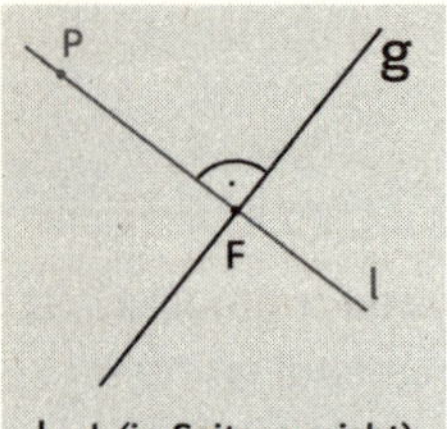

$l \equiv L$ (in Seitenansicht)

Man konstruiert eine Ebene L, die P enthält und von g senkrecht geschnitten wird. Der Schnittpunkt sei F.

l ergibt sich dann aus P und der Richtung $\overrightarrow{PF}$.

$$g: \vec{x} = \begin{pmatrix} 0 \\ 1 \\ 3 \end{pmatrix} + \mu \begin{pmatrix} -1 \\ 1 \\ -2 \end{pmatrix}; \quad P(3|0|4)$$

$\Rightarrow L: -x_1 + x_2 - 2x_3 + x_0 = 0$
da $P \in L$: $-3 + 0 - 8 + x_0 = 0 \Rightarrow x_0 = 11$
$\Rightarrow L: -x_1 + x_2 - 2x_3 + 11 = 0$
L heißt Lotebene zu g durch P
g in L: $\mu + 1 + \mu - 6 + 4\mu + 11 = 0 \Rightarrow \mu = -1$

$$\Rightarrow F(1|0|5) \Rightarrow \overrightarrow{PF} = \begin{pmatrix} -2 \\ 0 \\ 1 \end{pmatrix} \Rightarrow l: \vec{x} = \begin{pmatrix} 3 \\ 0 \\ 4 \end{pmatrix} + \lambda \begin{pmatrix} -2 \\ 0 \\ 1 \end{pmatrix}$$

7 Winkel zwischen Gerade und Ebene

Unter dem Winkel φ zwischen einer Geraden g und einer Ebene E versteht man den kleinsten Winkel, der zwischen einer Geraden der Ebene E und g auftauchen kann. Es ist dies der Winkel zwischen g und derjenigen Geraden g′, die den Schnittpunkt S mit dem Fußpunkt F des Lotes auf E durch einen beliebigen Punkt von g verbindet.

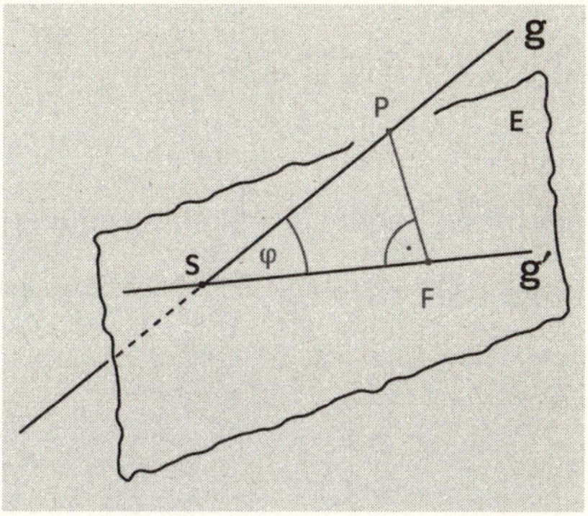

Beispiel:

$E: -5x_1 - 3x_2 + x_3 + 14 = 0$

$g: \vec{x} = \begin{pmatrix} 3 \\ -1 \\ 2 \end{pmatrix} + \sigma \begin{pmatrix} 2 \\ -1 \\ 1 \end{pmatrix}$ (vgl. Seite 74)

S ergibt sich zu $S\left(\frac{13}{3} \middle| -\frac{5}{3} \middle| \frac{8}{3}\right)$

σ sei gewählt mit $\sigma = \frac{13}{2} \Rightarrow P\left(16 \middle| -\frac{15}{2} \middle| \frac{17}{2}\right)$

$\Rightarrow (P \in l;\ \vec{u}_l = \vec{n}_E):\ l: \vec{x} = \begin{pmatrix} 16 \\ -\frac{15}{2} \\ \frac{17}{2} \end{pmatrix} + \lambda \begin{pmatrix} -5 \\ -3 \\ 1 \end{pmatrix}$

l in E: Punkt F

$-5(16 - 5\lambda) - 3\left(-\frac{15}{2} - 3\lambda\right) + \left(\frac{17}{2} + \lambda\right) + 14 = 0$

$\Rightarrow 35\lambda - 80 + \frac{45}{2} + \frac{17}{2} + 14 = 0 \Rightarrow 35\lambda = 35 \Rightarrow \lambda = 1$

Somit ist der Schnittpunkt F des Lotes l auf die Ebene E durch den Punkt P mit $F\left(11 \middle| -\frac{21}{2} \middle| \frac{19}{2}\right)$ gegeben.

F heißt auch Lotfußpunkt.

Damit lässt sich $\overrightarrow{SF}$ errechnen:

$$\overrightarrow{SF} = \begin{pmatrix} 11 - \frac{13}{3} \\ -\frac{21}{2} + \frac{5}{3} \\ \frac{19}{2} - \frac{8}{3} \end{pmatrix} = \frac{1}{6}\begin{pmatrix} 66 - 26 \\ -63 + 10 \\ 57 - 16 \end{pmatrix} = \frac{1}{6}\begin{pmatrix} 40 \\ -53 \\ 41 \end{pmatrix}$$

Nach den Regeln des Skalarprodukts folgt:

$$\cos\varphi = \overrightarrow{SF}^{\circ} \circ \vec{u}_g = \frac{80 + 53 + 41}{\sqrt{40^2 + (-53)^2 + 41^2} \cdot \sqrt{6}} \approx 0{,}910 \Rightarrow \varphi \approx 24{,}46°$$

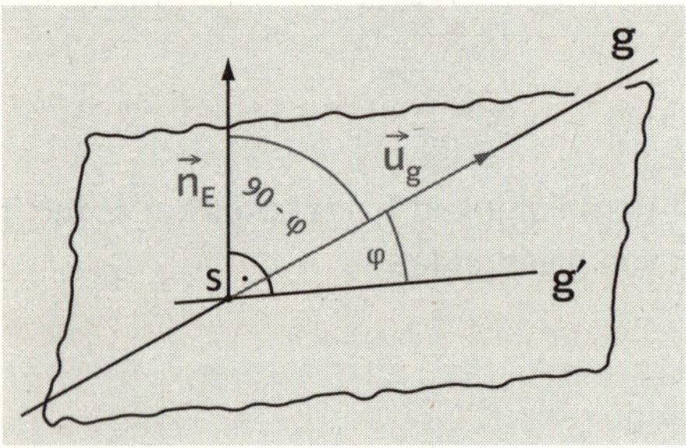

Ein schnellerer Weg, der die unter Umständen schwierige Ermittlung des Lotfußpunktes F umgeht, verwendet den Normalenvektor der Ebene.

Für den Winkel $90° - \varphi$ gilt (nach Skalarprodukt):
$\cos(90° - \varphi) = \vec{u}_g^{\circ} \circ \vec{n}_E^{\circ}$, damit:

$$\cos(90° - \varphi) = \frac{1}{\sqrt{6}}\begin{pmatrix} 2 \\ -1 \\ 1 \end{pmatrix} \circ \frac{1}{\sqrt{35}}\begin{pmatrix} -5 \\ -3 \\ 1 \end{pmatrix} = \frac{-6}{\sqrt{6} \cdot \sqrt{35}}$$

Für $90° - \varphi$ würde sich daraus 114,46° ergeben. Da dieser Winkel über 90° liegt, ist die Ergänzung auf 180° das richtige Resultat, also 65,54° für $90° - \varphi$, damit $\varphi \approx 24{,}46°$.
Noch etwas schneller ist man, wenn man die Beziehung $\cos(90° - \varphi) = \sin\varphi$ verwendet, also ansetzt:
$\sin\varphi = \vec{u}_g^{\circ} \circ \vec{n}_E^{\circ}$ bzw. um sofort den Schnittwinkel (kleiner 90°) zu erhalten: $\sin\varphi = |\vec{u}_g^{\circ} \circ \vec{n}_E^{\circ}|$

8 Abstandsbestimmungen

Bei Bestimmungen von Abständen zwischen einem Punkt und einer Geraden oder zwischen einem Punkt und einer Ebene oder zwischen Geraden und Ebenen werden häufig Lotgeraden und Lotebenen verwendet. Meist dienen sie dazu, Koordinaten bestimmter Punkte zu ermitteln, womit man dann über die bekannte Abstandsformel die wahren Abstände errechnet. Oft ist dieser Weg jedoch sehr rechenaufwändig. Die Hesse'sche Normalenform bietet für den Abstand d eines Punktes P von einer Geraden g (im $\mathbb{R}^2$) bzw. von einer Ebene E (im $\mathbb{R}^3$) folgende Formel:

Mit

$$g\colon \vec{n}_g^{\,\circ} \circ (\vec{x} - \vec{a}) = 0 \quad (\text{im } \mathbb{R}^2)$$

$$E\colon \vec{n}_E^{\,\circ} \circ (\vec{x} - \vec{a}) = 0 \quad (\text{im } \mathbb{R}^3)$$

erhält man ($\overrightarrow{PO} = \vec{p}$):

$$d(P;g) = \vec{n}_g^{\,\circ} \circ (\vec{p} - \vec{a})$$

$$d(P;E) = \vec{n}_E^{\,\circ} \circ (\vec{p} - \vec{a})$$

oder in Koordinatenform:

$$d(P;g) = \frac{n_1x_1 + n_2x_2 + n_0}{-\operatorname{sgn} n_0 \cdot \sqrt{n_1^2 + n_2^2}} \quad \text{bzw.}$$

$$d(P;E) = \frac{n_1x_1 + n_2x_2 + n_3x_3 + n_0}{-\operatorname{sgn} n_0 \cdot \sqrt{n_1^2 + n_2^2 + n_3^2}}$$

Ergibt sich $d > 0$, so liegen P und der Ursprung des Koordinatensystems in verschiedenen Halbebenen bezüglich g bzw. in verschiedenen Halbräumen bezüglich E. Für $d < 0$ liegen P und 0 in der gleichen Halbebene bzw. im gleichen Halbraum.

a) Punkt von Gerade im $\mathbb{R}^2$

HNF_g: $\frac{1}{\sqrt{5}}\binom{2}{1}\circ\left[\vec{x}-\binom{2}{-3}\right]=0$

Welchen Abstand hat P(3 | 1) von g?

$$d(P; g)=\frac{1}{\sqrt{5}}\binom{2}{1}\circ\left[\binom{3}{1}-\binom{2}{-3}\right]$$

$$=\frac{1}{\sqrt{5}}\binom{2}{1}\circ\binom{1}{4}=\frac{6}{\sqrt{5}}=\frac{6\sqrt{5}}{5}\approx 2{,}68$$

P ist rund 2,68 Längeneinheiten von g entfernt und liegt nicht auf der gleichen Seite bezüglich g wie 0.

b) Punkt von Ebene im $\mathbb{R}^3$

HNF_E: $\frac{1}{\sqrt{35}}\begin{pmatrix}-5\\-3\\1\end{pmatrix}\circ\left[\vec{x}-\begin{pmatrix}2\\1\\-1\end{pmatrix}\right]=0$

Welchen Abstand hat P(9 | 12 | − 3) von E? (vgl. Seite 77)

$$d(P; E)=\frac{1}{\sqrt{35}}\begin{pmatrix}-5\\-3\\1\end{pmatrix}\circ\begin{pmatrix}9-2\\12-1\\-3+1\end{pmatrix}=\frac{1}{\sqrt{35}}\begin{pmatrix}-5\\-3\\1\end{pmatrix}\circ\begin{pmatrix}7\\11\\-2\end{pmatrix}$$

$$=\frac{-70}{\sqrt{35}}=-2\sqrt{35}\approx-11{,}83$$

P ist rund 11,83 Längeneinheiten von E entfernt und liegt bezüglich E im gleichen Halbraum wie 0.
Probe: (vgl. Seite 77): Ermittlung des Durchstoßpunktes F des Lotes l auf die Ebene E.
l in E: $-5(9-5\lambda)-3(12-3\lambda)+(-3+\lambda)+14=0$

$\Rightarrow\ 35\lambda-70=0\ \Rightarrow\ \lambda=2\ \Rightarrow\ F(-1|6|-1)$
damit

$$\overrightarrow{PF}=\begin{pmatrix}-10\\-6\\2\end{pmatrix}\ \Rightarrow\ |\overrightarrow{PF}|^2=100+36+4$$

$\Rightarrow \ |\overrightarrow{PF}| = \sqrt{140} = 2\sqrt{35}$, in Übereinstimmung mit $|d(P; E)|$.

c) Abstand zweier paralleler Geraden im $\mathbb{R}^2$

Man nimmt einen Punkt P der einen Geraden und bestimmt dessen Abstand zur anderen Geraden nach a).

d) Abstand zweier paralleler Geraden im $\mathbb{R}^3$

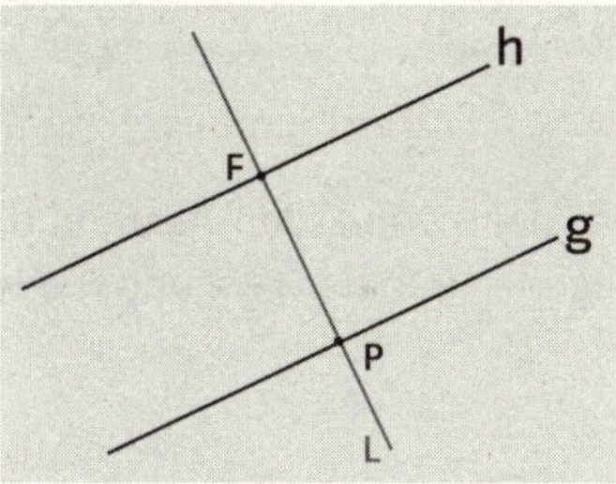

Hier ist der Punkt F auf h zu ermitteln, der als Schnitt einer Lotebene L zu g (und h) durch $P \in g$ auftritt (vgl. Seite 76). Anschließend bestimmt man $|\overrightarrow{PF}| = d(g; h)$.

$$g: \vec{x} = \begin{pmatrix} 3 \\ -1 \\ 2 \end{pmatrix} + \sigma \begin{pmatrix} 2 \\ -1 \\ 1 \end{pmatrix}; \quad P(1|0|1)$$

$$h: \vec{x} = \begin{pmatrix} 6 \\ 1 \\ 4 \end{pmatrix} + \tau \begin{pmatrix} 2 \\ -1 \\ 1 \end{pmatrix}$$

L-Berechnung: $2x_1 - x_2 + x_3 + n_0 = 0$

da $P \in L$: $2 - 0 + 1 + n_0 = 0 \Rightarrow n_0 = -3$

$\Rightarrow L: 2x_1 - x_2 + x_3 - 3 = 0$

h in L: $2(6 + 2\tau) - (1 - \tau) + (4 + \tau) - 3 = 0$

$\Rightarrow 6\tau + 12 = 0 \Rightarrow \tau = -2$

$\Rightarrow F(2|3|2)$

$\Rightarrow |\overrightarrow{PF}|^2 = 1^2 + 3^2 + 1^2$

$\Rightarrow |\overrightarrow{PF}| = d(g; h) = \sqrt{11} \approx 3{,}32$ L.E.

e) Abstand zweier windschiefer Geraden

Will man nur den Abstand d zweier zueinander windschiefer Geraden wissen, dann konstruiert man zunächst eine Ebene E, in der eine Gerade (z.B. g) ganz liegt und deren zweite Richtung durch die zweite Gerade (hier h) vorgegeben wird.

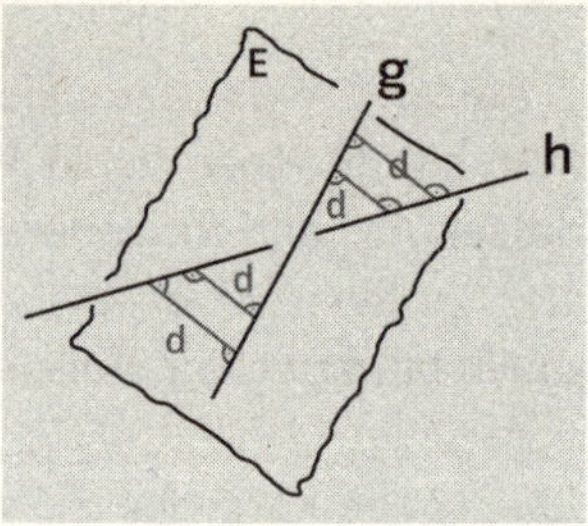

$E : E(g; \vec{u}_h)$. Jeder Punkt von h hat dann von E den Abstand d, den auch die einander nächstgelegenen Punkte $G \in g$ und $H \in h$ haben.

$$g : \vec{x} = \begin{pmatrix} 2 \\ 3 \\ -1 \end{pmatrix} + \lambda \begin{pmatrix} 1 \\ -1 \\ 2 \end{pmatrix};$$

$$h : \vec{x} = \begin{pmatrix} 1 \\ 2 \\ -3 \end{pmatrix} + \mu \begin{pmatrix} 1 \\ 3 \\ -3 \end{pmatrix}$$ (vgl. Seite 48)

$$E(g; \vec{u}_h) : \vec{x} = \begin{pmatrix} 2 \\ 3 \\ -1 \end{pmatrix} + \lambda \begin{pmatrix} 1 \\ -1 \\ 2 \end{pmatrix} + \mu \begin{pmatrix} 1 \\ 3 \\ -3 \end{pmatrix}$$

Umwandlung in Normalenform:

$$\left.\begin{array}{l} (1)\ n_1 - n_2 + 2n_3 = 0 \\ (2)\ n_1 + 3n_2 - 3n_3 = 0 \end{array}\right\} (1) - (2): (3)\ -4n_2 + 5n_3 = 0$$

für $n_3 = 4$ ergibt sich aus (3) $n_2 = 5$
eingesetzt in 1) folgt: $n_1 = -3$

$$\Rightarrow \vec{n}_E = \begin{pmatrix} -3 \\ 5 \\ 4 \end{pmatrix} \Rightarrow \text{HNF}_E\ \frac{1}{\sqrt{50}} \begin{pmatrix} -3 \\ 5 \\ 4 \end{pmatrix} \circ \left[\vec{x} - \begin{pmatrix} 2 \\ 3 \\ -1 \end{pmatrix}\right] = 0$$

$\Rightarrow$ mit $P \in h$

$$d(P;E) = \frac{1}{\sqrt{50}} \begin{pmatrix} -3 \\ 5 \\ 4 \end{pmatrix} \circ \left[\begin{pmatrix} 1 \\ 2 \\ -3 \end{pmatrix} - \begin{pmatrix} 2 \\ 3 \\ -1 \end{pmatrix} \right] = \frac{1}{\sqrt{50}} \begin{pmatrix} -3 \\ 5 \\ 4 \end{pmatrix} \circ \begin{pmatrix} -1 \\ -1 \\ -2 \end{pmatrix}$$

$$= \frac{1}{\sqrt{50}}(-10) = -\sqrt{2}$$

Der Abstand der beiden zueinander windschiefen Geraden g und h beträgt rund 1,41 Längeneinheiten.

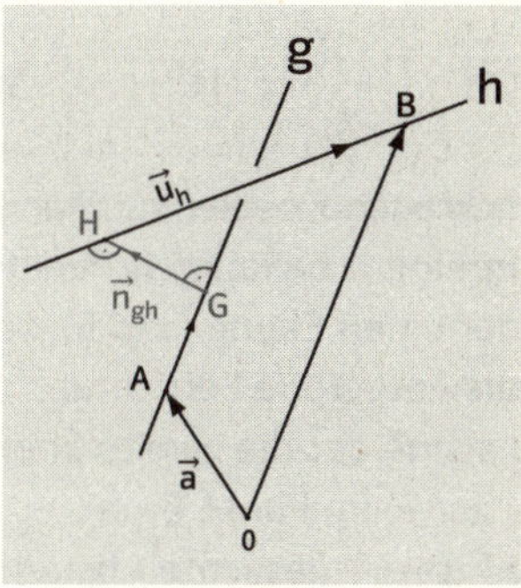

Ein etwas umständlicher Weg der Abstandsermittlung bei windschiefen Geraden erfolgt über eine geschlossene Vektorkette. Man hat aber dabei den Vorteil, die Koordinaten der beiden Fußpunkte (G und H) des gemeinsamen Lotes zu erhalten, also genau diese Punkte, die die kürzeste Entfernung zwischen den Geraden (g und h) haben. A und B seien die Stützpunkte von g und h; $\vec{n}_{gh}$ stehe senkrecht auf $\vec{u}_g$ und senkrecht auf $\vec{u}_h$ (vgl. Seite 82). Es lässt sich folgender geschlossener Vektorzug aufbauen:

$\overrightarrow{OA} + \overrightarrow{AG} + \overrightarrow{GH} + \overrightarrow{HB} + \overrightarrow{BO} = \vec{0}$ bzw.
$\vec{a} + \lambda_G \vec{u}_g + \sigma \vec{n}_{gh} + \mu_H \vec{u}_h - \vec{b} = \vec{0}$
in Koordinaten:

$$\begin{pmatrix} 2 \\ 3 \\ -1 \end{pmatrix} + \lambda_G \begin{pmatrix} 1 \\ -1 \\ 2 \end{pmatrix} + \sigma \begin{pmatrix} -3 \\ 5 \\ 4 \end{pmatrix} + \mu_H \begin{pmatrix} 1 \\ 3 \\ -3 \end{pmatrix} + \begin{pmatrix} -1 \\ -2 \\ 3 \end{pmatrix} = \begin{pmatrix} 0 \\ 0 \\ 0 \end{pmatrix}$$

woraus sich 3 Gleichungen mit 3 Unbekannten ergeben:

$$\left.\begin{array}{ll}(1) & \lambda_G - 3\sigma + \mu_H + 1 = 0 \\ (2) & -\lambda_G + 5\sigma + 3\mu_H + 1 = 0 \\ (3) & 2\lambda_G + 4\sigma - 3\mu_H + 2 = 0\end{array}\right\} \quad \begin{array}{l}(1) + (2){:}\ (4)\quad 2\sigma + 4\mu_H + 2 = 0 \\ 2(2) + (3){:}\ (5)\quad 14\sigma + 3\mu_H + 4 = 0\end{array}$$

$$3(4) - 4(5){:}\ -50\sigma - 10 = 0 \Rightarrow \sigma = -\tfrac{1}{5} \Rightarrow \mu_H = -\tfrac{2}{5};\ \lambda_G = -\tfrac{6}{5}$$

$$\overrightarrow{OG} = \overrightarrow{OA} + \lambda_G \vec{u}_g \Rightarrow G\left(\tfrac{4}{5}\middle|\tfrac{21}{5}\middle|-\tfrac{17}{5}\right)$$

$$\overrightarrow{OH} = \overrightarrow{OB} - \mu_H \vec{u}_h \Rightarrow H\left(\tfrac{7}{5}\middle|\tfrac{16}{5}\middle|-\tfrac{21}{5}\right)$$

$$\overrightarrow{GH} = \tfrac{1}{5}\begin{pmatrix}3\\-5\\-4\end{pmatrix} \Rightarrow |\overrightarrow{GH}| = \tfrac{1}{5}\sqrt{50} = \sqrt{2}$$

f) Abstand zweier zueinander paralleler Ebenen

In einem beliebigen Punkt S der einen Ebene (z. B. E) wird die Lotgerade l errichtet. l schneidet die zweite Ebene (hier F) im Punkt T. $\overline{ST}$ ist der gesuchte Abstand (Gleichungen von E und F vgl. Seite 57).

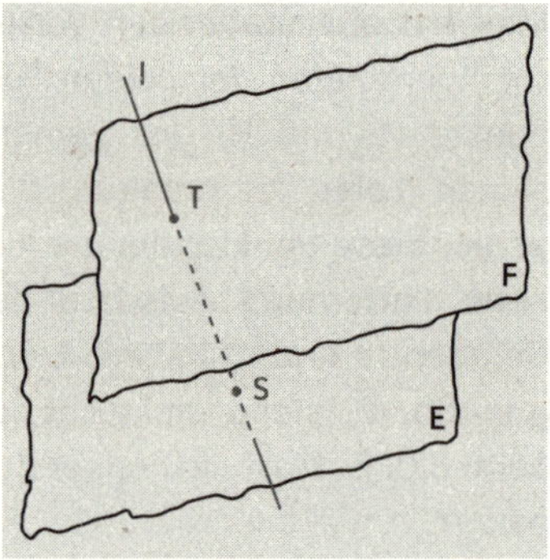

$$S(2|1|-1);\ \vec{u}_l = \vec{n}_E = \begin{pmatrix}-5\\-3\\1\end{pmatrix} \Rightarrow l : \vec{x} = \begin{pmatrix}2\\1\\-1\end{pmatrix} + \lambda\begin{pmatrix}-5\\-3\\1\end{pmatrix} \text{ in F}$$

$$F: -5x_1 - 3x_2 + x_3 + 10 = 0$$
$$-5(2 - 5\lambda) - 3(1 - 3\lambda) + (-1 + \lambda) + 10 = 0$$

$$35\lambda = 4 \Rightarrow \lambda = \tfrac{4}{35} \Rightarrow T\left(\tfrac{50}{35}\middle|\tfrac{23}{50}\middle|-\tfrac{31}{35}\right)$$

$$\overrightarrow{ST} = \tfrac{1}{35}\begin{pmatrix}-20\\-12\\4\end{pmatrix} = \tfrac{4}{35}\begin{pmatrix}-5\\-3\\1\end{pmatrix} \Rightarrow \overline{ST} = \tfrac{4}{35}\sqrt{35}$$

Alternative: Aus der Hesse'schen Normalenform lassen sich die jeweiligen Abstände des Koordinatenursprungs von den beiden Ebenen entnehmen.

HNF_E: $\frac{-5x_1 - 3x_2 + x_3 + 14}{-\sqrt{35}} = 0 \Rightarrow d(0; E) = -\frac{14}{35}\sqrt{35}$

HNF_F: $\frac{-5x_1 - 3x_2 + x_3 + 10}{-\sqrt{35}} = 0 \Rightarrow d(0; F) = -\frac{10}{35}\sqrt{35}$

Bezogen auf die Halbräume von E und F liegt 0 gleich, somit beträgt der Abstand von E und F

$|d(0; E) - d(0; F)| = \frac{4}{35}\sqrt{35}$

9 Winkel zwischen zwei Ebenen

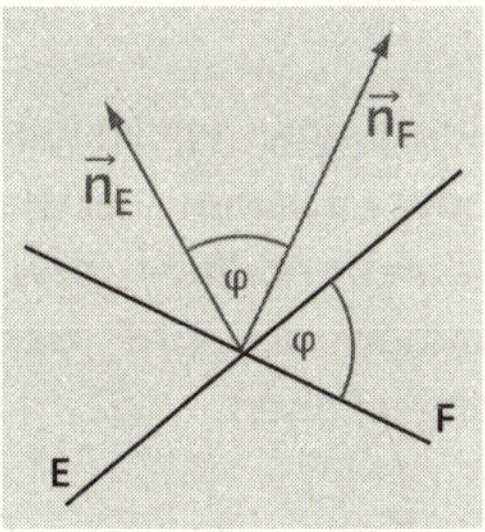

Der Winkel φ zwischen zwei Ebenen ist kongruent zum Winkel zwischen den zu den Ebenen gehörenden Normalvektoren.
$\cos\varphi(E; F) = \cos\varphi(\vec{n}_E; \vec{n}_F) = |\vec{n}_E^\circ \circ \vec{n}_F^\circ|$
(E- und F-Daten vgl. Seite 75).

$\vec{n}_E = \begin{pmatrix} -5 \\ -3 \\ 1 \end{pmatrix}; \quad \vec{n}_F = \begin{pmatrix} 11 \\ 1 \\ -7 \end{pmatrix}$

$|\vec{n}_E^\circ \circ \vec{n}_F^\circ| = \frac{1}{\sqrt{35}} \cdot \frac{1}{\sqrt{171}} \, |(-55 - 3 - 7)| \Rightarrow \varphi \approx 32{,}8°$

Es sind die beim Schnittwinkel von Geraden erklärten Regeln zu beachten (z. B. Ergänzungswinkel), außerdem gilt natürlich: $E \perp F$ falls $\vec{n}_E \circ \vec{u}_F = 0$ bzw. $\vec{n}_E^\circ \circ \vec{u}_F^\circ = 0$.

10 Winkelhalbierende Geraden und Ebenen

Die Richtungsvektoren der winkelhalbierenden Geraden ergeben sich aus der Summe bzw. Differenz der Einheitsvektoren in Richtung von g und h.

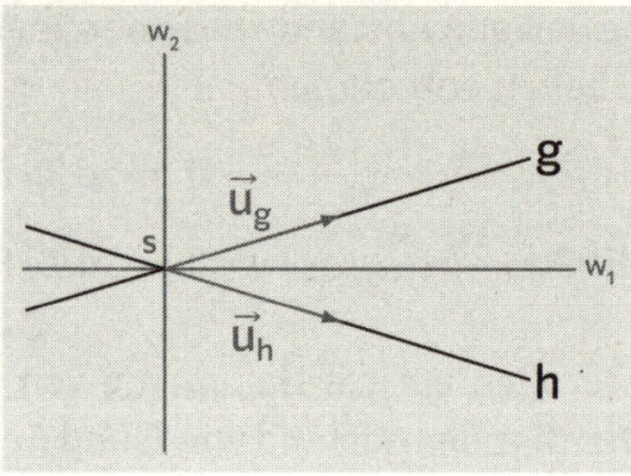

w_1: $\vec{x} = \overrightarrow{OS} + \sigma(\vec{u}_g^{\,\circ} + \vec{u}_h^{\,\circ})$

w_2: $\vec{x} = \overrightarrow{OS} + \tau(\vec{u}_g^{\,\circ} - \vec{u}_h^{\,\circ})$

w_1 steht senkrecht auf w_2,

da $(\vec{u}_g^{\,\circ} + \vec{u}_h^{\,\circ}) \circ (\vec{u}_g^{\,\circ} - \vec{u}_h^{\,\circ}) = \vec{u}_g^{\,\circ} \circ \vec{u}_g^{\,\circ} - \vec{u}_h^{\,\circ} \circ \vec{u}_h^{\,\circ} = 1 - 1 = 0$

$\Rightarrow (\vec{u}_g^{\,\circ} + \vec{u}_h^{\,\circ}) \perp (\vec{u}_g^{\,\circ} - \vec{u}_h^{\,\circ}) \Rightarrow w_1 \perp w_2$

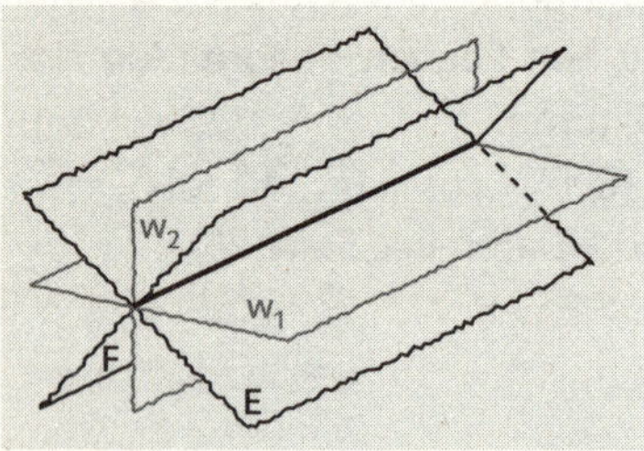

Die Gleichungen winkelhalbierender Ebenen erhält man durch Addition bzw. Subtraktion der HNF der Ausgangsebenen.

Aus HNF_E: $\frac{1}{\sqrt{35}}\begin{pmatrix}-5\\3\\1\end{pmatrix} \circ \left[\vec{x} - \begin{pmatrix}2\\1\\-1\end{pmatrix}\right] = 0$ und

HNF_F: $\frac{1}{\sqrt{171}}\begin{pmatrix}11\\1\\-7\end{pmatrix} \circ \left[\vec{x} - \begin{pmatrix}3\\-1\\2\end{pmatrix}\right] = 0$ folgt

$$w_{1/2}: \frac{1}{\sqrt{35}}\begin{pmatrix}-5\\3\\1\end{pmatrix} \circ \left[\vec{x} - \begin{pmatrix}2\\1\\-1\end{pmatrix}\right] \pm \frac{1}{\sqrt{171}}\begin{pmatrix}11\\1\\-7\end{pmatrix} \circ \left[\vec{x} - \begin{pmatrix}3\\-1\\2\end{pmatrix}\right] = 0$$

bzw. einfacher über die Koordinatenform:

$$w_{1/2}: \frac{-5x_1 - 3x_2 + x_3 + 14}{-\sqrt{35}} \pm \frac{-11x_1 + x_2 - 7x_3 - 18}{\sqrt{171}} = 0$$

Projektionen und Spiegelungen

1 Projektionen von Punkten und Vektoren

1. Projektion eines Punktes P auf eine Gerade g

(Projektionsrichtung: $\vec{v}$)

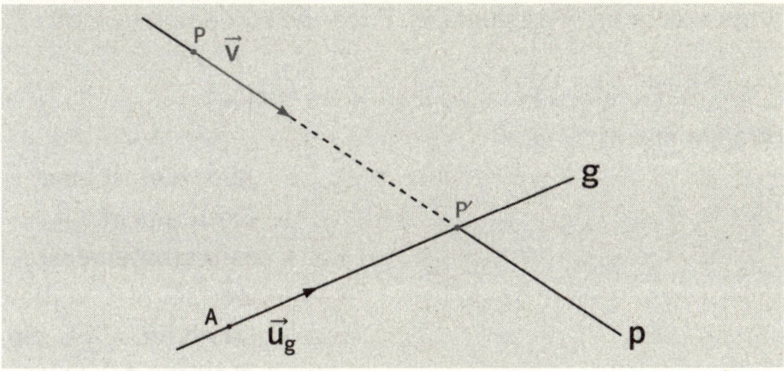

P' existiert nur dann, wenn bei $P \notin g$ die Vektoren $\overrightarrow{AP}$; $\vec{u}_g$ und $\vec{v}$ linear abhängig sind und $\vec{u}_g$ und $\vec{v}$ nicht kollinear sind. P' ergibt sich als Schnittpunkt der Geraden p durch P und der Richtung $\vec{v}$ mit der Geraden g.

$$g: \vec{x} = \begin{pmatrix} 1 \\ 2 \\ -1 \end{pmatrix} + \lambda \begin{pmatrix} 2 \\ 2 \\ 1 \end{pmatrix}; \quad P(2\,|\,1\,|\,0); \quad \vec{v} = \begin{pmatrix} -1 \\ 1 \\ -1 \end{pmatrix}$$

Prüfung der Voraussetzungen für die Existenz von P':

$$P \overset{?}{\in} g: \begin{pmatrix} 2 \\ 1 \\ 0 \end{pmatrix} = \begin{pmatrix} 1 \\ 2 \\ -1 \end{pmatrix} + \lambda \begin{pmatrix} 2 \\ 2 \\ 1 \end{pmatrix} \qquad \begin{matrix} \text{aus (1): } \lambda = \frac{1}{2} \\ \text{aus (2): } \lambda = -\frac{1}{2} \\ \text{aus (3): } \lambda = 1 \end{matrix} \Rightarrow P \notin g$$

$$\overrightarrow{AP} = \begin{pmatrix} 1 \\ -1 \\ 1 \end{pmatrix} \quad \det(\overrightarrow{AP}; \vec{u}_g; \vec{v}) = \begin{vmatrix} 1 & 2 & -1 \\ -1 & 2 & 1 \\ 1 & 1 & -1 \end{vmatrix}$$

$$= -2 + 2 + 1 + 2 - 1 - 2 = 0$$

$\Rightarrow$ lineare Abhängigkeit $\Rightarrow$ P' existiert.

$$p = g: \begin{pmatrix}2\\1\\0\end{pmatrix} + \mu\begin{pmatrix}-1\\1\\-1\end{pmatrix} = \begin{pmatrix}1\\2\\-1\end{pmatrix} + \lambda\begin{pmatrix}2\\2\\1\end{pmatrix}$$

$$\left.\begin{array}{ll}(1) & -\mu = -1 + 2\lambda \\ (2) & \mu = 1 + 2\lambda \\ (3) & -\mu = -1 + \lambda\end{array}\right\} \begin{array}{l}\lambda = 0 \\ \lambda = 0\end{array} \Big\} \mu = 1$$

$\Rightarrow P'(1|2|-1)$, zufälligerweise gilt $A \equiv P'$.

Anmerkung: Im $\mathbb{R}^2$ genügt bei $P \notin g$ die Forderung $\vec{u}_g \neq \sigma\vec{v}$

2. Projektion eines Punktes P auf eine Ebene E (Projektionsrichtung: $\vec{v}$)

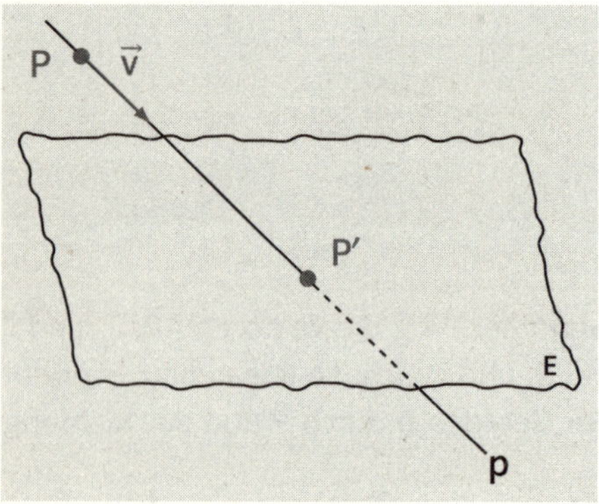

Auch hier ist eine Existenzprüfung sehr empfehlenswert.
Damit bei $P \notin E$ ein P′ existiert, ist die lineare Unabhängigkeit der Vektoren $\vec{u}_E$, $\vec{v}_E$ und $\vec{v}$ vorauszusetzen, also $\det\{\vec{u}_E, \vec{v}_E, \vec{v}\} \neq 0$.

P′ ergibt sich als Schnittpunkt der Ebene E mit der Geraden p, die durch P und $\vec{v}$ festgelegt ist. Es handelt sich hier also im Kern um eine Schnittpunktbestimmung bei Gerade und Ebene.

3. Projektion einer Punktfigur auf eine Ebene E

Das Bild der Punktfigur muss meist Punkt für Punkt ermittelt werden. Je nach gegenseitiger Ausrichtung von Ebene E und der zu projezierenden Figur erscheint die Bildfigur mehr oder weniger verzerrt.

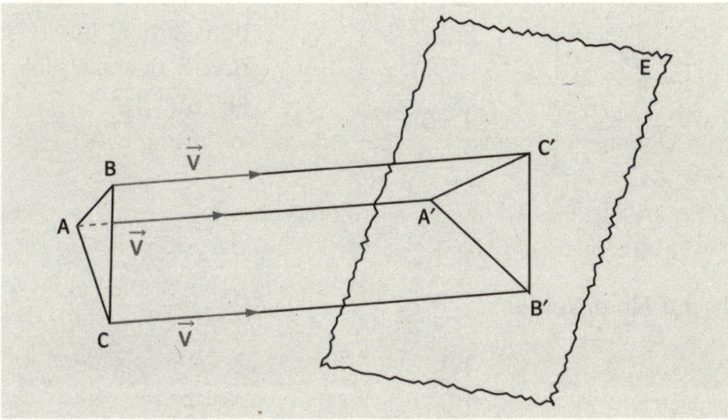

4. Projektion eines Vektors $\vec{b}$ auf einen Vektor $\vec{a}$

Im allgemeinen Fall verfährt man mit der Spitze S des Vektors $\vec{b}$ wie mit dem Punkt P in 1. Um S′ zu erhalten, schneidet man also die Projektionsgerade p durch S (Richtung $\vec{v}$) mit der Geraden durch F (Richtung $\vec{a}$).

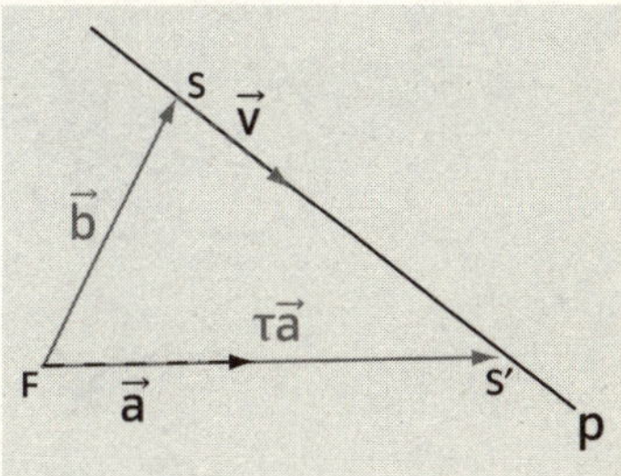

$\overrightarrow{FS'}$ heißt Projektion des Vektors $\vec{b}$ auf $\vec{a}$ mit der Projektionsrichtung $\vec{v}$. Für $\overrightarrow{FS'}$ gilt auch:

$\vec{b}_a = \overrightarrow{FS'} = \sigma\vec{a} \quad (\sigma \in R)$

5. Senkrechte Projektionen

a) auf eine Ebene E

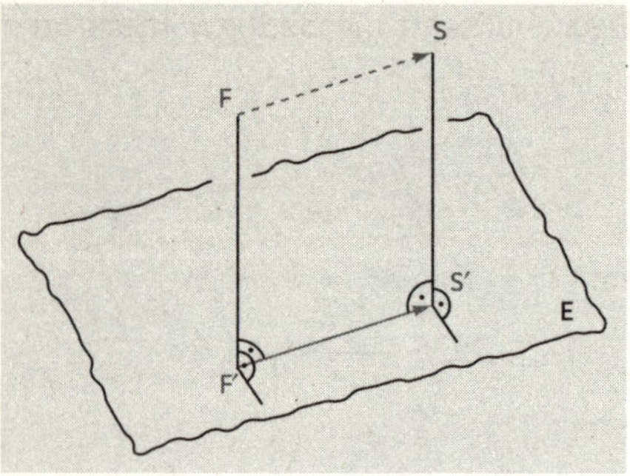

F' und S' sind die entsprechenden Schnittpunkte der Lotgeraden auf E durch F bzw. S, deshalb gilt: $\overrightarrow{FF'} \parallel \overrightarrow{SS'} \parallel \vec{n}_E$

b) auf einen Vektor

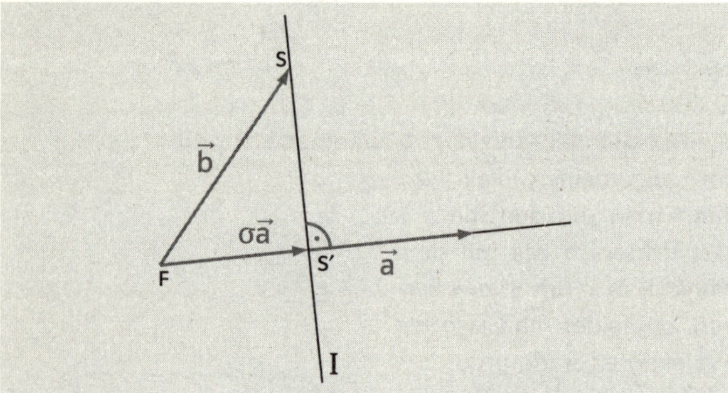

$\vec{b}$ wird senkrecht auf $\vec{a}$ projiziert, das Bild von $\vec{b}$ ist der Vektor $\overrightarrow{FS'}$, für den zunächst gilt: $\overrightarrow{FS'} = \sigma\vec{a} = \vec{b}_a$

Da das Dreieck FS'S bei S' rechtwinklig ist, gilt für

$\varphi = \sphericalangle S'FS$: $\cos\varphi = \frac{|\sigma\vec{a}|}{|\vec{b}|} = \frac{|\vec{b}_a|}{|\vec{b}|}$

$\Rightarrow\ |\vec{b}_a| = |\vec{b}| \cos\varphi$ bzw.

$\vec{b}_a = \vec{a}^{\circ} \cdot |\vec{b}| \cdot \cos\varphi$ oder kurz: $\vec{b}_a = (\vec{b} \circ a^{\circ})\vec{a}^{\circ}$

2 Spiegelungen

1. Punkt P an einer Ebene E

l: Lot(gerade) durch P auf E

l schneidet E in F (senkrecht). Die Koordinatenermittlung des Spiegelpunktes P′ von P erfolgt am einfachsten durch die Vektorgleichung:

$\overrightarrow{OP'} = \overrightarrow{OP} + 2 \cdot \overrightarrow{PF}$

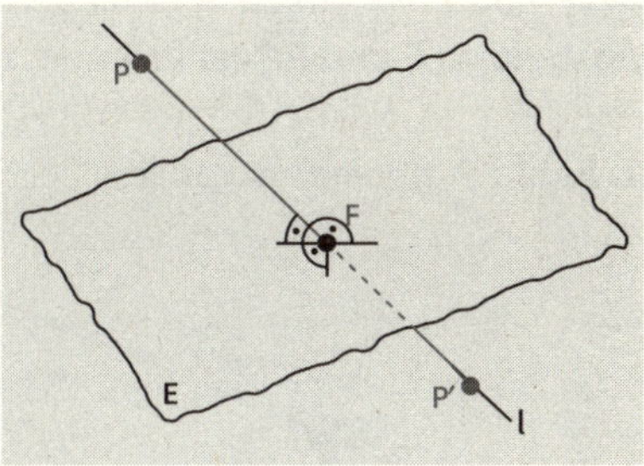

Ist der Abstand d des Punktes P von E bekannt, oder wird er ermittelt, so erhält man P′ auch durch $\overrightarrow{OP'} = \overrightarrow{OP} - 2d\vec{n}^{\circ}_{E}$, wobei d = d(P; E) orientiert, also mit Vorzeichen einzusetzen ist.

Beispiele:

$E: 2x_1 - 2x_2 + x_3 - 12 = 0$

$HNF_E: \frac{2x_1 - 2x_2 + x_3 - 12}{3} = 0$

P sei P(1 | 0 | 1), damit

$d(P; E) = \frac{2+1-12}{3} = -3; \quad \vec{n}^{\circ}_{E} = \frac{1}{3}\begin{pmatrix} 2 \\ -2 \\ 1 \end{pmatrix}$

nach obiger Formel: $\overrightarrow{OP'} = \begin{pmatrix} 1 \\ 0 \\ 1 \end{pmatrix} - (-6) \cdot \frac{1}{3}\begin{pmatrix} 2 \\ -2 \\ 1 \end{pmatrix}$

$\Rightarrow P'(5 | -4 | 3)$

Probe über die Bestimmung von $|\overrightarrow{PP'}|$ und d(P′; E):

$\overrightarrow{PP'} = \begin{pmatrix} 4 \\ -4 \\ 2 \end{pmatrix} \Rightarrow \ |PP'| = 6;$

somit $|\overrightarrow{PP'}| = 2 \cdot |d(P; E)|$

$d(P'; E) = \frac{10 + 8 + 3 - 12}{3} = -d(P; E)$

$\Rightarrow$ P und P' liegen zu verschiedenen Seiten von E im gleichen Abstand zu E und $\overrightarrow{PP'}$ ist kollinear zu $\vec{n}_E$.

2. Punkt P an einer Geraden g

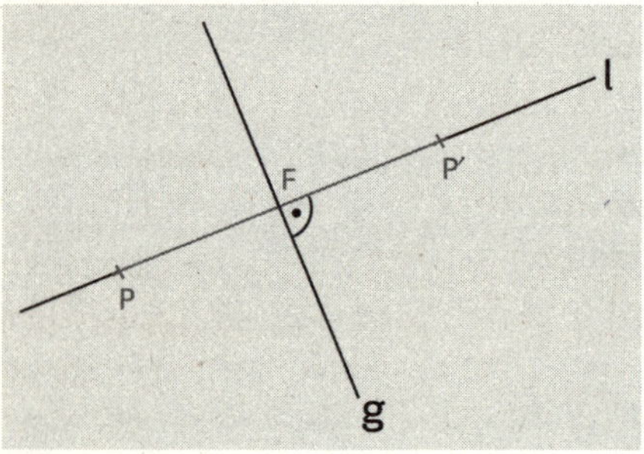

Für den $\mathbb{R}^2$ ist das Problem einfach zu erfassen: man stellt die Lotgerade l zu g durch P auf, gewinnt den Schnittpunkt F von l und g. Damit: $\overrightarrow{OP'} = \overrightarrow{OP} + 2 \cdot \overrightarrow{PF}$

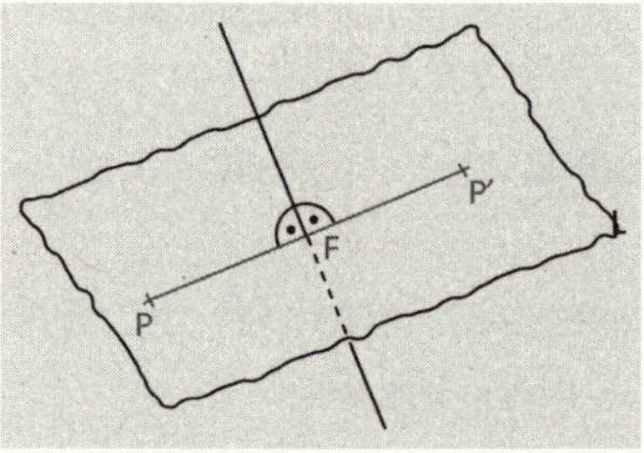

Da im $\mathbb{R}^3$ zu einer Geraden keine eindeutige Lotgerade existiert, weicht man auf eine Lotebene L zu g aus. Der Schnittpunkt von g und L sei F. Die Lotebene enthalte den Punkt P. Für P' gilt dann die gleiche Formel wie oben: $\overrightarrow{OP'} = \overrightarrow{OP} + 2 \cdot \overrightarrow{PF}$

Beispiel:

$P(1|1|2);\; g: \vec{x} = \begin{pmatrix} 1 \\ 2 \\ -1 \end{pmatrix} + \lambda \begin{pmatrix} 2 \\ 2 \\ 1 \end{pmatrix}$

da $\vec{n}_L = \vec{u}_g \Rightarrow L: 2x_1 + 2x_2 + x_3 + n_0 = 0$
da $P \in L$: $2 + 2 + 2 + n_0 = 0 \Rightarrow n_0 = -6$
$\Rightarrow L: 2x_1 + 2x_2 + x_3 - 6 = 0$
g in $L: 2(1 + 2\lambda) + 2(2 + 2\lambda) + (-1 + \lambda) - 6 = 0$
$\Rightarrow 9\lambda - 1 = 0 \Rightarrow \lambda = \frac{1}{9} \Rightarrow F\left(\frac{11}{9}\middle|\frac{20}{9}\middle|-\frac{8}{9}\right)$

$\Rightarrow \overrightarrow{OP'} = \begin{pmatrix} 1 \\ 1 \\ 2 \end{pmatrix} + 2\begin{pmatrix} \frac{2}{9} \\ \frac{11}{9} \\ \frac{-26}{9} \end{pmatrix} \Rightarrow P'\left(\frac{13}{9}\middle|\frac{31}{9}\middle|-\frac{34}{9}\right)$

3. Gerade g an einer Ebene E

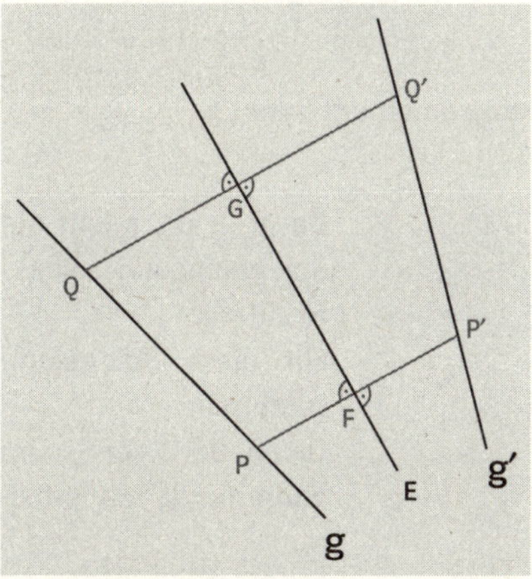

Das Problem lässt sich vereinfacht darstellen, wenn man die Ebene E genau von der Kante, d.h. wie eine Gerade, sieht. g' erhält man aus P' und Q', den Spiegelpunkten von $P \in g$ und $Q \in g$, die prinzipiell beliebig gewählt werden können.

Im Sonderfall der Kenntnis des Schnittpunktes S von g und E reicht die Spiegelung eines Punktes $P \in g$ für die Gewinnung von g' aus, da S = S'.

Falls gilt $g \| E$ reicht ebenfalls die Spiegelung eines einzigen Punktes $P \in g$, denn zur Aufstellung von g' kann $\vec{u}_g = \vec{u}_{g'}$ verwendet werden, da die Geradenrichtung in diesem Fall erhalten bleibt.

Beispiel:

$g: \vec{x} = \begin{pmatrix}1\\0\\1\end{pmatrix} + \lambda \begin{pmatrix}-1\\2\\1\end{pmatrix}$; $E: 2x_1 - 2x_2 + x_3 + 2 = 0$

g und E schneiden sich in S(0|2|2), l durch P(1|0|1)

$l: \vec{x} = \begin{pmatrix}1\\0\\1\end{pmatrix} + \mu \begin{pmatrix}2\\-2\\1\end{pmatrix}$; $l \times E: F\left(-\frac{1}{9}\middle|\frac{10}{9}\middle|\frac{4}{9}\right)$

$\Rightarrow \overrightarrow{PF} = \frac{1}{9}\begin{pmatrix}-10\\10\\-5\end{pmatrix} \Rightarrow \overrightarrow{OP'} = \begin{pmatrix}1\\0\\1\end{pmatrix} + \frac{10}{9}\begin{pmatrix}-2\\2\\-1\end{pmatrix}$

$\Rightarrow P'\left(-\frac{11}{9}\middle|\frac{20}{9}\middle|-\frac{1}{9}\right)$ und damit $(S = S')$

$g': \vec{x} = \begin{pmatrix}0\\2\\2\end{pmatrix} + \varrho \begin{pmatrix}-\frac{11}{9}\\\frac{2}{9}\\-\frac{19}{9}\end{pmatrix}$ bzw. $g': \vec{x} = \begin{pmatrix}0\\2\\2\end{pmatrix} + \sigma \begin{pmatrix}-11\\2\\-19\end{pmatrix}$

4. Spiegelung einer Geraden g an einem Punkt S

$S \notin g$ sei vorausgesetzt.

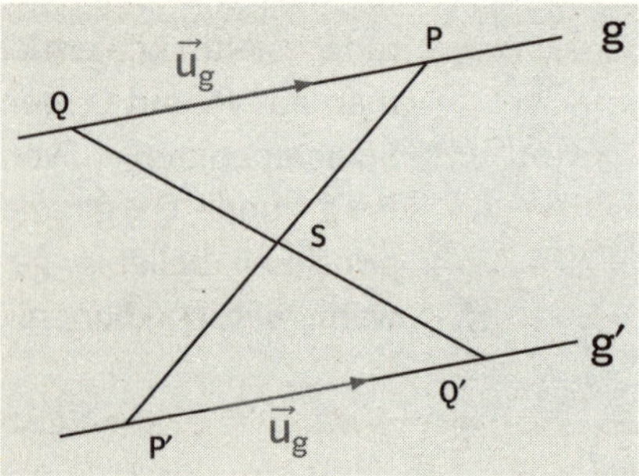

Da $\vec{u}_g = \vec{u}_{g'}$, reicht die Spiegelung eines Punktes $P \in g$.

Für diese Spiegelung setzt man: $\overrightarrow{OP'} = \overrightarrow{OP} + 2\overrightarrow{PS}$, um dann für g' zu erhalten:

$g': \vec{x} = \overrightarrow{OP'} + \mu \vec{u}_g$

5. Spiegelung einer Ebene E an einem Punkt S

$S \notin E$ sei vorausgesetzt.

Auch hier gilt die Parallelität von E und E'. Deshalb reicht die Ermittlung von P', also eines Bildpunktes, aus. Die Richtungsvektoren können von E übernommen werden.

$E: \vec{x} = \overrightarrow{OP} + \lambda \vec{u}_E + \mu \vec{v}_E$

$\Rightarrow \; E': \vec{x} = \overrightarrow{OP'} + \lambda \vec{u}_E + \mu \vec{v}_E$

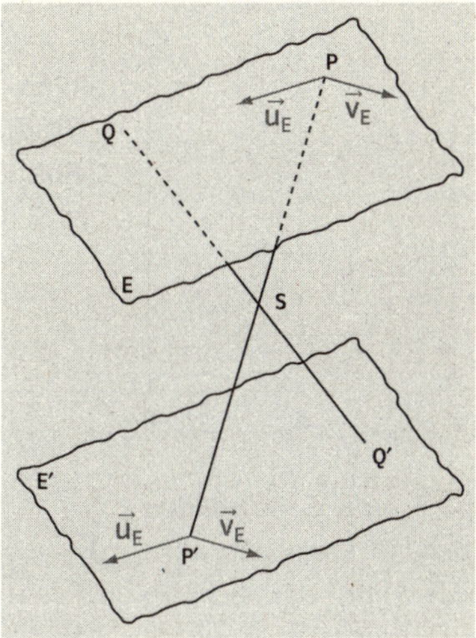

6. Ermittlung des Spiegelzentrums S

In den oben unter 4. und 5. besprochenen Fällen kann das Spiegelzentrum S immer dann eindeutig bestimmt werden, wenn von einem festgelegten Punktepaar (P; P') ausgegangen werden darf.

Dann folgt aus: $\overrightarrow{OP'} = \overrightarrow{OP} + 2\overrightarrow{PS}$ und

$\overrightarrow{OP'} = \overrightarrow{OP} + 2(\overrightarrow{OS} - \overrightarrow{OP})$: $\overrightarrow{OS} = \frac{1}{2}(\overrightarrow{OP} + \overrightarrow{OP'})$

Ist eine feste Zuordnung P und P' nicht getroffen, werden also g bzw. E nur als Punktmengen gespiegelt, so kann jeder Punkt der Mittelgeraden von (g; g') bzw. der Mittelebene von (E; E') als S dienen. Umgekehrt können hier dann zwei beliebige Punkte $P \in g$ (E) und $P' \in g'$ (E') zur Ermittlung von S dienen.

7. Spiegelung einer Ebene E an einer Ebene S

Auch hier werden die Ebenen wieder in Ebenen gespiegelt. Die Darstellungen erfolgen in strenger Seitenansicht.

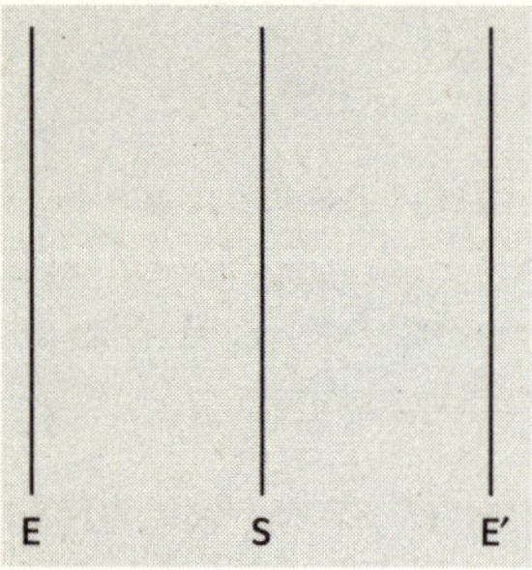

a) Es gelte $E \parallel S$.
Für die Bestimmung von E' genügt eine Spiegelung von $P \in E$ an S (s. S. 91), da ja auch gilt $\vec{n}_E = \vec{n}_{E'}$.

b) E und S schneiden sich. E' kann z.B. auch mit Hilfe der Schnittgeraden von E und S ermittelt werden, die auch ganz in E' liegt. Dann bestimmt man über einen zu spiegelnden Punkt die zweite Richtung von E'.

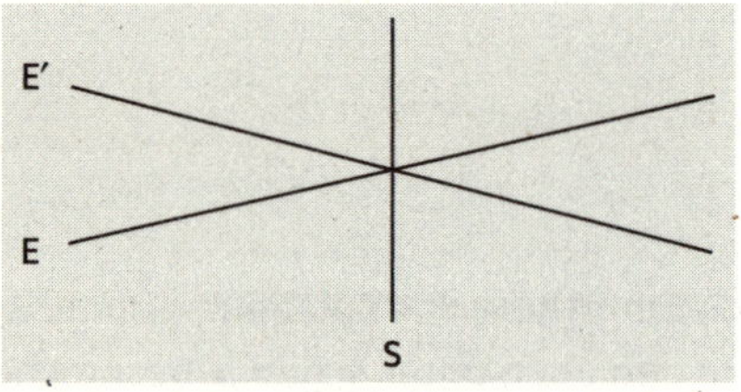

Ein anderer Weg führt über die winkelhalbierenden Ebenen zum Ziel. S wird mit einer der Ebenen W_1 oder W_2 gleichgesetzt (vgl. Seite 86).

Flächen- und Volumenberechnung

1 Geradlinig begrenzte Figuren und Körper

In der Analytischen Geometrie verwendet man meist die Formeln der gewöhnlichen Geometrie zur Berechnung von Flächen- und Rauminhalten, wobei Streckenlängen und Winkelgrößen vorzugsweise analytisch ermittelt werden.

a) Dreiecksfläche

elementargeometrisch:

$A_{\triangle} = \frac{1}{2} \cdot g \cdot h$

analytisch geometrisch:

$A_{\triangle} = \frac{1}{2} \cdot |\overrightarrow{AB}| \cdot |d(C; g(AB))|$

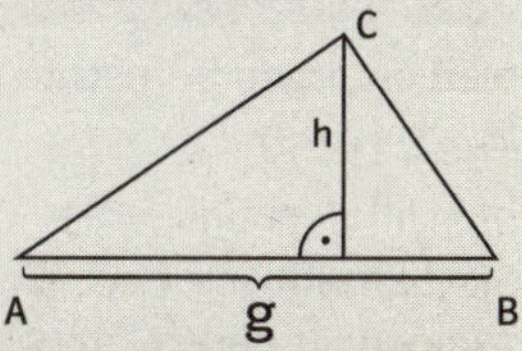

b) Rechtecksfläche

elementargeometrisch:

$A_{\square} = a \cdot b$

analytisch geometrisch:

$A_{\square} = |\overrightarrow{AB}| \cdot |\overrightarrow{BC}|$

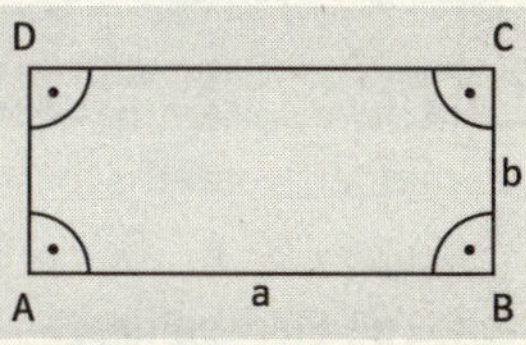

c) Fläche eines Parallelogramms

elementargeometrisch :

$A_{\text{▱}} = a \cdot h$

analytisch geometrisch:

$A_{\text{▱}} = |\overrightarrow{AB}| \cdot |d(D; g(AB))|$

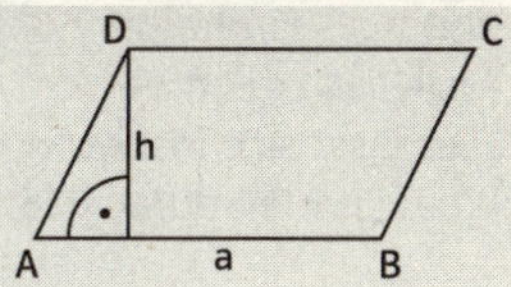

Wobei wegen der Eigenschaften des Parallelogramms auch andere Ansätze zum richtigen Ergebnis führen:

$A_{\text{▱}} = |\overrightarrow{AB}| \cdot |d(C; g(AB))|$ oder

$A_{\text{▱}} = |\overrightarrow{BC}| \cdot |d(A; g(BC))|$

d) Trapezfläche

elementargeometrisch:

$A_{Trapez} = \frac{a+b}{2} \cdot h$

analytisch geometrisch:

$A_{Trapez} = \frac{|\overrightarrow{AB}| + |\overrightarrow{CD}|}{2} \cdot |d(C; g(AB))|$

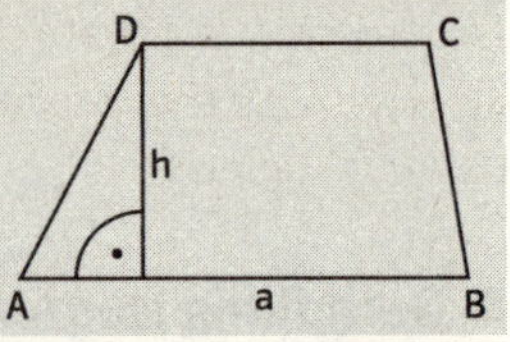

e) Quadervolumen

elementargeometrisch:

$V_{Quader} = a \cdot b \cdot c$

analytisch geometrisch:

$V_{Quader} = |\overrightarrow{AB}| \cdot |\overrightarrow{BC}| \cdot |\overrightarrow{AE}|$

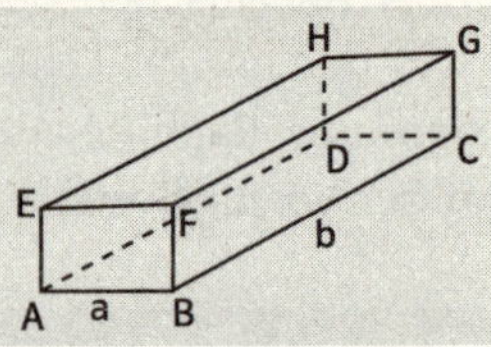

f) Prisma

elementargeometrisch:

$V_{Prisma} = G \cdot h$

analytisch geometrisch:
Sind Grund- und Deckfläche zueinander parallel, taucht h als Abstand zweier Parallelebenen auf.

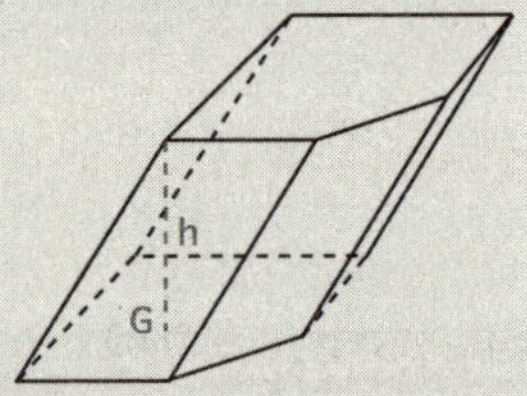

g) Pyramidenvolumen

elementargeometrisch:

$V_{Pyramide} = \frac{1}{3} G \cdot h$

mit G als Flächeninhalt
des Vielecks ABCD
und h als Pyramidenhöhe;
analytisch geometrisch:
Hier lässt sich insbesondere
h bestimmen durch $d(S; E_{ABC})$.

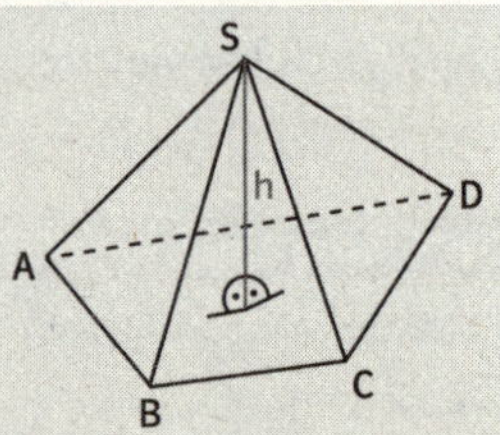

Beispiel:
Durch die Punkte A(2|0|0), B(5|0|−1), C(6|0|2), D(3|0|3) und S(4|7|1) werde eine räumliche Figur festgelegt. Berechne deren Volumen!

Zunächst ist Klarheit über die Lage der Punkte zu schaffen. Da bei den Punkten A, B, C und D jeweils die x_2-Koordinate 0 beträgt, liegen diese vier Punkte in der x_1x_3-Ebene.

$$\overrightarrow{AB} = \begin{pmatrix} 3 \\ 0 \\ -1 \end{pmatrix} \Rightarrow \overline{AB} = \sqrt{10};\ \overrightarrow{AC} = \begin{pmatrix} 4 \\ 0 \\ 2 \end{pmatrix} \Rightarrow \overline{AC} = 2\sqrt{5}$$

$$\overrightarrow{AD} = \begin{pmatrix} 1 \\ 0 \\ 3 \end{pmatrix} \Rightarrow \overline{AD} = \sqrt{10};\ \overrightarrow{BC} = \begin{pmatrix} 1 \\ 0 \\ 3 \end{pmatrix} \Rightarrow \overline{BC} = \sqrt{10}$$

$$\overrightarrow{CD} = \begin{pmatrix} -3 \\ 0 \\ 1 \end{pmatrix} \Rightarrow \overline{CD} = \sqrt{10};\ \overrightarrow{BD} = \begin{pmatrix} -2 \\ 0 \\ 4 \end{pmatrix} \Rightarrow \overline{BD} = 2\sqrt{5}$$

Daraus ergibt sich: Die Punkte A, B, C, D bilden ein Quadrat mit der Seitenlänge $\sqrt{10}$. Der Diagonalschnittpunkt M ist die Mitte von [AC] bzw. die Mitte von [BD]: M(4|0|1).

Der Punkt S(4|7|1) liegt 7 Längeneinheiten über M. Die Figur ABCDS kann als eine reguläre Pyramide mit der Grundfläche ABCD (Quadrat, Seitenlänge $\sqrt{10}$) und der Spitze S (Höhe h: $\overline{MS}$ = 7 Längeneinheiten) angesehen werden.

Damit: $V_{ABCDS} = \frac{1}{3} A_{\square ABCD} \cdot h$

$V_{ABCDS} = \frac{1}{3} \cdot 10 \cdot 7 = \frac{70}{3}$ (Raumeinheiten)

Welche Figur schneidet die Ebene F, die AB enthält und durch den Punkt T(4|5|1) verläuft, aus ABCDS heraus und wie verhalten sich die Volumina der entstehenden Teilkörper zueinander?

Ebene F: $\vec{u}_F = \overrightarrow{AB} = \begin{pmatrix} 3 \\ 0 \\ -1 \end{pmatrix}$; $\vec{v}_F = \overrightarrow{AT} = \begin{pmatrix} 2 \\ 5 \\ 1 \end{pmatrix}$

$\vec{n}_F$: $\left.\begin{array}{l} (1)\ 3n_1 - n_3 = 0 \\ (2)\ 2n_1 + 5n_2 + n_3 = 0 \end{array}\right\}$ $\begin{array}{l} (1) + (2)\text{: } 5n_1 + 5n_2 = 0 \Rightarrow n_1 = -n_2 \\ \text{aus (1): } n_3 = 3n_1 \end{array}$

$\Rightarrow \vec{n}_F = \begin{pmatrix} 1 \\ -1 \\ 3 \end{pmatrix} \Rightarrow F: x_1 - x_2 + 3x_3 + n_0 = 0$

Da $T \in F$: $F: x_1 - x_2 + 3x_3 - 2 = 0$

F schneidet die Pyramide in 4 Kantenlinien; das sind diejenigen Geraden, die die Eckpunkte der Basis mit der Spitze S verbinden! A(2|0|0) und B(5|0|−1) liegen als Schnittpunkte bereits fest.

Berechnung der weiteren Schnittpunkte:

g(CS): $\vec{x} = \begin{pmatrix} 6 \\ 0 \\ 2 \end{pmatrix} + \upsilon \begin{pmatrix} -2 \\ 7 \\ -1 \end{pmatrix}$ in F:

$6 - 2\upsilon - 7\upsilon + 6 - 3\upsilon - 2 = 0 \Rightarrow \upsilon = \frac{5}{6} \Rightarrow C'\left(\frac{13}{3} \middle| \frac{35}{6} \middle| \frac{7}{6}\right)$

g(DS): $\vec{x} = \begin{pmatrix} 3 \\ 0 \\ 3 \end{pmatrix} + \tau \begin{pmatrix} 1 \\ 7 \\ -2 \end{pmatrix}$ in F:

$3 + \tau - 7\tau + 9 - 6\tau - 2 = 0 \Rightarrow \tau = \frac{5}{6} \Rightarrow D'\left(\frac{23}{6} \middle| \frac{35}{6} \middle| \frac{4}{3}\right)$

$\overline{AB} = \sqrt{10}$;

$\overrightarrow{AD'} = \frac{1}{6}\begin{pmatrix} 11 \\ 35 \\ 8 \end{pmatrix} \Rightarrow \overline{AD'} = \frac{1}{6}\sqrt{1410}$

$$\overrightarrow{BC'} = \frac{1}{6}\begin{pmatrix} -4 \\ 35 \\ 13 \end{pmatrix} \Rightarrow \overline{BC'} = \frac{1}{6}\sqrt{1410}$$

$$\overrightarrow{C'D'} = \frac{1}{6}\begin{pmatrix} -3 \\ 0 \\ 1 \end{pmatrix} \Rightarrow \overline{C'D'} = \frac{1}{6}\sqrt{10}$$

Bei ABC'D' handelt es sich offensichtlich um ein gleichschenkliges Trapez, dessen zueinander parallele Seiten durch [AB] und [C'D'] gegeben sind. (In der Skizze sind [AD'] und [BC'] verkürzt gezeichnet)
Winkel bei A:

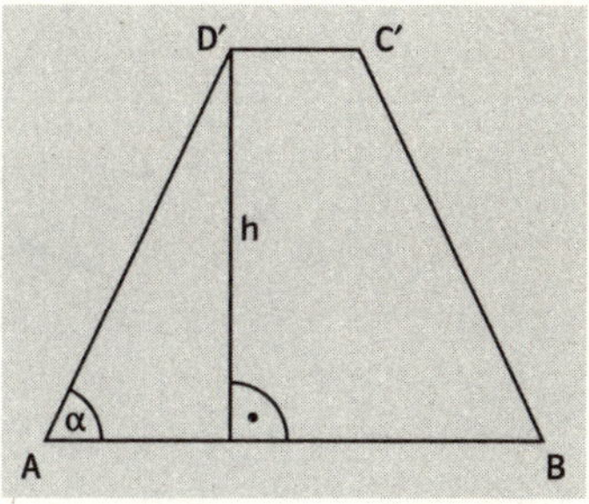

$\cos\alpha' = \cos(\overrightarrow{AB}; \overrightarrow{AD'}) = \frac{25}{\sqrt{10}\cdot\sqrt{1410}} \Rightarrow \alpha' \approx 77{,}8°$

Trapezhöhe: $h = \overline{AD'} \cdot \sin\alpha' \approx 6{,}12$ L.E.

Volumenverhältnisse: $V_{ABCDS} = \frac{70}{3}$ R.E.; $V_{ABC'D'S} = ?$ R.E.

$|d(S; F_{ABC'D'})| = \left|\frac{4-7+3-2}{\sqrt{11}}\right| = \frac{2}{\sqrt{11}} = \frac{2}{11}\sqrt{11} = d$

Trapezfläche: $A_T = \frac{1}{2}\left(\frac{1}{6}\sqrt{10} + \sqrt{10}\right)\cdot h \approx 11{,}286$ F.E.

$V_{ABC'D'S}$: $\frac{1}{3}\cdot A_T \cdot d \approx 2{,}268$ V.E.

$V_{ABC'D'S} : V_{VABCDS} \approx 2{,}268 : \frac{70}{3}$

$\Rightarrow V_{ABC'D'S} : V_{VABCDS} \approx 9{,}7 : 90{,}3$

Die Ebene F trennt demnach rund 9,7% des Gesamtvolumens oben ab.

2 Kreis und Kugel

Die Punkte einer Kreislinie bzw. die Punkte einer Kugeloberfläche sind gekennzeichnet durch die gemeinsame Eigenschaft, von einem Punkt M (Mittelpunkt) den gleichen Abstand r (Radius) zu besitzen. Aus $\overline{MX} = r$ und $\overrightarrow{MX} = \vec{x} - \vec{m}$ folgt mit $(\vec{x} - \vec{m})^2 = r^2$, im $\mathbb{R}^2$ die vektorielle Form der Kreisgleichung und im $\mathbb{R}^3$ die vektorielle Form der Kugelgleichung. Aus ihr gewinnt man die folgende Koordinatenform:

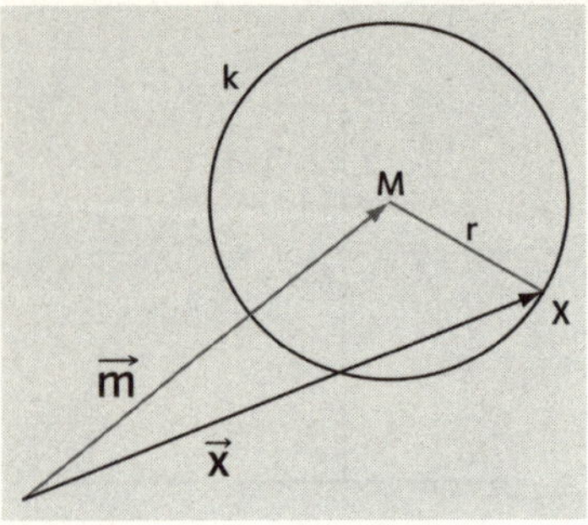

$$k: (x_1 - m_1)^2 + (x_2 - m_2)^2 \; [+ (x_3 - m_3)^2] = r^2$$

Diese Gleichungen erfahren nur eine leichte Änderung beim Übergang zu Gleichungen für die Tangente an einen Kreispunkt P bzw. für die Tangentenebene an einen Kugelpunkt P:

$T: (\vec{p} - \vec{m}) \circ (\vec{x} - \vec{m}) = r^2$, mit $p \in k$ oder

$T: (p_1 - m_1)(x_1 - m_1) + (p_2 - m_2)(x_2 - m_2) \; [+ (p_3 - m_3)(x_3 - m_3)] = r_2$

Beispiel: Eine Kugel mit Radius $r = \sqrt{11}$, deren Mittelpunkt auf der x_3-Achse liegt, habe die Ebene F (vgl. Seite 100) als Tangentialebene. Der Berührpunkt P und der Mittelpunkt M sind zu bestimmen.

$M(0|0|m_3)$; $P(p_1|p_2|p_3)$

$F: x_1 - x_2 + 3x_3 - 2 = 0;$

Da $\overrightarrow{MP} = \lambda\vec{n}_F$, folgt: $\begin{pmatrix} p_1 \\ p_2 \\ p_3 - m_3 \end{pmatrix} = \lambda\begin{pmatrix} 1 \\ -1 \\ 3 \end{pmatrix}$

$\Rightarrow\ p_1 = \lambda \wedge p_2 = -\lambda \wedge p_3 - m_3 = 3\lambda$

eingesetzt in F: $\lambda + \lambda + 9\lambda + 3m_3 - 2 = 0$

$\Rightarrow\ m_3 = -\frac{11}{3}\lambda + \frac{2}{3}$

Die Tangentialebene T für $M(0|0|m_3)$ und $P(p_1|p_2|p_3)$ lautet allgemein:

$$T: p_1x_1 + p_2x_2 + (p_3 - m_3)x_3 - (p_3 - m_3)m_3 = r^2$$

Mit $r = \sqrt{11}$ und den obigen Ergänzungen der p_i:

$\lambda x_1 - \lambda x_2 + 3\lambda x_3 - 3\lambda\left(-\frac{11}{3}\lambda + \frac{2}{3}\right) = 11$

$x_1 - x_2 + 3x_3 + 11\lambda - 2 - \frac{11}{\lambda} = 0$

Durch Vergleich mit F erhält man:

$11\lambda - \frac{11}{\lambda} - 2 = -2$
$\Rightarrow\ 11\lambda^2 - 11 = 0$
$\Rightarrow\ \lambda_1 = 1;\ \lambda_2 = -1$

$\Rightarrow$ erste Lösung: $P(1|-1|0)$ und $M(0|0|-3)$.

Probe: $\overrightarrow{MP} = \begin{pmatrix} 1 \\ -1 \\ 3 \end{pmatrix} \Rightarrow |\overrightarrow{MP}| = \sqrt{11} = r$

$\Rightarrow$ zweite Lösung: $P\left(-1|1|\frac{4}{3}\right)$ und $M\left(0|0|\frac{13}{3}\right)$

Probe: $\overrightarrow{MP} = \begin{pmatrix} -1 \\ 1 \\ -3 \end{pmatrix} \Rightarrow |\overrightarrow{MP}| = \sqrt{11} = r$

3 Vektorprodukt

In der Menge der Vektoren ist noch eine weitere innere Multiplikation erklärt, d.h. eine Multiplikation zweier Vektoren, deren Produkt wieder ein Vektor ist, das Vektorprodukt.

Mit $\vec{a} = \begin{pmatrix} a_1 \\ a_2 \\ a_3 \end{pmatrix}$ und $\vec{b} = \begin{pmatrix} b_1 \\ b_2 \\ b_3 \end{pmatrix}$ gilt für

$$\vec{v} = \vec{a} \times \vec{b} = \begin{pmatrix} a_1 \\ a_2 \\ a_3 \end{pmatrix} \times \begin{pmatrix} b_1 \\ b_2 \\ b_3 \end{pmatrix} = \begin{pmatrix} a_2b_3 - a_3b_2 \\ -(a_1b_3 - a_3b_1) \\ a_1b_2 - a_2b_1 \end{pmatrix}$$

⇒ (Sprechweise: »$\vec{a}$ kreuz $\vec{b}$«)

Der Vektor $\vec{v}$ steht senkrecht auf $\vec{a}$ und senkrecht auf $\vec{b}$, d.h. senkrecht auf der von $\vec{a}$ und $\vec{b}$ aufgespannten Ebene. (Wären $\vec{a}$ und $\vec{b}$ zueinander kollinear, so ergäbe sich für $\vec{v}$ der Nullvektor).

Zu beachten ist: $\vec{a} \times \vec{b} = -(\vec{b} \times \vec{a})$

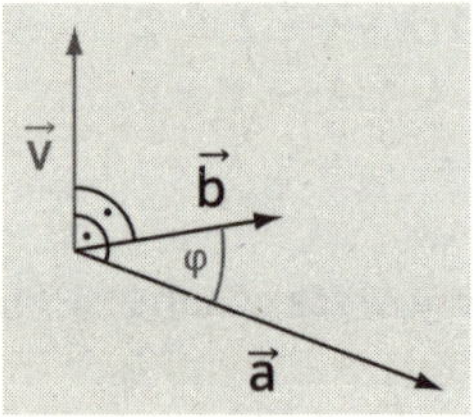

Für den Betrag von $\vec{v}$ gilt:
$|\vec{v}| = |\vec{a} \times \vec{b}| = |\vec{a}| \cdot |\vec{b}| \cdot \sin\varphi$
$(0 \leq \varphi \leq \pi)$

Das Vektorprodukt wird besonders zur Ermittlung des Normalenvektors und zur Bestimmung von Flächen und Rauminhalten verwendet.

Beispiele:

1. Zur Ebene E gehören die Richtungsvektoren

$$\vec{u}_E = \begin{pmatrix} 1 \\ -2 \\ 1 \end{pmatrix} \text{ und } \vec{v}_E = \begin{pmatrix} -1 \\ 1 \\ 2 \end{pmatrix}.$$

Hieraus entsteht durch das Vektorprodukt der Normalenvektor von E:

$$\vec{n}_E = \begin{pmatrix} 1 \\ -2 \\ 1 \end{pmatrix} \times \begin{pmatrix} -1 \\ 1 \\ 2 \end{pmatrix} = \begin{pmatrix} -4-1 \\ -(2+1) \\ 1-2 \end{pmatrix} = \begin{pmatrix} -5 \\ -3 \\ -1 \end{pmatrix}$$

Probe: $\begin{pmatrix} -5 \\ -3 \\ -1 \end{pmatrix} \circ \begin{pmatrix} 1 \\ -2 \\ 1 \end{pmatrix} = -5 + 6 - 1 = 0 \Rightarrow \vec{n}_E \perp \vec{u}_E$

und $\begin{pmatrix} -5 \\ -3 \\ -1 \end{pmatrix} \circ \begin{pmatrix} -1 \\ 1 \\ 2 \end{pmatrix} = 5 - 3 - 2 = 0 \Rightarrow \vec{n}_E \perp \vec{v}_E$

2. $\vec{a}$ und $\vec{b}$ spannen ein **Parallelogramm** auf, dessen Flächeninhalt A durch $A = |\vec{a}| \cdot |b| \cdot \sin\varphi$, also durch $A = |\vec{a} \times \vec{b}|$ gegeben ist. Mit den Vektoren aus 1. erhält man

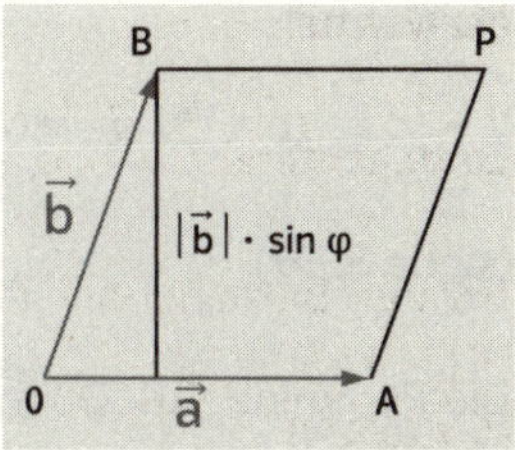

$$A = \left| \begin{pmatrix} -5 \\ -3 \\ -1 \end{pmatrix} \right| = \sqrt{35};$$

Auch für die Ermittlung des Flächeninhalts eines Dreiecks kann das Vektorprodukt herangezogen werden:

$A_{\Delta OAB} = \frac{1}{2} A_{\Delta OAPB} = \frac{1}{2} |\vec{a} \times \vec{b}|$

3. Volumen eines Parallelflachs

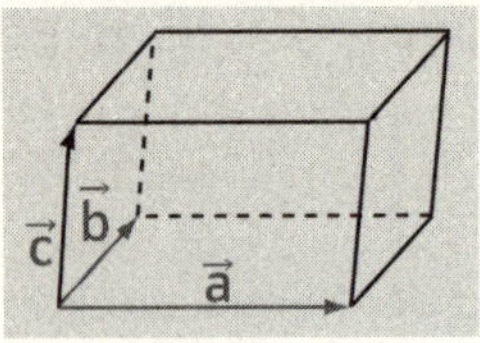

$V = |\vec{a} \circ (\vec{b} \times \vec{c})|$, wofür sich auch kürzer

$V = \begin{vmatrix} a_1 & b_1 & c_1 \\ a_2 & b_2 & c_2 \\ a_3 & b_3 & c_3 \end{vmatrix}$ schreiben lässt.

4. Pyramidenvolumen

Aus 3. ergibt sich für eine dreiseitige Pyramide die Formel:

$V = \frac{1}{6} \cdot |\vec{a} \circ (\vec{b} \times \vec{c})|$,

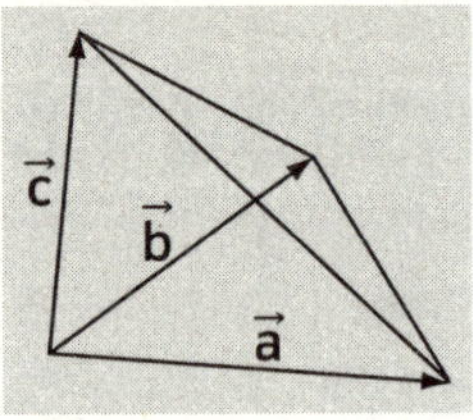

während man für die vierseitige Pyramide (Grundfläche: Parallelogramm) die Formel:

$V = \frac{1}{3} |\vec{a} \circ (\vec{b} \times \vec{c})|$ gewinnt.

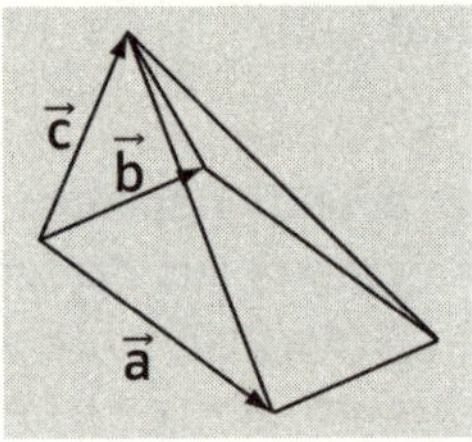

(siehe S. 99)

Die Pyramide ABCDS hat nach obiger Formel das Volumen:

$$V_{ABCDS} = \frac{1}{3} |\overrightarrow{AB} \circ (\overrightarrow{AD} \times \overrightarrow{AS})| = \frac{1}{3} \left| \begin{pmatrix} 3 \\ 0 \\ -1 \end{pmatrix} \circ \left[\begin{pmatrix} 1 \\ 0 \\ 3 \end{pmatrix} \times \begin{pmatrix} 2 \\ 7 \\ 1 \end{pmatrix} \right] \right|$$

$$= \frac{1}{3} \left| \begin{pmatrix} 3 \\ 0 \\ -1 \end{pmatrix} \circ \begin{pmatrix} -21 \\ 5 \\ 7 \end{pmatrix} \right| = \frac{1}{3} |-63 - 7| = \frac{70}{3} \text{ Raumeinheiten}$$

Für die abgeschnittene (schiefe) Pyramide setzt man an:
(Das auf S. 101 gezeichnete Trapez wird in zwei Dreiecke geteilt.)

$$V_{ABC'D'S} = V_{ABD'S} + V_{BD'C'S}$$

$$V_{ABC'D'S} = \frac{1}{6}\left|\overrightarrow{AB} \circ (\overrightarrow{AD'} \times \overrightarrow{AS})\right| + \frac{1}{6}\left|\overrightarrow{D'B} \circ (\overrightarrow{D'C'} \times \overrightarrow{D'S})\right|$$

$$= \frac{1}{6}\left|\begin{pmatrix}3\\0\\-1\end{pmatrix} \circ \left[\frac{1}{6}\begin{pmatrix}11\\35\\8\end{pmatrix} \times \begin{pmatrix}2\\7\\1\end{pmatrix}\right]\right|$$

$$+ \frac{1}{6}\left|\frac{1}{6}\begin{pmatrix}7\\-35\\-14\end{pmatrix} \circ \left[\frac{1}{6}\begin{pmatrix}3\\0\\-1\end{pmatrix} \times \frac{1}{6}\begin{pmatrix}1\\7\\-2\end{pmatrix}\right]\right|$$

$$= \frac{1}{36}\left|\begin{pmatrix}3\\0\\-1\end{pmatrix} \circ \begin{pmatrix}-21\\5\\7\end{pmatrix}\right| + \frac{7}{36 \cdot 36}\left|\begin{pmatrix}1\\-5\\-2\end{pmatrix} \circ \begin{pmatrix}7\\5\\21\end{pmatrix}\right|$$

$$= \frac{1}{36}\left|-63 - 7\right| + \frac{7}{36 \cdot 36}\left|-60\right|$$

$$= \frac{70}{36} + \frac{35}{108} = \frac{245}{108} \Rightarrow V_{ABC'D'S} \approx 2{,}27 \text{ (Raumeinheiten)}$$

Anhang

1 Lösungen

Übungsbeispiele Seite 18:

$\det(\vec{a};\vec{b}) = \begin{vmatrix} 2 & 4 \\ -1 & -2 \end{vmatrix} = -4-(-4) = 0; \Rightarrow \vec{a};\vec{b}$ linear abhängig

$\det(\vec{a};\vec{c}) = \begin{vmatrix} 2 & 2 \\ -1 & 1 \end{vmatrix} = 2-(-2) = 4; \Rightarrow \vec{a};\vec{c}$ linear unabhängig

$\det(\vec{a};\vec{d}) = \begin{vmatrix} 2 & 1 \\ -1 & 0 \end{vmatrix} = 1; \Rightarrow \vec{a};\vec{d}$ linear unabhängig

$\det(\vec{a};\vec{e}) = \begin{vmatrix} 2 & 2 \\ -1 & 0 \end{vmatrix} = 2; \Rightarrow \vec{a};\vec{e}$ linear unabhängig

$\det(\vec{b};\vec{c}) = \begin{vmatrix} 4 & 2 \\ -2 & 1 \end{vmatrix} = 4+4 = 8; \Rightarrow \vec{b};\vec{c}$ linear unabhängig

$\det(\vec{b};\vec{d}) = \begin{vmatrix} 4 & 1 \\ -2 & 0 \end{vmatrix} = 2; \Rightarrow \vec{b};\vec{d}$ linear unabhängig

$\det(\vec{b};\vec{e}) = \begin{vmatrix} 4 & 2 \\ -2 & 0 \end{vmatrix} = 4; \Rightarrow \vec{b};\vec{e}$ linear unabhängig

$\det(\vec{c};\vec{d}) = \begin{vmatrix} 2 & 1 \\ 1 & 0 \end{vmatrix} = -1; \Rightarrow \vec{c};\vec{d}$ linear unabhängig

$\det(\vec{c};\vec{e}) = \begin{vmatrix} 2 & 2 \\ 1 & 0 \end{vmatrix} = -2; \Rightarrow \vec{c};\vec{e}$ linear unabhängig

$\det(\vec{d};\vec{e}) = \begin{vmatrix} 1 & 2 \\ 0 & 0 \end{vmatrix} = 0; \Rightarrow \vec{d};\vec{e}$ linear abhängig

Folgende Vektorpaare bilden eine Basis des (zweidimensionalen) Vektorraums:
$\{\vec{a};\vec{c}\}$; $\{\vec{a};\vec{d}\}$; $\{\vec{a};\vec{e}\}$; $\{\vec{b};\vec{c}\}$; $\{\vec{b};\vec{d}\}$; $\{\vec{b};\vec{e}\}$; $\{\vec{c};\vec{d}\}$; $\{\vec{c};\vec{e}\}$

Die Paare $\{\vec{a};\vec{b}\}$ und $\{\vec{d};\vec{e}\}$ bilden keine Basis.

$\det(\vec{a}; \vec{b}; \vec{c}) = \begin{vmatrix} 1 & 1 & 2 \\ 0 & 0 & 1 \\ 1 & 2 & 2 \end{vmatrix} = 1 - 2 = -1 \Rightarrow \vec{a}; \vec{b}; \vec{c}$ linear unabhängig

$\det(\vec{a}; \vec{b}; \vec{d}) = \begin{vmatrix} 1 & 1 & 0 \\ 0 & 0 & 1 \\ 1 & 2 & 2 \end{vmatrix} = 1 - 2 = -1 \Rightarrow \vec{a}; \vec{b}; \vec{d}$ linear unabhängig

$\det(\vec{a}; \vec{b}; \vec{e}) = \begin{vmatrix} 1 & 1 & 2 \\ 0 & 0 & 0 \\ 1 & 2 & 2 \end{vmatrix} = 0 \Rightarrow \vec{a}; \vec{b}; \vec{e}$ linear abhängig

$\det(\vec{a}; \vec{b}; \vec{f}) = \begin{vmatrix} 1 & 1 & 2 \\ 0 & 0 & 3 \\ 1 & 2 & 8 \end{vmatrix} = 3 - 6 = -3 \Rightarrow \vec{a}; \vec{b}; \vec{f}$ linear unabhängig

$\det(\vec{a}; \vec{c}; \vec{d}) = \begin{vmatrix} 1 & 2 & 0 \\ 0 & 1 & 1 \\ 1 & 2 & 2 \end{vmatrix} = 2 + 2 - 2 = 2 \Rightarrow \vec{a}; \vec{c}; \vec{d}$
linear unabhängig

$\det(\vec{a}; \vec{c}; \vec{e}) = \begin{vmatrix} 1 & 2 & 2 \\ 0 & 1 & 0 \\ 1 & 2 & 2 \end{vmatrix} = 2 - 2 = 0 \Rightarrow \vec{a}; \vec{c}; \vec{e}$ linear abhängig

$\det(\vec{a}; \vec{c}; \vec{f}) = \begin{vmatrix} 1 & 2 & 2 \\ 0 & 1 & 3 \\ 1 & 2 & 8 \end{vmatrix} = 8 + 6 - 2 - 6 = 6 \Rightarrow \vec{a}; \vec{c}; \vec{f}$
linear unabhängig

$\det(\vec{a}; d; \vec{e}) = \begin{vmatrix} 1 & 0 & 2 \\ 0 & 1 & 0 \\ 1 & 2 & 2 \end{vmatrix} = 2 - 2 = 0 \Rightarrow \vec{a}; d; \vec{e}$ linear abhängig

$\det(\vec{a}; \vec{d}; \vec{f}) = \begin{vmatrix} 1 & 0 & 2 \\ 0 & 1 & 3 \\ 1 & 2 & 8 \end{vmatrix} = 8 - 2 - 6 = 0 \Rightarrow \vec{a}; \vec{d}; \vec{f}$ linear abhängig

$$\det(\vec{a}; \vec{e}; \vec{f}) = \begin{vmatrix} 1 & 2 & 2 \\ 0 & 0 & 3 \\ 1 & 2 & 8 \end{vmatrix} = 6 - 6 = 0 \Rightarrow \vec{a}; \vec{e}; \vec{f}$$ linear abhängig

$$\det(\vec{b}; \vec{c}; \vec{d}) = \begin{vmatrix} 1 & 2 & 0 \\ 0 & 1 & 1 \\ 2 & 2 & 2 \end{vmatrix} = 2 + 4 - 2 = 4 \Rightarrow \vec{b}; \vec{c}; \vec{d}$$ linear unabhängig

$$\det(\vec{b}; \vec{c}; \vec{e}) = \begin{vmatrix} 1 & 2 & 2 \\ 0 & 1 & 0 \\ 2 & 2 & 2 \end{vmatrix} = 2 - 4 = -2 \Rightarrow \vec{b}; \vec{c}; \vec{e}$$ linear unabhängig

$$\det(\vec{b}; \vec{c}; \vec{f}) = \begin{vmatrix} 1 & 2 & 2 \\ 0 & 1 & 3 \\ 2 & 2 & 8 \end{vmatrix} = 8 + 12 - 4 - 6 = 10 \Rightarrow \vec{b}; \vec{c}; \vec{f}$$ linear unabhängig

$$\det(\vec{b}; \vec{d}; \vec{e}) = \begin{vmatrix} 1 & 0 & 2 \\ 0 & 1 & 0 \\ 2 & 2 & 2 \end{vmatrix} = 2 - 4 = -2 \Rightarrow \vec{b}; \vec{d}; \vec{e}$$ linear unabhängig

$$\det(\vec{b}; \vec{d}; \vec{f}) = \begin{vmatrix} 1 & 0 & 2 \\ 0 & 1 & 3 \\ 2 & 2 & 8 \end{vmatrix} = 8 - 4 - 6 = -2 \Rightarrow \vec{b}; \vec{d}; \vec{f}$$ linear unabhängig

$$\det(\vec{b}; \vec{e}; \vec{f}) = \begin{vmatrix} 1 & 2 & 2 \\ 0 & 0 & 3 \\ 2 & 2 & 8 \end{vmatrix} = 12 - 6 = 6 \Rightarrow \vec{b}; \vec{e}; \vec{f}$$ linear unabhängig

$$\det(\vec{c}; \vec{d}; \vec{e}) = \begin{vmatrix} 2 & 0 & 2 \\ 1 & 1 & 0 \\ 2 & 2 & 2 \end{vmatrix} = 4 + 4 - 4 = 4 \Rightarrow \vec{c}; \vec{d}; \vec{e}$$ linear unabhängig

$$\det(\vec{c}; \vec{d}; \vec{f}) = \begin{vmatrix} 2 & 0 & 2 \\ 1 & 1 & 3 \\ 2 & 2 & 8 \end{vmatrix} = 16 + 4 - 4 - 12 = 4 \Rightarrow \vec{c}; \vec{d}; \vec{f}$$ linear unabhängig

$$\det(\vec{c}; \vec{e}; \vec{f}) = \begin{vmatrix} 2 & 2 & 2 \\ 1 & 0 & 3 \\ 2 & 2 & 8 \end{vmatrix} = 12 + 4 - 12 - 16 = -12 \Rightarrow \vec{c}; \vec{e}; \vec{f}$$

linear unabhängig

$$\det(\vec{d}; \vec{e}; \vec{f}) = \begin{vmatrix} 0 & 2 & 2 \\ 1 & 0 & 3 \\ 2 & 2 & 8 \end{vmatrix} = 12 + 4 - 16 = 0 \Rightarrow \vec{d}; \vec{e}; \vec{f}$$

linear abhängig

Ergebnis: Von den 20 verschiedenen Dreierkombinationen aus den 6 gegebenen Vektoren, man nennt sie Tripel von Vektoren, bilden alle bis auf 6 eine Basis. Ausnahmen sind:
$(\vec{a}; \vec{b}; \vec{e})$; $(\vec{a}; \vec{c}; \vec{e})$; $(\vec{a}; \vec{d}; \vec{e})$; $(\vec{a}; \vec{d}; \vec{f})$; $(\vec{a}; \vec{e}; \vec{f})$ und $(\vec{d}; \vec{e}; \vec{f})$.

Übungsbeispiel Seite 20

$$\overrightarrow{AB} = \begin{pmatrix} -4 \\ 0 \\ 1 \end{pmatrix}; \ \overrightarrow{AC} = \begin{pmatrix} -1 \\ 2 \\ -2 \end{pmatrix}; \ \overrightarrow{AD} = \begin{pmatrix} -3 \\ 1 \\ 3 \end{pmatrix}; \ \overrightarrow{BC} = \begin{pmatrix} 3 \\ 2 \\ -3 \end{pmatrix}$$

$$\overrightarrow{BD} = \begin{pmatrix} 1 \\ 1 \\ 2 \end{pmatrix}; \ \overrightarrow{CD} = \begin{pmatrix} -2 \\ -1 \\ 5 \end{pmatrix}; \ \overrightarrow{BA} = \begin{pmatrix} 4 \\ 0 \\ -1 \end{pmatrix}; \ \overrightarrow{CB} = \begin{pmatrix} -3 \\ -2 \\ 3 \end{pmatrix}$$

$$\overrightarrow{DA} = \begin{pmatrix} 3 \\ -1 \\ -3 \end{pmatrix}$$

Rechenproben von Seite 59

$$\begin{pmatrix} 5 \\ -2 \\ 5 \end{pmatrix} \stackrel{?}{=} \begin{pmatrix} 2 \\ 1 \\ -1 \end{pmatrix} + \lambda \begin{pmatrix} 1 \\ -1 \\ 2 \end{pmatrix} + \mu \begin{pmatrix} -1 \\ 2 \\ 1 \end{pmatrix}$$

$$\Rightarrow \left.\begin{array}{ll} (1) & 3 = \lambda - \mu \\ (2) & -3 = -\lambda + 2\mu \\ (3) & 6 = 2\lambda + \mu \end{array}\right\} \text{erfüllt für } \lambda = 3 \text{ und } \mu = 0$$

$$\begin{pmatrix}5\\-2\\5\end{pmatrix} \stackrel{?}{=} \begin{pmatrix}3\\-1\\2\end{pmatrix} + \sigma\begin{pmatrix}1\\3\\2\end{pmatrix} + \tau\begin{pmatrix}2\\-1\\3\end{pmatrix}$$

$$\Rightarrow \left.\begin{aligned} &(1) \quad 2 = \sigma + 2\tau \\ &(2) \quad -1 = 3\sigma - \tau \\ &(3) \quad 3 = 2\sigma + 3\tau \end{aligned}\right\} \text{erfüllt für } \sigma = 0 \text{ und } \tau = 1$$

$$\det(\vec{u}_S; \vec{u}_E; \vec{v}_E) = \begin{vmatrix} -5 & 1 & -1 \\ 6 & -1 & 2 \\ -7 & 2 & 1 \end{vmatrix} = 5 - 14 - 12 + 7 + 20 - 6 = 0$$

$$\det(\vec{u}_S; \vec{u}_F; \vec{v}_F) = \begin{vmatrix} -5 & 1 & 2 \\ 6 & 3 & -1 \\ -7 & 2 & 3 \end{vmatrix} = -45 + 7 + 24 + 42 - 10 - 18 = 0$$

Aus den Ergebnissen folgt: Die Gerade s liegt sowohl ganz in E wie ganz in F, sie ist Schnittgerade beider Ebenen.

2 Tipps für eine Prüfung in Mathematik

Schriftliche Prüfung

Meist erhalten Sie zwei oder drei Aufgaben aus verschiedenen Teilgebieten der Mathematik, wobei im Normalfall alle vorgelegten Aufgaben zu bearbeiten sind; Sie haben damit keine eigene Auswahlmöglichkeiten mehr. Sollten Sie den Prüfungsvorschriften gemäß doch auch selbst Aufgaben zur Bearbeitung auswählen können, so lesen Sie alle Aufgaben genau durch und versuchen Sie, sich in den Aufbau der Aufgaben und deren Verlauf einzudenken. Eine schematische Darstellung des Problems, eine Skizze des Graphen bzw. eine grobe Veranschaulichung auch dreidimensionaler Lagebeziehungen sollten Sie durchaus in Erwägung ziehen.

Sie werden schnell zwischen Teilen, die Standardtechniken voraussetzen, und aufgabenspezifischen Anteilen unterscheiden können. Haben Sie den Eindruck, dass Sie zu den spezifischen Anteilen weniger gut einen Zugang finden und haben diese Anteile eine hohe Wertigkeit in der gesamten Aufgabe, dann sollten Sie sich eher den anderen möglichen Aufgaben zuwenden. Wählen Sie jedenfalls diejenigen Aufgaben aus, deren Anteile Sie am ehesten bewältigen zu können glauben bzw. wo die Schwierigkeiten, die Sie entdecken weniger ausgeprägt erscheinen bzw. die Lösung nicht entscheidend behindern werden.

Auch wenn Sie selbst keine Auswahl bei den Aufgaben haben, sollten Sie alles zur Gänze aufmerksam durchlesen.
Dabei geht es um eine grobe Orientierung, ein Kennenlernen der Situation, d.h. der Einbettung der einzelnen Aufgabe. So

haben Sie bei der Lösung von Teilaufgaben oft schon eine Ahnung, weshalb dieser oder jener Schritt von Ihnen verlangt wird. Dies gibt Ihrem Denken und Ihrem Rechnen die nötige Zielausrichtung.

Die Prüfungsatmosphäre selbst ist für alle Teilnehmer ungewohnt. Sie können sich aber schon vorher mental darauf einstellen und auch versuchen, diese zu Hause zu simulieren. Suchen Sie sich einen Platz, wo Sie weder gestört noch abgelenkt werden, nehmen Sie sich eine alte Prüfungsaufgabe und versuchen Sie diese nur mit den später auch erlaubten Hilfsmitteln zu lösen. Obwohl es sich hier eigentlich um ein Spiel handelt, sollten Sie es ganz ernst nehmen, sich konzentrieren und ehrlich arbeiten. Versuchen Sie auch, diese Übung die gesamte vorgesehene Prüfungszeit durchzuhalten. Wenn es Ihnen gelingt, sollten Sie die Übung mehrmals durchführen. In der Prüfung selbst werden Ihnen dann bestimmte Dinge schon vertraut sein und diese eigentlichen Nebensächlichkeiten können Sie in Ihrem Denken nicht mehr hemmen.

Nun zum fachspezifischen Teil der Prüfung und ihrer Vorbereitung. Sicherlich haben Sie schon lange vor der Prüfung selbst begonnen, sich mit Prüfungsaufgaben zu beschäftigen.

Dabei erkannten Sie bald, dass in allen Teilgebieten viele Aufgaben nach einem relativ starren Muster gestrickt sind, zumindest tauchen immer wieder Problemstellungen auf, die auf ganz bestimmte Arten (rechnerisch) gelöst werden müssen. Solche Standardprobleme sind zunächst einmal zu erkennen und dann eben standardmäßig abzuarbeiten. Hier ist absolute Sicherheit anzustreben, was nur mit viel Übung gelingt. In der

Prüfung selbst bilden dann diese Standardaufgabenteile die sicheren Trittsteine beim Lösen der Gesamtaufgabe. Sie können davon ausgehen, dass die vorgelegte Aufgabe organisch aufgebaut ist, d.h., dass sich eine Abarbeitung gemäß der vorgegebenen Reihenfolge empfiehlt. Es ist jedoch oft ratsam, sich vor Beginn der eigentlichen Aufgabenlösung ein – wenn auch noch grobes – Bild vom Aufgabengegenstand zu machen, das heißt z.B. von den generellen Eigenschaften des Funktionstyps oder des geometrischen Gegenstands. Beispielhaft seien folgende Fragestellungen genannt:

1. Welcher Grundtyp einer Funktion liegt vor und welche fundamentalen Eigenschaften folgen daraus?
2. Ist der Definitionsbereich der gegebenen Funktion einzuschränken?
3. Welche Rolle spielen etwaige Parameter?
4. Welche Standardprobleme sind angesprochen?
5. In welcher geometrischen Dimension ist zu rechnen?
6. Welche Eigenschaften sind spezifisch für den behandelten geometrischen Gegenstand?

Zunächst scheint man mit Vorüberlegungen solcher Art nur Zeit zu verlieren. Da damit aber sicherlich ein vorschneller Fehlstart und wohl auch eine totale Orientierungslosigkeit nach falschen Rechenwegen verhindert werden kann, ist die Zeit doch günstig angelegt.

Lesen Sie jede Teilaufgabe vor ihrer Erledigung genau durch, unter Umständen auch mehrmals, und sehen Sie am jeweiligen Schluss nach, ob Sie alle geforderten Einzelaufgaben auch tatsächlich erledigt haben. Weichen Sie nicht einer Plausibilitätsprüfung aus, auch wenn eine solche nicht explizit verlangt sein sollte.

Gibt es Differenzen zwischen Ihren Ergebnissen und angegebenen Zwischenresultaten, sollten Sie der Sache nachgehen, jedoch mit etwas Geschick, d.h. nicht etwa eine lange Rechnung zur Gänze wiederholen, sondern dort nachsehen, wo sich am ehesten Fehler eingeschlichen haben könnten. Zu lange sollten Sie sich aber mit einer solchen Recherche nicht aufhalten – es sei denn, Sie haben Grund zur Annahme, dass an Ihren Überlegungen etwas Grundsätzliches falsch ist. Ansonsten rechnen Sie am besten mit den angegebenen Werten weiter, bringen aber zum Ausdruck, dass Sie Ihr Ergebnis als falsch erkannt haben, nur den Grund dafür nicht finden. Ergibt eine Plausibilitätsprüfung Ihrerseits, dass Ihr Ergebnis wohl falsch sein muss, so sollten Sie dies auch vermerken und darauf hinweisen, dass Sie (wohl erfolglos) nach einem Fehler gesucht haben. Keinesfalls dürfen Sie an Situationen, die zu eklatanten Widersprüchen geführt haben, vorbeigehen, z.B.: Sie erhalten $\sqrt{-4} = x$ mit $x \in \mathbb{R}$. Hier wäre es fatal, wenn Sie sich an der offensichtlichen Unlösbarkeit im Reellen vorbeimogeln wollten und schrieben: $x = -2$. Suchen Sie vielmehr den Grund für diese Sackgasse in Ihrer Rechnung, es sei denn, man sollte gerade zeigen, dass die Gleichung keine Lösung im Reellen hat.

Vermeiden Sie lange Rechenwege und komplizierte Terme. Grundsätzlich sind diese immer ein Warnsignal, nur selten sind sie beabsichtigt oder unvermeidbar und damit notwendig. Ein Gefühl für die richtige Länge eines Rechenweges bzw. für die notwendige Kompliziertheit eines Terms bekommen Sie durch Übung. Oft genug ist nur ein kleiner Fehler (z.B. Vorzeichen) der

Grund für einen nicht enden wollenden Rechenweg oder einen Riesenterm. Deshalb prüfen Sie beim ersten Anzeichen einer Verkomplizierung Ihren bisherigen Rechengang einschließlich des Ansatzes genau durch. Auch dies spart im Endeffekt viel Zeit und garantiert den Erfolg.

Gerade in den ersten Rechenschritten sollten sich keine Fehler einschleichen, denn diese führen häufig zu falschen Werten bei Eingangsgrößen, auf denen oft die gesamte Aufgabe aufbaut. Deshalb überprüfen Sie lieber immer gleich Ihre ersten Ergebnisse. Je mehr Sie sich auf diese ersten Werte verlassen können, desto sicherer gelingen Ihnen die nächsten Schritte.

Mündliche Prüfung

Sie können davon ausgehen, dass Ihnen bei jeder mündlichen Prüfung eine Zeit von 15 bis 30 Minuten zur Vorbereitung eingeräumt wird. In diesem Zeitraum müssen Sie sich in eine oder in mehr Aufgaben eindenken und ein Kurzreferat, meist bezogen auf eine Aufgabe, vorbereiten.

Für eine Ausformulierung des Kurzreferats ist sicherlich der Zeitraum zu kurz. Deshalb machen Sie sich hierfür nur Stichpunkte. Beim Referat wird ja zudem auch positiv bewertet, wenn Sie in der Lage sind, es weitgehend frei vorzutragen.

Bei den Aufgaben geht es im Normalfall auch nur um den Ansatz, seine Begründung und eine Skizze des Lösungsweges. Eine detaillierte Ausführung ist in der vorgesehenen Prüfungszeit in der Regel nicht möglich. Es wird also bei einer mündlichen Prüfung sehr oft praktisches Wissen theoretisch abgeprüft. Sie müssen somit häufig sagen können, weshalb man ein Problem so und nicht anders anpackt. Bei einer gezielten Vorbereitung für eine mündliche Prüfung ist es damit notwendig, nicht nur bestimmte Aufgabenbeispiele durchzurechnen und sie sich als kleine Muster zu merken, sondern man muss auch den jeweiligen Hintergrund des Rechenweges, also die eigentliche Mathematik, kennen.

Die Situation einer mündlichen Abiturprüfung ist für fast alle Abiturienten absolut neu und damit schon sehr belastend, sie erinnert nur entfernt an die gelegentlich zu haltenden Referate. Vielleicht sind Kursleiter bereit, so genannte Probeprüfungen durchzuführen. Ein solches Angebot sollten Sie unbedingt annehmen. Ansonsten können Sie auch mit Mitabiturienten eine mündliche Prüfung simulieren. Hier können Sie wertvolle, weil ehrliche und freundschaftlich gemeinte, Tipps zu Ihrem Auftreten und Ihrer Wirkung erhalten.

Beschäftigen Sie sich intensiv mit dem vorher vereinbarten Prüfungsstoff, benutzen Sie dabei nicht nur Ihre Unterrichtsmitschriften und Ihr Schulbuch, sondern vertiefen Sie Ihre Kenntnisse noch durch das Studium entsprechender Kapitel anderer Bücher. Erweitern Sie Ihren Horizont durch die Beschäftigung mit Nachbarproblemen, denn in einer mündlichen Prüfung wird häufig über den eigentlichen Kern hinausgegriffen.

Achten Sie genau auf die Einhaltung der Fachsprache und auf korrekte Schreibweisen. Nachlässigkeiten auf diesem Gebiet geraten zu Ihrem Nachteil.

Ihr Referat sollte einen klaren, sachlich bestimmten Aufbau haben, darf keine Fehler oder falsche Aussagen enthalten, Wichtiges muss von Nebensächlichem sauber getrennt erscheinen, und Sie sollten möglichst frei, deutlich akzentuiert und überzeugend vortragen.

Im Prüfungsgespräch müssen Sie zeigen, dass Sie geschickt auf Ihren Gesprächspartner eingehen können und in der Lage sind, mathematische Probleme zu durchdringen.

Viel Erfolg!

Abi

Mathematik

Analysis

von Gerhard Palme

Gerhard Palme ist Gymnasiallehrer für die Fächer Mathematik und Physik in Bayern.

Inhalt

Funktionen

Differenzialrechnung

Integralrechnung

Funktionen

Funktionen – Grundlagen

1 Funktionsbegriff

Eine Funktion ist eine eindeutige Zuordnung: Jedem Element der Definitionsmenge D wird **genau ein** Element der Bildmenge B zugeordnet.
Funktionen werden meist mit f, g oder h bezeichnet, daneben gibt es für spezielle Funktionen besondere Abkürzungen, z. B. sin für die Sinusfunktion.

Ordnet eine Funktion f dem Argument $x_0 \in D$ das Bild $y_0 = f(x_0)$ zu, so bezeichnet man dieses auch als Funktionswert von f an der Stelle x_0.
Die Menge $\{f(x_0) \mid x_0 \in D\}$ heißt Wertemenge W der Funktion f; als Menge aller tatsächlich vorkommenden Funktionswerte ist W eine Teilmenge von B: $W \subseteq B$.

Beipiel 1

$f: [-4; \infty[\rightarrow \mathbb{R}, x \mapsto y = \sqrt{x+4}$
$[-4; \infty[$ ist hier die maximale Definitionsmenge; die Wertemenge von f ist $\mathbb{R}_0^+$

Wertetabelle:

x	−4	−3	−2	−1	0	1	…
y	0	1	$\sqrt{2}$	$\sqrt{3}$	2	$\sqrt{5}$	…

Graph:

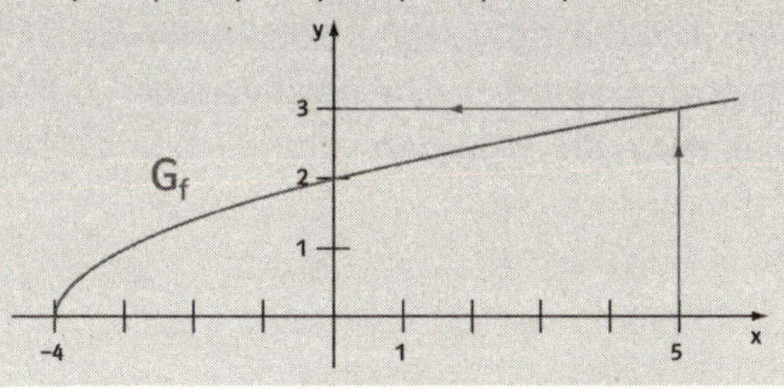

Eine Funktion heißt eine reelle Funktion, wenn ihre Definitions- und ihre Bildmenge Teilmengen der Menge der reellen Zahlen sind: $D \subseteq R$, $B \subseteq R$.
Die ausführliche Schreibweise für eine Funktion ist die folgende: $f\colon D \to B, x \mapsto y = f(x)$; dabei heißt $f(x)$ der Funktionsterm der Funktion f und $y = f(x)$ heißt ihre Funktionsgleichung.

Der Graph G_f einer Funktion f ist in der Koordinaten-Ebene die Menge aller Punkte $P(x\,|\,y)$ mit $x \in D$ und $y = f(x)$.

2 Gleichheit von Funktionen

Zwei Funktionen f und g heißen gleich, wenn gilt:

$$D_f = D_g \text{ und } f(x) = g(x) \text{ für alle } x \in D_f$$

Eine Funktion g heißt Einschränkung einer Funktion f, wenn $g(x) = f(x)$ für alle $x \in D_f$ gilt und wenn $D_g \subseteq D_f$; f heißt dann umgekehrt eine Fortsetzung von g.
In Beispiel 1 wäre etwa $g\colon [-3; 5] \to \mathbb{R}, x \mapsto y = \sqrt{x+4}$ eine Einschränkung von f; die Wertemenge von g ist dann [1; 3]

3 Beschränktheit von Funktionen

Eine Funktion f heißt nach oben beschränkt bzw. nach unten beschränkt, wenn es eine reelle Zahl S bzw. s gibt, sodass für alle $x \in D_f$ gilt: $f(x) \leq S$ bzw. $f(x) \geq s$.

S bzw. s heißt dann obere Schranke bzw. untere Schranke von f. Als Supremum bzw. Infimum von f bezeichnet man die kleinste obere bzw. die größte untere Schranke von f. f heißt beschränkt schlechthin, wenn es eine positive reelle Zahl σ gibt, sodass für alle $x \in D_f$ gilt: $|f(x)| \leq \sigma$

Die Funktion f aus Beispiel 1 ist nach unten beschränkt, ihr Infimum ist 0. Dagegen ist sie nach oben unbeschränkt und somit nicht beschränkt schlechthin.
Ein Beispiel für eine beschränkte Funktion wäre etwa:

$$h: x \mapsto y = 1 + 2 \cdot \cos x \quad \text{mit } \sigma_{min} = 3$$

4 Verknüpfungen von Funktionen

Sind f und g zwei auf D_f bzw. auf D_g definierte Funktionen und ist $D := D_f \cap D_g$ nicht leer, so lassen sich die folgenden Verknüpfungen bilden:

Summe	$f + g : x \mapsto y = f(x) + g(x);$	$x \in D$
Differenz	$f - g : x \mapsto y = f(x) - g(x);$	$x \in D$
Produkt	$f \cdot g : x \mapsto y = f(x) \cdot g(x);$	$x \in D$
Quotient	$\frac{f}{g} : x \mapsto y = \frac{f(x)}{g(x)};$	$x \in D \setminus \{x \mid g(x) = 0\}$

Sind f und g zwei Funktionen mit $W_f \subseteq D_g$, dann heißt

$$g \circ f : x \mapsto y = g(f(x)); \quad x \in D_f$$

die Verkettung von f mit g.

Beispiel 2

Mit $f: \mathbb{R} \to \mathbb{R},\ x \mapsto y = 3x^2 - 2;\ W_f = [-2; \infty[$

und $g: \mathbb{R} \to \mathbb{R},\ x \mapsto y = \sin x;\ W_g = [-1; +1]$

ist $g \circ f: \mathbb{R} \to \mathbb{R},\ x \mapsto y = \sin(3x^2 - 2);$

aber: $f \circ g: \mathbb{R} \to \mathbb{R},\ x \mapsto y = 3 \cdot \sin^2 x - 2;$

weiter ist $f \cdot g: \mathbb{R} \to \mathbb{R},\ x \mapsto y = (3x^2 - 2) \cdot \sin x$

sowie $\frac{f}{g}: R \setminus \{k \cdot \pi \mid k \in \mathbb{Z}\} \to R,\ x \mapsto y = \frac{3x^2 - 2}{\sin x}$

Lineare Funktionen

1 Geradengleichung

$$f: \mathbb{R} \to \mathbb{R}, x \mapsto y = mx + t \; (m, t \in \mathbb{R})$$

ist die **allgemeine** lineare Funktion. Ihr Graph ist eine Gerade mit der Steigung m; für $m > 0$ steigt die Gerade, für $m < 0$ fällt sie, für $m = 0$ ist sie parallel zur x-Achse. Der Graph schneidet die y-Achse im Punkt $(0 \mid t)$; daher spricht man vom y-Achsen-Abschnitt t.

Beispiel 1

$f: \mathbb{R} \to \mathbb{R}, x \mapsto y = \frac{3}{4}x + 2$

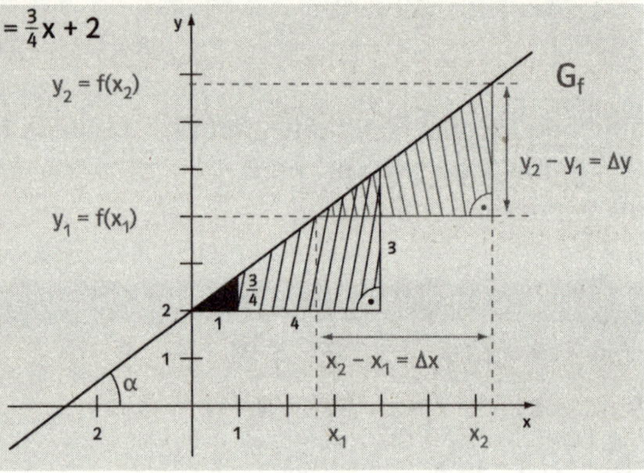

In jedem der rechtwinkligen Steigungsdreiecke tritt der Neigungswinkel α gegenüber der Horzontalen auf, und wegen der Ähnlichkeit dieser Dreiecke gilt:

$$m = \tan\alpha = \frac{\Delta y}{\Delta x} = \frac{y_2 - y_1}{x_2 - x_1} = \frac{f(x_2) - f(x_1)}{x_2 - x_1}$$

Dieser Quotient heißt auch Differenzenquotient.

Für $t = 0$ ergeben sich als Sonderfall Funktionen der Form $f: x \mapsto y = mx$: Die Graphen sind Ursprungsgeraden.

Dann sind x und y direkt proportional zueinander ($x \sim y$), und m heißt auch **Proportionalitätsfaktor**. Es liegt nun Quotientengleichheit vor: $\frac{y_1}{x_1} = \frac{y_2}{x_2} = \ldots = m = \text{const.}$

Beispiel 2

Der Graph einer linearen Funktion g geht durch P(−2 | 8) und Q(6 | 4)

$$m = \frac{\Delta y}{\Delta x} = \frac{4-8}{6-(-2)} = -\frac{4}{8} = -\frac{1}{2}$$

$$g(x) = -\frac{1}{2}x + t$$

$$g(6) = -\frac{1}{2} \cdot 6 + t = 4 \Rightarrow t = 7$$

$$g(x) = -\frac{1}{2}x + 7; \quad m = \tan\alpha = -\frac{1}{2} \Rightarrow \alpha \approx -26{,}6°$$

2 Schnittpunkte und Schnittwinkel der Graphen linearer Funktionen

Die Graphen zweier linearer Funktionen

- sind parallel zueinander, wenn sie in der Steigung m übereinstimmen
- schneiden sich in e i n e m Punkt, wenn sie in m nicht übereinstimmen:

Beispiel 3

$f: x \mapsto y = \frac{3}{4}x + 2$ (vgl. Beispiel 1)
$g: x \mapsto y = -\frac{1}{2}x + 7$ (vgl. Beispiel 2)
Für den Schnittpunkt $S(x_s \mid y_s)$ von G_f und G_g gilt:

$$y_s = \frac{3}{4}x_s + 2 \wedge y_s = -\frac{1}{2}x_s + 7, \text{ also:}$$

$$\frac{3}{4}x_s + 2 = -\frac{1}{2}x_s + 7 \Rightarrow x_s = 4$$

$$y_s = \frac{3}{4} \cdot 4 + 2 = -\frac{1}{2} \cdot 4 + 7 = 5; \text{ also } S(4 \mid 5)$$

Bei der Bestimmung des Schnittwinkels sind zwei Fälle zu unterscheiden.

a) Die Geraden schneiden sich rechtwinklig

Die eine Steigung ist der negative Kehrwert der anderen:

$$m_f = -\frac{1}{m_g}$$

oder

$$\mathbf{m_f \cdot m_g = -1}$$

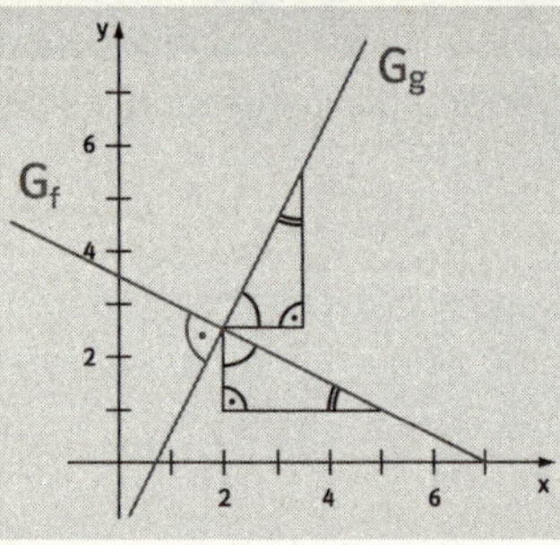

b) Die Geraden schneiden sich nicht rechtwinklig

Unter dem Schnittwinkel φ versteht man den spitzen Winkel zwischen G_f und G_g. Eine Fallunterscheidung lässt sich vermeiden, wenn man φ wie folgt berechnet:

$$\tan\varphi = \left|\frac{m_f - m_g}{1 + m_f \cdot m_g}\right|$$

für $m_f \cdot m_g \neq -1$

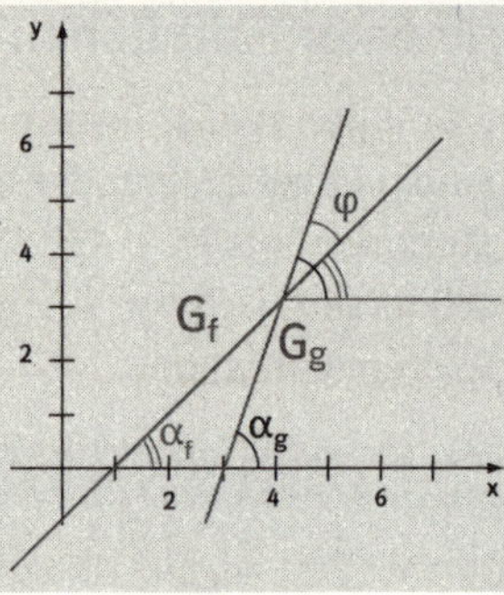

In Bsp. 3 ergibt sich:

$$\tan\varphi = \left|\frac{\frac{3}{4} - \left(-\frac{1}{2}\right)}{1 + \frac{3}{4} \cdot \left(-\frac{1}{2}\right)}\right| = \left|\frac{\frac{5}{4}}{\frac{5}{8}}\right| = 2 \Rightarrow \varphi \approx 63{,}4°$$

3 Abschnittsweise lineare Funktionen

Ist der Graph einer Funktion nur aus Geradenstücken zusammengesetzt, so heißt die zugehörige Funktion abschnittsweise linear. Die wichtigsten Beispiele solcher Funktionen sind die Betrags- und die Vorzeichenfunktion.

a) Die Betragsfunktion: abs

$x \mapsto \text{abs}(x) = |x| = \begin{cases} x \text{ für } x \geq 0 \\ -x \text{ für } x < 0 \end{cases}$

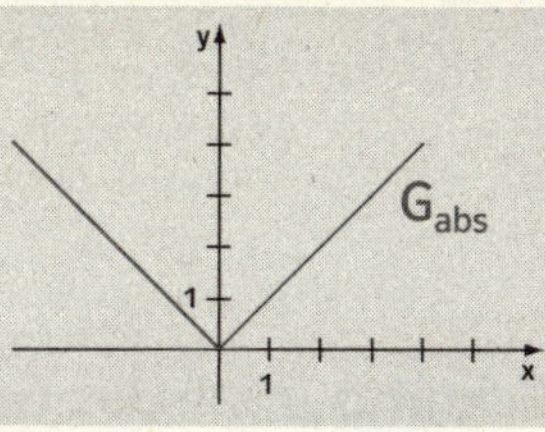

b) die Vorzeichenfunktion: sgn

$x \mapsto \text{sgn}(x) = \begin{cases} +1 \text{ für } x > 0 \\ 0 \text{ für } x = 0 \\ -1 \text{ für } x < 0 \end{cases}$

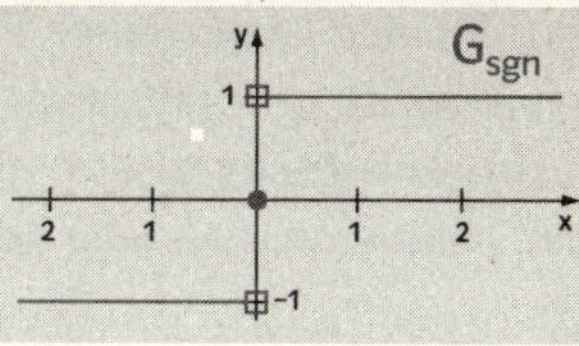

Diese beiden Funktionen hängen eng miteinander zusammen; es gilt: $|\mathbf{x}| = \mathbf{x} \cdot \mathbf{sgn(x)}$, aber auch $x = |x| \cdot \text{sgn}(x)$.
Wird eine Funktion f mit der Betragsfunktion verknüpft, bildet man also die Funktion $g: x \mapsto y = \text{abs}(f(x)) = |f(x)|$, so hat dies lediglich die folgende Wirkung: Der Graph von g stimmt mit dem Graphen von g überein bis auf diejenigen Teile von G_f, die unterhalb der x-Achse liegen: diese werden an der x-Achse gespiegelt.

Beispiel 4: f(x) = x − 3, g(x) = | x − 3 |

$g(x) = |x - 3|$

$= \begin{cases} x - 3 \text{ für } x - 3 \geq 0 \\ -(x - 3) \text{ für } x - 3 < 0 \end{cases}$

$= \begin{cases} x - 3 \text{ für } x \geq 3 \\ -x + 3 \text{ für } x < 3 \end{cases}$

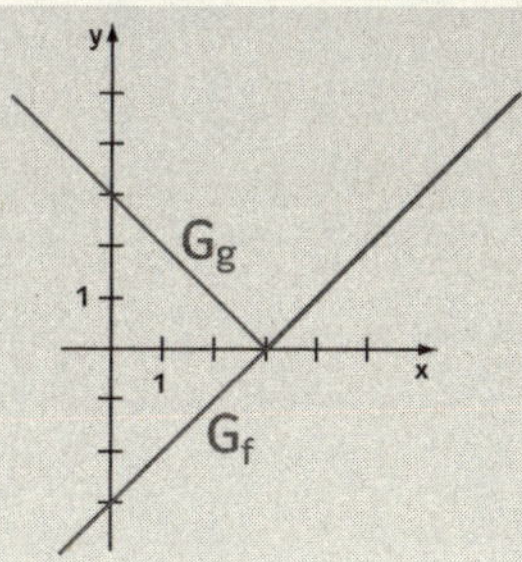

Grundlegende Eigenschaften von Funktionen

1 Schnittpunkte des Graphen mit den Koordinatenachsen

Schneidet der Graph einer Funktion f die y-Achse im Punkt $S(0 \mid y_s)$, so ist $y_s = f(0)$. Hat G_f mit der x-Achse einen Punkt $N(x_s \mid 0)$ gemeinsam, so ist x_s eine Lösung der Gleichung $f(x) = 0$, und x_s heißt eine **Nullstelle** der Funktion f.

Beispiel 1

$f: x \rightarrow y = x^2 - 2x - 3$

$f(0) = -3$; G_f schneidet die y-Achse in $(0 \mid -3)$

$f(x) = 0 \Leftrightarrow x^2 - 2x - 3 = 0 \Leftrightarrow x = -1 \vee x = 3$;

G_f schneidet die x-Achse in $(-1 \mid 0)$ und in $(3 \mid 0)$, und f hat die Nullstellen −1 und 3.

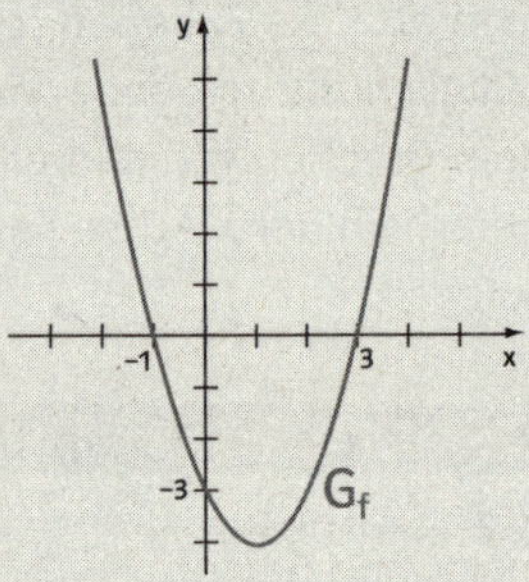

2 Symmetrie des Graphen

a) Der Graph einer Funktion f ist achsensymmetrisch bezüglich der y-Achse, wenn für alle $x \in D_f$ gilt: $f(-x) = f(x)$. Die Funktion f heißt dann eine gerade Funktion. Beispiele gerader Funktionen sind die cos-Funktion oder alle Potenzfunktionen $x \mapsto y = x^n$ mit geradzahligem $n \in \mathbb{Z}$.

$f(-x) = f(x)$

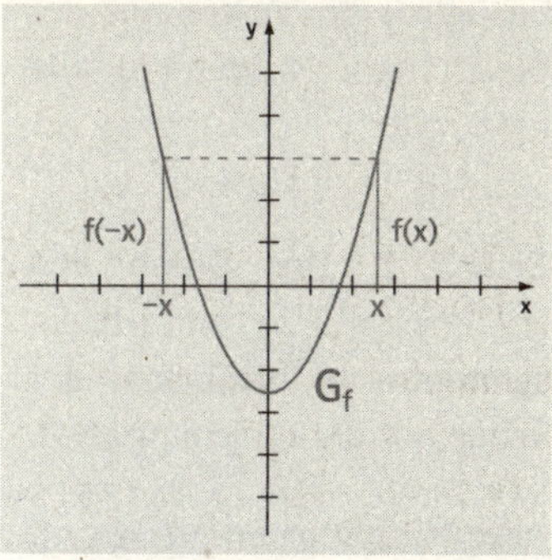

$f(-x) = -f(x)$

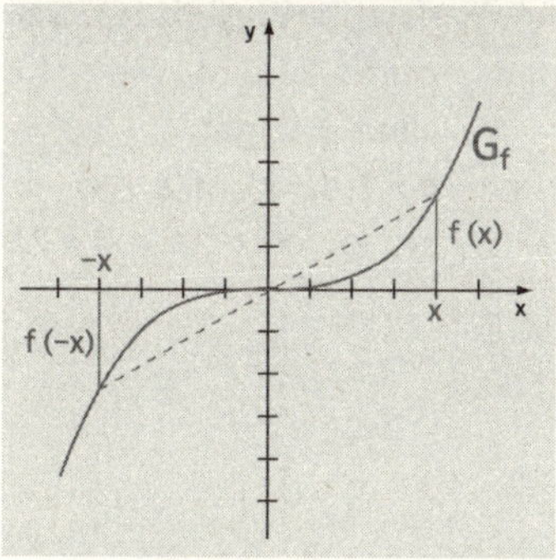

b) Der Graph einer Funktion f ist punktsymmetrisch bezüglich des Ursprungs, wenn für alle $x \in D_f$ gilt: $f(-x) = -f(x)$. Die Funktion f heißt dann eine ungerade Funktion. Beispiele ungerader Funktionen sind die sin-, die tan- und die sgn-Funktion sowie alle Potenzfunktionen $x \mapsto y = x^n$ mit ungeradzahligem $n \in \mathbb{Z}$.

Soll eine Funktion f auf Symmetrie bezüglich des Koordinatensystems untersucht werden, berechnet man also auf jeden Fall $f(-x)$; stimmt das Ergebnis für alle $x \in D_f$ mit $f(x)$ bzw. mit $-f(x)$ überein, so liegt eine der beiden in a) bzw. b) genannten Symmetrien vor; andernfalls weist G_f keine Symmetrie bezüglich des Koordinatensystems auf.

c) Der Graph einer Funktion f ist achsensymmetrisch bezüglich der Achse mit der Gleichung x = a, wenn für alle $x \in D_f$ gilt:

$$f(a - x) = f(a + x).$$

Beispiel 2: Der Graph von $f: x \mapsto y = x^2 - 2x$ ist achsensymmetrisch bezüglich der Achse mit der Gleichung x = 1.

f(a − x) = f(a + x)

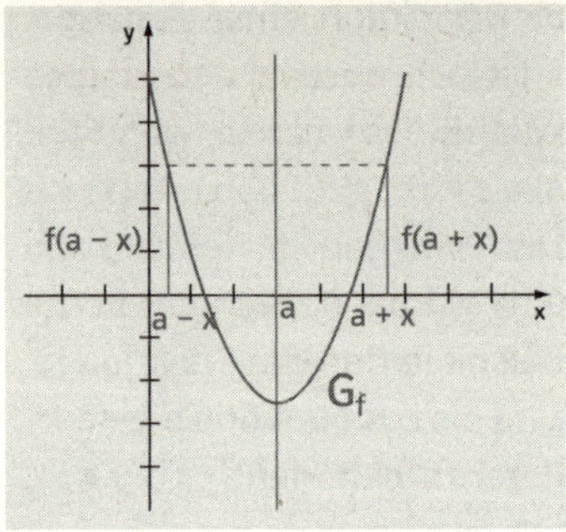

f(a − x) + f(a + x) = 2b

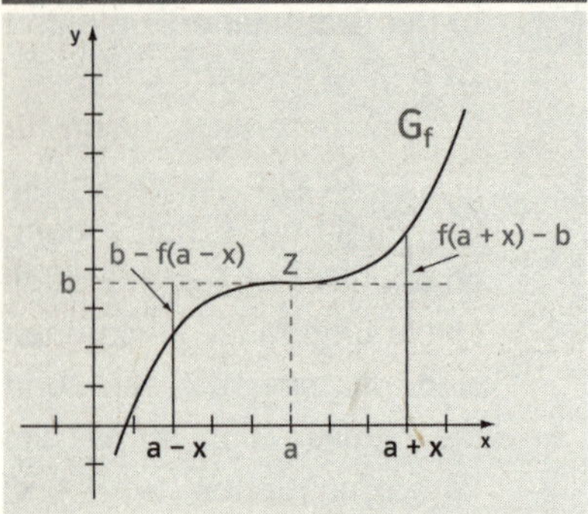

d) Der Graph einer Funktion f ist punktsymmetrisch bezüglich des Zentrums Z(a | b), wenn für alle $x \in D_f$ gilt:

$$b - f(a - x) = f(a + x) - b$$
$$\Leftrightarrow f(a - x) + f(a + x) = 2b$$

Beispiel 3: Die Symmetrie des Graphen von

$$f: \mathbb{R} \setminus \{3\} \to \mathbb{R},\ x \mapsto y = \frac{2x - 5}{x - 3},\ \text{bezüglich } Z(3 \mid 2)$$

soll nachgewiesen werden:
Für alle $x \in \mathbb{R} \setminus \{3\}$ gilt mit a = 3 und b = 2:

$$f(3 - x) + f(3 + x) = \frac{2(3 - x) - 5}{(3 - x) - 3} + \frac{2(3 + x) - 5}{(3 + x) - 3}$$
$$= \frac{6 - 2x - 5}{-x} + \frac{6 + 2x - 5}{x}$$
$$= \frac{-6 + 2x + 5 + 6 + 2x - 5}{x}$$
$$= \frac{4x}{x} = 4 = 2 \cdot 2 = 2 \cdot b$$

3 Monotonie

Eine Funktion f heißt streng monoton zunehmend bzw. streng monoton abnehmend in einem Intervall [a; b], wenn für alle $x_1, x_2 \in [a; b]$ gilt:

$$x_1 < x_2 \Rightarrow f(x_1) < f(x_2) \text{ bzw. } x_1 < x_2 \Rightarrow f(x_1) > f(x_2).$$

G_f heißt dann streng monoton steigend bzw. streng monoton fallend im Intervall [a; b].

Monoton steigend

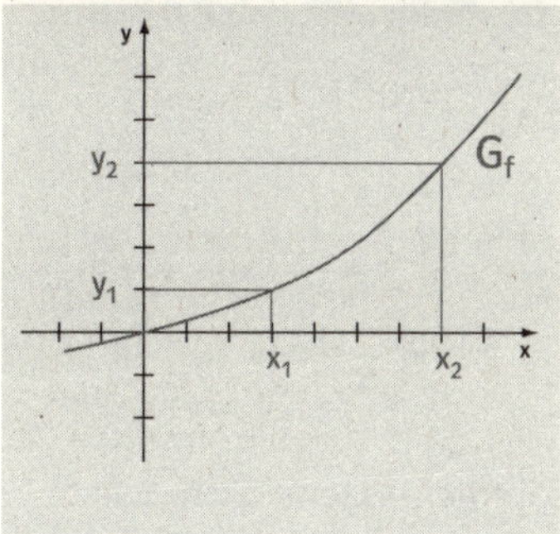

Eine Funktion f heißt monoton zunehmend oder monoton wachsend bzw. monoton abnehmend im Intervall [a; b], wenn für alle $x_1, x_2 \in [a; b]$ gilt:

$x_1 < x_2 \Rightarrow f(x_1) \leq f(x_2)$ bzw.

$x_1 < x_2 \Rightarrow f(x_1) \geq f(x_2)$

G_f heißt dann monoton steigend bzw. monoton fallend im Intervall [a; b].

Beispiel 4: Die Funktion f aus Beispiel 3 ist im Intervall]3; ∞[streng monoton abnehmend.

Für $x_1, x_2 \in\ ]3; \infty[$ folgt aus $x_1 < x_2$:

$$x_1 - 3 < x_2 - 3 \Rightarrow \frac{1}{x_1 - 3} > \frac{1}{x_2 - 3}$$

$$\Rightarrow 2 + \frac{1}{x_1 - 3} > 2 + \frac{1}{x_2 - 3}$$

$$\Rightarrow \frac{2(x_1 - 3) + 1}{x_1 - 3} > \frac{2(x_2 - 3) + 1}{x_2 - 3}$$

$$\Rightarrow \frac{2x_1 - 5}{x_1 - 3} > \frac{2x_2 - 5}{x_2 - 3} \Rightarrow f(x_1) > f(x_2)$$

4 Extrema

Ist f eine reelle Funktion, so nennt man $x_0 \in D_f$ ein lokales oder relatives Minimum bzw. Maximum von f, wenn gilt:

$$(*)\ f(x) \geq f(x_0) \text{ bzw. } f(x) \leq f(x_0) \text{ für alle } x \neq x_0$$

in einer Umgebung $U_\varepsilon(x_0) =]x_0 - \varepsilon; x_0 + \varepsilon[$ mit $\varepsilon \in \mathbb{R}^+$

$T(x_0|f(x_0))$ bzw. $H(x_0|f(x_0))$ heißt dann Tiefpunkt bzw. Hochpunkt von G_f.

Das Minimum heißt »**eigentlich**«, wenn in (*) das Gleichheitszeichen im Ordnungszeichen nicht gilt.

x_0 heißt globales oder absolutes Minimum bzw. Maximum von f, wenn gilt:
$f(x) \geq f(x_0)$ bzw. $f(x) \leq f(x_0)$ für alle $x \neq x_0$ in ganz D_f

eigentliches Maximum H

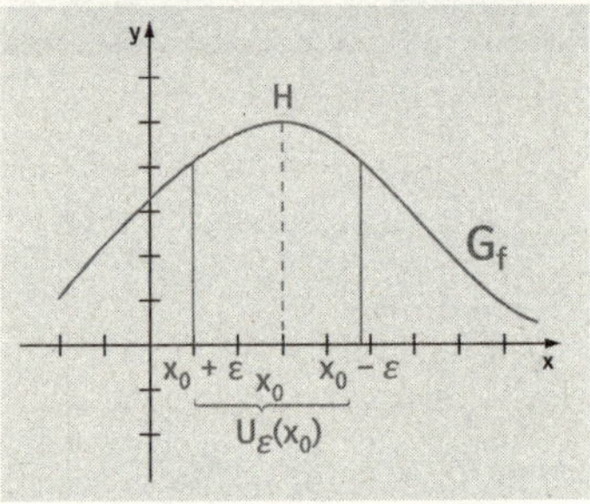

Maxima und Minima heißen zusammenfassend Extrema.

Beispiel 5

Die auf $\mathbb{R}$ definierte Funktion f besitzt kein absolutes Minimum oder Maximum, aber das relative Maximum x_1 und das relative Minimum x_2.

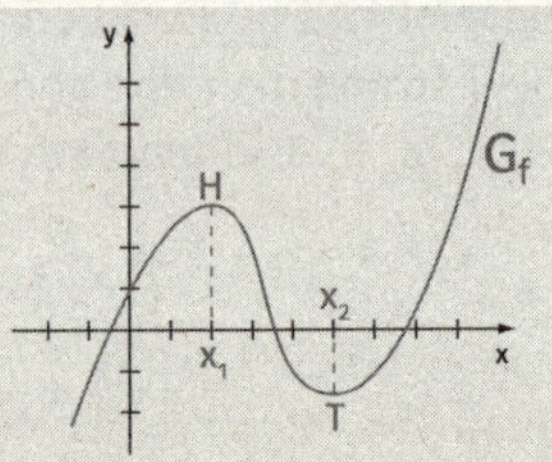

Die auf $\mathbb{R}$ definierte Funktion g besitzt das absolute Maximum x_3.

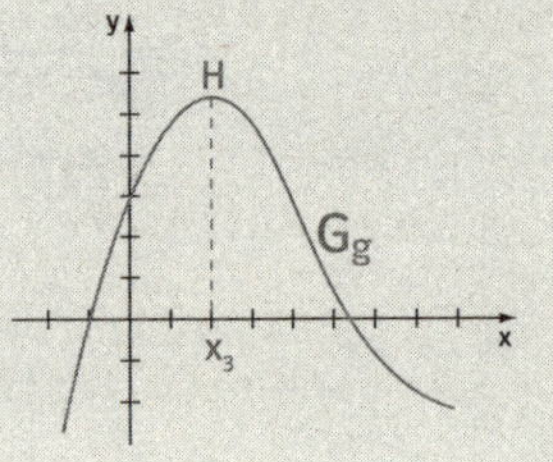

Quadratische Funktionen

1 Quadratfunktion

Die Funktion

$f: \mathbb{R} \to \mathbb{R}, x \mapsto \mathbf{y = x^2}$

heißt Quadratfunktion; ihr Graph heißt Normalparabel. Diese berührt die x-Achse im Ursprung. $x_0 = 0$ ist die einzige Nullstelle der Quadratfunktion und ihr absolutes Minimum. Der Ursprung heißt Scheitel der Normalparabel.

Da $(-x)^2 = x^2$ für alle $x \in \mathbb{R}$, ist die Normalparabel symmetrisch bezüglich der y-Achse.

Quadratfunktion $y = x^2$

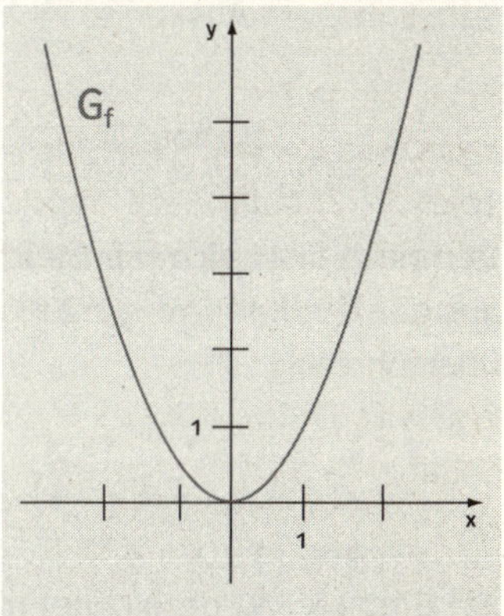

2 Quadratische Funktionen

Die Funktion

$f: \mathbb{R} \to \mathbb{R}, x \mapsto \mathbf{y = ax^2 + bx + c}$ mit $a, b, c \in \mathbb{R}; a \neq 0$,

ist die allgemeine quadratische Funktion. Ihr Graph ist eine Parabel. Diese ist für $a > 0$ nach oben, für $a < 0$ nach unten geöffnet. Für $|a| > 1$ ist sie schlanker, für $0 < |a| < 1$ ist sie breiter als die Normalparabel, für $|a| = 1$ ist sie zur Normalparabel kongruent.

Die Nullstellen der quadratischen Funktion

$x \mapsto y = ax^2 + bx + c$ ergeben sich aus der

»Mitternachtsformel«: $x_{1/2} = \dfrac{-b \pm \sqrt{b^2 - 4ac}}{2a}$;

dabei entscheidet die Diskriminante $\mathbf{D = b^2 - 4ac}$ über die Anzahl der Nullstellen:

für $D > 0$ gibt es zwei verschiedene Nullstellen,
für $D = 0$ gibt es eine doppelte Nullstelle $-\frac{b}{2a}$, und
für $D < 0$ gibt es keine relle Nullstelle.

Über den Zusammenhang zwischen den Nullstellen $x_{1/2}$ und den Koeffizeinten a, b, c der quadratischen Funktionen gibt der Satz von Vieta Auskunft:

Satz von Vieta: $x_1 + x_2 = -\frac{b}{a}$; $x_1 \cdot x_2 = \frac{c}{a}$

Demnach lässt sich die Gleichung der quadratischen Funktion aus der Normalform $y = ax^2 + bx + c$ in die faktorisierte Form überführen:

$$y = a\left(x^2 + \frac{b}{a}x + \frac{c}{a}\right) = a(x^2 - (x_1 + x_2)x + x_1 \cdot x_2)$$
$$= a(x^2 - x_1x - x_2x + x_1 \cdot x_2)$$
$$\mathbf{y = a(x - x_1)(x - x_2)}$$

$x - x_1$ und $x - x_2$ bezeichnet man als Linearfaktoren.

Beispiel 1

$f: x \mapsto y = \frac{1}{2}x^2 - x - 1\frac{1}{2}$
$= \frac{1}{2}(x^2 - 2x - 3)$
$= \frac{1}{2}(x + 1)(x - 3)$

hat die Nullstellen
$x_1 = -1$ und
$x_2 = 3$

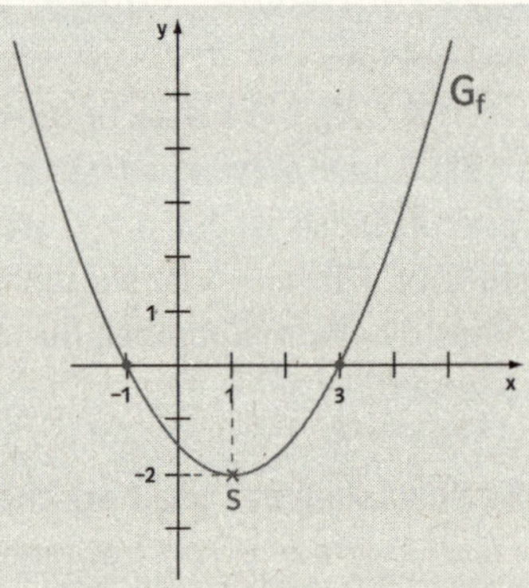

	$x < -1$	$x = -1$	$-1 < x < 3$	$x = 3$	$x > 3$
f(x)	+	0	–	0	+

Zur Bestimmung der Koordinaten des Scheitelpunkts des Graphen einer quadratischen Funktion f überführt man die Funktionsgleichung mit Hilfe quadratischer Ergänzung von der Normalform in die Scheitelform:

$$\begin{aligned} y = ax^2 + bx + c &= a \cdot \left(x^2 + \tfrac{b}{a}x\right) + c \\ &= a \cdot \left(x^2 + \tfrac{b}{a}x + \left(\tfrac{b}{2a}\right)^2\right) + c - a \cdot \left(\tfrac{b}{2a}\right)^2 \\ &= a \cdot \left(x + \tfrac{b}{2a}\right)^2 + c - \tfrac{b^2}{4a} \\ &= a \cdot \left(x - \left(-\tfrac{b}{2a}\right)\right)^2 + \tfrac{4ac - b^2}{4a} \\ &= a \cdot (x - s)^2 + t \end{aligned}$$

Dabei ist nun $S(s\,|\,t)$ der Scheitel des Graphen von f, und es gilt:

$$s = -\frac{b}{2a}; \quad t = \frac{4ac - b^2}{4a}$$

Beispiel 2

$f(x) = \frac{1}{2}x^2 - x - 1\frac{1}{2} = \frac{1}{2}(x^2 - 2x + 1) - 1\frac{1}{2} - \frac{1}{2} \cdot 1$

$\quad = \frac{1}{2}(x - 1)^2 - 2; \quad s = 1, t = -2; \quad S(1\,|\,-2)$

Die Zeichnung von G_f findet sich unter Beispiel 1.

Anhand der Scheitelform erkennt man auch, wie der Graph der allgemeinen quadratischen Funktion aus dem der Quadratfunktion entsteht:

Die Normalparabel wird
- mit dem Streckfaktor $\frac{1}{a}$ und dem Ursprung als Zentrum zentrisch gestreckt;
- um $|s|$ horizontal verschoben,
  und zwar für $s > 0$ nach rechts bzw. für $s < 0$ nach links;
- um $|t|$ vertikal verschoben,
  und zwar für $t > 0$ nach oben bzw. für $t < 0$ nach unten.

Eine typische Aufgabenstellung besteht in der Ermittlung des Funktionsterms einer quadratischen Funktion aus einem »Steckbrief«:

Beispiel 3

Gesucht ist diejenige quadratische Funktion f, deren Graph den Scheitel S(−1 | 4) hat und durch P(−3 | 3) geht.

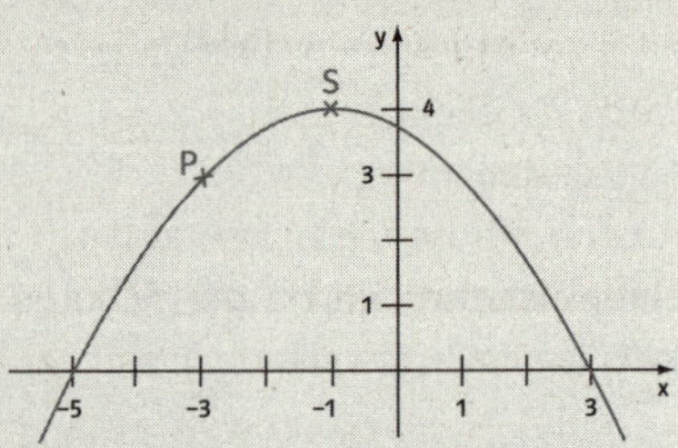

$$
\begin{aligned}
f(x) &= a \cdot (x - s)^2 + t \\
&= a \cdot (x - (-1))^2 + 4 \\
&= a \cdot (x + 1)^2 + 4 \\
f(-3) &= a \cdot (-3 + 1)^2 + 4 \\
&= 4a + 4 = 3 \\
\Rightarrow a &= -\tfrac{1}{4}
\end{aligned}
$$

$$
\begin{aligned}
f(x) &= -\tfrac{1}{4} \cdot (x + 1)^2 + 4 \text{ (Scheitelform)} \\
&= -\tfrac{1}{4} \cdot (x^2 + 2x + 1) + 4 \\
&= -\tfrac{1}{4}x^2 - \tfrac{1}{2}x + 3\tfrac{3}{4} \text{ (Normalform)} \\
&= -\tfrac{1}{4} \cdot (x^2 + 2x - 15) \\
&= -\tfrac{1}{4} \cdot (x + 5)(x - 3) \text{ (faktorisierte Form)}
\end{aligned}
$$

Beispiel 4

Gesucht ist diejenige quadratische Funktion f, deren Graph durch P(−3 | 3), Q(−1 | 4) und R(3 | 0) geht.

$f(x) = ax^2 + bx + c$

$$
\begin{aligned}
\textbf{(1)} \quad & f(-3) = 9a - 3b + c = 3 \\
\textbf{(2)} \quad & f(-1) = a - b + c = 4 \\
\textbf{(3)} \quad & f(3) = 9a + 3b + c = 0 \\
\textbf{(1)} \wedge \textbf{(3)} \Rightarrow \quad & -6b = 3 \Rightarrow b = -\tfrac{1}{2} \\
\textbf{(2')} \quad & a + c = 3\tfrac{1}{2} \\
\textbf{(3')} \quad & 9a + c = 1\tfrac{1}{2} \\
\textbf{(2')} \wedge \textbf{(3')} \Rightarrow \quad & 8a = -2 \Rightarrow a = -\tfrac{1}{4} \\
\textbf{in (2')} \quad & c = 3\tfrac{1}{2} - \left(-\tfrac{1}{4}\right) = 3\tfrac{3}{4}
\end{aligned}
$$

Zum Ergebnis $f(x) = -\frac{1}{4}x^2 - \frac{1}{2}x + 3\frac{3}{4}$ vgl. Beispiel 3.

Umkehrfunktion

1 Umkehrbarkeit

Eine Funktion $f: D_f \to \mathbb{R}, x \mapsto y = f(x)$ heißt **umkehrbar**, wenn auch die Zuordnung $y \mapsto x$ eindeutig ist. f ist genau dann umkehrbar, wenn für alle $x_1, x_2 \in D_f$ gilt:

$$x_1 \neq x_2 \Rightarrow f(x_1) \neq f(x_2).$$

Anschaulich bedeutet dies, dass keine Parallele zur x-Achse mehr als einen Punkt mit dem Graphen von f gemeinsam haben darf. Diese Bedingung ist bei strenger Monotonie von f erfüllt (vgl. Seite 17).

Beispiel 1

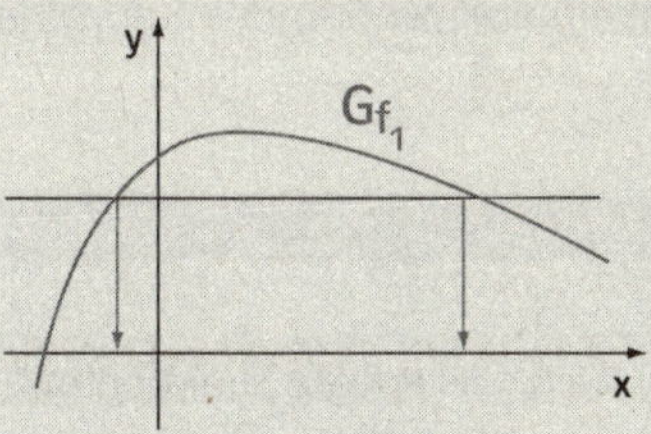

f_1 ist nicht umkehrbar

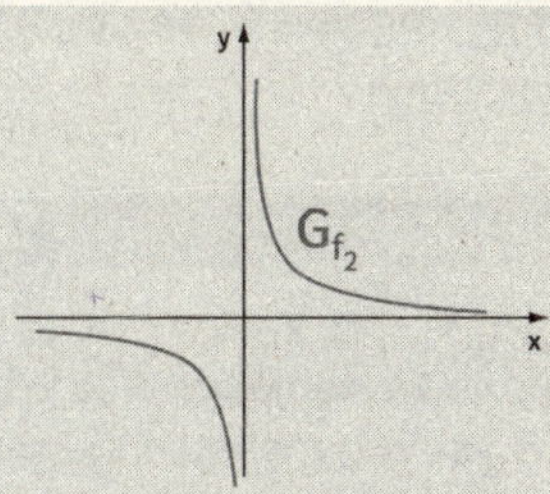

f_2 ist zwar nicht monoton, aber umkehrbar, denn jede Parallele zur x-Achse hat genau einen Punkt mit G_{f_2} gemeinsam

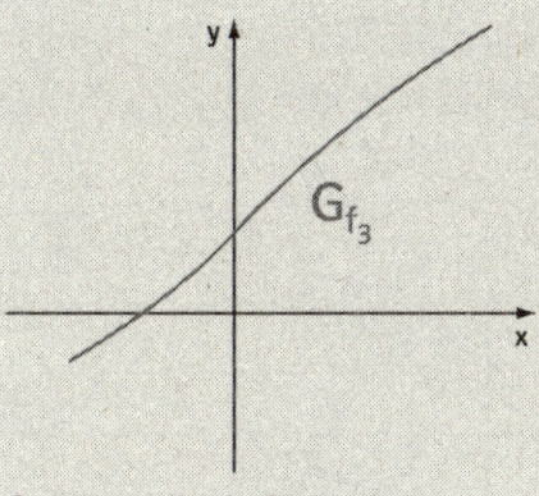

f_3 ist umkehrbar, da streng monoton zunehmend

2 Umkehrfunktion

Ist $f: D_f \to \mathbb{R}, x \mapsto y = f(x)$ mit der Wertemenge W_f umkehrbar, so wird durch die Zuordnung $y \mapsto x$ die Umkehrfunktion f^{-1} von f festgelegt. Dabei gilt: $\mathbf{D_{f^{-1}} = W_f}$; $\mathbf{W_{f^{-1}} = D_f}$.

Gelingt es, die Funktionsgleichung $y = f(x)$ eindeutig nach x aufzulösen und in die Form $x = f^{-1}(y)$ zu bringen, so lautet die Umkehrfunkton f^{-1} mit y als Funktionsvariable:

$$f^{-1}: W_f \to \mathbb{R}, y \mapsto x = f^{-1}(y).$$

Üblicherweise vertauscht man die Variablen x und y und erhält für f^{-1} die folgende Schreibweise mit x als Funktonsvariable:

$$f^{-1}: W_f \to \mathbb{R}, x \mapsto y = f^{-1}(x).$$

Den Graphen von f^{-1} in dieser Schreibweise erhält man durch Spiegelung von G_f an der 1. Winkelhalbierenden des Koordinatensystems.

Beispiel 2

$f: [-3; 5] \to \mathbb{R}, x \mapsto y = \frac{1}{2}x + \frac{1}{2}$
hat die Wertemenge $W_f = [-1; 3]$ und ist als lineare Funktion mit $m = \frac{1}{2}$ streng monoton steigend, also umkehrbar.

$y = \frac{1}{2}x + \frac{1}{2}$

$\Leftrightarrow \frac{1}{2}x = y - \frac{1}{2}$

$\Leftrightarrow x = 2y - 1 = f^{-1}(y)$;

mit Variablentausch:

$f^{-1}: [-1; 3] \to \mathbb{R}$,

$x \mapsto y = 2x - 1$

f^{-1} hat die Wertemenge $W_{f^{-1}} = [-3; 5] = D_f$

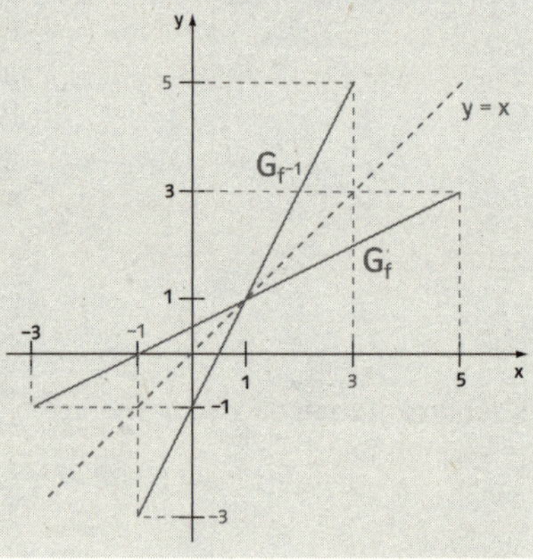

3 Wurzelfunktion

Die Quadratfunktion $f: \mathbb{R} \to \mathbb{R}; x \mapsto y = x^2$ (vgl. Seite 19) ist auf $\mathbb{R}$ nicht umkehrbar. Bildet man jedoch eine geeignete Einschränkung von f (Seite 8), z. B. auf $\mathbb{R}_0^+$, so erhält man eine streng monotone und damit umkehrbare Funkton:

$$g: \mathbb{R}_0^+ \to \mathbb{R}, x \mapsto y = x^2; \quad W_g = \mathbb{R}_0^+$$

Die Umkehrfunktion g^{-1} in der üblichen Form mit x als Variable lautet

$$g^{-1}: \mathbb{R}_0^+ \to \mathbb{R}, x \mapsto y = \sqrt{x}; \quad W_{g^{-1}} = \mathbb{R}_0^+$$

und heißt Wurzelfunktion.

Die Wurzelfunktion

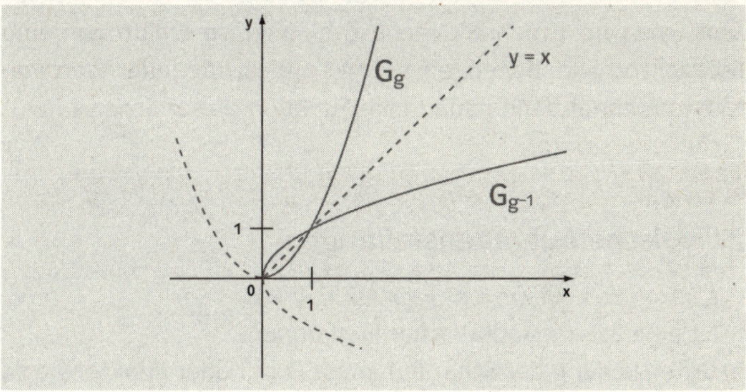

Funktionenscharen

1 Begriffsbestimmung

$f_{-1}: \mathbb{R} \to \mathbb{R}, x \mapsto y = 2x - 1$
$f_0: \mathbb{R} \to \mathbb{R}, x \mapsto y = 2x$
$f_3: \mathbb{R} \to \mathbb{R}, x \mapsto y = 2x + 3$

Diese Funktionen gehören zu einer »Familie«: Ihre Graphen sind parallele Geraden mit der Steigung $m = 2$; nur der y-Achsen-Abschnitt ist verschieden. Alle drei Funktionen haben die gleiche »Bauart«: $f_t: \mathbb{R} \to \mathbb{R}, x \mapsto y = 2x + t$

Lässt man für t mehrere reelle Zahlen zu, so erhält man eine Menge von Funktionen, eine Funktionenschar. Jeder Wert von t kennzeichnet dann genau eine Funktion dieser Schar; **t** heißt (Schar-)Parameter.

2 Typische Aufgabenstellungen

$f_k: \mathbb{R} \to \mathbb{R}, x \mapsto f_k(x) = x^2 + kx - 2k;\ k \in \mathbb{R}$
ist eine Schar quadratischer Funktionen.

a) Untersuchung der Schar auf einen Punkt oder Punkte, die zu den Graphen aller Scharfunktionen gehören: Man bestimmt die gemeinsamen Punkte zweier beliebiger Scharfunktionen, die zu den Parametern k_1 und k_2 ($k_1 \neq k_2$) gehören:

$$f_{k_1}(x) = f_{k_2}(x)$$
$$x^2 + k_1x - 2k_1 = x^2 + k_2x - 2k_2$$
$$k_1x - k_2x = 2k_1 - 2k_2$$
$$(k_1 - k_2)x = 2(k_1 - k_2) \qquad | :(k_1 - k_2),\ k_1 \neq k_2!$$
$$x = 2$$

$f_k(2) = 4 + 2k - 2k = 4$ für alle $k \in \mathbb{R}$
$(2|4)$ ist gemeinsamer Punkt aller Schargraphen.

b) Bestimmung der Gleichung der **Ortslinie**, auf der besondere Punkte der Graphen der Scharfunktion liegen, z. B. der Ortslinie der Scheitelpunkte:

$$f_k(x) = x^2 + kx + \left(\frac{k}{2}\right)^2 - 2k - \left(\frac{k}{2}\right)^2 = \left(x + \frac{k}{2}\right)^2 - 2k - \frac{k^2}{4}$$

$$= \left(x + \frac{k}{2}\right)^2 - \frac{k^2 + 8k}{4}$$

$S_k\left(-\frac{k}{2}\middle|-\frac{k^2 + 8k}{4}\right)$ ist der Scheitelpunkt von G_{f_k}

$x = -\frac{k}{2}$ (1)

$y = -\frac{k^2 + 8k}{4}$ (2)

Aus diesem Gleichungssystem muss der Parameter eliminiert werden.

(1) $\Rightarrow$ $k = -2x$

in (2): $y = -\frac{(-2x)^2 + 8 \cdot (-2x)}{4} = -\frac{4x^2 - 16x}{4} = -(x^2 - 4x)$

$y = -x^2 + 4x$ ist die Gleichung der gesuchten Ortslinie.

Graph

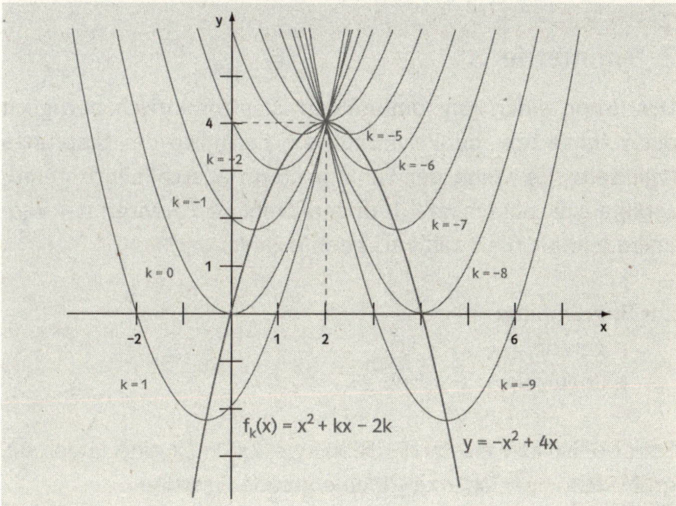

Polynomfunktionen

1 Begriffsbestimmung

Die Gleichung der linearen bzw. der quadratischen Funktion
war $y = mx + t \quad = a_1x + a_0$
bzw. $y = ax^2 + bx + c \quad = a_2x^2 + a_1c + a_0 \qquad (a_2 \neq 0)$.
Fortsetzung mit höheren Potenzen von x führt zu folgender Definition:

> Eine Funktion
> $f: \mathbb{R} \to \mathbb{R}, x \mapsto y = a_nx^n + a_{n-1}x^{n-1} + \ldots + a_1x + a_0$
> mit $a_i \in \mathbb{R}$ und $a_n \neq 0$ heißt **Polynomfunktion oder ganz-rationale Funktion n-ten Grades.**

So ist z. B. $f: \mathbb{R} \to \mathbb{R}, x \mapsto y = \frac{1}{3}x^4 - 2x^3 + 3x - \frac{1}{2}$ eine Polynomfunktion vierten Grades.

2 Symmetrie

Der Graph einer Polynomfunktion ist symmetrisch bezüglich der y-Achse bzw. punktsymmetrisch bezüglich des Ursprungs (vgl. Seite 15), wenn der Funktionsterm ausschließlich geradzahlige bzw. ausschließlich ungeradzahlige Potenzen der Variablen enthält. n = 0 zählt als gerade Zahl.

Zur Begründung:

n gerade $\Rightarrow (-x)^n = x^n$

n ungerade $\Rightarrow (-x)^n = -x^n$

So ist beispielsweise $f: \mathbb{R} \to \mathbb{R}, x \mapsto y = 2x^3 - \frac{1}{2}x$ eine ungerade, $g: \mathbb{R} \to \mathbb{R}, x \mapsto y = 3x^4 + x^2 - 1$ eine gerade Funktion.

Beispiel 1: Anwendung in einer »Steckbrief-Aufgabe«

Gesucht ist eine Polynomfunktion 6. Grades, deren Graph symmetrisch bezüglich der y-Achse ist und durch den Punkt (2|4) sowie den Ursprung geht; außerdem soll die Funktion die Nullstellen 1 und 4 besitzen.

$$f(x) = ax^6 + bx^5 + cx^4 + dx^3 + ex^2 + fx + g$$

Symmetrie: $b = d = f = 0$

$f(x) = ax^6 + cx^4 + ex^2 + g$

$f(2) = 4 \Rightarrow (1) \qquad 64a + 16c + 4e + g = 4$

$f(0) = 0 \Rightarrow (2) \qquad g = 0$

$f(1) = 0 \Rightarrow (3) \qquad a + c + e + g = 0$

$f(4) = 0 \Rightarrow (4) \qquad 4096a + 256c + 16e + g = 0$

Lösen des Gleichungssystems ergibt

$$f(x) = -\frac{1}{36}(x^6 - 17x^4 + 16x^2)$$

3 Nullstellen

Bei der Berechnung der Nullstellen (vgl. Seite 14) einer Polynomfuntion f n-ten Grades ist die Gleichung $f(x) = 0$, also eine Gleichung n-ten Grades zu lösen. Bekannt ist die Lösungsformel für quadratische Gleichungen (vgl. Seite 19). Lösungsformeln gibt es auch für Gleichungen 3. oder 4., aber nicht für Gleichungen höheren Grades.

Immerhin gilt der **Reduktionssatz**: Hat die Gleichung $f(x) = 0$ eine Lösung x_1, so ist das Polynom $f(x)$ durch $(x - x_1)$ teilbar. $f(x)$ lässt sich also in ein Produkt verwandeln; der eine Faktor ist der Linearfaktor $(x - x_1)$, der andere ein Polynom $g(x)$, dessen Grad um 1 niedriger ist als der Grad von $f(x)$. Auf diese Weise kann ein Polynom n-ten Grades fortgesetzt in ein Produkt von Linearfaktoren zerlegt werden.

Beispiel 2

Vom Polynom $f: x \mapsto y = x^3 + 4x^2 + x - 6$ sei $x_1 = 1$ als Nullstelle bekannt; notfalls lässt sich diese auch erraten! Damit kennt man den Linearfaktor $(x - 1)$ und kann Polynomdivision durchführen:

$$
\begin{array}{l}
(x^3 + 4x^2 + x - 6) : (x - 1) = x^2 + 5x + 6 = g(x) \\
\underline{-x^3 + x^2} \\
\qquad\quad 5x^2 + x \\
\qquad \underline{-5x^2 + 5x} \\
\qquad\qquad\quad 6x - 6 \\
\qquad\qquad \underline{-6x + 6} \\
\qquad\qquad\qquad\quad 0
\end{array}
$$

Also ist $f(x) = (x - 1) \cdot (x^2 + 5x + 6) = (x - 1) \cdot (x + 2) \cdot (x + 3)$; und somit sind $x_1 = 1$, $x_2 = -2$ und $x_3 = -3$ als Nullstellen von f bekannt.

Beispiel 3:

$f: \mathbb{R} \to \mathbb{R}, x \mapsto y = -\frac{1}{36}(x^6 - 17x^4 + 16x^2)$, vgl. Beispiel 1!

Hier ist keine Polynomdivision erforderlich, denn aus $f(x)$ lässt sich x^2 ausklammern:

$$f(x) = -\tfrac{1}{36}x^2 \cdot (x^4 - 17x^2 + 16).$$
$$f(x) = 0 \Leftrightarrow x_{1/2} = 0 \lor x^4 - 17x^2 + 16 = 0$$

$x^4 - 17x^2 + 16$ ist eine biquadratische Gleichung, die sich durch die Substitution $z = x^2$ lösen lässt:

$$z^2 - 17z + 16 = 0;\ z_{1/2} = \frac{17 \pm \sqrt{289 - 4 \cdot 16}}{2} = \frac{17 \pm 15}{2}$$
$$z_1 = 16 \Rightarrow x_{3/4} = \pm 4;\ z_2 = 1 \Rightarrow x_{5/6} = \pm 1;$$

also ist $f(x) = -\frac{1}{36}x^2 \cdot (x - 4) \cdot (x + 4) \cdot (x - 1) \cdot (x + 1)$.

f besitzt die doppelte Nullstelle 0 sowie die einfachen Nullstellen 4, −4, 1 und −1. Mehr Lösungen kann eine Gleichung 6. Grades nicht haben. Allgemein gilt: Jede Gleichung n-ten Grades besitzt höchstens n reelle Lösungen, die nicht alle voneinander verschieden sein müssen.

Differenzialrechnung

Grenzwerte

1 Grenzwerte für $x \to \pm\infty$

Beispiel 1

$f: \mathbb{R}_0^+, x \mapsto y = \frac{2x+6}{x+1} = \frac{2(x+1)+4}{x+1} = 2 + \frac{4}{x+1}$

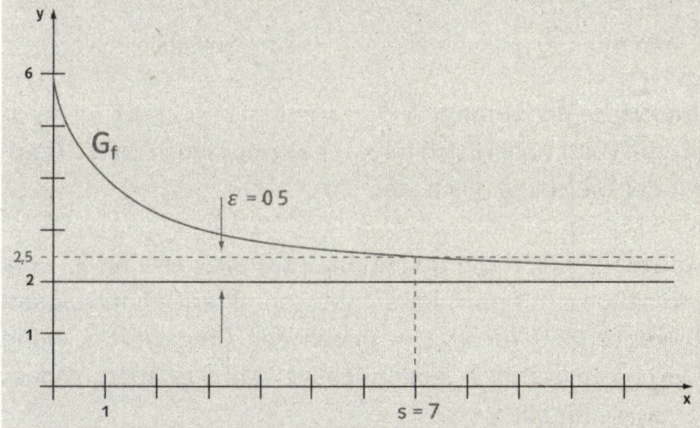

f(x) unterscheidet sich »beliebig wenig« vom Wert 2, wenn x nur »genügend groß« ist; G_f nähert sich »beliebig nahe« an die Gerade mit der Gleichung y = 2 an. Präzisierung dieses »Strebens gegen einen Grenzwert«: Die Abweichung des Funktionsterms f(x) vom vermuteten Grenzwert 2 ist $|f(x) - 2| = \frac{4}{x+1}$; sie lässt sich »beliebig klein« machen:

$|f(x) - 2| < 1 \quad \Leftrightarrow \frac{4}{x+1} < 1 \quad \Leftrightarrow 4 < x + 1 \quad \Leftrightarrow x > 3$

$|f(x) - 2| < 0{,}5 \Leftrightarrow \frac{4}{x+1} < 0{,}5 \Leftrightarrow 8 < x + 1 \quad \Leftrightarrow x > 7$

$|f(x) - 2| < 0{,}1 \Leftrightarrow \frac{4}{x+1} < 0{,}1 \Leftrightarrow 40 < x + 1 \Leftrightarrow x > 39$

$|f(x) - 2| < \varepsilon \quad \Leftrightarrow \frac{4}{x+1} < \varepsilon \quad \Leftrightarrow \frac{4}{\varepsilon} < x + 1 \quad \Leftrightarrow x > \frac{4}{\varepsilon} - 1 =: s$

Allgemein definiert man: Eine Funktion f mit nach rechts unbeschränkter Definitionsmenge D_f hat für $x \to \infty$ den Grenzwert a, wenn für jede positive Zahl ε eine positive Zahl s existiert, sodass $|f(x) - a| < \varepsilon$ für alle $x > s$.

Sprechweisen:
Der Grenzwert von f für $x \to \infty$ ist a.
f konvergiert für $x \to \infty$ gegen a.

Schreibweisen:
$f(x) \to a$ für $x \to \infty$
$\lim\limits_{x \to \infty} f(x) = a$

Geometrische Bedeutung:
Der Graph von f nähert sich für $x \to \infty$ asymptotisch an die Gerade mit der Gleichung $y = a$ an.

Entsprechend lautet die Definition des Grenzwerts für $x \to -\infty$: Eine Funktion f mit nach links unbeschränkter Defintionsmenge D_f konvergiert für $x \to -\infty$ gegen den Grenzwert a, wenn für jede positive Zahl ε eine negative Zahl s existiert, sodass $|f(x) - a| < \varepsilon$ für alle $x < s$.
Schreibweise: $\lim\limits_{x \to -\infty} f(x) = a$.

Existiert bei einer Funktion kein Grenzwert für $x \to \infty$ bzw. für $x \to -\infty$, dann heißt die Funktion divergent für $x \to \infty$ bzw. für $x \to \infty$.

Wichtige **Grenzwerte**:

$$\lim_{x \to \pm\infty} \frac{c}{x} = 0 \quad \text{für } c \in \mathbb{R}$$
$$\lim_{x \to \pm\infty} \frac{c}{x^n} = 0 \quad \text{für } c \in \mathbb{R}, n \in \mathbb{N}$$

Von Bedeutung sind auch die folgenden Grenzwertsätze: Sind f und g zwei Funktionen, für die $\lim\limits_{x \to \infty} f(x) = a$ und $\lim\limits_{x \to \infty} g(x) = b$ existieren, so gilt:

$$\lim_{x \to \infty} (f(x) \pm g(x)) = a \pm b;$$

$$\lim_{x \to \infty} (f(x) \cdot g(x)) = a \cdot b;$$

$$\lim_{x \to \infty} \frac{f(x)}{g(x)} = \frac{a}{b}, \text{ falls } b \neq 0$$

Damit lässt sich z. B. der Grenzwert der Funktion f aus Beispiel 1 folgendermaßen bestimmen:

$$\lim_{x \to \infty} f(x) = \lim_{x \to \infty} \frac{2x + 6}{x + 1} = \lim_{x \to \infty} \frac{2 + \frac{6}{x}}{1 + \frac{1}{x}} = \frac{\lim\limits_{x \to \infty} \left(2 + \frac{6}{x}\right)}{\lim\limits_{x \to \infty} \left(1 + \frac{1}{x}\right)}$$

$$= \frac{\lim\limits_{x \to \infty} 2 + \lim\limits_{x \to \infty} \frac{6}{x}}{\lim\limits_{x \to \infty} 1 + \lim\limits_{x \to \infty} \frac{1}{x}} = \frac{2 + 0}{1 + 0} = 2$$

Natürlich muss all dies nicht immer so ausführlich geschrieben werden; der wesentliche Schritt ist das Kürzen des Bruches $\frac{2x+6}{x+1}$ mit x.

Beispiel 2

$$\lim_{x \to -\infty} \frac{5x^2 - 12x}{2x^3 + 3} = \lim_{x \to -\infty} \frac{\frac{5}{x} - \frac{12}{x^2}}{2 + \frac{3}{x^3}} = \frac{0 - 0}{2 - 0} = 0$$

Wesentlicher Schritt ist das Kürzen mit x^3, also mit der höchsten vorkommenden Potenz von x.

Manchmal ist zur Grenzwertbestimmung die Abschätzung mit Hilfe einer Schrankenfunktion hilfreich:

Beispiel 3

$f: [1; \infty[\to \mathbb{R}, x \mapsto y = 2 \cdot \frac{\sin\left(\frac{\pi}{2}x\right)}{x}$

$$\left.\begin{array}{l} |f(x)| = \frac{2}{|x|} \cdot \left|\sin\left(\frac{\pi}{2}x\right)\right| \leq \frac{2}{|x|} \cdot 1 = \frac{2}{x} \\ \lim\limits_{x \to \infty} \frac{2}{x} = 0 \end{array}\right\} \lim\limits_{x \to \infty} f(x) = 0$$

Allgemein gilt der Satz:
Ist $|f(x)| \leq |g(x)|$ und ist $\lim\limits_{x \to \infty} g(x) = 0$,
so ist erst recht $\lim\limits_{x \to \infty} f(x) = 0$.

Nützlich kann auch der folgende Satz sein (vgl. Seite 8):
Ist f eine monoton zunehmende, nach oben beschränkte Funktion mit dem Supremum S und mit nach rechts unbeschränktem Definitionsbereich, so ist $\lim\limits_{x \to \infty} f(x) = S$.

2 Grenzwerte für $x \to x_0$

Beispiel 4

$f: R \setminus \{1\} \to \mathbb{R}$,

$x \mapsto y = \frac{x^2 - 4}{4x - 4}$

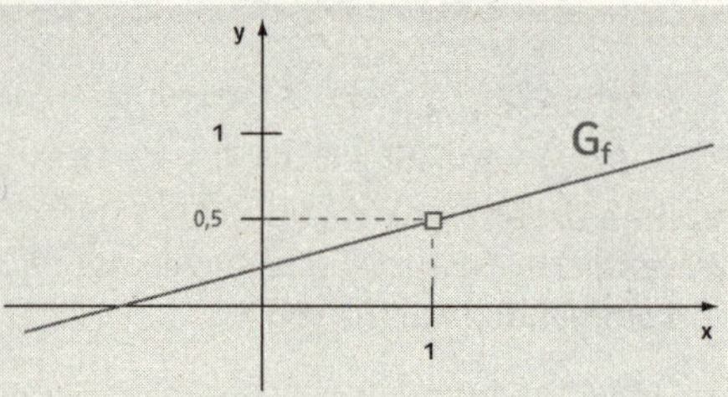

f(x) unterscheidet sich »beliebig wenig« vom Wert 0,5 wenn man x nur »nahe genug« bei $x_0 = 1$ wählt. Die Abweichung des Funktionswerts f(x) vom vermuteten Grenzwert 0,5 ist $|f(x) - 0{,}5| = \left|\frac{x^2-1}{4x-4} - \frac{1}{2}\right| = \ldots = \left|\frac{x-1}{4}\right| = \frac{|x-1|}{4}$; sie lässt sich »beliebig klein« machen:

$|f(x) - 0{,}5| < 1 \quad \Leftrightarrow \frac{|x-1|}{4} < 1 \quad \Leftrightarrow |x-1| < 4$
$\Leftrightarrow -3 < x < 5$

$|f(x) - 0{,}5| < 0{,}1 \quad \Leftrightarrow \frac{|x-1|}{4} < 0{,}1 \quad \Leftrightarrow |x-1| < 0{,}4$
$\Leftrightarrow 0{,}6 < x < 1{,}4$

$|f(x) - 0{,}5| < \varepsilon \quad \Leftrightarrow \frac{|x-1|}{4} < \varepsilon \quad \Leftrightarrow |x-1| < 4\varepsilon = \delta$
$\Leftrightarrow 1 - \delta < x < 1 + \delta$

Allgemein definiert man: Eine Funktion f sei beiderseits einer Stelle x_0 definiert, f hat für $x \to x_0$ den Grenzwert a, wenn für jede positive Zahl ε eine positive Zahl δ existiert, sodass $|f(x) - a| < \varepsilon$ für alle x mit $|x - x_0| < \delta$.

Sprechweisen:

Der Grenzwert von f für $x \to x_0$ ist a.
f konvergiert für $x \to x_0$ gegen a.

Schreibweisen:

$f(x) \to a$ für $x \to x_0$

$\lim\limits_{x \to x_0} f(x) = a$

Die Annäherung an die Stelle x_0 erfolgt von links bzw. von rechts. Im ersten Fall gilt $0 < x_0 - x < \delta$, im zweiten $0 < x - x_0 < \delta$, und man erhält

den linksseitigen Grenzwert $\lim\limits_{x \lesssim x_0} f(x)$ bzw.
den rechtsseitigen Grenzwert $\lim\limits_{x \gtrsim x_0} f(x)$.

Konvergiert die Funktion f für $x \to x_0$, so gilt

$$\lim_{x \lesssim x_0} f(x) = \lim_{x \gtrsim x_0} f(x) = \lim f(x).$$

Existiert dagegen auch nur einer der beiden einseitigen Grenzwerte nicht oder sind diese verschieden, so existiert auch $\lim\limits_{x \to x_0} f(x)$ nicht und f heißt divergent für $x \to x_0$.

Analog zu Abschnitt 1 gelten wieder die Grenzwertsätze:
Sind f und g zwei Funktionen, für die $\lim\limits_{x \to x_0} f(x) = a$ und $\lim\limits_{x \to x_0} g(x) = b$ existieren, so gilt

$$\lim_{x \to x_0} (f(x) \pm g(x)) = a \pm b;$$

$$\lim_{x \to x_0} (f(x) \cdot g(x)) = a \cdot b;$$

$$\lim_{x \to x_0} \frac{f(x)}{g(x)} = \frac{a}{b}, \text{ falls } b \neq 0$$

Damit lässt sich z.B. der Grenzwert der Funktion aus Beispiel 4 folgendermaßen bestimmen:

$$\lim_{x \to 1} f(x) = \lim_{x \to 1} \frac{x^2 - 1}{4x - 4} = \lim_{x \to 1} \frac{(x + 1)(x - 1)}{4(x - 1)}$$

$$= \lim_{x \to 1} \frac{x + 1}{4} = \frac{\lim\limits_{x \to 1} (x + 1)}{\lim\limits_{x \to 1} 4} = \frac{2}{4} = 0{,}5$$

Ein wichtiges Verfahren zur Grenzwertberechnung ist die so genannte h-Methode, im Folgenden wieder anhand von Beispiel 4 durchgeführt :

$$\lim_{x \to 1} f(x) = \lim_{h \to 0} f(1 + h) = \lim_{h \to 0} \frac{(1 + h)^2 - 1}{4(1 + h) - 4} = \lim_{h \to 0} \frac{1 + 2h + h^2 - 1}{4 + 4h - 4}$$

$$= \lim_{h \to 0} \frac{2h + h^2}{4h} = \lim_{h \to 0} \frac{2 + h}{4} = \frac{2}{4} = 0{,}5$$

Da h sowohl positiv als auch negativ sein kann, berechnet man im Beispiel der letzten beiden Zeilen sowohl den rechts- als auch den linksseitigen Grenzwert.

Gebrochen rationale Funktionen

1 Charakteristisches

Eine (gebrochen) rationale Funktion ist der Quotient von zwei Polynomfunktionen:

$$f: x \mapsto y = \frac{a_n x^n + a_{n-1} x^{n-1} + \ldots + a_1 x + a_0}{b_m x^m + b_{m-1} x^{m-1} + \ldots + b_1 x + b_0}$$

Ist der Nenner nur eine Konstante b_0, dann ist f eine einfache Polynomfunktion. Ist der Grad n des Nennerpolynoms größer als der Grad z des Zählerpolynoms, so heißt f eine echt (gebrochen) rationale Funktion. Ist $n \leq z$, so lässt sich f(x) durch Polynomdivision in einen ganzrationalen und einen echt-rationalen Term zerlegen.

Die Nullstellen x_i einer gebrochen rationalen Funktion sind die des Zählerpolynoms ($x_i \in D_f$). Die Definitionslücken sind die Nullstellen des Nennerpolynoms. Nullstellen und Definitionslücken erkennt man am besten, wenn man Zähler und Nenner soweit wie möglich faktorisiert. Dann erhält man auch alle Informationen über das Vorzeichen der Funktion in den einzelnen Intervallen und kann mit Hilfe der Methode des Felder-Abstreichens einen Überblick über den Verlauf des Graphen gewinnen:

Beispiel 1

$f(x) = \frac{x^2 - 4x}{x^2 + 2x - 3} = \frac{x(x-4)}{(x+3)(x-1)}$

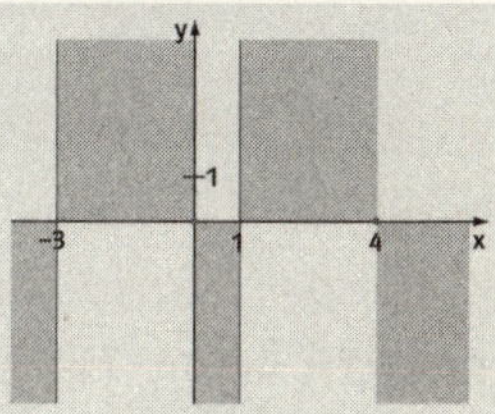

f hat die Nullstellen 0 und 4 und die Definitionslücken − 3 und 1;
$D_{max} = \mathbb{R} \setminus \{-3; 1\}$.
In den blau getönten abgestrichenen Feldern liegen keine Graphenpunkte.

	x < −3	x = −3	−3 < x < 0	x = 0	0 < x < 1	x = 1	1 < x < 4	x = 4	x > 4
x(x−4)	+	+	+	0	−	−	−	0	+
(x + 3)(x − 1)	+	0	−	−	−	0	+	+	+
f(x)	+	n.d.	−	0	+	n.d.	−	0	+

2. Verhalten für $x \to \pm\infty$

Im Folgenden wird mit z wieder der Grad des Zähler- mit n der Grad des Nennerpolynoms bezeichnet.

Beispiel 2

$f: x \mapsto y = \frac{2x}{x^2+1}$ (also z < n; f ist echt rational)

$$\lim_{x \to \infty} f(x) = \lim_{x \to \infty} \frac{\frac{2}{x}}{1+\frac{1}{x^2}} = +0$$

$$\lim_{x \to -\infty} f(x) = \lim_{x \to -\infty} \frac{\frac{2}{x}}{1+\frac{1}{x^2}} = -0$$

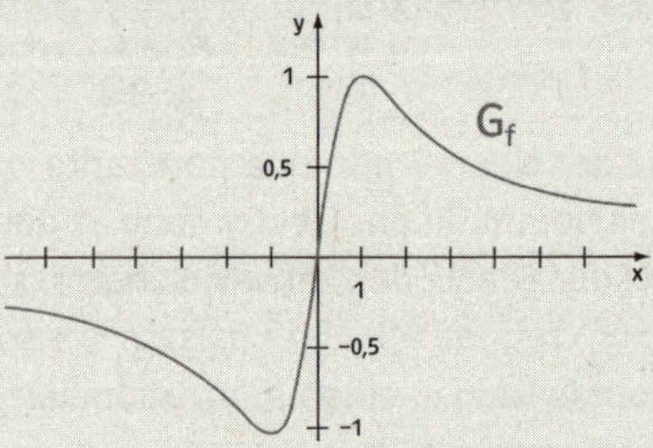

G_f nähert sich für $x \to \infty$ bzw. für $x \to -\infty$ von oben bzw. von unten asymptotisch an die x-Achse an; die x-Achse ist **Asymptote** von G_f für $x \to \pm\infty$

Beispiel 3

$f: x \mapsto y = \frac{2x^2}{x^2+1} = 2 - \frac{2}{x^2+1}$ (also z = n)

$$\lim_{x \to \pm\infty} f(x) = \lim_{x \to \pm\infty} \left(2 - \frac{\frac{2}{x^2}}{1+\frac{1}{x^2}}\right) = 2 - 0$$

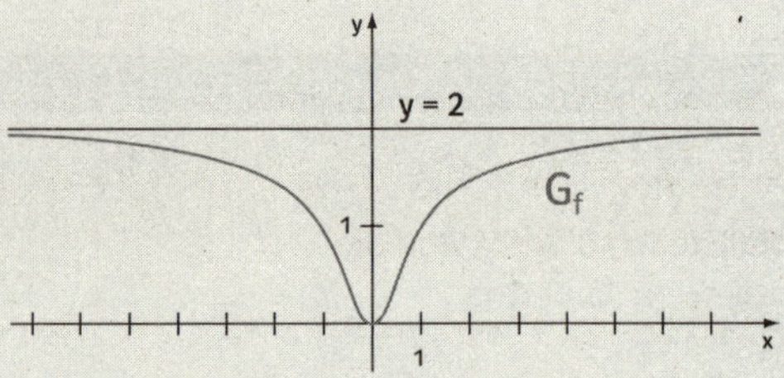

G_f nähert sich für $x \to \infty$ bzw. für $x \to -\infty$ von unten asymptotisch an die Gerade mit der Gleichung y = 2 an; die Parallele zur x-Achse mit der Gleichung y = 2 ist **Asymptote** von G_f für $x \to \pm\infty$

Beispiel 4

$f: x \mapsto y = \frac{x^3}{2x^2+2} = \frac{1}{2}x - \frac{x}{2x^2+2}$ (also $z = n + 1$)

$f(x) \to +\infty$ für $x \to \infty$,

$f(x) \to -\infty$ für $x \to -\infty$

aber:

$$\lim_{x\to\infty}\left(f(x) - \frac{1}{2}x\right) = \lim_{x\to\infty}\frac{-x}{2x^2+2} = -0$$

$$\lim_{x\to-\infty}\left(f(x) - \frac{1}{2}x\right) = \lim_{x\to-\infty}\frac{-x}{2x^2+2} = +0$$

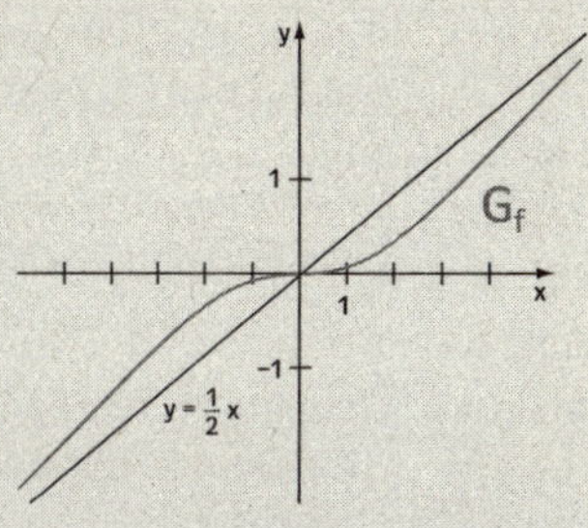

G_f nähert sich für $x \to \infty$ bzw. für $x \to -\infty$ von unten bzw. von oben asymptotisch an die Gerade mit der Gleichung $y = \frac{1}{2}x$ an; diese ist schiefe Asymptote von G_f für $x \to \pm\infty$

Beispiel 5

$f: x \mapsto y = \frac{x^4}{2x^2+2} = \frac{1}{2}x^2 - \frac{1}{2} + \frac{1}{2x^2+2}$ (also $z > n + 1$)

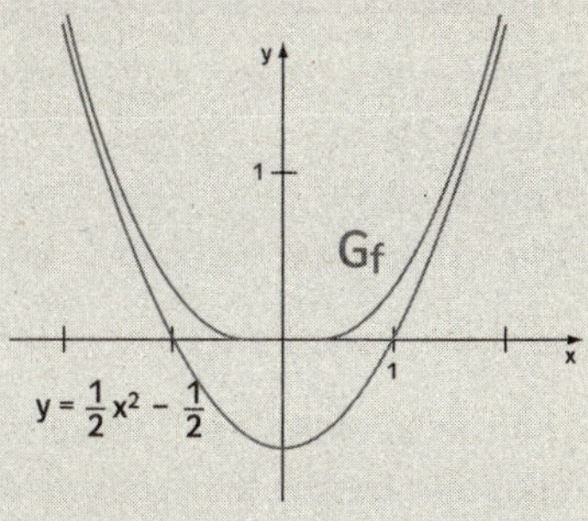

$f(x) \to +\infty$ für $x \to \infty$,

$f(x) \to -\infty$ für $x \to -\infty$

aber:

$$\lim_{x\to\infty}\left(f(x) - \left(\frac{1}{2}x^2 - \frac{1}{2}\right)\right) = \lim_{x\to\infty}\frac{1}{2x^2+2} = +0$$

$$\lim_{x\to-\infty}\left(f(x) - \left(\frac{1}{2}x^2 - \frac{1}{2}\right)\right) = \lim_{x\to-\infty}\frac{1}{2x^2+2} = +0$$

G_f nähert sich für $x \to \pm\infty$ von oben asymptotisch an die Parabel mit der Gleichung $y = \frac{1}{2}x^2 - \frac{1}{2}$ an, diese ist asymptotische Kurve von G_f für $x \to \pm\infty$

Zusammenfassung	
für $x \to \pm\infty$ nähert sich G_f asymptotisch dem Graphen	
$z < n$	der linearen Funktion $x \mapsto y = 0$; die x-Achse ist horizontale Asymptote
$z = n$	der linearen Funktion $x \mapsto y = \frac{a_n}{b_n}$ $(\neq 0)$; die Parallele zur x-Achse mit der Gleichung $y = \frac{a_n}{b_n}$ ist horizontale Asymptote
$z = n + 1$	einer linearen Funktion $x \mapsto y = mx + t$ $(m \neq 0)$; die Gerade mit der Gleichung $y = mx + t$ ist schiefe Asymptote
$z > n + 1$	einer Polynomfunktion von Grad $z - n$; der Graph dieser Polynomfunktion ist asymptotische Kurve

3 Verhalten an Definitionslücken

Im Folgenden sei $f(x) = \frac{Z(x)}{N(x)}$ und $N(x_0) = 0$, also $x_0 \notin D_f$.

1. Fall: $Z(x_0) \neq 0$

Dann ist $\lim\limits_{x \to x_0} Z(x) = Z(x_0) \neq 0$ und $\lim\limits_{x \to x_0} N(x) = N(x_0) = 0$,
also $f(x) \to +\infty$ oder $f(x) \to -\infty$ für $x \lesssim x_0$ und für $x \gtrsim x_0$.

G_f hat bei x_0 eine Unendlichkeitsstelle oder einen Pol (eine Polstelle) und besitzt als vertikale Asymptote die zur y-Achse parallele Gerade mit der Gleichung $x = x_0$.

Beispiel 6

$f: x \mapsto y = \frac{2x-4}{x-3}$, $x_o = 3$

$f(x) \to -\infty$ für $x \overset{<}{\to} 3$;

$f(x) \to +\infty$ für $x \overset{>}{\to} 3$

f hat bei $x_0 = 3$
einen Pol mit Vorzeichenwechsel von – nach +

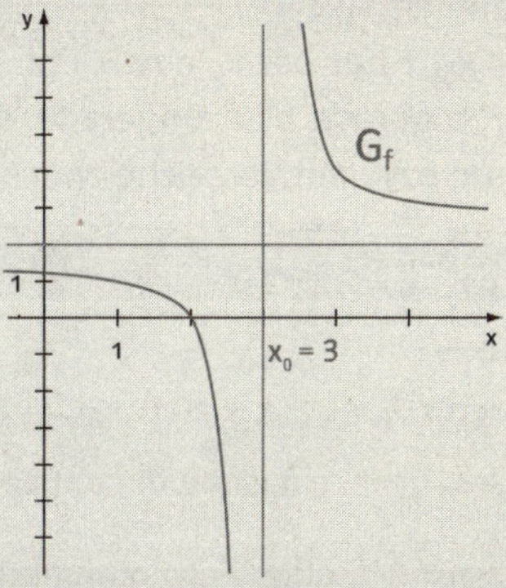

Beispiel 7

$f: y = \frac{2x-4}{(x-3)^2}$, $x_o = 3$

$f(x) \to +\infty$

für $x \overset{<}{\to} 3$ und für $x \overset{>}{\to} 3$

f hat bei $x_o = 3$
einen Pol ohne Vorzeichenwechsel

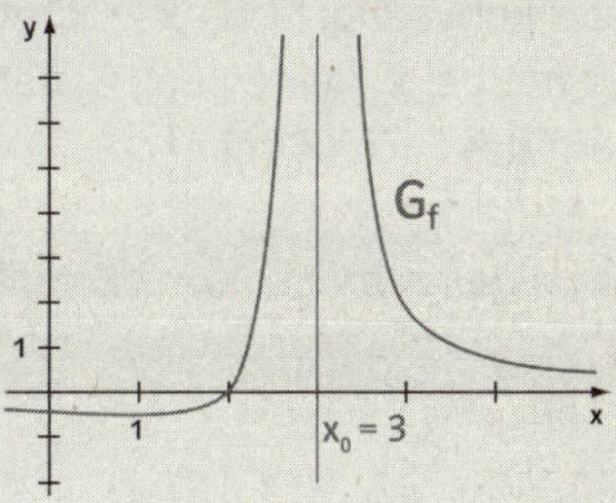

Ist x_0 keine Nullstelle des Zählers und eine q-fache Nullstelle des Nenners, so hat f bei x_0 einen Pol q-ter Ordnung. Ist q ungerade, so handelt es sich um einen Pol mit Vorzeichenwechsel, ist q gerade, so handelt es sich um einen Pol ohne Vorzeichenwechsel.

2. Fall: $Z(x_0) = 0$

x_0 ist nun also Nullstelle von Zähler und Nenner, das heißt Zähler und Nenner enthalten $(x - x_0)$ als Linearfaktor:

$$f(x) = \frac{Z(x)}{N(x)} = \frac{(x - x_0)^p \cdot u(x)}{(x - x_0)^q \cdot (v(x)} = (x - x_0)^{p-q} \cdot \frac{u(x)}{v(x)},$$

wobei $p, q \in \mathbb{N}$, $u(x_0) \neq 0$, $v(x_0) \neq 0$.

1. Unterfall: $p < q$

Dann ist $f(x) = \frac{1}{(x - x_0)^{q-p}} \cdot \frac{u(x)}{v(x)}$, und $f(x) \to \pm\infty$ für $x \overset{<}{\to} x_0$ und für $x \overset{>}{\to} x_0$; f hat bei x_0 einen Pol, G_f eine vertikale Asymptote. Ist $q - p$ gerade bzw. ungerade, so handelt es sich um einen Pol ohne bzw. mit Vorzeichenwechsel.

Beispiel 8

$f: x \mapsto y = \frac{2x^2 - 10x + 12}{x^3 - 7x^2 + 15x - 9} = \frac{(x-3) \cdot (2x-4)}{(x-3)^2 \cdot (x-1)}$

$f(x) \to -\infty$ für $x \overset{<}{\to} 3$, $f(x) \to +\infty$ fü $x \overset{>}{\to} 3$

f hat bei $x_0 = 3$ einen Pol mit Vorzeichenwechsel von – nach +.

2. Unterfall: $p \geq q$

Jetzt konvergiert f für $x \to x_0$ gegen einen endlichen Grenzwert c; f hat bei x_0 keinen Pol, G_f hat keine vertikale Asymptote, sondern das Loch $(x_0 \mid c)$.

Beispiel 9

$f: x \mapsto y = \frac{2x^3 - 16x^2 + 42x - 36}{x^3 - 7x^2 + 15x - 9} = \ldots = \frac{(x-3)^2 \cdot (2x-4)}{(x-3)^2 \cdot (x-1)}$; $x_0 = 3$

$\lim\limits_{x \to 3} f(x) = \lim\limits_{x \to 3} \frac{2x-4}{x-1} = \frac{2}{2} = 1$

G_f hat bei $x_0 = 3$ keine senkrechte Asymptote, sondern das Loch $(3 \mid 1)$.

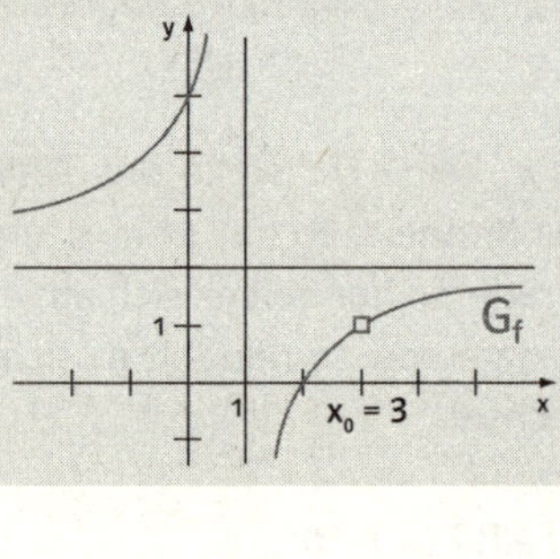

Zusammenfassung

Ist x_0 eine q-fache Nullstelle des Nennerpolynoms, also eine Definitionslücke der rationalen Funktion

$f: x \mapsto y = \frac{Z(x)}{N(x)}$, so gilt:

$Z(x_0) \neq 0$	f hat bei x_0 eine Unendlichkeitsstelle oder einen Pol q-ter Ordnung; G_f hat die Parallele zur y-Achse mit der Gleichung $x = x_0$ als vertikale Asymptote	
	q ungerade: Pol mit VZW	**q gerade:** Pol ohne VZW
$Z(x_0) = 0$	Zähler- und Nennerpolynom enthalten $(x - x_0)$ als Linearfaktor: $f(x) = \frac{(x - x_0)^p \cdot u(x)}{(x - x_0)^q \cdot v(x)} = (x - x_0)^{p-q} \cdot \frac{u(x)}{v(x)}$ wobei $u(x_0) \neq 0$, $v(x_0) \neq 0$	
	p < q	f hat bei x_0 einen Pol der Ordnung $q - p$; G_f hat die Parallele zur y-Achse mit der Gleichung $x = x_0$ als vertikale Asymptote
	q − p ungerade: Pol mit VZW	**q − p gerade:** Pol ohne VZW
	p ≥ q	$\lim_{x \to x_0} f(x) = c$ existiert; f hat bei x_0 keinen Pol, G_f keine vertikale Asymptote, sondern das Loch $(x_0 \mid c)$
	p > q: c = 0 das Loch $(x_0 \mid 0)$ liegt auf der x-Achse	**p = q: c ≠ 0** das Loch $(x_0 \mid c)$ liegt nicht auf der x-Achse

Zum Abschluss dieses Kapitels noch die vollständige Untersuchung des Verhaltens der Funktion aus Beispiel 1:

$$f: x \mapsto y = \frac{x^2 - 4x}{x^2 + 2x - 3} = \frac{x(x-4)}{(x+3)(x-1)}$$

$$\lim_{x \to \infty} f(x) = \lim_{x \to \infty} \frac{x^2 - 4x}{x^2 + 2x - 3} = \lim_{x \to \infty} \frac{1 - \frac{4}{x}}{1 + \frac{2}{x} - \frac{3}{x^2}} = 1 - 0$$

$$\lim_{x \to -\infty} f(x) = \ldots = 1 + 0$$

G_f nähert sich für $x \to +\infty$ bzw. für $x \to -\infty$ von unten bzw. von oben an die horizontale Asymptote mit der Gleichung $y = 1$ an.

$f(x) \to +\infty$ für $x \overset{<}{\to} -3$; $f(x) \to -\infty$ für $x \overset{>}{\to} -3$
$f(x) \to +\infty$ für $x \overset{<}{\to} 1$; $f(x) \to -\infty$ für $x \overset{>}{\to} 1$

f hat bei $x = -3$ und bei $x = 1$ jeweils einen Pol mit Vorzeichenwechsel von + nach −; G_f hat die vertikalen Asymptoten mit den Gleichungen $x = -3$ und $x = 1$

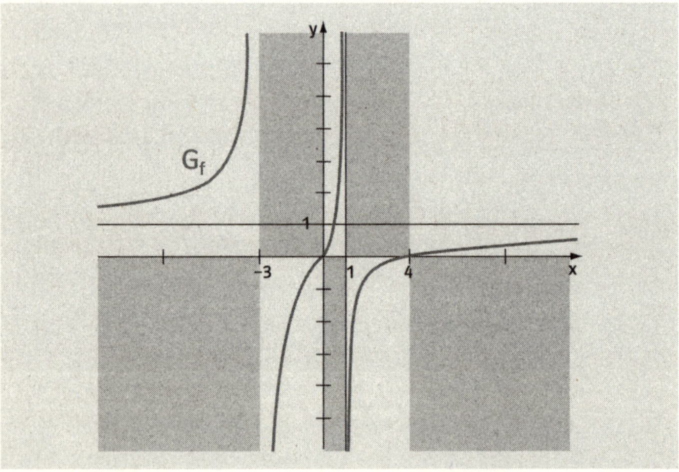

Stetigkeit

1 Begriffsbestimmung

Eine Funktion $f: D_f \to \mathbb{R}, x \mapsto y = f(x)$ ist an der Stelle $x_0 \in D_f$ stetig, wenn $\lim\limits_{x \to x_0} f(x)$ existiert und mit $f(x_0)$ übereinstimmt:

$$\lim_{x \to x_0} f(x) = f(x_0).$$

(Andernfalls heißt f an der Stelle x_0 **unstetig.**)

Die Funktion f heißt im Intervall $]a; b[\in D_f$ stetig, wenn sie an jeder Stelle $x_0 \in]a; b[$ stetig ist.
(An den Rändern eines abgeschlossenen Intervalls kann einseitige Stetigkeit vorliegen.)

Beispiel 1

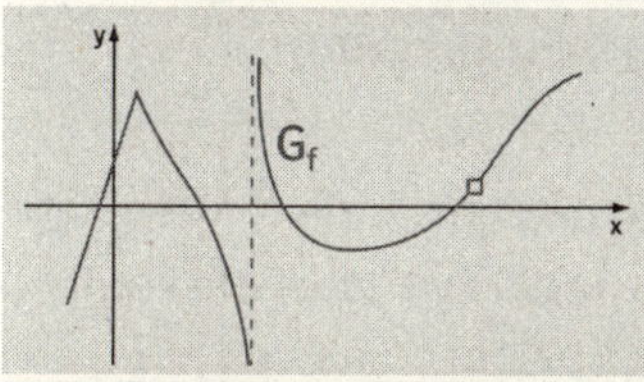

Die dargestellte Funktion f ist auf ihrem ganzen Definitionsbereich stetig.

Beispiel 2

a) Die sgn-Funktion (vgl. Seite 13) ist an der Stelle $x_0 = 0$ unstetig.

b)

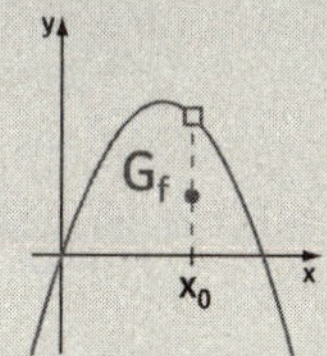

c)

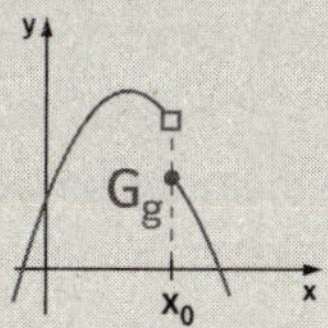

d)

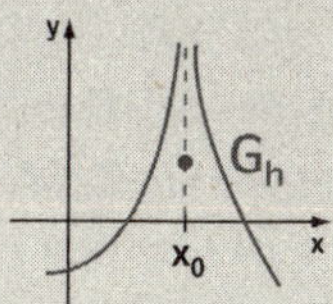

Die in b, c und d dargestellten Funktion f, g und h sind jeweils an der Stelle x_0 unstetig.

Jeweils auf dem ganzen Definitionsbereich stetig ist:

- die Betragsfunktion (vgl. Seite 13)
- die Wurzelfunktion (vgl. Seite 25)
- jede Polynomfunktion (vgl. Seite 28)
- jede rationale Funktion (vgl. Seite 37)
- jede trigonometrische Funktion (vgl. Seite 83)
- die Logarithmusfunktion (vgl. Seite 104)
- die Exponentialfunktion (vgl. Seite 111)

Darüber hinaus gilt der **Verknüpfungssatz:**
Sind zwei Funktionen f und g in einem gemeinsamen Intervall I stetig, so sind auch

- ihre Summe und ihre Differenz $f \pm g$,
- ihr Produkt $f \cdot g$,
- ihr Quotient $\frac{f}{g}$ (für alle $x \in D$ mit $g(x) \neq 0$),
- ihre Verkettung $f \circ g$

in I stetig.

2 Weitere Sätze über stetige Funktionen

Zwischenwertsatz:
Ist eine Funktion f auf [a; b] stetig und gilt $f(a) < c < f(b)$ oder $f(a) > c > f(b)$, so gibt es mindestens ein $x_0 \in]a; b[$ mit $f(x_0) = c$.

Nullstellensatz:
Ist eine Funktion f auf [a, b] stetig und gilt $f(a) < 0 < f(b)$ oder $f(a) > 0 > f(b)$, so besitzt f mindestens eine Nullstelle $x_0 \in]a; b[$.

Extremwertsatz:
Ist eine Funktion auf [a; b] stetig, so ist sie auf [a; b] beschränkt und besitzt hier ein absolutes Extremum.

3 Stetige Fortsetzung

Eine Funktion $\tilde{f}$ heißt **stetige Fortsetzung** einer Funktion f auf eine Stelle x_0, wenn $\tilde{f}$ eine Fortsetzung (vgl. Seite 8) von f auf die Stelle x_0 ist und wenn $\tilde{f}$ an der Stelle x_0 stetig ist.

Beispiel 3

a)

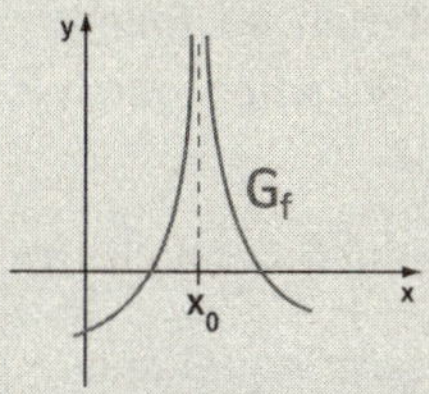

b)

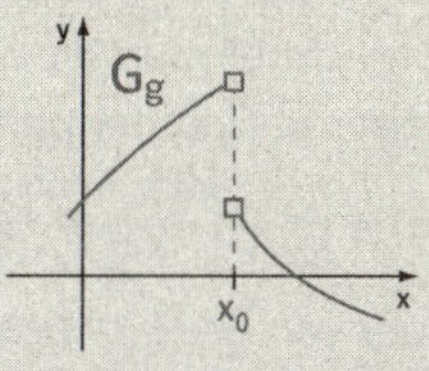

Die in a und b dargestellten Funktion f und g lassen sich auf die Stelle x_0 nicht stetig fortsetzen.

Beispiel 4

$$f: \mathbb{R}\setminus\{3\} \to \mathbb{R},\ x \mapsto y = \frac{x^3 - 7x^2 + 7x + 15}{2x - 6}$$

$$= \frac{(x-3)(x+1)(x-5)}{2(x-3)}$$

lässt sich auf die Stelle $x_0 = 3$ stetig fortsetzen, denn es gilt:

$$\lim_{x \overset{<}{\to} 3} f(x) = \lim_{x \overset{>}{\to} 3} f(x) = -4$$

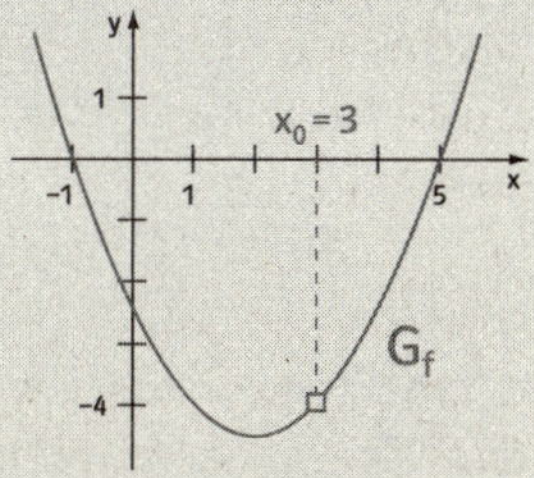

Stetige Fortsetzung ist

$$\tilde{f}: \mathbb{R} \to \mathbb{R},\ x \mapsto y = \frac{(x+1)(x-5)}{2} = \frac{1}{2}(x^2 - 4x - 5)$$

Ebenso lässt sich jede gebrochen-rationale Funktion, deren Graph das Loch $(x_0 \mid c)$ besitzt (vgl. Seite 42), stetig auf x_0 fortsetzen.

Ableitung – Differenzierbarkeit

1 Definitionen

a) Um die Steigung einer Funktion $f: D_f \to \mathbb{R}, x \mapsto y = f(x)$ in einem Punkt $P(x_0 \mid f(x_0))$ zu ermitteln, geht man wie folgt vor: Zunächst berechnet man die Steigung der Sekante s durch P und einen weiteren Graphenpunkt $Q(x \mid f(x))$:

$$m_s(x) = \frac{\Delta y}{\Delta x} = \frac{f(x) - f(x_0)}{x - x_0} = \frac{f(x_0 + h) - f(x_0)}{h}$$

Dies ist der von Seite 10 bekannte **Differenzenquotient**.

Graph

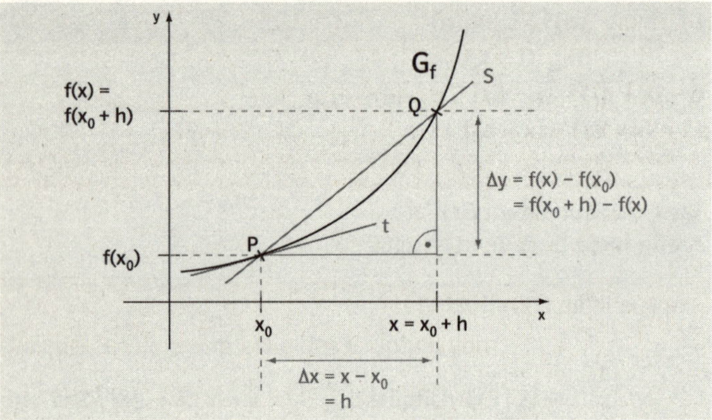

Nun lässt man den Punkt Q von rechts ($x > x_0$; $h > 0$) und von links ($x < x_0$; $h < 0$) immer näher an P heran wandern. Hat der Differenzenquotient für $x \to x_0$ einen Grenzwert, so heißt f an der Stelle x_0 **differenzierbar**, und

$$f'(x_0) = \lim_{x \to x_0} \frac{f(x) - f(x_0)}{x - x_0} = \lim_{h \to 0} \frac{f(x_0 + h) - f(x_0)}{h}$$

heißt **Ableitung** von f an der Stelle x_0.

Statt $f'(x_0) = \lim\limits_{x \to x_0} \frac{\Delta y}{\Delta x}$ schreibt man in Anlehnung an **Leibniz** auch $\frac{dy}{dx}$ und spricht vom Differenzialquotienten als Grenzwert des Differenzenquotienten.

$f'(x_0)$ gibt nun die Steigung des Graphen von f im Punkt $P(x_0 \mid f(x_0))$ an; als Tangente t an G_f in P definiert man die Gerade durch P mit der Steigung $m_t = f'(x_0)$.

Beispiel 1

Die Betragsfunktion (vgl. Seite 13) ist an der Stelle $x_0 = 0$ **nicht** differenzierbar; es gilt:

$$\lim_{x \overset{<}{\to} 0} \frac{|x| - |0|}{x - 0} = \lim_{x \overset{<}{\to} 0} \frac{-x - 0}{x - 0} = \lim_{x \overset{<}{\to} 0} (-1) = -1$$

$$\neq \lim_{x \overset{>}{\to} 0} \frac{|x| - |0|}{x - 0} = \lim_{x \overset{>}{\to} 0} \frac{x - 0}{x - 0} = \lim_{x \overset{>}{\to} 0} 1 = 1;$$

$\text{abs}'(0) = \lim\limits_{x \to 0} \frac{|x| - |0|}{x - 0}$ existiert also nicht; dies entspricht der Anschauung: der Graph hat in $P(0 \mid 0)$ einen Knick mit dem Knickwinkel 90°

Beispiel 2

Die Quadratfunktion $f: \mathbb{R} \to \mathbb{R},\ x \mapsto y = x^2$ ist für alle $x_0 \in \mathbb{R}$ differenzierbar, z. B. an der Stelle $x_0 = 1{,}5$:

$$f'(1{,}5) = \lim_{x \to 1{,}5} \frac{f(x) - f(1{,}5)}{x - 1{,}5} = \lim_{h \to 0} \frac{f(1{,}5 + h) - f(1{,}5)}{h}$$

$$= \lim_{h \to 0} \frac{(1{,}5 + h)^2 - 1{,}5^2}{h}$$

$$= \lim_{h \to 0} \frac{1{,}5^2 + 3h + h^2 - 1{,}5^2}{h}$$

$$= \lim_{h \to 0} \frac{h(3 + h)}{h} = \lim_{h \to 0} (3 + h) = 3$$

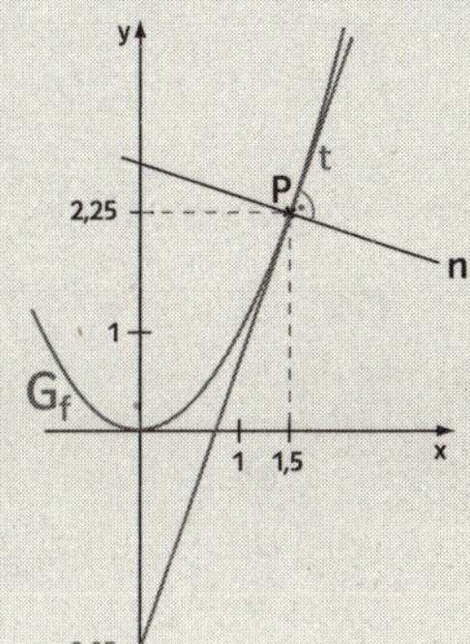

Die Tangente t an G_f in $P(1{,}5 \mid 2{,}25)$ hat also die Steigung 3:

$$y = 3x + t;\quad t = 2{,}25 - 4{,}5 = -2{,}25;$$

die Gleichung von t lautet somit: $y = 3x - 2{,}25$.

Manchmal spielt auch die Normale zum Graphen G_f einer Funktion f im Punkt $P(x_0 | f(x_0))$ eine Rolle; die Normale ist die Lotgerade zur Tangente in P, ihre Steigung ist also

$m_n = -\frac{1}{m_t} = -\frac{1}{f'(x_0)}$ (vgl. Seite 12)

In Beispiel 2 hat die Normale zu G_f in P also die Steigung $-\frac{1}{3}$:

$$y = -\tfrac{1}{3}x + t$$

$$2{,}25 = -\tfrac{1}{3} \cdot 1{,}5 + t \;\Rightarrow\; t = 2{,}25 + 0{,}5 = 2{,}75$$

$$y = -\tfrac{1}{3}x + 2{,}75$$

b) Im letzten Schritt geht es darum, die Steigung des Graphen einer Funktion f nicht nur an einer bestimmten Stelle x_0, sondern an einer beliebigen Stelle x zu berechnen: Eine Funktion f, die an jeder Stelle eines Intervalls $]a; b[\subset D_f$ differenzierbar ist, heißt in diesem Intervall differenzierbar; und die Menge aller Elemente x aus D_f, für die f differenzierbar ist, heißt Differenzierbarkeitsbereich $D_{f'}$ von f.

Unter der Ableitung(sfunktion) einer Funktion

$f: D_f \to \mathbb{R}, x \mapsto y = f(x)$ versteht man die Funktion

$$f': D_f \to \mathbb{R}, x \mapsto f'(x) = \lim_{h \to 0} \frac{f(x+h) - f(x)}{h}$$

Für f'(x) gibt es wieder verschiedene Schreibweisen:

$$f'(x) = y' = \frac{dy}{dx} = \frac{df(x)}{dx} = \frac{d}{dx}f(x).$$

Aus der Leibniz-Schreibweise ist erkennbar, nach welcher Variablen abgeleitet wurde. Ist die Variable nicht x, sondern die Zeit t, so wird die Ableitung nach t durch einen Punkt gekennzeichnet, z. B. $\dot{s} = \frac{ds}{dt}$

Schließlich noch eine Sprechweise: Eine Funktion zu differenzieren bedeutet, ihre Ableitungsfunktion zu berechnen.

Beispiel 3

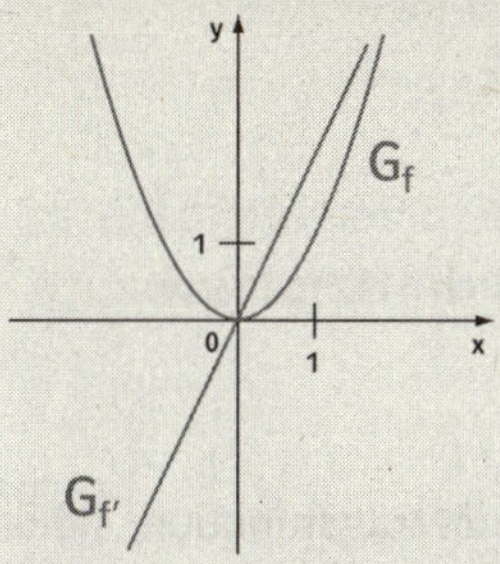

Differenziation der Quadratfunktion $f: \mathbb{R} \to \mathbb{R}, x \mapsto y = x^2$ (vgl. Beispiel 2)
f ist in ganz $\mathbb{R}$ differenzierbar.
$f': \mathbb{R} \to \mathbb{R}, x \mapsto f'(x)$

$$= \lim_{h \to 0} \frac{f(x+h) - f(x)}{h} = \frac{(x+h)^2 - x^2}{h}$$

$$= \lim_{h \to 0} \frac{x^2 + 2xh + h^2 - x^2}{h}$$

$$= \lim_{h \to 0} \frac{(2x+h) \cdot h}{h} = \lim_{h \to 0} (2x + h) = 2x$$

z.B. ist also $f'(1{,}5) = 2 \cdot 1{,}5 = 3$ (vgl. Beispiel 2).

Darüber hinaus erkennt man:
für $x < 0$: $f'(x) < 0 \Rightarrow G_f$ ist streng monoton fallend;
für $x > 0$: $f'(x) > 0 \Rightarrow G_f$ ist streng monoton steigend;
für $x = 0$: $f'(x) = 0 \Rightarrow G_f$ hat im Ursprung, d.h. im Scheitelpunkt, eine horizontale Tangente.

Beispiel 4

Die Wurzelfunktion $f: \mathbb{R}_0^+ \to \mathbb{R}, x \mapsto y = \sqrt{x}$ (vgl. Seite 25) ist in $\mathbb{R}^+$ differenzierbar.

$$f'(x) = \lim_{h \to 0} \frac{f(x+h) - f(x)}{h} = \lim_{h \to 0} \frac{\sqrt{x+h} - \sqrt{x}}{h}$$

$$= \lim_{h \to 0} \frac{(\sqrt{x+h} - \sqrt{x}) \cdot (\sqrt{x+h} + \sqrt{x})}{h \cdot (\sqrt{x+h} + \sqrt{x})}$$

$$= \lim_{h \to 0} \frac{x + h - x}{h \cdot (\sqrt{x+h} + \sqrt{x})}$$

$$= \lim_{h \to 0} \frac{h}{h \cdot (\sqrt{x+h} + \sqrt{x})}$$

$$= \lim_{h \to 0} \frac{1}{\sqrt{x+h} + \sqrt{x}} = \frac{1}{2\sqrt{x}};$$

$f'(x) \to \infty$ für $x \overset{>}{\to} 0$

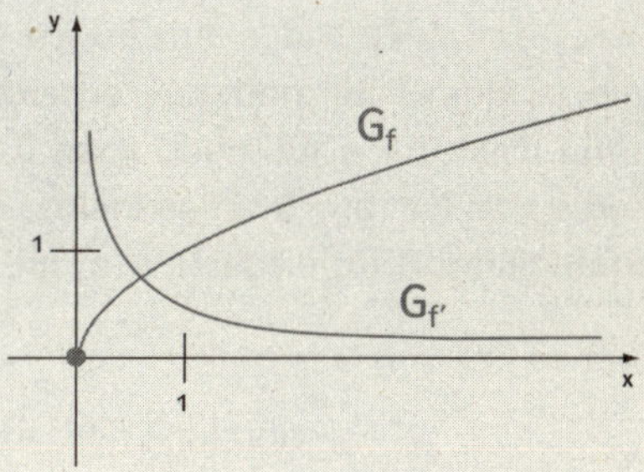

2 Zusammenhang zwischen Differenzierbarkeit und Stetigkeit

Hierfür gilt der Satz:

Ist eine Funktion f an der Stelle x_0 differenzierbar, so ist f an dieser Stelle auch stetig.

Wichtig ist, dass der Kehrsatz **nicht** gilt:
Das Standardbeispiel hierzu liefert die Betragsfunktion; sie ist an der Stelle $x_0 = 0$ zwar stetig (vgl. Seite 46), aber bei $x_0 = 0$ nicht differenzierbar (vgl. Beispiel 1 auf Seite 49).

Ebenfalls wichtig ist die Kontraposition des Satzes:
Ist eine Funktion f an der Stelle x_0 nicht stetig, so ist f an dieser Stelle auch nicht differenzierbar; das Standardbeispiel hierzu liefert die Signumfunktion, die an der Stelle $x_0 = 0$ nicht stetig und daher an dieser Stelle auch nicht differenzierbar ist.

Ableitungsregeln

1 Einfache Ableitungen

Aus der Definition der Ableitungsfunktion ergibt sich durch Berechnung mit Hilfe der h-Methode:

f(x)	f′(x)	
c = const. x x^2 x^3 x^4 ⋮	0 1 $2x$ $3x^2$ $4x^3$ ⋮	vgl. Seite 51, Bsp. 3
x^n $\sqrt{x} = x^{\frac{1}{2}}$ $\lvert x \rvert$	$n \cdot x^{n-1}$ $\frac{1}{2\sqrt{x}} = \frac{1}{2} \cdot x^{-\frac{1}{2}}$ sgn(x) (für $x \neq 0$)	vgl. Seite 51, Bsp. 4

Folgerungen aus den Grenzwertsätzen sind die beiden folgenden Regeln:

$$(f \pm g)'(x) = f'(x) \pm g'(x) \quad \text{(Summenregel)}$$
$$(c \cdot f)'(x) = c \cdot f'(x) \quad \text{für } c = \text{const.}$$

Als Spezialfall der Summenregel gilt:

$$(f \pm c)'(x) = f'(x) \quad \text{für } c = \text{const.}$$

Allein mit den bisher aufgeführten Regeln gelingt die Differenziation jeder Polynomfunktion!

Beispiel 1

$f: \mathbb{R} \to \mathbb{R}, x \mapsto y = \frac{3}{4}x^4 + \frac{1}{6}x^3 - 2x + 7$ hat die Ableitung:

$$f': \mathbb{R} \to \mathbb{R}, x \mapsto y = \frac{3}{4} \cdot 4x^3 + \frac{1}{6}x \cdot 3x^2 - 2 \cdot 1 + 0$$
$$= 3x^3 + \frac{1}{2}x^2 - 2$$

2 Produkt- und Quotientenregel

Etwas schwieriger sind die Regeln für die Berechnung der Ableitung des Produkts und des Quotienten zweier Funktionen:

a) Produktregel

$$(f \cdot g)'(x) = f'(x) \cdot g(x) + f(x) \cdot g'(x)$$

Beispiel 2

$f: \mathbb{R}_0^+ \to \mathbb{R}, x \mapsto y = x^3 \cdot \sqrt{x}$ hat die Ableitung:

$$f': \mathbb{R}^+ \to \mathbb{R}, x \mapsto y = 3x^2 \cdot \sqrt{x} + x^3 \cdot \frac{1}{2\sqrt{x}}$$
$$= \frac{3x^2 \cdot \sqrt{x} \cdot 2\sqrt{x} + x^3}{2\sqrt{x}}$$
$$= \frac{6x^3 + x^3}{2\sqrt{x}} = \frac{7x^3}{2\sqrt{x}} = \frac{3,5x^3}{\sqrt{x}} = 3,5x^2 \cdot \sqrt{x}$$

Zu diesem Ergebnis wäre man auch gekommen, hätte man $f(x) = x^3 \cdot \sqrt{x} = x^3 \cdot x^{\frac{1}{2}} = x^{3,5}$ geschrieben und dann nach der Regel für die Ableitung der Potenzfunktion gerechnet:

$$f'(x) = 3,5 \cdot x^{2,5} = 3,5x^2 \cdot x^{\frac{1}{2}} = 3,5x^2 \cdot \sqrt{x}.$$

b) Quotientenregel

$$\left(\frac{f}{g}\right)'(x) = \frac{g(x) \cdot f'(x) - f(x) \cdot g'(x)}{(g(x))^2}$$

Damit gelingt die Differenziation jeder gebrochen-rationalen Funktion.

Beispiel 3

$f: \mathbb{R}\setminus\{3\} \to \mathbb{R}, x \mapsto y = \frac{5x^2 - 7x + 2}{2x - 6}$ hat die Ableitung

$$f': \mathbb{R}\setminus\{3\} \to \mathbb{R}, x \mapsto y = \frac{(2x-6)\cdot(10x-7) - (5x^2 - 7x + 2)\cdot 2}{(2x-6)^2}$$

$$= \frac{20x^2 - 14x - 60x + 42 - 10x^2 + 14x - 4}{4(x-3)^2}$$

$$= \frac{10x^2 - 60x + 38}{4(x-3)^2} = \frac{2(5x^2 - 30x + 19)}{4(x^2 - 6x + 9)}$$

$$= \frac{5x^2 - 30x + 19}{2x^2 - 12x + 18}$$

3 Kettenregel

Die Kettenregel wird bei Funktionen angewendet, die sich als Verkettung von zwei Einzelfunktionen auffassen lassen.

$$(g \circ f)'(x) = g'(f(x)) \cdot f'(x)$$

oder: $\frac{d}{dx}(g(f(x))) = g'(f(x)) \cdot f'(x)$

äußere Funktion (g) – innere Funktion (f(x)) – Ableitung der äußeren Funktion (g'(f(x))) – sog. »Nachdifferenzieren« der inneren Funktion (f'(x))

Beispiel 4

$f: \mathbb{R} \to \mathbb{R}, x \mapsto y = (5 - 2x)^2$
»äußere Funktion« ist die Quadratfunktion,
»innere Funktion« ist die lineare Funktion $x \mapsto 5 - 2x$

$$f'(x) = \underbrace{2 \cdot (5 - 2x)}_{\text{Ableitung der Quadratfunktion}} \cdot \underbrace{(-2)}_{\text{Ableitung der linearen Funktion}} = -4(5 - 2x) = 8x - 20$$

Zu diesem Ergebnis wäre man auch gekommen, hätte man:

- die Produktregel angewandt:
  $f(x) = (5 - 2x) \cdot (5 - 2x)$
  $f'(x) = (-2) \cdot (5 - 2x) + (5 - 2x) \cdot (-2)$
  $= -10 + 4x - 10 + 4x$
  $= 8x - 20$
- den Funktionsterm ausmultipliziert und dann abgeleitet:
  $f(x) = 25 - 20x + 4x^2$
  $f'(x) = -20 + 8x$

Beispiel 5

$f:]-\infty; 2{,}5] \to \mathbb{R}, x \mapsto y = \sqrt{5 - 2x}$

Diesmal bleibt nur die Möglichkeit der Anwendung der Kettenregel:

$$f':]-\infty; 2{,}5[\to \mathbb{R}, x \mapsto y = \frac{1}{2\sqrt{5-2x}} \cdot (-2) = \frac{-1}{\sqrt{5-2x}} = \frac{-\sqrt{5-2x}}{5-2x}$$
$$= \frac{\sqrt{5-2x}}{2x-5}$$

Häufig sind Produkt-, Quotienten- und Kettenregel kombiniert anzuwenden:

Beispiel 6

$$f: x \mapsto y = \frac{\sqrt{1-x}}{\sqrt{2x-3}};$$

$$f'(x) = \frac{\sqrt{2x-3} \cdot \frac{d}{dx}\sqrt{1-x} - \sqrt{1-x} \cdot \frac{d}{dx}\sqrt{2x-3}}{2x-3}$$

Quotientenregel ↗

$$= \frac{\sqrt{2x-3} \cdot \frac{1}{2\sqrt{1-x}} \cdot (-1) - \sqrt{1-x} \cdot \frac{1}{2\sqrt{2x-3}} \cdot 2}{2x-3}$$

Kettenregel ↗

$$= \frac{\frac{-(2x-3)}{2\sqrt{1-x} \cdot \sqrt{2x-3}} - \frac{(1-x) \cdot 2}{2\sqrt{1-x} \cdot \sqrt{2x-3}}}{2x-3}$$

$$= \frac{-2x+3-2+2x}{2\sqrt{1-x} \cdot \sqrt{2x-3} \cdot (2x-3)}$$

$$= \frac{1}{2\sqrt{1-x} \cdot \sqrt{2x-3} \cdot (2x-3)} = \frac{\sqrt{1-x} \cdot \sqrt{2x-3}}{2 \cdot (1-x)(2x-3)^2}$$

oder

$$f(x) = \frac{\sqrt{1-x}}{\sqrt{2x-3}} = \sqrt{\frac{1-x}{2x-3}}$$

$$f'(x) = \frac{1}{2 \cdot \sqrt{\frac{1-x}{2x-3}}} \cdot \frac{d}{dx}\left(\frac{1-x}{2x-3}\right)$$

Kettenregel ↗

Quotientenregel ↙

$$= \frac{\sqrt{2x-3}}{2 \cdot \sqrt{1-x}} \cdot \frac{(2x-3) \cdot (-1) - (1-x) \cdot 2}{(2x-3)^2}$$

$$= \frac{\sqrt{2x-3}}{2 \cdot \sqrt{1-x}} \cdot \frac{-2x+3-2+2x}{(2x-3)^2} = \frac{\sqrt{1-x} \cdot \sqrt{2x-3} \cdot 1}{2(1-x)(2x-3)^2}$$

4 Ableitung der Umkehrfunktion

Satz: Ist die Funktion $f: D_f \to \mathbb{R}, x \mapsto y = f(x)$ umkehrbar und an der Stelle $x_0 \in D_f$ differenzierbar mit $f'(x_0) \neq 0$, so existiert die Ableitung der Umkehrfunktion

$$f^{-1}: W_f \to \mathbb{R}, x \mapsto y = f^{-1}(x) \text{ an der Stelle } f(x_0) = y_0,$$

und es gilt:

$$(f^{-1})'(f(x_0)) = \frac{1}{f'(x_0)}$$

oder

$$(f^{-1})'(y_0) = \frac{1}{f'(f^{-1}(y_0))}$$

Zur Veranschaulichung dient die Skizze, in die die beiden Steigungsdreiecke eingezeichnet sind.

Ableitung der Umkehrfunktion

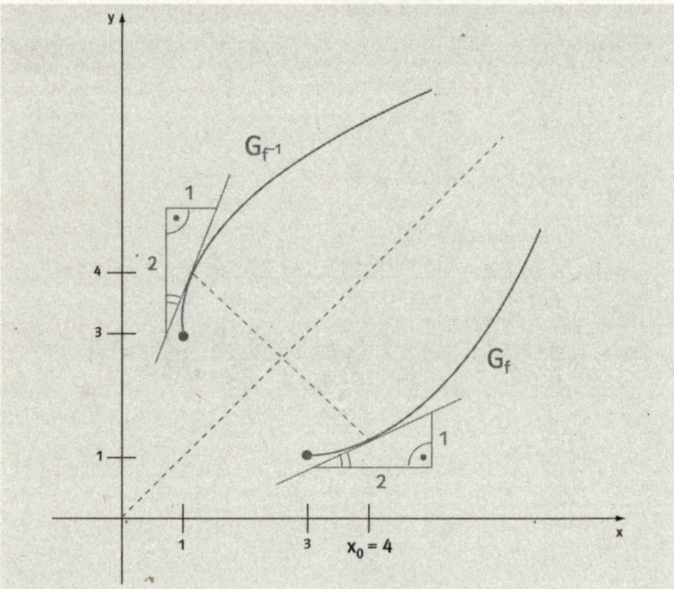

Beispiel 7

$f: [3; \infty[\to \mathbb{R}, x \mapsto y = \frac{1}{4}(x-3)^2 + 1$ ist streng monoton zunehmend und daher umkehrbar (vgl. Seite 23).

$W_f = [1; \infty[= D_{f^{-1}}; D_f = [3; \infty[= W_{f^{-1}}$

$x_0 = 4; y_0 = f(x_0) = f(4) = 1\frac{1}{4}$ (s. Skizze Seite 58)

$f'(x) = \frac{1}{4} \cdot 2 \cdot (x-3) = \frac{1}{2}(x-3); f'(x_0) = f'(4) = \frac{1}{2}$

Umkehrfunktion f^{-1}:

$y = \frac{1}{4}(x-3)^2 + 1; y - 1 = \frac{1}{4}(x-3)^2;$

$4(y-1) = (x-3)^2; x - 3 = 2\sqrt{y-1}; x = 2\sqrt{y-1} + 3$

nach Variablentausch: $y = 2\sqrt{x-1} + 3$

Die Aussage des obigen Satzes über die Ableitung der Umkehrfunktion ist nun:

$$(f^{-1})'\left(1\frac{1}{4}\right) = \frac{1}{f'(4)} = \frac{1}{\frac{1}{2}} = 2$$

Führt man die Rechnung nicht für den konkreten Wert $x_0 = 4$, sondern für beliebiges x durch, so ergibt sich:

$$(f^{-1})'(x) = \frac{1}{f'(f^{-1}(x))} = \frac{1}{f'(2\sqrt{x-1}+3)} = \frac{1}{\frac{1}{2}(2\sqrt{x-1}+3-3)} = \frac{1}{\sqrt{x-1}}$$

Beipiel 8

Die Polynomfunktion

$f: \mathbb{R} \to \mathbb{R}, x \mapsto y = \frac{1}{16}x^3 - \frac{1}{2}x^2 + \frac{3}{2}x - 2$

hat die Ableitung $f': \mathbb{R} \to \mathbb{R}, x \mapsto y = \frac{3}{16}x^2 - x + \frac{3}{2}$,

und es gilt: $f'(x) > 0$ für alle $x \in \mathbb{R}$;

f ist also streng monoton zunehmend und somit umkehrbar. Den Term der Umkehrfunktion f^{-1} können wir jedoch nicht explizit angeben. Trotzdem lässt sich $(f^{-1})'$ für verschiedene Werte bestimmen, z. B.:

$x_0 = 2; f(2) = -0{,}5;$ $f'(2) = 0{,}25;$ $(f^{-1})'(-0{,}5) = \frac{1}{0{,}25} = 4$

$x_0 = 4; f(4) = 0;$ $f'(4) = 0{,}5;$ $(f^{-1})'(0) = \frac{1}{0{,}5} = 2$

$x_0 = 8; f(8) = 10;$ $f'(8) = 5{,}5;$ $(f^{-1})'(10) = \frac{1}{5{,}5} = \frac{2}{11}$

Kurvendiskussion

1 Erste Untersuchungen an Funktionen

»Kurvendiskussion« bedeutet die Untersuchung einer Funktion bzw. ihres Graphen. Mit den bisherigen Kenntnissen kann diese Untersuchung sich auf folgende Eigenschaften beziehen:

- maximale Definitionsmenge (vgl. Seite 7)
- Schnittpunkte mit den Koordinatenachsen (vgl. Seite 14)
- Symmetrie des Graphen (vgl. Seite 15)
- Monotonieverhalten, Extrema (vgl. Seite 17)
- Verhalten an den Rändern der Definitionsmenge, d.h.
  - Verhalten für $x \to \pm\infty$ (vgl. Seite 31)
  - Verhalten an Definitionslücken (vgl. Seite 34)
- Wertemenge (vgl. Seite 7)
- evtl. Klärung zusätzlicher Fragen

Monotonieverhalten und Extrema können mit dem Hilfsmittel der Ableitung untersucht werden.

Sätze und Definitionen
Ist f eine auf dem Intervall $]a; b[$ differenzierbare Funktion und ist $f'(x) > 0$ bzw. $f'(x) < 0$ für alle $x \in]a; b[$, so ist f in $]a; b[$ streng monoton zunehmend bzw. abnehmend.
Ist $f'(x) = 0$, so hat G_f im Punkt $(x_0 \mid f(x_0))$ eine waagerechte (horizontale) Tangente.
Hat f' dabei an der Stelle x_0 einen Vorzeichenwechsel von + zu − bzw. von − zu +, so hat f in in x_0 ein lokales Maximum bzw. Minimum; G_f hat dann den Hoch- bzw. Tiefpunkt $(x_0 \mid f(x_0))$. Hat f' an der Stelle x_0 eine Nullstelle ohne Vorzeichenwechsel, so hat G_f den **Terrassenpunkt** $(x_0 \mid f(x_0))$.

Beispiel 1

$f: \mathbb{R} \to \mathbb{R}, x \mapsto y = x^3 - 6x^2 + 9x + 1$

$f': \mathbb{R} \to \mathbb{R}, x \mapsto y = 3x^2 - 12x + 9 = 3(x^2 - 4x + 3)$

$= 3(x-1)(x-3)$

$f'(x) = 0 \Leftrightarrow x = 1 \lor x = 3;\ f(1) = 5,\ f(3) = 1$

	$x < 1$	$x = 1$	$1 < x < 3$	$x = 3$	$x > 3$
$f'(x)$	+	0	–	0	+
G_f	streng monoton steigend	Hochpunkt (1|5)	streng monoton fallend	Tiefpunkt (3|1)	streng monoton steigend

Beispiel 2

$f: \mathbb{R} \to \mathbb{R}, x \mapsto y = \frac{1}{27}x^4 - \frac{32}{81}x^3 + \frac{32}{27}x^2$

$f': \mathbb{R} \to \mathbb{R}, x \mapsto y = \frac{4}{27}x^3 - \frac{32}{27}x^2 + \frac{64}{27}x = \frac{4}{27}x \cdot (x^2 - 8x + 16)$

$= \frac{4}{27}x \cdot (x-4)^2$

$f'(x) = 0 \Leftrightarrow x = 0 \lor x = 4;\ f(0) = 0,\ f(4) = \frac{256}{81} = 3\frac{13}{81} \approx 3{,}2$

	$x < 0$	$x = 0$	$0 < x < 4$	$x = 4$	$x > 4$
$f'(x)$	–	0	+	0	+
G_f	streng monoton fallend	Tiefpunkt (0| 0)	streng monoton steigend	Terrassenpunkt $(4\|3\frac{13}{81})$	streng monoton steigend

Graph zu Beispiel 1

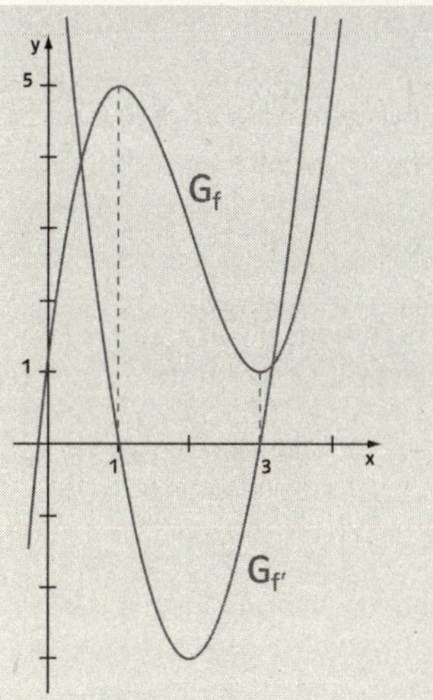

Graph zu Beispiel 2

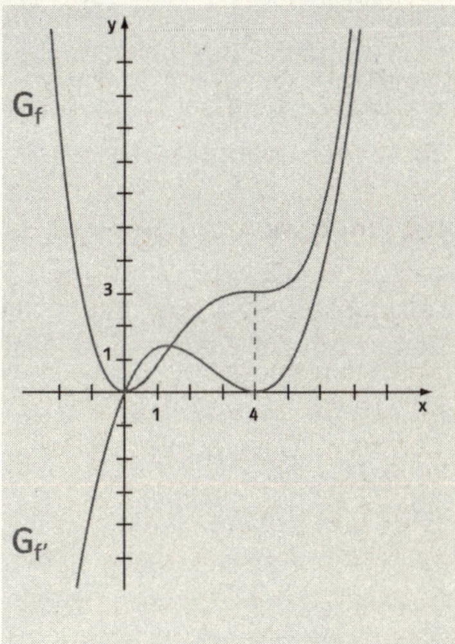

Beispiel 3

$f: x \mapsto y = \frac{x(x-3)}{x-4} = \frac{x^2-3x}{x-4}$
soll möglichst umfassend diskutiert werden

Definitionsbereich:

$D_{max} = \mathbb{R} \setminus \{4\}$

Schnittpunkt mit der y-Achse:

$(0 \mid f(0)) = (0 \mid 0)$

Nullstellen:

$x_1 = 0, \; x_2 = 3$

Felder abstreichen:

	$x < 0$	$x = 0$	$0 < x < 3$	$x = 3$	$3 < x < 4$	$x = 4$	$x > 4$
f(x)	–	0	+	0	–	n.d.	+

Randverhalten:

$f(x) \to -\infty$ für $x \to -\infty$; $f(x) \to +\infty$ für $x \to +\infty$

Polynomdivision ergibt: $f(x) = x + 1 + \frac{4}{x-4}$

$$\lim_{x \to -\infty} (f(x) - (x+1)) = \lim_{x \to -\infty} \frac{4}{x-4} = -0$$
$$\lim_{x \to +\infty} (f(x) - (x+1)) = \lim_{x \to +\infty} \frac{4}{x-4} = +0$$

G_f nähert sich für $x \to -\infty$ von unten und für $x \to +\infty$ von oben an die schiefe Asymptote mit der Gleichung $y = x + 1$ an.

$f(x) \to -\infty$ für $x \lesssim 4$; $f(x) \to +\infty$ für $x \gtrsim 4$

f hat bei $x = 4$ einen Pol mit Vorzeichenwechsel von – zu +; die Gerade mit der Gleichung $x = 4$ ist vertikale Asymptote.

Monotonie, Extrema:

$$f'(x) = \frac{(x-4)\cdot(2x-3)-(x^2-3x)\cdot 1}{(x-4)^2} = \frac{2x^2-11x+12-x^2+3x}{(x-4)^2}$$

$$= \frac{x^2-8x+12}{(x-4)^2} = \frac{(x-2)(x-6)}{(x-4)^2}$$

$f'(x) = 0 \Leftrightarrow x = 2 \vee x = 6;\ f(2) = 1, f(6) = 9$

	$x < 2$	$x = 2$	$2 < x < 4$	$4 < x < 6$	$x = 6$	$x > 6$
$f'(x)$	+	0	–	–	0	+
G_f	streng monoton steigend	Hochpunkt (2|1)	streng monoton fallend	streng monoton fallend	Tiefpunkt (6|9)	streng monoton steigend

Wertemenge:

$W_f =]-\infty; 1] \cup [9; \infty[= \mathbb{R} \setminus]1; 9[$

Zeichnung des Graphen samt Asymptoten:

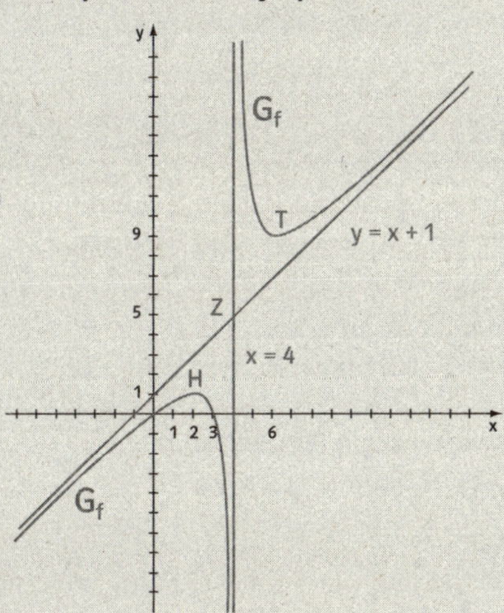

Symmetrie:

Vermutung: Punktsmmetrie bezüglich Z(4 | 5);

Nachweis (vgl. Seite 15):

$$f(4-x) + f(4+x) = 4 - x + 1 + \frac{4}{4-x-4} + 4 + x + 1 + \frac{4}{4+x-4}$$

$$= 10 + \frac{4}{-x} + \frac{4}{x} = 10 = 2 \cdot 5$$

Beispiel 4

$$f: \mathbb{R} \to \mathbb{R},\ x \mapsto y = \begin{cases} \frac{2x-5}{x-3} \text{ für } x \le 2 \\ 4\sqrt{x-1} - 3 \text{ für } x > 2 \end{cases}$$

$D = \mathbb{R}$; keine Nullstellen, $f(0) = 1\frac{2}{3}$; keine Symmetrie

$$\left.\begin{array}{r} f(2) = 1 \\ \lim\limits_{x \gtrsim 2} f(x) = 1 \end{array}\right\} \Rightarrow \text{f ist auch an der Stelle } x_0 = 2 \text{ stetig}$$

Polynomdivision: $f(x) = 2 + \frac{1}{x-3}$ für $x \le 2$

$\lim\limits_{x \to -\infty} f(x) = 2 - 0$; für $x \to -\infty$ nähert sich G_f von unten an die horizontale Asymptote mit der Gleichung $y = 2$ an.

$$f': \mathbb{R} \setminus \{2\} \to \mathbb{R},\ x \mapsto y = \begin{cases} \frac{-1}{(x-3)^2} \text{ für } x < 2 \\ \frac{2}{\sqrt{x-1}} \text{ für } x > 2 \end{cases}$$

	$x < 2$	$x = 2$	$x > 2$
$f'(x)$	–	n.d.	+
G_f	streng monoton fallend	Tiefpunkt (2|1)	streng monoton steigend

Wertemenge: $W_f = [1; \infty[$

G_f hat im Tiefpunkt einen Knick:

$$\lim\limits_{x \lesssim 2} f'(x) = -1;\quad \lim\limits_{x \gtrsim 2} f'(x) = 2$$

für den Knickwinkel φ gilt (vgl. Seite 12):

$$\tan\varphi = \left|\frac{-1-2}{1+(-1)\cdot 2}\right| = 3 \Rightarrow \varphi \approx 71{,}6°$$

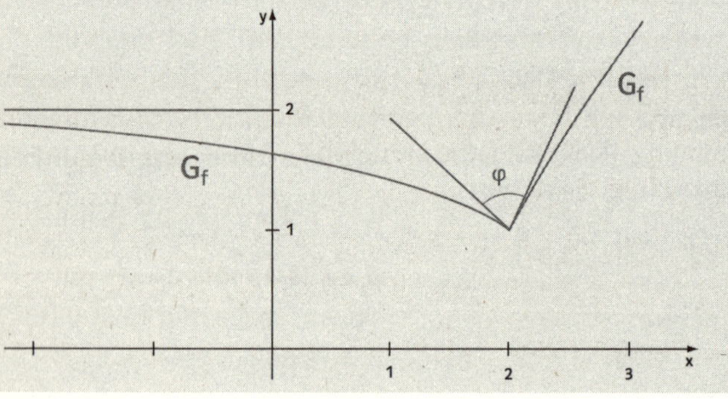

2 Höhere Ableitungen

a) Begriffsbestimmung

Auch die Ableitung f′ einer Funktion f ist eine Funktion; existiert die Ableitung von f′, so bezeichnet man sie als 2. Ableitung von f und nennt f zweimal differenzierbar:

$$f'': D_{f''} \to \mathbb{R},\ x \mapsto y = f''(x) = \frac{d}{dx} f'(x) = \frac{d^2}{dx^2} f(x)$$

Entsprechend ergibt sich die 3. Ableitung f‴ und allgemein die n-te Ableitung $f^{(n)}$; existiert diese, so heißt f n-mal differenzierbar.

b) Bedeutung der 2. Ableitung

Die erste Ableitung einer Funktion f beschreibt die Änderungsrate ihrer Funktionswerte, also die Steigung des Graphen von f. Die 2. Ableitung von f beschreibt also die Änderungsrate der Steigung und damit die Krümmung von G_f.

G_f heißt in einem Intervall I rechtsgekrümmt oder konvex, wenn die Steigung der Tangenten an G_f in I streng monoton abnimmt.

rechtsgekrümmt

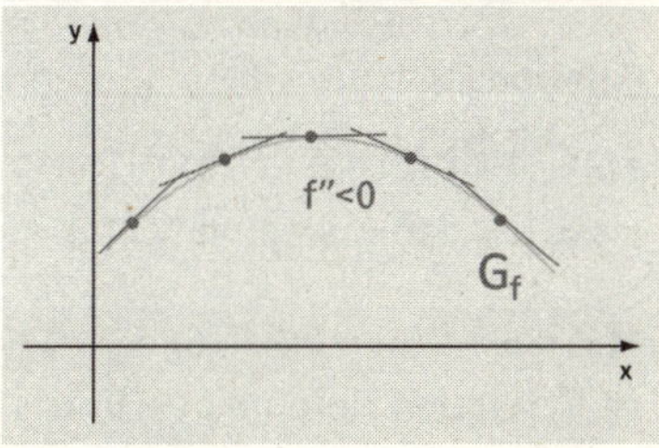

linksgekrümmt

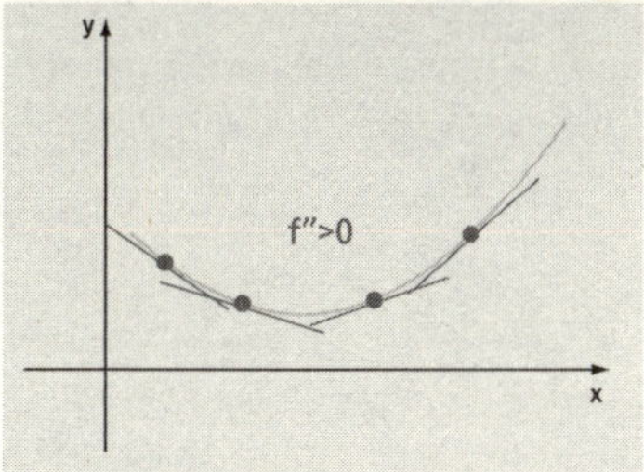

G_f heißt in I linksgekrümmt oder konkav, wenn die Steigung der Tangenten in I streng monton zunimmt.

Es gilt also:

$$f''(x) < 0 \text{ für alle } x \in I \Rightarrow G_f \text{ ist in I rechtsgekrümmt}$$
$$(f'' \text{ negativ})$$
$$f''(x) > 0 \text{ für alle } x \in I \Rightarrow G_f \text{ ist in I linksgekrümmt}$$
$$(f'' \text{ positiv})$$

In der Umgebung eines Maximums bzw. Minimums ist der Graph einer differenzierbaren Funktion rechts- bzw. linksgekrümmt; daher gilt:

$$f'(x_0) = 0 \wedge f''(x_0) < 0 \Rightarrow \text{ f hat bei } x_0 \text{ ein lokales Maximum}$$
$$f'(x_0) = 0 \wedge f''(x_0) > 0 \Rightarrow \text{ f hat bei } x_0 \text{ ein lokales Minimum}$$

Beispiel 1

Im Beispiel 3 von Seite 62 war

$$f(x) = \frac{x(x-3)}{x-4} \text{ und}$$

$$f'(x) = \frac{x^2 - 8x + 12}{(x-4)^2} = \frac{(x-2)(x-6)}{(x-4)^2} \text{ für } x \neq 4;$$

$$f''(x) = \frac{(x-4)^2 \cdot (2x-8) - (x^2 - 8x + 12) \cdot 2(x-4)}{(x-4)^4}$$
$$= \frac{(x-4) \cdot (2x-8) - (x^2 - 8x + 12) \cdot 2}{(x-4)^3} = \frac{8}{(x-4)^3}$$

$f(2) = 1 \wedge f'(2) = 0 \wedge f''(2) = \frac{8}{-8} = -1 < 0$
$\Rightarrow G_f$ hat den Hochpunkt $(2\,|\,1)$

$f(6) = 9 \wedge f'(6) = 0 \wedge f''(6) = \frac{8}{8} = 1 > 0$
$\Rightarrow G_f$ hat den Tiefpunkt $(6\,|\,9)$

c) Die Hierarchie der Flachpunkte

Da die 2. Ableitung einer Funktion die Krümmung des Graphen G_f beschreibt, verläuft G_f an einer Stelle x_0, an der f″ den Wert Null hat, fast geradlinig:

An einer Stelle x_0, für die $f''(x_0) = 0$ ist, besitzt G_f einen Flachpunkt. Ändert sich in einem Flachpunkt das Krümmungsverhalten von G_f, so ist der Flachpunkt gleichzeitig ein Wendepunkt:

Flachpunkt

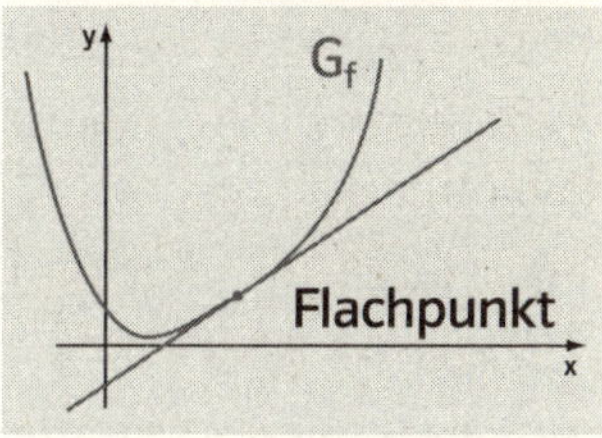

Wendepunkt

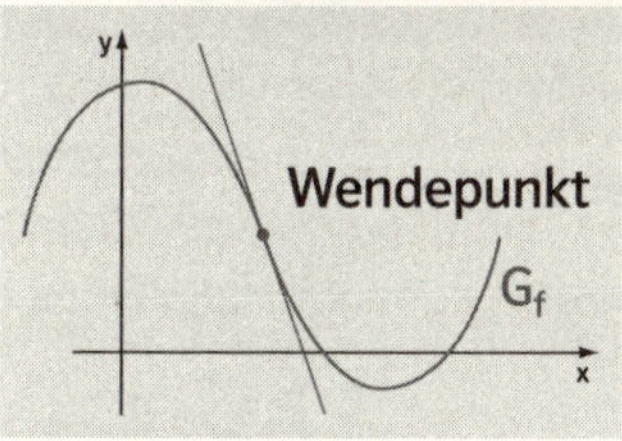

Hat f″ an der Stelle x_0 eine Nullstelle mit Vorzeichenwechsel, so hat G_f den Wendepunkt $(x_0 \mid f(x_0))$.
$f''(x_0) = 0 \land f'''(x_0) \neq 0$
$\Rightarrow G_f$ hat bei x_0 einen Wendepunkt.

In einem Wendepunkt durchdringt die Tangente den Graphen G_f. Verläuft diese so genannte Wendetangente horizontal, so ist der Wendepunkt ein Terrassenpunkt:
$f''(x_0) = 0 \land f'''(x_0) \neq 0 \land f'(x_0) = 0$
$\Rightarrow G_f$ hat bei x_0 einen Terrassenpunkt.

Terrassenpunkt

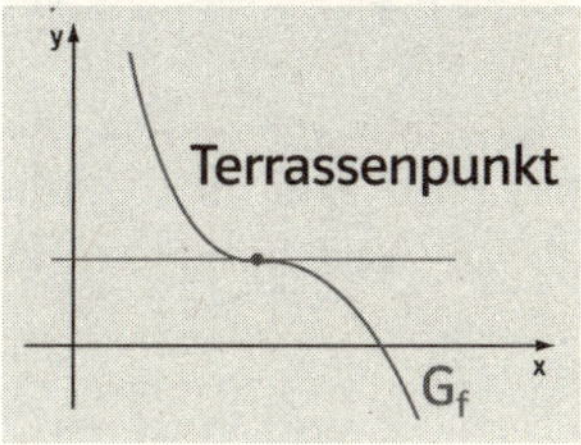

Jeder Terrassenpunkt ist also ein Wendepunkt, und jeder Wendepunkt ist ein Flachpunkt; die Umkehrung gilt **nicht**.

Beispiel 2

$f: \mathbb{R} \to \mathbb{R}, x \mapsto y = \frac{1}{6}x^4 - \frac{2}{3}x^3 + 5$

$f': \mathbb{R} \to \mathbb{R}, x \mapsto y = \frac{2}{3}x^3 - 2x^2$

$f'': \mathbb{R} \to \mathbb{R}, x \mapsto y = 2x^2 - 4x = 2x(x-2)$

$f''(x) = 0 \Leftrightarrow x = 0 \vee x = 2;\ f(0) = 5,\ f(2) = 2\frac{1}{3}$

$f'(0) = 0,\ f'(2) = -2\frac{2}{3} \neq 0$

	$x < 0$	$x = 0$	$0 < x < 2$	$x = 2$	$x > 2$
$f''(x)$	+	0	–	0	+
G_f	linksgekrümmt	Terrassenpunkt (0| 5)	rechtsgekrümmt	Wendepunkt $(2\,\vert\, 2\frac{1}{3})$	linksgekrümmt

Wendetangente in $\left(2 \middle| 2\frac{1}{3}\right)$:

$y = -\frac{8}{3}x + t$

$2\frac{1}{3} = -\frac{8}{3} \cdot 2 + t \Rightarrow t = 7\frac{2}{3};$

$y = -\frac{8}{3}x + 7\frac{2}{3}$

horizontale Wendetangente in (0|5): y = 5

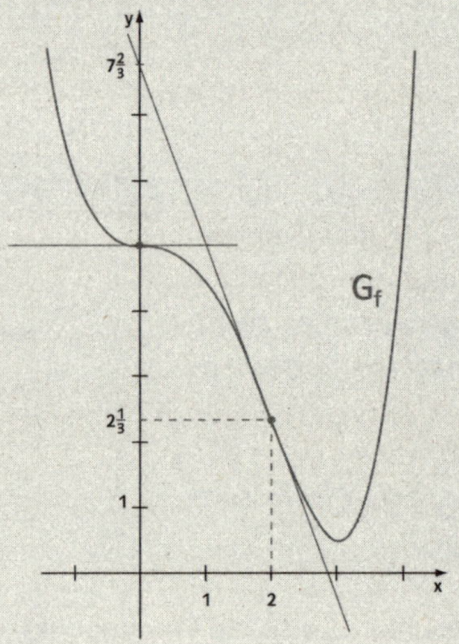

Beispiel 3

$f: \mathbb{R} \to \mathbb{R}, x \mapsto y = \frac{1}{6}x^4 - \frac{2}{3}x^3 + x^2$

$f': \mathbb{R} \to \mathbb{R}, x \mapsto y = \frac{2}{3}x^3 - 2x^2 + 2x$

$f'': \mathbb{R} \to \mathbb{R}, x \mapsto y = 2x^2 - 4x + 2 = 2(x^2 - 2x + 1)$

$= 2(x-1)^2$

$f''(x) = 0 \Leftrightarrow x = 1; f(1) = \frac{1}{2}$

$f'(1) = \frac{2}{3}$

	$x < 1$	$x = 1$	$x > 1$
$f''(x)$	+	0	+
G_f	linksgekrümmt	Flachpunkt $(1\vert \frac{1}{2})$	linksgekrümmt

Der Flachpunkt ist kein Wendepunkt:
f'' hat bei $x_0 = 1$ eine Nullstelle ohne Vorzeichenwechsel!

Tangente an G_f in $\left(1\middle|\frac{1}{2}\right)$:

$y = \frac{2}{3}x + t$

$\frac{1}{2} = \frac{2}{3} \cdot 1 + t$

$\Rightarrow t = -\frac{1}{6};$

$y = \frac{2}{3}x - \frac{1}{6}$

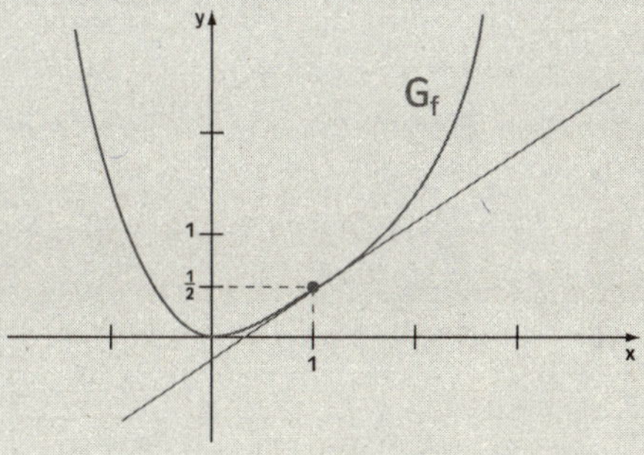

3 Vollständige Kurvendiskussion

Das bisherige Programm der Kurvendiskussion (vgl. Seite 60) lässt sich nun um den folgenden Punkt ausweiten:

- Krümmungsverhalten, Flachpunkte.

Vollständige Diskussion einer Funktionenschar

$f_k: x \mapsto y = x^3 + kx^2 - 4;\; k \in \mathbb{R}$

Definitionsbereich:
$D_{max} = \mathbb{R}$

Schnittpunkt mit der y-Achse:
$(0 \mid -4)$

Nullstellen:
$f_k(x) = 0 \Leftrightarrow x^3 + kx^2 - 4 = 0$; diese Gleichung ist ohne Kenntnis der Lösungsformel nicht lösbar.

Gemeinsame Graphenpunkte:

$$x^3 + k_1x^2 - 4 = x^3 + k_2x^2 - 4;\; k_1 \neq k_2$$
$$(k_1 - k_2)x^2 = 0 \qquad \mid :(k_1 - k_2);\; k_1 - k_2 \neq 0$$
$$x^2 = 0$$
$$x = 0$$

$(0 \mid -4)$ ist der einzige Punkt, der zu allen Graphen der Schar gehört.

Monotonieverhalten, Extrema:

$f_k'(x) = 3x^2 + 2kx = x \cdot (3x + 2k)$

$f_k'(x) = 0 \Leftrightarrow x = 0 \vee x = -\frac{2}{3}k;\; f(0) = -4,\; f\left(-\frac{2}{3}k\right) = \frac{4k^3}{27} - 4$

1. Fall: $k < 0$:

	$x < 0$	$x = 0$	$0 < x < -\frac{2}{3}k$	$x = -\frac{2}{3}k$	$x > -\frac{2}{3}k$
$f_k'(x)$	+	0	–	0	+
G_{f_k}	streng monoton steigend	Hochpunkt $(0 \mid -4)$	streng monoton fallend	Tiefpunkt $\left(-\frac{2}{3}k \mid \frac{4k^2}{27} - 4\right)$	streng monoton steigend

2. Fall: $k > 0$

	$x < -\frac{2}{3}k$	$x = -\frac{2}{3}k$	$-\frac{2}{3}k < x < 0$	$x = 0$	$x > 0$
$f_k'(x)$	+	0	−	0	+
G_{f_k}	streng monoton steigend	Hochpunkt $\left(-\frac{2}{3}k \middle\vert \frac{4k^2}{27} - 4\right)$	streng monoton fallend	Tiefpunkt $(0 \vert -4)$	streng monoton steigend

3. Fall: $k = 0$: $f_0'(x) = 3x^2$

	$x < 0$	$x = 0$	$x > 0$
$f_0'(x)$	+	0	+
G_{f_0}	streng monoton steigend	Terrassenpunkt $(0 \vert 4)$	streng monoton steigend

Ortslinie der Punkte mit horizontaler Tangente:
Alle Punkte mit horizontaler Tangente haben die Form

$\left(-\frac{2}{3}k \middle\vert \frac{4k^3}{27} - 4\right)$; $k \in \mathbb{R}$; $x = -\frac{2}{3}k \Rightarrow k = -\frac{3}{2}x$

$$\Rightarrow y = \frac{4}{27} \cdot \left(-\frac{3}{2}x\right)^3 - 4 = -\frac{x^3}{2} - 4$$

Randverhalten:
$f_k(x) \to -\infty$ für $x \to -\infty$; $f_k(x) \to \infty$ für $x \to \infty$

Wertemenge:
$W_{f_k} = \mathbb{R}$

Krümmungsverhalten, Flachpunkte:
$f_k''(x) = 6x + 2k$; $f_k''(x) = 0 \Leftrightarrow x = -\frac{k}{3}$; $f_k\left(-\frac{k}{3}\right) = \frac{2k^3}{27} - 4$

	$x < -\frac{k}{3}$	$x = -\frac{k}{3}$	$x > -\frac{k}{3}$
$f_k''(x)$	−	0	+
G_{f_k}	rechtsgekrümmt	Wendepunkt $\left(-\frac{k}{3} \middle\vert \frac{2k^2}{27} - 4\right)$	linksgekrümmt

Steigung der Wendetangente:
$f_k'\left(-\frac{k}{3}\right) = 3 \cdot \left(-\frac{k}{3}\right)^2 + 2k \cdot \left(-\frac{k}{3}\right) = \frac{k^2}{3} - \frac{2k^2}{3} = -\frac{k^2}{3} =: m_k$
$m_k = 0 \Leftrightarrow k = 0$; dass der Wendepunkt für $k = 0$ ein Terrassenpunkt ist, ist ja bereits bekannt.

Ortslinie der Wendepunkte:
$x = -\frac{k}{3} \Rightarrow k = -3x \Rightarrow y = \frac{2}{27} \cdot (-3x)^3 - 4 = -2x^3 - 4$

Symmterie der Schargraphen bezüglich $\left(-\frac{k}{3} \middle| \frac{2k^3}{27} - 4\right)$:

Hier wäre durch Nachrechnen zu zeigen, dass für alle $x \in \mathbb{R}$ gilt:

$f_k\left(-\frac{k}{3} - x\right) + f_k\left(-\frac{k}{3} + x\right) = 2 \cdot \left(\frac{2k^3}{27} - 4\right)$

Zeichnung

Zeichnung ausgewählter Schargraphen und Zeichnung der Ortslinien der Punkte mit horizontaler Tangente und der Ortslinie der Wendepunkte:

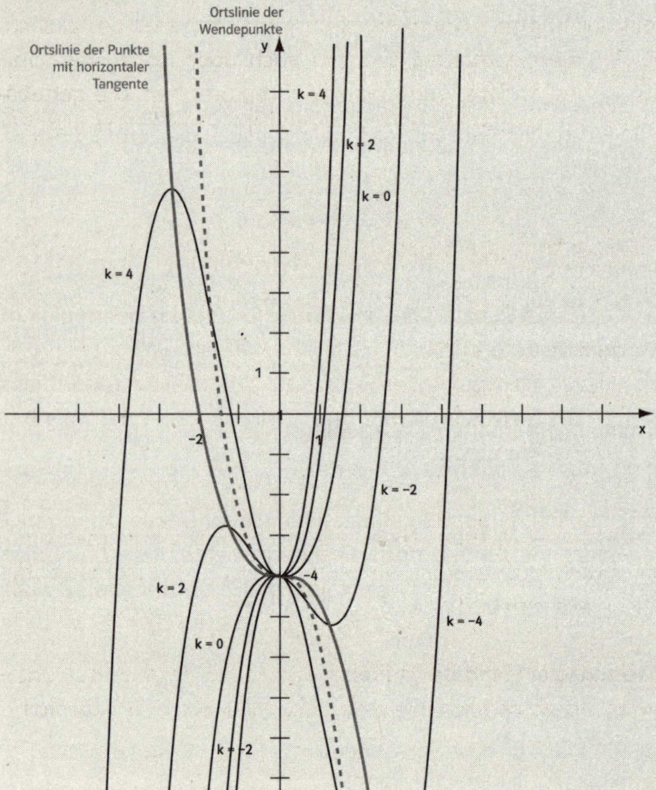

Typische Aufgabenstellungen

1 Steckbriefaufgaben

Einfachste Beispiele solcher Aufgaben finden sich bereits auf den Seiten 22 und 29. Inzwischen können die Aufgaben aber nicht nur Informationen etwa über die Nullstellen der gesuchten Funktion enthalten, sondern auch über Hoch-, Tief-, Terrassen- und andere Wendepunkte ihres Graphen. Die gegebenen Informationen müssen in Gleichungen übersetzt werden; hierfür gilt:

$P(a\mid b)$ liegt auf G_f	$\Leftrightarrow f(a) = b$
f hat Nullstelle x_0	$\Leftrightarrow f(x_0) = 0$
G_f hat in $P(a\mid\ldots)$ die Steigung m	$\Leftrightarrow f'(a) = m$
G_f hat Tiefpunkt $P(a\mid\ldots)$	$\Rightarrow f'(a) = 0$
G_f hat Hochpunkt $P(a\mid\ldots)$	$\Rightarrow f'(a) = 0$
G_f hat Terrassenpunkt $P(a\mid\ldots)$	$\Rightarrow f'(a) = 0 \wedge f''(a) = 0$
G_f hat Wendepunkt $P(a\mid\ldots)$	$\Rightarrow f''(a) = 0$

Dabei ist zu beachten: Nicht alle Informationen werden äquivalent übersetzt; z.B. ist die Übersetzung für »Hochpunkt« die gleiche wie für »Tiefpunkt«!

Die ermittelte Funktion ist abschließend also daraufhin zu überprüfen, ob sie wirklich alle geforderten Eigenschaften besitzt.

Beispiel 1

Der Graph einer Polynomfunktion 3. Grades geht durch den Punkt (−1 | 0) und hat den Wendepunkt (5 | 2); die Wendetangente hat die Steigung −1.

Ansatz: $f(x) = ax^3 + bx^2 + cx + d$

$f'(x) = 3ax^2 + 2bx + c$

$f''(x) = 6ax + 2b$

(1) $f(-1) = 0$: $-a + b - c + d = 0$
(2) $f(5) = 2$: $125a + 25b + 5c + d = 2$
(3) $f''(5) = 0$: $30a + 2b = 0$
(4) $f'(5) = -1$: $75a + 10b + c = -1$

Lösen dieses Systems von vier Gleichungen für die vier unbekannten Koeffizienten des Polynoms ergibt:

$a = \frac{1}{27}$, $b = -\frac{5}{9}$, $c = \frac{16}{9}$, $d = \frac{64}{27}$; also:

$f(x) = \frac{1}{27}x^3 - \frac{5}{9}x^2 + \frac{16}{9}x + \frac{64}{27} = \frac{1}{27}(x^3 - 15x^2 + 48x + 64)$

Die Diskussion zeigt, dass die ermittelte Funktion die geforderten Eigenschaften tatsächlich besitzt

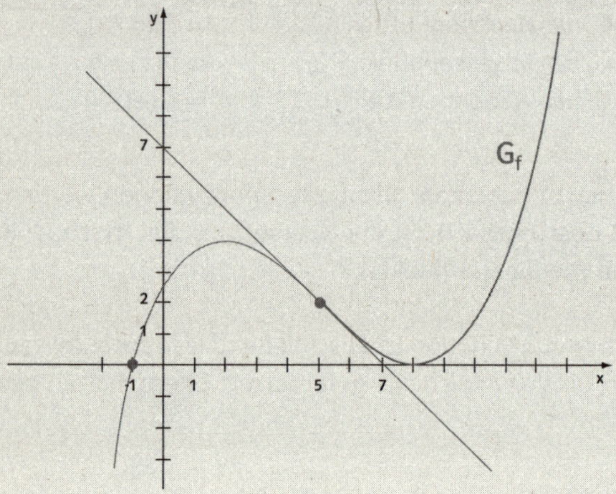

Beispiel 2

Der Graph einer Polynomfunktion 4. Grades ist achsensymmetrisch bezüglich der y-Achse und berührt in P (1 | …) die Gerade mit der Gleichung $y = 12x - 5$. Außerdem besitzt er an der Stelle $x = 2$ eine waagerechte Tangente.

Ansatz: $f(x) = ax^4 + cx^2 + e$
$f'(x) = 4ax^3 + 2cx$
$f''(x) = 12ax^2 + 2c$

(1) $f(1) = y_p = 12 \cdot 1 - 5 = 7$: $a + c + e = 7$
(2) $f'(1) = 12$: $4a + 2c = 12$
(3) $f'(2) = 0$: $32a + 4c = 0$

Lösen des Gleichungssystems ergibt:
$a = -1,\ c = 8,\ e = 0$; also:
$f(x) = -x^4 + 8x^2 = x^2(8 - x^2)$

Die ermittelte Funktion besitzt die geforderten Eigenschaften.

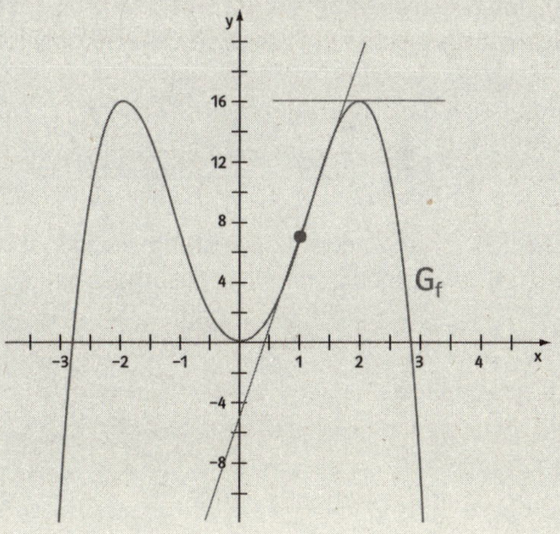

Beispiel 3

Eine gebrochen rationale Funktion f soll die folgenden Bedingungen erfüllen:

- f hat an der Stelle −2 einen Pol ohne Vorzeichenwechsel
- f hat 3 als einzige Nullstelle
- f hat an der Stelle −7 einen Pol mit Vorzeichenwechsel
- es gilt $\lim\limits_{x \to \pm\infty} f(x) = 5$

Diesmal ergibt sich der Funktionsterm von f mit Hilfe der tabellarischen Zusammenfassungen auf den Seiten 40 und 43:

(1) Das Nennerpolynom muss den Faktor $(x + 2)^{q_1}$ mit geradzahligem q_1 enthalten.

(2) Das Zählerpolynom muss den Faktor $(x - 3)^n$ mit $n \in \mathbb{N}$ enthalten.

(3) Das Nennerpolynom muss den Faktor $(x + 7)^{q_2}$ mit ungeradzahligem q_2 enthalten.

(4) Der Grad des Zählerpolynoms muss gleich dem Grad des Nennerpolynoms sein und der Koeffizient der höchsten Potenz des Zählerpolynoms muss 5-mal so groß sein wie der Koeffiezient der höchsten Potenz des Nennerpolynoms.

Daraus ergibt sich die folgende mögliche Lösung:

$$f(x) = \frac{5 \cdot (x - 3)^3}{(x + 2)^2 \cdot (x + 7)} = \frac{5(x^3 - 9x^2 + 27x - 27)}{x^3 + 11x^2 + 32x + 28}$$

Wäre zusätzlich verlangt, dass G_f das stetig schließbare Loch $(6\,|\,\ldots)$ besitzt, so wäre eine mögliche Lösung:

$$f(x) = \frac{5 \cdot (x - 3)^3 \cdot (x - 6)}{(x + 2)^2 \cdot (x + 7) \cdot (x - 6)}$$

2 Extremwertaufgaben

Hierbei handelt es sich um eher anwendungsbezogene Aufgaben aus der Geometrie, der Physik oder der Wirtschaft, bei denen Art und Lage eines Extremums zu ermitteln sind. Die Vorgehensweise wird anhand von Beispielen erläutert.

Beispiel 1: Minimieren eines Oberflächeninhalts

Eine Konservendose von der Form eines geraden Kreiszylinders habe das Volumen V. Wie muss man den Grundkreisradius r und die Höhe h wählen, damit bei der Herstellung der Dose möglichst wenig Blech verbraucht wird?

Minimiert werden soll also die Zielgröße »Oberflächeninhalt«:
$\mathbf{S = 2\pi r^2 + 2\pi r h}$

Nebenbedingung ist: $V = \pi r^2 \cdot h$; daraus folgt: $h = \frac{V}{\pi r^2}$.
Damit ergibt sich die Zielfunktion:

$$S: r \mapsto S(r) = 2\pi r^2 + \frac{2\pi r \cdot V}{\pi r^2} = 2\pi r^2 + \frac{2V}{r}$$

$$\frac{d}{dr} S(r) = 4\pi r - \frac{2V}{r^2}; \quad \frac{d^2}{dr^2} S(r) = 4\pi + \frac{4V}{r^3}$$

$$\frac{d}{dr} S(r) = 0 \Leftrightarrow 4\pi r = \frac{2V}{r^2} \Leftrightarrow r^3 = \frac{2V}{4\pi}; \; r = \sqrt[3]{\frac{V}{2\pi}}$$

$\frac{d^2}{dr^2} S(r) > 0$ für alle $r \in \mathbb{R}^+$; das Extremum ist also tatsächlich ein Minimum.

$$r = \sqrt[3]{\frac{V}{2\pi}} \Rightarrow h = \frac{V}{\pi \cdot \sqrt[3]{\frac{V}{2\pi}}^{\,2}} = \ldots = \sqrt[3]{\frac{4V}{\pi}} = \sqrt[3]{\frac{8V}{2\pi}} = 2r$$

Ergebnis: der Blechverbrauch ist minimal, wenn Durchmesser und Höhe der Dose übereinstimmen.

(Interessant ist der Vergleich des Ergebnisses mit den Abmessungen von Dosen des Europaformats »e 425« oder »e 850«, welche $425\,cm^3$ bzw. $850\,cm^3$ fassen!)

Beispiel 2: Maximieren eines Rauminhalts

Aus einem 120 cm langen Draht soll ein Kantenmodell eines Quaders hergestellt werden; dabei soll die Länge des Quaders dreimal so groß wie seine Breite sein und der Rauminhalt größtmöglich werden.

Sei x die Breite des Quaders in cm; dann ist $3 \cdot x$ seine Länge in cm, und es gilt die folgende Nebenbedingung:

$$4 \cdot (3x + x + h) = 120$$
$$4x + h = 30$$
$$h = 30 - 4x;$$

damit ist auch die Höhe h des Quaders durch x ausgedrückt.

Zielfunktion:

$V: x \mapsto y = 3x \cdot x \cdot (30 - 4x) = 3x^2 \cdot (30 - 4x) = 90x^2 - 12x^3$

Definitionsmenge der Zielfunktion ist]0; 7,5[

$$V'(x) = 180x - 36x^2 = 36x(5 - x)$$
$$V''(x) = 180 - 72x = 36(5 - 2x)$$
$$V'(x) = 0 \Rightarrow x = 5 \quad (x = 0 \notin \mathbb{D})$$

$$x = 5 \Rightarrow 3x = 15; \quad h = 10$$
$$V(5) = 90 \cdot 25 - 12 \cdot 125 = 750$$
$$(\text{oder } V(5) = 5 \cdot 15 \cdot 10 = 750)$$
$$V''(5) = 36 \cdot (5 - 2 \cdot 5) = 36 \cdot (-5) < 0$$

Ergebnis: Der Quader hat den maximalen Rauminhalt 750 cm^3, wenn er 15 cm lang, 5 cm breit und 10 cm hoch ist.

Beispiel 3: Ein Zahlenrätsel

Zwei Zahlen aus dem Intervall [2; 10] sind so zu bestimmen, dass ihr Produkt den Wert 16 hat und ihre Summe extremal wird.

Sei x die eine der beiden gesuchten Zahlen, dann ist aufgrund der Nebenbedingung $\frac{16}{x}$ die andere gesuchte Zahl.

$$2 \leq x \leq 10 \wedge 2 \leq \frac{16}{x} \leq 10 \Rightarrow 2 \leq x \leq 10 \wedge 1{,}6 \leq x \leq 8$$

$$\Rightarrow 2 \leq x \leq 8$$

Zielfunktion: $s: [2; 8] \rightarrow \mathbb{R}, x \mapsto y = x + \frac{16}{x}$

$s'(x) = 1 - \frac{16}{x^2} = \frac{x^2 - 16}{x^2}$; $s''(x) = \frac{32}{x^3}$

$s'(x) = 0 \Rightarrow x = 4$ $(x = -4 \notin \mathbb{D})$

$x = 4 \Rightarrow \frac{16}{x} = 4$; $s(4) = 4 + \frac{16}{4} = 4 + 4 = 8$

$s''(4) = \frac{32}{4^3} = \frac{1}{2} > 0$

	$2 < x < 4$	$x = 4$	$4 < x < 8$
$s'(x)$	–	0	+
G_s	streng monoton fallend	Tiefpunkt (4|8)	streng monoton steigend

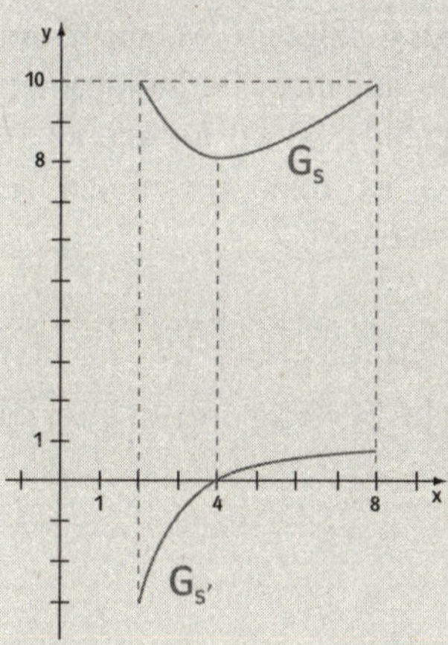

Diesmal ist die Zielfunktion auf einem geschlossenen Intervall definiert. Aus der Untersuchung des Monotonieverhaltens von s erkennt man, dass s an den Rändern der Definitionsmenge **Randmaxima** besitzt:

$s(2) = 2 + \frac{16}{2} = 2 + 8 = 10$

$s(8) = 8 + \frac{16}{8} = 8 + 2 = 10$

Ergebnis: Die fragliche Summe hat den minimalen Wert 8, wenn beide Summanden 4 sind und den maximalen Wert 10, wenn der eine Summand 2, der andere 8 ist.

Sätze über differenzierbare Funktionen

1 Monotoniekriterium

Das Monotoniekriterium für die Umkehrbarkeit einer Funktion f (vgl. Seite 23) lässt sich für den Fall, dass f auf einem Intervall $I \subset D_f$ differenzierbar ist, folgendermaßen fassen:

> Ist $f'(x) > 0$ für alle $x \in I$ oder $f'(x) < 0$ für alle $x \in I$, so ist f in I umkehrbar.

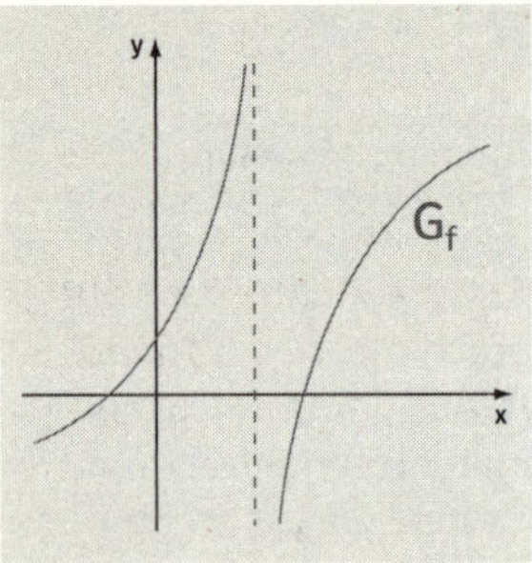

Wichtig ist, dass der betrachtete Bereich tatsächlich ein zusammenhängendes Intervall ist. So ist z. B. die Funktion f, deren Graph in der Abbildung skizziert ist, nicht umkehrbar auf ihrer Definitionsmenge, obwohl $f'(x) > 0$ für alle $x \in D_f$; denn D_f ist keine zusammenhängende Menge!

2 Satz von Rolle

Ist f eine Funktion, die im Intervall [a; b] stetig und im Intervall]a; b[differenzierbar ist, und gilt

$$f(a) = f(b) = 0,$$

so existiert mindestens eine Stelle $x_0 \in]a; b[$, für die gilt:

$$f'(x_0) = 0$$

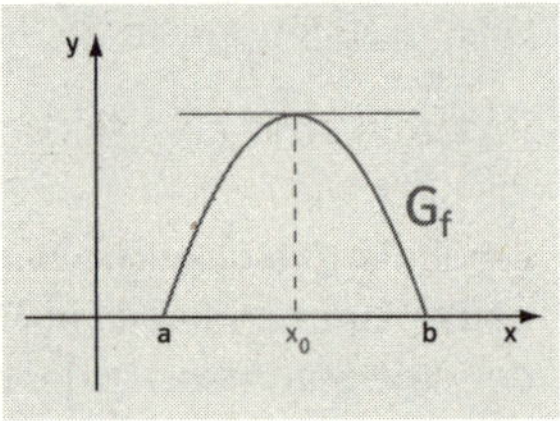

Eine Verallgemeinerung dieses Satzes ist der Mittelwertsatz.

3 Mittelwertsatz

Ist f eine Funktion, die im Intervall [a; b] stetig und im Intervall]a; b[differenzierbar ist, so existiert mindestens eine Stelle $x_0 \in]a; b[$, für die gilt:

$$f'(x_0) = \frac{f(b) - f(a)}{b - a} \quad \text{oder} \quad f(b) = f(a) + (b - a) \cdot f'(x_0) \qquad (^*)$$

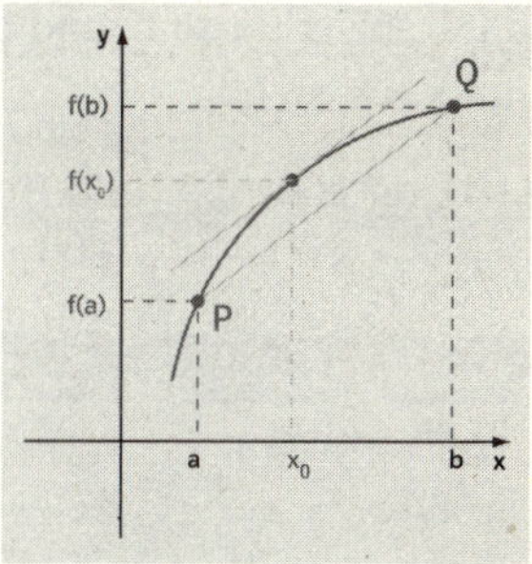

Anschaulich bedeutet dies, dass die Tangente an G_f in $(x_0 \mid f(x_0))$ parallel zur Sekante PQ ist.
Mit $b - a =: h$
lautet die Gleichung (*):

$$f(a + h) = f(a) + h \cdot f'(x_0)$$

oder, wegen $a < x_0 < b$

$$f(a + h) = f(a) + h \cdot f'(a + \vartheta \cdot h)$$

mit $\vartheta \in]0; 1[$

4 Regeln von L'Hospital

a) Sind f und g zwei Funktionen, die an der Stelle x_0 stetig und in einer Umgebung von x_0 differenzierbar sind, und ist $f(x_0) = g(x_0) = 0$, so gilt:

$$\lim_{x \to x_0} \frac{f(x)}{g(x)} = \lim_{x \to x_0} \frac{f'(x)}{g'(x)}$$

b) Sind f und g zwei Funktionen, die in einem Intervall]a; ∞[differenzierbar sind, und ist $\lim\limits_{x \to \infty} f(x) = \lim\limits_{x \to \infty} g(x) = 0$, so gilt:

$$\lim_{x \to \infty} \frac{f(x)}{g(x)} = \lim_{x \to \infty} \frac{f'(x)}{g'(x)}$$

(Eine vollkommen analoge Regel gilt für $x \to -\infty$.)

c) Sind f und g zwei Funktionen, die in einer Umgebung von x_0 differenzierbar sind, und gilt $|f(x)| \to \infty$ für $x \to x_0$ und $|g(x)| \to \infty$ für $x \to x_0$, so gilt:

$$\lim_{x \to x_0} \frac{f(x)}{g(x)} = \lim_{x \to x_0} \frac{f'(x)}{g'(x)}$$

d) Sind f und g zwei Funktionen, die in einem Intervall $]a; \infty[$ differenzierbar sind, und gilt $|f(x)| \to \infty$ für $x \to \infty$ und $|g(x)| \to \infty$ für $x \to \infty$, so gilt:

$$\lim_{x \to \infty} \frac{f(x)}{g(x)} = \lim_{x \to \infty} \frac{f'(x)}{g'(x)}$$

Beispiele

$f(x) = x^4 - 2x + 1;$ $\quad f(1) = 0$
$g(x) = x^{10} - x^2;$ $\quad g(1) = 0$
$f'(x) = 4x^3 - 2;$ $\quad f'(1) = 2$
$g'(x) = 10x^9 - 2x;$ $\quad g'(1) = 8$

Nach Regel a) ergibt sich:

$$\lim_{x \to 1} \frac{f(x)}{g(x)} = \lim_{x \to 1} \frac{f'(x)}{g'(x)} = \frac{f'(1)}{g'(1)} = \frac{2}{8} = \frac{1}{4}$$

Die Berechnung dieses Grenzwerts mit Faktorzerlegung wäre erheblich mühsamer gewesen:

$$\lim_{x \to 1} \frac{f(x)}{g(x)} = \lim_{x \to 1} \frac{x^4 - 2x + 1}{x^{10} - x^2} = \lim_{x \to 1} \frac{(x-1) \cdot (x^3 + x^2 + x - 1)}{(x-1) \cdot (x^9 + x^8 + \ldots + x^2)}$$

$$= \lim_{x \to 1} \frac{x^3 + x^2 + x - 1}{x^9 + x^8 + \ldots + x^2} = \frac{1 + 1 + 1 - 1}{1 + 1 + 1 \ldots + 1} = \frac{2}{8} = \frac{1}{4}$$

Weitere Beispiele finden sich auf den Seiten 84 und 105.

Trigonometrische Funktionen

1 Begriffsbestimmung

Als trigonometrische Funktionen bezeichnet man:

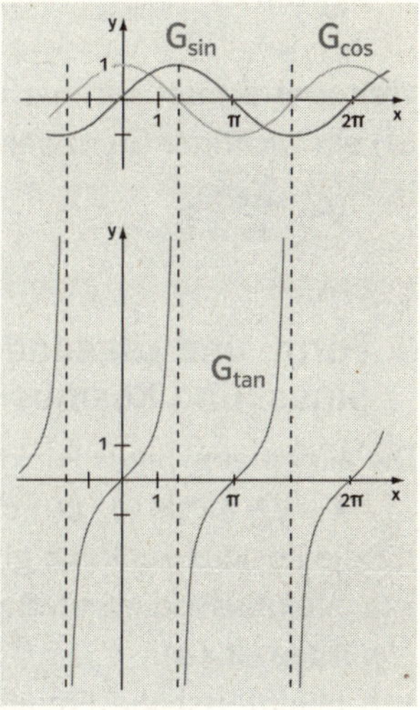

- die Sinus-Funktion
  $\sin: \mathbb{R} \to \mathbb{R}, x \mapsto y = \sin x$
- die Kosinus-Funktion
  $\cos: \mathbb{R} \to \mathbb{R}, x \mapsto y = \cos x$
- die Tangens-Funktion
  $\tan: \mathbb{R} \setminus \left((2k+1) \cdot \frac{\pi}{2} \middle| k \in \mathbb{Z}\right) \to \mathbb{R}$,
  $x \mapsto y = \tan x = \frac{\sin x}{\cos x}$

sin und cos haben die Wertemenge $[-1; 1]$. Ihre Schwingungsweite oder Amplitude ist 1.
Die Wertemenge von tan ist $\mathbb{R}$.

Die Werte der Sinus- und der Kosinus-Funktion wiederholen sich immer im Abstand 2π; dies ist die Periode:

$$\sin(x + k \cdot 2\pi) = \sin x; \ \cos(x + k \cdot 2\pi) = \cos x; \ k \in \mathbb{Z}.$$

Die Periode der Tangens-Funktion ist π:

$$\tan(x + k \cdot \pi) = \tan x; \ k \in \mathbb{Z}.$$

Die Sinus- und die Tangens-Funktion haben die Nullstellen $k \cdot \pi = 2k \cdot \frac{\pi}{2}$; $k \in \mathbb{Z}$. Die Kosinus-Funktion hat die Nullstellen $(2k+1) \cdot \frac{\pi}{2}$, $k \in \mathbb{Z}$. Wegen $\mathbf{\tan x = \frac{\sin x}{\cos x}}$ sind dies die Definitionslücken der Tangens-Funktion; diese sind Polstellen mit Vorzeichenwechsel von + zu −.

Wegen $\mathbf{\cos x = \sin\left(x + \frac{\pi}{2}\right)}$ für alle $x \in \mathbb{R}$ entsteht der Graph der Kosinus-Funktion aus dem der Sinus-Funktion durch Verschiebung um $\frac{\pi}{2}$ nach links.

Wichtiger ist folgender Zusammenhang zwischen sin und cos:

$$\frac{d}{dx}\sin x = \cos x; \quad \frac{d}{dx}\cos x = -\sin x$$

Nach der Quotientenregel folgt für die Ableitung der Tangens-Funktion:

$$\frac{d}{dx}\tan x = \frac{\cos^2 x + \sin^2 x}{\cos^2 x} = \frac{1}{\cos^2 x} = 1 + \tan^2 x$$

Weiter errechnet sich nach der Regel von L'Hospital (vgl. Seite 81) ein wichtiger Grenzwert:

$$\lim_{x \to 0} \frac{\sin x}{x} = 1$$

2 Form- und Lageänderungen der Sinus- und Kosinus-Kurve

Die allgemeine Sinus-Funktion hat die Form

$$x \mapsto y = a \cdot \sin(b \cdot (x + c)) + d;$$

für die Kosinus-Funktion gilt alles völlig analog.

- a beeinflusst die Schwingungsweite der Sinuskurve: die Amplitude ist $|a|$.
- b beeinflusst die Frequenz der Sinuskurve; die Periode ist $\frac{2\pi}{|b|}$.
- c heißt die Phasenverschiebung der Sinuskurve: der Graph ist gegenüber dem Graphen von $x \mapsto y = \sin x$ um $|c|$ verschoben, und zwar für $c > 0$ nach links, für $c < 0$ nach rechts.
- Auch d bewirkt eine Verschiebung: der Graph ist gegenüber dem Graphen von $x \mapsto y = \sin x$ um $|d|$ verschoben, und zwar für $d > 0$ nach oben, für $d < 0$ nach unten.

Beispiel 1

$f: x \mapsto y = 2\sin\left(\frac{2}{3}x + \frac{\pi}{3}\right) + 1 = 2\sin\left(\frac{2}{3}\left(x + \frac{\pi}{2}\right)\right) + 1;$

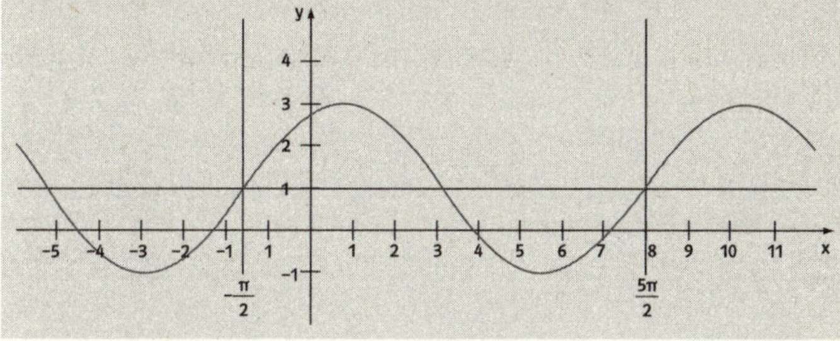

3 Arcus-Funktionen

Die trigonometrischen Funktionen sin, cos und tan sind auf ihrer maximalen Definitionsmenge nicht umkehrbar; umkehrbar sind nur ihre Einschränkungen auf Intervalle, auf denen strenge Monotonie vorliegt. So schränkt man die Sinus-Funktion auf das Intervall $\left[-\frac{\pi}{2}; \frac{\pi}{2}\right]$, die Kosinus-Funktion auf das Intervall $[0; \pi]$ und die Tangens-Funktion auf das Intervall $\left]-\frac{\pi}{2}; \frac{\pi}{2}\right[$ ein. Die Umkehrfunktionen dieser Einschränkungen bezeichnet man als **Arcus-Funktionen**:

$$\arcsin: [-1; 1] \to \mathbb{R}, x \mapsto y = \arcsin x; W_{\arcsin} = \left[-\frac{\pi}{2}; \frac{\pi}{2}\right]$$

$$\arccos: [-1; 1] \to \mathbb{R}, x \mapsto y = \arccos x; W_{\arccos} = [0; \pi]$$

$$\arctan: \mathbb{R} \to \mathbb{R}, x \mapsto y = \arctan x; W_{\arctan} = \left]-\frac{\pi}{2}; \frac{\pi}{2}\right[$$

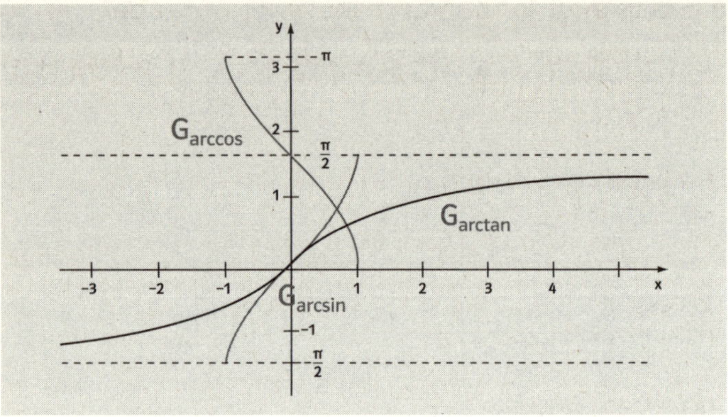

Nach dem Satz über die Ableitung der Umkehrfunktion (vgl. Seite 58) und mit Hilfe von Überlegungen am Einheitskreis berechnet man die Ableitung der Arcus-Funktionen:

$$\frac{d}{dx}\arcsin x = \frac{1}{\sqrt{1-x^2}}, \quad x \in]-1; 1[$$
$$\frac{d}{dx}\arccos x = \frac{-1}{\sqrt{1-x^2}}, \quad x \in]-1; 1[$$
$$\frac{d}{dx}\arctan x = \frac{1}{1+x^2}, \quad x \in \mathbb{R}$$

An den Rändern der Definitionsmenge von arcsin und arccos ist die Ableitung nicht definiert; dort gilt:

$\frac{d}{dx}\arcsin x \to +\infty$ für $x \gtrsim -1$ und für $x \lesssim 1$ bzw.

$\frac{d}{dx}\arccos x \to -\infty$ für $x \gtrsim -1$ und für $x \lesssim 1$.

In den Endpunkten hat der Graph von arcsin und der Graph von arcos also vertikale Tangenten.

Für arctan gilt: $\lim\limits_{x \to -\infty} \arctan x = -\frac{\pi}{2} + 0$; $\lim\limits_{x \to \infty} \arctan x = \frac{\pi}{2} - 0$

Der Graph von arctan nähert sich also für $x \to -\infty$ von oben an die horizontale Asymptote mit der Gleichung $y = -\frac{\pi}{2}$, für $x \to \infty$ von unten an die horizontale Asymptote mit der Gleichung $x = \frac{\pi}{2}$ an.

4 Beispiel einer Kurvendiskussionsaufgabe

Beispiel 2

$f: x \mapsto y = 2\arcsin\frac{x-2}{x}$

Maximale Definitionsmenge:

$-1 \le \frac{x-2}{x} \le +1 \Leftrightarrow -1 \le 1 - \frac{2}{x} \le +1 \Leftrightarrow -2 \le -\frac{2}{x} \le 0$

$\Leftrightarrow 0 \le \frac{2}{x} \le 2 \Leftrightarrow x \ge 1;\ D_{max} = [1; \infty[$

Nullstelle:

$f(x) = 0 \Leftrightarrow \frac{x-2}{x} = 0 \Leftrightarrow x = 2$

Monotonie, Extrema:

$$f'(x) = \frac{2}{\sqrt{1-\left(\frac{x-2}{x}\right)^2}} \cdot \frac{x-(x-2)}{x^2} = \frac{4}{\sqrt{\frac{x^2-x^2+4x-4}{x^2}} \cdot x^2} = \frac{4}{\sqrt{4x-4} \cdot x}$$

$$= \frac{2}{x \cdot \sqrt{x-1}};\ D_{f'} =]1; \infty[$$

$f'(x) > 0$ für alle $x \in D_{f'} \Rightarrow f$ ist streng monoton steigend;
G_f besitzt keine Punkte mit horizontaler Tangente.

Randverhalten:

$$\lim_{x\to\infty} f(x) = \lim_{x\to\infty}\left(2\arcsin\frac{x-2}{x}\right) = \lim_{x\to\infty}\left(2\arcsin\left(1-\frac{2}{x}\right)\right)$$

$$= 2\arcsin 1 = 2 \cdot \frac{\pi}{2} = \pi;$$

für $x \to \infty$ nähert sich G_f von unten an die horizontale Asymptote mit der Gleichung $y = \pi$ an.

$f(1) = 2\arcsin(-1) = 2 \cdot \left(-\frac{\pi}{2}\right) = -\pi;$

$f'(x) = \frac{2}{x\sqrt{x-1}} \to \infty$ für $x \overset{>}{\to} 1;$

in $(1|-\pi)$ hat G_f eine vertikale Tangente.

Wertemenge:
$W_f = [-\pi; \pi[$

Umkehrfunktion f^{-1}:

$x = 2\arcsin\frac{y-2}{y};$

$\frac{y-2}{y} = \sin\frac{x}{2};\ \ y - 2 = y \cdot \sin\frac{x}{2};\ \ y = \frac{2}{1-\sin\frac{x}{2}}\ (x \in [-\pi; \pi[)$

Graph

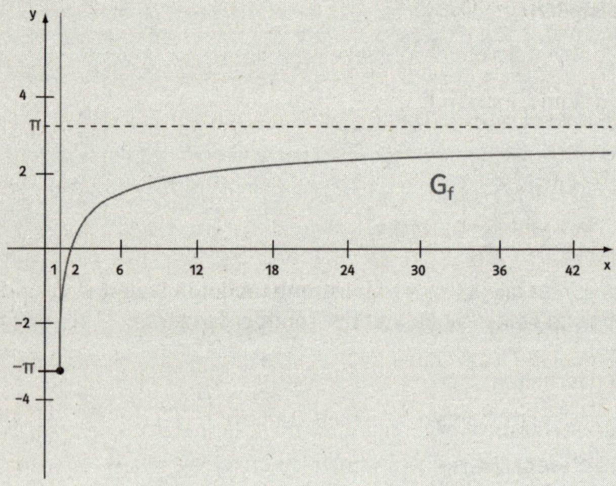

Integralrechnung

Stammfunktion und unbestimmtes Integral

1 Stammfunktion

$f: \mathbb{R} \to \mathbb{R}, x \mapsto y = \frac{3}{2}x^2$, hat die Ableitung

$f': \mathbb{R} \to \mathbb{R}, x \mapsto y = 3x$;

umgekehrt könnte f durch Ableitung aus der Funktion

$F: \mathbb{R} \to \mathbb{R}, x \mapsto y = \frac{1}{2}x^3$

entstanden sein; F nennt man dann eine Stammfunktion von f. Allgemein definiert man:

Sind f und F auf einer gemeinsamen Menge D definiert und ist F in D differenzierbar mit $F'(x) = f(x)$ für alle $x \in D$, so heißt F eine Stammfunktion von f in D.

Da die Ableitung der konstanten Funktion Null ist, gilt der Satz: **Die Differenz zweier Stammfunktionen derselben Funktion ist eine konstante Funktion.**

Beispiel 1a

Zeige, dass

$F: \mathbb{R} \to \mathbb{R}, x \mapsto F(x) = \sqrt{x^2+1}$

eine Stammfunktion von

$f: \mathbb{R} \to \mathbb{R}, x \mapsto f(x) = \frac{x}{\sqrt{x^2+1}}$ ist.

$F'(x) = \frac{1}{2\sqrt{x^2+1}} \cdot 2x = \frac{x}{\sqrt{x^2+1}} = f(x)$ für alle $x \in \mathbb{R}$

Beispiel 1b

Zeige, dass auch $G: \mathbb{R} \to \mathbb{R}, x \mapsto G(x) = \frac{x^2}{1+\sqrt{x^2+1}}$, eine Stammfunktion von f ist!

Zum Nachweis könnte man G ableiten; man kann aber auch zeigen, dass sich G(x) von F(x) nur um einen konstanten Summanden unterscheidet:

$$F(x) - G(x) = \sqrt{x^2+1} - \frac{x^2}{1+\sqrt{x^2+1}}$$

$$= \frac{\sqrt{x^2+1} \cdot (1+\sqrt{x^2+1}) - x^2}{1+\sqrt{x^2+1}}$$

$$= \frac{\sqrt{x^2+1} + x^2 + 1 - x^2}{1+\sqrt{x^2+1}} = \frac{\sqrt{x^2+1}+1}{1+\sqrt{x^2+1}} = 1 = \text{const.}$$

Beispiel 1c

Bestimme diejenige Stammfunktion H von f, deren Graph den Punkt $(\sqrt{3} \mid -1)$ enthält

Ansatz: $H(x) = F(x) + C = \sqrt{x^2+1} + C$

Bedingung: $H(\sqrt{3}) = -1$, d.h. $\sqrt{3+1} + C = -1$;
$C = -1 - 2 = -3$

Ergebnis: $H(x) = \sqrt{x^2+1} - 3$

2 Unbestimmtes Integral

Unter dem unbestimmten Integral $\int f(x)\,dx$ einer Funktion f versteht man die Menge ihrer Stammfunktionen:

$$\int f(x)\,dx = \{F \mid F'(x) = f(x)\}.$$

Da die Differenz zweier Stammfunktion derselben Funktion f konstant ist, gilt:

$$\int f(x)\,dx = \{x \mapsto F(x) + c \mid c \in \mathbb{R}\}$$

Dafür ist die folgende einfachere Schreibweise üblich:

$$\int f(x)\,dx = F(x) + c$$

(Diese Gleichung ist aber keine Gleichung im algebraischen Sinn, sondern sie soll lediglich zum Ausdruck bringen, dass $(F(x) + c)' = f(x)$ ist.)

Aus den bisher bekannten Ableitungsregeln (vgl. Seiten 53, 84 und 86) ergeben sich folgende Grundintegrale:

Grundintegrale

$f(x)$	$\int f(x)\,dx$	
x^n	$\frac{1}{n+1} \cdot x^{n+1} + c$	für $n \in \mathbb{R} \setminus \{-1\}$
$\sin x$	$-\cos x + c$	
$\cos x$	$\sin x + c$	
$\frac{1}{\cos^2 x}$	$\tan x + c$	
$\frac{1}{\sin^2 x}$	$-\frac{1}{\tan x} + c$	
$\frac{1}{\sqrt{1-x^2}}$	$\arcsin x + c$	
$\frac{1}{1+x^2}$	$\arctan x + c$	

Weiter gelten folgende allgemeine Regeln:

$\int k \cdot f(x)\,dx = k \cdot \int f(x)\,dx \ (k \neq 0)$ und

$\int (f+g)(x)\,dx = \int f(x)\,dx + \int g(x)\,dx.$

Beispiel 2

Das unbestimmte Integral der Polynomfunktion

$f: \mathbb{R} \to \mathbb{R}, x \mapsto y = \frac{4}{3}x^3 - \frac{1}{2}x^2 + 5$ ist

$\int f(x)\,dx = \frac{1}{3}x^4 - \frac{1}{6}x^3 + 5x + c$

Bestimmtes Integral und Integralfunktion

1 Bestimmtes Integral

Ausgangspunkt für die Definition des bestimmten Integrals ist das Problem, den Inhalt der Fläche zwischen der x-Achse und dem Graphen einer auf $[a; b]$ definierten Funktion f zu bestimmen.

Man wählt eine Zerlegung des Intervalls $[a; b]$ in n Streifen:

$$a = x_0 < x_1 < x_2 < \ldots < x_{n-1} < x_n = b;$$

die Breite des i-ten Streifens ist

$$\Delta x_i = x_i - x_{i-1}.$$

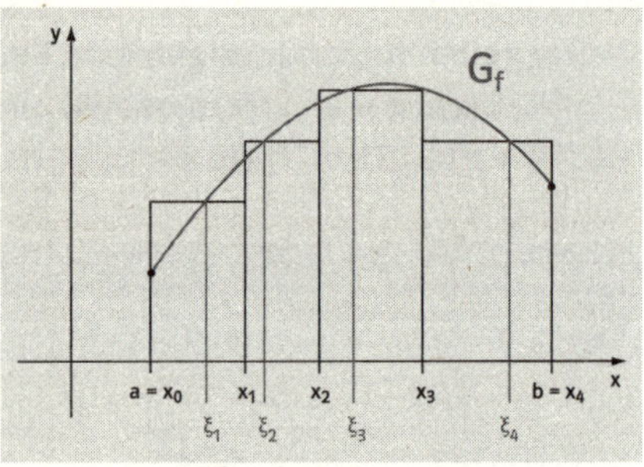

Weiter wählt man in jedem Streifen eine Stützstelle $\xi_i \in [x_{i-1}; x_i]$. Die Skizze zeigt ein Beispiel mit einer auf $[a; b]$ positiven Funktion für $n = 4$.

Die Fläche zwischen der x-Achse und G_f lässt sich nun annähern durch die folgende Summe von Rechtecksflächen:

$$f(\xi_1) \cdot (x_1 - x_0) + f(\xi_2) \cdot (x_2 - x_1) + \ldots + f(\xi_n) \cdot (x_n - x_{n-1}) =$$

$$= f(\xi_1) \cdot \Delta x_1 + f(\xi_2) \cdot \Delta x_2 + \ldots + f(\xi_n) \cdot \Delta x_n$$

$$= \sum_{i=1}^{n} f(\xi_i) \cdot \Delta x_i$$

Ist f auf $[a; b]$ wenigstens abschnittsweise stetig, so ist die Annäherung umso besser, je größer die Zahl n der Streifen ist; beim Grenzübergang $n \to \infty$ muss allerdings die Länge Δx_i des breitesten Streifens gegen Null gehen. Existiert unter dieser Bedingung

$$\lim_{n \to \infty} \sum_{i=1}^{n} f(\xi_i) \cdot \Delta x_i,$$

so heißt f über [a; b] integrierbar und man nennt

$$\int_a^b f(x)\,dx = \lim_{n \to \infty} \sum_{i=1}^{n} f(\xi_i) \cdot \Delta x_i$$

das bestimmte Integral von f über [a; b].

Die Funktion f, über die integriert wird, heißt Integrand oder Integrandenfunktion.

Integrierbar sind alle auf [a; b] wenigstens abschnittsweise stetigen Funktionen, insbesondere alle auf [a; b] stetigen Funktionen. Da alle differenzierbaren Funktionen stetig sind (vgl. Seite 52), gilt:

Differenzierbarkeit $\Rightarrow$ Stetigkeit $\Rightarrow$ Integrierbarkeit

Beispiel 1

Gesucht ist der Inhalt der Fläche zwischen der x-Achse und dem Graphen der Funktion

$f: [1; 4] \to \mathbb{R}, x \mapsto y = \frac{1}{4}x^2$

Am einfachsten ist es, das Intervall [1; 4] äquidistant, das heißt in n Streifen gleicher Breite zu zerlegen; jeder Streifen hat dann die Breite:

$$\frac{b-a}{n} = \frac{4-1}{n} = \frac{3}{n}.$$

a) Grenzwert der Untersumme

Als Stützstellen werden die linken Ränder der Streifen gewählt, also
$\xi_1 = x_0, \xi_2 = x_1, \ldots, \xi_n = x_{n-1}$:
da f auf [1; 4] streng monoton wachsend ist, ist die Summe der Rechtecksflächeninhalte sicher kleiner als der gesuchte Flächeninhalt, und man spricht von einer **Untersumme**:

Skizze fü n = 3

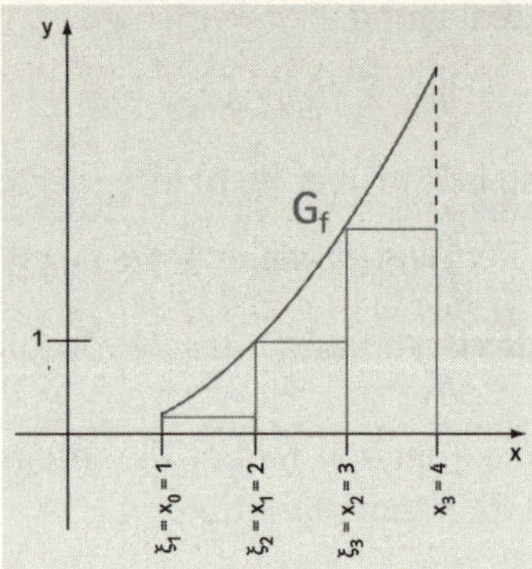

$$s_n = f(\xi_1) \cdot \tfrac{3}{n} + f(\xi_2) \cdot \tfrac{3}{n} + f(\xi_3) \cdot \tfrac{3}{n} + \ldots + f(\xi_n) \cdot \tfrac{3}{n}$$

$$= \left(f(1) + f\left(1 + \tfrac{3}{n}\right) + f\left(1 + \tfrac{3}{n} \cdot 2\right) + \ldots + f\left(1 + \tfrac{3}{n} \cdot (n-1)\right)\right) \cdot \tfrac{3}{n}$$

$$= \left(f\left(\tfrac{n}{n}\right) + f\left(\tfrac{n+3}{n}\right) + f\left(\tfrac{n+3 \cdot 2}{n}\right) + \ldots + f\left(\tfrac{n+3 \cdot (n-1)}{n}\right)\right) \cdot \tfrac{3}{n}$$

$$= \tfrac{1}{4} \cdot \left(\tfrac{n^2}{n^2} + \tfrac{(n+3)^2}{n^2} + \tfrac{(n+3 \cdot 2)^2}{n^2} + \ldots + \tfrac{(n+3(n-1))^2}{n^2}\right) \cdot \tfrac{3}{n}$$

$$= \tfrac{3}{4n^3} \cdot (n^2 + (n+3)^2 + (n+3 \cdot 2)^2 + \ldots + (n+3 \cdot (n-1))^2)$$

$$= \tfrac{3}{4n^3} \cdot (n^2 + n^2 + 6n + 9 + n^2 + 2 \cdot 6n + 4 \cdot 9 + \ldots$$
$$+ n^2 + (n-1) \cdot 6n + (n-1)^2 \cdot 9)$$

$$= \tfrac{3}{4n^3} \cdot (n^2 \cdot n + 6n \cdot (1 + 2 + \ldots + (n-1))$$
$$+ 9 \cdot (1 + 4 + \ldots + (n-1)^2)$$

$$= \tfrac{3}{4n^3} \cdot \left(n^3 + 6n \cdot \tfrac{(n-1) \cdot n}{2} + 9 \cdot \tfrac{(n-1) \cdot n \cdot (2n-1)}{6}\right) = \ldots$$

$$= \tfrac{21}{4} - \tfrac{45}{8n} + \tfrac{9}{8n^2}$$

$$\lim_{n \to \infty} s_n = \tfrac{21}{4} = 5\tfrac{1}{4}$$

b) Grenzwert der Obersumme

Als Stützstellen werden die rechten Ränder der Streifen gewählt, also

$\xi_1 = x_1, \xi_2 = x_2, \ldots, \xi_n = x_n$;

diesmal ist die Summe der Rechtecksflächeninhalte größer als der gesuchte Flächeninhalt:

Skizze für n = 3

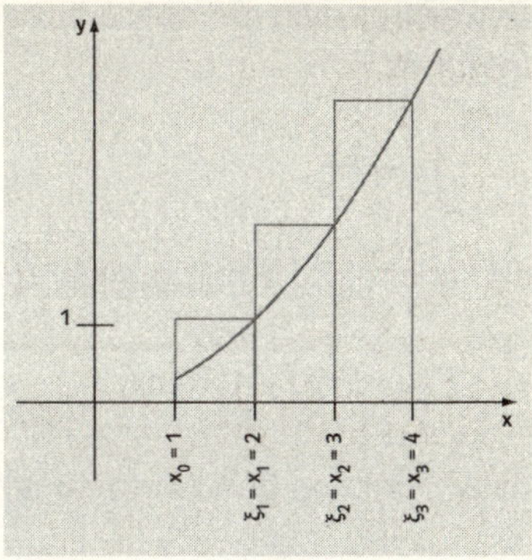

Obersumme

$$S_n = \left(f\left(1 + \tfrac{3}{n}\right) + f\left(1 + \tfrac{3}{n} \cdot 2\right) + \ldots + f\left(1 + \tfrac{3}{n} \cdot n\right)\right) \cdot \tfrac{3}{n} = \ldots$$

$$= \tfrac{3}{4n^3} \cdot (n^3 + 6n \cdot (1 + 2 + \ldots + n) + 9 \cdot (1 + 4 + \ldots + n^2))$$

$$= \tfrac{3}{4n^3} \cdot \left(n^3 + 6\,n \cdot \tfrac{n(n+1)}{2} + 9 \cdot \tfrac{n(n+1)(2n+1)}{6}\right)$$

$$= \ldots = \tfrac{21}{4} + \tfrac{45}{8n} + \tfrac{9}{8n^2}$$

$$\lim_{n \to \infty} S_n = \tfrac{21}{4} = 5\tfrac{1}{4}$$

Ergebnis: $\int_1^4 \tfrac{1}{4} x^2 \, dx = 5\tfrac{1}{4}$

Wie man an diesem Beispiel sieht, kann die Berechnung bestimmter Integrale nach der Streifenmethode recht mühsam sein. Erfreulicherweise geht es auch einfacher; dazu ist zunächst jedoch noch etwas Theorie erforderlich.

2 Integralfunktion

Betrachtet man die obere Integrationsgrenze des bestimmten Integrals

$$\int_a^b f(t)\,dt$$

als variabel, so erhält man eine neue Funktion

$$F: x \mapsto F(x) = \int_a^x f(t)\,dt;$$

diese Funktion heißt eine **Integralfunktion** von f.

Offensichtlich ist

$$F(a) = \int_a^a f(t)\,dt = 0,$$

das heißt eine Integralfunktion hat – mindestens – an der unteren Integrationsgrenze eine Nullstelle. Wichtiger ist aber, dass man mit Hilfe des Mittelwertsatzes (vgl. Seite 81) den folgenden Satz beweisen kann:

Hauptsatz der Differential- und Integralrechnung (HDI):

$$\frac{d}{dx}\int_a^x f(t)\,dt = f(x) \quad \text{(für f stetig)}$$

In Worten heißt dies, dass jede Integralfunktion F einer stetigen Integrandenfunktion f differenzierbar ist und dass ihre Ableitung F′ gleich der Integrandenfunktion f ist. Die Integration ist also sozusagen die Umkehrung der Differentiation. Oder:

Jede Integralfunktion einer stetigen Funktion f ist eine Stammfunktion von f. (*)

Daraus ergibt sich ein recht einfaches Rezept zur Berechnung bestimmter Integrale:

Ist $\int_a^b f(t)\,dt$ gesucht und ist f stetig, also integrierbar, so bestimmt man eine Stammfunktion F von f;

$x \mapsto \int_a^x f(t)\,dt = F(x) + c_0$ mit geeignetem $c_0 \in \mathbb{R}$ ist eine Integralfunktion von f, und es gilt:

$$\int_a^a f(t)\,dt = F(a) + c_0 = 0 \Rightarrow c_0 = -F(a); \text{ also ist}$$

$$\int_a^b f(t)\,dt = F(b) + c_0 = F(b) - F(a) =: [F(x)]_a^b$$

Das bestimmte Integral $\int_a^b f(x)\,dx$ über eine stetige Funktion f zwischen der unteren Grenze a und der oberen Grenze b ist also gleich der Differenz $F(b) - F(a)$ der Funktionswerte einer beliebigen Stammfunktion F von f:

Integrationsformel:

$$\int_a^b f(x)\,dx = F(b) - F(a) =: [F(x)]_a^b$$

Beispiel 2

$f: \mathbb{R} \to \mathbb{R}, x \mapsto y = \frac{1}{4}x^2$, hat $F: \mathbb{R} \to \mathbb{R}, x \mapsto y = \frac{1}{12}x^3$, als Stammfunktion; also ist

$$\int_1^4 \frac{1}{4}x^2\,dx = \left[\frac{1}{12}x^3\right]_1^4 = \frac{1}{12}\cdot 4^3 - \frac{1}{12}\cdot 1^3 = \frac{64-1}{12} = \frac{63}{12} = \frac{21}{4} = 5\frac{1}{4}$$

(Vgl. Beispiel 1, Seiten 93 bis 95)

Beispiel 3

$$\int_0^\pi \sin x\,dx = [-\cos x]_0^\pi = -\cos\pi - (-\cos 0) = -(-1) - (-1) = 2$$

Beispiel 4

$$\int_2^x \sqrt{t}\,dt = \int_2^x t^{\frac{1}{2}}\,dt = \left[\frac{1}{\frac{1}{2}+1}\cdot t^{\frac{1}{2}+1}\right]_2^x = \left[\frac{2}{3}\cdot t^{\frac{3}{2}}\right]_2^x = \frac{2}{3}\cdot x^{\frac{3}{2}} - \frac{2}{3}\cdot 2^{\frac{3}{2}}$$

$$= \frac{2}{3}\cdot\sqrt{x^3} - \frac{2}{3}\cdot\sqrt{8} = \frac{2}{3}\cdot\sqrt{x^3} - \frac{4\sqrt{2}}{3}$$

$$=: F(x);$$

$F'(x) = \frac{2}{3}\cdot\frac{1}{2\sqrt{x^3}}\cdot 3x^2 = \frac{x^2}{\sqrt{x^3}} = \frac{x^2}{x^{1{,}5}} = x^{\frac{1}{2}} = \sqrt{x}$; vgl. HDI!

Bemerkung: Der Kehrsatz von Satz (*) ist falsch, d.h.: Nicht jede Stammfunktion einer stetigen Funktion f muss auch eine Integralfunktion von f sein. Eine Integralfunktion von f muss nämlich mindestens eine Nullstelle besitzen.

Beispiel 5

$$\int 2x\,dx = x^2 + c,\ c \in \mathbb{R},$$

ist die Menge aller Stammfunktionen von $f: x \mapsto y = 2x$.
Für $c \in \mathbb{R}^+$ haben diese Stammfunktionen keine Nullstelle, sind also keine Integralfunktionen von f. Integralfunktionen von f sind nur diejenigen Stammfunktionen

$F: x \mapsto y = x^2 + c$, für die $c \in \mathbb{R}_0^-$ ist

3 Eigenschaften des bestimmten Integrals

Aus der Integrationsformel $\int_a^b f(x)\,dx$, dem HDI und den entsprechenden Ableitungsregeln folgt:

Regeln
$\int_a^b f(x)\,dx = -\int_b^a f(x)\,dx$
$\int_a^a f(x)\,dx = 0$
$\int_a^b k \cdot f(x)\,dx = k \cdot \int_a^b f(x)\,dx$
$\int_a^c f(x)\,dx = \int_a^b f(x)\,dx + \int_b^c f(x)\,dx$
$\int_a^b (f+g)(x)\,dx = \int_a^b f(x)\,dx + \int_a^b g(x)\,dx$
Ist $f(x) < g(x)$ für alle $x \in [a; b]$, so gilt: $\int_a^b f(x)\,dx < \int_a^b g(x)\,dx$

Flächeninhaltsberechnung

1 Fläche zwischen Graph und x-Achse

$$\int_a^b f(x)\,dx$$

gibt nur dann den Inhalt der Fläche zwischen der x-Achse und G_f und zwischen den Geraden mit den Gleichungen x = a und x = b mit b > a wieder, wenn f auf [a; b] positiv ist.

Ist f auf [a; b] dagegen negativ, so hat auch $\int_a^b f(x)\,dx$ einen negativen Wert,
und der Inhalt des betreffenden Flächenstücks ist

$$\left|\int_a^b f(x)\,dx\right| = -\int_a^b f(x)\,dx = \int_b^a f(x)\,dx$$

Ist also nach dem Inhalt der Fläche zwischen dem Graphen einer Funktion f und der x-Achse gefragt, so ist es am einfachsten, die Nullstellen von f zu ermitteln und dann – unter Beachtung des Vorzeichens – jeweils von Nullstelle zu Nullstelle über f zu integrieren.

Beispiel 1

$f: \mathbb{R} \to \mathbb{R}, x \mapsto y = x^3 + 2x^2 - 3x = x(x^2 + 2x - 3)$
$= x(x-1)(x+3)$

	x < –3	x = 3	–3 < x < 0	x = 0	0 < x < 1	x = 1	x > 1
f(x)	–	0	+	0	–	0	+

$$A = \int_{-3}^{0} f(x)\,dx - \int_{0}^{1} f(x)\,dx = \int_{-3}^{0} f(x)\,dx + \int_{1}^{0} f(x)\,dx$$

$$= \left[\tfrac{1}{4}x^4 + \tfrac{2}{3}x^3 - \tfrac{3}{2}x^2\right]_{-3}^{0} + \left[\tfrac{1}{4}x^4 + \tfrac{2}{3}x^3 - \tfrac{3}{2}x^2\right]_{1}^{0}$$

$$= \left(-\tfrac{81}{4} + 18 + \tfrac{27}{2}\right) + \left(-\tfrac{1}{4} - \tfrac{2}{3} + \tfrac{3}{2}\right)$$

$$= 11\tfrac{1}{4} + \tfrac{7}{12} = 11\tfrac{5}{6}$$

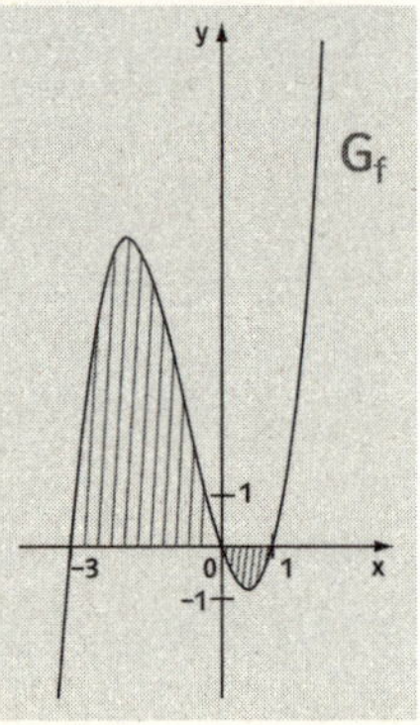

2 Fläche zwischen zwei Graphen

Der Inhalt der Fläche zwischen den Graphen zweier Funktionen f und g im Intervall zwischen x = a und x = b ist

$$\int_a^b f(x)\,dx - \int_a^b g(x)\,dx = \int_a^b (f-g)(x)\,dx,$$

allerdings nur, solange $f(x) > g(x)$ für alle $x \in [a; b]$.

Am einfachsten ist es, die Schnittstellen von G_f und G_g zu ermitteln und dann jeweils von Schnittstelle zu Schnittstelle zu integrieren und dabei jeweils zu berücksichtigen, ob G_f oberhalb oder unterhalb von G_g liegt.

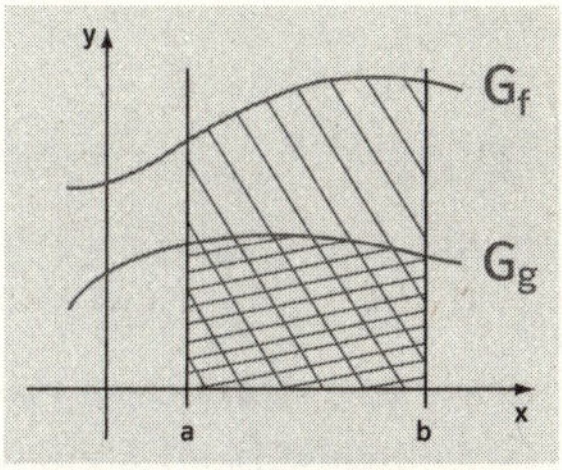

Beispiel 2

Gesucht ist der Inhalt der Fläche zwischen den Graphen von $f: x \mapsto y = \sin x$ und $g: x \mapsto y = \cos x$ im Intervall zwischen $x = 0$ und $x = 2\pi$

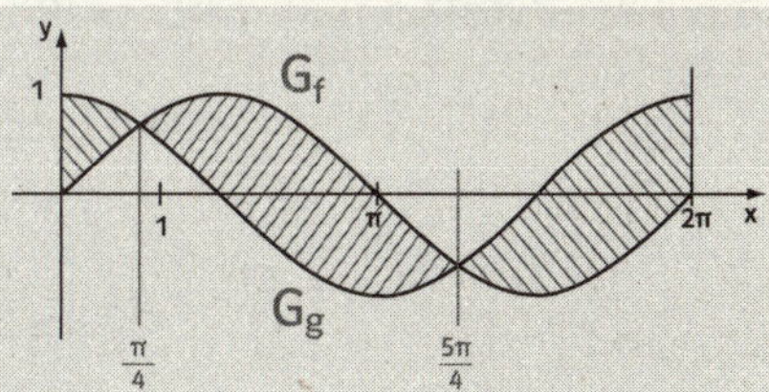

$$A = \int_0^{\frac{\pi}{4}} (\cos x - \sin x)\,dx + \int_{\frac{\pi}{4}}^{\frac{5\pi}{4}} (\sin x - \cos x)\,dx + \int_{\frac{5\pi}{4}}^{2\pi} (\cos x - \sin x)\,dx$$

$$= [\sin x + \cos x]_0^{\frac{\pi}{4}} + [-\cos x - \sin x]_{\frac{\pi}{4}}^{\frac{5\pi}{4}} + [\sin x + \cos x]_{\frac{5\pi}{4}}^{2\pi}$$

$$= \left(\frac{\sqrt{2}}{2} + \frac{\sqrt{2}}{2} - 1\right) + \left(\frac{\sqrt{2}}{2} + \frac{\sqrt{2}}{2} + \frac{\sqrt{2}}{2} + \frac{\sqrt{2}}{2}\right) + \left(1 + \frac{\sqrt{2}}{2} + \frac{\sqrt{2}}{2}\right)$$

$$= (\sqrt{2} - 1) + 2\sqrt{2} + (\sqrt{2} + 1) = 4\sqrt{2} \approx 5{,}6569$$

3 Weitere Beispiele

Beispiel 3

Gegeben ist die Funktion

$$f: \mathbb{R} \to \mathbb{R},\ x \mapsto y = 4{,}5 - \frac{x^2}{2} = \frac{1}{2}(9 - x^2) = \frac{1}{2}(3 + x)(3 - x).$$

a) Gesucht ist der Inhalt des rechts von der y-Achse liegenden Flächenstücks, das von G_f und den Koordinatenachsen begrenzt wird.

$$A_{ges} = \int_0^3 f(x)\,dx = \int_0^3 \frac{1}{2}(9 - x^2)\,dx = \frac{1}{2}\left[9x - \frac{1}{3}x^3\right]_0^3 = \frac{1}{2}(27 - 9) = 9$$

b) In welchem Verhältnis teilt der Graph von

$$g: \mathbb{R} \to \mathbb{R},\ x \mapsto y = \frac{5}{4}x$$

das in a) beschriebene Flächenstück?

G_g schneidet G_f im 1. Quadranten im Punkt $(2 \mid 2{,}5)$, und für alle $x \in [0;\ 2]$ ist $f(x) \geq g(x)$; also ist

$$A_1 = \int_0^2 (f - g)(x)\,dx = \int_0^2 \left(\frac{1}{2}(9 - x^2) - \frac{5}{4}x\right)dx$$

$$= \left[\frac{1}{2}\left(9x - \frac{1}{3}x^3\right) - \frac{5}{8}x^2\right]_0^2 = \frac{1}{2} \cdot \left(18 - \frac{8}{3}\right) - \frac{5}{8} \cdot 4 = 9 - \frac{4}{3} - \frac{5}{2} = 5\frac{1}{6}$$

$$A_2 = A_{ges} - A_1$$
$$= 9 - 5\frac{1}{6} = 3\frac{5}{6}$$

$$A_1 : A_2 = 5\frac{1}{6} : 3\frac{5}{6} = \frac{31}{6} : \frac{23}{6}$$
$$= 31 : 23$$

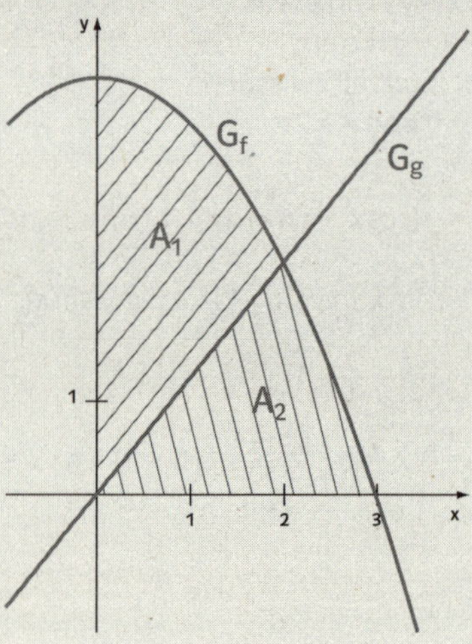

Beispiel 4

Gegeben ist die Funktionenschar

$f_a: \mathbb{R} \to \mathbb{R}, x \mapsto y = x(a - x^2), a \in \mathbb{R}^+.$

$f_a(x) = -x^3 + ax;\ f_a'(x) = -3x^2 + a;\ f_a''(x) = -6x;$

einzige Nullstelle (mit Vorzeichenwechsel von + nach −) von f_a'' ist $x_0 = 0$; der Ursprung ist also der einzige Wendepunkt von G_{f_a}. Die Normale n_a zu G_{f_a} in (0 | 0) hat die Gleichung $y = -\frac{1}{f_a'(0)} \cdot x = -\frac{1}{a} \cdot x$. Gesucht ist nun der Inhalt A(a) des rechts von der y-Achse liegenden Flächenstücks, das von G_{f_a} und n_a begrenzt wird, sowie derjenige Wert von a, für den A extremal ist.

$G_{f_a} \cap n_a: -x^3 + ax = -\frac{1}{a} \cdot x \Leftrightarrow x^3 - x\left(a + \frac{1}{a}\right) = 0$

$x\left(x^2 - \frac{a^2+1}{a}\right) = 0;\ x_0 = 0,\ x_{1/2} = \pm\sqrt{\frac{a^2+1}{a}}$

$A(a) = \int_0^{x_1} (f_a - n_a)(x)\,dx = \int_0^{x_1} \left(-x^3 + ax + \frac{1}{a}x\right)dx$

$= \left[-\frac{1}{4}x^4 + \left(\frac{a}{2} + \frac{1}{2a}\right) \cdot x^2\right]_0^{x_1}$

$= -\frac{1}{4} \cdot \left(\frac{a^2+1}{a}\right)^2 + \frac{a^2+1}{2a} \cdot \frac{a^2+1}{a} = \left(\frac{a^2+1}{2a}\right)^2$

$\frac{d}{da}A(a) = 2 \cdot \frac{a^2+1}{2a} \cdot \frac{2a \cdot 2a - 2(a^2+1)}{4a^2} = \ldots = \frac{(a^2+1)(a+1)(a-1)}{2a^3}$

$\frac{d}{da}A(a) = 0$

$\Rightarrow a - 1 = 0$

$\Rightarrow a = 1;$

$A(1) = \left(\frac{1^2+1}{2 \cdot 1}\right)^2 = 1$

$\frac{d}{da}A(a)$ hat bei a = 1 einen Vorzeichenwechsel von − nach +; also hat A(a) bei a = 1 ein Minimum.

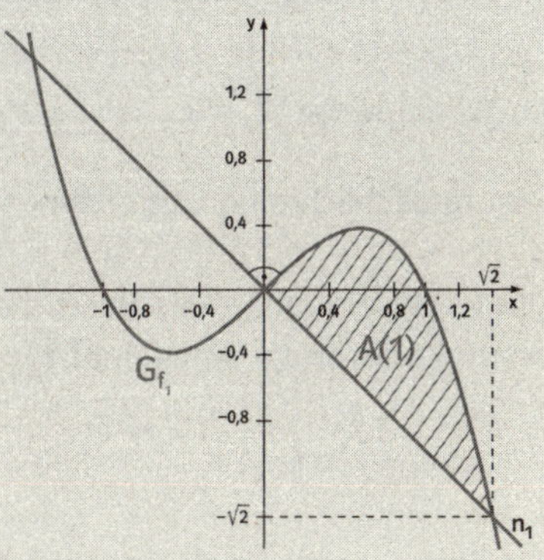

Logarithmusfunktionen

1 Natürliche Logarithmusfunktion

Die Integrationsregel $\int x^n \, dx = \frac{1}{n+1} \cdot x^{n+1} + c$ gilt für alle reellen Werte von n mit Ausnahme von $n = -1$.

Die Funktion $f: \mathbb{R} \setminus \{0\} \to \mathbb{R},\ x \mapsto y = x^{-1} = \frac{1}{x}$ ist jedoch stetig und damit integrierbar, und so ist es sinnvoll, die folgende Integralfunktion zu definieren:

$$L: \mathbb{R}^+ \to \mathbb{R},\ x \mapsto y = L(x) = \int_1^x \frac{1}{t} \, dt$$

Eigenschaften von L (Logarithmusfunktion)

- Definitionsmenge $D_L = \mathbb{R}^+$
- L hat die Nullstelle $x = 1$
- $L'(x) = \frac{d}{dx} \int_1^x \frac{1}{t} \, dt = \frac{1}{x}$;
  L ist auf $\mathbb{R}^+$ differenzierbar und damit stetig
  $L'(x) > 0$ für alle $x \in \mathbb{R}^+$
  $\Rightarrow$ L ist streng monoton zunehmend
- $L(x) \to \infty$ für $x \to +\infty$; $L(x) \to -\infty$ für $x \overset{>}{\to} 0$
- Wertemenge $W_L = \mathbb{R}$
- $L(a \cdot b) = L(a) + L(b)$
- $L\left(\frac{a}{b}\right) = L(a) - L(b)$
- $L(a^b) = b \cdot L(a)$

L ist tatsächlich eine Logarithmusfunktion.

Die Eulersche Zahl e als Basis dieser Logarithmusfunktion bezeichnet diejenige reelle Zahl, für die gilt:

$$L(e) = \int_1^e \frac{1}{t} \, dt = 1$$

Die Zahl e lässt sich als Grenzwert berechnen:

$$e = \lim_{n \to \infty} \left(1 + \frac{1}{n}\right)^n$$

$e = 2{,}71828182845\ldots$ ist eine irrationale Zahl

Die vorläufige Bezeichnung L kann nun aufgegeben werden; man schreibt $L(x) = \log_e x = \ln x$ und bezeichnet $\ln x$ als natürlichen Logarithmus von x.

$$\ln : \mathbb{R}^+ \to \mathbb{R},\ x \mapsto y = \ln x = \log_e x = \int_1^x \frac{1}{t}\,dt$$

Eigenschaften von ln x

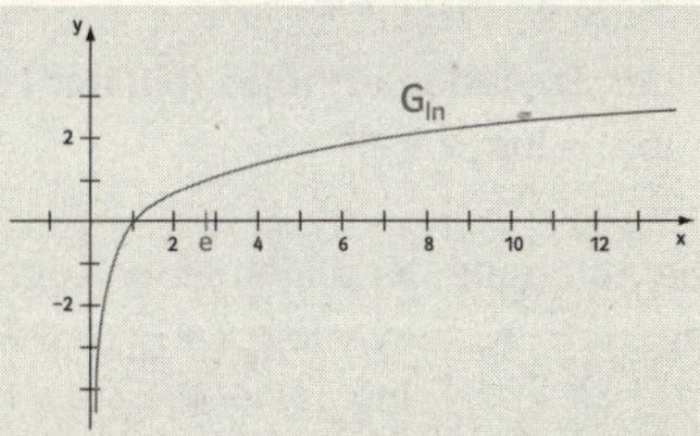

$\ln e = 1$, $\ln 1 = 0$; $\ln' x = \frac{1}{x}$;
ln ist auf $\mathbb{R}^+$ differenzierbar, stetig und streng monoton zunehmend;
$\ln x \to +\infty$ für $x \to +\infty$; $\ln x \to -\infty$ für $x \overset{>}{\to} 0$;
$\ln(a \cdot b) = \ln a + \ln b$;
$\ln \frac{a}{b} = \ln a - \ln b$; $\ln a^b = b \cdot \ln a$

Häufig benötigt werden die folgenden Grenzwerte, die sich mit Hilfe der Regeln von L'Hospital (vgl. Seite 82) berechnen lassen:

$$\lim_{x \overset{>}{\to} 0} (x \cdot \ln x) = \lim_{x \overset{>}{\to} 0} \frac{\ln x}{\frac{1}{x}} = \lim_{x \overset{>}{\to} 0} \frac{\frac{1}{x}}{\frac{-1}{x^2}} = \lim_{x \overset{>}{\to} 0} (-x) = 0;$$

$$\lim_{x \to \infty} \frac{\ln x}{x} = \lim_{x \to \infty} \frac{\frac{1}{x}}{1} = \lim_{x \to \infty} \frac{1}{x} = 0.$$

Verallgemeinert gilt: $\lim_{x \to \infty} \frac{\ln x}{x^n} = 0$ für alle $n > 0$

Die ln-Funktion wächst für $x \to \infty$ weniger stark als jede beliebige Potenzfunktion mit positivem Exponenten.

2 Allgemeine Logarithmusfunktion

Logarithmusfunktionen gibt es nicht nur zur Basis e, sondern auch zu anderen Basen $b \in \mathbb{R}^+ \setminus \{1\}$.

Wegen $y = \log_b x \Leftrightarrow b^y = x \Leftrightarrow \ln b^y = \ln x$
$\Leftrightarrow y \cdot \ln b = \ln x$ gilt:

$$\log_b x = \frac{\ln x}{\ln b}$$

Von Bedeutung sind insbesondere

- der Zehnerlogarithmus (dekadischer Logarithmus):
  $\lg x := \log_{10} x = \frac{\ln x}{\ln 10}$
- der Zweierlogarithmus (binärer Logarithmus):
  $\mathrm{lb}\, x := \log_2 x = \frac{\ln x}{\ln 2}$

Die Ableitung der allgemeinen Logarithmusfunktion
$\log_b : \mathbb{R}^+ \to \mathbb{R}, x \mapsto y = \log_b x = \frac{\ln x}{\ln b}, b \in \mathbb{R}^+ \setminus \{1\}$, ist

$$\frac{d}{dx} \log_b : \mathbb{R}^+ \to \mathbb{R}, x \mapsto y = \frac{1}{x \cdot \ln b}$$

Graphen verschiedener Logarithmusfunktionen

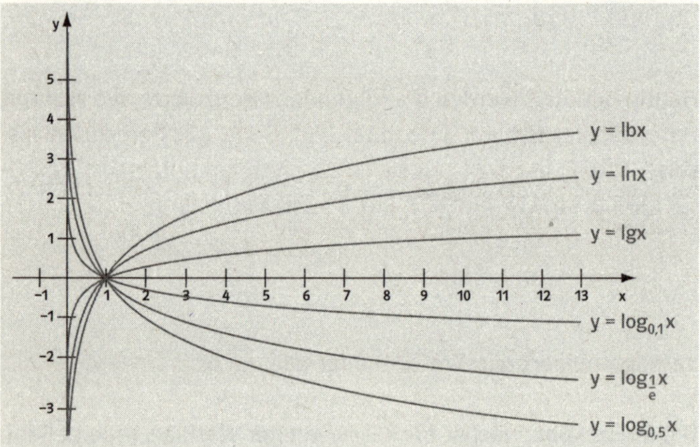

3 Logarithmische Integration

Ist $f: I \to \mathbb{R}, x \mapsto y = f(x)$ differenzierbar und hat f auf I keine Nullstellen, so ist die Funktion

$$g: I \to \mathbb{R}, x \mapsto \ln|f(x)|$$

wohldefiniert und differenzierbar:

$$\begin{aligned} g'(x) &= \tfrac{d}{dx}(\ln|f(x)|) = \tfrac{d}{dx}\{\ln[f(x)\cdot \operatorname{sgn}(f(x))]\} \\ &= \frac{1}{f(x)\cdot \operatorname{sgn}(f(x))}\cdot [f'(x)\cdot \operatorname{sgn}(f(x)) + 0\cdot f(x)] \\ &= \frac{f'(x)\cdot \operatorname{sgn}(f(x))}{f(x)\cdot \operatorname{sgn}(f(x))} = \frac{f'(x)}{f(x)} \Rightarrow \int \frac{f'(x)}{f(x)}\,dx = \ln|f(x)| + c \end{aligned}$$

Das bedeutet: Wenn beim Quotienten zweier Funktionen der Zähler gleich der Ableitung des Nenners ist, dann ist der natürliche Logarithmus des Nennerbetrags der Funktionsterm einer Stammfunktion des Bruches.

Beispiel 1

$$\begin{aligned} \int_0^e \frac{2x}{x^2+1}\,dx &= [\ln|x^2+1|]_0^e = \ln|e^2+1| - \ln|1| \\ &= \ln(e^2+1) \end{aligned}$$

Beispiel 2

$$\begin{aligned} \int_0^1 \frac{x}{x^2-9}\,dx &= \tfrac{1}{2}\cdot \int_0^1 \frac{2x}{x^2-9}\,dx = \tfrac{1}{2}\cdot [\ln|x^2-9|]_0^1 \\ &= \tfrac{1}{2}\cdot(\ln|1-9| - \ln|0-9|) = \tfrac{1}{2}\cdot(\ln 8 - \ln 9) \\ &= \tfrac{1}{2}\cdot \ln\tfrac{8}{9} \end{aligned}$$

Beispiel 3

$$\int \tan x\,dx = \int \frac{\sin x}{\cos x}\,dx = -\int \frac{-\sin x}{\cos x}\,dx = -\ln|\cos x| + c$$

4 Beispiel einer Kurvendiskussionsaufgabe

Beispiel 4

Gegeben ist die Funktion

$$f: D_{max} \to \mathbb{R},\ x \mapsto y = 4 \cdot \ln \frac{18}{x^2 - 8x + 25}.$$

a) Bestimme D_{max}!

$f(x) = 4 \cdot \ln \frac{18}{x^2 - 8x + 25} = 4 \cdot (\ln 18 - \ln(x^2 - 8x + 25));$

$x^2 - 8x + 25 = x^2 - 8x + 16 + 9$

$= (x - 4)^2 + 9 \geq 9 > 0$ für alle $x \in \mathbb{R}$

$\Rightarrow D_{max} = \mathbb{R}$

b) Berechne die Koordinaten der Schnittpunkte von G_f mit den Koordinatenachsen!

$f(0) = 4 \cdot \ln \frac{18}{25} = 4 \cdot \ln 0{,}72 \approx -1{,}31;$

Schnittpunkt von G_f mit der y-Achse: $(0 \mid 4 \ln 0{,}72)$

Nullstellen:

$f(x) = 0 \Leftrightarrow \ln \frac{18}{x^2 - 8x + 25} = 0 \Leftrightarrow \frac{18}{x^2 - 8x + 25} = 1$

$\Leftrightarrow x^2 - 8x + 25 = 18 \Leftrightarrow x^2 - 8x + 7 = 0$

$\Leftrightarrow (x - 1)(x - 7) = 0 \Leftrightarrow x = 1 \vee x = 7$

c) Weise nach, dass G_f achsensymmetrisch bezüglich der Achse mit der Gleichung $x = 4$ ist!

$f(4 - x) = 4 \cdot \ln \frac{18}{(4 - x - 4)^2 + 9} = 4 \cdot \ln \frac{18}{x^2 + 9}$

$= 4 \cdot \ln \frac{18}{(4 + x - 4)^2 + 9}$

$= f(4 + x)$ für alle $x \in \mathbb{R}$

$\Rightarrow G_f$ ist achsensymmetrisch bezüglich der Achse mit der Gleichung $x = 4$.

d) Untersuche das Verhalten von f an den Rändern des Definitionsbereichs!

$$\lim_{x \to \pm\infty} ((x-4)^2 + 9) = +\infty$$

$$\Rightarrow \lim_{x \to \pm\infty} \left(\frac{18}{(x-4)^2+9}\right) = +0$$

$$\Rightarrow \lim_{x \to \pm\infty} f(x) = 4 \cdot \lim_{x \to \pm\infty} \left(\ln \frac{18}{(x-4)^2+9}\right) = -\infty$$

e) Untersuche das Monotonieverhalten von f und gib die Wertemenge von f an!

$$f'(x) = -\frac{4 \cdot (2x-8)}{x^2-8x+25} = \frac{-8 \cdot (x-4)}{(x-4)^2+9}; \quad f'(x) = 0 \Leftrightarrow x = 4;$$

$$f(4) = 4 \cdot \ln \frac{18}{16-32+25} = 4 \cdot \ln 2 = \ln 16 \approx 2{,}77$$

	$x < 4$	$x = 4$	$x > 4$
$f'(x)$	+	0	–
G_f	streng monoton steigend	HP(4 | ln16)	streng monoton steigend

Wertemenge: $W_f =]-\infty; \ln 16]$

f) Untersuche das Krümmungsverhalten von G_f und bestimme die Gleichung derjenigen Wendetangente, die positive Steigung besitzt!

$$f''(x) = -8 \cdot \frac{x^2-8x+25-(x-4)(2x-8)}{(x^2-8x+25)^2}$$

$$= -8 \cdot \frac{x^2-8x+25-2x^2+16x-32}{(x^2-8x+25)^2}$$

$$= \frac{8(x^2-8x+7)}{(x^2-8x+25)^2} = \frac{8(x-1)(x-7)}{(x^2-8x+25)^2}$$

$$f''(x) = 0 \Leftrightarrow x = 1 \lor x = 7$$

	$x < 1$	$x = 1$	$1 < x < 7$	$x = 7$	$7 < x$
$f''(x)$	+	0	–	0	+
G_f	linksgekrümmt	W_1 (1| 0)	rechtsgekrümmt	W_2(7| 0)	linksgekrümmt

In W_1 ist die Steigung der Wendetangente positiv:

$$f'(1) = \frac{-4 \cdot (2-8)}{1-8+25} = \frac{4 \cdot 6}{18} = \frac{4}{3}$$

Gleichung der Wendetangente: $y = \frac{4}{3}x + t$
Einsetzen der Koordinaten von W_1 liefert: $t = -\frac{4}{3}$

g) Zeichne G_f samt Wendetangenten unter Verwendung aller Ergebnisse auf dem Intervall [−4; 12]!

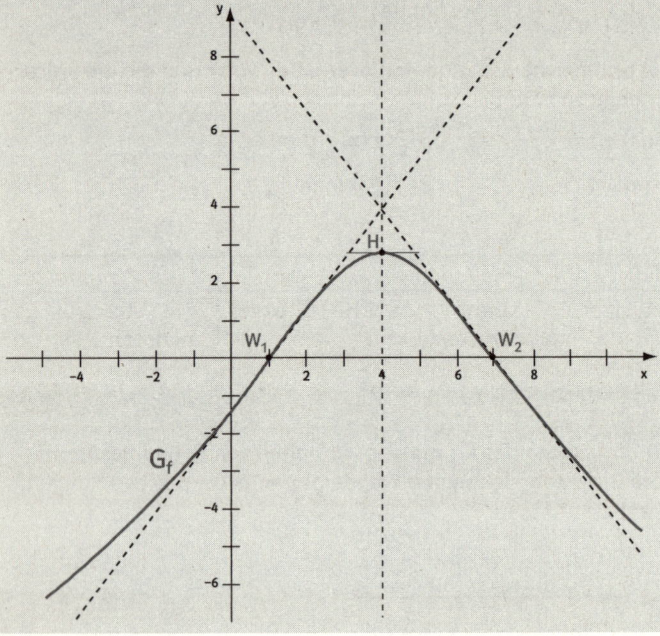

Exponentialfunktionen

1 Natürliche Exponentialfunktion

Die natürliche Logarithmusfunktion ln ist streng monoton, also umkehrbar: $y = \ln x = \log_e x \Leftrightarrow x = e^y = \exp y$; nach Variablentausch:

$$\exp : \mathbb{R} \to \mathbb{R},\ x \mapsto y = \exp x = e^x$$

ist die natürliche Exponentialfunktion

Ihr Graph entsteht aus dem der ln-Funktion durch Spiegelung an der 1. Winkelhalbierenden des Koordinatensystems, und die Eigenschaften der Exponentialfunktion ergeben sich aus den entsprechenden Eigenschaften der ln-Funktion:

Eigenschaften der Exponentialfunktion

- Definitionsmenge $D_{exp} = \mathbb{R}$; Wertemenge $W_{exp} = \mathbb{R}^+$
- exp besitzt keine Nullstellen
- exp ist streng monoton zunehmend
- $\exp x \to +\infty$ für $x \to +\infty$; $\exp x \to +0$ für $x \to -\infty$
- Die Ableitung errechnet sich nach der Regel für die Ableitung der Umkehrfunktion (vgl. Seite 58):

  $\exp' x = \frac{1}{\ln'(\exp x)} = \frac{1}{\frac{1}{\exp x}} = \exp x$, also $\frac{d}{dx} e^x = e^x$

  Hieraus folgt: $\int \exp x \, dx = \exp x + c$ oder $\int e^x \, dx = e^x + c$

Häufig benötigt wird der folgende Grenzwert:

$$\lim_{x \to \infty} \frac{x^n}{e^x} = 0$$

Die Exponentialfunktion wächst für $x \to \infty$ also stärker als jede beliebige Potenzfunktion.

2 Allgemeine Exponentialfunktion

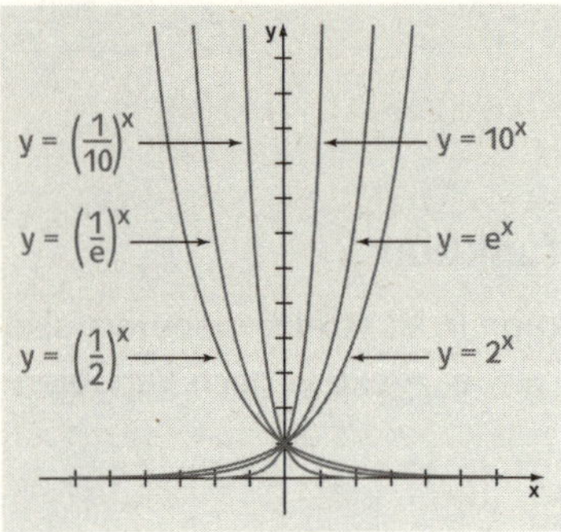

Die Umkehrfunktionen zur allgemeinen Logarithmusfunktion $\log_b x$ lautet:
$b^x: \mathbb{R} \to R, x \mapsto y = b^x$,

Wegen $b^x = e^{x \cdot \ln b}$ gilt:
$\frac{d}{dx} b^x = b^x \cdot \ln b$ und
$\int b^x \, dx = \frac{b^x}{\ln b} + c$

3 Reihenentwicklung der Exponentialfunktion

In einer »Steckbriefaufgabe« kann man diejenige quadratische Funktion p_2 bestimmen, für die gilt:

$p_2(0) = \exp(0) = 1 \wedge p_2'(0) = \exp'(0) = 1 \wedge p_2''(0) = \exp''(0) = 1$

Als Ergebnis erhält man $p_2(x) = 1 + x + \frac{x^2}{2}$

In einer Umgebung von $x_0 = 0$ stimmt p_2 gut mit exp überein. Die Übereinstimmung ist besser, wenn man eine Polynomfunktion p_n bestimmt, die mit der Exponentialfunktion an der Stelle $x_0 = 0$ in allen Ableitungen bis zur n-ten Ableitung übereinstimmt:

$$p_n(x) = 1 + x + \frac{x^2}{2} + \frac{x^3}{6} + \ldots + \frac{x^n}{n!} = \sum_{i=0}^{n} \frac{x^i}{i!}$$

Also:

$$e^x \approx \sum_{i=0}^{n} \frac{x^i}{i!}; \quad e^x = \lim_{n \to \infty} \sum_{i=0}^{n} \frac{x^i}{i!} \quad \text{für alle } x \in \mathbb{R}$$

Diese unendliche Summe von Potenzfunktionen heißt Reihenentwicklung der Exponentialfunktion. Damit hat man neben $e = \lim\limits_{n \to \infty} \left(1 + \frac{1}{n}\right)^n$ eine zweite Grenzwertdarstellung der Eulerschen Zahl gewonnen:

$$e = \lim_{n \to \infty} \sum_{i=0}^{n} \frac{1}{i!}$$

4 Beispiel einer Kuvendiskussionsaufgabe

Gegeben ist die Funktionenschar

$$f_a: \mathbb{R} \to \mathbb{R}, x \mapsto y = (x - a) \cdot e^{2 - \frac{x}{a}};\quad a \in \mathbb{R}^+$$

1. Untersuche die Scharfunktionen f_a bzw. ihre Graphen G_a auf

a) Achsenschnittpunkte

Nullstelle: $(x - a) \cdot e^{2 - \frac{a}{x}} = 0 \Leftrightarrow x = a$

Schnittstelle mit der y-Achse: $f_a(0) = -a \cdot e^2 \approx -7{,}4a$

b) Monotonieverhalten und Extrema

$$f_a'(x) = e^{2 - \frac{x}{a}} + (x - a) \cdot e^{2 - \frac{x}{a}} \cdot \left(-\frac{1}{a}\right)$$
$$= e^{2 - \frac{x}{a}} \cdot \left(1 - \frac{x - a}{a}\right) = \frac{2a - x}{a} \cdot e^{2 - \frac{x}{a}}$$

$f_a'(x) = 0 \Leftrightarrow x = 2a;\; f_a(2a) = (2a - a) \cdot e^{2 - \frac{2a}{a}} = a$

	$x < 2a$	$x = 2a$	$x > 2a$
$f_a'(x)$	+	0	–
G_a	streng monoton steigend	HP $(2a \mid a)$	streng monoton fallend

c) Krümmungsverhalten und Wendepunkte

$$f_a''(x) = -\frac{1}{a} \cdot e^{2 - \frac{x}{a}} + \frac{2a - x}{a} \cdot e^{2 - \frac{x}{a}} \cdot \left(-\frac{1}{a}\right) = \frac{e^{2 - \frac{x}{a}}}{a} \cdot \left(-1 + \frac{x - 2a}{a}\right)$$
$$= \frac{x - 3a}{a^2} \cdot e^{2 - \frac{x}{a}}$$

$f_a''(x) = 0 \Leftrightarrow x = 3a;\; f_a(3a) = (3a - a) \cdot e^{2 - \frac{3a}{a}} = 2a \cdot e^{-1} = \frac{2a}{e}$

	$x < 3a$	$x = 3a$	$x > 3a$
$f_a''(x)$	–	0	+
G_a	rechtsgekrümmt	Wendepunkt $\left(3a \mid \frac{2a}{e}\right)$	linksgekrümmt

d) Verhalten für $x \to \pm\infty$

$$\lim_{x \to \infty} f_a(x) = \lim_{x \to \infty} \frac{(x - a) \cdot e^2}{e^{\frac{x}{a}}} = a e^2 \cdot \lim_{x \to \infty} \frac{\frac{x}{a} - 1}{e^{\frac{x}{a}}} = +0;\; \text{für } x \to \infty$$

nähert sich G_a von oben asymptotisch an die x-Achse an.

$$\lim_{x \to -\infty} f_a(x) = e^2 \cdot \lim_{x \to -\infty} \frac{x - a}{e^{\frac{x}{a}}} = -\infty$$

2. a) Bestimme die Gleichung der Ortslinie der Extrempunkte der G_a!

$x = 2a \wedge y = a \Rightarrow y = \frac{x}{2}$ (mit $D = \mathbb{R}^+$)

2. b) Zeige, dass alle Ga die x-Achse unter dem gleichen Winkel schneiden und berechne diesen!

$f_a'(a) = \frac{2a - a}{a} \cdot e^{2 - \frac{a}{a}} = e$ für alle $a \in \mathbb{R}^+$,

$\tan \alpha = e \Rightarrow \alpha \approx 69{,}8°$

3. a) Zeichne G_1 !

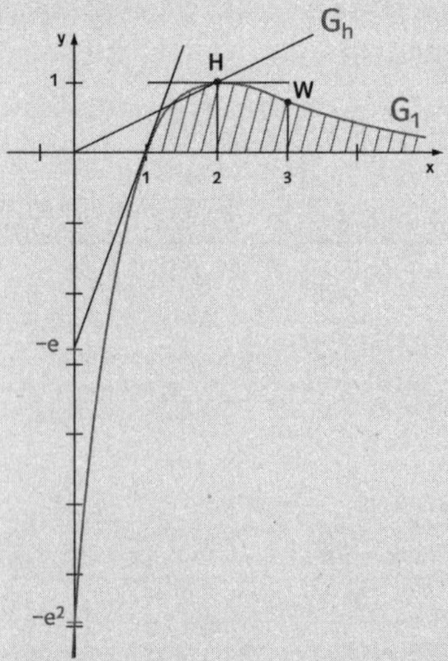

3. b) Zeige, dass $F_a(x) = -ax \cdot e^{2 - \frac{x}{a}}$ der Term einer Stammfunktion von f_a ist und berechne den Inhalt des Flächenstücks zwischen G_1 und der x-Achse, das sich rechts von der Nullstelle ins Unendliche erstreckt!

$$A = \lim_{k \to \infty} \int_1^k f_1(x)\,dx = \lim_{k \to \infty} [F_1(x)]_1^k = \lim_{k \to \infty} [-x \cdot e^{2-x}]_1^k$$

$$= \lim_{k \to \infty} (e - k \cdot e^{2-k}) = e - \lim_{k \to \infty} \frac{k}{e^{k-2}} = e - e^2 \cdot \lim_{k \to \infty} \frac{k}{e^k}$$

$$= e - e^2 \cdot 0 = e$$

Uneigentliche Integrale

1 Uneigentliche Integrale 1. Art

Im Beispiel auf Seite 114 wurde bereits nach dem Inhalt einer Fläche gefragt, die sich bis ins Unendliche erstreckt. Dabei war der Integrationsbereich nach rechts nicht beschränkt. Integrale, bei denen der Integrationsbereich nach rechts oder links nicht beschränkt ist, nennt man uneigentliche Integrale 1. Art:

$$\int_a^\infty f(x)\,dx = \lim_{b\to\infty}\int_a^b f(x)\,dx; \quad \int_{-\infty}^b f(x)\,dx = \lim_{a\to-\infty}\int_a^b f(x)\,dx$$

Beispiel 1

$f: \mathbb{R}\to\mathbb{R},\ x\mapsto y = \frac{2x^2}{x^2+1} = 2 - \frac{2}{x^2-1}$ (vgl. Beispiel 3 auf Seite 38)

G_f nähert sich für $x\to\pm\infty$ von unten asymptotisch an die Gerade mit der Gleichung $y = 2$ an. Für den Inhalt des im 1. Quadranten liegenden Flächenstücks zwischen G_f und der Asymptote errechnet sich:

$$A = \lim_{b\to\infty}\int_0^b\left(2 - \frac{2x^2}{x^2+1}\right)dx = \lim_{b\to\infty}\int_0^b \frac{2}{x^2+1}\,dx = 2\cdot\lim_{b\to\infty}[\arctan x]_0^b$$

$$= 2\cdot\lim_{b\to\infty}(\arctan b) = 2\cdot\frac{\pi}{2} = \pi$$

Aufgrund der Symmetrie von G_f bezüglich der y-Achse beträgt der Inhalt der gesamten Fläche zwischen G_f und der Asymptote $A_{ges} = 2A = 2\pi$

2 Uneigentliche Integrale 2. Art

Von uneigentlichen Integralen 2. Art spricht man, wenn der Integrand an der unteren oder oberen Integrationsgrenze nicht beschränkt ist: Ist f bei a bzw. bei b nicht beschränkt, so bedeutet

$$\int_a^b f(x)\,dx = \lim_{t \overset{>}{\to} a} \int_t^b f(x)\,dx; \quad \int_a^b f(x)\,dx = \lim_{t \overset{<}{\to} b} \int_a^t f(x)\,dx$$

Beispiel 2

$f: \mathbb{R}^+ \to \mathbb{R},\ x \mapsto y = \frac{1}{\sqrt[3]{x}} = x^{-\frac{1}{3}};$

$f(x) \to +\infty$ für $x \overset{>}{\to} 0$

Das schraffierte Flächenstück hat den Inhalt

$$A = \lim_{t \overset{>}{\to} 0} \int_t^1 x^{-\frac{1}{3}}\,dx = \lim_{t \overset{>}{\to} 0} \left[\frac{3}{2} x^{\frac{2}{3}}\right]_t^1$$

$$= \frac{3}{2} \cdot \lim_{t \overset{>}{\to} 0} \left(1 - t^{\frac{2}{3}}\right) = \frac{3}{2} \cdot 1 = 1\tfrac{1}{2}$$

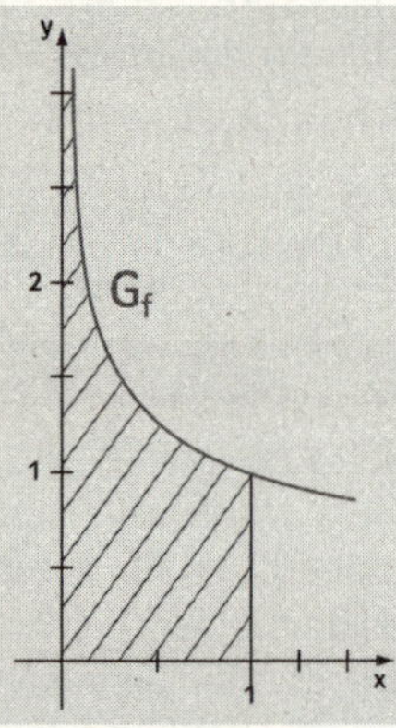

Beispiel 3

Ein uneigentliches Integral muss natürlich nicht immer einen endlichen Wert haben.

$f: \mathbb{R} \setminus \{2\} \to \mathbb{R},\ x \mapsto y = \frac{1}{x-2}$, hat bei $x = 2$ einen Pol. Bei der Berechnung der Fläche, die von G_f, den Achsen des Koordinatensystems und der Geraden mit der Gleichung $x = 2$ begrenzt wird, erhält man:

$$\int_0^t \left(-\frac{1}{x-2}\right) dx = \int_t^0 \frac{1}{x-2}\,dx = [\ln|x-2|]_t^0$$

$$= \ln 2 - \ln|t-2|$$

$\ln 2 - \ln|t-2| \to \infty$ für $t \overset{<}{\to} 2$

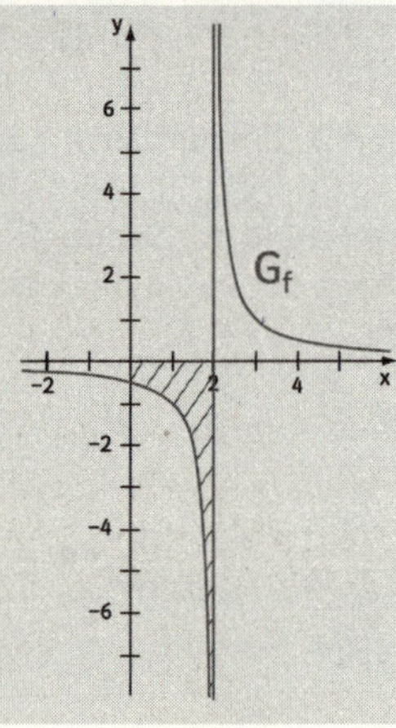

Integrationsverfahren

1 Partielle Integration

Aus der Produktregel $(f \cdot g)'(x) = f'(x) \cdot g(x) + f(x) \cdot g'(x)$ (vgl. Seite 54) ergibt sich unmittelbar die **Regel für die** partielle Integration:

$$\int_a^b f(x) \cdot g'(x)\,dx = [f(x) \cdot g(x)]_a^b - \int_a^b f'(x) \cdot g(x)\,dx$$

Beispiel 1

$$\int_0^1 x \cdot e^x\,dx = [x \cdot e^x]_0^1 - \int_0^1 1 \cdot e^x\,dx = (e - 0) - [e^x]_0^1 = e - (e - 1) = 1$$

Beispiel 2

$$\int_1^2 (x^3 - 1) \cdot e^{-x} = [(x^3 - 1) \cdot (-e^{-x})]_1^2 - \int_1^2 3x^2 \cdot (-e^{-x})\,dx$$

$$= (-7e^{-2} - 0) + 3 \cdot \int_1^2 x^2 \cdot e^{-x}\,dx \quad \text{(erneute partielle Integration)}$$

$$= -7e^{-2} + 3 \cdot [x^2 \cdot (-e^{-x})]_1^2 - 3 \cdot \int_1^2 2x \cdot (-e^{-x})\,dx$$

$$= -7e^{-2} + 3 \cdot (-4e^{-2} + e^{-1}) + 6 \cdot \int_1^2 x \cdot e^{-x}\,dx \quad \text{(erneute partielle Integration)}$$

$$= -19e^{-2} + 3e^{-1} + 6 \cdot [x \cdot (-e^{-x})]_1^2 - 6 \cdot \int_1^2 (-e^{-x})\,dx$$

$$= -19e^{-2} + 3e^{-1} + 6 \cdot (-2e^{-2} + e^{-1}) + 6 \cdot \int_1^2 (e^{-x})\,dx$$

$$= -31e^{-2} + 9e^{-1} + 6 \cdot [-e^{-x}]_1^2$$

$$= -31e^{-2} + 9e^{-1} + 6 \cdot (-e^{-2} + e^{-1})$$

$$= -37e^{-2} + 15e^{-1} = \frac{15e - 37}{e^2} \approx 0{,}5108$$

Beispiel 3

$$\int_2^e \ln x\,dx = \int_2^e (\ln x)\cdot 1\,dx = [(\ln x)\cdot x]_2^e - \int_2^e \tfrac{1}{x}\cdot x\,dx$$
$$= (e - 2\ln 2) - \int_2^e 1\,dx = e - 2\ln 2 - [x]_2^e$$
$$= 2 - 2\ln 2 - e + 2 = 2 - 2\ln 2 = 2 - \ln 4 \approx 0{,}6137$$

Nebenbei ist hiermit ein neues Grundintegral gefunden:

$$\int \ln x\,dx = x\ln x - x + c$$

Beispiel 4

$$\int_0^\pi \sin^2 x\,dx = \int_0^\pi \sin x \cdot \sin x\,dx$$
$$= [\sin x \cdot (-\cos x)]_0^\pi - \int_0^\pi \cos x \cdot (-\cos x)\,dx$$
$$= 0 + \int_0^\pi \cos^2 x\,dx = \int_0^\pi (1 - \sin^2 x)\,dx$$
$$= \int_0^\pi 1\,dx - \int_0^\pi \sin^2 x\,dx$$
$$= [x]_0^\pi - \int_0^\pi \sin^2 x\,dx = \pi - \int_0^\pi \sin^2 x\,dx$$
$$\Rightarrow 2\cdot\int_0^\pi \sin^2 x\,dx = \pi \Rightarrow \int_0^\pi \sin^2 x\,dx = \tfrac{\pi}{2}$$

2 Integration durch Substitution

Aus der Kettenregel $\frac{d}{dx}(f(g(x))) = f'(g(x)) \cdot g'(x)$ (vgl. Seite 55) ergibt sich die **Substitutionsregel**:

$$\int_a^b f(g(x)) \cdot g'(x)\,dx = \int_{g(a)}^{g(b)} f(t)\,dt$$

oder

$$\int_{g^{-1}(a)}^{g^{-1}(b)} f(g(t)) \cdot g'(t)\,dt = \int_a^b f(x)\,dx$$

Beispiel 5

$$\int_1^2 (1-x)^2\,dx = \int_1^2 (1-2x+x^2)\,dx = \left[x - x^2 + \tfrac{1}{3}x^3\right]_1^2$$
$$= 2 - 4 + \tfrac{8}{3} - 1 + 1 - \tfrac{1}{3} = \tfrac{1}{3}$$

mit Substitution: $f(x) = f(g(t)) = (1-x)^2 = t^2$
$x = g(t) = 1 - t;\; g'(t) = -1$
$t = g^{-1}(x) = 1 - x$
$g^{-1}(1) = 0;\; g^{-1}(2) = -1$

also: $\int_1^2 (1-x)^2\,dx = \int_0^{-1} t^2 \cdot (-1)\,dt = \left[-\tfrac{1}{3}t^3\right]_0^{-1} = \tfrac{1}{3}$

Beispiel 6

$\int \frac{2}{\sqrt{1-4x^2}}\,dx = 2 \cdot \int \frac{1}{\sqrt{1-4x^2}}\,dx$ ist gesucht;

Substitution: $4x^2 = t^2$

$x = \frac{t}{2} = g(t);\; g'(t) = \frac{1}{2}$

$f(g(t)) = f\left(\frac{t}{2}\right) = \frac{1}{\sqrt{1 - 4 \cdot \left(\frac{t}{2}\right)^2}} = \frac{1}{\sqrt{1-t^2}}$

also: $2 \cdot \int \frac{1}{\sqrt{1-4x^2}}\,dx = 2 \cdot \int \frac{1}{\sqrt{1-t^2}} \cdot \frac{1}{2}\,dt = \int \frac{1}{\sqrt{1-t^2}}\,dt$
$= \arcsin t + c = \arcsin(2x) + c$

Beispiel 7

$\int_0^1 \sqrt{5-3x}\,dx$ ist gesucht;

Substitution: $f(x) = \sqrt{5-3x} = \sqrt{t} = f(g(t))$

$5 - 3x = t = g^{-1}(x)$

$x = \frac{1}{3} \cdot (5-t) = g(t);\ g'(t) = -\frac{1}{3}$

$g^{-1}(0) = 5;\ g^{-1}(1) = 2$

also: $\int_0^1 \sqrt{5-3x}\,dx = \int_5^2 \sqrt{t} \cdot \left(-\frac{1}{3}\right) dt = \left[-\frac{1}{3} \cdot \frac{2}{3} \cdot t^{\frac{3}{2}}\right]_5^2$

$= -\frac{2}{9} \cdot \left(2^{\frac{3}{2}} - 5^{\frac{3}{2}}\right) = -\frac{2}{9} \cdot (2\sqrt{2} - 5\sqrt{5})$

$= \frac{10\sqrt{5} - 4\sqrt{2}}{9}$

oder: $\int \sqrt{5-3x}\,dx = \int \sqrt{t} \cdot \left(-\frac{1}{3}\right) dt = -\frac{1}{3} \cdot \frac{2}{3} \cdot t^{\frac{3}{2}} + c$

$= -\frac{2}{9} \cdot t^{\frac{3}{2}} + c = -\frac{2}{9} \cdot (5-3x)^{\frac{3}{2}} + c$

$\Rightarrow \quad \int_0^1 \sqrt{5-3x}\,dx = -\frac{2}{9} \cdot \left[(5-3x)^{\frac{3}{2}}\right]_0^1 = -\frac{2}{9} \cdot \left((5-3)^{\frac{3}{2}} - 5^{\frac{3}{2}}\right)$

$= -\frac{2}{9} \cdot \left(2^{\frac{3}{2}} - 5^{\frac{3}{2}}\right) = \ldots$

Abi

Biologie

von Jessika Kosmala

Jessika Kosmala ist Gymnasiallehrerin für die Fächer Biologie, Chemie und Informatik in Bayern und ist in der Lehrerfortbildung tätig.

Bildnachweis
Grafiken von Prof.Jürgen Wirth, Fachhochschule Darmstadt, Fachbereich Gestaltung (Mitarbeit: Matthias Balonier): Codesonne (S. 36), Blattquerschnitt (S. 55), Chloroplast (S. 56), Absorbtionsspektren der Blattfarbstoffe (S. 57), Redoxschema der lichtabhängigen Reaktion (S. 61), Schematische Toleranzkurve (S. 72), Rückenmark (S. 87)

Sonstige Grafiken: imprint, Augsburg (nach Vorlagen der Autorin)

Inhalt

Zellbiologische Grundlagen der Vererbung

Molekulargenetik

Stoffwechselbiologie

Ökologie

Neurobiologie

Verhaltensbiologie

Evolution

Immunbiologie
Bakterien – Viren

Liebe Abiturientin, lieber Abiturient,

Biologie als Lehre vom Leben ist ein faszinierendes und spannendes Fach. In der Oberstufe der Schule werden in allen Bundesländern unter anderem die klassische Genetik und die Molekulargenetik durchgenommen, die Funktion der Nerven erklärt und Verhaltenslehre besprochen. Diese sehr interessanten Themen haben den Nachteil, dass sie mit sehr vielen Begriffen verbunden sind, die erst einmal gelernt werden müssen. Die Stoffwechselbiologie ist mit ihren chemischen Grundlagen für viele erst nach dem Vergießen von viel Schweiß in den Griff zu bekommen. Ökologie und Evolution sind von den meisten leichter zu bewältigen.

In diesem Buch wurde versucht, den Abiturstoff im Fach Biologie möglichst kompakt darzustellen. Dass dabei nicht jedes Detail genau erklärt ist, versteht sich von selbst. Das Buch soll als Wiederholungshilfe bei der Vorbereitung auf Klausuren und das Abitur dienen.

In den Kästen, die manchen Kapiteln voranstehen, ist das Allerwichtigste noch einmal ganz knapp zusammengefasst. Im Text sind wichtige Begriffe blau hervorgehoben. Ich habe beim Schreiben des Buches an meine eigenen Schülerinnen und Schüler gedacht und hoffe, dass diese und alle, die dieses Buch lesen, ein gutes Abitur erreichen.

Viel Erfolg bei euren Vorbereitungen!

Jessika Kosmala

Zellbiologische Grundlagen der Vererbung

1 Aufbau der Zelle

Alle Zellen werden durch eine Zellmembran vom umgebenden Medium getrennt, die den Stoffaustausch kontrolliert. Sie besteht aus einer Doppelschicht aus Phospholipiden, in die verschiedene Proteine eingelagert sein können.

Bakterien und Pflanzenzellen besitzen zusätzlich eine Zellwand aus Murein bzw. Zellulose, die Stabilität verleiht. Die Erbinformation liegt bei Bakterien lose in der Zelle, bei den Eukaryonten im Zellkern. Der Nukleolus ist der Bereich im Zellkern, in dem Teile der Ribosomen gebildet werden. Diese dienen der Proteinsynthese. Die Ribosomen befinden sich entweder im Zytoplasma oder an den Membranen des endoplasmatischen Retikulums. Dieses Membransystem leitet gebildete Proteine weiter und baut sie um.

Ähnliches macht der Golgi-Apparat. Er verpackt die Proteine, die die Zelle verlassen sollen, in Vesikel, die dann zur Zellmembran wandern und ihren Inhalt durch Exozytose nach außen hin abgeben. Eukaryonten besitzen außerdem Mitochondrien, die der Energiegewinnung dienen. Die Pflanzen haben Chloroplasten, in denen die Photosynthese stattfindet.

An der Zellteilung ist das Zentriol der tierischen Zellen beteiligt. Es ist Teil des Zytoskeletts, das auch andere Zellen besitzen und das zur Stütze und zum Materialtransport dient. Lysosomen und Peroxisomen enthalten Enzyme zur Verdauung und zum Schutz vor Oxidation.

2 Chromosomen

- Chromosomen bestehen aus DNA und Histonen
- Metaphasechromosom: maximal verkürzt und verdickt, zwei Schwesterchromatiden
- In diploiden Organismen: homologe Chromosomen

Das Erbmaterial aller Lebewesen, die Desoxyribonukleinsäure oder DNS bzw. engl. DNA liegt in den Lebewesen in Einheiten vor, die Chromosomen heißen. Bakterien besitzen ein ringförmiges Chromosom, die Eukaryonten haben mehrere lineare Chromosomen. Chromosomen lassen sich gut anfärben und zeigen ein charakteristisches Bandenmuster. Kurz vor der Zellteilung hat sich jedes Chromosom verdoppelt; die beiden genetisch identischen Schwesterchromatiden hängen am Zentromer noch zusammen, werden dann aber bei der Zellteilung getrennt. Die Chromosomen sind zu diesem Zeitpunkt sehr stark spiralisiert und dadurch verkürzt und verdickt. So kann man sie auch unter dem Lichtmikroskop als x-förmige Gebilde erkennen. Chromosomen sind aber nur kurze Zeit in diesem »Metaphasechromosom«-Zustand. Die meiste Zeit bestehen sie nur aus einem Chromatid, das lang gestreckt und dünn ist.

In den meisten Lebewesen existiert jedes Chromosom in zwei Varianten: eines hat das Lebewesen vom Vater, das andere von der Mutter erhalten. Die beiden homologen Chromosomen besitzen zwar Informationen (Gene) für die gleichen Aufgaben und Strukturen, die Informationen sind aber nicht unbedingt gleich. Es kann z. B. die Information für die Augenfarbe in den Variationen »braun« und »blau« vorliegen. Zellen, die jeweils zwei Chromosomen einer Sorte besitzen, nennt man diploid (Abkürzung 2n), Zellen mit einfachem Chromosomensatz heißen haploid (n).

3 Mitose

- Ziel: Zwei genetisch identische Tochterzellen zur Vermehrung der Zellen bei Wachstum, Wundheilung, Zellerneuerung
- Trennung der Schwesterchromatiden
- Pro-, Meta-, Ana- und Telophase
- Zellzyklus: Wechsel zwischen Interphase und Mitose

Zellen müssen sich vermehren, damit ein Lebewesen wachsen kann, damit Wunden heilen oder damit sich Gewebe erneuert. Dazu teilen sich die Zellen und produzieren genetisch identische Tochterzellen. Bevor sich die Zelle teilt, werden alle Chromosomen verdoppelt. Die identischen DNA-Stränge, die Schwesterchromatiden, bleiben am Zentromer aneinander hängen. Dies geschieht in der Interphase, die zwischen zwei Mitosen liegt.

Die eigentliche Zellteilung ist in vier Phasen gegliedert: Prophase, Metaphase, Anaphase und Telophase (siehe Tabelle).

Die neuen Zellen beginnen nach der Zellteilung (in der G_1-Phase der Interphase) mit der Verwirklichung der genetischen Information. Sie produzieren Proteine, betreiben Stoffwechsel und wachsen. Zellen, die sich nicht mehr teilen, bleiben in diesem Zustand (der dann G_0-Phase heißt).

Zellen, die sich weiter teilen, treten anschließend in eine Synthesephase (S-Phase) ein, in der die DNA wieder verdoppelt wird. Nach einer kurzen Ruhephase (G_2-Phase) kann die nächste Mitose stattfinden.

Der Wechsel zwischen Mitose und Interphase wird als Zellzyklus bezeichnet.

Prophase

Die Chromosomen verkürzen sich und werden dadurch sichtbar. Die Nukleoli verschwinden und die Kernmembran löst sich auf. Es bildet sich ein Spindelapparat aus Eiweißfäden (Mikrotubuli) aus.

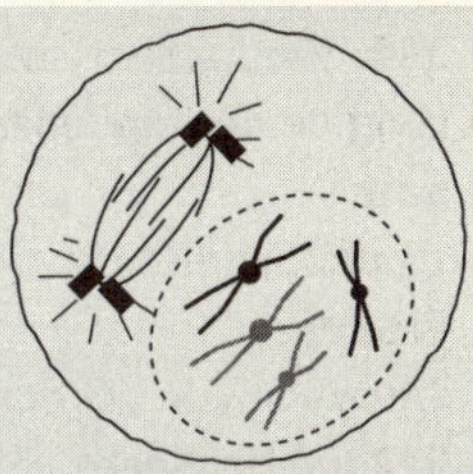

Metaphase

Die Chromosomen ordnen sich in der Äquatorialebene der Zelle an. Die Mikrotubuli setzen an den Zentromeren der Chromosomen an.

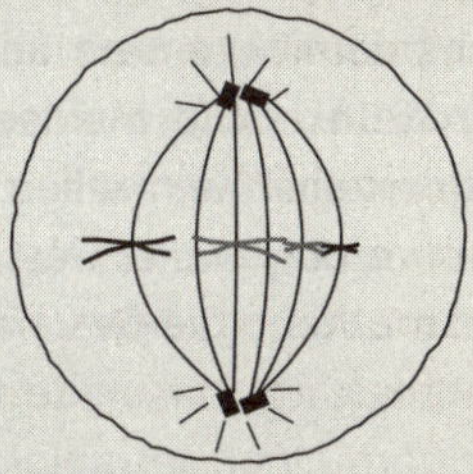

Anaphase

Durch Verkürzen der Mikrotubuli werden die Schwesterchromatiden der Chromosomen zu den Zellpolen gezogen. Auf diese Weise gelangt von jedem Chromosom eine Kopie in eine Zellhälfte.

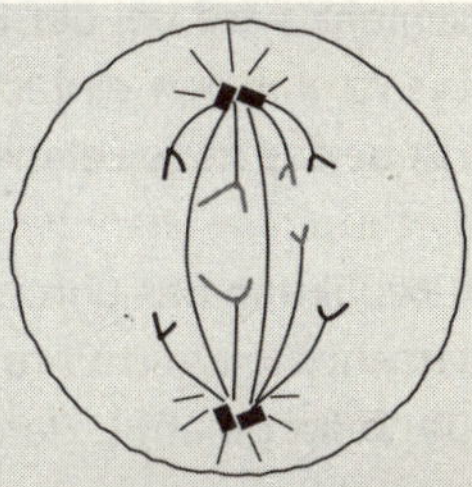

Telophase

Kernmembran und Nukleolus bilden sich wieder, der Spindelfaserapparat löst sich auf, die Chromosomen entspiralisieren und werden dadurch unsichtbar, die Zelle teilt sich durch Bildung einer neuen Zellmembran (und bei Pflanzen einer neuen Zellwand).

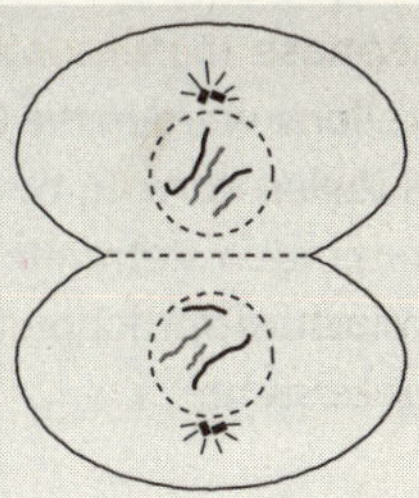

4 Meiose

- **Ziel**: Produktion von Keimzellen zur Fortpflanzung ⇒ Reduktion des diploiden auf einen haploiden Chromosomensatz
- **Zwei Teilungsschritte**: Reduktionsteilung und Äquationsteilung
- **Unterschiede bei den Geschlechtern**: äquale und inäquale Teilung bei Spermien- bzw. Eizellenbildung

Der biologische Sinn der Meiose ist ein ganz anderer als der der Mitose. Die Meiose dient der **Bildung von Geschlechtszellen** (auch Keimzellen oder Gameten genannt). Bei der Verschmelzung zweier Geschlechtszellen entsteht ein neues Lebewesen. Wenn die Geschlechtszellen ganz normale Körperzellen wären, hätte das neue Lebewesen nicht nur einen diploiden, sondern einen tetraploiden Chromosomensatz. Dessen Kinder hätten dann jedes Chromosom achtmal usw. Damit dies nicht geschieht, wird bei der Bildung der **Keimzellen** der Chromosomensatz auf den einfachen Satz **halbiert**. Bei der Zygotenbildung ist das neue Lebewesen dann wieder diploid.

Zur Reduktion des Chromosomensatzes ist es wichtig, dass von jedem homologen Chromosomenpaar ein Chromosom in die neue Zelle gelangt, damit alle Informationen weitergegeben werden können.

Die Meiose läuft in **zwei Teilungsschritten** ab: In der Reduktionsteilung werden die Chromosomen der homologen Paare auf zwei Zellen verteilt, bei der Äquationsteilung werden dann die Chromatiden getrennt. Denn auch vor der Meiose wird jedes Chromosom verdoppelt, so dass es aus zwei Schwesterchromatiden besteht.

Reduktionsteilung (Meiose I)

Prophase I

Die Kernmembran löst sich auf, die Chromosomen werden sichtbar, ein Spindelapparat bildet sich; die homologen Chromosomen paaren sich. Es kann zum Austausch von Stücken kommen (Crossing-over).

Metaphase I

Die Chromosomenpaare ordnen sich in der Äquatorialebene an. Welches Chromosom eines Paares wo zu liegen kommt, ist Zufall. Die Spindelfasern setzen an den Zentrometern an.

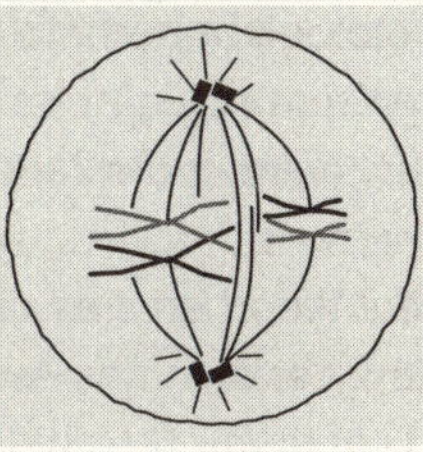

Anaphase I

Die Chromosomen werden jeweils mit beiden Schwesterchromatiden zu einem Zellpol gezogen. Im Bild erkennt man den Stückaustausch, der während der Prophase I stattgefunden hat.

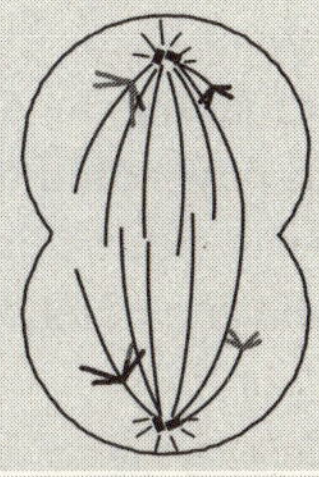

Telophase I

Die Chromosomen werden nur ein wenig länger, es bildet sich keine neue Kernmembran. Die Zelle teilt sich. Der Chromosomensatz ist nun haploid.

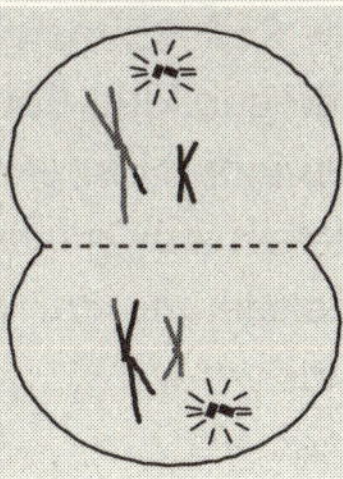

Bei der Äquationsteilung finden im Prinzip die Schritte der Mitose statt. Die beiden Schwesterchromatiden der Chromosomen werden getrennt. Als Ergebnis der Meiose erhält man vier haploide Zellen, die sich voneinander unterscheiden. Da es Zufall ist, welches Chromosom in der Metaphase I oberhalb oder unterhalb der Äquatorialebene zu liegen kommt, gibt es 2^n mögliche Variationen für die neuen Zellen, wenn n die Zahl der Chromosomenpaare ist.

Äquationsteilung (Meiose II)

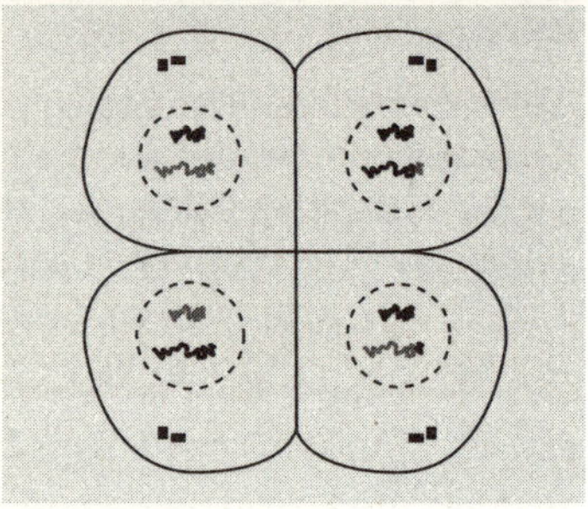

Beim Menschen sind das 2^{23}, also über acht Millionen Möglichkeiten. Da auch das Auftreten des Crossing-over zufällig ist, ist die Zahl der unterschiedlichen Keimzellen bei einem Menschen noch viel höher.

Bei der **Bildung der Spermien** (Spermiogenese) sind die beiden Teilungen während der Meiose äqual, das heißt, dass das Zellmaterial gleichmäßig auf die Tochterzellen verteilt wird. Nach der Meiose entstehen so aus einer Urspermienzelle vier Spermien.

Bei der **Eizellenbildung** (Oogenese) sind die Teilungen inäqual. Bei der Reduktionsteilung wird eine große und eine sehr kleine Zelle gebildet. Bei der Äquationsteilung wird die große Zelle noch einmal in eine große und eine kleine Zelle geteilt, die kleine teilt sich gleichmäßig. So entstehen aus einer Ureizelle eine Eizelle und drei Pol- oder Richtungskörperchen, die später degenerieren.

5 Vererbung des Geschlechts

Bei Mann und Frau sind die Chromosomen nicht ganz identisch. Frauen haben neben 22 Chromosomenpaaren (Autosomen) ein Paar gleicher Geschlechtschromosomen (Gonosomen), die so genannten X-Chromosomen, Männer besitzen als Gonosomen ein X- und ein Y-Chromosom. Deshalb gibt es bei den Eizellen nur die Möglichkeit, dass neben den Autosomen ein X-Chromosom vorliegt, bei den Spermien kann entweder ein X- oder ein Y-Chromosom vorhanden sein. Je nachdem, welche Spermiensorte eine Eizelle befruchtet, ergibt sich eine männliche oder weibliche Zygote. Die Wahrscheinlichkeit beträgt theoretisch 50%.

6 Mendel'sche Regeln

- Uniformitätsregel:
  reinerbige Eltern ⇒ gleichartige Kinder
- Spaltungsregel:
  mischerbige Eltern ⇒ verschiedene Kinder
- Unabhängigkeitsregel:
  Eigenschaften werden unabhängig vererbt

Der Augustinermönch Gregor Mendel forschte lange Zeit an Erbsenpflanzen und entdeckte Gesetzmäßigkeiten der Vererbung. Er versuchte sie durch Buchstabensymbole zu erklären. Durch die weiteren Forschungen kennt man heute auch die Ursachen für seine Gesetze.

1. Mendel'sche Regel (Uniformitätsregel, Reziprozitätsregel): Kreuzt man zwei reinerbige Individuen einer Art, die sich in einem Merkmal unterscheiden, so sind die Nachkommen in diesem Merkmal gleich. Dies gilt auch für die reziproke Kreuzung.

Man stellt die Individuen der Eltern- oder Parentalgeneration (P-Generation) und der Nachkommengeneration = Filialgeneration 1 (F_1-Generation) gerne symbolisch dar. Dabei wählt man ein bildliches Symbol für die äußere Erscheinung = Phänotyp. Für die Gene, die dieser Erscheinung zu Grunde liegen (Genotyp), wählt man ein Buchstabenpaar. Dabei gilt: Das Allel (= Variation eines Gens), das das andere unterdrückt, also das dominante Allel, wird mit einem Großbuchstaben bezeichnet. Das zurückweichende = rezessive Allel wird durch denselben Buchstaben als Kleinbuchstabe bezeichnet.

Zur Ableitung des Genotyps der F_1-Generation überlegt man die möglichen Keimzellen der Eltern. Jedes Allel kann in eine Keimzelle gelangen, die möglichen Keimzellen der Eltern können miteinander kombiniert werden.

Uniformitätsregel

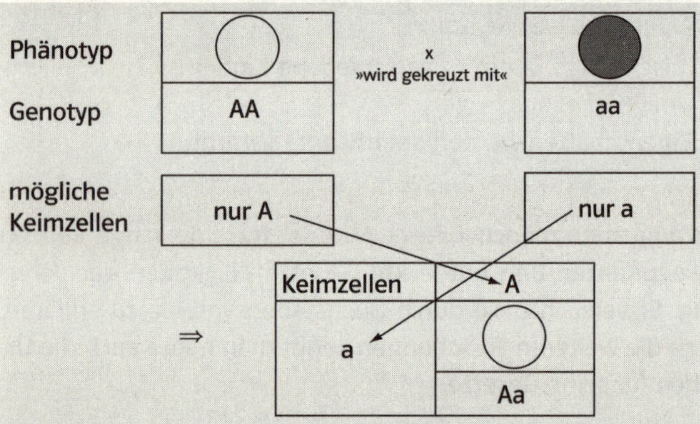

Man sollte unbedingt die Allelsymbole definieren, eventuell auch die Symbole für den Phänotyp. In diesem Beispiel:
A = Allel für weiß; a = Allel für blau

Reinerbige Individuen heißen homozygot, mischerbige nennt man heterozygot.

Ein Sonderfall ist die intermediäre Vererbung, bei der eine Mischform zwischen den beiden Phänotypen auftritt, z. B. eine hellgelbe Fellfarbe bei der Kreuzung von dunkelgelben und weißen (reinerbigen) Meerschweinchen.

Dabei wählt man nun zwei Buchstaben für ein Merkmal, entweder groß oder klein. Definitionen helfen dabei, den Überblick zu behalten.

2. Mendel'sche Regel (Spaltungsregel): Kreuzt man die mischerbigen Individuen der F_1-Generation, so treten in der F_2-Generation die Merkmale der Parentalgeneration in einem festen Zahlenverhältnis wieder auf.

Auch diese Regel kann man mit Kombinationsquadraten ableiten:

Spaltungsregel

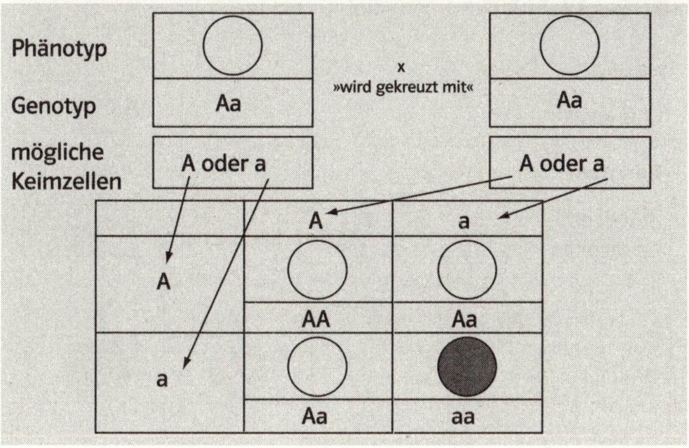

Hier treten die Merkmale weiß und blau auf, im Verhältnis 3 : 1. Dies ist nur ein statistischer Mittelwert, auch ein ermitteltes Verhältnis von 67 : 21 entspricht noch diesem Wert!

3. Mendel'sche Regel (Unabhängigkeitsregel): Kreuzt man Individuen, die sich in mehreren Merkmalen unterscheiden, so wird jedes Merkmal unabhängig von den anderen gemäß den ersten beiden Regeln vererbt.

Jetzt wird es ein wenig komplizierter, wenn mehrere Eigenschaften betrachtet werden (dihybrider Erbgang). Zunächst gilt wieder, dass die Allelsymbole definiert werden müssen. Für jedes Merkmal wird ein Buchstabe gewählt (Ausnahme intermediärer Erbgang), dominante Allele erhalten Großbuchstaben, rezessive Allele Kleinbuchstaben. Bei der Bildung der Keimzellen kann jedes Allel eines Merkmals mit jedem Allel des anderen Merkmals kombiniert werden.

So erhält man beim Genotyp AaBb folgende Keimzellen: AB, Ab, aB und ab. Wird ein Individuum mit einem anderen gekreuzt, das den Genotyp aabb besitzt (⇒ nur die Keimzelle ab ist möglich), so ergibt sich folgendes: (A = Allel für weiß, a = Allel für blau, B = Allel für rund, b = Allel für eckig).

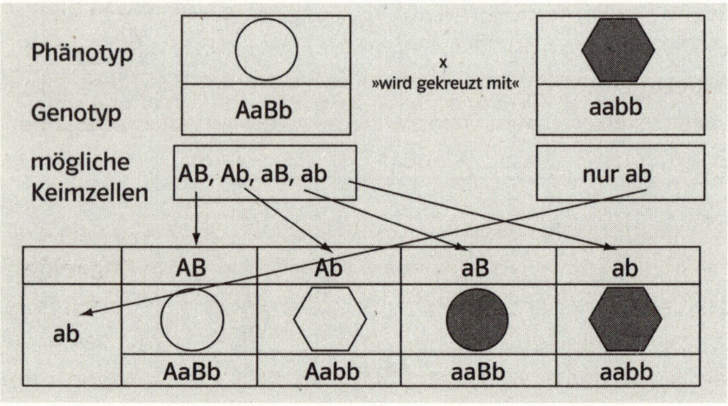

Bei der Formulierung der Genotypen werden die zu einem Merkmal gehörenden Allelsymbole nebeneinander geschrieben (also die gleichen Buchstaben), zuerst das dominante, dann das rezessive Allel. Ausnahmen bilden wieder intermediäre Erbgänge, bei denen man gut aufpassen muss.

Beispiel:
Merkmal Farbe: A = Allel für weiß, B = Allel für blau
Merkmal Form: C = Allel für rund, c = Allel für eckig
Ein mischerbiges Individuum, das hellblau und rund ist, hat also den Genotyp ABCc. Seine möglichen Keimzellen sind:
AC, Ac, BC und Bc.

7 Genkopplung

- Kopplung von Genen durch gemeinsame Lage auf einem Chromosom
- Entkopplung durch Crossing-over möglich
- Forschungen an Drosophila melanogaster (Fruchtfliege)

Gregor Mendel hatte mit der Wahl seiner Versuchsobjekte und den untersuchten Eigenschaften Glück, als er die Unabhängigkeitsregel aufstellte. Denn eigentlich sind sehr viele Eigenschaften eben nicht unabhängig in ihrer Vererbung, weil ihre Gene gekoppelt auf einem Chromosom liegen. Von der Existenz der Chromosomen wusste Mendel allerdings nichts.

Vor allem die Forschungen von Thomas Hunt Morgan an der Fruchtfliege Drosophila melanogaster sind mit dem Phänomen der Genkopplung zu nennen. Er prägte auch eine bestimmte Symbolschreibweise für die Allele der Fruchtfliegen: »Normale«, so genannte Wildtypfruchtfliegen sind braun, haben rote Augen, gerade Flügel etc.

Für diese Eigenschaften wird als Allelsymbol immer ein »+« gewählt. Mutanten können einen schwarzen Körper haben (Symbol b für black), Stummelflügel besitzen (vg für vestigial) oder hellrote Augen haben (cn für cinnabar) usw.

Da Fruchtfliegen nur vier Chromosomenpaare besitzen, sind zwangsläufig viele Gene auf gemeinsamen Chromosomen lokalisiert und werden zusammen vererbt. Dies drückt Morgan mit einem verbindenden Strich oberhalb oder unterhalb der Allelsymbole aus. Bei der Kreuzung einer reinerbigen Wildtypfliege mit der Doppelmutante b und vg (schwarz mit Stummelflügel), ergibt sich der folgende Erbgang:

gekoppelte Gene

Phänotyp	Wildtyp	schwarz, stummelflügelig
Genotyp	$\frac{+\ +}{+\ +}$	$\frac{b\ vg}{b\ vg}$
Keimzellen	$\underline{+\ +}$	$\underline{b\ vg}$

⇒

Phänotyp F_1	Wildtyp
Genotyp F_1	$\frac{+\ +}{b\ vg}$

Bisher stimmt dies mit der Uniformitätsregel von Mendel überein: Reinerbige Eltern erhalten uniformen Nachwuchs. Die Allele für die mutierten Eigenschaften sind meist rezessiv. Wird nun eine Fliege der F_1-Generation mit einer Doppelmutante gekreuzt, würde man bei unabhängiger Vererbung vier Phänotypen erwarten: braun geradflügelig, braun stummelflügelig, schwarz geradflügelig und schwarz stummelflügelig. Da aber die Gene gekoppelt sind, erhält man nur zwei Phänotypen: Die Keimzellen der F_1-Generation sind

entweder $\underline{+\,+}$ oder $\underline{b\ vg}$,

die der Doppelmutante nur $\underline{b\ vg}$, so dass sich die beiden Genotypen

$\frac{+\ \ +}{b\ \ vg}$ und $\frac{b\ \ vg}{b\ \ vg}$ bilden,

also Wildtyp und Mutante.

Morgan erhielt bei seinen Kreuzungen allerdings doch immer wieder auch Phänotypen, die es wegen der Genkopplung gar nicht geben dürfte, in obigem Fall also einige braune Fliegen mit Stummelflügeln und wenige schwarze mit geraden Flügeln.

Dies erklärt sich durch das Crossing-over, das bei Drosophila nur bei der Meiose der Weibchen stattfindet. So können bei einem mischerbigen Weibchen durch Stückaustausch der Chromosomen auch Keimzellen entstehen, bei denen + und vg oder b und + zusammentreffen:

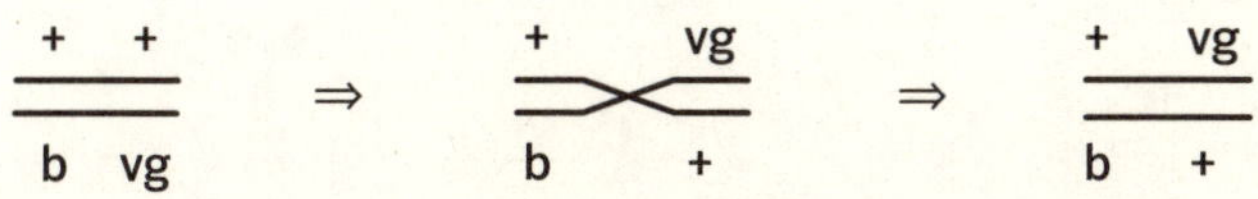

Werden diese Gameten mit $\underline{b\ vg}$-Gameten kombiniert, so erhält man die abweichenden Phänotypen.

Dieser Stückaustausch ist umso häufiger, je weiter entfernt die Gene voneinander auf dem Chromosom liegen. Bei der besprochenen Kreuzung erhält man dann auch mehr »Ausreißer«. Morgan entwickelte aus den Ergebnissen der Kreuzungen und den Abweichungen Genkarten der Drosophila-Chromosomen.

8 Blutgruppen

- Es gibt die Blutgruppen A, B, AB und 0
- Die Blutgruppen bezeichnen Oberflächenstrukturen = Antigene auf den Erythrozyten
- Gegen gruppenfremde Antigene bilden sich Antikörper
- Daneben existiert der Rhesusfaktor

Die Entdeckung der Blutgruppen geht auf Karl Landsteiner zurück. Durch Experimente mit seinen Blutkörperchen und seinem Blutserum und denen seiner Mitarbeiter entdeckte er, dass nicht jedes Blutserum mit jeder Sorte roter Blutkörperchen mischbar ist. Dies liegt daran, dass auf der Oberfläche der Erythrozyten genetisch bedingte Oberflächenstrukturen (Anti-

Antigene und Antikörper

Blutgruppe	Erythrozyt	Antikörper im Serum
A	 Antigene A	 Anti B
B	 Antigene B	 Anti A
AB	 Antigene A und B	keine Antikörper
0	 keine Antigene	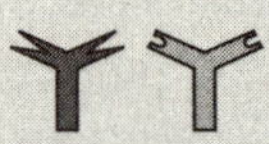 Anti A und Anti B

gene) sitzen, die beim Kontakt mit den so genannten Antikörpern dazu führen, dass die Blutkörperchen verklumpen. Die Antikörper sind Y-förmige Eiweißstoffe, die sich bereits in früher Kindheit bilden und im Blutserum vorliegen.

Allerdings besitzt ein Mensch natürlich nur Antikörper gegen fremde Blutkörperchen, denn sonst würde sein eigenes Blut verklumpen. Menschen mit der Blutgruppe A haben auf den Erythrozyten die Antigene A, im Serum die Antikörper Anti B. Bei Blutgruppe B ist es umgekehrt. Wer die Blutgruppe AB besitzt, hat beide Antigene auf den roten Blutkörperchen und im Serum keine Antikörper.

Bei Blutgruppe 0 gibt es keine Antigene (die Blutkörperchen sind sozusagen glatt), aber dafür beide Antikörpersorten (Anti A und Anti B) im Serum.

Bei Blutspenden ist es wichtig, das Blut der eigenen Blutgruppe zu erhalten, damit sich keine lebensbedrohlichen Erythrozytenaggregate bilden.

Bei der Vererbung der Blutgruppen gibt es den Sonderfall der kodominanten Vererbung: Wenn man die Allele für Blutgruppe A und Blutgruppe B erbt, bildet sich weder eine der Blutgruppen (wie beim dominant-rezessiven Erbgang) noch eine Zwischenform (wie bei intermediärer Vererbung) aus, sondern es treten beide Antigene zusammen auf, als Blutgruppe AB.

Die Allele A und B sind dominant gegenüber der Blutgruppe 0. Als Allelsymbole wählt man hier die Buchstaben A für Blutgruppe A, B für Blutgruppe B und 0 für Blutgruppe 0. Da man aber jeweils zwei Allele für das Merkmal »Blutgruppe« besitzt, kann ein Mensch mit Blutgruppe A den Genotyp AA oder A0 besitzen, ein Mensch mit Blutgruppe B entsprechend BB oder B0. Bei Blutgruppe AB steht aber der Genotyp mit AB fest, ebenso bei Blutgruppe 0, die nur mit dem Genotyp 00 auftritt.

Ein Elternpaar, bei dem einer Blutgruppe A und der andere B hat, könnte also Kinder mit allen vier Blutgruppen bekommen. Haben beide Eltern den Genotyp A0 bzw. B0, so kommen als Keimzellen A oder 0 bzw. B oder 0 in Frage, die zu AB (⇒ Blutgruppe AB), A0 (⇒ A), B0 (⇒ B) oder 00 (⇒ 0) kombiniert werden können. Durch gezielte Überlegung können so auch Vaterschaftsnachweise bzw. -ausschlüsse vorgenommen werden.

Zusätzlich zum AB0-System gibt es den Rhesusfaktor. Es handelt sich hier auch um eine Oberflächenstruktur der Erythrozyten. Das Allel dafür ist **dominant** und wird oft mit dem Großbuchstaben D abgekürzt, während das Allel für das Nichtausbilden des Rhesusfaktors mit dem Kleinbuchstaben d angegeben wird.

Menschen ohne den Rhesusfaktor (= rhesusnegative Menschen, Rh^-) haben nicht von vornherein Antikörper gegen den Rhesusfaktor im Serum, sondern bilden sie erst nach Kontakt mit rhesuspositiven Blutkörperchen (z.B. bei fehlerhafter Blutübertragung oder bei der Geburt eines rhesuspositiven Kindes durch eine rhesusnegative Mutter). Dann allerdings wäre erneuter Kontakt mit rhesuspositivem Blut schädlich. Sehr schädlich ist es auch, wenn die gebildeten Antikörper einer rhesusnegativen Mutter durch die Plazenta in den Kreislauf eines rhesuspositiven Embryos gelangen. Deshalb sorgt man bei dieser Konstellation bereits bei einer ersten Geburt dafür, dass die Mutter keine Antiköper bildet. Dies geschieht durch Gabe künstlicher

Antikörper, die die Antigene der fremden Blutkörperchen bedecken und quasi unsichtbar machen. Die künstlichen Antikörper werden abgebaut.

Die Vererbung des Rhesusfaktor folgt dem dominant-rezessiven Erbgang. Rhesuspositiv (Rh^+) kann man demnach mit den Genotypen DD und Dd sein, rhesusnegativ nur mit dem Genotyp dd.

Bezieht man den Rhesusfaktor mit ein, so lassen sich noch mehr Aufschlüsse über mögliche Väter von Kindern in Vaterschaftsprozessen gewinnen.

9 Genetisch bedingte Krankheiten

- **Dominante Krankheiten**
  (Marfan-Syndrom, Chorea Huntington)
- **Rezessive Krankheiten**
  (Mukoviszidose, Phenylketonurie)
- **Gonosomale Krankheiten**
  (Hämophilie, Rot-Grün-Blindheit)
- **Numerische Genommutationen**
  (Trisomie 21, Klinefelter-Syndrom, Turner-Syndrom)

Neben den Eigenschaften für Haarfarbe, Geschlecht, Blutgruppe etc. können auch genetisch bedingte Krankheiten vererbt werden. Außerdem können Fehler bei der Meiose zu Krankheiten führen.

Bei den Erbkrankheiten unterscheidet man dominante und rezessive Krankheiten. Bei den **dominanten Krankheiten** reicht bereits ein defektes Allel, um die Krankheit auszulösen. Betroffene vererben das Allel mit 50% Wahrscheinlichkeit an ihre

Kinder. Eine dominante Krankheit ist z. B. das Marfan-Syndrom. Ursächlich für viele Symptome ist ein schwaches Bindegewebe. Die Symptome sind u. a. überdehnbare Gelenkkapseln und Sehnen (»Gummigelenke«), Deformationen der Linse und des Augapfels und damit Fehlsichtigkeit, verstärktes Längenwachstum der Knochen (»Spinnenfingrigkeit«), Überdehnung des Aortenbogens mit der (tödlichen) Gefahr des Reißens der Aorta und Knochendeformationen, v. a. an Brust und Wirbelsäule.

Sehr tragisch ist die Chorea Huntington, die auch Veitstanz genannt wird. Bei dieser dominanten Krankheit werden im Erwachsenenalter Nerven im Gehirn zerstört, so dass es zunächst zu Bewegungs- und Gedächtnisstörung, später zu Demenz und schließlich zum Tod kommt. Da man nicht unbedingt weiß, ob man das defekte Gen von einem betroffenen Elternteil geerbt hat, ist es von quälender Ungewissheit, ob man diese Krankheit erleiden wird oder nicht. Auch ein eventueller Kinderwunsch wird von dieser Frage beeinflusst. Ein genetischer Test kann bei der Beantwortung dieser Fragen helfen.

Bei den rezessiven Krankheiten, die häufig Generationen überspringen, müssen zwei defekte Allele zusammentreffen, um die Krankheit zu verursachen. Dies ist häufig bei Verwandtenehen der Fall, die von gemeinsamen Vorfahren das gleiche, defekte Allel geerbt haben können. Es besteht eine Wahrscheinlichkeit von 25 %, dass zwei Heterozygote ein krankes Kind bekommen. Deshalb ist es hilfreich, wenn man weiß, ob man das defekte Allel trägt oder nicht. Bei manchen Krankheiten gibt es Heterozygotentests, die dies ermitteln können.

Die Mukoviszidose beruht auf einem Defekt bestimmter Ionenkanäle, der zur Bildung von zähem Schleim in Bronchien und Verdauungstrakt führt. Das Atmen ist sehr erschwert und die Verdauung funktioniert nur schlecht. Betroffene müssen sehr viel essen und durch Klopfmassagen und Inhalationen die Atemwege frei machen. Heterozygote Träger des Allels kann man an einer erhöhten Chloridkonzentration im Schweiß erkennen.

Eine häufig zitierte rezessive Krankheit ist die Phenylketonurie, bei der ein Enzym des Eiweißabbaus defekt ist. Die Anreicherung von Phenylalanin und der Mangel am Folgeprodukt Tyrosin kann besonders bei Kindern zu Nervenschäden führen. Eine phenylalaninarme und tyrosinreiche Diät hilft die Folgen des Gendefekts zu vermeiden.

Manche Krankheiten sind auf den Gonosomen lokalisiert, man nennt sie gonosomale Erbkrankheiten. Die defekten Allele befinden sich auf dem X-Chromosom; meist sind diese Krankheiten rezessiv, so dass Frauen seltener davon betroffen sind, weil sie zwei X-Chromosomen besitzen. Jungen, die ein defektes Chromosom von der Mutter erben, können den Fehler nicht ausgleichen, da sie ja vom Vater nur ein Y-Chromosom erhalten haben.

Deshalb sind die meisten Kranken männlich. Frauen sind bei diesen Krankheiten praktisch nur Überträgerinnen: Sie tragen das defekte Allel und können es weitergeben, sind aber wegen des zweiten Allels nicht krank. Recht häufig ist die harmlose Rot-Grün-Blindheit, bei der der Betroffene Schwierigkeiten hat, die Farben Rot und Grün zu unterscheiden.

Unter den männlichen Nachkommen der Königin Victoria gab es viele Bluterkranke. Diese Krankheit, die auch Hämophilie heißt, beruht auf dem Fehlen eines Blutgerinnungsfaktors. Das Blut gerinnt sehr langsam, so dass kleine Verletzungen zu schlimmen Folgen führen. Kleine innere Blutungen können den Tod verursachen. Heute kann man den fehlenden Faktor medikamentös ersetzen.

Bei allen diesen Krankheiten kann man durch eine Stammbaumanalyse abschätzen, mit welcher Wahrscheinlichkeit ein Elternpaar kranke Kinder bekommt. In den Stammbäumen werden Frauen mit Kreisen, Männer mit Quadraten dargestellt. Kranke Personen werden durch ausgefüllte Symbole dargestellt. Dennoch sollte man bei der Erstellung eines Stammbaums die Symbole definieren. Die folgenden Beispiele stellen Stammbäume für dominante und rezessive Merkmale dar.

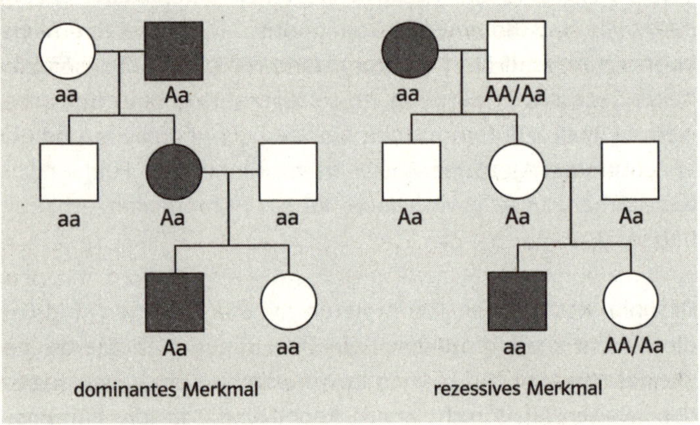

A – krank
a – gesund

A – gesund
a – krank

Nicht direkt erblich sind Krankheiten, die durch numerische Chromosomenfehler zu Stande kommen, bei denen also die Zahl der Chromosomen nicht stimmt.

Bekannt ist die Trisomie 21, die zum Down-Syndrom führt (früher als Mongoloismus bezeichnet). Symptome sind das bekannte äußere Erscheinungsbild, geringe Intelligenz, manchmal Taubheit, Herzfehler oder Leukämie. Oft sind betroffene Menschen besonders gefühlvoll, freundlich und anhänglich. Die Ursache ist das Vorhandensein von drei statt zwei Chromosomen 21.

Dies kann zu Stande kommen, wenn sich bei der Meiose in der Reduktionsteilung die beiden 21-Chromosomen nicht trennen (Non-Disjunction), sondern gemeinsam in eine Zellhälfte gelangen; auch das Ausbleiben der Chromatidentrennung bei der Äquationsteilung führt dazu, dass zwei Chromosomen 21 in der Keimzelle sind. Kommt das Chromosom 21 aus dem Spermium dazu, so liegen drei 21-Chromosomen vor. Dieser Meiosefehler kommt vor allem bei der Eizellenbildung vor. Gehäuft tritt er bei älteren Frauen auf, so dass die Gefahr auf ein krankes Kind mit dem Alter der Mutter steigt.

Trennungsfehler bei der Meiose sind auch die Ursache für gonosomale, numerische Genomaberrationen. Männer mit dem Genotyp XXY haben das Klinefelter-Syndrom, das durch kleine Geschlechtsorgane, höhere Stimme und Unfruchtbarkeit gekennzeichnet ist. Die einzige nicht tödliche Monosomie haben Frauen mit dem Turner-Syndrom. Sie haben nur ein X-Chromosom. Es sind sehr kleine Frauen, die ohne Hormongaben nicht in die Pubertät kommen. Auch sie sind unfruchtbar.

Molekulargenetik

1 Bakteriengenetik

- Transformation: nackte DNA wird aufgenommen (Griffith/Avery)
- Konjugation: Zwei Bakterien bilden Sexpilus und das F-Plasmid wird übertragen
- Transduktion: Viren übertragen zufällig auch Bakterien-DNA

Um die molekulare Wirkungsweise der Gene zu erforschen, eignen sich Bakterien besonders gut. Sie haben nur ein ringförmiges Chromosom, keinen Zellkern, vermehren sich schnell durch Teilung und sind leicht zu kultivieren. Die Verwirklichung der genetischen Information ist relativ einfach. Daneben können Bakterien kleine DNA-Ringe besitzen, die man Plasmide nennt und auf denen Gene für zusätzliche Eigenschaften lokalisiert sind, z.B. Antibiotika-Resistenz. Diese kann man für die Gentechnik nutzen.

Die Erkenntnis, dass das Molekül Desoxyribonukleinsäure (= DNS oder DNA) als Träger der Vererbung fungiert, wurde durch Experimente von Griffith und Avery gewonnen:

Griffith entdeckte, dass abgetötete, ursprünglich virulente (= krank machende) Pneumokokken (Lungenentzündungserreger) harmlose Pneumokokken dazu bringen, ebenfalls virulent zu werden. Die Bakterien lösen nur dann Lungenentzündung aus, wenn sie eine Schleimkapsel bilden können, die sie vor dem Immunsystem des Wirtes verbirgt. Die abgetöteten Bakterien, die eine Kapsel bilden konnten, enthielten also einen Stoff, der die kapsellosen, harmlosen Bakterien dazu brachte, die Kapsel zu bilden.

Avery gelang der Nachweis, dass dieser Stoff die DNA ist (möglich wären auch Aminosäuren, Kohlenhydrate etc. gewesen). Die kapsellosen Bakterien nehmen die »nackte« DNA der virulenten Bakterien auf, bauen sie in ihr Chromosom ein und werden dadurch befähigt, ebenfalls eine Kapsel zu bilden. Diesen Vorgang der DNA-Aufnahme nennt man Transformation.

Eine andere Möglichkeit für Bakterien Gene auszutauschen ist die Konjugation. Dabei bildet sich zwischen zwei Bakterien eine Plasmabrücke aus (der »Sexpilus«), über die Gene übertragen werden. Voraussetzung dafür ist ein Plasmid (F-Plasmid) oder ein bestimmter Genabschnitt im Chromosom. Dieser Fertilitätsfaktor befähigt Bakterien zur Ausbildung der Plasmabrücke. Bei der Genübertragung wird v. a. dieser Fertilitätsfaktor übertragen, aber manchmal gelangen auch andere Gene von Bakterium zu Bakterium.

An der dritten Möglichkeit des Gentransfers sind Viren beteiligt. Man nennt sie Transduktion. Viren, die Bakterien befallen, heißen Bakteriophagen oder nur Phagen. Sie können sich auf zwei Arten vermehren:
Lytischer Zyklus: Ein Phage dockt an einem Bakterium an und injiziert seine DNA. Daraufhin muss das Bakterium seine eigene Arbeit einstellen und seine DNA wird abgebaut. Es werden nur noch Viren-DNA und Viren-Proteine (Hüllen für die DNA) gebildet. Diese setzen sich zu neuen Phagen zusammen, das Bakterium platzt und die Phagen werden frei. Beim Zusammensetzen der Phagenproteine mit der DNA kann es dazu kommen, dass ein Stück Bakterien-DNA in die Phagenhülle gelangt. Infiziert dieser Phage ein neues Bakterium, so überträgt er die Bakterien-DNA.
Lysogener Zyklus: Hier wird die injizierte Phagen-DNA in das Bakterienchromosom eingebaut und mit dem Bakterium ver-

mehrt, so dass bald in der gesamten Nachkommenschaft des Bakteriums Viren-DNA enthalten ist. Verschlechtern sich die Lebensbedingungen für das Bakterium, so kann die Viren-DNA wieder austreten und wiederum die Bildung von neuer Viren-DNA und Viren-Proteinen auslösen, bis das Bakterium platzt (Übergang zum lytischen Zyklus). Beim Austreten der Viren-DNA aus dem Bakterienchromosom kann es dazu kommen, dass ein Stück der Bakterien-DNA mit austritt, mit der Viren-DNA vermehrt wird und in Phagenhüllen gelangt. So wird bei der Infektion weiterer Bakterien auch diese Bakterien-DNA weitergegeben.

2 Aufbau der DNA

An der Aufklärung der Struktur der DNA waren die Forscher James Watson und Francis Crick beteiligt, aber auch die weniger bekannte Rosalind Franklin und Maurice Wilkins. Watson und Crick entwickelten das Modell der Doppelhelix. Sie erhielten zusammen mit Wilkins (R. Franklin war bereits an Krebs gestorben) 1962 den Nobelpreis.

Die DNA sieht aus wie eine in sich gedrehte Strickleiter. Sie besteht aus dem Zucker Desoxyribose und Phosphorsäure. Diese Komponenten bilden die »Holme« der Doppelhelix. Zwischen ihnen bestehen chemisch gesehen Phosphodiesterbindungen.

Die »Stufen« der Strickleiter werden durch Basenpaare gebildet. Die vier Basen Adenin, Cytosin, Guanin und Thymin sind mit der Desoxyribose verbunden. Sie paaren sich durch Wasserstoffbrückenbindungen. Adenin bildet mit Thymin ein Paar, Cytosin mit Guanin. Die C-Atome des Zuckerrings werden durchnummeriert, beginnend mit 1' bis 5'. Am 1'-C-Atom ist die Base gebunden, am 3'-C-Atom und am 5'-C-Atom sitzen OH-Gruppen, die die Esterbindung mit der Phosphorsäure eingehen. Deshalb gibt es an jedem »Holm« ein 3'- und ein 5'-Ende. Die Holme sind aber gegenläufig. In der Abbildung unten steht das fett gedruckte P für die Phosphodiesterbindung, nicht für ein einfaches Phosphoratom.

Phosphodiesterbindung

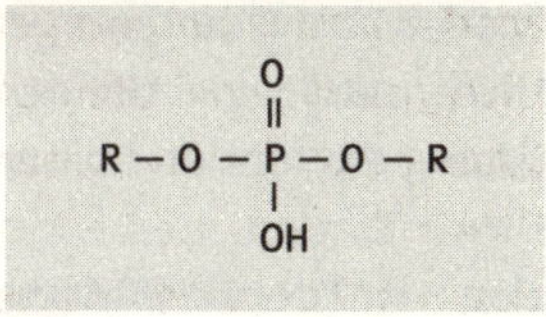

Da diese chemische Struktur recht unübersichtlich ist, wird meistens eine Symbolschreibweise gewählt, bei der die Zucker-Phosphorsäure-Bausteine mit einem Symbol für eine der vier Basen verbunden sind. Zwei der Basensymbole passen jeweils zusammen. Eine Einheit aus Zucker, Phosphat und Base nennt man Nukleotid.

Nukleotid

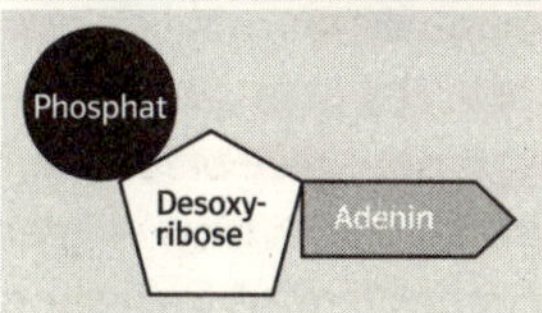

Bau der DNA chemisch – schematisch

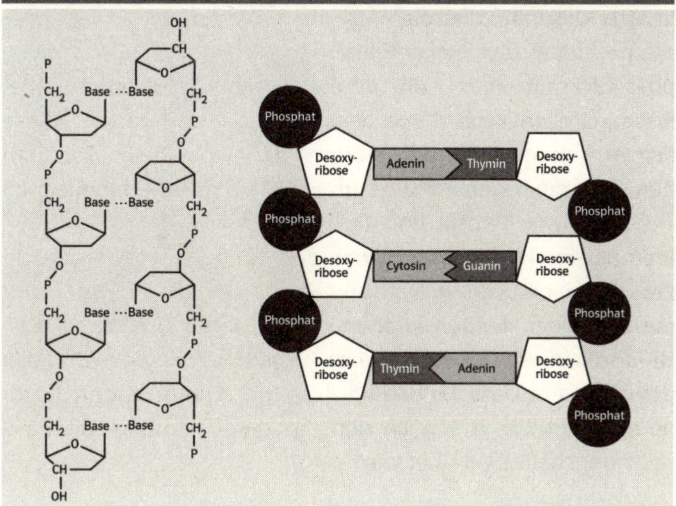

3 Verdoppelung der DNA

Vor der Zellteilung wird die DNA verdoppelt. Von den Forschern Meselson und Stahl wurde geklärt, dass die Verdoppelung oder Replikation einem semikonservativen Mechanismus folgt. Das heißt, dass eine Hälfte der neuen DNA vom ursprünglichen Strang stammt und die andere Hälfte neu ist.

Dazu wird der Ursprungsstrang an einer Stelle durch das Enzym Helicase in die Einzelstränge getrennt. Das Enzym DNA-Polymerase wandert hinter der Helicase her und fügt die passenden Nukleotide an einen Halbstrang an. Sie kann aber nur vom 3′- zum 5′-Ende des alten Strangs entlangwandern. Dies ist nur an einem der beiden Halbstränge kontinuierlich möglich. Am anderen Strang muss sie an der von der Helicase geöffneten Stelle beginnen und von dort weg synthetisieren, bis sie auf die bereits fertige DNA trifft. Sie löst sich ab und springt wieder zurück an die weiter hinten liegende geöffnete DNA-Stelle.

Dadurch entstehen kurze DNA-Stücke, die man Okazaki-Fragmente nennt. Das Zucker-Phosphat-Rückgrat muss an den Kontaktstellen noch durch das Enzym Ligase verbunden werden. Da ja die Basen Adenin und Thymin sowie Cytosin und Guanin zueinander passen, weil zwischen ihnen Wasserstoffbrücken gebildet werden können, ist durch diese Basenpaarung gewährleistet, dass der richtige, komplementäre Strang an der Ursprungshälfte gebildet wird.

Replikation der DNA

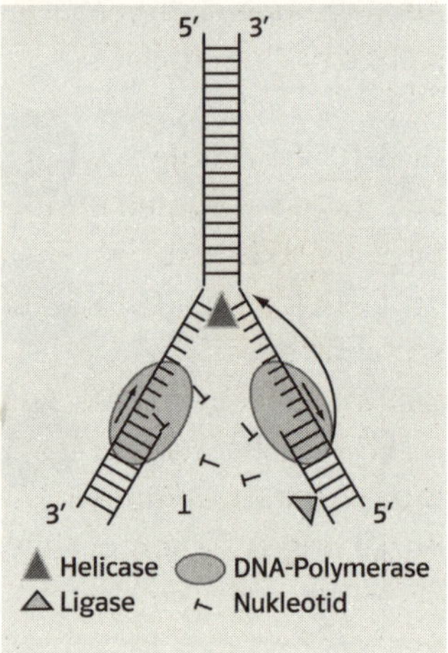

4 Proteine

In der DNA ist letztlich eine Bauanleitung für sehr viele Proteine oder Eiweißstoffe enthalten. Man hat deshalb einen DNA-Abschnitt, der für ein bestimmte Protein codiert, als Gen bezeichnet. Proteine können trotz gleichen Bauprinzips sehr vielfältige Strukturen und Funktionen besitzen.

Aminosäure

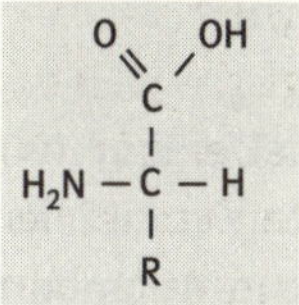

Aufbau: Proteine sind aus Aminosäuren aufgebaut. Es gibt 20 »proteinogene« Aminosäuren. Chemisch gesehen besteht eine Aminosäure aus einer Carboxylgruppe –COOH, die mit einem C-Atom verbunden ist, an dem eine Aminogruppe $-NH_2$, ein H-Atom und ein Rest sitzt.

Der Rest unterscheidet die 20 Aminosäuren. Reste können neutral, sauer oder basisch, polar oder unpolar sein. In Proteinen sind mindestens 100 Aminosäuren miteinander verbunden. Sind es weniger, so spricht man von Polypeptiden. Die Aminosäuren reagieren miteinander, indem die Carboxyl- und die Aminogruppe sich verbinden und Wasser abspalten. Es entsteht eine Peptidbindung.

Die Art und Abfolge der Aminosäuren nennt man die Primärstruktur eines Proteins. Durch die Reste der Aminosäuren wird die weitere Struktur des Proteins bestimmt. Zunächst bildet sich die Sekundärstruktur, bei der sich das Peptidrückgrat entweder schraubt oder faltet (α-Helix oder β-Faltblatt). Die Reste können je nach chemischer Natur in Wechselwirkung treten, z. B. durch Van-der-Waals-Kräfte zwischen unpolaren Resten, Dipol-Dipol-Wechselwirkungen bei polaren Resten, elektrostatische Anziehung zwischen positiv geladenen basischen und negativ geladenen sauren Resten oder sogar durch Bildung einer echten Bindung zwischen Resten mit SH-Gruppen. Sie reagieren zu einer Disulfidbrücke.

Dadurch nimmt das Protein eine komplex gefaltete Tertiärstruktur ein, die ihm seine Funktion verleiht. Bei manchen Proteinen, z.B. beim Hämoglobin, treten mehrere Polypeptidketten zum fertigen Protein zusammen. Man spricht hierbei von der Quartärstruktur.

Funktion: Da sich die 20 Aminosäuren schon bei einem 100 Aminosäure langen Protein zu 20^{100} Möglichkeiten kombinieren lassen, können Proteine sehr unterschiedliche Aufgaben übernehmen.

Zum einen gibt es Strukturproteine, die den Körper aufbauen, z.B. Bindegewebefasern oder Keratin in den Haaren. Andere Proteine dienen der Immunabwehr (Immunglobuline), dem Transport (Hämoglobin ⇒ Sauerstoff!) oder der Informationsübertragung (Hormone, z.B. Insulin). Eiweißstoffe können auch als Energiespeicher dienen. Es gibt kontraktile Proteine, z.B. Aktin und Myosin im Muskel.

Eine sehr wichtige Eiweißklasse sind die Enzyme, die die Reaktionen im Körper beschleunigen und dadurch eigentlich ermöglichen (sonst würden sie sehr langsam ablaufen). Eine weitere Gruppe ist für die Regulation zuständig, z.B. auch für die Regulation der Genaktivität.

Letztlich ist also durch den Aufbau der Proteine, der in der DNA verschlüsselt ist, der Aufbau eines Organismus bestimmt.

5 Transkription und Translation

- Transkription: Kopie des Codestrangs als m-RNA herstellen
- Translation: Übersetzen der m-RNA am Ribosom durch t-RNA-Moleküle in Aminosäuresequenz (Codesonne!)

Damit ein bestimmter DNA-Abschnitt, der die Information für ein Protein enthält (also ein Gen), in das Protein übersetzt werden kann, wird zunächst eine Abschrift hergestellt, die bei den Eukaryonten den Zellkern verlassen kann. Diese Abschrift wird in Form der Messenger-Ribonukleinsäure (m-RNA) hergestellt. RNA ist nur einsträngig, enthält den Zucker Ribose (statt Desoxyribose) und die Base Uracil anstelle von Thymin.

Für die Transkription der DNA in m-RNA beginnt das Enzym RNA-Polymerase an einem Promotor. Dies ist eine bestimmte Basenabfolge auf der DNA. Sie bestimmt die Leserichtung für das Enzym. Wie bei der Verdoppelung wird auch hier der Teilstrang abgelesen, der vom 3'- zum 5'-Ende führt, so dass die m-RNA vom 5'- zum 3'-Ende synthetisiert wird. Durch den Promotor wird also bestimmt, welcher Strang der codogene Strang ist (der, der abgelesen wird) und welcher der Codestrang ist (der, zu dem die m-RNA quasi identisch ist). Eine Stopp-Sequenz auf der DNA beendet die Transkription.

Die Basenpaarung zwischen Adenin und Uracil bzw. Thymin und Adenin sowie zwischen Cytosin und Guanin sorgt dafür, dass die m-RNA durch einen DNA-Abschnitt eindeutig bestimmt ist.

Bei den Bakterien wird die m-RNA sofort in ein Protein übersetzt (translatiert). Bei den Eukaryonten muss die m-RNA noch weiterverarbeitet werden (sie wird gespleißt: Introns werden herausgeschnitten und an den Enden werden Basen angehängt).

Die Translation findet an den Ribosomen statt. Kombinationen von jeweils drei Basen (Triplett) codieren den Start, die einzelnen Aminosäuren und das Ende der Translation. Aus vier verschiedenen Basen lassen sich allerdings 64 Tripletts bilden. Daher sind viele Aminosäuren durch mehrere Tripletts codiert. Man spricht von einem degenerierten oder redundanten Code.

Welches Basentriplett zum Einbau welcher Aminosäure führt bzw. Start und Ende der Translation bestimmt, kann man in der Codesonne ablesen. Sie gilt für die Basenabfolge auf der m-RNA und wird von innen nach außen gelesen.

Codesonne

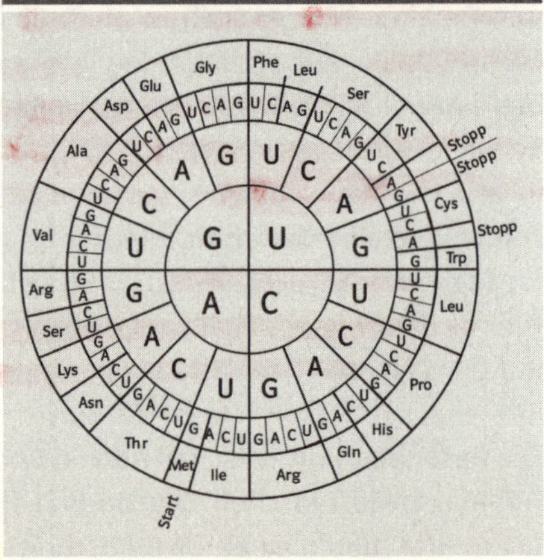

Neben der m-RNA und einem Ribosom werden für die Translation auch Transfer-RNA-Moleküle(t-RNA) benötigt. Diese Moleküle sind kleeblattförmig. Sie besitzen eine Region aus drei Basen, die als Anticodon zur m-RNA fungiert. Eine t-RNA mit dem Anticodon ACC passt zum Codon UGG.

Sie transportiert somit die Aminosäure Tryptophan (Trp) zum Ribosom.

Die Translation beginnt, indem sich die beiden Untereinheiten eines Ribosoms mit der m-RNA am Startcodon AUG (vom 5'-Ende her gelesen) und der t-RNA mit dem Anticodon UAC, das mit Methionin beladen ist, zusammenlagern. Dazu tritt die t-RNA samt Aminosäure, die zum nächsten Basentriplett Richtung 3'-Ende komplementär ist. Das Ribosom verbindet die beiden Aminosäuren, rutscht ein Basentriplett weiter Richtung 3'-Ende der m-RNA und die erste t-RNA löst sich.

Es kommt eine weitere t-RNA, die zum Folgecodon passt, mit ihrer Aminosäure dazu, die Aminosäure wird angeknüpft, das Ribosom rutscht wieder weiter etc. Die frei gewordenen t-RNA-Moleküle werden im Zytoplasma erneut mit »ihrer« Aminosäure beladen. An einem Stoppcodon gibt es keine passende, komplementäre t-RNA. Dort stoppt die Translation und die Ribosomenuntereinheiten, die m-RNA und die übrige t-RNA trennen sich voneinander.

Die Proteinbiosynthese ist damit beendet. Bereits während der Synthese nimmt das Protein seine Sekundär- und Tertiärstruktur ein. Das Protein wird eventuell in der Zelle weiterverarbeitet und tritt seine Funktion an.

Translation

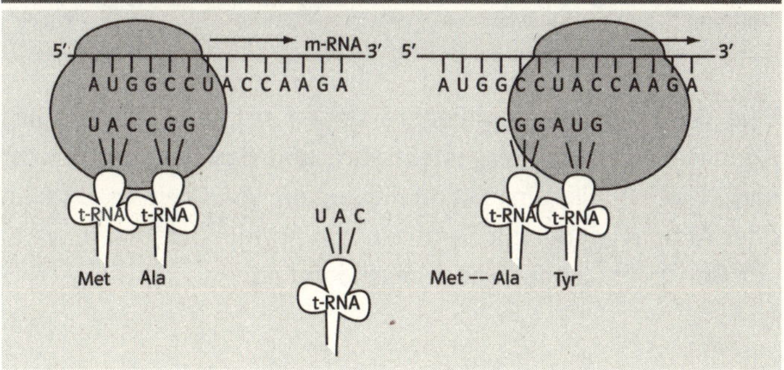

6 Genwirkketten

Mendel bezeichnete als Gen eine damals nicht genauer definierte Struktur, die für ein Phän, also eine Eigenschaft eines Lebewesens verantwortlich ist, z. B. für die Blütenfarbe einer Pflanze. In der Molekularbiologie bezeichnet man heute als Gen einen DNA-Abschnitt, der den Code für ein Protein oder Polypeptid enthält (**Ein-Gen-ein-Polypeptid-Hypothese**). So können für die Blütenfarbe mehrere Gene verantwortlich sein, durch die verschiedene Enzyme gebildet werden, die aus einer Vorstufe den Farbstoff der Blüten bilden.

Wenn für eine bestimmte Eigenschaft oder eine Reihe von Stoffwechselschritten **mehrere Gene zusammenwirken** müssen, dann spricht man von einer **Genwirkkette**. Fällt ein Genprodukt aus, weil das Gen beschädigt ist, so können auch die weiteren Genprodukte nichts ausrichten. Häufig sind Genwirkketten an der Synthese von Aminosäuren beteiligt. Die Aminosäure Arginin wird bei einem Bakterienstamm aus einer Vorstufe über Ornithin und Citrullin hergestellt. Dazu sind drei Enzyme nötig, die jeweils durch ein Gen codiert werden:

	Gen 1		Gen 2		Gen 3	
	⇓		⇓		⇓	
	Enzym 1		Enzym 2		Enzym 3	
	⇓		⇓		⇓	
Vorstufe	⇒	Ornithin	⇒	Citrullin	⇒	Arginin

Eine Mutation auf einem der drei Gene führt dazu, dass letztlich Arginin nicht mehr hergestellt wird und das Bakterium nicht mehr wächst. Allerdings kann die Zugabe von Ornithin, Citrullin oder Arginin wieder zur Synthese von Arginin befähigen, wenn nur Gen 1, Gen 2 oder Gen 3 beschädigt ist.

7 Mutationen

Obwohl bei der Verdoppelung der DNA und auch sonst in der Zelle Reparaturenzyme ständig über die DNA wachen, kommt es spontan oder durch äußere Einflüsse zu Veränderungen des Erbguts, also zu Mutationen.

Man kann verschiedene Mutationen unterscheiden:
Genmutationen: Dabei tritt eine Veränderung innerhalb eines Gens auf. Man kann dies mikroskopisch nicht erkennen, sondern nur die Auswirkungen beobachten. Dabei gibt es die Punktmutation, bei der eine Base verändert wird. Bei der Replikation kommt es dann bei einem Duplikat zur Veränderung eines ganzen Basenpaares. Dies kann harmlos sein (stumme Mutation), wenn in das Genprodukt dieselbe Aminosäure wie vorher eingebaut wird.

Mutiert z.B. auf dem Codestrang das Triplett TTT zu TTC, so wird in beiden Fällen die Aminosäure Phenylalanin in das Protein eingebaut. Wenn die Mutation dazu führt, dass eine chemisch ähnliche Aminosäure in das Protein gelangt, kann das Protein noch funktionsfähig sein, weil seine Tertiärstruktur nicht wesentlich geändert wird. Eine chemisch fremde Aminosäure führt zur Funktionslosigkeit, genauso die Mutation zu einem Stoppcodon. In diesen Fällen handelt es sich um Nonsense-Mutationen.

Sehr große Auswirkungen haben auch Rastermutationen, bei denen ein Nukleotid eingefügt wird oder wegfällt (Insertion bzw. Deletion). Dadurch wird das gesamte Triplettleseraster verschoben und es wird ein völlig anderes Protein gebildet. Während Genmutationen nur ein Gen betreffen, sind Chromosomenmutationen manchmal noch schwerwiegender. Man kann sie im Mikroskop erkennen. Es können Stücke verloren gehen

(Deletion), sich Stücke verdoppeln (Duplikation), Stücke ihren Ort verändern (Translokation) oder sich umkehren (Inversion).

Bei der Genommutation wird die Zahl der Chromosomen verändert. Beispiel ist die Trisomie 21, die durch Non-Disjunction in der Meiose entstehen kann oder Polyploidisierungen bei Pflanzen, bei der sich der gesamte Chromosomensatz vervielfältigt. Nicht immer sind Mutationen schädlich; sie können auch zu Verbesserungen führen. Die Evolution der Lebewesen ist auf Mutationen zurückzuführen. Auslöser für Mutationen können mutagene Chemikalien (z.B. Nitrosamine, Benzpyrene), UV-Strahlen oder andere energiereiche Strahlen sein. Sie treten aber auch spontan auf.

8 Regulation der Genaktivität

- Induktion: Repressor unterdrückt normalerweise die Gene, durch den Effektor wird die Transkription der Strukturgene induziert.
- Repression: Normalerweise werden die Strukturgene abgelesen, durch den Effektor wird die Transkription der Strukturgene reprimiert.

Da in einer Zelle alle Gene des gesamten Organismus enthalten sind, aber nur ein kleiner Teil tatsächlich verwirklicht wird, muss es Regelungen geben, die bestimmte Gene an- oder abschalten. Bei Bakterien ist diese Regulation schon recht gut untersucht. Jacob und Monod haben dies in ihrem Operon-Modell dargestellt. Sie entdeckten, dass es auch Gene gibt, die nur für Regulation anderer Gene zuständig sind, außerdem DNA-Abschnitte, die nicht in Protein übersetzt werden, sondern Ansatzstellen für regulierende Proteine sind.

Das Operon-Modell bei Bakterien behandelt die Regulation der Genaktivität von Genen, die für Enzyme codieren, die nicht immer gebraucht werden. Zum einen gibt es dabei Enzyme, die erst gebraucht werden, wenn ein bestimmter Stoff auftaucht und abgebaut werden soll. Dies funktioniert durch die Induktion:

Vor den Genen für die Enzyme (= Strukturgene) gibt es den zugehörigen Promotor, an dem die RNA-Polymerase beginnt, die Gene in m-RNA zu transkribieren. Zwischen dem Promotor und den Genen liegt aber eine Region, der Operator, an dem ein Protein sitzt und die Transkription verhindert. Dieses Protein heißt Repressor und wird durch ein Gen codiert, das an einer anderen Stelle im Bakterienchromosom liegt. Das Gen dafür nennt man Regulatorgen.

Die Einheit aus Promotor, Operator und Strukturgenen heißt Operon. Gelangt nun der Stoff (= Effektor), der durch die Enzyme abgebaut werden soll, die durch die Strukturgene codiert werden, in die Zelle, verbindet er sich mit dem Repressor. Dieser ändert dadurch seine Struktur und löst sich vom Operator. Die RNA-Polymerase wird nicht mehr behindert und transkribiert die Strukturgene. Die Enzyme werden hergestellt und der Stoff dadurch abgebaut. Wenn er vollständig abgebaut ist, löst er sich auch vom Repressor, dieser erhält wieder seine ursprüngliche Struktur und heftet sich an den Operator, so dass keine weiteren Enzyme synthetisiert werden. Das lac-Operon in E.-coli-Bakterien ist solch ein Operon. Gelangt Laktose als Effektor in die Zelle, so werden die Enzyme zum Laktoseabbau hergestellt.

Enzyminduktion

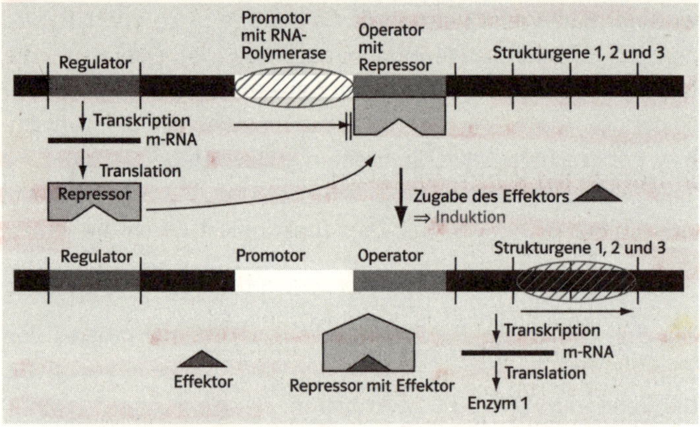

Dann gibt es Enzyme, die gebraucht werden, wenn ein Stoff zur Neige geht. Der Stoff soll dann wieder hergestellt werden. Wenn genug da ist, werden die Enzyme nicht benötigt. Dies geschieht durch Repression: Normalerweise ist der Repressor inaktiv. Die Strukturgene werden transkribiert und die Enzyme hergestellt. Diese sorgen für die Synthese des Effektors. Ist genug Effektor vorhanden, bindet er an den Repressor, der seine Struktur ändert und sich am Operator anheftet. Die Transkription wird unterdrückt.

Enzymrepression

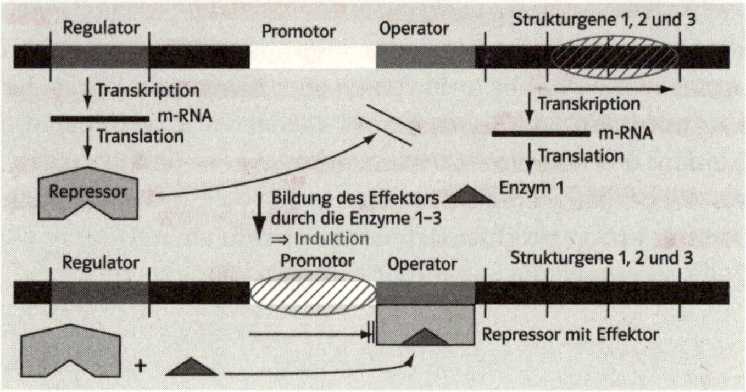

Beispiel dafür ist das trp-Operon. Die Aminosäure Tryptophan wird normalerweise hergestellt. Ist genügend da, wirkt Tryptophan als Effektor und verhindert, dass weiterhin Enzyme für die Tryptophansynthese gebildet werden.

9 Gentechnik bei Bakterien

- Konstruktion eines Hybridplasmids bzw. Vektors:
  - Plasmid mit Restriktionsenzym aufschneiden
  - Gen mit sticky ends gewinnen/herstellen
  - Plasmid und Gen mit Ligase verbinden
- Bakterien mit Hybridplasmid transformieren
- Transformierte Bakterien selektieren (Ampicillin, X-Gal)

Da Bakterien einen relativ gut erforschten Mechanismus der Transkription, Translation und Genregulation besitzen, ist es inzwischen auch leicht möglich, die Gene von Bakterien so zu manipulieren, dass sie dem Menschen nützliche Produkte liefern. Für die Gentechnik sind v.a. die Plasmide der Bakterien interessant, die mit neuen Genen versehen werden können und so als Vektoren für Gene dienen. Sie enthalten meist Regionen, die für die Erkennung der manipulierten Bakterien wichtig sind, beispielsweise Antibiotikaresistenzgene.

Sehr wichtige Werkzeuge der Gentechniker sind auch die Restriktionsenzyme, die in Bakterien zum Zerschneiden fremder DNA enthalten sind. Sie können als genetische Scheren benutzt werden, um Plasmide aufzuschneiden und Gene einzufügen. Als »Kleber« fungieren Ligasen. Die gentechnische Veränderung von Bakterien erfolgt nach folgendem Vorgehen:

Zuerst muss man ein Plasmid gewinnen. Viele Plasmide kann man aber bereits käuflich erwerben. Sie sind durch Buchstaben/Zahlencodes abgekürzt, z. B. das Plasmid pBR322 aus E.-coli. Dann schneidet man das Plasmid mit einem Restriktionsenzym auf. Restriktionsenzyme haben eine bestimmte Erkennungssequenz, in der sie nach einem genau festgelegten Muster die DNA trennen. Besonders günstig für die Gentechnik sind Restriktionsenzyme, die DNA versetzt schneiden, so dass Einzelstrangenden, so genannte »klebrige Enden« (sticky ends) entstehen. Das Enzym EcoRI schneidet in der Sequenz $^{5'GAATTC3'}_{3'CTTAAG5'}$ so, dass die klebrigen Enden und $^{5'G}_{3'CTTAA}$ und $^{AATTC3'}_{G5'}$ entstehen.

Nun muss man das gewünschte Gen gewinnen und mit den gleichen klebrigen Enden versehen. Dann fügt man das offene Plasmid und das Gen zusammen, indem man das Enzym Ligase zugibt. So entsteht ein Vektor, der das gewünschte Gen enthält. Daneben entstehen aber auch wieder das ursprüngliche Plasmid und zirkularisierte DNA.

Um den Vektor in Bakterien zu schleusen, müssen diese kompetent gemacht werden, z. B. durch Behandlung mit eisgekühlter $CaCl_2$-Lösung. Dann nehmen sie Plasmide auf, werden also transformiert. Zuletzt muss man die Bakterien herausfinden, die tatsächlich einen Vektor aufgenommen haben und nicht nur das Ursprungsplasmid, zirkularisierte DNA oder sogar gar keine DNA. Die Selektion erreicht man z. B. durch folgenden Trick: Man wählt ein Plasmid, das das Gen amp^R enthält und den Träger gegen das Antibiotikum Ampicillin resistent macht. Außerdem enthält es das Gen lacZ, das das Enzym β-Galaktosidase codiert. In diesem Gen liegt die Schnittstelle für das Restriktionsenzym. Ein Hybridplasmid mit eingebautem Gen enthält somit ein funktionsfähiges amp^R-Gen und ein funktionsloses lacZ-Gen, während das Ursprungsplasmid beide Gene in funktionsfähiger Form besitzt.

Die transformierten Bakterien werden dann auf einem Nährboden verteilt, der Ampicillin und einen modifizierten Zucker X-Gal enthält. Auf dem Boden wachsen nur die Bakterien, die überhaupt ein Plasmid aufgenommen haben. Alle, die das Ursprungsplasmid aufgenommen haben, stellen β-Galaktosidase her. Dieses Enzym wandelt X-Gal in einen blauen Farbstoff um, so dass die Bakterienkolonien blau gefärbt werden. Die gewünschten Bakterien mit dem Hybridplasmid bleiben weiß und können so isoliert werden.
Diese Bakterien werden in Fermentern vermehrt und stellen dann das Genprodukt her. Beispielsweise wird das Hormon Insulin heute auf diesem Weg hergestellt.

10 Gentechnik bei Pflanze, Tier und Mensch

Die Manipulation eukaryontischer Zellen ist nicht ganz so einfach wie bei Bakterien, da die Genregulation und Genverwirklichung komplexer abläuft. Dennoch sind transgene Pflanzen und Tiere möglich.

10.1 Grüne Gentechnik

Zum einen werden Pflanzen mit zusätzlichen Genen versehen, die sie z. B. gegen Insekten resistent machen. Man hat das Gen für ein Gift des Bodenbakteriums Bacillus thuringensis in Mais eingepflanzt (⇒ BT-Mais). Larven von Insekten, die den Mais fressen, sterben dadurch. Andere Pflanzen werden durch zusätzliche Gene resistent gegen Pilze, Bakterien oder sogar Herbizide (z. B. gegen das Herbizid Basta), so dass ein Landwirt die Ackerunkräuter mit dem Herbizid bekämpfen kann, ohne die Kulturpflanze zu schädigen.

Als Vektor fungiert häufig das Ti-Plasmid aus dem Bakterium Agrobakterium tumefaciens, das in Pflanzenzellen eindringt und dort normalerweise Tumorwachstum auslöst. Das verwendete Plasmid tut dies nicht mehr, kann aber dennoch Gene in Pflanzen einschleusen.

Zum anderen wird versucht, unerwünschte Gene abzuschalten. Bei der »Antimatschtomate« wurde das Gen, das das Weichwerden der Tomate verursacht, durch die »Antisense«-Technik ausgeschaltet: Man fügte das betreffende Gen direkt nach dem normalen Gen in umgekehrter Reihenfolge in den Zellkern ein. Bei der Transkription entstehen dann zwei m-RNA-Moleküle, die zueinander komplementär sind und sich dadurch zusammenlagern. Dadurch werden sie nicht am Ribosom translatiert, sondern abgebaut. Die Tomate bleibt schnittfest.

10.2 Gentechnik bei Tieren

Man versucht durch genetische Manipulation Tiere zu erzeugen, die Medikamente produzieren und z. B. mit der Milch ausscheiden. Andere Tiere haben ein Wachstumshormon-Gen implantiert bekommen, so dass sie schneller und mehr wachsen. Die »Krebsmaus« hat veränderte Gene, die sie häufiger an Krebs erkranken lässt und für die Forschung eine wichtige Rolle spielt.

10.3 Gentechnische Methoden in Medizin und Kriminalistik

Die gentechnische Produktion von Medikamenten in Bakterien nach dem Muster menschlicher Gene ist eine häufig angewandte Methode. Insulin oder ein Gerinnungsfaktor, der Bluterkranken fehlt, werden so hergestellt. Die direkte Gentherapie mit intakten Genen bei genetisch bedingten Krankheiten ist noch nicht erfolgreich.

Die Analyse von DNA ist eine Möglichkeit, mit der rezessive Krankheiten entdeckt werden können. Auch Gene, die für Krebserkrankungen zuständig sind, können aufgespürt werden. Außerdem dient sie in der Kriminalistik der Zuordnung von Zellen zu einem Menschen.

Es reichen bereits wenige Zellen im Speichel einer Person, um einen genetischen Fingerabdruck zu erstellen und so einem Täter zuzuordnen. Auch Verwandtschaftsverhältnisse können geklärt werden. Aus sehr wenig DNA kann durch die Polymerasekettenreaktion (PCR) eine große Menge DNA hergestellt werden, die für die Analyse reicht.

Im Human Genom Projekt (HUGO) wurde in den letzten Jahren die Basensequenz der menschlichen DNA aufgeklärt. Man hofft damit eine Grundlage geschaffen zu haben, mit der man die Funktion der menschlichen Gene verstehen kann.

Sehr kritisch wird die Veränderung menschlicher DNA in der Keimbahn beurteilt.

Stoffwechselbiologie

1 Biomoleküle

1.1 Fette

Fette dienen als Energiespeicher, zur Polsterung von Organen und sind in abgewandelter Form Bausteine der Membranen. Sie sind chemisch gesehen Ester aus Glycerin und drei Fettsäuren. Fettsäuren sind langkettige Carbonsäuren. Es gibt gesättigte Fettsäuren (Palmitinsäure, Stearinsäure ...) und ungesättigte Fettsäuren (Linolsäure, Ölsäure ...). Werden Glycerin und Fettsäuren verknüpft, so spaltet sich Wasser ab.

Glycerin

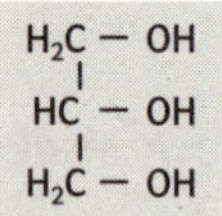

Fettsäure (Stearinsäure)

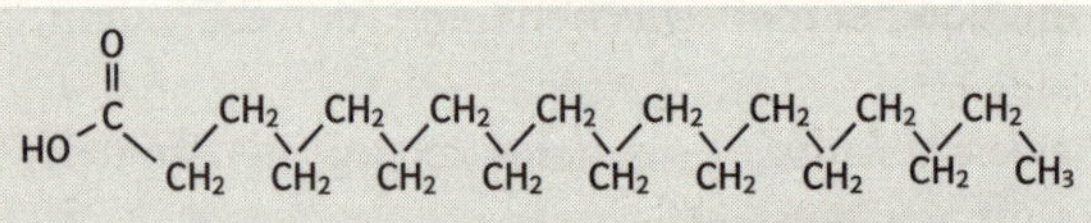

Fett

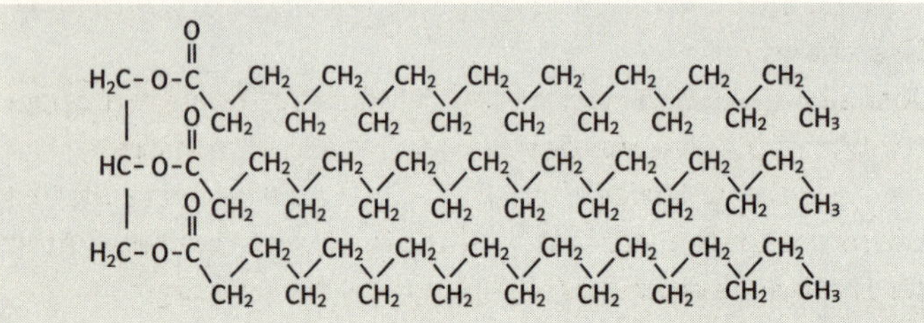

1.2 Kohlenhydrate

Kohlenhydrate sind Primärprodukte bei der Photosynthese und auch für die Energiegewinnung in den Mitochondrien wichtige Ausgangsstoffe. Vor allem in Pflanzen dienen sie als Energiespeicher. Man unterscheidet Mono-, Di- und Polysaccharide.

Monosaccharide

Glucose und Fructose zählen zu den wichtigsten Monosacchariden. Sie haben die allgemeine Formel $C_nH_{2n}O_n$. Sie liegen meist in Ringform vor, können aber auch in offener Kette vorkommen.

	Glucose	Fructose
offenkettige Form (Fischer-Projektion)		
Ringform (Haworth-Projektion) jeweils α-Form		

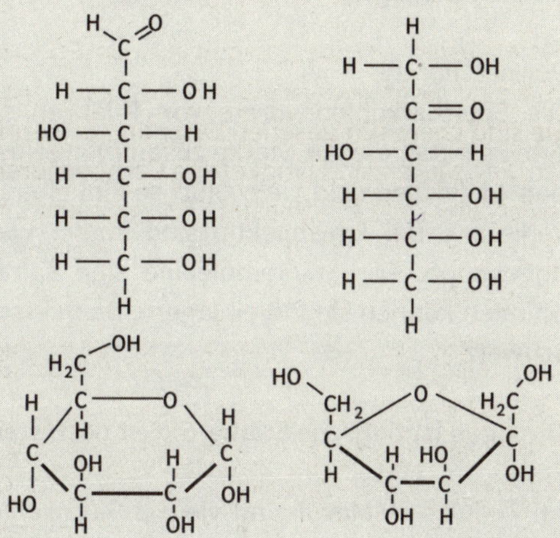

Disaccharide

Über eine Glycosidbindung können Monosaccharide zu Doppelzuckern verbunden werden. Ein häufiger Zucker ist die Saccharose, die aus α-Glucose und β-Fructose zusammengesetzt ist, indem das erste C-Atom der Glucose mit dem zweiten C-Atom der Fructose verknüpft ist (1,2-glycosidische Bindung):

Sacharose

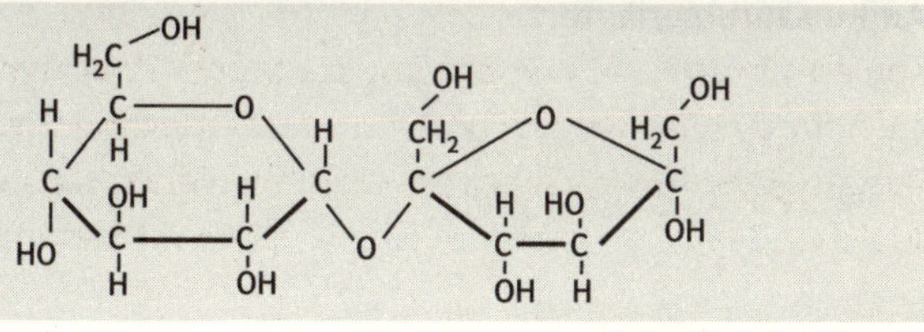

Ein Spaltprodukt der Stärke ist die Maltose, die aus zwei Glucoseeinheiten aufgebaut ist (α-1,4-glycosidische Bindung):

α-Maltose

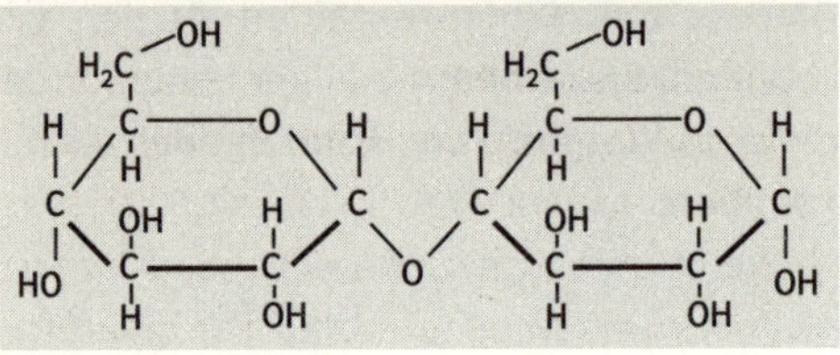

Polysaccharide

Die Speicherkohlenhydrate von Pflanzen sind Amylose und Amylopektin, die zur Stärke zusammengefasst werden. In beiden Molekülen sind viele Glucose-Einheiten α-1,4-glycosidisch verknüpft. Bei Amylopektin sind immer wieder Seitenketten angeknüpft. Die Stärkemoleküle sind spiralförmig. In diese Spiralen können sie Iod einlagern. Dann erscheint Stärke blauschwarz.

Glycogen ist tierische Stärke. Sie ist noch stärker verzweigt.

Im Zellulose-Molekül sind viele β-Glucosemoleküle verknüpft. Es entsteht ein langes fadenförmiges Molekül. Viele Moleküle lagern sich zusammen und halten über H-Brücken zusammen, so dass Zellulosefasern entstehen, die als Zellwandmaterial der Pflanzen dienen.

1.3 Proteine

Zu Bau und Bedeutung der Proteine mit Primär-, Sekundär-, Tertiär- und Quartärstruktur wird auf Kapitel 4 der Molekulargenetik verwiesen. Dort wird der Aufbau aus den 20 verschiedenen Aminosäuren erläutert.

2 Enzyme

- Biokatalysatoren
- Substratspezifität ⇒ nur ein Substrat
- Wirkungsspezifität ⇒ nur eine schemische Wirkung
- Kompetitive Hemmung: substratähnlicher Hemmstoff
- Allosterische Hemmung: Veränderung des aktiven Zentrums durch Binden am allosterischen Zentrum

Enzyme sind Biokatalysatoren, die die chemischen Reaktionen in Lebewesen beschleunigen. Ohne die Enzyme würden die Reaktionen zwar thermodynamisch gesehen ablaufen, aber in so großen Zeiträumen, die Leben nicht ermöglichen.

Enzyme bestehen aus Proteinen. Manche Enzyme haben noch einen Nicht-Protein-Anteil, z.B. Metallionen, eingebaut. Sie funktionieren nach dem »Schlüssel-Schloss-Prinzip«. Der Stoff/die Stoffe, der/die umgesetzt werden soll(en) (= Substrat/Substrate), werden am aktiven Zentrum des Enzyms gebunden. Das Substrat passt in das aktive Zentrum, das durch die Tertiärstruktur des Proteinenzyms gebildet wird. Nach der Umsetzung werden die Produkte losgelöst und das Enzym ist wieder frei. Es wird deshalb für die Katalyse eines Vorgangs immer nur sehr wenig Enzym benötigt.

Schlüssel-Schloss-Prinzip

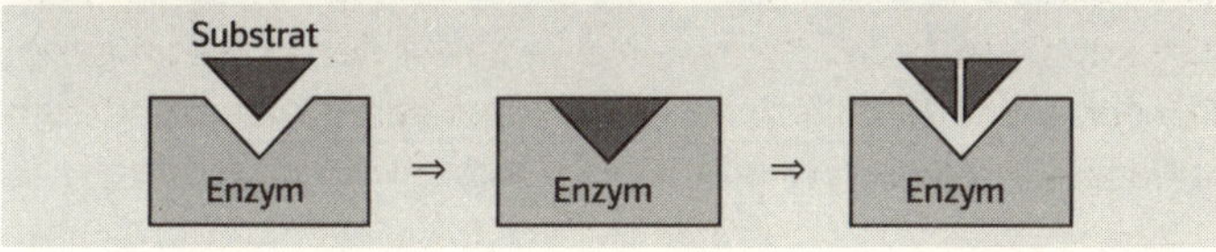

Wegen dieser Funktionsweise haben Enzyme zwei wichtige Eigenschaften: Sie sind substratspezifisch, können also nur ein ganz bestimmtes Substrat binden, denn es muss ja zur Tertiärstruktur passen. Außerdem sind sie wirkungsspezifisch. Das bedeutet, dass sie nur eine bestimmte chemische Reaktion bewirken können, also entweder Spalten oder Oxidieren oder Phosphoryllieren etc. Manche Enzyme benötigen neben dem Substrat einen Cofaktor für die Reaktion, z. B. das NADH/H^+, das Elektronen liefert.

Die Benennung von Enzymen erfolgt in der Regel nach dem umgesetzten Substrat und der katalysierten Reaktion, der Name endet dann auf -ase, z. B. Succinat-Dehydrogenase.

Ein Enzym setzt umso mehr Substrat pro Zeit um, je höher dessen Konzentration ist. Aber es gibt eine Maximalgeschwindigkeit v_{max}. Um Enzyme zu vergleichen, kann man die Beziehung zwischen Substratkonzentration und Reaktionsgeschwindigkeit in ein Diagramm einzeichnen. Da die Substratkonzentration, bei der das Enzym maximal schnell arbeitet, schwer zu bestimmen ist, wählt man als Vergleichswert die Substratkonzentration, bei der die halbmaximale Geschwindigkeit erreicht ist. Man nennt diesen Wert Michaelis-Konstante K_M.

Michaelis-Konstante

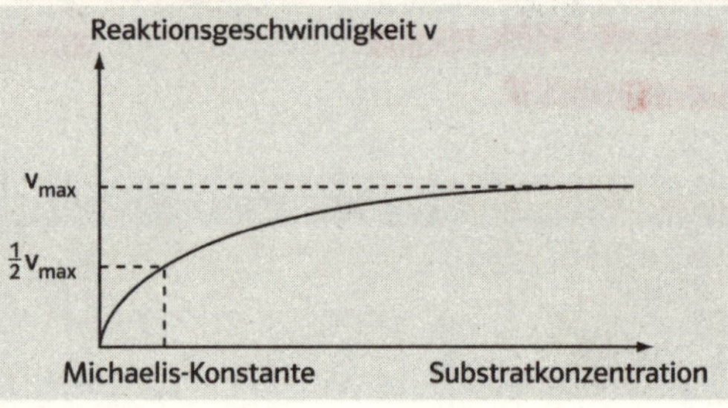

Enzyme können aber in ihrer Wirksamkeit neben der Substratkonzentration noch durch andere Faktoren beeinflusst werden:

Der pH-Wert spielt eine Rolle, weil er den Ladungszustand der basischen und sauren Aminosäurereste im Protein bestimmt und dadurch auch die Tertiärstruktur. Oberhalb und unterhalb eines bestimmten pH-Wertes ist ein Enzym funktionslos, eventuell sogar irreversibel denaturiert.

pH-Wert

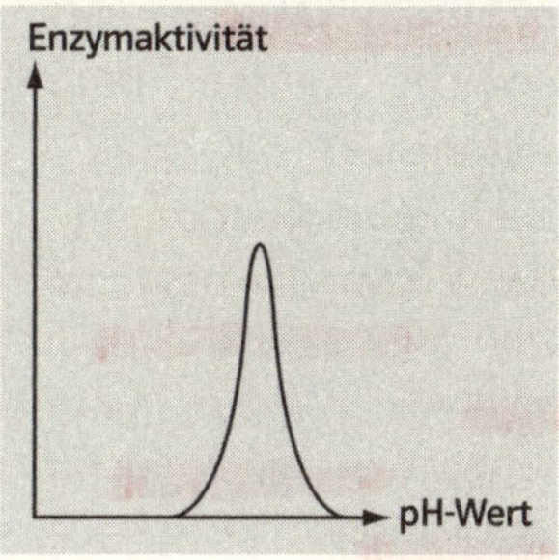

Einen großen Einfluss auf die Enzymaktivität hat auch die Temperatur. Bei höheren Temperaturen bewegen sich Moleküle schneller, so dass die Wahrscheinlichkeit des Zusammentreffens zwischen Enzym und Substrat steigt. Hier gilt die RGT-Regel (Reaktions-Geschwindigkeits-Temperatur-Regel): Die Erhöhung der Reaktionstemperatur um 10°C verdoppelt bis verdreifacht die Reaktionsgeschwindigkeit. Dem steht aber die Denaturierung des Enzyms gegenüber, die für Proteine charakteristisch ist. Daher ergibt sich folgende Kurve:

Temperatur

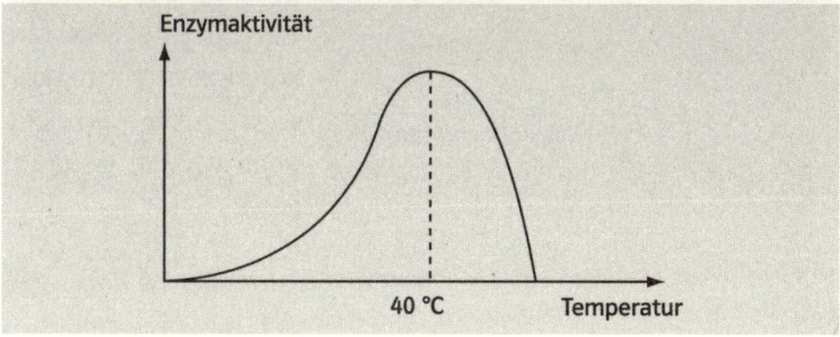

Enzyme können auch gehemmt werden. Eine Form ist die kompetitive Hemmung. Dabei besetzt ein dem Substrat ähnlicher Stoff das aktive Zentrum, wird aber nicht umgesetzt. Da die Bindung reversibel ist und Substrat und Hemmstoff um das aktive Zentrum konkurrieren, kann durch die Erhöhung der Substratkonzentration die maximale Reaktionsgeschwindigkeit erreicht werden. Der Hemmstoff hat praktisch keine Chance, an das Enzym zu binden. Die Michaeliskonstante des gehemmten Enzyms ist dann allerdings höher.

kompetive Hemmung

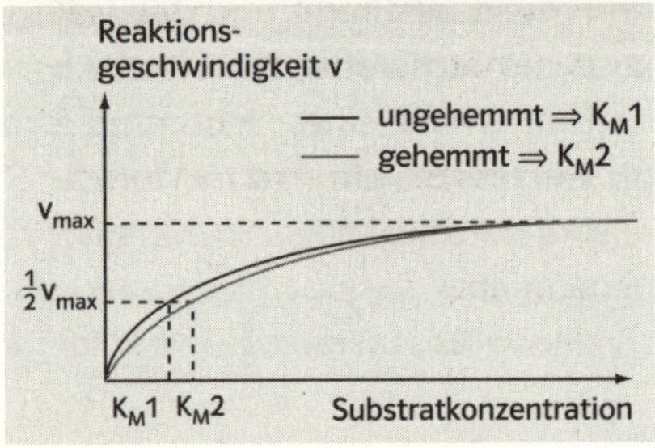

Bei der allosterischen Hemmung bindet der Hemmstoff an eine andere Stelle im Enzym (an das allosterische Zentrum) und verändert dadurch die Tertiärstruktur des Enzyms am aktiven Zentrum. Das Substrat kann nicht mehr binden. Eine erhöhte Substratkonzentration beschleunigt zwar die Reaktion mit den ungehemmten Enzymen, hat aber keinen Einfluss auf die gehemmten Enzyme. Die Maximalgeschwindigkeit wird nicht erreicht, aber K_M ist genauso groß.

allosterische Hemmung

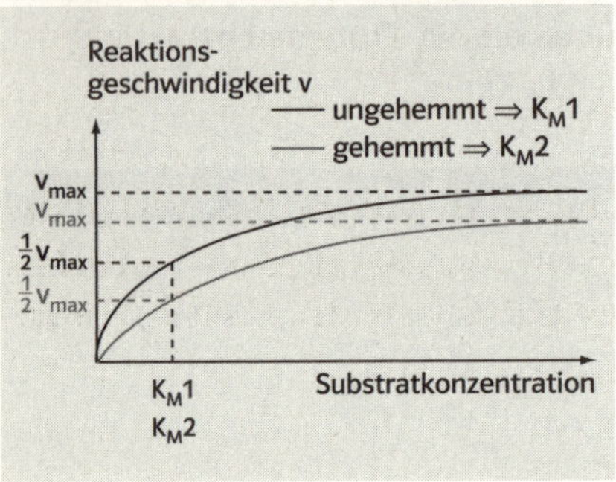

3 Photosynthese

3.1 Aufbau eines Laubblattes

Die Photosynthese findet zum größten Teil in den Blättern der Pflanzen statt. Im Querschnitt besteht ein Laubblatt aus mehreren Schichten:

- Obere Epidermis mit Kutikula: schützt vor Austrockung
- Palisadengewebe: enthält viele Chloroplasten, Hauptort der Photosynthese
- Schwammgewebe: ebenfalls Photosyntheseort, von vielen Interzellularen durchzogen
- Untere Epidermis mit Spaltöffnung: Die Interzellularen sind über die Spaltöffnungen mit der Außenluft verbunden ⇒ Gasaustausch; außerdem entweicht Wasserdampf

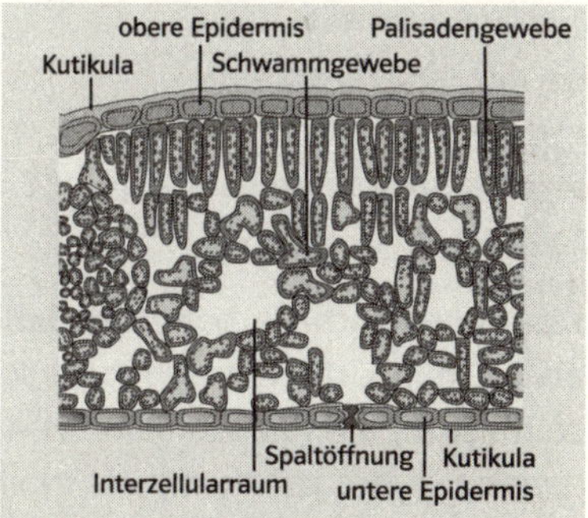

In den Zellen sind die Chloroplasten für die Photosynthese verantwortlich. Diese bestehen aus zwei Membranen. Die innere Membran ist stark gefaltet. Diese Falten heißen Thylakoide. An den Thylakoidmembranen findet die Lichtreaktion statt. Man unterscheidet die Granathylakoide, die »geldrollenartige« Gebilde formen, und Stromathylakoide, die die Grana verbinden. Der Raum zwischen innerer und äußerer Membran heißt Thylakoid-Innenraum.

Das Innere der Chloroplasten wird Stroma genannt. Das Stroma ist der Ort der lichtunabhängigen Reaktion. Die Chloroplasten enthalten eine eigene, ringförmige DNA und Ribosomen, können also Proteine herstellen. Außerdem findet man Stärkekörner: Sie sind Speicherort der gebildeten Glucose. Nachts wird diese Stärke abgebaut und an andere Stellen in der Pflanze transportiert.

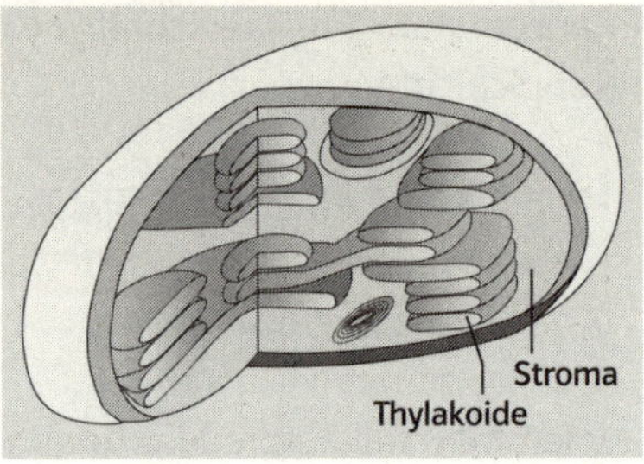

3.2 Einfluss von Außenfaktoren

Abängigkeit von
- Lichtintensität
- Lichtqualität
- CO_2-Konzentration
- Temperatur
- Wasser, Mineralstoffangebot

Die Photosynthese hängt entscheidend von der Lichtmenge ab. Ist kein Licht vorhanden, so kann man keine Photosynthese messen; die Pflanze betreibt Atmung und verbraucht dabei Sauerstoff. Am Lichtkompensationspunkt ist die Lichtmenge so groß, dass sich Photosynthese und Atmung gerade aufheben. Dies wird in einem Diagramm sichtbar, dass als Maß für die Photosynthese die O_2-Abgabe verwendet:
Bei zu viel Licht nimmt die Photosyntheseleistung ab, weil die Pigmente zerstört werden.

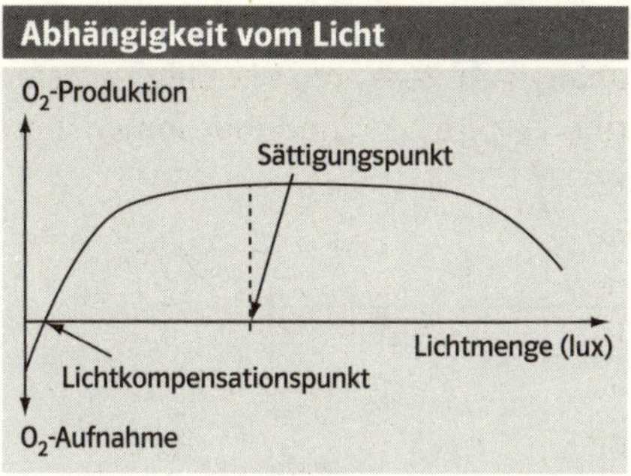

Neben der Lichtquantität spielt außerdem die **Lichtqualität** eine wichtige Rolle, also die **Wellenlänge bzw. Farbe** des Lichts. Dies hängt mit den Photosynthesepigmenten zusammen.

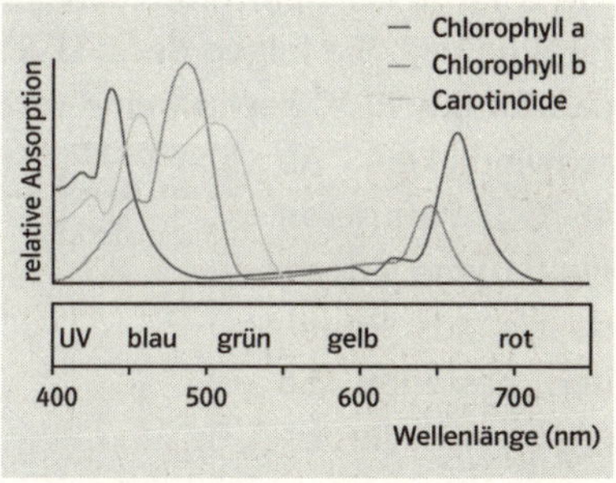

Nur das Licht, das von den Pigmenten absorbiert wird, kann für die Photosynthese ausgenutzt werden. Die beiden Chlorophylle absorbieren im blauen und roten Wellenlängenbereich, die Carotinoide im blauen Bereich. Deshalb ist die Photosyntheseleistung in diesen Bereichen hoch; bei grünem Licht findet fast keine Photosynthese statt.

Da in der Dunkelreaktion CO_2 fixiert wird, ist auch die **Konzentration** des Kohlenstoffdioxids wichtig. Die Luft enthält ca. 0,03 % CO_2, optimal wären jedoch 0,1 %. Bei diesem Faktor gibt es einen **CO_2-Kompensationspunkt**. Hier handelt es sich um die CO_2-Konzentration, bei der sich Atmung der Pflanze und Photosynthese gegenseitig aufheben. Im Prinzip gleicht die Kurve der CO_2-Abhängigkeit der der Lichtintensitätsabhängigkeit.

Abhängigkeit von CO_2

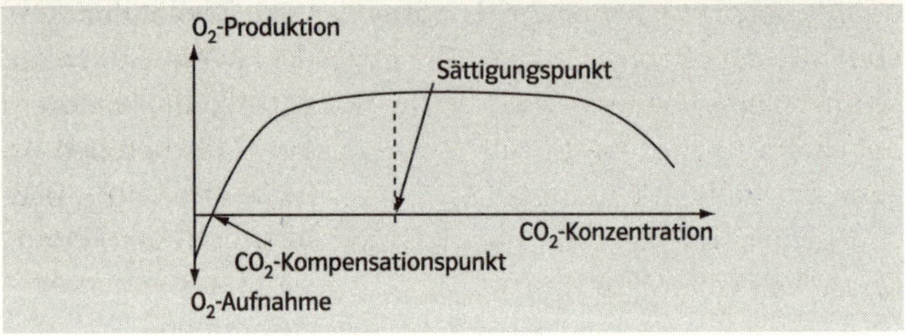

Die Enzyme der Dunkelreaktion sind wie alle Enzyme temperaturabhängig. Sie folgen der RGT-Regel: Die Erhöhung der Temperatur um 10 °C bewirkt eine Verdoppelung der Reaktionsgeschwindigkeit. Ab 40 °C denaturieren die Enzyme jedoch, da sie aus Proteinen bestehen. So ergibt sich die folgende Kurve:

Temperaturabhängigkeit

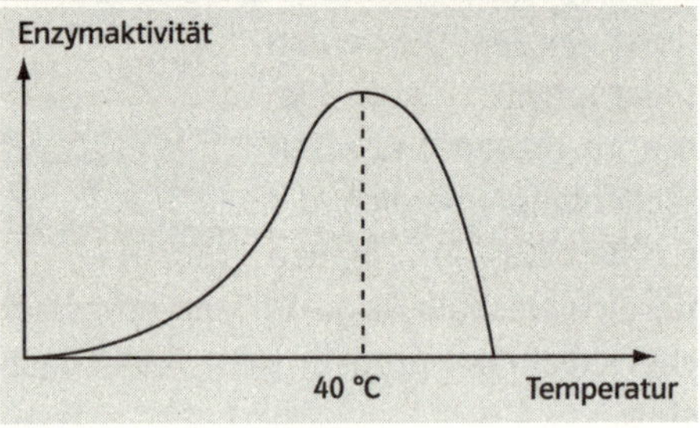

Zusätzlich ist die Photosynthese noch abhängig von Faktoren, die die Pflanze insgesamt beeinflussen, z.B. vom Wassergehalt des Bodens und der Luftfeuchtigkeit. Wenn es sehr heiß und trocken ist, wird die Pflanze ihre Spaltöffnungen schließen, um wenig Wasser zu verlieren. Dadurch gelangt aber auch kein CO_2 ins Blatt und die Photosyntheserate sinkt.

Auch das Mineralstoffangebot des Bodens hat einen Einfluss auf die Photosynthese: Die Pigmente der Lichtreaktion enthalten zum Teil Metallionen, die Coenzyme ATP und $NADP^+$ benötigen Phosphor und einige Enzyme der Dunkelreaktion sind ebenfalls auf bestimmte Ionen angewiesen; um die Enzyme zu synthetisieren, benötigt die Zelle Aminosäuren, die wiederum auf einem ausreichenden Nitratangebot im Boden beruhen. So kann ein fehlendes Mineral den gesamten Photosyntheseablauf behindern. Meistens ist der Phosphatgehalt des Bodens bzw. Wassers der limitierende Faktor (vgl. Ökologie).

3.3 Überblick

- Bruttogleichung $6\ CO_2 + 6\ H_2O \rightarrow C_6H_{12}O_6 + 6\ O_2$
- CO_2 wird reduziert, H_2O wird oxidiert – $NADPH/H^+$ fungiert als Elektronenüberträger
- Die nötige Energie liefert das Licht – ATP fungiert als Energieüberträger
- Gliederung in Licht- und Dunkelreaktion

Oxidationszahlen in der Bruttogleichung:

$$\overset{+4\,-2}{6\ CO_2} + \overset{+1\,-2}{6\ H_2O} \rightarrow \overset{0\ +1\ -2}{C_6H_{12}O_6} + \overset{0}{6\ O_2}$$

Die Oxidationszahl des Kohlenstoffatoms wird von +4 auf 0 gesenkt, also wird es reduziert (nimmt Elektronen auf). Die Oxidationszahl des Sauerstoffatoms steigt von −2 auf 0, es gibt also Elektronen ab und wird oxidiert. Die Elektronen werden durch das Coenzym $NADPH/H^+$ aufgenommen und abgegeben.

Die Reduktion des Kohlenstoffs ist sehr energieaufwändig. Die Energie liefert das Licht. Als Energieüberträger fungiert ATP. In der lichtabhängigen Reaktion (Lichtreaktion) wird unter Aufnahme von Licht H_2O gespalten, $NADPH/H^+$ und ATP werden gebildet und O_2 wird frei.

In der lichtunabhängigen Reaktion (Dunkelreaktion) werden $NADPH/H^+$ und ATP verbraucht, um das aufgenommene CO_2 zu $C_6H_{12}O_6$ zu reduzieren. Dies geschieht in einem zyklischen Vorgang (Calvin-Zyklus).

3.4 Lichtreaktion

- Anregung zweier Photosysteme P 680 und P 700
- Elektronentransport zum $NADP^+ \Rightarrow NADPH/H^+$
- Photolyse des Wassers, Sauerstoffproduktion!
- Ausgleich eines Protonengradienten, dabei Gewinn von ATP (Photophosphoryllierung)

Die Lichtreaktion findet an den Membranen der Chloroplasten (Thylakoidmembranen) statt. Die Photosynthesepigmente (Chlorophyll, Carotinoide) sind zu Photosystemen zusammengelagert. Sie absorbieren Licht (vor allem aus dem blauen und roten Bereich des Spektrums). Dabei wird letztlich ein Elektron eines speziellen Chlorophyll-Moleküls so energiereich, dass es das Molekül verlassen kann.

Zwei Photosysteme (P680 und P700) wirken dabei so zusammen, dass Elektronen über verschiedene Redoxsysteme auf $NADP^+$ übertragen werden können, das mit zwei Protonen (H^+) zu $NADPH/H^+$ wird.

Die im Chlorophyll fehlenden Elektronen werden durch die Spaltung eines Wassermoleküls ersetzt (Photolyse):

$$H_2O \rightarrow 2e^- + 2H^+ + \frac{1}{2} O_2$$

Hier entsteht der Sauerstoff, der bei der Photosynthese frei wird. Dies ist durch Versuche mit markiertem Sauerstoff bewiesen (O-18-Tracermethode).

Die Spaltung des Wassers und die Bildung von NADPH/H^+ finden auf zwei unterschiedlichen Seiten der Thylakoidmembranen statt. Bei der Wasserspaltung im Thylakoid-Innenraum entstehen H^+-Ionen, bei der Bildung von NADPH/H^+ im Stroma werden sie verbraucht. Außerdem werden beim Transport der Elektronen vom P 680 auf P 700 zwei H^+-Ionen vom Stroma in den Innenraum gebracht. Der so aufgebaute Protonengradient kann sich ausgleichen, indem Protonen durch die Kanäle des Enzyms ATPase fließen. Dabei entsteht energiereiches ATP aus ADP und Phosphat (= Photophosphoryllierung).

Für die Reduktion von 6CO_2- Molekülen (C mit der Oxidationszahl +4) zu $C_6H_{12}O_6$ (C mit Oxidationszahl 0) werden $6 \cdot 4 = 24$ Elektronen benötigt. Diese sind in 12 NADPH/H^+ gespeichert. Um diese zu bilden, müssen 12 H_2O-Moleküle gespalten werden und es entstehen 6 Moleküle O_2. Dies erkennt man in der »erweiterten Bruttogleichung der Photosynthese«:

$$6\,CO_2 + 12\,H_2O$$

$$\rightarrow\ C_6H_{12}O_6 + 6\,O_2 + 6\,H_2O$$

Die 6 Wassermoleküle auf der Produktseite entstehen im Calvin-Zyklus.

Lichtreaktion

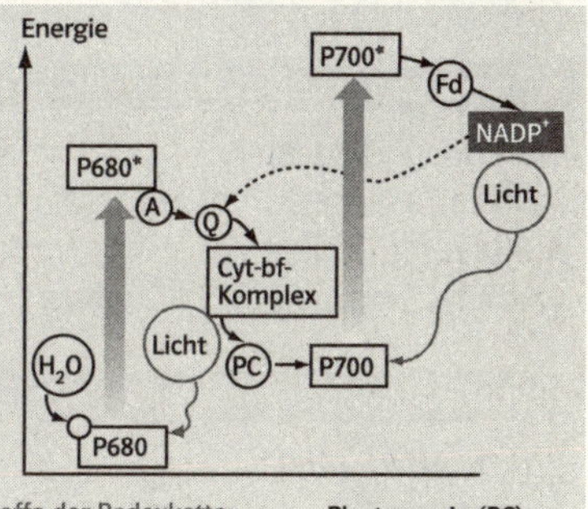

Stoffe der Redoxkette:
Plastochinon (Q)
Cytochrom-bf-Komplex
Plastocyanin (PC)
Ferredoxin (Fd)
$NADP^+$

3.5 Dunkelreaktion

- Fixierung von CO_2 an RubP, Bildung von PGS
- Reduktion von PGS zu GAP unter Verbrauch von $NADPH/H^+$ und ATP
- Bildung der Glucose
- Regeneration von RubP unter ATP-Verbrauch

Die Dunkelreaktion oder besser die lichtunabhängige Reaktion findet im Stroma der Chloroplasten statt. Werden die Produkte der Lichtreaktion ($NADPH/H^+$ und ATP) künstlich geliefert, so kann sie auch ohne Licht stattfinden.
Die Reaktionen werden durch Enzyme katalysiert und sind deshalb temperaturabhängig. Die Abfolge der einzelnen Reaktionsschritte wird Calvin-Zyklus genannt.

Die folgenden Stoffe spielen eine wichtige Rolle im Calvin-Zyklus:

Ribulose-1,5-bisphosphat	
= Ribulose-1,5-diphosphat Abkürzung RubP/RudP; es besteht aus fünf C-Atome wird also auch mit C_5 abgekürzt	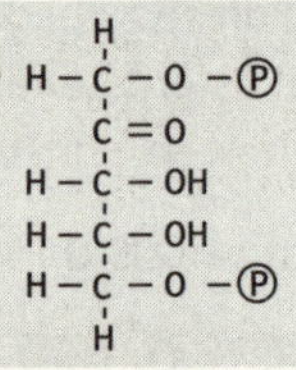

3-Phospho-Glycerinsäure	
= 3-Phosphoglycerat = Glycerinsäure-3-Phosphat; Abkürzung PGS oxidierte Form eines C_3-Körpers	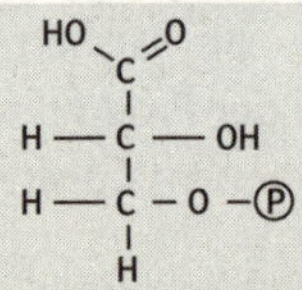

Glycerinaldehyd-3-Phosphat	
= Triose-Phosphat Abkürzung GAP reduzierte Form eines C_3-Körpers	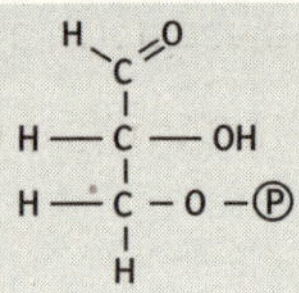

Phasen und Ablauf des Calvin-Zyklus

Fixierungsphase

6 CO_2 Moleküle werden an 6 RubP gebunden. Diese reagieren zu 6 instabilen C_6-Körpern, die unter Aufnahme von 6 H_2O zu 12 PGS zerfallen.

Reduktionsphase

Die 12 PGS-Moleküle werden durch 12NADPH/H^+ zu 12 GAP reduziert. Dazu sind auch 12 ATP nötig. Es entstehen 12 Moleküle H_2O, außerdem werden 12 $NADP^+$ und 12 ADP + Ⓟ frei, die in die Lichtreaktion zurücklaufen.

Glucosebildung

Zwei der 12 GAP-Moleküle bilden Glucose (und zwei Phosphat).

Regeneration von RubP

Die restlichen 10 GAP-Moleküle werden in einer komplexen Reaktionsfolge unter Aufwendung von 6 ATP zu 6 RubP umgebildet, die wieder als Akzeptormoleküle für CO_2 bereitstehen; der Kreislauf ist geschlossen.

Bilanz der Dunkelreaktion

$$6\,CO_2 + 12\,NADPH/H^+ + 18\,ATP$$
$$\rightarrow \quad C_6H_{12}O_6 + 6\,H_2O + 12\,NADP^+ + 18\,ADP + 18\,Ⓟ$$

Bilanz der Lichtreaktion

$$12\,H_2O + 12\,NADP^+ + 18\,ADP + 18\,Ⓟ$$
$$\rightarrow \quad 6\,O_2 + 12\,NADPH/H^+ + 18\,ATP$$

Addiert man die beiden Bilanzen und kürzt die Reduktions- und Energieäquivalente, so erhält man wieder die erweiterte Photosynthesegleichung:

$$6\,CO_2 + 12\,H_2O \rightarrow C_6H_{12}O_6 + 6\,O_2 + 6\,H_2O$$

Calvin-Zyklus

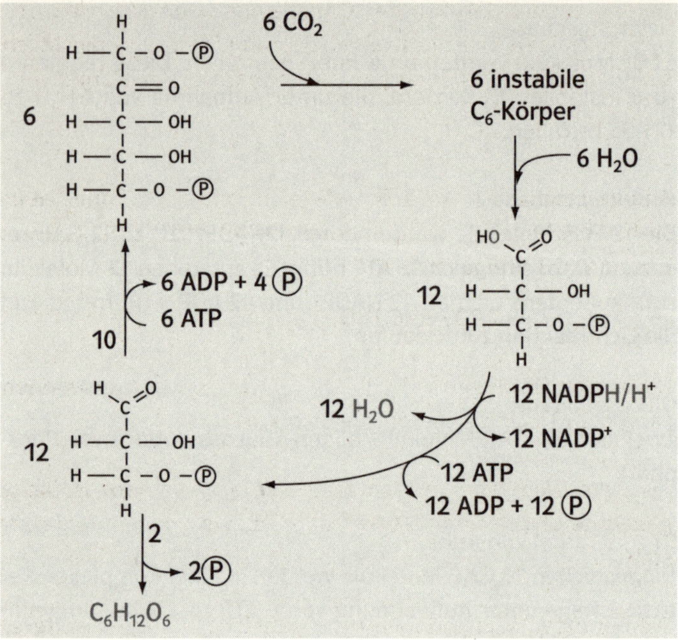

4 Stoffabbau

4.1 Überblick

Der Abbau der Glucose kann auf drei verschiedene Arten ablaufen, die abhängig vom Lebewesen und von den äußeren Bedingungen sind.

Im besten Fall verläuft der Abbau aerob, das heißt mit Sauerstoff. Dabei kann sehr viel Energie in Form von ATP gewonnen werden. Die meisten Organismen bauen die Glucose aerob zu Kohlenstoffdioxid und Wasser ab, falls Sauerstoff vorhanden ist.

$$C_6H_{12}O_6 + 6\,O_2 \rightarrow 6\,CO_2 + 6\,H_2O$$

Ohne Sauerstoff, also unter anaeroben Bedingungen, finden Gärungen statt. Ein Teil der Organismen kann Milchsäuregärung betreiben, beispielsweise alle Säugetiere und die Milchsäurebakterien. Das Endprodukt ist dabei die Milchsäure:

$$C_6H_{12}O_6 \rightarrow 2\,C_3H_6O_3$$

Andere Lebewesen wie z.B. Hefezellen betreiben ohne Sauerstoff die alkoholische Gärung. Neben Alkohol (Ethanol) wird hier auch CO_2 freigesetzt:

$$C_6H_{12}O_6 \rightarrow 2\,CO_2 + 2\,C_2H_6O$$

Bei beiden Gärungen wird nur sehr wenig Energie gewonnen, ca. $\frac{1}{19}$ der Menge des aeroben Abbaus.

Allen drei Wegen gemeinsam ist der Anfang des Abbaus. Die so genannte Glycolyse findet bei allen Lebewesen im Zytoplasma statt.

Die Gärungen sind ebenfalls hier angesiedelt. Für den weiteren aeroben Abbau sind bei höheren Organismen die Mitochondrien zuständig.

4.2 Glycolyse

- Glucose wird zu zwei Brenztraubensäuremolekülen
- Es entstehen 2 $NADH/H^+$ und 2 ATP
- Ort der Glycolyse ist das Zytoplasma

Der erste Abschnitt des Glucoseabbaus findet im Zytoplasma statt. Glucose wird aktiviert, zweigeteilt und schließlich oxidiert. Am Ende steht die Brenztraubensäure (= Pyruvat).

Glycolyse

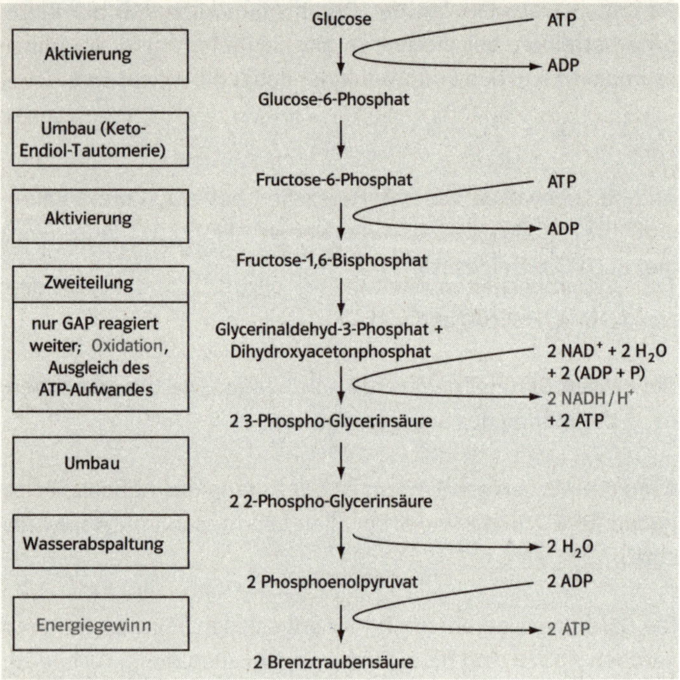

Summengleichung der Glycolyse

$$C_6H_{12}O_6 \quad + 2\,NAD^+ \quad + 2(ADP + Ⓟ)$$
$$\rightarrow \quad 2\,C_3H_4O_3 \quad + 2\,NADH/H^+ \quad + 2\,ATP$$

4.3 Aerober Abbau – Atmung

- Oxidative Decarboxylierung zu Acetyl-CoA
- Zitronensäurezyklus: Abbau zu $4\,CO_2$, Gewinn von 2 ATP, 6 $NADH/H^+$, 2 $FADH_2$; Verbrauch von 6 H_2O
- Atmungskette: $NADH/H^+$ und $FADH_2$ reagieren mit Sauerstoff zu NAD^+, FAD und Wasser
- Dabei findet Synthese von ATP statt

Beim aeroben Abbau steht durch die Atmungskette in den Mitochondrien eine Möglichkeit zur Verfügung, das in der Glycolyse gebildete NADH/H$^+$ mit Sauerstoff zu NAD$^+$ und Wasser zu regenerieren, so dass es wieder eingesetzt werden kann. Daher kann auch im weiteren Verlauf des Abbaus NADH/H$^+$ gewonnen werden.

Zunächst findet die oxidative Decarboxylierung statt: Brenztraubensäure wird oxidiert und decarboxyliert, das heißt, es wird CO_2 abgespalten. Gleichzeitig wird das Produkt mit dem Coenzym A (HSCoA) aktiviert.

oxidative Decarboxylierung

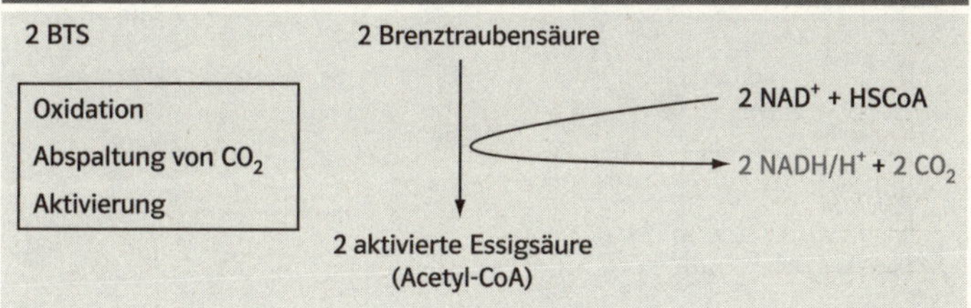

Im Anschluss findet der Zitronensäurezyklus (= Zitratzyklus, Tricarbonsäurezyklus, Krebszyklus) statt. Die beiden aktivierten Essigsäuremoleküle werden vollständig zu CO_2 oxidiert. Es werden dabei 6 Moleküle Wasser verbraucht. Gewonnen werden 2 Moleküle ATP (eigentlich GTP), 6 Moleküle NADH/H$^+$ und 2 Moleküle $FADH_2$.

Die Moleküle des Kreisprozesses werden mit C_6, C_5 und C_4 abgekürzt. Das erste C_6-Molekül ist die Zitronensäure, das erste und letzte C_4-Molekül heißt Oxalessigsäure.

Zitronensäurezyklus

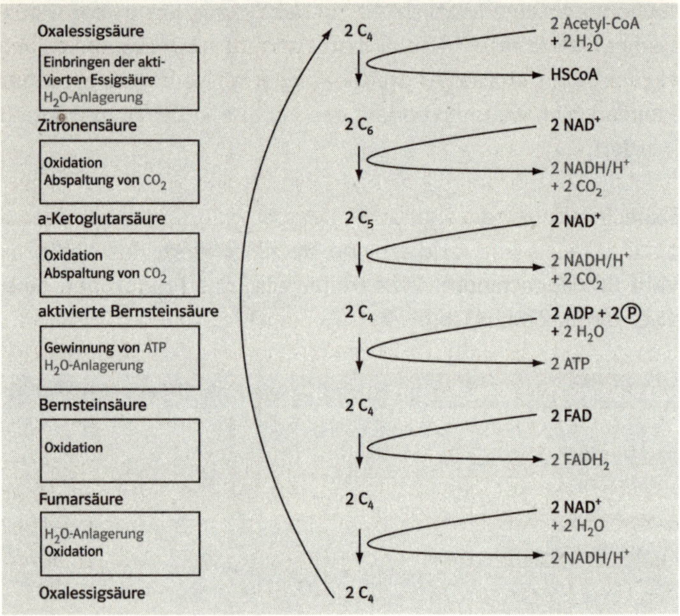

Alle gebildeten Reduktionsäquivalente, also $NADH/H^+$ und $FADH_2$ werden beim aeroben Abbau in der Atmungskette regeneriert. Dabei ist ein großer ATP-Gewinn verbunden: Pro $NADH/H^+$ werden 3 ATP gewonnen, $FADH_2$ liefert 2 ATP.

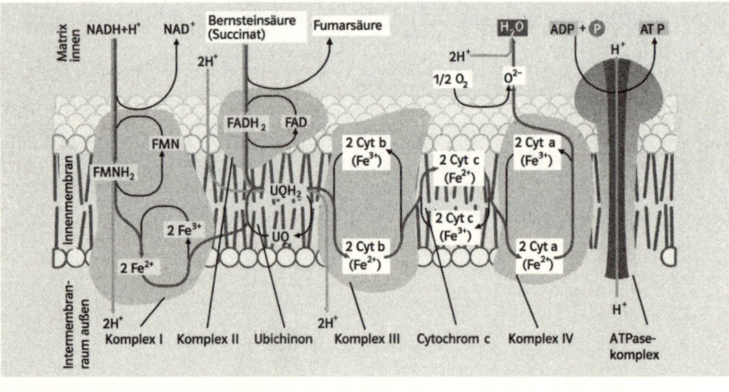

Die Atmungskette findet an den inneren Mitochondrienmembranen statt. Die Elektronen der Reduktionsäquivalente werden in eine Elektronentransportkette überführt, die sie letztlich auf ein Sauerstoffatom überträgt, das dann mit zwei H^+-Ionen ein Molekül H_2O bildet.

An der Elektronentransportkette sind Redoxsysteme beteiligt: FMN, Ubichinon und Cytochrom a, b und c.

FMN und Ubichinon nehmen jeweils zwei Elektronen und gleichzeitig zwei H^+-Ionen auf. Bei der Elektronenabgabe werden auch die H^+-Ionen wieder abgegeben. Die Aufnahme der H^+-Ionen erfolgt auf der Matrixseite, die Abgabe im Intermembranraum. Cytochrom a, b und c leiten nur die Elektronen weiter. Bei der Weitergabe an Sauerstoff in der Matrix bildet sich mit weiteren H^+-Ionen Wasser. So wird die Zahl der H^+-Ionen in der Matrix geringer, im Intermembranraum immer mehr. Dieser Protonengradient wird ausgeglichen, indem die H^+-Ionen durch die ATPase strömen. Dabei entsteht ATP.

$NADH/H^+$ gibt seine Elektronen und Protonen an FMN ab, $FADH_2$ an Ubichinon. Bei der Oxidation des $FADH_2$ werden deshalb insgesamt weniger H^+-Ionen von der Matrix in den Intermembranraum gebracht; deshalb liefert die Oxidation des $FADH_2$ nur 2 ATP, die von $NADH/H^+$ dagegen 3 ATP.

Auf dem gesamten Abbauweg der Glucose sind insgesamt 10 $NADH/H^+$ und 2 $FADH_2$ entstanden. Die Atmungskette liefert bei deren Oxidation also $10 \cdot 3 + 2 \cdot 2 = 34$ ATP. Nimmt man die 2 ATP aus der Glycolyse und die 2 ATP aus dem Zitronensäurezyklus dazu, erhält man 38 Moleküle ATP.

Wirkungsgrad: Ein Mol ATP speichert 30,5 kJ Energie, also erhält man $38 \cdot 30{,}5 = 1159$ kJ beim aeroben Abbau der Glucose. Der Energiegehalt von einem Mol Glucose entspricht 2872 kJ. Damit beträgt der Wirkungsgrad des aeroben Abbaus ca. 40 %. Der Rest wird als Wärmeenergie frei.

Wenn die Atmungskette durch Gifte wie z. B. KCN (»Cyankali«) blockiert wird, kann die Zelle nur auf anaerobe Abbauwege zurückgreifen, obwohl Sauerstoff anwesend ist. Dabei entsteht aber wesentlich weniger Energie.

4.4 Anaerober Abbau – Gärungen

- Ohne Sauerstoff kann $NADH/H^+$ nicht regeneriert werden
- Nach der Glycolyse müssen die zwei $NADH/H^+$ durch Brenztraubensäure oder Ethanal oxidiert werden
- Nur 2 ATP pro Glucose aus Glycolyse

Bei den beiden Gärungen (alkoholische Gärung, Milchsäuregärung) können die Reduktionsäquivalente aus der Glycolyse, also zwei $NADH/H^+$ pro Glucose, **nicht durch** Sauerstoff regeneriert werden (anaerob = ohne Sauerstoff!). Damit die Glycolyse aber weiter ablaufen kann, werden Brenztraubensäure bzw. ein Abbauprodukt der Brenztraubensäure (Ethanal) als Elektronenakzeptor genutzt:

Milchsäuregärung (z. B. in Muskelzellen, Kariesbakterien, Milchsäurebakterien im anaeroben Milieu)

$$\underset{\text{Brenztraubensäure}}{2\,C_3H_4O_3} + 2\,NADH/H^+ \rightarrow \underset{\text{Milchsäure}}{2\,C_3H_6O_3} + 2\,NAD^+$$

Alkoholische Gärung (z. B. in Hefezellen)

$$\underset{\text{Brenztraubensäure}}{2\,C_3H_4O_3} \rightarrow \underset{\text{Ethanal}}{2\,C_2H_4O} + 2\,CO_2$$

$$\underset{\text{Ethanal}}{2\,C_2H_4O} + 2\,NADH/H^+ \rightarrow \underset{\text{Ethanol}}{2\,C_2H_6O} + 2\,NAD^+$$

$$\underset{\text{Brenztraubensäure}}{2\,C_3H_4O_3} + 2\,NADH/H^+ \rightarrow 2\,CO_2 + \underset{\text{Ethanol}}{2\,C_2H_6O} + 2\,NAD^+$$

Bei diesen Wegen entstehen mit der Milchsäure bzw. dem Trinkalkohol Stoffe, die noch recht energiereich sind. Der Energiegehalt der Glucose kann hier nur zu einem sehr kleinen Teil genutzt werden: Es werden pro Glucosemolekül nur 2 Moleküle ATP (aus der Glycolyse) gebildet. Der aerobe Abbau liefert 38 ATP!

Deshalb wird bei den Gärungen mehr Glucose verbraucht, um die gleiche Energiemenge zu erhalten, so z. B. bei Hefezellen, die sowohl aerob als auch anaerob arbeiten können. Nur wenn man Hefezellen unter Luftabschluss hält, produzieren sie Alkohol (z. B. beim Bierbrauen) und Kohlenstoffdioxid (beim Backen wichtig).

Beim Menschen können die Muskelzellen bei größerer Belastung in den anaeroben Bereich kommen und Milchsäuregärung betreiben. Dies ist an einem Brennen des Muskels zu bemerken.

Das Bakterium Streptococcus mutans betreibt im Mund der Menschen Milchsäuregärung; die Milchsäure greift den Zahnschmelz an und verursacht Karies.

Andere Milchsäurebakterien werden bei der Joghurtgewinnung oder bei der Herstellung von Sauerkraut eingesetzt.

Ökologie

1 Umweltfaktoren

1.1 Abiotische Umweltfaktoren

Die Ökologie befasst sich mit den Wechselbeziehungen der Lebewesen untereinander und mit ihrer Umwelt. Betrachtet man die Lebewesen isoliert und untersucht ihre Ansprüche an die Umwelt, so betreibt man Autökologie. Unter den abiotischen Umweltfaktoren versteht man die unbelebten Faktoren, vor allem Licht, Temperatur, Wassergehalt von Luft und Boden, pH-Wert, Mineralstoffangebot oder Wind.

Allgemein kann man für die abiotischen Faktoren folgende Kurve auftragen, aus der man den **Toleranzbereich** bezüglich des Umweltfaktors ablesen kann. Ist dieser weit, so spricht man von einer **euryöken** Art, ist er dagegen eng, so nennt man die Art **stenök** bezüglich des Faktors. So ist die Forelle z.B. eine kaltstenotherme Fischart, sie verträgt also nur kaltes Wasser.

Toleranzbereich

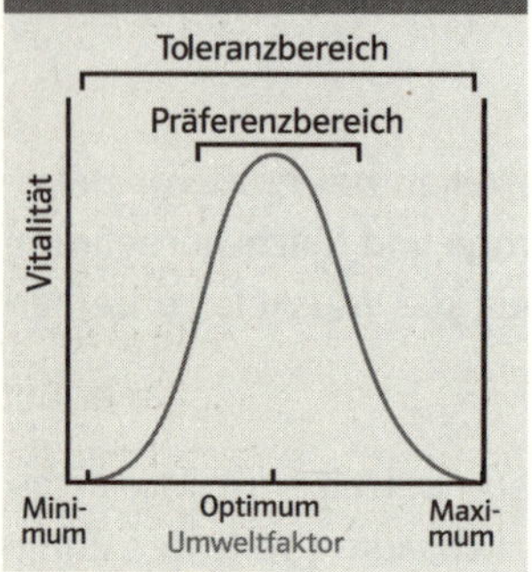

Pflanzen und Tiere zeigen zahlreiche Anpassungen an die Umweltfaktoren (im Bereich der Evolution findet man die Umweltfaktoren als Selektionsfaktoren wieder).

Pflanzen und Licht: Pflanzen können den Photosyntheseapparat an wenig oder viel Licht anpassen. **Starklichtpflanzen** nutzen das Licht besser aus, benötigen aber auch mehr Licht, um die Atmung zu kompensieren; bei **Schwachlichtpflanzen** ist es umgekehrt. Sonnenblätter haben mehr photosynthetisch aktives Gewebe. Durch das Licht werden auch die Keimung und die Blütenbildung beeinflusst.

Pflanzen und Feuchtigkeit: Anpassungen an Trockenheit sind eine dicke Epidermis mit Wachsauflage, tote, luftgefüllte Haare als Verdunstungsschutz, versenkte Spaltöffnungen und stark verholzte, kleine Blätter. Pflanzen mit diesen Anpassungen nennt man Xerophyten. Andere Pflanzen haben Wasserspeicherorgane (wie z.B. Kakteen). Man nennt sie Sukkulenten. Auch zu viel Wasser erfordert eine bestimmte Anpassung. Dünne, zarte und große Blätter mit erhöhten Spaltöffnungen sind die typischen Erscheinungsformen der Hygrophyten.

Pflanzen und pH-Wert/Mineralstoffangebot: Pflanzen sind auf ausreichend Mineralien angewiesen. Die wichtigsten sind Kalium, Stickstoff und Phosphor, aber auch Magnesium, Calcium, Eisen und andere Spurenelemente. Nach Justus von Liebig begrenzt der Mineralstoff, der am wenigsten zur Verfügung steht, das Wachstum. Bei bestimmten pH-Werten bzw. Mineralstoffangeboten gibt es Pflanzen, die diese Faktoren besonders gut nutzen, aber nur in einem engen Toleranzbereich auftreten. Sie werden als Zeigerarten bezeichnet.

Tiere und Temperatur: Vor allem die gleichwarmen Tiere (homoiotherme Tiere) sind an extreme Temperaturen angepasst. Die Bergmann'sche Regel besagt, dass nah verwandte Tiere in kälteren Regionen größer sind (z.B. Pinguine). Dies hängt mit dem günstigeren Oberflächen-/Volumenverhältnis und der geringeren Wärmeabstrahlung zusammen. Nach der Allen'schen Regel besitzen Tiere in kälteren Regionen kleinere Körperanhänge (vor allem Ohren, Schwänze, z.B. bei den Füchsen). Wechselwarme (poikilotherme) Tiere können die Temperatur nur über ihr Verhalten regulieren, z. B. indem sie sich in die Sonne legen oder den Schatten aufsuchen.

Tiere und Wasser: Einige Tierarten haben sich an Wassermangel angepasst; sie schwitzen wenig, geben wenig Wasser über Urin oder Kot ab und verwerten das Stoffwechselwasser gut.

1.2 Biotische Umweltfaktoren

Die biotischen Umweltfaktoren sind im Wesentlichen: Fressfeinde, Beute, Konkurrenten, Bestäuber, Parasiten, Krankheitserreger, Symbionten und Geschlechtspartner. Auch bezüglich dieser Faktoren gibt es zahlreiche Anpassungen, z. B. Tarn- oder Warnfarben, lockende Farben oder Immunsysteme gegen Krankheitserreger.

Vor allem die Konkurrenz fördert die Anpassungen an neue Umweltbedingungen. Man unterscheidet die zwischenartliche oder interspezifische Konkurrenz und die innerartliche bzw. intraspezifische Konkurrenz. Innerhalb der Art ist die Konkurrenz am größten, weil die Lebewesen die ähnlichsten Ansprüche an ihre Umwelt haben.

Wenn zwei verschiedene Arten genau dieselben Ansprüche an ihre Umwelt haben, so wird eine davon diese besser nutzen können und die andere Art verdrängen. Dies nennt man das Konkurrenzausschlussprinzip.

1.3 Die ökologische Nische

Fasst man alle abiotischen und biotischen Ansprüche einer Art zusammen, so spricht man von der ökologischen Nische. Dieser Begriff ist keine Ortsangabe! Die ökologische Nische einer Art umfasst zwar auch ihren Lebensraum, beinhaltet aber auch die

Aktivitätszeit, Nahrung, Temperatur etc. Zur Beschreibung der ökologischen Nische einer Art muss man alle Faktoren angeben, die für die Art wichtig sind.

Für jede ökologische Nische kann nur eine Art existieren (Konkurrenzausschlussprinzip). So kann schon die Aktivitätszeit eine Nische verändern. Wenn also eine Tierart morgens und die andere abends aktiv ist, können beide alle anderen Ansprüche an ihre Umwelt gemeinsam haben.

Das Besetzen von ökologischen Nischen ist bei der Evolution der Arten sehr wichtig. Wenn eine Population sehr groß geworden ist, kann eine zufällige Veränderung eines Lebewesens, die ihm eine neue, unbesetzte ökologische Nische erschließt, einen großen Vorteil darstellen. Das Lebewesen vermehrt sich und gibt seine Veränderung an die Nachkommen weiter, die der Konkurrenz durch den Rest der Population entgehen. Wird das Mischen der Gene verhindert, können so neue Arten entstehen (siehe Kapitel Evolution).

2 Populationsökologie

- Viele Populationen entwickeln sich nach einem typischen Verlauf, der logistischen Wachstumskurve
- Die Größe von Populationen wird geregelt
- Regeln von Lotka und Volterra

Vor allem Bakterienkolonien, aber auch die Populationen anderer Lebewesen entwickeln sich in einem neuen Lebensraum in folgenden Phasen:

1. **Anlaufphase**: Hier findet die Anpassung an den neuen Lebensraum statt, die Vermehrung ist noch nicht exponentiell.
2. **Vermehrungsphase**: Die Vermehrung ist nahezu exponentiell, es findet also eine Verdoppelung der Population pro Zeiteinheit statt; dieses exponentielle Wachstum wird allerdings sehr bald durch die begrenzten Ressourcen der Umwelt in das logistische Wachstum abgeändert. Die Umweltkapazität bremst das exponentielle Wachstum.
3. **Stationäre Phase**: Das Wachstum ist praktisch null, es sterben genauso viele Individuen, wie entstehen.
4. **Absterbephase**: Diese Phase gibt es vor allem bei Bakterien: Durch Anhäufung von Stoffwechselprodukten und Nahrungsmangel sterben mehr Bakterien ab, als neu gebildet werden.

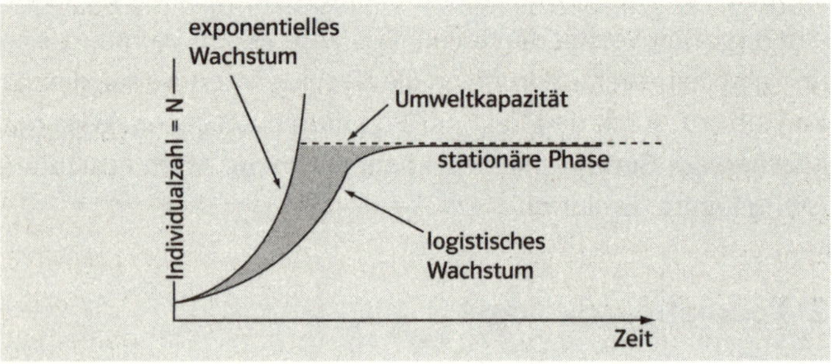

Die logistische Wachstumskurve zeigt einen sigmoiden Verlauf; die Absterbephase ist in der Grafik nicht berücksichtigt. Das Populationswachstum wird durch mehrere Faktoren begrenzt: durch dichteunabhängige Faktoren wie Umweltkatastrophen oder Klimaänderungen, aber vor allem durch **dichteabhängige Faktoren**, die also von der Größe der Population abhängen. Dies sind z. B.

- Nahrungsangebot
- sozialer Stress
- Krankheitserreger
- Fressfeinde.

Hier stellen sich Regelkreise ein, das bedeutet gegenseitige Wechselwirkungen zwischen Populationsdichte und regelndem Faktor.

Die Wechselwirkungen zwischen Räuber und Beute wurden durch die Mathematiker Lotka und Volterra durch drei Regeln beschrieben:

1. Die Individuenzahl der Räuber- und Beutepopulationen schwankt periodisch, dabei sind die Maxima phasenverschoben.
2. Die mittlere Individuenzahl bleibt aber trotz Schwankungen konstant.
3. Wird durch einen Außenfaktor die Individuenzahl von Räuber und Beute gleichermaßen verringert, erholt sich die Beutepopulation schneller als die Räuberpopulation.

Die dritte Regel begründet das schnelle Wiederauftreten von Schädlingen nach einem Gifteinsatz, der auch die Fressfeinde der Schädlinge getötet hat.

Ein besonderes Wachstum zeigt im Moment noch die Weltbevölkerung. Das Wachstum der Menschheit ist weder logistisch noch exponentiell, sondern überexponentiell. Das bedeutet, dass die Verdoppelungszeiten der Weltbevölkerung immer kürzer werden.

Zahlreiche Probleme der Menschheit hängen mit der hohen Bevölkerungsdichte zusammen: Nahrungsmangel, Umweltverschmutzung oder Kriege würden bei den Bevölkerungszahlen, die vor 2000 Jahren herrschten, nicht die Bedeutung von heute haben. Es wird große politische Anstrengungen kosten, das Wachstum der Weltbevölkerung aufzuhalten, so dass nicht die zunehmende Lebensfeindlichkeit der Erde natürliche, menschenfeindliche Grenzen setzt.

3 Ökosystem See

3.1 Gliederung

- Fachbegriffe: Pelagial, Benthal, Litoral, Profundal, Epi-, Meta- und Hypolimnion, trophogene und tropholytische Zone, Kompensationsebene
- Jahreszeitliche Veränderung des O_2-, CO_2- und Mineralstoffgehalts der verschiedenen Seebereiche wegen der unterschiedlichen Temperaturschichtung

Seen können auf verschiedene Weisen gegliedert werden:

- In Ufer- und Freiwasserbereiche: Das Freiwasser heißt **Pelagial**, der Seeboden wird **Benthal** genannt. Er gliedert sich in das pflanzenbewachsene **Litoral** mit verschiedenen Pflanzengürteln und den pflanzenlosen Seeboden, das **Profundal**.
- In Temperaturbereiche: Im Sommer besteht der See aus der warmen Deckschicht, dem **Epilimnion**, aus der Sprungschicht, in der die Temperatur sehr schnell abnimmt (**Metalimnion**) und der kalten Tiefenschicht, dem **Hypolimnion**.
- In energetisch unterschiedliche Zonen: In der lichtreichen Zone findet durch Phytoplankton und Wasserpflanzen Produktion von energiereichen Stoffen statt. Diese Zone heißt **trophogene Zone (Nährschicht)**. Im dunklen Bereich des Sees werden energiereiche Stoffe durch Konsumenten und Destruenten abgebaut: Es handelt sich um die **tropholytische Zone (Zehrschicht)**. Der Bereich dazwischen wird **Kompensationsebene** genannt.

Die Temperaturverteilung und die Verteilung der Mineralstoffe ändert sich bedingt durch die physikalischen Eigenschaften des Wassers im Laufe der Jahreszeiten. Entscheidend ist dabei,

Frühjahrszirkulation

In allen Bereichen herrscht eine Temperatur von 4 °C, also gleiche Dichte. Winde wälzen das Wasser um und sorgen so für eine gleichmäßige Verteilung von Mineralien, Sauerstoff und CO_2.

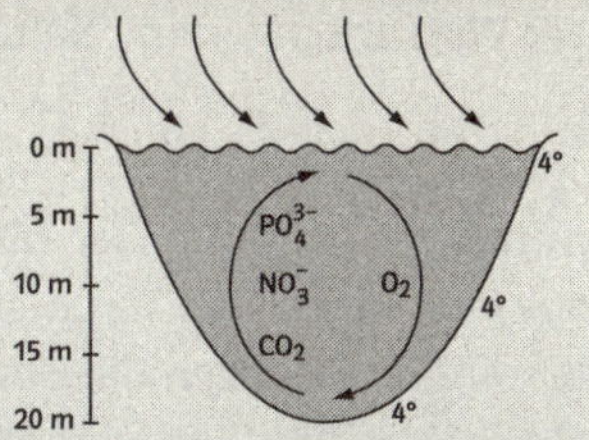

Sommerstagnation

Nur im warmen Oberflächenwasser findet eine Zirkulation statt. Hier gibt es wegen der Photosyntheseaktivität des Phytoplanktons viel Sauerstoff, aber wenig CO_2 und Mineralstoffe. Die Sprungschicht trennt das kalte Tiefenwasser ab. Hier gibt es durch die Destruententätigkeit viel CO_2 und viele Mineralien, aber wenig Sauerstoff.

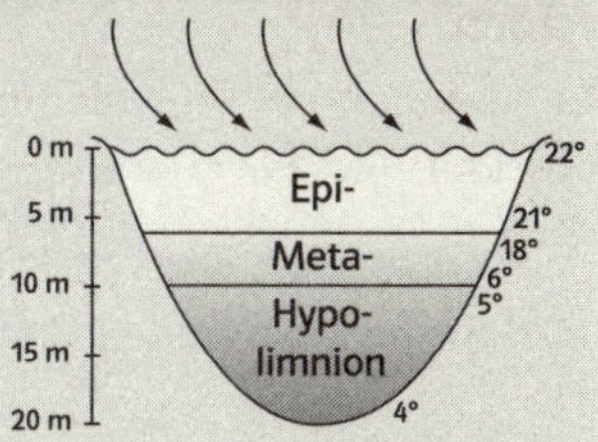

Herbstzirkulation

Das Wasser ist wieder überall 4 °C kalt, starke Herbststürme verteilen alle Stoffe gleichmäßig im Wasser.

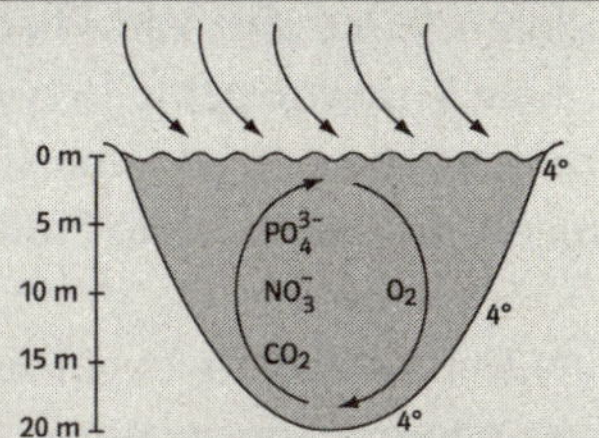

Winterstagnation

Eine Eisschicht bedeckt den See, nach unten nimmt die Temperatur bis 4 °C zu. Es findet keine Durchmischung statt, so dass sich in der Tiefe wieder CO_2 und Mineralstoffe ansammeln, während sich weiter oben Sauerstoff anreichert.

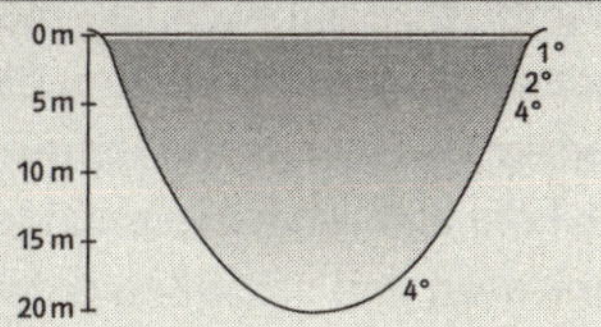

dass Wasser bei 4 °C die größte Dichte besitzt und als Eis auf dem Wasser schwimmt. Kaltes Wasser kann höhere Mengen an Gasen lösen, deshalb ist der Sauerstoffgehalt der trophogenen Zone im Winter höher als im Sommer, obwohl weniger Photosynthese stattfindet. Der Mineralstoffgehalt der trophogenen Zone nimmt im Frühsommer schnell ab, da die sich stark vermehrenden Pflanzen die Stoffe aufnehmen. Sterben sie ab, so fallen sie nach unten und werden durch Destruenten zersetzt, so dass dort die Mineralstoffe (Nitrat, Phosphat) wieder frei werden.

3.2 Nahrungsbeziehung

- Produzenten, Konsumenten, Destruenten
- Nahrungspyramide, Nahrungskette, Nahrungsnetz

Pflanzen betreiben Photosynthese und stellen energiereiche Stoffe her. Man nennt sie **Produzenten**. Tiere müssen die energiereichen Stoffe aufnehmen, daher nennt man sie **Konsumenten**. Hier unterscheidet man Konsumenten 1. Ordnung (Konsumenten I), die sich von Pflanzen ernähren, und Konsumenten 2. oder 3. Ordnung, die sich von den Konsumenten der vorigen Stufe ernähren. Man kann sie in einer **Nahrungspyramide** darstellen, die als Basis die Produzenten enthält.

Eine **Nahrungskette** beginnt ebenfalls mit einem Produzenten, es folgen die Konsumenten 1., 2. und 3. Ordnung. Man spricht hier von **Trophieebenen**. Beispiel: Phytoplankton, Zooplankton, Friedfisch, Raubfisch. Da die einzelnen Glieder der Nahrungskette Teile verschiedenener Nahrungsketten sind, ergibt sich in jedem Ökosystem ein **Nahrungsnetz**. Die Destruenten sind auch Teil der Nahrungsbeziehungen. Sie zersetzen abgestorbene Lebewesen und schließen damit die Stoffkreisläufe.

3.3 Stoffkreisläufe

Kohlenstoffkreislauf

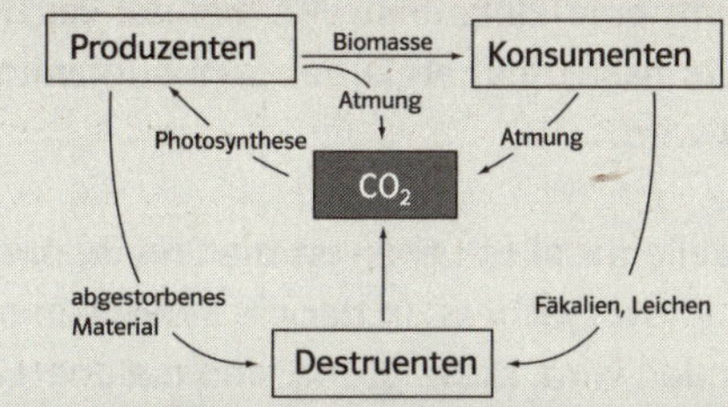

Sauerstoffkreislauf

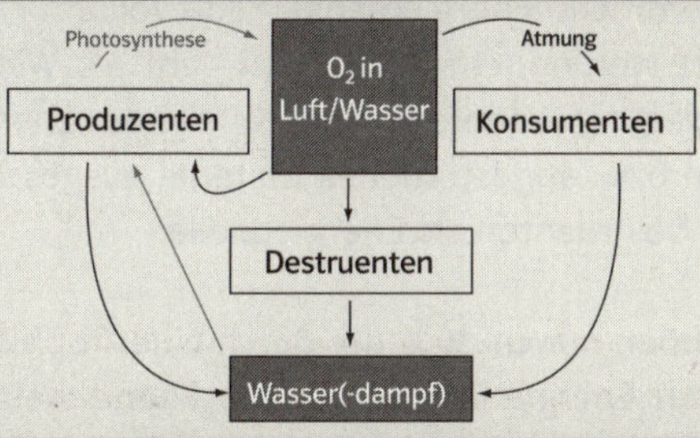

Stickstoffkreislauf

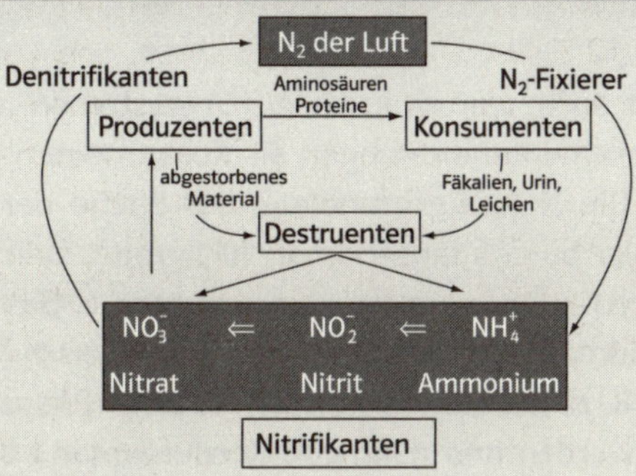

N_2-Fixierer sind z.B. Knöllchenbakterien; sie leben in den Wurzelknöllchen der Schmetterlingsblütler. Nitrifikanten und Denitrifikanten sind ebenfalls Bakterien. Auch im Stickstoffkreislauf fungieren die Produzenten stoffabbauend: Nur sie können aus anorganischem Nitrat organische Aminosäuren herstellen, die die Basis für die Proteinsynthese der Konsumenten sind.

3.4 Energiefluss

Im Gegensatz zu den Stoffkreisläufen handelt es sich beim Energiefluss um eine Einbahnstraße, bei der nach thermodynamischen Grundsätzen Energie der Sonne letztlich in Wärme umgewandelt wird.

Die Energiequelle für alles Leben ist die Sonne; ihre Lichtenergie speist die Photosynthese, in der die Energie in organischen Stoffen gebunden wird. Diese Stoffe sind die Energiequelle für alle folgenden Trophieebenen sowie für die Destruenten. Nicht alle aufgenommene Energiemenge kann völlig für das Wachstum genutzt werden; ein großer Teil geht als Wärmeenergie und für Bewegung »verloren«. Andere Teile der Energie werden als Kot, Urin bzw. abgestorbenes Material ausgeschieden und dienen den Destruenten als Energiequelle.

Deshalb werden nur ca. 10 % der durch eine Trophieebene aufgenommenen Energie an die nächste Ebene weitergegeben, z.B. von den Konsumenten 1. Ordnung an die Konsumenten 2. Ordnung.

Dies erklärt auch, warum in vielen Ökosystemen meist keine höhere Konsumentenordnungen als Konsumenten 3. Ordnung existieren: Die Nahrungsgrundlage auf Ebene der Produzenten muss hier bereits tausendmal (10^3) größer sein als die der Konsumenten 3. Ordnung, bei Konsumenten 4. Ordnung sogar zehntausendmal (10^4); das heißt, um 1 kg »Fleisch« eines Konsumenten III zu erzeugen, müssen 1000 kg Pflanzenmaterial produziert werden und dann von Konsumenten I über Konsumenten II an die Konsumenten III weitergegeben werden.

4 Eingriffe des Menschen in Ökosysteme

4.1 Gewässer

Auch ohne Einfluss des Menschen gelangen durch Blätter, Einschwemmungen, Kot und Urin von Tieren etc. immer mehr Mineralstoffe in einen See. Vor allem das eingetragene Phosphat hat hier als Minimumsfaktor die Folge, dass das Pflanzenwachstum steigt. Damit gelangt aber auch mehr abgestorbenes organisches Material zum Seegrund, das dort wieder mineralisiert wird. Für den Abbau benötigen die meisten Destruenten Sauerstoff. In sehr mineralstoffhaltigen, also eutrophen Seen ist der Boden des Sees im Sommer ohne Sauerstoff; dort finden dann anaerobe Abbauvorgänge statt und es entsteht Faulschlamm. In geologischen Zeiträumen verlanden solche Seen.

Gelangt nun durch anthropogenen Einfluss noch mehr Phosphat z.B. aus Abwässern in einen See, so hypertrophiert er: Dies kann vor allem im Sommer dazu führen, dass weite Bereiche des Sees ohne Sauerstoff sind und durch Fäulnis giftige Gase wie Ammoniak, Schwefelwasserstoff und Methan entstehen. Pflanzen und Tiere können hier nicht leben.

Vorbeugend wirken hier dreistufige Kläranlagen, die durch mechanische, biologische und chemische Reinigungsstufen die Abwässer von den meisten Mineralstoffen befreien.

4.2 Landwirtschaft und Waldbau

Landwirte und Waldbauern sind aus ökonomischen Gründen auf einen hohen Ertrag ihrer Felder angewiesen. Deshalb werden Düngemittel eingesetzt, die das Wachstum der Feldfrüchte fördern. Dabei kann organischer Dünger (Mist, Gülle) oder Mineraldünger verwendet werden. Problematisch kann zu starker Düngereinsatz sein, weil die überschüssigen Mineralien in Grundwasser, Flüsse und Seen gelangen und entweder zu Gesundheitsschäden des Menschen oder zur Eutrophierung der Gewässer beitragen.

Zum Zweiten werden Pestizide eingesetzt, die Pilzkrankheiten, Unkraut und Schäden durch Insekten verhindern sollen. Dies stellt Eingriffe in das natürliche Ökosystem dar. So können neben den »Schädlingen« auch immer »Nützlinge« mitgetroffen werden. Gemäß der 3. Lotka-Volterra-Regel kann dies sogar zu einer stärkeren Vermehrung der »Schädlinge« führen.

Neben den Pestiziden gibt es auch physikalische und biologische Schädlingsbekämpfung, z.B. durch Einsatz natürlicher »Schädlings«feinde bzw. »Schädlings«parasiten, Pheromonfallen, Sterilisieren von Männchen oder Absammeln von Insekten. Auch gentechnische Veränderungen können Schädlingsbefall verhindern.

Im integrierten Pflanzenschutz versucht man, durch günstige Anbaumethoden, sinnvolle Sortenauswahl und biologische Schädlingsbekämpfung für ausreichend Ertrag zu sorgen, setzt aber im Notfall auch »Chemie« ein.

4.3 Luftverschmutzung, Treibhauseffekt

- CO_2 ⇒ Treibhauseffekt
- SO_2, NO_x ⇒ saurer Regen
- NO_x ⇒ hoher Ozongehalt am Boden im Sommer
- FCKW ⇒ Zerstörung der Ozonschicht (»Ozonloch«)

Seit der Industrialisierung werden vermehrt verschiedene Gase in die Atmosphäre gebracht, die schädliche Wirkungen haben. Der Ausstoß der Gase wird Emission genannt.

Das Verbrennen der fossilen Energieträger Erdöl und Kohle erhöht die CO_2-Konzentration der Atmosphäre und führt durch den Treibhauseffekt zur Erwärmung der Erde. Folgen können Klimawandel und Anstieg der Meeresspiegel sein. Hier hilft nur der Verzicht auf fossile Energieträger.

Beim Verbrennen von Kohle und Öl werden auch schwefelhaltige Verbindungen mitverbrannt, Schwefeldioxid (SO_2) wird ausgestoßen. Es verbindet sich mit Luftsauerstoff und Regenwasser zu Schwefelsäure. Der saure Regen zerstört Pflanzen, vor allem Wälder und schadet Bauwerken. Entschwefelung der Abgase führt hier zu guten Ergebnissen.

Bei den hohen Verbrennungstemperaturen in Motoren entstehen aus Luftstickstoff und Sauerstoff Stickoxide NO_x. Sie tragen ebenfalls zum sauren Regen bei und katalysieren die Bildung von bodennahem Ozon, das die Atemwege reizt. Abgaskatalysatoren führen zum Zerfall der Stickoxide.

Die Treibgase FCKW, die nur noch selten eingesetzt werden, können noch in 30 Jahren die Ozonschicht der Erde zerstören, die schädliche UV-Strahlen abhält. Außer dem Verzicht auf diese Mittel gibt es keine Abhilfe.

Neurobiologie

1 Das Neuron

Eine Nervenzelle kann sehr unterschiedlich aussehen. Exemplarisch sei hier das Motoneuron dargestellt, das Nervenimpulse zu den Muskeln leitet.

Motoneuron

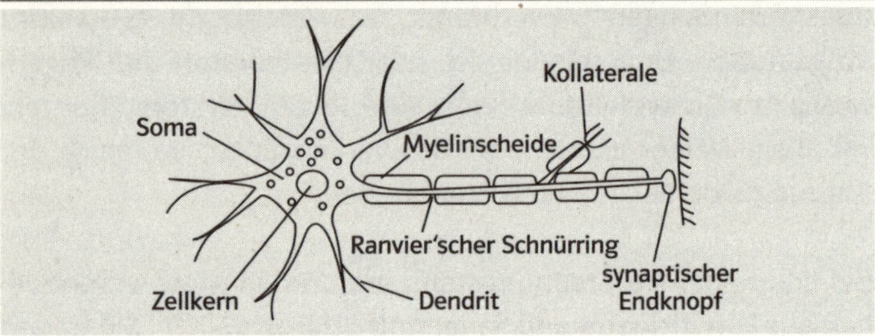

Es gibt den Zellkörper (Soma), der den Zellkern enthält, außerdem viele Mitochondrien, Golgi-Apparat, ER und Ribosomen. Die Fortsätze heißen Dendriten. An ihnen und am Soma setzen die Ausläufer anderer Nervenzellen an.

Ein Fortsatz ist besonders lang: das Axon. Es entspringt am Axonhügel und endet im synaptischen Endknopf. Abzweigungen werden Kollaterale genannt. Das Axon kann von einer Myelinscheide umgeben sein, die durch Gliazellen gebildet wird. Die Einschnürungen heißen Ranvier'sche Schnürringe.

Das Axon leitet einen elektrischen Impuls, der am Axonhügel entsteht, zum Endknopf weiter. An der Kontaktstelle des Endknopfs zur nächsten Nervenzelle, der Synapse (beim Motoneuron motorische Endplatte) erfolgt die chemische Weiterleitung.

2 Nervensystem und Gehirn

2.1 Gliederung

Man kann das Nervensystem in das periphere Nervensystem und das zentrale Nervensystem (ZNS) gliedern. Zum ZNS gehören Rückenmark und Gehirn, die anderen Nerven gehören zum peripheren Nervensystem. Dort unterscheidet man efferente Nerven, die vom ZNS wegführen und afferente Nerven, die zum ZNS hinführen. Außerdem lässt sich das Nervensystem in das animale (willkürliche) und das vegetative (unwillkürliche, autonome) Nervensystem gliedern.

Gliederung

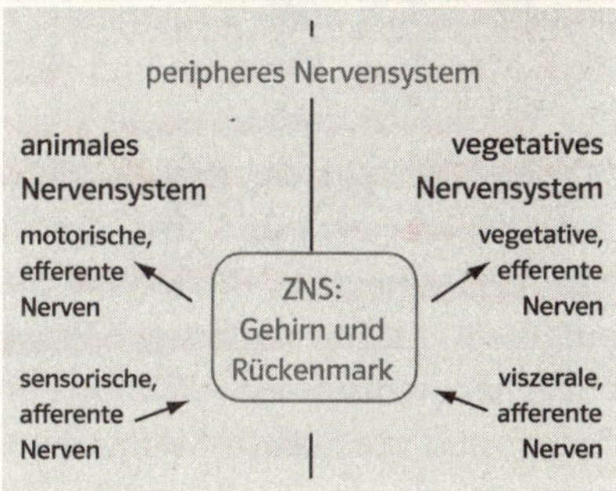

2.2 Rückenmark

Das Rückenmark besteht aus einer im Querschnitt schmetterlingsförmigen, so genannten grauen Substanz, die vor allem die Zellkörper von efferenten Neuronen enthält. Sie ist umgeben von der weißen Substanz, die von den Axonen der Neuronen gebildet wird. Nach jedem Wirbel treten Bündel von Nervenfasern aus dem Rückenmark aus bzw. ein. Die Zellkörper der afferenten Nervenzellen sind in den Spinalganglien lokalisiert.

Rückenmark

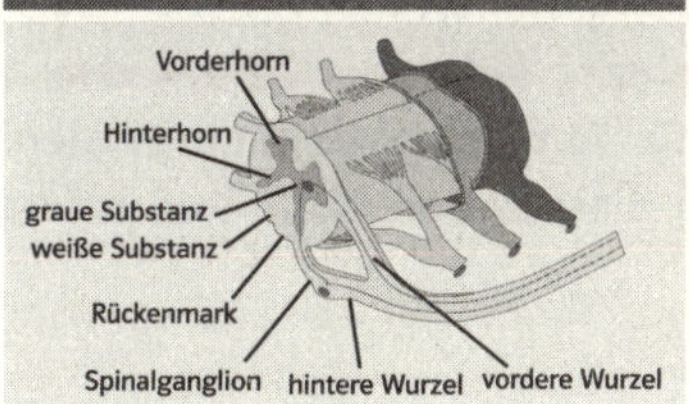

Das Rückenmark ist das Zentrum zahlreicher Reflexe, wie z. B. des Kniesehnenreflexes. Außerdem ist es die Hauptverbindung aller Nerven vom bzw. zum Gehirn.

Deshalb ist man bei einer Durchtrennung des Rückenmarks querschnittsgelähmt, alle Teile des Körpers, die unterhalb der Verletzung liegen, können weder Impulse zum Gehirn senden noch welche empfangen.

2.3 Gehirn

Das Gehirn aller Wirbeltiere besteht aus fünf Abschnitten, die unterschiedlich stark ausgeprägt sind: Vorderhirn, Zwischenhirn, Mittelhirn, Kleinhirn und Nachhirn. Beim Menschen ist das Vorderhirn besonders stark als Großhirn ausgeprägt. Das Großhirn besteht aus zwei Hälften (Hemisphären), die durch den Balken verbunden sind. Auf der Großhirnrinde befinden sich die Zellkörper der Neuronen. Sie ist in verschiedene **Felder** aufgeteilt: Es gibt motorische Felder, von denen Bewegungen ausgehen, sensorische Felder, an denen Wahrnehmungen stattfinden und assoziative Felder, die dem Denken, Fühlen, Erinnern etc. dienen. Die Felder der rechten Hemisphäre steuern die linke Körperhälfte und umgekehrt.

Im Zwischenhirn sitzt der Thalamus, der die Impulse von den Sinnesorganen an das Großhirn verwaltet, außerdem der Hypothalamus mit der Hormondrüse Hypophyse: Hier sitzt das Steuerzentrum des vegetativen Nervensystems und das Regelzentrum für viele Körperfunktionen. Das Mittelhirn ist ebenfalls eine Schaltstelle für Sinnesmeldungen. Das Kleinhirn ist für die Automatisierung von Bewegungen zuständig, die aber vom Großhirn aus »angeordnet« werden. Auch die Orientierung im Raum ist hier angesiedelt. Daher haben z.B. Vögel ein sehr großes Kleinhirn. Das Nachhirn (oder verlängerte Mark) ist ein wichtiges Reflexzentrum, z.B. für Atmung, Schlucken, Husten, Lidschluss etc. Verletzungen in diesem Bereich führen sofort zum Tod (»Genickbruch«).

3 Ruhepotenzial

- Selektiv permeable Membran
- Ungleiche Ionenverteilung
  (Na^+, Cl^-, K^+, organische Anionen)
- **Kaliumionenwanderunger ⇒ Zellineres wird negativ**
- ATP-getriebene Ionenpumpe gleicht Na^+-Einstrom aus

Die Voraussetzung für das Zustandekommen eines Ruhepotenzials an einer Nervenzelle ist zum einen eine selektiv permeable Membran. Die Membran der Neuronen ist für K^+-Ionen gut durchlässig (durch Ionenkanäle), für Na^+- und Cl^--Ionen schlecht und für organische Anionen undurchlässig. Diese Ionen sind am Neuron unterschiedlich verteilt:

Im Inneren des Neurons ist die K^+-Konzentration und die der organischen Anionen hoch, die der Na^+- und Cl^--Ionen niedrig. Extrazellulär sind viele Na^+- und Cl^--Ionen, wenig K^+-Ionen und keine organischen Anionen.

Die K^+-Ionen diffundieren nun entsprechend ihrem Konzentrationsgradienten aus dem Neuron, bis sie von dem immer positiver werdenden extrazellulären Medium davon abgehalten werden. Die anderen Ionen können den Konzentrationsgradienten nicht bzw. sehr schlecht ausgleichen. Deshalb bleiben im Neuron die negativ geladenen organischen Anionen zurück, während außerhalb mehr positive K^+-Ionen vorliegen: Das Zellinnere ist also gegenüber dem Zelläußeren negativ geladen. Diese Spannung nennt man Ruhepotenzial. Sie liegt bei ca. −70 mV. Da das Zellinnere negativ ist, werden auch Na^+-Ionen vermehrt ins Zellinnere einströmen. Eine ATP-getriebene Ionenpumpe bringt Na^+-Ionen im Austausch gegen K^+-Ionen aus dem Neuron.

4 Aktionspotenzial

4.1 Entstehung des Aktionspotenzials

- Depolarisation bis zum Schwellenwert
- Öffnen der Na^+-Kanäle ⇒ Na^+-Einstrom ⇒ Umpolung
- Öffen der K^+-Kanäle ⇒ K^+-Ausstrom ⇒ Repolarisation
- Ionenpumpen stellen Ausgangszustand her
- Alles-oder-nichts-Reaktion
- Fortleitung kontinuierlich oder saltatorisch

Das Aktionspotenzial entspricht einem »Nervenimpuls«. Es ist eine kurzzeitige Umpolung der Membran. Diese Umpolung entsteht normalerweise am Axonhügel und kann sich über das Axon hin fortsetzen.

In der Nervenzellenmembran liegen neben den K^+-Ionenkanälen auch spannungsabhängige Ionenkanäle für Na^+ und K^+. Sie öffnen und schließen sich je nach Spannungszustand der Membran.

Wird die Nervenzelle depolarisiert, also innen weniger negativ, und erreicht diese Depolarisation einen Schwellenwert (ca. 15 bis 20 mV positiver als das Ruhepotenzial), so öffnen sich spannungsabhängige Na^+-Kanäle. Da im Inneren des Neurons die Na^+-Konzentration niedrig ist, strömen sofort Na^+-Ionen ein und schwächen das Ruhepontenzial weiter ab; dadurch öffnen sich immer mehr Na^+-Kanäle, immer mehr Na^+-Ionen strömen ein und sorgen schließlich dafür, dass die Nervenzelle in diesem Bereich innen positiv wird (Umpolung).

Wenn diese Umpolung stattfindet, öffnen sich spannungsabhängige K^+-Kanäle. Dies führt nun zu einem starken Ausstrom von K^+-Ionen, die vom positiven Zellinneren abgestoßen werden und auch zum Ausgleich des Konzentrationsunterschiedes nach außen strömen. So wird das Neuron innen wieder negativer (Repolarisation). Der K^+-Ausstrom ist so stark, dass die Zelle sogar stärker negativ wird als beim Ruhepotenzial (Hyperpolarisation). Dann sind alle spannungsabhängigen Kanäle wieder geschlossen und ATP-getriebene Ionenpumpen stellen den ursprünglichen Zustand her. Kurz nach einem Aktionspotenzial kann kein weiteres ausgelöst werden, da die Ionenkanäle für kurze Zeit inaktiv sind (Refraktärzeit).

Ein Aktionspotenzial läuft immer gleich ab. Wenn es einmal ausgelöst ist, findet es in voller Höhe statt. Liegt die anfängliche Depolarisation unter dem Schwellenwert, so stellt sich bald wieder das Ruhepotenzial ein. Deshalb spricht man vom »Alles-oder-nichts-Prinzip« des Aktionspotenzials.
Die Stärke eines Reizes kann somit nicht durch die Höhe des immer gleichen Aktionspotenzials codiert werden. Je stärker ein Reiz ist, desto mehr Aktionspotenziale finden pro Zeit statt, die Frequenz der Aktionspotenziale codiert die Reizstärke.

Aktionspotenzial

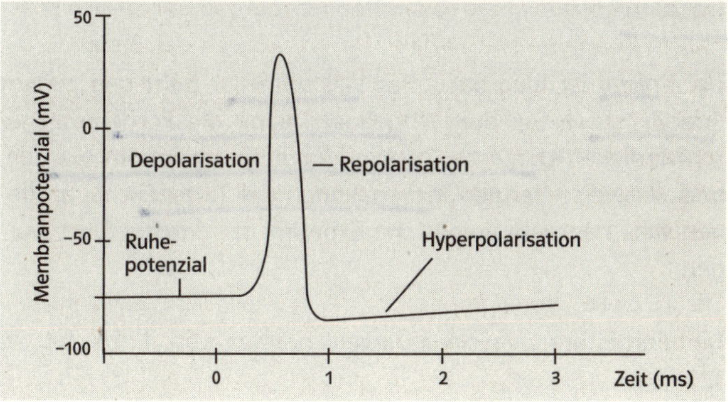

4.2 Fortleitung des Aktionspotenzials

Wenn an einem Membranbereich ein Aktionspotenzial stattfindet und die Membran umgepolt ist, hat dies Auswirkungen auf die benachbarten Membranbereiche: Die Ionen strömen zum Ladungsausgleich zu der umgepolten Stelle bzw. von ihr weg. Dies führt bei den benachbarten Membranbereichen zu einer Depolarisation, die dort zu einem Aktionspotenzial führt.

An einem Axon ohne Myelinscheide findet deshalb entlang des gesamten Axons ein Aktionspotenzial nach dem anderen statt (kontinuierliche Fortleitung). Die bereits erregten Membranbereiche sind aber wegen der Refraktärzeit kurze Zeit unerregbar, so dass das Aktionspotenzial nur in Richtung der noch nicht erregten Bereiche fortgeleitet wird.

An Axonen mit Myelinscheide, die nur bei Wirbeltieren vorkommen, kann nur an den Ranvier'schen Schnürringen ein Aktionspotenzial entstehen. Der Ionenstrom zu der Membranstelle, an der gerade ein Aktionspotenzial stattfindet, führt also an den isolierten Stellen nicht zur Auslösung eines Aktionspotenzials, sondern nur an den Schnürringen. Das Aktionspotenzial »springt« somit von Schnürring zu Schnürring (saltatorische Fortleitung).

Der Vorteil ist hier, dass dies viel schneller geht und zudem Energie spart. Bei den Wirbellosen kann die Fortleitungsgeschwindigkeit durch große Axondurchmesser erhöht werden, beispielsweise bei den Riesenaxonen der Tintenfische, an denen viele neurophysiologische Experimente durchgeführt wurden.

Die Fortleitungssgeschwindigkeit beträgt von 1 m/s bis zu 120 m/s.

5 Synapse

5.1 Bau

Synapsen sind die Kontaktstellen zwischen synaptischem Endknopf einer Nervenzelle mit dem Dendriten oder Zellkörper einer anderen Nervenzelle oder mit einem Muskel. Im letzten Fall ist die Synapse sehr groß und heißt auch motorische Endplatte.

Bau der Synapse

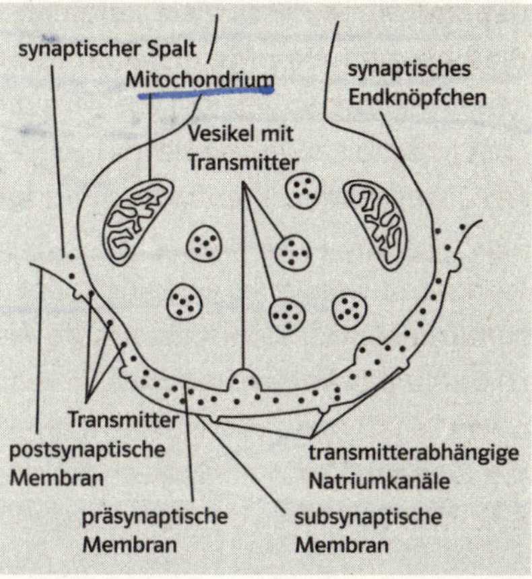

5.2 Funktion

- Aktionspotenzial ⇒ Ca^{2+}-Einstrom
- Platzen der synaptischen Vesikel
- Transmitter gelangt an Rezeptoren
- Natriumkanäle öffnen sich ⇒ Na^{+}-Einstrom
- Depolarisation
- Spalten des Transmitters

Gelangt ein Aktionspotenzial über das Axon zum synaptischen Endknopf, dann werden dort spannungsabhängige Ca^{2+}-Kanäle geöffnet, Ca^{2+} strömt ein. Dies führt zum Verschmelzen der synaptischen Vesikel mit der präsynaptischen Membran. Der in den Vesikeln gespeicherte Neurotransmitter (z. B. Acetylcholin, Noradrenalin ...) gelangt in den synaptischen Spalt und diffundiert zu den Rezeptoren an Natriumkanälen der subsynaptischen Membran. Die Natriumkanäle öffnen sich und Na^+ strömt ein. Dies führt zur Depolarisation des Neurons. Wenn sich diese Depolarisation durch viele aufeinander folgende Aktionspotenziale bis zum Axonhügel ausbreiten kann, so entsteht dort ein neues Aktionspotenzial. Am Muskel führt das »exzitatorische postsynaptische Potenzial« (EPSP) zur Kontraktion des Muskels. Im synaptischen Spalt befindet sich auch ein Enzym, das den Transmitter spaltet (z. B. Cholinesterase). Die Spaltprodukte werden wieder in den Endknopf aufgenommen und erneut zum Transmitter synthetisiert. Die Wirkung der Transmitter wird so durch das Enzym beendet.

5.3 Nervengifte

Funktion, die verändert wird	Folge	Beispielgift
Transmitterausschüttung wird verhindert	Da keine APs weitergeleitet werden, führt das Gift zur Lähmung	Botulinus-Toxin, produziert vom Bakterium Clostridium botulinum
Alle synaptischen Vesikel öffnen sich	Die Transmitter führen zur Kontraktion der Muskeln ⇒ starre Lähmung	Gift der schwarzen Witwe
Rezeptor an den Na^+-Kanälen wird besetzt, Kanäle bleiben geschlossen	Transmitter führt nicht zum Öffnen der Kanäle ⇒ Lähmung	Curare (indianisches Pfeilgift); Bindung ist reversibel ⇒ kann bei Operationen eingesetzt werden
Rezeptor an den Na^+-Kanälen wird besetzt, Kanäle öffnen sich	Dauererregung, Muskelzittern	Nikotin, Fliegenpilzgift (Muscarin)
Hemmung der Cholinesterase	Transmitter wird nicht abgebaut ⇒ Dauererregung, starre Lähmung	E 605 (Insektizid); Tabun, Sarin (Kampfgase)

Auf die verschiedenen Funktionen der Synapse können Nervengifte einwirken und die Funktion verändern (siehe Tabelle). Lähmungen führen durch die Beeinträchtigung der Atemmuskulatur zum Tod durch Ersticken!

5.4 Muskulatur

Die quer gestreifte Skelettmuskulatur besteht aus Muskelfaserbündeln, die aus einzelnen Muskelfasern bestehen. Diese entsprechen einer Zelle, die allerdings durch Verschmelzen mehrerer Zellen entstanden ist.

In der Muskelzelle sind die Proteine Aktin und Myosin in kurzen Einheiten, den Sarkomeren, so angeordnet, dass sie durch Wechselwirkungen die Verkürzung des Muskels bewirken können.

Verkürzung eines Sarkomers

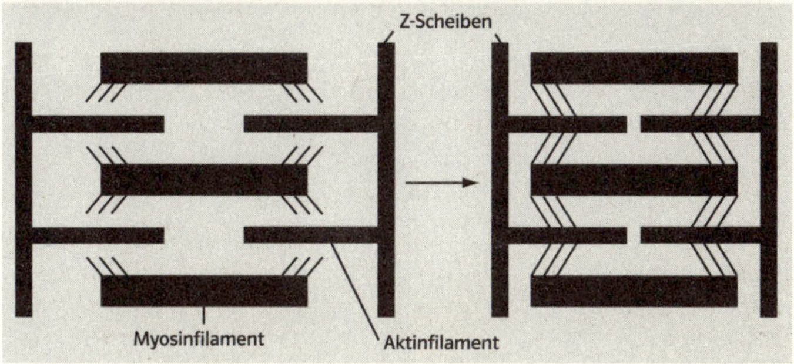

Die Myosinfilamente besitzen am Ende ein bewegliches Köpfchen, das an den Aktinfilamenten ansetzen kann.

Gelangt ein Aktionspotenzial an die motorische Endplatte, so führt dies am Muskel zum Einstrom von Calciumionen. Diese bewirken, dass die Bindestellen an den Aktinfilamenten freigelegt werden. Die Myosinköpfchen binden daran und knicken unter Freisetzung von ADP und Phosphat um. Dadurch werden mit den Aktinfilamenten die Z-Scheiben näher zueinander gezogen, der Muskel verkürzt sich. Unter Anlagerung von ATP lösen sich die Köpfchen wieder; durch Spaltung des ATP gehen sie in die Ausgangsstellung zurück und können erneut ans Aktin binden. Durch mehrfache »Ruderbewegungen« der Myosinköpfchen wird der Muskel immer kürzer.

Verhaltensbiologie

1 Erbbedingte Verhaltensanteile

1.1 Reflex

- Kennzeichen: starrer Ablauf, angeboren
- An anatomische Gegebenheiten gebunden
- Reflexbogen: Rezeptor – Afferenz – Reflexzentrum – Efferenz – Effektor

Reflexe sind unbewusste, fest programmierte Antworten auf einen bestimmten Reiz, deren Richtung von den anatomischen Gegebenheiten abhängen. Klassisches Beispiel ist der Kniesehnenreflex (Patellarsehnenreflex).

Ein Schlag auf die Kniesehne unterhalb der Kniescheibe führt reflektorisch zur Kontraktion des Oberschenkelmuskels und damit zum Heben des Unterschenkels. Der Schlag auf die Kniesehne streckt ruckartig den Oberschenkelmuskel (Reiz); dies wird von einer Muskelspindel (Rezeptor) wahrgenommen, die dies auf afferenter Nervenbahn an das Rückenmark (Reflexzentrum) leitet. Dort wird über eine einzige Synapse (⇒ monosynaptisch) das Motoneuron (Efferenz) zum Oberschenkel aktiviert. Auf dieser efferenten Nervenbahn gelangt das Signal zum Quadrizeps (Effektor) und dieser kontrahiert sich (Reaktion). Diese Abfolge nennt man auch Reflexbogen.

Reflexbogen

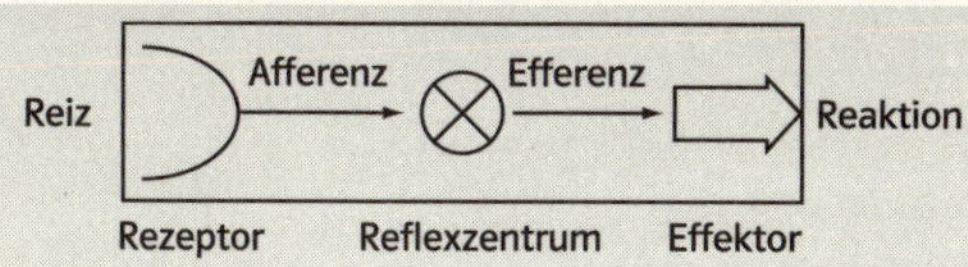

Man unterscheidet den hier vorliegenden monosynaptischen Reflex von polysynaptischen Reflexen und den **Eigen-** vom Fremdreflex. Viele Reflexe sind Schutzreflexe (Husten, Niesen, Lidschluss ...). Daneben gibt es z. B. Saug-, Schluck- oder Greifreflex. Durch Testen der Reflexe kann ein Arzt prüfen, ob die Nerventätigkeit eines Menschen in Ordnung ist.

1.2 Instinkthandlung

- Motivation/Handlungsbereitschaft nötig
- Ungerichtete Appetenz
- Schlüsselreiz ($\Rightarrow$ Attrappenversuche)
- Gerichtete Appetenz/Taxis
- Erbkoordinierte Endhaltung

Instinkthandlungen sind komplexer als Reflexe. Zunächst bedarf es der Motivation oder Handlungsbereitschaft eines Tieres, die durch endogene (Hunger, Hormonhaushalt ...) oder exogene Faktoren (Tageszeit, Jahreszeit ...) beeinflusst wird. Meist zeigt ein Tier mit Handlungsbereitschaft die ungerichtete Appetenz, bei der die Wahrscheinlichkeit erhöht wird, auf ein Objekt zu treffen, das die Schlüsselreize für die folgenden Handlungen bietet.

Schlüsselreize sind bestimmte Reizkomponenten eines Objekts, die auslösenden Charakter haben. Man nimmt einen angeborenen Auslösemechanismus (AAM) an, der durch die Aufnahme des Schlüsselreizes zur Reaktion führt. Welche Reizkomponenten das sind, kann man mit Attrappenversuchen ermitteln.

Trifft das Tier auf ein geeignetes Objekt, so führt ein Schlüsselreiz zur gerichteten Appetenz oder Taxis: Das Tier richtet sich zum Objekt hin aus, fliegt z.B. darauf zu oder wendet sich ihm zu. Dann führt ein weiterer Schlüsselreiz (der auch derselbe sein kann) zur erbkoordinierten Endhandlung. Dies ist ein starrer, angeborener Bewegungsablauf. Ist er einmal in Gang gekommen, wird er nicht mehr abgebrochen, auch wenn das Objekt inzwischen verschwunden ist.

Motivation und auslösender Schlüsselreiz wirken zusammen im Prinzip der doppelten Quantifizierung: Ist die Motivation hoch, so kann der Schlüsselreiz schwach sein und umgekehrt.

Eine erfolgreiche Endhandlung senkt meist die Motivation.

Instinkthandlung

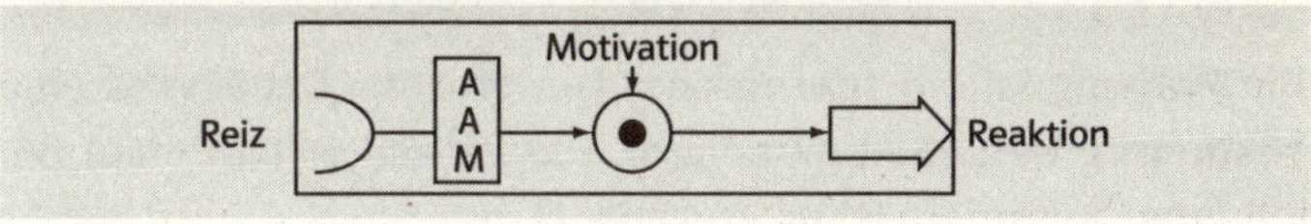

Beispiel: Ein hungriger (motivierter) Blutegel schwimmt in einem Aquarium umher (ungerichtete Appetenz). Hält ein Beobachter seine Hand oder einen mit Schweiß (Schlüsselreiz) präparierten Glasstab ins Becken, so schwimmt der Blutegel darauf zu (Taxis). An der Hand (Schlüsselreiz, nicht genau bestimmt, z.B. Hautoberfläche) heftet sich der Egel mit seinem Mundsaugnapf fest, sägt mit seinem Kiefer Schnitte in die Haut und beginnt Blut zu saugen. Nach 10 bis 15 ml Blut lässt er ab (erbkoordinierte Endhandlung).

2 Erfahrungsbedingte Verhaltensanteile

2.1 Allgemeines

Erfahrungsbedingte Verhaltensanteile werden durch Lernen erworben. Dabei kann man obligatorisches Lernen und fakultatives Lernen unterscheiden. Die Verhaltensweisen, die durch obligatorisches Lernen erworben werden, sind überlebensnotwendig. Die Verhaltensweisen, die durch fakultatives Lernen angeeignet sind, verschaffen nur einen Überlebensvorteil.

2.2 Prägung

- Sehr rascher Lernvorgang ohne Belohnung
- Sensible Phase
- Irreversibel
- Nachfolgeprägung (Gänse), sexuelle Prägung, Gesangsprägung

Die Prägung ist ein sehr rascher Lernprozess. Dabei wird eine bestimmte Reizsituation gelernt. Das Lernen erfolgt ohne Belohnung, außerdem ist es irreversibel.

Die Prägung erfolgt in der sensiblen Phase; dies ist ein relativ kurzer Zeitabschnitt. Wenn zu diesem Zeitpunkt das Lernen nicht stattfindet, kann es nicht nachgeholt werden. Das Gelernte bezieht sich nur auf eine bestimmte Reaktion, die manchmal erst lange Zeit nach der Lernphase gezeigt wird. Die Nachfolgeprägung bei Graugänsen, bei der die frisch geschlüpften Gänse das Reizmuster ihrer Mutter lernen, hat nur bei der Nachfolge Auswirkungen. Die spätere Partnerwahl z. B. bleibt davon unbeeinflusst. Konrad Lorenz erforschte diese Prägung bei Graugänsen. Die kleinen Gänse folgen jedem Objekt, das sie in ihrer sensiblen Phase als bewegtes und Laute produzierendes Wesen gesehen haben, so auch einem Menschen oder aber einem Fußball mit Lautsprecher!

Bei vielen Vögeln, bei denen die Weibchen ein eher unauffälliges Gefieder haben, werden die jungen Männchen sexuell geprägt. Sie lernen an ihrer Mutter das Reizmuster der Weibchen kennen. Erst wenn sie geschlechtsreif sind, wird das Gelernte angewendet.

Daneben gibt es auch die Gesangsprägung (motorische Prägung). Obwohl einige Elemente des Vogelgesangs angeboren sind, werden andere Elemente durch Prägung gelernt. Die jungen Vögel lernen dabei den regionalen »Dialekt«, den sie in ihrer Jugend hören und bauen diese Elemente später in ihren Gesang ein.

2.3 Reizbedingtes Konditionieren – assoziatives Lernen

- Erlernen einer Reizsituation
- Belohnung/Bestrafung nötig
- Verknüpfen der neutralen Reizsituation mit positiver/negativer Folge
- Bedingte Appetenz/bedingte Aversion
- Klassisches Konditionieren (Pawlow)

Beim reizbedingten Konditionieren verknüpft ein Tier eine an sich neutrale Reizsituation mit positiven oder negativen Reizen. Die Folge ist, dass es diese Reizsituation öfter aufsucht (bedingte Appetenz) oder meidet (bedingte Aversion). Für den

Lernvorgang ist wichtig, dass die positive oder negative Folge zeitnah mit der Wahrnehmung des Reizes erfolgt.

Ein Tier, das immer an einer bestimmten Stelle Futter erhält, wird diese Stelle mit angenehmen Folgen verknüpfen und diese Reizkonstellation (optische, akustische, olfaktorische Reize) häufiger aufsuchen.

Eine Sonderform ist das klassische Konditionieren, das durch Iwan Pawlow erforscht wurde. Hier wurde ein unbedingter Reflex oder eine unbedingte Reaktion auf Reize (Speichelfluss eines Hundes) mit einem neutralen Reiz (Glockenton) gekoppelt, indem das Futter, das den Speichelfluss hervorrief, immer zeitgleich mit einem Glockenton dargeboten wurde. Nach einer Lernphase konnte der Glockenton allein den Speichelfluss hervorrufen. Der Ton war zum bedingten (besser: bedingenden) Reiz geworden, der Speichelfluss zur bedingten Reaktion.

Bei Instinkthandlungen kann der AAM durch reizbedingtes Konditionieren zu einem EAAM (durch Erfahrung verbesserter, angeborener Auslösemechanismus) werden. Tiere können lernen, bestimmte Reize (z.B. das Muster der Wespen) zu meiden.

Die gelernten Reize können auch wieder »vergessen« werden. Bei der Löschung (Extinktion) wird der gelernte Reiz öfter ohne die positive/negative Folge geboten. Dadurch wird er wieder neutral.

Bei der Habituation wird ein erschreckender Reiz durch Wegfall der negativen Folgen zum neutralen Reiz.

2.4 Verhaltensbedingtes Konditionieren

- Erlernen einer Handlung/eines Verhaltens
- Belohnung/Bestrafung wichtig
- Verknüpfen mit positiven/negativen Handlungsfolgen
- Bedingte Aktion/bedingte Hemmung
- Instrumentelles/operantes Konditionieren (Skinner)

Bei dieser Lernform lernt ein Tier ein **bestimmtes Verhalten**. Dabei sind die **Folgen** des Verhaltens entscheidend, die dem Verhalten unmittelbar folgen müssen. Hat eine Handlung eine angenehme Folge, so wird sie öfter ausgeführt (**bedingte Aktion**). Hat sie unangenehme Folgen, so wird das Tier die Handlung seltener zeigen (**bedingte Hemmung**).

Ein Hund, der »Männchen« macht, bekommt einen Leckerbissen. Geschieht dies öfter, so wird er dieses Verhalten häufiger zeigen. Springt er auf den Tisch und wird z.B. durch lautes Schimpfen bestraft, so wird er dieses Verhalten seltener zeigen.

B.F. Skinner erforschte diese Lernform (**instrumentelles oder operantes Konditionieren**) mit der nach ihm benannten »Skinner-Box«. Ratten und Tauben lernten darin, auf einen Hebel zu drücken, um Futter zu erhalten.

Skinner prägte die Begriffe »**positiver Verstärker**« (Handlungsfolge, die ein Verhalten häufiger werden lässt, wenn sie dargeboten wird), »**negativer Verstärker**« (Handlungsfolge, die ein Verhalten häufiger werden lässt, wenn sie weggelassen wird) sowie »**positive und negative Bestrafung**« (Handlungsfolge, die ein Verhalten seltener werden lässt, wenn sie dargeboten/weggelassen wird).

3 Höhere Lern- und Verstandesleistungen

Vor allem die Wirbeltiere zeigen Lernformen, die nicht durch Konditionierungen beschrieben werden können.
Dazu zählt das Spielen. Verhaltensweisen, die im Erwachsenenleben wichtig sind, werden hier angedeutet und erprobt, aber ohne erkennbaren Zweck.

Andere Verhaltensweisen werden durch Beobachten und Nachahmen erlernt, z. B. der Werkzeuggebrauch bei Schimpansen. Diese Lernform ist auch beim Menschen besonders wichtig.

Lernen durch Einsicht (einsichtiges, planvolles Handeln) wird ein Verhalten genannt, wenn das Tier vorher keine Erfahrungen besaß, aber dennoch auf Anhieb eine Lösung für ein Problem findet.

Von verschiedenen Affen wurde berichtet, dass sie Kisten aufeinander stapelten, um an Futter zu gelangen, obwohl sie dies vorher weder gesehen noch ausprobiert hatten.

Noch höhere kognitive Fähigkeiten wie Abstraktion, Begriffsbildung und Sprache, Wertebildung oder Selbsterkenntnis etc. werden eigentlich fast nur vom Menschen gezeigt, obwohl einige Versuche bekannt sind, bei denen Schimpansen Symbole zu deuten verstehen oder Veränderungen an sich wahrnehmen.

4 Sozialverhalten

4.1 Kommunikation

- Sender-Empfänger-Modell
- Signalformen: optisch, akustisch, olfaktorisch, haptisch
- Ritualisierung

Für das Sozialverhalten, also die Interaktion zwischen Lebewesen innerhalb einer Art, ist die Kommunikation eine wesentliche Voraussetzung.

Nach dem allgemeinen Kommunikationsmodell bedarf es für die Kommunikation eines Nachrichtenbedürfnisses bei einem Sender. Er codiert die Nachricht in ein Signal und sendet es. Der Empfänger nimmt das Signal über die Sinnesorgane auf und decodiert es, um es zu verstehen. Eventuell reagiert der Empfänger auf die Nachricht.

Die Signale können verschiedener Art sein:
Optische Signale: Gestik, Mimik, Körperhaltung oder Farbe haben den Vorteil, dass das Signal sehr schnell mit wenig Energieaufwand übertragen werden kann. Nachteilig ist, dass diese Signale nur im Nahbereich, tagsüber und ohne Sichtbarrieren funktionieren. Beispiele: Drohgebärden, Balzsignale wie das Pfauenrad, Körperfärbung beim Stichling während der Laichzeit …

Akustische Signale: Sie wirken über größere Distanzen zu jeder Tageszeit, benötigen aber einen großen Energieaufwand. Beispiele: Vogelgesang zur Reviermarkierung, Stimmfühlungslaute zwischen Gänsen und Gänseküken, Quaken von Fröschen, Wortsprache der Menschen …

Olfaktorische, chemische Signale: Gerüche haben zwar meist eine geringe Reichweite, bleiben aber länger an den Gegenständen haften. Die chemischen Signale, die über die Luft abgegeben werden, heißen auch **Pheromone**. Es reicht oft eine geringe Konzentration aus. Beispiele: Sexuallockstoff der Seidenspinner, Urinabgabe von Hunden zur Reviermarkierung, Wegmarkierungen von Ameisen, stockeigener Geruch bei Bienen ...

Haptische oder taktile Signale: Berührungen haben auch bei Menschen starken Signalcharakter; die Bienensprache wird von den Bienen durch Hinterhertanzen aufgenommen, also auch durch Berührung. Weiteres Beispiel ist das »Groomen«, also die soziale Fellpflege bei Primaten, die Zusammengehörigkeit signalisiert.

Für die Verständigung werden oft Verhaltenselemente aus anderen Verhaltenskreisen verwendet und abgewandelt als Signal benutzt. Dies nennt man **Ritualisierung**. Die Abwandlung erfolgt durch nur angedeutete Bewegungen oder übertriebene, wiederholte Ausführung.

Die Bewegungen werden häufig durch optische Körpermerkmale hervorgehoben. Vor allem bei der Balz sind ritualisierte Bewegungen wichtig. Das starke Wippen mit dem aufgespreizten Schwanz des Pfaus mit gleichzeitiger Verbeugung bei der Werbung um Weibchen ist eine stark abgewandelte Form des Futterlockens, mit dem die Fasanenvögel ihre Jungen zum Futter herbeirufen.

Auch der **Kuss** der Menschen wird als eine ritualisierte Verhaltensweise aufgefasst, deren Ursprung das Mund-zu-Mund-Füttern von Mutter zum Kind ist.

4.2 Aggression

- Agonistisches ⇔ kooperatives Verhalten
- Konkurrenz als Grund
- Aggressionskontrolle: Imponieren, Drohen, Beschwichtigen, Revierbildung, Rangordnung, Kommentkampf

Die Aggression gehört zu den agonistischen Verhaltensweisen, zu denen jedes Verhalten gehört, das mit kämpferischer Auseinandersetzung zu tun hat, also Angriff, Verteidigung, Flucht etc. Das Gegenteil ist kooperatives Verhalten. Aggressives Verhalten beinhaltet nicht nur Kampf, sondern auch dessen Vorformen wie Imponieren, Drohen oder Beschwichtigen.

Die Gründe für Aggression sind vielfältig. Besonders innerhalb einer Art ist die Konkurrenz um Ressourcen wie Reviere, Futter, Sexualpartner, Wohn- bzw. Schlafplätze oder in der Rangordnung der Hauptgrund für Aggression. Gegen Gruppenaußenseiter wird häufig aggressives Verhalten gezeigt. Auch zwischen den Arten gibt es aggressive Handlungen, z. B. bei der Jagd oder Feindabwehr.

Unter Aggressivität versteht man die Bereitschaft oder Motivation zur Aggression.

Da bei ernstlichen Kämpfen die Verletzungsgefahr für beide Partner sehr hoch ist, haben sich verschiedene aggressionskontrollierende Verhaltensweisen entwickelt:

Imponieren: Durch Vergrößerung des Körperumrisses oder lautes Brüllen soll dem Gegner die eigene Kraft demonstriert werden.

Drohen: Hier werden die Waffen demonstriert, z. B. durch Zeigen der Eckzähne, Senken des Geweihs, angedeutete Kampfbewegungen.

Beschwichtigung, Demutsverhalten: Es wird vor oder während eines Kampfes gezeigt, wenn der unterlegene Partner den Kampf beenden will. Dazu werden kampfauslösende Reize weggenommen (sich ducken, Waffen abwenden) oder Jungtier- oder Sexualverhalten gezeigt (Hunde legen sich auf den Rücken, geben Urin ab, lecken die Mundwinkel des Gegners, Truthähne ducken sich wie ein paarungsbereites Weibchen ⇒ Ritualisierung!). Vor einem Kampf sind Grußzeremonien und Geschenke auch beim Menschen als Beschwichtigung zu sehen.

Rangordnungen: Obwohl zum Ermitteln einer Rang- oder Hackordnung Kämpfe nötig sind, kontrollieren sie dann die Aggression. Rangniedrigere Tiere achten ranghöhere und vermeiden Kämpfe. Dazu ist das individuelle Erkennen der Gruppenmitglieder nötig.

Territorialverhalten: Auch hier sind zunächst Kämpfe zur Eroberung von Revieren nötig. Dann aber werden die Grenzen der Reviere von den Gegnern respektiert und es kommt zu weniger Kämpfen. Man unterscheidet Reviere zum Jagen, zur Brut, zur Balz oder zum Wohnen. Sie können, müssen aber nicht identisch sein. Sie können von einzelnen Individuen, von Paaren oder von Gruppen besetzt sein.

Komment- oder Turnierkampf: Hier findet ein Kampf nach festen Regeln statt, der ohne Verletzungs- und Tötungsabsicht ausgeführt wird und hilft, den Stärkeren zu ermitteln. Kennzeichnend ist dabei, dass keine tödlichen Waffen eingesetzt werden und dass nur unempfindliche Körperstellen attackiert werden.

Evolution

1 Belege für die Evolution

1.1 Homologien

Ein Beleg für die gemeinsame Abstammung zweier Tierarten von einem gemeinsamen Vorfahren sind homologe Organe. Man kann annehmen, dass die beiden Tierarten dieses Organ von dem gemeinsamen Vorfahren geerbt haben und es im Laufe der Evolution verändert wurde.

Es gibt drei Homologiekriterien, mit denen man die Homologie zweier Organe/Strukturen einschätzen kann:

1. Kriterium der Lage: Zwei Organe sind homolog, wenn sie in einem Gefügesystem die gleiche Lage einnehmen. Beispiel: Vorderextremitäten der Wirbeltiere.
2. Kriterium der spezifischen Qualität: Komplex aufgebaute Organe sind homolog, wenn sie in vielen Einzelheiten gleich aufgebaut sind, auch wenn sie nicht die gleiche Lage im Bauplan besitzen. Beispiel: Hautschuppe der Haie und Säugetierzähne.
3. Kriterium der Stetigkeit: Verschiedenartige Organe sind homolog, wenn sie durch Zwischenformen während der Embryonalentwicklung oder während der Stammesgeschichte verbunden werden können, die untereinander homologisierbar sind. Beispiel: Gehörknochen und Reptilienkiefergelenk.

Homologien kann man auch unter (angeborenen!) Verhaltensweisen finden, z. B. bei der Balz verschiedener Entenvögel. Auch biochemische und molekularbiologische Homologien gibt es. Zwischen den Embryonen einiger Lebewesen kann man erstaunliche Ähnlichkeiten feststellen. Die frühen Embryonalstadien der Wirbeltiere sind fast identisch. Dies lässt auf einen gemeinsamen Vorfahren schließen, der ebenfalls dieses Embryonalstadium besaß.

Diese Erkenntnis ließ Ernst Haeckel seine biogenetische Grundregel formulieren: »Die Ontogenese (Individualentwicklung) ist eine kurze Wiederholung der Phylogenese (Stammesentwicklung).« Verbessert kann man sagen, dass während der Embryonalentwicklung von Lebewesen häufig Merkmale von Vorfahren angelegt, aber nicht vollständig verwirklicht werden.

1.2 Rudimente und Atavismen

Unter einem Rudiment versteht man ein Organ, das seine ursprüngliche Funktion verloren hat und in Rückbildung begriffen ist. Es war bei Vorfahren der Tierart noch voll ausgebildet und funktionsfähig. Die Griffelbeine der Pferde am Mittelfußknochen sind rückgebildete weitere Mittelfußknochen, die bei Pferdevorfahren auch noch mit Zehenknochen verbunden waren.

Beim Menschen können die Körperbehaarung, die Muskulatur zur Ohrbewegung, Weisheitszähne, segmentierte Muskulatur und der Blinddarm als Rudimente aufgefasst werden. Weisheitszähne werden bei manchen Menschen gar nicht mehr ausgebildet.

Als Atavismus bezeichnet man das seltene Wiederauftreten von Organen, die schon zurückgebildet worden sind. Sie belegen, dass diese Strukturen genetisch noch vorhanden sind, aber normalerweise unterdrückt werden.

Bei Pferden kann man selten einen weiteren Huf an einem Bein feststellen, beim Menschen gibt es z. B. »Wolfskinder«, die eine sehr starke Körperbehaarung auch im Gesicht aufweisen, das

Wiederauftreten einer kleinen Schwanzwirbelsäule oder mehrere Brustwarzen.

1.3 Analogien

Die Evolution erklärt die Veränderung von Lebewesen im Laufe der Jahrmillionen durch Anpassung an ihren Lebensraum. Bei der Anpassung an gleichartige Lebensräume sollten sich auch gleichartige Strukturen entwickeln. Wenn diese Organe nicht homolog sind, nennt man sie Analogien. So sind die Vorderbeine der Maulwurfsgrille und des Maulwurfs nicht homolog, aber sehen sich sehr ähnlich, weil sie zum Graben in der Erde genutzt werden. Die Entwicklung, die zur Ausbildung analoger Organe führt, nennt man konvergente Entwicklung oder Konvergenz. Es entstehen also ähnliche Strukturen aus unterschiedlichen Organen als Anpassung an gleichartige Umweltbedingungen.

1.4 Biochemie und Serologie

Die Abstammung von gemeinsamen Vorfahren lässt sich durch biochemische, molekularbiologische und serologische Untersuchungen gut belegen.

Alle Lebewesen bestehen aus Zellen, die einen gemeinsamen Grundbauplan haben. Alle besitzen DNA, die in gleicher Weise verdoppelt und in Proteine umgesetzt wird. Auch Teile des Zellstoffwechsels sind bei allen Lebewesen gleich, so dass man von einer »Urzelle« als gemeinsamen Vorfahren aller Lebewesen ausgehen kann.

Dennoch bestehen zwischen den Biomolekülen der Lebewesen graduelle Unterschiede, die umso größer sind, je weiter zurück der gemeinsame Vorfahre liegt.

Die Aminosäuresequenz des Atmungskettenproteins Cytochrom c, das bei sehr vielen Lebewesen vorkommt, kann als Gradmesser für Verwandtschaft herangezogen werden, ebenso die Aminosäuresequenz des Insulins bei Säugetieren. Der direkte Vergleich der DNA zweier Arten gibt ebenfalls Aufschluss über den Verwandtschaftsgrad. Besonders geeignet ist die DNA in den Mitochondrien, da sie nicht durch Rekombination, sondern nur durch Mutation verändert wird.

Bei nah verwandten Wirbeltierarten kann man auch den Serum-Präzipitin-Test anwenden, um die Verwandtschaft zu klären. Er beruht darauf, dass im Blutserum verschiedene Serumproteine vorliegen, die für eine Art charakteristisch sind und umso verschiedener gebaut sind, je entfernter zwei Arten verwandt sind. Die Ähnlichkeit prüft man durch die Reaktion mit Antikörpern: Man gewinnt Blutserum einer Art und spritzt es einem unbeteiligten Tier, das gegen die Serumproteine Antikörper in seinem Blutserum bildet. Dieses Antiserum wird nun zunächst wieder mit dem Ausgangsserum vermischt. Da die Antikörper perfekt zu den Serumproteinen passen (sie wurden ja gegen sie gebildet), werden diese optimal verklumpt (ausgefällt). Den Grad der Ausfällung setzt man mit 100 % fest. Mit Serumproteinen einer nah verwandten Art wird die Ausfällung weniger als 100 % betragen, mit weiter entfernten Arten viel weniger als 100 %. Das Anti-Human-Serum ergibt z. B. mit Schimpansenserum eine Ausfällung von 85 %, mit Orang-Utan-Serum 42 % und mit Pferdeserum nur 2 %.

1.5 Fossile Formen

Ein guter Beleg für die Evolution sind Fossilien von ausgestorbenen Vorfahren der heutigen Lebewesen. Zu den Fossilien zählen Versteinerungen, Moorleichen, Bernsteineinschlüsse, Eiseinschlüsse, aber auch Spuren von Lebewesen. Durch verschiedene physikalische Methoden lässt sich das Alter von Fossilien bestimmen. So kann man Stammbäume von Lebewesen aufstellen. Der Stammbaum der Pferde kann sehr gut durch fossile Funde nachvollzogen werden.

Andere Fossilien sind sehr wertvoll, weil sie Übergänge zwischen Großgruppen im Tier- oder Pflanzenreich darstellen. Man nennt sie Brückentiere. So zeigt der fossile Archaeopteryx sowohl Merkmale der Reptilien (Zähne, Krallen an freien Fingerendgliedern, Schwanzwirbelsäule) als auch Vogelmerkmale (Federn, Flügel, nach hinten gerichtete erste Fußzehe) und stellt damit einen Übergang zwischen Reptilien und Vögeln dar.

2 Erklärungen für den Artenwandel

2.1 Darwin'sche Evolutionstheorie

- Überproduktion an Nachkommen
- Variation der Nachkommen
- Vererbung von Merkmalen
- Natürliche Selektion, geschlechtliche Zuchtwahl
- Überleben der am besten angepassten Lebewesen

Charles Darwin machte als junger Mann eine mehrjährige Weltreise auf dem Forschungsschiff »Beagle«. Dabei gewann er viele Eindrücke, die ihn zu seiner Theorie von »der Entstehung der Arten durch das Wirken der natürlichen Selektion« brachte. Sein erstes Buch (Origin of Species) wurde 1858 veröffentlicht, kurz nachdem Darwin von A. R. Wallace ein Manuskript zugesandt bekommen hatte, das seine Thesen in sehr ähnlicher Form enthielt.

Seine Grundgedanken sind folgende: Lebewesen produzieren immer mehr Nachkommen, als für das Überleben der Art wichtig wären. Diese Nachkommen unterscheiden sich voneinander. Der Konkurrenz um Nahrung, Schlafplätze etc. werden manche der Nachkommen besser gewachsen sein als andere.

Diese werden im Kampf ums Dasein (struggle for life) besser überleben als die anderen (survival of the fittest) und die besonderen Merkmale an ihre Nachkommen weitergeben. Diese »Auswahl« der geeigneten Tiere nennt Darwin »natürliche Selektion« (natural selection). Durch fortgesetzte kleine Veränderungen, die eine bessere Anpassung an den Lebensraum darstellten, entstanden so im Laufe der Zeit verschiedene Arten. Darwin nennt außerdem die geschlechtliche Zuchtwahl (sexual selection), bei der meist die Weibchen die für sie attraktivsten Männchen als Geschlechtspartner wählen. Die Männchen können aber Merkmale besitzen, die dem allgemeinen Überleben eher hinderlich sind.

2.2 Erweiterte Evolutionstheorie

In der erweiterten oder synthetischen Evolutionstheorie werden Darwins Gedanken aufgenommen und durch moderne Erkenntnisse analysiert und erweitert. Die Entwicklung der Arten wird danach durch die Evolutionsfaktoren vorangetrieben:

Evolutionsfaktoren
- Mutation
- Rekombination
- Selektion (abiotische und biotische Selektionsfaktoren)
- Gendrift
- Isolation

Mutation: Durch zufällige Veränderungen des Erbguts entstehen neue Allele in einem Genpool. Am wichtigsten sind hier Gen- oder Punktmutationen, die nur eine Base eines Gens verändern und dadurch zum Einbau einer anderen Aminosäure in ein Protein führen. Dessen veränderte Struktur könnte positiv für den Organismus wirken. Chromosomenmutationen, bei denen Stücke von Chromosomen verloren gehen, sich verdoppeln oder sich umkehren, haben meist so schwere Auswirkungen, dass sie für die Evolution keine Bedeutung haben. Genommutationen spielen eine evolutive Rolle, wenn ganze Chromosomensätze sich verdoppeln (Polyploidisierung). Dies ist bei manchen Pflanzen der Fall.

Rekombination: Durch die Rekombination werden die verschiedenen Allele, die durch Mutation entstanden sind, neu kombiniert. So entstehen sehr verschiedene Variationen bei den Nachkommen eines Elternpaares, die sich unterschiedlich gut bewähren.

Die zufällige Anordnung der Chromosomen väterlichen und mütterlichen Ursprungs während der Meiose, Crossing-over und das zufällige Aufeinandertreffen von Spermium und Eizelle führen zu einer unglaublichen Vielfalt an Nachkommen eines Elternpaares. Dennoch werden die Gene eines Elternteils mit 50%iger Wahrscheinlichkeit an einen Nachkommen weitergegeben, aber in neuer Kombination.

Selektion: An den verschiedenartigen Nachkommen kann nun die Selektion wirken. Das bedeutet, dass die Individuen unterschiedlich gut an die Umwelt angepasst sind und deshalb ihre Gene besser oder schlechter an eigene Nachkommen weitergeben können. Man erkennt das Wirken der Selektion daran, dass sich die Häufigkeiten der Allele in einem Genpool einer Population verändern. Die Selektion kann dazu führen, dass sich eine Population insgesamt verändert (transformierende Selektion), dass sie sich in zwei Gruppen aufspaltet (disruptive Selektion) oder dass sie an Variation abnimmt (stabilisierende Selektion).

Die Faktoren, die das Überleben der Arten beeinflussen und dadurch Selektion bewirken, heißen Selektionsfaktoren. Sie sind praktisch identisch mit den Umweltfaktoren aus dem Kapitel Ökologie. Die abiotischen und biotischen Selektionsfaktoren rufen die zahlreichen Anpassungen hervor, die in diesem Kapitel beschrieben sind.

Abiotische Selektionsfaktoren sind somit z. B. Temperatur, Wasser, Wind, pH-Wert oder Mineralstoffangebot. Die biotischen Selektionsfaktoren sind vor allem Fressfeinde und Beute. Sie haben zu zahlreichen Tarn- und Warntrachten der Tiere geführt, außerdem zur Entwicklung von pflanzlichen Inhaltsstoffen, die Fraßschäden vorbeugen. Bei den Tieren gibt es die Erscheinungen Mimikry und Mimese. Mimikry nennt man das Nachahmen giftiger oder gefährlicher Lebewesen, als Mimese wird das Nachahmen unbewegter Dinge wie Stöckchen, Blätter etc. bezeichnet.

Weitere biotische Selektionsfaktoren sind Parasiten und Krankheitserreger, die zur Evolution von Abwehrmechanismen beitragen. Ein Sonderfall ist das häufigere Auftreten der Sichelzellanämie in Malariagebieten. Die heterozygoten Träger des Allels sind normalerweise benachteiligt, aber sie sind resistent gegen den Malariaerreger. Deshalb konnte sich das Allel in Gebieten mit Malaria ausbreiten.

Einen großen Einfluss auf die Evolution haben auch die Geschlechtspartner. Sie wählen ja tatsächlich einen Partner zur Fortpflanzung aus. Es gibt vor allem unter den Tiermännchen viele Erscheinungen, die durch die sexuelle Selektion entstanden sind: die Mähne der Löwen, das Prachtgefieder vieler Vögel, Geweihe, die im Allgemeinen höhere Körpergröße der Männchen etc. Manche Anpassungen sind auch auf die Konkurrenzsituation zwischen den Männchen zurückzuführen, die um die Weibchen besteht.

Gendrift: Wenn zufällige Ereignisse den Genpool einer Population ändern, spricht man von Gendrift. Naturkatastrophen können weite Teile einer Population auslöschen. Die Überlebenden tragen bestimmte Gene, die nun den Genpool der übrigen Population ausmachen. In geographisch abgeschlossenen Gebieten wie Inseln können solche Zufallsereignisse eine Population stark verändern.

Isolation: Damit sich aus einer Art zwei neue Arten bilden können, muss zwischen zwei Teilpopulationen eine Isolation stattfinden. Dann können sich die beiden Teilpopulationen unter unterschiedlichen Umweltbedingungen weiterentwickeln, bis zwischen den Teilpopulationen keine Fortpflanzung mehr möglich ist bzw. bis nur noch unfruchtbare Nachkommen entstehen. Dann spricht man von zwei getrennten Arten (biologischer Artbegriff: Zu einer Art gehören alle Lebewesen, die potenziell fruchtbare Nachkommen hervorbringen können). Die Isolation beginnt meist geographisch durch Barrieren wie Meere, Flüsse, Eis, Gebirge oder Wüsten. Es folgt eine ökologische Isolation, bei der die Teilpopulationen unterschiedliche ökologische Nischen besetzen (Einnischung), sich z.B. auf unterschiedliche Nahrung spezialisieren oder zu verschiedenen Tageszeiten aktiv sind.

Zur Bildung zweier Arten muss dann die sexuelle Isolation dazukommen, die eine Fortpflanzung bei erneuter Vermischung der Teilpopulationen verhindert. Dies kann bereits vor der Zygotenbildung sein (präzygotisch), z. B. weil die Geschlechtsorgane bzw. Pollen und Narbe nicht mehr zusammenpassen (bei Insekten und Spinnen bzw. Pflanzen), weil das Balzverhalten nicht mehr aufeinander abgestimmt ist oder weil die Paarungszeiten bzw. Blühzeiten verschieden geworden sind. Nach der Zygotenbildung (postzygotisch) kann es sein, dass sich die Zygote nicht mehr vollständig entwickelt oder die Nachkommen unfruchtbar sind (Maulesel!).

Wenn sich auf diese Art in zwei getrennten Gebieten zwei neue Arten aus einer bilden, nennt man das allopatrische Artbildung. Selten gibt es auch die sympatrische Artbildung in einem gemeinsamen Gebiet, die durch Polyploidisierung bei Pflanzen auftreten kann. Eine tetraploide Pflanze kann mit einer diploiden Pflanze keine fruchtbaren Nachkommen erzeugen. Diese wären triploid; dann gibt es bei der Meiose Schwierigkeiten, da sich die Chromosomen nicht richtig paaren können.

Wenn in der Evolution neue Lebensräume entstehen, die von Gründerindividuen besiedelt werden, die sich dann in verschiedene Arten mit unterschiedlichen ökologischen Nischen auftrennen, so heißt das adaptive Radiation. Die Darwin-Finken auf den geographisch jungen Galapagos-Inseln oder die Buntbarsch-Vielfalt in den afrikanischen Seen sind dafür Beispiele. In dem neuen Lebensraum kann sich die Ursprungsart zunächst stark vermehren, bis Konkurrenz auftritt. Wenn sich nun Teilpopulationen in geographisch abgetrennten Räumen ökologisch einnischen und so der Konkurrenz entgehen, können neue Arten entstehen.

3 Evolution des Menschen

Über die Evolution des Menschen zu schreiben, ist immer schwierig, weil immer noch durch neue Fossilfunde Theorien verändert werden müssen.

Der Mensch hat sich aus affenähnlichen Vorfahren entwickelt. Die Entwicklung des aufrechten Gangs hat mehrere anatomische Unterschiede zwischen Affen und Menschenähnlichen hervorgebracht: Doppel-S-förmige Wirbelsäule, Fußgewölbe, zentriertes Hinterhauptsloch und damit schwächere Nackenmuskeln und ein schüsselförmiges Becken sind typisch menschlich.

Menschen und ihre näheren Vorfahren haben zudem einen parabolischen Zahnbogen mit kleinen Eckzähnen. Bei Affen und affenartigen Vorformen ist er U-förmig, die Eckzähne sind groß und es gibt in jedem Kiefer eine »Affenlücke«, die Platz für die Eckzähne des anderen Kiefers bietet. Je menschenähnlicher ein Vorfahre war, desto größer war sein Gehirnschädel; die Stirn wurde höher, ein Kinn bildete sich aus, die Schnauze verschwand. Die Hände wurden zu präzisen Greiforganen.

Man vermutet, dass der Klimawechsel vor 7,5–6 Millionen Jahren und die damit verbundene Zunahme der Savannenfläche die Entwicklung des aufrechten Ganges bei den affenartigen Vorfahren des Menschen provozierten. Sie konnten die Nahrung durch bessere Übersicht leichter aufspüren und auch Feinde besser entdecken. Außerdem bot der aufrechte Körper der Sonne weniger Angriffsfläche.

Durch den aufrechten Gang konnten die Hände viel wirkungsvoller als Werkzeug eingesetzt werden. Die Vergrößerung des

Großhirns ließ Sprache und geistige Fähigkeiten entstehen. Sehr wichtig für das Überleben in widrigen Lebensräumen war die Beherrschung des Feuers, die sicher für den Homo erectus nachgewiesen ist.

Zu den Vormenschen, die noch einige Affenmerkmale tragen, gehören die Australopithecinen, die vor 4,4–2,9 Millionen Jahren in Afrika lebten. Bekannt ist der Fund »Lucy«, ein weiblicher Australopithecus afarensis, der in Äthiopien gefunden wurde. Auch die fossilen Fußspuren von Laetoli in Tansania stammen von zwei Individuen des Australopithecus afarensis.

Erste Homo-Arten gab es wohl vor 2,5–2 Millionen Jahren. Der Homo habilis fertigte Werkzeuge an. Homo erectus verließ Afrika und wanderte nach Europa; auch aus Asien stammen Homo-erectus-Funde.

Aus dem Homo erectus entstand der Homo sapiens. Eine Unterart ist der Neandertaler (Homo sapiens neanderthalensis), der vor 150000 Jahren in Europa lebte und an das raue Klima angepasst war. Er verschwand vor 35000 bis 30000 Jahren. Ebenfalls vor 150000 Jahren entwickelte sich auch der Jetztmensch Homo sapiens sapiens. Er verbreitete sich über die gesamte alte Welt. Kunstwerke (Höhlenmalereien, Skulpturen) und Begräbnisstätten belegen das Nachdenken über die Welt und das Leben nach dem Tod.

Abi

Physik

von Wolfgang Stainer

Wolfgang Stainer ist Gymnasiallehrer für die Fächer Physik und Mathematik in Bayern.

Inhalt

Mechanik

Liebe Abiturientin, lieber Abiturient,

wenn Sie jetzt in der Buchhandlung stehen und dieses Buch in die Hand genommen haben, so fühlen Sie sich vermutlich für die nächste Klausur oder gar das Abitur in Physik noch nicht ausreichend vorbereitet, aus welchen Gründen auch immer. Jedenfalls suchen Sie

- das Wesentliche zu wichtigen Themen der Oberstufen-Physik systematisch zusammengefasst und komprimiert;
- eine Möglichkeit, Wissen ökonomisch zu überprüfen;
- Tipps für schriftliche/mündliche Abiturprüfungen;
- Übersichten **Dann sollten Sie zugreifen!**

Allerdings will dieses Buch nicht in Jahren »erworbene« Lücken im Schnellverfahren schließen, sondern setzt, um sinnvoll verwendet werden zu können, Grundwissen voraus. Der Stoff wird in der Regel aus einem Versuch abgeleitet. Dadurch werden Sinnzusammenhänge und übergreifende Prinzipien des Vorgehens in der Physik klar.

Im Anschluss an die Versuchsbeschreibung werden Fachausdrücke wiederholt und Größen definiert. Es folgen die wichtigsten Formeln, oft mit einem Abriss ihrer algebraischen Herleitung. Übersichten am Ende des Buches und auf der Ausklappkarte können das physikalische Verständnis vertiefen. Ein Stichwortverzeichnis erleichtert die Beantwortung gezielter Fragen.

Ich wünsche Ihnen ersprießliches Arbeiten, tieferes Eindringen in physikalische Inhalte sowie ein gutes Gelingen Ihrer Prüfung!

Wolfgang Stainer

Mechanik

Kinematik und Dynamik

1 Geradlinige Bewegung

Versuch: Ein Körper wird in der Ebene reibungsfrei und geradlinig mit konstanter Geschwindigkeit v_0 bewegt. Die Laufzeiten Δt werden variiert, der jeweils zurückgelegte Weg Δx wird gemessen.

Ergebnis: $\Delta x \sim \Delta t \Rightarrow \frac{\Delta x}{\Delta t} = \text{const}$

Definition: $v_0 = \frac{\Delta x}{\Delta t} = \frac{x(t + \Delta t) - x(t)}{\Delta t}$

Konstante Geschwindigkeit

Einheit: $[v] = 1\,\frac{\text{m}}{\text{s}} = 3{,}6\,\frac{\text{km}}{\text{h}}$

Diagramme für $v = v_0$, $t_0 = 0$, $x(t_0) = 0$

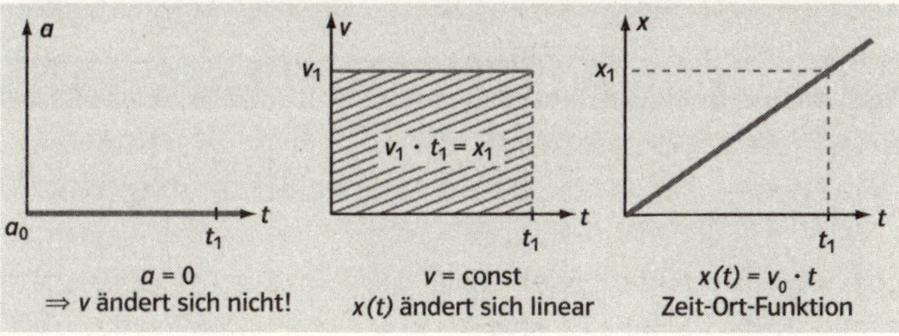

$a = 0$
$\Rightarrow$ v ändert sich nicht!

$v = \text{const}$
$x(t)$ ändert sich linear

$x(t) = v_0 \cdot t$
Zeit-Ort-Funktion

Versuch: Auf einen Körper, der sich in der Ebene reibungsfrei und geradlinig bewegt, wirkt in Bewegungsrichtung eine konstante Kraft vom Betrag F. Die Laufzeiten Δt werden verändert, der jeweils zurückgelegte Weg Δx wird gemessen; die mittlere

Geschwindigkeit $\bar{v} = \frac{\Delta x}{\Delta t}$ und ihre Änderung $\Delta \bar{v}$ werden berechnet.

Beobachtung: Der Körper ändert seine Geschwindigkeit, wird also beschleunigt.

Ergebnis: $\Delta \bar{v} \sim \Delta t \Rightarrow \frac{\Delta \bar{v}}{\Delta t} = \text{const}$

Für $\Delta t \to 0$ erhält man die Geschwindigkeit zu einem Zeit*punkt*:

Definition: $v(t) = \lim\limits_{\Delta t \to 0} \bar{v} = \lim\limits_{\Delta t \to 0} \frac{\Delta x}{\Delta t} = \lim\limits_{\Delta t \to 0} \frac{x(t + \Delta t) - x(t)}{\Delta t}$

Momentan-Geschwindigkeit

Das führt zur

Definition: $a_0 = \frac{\Delta v}{\Delta t} = \frac{v(t + \Delta t) - v(t)}{\Delta t}$

Konstante Beschleunigung

Einheit: $[a_0] = \frac{1\,\frac{\text{m}}{\text{s}}}{1\,\text{s}} = 1\,\frac{\text{m}}{\text{s}^2}$

Diagramme für $v = v_0$, $t_0 = 0$, $x(t_0) = 0$

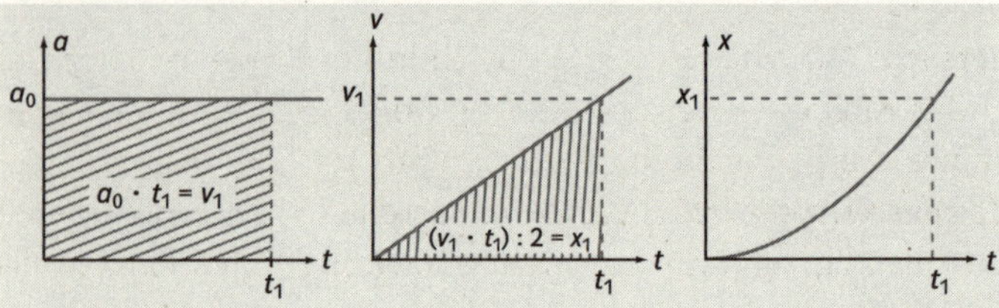

$a = a_0$
$\Rightarrow v(t)$ ändert sich linear!

$v(t) = a_0 t$
Zeit-Geschw.-Funktion

$x(t) = \frac{a_0}{2} t^2$
Zeit-Ort-Funktion

Ist die Anfangsgeschwindigkeit v_0 nicht Null, so addiert sich v_0 in der Zeit-Geschwindigkeits-Funktion bzw. der durch ihre Wirkung zurückgelegte Weganteil $v_0 t$ in der Zeit-Ort-Funktion. Eliminiert man aus diesen beiden Gleichungen noch die Zeit, so erhält man schließlich die drei

Bewegungsgleichungen

$$v(t) = v_0 + a_0 t \qquad x(t) = v_0 t + \frac{a_0}{2} t^2 \qquad v^2(x) - v_0^2 = 2 a_0 x$$

$v(t)$ und $a(t)$ erhält man auch als Ableitungen der Zeit-Ort-Funktion nach der Zeit, und so gilt:

$$x(t) = v_0 t + \frac{a_0}{2} t^2 \Rightarrow v(t) = \frac{\mathrm{d}x(t)}{\mathrm{d}t} = \dot{x} = v_0 + a_0 t$$

$$\Rightarrow a(t) = \frac{\mathrm{d}v(t)}{\mathrm{d}t} = \dot{v} = \ddot{x} = a_0$$

2 Newton'sche Gesetze

1. Newton'sches Gesetz (Trägheitssatz): Ein Körper, auf den keine Kraft wirkt, bleibt in Ruhe oder bewegt sich geradlinig mit konstanter Geschwindigkeit.

Daraus folgt umgekehrt: Ein Körper, dessen Geschwindigkeit sich nach Betrag oder Richtung ändert, erfährt eine Kraft.

Versuch: Auf einen Körper, der sich in der Ebene reibungsfrei und geradlinig bewegt, wirkt in Bewegungsrichtung eine konstante Kraft vom Betrag F. Diese Kraft und die Masse m des Körpers werden verändert, die durch die Kraft hervorgerufene Beschleunigung a wird aus den Laufzeiten Δt und dem jeweils zurückgelegten Weg Δx berechnet.

Ergebnis: $\left.\begin{array}{l} a \sim F \\ a \sim \frac{1}{m} \end{array}\right\} \Rightarrow a \sim \frac{F}{m} \Rightarrow F \sim ma$

Durch die Definition der Krafteinheit ergibt sich der Proportionalitätsfaktor zu 1. Da $\vec{F}$ und $\vec{a}$ die gleiche Richtung haben, folgt:

2. Newton'sches Gesetz $\vec{F} = m\vec{a}$

Einheit: $[F] = 1\,\text{kg} \cdot 1\frac{\text{m}}{\text{s}^2} = 1\,\text{N}$ (Newton)

Dieses **Grundgesetz der Mechanik** beschreibt auch Bewegungen mit *nicht* konstanter Beschleunigung.

3. Newton'sches Gesetz (Wechselwirkungssatz):
Kräfte zwischen zwei Körpern treten immer nur paarweise auf, und es gilt:

$$\vec{F}_1 = -\vec{F}_2$$

actio gegengleich reactio

Diese Kräfte sind nicht zu verwechseln mit Gleichgewichtskräften, die auf *einen* Körper wirken!

3 Senkrechter und waagrechter Wurf

Wird ein Körper mit der Anfangsgeschwindigkeit v_0 senkrecht nach oben geworfen, so wird er von der als konstant anzunehmenden Gravitationskraft ständig nach unten beschleunigt, das heißt er steigt in der **Steigzeit** T bis zur **Steighöhe** H, wird also zunächst gebremst, und fällt dann wieder zurück. Die **Fallbeschleunigung** $\vec{g}$ ist also mit negativem Betrag in die Bewegungsgleichungen einzusetzen, und bei vernachlässigter Luftreibung ist:

$$v(t) = v_0 - g\,t$$

$$y(t) = v_0 t - \frac{g}{2} t^2$$

$$v^2(y) - v_0^2 = -2gy$$

Bewegungsgleichungen für den senkrechten Wurf

Wegen $v(T) = 0$ und $y(T) = H$ gilt $T = \frac{v_0}{g}$ und $H = \frac{v_0^2}{2g}$

Für $v_0 = 0$ erhält man die Bewegungsgleichungen für den **freien Fall.**

Wird ein Körper mit der Anfangsgeschwindigkeit v_0 waagrecht geworfen, so wird er von der als konstant anzunehmenden Gravitationskraft ständig nach unten beschleunigt; seine Bewegung kann also als Überlagerung zweier Komponenten beschrieben werden: Während er in x-Richtung mit der konstanten Anfangsgeschwindigkeit v_0 weiterfliegt, fällt er in y-Richtung beschleunigt.

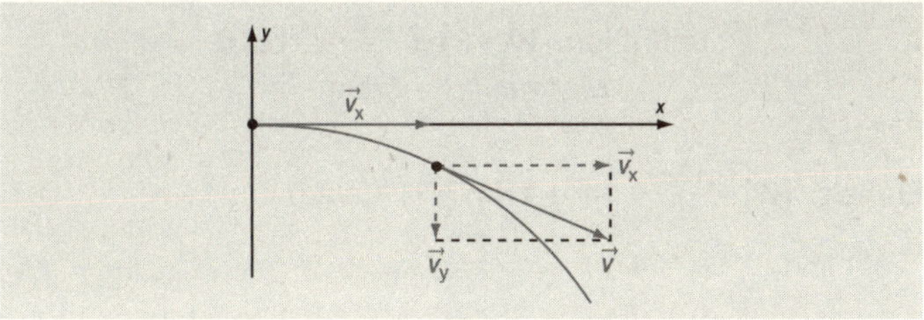

Legt man den Ursprung des Koordinatensystems in den Scheitel der Bahnkurve, so sind die Bewegungsgleichungen für den Ortsvektor $\vec{r}(t)$, den Geschwindigkeitsvektor $\vec{v}(t)$ und den Beschleunigungsvektor $\vec{a}(t)$ des waagrechten Wurfes:

$$\vec{r}(t) = \begin{pmatrix} v_0 t \\ -\frac{g}{2}t^2 \end{pmatrix} \qquad \vec{v}(t) = \begin{pmatrix} v_0 \\ -gt \end{pmatrix} \qquad \vec{a}(t) = \begin{pmatrix} 0 \\ -g \end{pmatrix}$$

Durch Elimination der Zeit t aus den Koordinaten $x = v_0 t$ und $y = -\frac{g}{2}t^2$ des Ortsvektors $\vec{r}(t)$ erhält man:

$$y = -\frac{g}{2v_0^2} \cdot x^2 \quad \text{Bahnkurve}$$

Im rechtwinkligen Dreieck aus der Bahngeschwindigkeit $\vec{v}(t)$ und ihren Komponenten mit den Beträgen $v_x = v_0$ und $v_y = -gt$ (siehe Skizze S. 11) ergibt sich mit Hilfe des Satzes von Pythagoras:

$$v(t) = \sqrt{v_0^2 + g^2 t^2} \quad \text{Betrag der Momentan-Geschwindigkeit}$$

4 Arbeit, Leistung und Energie; Energieerhaltung

Ist α der Winkel zwischen dem Weg $\vec{x}$ eines Körpers und einer konstanten Kraft $\vec{F}$, die auf den Körper einwirkt, so ist $\vec{F}_x$ deren Komponente in Wegrichtung. Wegen $F_x = F \cdot \cos\alpha$ gilt:

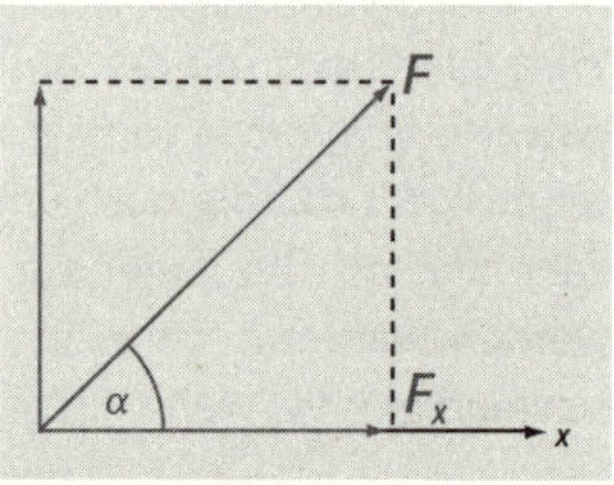

Definition: $W = \vec{F} \circ \vec{x} = F \cdot x \cdot \cos\alpha$

Mechanische Arbeit

Einheit: $[W] = \frac{1\,\text{kgm}}{\text{s}^2} \cdot 1\,\text{m} = 1\,\text{Nm} = 1\,\text{J}$ (Joule)

Für eine (z. B. bei der Dehnung einer Feder) *wegabhängige* Kraft

$\vec{F}(x)$ ist die mechanische Arbeit: $W = \int_{x_1}^{x_2} \vec{F}(x) \circ d\vec{x}$.

Bezieht man die Arbeit auf die Zeit, in der sie verrichtet wird, so erhält man:

Definition: $P = \frac{W}{t}$ Leistung

Einheit: $[P] = \frac{1\,\text{J}}{1\,\text{s}} = 1\,\text{W}$ (Watt)

Arbeit kann als Energie E gespeichert werden und dann wieder zur Verrichtung von Arbeit zur Verfügung stehen:

$W_H = F_G \cdot h = mgh$ Hubarbeit

h ist die vom Weg unabhängige Höhendifferenz.
Befindet sich ein Körper auf der Höhe h, so wurde er durch Hubarbeit dorthin befördert und besitzt

$E_p = mgh$ potentielle Energie der Lage

Wird ein Körper mit der Kraft $F_a = ma$ beschleunigt, so gilt:

$$\left.\begin{array}{l} W_a = F_a \cdot x = ma \cdot x \\ 2ax = v^2 - v_0^2 \end{array}\right\} \Rightarrow W_a = \tfrac{1}{2}m\left(v^2 - v_0^2\right)$$

Beschleunigungsarbeit

Ein Körper der Anfangsgeschwindigkeit v_0 gewinnt durch Beschleunigungsarbeit die kinetische Energie

$\Delta E_k = \frac{1}{2}m \cdot \Delta v^2 = \frac{1}{2}m \cdot \left(v^2 - v_0^2\right)$ und besitzt dann

$E_k = \frac{1}{2}mv^2$ kinetische Energie

Achtung: $\Delta v^2 \neq (\Delta v)^2$, da $v_2^2 - v_1^2 \neq (v_2 - v_1)^2$!!

Dient eine Kraft F nur dazu, Reibung zu überwinden, also konstante Geschwindigkeit zu halten, so ist mit der Normalkraft F_N und der Reibungszahl μ:

$W_R = F_R \cdot x = \mu F_N \cdot x$ Reibungsarbeit

Durch Reibungsarbeit erwärmte Körper können keine mechanische Arbeit verrichten; es ergibt sich also keine Energieform der Mechanik.

Ist x die Dehnung einer Feder mit der Federkonstanten D, so berechnet man wegen $F_x = D \cdot x$ und $W = \int_{x_1}^{x_2} F(x)\,dx$:

$W_{Sp} = \frac{D}{2}x^2$ Spannarbeit. Eine gespannte Feder enthält:

$E_P = \frac{D}{2}x^2$ potentielle Energie der Elastizität

Energieerhaltungssatz der Mechanik: In einem abgeschlossenen System, in dem keine Reibung auftritt, ist die Summe der mechanischen Teil-Energien konstant.

Folgerung: Mechanische Energie kann, wenn keine Reibung auftritt, nicht verschwinden; ihre Formen – potentielle und kinetische Energie – können jedoch ineinander umgewandelt werden.

5 Impuls und Impulserhaltung

Versuch: Zwischen zwei Gleitern unterschiedlicher Massen m_1 und m_2 auf einer Luftkissenfahrbahn befindet sich eine zusammengedrückte Feder. Lässt man die Gleiter gleichzeitig los, so bewegen sie sich mit unterschiedlichen Geschwindigkeiten v_1 und v_2 auseinander. v_1 und v_2 können nach Weg- und Zeitmessungen berechnet werden.

Ergebnis: Die kinetischen Energien der beiden Gleiter sind nach dem Loslassen im Allgemeinen nicht gleich, jedoch haben die Produkte $m_1 v_1$ und $m_2 v_2$ gleiche Beträge, was auch aus dem 3. Newton'schen Gesetz folgt, denn die Beträge der einander entgegengerichteten mittleren Kräfte sind während der Beschleunigung zu jedem Zeitpunkt gleich groß:

$\vec{F}_1 = -\vec{F}_2 \Rightarrow m_1 \vec{a}_1 = -m_2 \vec{a}_2 \Rightarrow m_1 \frac{\Delta v_1}{\Delta t} = -m_2 \frac{\Delta v_2}{\Delta t}$, da die mittleren Beschleunigungen $\vec{a}_1$ und $\vec{a}_2$ konstant sind.

$\Rightarrow m_1 \Delta v_1 = -m_2 \Delta v_2 \Rightarrow m_1 v_1 = -m_2 v_2$ für $v_{10} = v_{20} = 0$.

Definition: $\vec{p} = m \cdot \vec{v}$ Impuls

Einheit: $[p] = 1\frac{\text{kgm}}{\text{s}} = 1\,\text{Ns}$

$$\Delta p = \Delta(mv) = m\Delta v = m\frac{\Delta v}{\Delta t}\Delta t = ma\Delta t = F\Delta t$$

Definition: $\vec{F}\Delta t$ heißt Kraftstoß

Einheit: $[F\Delta t] = 1\,\text{Ns}$

$$\Delta p = F\Delta t \Rightarrow F = \frac{\Delta p}{\Delta t} \Rightarrow \vec{F}(t) = \lim_{\Delta t \to 0} \frac{\Delta \vec{p}}{\Delta t} = \frac{d\vec{p}}{dt}$$

(2. Newton'sches Gesetz in allgemeiner Form)

Impulserhaltungssatz: In einem abgeschlossenen System ist die Summe der Teilimpulse eine vektorielle Konstante, der Gesamtimpuls.

Mit dem Impulserhaltungssatz gleichbedeutend ist der Schwerpunktsatz: Der Schwerpunkt eines abgeschlossenen Systems kann durch innere Kräfte nicht beschleunigt werden.

6 Kreisbewegung, Zentripetalkraft

Bewegt sich ein Körper mit gleichförmiger Bahngeschwindigkeit v auf einer Kreisbahn mit Radius r, so gilt für die Bogenlänge s:

Definition: $\varphi = \frac{s}{r}$ Drehwinkel im Bogenmaß

Einheit: $[\varphi] = \frac{1\,\text{m}}{1\,\text{m}} = 1\,\text{rad}$ (Radiant)

Ist k die Zahl der Umläufe in der Zeit t, so gilt:

Definition: $f = \frac{k}{t}$ Frequenz

Einheit: $[f] = \frac{1}{1\,\text{s}} = 1\,\text{s}^{-1} = 1\,\text{Hz}$ (Hertz)

Für $k = 1$ ist $t = T$ und es heißt:

$$T = \frac{1}{f} \quad \text{Umlaufsdauer}$$

Die Änderung des Drehwinkels in der Zeit wird messbar durch

Definition: $\omega = \frac{\varphi}{t}$ Winkelgeschwindigkeit für $\omega = \text{const}$

Allgemeiner ist $\omega = \dot{\varphi}$.

Einheit: $[\omega] = \frac{1\,\text{rad}}{1\,\text{s}} = \frac{1}{\text{s}}$

Für $\varphi = 2\pi$ ist $t = T$ und somit:

$$\varphi = \frac{2\pi}{T} = 2\pi f$$

Für $\omega = \text{const}$ ist die Bahngeschwindigkeit v dann ebenfalls konstant und es gilt: $v = \frac{s}{t} = \frac{2\pi r}{T} = r\omega$ und auch $s = r\omega t$.

Versuch: Ein mit Hilfe einer Schnur über eine Federwaage an einem Raumpunkt festgehaltener Körper bewegt sich mit konstanter Winkelgeschwindigkeit auf einer horizontalen Kreisbahn. Die Frequenz der Drehung wird verändert, die Kraft an der Federwaage gemessen.

Beobachtung: Der Betrag der Zentripetalkraft $\vec{F}_r$ bleibt zwar gleich, die Richtung ändert sich jedoch ständig; $\vec{F}_r$ ist also nicht konstant.

Offensichtlich wirkt in Richtung von $\vec{F}_r$ die Zentripetalbeschleunigung $\vec{a}_r$, und es gilt nach Newton: $\vec{F}_r = m \cdot \vec{a}_r$.

Durch zweimaliges koordinatenweises Differenzieren (mit Nachdifferenzieren!) des Ortsvektors

$\vec{r}(t) = \begin{pmatrix} r\cos\omega t \\ r\sin\omega t \end{pmatrix}$ nach der Zeit erhält man den Vektor

$\vec{a}(t) = \begin{pmatrix} -r\omega^2\cos\omega t \\ -r\omega^2\sin\omega t \end{pmatrix}$; dessen Betrag ist dann

$$a(t) = \sqrt{(-r\omega^2\cos\omega t)^2 + (-r\omega^2\sin\omega t)^2} = r\omega^2 = a$$

$$a = \omega^2 r$$

Betrag der Zentripetalbeschleunigung

$$\Rightarrow F_r = m\omega^2 r = m\frac{v^2}{r}$$

Betrag der Zentripetalkraft

Mechanische Schwingungen und Wellen

1 Harmonische Schwingung, Schwingungsdauer

Definition: Eine Schwingung, bei der die rücktreibende Kraft in jeder Phase direkt proportional zur Auslenkung ist, heißt harmonische Schwingung.

Beispiele: Federpendel, Fadenpendel (für kleine Auslenkungen), Wassersäule im U-Rohr

Versuch: Projiziert man einen Körper, der sich mit konstanter Winkelgeschwindigkeit auf einer Kreisbahn bewegt, auf eine zur Bahnebene senkrechte Ebene, so bewegt sich der Schatten wie ein Federpendel. Stellt man diese Schwingung über der Zeit dar, so erhält man eine Sinuskurve.

Ergebnis: Eine harmonische Schwingung kann durch eine Sinus-Funktion beschrieben werden. Ist A die Amplitude und $\varphi(0) = \varphi_0$, so folgt: $\left.\begin{array}{r} y(\varphi) = A\sin(\varphi + \varphi_0) \\ \varphi = \omega t \end{array}\right\} \Rightarrow$

$$y(t) = A\sin(\omega t + \varphi_0) \quad \text{Weg-Zeit-Gesetz}$$

$y(t)$ heißt **Elongation**; A ist also die maximale Elongation.

Versuch: Ein schwingungsfähiges System oder Oszillator besteht z. B. aus zwei Schraubenfedern und einer in der Waagrechten reibungsfrei beweglichen Masse (siehe Skizze). Verschiebt man die Masse aus der Ruhelage und spannt so die Federn, so kommt nach dem Loslassen infolge der Trägheit der Masse eine Schwingung zustande.

Versuch

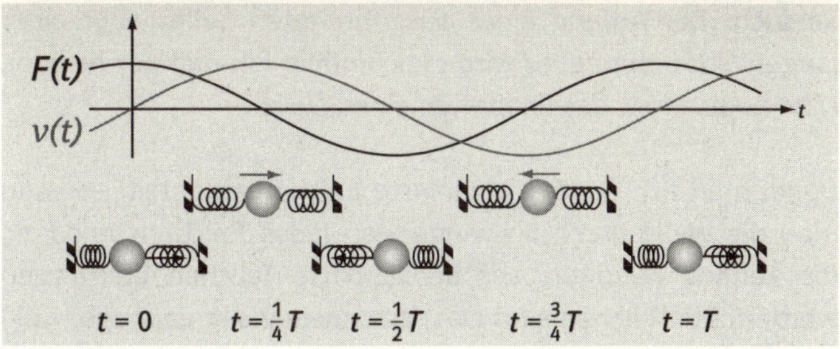

Beobachtung: Die Zeitpunkte der größten Spannung der Federn und der höchsten Geschwindigkeit der Masse sind um ein Viertel der Schwingungsdauer versetzt, die potentielle Energie der gespannten Federn wechselt periodisch mit der kinetischen Energie der Pendelmasse: $\Delta\varphi = \frac{\pi}{2}$

Vernachlässigt man die Reibung und somit Wärmeverluste, so ist nach dem Energieerhaltungssatz:

$$E_p(t) + E_k(t) = E = \text{const} \Rightarrow \frac{1}{2}Dx^2 + \frac{1}{2}mv^2 = \text{const} \Rightarrow$$

nach Differentiation (nachdifferenzieren!) und Kürzung von $\dot{x} = v$ sowie wegen $\dot{v} = \ddot{x}$:

$$m\ddot{x} + Dx = 0.$$

Für $x(t) = A\sin(\omega t + \varphi_0)$ bzw. $\ddot{x}(t) = -A\omega^2\sin(\omega t + \varphi_0)$ erhält man nach Ausklammern $(D - m\omega^2) \cdot A\sin(\omega t + \varphi_0) = 0$.
Dies ist nur für $D - m\omega^2 = 0$ stets erfüllbar

$$\Rightarrow \omega = \sqrt{\frac{D}{m}} \Rightarrow f = \frac{1}{2\pi}\sqrt{\frac{D}{m}} \Rightarrow T = 2\pi\sqrt{\frac{m}{D}}$$

Definition: T heißt Schwingungsdauer, $f_0 = \frac{1}{T}$ heißt Eigenfrequenz eines harmonisch schwingenden Systems.
ω, f und T sind von der Amplitude unabhängig.

2 Transversalwellen; Interferenz; stehende Wellen

Versuch: Der Anfang eines ausgebreiteten Seiles oder einer langen Schraubenfeder wird gleichmäßig hin und her bewegt. Man beobachtet das Entstehen einer Welle.

Denkt man sich das Seil in kleinste Teilchen aufgeteilt, so kann man die Welle durch Schwingungen jedes Teilchens erklären, die zeitlich verzögert auf benachbarte Teilchen übertragen werden. Die Teilchen sind elastisch aneinander gekoppelt und schwingen quer zur Ausbreitungsrichtung (Transversalwelle). Der Eindruck der Ausbreitung der Welle wird durch die sich mit einem Phasenunterschied $\Delta\varphi$ fortpflanzenden Zustände der Elongation hervorgerufen. Besonders fallen dabei die Zustände maximaler Elongation A auf.

Definition: Die Geschwindigkeit, mit der sich ein bestimmter Zustand der Elongation in der Welle ausbreitet, heißt Phasengeschwindigkeit c. Der kürzeste Abstand zweier Teilchen in gleicher Phase heißt Wellenlänge λ. In einer fortschreitenden Welle schwingen alle Teilchen mit gleicher Amplitude, erreichen diese aber nacheinander. Da sich die Welle ausbreitet, muss in der Welle Energie transportiert werden; dies geschieht mit der Geschwindigkeit $c = \frac{\lambda}{T} \Rightarrow$

$$c = \lambda f \quad \text{Phasengeschwindigkeit}$$

Ist die anregende Schwingung harmonisch, so schwingt jedes Teilchen harmonisch, und die Welle ist sinusförmig.

Gibt x die Ausbreitungsrichtung der Welle und y die Richtung der schwingenden Teilchen an, so bleiben weiter in x-Richtung befindliche Teilchen in der Phase $\Delta\varphi$ zurück und es ist wegen

$$\frac{\Delta\varphi}{x} = -\frac{2\pi}{\lambda}: \; y(t) = A\sin(\omega t + \Delta\varphi) = A\sin\left(\frac{2\pi t}{T} - \frac{2\pi x}{\lambda}\right) \Rightarrow$$

Wellengleichung $y(t) = A\sin 2\pi\left(\frac{t}{T} - \frac{x}{\lambda}\right)$

Versuch: In einer Wellenwanne regt ein auf und ab schwingender Stift die Wassermoleküle zu Schwingungen an, die sich – nicht harmonisch – in konzentrischen Kreisen ausbreiten (System von Kreiswellen). Ordnet man eine zunehmende Zahl von Stiften in einer Linie an, so erhält man schließlich eine ebene Welle.

Versuch: Eine ebene Wasserwelle läuft auf ein zu ihren Fronten paralleles Hindernis mit einer Öffnung zu. Die Größe dieser Blende wird variiert, die Wasseroberfläche dahinter beobachtet.

Beobachtung: Bei kleiner werdender Blende zeigen sich an den Rändern der durchtretenden Welle zunehmend Teile von Kreiswellen. Erreicht die Blendenöffnung die Größe der Wellenlänge, so entsteht hinter der Blende ein Kreiswellensystem mit der Öffnung als Zentrum und gleicher Wellenlänge und Ausbreitungsgeschwindigkeit.

Merke: Die beobachtete Erscheinung, im Prinzip also das Hineinreichen der durch die Blende tretenden Welle in den »Schattenraum«, bezeichnet man als Beugung.

Versuch: Zwei phasengleich schwingende Stifte von nicht zu großem Abstand erzeugen zwei Systeme von Kreiswellen.

Versuch

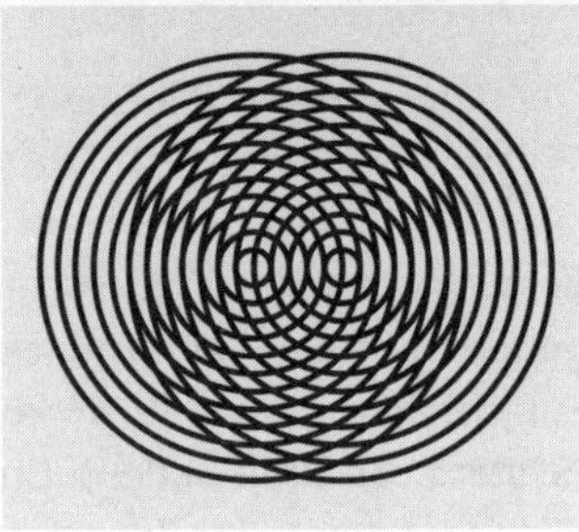

Beobachtung: Die beiden Kreiswellen breiten sich unabhängig voneinander aus, sie überlagern sich. Es entstehen Zonen mit Wellen größerer Amplitude sowie Zonen der Ruhe. Die Zonen haben die Form von Hyperbelästen (mit den Erregern als Brennpunkten).

Merke: Die Überlagerung von Wellensystemen sowie die dabei auftretenden Erscheinungen bezeichnet man als **Interferenz.**

Interferenz

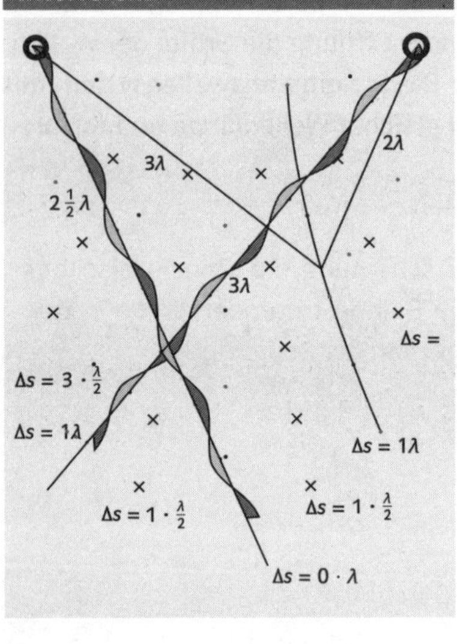

Bis zu einem bestimmten Punkt der Wellenfläche haben die Wellen von den beiden Zentren der Anregung aus im Allgemeinen verschieden lange Wege zurückgelegt. Die Differenz der beiden Weglängen heißt Gangunterschied Δs.

Ist Δs ein ganzzahliges Vielfaches von λ, so verstärken sich die beiden interferierenden Wellen wegen $\Delta \varphi = 0$.

$$\Rightarrow |\Delta s| = k\lambda = 2k \cdot \frac{\lambda}{2}, k \in \mathbb{N}_0 \quad \text{Bedingung für Maxima}$$

Ist Δs ein ungeradzahliges Vielfaches von $\frac{\lambda}{2}$, so löschen sich die beiden interferierenden Wellen wegen $|\Delta\varphi| = k\pi$ aus

$$\Rightarrow |\Delta s| = (2k-1) \cdot \frac{\lambda}{2}, k \in \mathbb{N} \quad \text{Bedingung für Minima}$$

Achtung: Minima bedeutet bei Wasserwellen, dass keine Auslenkung erfolgt; der Begriff darf nicht mit Stellen größter Elongation nach unten verwechselt werden, denn diese zählen zu den Maxima!

Versuch: Wird das Ende des ausgebreiteten Seiles bzw. der langen Schraubenfeder befestigt und der obige Versuch wiederholt, so wird die Welle am festen Ende reflektiert und interferiert mit der ankommenden Welle. Wählt man eine geeignete Anregungsfrequenz, so kann sich eine stehende Welle ausbilden. Die entsprechende Erscheinung erhält man in der Wellenwanne, wenn eine ebene Welle an einem zu ihr parallelen, ebenen und im Abstand eines ganzzahligen Vielfachen der Wellenlänge befindlichen Hindernis reflektiert wird.

Bäuche bzw. Knoten der stehenden Welle haben untereinander jeweils den Abstand $\frac{\lambda}{2}$.

In einer stehenden Welle schwingen die Teilchen mit festen, aber gegenüber anderen Teilchen unterschiedlichen Amplituden. Die stehende Welle scheint in Ruhe zu sein. In ihr erfolgt kein Energietransport.

Thermodynamik des idealen Gases

1 Molekülgröße und Avogadro-Konstante

Ölfleckversuch: Man füllt destilliertes Wasser in eine große Schale und bestreut die Wasseroberfläche mit Bärlappsporen (Lykopodium). Durch Verdünnung einer bekannten Menge Ölsäure $C_{17}H_{33}COOH$ und austropfen lassen aus einer Pipette bestimmt man das Volumen der Ölsäuremenge, die sich in einem Tropfen Verdünnung befindet. Nun lässt man zunächst einen, später einen zweiten Tropfen Lösung auf die präparierte Wasseroberfläche fallen.

Beobachtung: Der Tropfen verteilt sich auf der Wasseroberfläche etwa kreisförmig, die Fläche verkleinert sich unmittelbar nach dem Auftreffen etwas.

Erklärung: Das Verdünnungsmittel verdampft sehr schnell, nur die Ölsäure bleibt übrig.

Messung: Man bestimmt die Durchmesser der Ölflecke von einem bzw. zwei Tropfen und berechnet die Inhalte der (angenäherten) Kreisflächen.

Ergebnis: Der Flächeninhalt von zwei Öltropfen ist doppelt so groß wie der von einem Öltropfen.

Folgerung: Die Ölsäure breitet sich so aus, dass keine Moleküle mehr übereinander liegen bleiben (monomolekulare Schicht). Die Ölsäure im Tropfen bildet im Ölfleck also in grober Näherung einen Zylinder mit dem Moleküldurchmesser als Höhe.

Ergebnis: Nimmt man die Moleküle als würfelförmig an, so berechnet man einen Moleküldurchmesser von etwa 10^{-9} m. Teilt man das Molekülvolumen noch durch die Anzahl der Atome im Molekül, so erhält man für den mittleren Atomdurchmesser etwa $3 \cdot 10^{-10}$ m.

Definition: Die Einheit der **Stoffmenge** n eines Systems aus genau so vielen gleichartigen Teilchen (Atome, Moleküle, Ionen etc.), wie Atome in 12 g Kohlenstoff $^{12}_{6}C$ enthalten sind, heißt 1 Mol (mol).

Definition: Die Anzahl der Teilchen in 1 kmol heißt **Avogadro-Konstante** N_A.

Einheit: $[N_A] = 1\,\text{kmol}^{-1}$

Ist N die Teilchenzahl einer Stoffmenge n, so gilt: $N = N_A \cdot n$

Definition: Ist m die Masse und n die Stoffmenge eines Körpers, so heißt

$$M_m = \frac{m}{n} \quad \text{molare Masse}$$

Einheit: $[M_m] = 1\frac{\text{g}}{\text{mol}} = 1\frac{\text{kg}}{\text{kmol}}$

Eliminiert man n aus den beiden Gleichungen, erhält man

$$\frac{N}{N_A} = \frac{m}{M_m} \Rightarrow m_i = \frac{m}{N} = \frac{M_m}{N_A} \quad \text{(Masse eines Teilchens)}$$

Einheit: $[m_i] = 1\,\text{u} = \frac{1}{12}\,\text{m}_{^{12}_{6}C}$ (atomare Masseneinheit)

Definition: $M_r = \frac{m_i}{\text{u}} = \frac{M_m}{\frac{\text{kg}}{\text{kmol}}}$

$$M_m = M_r \frac{\text{kg}}{\text{kmol}} \quad \text{relative Molekülmasse}$$

2 Zustandsgleichung des idealen Gases

Versuch: In einer einseitig verschlossenen Röhre wird ein Luftvolumen V_0 durch einen reibungsfrei beweglichen Kolben (z. B. durch einen Quecksilberfaden) luftdicht abgetrennt. Das abgeschlossene Luftvolumen wird (z. B. im Wasserbad) erwärmt oder abgekühlt, seine Celsius-Temperatur ϑ gemessen; über eine Längenmessung kann sein Volumen berechnet werden. Der Luftdruck bleibt konstant (isobare Zustandsänderung). In weiteren Versuchen wird V_0 sowie die Art des Gases verändert.

Beobachtung: Das abgeschlossene Luftvolumen dehnt sich bei Erwärmung aus und umgekehrt.

Auswertung:

$$\left.\begin{array}{r}\Delta V \sim \Delta\vartheta \\ \Delta V \sim V_0\end{array}\right\} \Rightarrow \Delta V \sim V_0 \cdot \Delta\vartheta \Rightarrow \frac{\Delta V}{\Delta\vartheta} = \gamma \cdot V_0, \gamma = \frac{1}{273\,\text{K}}$$

Für $\Delta V = V - V_0$ und $\Delta\vartheta = \vartheta - 0\,°\text{C}$ erhält man die Geradengleichung $V = V_0\gamma \cdot \vartheta + V_0$. Für viele Gase schneidet diese Gerade die ϑ-Achse theoretisch bei $\vartheta = -273\,°\text{C}$, dort wäre $V = 0$.

Definition: $\frac{T}{\text{K}} = \frac{\vartheta}{°\text{C}} + 273$ absolute Temperatur T

Die Gerade mit der Gleichung $V = V_0\gamma \cdot T$ geht dann durch den Ursprung, und es ist

$$\frac{V}{T} = \text{const} \quad \text{für } p = \text{const} \qquad \text{Gesetz von Gay-Lussac}$$

Versuch: In einer einseitig verschlossenen Röhre wird ein Luftvolumen durch einen reibungsfrei beweglichen Kolben (z. B. durch eine Stahlkugel) luftdicht abgetrennt. Auf der anderen Seite des Kolbens wird der Luftdruck (z. B. durch eine Pumpe) verändert und gemessen. Das abgeschlossene Luftvolumen kann über eine Längenmessung berechnet werden. Der Versuch läuft so langsam ab, dass sich die absolute Temperatur T stets an die Umgebung angleichen kann, also konstant bleibt (isotherme Zustandsänderung).

Beobachtung: Der Kolben erlaubt bei Druckerniedrigung eine Ausdehnung des abgeschlossenen Luftvolumens und umgekehrt.

Auswertung:

$$p \cdot V = \text{const} \quad \text{für} \quad T = \text{const}$$

Gesetz von Boyle und Mariotte

Gedankenversuch: Der Zustand 1 einer abgeschlossenen Gasmenge (Volumen V_1, Temperatur T_1, Druck p_1) wird in zwei Schritten verändert:

1. Schritt: Isobare Zustandsänderung (z. B. expandiert das Gas durch Erwärmung)

$$\Rightarrow \left.\begin{matrix} p_1 = p' \\ V_1 \to V' \\ T_1 \to T' \end{matrix}\right\} \Rightarrow \frac{V'}{T'} = \frac{V_1}{T_1}$$

2. Schritt: Isotherme Zustandsänderung (z. B. erhöht sich der Druck durch langsame Kompression)

$$\Rightarrow \left.\begin{matrix} T' = T_2 \\ V' \to V_2 \\ p' \to p_2 \end{matrix}\right\} \Rightarrow p_2 V_2 = p'V'$$

Eliminiert man V' aus den Gleichungen und setzt $T' = T_2$, so erhält man $\frac{p_1V_1}{T_1} = \frac{p_2V_2}{T_2}$ oder

$\frac{pV}{T} = \text{const}$ Allgemeines Gasgesetz oder
Zustandsgleichung des idealen Gases (1. Form)

Definition: Ein Gas, das dem Allgemeinen Gasgesetz gehorcht, heißt ideales Gas.

Als dritter Spezialfall des Allgemeinen Gasgesetzes ergibt sich die isochore Zustandsänderung:

$\frac{p}{T} = \text{const}$ für $V = \text{const}$ Gesetz von Amontons.

Das Allgemeine Gasgesetz müsste im dreidimensionalen Koordinatensystem dargestellt werden, doch begnügt man sich üblicherweise mit dem V-p-Diagramm:

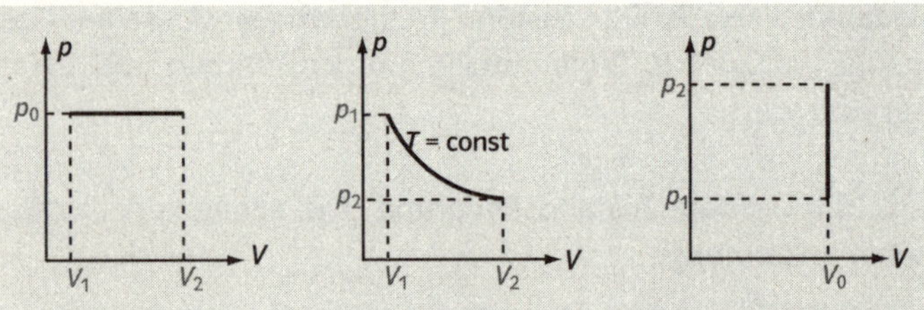

isobare Zustandsänderung | isotherme Zustandsänderung | isochore Zustandsänderung

Variiert man zusätzlich auch die Menge des Gases, also die Teilchenzahl N, so gilt $V \sim N$ und es ist für $\frac{p}{T} = \text{const}$:
$\frac{p}{T} \cdot V \sim N \Rightarrow \frac{p}{T} \cdot V = N \cdot k \Rightarrow$

$pV = NkT$ Universelle Gasgleichung oder
Zustandsgleichung des idealen Gases (2. Form)

Definition: $k = \frac{p_0 V_{\text{kmol}}}{N_A T_0}$ heißt Boltzmann-Konstante

Einheit: $[k] = 1\frac{\text{J}}{\text{K}}$

Definition: $R = k \cdot N_A$ heißt allgemeine Gaskonstante

Einheit: $[R] = 1\frac{\text{J}}{\text{K} \cdot \text{kmol}}$

$$pV = nRT$$

Zustandsgleichung des idealen Gases (3. Form)

3 Grundgleichung der kinetischen Gastheorie

Versuch: Man betrachtet (in einer Rauchkammer) von der Seite beleuchtete Rauchteilchen durch ein Mikroskop. Man verändert die Temperatur der Luft.

Beobachtung: Die Rauch-»Cluster« führen höchst unregelmäßige Bewegungen aus. Bei höherer Temperatur werden die Bewegungen heftiger.

Folgerungen: Die Rauch-»Cluster« werden von den unsichtbaren Molekülen der Luft angestoßen, deren Existenz damit nachgewiesen ist. Steigt die Lufttemperatur, so werden die Luftmoleküle schneller.

Mit Hilfe folgender – die Allgemeinheit einschränkender – Grundannahmen kann für ein ideales einatomiges Gas hergeleitet werden, dass die Temperatur als Bewegung seiner Teilchen gedeutet werden muss (kinetische Gastheorie):

1. Der mittlere Abstand der Gasatome ist wesentlich größer als ihr Durchmesser.

2. Zwischen den Gasatomen existieren keine anziehenden oder abstoßenden Kräfte, sie bewegen sich zwischen zwei Stößen also geradlinig und gleichförmig.
3. Die Gasatome werden untereinander und insbesondere an der Behälterwand elastisch reflektiert.
4. Bei ihrer Bewegung in idealer Unordnung fliegen die Gasatome mit allen möglichen Geschwindigkeiten ohne Bevorzugung einer Richtung durcheinander (Isotropie) und sind statistisch über das Behältervolumen verteilt (Homogenität).

Ergebnis $p = \frac{1}{3}\rho\overline{v^2}$

Grundgleichung der kinetischen Gastheorie

p: Druck im Modellgas
ρ: Dichte des Modellgases
$\overline{v^2}$: mittleres Geschwindigkeitsquadrat

Dabei ist zu unterscheiden:

$$\overline{v^2} = \frac{N_1 v_1^2 + N_2 v_2^2 + \ldots}{N_1 + N_2 + \ldots} = \frac{1}{N}\sum_i N_i v_i^2$$

Mittleres Geschwindigkeitsquadrat

$$\bar{v}^2 = \left(\frac{N_1 v_1 + N_2 v_2 + \ldots}{N_1 + N_2 + \ldots}\right)^2 = \left(\frac{1}{N}\sum_i N_i v_i\right)^2$$

Quadrat der mittleren Geschwindigkeit

Es gilt: $\bar{v}^2 = 0{,}92\,\overline{v^2}$; weiter folgt:

$$p \cdot V = N \cdot \tfrac{2}{3} \cdot \overline{E_k}$$

$\overline{E_k}$: mittlere kinetische Energie der Gasatome

$$\overline{E_k} = \frac{3}{2}kT \Rightarrow \overline{E_k} \sim T$$

Relativistische Dynamik

Nachdem die Existenz eines »Lichtäthers«, in dem sich das Licht fortpflanzen sollte wie der Schall in der Luft, durch das Michelson-Morley-Experiment überraschend widerlegt worden war, veröffentlichte Albert Einstein 1905 seine Spezielle Relativitätstheorie, die auf nur zwei Postulaten fußt:

1. Postulat: Von allen ruhenden und gleichförmig bewegten Lichtquellen breitet sich das Licht in alle Richtungen des Bezugssystems mit der gleichen Geschwindigkeit aus (Prinzip von der Konstanz der Lichtgeschwindigkeit).

2. Postulat: In allen Bezugssystemen, die sich geradlinig und gleichförmig bewegen, gelten die gleichen Naturgesetze (Allgemeines Relativitätsprinzip).

Versuch: Elektronen werden mit einer Spannung von bis zu mehreren Millionen Volt beschleunigt, die erreichte Geschwindigkeit wird gemessen.

Ergebnis: Die hohen Geschwindigkeiten, die sich nach der klassischen Beziehung $\frac{m_e}{2}v^2 = eU \Rightarrow v = \sqrt{\frac{2eU}{m_e}}$ berechnen lassen, werden bei weitem nicht erreicht, sondern die Vakuumlichtgeschwindigkeit stellt sich für die Elektronen als obere Grenzgeschwindigkeit heraus.

Versuch: Elektronen unterschiedlicher Geschwindigkeiten, z. B. aus der β-Strahlung eines radioaktiven Präparats, durchlaufen ein Geschwindigkeitsfilter und gelangen anschließend senkrecht zu den Feldlinien in ein homogenes Magnetfeld (Kaufmann und Bucherer). Der Radius r ihrer Kreisbahn wird gemessen, ihre spezifische Ladung $\frac{e}{m_e}$ berechnet.

Ergebnis: Mit steigender Geschwindigkeit nimmt die spezifische Ladung ab.

Folgerung: Da die Ladung der Elektronen sicher unabhängig von der Geschwindigkeit ist, muss sich mit steigender Geschwindigkeit ihre Masse vergrößern.

Die geschwindigkeitsabhängige Masse und der geschwindigkeitsabhängige Impuls lassen sich nach folgenden Formeln berechnen:

$$m(v) = \frac{m_0}{\sqrt{1 - \frac{v^2}{c^2}}}$$ **relativistische Masse**

$m_0 = m(0)$: Ruhemasse des im Bezugssystem ruhenden Körpers
c: Lichtgeschwindigkeit
$v = \text{const}$

$$\vec{p}(v) = m(v) \cdot \vec{v} = \frac{m_0 \cdot \vec{v}}{\sqrt{1 - \frac{v^2}{c^2}}}$$ **relativistischer Impuls**

Merke: Diese Formeln müssen für $v > 0{,}1c$ verwendet werden, wenn der Fehler nicht größer als 1 % werden soll.

Wirkt auf einen Körper, der sich im Bezugssystem in Ruhe befindet, eine Kraft in Bewegungsrichtung, so wird er beschleunigt; er vergrößert also seine Geschwindigkeit und damit auch seine relativistische Masse. Die Beschleunigungsarbeit W lässt sich zu

$$W = \frac{m_0 \cdot c^2}{\sqrt{1 - \frac{v^2}{c^2}}} - m_0 \cdot c^2 = (m - m_0) \cdot c^2 = \Delta m \cdot c^2$$ berechnen.

Die Energievergrößerung, das ist aber die Vergrößerung der kinetischen Energie des beschleunigten Körpers, ist also direkt proportional zur Vergrößerung seiner Masse, und c^2 ist die Proportionalitätskonstante: $W = \Delta E = E_k \sim \Delta m \Rightarrow$

$$E_k = (m - m_0) \cdot c^2 \text{ mit } m = \frac{m_0}{\sqrt{1 - \frac{v^2}{c^2}}}$$

relativistische kinetische Energie

Aus $E_k = (m - m_0) \cdot c^2 = mc^2 - m_0 c^2$ folgt:

$$E = mc^2 \text{ mit } m = \frac{m_0}{\sqrt{1 - \frac{v^2}{c^2}}}$$

relativistische Gesamtenergie (Masse-Energie-Beziehung)

Ruheenergie $E_0 = m_0 c^2 \Rightarrow E = \frac{E_0}{\sqrt{1 - \frac{v^2}{c^2}}}$

Auch ein im Bezugssystem nicht bewegter Körper repräsentiert allein durch seine Existenz einen gewissen Energiebetrag E_0!

Durch Elimination von v aus den Formeln für die relativistische Gesamtenergie E und den relativistischen Impuls p erhält man zwischen diesen für die Relativitätstheorie grundlegenden Größen den Ausdruck

$$E^2 = E_0^2 + c^2 p^2$$

relativistische Energie-Impuls-Beziehung

Elektrizität und Magnetismus

Elektrische und magnetische Felder

1 Elektrische Feldstärke

In der Umgebung elektrisch geladener Körper erfahren andere elektrisch geladene Körper eine Kraftwirkung (Versuche mit Konduktoren und Tischtennisbällen oder mit Kunststoffstäben): Es herrscht ein elektrisches Feld. Es kann durch Feldlinien veranschaulicht werden. Diese beginnen bei positiv geladenen und enden bei negativ geladenen Körpern.

Versuch: Eine »Probeladung« q wird verändert, der Betrag der Kraft F auf diese im Feld eines Plattenkondensators wird gemessen. Im Realexperiment muss die Probeladung in die Ausgangslage zurückgebracht werden (Kompensation).

Stromwaage

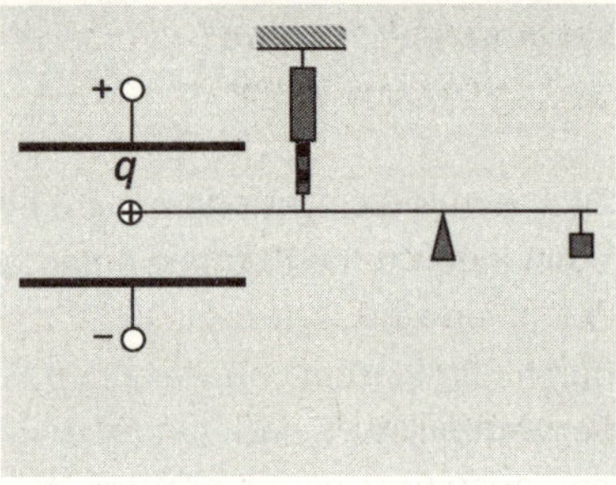

Ergebnis: $F \sim q \Rightarrow \frac{F}{q} = \text{const}$

Definition: $\vec{E} = \frac{\vec{F}}{q}$ heißt elektrische Feldstärke

Einheit: $[E] = 1\,\frac{\text{N}}{\text{C}} = 1\,\frac{\text{J}}{\text{m} \cdot \text{C}} = 1\,\frac{\text{VAs}}{\text{m} \cdot \text{As}} = 1\,\frac{\text{V}}{\text{m}}$

Diese Definitionsformel beschreibt auch nicht homogene elektrische Felder; dort ist E nicht konstant (z. B. Radialfeld einer Kugel oder eines Kugelkondensators).

Analogie: Im Gravitationsfeld wirkt eine Kraft $\vec{F}$ auf eine »Probemasse« m. Aus $\vec{F} = m \cdot \vec{g}$ folgt die Gravitationsfeldstärke $\vec{g} = \frac{\vec{F}}{m}$

2 Homogenes elektrisches Feld; Millikan-Versuch

Versuch: Ein Plattenkondensator wird mit verschiedenen Spannungen U geladen, die jeweils gespeicherte Ladung Q wird gemessen.

Ergebnis: $Q \sim U \Rightarrow \frac{Q}{U} = \text{const}$

Definition: $C = \frac{Q}{U}$ Kapazität

Einheit: $[C] = 1\frac{\text{As}}{\text{V}} = 1\,\text{F}$ (Farad)

Diese Definitionsformel gilt für jede Form eines Kondensators (z.B. auch Kugelkondensator).

Zwischen den Platten eines Plattenkondensators ist $\vec{E} = \frac{\vec{F}}{q}$ überall gleich: wir haben ein homogenes elektrisches Feld; die Feldlinien sind dort zueinander parallel.

Versuch: Plattengröße A und Plattenabstand d eines Plattenkondensators werden verändert und mit der Spannung $U = \text{const}$ geladen; die jeweils gespeicherte Ladung Q wird gemessen und $C = \frac{Q}{U}$ berechnet.

Ergebnis: $\left.\begin{array}{l} C \sim A \\ C \sim \frac{1}{d} \end{array}\right\} \Rightarrow C \sim \frac{A}{d} \Rightarrow \boldsymbol{C = \varepsilon \frac{A}{d}}, \ \varepsilon = \varepsilon_0 \cdot \varepsilon_r$

ε_r: Dielektrizitätszahl (in Luft: $\varepsilon_r \approx 1$)

Definition: ε_0 heißt elektrische Feldkonstante

Einheit: $[\varepsilon_0] = 1\frac{C}{Vm}$

Diese Formel gilt nur für den Plattenkondensator!

Versuch: Ein z.B. durch radioaktive Bestrahlung der umgebenden Luft geladenes Öltröpfchen wird in einen waagrecht angeordneten Plattenkondensator gebracht. Durch die dort angelegte Spannung wird eine elektrische Feldkraft erzeugt, die der Gewichtskraft des Öltröpfchens das Gleichgewicht hält (Schwebemethode):

Millikan-Versuch

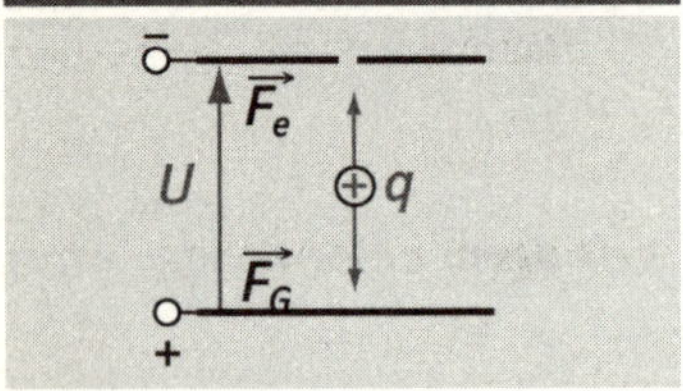

$$\left.\begin{array}{l} F_e = F_G \Rightarrow qE = mg \\ E = \frac{U}{d} \\ \varrho_{Öl} = \frac{m}{V_{Öltr.}} \\ V_{Öltröpfchen} = \frac{4}{3} r^3 \pi \end{array}\right\} \Rightarrow q$$

Der Plattenabstand *d* sowie die Dichte *ϱ* des Öls sind bekannt, *U* wird gemessen; *r* muss mit Hilfe eines ins Mikroskop eingebauten Maßstabes abgeschätzt werden.

Genauere Ergebnisse erzielt die »Gleichfeldmethode«, bei der *r* unter Berücksichtigung der Reibungskraft durch Laufzeitmessungen eliminiert werden kann.

Ergebnis: *q* ist stets ein ganzzahliges Vielfaches einer kleinsten Ladung, der Elementarladung *e*.

3 Elektrische Flussdichte

Versuch: Ein ungeladenes Paar von »Influenzplatten« der Fläche A_0 wird senkrecht zu den Feldlinien eines Plattenkondensators gehalten und getrennt. Die wirksame Fläche A_i des Plattenpaares wird verändert, die influenzierte Ladung Q_i gemessen. Man lädt eine Influenzplatte auch an einer Kondensatorplatte mit Q_0 auf.

Ergebnis: $\frac{Q_i}{A_i} = \frac{Q_0}{A_0} = \text{const}$

Definition: $\sigma = \frac{Q}{A}$ heißt Flächenladungsdichte

Einheit: $[\sigma] = 1\frac{C}{m^2}$

Der Vektor $\vec{D}$ vom Betrag σ mit der Richtung von $\vec{E}$ heißt elektrische Flussdichte.

Nur für den Plattenkondensator gilt folgende Herleitung:

$$\left.\begin{array}{l} C = \frac{Q}{U} \\ C = \varepsilon\frac{A}{d} \\ D = \frac{Q}{A} \end{array}\right\} \Rightarrow D = = \frac{\varepsilon\frac{A}{d}\cdot U}{A} = \varepsilon\frac{U}{d} = \varepsilon E$$

Jedoch gilt auch allgemein ($\varepsilon = \varepsilon_0 \cdot \varepsilon_r$):

$\vec{D} = \varepsilon \vec{E}$ **Grundgleichung des elektrischen Feldes**

ε_0: elektrische Feldkonstante; ε_r: Dielektrizitätszahl (in Luft: $\varepsilon_r \approx 1$)

$\vec{D}$ beschreibt die Ursache des elektrischen Feldes, $\vec{E}$ dessen Wirkung.

4 Radiales elektrisches Feld, Coulombgesetz

Denkt man sich um eine »Punktladung« Q_1 als Mittelpunkt eine beliebig große elektrisch leitende Kugelschale gelegt, so wird an deren Außenseite eine gleichmäßig verteilte Ladung von gleichem Betrag und Vorzeichen wie Q_1 influenziert. Also ist

$$\left.\begin{aligned} D &= \frac{Q_1}{A_{\text{Kugel}}} = \frac{Q_1}{4\pi r^2} \\ D &= \varepsilon_0 E \end{aligned}\right\} \Rightarrow E = \frac{1}{4\pi\varepsilon_0}\frac{Q_1}{r^2}$$

Auf eine im Feld von Q_1 befindliche Ladung Q_2 wirkt dann eine Kraft vom Betrag $F(r) = Q_2 \cdot E \Rightarrow$

$$F(r) = \frac{1}{4\pi\varepsilon_0}\frac{Q_1 Q_2}{r^2} \quad \text{Coulomb-Kraft}$$

Beide Formeln gelten auch für eine Vollkugel.

5 Arbeit

Grundsätzlich muss festgelegt werden, ob die Arbeit zur Verschiebung eines geladenen Teilchens im elektrischen Feld von diesem Feld oder von außen verrichtet wird; dies wirkt sich auf das Vorzeichen aus. Meist wird die Arbeit als positiv festgesetzt, wenn das *Feld* ein geladenes Teilchen so bewegt, dass seine potentielle Energie abnimmt: $W_{\text{Feld}} = -\Delta E_p$

Die Arbeit zur Verschiebung eines geladenen Teilchens der Ladung q im elektrischen Feld vom Punkt 1 zum Punkt 2 ist stets vom gewählten Weg unabhängig. Ist α der Winkel zwischen Feldkraft $\vec{F}$ und Weg $\vec{s}$, $0° \leq \alpha \leq 180°$, so gilt für folgende Spezialfälle:

- Im **homogenen Feld** ist $\vec{F}$ konstant, die Arbeit zur Überführung von q von 1 nach 2 lässt sich also vereinfacht berechnen:
$W_{12} = \vec{F} \circ \vec{s}_{12} = F \cdot s_{12} \cdot \cos\alpha = qE \cdot s_{12} \cdot \cos\alpha$
- Im **Radialfeld** ändert sich die Kraft $\vec{F}(r)$ auf q mit der Entfernung von der zentralen Ladung Q, die Arbeit muss also mit der Definitionsformel für die Arbeit berechnet werden:

$$W_{12} = \int_{r_1}^{r_2} \vec{F}(r) \circ \mathrm{d}\,\vec{r} = \int_{r_1}^{r_2} (F(r) \cdot \cos\alpha)\,\mathrm{d}r = \frac{1}{4\pi\varepsilon} \cdot Q \cdot q \cdot \cos\alpha \cdot \left[-\frac{1}{r}\right]_{r_1}^{r_2}$$

$$W_{12} = \frac{1}{4\pi\varepsilon} \cdot Q \cdot q \cdot \cos\alpha \cdot \left(-\frac{1}{r_2} + \frac{1}{r_1}\right)$$

6 Energieinhalt des homogenen elektrischen Feldes

Versuch: Ein mit der Spannung U geladener, von der Spannungsquelle getrennter Kondensator wird durch den Transport kleiner Ladungsbeträge ΔQ schrittweise entladen (z. B. pendelt eine leitende Kugel zwischen den Platten eines Plattenkondensators).

Aus $C = \frac{Q}{U}$ folgt $U = \frac{1}{C} \cdot Q$ und somit $U \sim Q$.

Q wird ständig kleiner, die Teilladung ΔQ wird also bei abnehmender Spannung U_v durch die Arbeit $\Delta W_v = U_v \cdot \Delta Q$ transportiert. Die Gesamtarbeit W, mit der der Kondensator vollständig entladen wird und die somit den ursprünglichen Energieinhalt angibt, ist also:

$$W = \int_0^{Q_0} U(Q)\,\mathrm{d}Q = \int_0^{Q_0} \frac{1}{C} Q\,\mathrm{d}Q = \frac{1}{C}\left[\frac{Q^2}{2}\right]_0^{Q_0} = \frac{Q_0^2}{2C} \Rightarrow$$

$$W_e = \frac{1}{2}\frac{Q^2}{C} = \frac{1}{2}CU^2 = \frac{1}{2}QU$$

Energieinhalt des homogenen elektrischen Feldes

7 Magnetische Flussdichte

In der Umgebung von Magneten erfahren andere Magnete sowie ferromagnetische Stoffe eine Kraftwirkung: Es herrscht ein »Magnetfeld«. Ein Magnetfeld kann durch Feldlinien veranschaulicht werden. Diese zeigen außerhalb eines Magneten vom Nord- zum Südpol. Aber auch in der Umgebung eines stromdurchflossenen Leiters herrscht ein Magnetfeld (Oersted-Versuch, Faustregel der rechten Hand), sodass ein stromdurchflossenes Leiterstück in einem anderen Magnetfeld eine Kraft erfährt (Leiterschaukelversuch).

Stromwaage

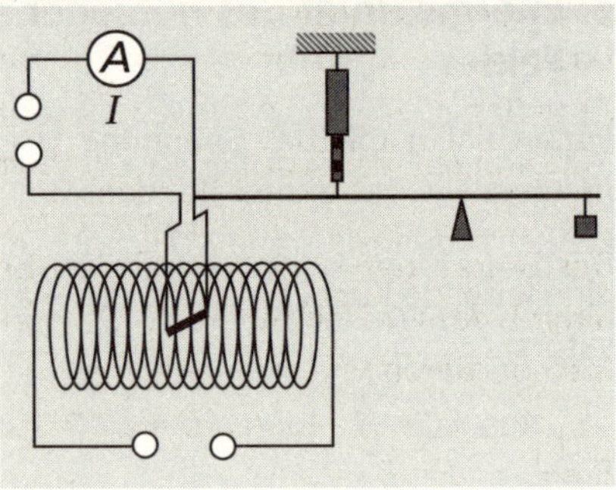

Versuch: Der Strom I durch ein »Probe«-Leiterstück sowie dessen Länge l werden verändert, der Betrag der Kraft F auf dieses im homogenen Magnetfeld einer langen Zylinderspule wird gemessen. Im Realexperiment muss das Leiterstück in die Ausgangslage zurückgebracht werden (»Kompensation«).

Ergebnis: $\left.\begin{matrix} F \sim I \\ F \sim l \end{matrix}\right\} \Rightarrow \frac{F}{I \cdot l} = \text{const}$

Definition: $B = \frac{F}{I \cdot l}$ heißt magnetische Flussdichte

Einheit: $[B] = 1\,\frac{\text{N}}{\text{A} \cdot \text{m}} = 1\,\frac{\text{VAs}}{\text{A} \cdot \text{m}^2} = 1\,\frac{\text{Vs}}{\text{m}^2} = 1\,\text{T}$ (Tesla)

B ist der Betrag des Vektors $\vec{B}$, der die Richtung der Feldlinien hat.

8 Lorentzkraft, Halleffekt

Leiterschaukelversuch

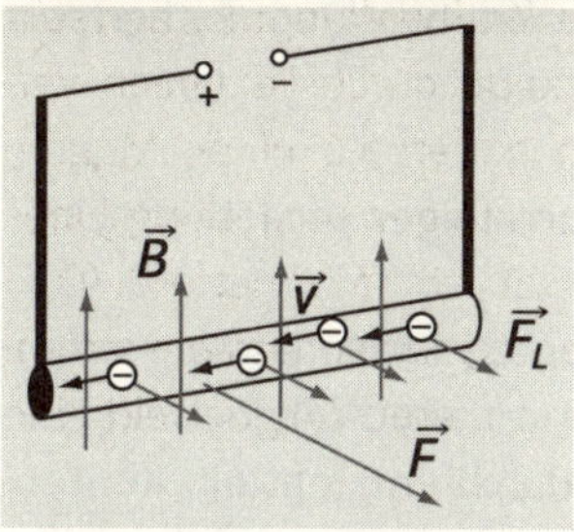

Um die Kraft $\vec{F}$ auf einen stromdurchflossenen Leiter in einem Magnetfeld $\vec{B}$ zu erklären, betrachtet man den Leiter als Röhre, in dem sich die Leitungselektronen mit der Geschwindigkeit $\vec{v}$ bewegen (»Leiterschaukelversuch«).

Die Richtung der Kraft $\vec{F}$ ergibt sich mit Hilfe der Dreifingerregel der *linken Hand*:

Daumen ≙ Richtung des Elektronenflusses
Zeigefinger ≙ Richtung des Magnetfeldes
Mittelfinger ≙ Richtung der Kraftwirkung

Der Betrag der Kraft $\vec{F}$ lässt sich berechnen, wenn man annimmt, dass N Elektronen der Elementarladung e die Ladung Q transportieren und $\vec{v} \perp \vec{B}$ gilt:

$$\left.\begin{array}{r} B = \frac{F}{I \cdot l} \Rightarrow F = B \cdot I \cdot l \\ I = \frac{Q}{t} \\ Q = N \cdot e \end{array}\right\} \Rightarrow F = B \cdot \frac{N \cdot e}{t} \cdot l = N \cdot e \cdot v \cdot B = N \cdot F_L$$

$F_L = evB$ ist der Betrag der Lorentzkraft

Die Lorentzkraft $\vec{F}_L$ wirkt infolge der Geschwindigkeit $\vec{v}$ eines Elektrons im Magnetfeld der Flussdichte $\vec{B}$ auf *ein* Elektron. Ist $\vec{v} \perp \vec{B}$ nicht erfüllt, so gilt verallgemeinert:

$$\vec{F}_L = e \cdot (\vec{v} \times \vec{B})$$

Versuch: Durch ein Silber-Band fließt ein »Steuerstrom« I_{St}, senkrecht zum Silber-Band wirkt ein Magnetfeld $\vec{B}$. An den Seiten des Silber-Bandes wird eine Spannung U_H so abgegriffen, dass sie ohne Magnetfeld den Wert 0 hat.

Beobachtung: U_H hat einen Wert von einigen μV Halleffekt.

Deutung: Die im Silber-Band bewegten Ladungsträger erfahren durch das Magnetfeld eine Lorentzkraft, die in Richtung der Seiten des Silber-Bandes wirkt. Dadurch entsteht ein Konzentrationsgefälle der Ladungsträger, dessen auf nachkommende Ladungsträger wirkende elektrische Kraft der Lorentzkraft dieser Ladungsträger das Gleichgewicht hält. Die Ladungstrennung lässt sich als Hallspannung U_H messen.

Bei manchen Halbleitern ist der Halleffekt wesentlich stärker.

Für I_{St} = const kann auch angenommen werden, dass die »Driftgeschwindigkeit« v_D der Ladungsträger konstant ist. Bedeutet b die Breite des Silber-Bandes, so gilt:

$$F_e = F_L \Rightarrow Eq = qv_DB$$

$$\Rightarrow \frac{U_H}{b} = v_DB$$

$$\Rightarrow U_H = b \cdot v_D \cdot B$$

Also gilt $U_H \sim B$, was die Anwendung des Halleffekts in der Hallsonde zur Messung magnetischer Flussdichten ermöglicht.

9 Homogenes Magnetfeld der langgestreckten Spule, magnetische Feldstärke

Versuch: Die Windungszahl N, die Länge l, der Durchmesser d sowie der Strom I durch eine lang gestreckte Spule ($l > 10\,d$) werden variiert, während die übrigen Größen jeweils konstant gehalten werden; die Flussdichte B in der Spule wird mit einer Hallsonde gemessen.

Ergebnis: $\left.\begin{array}{l} B \sim I \\ B \sim N \\ B \sim \frac{1}{l} \end{array}\right\} \Rightarrow B \sim I\frac{N}{l} \Rightarrow \boldsymbol{B = \mu_0 I \frac{N}{l}}$

B ist von d unabhängig.

Die internationale Stromstärkeeinheit 1 A hat man so definiert, dass $\mu_0 = 4\pi \cdot 10^{-7}\,\frac{\text{Vs}}{\text{Am}}$ exakt gilt.

Definition: μ_0 heißt **magnetische Feldkonstante**

Definition: $H = I\frac{N}{l}$ heißt **magnetische Feldstärke**

Einheit: $[H] = 1\,\frac{\text{A}}{\text{m}}$

Folgerung:

$$\vec{B} = \mu \vec{H} \qquad \mu = \mu_0 \cdot \mu_r$$

Grundgleichung des magnetischen Feldes

μ_r: Permeabilitätszahl (in Luft: $\mu_r \approx 1$)

$\vec{H}$ beschreibt die Ursache des Magnetfeldes, $\vec{B}$ dessen Wirkung.

10 Bewegung geladener Teilchen in elektrischen und magnetischen Feldern

Bewegung im elektrischen Längsfeld

Durch direkte oder indirekte Heizung der Kathode werden infolge des glühelektrischen Effekts im Vakuum Elektronen freigesetzt und durch eine angelegte Beschleunigungsspannung U_b zur Anode hin bewegt. Die dabei verrichtete elektrische Arbeit W_e erhöht also die kinetische Energie W_k der Elektronen:

$$W_e = W_k \Rightarrow U_b \cdot e = \frac{1}{2} m v^2 \Rightarrow v = \sqrt{\frac{2 U_b \cdot e}{m}} = \sqrt{2 \frac{e}{m} U_b}$$

Definition: $\frac{q}{m}$ heißt spezifische Ladung eines Teilchens der Masse m und der Ladung q. Wegen $W_e = U_b \cdot e$ ist es sinnvoll, für W_k eine neue Einheit einzuführen:

Einheit: $[W_k] = 1\ \text{eV}$ (Elektronenvolt)

Umrechnung:

$$1\ \text{eV} = 1{,}6022 \cdot 10^{-19}\ \text{As} \cdot \text{V} = 1{,}6022 \cdot 10^{-19}\ \text{J}$$

$$1\ \text{J} = 1\ \text{VAs} = \frac{e}{1{,}6022 \cdot 10^{-19}\ \text{As}}\ \text{VAs} = 6{,}2414 \cdot 10^{18}\ \text{eV}$$

Ist die Anode durchlöchert, so fliegen die Elektronen infolge ihrer Trägheit durch die Öffnung und können zu einem Elektronenstrahl gebündelt werden (Elektronenkanone).

Bewegung im elektrischen Querfeld

Treten die Elektronen aus der Elektronenkanone kommend senkrecht zu den Feldlinien in den Ablenkkondensator ein, so werden sie auf eine Parabelbahn abgelenkt. Ab dem Austritt aus dem Ablenkkondensator fliegen sie geradlinig und unbeschleunigt zum Schirm.

Im Ablenkkondensator gilt:
Die elektrische Kraft $\vec{F}_y$ beschleunigt das Elektron in *y*-Richtung.

Bewegung im Querfeld

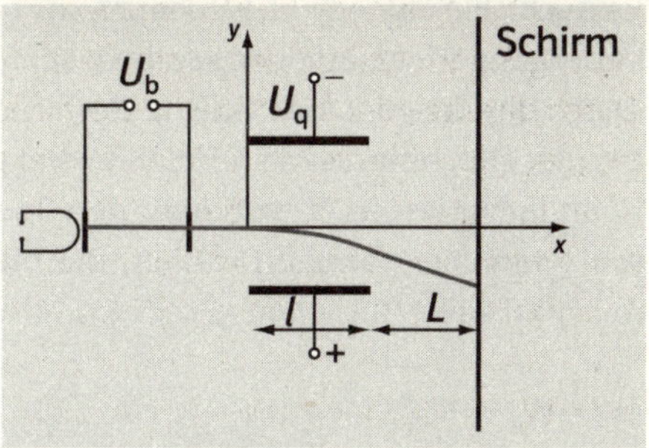

$$F_a = F_y \Rightarrow m \cdot a_y = -eE_q = -e\frac{U_q}{d} \Rightarrow a_y = -\frac{e}{m}\frac{U_q}{d}$$

Aus den Bewegungsgleichungen erhält man durch Elimination von *t*

$$\left.\begin{array}{l} x = v_0 t \Rightarrow t = \frac{x}{v_0} \\ y = \frac{a_y}{2}t^2 \end{array}\right\} \Rightarrow y(x) = \frac{a_y}{2v_0^2} \cdot x^2 \text{ Bahngleichung}$$

Für $x = l$ bekommt man daraus die *y*-Ablenkung $y(l)$ bei Verlassen des Ablenkkondensators.

Bewegung im Magnetfeld

Während die Kraft auf ein geladenes Teilchen im elektrischen Feld stets wirkt, wird ein geladenes Teilchen im Magnetfeld nur beeinflusst, wenn es sich quer zu den Feldlinien *bewegt*. Im Idealfall fliegt ein geladenes Teilchen der Geschwindigkeit $\vec{v}$ senkrecht zu den Feldlinien eines homogenen Magnetfeldes mit der Flussdichte $\vec{B}$ und wird dann durch die Lorentzkraft $\vec{F}_L$ auf eine Kreisbahn mit dem Radius *r* abgelenkt (s. Versuch mit dem Fadenstrahlrohr); die Lorentzkraft ist also die Zentripetalkraft:

$$F_Z = F_L \Rightarrow \frac{mv^2}{r} = evB \Rightarrow r = \frac{mv}{eB} \Rightarrow v = \frac{e}{m}Br$$

Die Bahngeschwindigkeit *v* ist aber auch $v = \frac{s}{t} = \frac{2\pi r}{T}$; daraus ergibt sich die Umlaufdauer $T = \frac{2\pi r}{v}$.

11 Spezifische Ladung und Masse des Elektrons

Versuch: Ein dünner Elektronenstrahl beschreibt im homogenen Magnetfeld eines »Helmholtzspulen-Paares« eine Kreisbahn. Der Strahl ist im Füllgas des »Fadenstrahlrohres« sichtbar, der Durchmesser seiner Bahn kann gemessen werden. Der Bahndurchmesser $2r$ wird über den Spulenstrom oder die Beschleunigungsspannung variiert, die magnetische Flussdichte mit Hilfe einer Hallsonde gemessen.

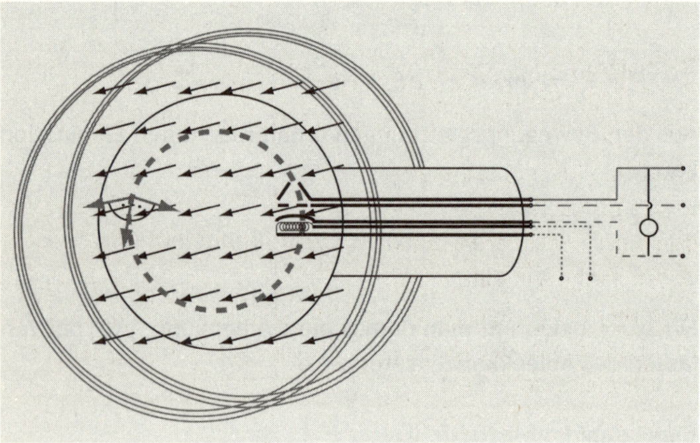

$$F_Z = F_L \Rightarrow \frac{mv^2}{r} = evB \Rightarrow \left.\begin{array}{r} v = \frac{e}{m}Br \Rightarrow v^2 = \left(\frac{e}{m}\right)^2(Br)^2 \\ eU = \frac{1}{2}mv^2 \Rightarrow v^2 = \frac{e}{m}\cdot 2U \end{array}\right\} \Rightarrow$$

Ergebnis: $\frac{e}{m} = \frac{2U}{B^2r^2}$ kann bestimmt werden.

Da aus dem Millikan-Versuch die Elementarladung e bekannt ist, kann nun die Masse eines Elektrons berechnet werden: $m = \frac{e}{\frac{e}{m}}$

Induktion

1 Induktion in bewegten und ruhenden Leitern; Induktionsgesetz

Versuch: Ein Leiterstück wird mit der konstanten Geschwindigkeit $\vec{v}$ senkrecht zu den Feldlinien durch ein homogenes Magnetfeld der Breite l bewegt.

Beobachtung: An den Enden des Leiterstücks kann eine Spannung U_i abgegriffen werden.

Erklärung: Die mitbewegten Leitungselektronen werden durch die Lorentzkraft $\vec{F}_L$ so lange zu einem Leiterende hin bewegt, bis sich mit der durch das entstehende elektrische Feld hervorgerufenen elektrischen Kraft $\vec{F}_e$ ein Gleichgewicht einstellt (s. Skizze).

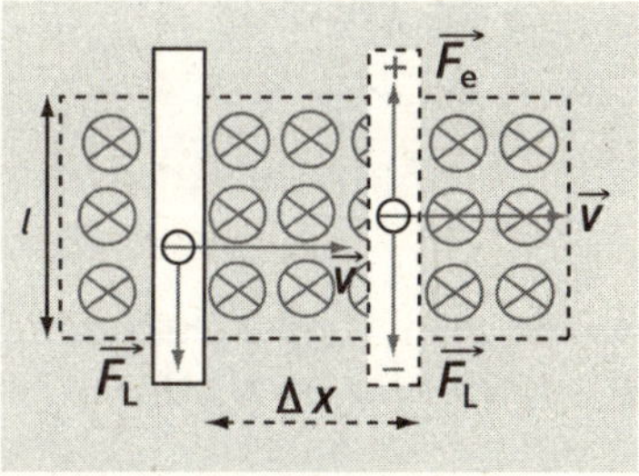

Durch die Ladungstrennung entsteht die Induktionsspannung U_i. Es gilt:

$$F_e = F_L \Rightarrow \left.\begin{aligned} eE &= evB \\ E &= \frac{U_i}{l} \\ v &= \frac{\Delta x}{\Delta t} \end{aligned}\right\} U_i = Blv = B \cdot \frac{l \cdot \Delta x}{\Delta t} = B \cdot \frac{\Delta A}{\Delta t}$$

ΔA ist die vom Leiter im Magnetfeld überstrichene Fläche; U_i ist also eine Folge der Flächen*änderung*. Sind N_i Leiterstücke hintereinandergeschaltet, so gilt für $\Delta t \to 0$:

$U_i = N_i B\dot{A}$ **Induktionsspannung bei Flächenänderung**

Versuch: In einer langgestreckten Feldspule befindet sich koaxial eine ruhende Induktionsspule mit N_i Windungen. Ändert man den Strom ΔI durch die Feldspule linear mit der Zeit Δt, so wird in der Induktionsspule eine konstante Spannung U_i induziert. Ändert man auch die Windungszahl N_i und die Querschnittsfläche A der Induktionsspule und misst jeweils U_i , so erhält man

$$\left.\begin{array}{l} U_i \sim \frac{\Delta I}{\Delta t} \sim \frac{\Delta B}{\Delta t} \\ U_i \sim N_i \\ U_i \sim A \end{array}\right\} U_i = N_i A \frac{\Delta B}{\Delta t},$$

da sich der Proportionalitätsfaktor durch die Definition der Stromstärkeeinheit zu 1 ergibt. U_i ist also eine Folge der Feld*änderung*. Für $\Delta t \to 0$ ist

$U_i = N_i A \dot{B}$ Induktionsspannung bei Feldänderung

Ändert man A und B gleichzeitig, so ist nach der Produktregel
$U_i = N_i B \dot{A} + N_i A \dot{B} = N_i (A\dot{B})$.

Definition: $\Phi = BA$ heißt magnetischer Fluss

Einheit: $[\Phi] = 1 \frac{\text{Vs}}{\text{m}^2} \cdot 1\,\text{m}^2 = 1\,\text{Vs}$

Folgerung: $U_i = -N_i \cdot \dot{\Phi}$
Induktionsgesetz (differenzielle Form)

Das Minuszeichen steht wegen der Regel von Lenz: Der Induktionsstrom fließt immer so, dass das durch ihn entstehende Magnetfeld die Flussänderung, die ihn erzeugt, zu verhindern versucht.

2 Selbstinduktion, Induktivität

Versuch: Der eine Zweig eines verzweigten Gleichstromkreises enthält einen Ohm'schen Widerstand, der andere eine Spule mit Eisenkern. Schaltet man die Spannungsquelle ein bzw. wieder aus, so beobachtet man:

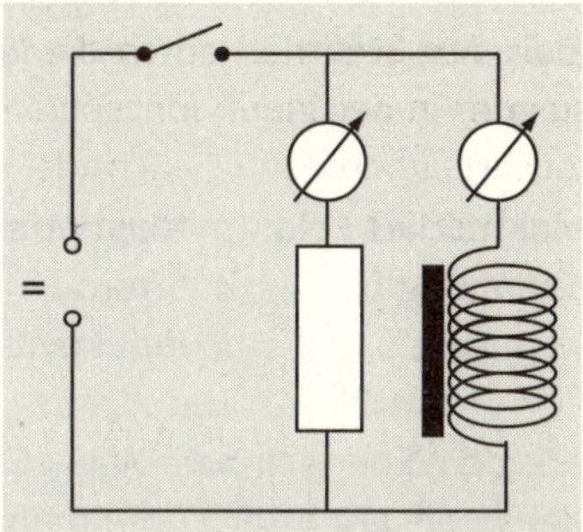

Beobachtung: Im Zweig mit dem Ohm'schen Widerstand ändert sich die Stromstärke unmittelbar – hier wird die angelegte Rechteckspannung sichtbar; im Zweig mit der Spule erfolgt der Anstieg bzw. der Abfall des Stromes verzögert.

Deutung: In der Spule wird durch die Änderung des eigenen Magnetfeldes jeweils eine Spannung induziert, die nach der Regel von Lenz die Änderung des bestehenden Zustandes zu verhindern versucht. Beim Einschalten ist diese der angelegten Spannung also entgegen-, beim Ausschalten gleichgerichtet (Selbstinduktion). Es gilt

$$\left.\begin{array}{l} U_i = -N_i \cdot \dot{\Phi} \\ \Phi = BA \\ B = \mu I_F \frac{N_F}{l} \\ N_i = N_F \end{array}\right\} \Rightarrow U_i = -N_i \frac{d}{dt}\left(\mu A I \frac{N}{l}\right) = -\mu A \frac{N^2}{l} \dot{I}$$

Definition: $L = \mu A \frac{N^2}{l}$
heißt Induktivität einer langgestreckten Spule

Einheit: $[L] = 1\frac{\text{Vs}}{\text{Am}} \cdot 1\,\text{m}^2 \cdot \frac{1}{\text{m}} = 1\frac{\text{Vs}}{\text{A}} = 1\,\text{H}$ (Henry)

Folgerung: $U_i = -L\dot{I}$

3 Energieinhalt des homogenen magnetischen Feldes

Zwischen elektrischem und magnetischem Feld bestehen folgende Analogien:

elektrisches Feld	≙	**Magnetfeld**
Spannung U	≙	Strom I
Kapazität C	≙	Induktivität L

Aus dem Energieinhalt $W_e = \frac{1}{2}CU^2$ eines geladenen Plattenkondensators ergibt sich unmittelbar:

$$W_m = \frac{1}{2}LI^2$$

Energieinhalt des homogenen magnetischen Feldes

Wechselspannung und Wechselstromkreis

1 Erzeugung einer sinusförmigen Wechselspannung

Versuch: In einem homogenen Magnetfeld wird eine Leiterschleife oder eine flache Spule mit konstanter Winkelgeschwindigkeit ω um eine zu den Feldlinien senkrechte Achse gedreht.

Beobachtung: An den Spulenenden wird eine Wechselspannung induziert. Steht die Spulenebene gerade senkrecht zu den Feldlinien, so ist die Induktionsspannung Null, steht die Spulenebene parallel zu den Feldlinien, so ist der Betrag der Induktionsspannung maximal.

Da sich bei der Rotation die von den Feldlinien durchdrungene »wirksame« Spulenfläche (Windungszahl N_i) mit dem Drehwinkel φ ändert, gilt bei ω = const:

$$A(t) = A_0 \cos\varphi = A_0 \cos\omega t$$
$$\Rightarrow \Phi(t) = B \cdot A(t) = B \cdot A_0 \cos\omega t = \Phi_0 \cos\omega t$$
$$\Rightarrow U(t) = -N_i \dot{\Phi} = N_i \Phi_0 \omega \sin\omega t = U_0 \sin\omega t$$

Definition: $U_0 = N_i \Phi_0 \omega$ heißt Scheitelspannung

Im geschlossenen Stromkreis mit dem Widerstand R ergibt sich wegen $R = \frac{U}{I}$:

$$I(t) = \frac{U(t)}{R} = \frac{U_0}{R} \sin\omega t = I_0 \sin\omega t$$

Wechselspannung und -stromstärke schwingen im Ohm'schen Stromkreis harmonisch und gleichphasig.

Um Wechselströme mit Gleichströmen vergleichbar zu machen, wird festgelegt:

Definition: Ein Wechselstrom hat die gleiche effektive Stromstärke I_{eff} wie ein Gleichstrom, wenn beide die gleiche Wärmeleistung erzeugen. Aus dem Vergleich der (mittleren) Leistungen im Wechselstrom- bzw. im Gleichstromkreis kann man berechnen:

$$I_{eff} = \frac{I_0}{\sqrt{2}} \quad \text{bzw.} \quad U_{eff} = \frac{U_0}{\sqrt{2}}$$

2 Wechselstromwiderstände

Schaltet man Spulen und Kondensatoren als weitere Bauteile in einen Stromkreis, so können diese als Widerstände wirken. Für Wechselstrom gilt:

Definition: $X = \frac{U_{eff}}{I_{eff}}$ heißt Wechselstromwiderstand

Für den zeitlichen Verlauf der Stromstärke $I(t)$, die »Phasenverschiebung« $\Delta\varphi$, den Wechselstromwiderstand X und die Abhängigkeit des Wechselstromwiderstandes von der Frequenz der Wechselspannung $U(t) = U_0 \sin \omega t$ gilt jeweils:

Ohm'scher Widerstand	Kapazitiver Widerstand	Induktiver Widerstand
$I(t) = I_0 \sin \omega t$	$I(t) = I_0 \sin\left(\omega t + \frac{\pi}{2}\right)$	$I(t) = I_0 \sin\left(\omega t - \frac{\pi}{2}\right)$
$I_0 = \frac{U_0}{R}$	$I_0 = C\omega U_0$	$I_0 = \frac{U_0}{\omega L}$
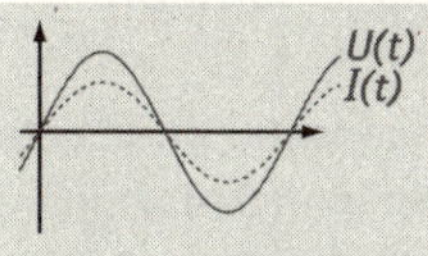	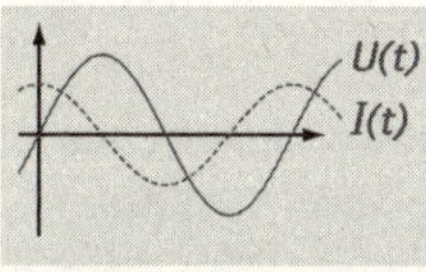	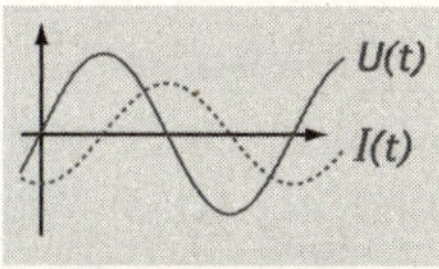
$\Delta\varphi = 0$	$\Delta\varphi = \frac{\pi}{2}$	$\Delta\varphi = -\frac{\pi}{2}$
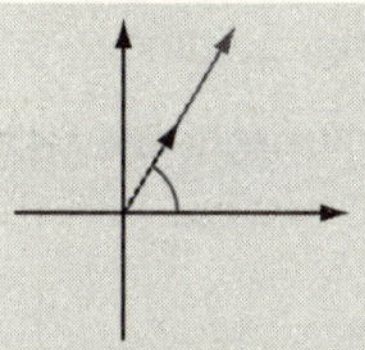	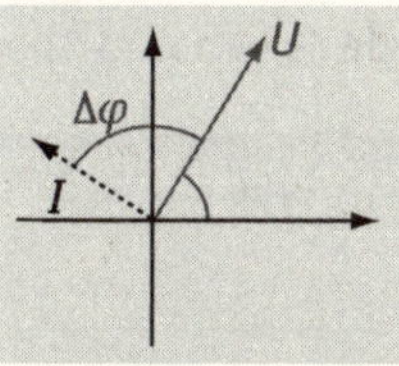	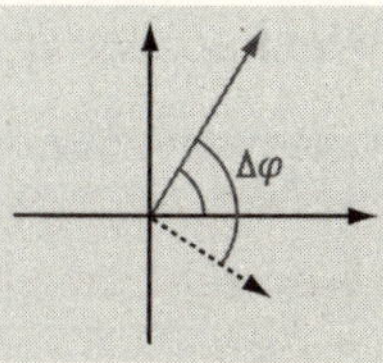
$X_R = \frac{U_0}{I_0} = R$	$X_C = \frac{1}{\omega C}$ Reaktanz	$X_L = \omega L$ Induktanz
–	$X_C \sim \frac{1}{f}$	$X_L \sim f$

Elektromagnetische Schwingungen und Wellen

1 Elektromagnetischer Schwingkreis, Thomson-Gleichung

Versuch: Ein Schwingkreis besteht aus Kondensator und Spule (und Ohm'schem Widerstand der Spule). Lässt man den Kondensator sich entladen, so fließt ein Strom, und infolge der Selbstinduktion in der Spule kommt eine (gedämpfte) Schwingung der Ladung, also auch von Strom und Spannung, zustande.

Strom und Spannung am Schwingkreis

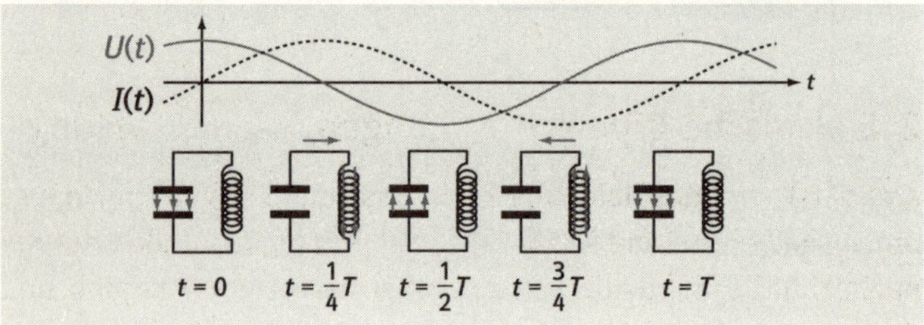

Beobachtung: Der Strom $I(t)$, der sich durch die am Ohm'schen Widerstand abfallende Spannung am Oszilloskop darstellen lässt, läuft der Spannung $U(t)$ am Kondensator um ein Viertel der Schwingungsdauer T nach: $|\Delta\varphi| = \frac{\pi}{2}$

Vernachlässigt man den Ohm'schen Widerstand und somit Wärmeverluste, so ist nach dem Energieerhaltungssatz:

$$W_m(t) + W_e(t) = W = \text{const} \Rightarrow \frac{1}{2}LI^2 + \frac{1}{2}\frac{Q^2}{C} = \text{const}$$

$\Rightarrow$ nach Differenziation (nachdifferenzieren!) und Ersetzung von $\dot{Q}$ durch I: $L\dot{I} + \frac{1}{C}Q = 0$

$\Rightarrow$ nach nochmaliger Differenziation: $\ddot{I} + \frac{1}{LC}I = 0$

Für $I(t) = I_0 \sin(\omega t + \Delta\varphi)$ bzw. $\ddot{I}(t) = -I_0\omega^2 \sin(\omega t + \Delta\varphi)$ erhält man nach Ausklammern $\left(\frac{1}{LC} - \omega^2\right) \cdot I_0 \sin(\omega t + \Delta\varphi) = 0$. Dies ist nur für $\frac{1}{LC} - \omega^2 = 0$ stets erfüllbar;

$\Rightarrow \omega = \frac{1}{\sqrt{LC}} \Rightarrow f = \frac{1}{2\pi\sqrt{LC}}$

$\Rightarrow$ $T = 2\pi\sqrt{LC}$ Thomson-Gleichung

Definition: Ein frei schwingender Schwingkreis schwingt mit der Eigenfrequenz $f_0 = \frac{1}{2\pi\sqrt{LC}}$

2 Elektrische Dipolschwingungen, Dipolstrahlung

Aus der Thomson-Gleichung folgt, dass die Schwingungsdauer um so kürzer bzw. die Frequenz um so höher wird, je kleiner Kapazität und Induktivität sind. Benützt man zur Erzeugung und Steuerung einer elektromagnetischen Schwingung eine Triode und reduziert die Spule auf den Drahtbügel zwischen Anode und Gitter bzw. den Kondensator auf den aus Gitter und Anode gebildeten, so erhält man eine Frequenz von über 100 MHz (UKW-Bereich).

Versuch: Man berührt den oberen Teil des Bügels mit einer Glimmlampe.

Versuchsanordnung

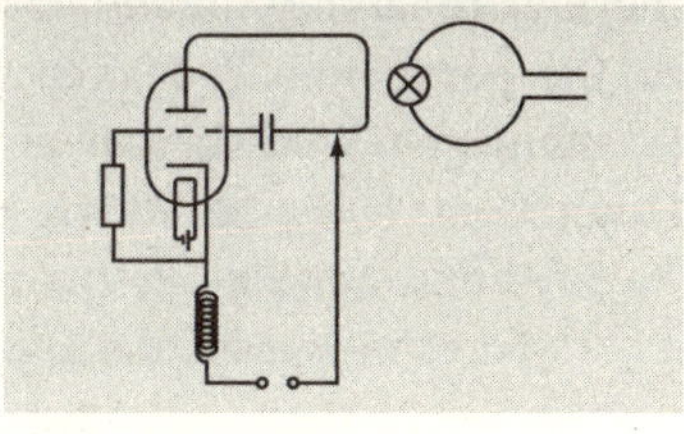

Beobachtung: Beide Elektroden der Lampe glimmen, was Wechselspannung, also Schwingung belegt.

Versuch: Man bringt einen zweiten Bügel mit einem Glühbirnchen und offenem Ende (Kondensator!) in die Nähe des ersten.

Beobachtung: Das Lämpchen glüht, was (Induktions-)Strom bezeugt, der in dem offenen Leiterstück nur als Schwingung erklärt werden kann.

Versuch: Man »biegt die Schleife auf« zu einem geraden Leiter und bringt sie wieder in die Nähe des UKW-Bügels.

Beobachtung: Das Lämpchen glüht immer noch, bei passender Länge des Leiters sogar optimal, was auf starke Stromänderung in der Leitermitte schließen lässt.

Versuch: Man tastet den Leiter optimaler Länge über ein Glimmlämpchen ab (das jedes Mal gezündet werden muss).

Beobachtung: Das Lämpchen glimmt an den Enden des Leiters am stärksten, was auf starke Ladungsänderung dort schließen lässt. Der aus einem geraden Leiter bestehende »offene« Schwingkreis heißt Hertz'scher Dipol.

Folgerungen: Die Beobachtungen lassen sich deuten, wenn man annimmt, dass im Dipol die Elektronen schwingen: »Elektronenstau« an alternierenden Dipolenden wechselt ständig mit Elektronenfluss alternierender Richtung um dessen Mitte. Die getrennten Ladungen erzeugen ein elektrisches Feld im ständigen Wechsel mit einem bei Stromfluss erzeugten Magnetfeld. Auch die Polung dieser Felder wechselt ständig im Rhythmus der Eigenfrequenz, die sich aus $c = \frac{\lambda}{T} = \lambda \cdot f$ mit $\lambda = 2l$ berechnen lässt. Die Eigenfrequenz eines Dipols ist also durch seine Länge bestimmt. Die Ladungsbewegung kann als stehende Längswelle gedeutet werden.

Versuch: Unmittelbar neben dem UKW-Bügel wird ein Dipol optimaler Länge platziert. In zunächst geringer Entfernung befindet sich parallel dazu ein zweiter, gleich langer Dipol mit einer Glühlampe in der Mitte. Bei größerer Entfernung wird das Glühlämpchen durch einen Hochfrequenz-Gleichrichter (Germanium-Diode) ersetzt und ein Amperemeter parallel geschaltet. Der zweite Dipol wird auch um 90° gedreht.

Beobachtung: Das Lämpchen glüht bzw. das Amperemeter schlägt auch in einer Entfernung von mehreren Metern aus, wenn die Dipole nicht aufeinander senkrecht stehen.

Folgerung: Vom ersten Dipol (**Sender**) geht eine **elektromagnetische Strahlung** aus, die vom zweiten Dipol (**Empfänger**) angezeigt werden kann; dessen Elektronen werden durch Influenz aus dieser Strahlung zum Schwingen angeregt.

Merke: Die am Sender entstandenen elektrischen und magnetischen Felder lösen sich vom Dipol ab und bewegen sich in etwa kugelförmig durch den Raum. Ein sich abschwächendes elektrisches Feld baut dabei stets ein Magnetfeld auf und umgekehrt (**Wechselfeld**). Ein geeignet platzierter, auf die Frequenz abgestimmter Empfänger wirkt als »Antenne«. Die Ausbreitung im Raum ist offensichtlich mit einem Energietransport verknüpft.

In der elektromagnetischen Strahlung breitet sich also eine Zustandsänderung aus, sie bildet eine **Welle**.

3 Eigenschaften elektromagnetischer Wellen

Verkleinert man mit Hilfe der Technik Induktivität und Kapazität der Schwingkreise weiter, so erhält man Wellen abnehmender Wellenlänge: Dezimeterwellen, Zentimeterwellen, Mikrowellen. Schließlich zeigt auch das Licht Eigenschaften, die nur erklärt werden können, wenn man es als elektromagnetische Welle auffasst.

Alle elektromagnetischen Wellen haben die gleichen physikalischen Eigenschaften: Sie benötigen kein Medium, sind transversal, zeigen Reflexion, Brechung, Beugung, Interferenz und Polarisation, können stehende Wellen bilden und breiten sich im Vakuum mit der Geschwindigkeit $c = \lambda f$ aus. Sie unterscheiden sich jedoch in der Erzeugung, in den Möglichkeiten, die jeweilige Strahlung zu registrieren, sowie in der Wirkung auf Materie.

Ein gut geeignetes Modell, um auch über elektromagnetische Wellen Erkenntnisse zu gewinnen, bilden die Wellen auf einer Wasseroberfläche (vgl. Kapitel »Mechanische Schwingungen und Wellen«).

Während man bei Wasserwellen das ganze »Feld« auf einmal überblicken kann, sind bei elektromagnetischen Wellen Nachweisgeräte nötig: Dipolstrahlung kann nur punktuell mit einem Empfangsdipol erfasst und z. B. über einen Verstärker und einen Lautsprecher hörbar gemacht werden. Sichtbares Licht wiederum lässt sich mit einem »Schirm« auffangen, der somit einen Schnitt in der Regel quer zur Ausbreitungsrichtung bietet.

Auch für elektromagnetische Wellen gelten die bekannten Formeln für Maxima und Minima bei der Interferenz von zwei Kreiswellensystemen (Herleitung vgl. Kapitel »Mechanische Schwingungen und Wellen«):

$\lvert\Delta s\rvert = k\lambda = 2k \cdot \frac{\lambda}{2},\ k \in \mathbb{N}_0$	Bedingung für Maxima
$\lvert\Delta s\rvert = (2k-1) \cdot \frac{\lambda}{2},\ k \in \mathbb{N}$	Bedingung für Minima

Die Differenz Δs der beiden Weglängen heißt Gangunterschied.

Bei Licht sind mit »Maxima« helle und mit »Minima« dunkle Stellen bzw. Linien auf dem Schirm gemeint.

Um mit Dipolstrahlung Interferenz zu erzeugen, benötigt man zwei Sender gleicher Wellenlänge. Stehende Dipolwellen bilden sich zwischen zwei Sendern, deren Abstand ein ganzzahliges Vielfaches der Wellenlänge beträgt. Aufgrund ihrer Entstehung sind Dipolwellen stets Transversalwellen, also polarisiert. Die Bedingungen für die Interferenz von Licht werden getrennt behandelt.

Merke: Beugung und Interferenz sind nur durch die Welleneigenschaft erklärbar; sie sind umgekehrt das Mittel, um den Wellencharakter einer Strahlung nachzuweisen. Wellenlängen lassen sich in stehenden Wellen messen oder über Interferenzerscheinungen berechnen.

4 Wellenoptik: Interferenz am Doppelspalt, Gitter und durch Reflexion; Bragg-Reflexion

Doppelspalt

Aufgrund seiner Erzeugung besteht das Licht eines glühenden Körpers aus elektromagnetischen Wellen unterschiedlicher Wellenlänge, Schwingungsrichtung und Phasenlage. Um damit Interferenzerscheinungen entstehen zu lassen, muss es durch eine Spaltblende „kohärent" und eventuell durch Filter monochrom gemacht werden. Im Gas-Laser entsteht dagegen monochromes, polarisiertes und kohärentes Licht von sehr geringem Öffnungswinkel.

Versuch: Das rote Licht eines Gas-Lasers fällt durch einen Doppelspalt mit dem Spaltabstand b auf einen im Abstand a befindlichen Schirm.

Beobachtung: Es entsteht das typische Streifenmuster einer Interferenzerscheinung. Bei Doppelspaltversuchen mit Licht ist gewährleistet, dass der Spaltabstand b gegenüber dem Schirmabstand a sehr klein ist, so dass die von den Spalten auf den Punkt P treffenden Strahlen als parallel angenommen werden dürfen. Dann schließt das Lot von der einen Spaltmitte auf den anderen Strahl mit der Blendenebene ebenfalls den Winkel α ein; α liegt dem Gangunterschied Δs gegenüber, so dass in dem entstandenen rechtwinkligen Dreieck gilt:

$$\Delta s = b \cdot \sin\alpha \quad \text{Gangunterschied}$$

α seinerseits könnte aus dem Schirmabstand und dem seitlichen Abstand d des Punktes P bestimmt werden aus

$$\tan\alpha = \frac{d}{a}$$

Doppelspaltversuch

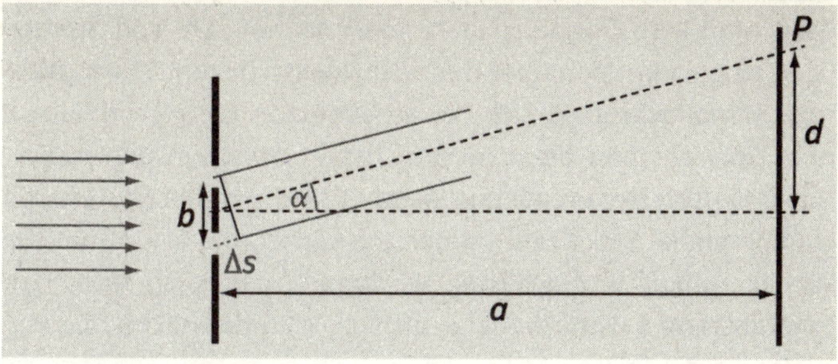

Da beim Doppelspaltversuch jedoch $d \ll a$ ist, kann für im Bogenmaß gemessene Winkel die Kleinwinkelnäherung $\sin\alpha \approx \tan\alpha \approx \alpha$ verwendet werden.

Somit lässt sich schließlich die Wellenlänge des Laser-Lichts aus messbaren Größen berechnen, wenn man noch für d speziell den seitlichen Abstand d_k des k-ten Maximums oder Minimums bestimmt. Da jedoch die Lage des Maximums 0-ter Ordnung nur schwer feststellbar ist, misst man den Abstand zwischen benachbarten Minima oder Maxima, der unabhängig von der Lage ist. Für Maxima gilt dann:

$$\Delta s = k\lambda = b \cdot \sin\alpha_k \approx b \cdot \tan\alpha_k = b \cdot \frac{d_k}{a} \Rightarrow d_k \approx k \cdot \frac{a \cdot \lambda}{b},$$

womit wegen der Konstanz von a, b und λ auch die Äquidistanz der Maxima nachgewiesen ist.

$$\Rightarrow \Delta d = d_k - d_{k-1} = \frac{a \cdot \lambda}{b} \Rightarrow \lambda = \frac{b \cdot \Delta d}{a}$$

Aus $k\lambda = b \cdot \sin\alpha$ folgt wegen $-1 \leq \sin\alpha \leq 1$ auch $-\frac{b}{\lambda} \leq k \leq \frac{b}{\lambda}$, woraus die Höchstzahl $2k + 1$ der erzeugten Maxima folgt. Ist auch b unbekannt, so kann diese Größe nach Projektion des Doppelspalts auf einen Schirm mit Hilfe des Strahlensatzes berechnet werden.

Mehrfachspalt und Gitter

Geht man vom Doppelspalt zu einer hohen Zahl von Spalten über, so gelangt man über den Mehrfachspalt zum Gitter. Während – monochromes Licht vorausgesetzt – bei gleichbleibendem Spaltabstand beim Mehrfachspalt zwischen den Hauptmaxima noch Nebenmaxima sichtbar sind, werden letztere mit zunehmender Strichzahl immer schwächer, die Hauptmaxima immer stärker und schärfer. Verringert man auch noch den Spaltabstand b (Gitterkonstante), so wird der seitliche Abstand d_k der Hauptmaxima und somit auch ihr gegenseitiger Abstand immer größer und immer genauer messbar, die Wellenlänge also immer genauer berechenbar. Die vom Doppelspalt bekannten Formeln gelten weiterhin.

Achtung: Bei kleiner Gitterkonstante gilt die Kleinwinkelnäherung nicht mehr! Bei Aufgaben ist es geschickt, statt allgemeiner Rechnung mit der trigonometrischen Beziehung $\sin\alpha = \frac{\tan\alpha}{\sqrt{1+\tan^2\alpha}}$ den Wert von α mit dem Taschenrechner zu bestimmen und (ungerundet!) weiterzuverarbeiten.

Versuch: Benutzt man statt des Lasers Glühlicht (z. B. die Bogenlampe), so benötigt man im Versuchsaufbau zusätzlich einen Kondensor, einen Kohärenzspalt und eine Sammellinse.

Beobachtung: Bei Mehrfachspalten werden Farbränder der Maxima erkennbar, beim Gitter erhält man mehrere kontinuierliche Spektren in den Regenbogenfarben.

Folgerung: Weißes Licht ist aus verschiedenfarbigem Licht zusammengesetzt; die Farbe ist durch die Wellenlänge bestimmt.

Benützt man Gasentladungsröhren als Lichtquellen, so besteht das Spektrum aus einer für die jeweilige Gasart charakteristischen Kombination aus einzelnen Linien (Linienspektrum). Dies beinhaltet auch die Möglichkeit, aus dem Spektrum auf die Art des leuchtenden Gases zu schließen (Spektralanalyse).

Versuch von Pohl: Eine Möglichkeit, Interferenz auf einem anderen Weg als durch Beugung zu erzeugen, bietet neben Fresnel'schem Doppelspiegel- und Biprisma-Versuch oder den Newton'schen Ringen vor allem der Versuch von Pohl.

Versuch von Pohl

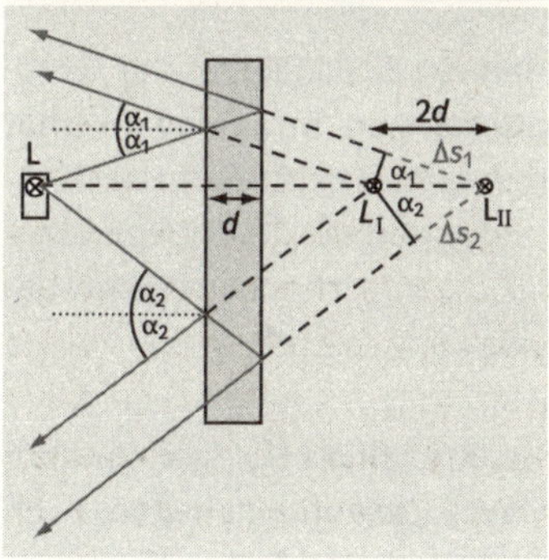

Versuch: Das nahezu monochrome Licht einer Natrium-Lampe trifft auf ein dünnes Glimmerplättchen und wird von dort auf eine Wand reflektiert.

Beobachtung: Es entsteht ein Interferenzmuster aus einer Vielzahl konzentrischer Kreise.

Erklärung: Vorder- und Rückseite des Glimmerplättchens wirken als Spiegel, die zwei virtuelle Lichtquellen erzeugen. Die Brechung im Glimmerplättchen kann vernachlässigt werden. Der Radius eines Interferenzringes hängt vom Einfallswinkel α des Lichts ab (siehe Skizze). Die virtuellen Lichtquellen L_I und L_{II} haben das Doppelte der Plättchendicke d als Abstand; außerdem tritt bei der Reflexion am dichteren Medium ein Phasensprung um π auf, so dass der Gangunterschied $\Delta s = 2d \cdot \cos\alpha + \frac{\lambda}{2}$ beträgt, was auch ausdrückt, dass Δs mit wachsendem Einfallswinkel α kleiner wird.

Bragg-Reflexion: Um **Röntgenstrahlung** mit Hilfe der Interferenz zu untersuchen, ist kein Gitter fein genug herstellbar, da der Spaltabstand ja in der Größenordnung der Wellenlänge der Strahlung liegen muss. Deshalb benützt man Kristalle, deren **Netzebenen** etwa den benötigten Abstand haben. Die Röntgen-Strahlen werden an den Atomen des Kristalls gestreut und nur in solche Richtungen verstärkt, in denen sie in Phase sind. Um monochromatische Röntgenstrahlung zu erhalten, benutzt man ein Zirkon-Filter. Der Gangunterschied für Maxima der reflektierten Strahlung beträgt also $\Delta s = 2 \cdot (d \cdot \sin\alpha) = k \cdot \lambda$ für $k \in \mathbb{N}$. α heißt **Glanzwinkel.**

Bragg-Reflexion

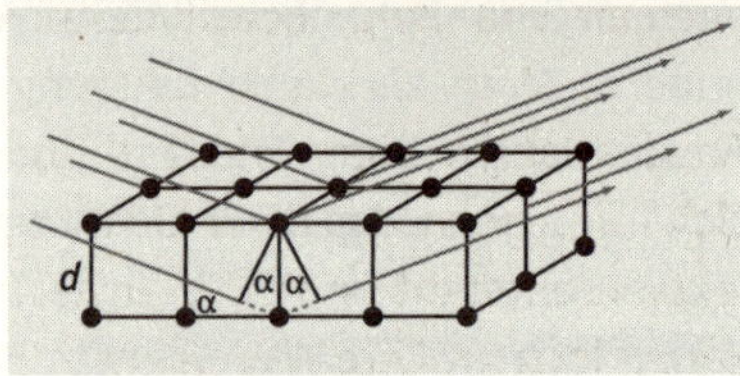

$$2d\sin\alpha = k \cdot \lambda \quad \textbf{Bragg'sche Bedingung}$$

Benutzt man nicht einen einzelnen Kristall als Spiegel, sondern Kristallpulver, so liegt eine sehr hohe Zahl von kleinsten, nach allen Richtungen des Raumes reflektierenden Spiegeln vor; als Interferenzmuster entsteht ein System von konzentrischen Kreisen. Bei der **Bragg'schen Drehkristallmethode** bleibt der einfallende Strahl fest – was unter Berücksichtigung der Größe einer Röntgenapparatur sinnvoll erscheint – und der Kristall als Spiegel wird gedreht. Bekanntlich kann dann der reflektierte Strahl unter dem Ablenkungswinkel 2α nachgewiesen werden. Umgekehrt dient die Versuchsanordnung dazu, den Netzebenenabstand d des Kristalls aus der Wellenlänge zu bestimmen.

5 Elektromagnetisches Spektrum

Das sichtbare Licht umfasst nur den Wellenlängenbereich von 390 nm bis 770 nm. Sowohl seine Erzeugung durch Übergänge von Elektronen in der äußeren Atomhülle als auch sein Nachweis durch die Zäpfchen der Netzhaut oder lichtempfindliche Stoffe einer Fotoplatte erfolgen quantenhaft, was natürlich auch für Strahlung noch kürzerer Wellenlänge gilt.

An das langwellige, rote Ende des sichtbaren Lichts schließt sich Infrarot an, das durch Schwingungen von Atomen und Molekülen entsteht und als Wärmestrahlung empfunden werden kann. Noch größere Wellenlängen besitzen Mikrowellen. Weiter in dieser Richtung folgen Radiowellen und schließlich Wechselströme, die technisch erzeugt und auch technisch nachgewiesen werden. An den kurzwelligen, violetten Rand des sichtbaren Lichts schließt sich Ultraviolett an, für das der Mensch kein Sinnesorgan hat (im Gegensatz z.B. zu Vögeln und Insekten), das aber biologisch wirksam ist.

Röntgenstrahlung hat noch kürzere Wellenlängen. Sie setzt sich aus zwei Anteilen zusammen: Dem kontinuierlichen Bremsspektrum, das eine von der Beschleunigungsspannung der Röntgenröhre abhängige scharfe Kante besitzt, sowie dem charakteristischen Röntgenspektrum, das durch Übergänge von Elektronen in der inneren Atomhülle entsteht und deshalb von der Art des Atoms abhängt. Auf die Röntgenstrahlung folgen noch Gammastrahlung, die bei Kernprozessen entsteht, und kosmische Strahlung.

Mikrowellen und Infrarot bzw. Ultraviolett und Röntgenstrahlung bzw. Röntgen- und Gammastrahlung überdecken sich jeweils teilweise; sie unterscheiden sich aber nur in der Art ihrer Erzeugung.

Teilchenphysik

Quantenphysik

1 Lichtelektrischer Effekt und Planck'sches Wirkungsquantum; Photon

Versuch: Eine auf einem Elektroskop befestigte, frisch geschmirgelte Zinkplatte wird einmal positiv, einmal negativ aufgeladen und mit Licht aus einer Quecksilberlampe bestrahlt. Es werden auch eine Glas- bzw. Kunststoffglasscheibe in den Strahlengang gebracht; auch der Abstand Lampe–Zinkplatte wird verändert.

Lichtelektrischer Effekt

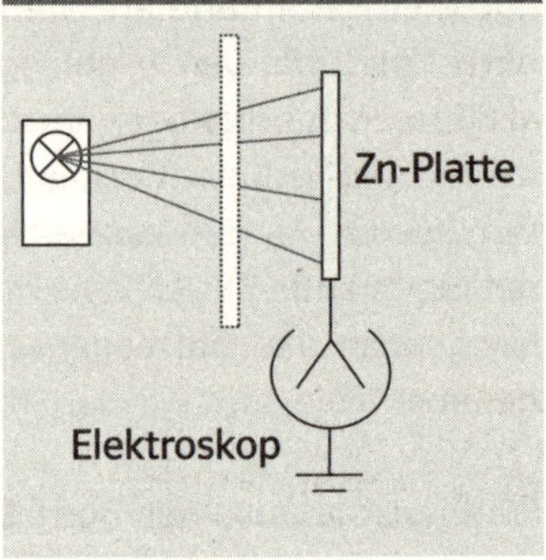

Beobachtung: Bei negativer Ladung entlädt sich die Zink-Platte, bei positiver nicht. Die Glasplatte stoppt die Entladung, die Kunststoffglasscheibe verlangsamt sie nur. Die Entladung setzt sofort ein. Bei Verringerung der Entfernung zwischen Lampe und Zink-Platte wird die Entladung beschleunigt.

Folgerungen:
- Licht löst Elektronen aus dem Metall (äußerer lichtelektrischer Effekt)
- Nur kurzwelliges Licht ($\lambda < 300\,nm$) löst den Effekt aus, es existiert also eine obere Grenzwellenlänge
- Der Effekt setzt bei richtiger Wellenlänge unabhängig von der Beleuchtungsstärke sofort ein

Eine Anwendung des lichtelektrischen Effekts ist die Fotozelle, bei der eine Gleichspannung zwischen eine Anode und eine lichtempfindliche Metallschicht als Kathode gelegt wird; im Vakuum kann auf die Spannung verzichtet werden. Die ausgelösten Photoelektronen verursachen dort infolge ihrer Bewegung zur Anode einen Strom.

Versuch (Gegenfeldmethode nach Millikan): Eine Quecksilberdampf-Höchstdrucklampe beleuchtet durch verschiedene hochwertige Interferenzfilter die lichtempfindliche Schicht einer Fotozelle. Der in der Fotozelle entstehende Strom wird als Spannungsabfall an einem Arbeitswiderstand mit Hilfe eines Niederfrequenz-Verstärkers gemessen. Die Filter haben ihre höchste Durchlässigkeit bei drei Linien (gelb, grün, blau) des Hg-Spektrums. Außerdem ist eine einstellbare Gleichspannung so an die Fotozelle gelegt, dass sie den Elektronenfluss hemmt.

Gegenfeldmethode

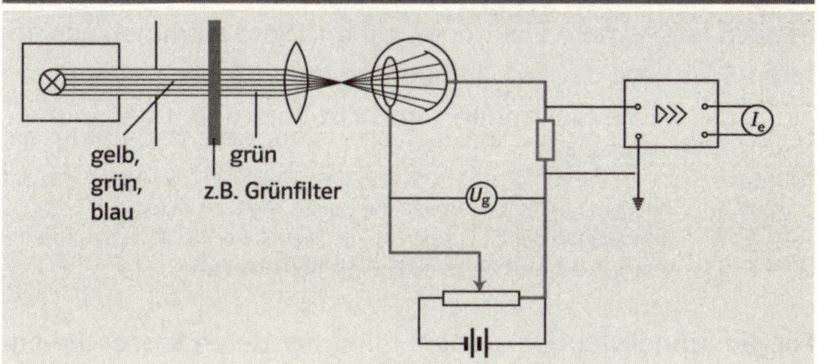

U_g wird für jede Farbe so eingestellt, dass I_e minimal ist, und abgelesen. Die Lichtintensität wird auch verringert, z. B. durch Einschieben einer Glasplatte.

Beobachtung: Die Gegenspannung U_g hängt von der Farbe ab. Bei verringerter Intensität des Lichts ergeben sich für U_g die gleichen Werte.

Erklärung: Die Fotoelektronen müssen gegen die Gegenspannung anlaufen und verlieren dadurch kinetische Energie. Bei minimalem Fotostrom I_e sind alle Elektronen vollständig abgebremst.

Ergebnis:

- Die kinetische Energie der Fotoelektronen wächst mit zunehmender Frequenz des eingestrahlten Lichts
- Die kinetische Energie der Fotoelektronen ist nicht von der Beleuchtungsstärke abhängig

Folgerung: Eine Änderung der Beleuchtungsstärke bewirkt eine Änderung der Zahl der ausgelösten Elektronen, nicht jedoch deren kinetischer Energie.

Da I_e nicht sprunghaft auf den Minimalwert zurückgeht, muss es auch langsamere Elektronen geben. Diese stammen aus tieferen Schichten der Fotokathode, so dass für die Gesamtenergie E, die solche Elektronen vom Licht übermittelt bekommen, gilt: $E = W_0 + E^* + E^*_{k\,Rest}$

W_0: Energie, um die Elektronen aus einem Atom zu lösen,
E^*: Energie, um die Elektronen an die Metalloberfläche zu befördern,
$E^*_{k\,Rest}$: Energie, die als kinetische Energie übrig bleibt.

Für die schnellsten Elektronen – und nur deren kinetische Energie konnte im Versuch gemessen werden – ist $E^* = 0$ und es gilt: $E = W_0 + E_{k\,max}$. W_0 heißt Auslösearbeit; sie ist für das Material der Fotokathode charakteristisch. Trägt man die drei Wertepaare des obigen Versuchs in ein f-E_k-Diagramm ein, so erhält man eine Gerade, die die f-Achse bei f_0 und die negative

E_k-Achse bei W_0 schneidet. Führt man den Versuch mit Fotokathoden aus anderen Materialien durch, so erhält man parallele Geraden. Es folgt:

$$E = W_0 + E_k \Rightarrow E_k(f) = E(f) - W_0 \Rightarrow E_k(f) = h \cdot f - W_0$$

Das ist eine Geradengleichung mit der Steigung *h*!

Definition: *h* heißt Planck'sches Wirkungsquantum

Einheit: $[h] = 1\,\text{Js}$

h ist also die kleinste Wirkung; Wirkungen können nur als ganzzahlige Vielfache von *h* auftreten (Max Planck). Die Energie *E*, die Licht der Frequenz *f* an Elektronen vermittelt, ist also stets gleich dem Energiequant *hf* (Albert Einstein).

$$\frac{m}{2} v^2 = hf - W_0 \quad \text{Einstein-Gleichung}$$

h kann als Steigung aus dem f-E_k-Diagramm entnommen oder wegen $E_k = Ue$ und $U = U_g$ aus zwei Wertepaaren des Versuchs errechnet werden (wenn man W_0 eliminiert):

$$h = \frac{e(U_2 - U_1)}{f_2 - f_1}$$

Die Einstein-Gleichung beschreibt einen Elementarprozess zwischen 1 Elektron und 1 Lichtquant. Da dieses Lichtquant schon vor dem Zusammentreffen mit dem Elektron als solches existiert haben muss, kann es als Teilchen aufgefasst werden; dieses heißt Photon. Die Energie $E = hf$ des Photons hängt von der Frequenz des Lichts ab; es bewegt sich mit Lichtgeschwindigkeit.

Merke: Der Photoeffekt ist wegen des Impulserhaltungssatzes nur in Gegenwart eines dritten (massereichen) Partners möglich, meist des Kerns des Atoms, aus dem das Elektron stammt.

2 Compton-Effekt; Röntgenbremsstrahlung

Versuch: Aus Röntgenstrahlung wird durch ein Zirkonfilter eine bestimmte Wellenlänge ausgefiltert und auf einen Streukörper aus dem zu untersuchenden Material gerichtet. Die vom Streukörper ausgehende Strahlung wird unter allen möglichen Winkeln δ mit Hilfe der Drehkristallmethode analysiert. Die gemessene Intensität wird getrennt nach Streumaterial und Streuwinkel δ über dem Glanzwinkel α, also über der Wellenlänge aufgetragen.

Versuchsanordnung

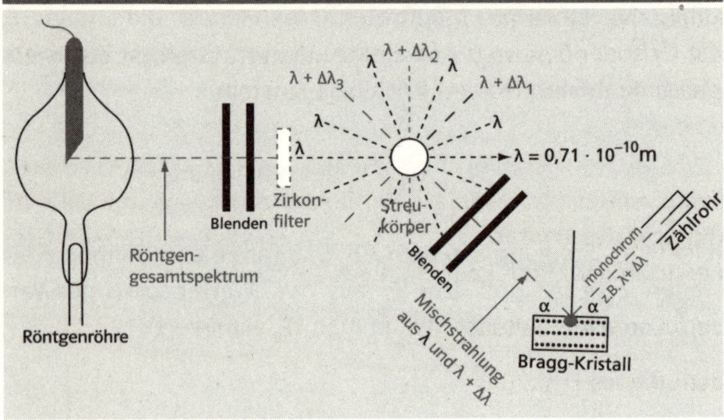

Beobachtung: Die Diagramme weisen zwei typische Maxima auf, deren Stelle und Höhe von Streumaterial und Streuwinkel abhängen.

Folgerungen:

- Gestreute Röntgenstrahlung tritt unter allen Streuwinkeln auf.
- In der gestreuten Röntgenstrahlung tritt neben der Primärstrahlung der Wellenlänge λ eine weitere Strahlung mit der Wellenlänge $\lambda + \Delta\lambda$ auf.

- Je größer der Streuwinkel δ, desto größer $\Delta\lambda$.
- Mit zunehmendem Streuwinkel δ nimmt die Intensität der Strahlung mit der Wellenlänge $\lambda + \Delta\lambda$ zu, während die Intensität der Strahlung mit der Wellenlänge λ abnimmt.

Impulsdiagramm

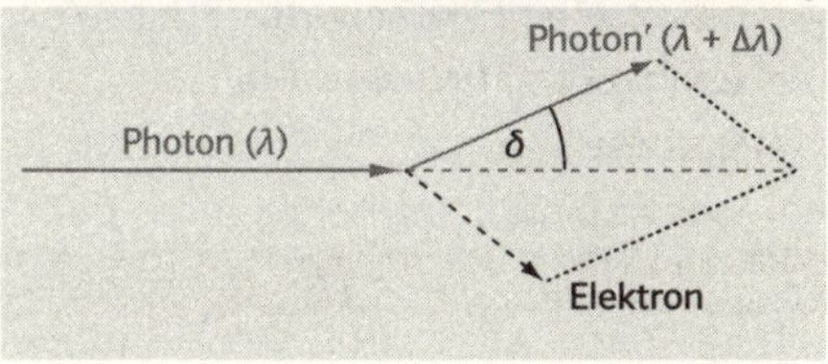

Deutung: Das Photon stößt ein freies Elektron elastisch, überträgt ihm einen Teil seiner Energie, die das Elektron als kinetische Energie aufnimmt, und bewegt sich mit verminderter Energie, das heißt als Licht mit vergrößerter Wellenlänge in einer neuen Richtung weiter.

Für $E_e = m_e c^2$ (Ruheenergie des Elektrons vor dem Stoß), $E = hf$ (Energie des Photons vor dem Stoß), sowie gestrichenen Größen nach dem Stoß kann man aus

dem Energie-Erhaltungssatz $\quad E_e + E = E'_e + E'$

dem Impuls-Erhaltungssatz $\quad \vec{p} = \vec{p}'_e + \vec{p}'$

und der Energie-Impuls-Beziehung $\quad E_e^2 = E_e'^2 - c^2 p_e'^2$

die Wellenlängenänderung $\Delta\lambda$ herleiten:

$$\Delta\lambda = \lambda' - \lambda = \frac{h}{m_e c}(1 - \cos\delta)$$

Definition: $\lambda_c = \dfrac{h}{m_e c}$ Compton-Wellenlänge $\Rightarrow$

$$\Delta\lambda = \lambda_c(1 - \cos\delta)$$

Wellenlängenänderung beim Compton-Effekt

Merke:
Unterschied zwischen Photoeffekt und Compton-Effekt:

- **Photoeffekt:** Wechselwirkung eines Photons mit einem an ein Atom gebundenen Elektron; das Photon verschwindet vollständig
- **Compton-Effekt:** Wechselwirkung eines Photons mit einem freien Elektron; das Photon existiert mit verringerter Energie weiter
- Bei niedrigeren Photonenenergien ist der Photoeffekt wahrscheinlicher, bei höheren der Compton-Effekt

Röntgenbremsstrahlung

Röntgenstrahlung setzt sich aus zwei Anteilen zusammen; sie entsteht, wenn Elektronen sehr hoher Energie (20 keV bis 50 keV) auf Materie prallen. Während das »charakteristische Röntgenspektrum« mit Hilfe der Atomphysik erklärt werden muss, wird das **Bremsspektrum** durch die Photonenvorstellung verständlich:

Ein Teil der Elektronen, die durch die hohe Spannung in der Röntgenröhre beschleunigt wurden, tritt mit den Atomen der **Antikathode** in Wechselwirkung und versetzt sie in erhöhte Schwingung. Dabei geht ein Teil der Energie der Elektronen verloren, und die Antikathode erwärmt sich. Der andere Teil der Energie der Elektronen wird als Röntgenquant ausgesandt. Da die Anteile unterschiedlich sind, ist das Bremsspektrum kontinuierlich. Da die Energie der Röntgenquanten durch die Energie der auslösenden Elektronen begrenzt ist, hat die Röntgenbremsstrahlung eine kurzwellige Grenze, die **Kante**; deren Lage hängt von der Beschleunigungsspannung ab, nicht jedoch vom Material der Antikathode.

3 Materiewellen

Musste insbesondere höherenergetischer elektromagnetischer Strahlung Teilchencharakter zugebilligt werden, so sollte umgekehrt zu bewegten materiellen Teilchen eine Welle gehören, eine Materiewelle. Gesamtenergie und Impuls einer solchen Materiewelle sollten dann zueinander in der gleichen Beziehung stehen wie bei elektromagnetischer Welle und Photon.

Für das Photon gilt (Ein Photon hat keine Ruhemasse!):

$$E = mc^2 = hf \quad \Rightarrow \quad f = \frac{mc^2}{h}$$

$$p = mc = \frac{E}{c} = \frac{hf}{c} = \frac{h}{\lambda} \Rightarrow \lambda = \frac{h}{mc} = \frac{h}{p}$$

Dann sollte analog für ein materielles Teilchen gelten:

$$\left.\begin{array}{l} E = mc^2 = hf \quad \Rightarrow \quad f = \frac{mc^2}{h} \\ p = mv = \frac{E}{c} = \frac{hf}{c} = \frac{h}{\lambda} \Rightarrow \lambda = \frac{h}{mv} = \frac{h}{p} \end{array}\right\} \text{mit } m = \frac{m_0}{\sqrt{1 - \frac{v^2}{c^2}}}$$

Definition: $\lambda = \frac{h}{mv}$ **De Broglie-Wellenlänge**

Wie in der Physik üblich, muss der Versuch die Hypothese bestätigen. Dies gelang z. B. durch Interferenzversuche mit Elektronenstrahlen an Kristalloberflächen, Doppelspaltversuch und Beugung an einem positiv geladenen Draht.

4 Heisenberg'sche Unschärferelation

Gedankenversuch: Elektronen mit einheitlichem Impuls $\vec{p_0}$ werden parallel zur x-Achse durch einen Einfachspalt geschickt und interferieren.

Versuch

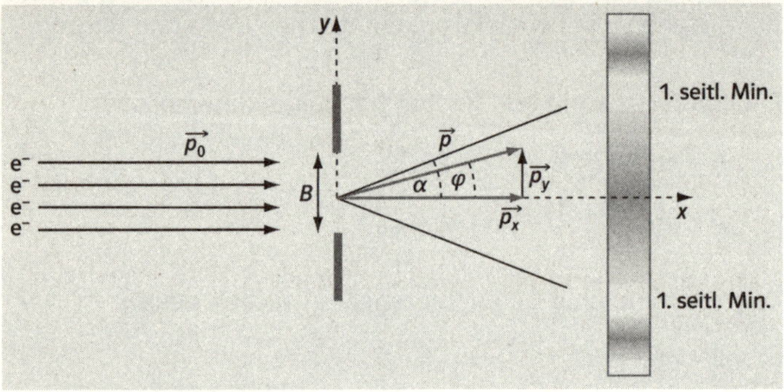

Beobachtung: Das Interferenzbild gibt die Auftreffwahrscheinlichkeit der Elektronen wieder, sie wurden also im Spalt abgelenkt, d. h. ihr Impuls $\vec{p}$ hinter dem Spalt schließt mit der x-Achse einen Winkel φ ein, hat aber den gleichen Betrag wie $\vec{p_0}$.

Im Spalt gilt also: Man kann nicht bestimmen, wo das Elektron durchfliegt:

$\Delta y_{max} = B$ **Unschärfe der Ortsangabe**

Hinter dem Spalt gilt für die Beschränkung $|\varphi| < \alpha$:

$p_{y\,max} = \pm\, p \sin\alpha$. Der maximale Fehler ist also:

$\Delta p_{y\,max} = 2 \cdot p \sin\alpha$ **Unschärfe der Impulskoordinate p_y**

Aus der Interferenzbedingung $B \sin\alpha = 2k \cdot \frac{\lambda}{2}$, $k = 1, 2, 3, \ldots$ für das 1. seitliche Minimum am Einfachspalt, $k = 1$ und $p = \frac{h}{\lambda}$ folgt:

$$\Delta p_{y\,max} = 2 \cdot \frac{h}{\lambda} \cdot \frac{\lambda}{B} = \frac{2h}{\Delta y_{max}} \Rightarrow \Delta y \cdot \Delta p_y = 2h \neq 0$$

Wesentlich ist, dass das Produkt nicht Null ist. Genauere Berechnungen ergeben:

$$\Delta y \cdot \Delta p_y \geq \frac{h}{2\pi}$$

Unschärferelation von Heisenberg: Ort-Impuls-Beziehung

Merke: Ort und Impuls eines Teilchens können nicht beide gleichzeitig genau vorhergesagt werden.

Denn verkleinert man B, so wird Δp_y größer, da ja die Minima auseinander rücken. Will man dagegen den Impuls genauer wissen, also Δp_y verkleinern, so muss man B vergrößern.

Die Unschärfe der Ortsangabe oder der Impulsangabe hat also nichts mit Messungenauigkeit zu tun!

Atomphysik

1 Atommodell von Rutherford

Ein Modell, speziell ein Atommodell, beschreibt in der Physik meist nur einen Teilaspekt der Vorstellung, die man sich aufgrund theoretischer Überlegungen und experimenteller Ergebnisse von einer Erscheinung der Natur macht.

Beispiel: Das Licht wird als sich geradlinig ausbreitender Strahl betrachtet, solange es um den Weg geht, den es bei Reflexion und Brechung zurücklegt (geometrische Optik). Will man jedoch Beugung, Interferenz und Polarisation verstehen, so muss man dem Licht Welleneigenschaft zuordnen (Wellenoptik). Schließlich können die Wirkungen von Licht auf Materie nur erklärt werden, wenn man Lichtquanten einführt (Photonenmodell).

Zunächst dient ein Modell in der Physik zur Förderung des Vorstellungsvermögens. Vor allem wenn man an die Grenzen des Gültigkeitsbereichs eines Modells gelangt, kann es aber auch Anstoß zu neuen Theorien geben. Liegen experimentelle Ergebnisse vor, die ein Modell nicht erklären kann, so muss es erweitert oder verändert werden.

Auch eine Formel ist ein – mathematisches – Modell, denn ihr Bau beschreibt den Zusammenhang zwischen den Größen, und man kann durch Berechnungen Vorhersagen treffen.

Die Versuche von Philipp Lenard mit »Kathodenstrahlen«, die dünne Aluminiumfolien durchdringen und als Elektronen identifiziert werden konnten, legten nahe, dass die Atome sehr viel leeren Raum enthalten. Ernest Rutherford setzte die Untersuchungen von Atomen durch Beschuss von Metallfolien fort, benützte als Geschosse aber die sehr viel massereicheren α-Teilchen aus radioaktiven Präparaten. Die Suche nach abgelenkten α-Teilchen im Raum um die Folie und ihre Vermessung ergaben:

- Die meisten α-Teilchen durchdringen die Folie ohne Ablenkung und Verlust an kinetischer Energie
- Einzelne α-Teilchen werden abgelenkt, sogar bis zu 180°, was nicht durch mechanischen Stoß mit Elektronen erklärt werden kann
- Bei Folien aus schweren Atomen ist die Ablenkung besonders stark
- Die Ablenkungswinkel legen Flugbahnen der α-Teilchen nahe, wie sie geladene Körper in der Nähe einer gleichnamigen zentralen Ladung beschreiben, nämlich Hyperbelbahnen
- Die abgelenkten α-Teilchen haben keine kinetische Energie verloren

Folgerungen:

- Die positiven und negativen Ladungen im Atom nehmen nur einen sehr geringen Raum ein
- Die Ablenkung der α-Teilchen erfolgt durch die positiven Ladungen
- Die α-Teilchen nähern sich den positiven Atomladungen sehr stark, die um 180° abgelenkten α-Teilchen bis auf etwa 10^{-14} m; dieses Ergebnis von Berechnungen begrenzt den Aufenthaltsbereich für die positiven Ladungen
- Die mit den positiven Ladungen verbundene Masse ist gegenüber der Masse eines α-Teilchens sehr groß
- Die Größe der mit den positiven Ladungen verbundenen Masse hängt mit der Art des untersuchten Stoffes, also mit der Art der Atome, also auch mit der Größe der Ladung zusammen

Atommodell von Rutherford:
Ein Atom besteht aus Atomkern und Atomhülle. Der **Atomkern** enthält die gesamte positive Ladung und nahezu die gesamte Masse. Sein Durchmesser ist kleiner als 10^{-14} m. Die Kernladung ist ein ganzzahliges Vielfaches der elektrischen Elementarladung und für jede Atomart charakteristisch. In der **Atomhülle** befinden sich Elektronen, die sich um den Kern bewegen, um nicht infolge der elektrostatischen Anziehung in diesen zu stürzen. Ihre Zahl kompensiert im neutralen Atom die Kernladung. Ihr maximaler Abstand vom Kern von etwa 10^{-10} m bestimmt die Größe des Atoms.

Definition: Die Zahl der positiven Elementarladungen im Atomkern heißt **Kernladungszahl** Z. Sie ist identisch mit der Ordnungszahl der Elemente im Periodensystem sowie der Zahl der Elektronen im neutralen Atom.

2 Franck-Hertz-Versuch, Emissions- und Absorptionsspektren

Versuch: In einer Triode befindet sich Quecksilber, das infolge Beheizung teilweise dampfförmig ist. Die an der Glühkathode erzeugten Elektronen werden zwischen Kathode und Gitter durch U_b beschleunigt und fliegen dann in den Raum zwischen Gitter und **Auffangelektrode**, wo sie gegen eine konstante Gegenspannung U_g anlaufen müssen. U_b wird variiert, der Strom I_G zwischen Gitter und Auffangelektrode wird gemessen.

Beobachtung: Der Strom I_G steigt zunächst mit der Spannung an, erreicht ein Maximum und sinkt dann wieder stark ab. Dann steigt er wieder zu einem neuen Maximum an, um darauf wieder stark abzufallen, usw. Die Spannungsdifferenzen zwischen benachbarten Strommaxima betragen stets etwa 4,9 V.

Franck-Hertz-Versuch

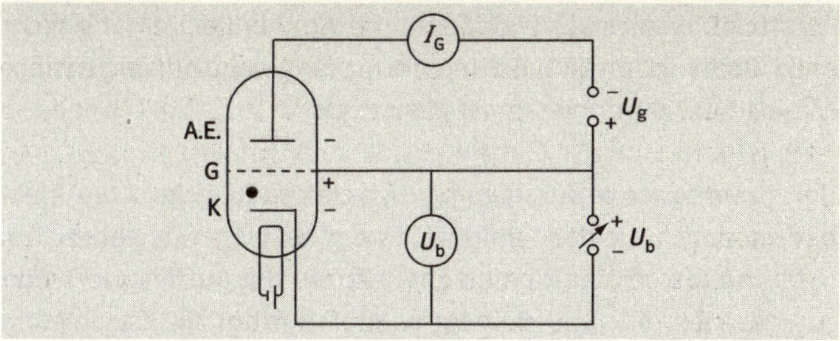

Deutung: Die Elektronen durchfliegen den Hg-Dampf zunächst trotz zahlreicher – elastischer – Stöße mit Hg-Atomen ohne Geschwindigkeitsverlust, die Elektronen verlieren beim Stoß also keine Energie. Sobald ihre Geschwindigkeit aber bei steigender Beschleunigungsspannung einen gewissen Betrag (6,6 V) erreicht hat, können die Elektronen ihre kinetische Energie an

U_b-I_G-Diagramm

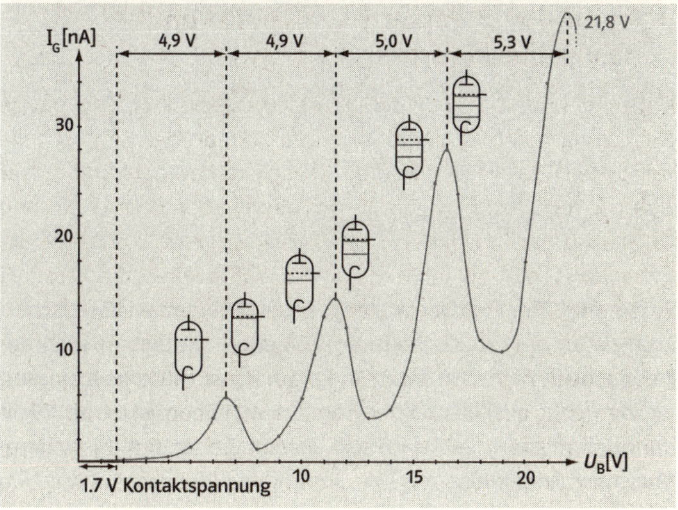

die Hg-Atome abgeben, die Stöße sind also unelastisch. Sie verlieren dabei so viel Energie, dass sie die Gegenspannung nicht mehr überwinden können und die Auffangelektrode nicht mehr erreichen: Die Stromstärke geht zurück.

Bei noch höherer Beschleunigungsspannung geben die Elektronen doch nur den gleichen Energiebetrag wie vorher ab, behalten also einen Rest an Energie, um die Auffangelektrode zu erreichen, der Strom steigt wieder. Beträgt die Beschleunigungsspannung 11,5 V, so ist in einer zweiten »kritischen Potentialfläche« eine zweite Energieabgabe an Hg-Atome möglich, der Strom sinkt wieder, usw.

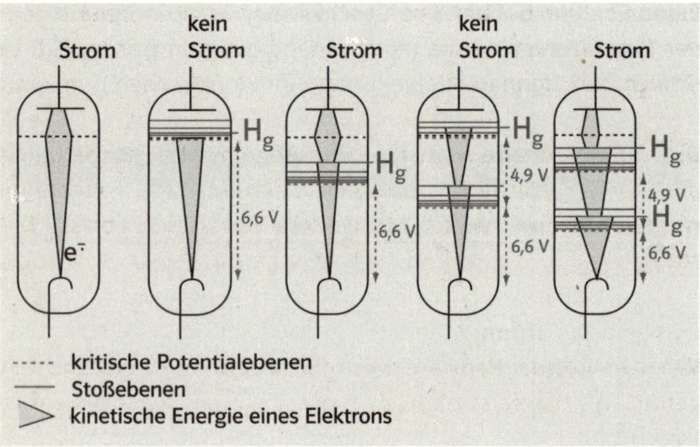

Folgerung: Ein Elektron kann genau 4,9 eV seiner kinetischen Energie an ein Quecksilberatom abgeben. Da diese Beschränkung jedoch nicht am Elektron liegen kann, muss geschlossen werden, dass ein Quecksilberatom nur den Energiebetrag 4,9 eV annehmen kann; es kann also seinen Energieinhalt ändern, aber nur stufenweise.

Dass der Quecksilberdampf UV-Licht der Wellenlänge 253 nm aussendet, ist der Beweis dieser quantenhaften Energieaufnahme und -abgabe, denn diese Wellenlänge lässt sich auch errechnen:

$$e \cdot U_b = \Delta W = 4{,}9\,\text{eV} = h \cdot f \Rightarrow$$

$$\left.\begin{array}{l} f = \frac{\Delta W}{h} \\ \lambda = \frac{c}{f} \end{array}\right\} \Rightarrow \lambda = \frac{c \cdot h}{\Delta W} = 253\,\text{nm}$$

Verwendet man andere Füllgase als Quecksilberdampf, so ist die gleiche Erscheinung, aber mit anderen Energiebeträgen zu beobachten.

Ergebnis: Durch Elektronenstoß können nur Energiebeträge ganz bestimmter, für die gestoßene Atomart charakteristischer Größe übertragen werden.

Diese quantenhafte Aufnahme und Abgabe von Energie durch die Atome – die nicht nur durch Elektronenstoß »angeregt« werden können – wird durch weitere Versuchsergebnisse bestätigt:

Emissionsspektrum

Versuch: In einer Kapillare durch Hochspannung zum Leuchten gebrachtes Wasserstoffgas wird durch ein optisches Gitter betrachtet.

Beobachtung: Das Spektrum besteht im sichtbaren Bereich aus vier einzelnen, verschieden farbigen Linien, deren Abstand sich zu niedrigeren Wellenlängen hin kontinuierlich verkleinert.

Johann Jacob Balmer fand, dass die Wellenlängen λ dieser Linien als Produkt aus einer Konstanten und einer geeigneten Kombination kleiner natürlicher Zahlen dargestellt werden können. Heute ist folgende Darstellung seiner Entdeckung üblich:

$$\frac{1}{\lambda} = N = R\left(\frac{1}{2^2} - \frac{1}{n^2}\right) = T_n - T_2 \quad \text{(Balmer-Formel)}$$

mit $n = 3, 4, 5, \ldots$

Da sich der Geltungsbereich dieser Formel sowohl theoretisch als auch experimentell in den IR- wie in den UV-Bereich des Wasserstofflichts fortsetzen lässt, verallgemeinert man:

$$\frac{1}{\lambda} = N = R\left(\frac{1}{n_1^2} - \frac{1}{n_2^2}\right) = T_{n_2} - T_{n_1}$$

Allgemeine Serienformel

mit $n_1 = 1, 2, 3, \ldots$ und $n_2 = n_1 + 1,\ n_1 + 2,\ n_1 + 3,\ \ldots$

$N = \frac{1}{\lambda}$ Wellenzahl

$R = 1{,}097 \cdot 10^7\ \text{m}^{-1}$ Rydberg-Konstante

$T_n = -\frac{R}{n^2}$ Spektralterm

Zu jedem n_1 gehört eine Spektralserie, z.B. im sichtbaren Bereich für $n_1 = 2$ die Balmer-Serie.

Absorptionsspektrum

Versuch: Das sonnenähnliche Licht einer Kohlebogenlampe beleuchtet einen Kohärenzspalt, der mit Hilfe einer Sammellinse durch ein Geradesichtprisma auf einen Schirm abgebildet wird. Dann hält man eine Gasflamme, in die NaCl (Kochsalz) gebracht wurde, in den Strahlengang.

Beobachtungen: Zunächst erkennt man im entstandenen kontinuierlichen Spektrum der Bogenlampe deutlich die gelbe Natrium-(Doppel-)Linie, die eine Folge von Verunreinigung der Kohle mit Natrium ist. Bringt man die typisch gelb leuchtende Flamme in den Strahlengang, so ist diese Linie verschwunden, an ihrer Stelle befindet sich eine dunkle Linie (»Umkehrung der Na-Linie«).

Deutung: Viele durch die Flamme noch nicht zum Leuchten angeregte Na-Atome absorbieren ein passendes Photon, d.h. ein Photon aus der Na-Linie. Da die sofort anschließende Emission dieser Photonen nach allen Raumrichtungen geschieht, fehlen diese Photonen auf dem Schirm.

Folgerung: Das Na-Atom kann nur einen ganz bestimmten, charakteristischen Energiebetrag als Photon absorbieren und emittieren.

Merke: Die Linien im charakteristischen Spektrum eines Atoms sind ein Abbild der absorbierten und wieder emittierten Energiebeträge.

3 Atommodell von Bohr, Energiestufen im Wasserstoffatom

Da das Rutherford-Atommodell die quantenhafte Absorption und Emission von Licht und auch die Stabilität der Atome nicht erklären kann, versuchte Niels Bohr durch Aufstellen seiner zwei Postulate für das Wasserstoffatom eine Verbesserung:

1. Postulat: Der Energieinhalt eines Atoms kann nur diskrete Werte annehmen.

In der Modellvorstellung kann sich also ein Hüllenelektron strahlungsfrei nur auf ganz bestimmten Bahnen bewegen. Unter Verwendung des Planck'schen Wirkungsquantums formulierte Niels Bohr dies mathematisch:

$$2\pi r_n \cdot m v_n = n h$$

Quantenbedingung

mit $n = 1, 2, 3 \ldots$ Hauptquantenzahl

Der mit der Bahnlänge $2\pi r_n$ multiplizierte Impuls $m v_n$ des Elektrons muss ein ganzzahliges Vielfaches von h sein.

2. Postulat: Beim Quantensprung eines Elektrons von der Quantenbahn mit der Energie E_i auf die Quantenbahn mit der Energie E_k werden Photonen emittiert oder absorbiert, für deren Frequenz gilt:

$$hf = |E_i - E_k| = \Delta E$$

Das Zustandekommen jeder Spektralserie des Wasserstoffs kann daraus als Zurückfallen der Elektronen von Bahnen höherer auf eine bestimmte Bahn niedrigerer Energiestufe erklärt werden; so entsteht die Balmer-Serie durch Zurückfallen von Hüllenelektronen auf die 2. Quantenbahn.

Fasst man die Gesamtenergie, die ein Elektron auf der n-ten Quantenbahn des Wasserstoffatoms gegenüber dem Zustand auf der 1. Quantenbahn hat, abstrakter als mögliche Energiestufe auf, die das Atom besitzen kann, so lässt sich der zu jeder Stufe gehörige Energiewert errechnen nach der Formel

$E_n = -Rhc \cdot \frac{1}{n^2}$ (Energie des n-ten angeregten Zustands oder Bindungsenergie).

Für $n = 1$ bekommt man die Energie $E_1 = -13{,}6\,\text{eV}$ des Grundzustandes, für $n \to \infty$ die Energie $E_\infty = 0$ des ionisierten Atoms. Im Grundzustand hat das Atom also seinen niedrigsten Energieinhalt.

Trägt man die Werte aller Energiestufen an einer Achse nach oben an, so erhält man ein Energieniveauschema oder Termschema, in dem die Energieübergänge durch Pfeile gut dargestellt werden können.

4 Eindimensionaler Potentialtopf

Die wichtigsten Einwände gegen das Bohrsche Atommodell sind, dass es die beobachtete Feinstruktur der Linien im Spektrum auch des Wasserstoffatoms nicht erklären kann, und dass die Heisenbergsche Unschärferelation die gleichzeitige Annahme von genau definierten Bahnen und diskreten Geschwindigkeiten nicht erlaubt. Auch die Welleneigenschaft eines auf der Kreisbahn bewegten Elektrons wird nicht berücksichtigt.

In der Quantenmechanik ordnet man einem Hüllenelektron eine stehende Materiewelle zu. Diese beschreibt die Aufenthaltswahrscheinlichkeit, mit der das Elektron an einer bestimmten Stelle im Raum um den Atomkern angetroffen werden kann. Das Elektron ist in einem Raum »eingesperrt«, dem Orbital.

Im stark vereinfachten Modell des »linearen Potentialtopfes« kann sich das Elektron im Wasserstoffatom nur auf einer Strecke bewegen, auf der die potentielle Energie Null ist; an den Endpunkten der Strecke steigt die potentielle Energie sprunghaft auf einen unendlichen Wert an.

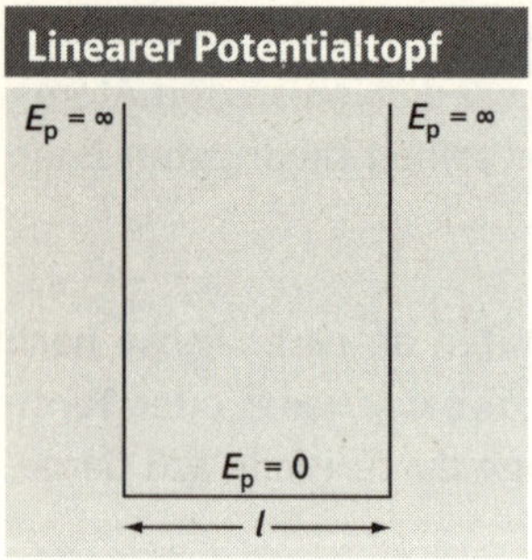

Die dem so gefangenen Elektron zugeordnete Materiewelle muss an den Enden der Strecke Knoten haben. Dann kann die Wellenlänge aber nur Werte annehmen, bei denen ein ganzzahliges Vielfaches der halben Wellenlänge genau in die Länge l der Strecke passt. So ergeben sich Oberschwingungen, durch die die Aufenthaltswahrscheinlichkeit des Elektrons auf höheren Energiestufen dargestellt wird.

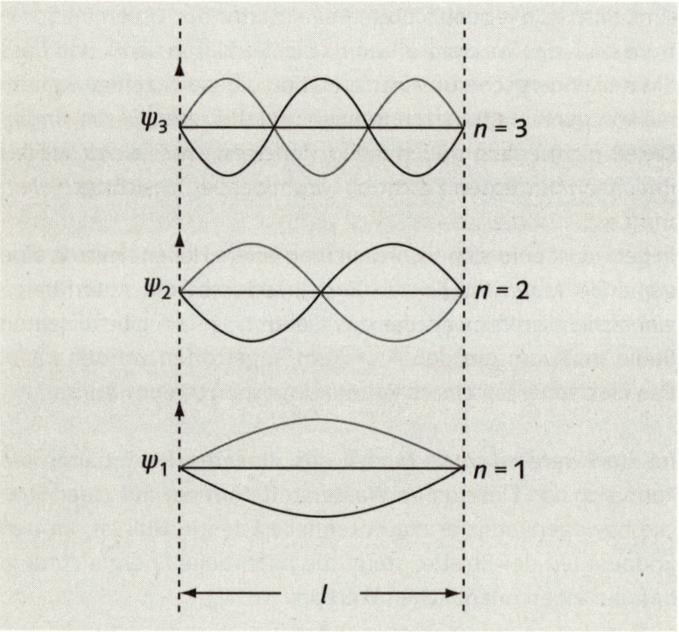

Kernphysik

1 Kernaufbau, Massendefekt und Kernbindungsenergie

Ein Atomkern oder Nuklid ist aus zweierlei Teilchen, den Nukleonen, aufgebaut:

- Die Protonen tragen eine positive Elementarladung. Ihre Anzahl Z im Kern ist gleich der Ordnungszahl des Atoms im Periodensystem der Elemente und stimmt im neutralen Atom mit derjenigen der Elektronen überein. Die Anzahl der Protonen im Kern legt also die Art des Atoms fest.
- Die Neutronen besitzen eine um 0,14 % höhere Ruhemasse als die Protonen und sind ungeladen. Ihre Anzahl ist N.

Die in einem Kern gebundenen Protonen stoßen sich wegen ihrer gleichen Ladung zwar ab, doch werden sie mit den Neutronen durch die wesentlich stärkeren Kernkräfte zusammengehalten, sobald sich die Nukleonen einander auf etwa 10^{-15} m genähert haben. Ist $A = N + Z$ die Gesamtzahl der Nukleonen eines als kugelförmig angenommenen Kerns, so gilt für seinen Radius näherungsweise:

$$r_{\text{Kern}} \approx 1{,}4 \cdot 10^{-15}\,\text{m} \cdot \sqrt[3]{A} \quad \textbf{Kernradius}$$

Definition: $1\,\text{u} = \frac{1}{12}$ der Masse eines $^{12}_{6}\text{C}$-Atoms heißt atomare Masseneinheit

Bestimmt man die Massen der stabilen Elemente mit einem Massenspektrographen sehr genau und gibt sie wie üblich als Vielfache von u an, so stellt man fest, dass die meisten Elemente jeweils aus Atomen unterschiedlicher Masse bestehen, sich also in der Zahl ihrer Neutronen unterscheiden.

Definition: Atome mit gleicher Kernladungszahl = Ordnungszahl = Protonenzahl Z, aber unterschiedlicher Nukleonenzahl A heißen **Isotope**. In der Schreibweise $^{A}_{Z}X$ bedeutet X das chemische Symbol.

Addiert man die Massen der einzelnen Nukleonen eines Kerns, so stellt man fest, dass der aus diesen Nukleonen gebildete Kern eine kleinere Masse besitzt.

Definition: $B = \Delta m = (Z \cdot m_{\mathrm{p}} + N \cdot m_{\mathrm{n}}) - m_{\mathrm{Kern}}$

Massendefekt

Nähern sich die Nukleonen einander, um einen Kern zu bilden, so wird potentielle Energie frei; diese entspricht dem Massendefekt. Umgekehrt muss der gleiche Energiebetrag aufgewandt werden, um den Kern in seine Bausteine zu zerlegen. Nach Einstein sind aber Masse und Energie äquivalent und es gilt

$$E = mc^2 \Rightarrow \Delta E = \Delta m \cdot c^2 = B \cdot c^2$$

Definition: $E_B = -B \cdot c^2$

Bindungsenergie

$\frac{E_B}{A}$ **Bindungsenergie pro Nukleon**

Trägt man die mittlere Bindungsenergie pro Nukleon über der Nukleonenzahl der Elemente auf, so erhält man eine charakteristische Kurve, die zeigt, dass Elemente mit $A \approx 60$ die dem Betrage nach größte mittlere Bindungsenergie pro Nukleon besitzen, also am stabilsten sind. Sehr schwere Kerne werden danach durch Aussendung eines He-Kerns (α-Zerfall!) oder Spaltung stabiler, auch bei Fusion von H-Kernen zu He-Kernen wird Energie frei.

2 Nachweismethoden radioaktiver Strahlung

Versuch: Die Luft über einem geladenen Elektroskop oder in einem geladenen Kondensator wird mit einem radioaktiven Präparat bestrahlt.

Beobachtung: Das Elektroskop bzw. der Kondensator entlädt sich.

Erklärung: Die radioaktive Strahlung ionisiert Luftmoleküle; die entstandenen Ionen werden durch Ladungen aus dem Elektroskop bzw. dem Kondensator neutralisiert.

> **Merke:** Die meisten Nachweis- und Messgeräte für radioaktive Strahlung beruhen auf deren Ionisationswirkung.

Beispiele: Ionisationskammer, Zählrohr, Nebelkammer, Blasenkammer

Zu Nachweis und Messung radioaktiver Strahlung lässt sich außerdem ausnützen, dass sie Fotoplatten schwärzen und in manchen Stoffen Lichtblitze auslösen kann (Szintillation).

Eine **Ionisationskammer** ist ein dosenförmiger Kondensator, bei dem die negativ geladene Platte zum Gehäuse und die positiv geladene Platte zu einer Spitze geworden ist. Durch die angelegte Gleichspannung werden die vom radioaktiven Präparat erzeugten Ionen der Moleküle der enthaltenen Luft in Bewegung versetzt und bilden so einen Strom. Die leichter beweglichen Elektronen wandern schnell zur Spitze – dort herrscht eine hohe Feldstärke – und fließen über einen Messverstärker zur Erde ab. Der **Ionisationsstrom** wird angezeigt.

Damit möglichst alle entstandenen Ionen zur Messung beitragen (**Sättigungsstrom**) und nicht vorher teilweise rekombinieren, muss die angelegte Spannung einige 10^3 V betragen. In einer geschlossenen Ionisationskammer können auch gasförmige radioaktive Stoffe untersucht werden (Versuch zum Zerfallsgesetz mit Radon!).

Ein Zählrohr ist eine Ionisationskammer, in der sich ein (Edel-) Gas verminderten Drucks befindet; das Zählrohr muss deshalb geschlossen sein, die Strahlung tritt durch eine sehr dünne Stelle in der Wand des Zählrohrs ein (Lenard-Fenster). Der Ionisationsstrom fließt über einen hohen Widerstand zur Erde ab. Die am Widerstand abfallende Spannung wird verstärkt und angezeigt, sie ist zum Ionisationsstrom direkt proportional. Im Unterschied zur Ionisationskammer löst im Zählrohr ein durch die radioaktive Strahlung erzeugtes Ionenpaar seinerseits durch Stöße mit den Gasmolekülen eine Lawine von sekundären Ionen aus.

Im Proportionalbereich ist der Verstärkungsfaktor, also die Zahl von Sekundärionen pro ionisierendem Teilchen, bei einer bestimmten Spannung eine Konstante, so dass die Stärke der Ionisationswirkung eines Teilchens gemessen werden kann. Im

Ionisationskammer

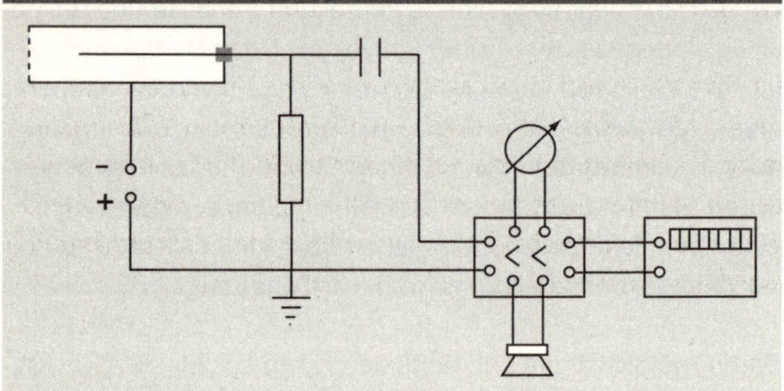

Auslösebereich der angelegten Spannung wird infolge weiterer Stoßionisationen das gesamte Zählrohr von der Entladung erfasst. Jedes Teilchen erzeugt unabhängig von seiner Ionisationswirkung einen immer gleich großen Stromstoß, es kann also nur gezählt werden (Geiger-Müller-Zählrohr). Jeder Stromstoß ist nun so stark, dass er nicht nur ein Drehspulgerät ausschlagen lassen, sondern auch ein Zählgerät oder einen Lautsprecher betreiben kann. Während der Glimmentladung kann kein weiteres Teilchen registriert werden. Um diese Totzeit möglichst kurz zu halten, absorbieren organische Substanzen im Füllgas die Photonen; die am Zählrohrwiderstand abfallende Teilspannung zunehmender Größe fehlt am Zählrohr und lässt die Glimmentladung abreißen. Auch ohne radioaktives Präparat misst ein Geiger-Müller-Zählrohr (GMZ) etwa 15 bis 20 Impulse pro Minute, die von Radioaktivität der Umgebung sowie von der Höhenstrahlung erzeugt werden (Nulleffekt oder Nullrate).

Bei der Wilson-Nebelkammer wird der mit Alkohol-Wasser-Dampf gefüllte, staubfreie Raum ruckartig vergrößert, so dass kein Temperaturausgleich stattfinden kann, das Gemisch also abkühlt und die Temperatur dadurch unter den Taupunkt sinkt (adiabatische Expansion). In dieser übersättigten Atmosphäre wirken Ionen (und Staubteilchen) als Kondensationskeime, um die sich sichtbare Wassertröpfchen bilden.

Da ein α-Teilchen pro Zentimeter einige 10^4 Ionenpaare erzeugt, wird seine Bahn durch die Vielzahl der Nebeltröpfchen markiert, sofern man sie vor einem dunklen Hintergrund von der Seite beleuchtet (Dunkelfeldbeleuchtung). Damit nicht der ganze Raum von Nebel erfüllt ist, »saugt« man den Staub durch ein elektrisches Feld ab.

3 Alphastrahlung; Tunneleffekt

Versuch: Ein Americium-241- oder ein Radium-226-Präparat wird auf das Fenster eines GMZ zu bewegt, ihre Strahlung über den Lautsprecher registriert.

Beobachtung: Beim Am-Präparat setzt die Strahlung erst bei wenigen Zentimetern Entfernung vom GMZ ein, beim Ra-Präparat verstärkt sich das schon hörbare Rauschen entsprechend kurz vor dem Zählrohr.

Folgerungen: Das Am-Präparat sendet eine ganz bestimmte Strahlenart aus, nämlich α-Strahlung, das Ra-Präparat enthält weitere Komponenten. α-Strahlung hat in der Luft eine Reichweite von einigen Zentimetern. Wie auch Beobachtungen an der Wilson-Nebelkammer zeigen, haben die Teilchen meist die gleiche Reichweite, also auch die gleiche kinetische Anfangsenergie.

Schon Rutherford konnte zeigen, dass es sich bei α-Strahlung um doppelt positiv geladene Helium-Ionen von bis zu ca. 10 MeV Energie handelt.

Beispiel: $^{212}_{84}Po$ strahlt α-Teilchen der Maximalenergie 8,78 MeV, was 6,9 % der Lichtgeschwindigkeit entspricht. Solche Teilchen haben in Luft von Normaldruck eine Reichweite von 12 cm.

Man stellt sich vor, dass die Nukleonen, die einen Kern bilden, sich infolge der Kernkräfte im Inneren des Potentialtopfes befinden, und zwar bei negativen Energien. Nach der klassischen Mechanik könnte ein Teilchen diesen Potentialtopf nur dann verlassen, wenn seine kinetische Energie mindestens gleich der Energie der Potentialschwelle ist; die 31 MeV, die ein α-Teilchen dann besitzen müsste, werden aber nicht beobachtet.

Bildet sich im Kern aus zwei Protonen und zwei Neutronen ein α-Teilchen, so wird so viel Bindungsenergie frei, dass es sich im positiven Energiebereich befindet.

Tunneleffekt

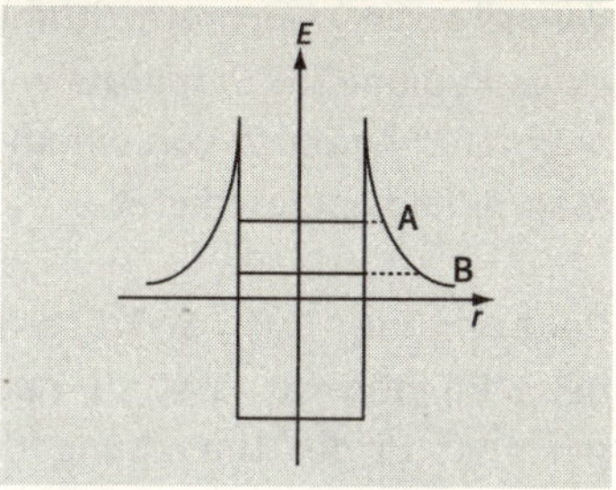

Die Materiewelle, die man ihm zuordnen kann, tritt bei der Reflexion mit einer geringen Wahrscheinlichkeit in den Wall ein; ist dieser schmal genug, so kann sich das α-Teilchen außerhalb des Kerns befinden und gerät in den Bereich der elektrostatischen Abstoßung. Die dadurch erhaltene Endenergie ist umso größer, je näher am Kernmittelpunkt das α-Teilchen den Potentialwall »durchtunnelt« (bei A ist sie also größer als bei B).

Ein Kern vom Zustand B hat also eine kleinere Zerfallswahrscheinlichkeit und somit eine längere Lebensdauer als ein Kern vom Zustand A.

Mit α-Zerfall geht häufig γ-Strahlung einher. Dies lässt sich damit erklären, dass der entstehende Tochterkern in der Regel angeregt ist und durch Aussendung von γ-Quanten stufenweise in den Grundzustand übergeht.

Merke: ${}^{A}_{Z}X \rightarrow {}^{A-4}_{Z-2}Y + {}^{4}_{2}\mathrm{He}\ (+\gamma)$ α-Zerfall

4 Betastrahlung; Betaspektrum; Neutrino

Versuch: Die gerichtete Strahlung eines Strontium-90- oder eines Radium-226-Präparats wird durch die Pole eines Elektromagneten hindurch von einem GMZ registriert. Dann wird das Magnetfeld eingeschaltet.

Beobachtung: Beim Sr-Präparat setzt die Strahlung ganz aus, beim Ra-Präparat lässt sie nach. Bewegt man nun das GMZ geeignet in der Umgebung des eingeschalteten Magneten, so erfasst man die fehlende Strahlung in einem bestimmten Ablenkungswinkel wieder, jedoch über einen größeren Bereich verteilt. Die Richtung der Ablenkung entspricht derjenigen von negativ geladenen Teilchen.
Bestimmt man die spezifische Ladung $\frac{e}{m}$ der Teilchen, so erhält man den für Elektronen bekannten Wert.

Folgerungen: Das Sr-Präparat sendet eine ganz bestimmte Strahlenart aus, nämlich **β-Strahlung**, das Ra-Präparat enthält weitere Komponenten. β-Strahlung besteht aus Elektronen unterschiedlicher, kontinuierlich verteilter kinetischer Energie. Die Teilchen haben in Luft deswegen unterschiedliche Reichweiten.

Beispiel: $^{214}_{83}Bi$ strahlt β^--Teilchen der Maximalenergie 3,2 MeV, was 99 % der Lichtgeschwindigkeit entspricht. Solche Teilchen haben in Luft von Normaldruck eine Reichweite von 12 m.

Trägt man die experimentell gewonnene, Nulleffekt-korrigierte Impulsrate des β-Anteils eines radioaktiven Strahlers über der kinetischen Energie der Teilchen an, so erhält man eine Verteilungskurve, deren Maximum sich typischerweise bei etwa einem Drittel der Maximalenergie befindet.

Merke: Die häufigste vorkommende β-Energie beträgt etwa ein Drittel der Maximalenergie.

Jeder Tochterkern eines bestimmten Ausgangsnuklids hat nach dem β-Zerfall die gleiche Ruheenergie. Wegen des kontinuierlichen Energiespektrums der β-Strahlung wäre somit der Energieerhaltungssatz verletzt. Den im Allgemeinen fehlenden Energiebetrag nimmt ein zweites Teilchen, das **Antineutrino** $\overline{\nu}$ mit; außerdem werden durch seine Existenz der Impulserhaltungssatz und der Erhaltungssatz der Ladung erfüllt.

Neutrinos sind ungeladene Teilchen äußerst geringer Masse, die sich nahezu mit Lichtgeschwindigkeit bewegen. Mit Materie treten sie mit nur sehr geringer Wahrscheinlichkeit in Wechselwirkung; sie sind deshalb sehr schwer nachzuweisen.

Da im Atomkern kein Elektron existieren kann, stellt man sich vor: Unmittelbar beim β-Zerfall wandelt sich ein Neutron des Kerns in ein Proton des Kerns um und emittiert dabei ein Elektron und ein Antineutrino.

Merke: ${}^{A}_{Z}X \rightarrow {}_{Z+1}^{\;\;A}Y + {}^{\;\;0}_{-1}e + {}^{0}_{0}\overline{\nu}$ β^--Zerfall

Ebenfalls zu den β-Zerfällen zählt man β^+-Zerfall und **K-Einfang**: Beim β^+-Zerfall wandelt sich ein Proton des Kerns in ein Neutron des Kerns um und emittiert dabei ein **Positron** und ein Neutrino. Ein Positron hat die Masse eines Elektrons, trägt aber eine positive Elementarladung.

Merke: ${}^{A}_{Z}X \rightarrow {}_{Z-1}^{\;\;A}Y + {}^{\;\;0}_{+1}e + {}^{0}_{0}\nu$ β^+-Zerfall

Beim K-Einfang verwandelt sich ein Proton des Kerns zusammen mit einem Elektron der Hülle, meist aus der K-Schale, in ein Neutron des Kerns und emittiert dabei ein Neutrino.

Merke: ${}^{A}_{Z}X + {}^{0}_{-1}e \rightarrow {}_{Z-1}^{A}Y + {}^{0}_{0}\nu$ K-Einfang

5 Gammastrahlung; Abstands-, Absorptionsgesetz

Versuch: Die Strahlung eines Radium-226-Präparats wird durch die Pole eines Elektromagneten hindurch von einem GMZ registriert. Dann wird ein Blatt Papier zwischen Präparat und GMZ gehalten und das Magnetfeld eingeschaltet.

Beobachtung: Obwohl durch die beiden Maßnahmen α- und β-Strahlung absorbiert bzw. abgelenkt wurden, registriert das GMZ immer noch Strahlung.

Folgerungen: Die verbleibende Strahlenart, nämlich γ-Strahlung, wird durch ein Magnetfeld nicht abgelenkt und durch Papier kaum geschwächt. Da sie im GMZ offensichtlich ionisierend wirkt, kann sie nicht aus (ungeladenen) Teilchen bestehen.

Bei γ-Strahlung handelt es sich um sehr energiereiche elektromagnetische Strahlung mit Wellenlängen zwischen 10^{-16} m und 10^{-10} m, sie entspricht also teilweise »harter« Röntgenstrahlung.

Beispiel: Die γ-Strahlung von ${}^{208}_{81}\mathrm{Tl}$ hat eine Energie von 2,62 MeV, also eine Frequenz von $6{,}34 \cdot 10^{20}$ Hz und eine Wellenlänge von $4{,}73 \cdot 10^{-13}$ m. Die Masse des zugehörigen Photons beträgt $4{,}67 \cdot 10^{-30}$ kg, also etwa das Fünffache der Ruhemasse eines Elektrons; das entspricht der Masse eines mit 98 % der Lichtgeschwindigkeit bewegten Elektrons.

Versuch: Das GMZ wird durch 2 mm Blei gegen α- und β-Strahlung abgeschirmt. Nach Bestimmung des Nulleffekts wird die Zählrate *Z* eines radioaktiven Präparats bei verschiedenen Abständen *r* vom GMZ gemessen.

Auswertung: Die Nulleffekt-korrigierte Zählrate wird auf doppelt logarithmischem Papier über **r** angetragen.

Abstandsgesetz

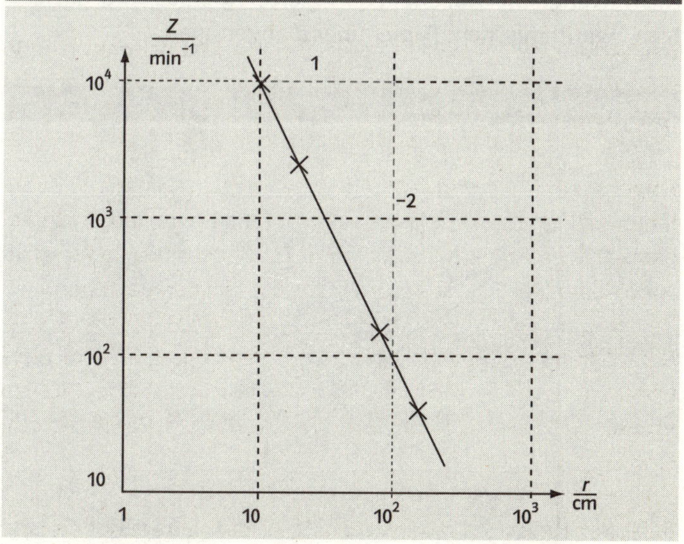

Ergebnis: Es ergibt sich eine Gerade der Steigung −2.

Folgerung: *Z* ist zum Quadrat von *r* indirekt proportional, denn auf doppelt logarithmischem Papier wird die Funktion $Z(r) = c \cdot r^{-2}$ durch die Gerade $\lg Z = \lg c - 2 \cdot \lg r$ dargestellt.

$Z(r) \sim \frac{1}{r^2}$ **Abstandsgesetz für γ-Strahlung**

Das quadratische Abstandsgesetz gilt auch für β-Strahlung, wegen der Absorption in Luft jedoch nur für kleine Abstände.

Versuch: Das GMZ befindet sich in festem Abstand zu einem radioaktiven Präparat und wird durch 2 mm Blei gegen α- und β-Strahlung abgeschirmt. Nach Bestimmung des Nulleffekts werden Absorber aus verschiedenen Materialien und mit unterschiedlicher Schichtdicke *d* zwischen Präparat und GMZ gebracht; die Zählrate *Z* der Reststrahlung wird gemessen.

Auswertung: Die Nulleffekt-korrigierte Zählrate wird auf einfach logarithmischem Papier über *d* angetragen.

Absorptionsgesetz

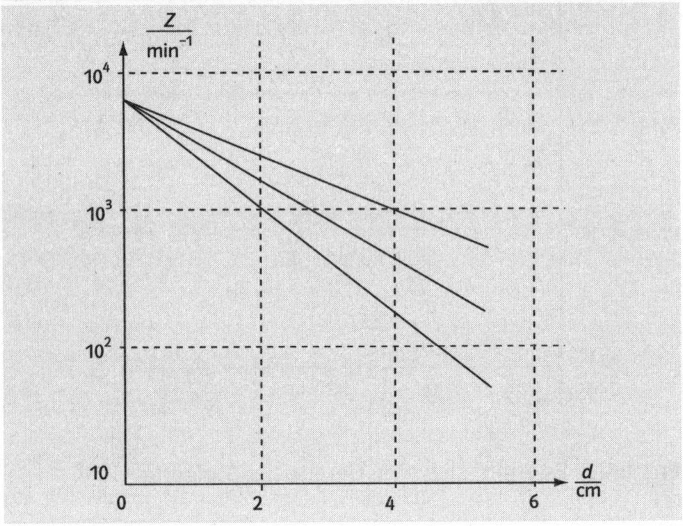

Ergebnis: Es ergeben sich Geraden mit materialabhängigen negativen Steigungen.

Folgerung: Z nimmt mit wachsendem d exponentiell ab, denn auf einfach logarithmischem Papier wird die Funktion $Z(d) = Z_0 \cdot e^{-\alpha d}$ durch die Gerade $\ln Z = \ln Z_0 - \alpha \cdot d$ dargestellt.

$$Z(d) = Z_0 \cdot e^{-\alpha d}$$

Absorptionsgesetz für γ-Strahlung

Z_0: Zählrate ohne Absorber
α: Absorptionskoeffizient (abhängig von Material und γ-Energie)

Die theoretische Herleitung des Gesetzes erfolgt analog der Herleitung des Zerfallsgesetzes (s. Seite 102).

Definition: Die Schichtdicke, in der die Hälfte der Grundrate einer γ-Strahlung bestimmter Energie absorbiert wird, heißt Halbwertsdicke $d_{\frac{1}{2}}$ dieses Stoffes.

Für $Z(d_{\frac{1}{2}}) = \frac{1}{2} Z_0$ erhält man aus dem Absorptionsgesetz:

$$d_{\frac{1}{2}} = \frac{\ln 2}{\alpha} \quad \text{Halbwertsdicke}$$

Als mögliche Absorptionsmechanismen für γ-Strahlung in Materie treten der Photoeffekt, der Compton-Effekt und die Paarbildung auf.

Der Photoeffekt dominiert bei kleinen Quantenenergien und großen Kernladungszahlen des Absorbers. Dabei wird aus der Atomhülle ein Elektron gelöst und beschleunigt, während der Kern Impuls aufnimmt und das Photon verschwindet. Das Elektron erwärmt den Absorber.

Bei mittleren Quantenenergien wird ein Atom vor allem durch den Compton-Effekt angeregt oder ionisiert, die restliche Energie des Photons wird als energieärmeres Photon unter Änderung der Richtung gestreut und kann durch Compton-Effekt weitere Male Energie abgeben, so lange bis es schließlich durch Photoeffekt absorbiert wird.

Zur Bildung eines Elektron-Positron-Paares (Paarbildung) schließlich ist es nötig, dass das γ-Quant eine Energie von mindestens der doppelten Ruheenergie eines Elektrons, also über 1,02 MeV besitzt und in das Coulomb-Feld des Atomkerns eindringt. Die Restenergie $E_\gamma - 2m_ec^2$ wird den beiden erzeugten Teilchen als kinetische Energie mitgegeben, das γ-Quant verschwindet.

Genauer spricht man von Absorption, wenn das Photon verschwindet und dafür ein Teilchen ausgelöst wird, und von Streuung, wenn nach der Wechselwirkung wieder Photonen vorhanden sind.

Das Absorptionsgesetz gilt bei geringer Dicke und Dichte des Absorbers näherungsweise auch für β-Strahlung. Als mögliche Absorptionsmechanismen treten Ionisation und Anregung von Atomen, Röntgenbremsstrahlung und Streuung an Hüllenelektronen auf.

6 Zerfallsgesetz

Versuch: Eine bestimmte Menge $^{220}_{86}Rn$ wird in eine geschlossene Ionisationskammer geblasen. Man misst die Zeit t und mit Hilfe eines Messverstärkers den Ionisationsstrom $I(t)$. Man berechnet $\frac{I(t)}{I_0}$.

Auswertung: $\frac{I(t)}{I_0}$ wird auf einfach logarithmischem Papier über t angetragen.

Zerfallsgesetz

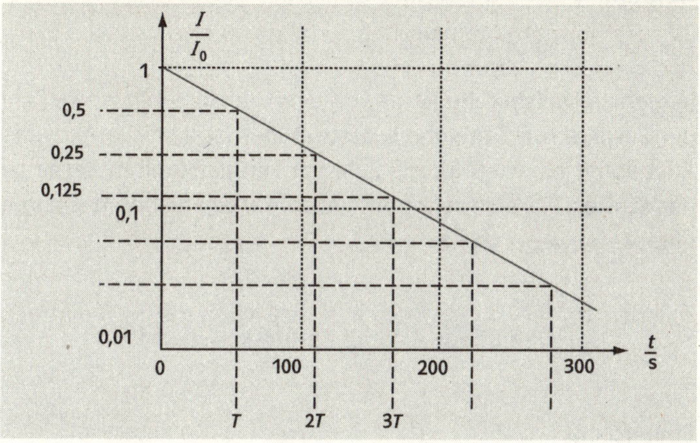

Ergebnis: Der Graph ist eine Gerade mit negativer Steigung. Um auf $\frac{1}{2}, \frac{1}{4}, \frac{1}{8}, \ldots$ des Anfangswertes I_0 abzusinken, wird jeweils die konstante Halbwertszeit T benötigt.

Folgerung: I nimmt mit wachsendem t exponentiell ab, denn auf einfach logarithmischem Papier wird die Funktion $\frac{I(t)}{I_0} = e^{-\lambda t}$ durch die Gerade $\ln \frac{I(t)}{I_0} = -\lambda t$ dargestellt.

Der Ionisationsstrom I wird nur aus messtechnischen Gründen benötigt. Führt man den Versuch mit Präparaten längerer Halbwertszeit durch, so ist es sinnvoll, mit dem GMZ in größeren Zeitabständen die Zahl der Impulse in einer kurzen Zeitspanne (Zählrate) zu messen.

Definition: $A = \frac{\Delta N}{\Delta t}$ Aktivität

ΔN: Anzahl der Zerfallsakte in einer bestimmten Menge eines radioaktiven Stoffes

Einheit: $[A] = \frac{1}{s} = 1\,s^{-1} = 1\,Bq$ (Becquerel)

Achtung: Die Einheit Bq darf nur für Aktivitäten verwendet werden!

Für $\Delta t \to 0$ ist $A = \left|\frac{dN(t)}{dt}\right| = |\dot{N}|$.

Je mehr zerfallsbereite Kerne vorliegen, desto höher ist die Zahl der Zerfälle pro Zeiteinheit, desto höher ist also die Aktivität. A ist somit ein Maß für die Zahl der zerfallsbereiten Kerne eines Stoffes. Für eine sehr große Anzahl N zerfallsbereiter Kerne gilt: $A \sim N \Rightarrow \frac{\dot{N}}{N} = \text{const} = -\lambda$

Definition: λ heißt Zerfallskonstante

Einheit: $[\lambda] = 1\,s^{-1}$

Das Minuszeichen drückt die Abnahme der Aktivität aus. Es folgt:

$$\dot{N}(t) = -\lambda N(t)$$

Grundgesetz des radioaktiven Zerfalls (Differentialform)

In der Praxis benutzt man die Formel $A = -\lambda t$ für die Berechnung der Halbwertszeiten sehr langlebiger Stoffe.

Aus der Differenzialform des Zerfallgesetzes folgt:

$$\frac{dN(t)}{dt} = -\lambda N(t) \qquad \Rightarrow \frac{1}{N(t)}\,dN(t) = -\lambda\,dt$$

$$\Rightarrow \int_{N(0)}^{N(t)} \frac{1}{N(t)}\,dN(t) = -\lambda \int_0^t dt \Rightarrow \ln N(t) - \ln N(0) = -\lambda(t-0)$$

$$\Rightarrow \ln\frac{N(t)}{N(0)} = -\lambda t \qquad \Rightarrow \frac{N(t)}{N(0)} = e^{-\lambda t}$$

$$\Rightarrow N(t) = N_0 \cdot e^{-\lambda t}$$

Grundgesetz des radioaktiven Zerfalls (Integralform)

N_0: Zahl der zerfallsbereiten Kerne zur Zeit Null

Wegen $N \sim A \sim I$ folgt auch

$$A(t) = A_0 \cdot e^{-\lambda t} \text{ bzw. } I(t) = I_0 \cdot e^{-\lambda t}$$

Definition: Die Zeit, in der die Hälfte einer bestimmten Zahl zerfallsbereiter Kerne zerfällt, heißt **Halbwertszeit** $T_{\frac{1}{2}}$ dieses radioaktiven Stoffes.

Für $N(T_{\frac{1}{2}}) = \frac{1}{2}N_0$ folgt aus dem Zerfallsgesetz:

$$\tfrac{1}{2}N_0 = N_0 \cdot e^{-\lambda T_{\frac{1}{2}}} \Rightarrow \ln\tfrac{1}{2} = -\lambda T_{\frac{1}{2}} \Rightarrow$$

$$T_{\frac{1}{2}} = \frac{\ln 2}{\lambda}$$

Altersbestimmung mit Hilfe radioaktiver Nuklide

Zerfällt eine nicht notwendig bekannte Zahl $N_A(0)$ von Kernen eines radioaktiven Nuklids A in der Zeit t in $N_B(t)$ Kerne eines stabilen Nuklids B, und lässt sich zur Zeit t das Verhältnis $\frac{N_B(t)}{N_A(0)}$ feststellen, so kann t berechnet werden:

$$\left.\begin{array}{l} N_A(0) = N_A(t) + N_B(t) \\ N_A(t) = N_A(0) \cdot e^{-\lambda t} \Rightarrow \ln \frac{N_A(t)}{N_A(0)} = -\lambda t \\ \lambda = \frac{\ln 2}{T_{\frac{1}{2}}} \end{array}\right\} \Rightarrow$$

$$\Rightarrow t = -\frac{1}{\lambda} \cdot \ln\left(\frac{N_A(t)}{N_A(t) + N_B(t)}\right) = \frac{T_{\frac{1}{2}}}{\ln 2} \cdot \ln\left(\frac{N_A(t) + N_B(t)}{N_A(t)}\right)$$

$$\Rightarrow t = \frac{T_{\frac{1}{2}}}{\ln 2} \cdot \ln\left(1 + \frac{N_B(t)}{N_A(t)}\right)$$

7 Verschiebungssätze, Zerfallsreihen

Zeichnet man alle bekannten Nuklide in ein Koordinatensystem ein, in dem nach rechts die Neutronen- und nach oben die Protonenzahl angetragen wird, so erhält man eine **Nuklidkarte**. Da bei allen Strahlungsarten außer γ-Strahlung ein neues Element entsteht, werden die Nuklide bei Abgabe eines Teilchens auf der Nuklidkarte dorthin »verschoben«.

Nuklidkarte

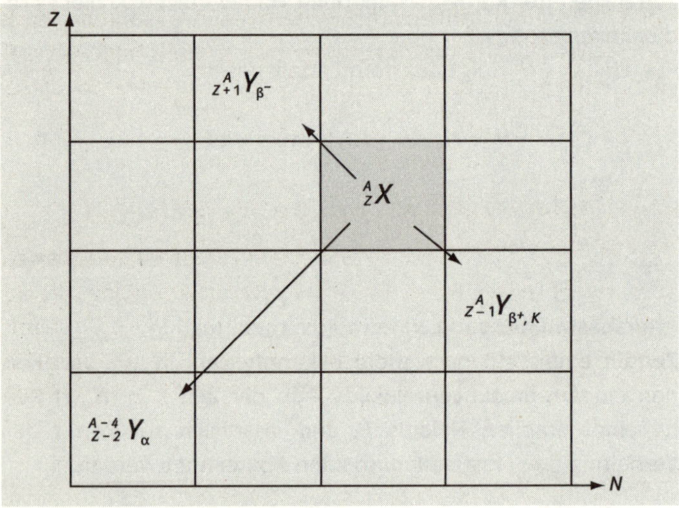

Die tatsächlich beobachtbaren Zerfallsarten eines jeden Nuklids werden durch unterschiedliche Farben gekennzeichnet.

In sehr vielen Fällen sind die neu entstehenden Nuklide wieder instabil und zerfallen weiter, so lange bis ein stabiles Nuklid hervorgegangen ist. Eine solche Serie von Mutter- und Tochterkernen nennt man **Zerfallsreihe**.

Da in natürlichen Zerfallsreihen nur α- und β-Zerfall vorkommen, existieren genau vier verschiedene Zerfallsreihen.
Einige Nuklide sind auch – mit genau bestimmten Anteilen – zu beiden Zerfallsarten fähig, nicht jedoch das einzelne Nuklid. γ-Strahlung ist in den natürlichen Zerfallsreihen nur eine Begleiterscheinung von α- und β-Zerfällen. Ein natürliches radioaktives Präparat ist in der Regel eine Mischung aus Nukliden mindestens einer Zerfallsreihe und strahlt deswegen – in unterschiedlichen Intensitäten – alle drei Strahlenarten ab. Außerhalb der Zerfallsreihen gibt es noch weitere natürlich vorkommende radioaktive Nuklide mit durchwegs sehr großen Halbwertszeiten. Neben α- und β-Zerfall tritt bei einzelnen Vertretern dieser Strahler K-Einfang auf.

8 Freie Neutronen; künstliche Radioaktivität

Versuch: Beschießt man eine Beryllium-Folie mit α-Strahlen, so entsteht in der Folie eine neue Art von Strahlung, die sogar dicke Bleiplatten durchdringen kann. Trifft diese Strahlung wiederum auf wasserstoffhaltiges Material (z.B. Paraffin), so werden dort Protonen ausgelöst.

Deutung: Die neue Strahlung kann nur über die Reaktion

$$^{9}_{4}\mathrm{Be} + ^{4}_{2}\mathrm{He} \rightarrow ^{13}_{6}\mathrm{C}^{*} \rightarrow ^{12}_{6}\mathrm{C} + ^{1}_{0}\mathrm{n} + \gamma$$

erklärt werden, also durch die Entstehung freier Neutronen (im Gegensatz zu im Kern gebundenen Neutronen). Infolge der fast gleich großen Masse von Neutronen und Protonen werden die Protonen durch Stoß der Neutronen beschleunigt.
Der »Zwischenkern« $^{13}_{6}\mathrm{C}^{*}$ kann nicht beobachtet werden, er hat nur theoretische Bedeutung.

Diese Reaktion, die auch zum Betrieb einer Neutronenquelle benützt wird, kann folgendermaßen abgekürzt geschrieben werden: ${}^{9}_{4}\text{Be}(\alpha;\, n)\, {}^{12}_{6}\text{C}$

Freie Neutronen haben eine geringfügig höhere Masse als Protonen und sind ungeladen. Nach der Gleichung ${}^{1}_{0}\text{n} \rightarrow {}^{1}_{1}\text{p} + {}^{0}_{-1}\text{e} + {}^{0}_{0}\bar{\nu}$ zerfallen sie mit einer Halbwertszeit von 10 min 14 s und kommen deswegen in der Natur nicht vor. Sie ionisieren nicht und werden auch von den Kernladungen nicht beeinflusst. Deshalb sind sie ideale Kerngeschosse. Die Wahrscheinlichkeit einer Wechselwirkung zwischen Neutron und Kern steigt mit sinkender Geschwindigkeit bzw. Energie des Neutrons. Nach den Stoßgesetzen erfolgt eine Übergabe der kinetischen Energie freier Neutronen am wirkungsvollsten an Stoßpartner ungefähr gleicher Masse, also insbesondere an H-Kerne.

Neben elastischen und unelastischen Stößen, also Streuung von Neutronen, kommen Kernumwandlung nach dem Muster $A(\text{n};\, x)B$ mit $x = \text{n}, \text{p}, \alpha \ldots$ und Neutroneneinfang nach dem Muster $A(\text{n};\, \gamma)B$ vor. In beiden Fällen werden künstlich neue Nuklide erzeugt.

Eine solche Aktivierung stabiler Atomkerne gelingt auch durch Beschuss mit α-Teilchen (aus natürlicher Radioaktivität wegen ihrer Ladung und ihrer begrenzten Energie nur bis Ordnungszahl 23) sowie den Kernen der Wasserstoff-Isotope (Proton p, Deuteron d, Triton t) und durch Kernspaltung. Die Produkte sind instabil und zerfallen nach den gleichen Gesetzen wie die natürlichen Radionuklide, das wird aber als künstliche Radioaktivität bezeichnet. Zu α-, β^--und γ-Strahlung (auch nach K-Einfang) treten nun auch β^+-, p- und n-Strahlung.

Anhang

Übersichten

Zentrale Gleichungen

Thema	Grundgleichung	Formeln
Öltröpfchen-Versuch von Millikan	$F_G = F_e$	$mg = qE$ $m = \rho V$ $E = \frac{U}{d}$
Bewegung von Elektronen im elektrischen Längsfeld	$W_e = E_k$	$eU = \frac{1}{2}mv^2$
Bewegung von Elektronen im homogenen Magnetfeld (Fadenstrahlrohr)	$F_L = F_Z$	$evB = \frac{mv^2}{r}$
Halleffekt, Induktion, Geschwindigkeitsfilter	$F_e = F_L$	$eE = evB$

Weitere wichtige Gleichungen

Thema	Gleichung	Bezeichnung
Geradlinige Bewegung	$v(t) = v_0 + a_0 t$ $x(t) = v_0 t + \frac{a_0}{2}t^2$ $v^2(x) - v_0^2 = 2a_0 x$	Bewegungsgleichungen
Harmonische Schwingung	$y(t) = A\sin(\omega t + \varphi_0)$	Weg-Zeit-Gesetz

Zustandsgleichung des idealen Gases	$pV = NkT$ $pV = nRT$	Universelle Gasgleichung
Grundgleichung der kinetischen Gastheorie	$p = \frac{1}{3}\rho\overline{v^2}$	
Relativistische Dynamik	$m(v) = \frac{m_0}{\sqrt{1-\frac{v^2}{c^2}}}$	relativistische Masse
Elektrische Flussdichte	$\vec{D} = \varepsilon\vec{E}$	Grundgleichung des elektrischen Feldes
Magnetische Feldstärke	$\vec{B} = \mu\vec{H}$	Grundgleichung des magnetischen Feldes
Elektromagnetischer Schwingkreis	$T = 2\pi\sqrt{LC}$	Thomson-Gleichung
Bragg-Reflexion	$2d\sin\alpha = \mathrm{k}\cdot\lambda$	Bragg'sche Bedingung
Lichtelektrischer Effekt	$\frac{m}{2}v^2 = hf - W_0$	Einstein-Gleichung
Heisenberg'sche Unschärferelation	$\Delta y\cdot\Delta p_y \geq \frac{h}{2\pi}$	Ort-Impuls-Beziehung
Zerfallsgesetz	$\dot{N}(t) = -\lambda N(t)$ $N(t) = N_0\cdot e^{-\lambda t}$	Grundgesetz des radioaktiven Zerfalls

Wichtige Definitions-Gleichungen

Thema	Gleichung	Bezeichnung
Geradlinige Bewegung	$v_0 = \frac{\Delta x}{\Delta t} = \frac{x(t+\Delta t)-x(t)}{\Delta t}$	Konstante Geschwindigkeit
Geradlinige Bewegung	$a_0 = \frac{\Delta v}{\Delta t} = \frac{v(t+\Delta t)-v(t)}{\Delta t}$	Konstante Beschleunigung
Arbeit, Leistung und Energie	$W = \vec{F}\circ\vec{x} =$ $F\cdot x\cdot\cos\alpha$	Mechanische Arbeit

Arbeit, Leistung und Energie	$P = \frac{W}{t}$	Leistung
Impuls und Impulserhaltung	$\vec{p} = m \cdot \vec{v}$	Impuls
Kreisbewegung	$\omega = \frac{\varphi}{t}$	Winkelgeschwindigkeit
Molekülgröße und Avogadro-Konstante	$M_m = \frac{m}{n}$	Molare Masse
Molekülgröße und Avogadro-Konstante	$M_r = \frac{m_i}{u} = \frac{M_m}{\frac{kg}{kmol}}$	Relative Molekülmasse
Elektrisches Feld	$\vec{E} = \frac{\vec{F}}{q}$	Elektrische Feldstärke
Elektrisches Feld	$C = \frac{Q}{U}$	Kapazität
Magnetische Flussdichte	$B = \frac{F}{I \cdot l}$	
Induktion	$\Phi = BA$	Magnetischer Fluss
Selbstinduktion	$L = \mu A \frac{N^2}{l}$	Induktivität
Compton-Effekt	$\lambda_C = \frac{h}{m_e c}$	Compton-Wellenlänge
Materiewellen	$\lambda = \frac{h}{mv}$	De Broglie-Wellenlänge
Kernaufbau	$B = (Z \cdot m_p + N \cdot m_n) - m_{Kern}$	Massendefekt
Kernaufbau	$E_B = -B \cdot c^2$	Bindungsenergie
Zerfallsgesetz	$A = \frac{\Delta N}{\Delta t}$	Aktivität

Tipps für die Abiturprüfung

1 Leicht zu vermeidende Fehler

Üben Sie das Umrechnen von Einheiten, insbesondere für Geschwindigkeiten $\left(\frac{\text{km}}{\text{h}} \leftrightarrow \frac{\text{m}}{\text{s}}\right)$ und Arbeits- bzw. Energieformen $\left(\frac{\text{kgm}^2}{\text{s}^2} \leftrightarrow \text{VAs, J} \leftrightarrow \text{eV}\right)$!

Machen Sie sich mit den gängigen Vorsilben von Einheiten und der zugehörigen Zehnerpotenzen-Schreibweise vertraut (z. B.: 1 pF = 1 Pico-Farad = $1 \cdot 10^{-12}$ F)!

Sehr viele Formeln haben die Formen $a = \frac{c}{d}$ und $\frac{a}{b} = \frac{c}{d}$. Lernen Sie nicht, wie sie nach jeder Größe aufgelöst *aussehen*, sondern wie man sie auflöst!

Benutzen Sie den Taschenrechner auch schon bei der Vorbereitung!

Suchen Sie die einschlägigen Themen in der Formelsammlung schon vor der Prüfung!

2 So sollten Sie den Stoff lernen

Auch wenn bei Ihrer Prüfung keine Versuchsbeschreibungen abgefragt werden: Lernen Sie die Versuche!

Stellen Sie sich dabei folgende Fragen:
- Was sind die wesentlichen Bauteile des Experiments, wie sind sie (mechanisch, elektrisch) verknüpft?
- Welche Größen werden konstant gehalten, welche Größe verändert der Experimentator, welche Größe verändert sich

dadurch und wie verändert sie sich – wie also antwortet die Natur auf die gestellte Frage?

- Welche Folgerungen für das Verständnis der Natur, für den »Bau« eines Modells von der Natur werden gezogen?
- Wie werden die Versuchsergebnisse am geeignetsten dargestellt: Als Diagramm, als Formel? Welche Beziehungen bestehen zwischen Diagramm und Formel (Steigung eines Graphen, Fläche unter einem Graphen, ...)?
- Welche Größen und Konstanten müssen neu eingeführt werden? Welche Einheit haben sie?
- Welche mathematischen Verfahren werden gebraucht und sollten geübt werden? (z. B. logarithmisches Rechnen beim Zerfallsgesetz)

Versuchen Sie, jemandem das Experiment zu erklären! **Viele Physikaufgaben sind Anwendungen und Abwandlungen von grundlegenden Experimenten!**

Lernen Sie auch die Bedeutung, vor allem aber die Grenzen der Modelle der Physik! Dazu gehört auch, Formeln nur im Rahmen ihres Gültigkeitsbereiches anzuwenden, denn auch die Formeln sind Modelle.

3 So möchte Ihnen dieses Buch helfen

Bei der Beschreibung der Experimente wurde weitgehend auf technische Details verzichtet. So tritt das Wesentliche des Versuchs stärker hervor. Auch Skizzen fehlen häufig. Versuchen Sie, selbst eine Skizze zu zeichnen!

An Stellen des Stoffes, wo erfahrungsgemäß Klippen verborgen sind, werden entsprechende Hinweise gegeben.
Wo es sinnvoll erscheint, ist möglichst alles zu einem Thema in einem Abschnitt zusammengefasst. Das soll den Überblick erleichtern.

Bei etlichen Folgerungen aus Versuchsergebnissen sind nur die Ausgangsbeziehungen, allenfalls noch wenige Zwischenschritte angegeben. Führen Sie zur Übung die Herleitung vollständig schriftlich aus!

4 So sollten Sie das Lösen von Aufgaben üben

Achten Sie beim Durchlesen der Aufgaben auf Schlüsselwörter, die einen Spezialfall umschreiben oder Angaben enthalten, wie »homogen«, »Radialfeld«, »ohne Berücksichtigung von«, »wird vernachlässigt«, »horizontal/vertikal/parallel«, »Betrag/Vektor«, ...
Fast allen Physikaufgaben liegt ein Vorgang zugrunde. Versuchen Sie zunächst, sich diesen im Rahmen des gegebenen Aufbaus vorzustellen, in Teilvorgänge zu zerlegen und Stoffgebieten zuzuordnen (z. B.: Bewegt sich das Elektron im Längs- oder im Querfeld?).

Analysieren Sie die gegebene Skizze oder fertigen Sie bei Bedarf eine eigene an!

Sie sollten es bemerken und ausnützen, wenn die in der Aufgabe gegebene Situation gegenüber dem im Unterricht behandelten Versuch vereinfacht ist (z. B. ist beim Millikan-Versuch die Masse des Tröpfchens bereits angegeben oder bei der Ablenkung von Elektronen im elektrischen Querfeld die Eintrittsgeschwindigkeit).

Verzichten Sie nicht darauf, die gegebenen und gesuchten Größen mit geeigneten Buchstaben und Indizes zu benennen und an den Kopf der Lösung zu schreiben. Sind diese Abkürzungen schon vorgegeben, so verändern Sie diese nicht!

Seien Sie besonders vorsichtig und konsequent bei den Bezeichnungen, wenn in einer Aufgabe die gleiche Größe in verschiedenen Bedeutungen auftritt (z. B. Bewegung von Elektronen in elektrischen Feldern: Beschleunigungsstrecke/Plattenabstand/Länge des Kondensators, Beschleunigungsspannung/Ablenkspannung)!

Bei der Fragestellung »In welchem Verhältnis stehen ...« oder »Wie verhalten sich« wählen Sie als gesuchte Größe ein Verhältnis, also die Form $\frac{a_1}{a_2}$!

Behalten Sie gewählte Bezeichnungen konsequent bei!

Suchen Sie am Beginn Ihres Lösungsweges eine grundsätzliche Gleichung, die die gesuchte Größe enthält. Für noch nicht gegebene Größen in dieser Gleichung suchen Sie dann weitere Beziehungen. Lassen Sie sich dabei durch die Existenz der am Kopf der Lösung festgehaltenen Größen inspirieren!

Lösen Sie Ihre Gleichung nach den Regeln der Algebra nach der gesuchten Größe auf. Manchmal fällt dabei eine nicht gegebene Größe heraus. Schreiben Sie ausreichend viele Zwischenschritte auf!

Setzen Sie nun – **schriftlich!** – die gegebenen Zahlen mit den Einheiten ein, berechnen Sie das Ergebnis und kontrollieren Sie die Einheit! **Überprüfen Sie, ob das Ergebnis physikalisch sinnvoll ist!** Geben Sie das Ergebnis mit einer **sinnvollen Zahl von Ziffern** an!

Bevor Sie die Achsen eines Koordinatensystems zeichnen, schätzen Sie anhand der Maximalbeträge der beteiligten Größen den **Platzbedarf** ab! Die unabhängige Größe wird nach rechts angetragen! Zu jeder Achse gehört die Bezeichnung der dort angetragenen Größe samt Einheit.

Lesen Sie die Aufgabe noch einmal durch und stellen Sie fest, ob alle Fragen der Teilaufgabe beantwortet sind!

Bei Bewegungsaufgaben ist die Anwendung von Erhaltungssätzen meist eleganter als der Einsatz der Bewegungsgleichungen!

Lernen Sie nicht die Lösungen irgendwelcher Aufgaben auswendig, denn die gleiche Aufgabe wird nicht mehr gestellt! Machen Sie sich besser das Prinzip des Lösungsweges zu eigen!

Was Sie verstanden haben, brauchen Sie nicht mehr zu lernen, sondern nur noch zu üben!

5 »Beliebte Fehler« beim Lösen von Aufgaben

- Wegen ungenauen, unvollständigen oder unkonzentrierten Durchlesens Beantwortung einer Frage, die gar nicht gestellt ist.
- Übersehen einer weiteren Frage in der Teilaufgabe.
- Formeln ohne Kontrolle und Rücksicht auf die Regeln der Algebra umformen (auf beiden Seiten die gleichen Umformungen vornehmen!).
- Formeln mit zu wenig Zwischenschritten umformen.
- Größenbezeichnungen im Laufe der Rechnung verändern (z. B. fehlt plötzlich ein Index).
- Auf die Einheitenkontrolle verzichten.
- Mit dem Ergebnis zufrieden sein, auch wenn die Kontrolle eine falsche Einheit ergibt (z.B. $\frac{1}{\text{m}}$ statt m).
- Auf notwendige Klammern verzichten (z.B. bei einer Summe im Argument einer Winkelfunktion).
- Die Beschriftung der Achsen von Koordinatensystemen vergessen.
- Verwenden der Geschwindigkeitsformel $v = \frac{x}{t}$ für die gleichförmige Bewegung, obwohl eine beschleunigte Bewegung vorliegt.

- Verwenden von Formeln, die nur für homogene Felder gelten, bei inhomogenen Feldern.
- Verwenden der klassischen Formel $E_k = \frac{1}{2} m v^2$ für die kinetische Energie, obwohl $v > 0{,}1c$ gilt.

6 In der schriftlichen Prüfung zu beachten

- Teilen Sie die zur Verfügung stehende Zeit grob auf die geforderten Aufgaben auf und kontrollieren Sie den Stand immer wieder mit Hilfe der Uhr!
- Lehnen Sie sich immer wieder für eine halbe Minute zurück und schalten Sie kurz ab!
- Verbeißen Sie sich nicht in eine Teilaufgabe, sondern probieren Sie rechtzeitig eine andere; viele Teilaufgaben sind ohne die Ergebnisse der vorhergehenden lösbar!
- Benutzen Sie bei allen – auch den unverlangten – Zeichnungen das Lineal! Zeichnen Sie mit Bleistift!
- Übernehmen Sie keine vollkommen unbekannten und nie im Unterricht behandelten Formeln aus der Formelsammlung!
- Überprüfen Sie bei nicht so sehr vertrauten Formeln, die Sie aus der Formelsammlung übernehmen wollen, die Bedeutung der Größen und den Gültigkeitsbereich genauestens!
- Gehen Sie erst dann auf Fehlersuche, wenn Sie sich mit allen übrigen Aufgaben beschäftigt haben!
- Versuchen Sie nicht, angegebene Zwischenergebnisse unter hohem Zeitaufwand unbedingt zu erreichen, sondern nehmen Sie das Angebot von Zwischenergebnissen/Ersatzwerten wahr, um die folgenden Teilaufgaben zu bearbeiten!

7 In der mündlichen Prüfung zu beachten

- Mit höherer Wahrscheinlichkeit als bei schriftlichen Prüfungen werden hier grundlegende Versuche und Herleitungen verlangt. Bereiten Sie sich entsprechend vor!

- Als Grundwissen können auch wichtige Ergebnisse aus nicht gewählten Ausbildungabschnitten benötigt werden!
- Steht Ihnen eine Vorbereitungszeit zur Verfügung, so achten Sie beim Durchlesen der Aufgaben bzw. des Referatsthemas auf Schlüsselwörter, die einen Spezialfall umschreiben oder Angaben enthalten. Versuchen Sie, sich die beschriebene Situation vorzustellen, sie in Teilvorgänge zu zerlegen und Stoffgebieten zuzuordnen.
- Dürfen Sie sich Notizen machen, so erstellen Sie zunächst eine Gliederung mit Lücken zwischen den einzelnen Punkten. Füllen Sie diese anschließend mit Stichpunkten, Formeln, ... aus.
- Beurteilen Sie, wie Sie mit der in der Prüfung zur Verfügung stehenden Zeit auskommen werden, und überlegen Sie sich für den letzten Punkt Ihrer Vorbereitung, was Sie bei Zeitnot weglassen können bzw. was noch als Zeitfüller in Frage käme.
- Sollte Ihnen in der Prüfung die gestellte Frage nicht schriftlich vorliegen, so scheuen Sie sich nicht, um Wiederholung der Frage oder Aufgabe zu bitten; Sie dürfen diese Möglichkeit aber nicht über Gebühr beanspruchen!
- Sprechen Sie deutlich, nicht zu schnell und hochdeutsch!
- Die Prüfer bemerken es, wenn Sie durch viel Reden fehlendes Wissen vertuschen wollen; sie erkennen es aber nicht, wenn Sie vorhandenes Wissen hinter zu karger Darstellungsweise verstecken!
- Schreiben Sie auf der Tafel schnell, aber lesbar; geben Sie sich bei Skizzen Mühe, gerade Linien und stimmige Kreise zu zeichnen! Der Einsatz des Lineals und des Zirkels wird wohl in der Regel nicht erwartet – es sei denn, Sie können damit zügig umgehen.

Wer gut vorbereitet ist, braucht kein Glück!

Register